DAS TIERREICH

Eine Zusammenstellung und Kennzeichnung der rezenten Tierformen

Herausgeber

ROBERT MERTENS (Wirbeltiere) — WILLI HENNIG (Wirbellose)

Schriftleiter
HEINZ WERMUTH

Unter Mitarbeit zahlreicher Spezialisten

„Πάντα ῥεῖ“ — „Sine systemate chaos“

Lieferung 88

Superfamilia Unionacea

Bearbeitet von

Dr. Fritz Haas, Chicago (Ill.)

Mit 5 Abbildungen im Text

Walter de Gruyter & Co.

vormals G. J. Göschen'sche Verlagshandlung / J. Guttentag, Verlagsbuchhandlung / Georg Reimer / Karl J. Trübner / Veit & Comp.

Berlin 1969

Das Tierreich	Berlin	Lieferung 88	Seite I–X, 1–663	Januar 1969

Satz und Druck: Walter der Gruyter & Co., Berlin 30

Superfamilia Unionacea

Bearbeitet von

Dr. Fritz Haas

Inhaltsverzeichnis

Vorwort

Die Drucklegung dieser Monographie, die vom Verlag für 1964 vorgesehen war, hat sich leider aus verschiedenen Gründen um Jahre verzögert.

Außerdem war der Verfasser während dieser Zeit schwer erkrankt. Erst nach dem selbstlosen Anerbieten von Herrn Dr. ADOLF ZILCH (Senckenberg-Museum in Frankfurt am Main), sowohl das Lesen der Korrekturen als auch das Ausmerzen kleinerer Mängel zu übernehmen, schienen die Hindernisse beseitigt zu sein. Es ist mir daher ein Bedürfnis, insbesondere Herrn Dr. ADOLF ZILCH für das bewiesene Interesse an der Vollendung der Arbeiten von Herzen zu danken.

April 1968

Dr. FRITZ HAAS
3111 North Ozean Drive
Hollywood, Florida 33020

Systematischer Index

Superfamilia Unionacea

Eidonomie

Süßwassermuscheln mit perlmutteriger Schale, außen immer mit einer organischen Schicht von hornartigem Aussehen bedeckt, dem Konchin oder Konchyolin. Schalengröße 25 mm bis etwa 300 mm, Gestalt mannigfaltig: etwa kreisförmig bis fast stabförmig, fast flach bis fast kuglig, rund bis hinten spitz dolchförmig. Die Schalendicke reicht von Papierstärke bis zu einer Dicke von 15 mm oder mehr, sehr zerbrechlich bis sehr hart.

Die Schale setzt sich aus drei Lagen zusammen, zwei anorganischen und einer organischen. Anorganisch sind die Perlmutterschicht, die das Innere der Schale auskleidet, und die Prismenschicht, organisch die Außenschicht, das Konchin, auch unrichtigerweise Epidermis oder Periostrakum genannt. Die Perlmutterschicht ist meistens sehr glänzend, in Farbtönen von porzellanweiß bis blau oder violett schimmernd. Die Konchinschicht ist glatt oder tuchartig, gelblich braun bis schwarzbraun oder schwarz, oft mit Strahlen verziert, die von den Wirbeln ausgehen und zur Grundfarbe kontrastieren.

Von den übrigen Muscheln sind die Unionaceen leicht nach folgendem Bestimmungsschlüssel zu unterscheiden, wobei von vornherein alle Muscheln auszuschließen sind, deren Innenseite nicht mit einer Perlmutterschicht bekleidet ist. Nachdem das Vorhandensein einer Perlmutterschicht festgestellt worden ist, kann man wie folgt vorgehen:

1 Muscheln klein, selten über 1 cm lang; Schloß taxodont, das heißt: kleine Zähnchen sind kammförmig angeordnet. Marin. . . . . *Nucula*

1′ Schloß nicht taxodont; Schalen meist größer 2

2 Schale dreieckig bis fingerförmig; Schloß auf winzige Zähnchen nahe den stets vorderständigen Wirbeln beschränkt. Marin . . . . *Mytilidae*

2′ Schale nicht dreieckig oder, wenn dreieckig, stets fast so hoch wie lang 3

3 Schloßrand mit 1—2 unbedeutenden, zahnartigen Verdickungen; nur ein einziger Schließmuskeleindruck. Marin . . . . *Pteria*

3′ Schloßrand zahnlos oder mit starken Zähnen 4

4 Linke Klappe stärker gewölbt als die rechte. Marin. . . . . *Pandoridae*

4′ Beide Klappen gleich gewölbt 5

5 Schloßrand zahnlos, mit Fortsätzen, die schräg nach unten laufen. Marin . . . . *Laternulidae*

5′ Schloßrand (meistens) mit Zähnen versehen, ohne Fortsatz. Marin 6

6 Schale ziemlich dick; Schloß kräftig, auf die Wirbelgegend beschränkt, gerieft. Marin . . . . *Trigoniacea*

6′ Schale in wechselnder Dicke, Schloß, wenn ausgebildet, weit nach hinten reichend; zahnlose Formen meist dünnschalig. Im Süßwasser . . . . *Unionacea*

Anatomie

Die Unionaceen zeigen folgende Eigenheiten der bei allen Muscheln vorhandenen Organe: Mantelränder gänzlich voneinander getrennt oder auch verschieden weit im hinteren Teil miteinander verwachsen. Fuß fast stets beilförmig, bei den festsitzenden Etheriiden zurückgebildet, bei einigen Muteliden dagegen mitunter sehr lang und an der Spitze knollenförmig verdickt. Kiemen blattförmig und hinter dem Fuß miteinander verwachsen; die äußeren können mit dem Mantel, die inneren mit dem Eingeweidesack verwachsen sein. Die Kiemen dienen als Brutbehälter, in denen sich bei den Weibchen die Eier entwickeln; dies kann in allen vier Kiemen, oder auch nur in den äußeren oder den inneren stattfinden.

Terminologie der Schale

Die Terminologie der Unionaceen-Schale ist grundsätzlich die gleiche wie bei allen Muscheln, doch erfordern Sonderbildungen, die auf den Flußmuschelschalen entstehen können, eine besondere Benennung der Schalenteile (Abb. 1—3). Die folgende Beschreibung der Teile der Schale legt besonderen Wert auf ältere Ausdrücke, die sich in Artbeschreibungen eingebürgert haben, so daß der heutige Arbeiter auf diesem Gebiete sie unbedingt kennen muß.

Beide Schalenhälften oder Klappen der Flußmuschelschale werden durch das Ligament oder Schalenband, auch kurz Band genannt, zusammengehalten. Derjenige Schalenrand, an dem sich dieses Ligament befindet, wird Rücken- oder Dorsalrand genannt, der entgegengesetzte Rand stellt den ventralen oder Bauchrand dar. Der kürzere der beiden noch nicht erwähnten Schalenränder ist der Vorderrand, der längere also der Hinterrand. Die beiden Buckel, die mehr oder weniger über den Rückenrand vorspringen, sind die Wirbel oder Umbones; sie sind meist stärker geschwollen als der Rest der Schale, ihre Spitzen gelegentlich nach vorn gerichtet, und sie tragen bei den allermeisten Flußmuscheln einen erhöhten Schmuck oder eine Skulptur von Runzeln und/oder Höckern, die in ihrer Eigenart für Familien, Unterfamilien und Gattungen bezeichnend sein können. Die kleine Vertiefung, die man in Rückenansicht vor den Wirbeln sieht, heißt Lunula oder Sinulus, die entsprechende am Hinterende des Ligaments wird Sinus genannt. Das Ligament besteht aus einer hornartig aussehenden Substanz; es beginnt zwischen den Wirbeln und endet am Sinus. Der obere Teil des Hinterendes der Schale ist meist stärker zusammengedrückt als der Rest der Schale oder selbst ausgehöhlt; er wird im Deutschen Area, im Französischen corselet und im Englischen posterior slope genannt. Diese Area wird auf der Unterseite durch eine deutliche Linie begrenzt, die von den Wirbeln zum hintersten Punkte der Schale verläuft, wo Unter- und Hinterrand sich treffen. Diese Linie, die Arealkante im Deutschen und posterior ridge im Englischen heißt, kann manchmal doppelt sein. Eine dieser Arealkante am Schalenhinterende ähnliche, aber kleinere und weniger ausgeprägte Bildung ist auch auf dem Hinterrande des Schalenvorderendes entwickelt, die sogenannte Areola.

Der übrige, weitaus größere und gewölbte Teil der Schalenoberfläche, im Englischen disk genannt, hat im Deutschen keinen besonderen Namen.

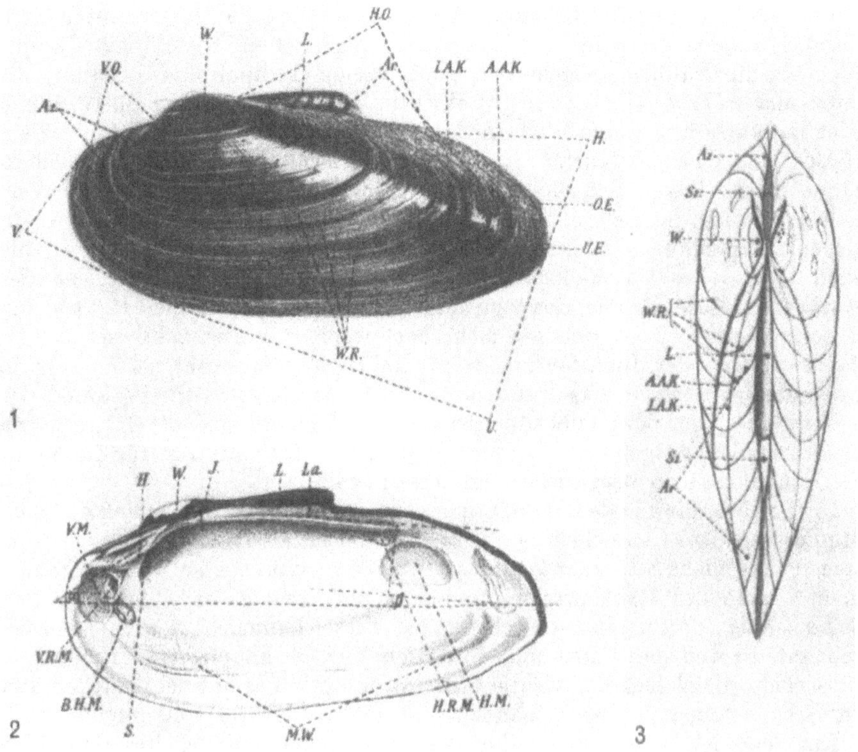

Abb. 1—3. *Unio pictorum* (LINNAEUS), Schale von außen (1), innen (2) und oben (3). Nach HAAS in MARTINI-CHEMNITZ 1910 (Taf. 1, Fig. 1—3)

A_1 = Area
A_2 = Areola
AAK = äußere Arealkante
BHM = Eindruck des unteren Bauchsackmuskels
H = (in Abb. 1) Hinterrand
H = (in Abb. 2) Hauptzähne
HO = hinterer Oberrand
HM = hinterer Muskeleindruck
HRM = Eindruck des hinteren Fußretraktors
I = Intervall
IAK = innere Arealkante
L = Ligament
La = Lamellen
MW = Mantellinie
OE = obere Ecke des Hinterrandes
S = Schloßstütze
S_1 = Ligamentalbucht
S_2 = Sinulus
U = Unterrand
UE = untere Ecke des Hinterrandes
V = Vorderrand
VM = vorderer Muskeleindruck
VO = vorderer Oberrand
VRM = Eindruck des vorderen Fußretraktors
W = Wirbel
WR = Wachstumsringe

Area und Areola können sich strecken und flügelartige Bildungen der Schalen-Substanz aufweisen (Symphynotie); sie bedecken das Ligament, indem die Schalensubstanz darüberwächst. Solche symphynote Flügel sind sehr zerbrechlich und deshalb an erwachsenen Muscheln oft abgebrochen.

Die Schalenoberfläche ist entweder glatt und zeigt lediglich die Zuwachsstreifen, oder sie trägt erhöhte Verzierungen in Gestalt von Knoten, Knötchen oder selbst Stacheln, die meist nach einem bestimmten Muster angeordnet sind. Diese sogenannte Schalenskulptur, die die gesamte Schalenfläche oder nur einen Teil von ihr, meist den hinteren, bedecken kann, ist nicht selten eine Fortsetzung der Wirbelskulptur, obwohl sie auch unabhängig von ihr entstehen kann; in einzelnen Fällen trägt nur die Area Schalenskulptur.

Das Schalenschloß der Unionaceen ist ursprünglich vom schizodonten Typ, ist aber äußerst veränderlich. Das vollständige Schloß besteht aus Haupt- oder Kardinalzähnen, gelegentlich auch Pseudokardinalzähne genannt, die unter und — bzw. oder — vor den Wirbeln liegen, und aus den Seitenzähnen oder Lateralen hinter den Wirbeln. Das Schloß zeigt im typischen Falle einen Haupt- und einen Seitenzahn in der rechten, zwei Haupt- und zwei Seitenzähne in der linken Schalenhälfte. Spiegelbildliche Umkehrung dieser Verhältnisse ist äußerst selten. Sekundäre „Hilfszähnchen" und Aufsplittern einzelner Hauptzähne in mehrere können diese Verhältnisse verschleiern. Alle eben beschriebenen Schloßzähne stehen auf einem verbreiterten Teil des Rückenrandes der Schale, der sogenannten Zahnplatte. Zwischen Haupt- und Seitenzähnen befindet sich ein mehr oder weniger langer, zahnloser Raum, das Intervall oder Interdentum. Sind die Hauptzähne sehr schlank, kann eine schalige Stützte, das Fulcrum, für sie ausgebildet sein. Während die Seitenzähne ganz oder teilweise zurücktreten können, sind die Hauptzähne viel konstanter ausgebildet. Der eben geschilderte Schloßtyp ist für die Familien Unioniden und Margaritiferiden bezeichnend.

In der Unterfamilie der Anodontinae der Unioniden ist das Schloß gänzlich zahnlos oder mit Lamellen versehen, die Seitenzähnen ähnlich sehen; sie stehen aber nicht auf einer Zahnplatte, sondern unmittelbar auf der Schale in der Nähe des Rückenrandes und sind also analog, nicht homolog den Seitenzähnen der unioninen Schloßtyps. Diese Lamellen werden Claustra genannt. In wenigen Fällen sind unter den Wirbeln knopfartige Erhöhungen entwickelt, die gleichfalls, wie die Claustra, unmittelbar auf dem Rückenrand der Schale stehen; wo sie vorhanden sind, fehlen Claustra vollkommen.

Ein dem der Anodontinen ähnliches, aber höher entwickeltes und doch noch unvollkommenes Schloß wird bei der Unterfamilie der Alasmodontinae der Unioniden gefunden.

Ein dritter Schloßtyp ist für die Gattungen *Pseudodon* und *Leguminaia* bezeichnend, die beide hier vorläufig als Unioninen behandelt werden; es besteht aus kurzen, rundlichen Hervorragungen aus dem Rückenrand der Schale, nahe oder unter den Wirbeln, und ohne Fulcrum oder Schloßplatte.

In dem im allgemeinen zahnlosen Schloß der Familie Mutelidae hat die Gattung *Mutela* parallellaufende Furchen entwickelt, die senkrecht zur Schloßlinie stehen und die oberflächlich einem taxodonten Schloß ähnlich sehen.

Auf der Innenseite der Schalenklappen fallen die Wirbelhöhlen auf, die geräumig und tief oder klein und seicht sein können. Von den Muskeleindrücken der Unionaceen spielt nur der des Mantelhaftmuskels, die sogenannte Mantellinie, taxonomisch eine Rolle; meist verläuft diese Linie gerade, weist aber bei den Muteliden eine kurze Einbuchtung (Sinus) auf.

Während die Margaritiferidae, Unionidae und Mutelidae freie, orthothetische Muscheln mit symmetrischen Schalenklappen darstellen, die aufrecht im Boden ihrer Süßwasserbiotope leben, legen sich die Etheriidae nach einem kurzen orthothetischen Stadium auf die Seite und heften sich an ihre Unterlage fest; sie gehen somit in ein pleurothetisches Stadium über, wie wir es von Austern und anderen Seemuscheln kennen. Dadurch geht die Symmetrie der Schale verloren, und die untere Schalenklappe wird viel größer und bauchiger. In einigen Ausnahmefällen, z. B. bei den Unioniden *Arconaia* und *Arcidopsis*, geht der ursprüngliche Orthothetismus der Schale teilweise verloren, wenn nach einem normalen, symmetrischen Jugendstadium die Schale sich zur Seite biegt und (oder) sich um ihre Achse verdreht. Derart umgestaltete Schalen können nicht mehr aufrecht stehen, sondern ruhen auf der größeren und tieferen Seite.

Larvenentwicklung

Wahrscheinlich machen alle Unionaceen ein Larvenstadium durch, während dessen sie schmarotzend an Fischen leben, nachdem sie aus den Brutkiemen des Muttertieres, dem Marsupium, entlassen wurden. Bei den Margaritiferiden und den Unioniden heißt die sich aus dem Ei entwickelnde Larve Glochidium (Abb. 4), bei den Muteliden (und vielleicht den Etheriiden) aber ist eine andere Larvenform entwickelt. Vor etwa 70 Jahren fand von Ihering eine eigenartige Lebensform in der südamerikanischen Mutelidengattung *Anodontites*, die er als deren Larve ansprach und die er Lasidium benannte. Über 60 Jahre lang hat kein anderer Forscher diese Larve, oder was es sonst sei, wiedergefunden, nicht einmal in der gleichen Art, in der sie entdeckt worden

4

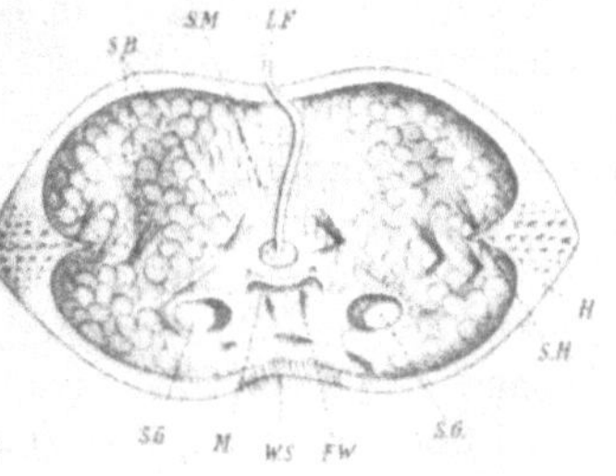

Abb. 4. Glochidium von *Unio pictorum* (Linnaeus). Nach Haas in Martini-Chemnitz 1910 (Taf. 1, Fig. 7)

5

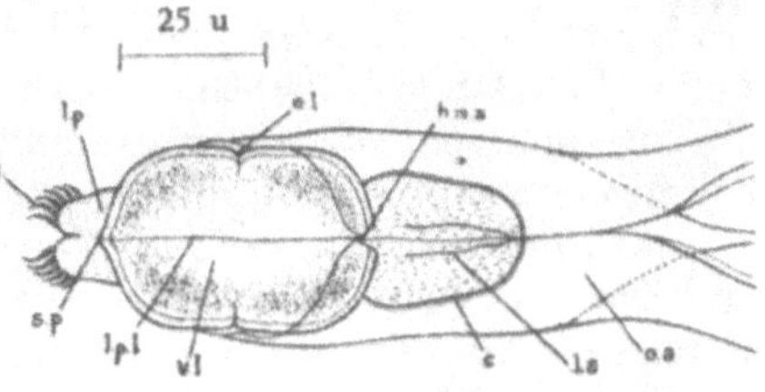

Abb. 5. Lasidium. Nach Bonetto 1962 (Fig. 1)

war, und ihre Existenz oder doch wenigstens ihre Deutung als Unionaceenlarve wurden ernstlich angezweifelt. Erst 1951 fand Bonetto das Lasidium wieder und erkannte es als die wirkliche Larve der Muteliden (Abb. 5). 1949 indessen berichtete Franc die Auffindung einer Glochidiumlarve bei der afrikanischen Mutelidengattung *Mutela;* also scheinen, wenn kein Irrtum bei Franc vorliegt, Unterschiede zwischen südamerikanischen und afrikanischen Muteliden in Hinsicht auf ihre Larvenform zu bestehen, und die Einordnung der Afrikaner und der Südamerikaner in eine gemeinsame Familie der Muteliden ist demnach noch anfechtbar. Über die Larvenentwicklung der Etheriiden ist noch nichts bekannt; man ist wohl berechtigt anzunehmen, daß sie den Muteliden Südamerikas nahestehen und demgemäß durch ein Lasidiumstadium gehen werden.

Stammesgeschichte

Die Unionaceen gehören zur Unterordnung Schizodonta der Ordnung Eulamellibranchiata, stehen also in einer verhältnismäßig hoch entwickelten Gruppe der Muscheln. Über ihre vermutlichen Vorfahren konnte noch kein einheitliches Urteil gefällt werden. Abgesehen von unsicheren Vorkommen im Perm, treten sie als unverkennbare Gruppe in der frühen Trias auf, werden aber erst im späteren Mesozoikum häufiger.

Als Ahnenformen hatte man früher die Anthracosiiden in Betracht gezogen, eine Ansicht, die heute fallengelassen worden ist. Eher dürften die Trigoniiden als eigentliche Vorfahren der Unionaceen anzusehen sein, denn sie sind gleichfalls Schizodonten und besitzen eine perlmutterige Schaleninnenseite; selbst die Ableitung des Unionaceenschlosses von dem der Trigoniiden bereitet keine allzu große Schwierigkeit (NEUMAYR, 1889). Wenn auch die konchologischen Ähnlichkeiten zwischen der Flußmuschel- und Dreiecksmuschel-Schale auf diese Weise gedeutet werden können, so bereitet doch die vergleichende Anatomie der Weichteile beider Gruppen bedeutende Schwierigkeiten, denn die rezenten Trigonien (Gattung *Neotrigonia*) stehen anatomisch im Kiemenbau und dem der Nieren den filibranchiaten Arcaceen näher. Ob jedoch die fossilen Trigoniiden ebenfalls diese Beziehungen aufwiesen, wissen wir nicht. Wenn wir aber annehmen, daß diese versteinerten Trigoniiden anatomisch ihren vermuteten Abkömmlingen, den Unionaceen, ähnlich waren, dann kämen wir zu dem Schluß, daß unter Umständen Schalenmerkmale konservativer sind als anatomische, daß sich also der Schalenträger im Laufe der Erdgeschichte verändert hat und dennoch fortfährt, seine Schale nach dem alten Bauplan aufzubauen.

Alle Spekulationen über den Stammbaum der Unionaceen bleiben mehr oder weniger theoretisch, obwohl die Annahme, daß die Trigoniiden als Vorfahren der Flußmuscheln anzusehen sind, noch die wahrscheinlichste ist. In neuerer Zeit kam ODHNER (1912) zu dem Ergebnis, daß nicht nur die Unionaceen, sondern die ebenfalls im Süßwasser lebenden Sphaeriaceen von den Trigoniiden abzuleiten seien. In letzter Zeit will PURCHON (1958) die Unionaceen zusammen mit den Cycladiden, Rangiiden und Cyreniden als Abkommen der Astartiden ansehen.

System

Das hier befolgte System der Unionaceen ist bei weitem kein natürliches. Die Lücken in der Kenntnis selbst rezenter Gattungen sind noch so weit und zahlreich, daß man die Flußmuscheln vorerst noch nicht in natürliche Gruppen einteilen kann. Angesichts der bekannten Variabilität der Schale ist es in vielen Fällen unmöglich zu entscheiden, ob wirklich genotypische Gattungen oder phänotypische Aberrationen vorliegen; das gilt noch stärker für die fossilen Formen. MODELL (1942) veröffentlichte vor 20 Jahren ein angeblich natürliches System der Unionaceen, das größtenteils auf Einzelheiten der Schalen- und Wirbelskulptur beruhte. Zweifellos bietet die Wirbelskulptur ein sehr wichtiges taxionomisches Hilfsmittel; grundsätzliche Unterschiede, ob etwa die Skulpturelemente konzentrisch um die Wirbel oder radial angeordnet sind, dienen als Unterscheidungsmerkmale zwischen den Unterfamilien der Unioniden, und geringerwertige Eigenschaften werden für generische Unterschiede benutzt; noch feinere Verschiedenheiten innerhalb der generischen Skulpturmerkmale bieten oft artliche Eigentümlichkeiten, gelegentlich die einzigen, die die genauere Bestimmung ganz jugendlicher Schalen zulassen. Indessen darf nicht außer acht gelassen werden, daß auch die Skulpturmerkmale ziemlich veränderlich sind und daß sie bei fossilen Schalen durch die Abwitterung der obersten Schalenschicht verstümmelt und irreleitend sein können, wenn sie nicht gänzlich verlorengehen, wie das bei sehr alten rezenten Stücken von Flußmuscheln geschieht. Unter diesen Umständen erscheint es mir ziemlich gewagt, ein ganzes System auf dieses einzige Merkmal zu begründen. Indessen gebührt doch MODELL das Verdienst, als erster eine vollständige Liste aller bekannten Namen der rezenten und fossilen Gattungen der Flußmuscheln geliefert zu haben.

Wie wir vorhin gesehen haben, weisen die Schloßmerkmale der Flußmuscheln zwei Extreme auf, nämlich den Besitz der normalen Anzahl von Haupt- und Seitenzähnen, und den völligen Mangel an Schloßzähnen. Ältere Forscher stellten alle Formen, die ein vollständiges Schloß besitzen, zur Gattung *Unio*, während alle schloßlosen Formen *Anodonta* genannt wurden; vermittelnde Formen mit unvollkommenem Schloß galten als Vertreter der Gattungen *Margaritifera* und *Pseudodon*. Seit dem grundlegenden Werk von SIMPSON (1900) wissen wir aber, daß die Schloßmerkmale von *Unio* von den verschiedensten Unioniden angenommen werden können; trotz der äußerlich ähnlichen Schalenmerkmale unterscheiden sie sich doch beträchtlich in der Anatomie ihrer Weichteile und in ihrem Brutverhalten. Daher erscheint es schwierig, ohne weiteres die Gattungszugehörigkeit einer beliebigen Flußmuschel zu erkennen. Erst nachdem die später von *Unio* abgesplitterten Gattungen durch sekundäre Schalenmerkmale gekennzeichnet wurden, kann auch der Anfänger lernen, einer Art nur der Schale nach den ihr zukommenden Platz im System zuzuweisen. Bei den fossilen Stücken ist dies aber sehr schwierig, und aus diesem Grund werden viele Arten der Vorwelt in den Listen noch als „*Unio*“ oder als „*Anodonta*“ aufgeführt.

Anatomische Variabilität

Wie bereits bemerkt, herrschen sowohl bei den Unioniden mit vollständigem Schloß als auch bei denen mit unvollkommenem oder zahnlosem Schloß große Unterschiede in der Anatomie ihrer Weichteile und im Brutverhalten. So können die beiden Lappen des hinteren Mantelendes, das die ein- und die ausatmende hintere Körperöffnung umgibt, miteinander verbunden oder voneinander getrennt sein. Das innere Blatt der inneren Kiemen kann frei vom Fuß, aber auch teilweise oder gänzlich mit ihm oder dem Bauchsack verwachsen sein. Die Kiemen selbst können Scheidewände in ihrer ganzen Ausdehnung oder nur in einzelnen Abschnitten zeigen; ihr Hinterende kann an den Mantel angewachsen oder frei von ihm sein. Die Kombination solcher Einzelmerkmale, deren es viel mehr gibt, als hier erwähnt wurde, zusammen mit dem Brutverhalten, liefert uns die Differentialdiagnose für jede Gruppe der Unioniden, also für Arten, die verschiedene dieser Merkmale gemeinsam aufweisen und die dann als Gattungen zusammengefaßt werden.

Brutverhalten

Das Brutverhalten steht im Zusammenhange mit dem eigenartigen Larvenleben der Unionaceen. Ihre befruchteten Eier werden nicht ins Wasser ausgestoßen, um dort ein planktonisches Leben zu führen, wie bei den meisten Muscheln, sondern sie werden zwischen den Kiemen untergebracht, die dadurch als Brutbehälter (Marsupien) fungieren. Das Marsupium kann alle vier Kiemen einnehmen, nur das äußere oder nur das innere Paar, oder es kann selbst auf bestimmte Teile eines Kiemenpaares beschränkt sein. Adventive

Veränderungen im Kiemenbau während der Zeit der „Kiementrächtigkeit" können die Lebensbedingungen der sich entwickelnden Glochidien durch größere Zufuhr von sauerstoffhaltigem Wasser verbessern, etwa durch die Entwicklung sekundärer Wasserröhren längs der Kiemensepten oder durch Fensterbildung in den Septen selbst. Unter solchen Bedingungen entwickeln sich die Eier zu den beiden Larvenformen, dem Glochidium der Unioniden und Margaritiferiden sowie dem Lasidium der Muteliden. Die Art der Umwandlung des Lasidiums in die reife Mutelide ist noch nicht bekannt. Die reifen Glochidien aber werden in das Wasser ausgestoßen, wo sie herumliegen oder -treiben, bis sie sich mittels eines besonderen Organs, des klebrigen Larvenfadens, an einen Fisch anheften. Dort bildet das Glochidium in der Haut, in der Kieme oder sogar in der Flosse eine Zyste, in der es parasitisch lebt und sich von der Körperflüssigkeit des Wirtes ernährt. Dies dauert so lange, bis sich das Glochidium verwandelt hat. Dann durchbricht die junge Muschel die Zystenhaut, fällt zu Boden und entwickelt sich dort weiter. Die Gemeinschaft mit dem Fisch bietet der Larve nicht nur Schutz und Ernährung, sondern trägt außerdem auch noch zur Verbreitung der Art bei. Auf diese Weise können die Nachkommen einer Flußmuschel aus ruhig fließenden oder stehenden Gewässern durch einen Fischwirt in den heftiger strömenden Oberlauf eines Flusses gebracht werden, wo sie im Gegensatz zum Muttertier während ihres Wachstums die bezeichnenden Schalenmerkmale einer Bachmuschel annehmen. Ein umgekehrter Brutparasitismus zwischen Muschel und Fisch herrscht bei den Bitterlingen der Gattung *Rhodeus* in Mitteleuropa und Ostasien; die Weibchen besitzen eine Legeröhre, die bei der Eiablage zwischen die Schalenklappen einer *Anodonta* oder eines *Unio* gesteckt wird, um die Eier in die Muschel fallen zu lassen; sie werden dort, wohl durch die Atemtätigkeit der Muschel, in die Kiemenräume überführt, wo sie sich zu jungen Fischen entwickeln.

Variabilität der Unionidenschale

Wie im vorhergehenden Abschnitt erwähnt, ändert sich die Gestalt der Flußmuschelschale im Zusammenhang mit dem Biotop; eine ausführliche Behandlung dieser Erscheinung findet sich bei F. C. Baker (1923: 16—28) und bei Haas (1936: 54—69; 1938: 534—564).

Muscheln in kleineren Flüssen wirken weniger aufgeblasen als die Bewohner größerer Ströme; einzelne Gattungen oder Arten zeigen dieses Merkmal deutlicher als andere. Häufig besteht aber auch eine Beziehung zwischen Geschlecht und Aufgeblasenheit der Schale, denn meistens sind die Weibchen bauchiger als die Männchen.

Schalenskulpturen in Form von Knötchen oder erhabenen Linien finden sich oft am stärksten bei Bewohnern großer Ströme oder bei Seeformen ausgebildet. Ein und dieselbe Art kann in kleinen Bächen oder kleinen Flüssen unskulptiert glatt aussehen, in großen Strömen oder in Seen aber eine Schalenskulptur erworben haben.

Seebewohnende Flußmuscheln zeigen eine Neigung, ihr Vorderende zu verkürzen und — bzw. oder — zu verdicken, die größte Schalenwölbung nach vorn zu verlegen, ihr Schalenende zu verlängern und es gelegentlich nach unten abzubiegen und somit einen Schnabel (Rostrum) auszubilden.

Die Farbe der Konchinschicht ist hell bei Formen, die in einem Untergrund von Sand und kleinen Steinen leben, aber glanzlos und dunkel bei Bewohnern schlammigen Bodens.

Unioniden, die auf hartem Untergrund (Sand, Kies, kleinen Steinen) leben, haben kürzere und rundere Schalen als solche aus tiefem, weichem Sand oder Schlamm.

Solche umweltbedingte Einflüsse rufen Umbildungen hervor, durch die das Bestimmen der Art äußerst erschwert wird. In den meisten Fällen ist es der älteste, wirbelnahe Teil der Schale, der in seinen Zuwachsstreifen noch die ursprüngliche Gestalt zeigt, während die übrige Schale im Verlauf des Wachstums stark verändert erscheint; dadurch ist es trotz aller Umbildungen mitunter doch noch möglich, die Art einwandfrei zu bestimmen.

Literatur

Aus Platzmangel konnten hier die Anatomie, Entwicklungsgeschichte, Paläontologie, Ökologie usf. nur gestreift werden; daher sollen abschließend die wichtigsten Veröffentlichungen über die Unionaceen gebracht werden. Eine einzige zusammenfassende Darstellung gibt es nicht.

FRIERSON, L. S. (1927): A classified and annotated check list of the North American Najades. — Shrevport (Louisiana).

HAAS, F. (1955): Bivalvia, in BRONN, Klassen und Ordnungen des Tierreichs, Berlin, **3** 3 Abt., 2 Bände. — 1929.

NEUMAYR, M. (1889): Über die Herkunft der Unioniden. — Sitz.Ber. Akad. Wien, math.-nat. Kl., Abt. 1, **88**:385—419; 2 Taf.

ODHNER, N. HJ. (1912): Morphologische und phylogenetische Untersuchungen über die Nephridien der Lamellibranchien. — Z. wiss. Zool., Leipzig, **100**:287—390; 40 Abb.

ORTMANN, A. E. (1922): Notes upon the families and genera of the Najades. — Ann. Carnegie Mus., Pittsburgh, **8**:222—365; Taf. 18—20.

— (1912—1922): [Verschiedene Aufsätze in] Nautilus, Philadelphia u. Boston, **25**—**28**.

— (1921): South American Naiades. A contribution to the knowledge of the freshwater mussels of South America. — Ann. Carnegie Mus., Pittsburgh, **8**:451—670; Taf. 34—48.

SIMPSON, C. T. (1900): Synopsis of the Najades, or pearly freshwater mussels. — Proc. U.S. nation. Mus., Washington, **22**:501—1044.

Nicht einzeln aufgeführt in dieser Liste sind die verschiedenen Arbeiten über bestimmte Organsysteme bei der Teichmuschel, *Anodonta cellensis*, aus dem Zoologischen Institut der Universität Marburg (Z. wiss. Zool., Leipzig, **99**—**115**, 1912—1915). Die wichtigeren davon sind in der Bivalven-Monographie von HAAS benutzt worden.

Fam. **Margaritiferidae**

1911 Margaritanidae ORTMANN, Nautilus, Philadelphia u. Boston, **25**:6. — Genus typicum: *Margaritana* SCHUMACHER.

1940 Margaritiferidae HAAS, Zool. Ser. Field Mus. nat. Hist., Chicago, **24**:119. — Genus typicum: *Margaritifera* SCHUMACHER.

1942 Margaritiferinae MODELL, Arch. Molluskenk., Frankfurt a. M., **74**:184. — Genus typicum: *Margaritifera* SCHUMACHER.

Diagnosis: Muschel gleichschalig, meist zusammengedrückt, perlmutterig, mit seichten Wirbelhöhlen und mit der Neigung, die Seitenzähne zurückzubilden. Konchinschicht schwarz, glanzlos. Wirbelskulptur, wenn überhaupt vorhanden, aus zwei winkligen Haken bestehend, die nicht miteinander verbunden sind. Weichteile mit unvollständigem Kiemendiaphragma, Kiemen hinten eine Strecke weit frei voneinander, ohne Wasserröhren; Marsupium alle vier Kiemen einnehmend.

Verbreitung: Die gemäßigten Teile der nördlichen Halbkugel.

Genus **Margaritifera** Schumacher

1816 *Margartifera* Schumacher (error typographicus), Overs. dansk. Vid. Selsk. Forhandl., Kjøbenhavn, **1816**:6. — Species typica (durch Monotypie): *Mya margaritifera* Linnaeus.

1817 *Margaritana* Schumacher, Essai nouv. Syst.:137. — Species typica (durch Monotypie): *Mya arenaria* Linnaeus.

1847 *Damalis* Gray, Proc. zool. Soc. London, **1847**:196. — Species typica (durch Monotypie): *Mya margaritifera* Linnaeus.

1857 *Baphia* H. & A. Adams, Gen. rec. Moll., **2**:499. — Species typica (durch Monotypie): *Mya margaritifera* Linnaeus.

Diagnosis: Wie die der **Familie** Margaritiferidae.

Verbreitung: Außer-mediterranes Europa, Ostasien, Japan, Nord-Amerika.

Bestimmungsschlüssel zu den Untergattungen

1	Seitenzähne vorhanden, wenn auch kurz		2
1′	Seitenzähne nicht vorhanden (eine Ausnahme)	***Margaritifera,***	S. 10
2	Area meist mit gekrümmten Falten	***Margaritifera hembeli,***	S. 12
2′	Area ohne Falten		3
3	Schale sehr verlängert	***Cumberlandia,***	S. 14
3′	Schale nicht oder nur mäßig verlängert		4
4	Nierenförmig, Schloß wenig stark	***Margaritanopsis,***	S. 13
4′	Lang elliptisch, Schloß dick und stark	***Pseudunio,***	S. 12

Subgenus **Margaritifera** s. str.

1968 *Margaritifera* Schumacher (hier zum ersten Male als Subgenus verwendet).

Diagnosis: Schale ± zusammengedrückt, meist ohne Seitenzähne, Wirbel unskulptiert.

Verbreitung: Gemäßigte Teile der nördlichen Halbkugel.

Bestimmungsschlüssel zu den Arten und Unterarten

1	Area mit gewellten Falten	***M. hembeli,***	S. 12
1′	Area glatt		2
2	Seitenzähne vorhanden		3
2′	Seitenzähne fehlend		4
3	Seitenzähne, wie ganzes Schloß, fest	***M. auricularia,***	S. 13
3′	Dünner und schwächer als 3	***M. auricularia marocana,***	S. 13
3″	Seitenzähne kurz, breit und niedrig	***M. laosensis,***	S. 13

4 Andeutung von Seitenzähnen vorhanden . . . . *M. monodonta,* S. 14
4' Keine Spur von Seitenzähnen 5
5 Schale fest, zusammengepreßt 6
5' Schale dünner, stark verkürzt . . . . *M. margaritifera middendorffi,* S. 12
5'' Verlängert elliptisch, nicht sehr festschalig . . . *M. margaritifera laevis,* S. 12
6 Festschalig, dick, schwer . . . . *M. margaritifera margaritifera,* S. 11
6' Flacher, länger, geschnäbelt . . . . *M. margaritifera dahurica,* S. 11

1. Margaritifera (Margaritifera) margaritifera (Linnaeus)

1a. Margaritifera (M.) margaritifera margaritifera (Linnaeus)

1758 *Mya margaritifera* Linnaeus, Syst. Nat., Ed. 10, **1**:671. — Terra typica: In totius orbis arctici cataractis.
1819 *Unio elongata* Lamarck (syn. fide Nilsson 1822), Anim. sans vert., **6**:70. — Terra typica: Westliche Vogesen-Abflüsse.
1823 *Alasmodonta arcuata* Barnes (syn. fide Lea 1834), Amer. J. Sci., New Haven, **6**:277; Taf. 12 Fig. 20. — Terra typica: West Canada Creek, New York.
1831 *Unio roissyi* Michaud (syn. fide Dupuy 1847), Compl. Hist. nat. Moll. Draparnaud:112; Taf. 16 Fig. 27, 28. — Terra typica: Tour-la-Ville bei Cherbourg.
1840 *Unio brunnea* Bonhomme (syn. fide Dupuy 1847), Mém. Aveyron, **2**:460. — Terra typica: Aveyron, Frankreich.
1845 *Unio tristis* Morelet (syn. fide Haas 1917), Moll. terr. fluv. Portugal:107; Taf. 31 Fig. 2. — Terra typica: Fluß Tamega bei Amarante, Portugal.
1850 *Alasmodon falcata* Gould (syn. fide Lea 1852), Proc. Boston Soc. nat. Hist., **3**:294. — Terra typica: Wallawalla, Oregon.
1855 *Alasmodon yubaensis* Trask (syn. fide Lea 1870), Proc. Calif. Acad. Sci., San Francisco, **1**:29. — Terra typica: Fluß Yuba, California.
1886 *Margaritana freytagi* Kobelt (syn. fide Haas 1940), Jb. nassau. Ver. Naturk., Wiesbaden, **39**:98; Taf. 8 Fig. 1—4. — Terra typica: Fluß Nister bei Hachenburg, Hessen, Deutschland.
1889 *Margaritana michaudi* Locard (syn. fide Germain 1931), Contr. faune malacol. franç., **13**:17. — Terra typica: Verschiedene Flüsse Frankreichs.
1889 *Margaritana pyrenaica* Bourguignat in Locard (syn. fide Germain 1931), Contr. faune malacol. franç., **13**:150. — Terra typica: Flüsse Süd-Frankreichs.
1899 *Margaritana alleni* Castro in Locard (syn. fide Haas 1917), Arch. Mus. Hist. nat. Lyon, **7**:212. — Terra typica: Fluß Ferreira, Portugal.
1908 *Margaritana margaritifera parvula* Haas (syn. fide Haas 1940), Beitr. Kenntn. mitteleurop. Najadeen, Beilage zu Nachr.-Bl. dtsch. malak. Ges., Frankfurt a. M., **1908**(1):15. — Terra typica: Ulfenbach im Odenwald.
1926 *Margaritana margaritifera* var. *siluriana* Bloomer (syn. fide Haas 1940), Proc. malac. Soc. London, **17**:211. — Terra typica: Fluß Wye bei Hereford, England.
1928 *Margaritana durrovensis* Bloomer (syn. fide Haas 1940), Proc. malac. Soc. London, **18**:71; Taf. 3 Fig. 1; Taf. 4 Fig. 1. — Terra typica: Fluß Nore bei Durrov, Nord-Irland.

Diagnosis: Schale fest, schwer, zusammengepreßt, Seitenzähne fehlen oder nur angedeutet; im Alter oft nierenförmig. — Maße: Länge 95—140 mm, Höhe 50—59 mm, Dicke 36—68 mm.

Verbreitung: Holarktisch, mit Ausnahme des mittelmeerischen Europas und des mittleren Nord-Amerikas.

1b. Margaritifera margaritifera dahurica (Middendorff)

1850 *Unio (Alasmodonta) dahuricus* Middendorff, Bull. phys.-math. Acad. Sci. St. Pétersbourg, **9**:275. — Terra typica: Transbaikalien, Sibirien.

Diagnosis: Von der typischen *margaritifera* durch die mehr quergestreckte, länger geschnäbelte Gestalt, die viel flachere Schale und dadurch unterschieden, daß die gesamte Höhe $^2/_3$ der Gesamtbreite beträgt. Eine anscheinend nie wiedergefundene Form, deren unterartlicher Anspruch recht zweifelhaft erscheint. — Maße: Länge 105 mm, Höhe 47 mm, Dicke 25 mm.

Verbreitung: Sibirien (nur von der Terra typica bekannt).

1c. Margaritifera margaritifera middendorffi (Rosén)

1926 *Margaritana margaritifera middendorffi* Rosén, Ann. Mus. zool. Leningrad, **27**:269. — Terra typica: Kamtschatka.

Diagnosis: Diese Unterart, die Middendorff (1851) als den amerikanischen *Unio complanatus* Solander angesprochen hatte, ist nach Rosén eine *Margaritifera*, die sich durch die verkürzte Gestalt und das verkümmerte Schloß auszeichnet. Validität fraglich. — Maße: Länge 93 mm, Höhe 48 mm, Dicke 32 mm.

Verbreitung: Offenbar nur von der Terra typica bekannt (Kamtschatka).

1d. Margaritifera (M.) margaritifera laevis (Haas)

1910 *Ptychorhynchus laevis* Haas, Ann. Mag. nat. Hist., London, (8) **6**:498. — Terra typica: Insel Sachalin.

1938 *Margaritana sachalinensis* Shadin, Faune URSS, Mollusques, **4**(1):114, 162; Abb. 3. — Terra typica: Insel Sachalin.

Diagnosis: Mittelgroß, verlängert elliptisch, nicht sehr festschalig, vorn gerundet, hinten abgerundet verschmälert. Wirbel bei 29/100 der Länge gelegen. Schloß mit angedeuteten, sehr kurzen Seitenzähnen. Ebenfalls eine fragliche Unterart der polymorphen Art. — Maße: Länge 59 mm, Höhe 31 mm, Dicke 16 mm.

Verbreitung: Sachalin (nur von der Terra typica bekannt).

2. **Margaritifera (Margaritifera) hembeli** (Conrad)

1838 *Unio hembeli* Conrad, Monogr. Fam. Unionidae, 1:93; Taf. 51, Fig. 1. — Terra typica: New Orleans, Louisiana.

Diagnosis: Schale elliptisch, vorn gerundet, hinten etwas zugespitzt, gelegentlich etwas nierenförmig; ziemlich fest bis fest. Area niedrig, meist mit einer Skulptur von gekrümmten Falten. Schloß mit schwachen und kurzen Seitenzähnen und langem Intervall; Seitenzähne oft senkrecht geriefelt. — Maße: Länge 80 mm, Höhe 40 mm, Dicke 21 mm.

Verbreitung: Die nordamerikanischen Staaten Louisiana und Alabama.

Subgenus **Pseudunio** Haas

1910 *Pseudunio* Haas (hier zum ersten Male als Subgenus aufgeführt), Nachr.-Bl. dtsch. malak. Ges., Frankfurt a. M., **42**:181. — Species typica (durch Monotypie): *Unio sinuatus* Lamarck.

Diagnosis: Schale lang elliptisch, im Alter nierenförmig, fest, schwer. Schloß plump, Hauptzähne stark, Intervall lang und breit, in der rechten

Klappe vorn oft ein hauptzahnartiges Gebilde aufweisend; Seitenzähne kurz und stark.

Verbreitung: Mittleres Europa und südwestliches Europa; Marokko.

3. **Margaritifera (Pseudunio) auricularia** (SPENGLER)

3a. Margaritifera (P.) auricularia auricularia (SPENGLER)

1793 *Unio auricularius* SPENGLER, Skr. naturhist. Selsk., Kjøbenhavn, **3**:44. — Terra typica: „Ostindien".
1819 *Unio sinuata* LAMARCK (syn. fide HAAS 1909), Anim. sans vert., **6**:70. — Terra typica: Flüsse Frankreichs.
1889 *Unio margaritanopsis* LOCARD (syn. fide HAAS 1940), Not. Conch., **13**:17. — Terra typica: Fluß Lot bei Aiguillon, Frankreich.

Diagnosis: Wie Untergattung. — Maße: 110—180 mm, Höhe 68—90 mm, Dicke 30—50 mm.

Verbreitung: Mittleres und südwestliches Europa.

3b. Margaritifera (P.) auricularia marocana (PALLARY)

1918 *Margaritana marocana* PALLARY, Bull. Soc. Hist. nat. Afr. Nord, Alger, **9**:117. — Terra typica: Oued Fes, West-Marokko.
1927 *Margaritana redomica* PALLARY (syn. fide HAAS 1940), J. de Conch., Paris, **71**:276; Taf. 7 Fig. 3, 4. — Terra typica: Oued Redom, nördlich von Meknès, Marokko.
1928 *Margaritana dernaica* PALLARY (syn. fide HAAS 1940), J. de Conch., Paris, **72**:22; Taf. 4, Fig. 1, 2. — Terra typica: Oued Derna, rechter Zufluß des Oum er Rebia Taghzirt, mittlerer Atlas, Marokko.

Diagnosis: Von der Nominatform eigentlich nur durch kleinere und dünnere Schale unterschieden; sehr zweifelhafte Unterart. — Maße: Länge 140 mm, Höhe 70 mm, Dicke 40 mm.

Verbreitung: Oued Redom nördlich von Meknès, Marokko.

Subgenus **Margaritanopsis** HAAS

1912 *Margaritanopsis* HAAS (erstmalig hier als Subgenus), in MARTINI-CHEMNITZ, Conch. Cab., IX. 2(II): 121. — Species typica (durch Monotypie): *Unio laosensis* LEA.

Diagnosis: Schale länglich, nierenförmig, ziemlich fest bis fest. Wirbel wenig vorragend. Schloß wenig stark, Hauptzähne stumpf und konisch, Intervall lang, glatt, schmal, Seitenzähne kurz, breit und niedrig. — Maße: Länge 97 mm, Höhe 39 mm, Dicke 25,5 mm.

Verbreitung: Hinter-Indien bis zum Bergland von Laos.

4. **Margaritifera (Margaritanopsis) laosensis** (LEA)

1863 *Unio laosensis* LEA, Proc. Acad. nat. Sci. Philadelphia, **7**:1990. — Terra typica: Laosberge, Kambodja.
1864 *Unio laosensis* — LEA, J. Acad. nat. Sci. Philadelphia, **6**:63; Taf. 21, Fig. 61.
1900 *Unio sula* THEOBALD in SIMPSON 1900 (nomen nudum ?), Synops. Naiad.:678.
1919 *Margaritana woodthorpi* GODWIN-AUSTEN, Rec. Ind. Mus., Calcutta, **16**:203; Taf. 15.

Diagnosis: Wie Untergattung. — Maße: Länge 97 mm, Höhe 39 mm, Dicke 25,5 mm.

Verbreitung: Wie Untergattung.

Subgenus **Cumberlandia** Ortmann

1912 *Cumberlandia* Ortmann, Nautilus, Philadelphia u. Boston, 26:13. — Species typica (durch Monotypie): *Unio monodonta* Say (der Gattungsname wird hier erstmalig als der einer Untergattung verwendet).

Diagnosis: Der Weichkörper mit durchlaufenden, schief nach vorn ansteigenden Kiemensepten. In der Mitte der Kiemen Septen wohlentwickelt, aber in beträchtlichem Abstand voneinander; gegen das Kiemenende zu etwas unterbrochen, unregelmäßig und kürzer.

Verbreitung: U.S.A.: Ohio, Illinois, Ost-Iowa, und im Gebiet des Cumberland und Tennessee River.

5. **Margaritifera (Cumberlandia) monodonta** (Say)

1829 *Unio monodonta* Say, New Harmony Disseminator, 2:1829. — Terra typica: Ohio River, U.S.A.

1831 *Unio soleniformis* Lea (syn. fide Lea 1836), Trans. Amer. philos. Soc., Philadelphia, 4:87; Taf. 10, Fig. 17. — Terra typica: Ohio River, U.S.A.

Diagnosis: Schale sehr verlängert, oft nierenförmig, fest. Wirbelskulptur aus starken Falten bestehend, den Zuwachsstreifen parallel. Schloß aus einem tuberkelförmigen Hauptzahn in jeder Klappe und schwachen, sehr zurückgebildeten Seitenzähnen gebildet. — Maße: Länge 110 mm, Höhe 41 mm, Dicke 28 mm.

Verbreitung: Wie die der Untergattung.

Anmerkung

Der von Lea (1861) beschriebene *Unio decumbens* (Proc. Acad. nat. Sci. Philadelphia, 5:40) wurde von Simpson (1900) als *Margaritana* (= *Margaritifera*) angesehen. Die aus Alabama stammende und niemals wiedergefundene Art blieb stets ein Rätsel, bis Frierson (1927) den im United States National Museum zu Washington aufbewahrten Typus als ein pathologisches Stück einer Muschel aus der Gruppe des polymorphen *Elliptio complanatus* (Dillwyn) deutete.

Fam. **Unionidae**

1828 Unionidae Fleming, Hist. brit. Anim.:415. — Genus typicum: *Unio* Retzius.

Diagnosis: Schale gleichklappig, perlmutterig, mit dicker Konchinschicht; Wirbel gewöhnlich skulptiert, oft die Reste der Larvenschale zeigend. Wirbelhöhlen tief, Schloß in den meisten Fällen mit zwei Hauptzähnen und zwei Seitenzähnen in der linken, und mit einem Hauptzahn und einem Seitenzahn in der rechten Schalenklappe. Weichteile mit vollkommenem Diaphragma; Kiemen mit Wasserröhren, Marsupium die gesamten inneren und (oder) äußeren Kiemen einnehmend.

Verbreitung: Alle Erdteile.

Bestimmungsschlüssel zu den Unterfamilien

1 Wirbelskulptur konzentrisch 2

1′ Wirbelskulptur radial . . . . *Hyriinae*, S. 490

2 Schloß vollständig mit Haupt- und Seitenzähnen 3
2′ Schloß unvollständig 5
3 Schloß nie stark gewinkelt 4
3′ Schloß gewinkelt . . . . *Quadrulinae*, S. 265
4 Intervall flach . . . . *Unioninae*, S. 15
4′ Intervall glatt und gerundet . . . . *Lampsilinae*, S. 401
5 Wirbelskulptur aus verschieden starken, welligen Runzeln bestehend . . . . *Anodontinae*, S. 326
5′ Wirbelskulptur aus starken Falten bestehend, die doppelt gebogene Schlingen bilden . . . . *Alasmodontinae*, S. 390

Subfam. Unioninae

Diagnosis: Schalenflächen glatt, Wirbelskulptur meist konzentrisch. Schloß vollständig. Marsupium die äußeren oder alle vier Kiemen einnehmend.

Verbreitung: Europa, Nordamerika.

Bestimmungsschlüssel zu den Gattungen

Der im folgenden aufgestellte Bestimmungsschlüssel ist rein künstlich und keineswegs zufriedenstellend; es ist eben unmöglich, die gattungseigentümlichen Merkmale so eng zusammenzufassen, daß ein wirklich gebrauchsfähiger, nicht zu wortreicher Schlüssel zustande käme. Immerhin ist zu hoffen, daß das hier Gebotene besser als nichts ist und es zumindest erleichtert, eine vorliegende Unionine der jeweiligen Gattung zuzuordnen.

1 Schloß vollständig 7
1′ Schloß unvollständig 2
2 Schloß aus Andeutungen von Seitenzähnen bestehend 3
2′ Schloß mit Hauptzähnen, gelegentlich auch mit Seitenzähnen 4
3 Schale verlängert, dünn. Area niedrig, wenig ausgeprägt . . . *Balwantia*, S. 127
3′ Schale lang, messerklingenartig; oberes Vorderende stark gefurcht, Arealkante stark . . . . *Solenaia*, S. 125
4 Schloß mit Hauptzähnen, die unmittelbar aus dem Schalenrand hervorragen . . 5
4′ Schale mit Andeutungen von Haupt- und gelegentlich auch von Seitenzähnen 6
5 Schale sehr ungleichseitig, Area meist hoch, ein einzelner Hauptzahn jederseits . . . . *Pseudodon*, S. 127
5′ Schale hinten meist zweiwinklig, Area mit doppelter Arealkante, wenig ausgeprägt; ein Hauptzahn beiderseits, der linke unter, der rechte vor dem Wirbel . . . . *Leguminaia*, S. 142
5″ Schale ziemlich fest, dreieckig eiförmig, mit hohen Wirbeln, die nicht sehr voll sind. Schloß mit zwei bis drei Hauptzähnen in der linken Klappe, die gesägt sind und deren vorderste der größte ist; mit zwei Hauptzähnen in der rechten Klappe, dessen größerer zusammengedrückt, aber fest ist . . . . . . *Radiatula*, S. 111
5‴ Schale breit elliptisch, mehr oder weniger ungleichseitig, wenig aufgeblasen; gegen den Unterrand zu sehr zusammengepreßt, ziemlich dünn, häufig leicht geflügelt, Wirbel flach, etwa dreieckig. Schloß jederseits aus einem einzigen Zahn bestehend, von denen der rechte weit vorne steht; keine Seitenzähne. *Pseudodontopsis*, S. 144
5⁗ Schale ungleichseitig, verlängert, etwa elliptisch, zusammengepreßt, mit niedrigen Wirbeln. Schloß rudimentär, mit einem einzigen Zahn in jeder Klappe . . . . *Microcondylaea*, S. 145
5′′′′′ Schale trapezoid, mit gerundeter Arealkante, hinten spitz oder schwach zweiwinkelig. Wirbel nicht vorragend, mit einer Skulptur von 14—15 gebogenen, ziemlich starken konzentrischen Wülsten, die hinten deutlich nach oben aufbiegen. Oberhaut gewöhnlich ohne Strahlen, meist stoffartig. Hauptzähne gewöhnlich zusammengepreßt, Seitenzähne leicht gebogen, zart. Muskeleindrücke seicht. Perlmutter gewöhnlich glanzlos . . . . *Uniomerus*, S. 208

6 Schale verlängert, vorn sehr schmal, hinten breit, meist mit hoher Area. Schale mit je einem verkümmerten Haupt- und Seitenzahn, manchmal ganz ohne Schloß . . . . . . *Gonidea,* S. 247

6′ Schale vorn breit, hinten zugespitzt, Area niedrig. Schloß mit einem schwachen Hauptzahn und gelegentlichen Andeutungen von Seitenzähnen beiderseits . . . . . . *Hemistena,* S. 248

6″ Schale ungleichseitig, verlängert, Rücken und Bauchrand fast gerade und gleichlaufend; Vorderende schief abgestutzt; Hinterende schief abgestutzt, hinten gerundet. Schloß mit zwei Hauptzähnen rechts und einem links *Arcidopsis,* S. 74

7 Schale normal 8

7′ Schale verdreht . . . . . . *Arconaia,* S. 69

8 Schale mit dornartigen Fortsätzen . . . . . . *Canthyria,* S. 207

8′ Schale ohne dornartige Fortsätze 9

9 Schale mit zwei Hauptzähnen und zwei Seitenzähnen in der linken, mit einem Hauptzahn und einem Seitenzahn in der rechten Klappe 10

10 Schloß mit einem Haupt- und einem Seitenzahn jederseits . . *Pressidens,* S. 81

10′ Zwei Hauptzähne und zwei Seitenzähne links, ein Hauptzahn und ein Nebenzahn rechts 11

11 Schale lang, mit vorderem und hinterem Flügel; Hauptzähne verlängert, angerauht . . . . . . *Prisodontopsis,* S. 192

11′ Schale rundlich, ziemlich fest, Schloß fest . . . . . . *Inversidens,* S. 60

11″ Schale ohne die unter 11 und 11′ genannten Merkmale 12

12 Schale zusammengedrückt, hinten meist geflügelt 13

12′ Schale rundlich, beinahe ebenso hoch wie lang, bauchig 15

12″ Schale meist mäßig gewölbt, mäßig bis stark verlängert 24

13 Flügel niedrig, Area gerunzelt . . . . . . *Prohyriopsis,* S. 108

13′ Flügel hoch, Vorderende meist in einen Zipfel ausgezogen 10

14 Hauptzähne länglich, oft geriefelt; Flügel verschieden hoch . . *Hyriopsis,* S. 146

14′ Hauptzähne klotzig, tief gefurcht; Intervall kurz . . . . *Chamberlainia,* S. 152

15 Schale fest 12

15′ Schale ziemlich dünn 26

16 Oval, aufgeblasen, hinten leicht geflügelt, eine Furche anstelle der äußeren Arealkante; Hinterrand mit Einbuchtung . . . . . . *Caudiculatus,* S. 80

16′ Ohne Einbuchtung und ohne Arealfurche 17

17 Dünnschalig . . . . . . *Physunio,* S. 87

17′ Dickschaliger 18

17″ Schale elliptisch, aufgeblasen, hinten in der Mitte zugespitzt mit wohl entwickelter Arealkante. Wirbel mit einer Skulptur von zahlreichen, feinen ausstrahlenden Rippchen, die sich unten treffen und der Skulptur ein zickzackartiges Aussehen geben, die sich weit über die Schale erstrecken kann . . . . . . *Indonaia,* S. 113

18 Oberfläche durch Wülste uneben . . . . . . *Schistodesmus,* S. 84

18′ Oberfläche eben, bis auf Schalenskulptur 19

19 Seitenzähne kurz, rechts manchmal doppelt; Wirbelhöhle tief . . *Parreysia,* S. 117

19′ Seitenzähne länger 20

20 Intervall ziemlich kurz und hoch . . . . . . *Protunio,* S. 86

20′ Intervall kurz 21

21 Hauptzähne konisch, abgestumpft . . . . . . *Diaurora,* S. 105

21′ Hauptzähne breit, niedrig, zerklüftet . . . . . . *Acuticosta,* S. 82

21″ Schale mehr oder weniger verlängert, mäßig dickschalig, hinten stets höher als vorn. Wirbel ziemlich vorderständig, nicht sehr vorragend, stark aufgeblasen. Areola niedrig, Area hoch, ohne deutliche Arealkanten, leicht ausgehöhlt. Hauptzähne etwas verdickt und kurz; Intervall kurz, sehr dünn, schwach gebogen; Seitenzähne gerade, der rechte hoch ,die beiden linken niedrig . . . . . . *Afronaia,* S. 188

22 Schale oval oder elliptisch, meist dünn 23

22′ Schale eiförmig rhombisch, etwas dicker, aufgeblasen . . . . *Unionetta,* S. 85

23 Schale oval, etwas oder bedeutend aufgeblasen; hinterer linker Hauptzahn zur Rückbildung neigend . . . . **Contradens**, S. 96

23′ Schale mehr oder weniger elliptisch, meist dünn, vorn kurz und rund, hinten lang und hoch; Wirbelskulptur bedeckt gelegentlich die ganze Oberfläche . . . . **Caelatura**, S. 163

23″ Wirbel mit einer Skulptur aus spitzwinkelig geknickten Zickzack-Runzeln, die einen großen Teil der Jugendschalen bedecken können. Hauptzähne gesägt plattig; Winkel zwischen Haupt- und Seitenzähnen sehr ausgesprochen **Nyassunio**, S. 162

24 Schale unregelmäßig viereckig, sehr aufgeblasen . . . . . . **Haasodonta**, S. 91

24′ Schale mäßig oder wenig aufgeblasen, nicht viereckig 25

25 Schale unregelmäßig eiförmig, fest, etwas geschwollen . . . . **Plethobasus**, S. 250

25′ Schale unregelmäßig dreieckig oder trapezförmig 26

26 Schale unregelmäßig dreieckig; Wirbelgegend vorragend . . . **Pleurobema**, S. 251

26′ Schale nicht unregelmäßig dreieckig 27

26″ Schale sehr ungleichseitig, aufgeblasen, fest, mit rauher schwärzlicher Oberhaut. Vorderende kurz, gerundet und sehr dick, Hinterende verlängert, stumpf. Bauchrand gebogen, leicht eingedrückt. Wirbel flach, breit. Schloß äußerst dick, rechte Schale mit zwei Seitenzähnen versehen, deren unterer groß und dick ist. Linke Klappe mit einem vornestehenden schiefen Seitenzahn, der schmal ist und vorragt und einem dicken dreieckigen Hauptzahn und zwei ungleichen Seitenzähnen hinten . . . . **Barynaias**, S. 245

27 Schale unregelmäßig trapezförmig; Wirbel leicht vorragend . **Lexingtonia**, S. 248

27′ Schale verlängert eiförmig, Hauptzähne dünn, klingenförmig 28

28 Schale verlängert eiförmig, dünn, Wirbel aufgeblasen . . . . . . **Mesafra**, S. 156

28′ Schale anders gestaltet 29

29 Schale eiförmig bis elliptisch, fast linsenförmig . . . . . . **Afroparreysia**, S. 160

29′ Schale ausgesprochen verlängert, stets deutlich länger als hoch 30

30 Schale etwa 1 ½fach so lang wie hoch 31

30′ Schale mehr als 1 ½fach so lang wie hoch 33

31 Schale etwas ungleichseitig; Wirbel meist hoch, ihre Skulptur besteht aus Zuwachsstreifen, die mit den Falten gleichlaufen . . . . **Elliptio**, S. 211

31′ Wirbelskulptur verschieden von voriger 32

32 Schale elliptisch, mehr oder weniger zusammengepreßt, Wirbelskulptur besteht aus welligen Runzeln . . . . **Heudeana**, S. 105

32′ Schale verlängert, eiförmig, vorn gerundet, hinten zugespitzt; festschalig, leicht aufgeblasen mit schwacher Area. Wirbel ziemlich tief, ihre Skulptur unbekannt. Die Area ist mit starken, aufwärts gebogenen Wülsten skulpiert, die sich manchmal leicht auf die Schalenoberfläche erstrecken, die sonst glatt und glänzend ist. Linke Klappe mit zwei ziemlich stumpfen aufgerauhten Hauptzähnen und eins bis zwei undeutlichen Seitenzähnen; rechte Klappe mit einem einzigen stumpfen Hauptzahn, vor dem die Schloßlinie ausgehöhlt ist, und einem undeutlichen Seitenzahn, der manchmal aufgesplittert ist. Wirbelhöhlen seicht. Perlmutter weißlich. . . . . **Ptychorhynchus**, S. 105

33 Schale lang, hinten am breitesten; die hinteren zwei Drittel der Schalenoberfläche mit unregelmäßigen Knötchen besetzt . . . . **Cucumerunio**, S. 508

33′ Schalenfläche ohne Knötchen 34

34 Schale verlängert, schmal, hinten gerundet; Wirbel mit Zickzackrunzeln skulptiert . . . . **Nitia**, S. 157

34′ Schale hinten meist ein- oder zweispitzig, Wirbelskulptur anders 35

35 Hinterende gelegentlich verdreht. . . . . **Cuneopsis**, S. 101

35′ Hinterende (mit einer Ausnahme) nicht verdreht. 36

36 Schale trapezförmig, zusammengedrückt; Area und Wirbel konzentrisch mit Zickzackrunzeln skulptiert . . . . **Trapezoideus**, S. 75

36′ Schale länger, mit verschiedenartiger Wirbelskulptur 37

37 Schale elliptisch, mit konzentrisch gerunzelter Oberfläche, beim ♂ im Alter nierenförmig, bei ♀ mit hinterer Anschwellung . . . . ***Nephronaias,*** S. 192
37′ Geschlechter nicht verschieden 38
38 Schale verlängert elliptisch, fest; Wirbel voll, mit unregelmäßigen, oft auf die Schalenoberfläche übergreifenden Zickzackrunzeln . . . . ***Cafferia,*** S. 154
38′ Schalenoberfläche glatt (mit Ausnahme von *Ctenodesma*) 39
39 Schale verlängert, dünn, zusammengepreßt, fast ohne Area; Wirbel niedrig, ihre Zickzackskulptur erstreckt sich als feine Runzeln oder Knötchen fast über die ganze Schalenfläche . . . . ***Ctenodesma,*** S. 77
39′ Schalenfläche stets glatt; stark verlängerte Area 40
40 Schale sehr ungleichseitig 41
40′ Schale weniger ungleichseitig, mit dünnen, blattartigen Hauptzähnen. 42
41 Schale sehr lang und schmal, gelegentlich hinten verdreht. . . ***Lanceolaria,*** S. 65
41′ Schale sehr ungleichseitig; Wirbel voll, mit konzentrischen Falten skulptiert . . . . ***Rectidens,*** S. 93
42 Schale schmal, hinten zugespitzt; Wirbel glatt oder leicht konzentrisch, zickzackförmig gerunzelt; kein Fulcrum unter den Seitenzähnen. . . . . ***Ensidens,*** S. 71
42′ Schale breiter, Wirbel verschieden skulptiert 43
43 Wirbelskulptur aus gekrümmten, strahligen, konzentrischen Fältchen, die halbwegs über die Schalenfläche ziehen . . . . ***Lamellidens,*** S. 109
43′ Wirbel ohne Skulptur 44
44 Wirbelhöhlen seicht, Area wenig ausgeprägt 45
44′ Wirbelhöhlen tief, Area deutlich 46
45 Hauptzähne lang, blattförmig, kein Fulcrum . . . . ***Elongaria,*** S. 79
45′ Schalen-Unterrand fast gerade; Area niedrig, glatt oder skulptiert; meist zwei Hauptzähne jederseits . . . . ***Virgus,*** S. 509
46 Schalenfläche fast gänzlich mit Knötchenfalten bedeckt. . . . . . ***Scabies,*** S. 63
46′ Schalenfläche fast ganz glatt 47
47 Schale ziemlich bauchig; Wirbel vorragend; Skulptur von Zickzackfalten auf die Wirbel beschränkt . . . . ***Oxynaia,*** S. 69
47′ Wirbel ziemlich niedrig, mit rauhen, gelegentlich bogigen und auch unterbrochenen Falten skulptiert. . . . . ***Unio,*** S. 18

Genus **Unio** Retzius*)

1788 *Unio* Retzius, Diss. nat.-hist. Test. Gen.: 16. — Species typica (Turton 1831): *Unio pictorum* Retzius.
1791 *Limnaea* Poli, Testacea Utriusque Siciliae, **1**:31. — Species typica (Ellis 1947): *Mya pictorum* Linnaeus.
1815 *Lymnium* Oken, Lehrb. Naturg., **3** (Zool.), Abth. **1**:237. — Species typica: *Mya pictorum* Linnaeus.
1815 *Lymnaea* Oken, Lehrb. Naturg., **3** (Zool.), Abth. **1**:237. — Species typica: *Mya pictorum* Linnaeus.
1822 *Mysca* Turton, Conch. Ins. Brit.; 243. — Species typica (Turton 1831): *Mya ovalis* Montagu (= jüngeres subjektives Synonym von *Unio tumidus* Retzius 1788).
1850 *Chondrostes* Gistl, Naturgesch. Thierr.: 188. — Species typica: *Unio pictorum* (Linnaeus).

*) Die Frage, ob die „Dissertatio historico-naturalis, sistens nova testaceorum genera“ L. M. Philipson oder A. Retzius zum Verfasser hat, ist noch nicht entschieden; nach dem damaligen Brauch (1788) galt der Professor als Verfasser der von seinen Studenten aufgestellten Dissertationen. Erst um die Mitte der fünfziger Jahre des 19. Jahrhunderts wurde dieser Brauch abgeschafft. Neuerlich geäußerten Ansichten (Ellis 1946, 1947) entgegen bleibe ich dabei, Retzius als den Autor von *Unio* anzusehen.

1853 *Nodularia* CONRAD (non *Nodularia* OKEN 1815: Hydrozoa), Proc. Acad. nat. Sci. Philadelphia: 268. — Species typica: *Unio douglasiae* GRAY.
1901 *Nodularidia* COCKERELL, Science, New York, **13**:984. — Species typica: *Lanceolaria douglasiae* (GRAY).
1919 *Eolymnium* PRASHAD, Rec. Ind. Mus., Calcutta, **16**:410, Abb. 5. — Species typica (durch Monotypie): *Unio terminalis* BOURGUIGNAT.
1939 *Nemrodia* PALLARY [Subgenus von *Unio*], Mém. Inst. Égypte, Caire, **39**:116. — Species typica (hoc loco): *Unio tigridis* BOURGUIGNAT.

Diagnosis: Schale ungleichseitig, Area mehr oder weniger deutlich entwickelt. Wirbelskulptur aus groben, manchmal zickzack- oder spitzenförmigen Runzeln. Schloß mit Haupt- und Seitenzähnen. Schalenoberfläche meistens glatt, Konchinschicht manchmal strahlig. Das Marsupium nimmt alle vier Kiemen ein.

Verbreitung: Europa, Mittelmeer-Länder, Ost-Asien, einschließlich Japan.

Bestimmungsschlüssel zu den Arten und Unterarten

Der Verfasser ist sich der Unzulänglichkeit des hier gebotenen Bestimmungsschlüssels wohl bewußt. Während es möglich ist, Unterscheidungsmerkmale für einen Schlüssel bis hinunter zu den Artengruppen deutlich herauszuholen, versagt diese Möglichkeit bei den Unterarten kläglich. Bei der vorher geschilderten bemerkenswerten Plastizität der Unionidenschale können durchaus unterscheidbare Unterarten unter bestimmten Umweltbedingungen völlig identisch aussehende Formen ausbilden, und das erschwert ihre Unterscheidung bedeutend. Dieser Umstand macht es oft unmöglich, für solche Unterarten einen dichotomen Bestimmungsschlüssel aufzustellen. Immerhin hoffe ich, daß der vorliegende Schlüssel dem Benutzer hilft, einwandfrei die Arten zu unterscheiden; die Identität der Unterarten kann oft nur aus der geographischen Verbreitung erschlossen werden.

1 Schale sehr verlängert, hinten zugespitzt; Wirbel hoch **2**
1′ **00**
2 Wirbelskulptur aus Spitzen oder schwachen Runzeln bestehend **3**
2′ Wirbelskulptur aus V-förmigen Haken bestehend . . . . . . ***U. tumidus,*** S. 20
3 Wirbelskulptur aus Runzeln bestehend **6**
3′ Wirbelskulptur aus Spitzen bestehend **4**
4 Zähne dünn, schneidend . . . . ***U. pictorum,*** S. 22
4′ Zähne fester, massig **5**
5 Schale breit keilförmig . . . . ***U. tigridis,*** S. 30
5′ Schale kurz, hoch, sehr fest . . . . ***U. abyssinicus,*** S. 32
6 Schale klein, Zickzackrunzeln auf der ganzen Schale . . . ***U. nuxpersicae,*** S. 59
6′ Schale anders gestaltet **7**
7 Schalenfläche mit engstehenden, leicht gewellten, niederen Runzeln bedeckt . . . . ***U. denserugatus,*** S. 59
7′ Schalenskulptur nicht die ganze Schale bedeckend **8**
8 Wirbelskulptur etwa ⅓ der Schalenfläche bedeckend . . . . . . ***U. biwae,*** S. 59
8′ Schale mehr oder weniger elliptisch; Wirbelskulptur auf die Wirbelspitzen beschränkt **9**
9 Schale ziemlich zusammengedrückt. . . . . ***U. dorri,*** S. 59
9′ Schale verlängert, hinten etwas zugespitzt **10**
10 Schale meist ziemlich aufgeblasen . . . . ***U. douglasiae,*** S. 56
10′ Schale hinten mehr oder weniger abgerundet **11**
11 Schale verlängert, ziemlich flach . . . . ***U. elongatulus,*** S. 33
11′ Schale eirund oder nur leicht verlängert, meist ziemlich bauchig . ***U. crassus,*** S. 44

A. Westliche Gruppe von *Unio*

1. Unio tumidus RETZIUS

1a. Unio tumidus tumidus RETZIUS*)

1788 *Unio tumidus* RETZIUS, Diss. nat.-hist. Test. Gen.: 17. — Terra typica: Flüsse Europas.
1793 *Unio conus* SPENGLER, Skr. naturhist. Selsk., Kjøbenhavn, **3**:60. — Terra typica: Tranquebar.
1802 *Mya ovata* DONOVAN, Brit. Shells, **4**: Taf. 122. — Terra typica: England.
1803 *Mya ovalis* MONTAGU, Test. Brit.: 45. — Terra typica: England.
1822 *Mysca solida* TURTON, Conch. Ins. Brit.: 246; Taf. 16, Fig. 2. — Terra typica: England.
1833 *Unio inflata* HECART, Mém. Soc. Agricult. Valenciennes, **1**:245. — Terra typica: Frankreich.
1838 *Unio muelleri* ROSSMÄSSLER, Iconogr. Land-Süßw.-Moll., **2**:41; Taf. 40, Fig. 541. — Terra typica: Schulensee bei Kiel.
1851 *Unio tumidus var. corrosus* ZELEBOR, Ber. Mitt. Freunde Naturw. Wien, **7**: 230. — Terra typica: March bei Theben, Mähren.
1851 *Unio tumidus* var. *solidus* ZELEBOR, Ber. Mitt. Freunde Naturw. Wien, **7**:230. — Terra typica: March bei Theben, Mähren.
1854 *Unio tumidus* var. *saccatus* ROSSMÄSSLER, Iconogr. Land-Süßw.-Moll., **3**:138; Taf. 18, Fig. 969. — Terra typica: Schweden.
1859 *Unio pictorum* var. *niger* JOANNIS, Ann. Soc. linn. Maine-et-Loire, Angers, **3**:34; Taf. 12, Fig. 2. — Terra typica: Mittleres Frankreich.
1864 *Unio tumidus* var. *pictus* BECK in MOERCH, Syn. moll. Daniae : 77. — Terra typica: Dänemark.
1864 *Unio tumidus* var. *maxima* MOERCH, Syn. moll. Daniae: 78. — Terra typica: Dänemark.
1864 *Unio tumidus* var. *limicola* MOERCH, Syn. moll. Daniae: 76. — Terra typica: Dänemark.
1868 *Unio tumidus* var. *incurvatus* COLBEAU, Ann. Soc. malac. Belg., Bruxelles, **3**:106; Taf. 4, Fig. 2—3. — Terra typica: Belgien.
1868 *Unio tumidus* var. *heckingi* COLBEAU, Ann. Soc. malac. Belg., Bruxelles, **3**:106; Taf. 4, Fig. 1. — Terra typica: Belgien.
1880 *Unio tumidus* var. *rohrmanni* KOBELT, Iconogr. Land-Süßw.-Moll., (1) **7**:32; Taf. 192, Fig. 1951. — Terra typica: Schwiersee, Schlesien.
1881 *Unio bardus* BOURGUIGNAT in SERVAIN, Malac. Lac Balaton: 98. — Terra typica: Balaton-See, Ungarn.
1882 *Unio edyus* BOURGUIGNAT in LOCARD, Prodr. Malac. franç., **1**:299. — Terra typica: Frankreich.
1882 *Unio alpecanus* BOURGUIGNAT in LOCARD, Prodr. Malac. franç., **1**:285. — Terra typica: Frankreich.

*) Die meisten der von BOURGUIGNAT und LOCARD aufgestellten, hier in die Synonymie von *Unio tumidus tumidus* RETZIUS versetzten „Arten“ sind nicht oder nur unzulänglich abgebildet worden; die für diese Art so bezeichnende Wirbelskulptur wird nie erwähnt. Unter diesen Umständen mag es sein, daß diese nicht validen Formen eher in die Synonymie von *Unio pictorum* zu stellen wären, dessen Gestalt und Schloßausbildung unter gewissen Bedingungen manchmal zu Verwechslungen mit *tumidus*-Formen führen kann.

1882 *Unio fourneli* Bourguignat in Locard, Prodr. Malac. franç., 1:300. — Terra typica: Frankreich.
1885 *Unio schroederi* Bourguignat in Schroeder, Bull. Soc. malac. France, Paris, 2:224. — Terra typica: Elbe in Deutschland.
1886 *Unio rhenanus* Kobelt, Jb. nassau. Ver. Naturk., Wiesbaden, 39:96; Taf. 5, Fig. 3. — Terra typica: Rhein im Rheingau.
1887 *Unio tumidus* var. *godetiana* Clessin, Moll.-Fauna Mitteleuropas, 2:738; Abb. 496. — Terra typica: Neuenburger See, Schweiz.
1888 *Unio mulierum* Servain, Bull. Soc. malac. France, Paris, 5:321. — Terra typica: Alster bei Hamburg.
1888 *Unio macrorhynchus* Borcherding, Abh. naturw. Ver. Bremen, 10:341 [non Bourguignat 1882]. — Terra typica: Dümmersee, Niedersachsen.
1889 *Unio borcherdingi* Bourguignat in Locard, Contrib. Faune malac. franc., 13:47 Fußn. 3 [n. nom.]. — Terra typica: Dümmersee, Niedersachsen.
1889 *Unio tumidulus* Locard, Contrib. Faune malac. franç., 13:155. — Terra typica: Frankreich.
1889 *Unio aldemaricus* Locard, Contrib. Faune malac. franç., 13:156. — Terra typica: Frankreich.
1889 *Unio giberti* Locard, Contrib. Faune malac. franç., 13:85. — Terra typica: Frankreich.
1893 *Unio rothomagensis* Locard, Coqu. eau douce saumâtre France: 213. — Terra typica: Seine, Frankreich.
1893 *Unio elbovicensis* Locard, Bull. Soc. Sci. nat. Elbeuf, 12:11. — Terra typica: Untere Seine, Frankreich.
1893 *Unio lacrymiformis* Locard, Bull. Soc. Sci. nat. Elbeuf, 13:19. — Terra typica: Untere Seine, Frankreich.
1893 *Unio levoiturieri* Locard, Bull. Soc. Sci. nat. Elbeuf, 13:14. — Terra typica: Untere Seine, Frankreich.
1909 *Unio lauterborni* Haas, Beitr. Kenntn. mitteleurop. Najadeen, 3:46. — Terra typica: Alt-Rhein von Neuhofen, nahe Ludwigshafen.
1912 *Unio tumidus* var. *succinctus* Hilbert, Schr. Königsberg. phys. Ges.; 52:271. — Terra typica: Ostpreußen.

Diagnosis: Schale länglich eiförmig, hinten keilförmig auslaufend, gleichmäßig verschmälert und zugespitzt. Oberrand fast gerade, Unterrand gestreckt bogig. Rückenumriß bauchig, vorn aufgeblasen, nach hinten zu langsam an Dicke abnehmend. Wirbel voll, ihre Skulptur besteht aus vier bis fünf ziemlich entfernten, in zwei stark vorspringenden Winkeln gebrochenen, höckerigen Falten. Hauptzähne lang und fest, aber schneidend. Konchinschicht olivgrün bis kastanienbraun, strahlig. — Maße: Länge 65—95 mm, Höhe 30 bis 43 mm, Dicke 23—38 mm.

Verbreitung: Atlantisches Mittel- und Westeuropa.

1b. Unio tumidus borysthenensis Kobelt

1879 *Unio tumidus* var. *borysthenensis* Kobelt, Iconogr. Land-Süßw.-Moll., 7:32; Taf. 192, Fig. 1950. — Terra typica: Dnjepr, Süd-Rußland.
1880 *Unio gerstfeldtianus* Clessin, Nachr.Bl. dtsch. malak. Ges., Frankfurt a. M., 12:81. — Terra typica: Fluß Sestra, Nebenfluß der Wolga, bei Klin, Rußland.
1881 *Unio tumidus* var. *falcatulus* Drouet, Unionidae Russie: 9. — Terra typica: Charkov, Rußland.

1911 *Unio tumidus* var. [*okae* im Register] KOBELT, Iconogr. Land-Süßw.-Moll., (2) 17:58; Taf. 480, Fig. 2565, 2566. — Terra typica: Fluß Oka bei Serpuchon, Rußland.
1912 *Unio tumidus ilekensis* KOBELT, Iconogr. Land-Süßw.-Moll., (2) 18:28; Taf. 492, Fig. 2629. — Terra typica: Ilek-Fluß, Nebenfluß des Ural-Flusses, Rußland.
1914 *Unio tumidus* var. *natermanni* HONIGMANN, Abh. Ber. Mus. Magdeburg, 2:7. — Terra typica: Rumänien.
1938 *Unio tumidus* var. *bashkiricus* SHADIN, Faune URSS, Mollusques, 4:80; Abb. 19. — Terra typica: Oka-Fluß, Süd-Rußland.
1938 *Unio tumidus* var. *moltshanovi* SHADIN, Faune URSS, Mollusques, 4:85; Abb. 20. — Terra typica: Fluß Süska, Selieger-See, südlich von Moskau, Rußland.
1938 *Unio tumidus* var. *fridmani* SHADIN, Faune URSS, Mollusques, 4:86; Abb. 21. — Terra typica: Fluß Sumitsch, Nebenfluß der oberen Kama, Rußland.
1938 *Unio tumidus* var. *kobeltianus* SHADIN, Faune URSS, Mollusques, 4:82. — Terra typica: Flüsse Oka und Kama, Rußland.

Diagnosis: Dem typischen *tumidus* sehr ähnlich, aber durch die starke Entwicklung der Wirbelskulptur ausgezeichnet; sie besteht aus vier Reihen zickzackförmiger Höcker hintereinander, die so weit vorspringen, daß die Wirbel, von oben gesehen, zackig erscheinen. — Maße: Länge 80 mm, Höhe 30 mm, Dicke 28 mm.

Verbreitung: Europäische Zuflüsse des Schwarzen Meeres, einschließlich der unteren Donau.

2. **Unio pictorum** (LINNAEUS)

2a. Unio pictorum pictorum (LINNAEUS)*)

1757 *Mya pictorum* LINNAEUS, Syst. Nat., Ed. 10, 1:671. — Terra typica: In Barbariae, in Tranquebariae, in Europae aquis dulcibus.
1822 *Unio limosus* NILSSON, Hist. Moll. Suec.: 110. — Terra typica: In amnibus et rivis, in Scania vulgaris.
1832 *Unio deshayesii* MICHAUD, Compl. Hist. nat. Moll. terr. fluv. DRAPARNAUD: 107; Taf. 16, Fig. 30. — Terra typica: Quimper, Finistère, Nord-Frankreich.
1842 *Unio pictorum* var. *grandis* ROSSMÄSSLER, Iconogr. Land-Süßw.-Moll., 2(5):14; Taf. 55, Fig. 741. — Terra typica: Karlsruhe, Baden.
1854 *Unio maltzani* KÜSTER in MARTINI-CHEMNITZ, Conch. Cab., IX. 2:106; Taf. 29, Fig. 1—2. — Terra typica: Blumenholzer See, Mecklenburg.
1879 *Unio pictorum* var. *pachyodon* JORDAN, Jb. dtsch. malak. Ges., Frankfurt a. M., 6:304; Taf. 8, Fig. 1; Taf. 9, Fig. 5. — Terra typica: Ober-Lausitz, Schlesien.

---

*) Die Synonymie von *Unio pictorum* und seiner Unterarten ist noch sehr aufklärungsbedürftig, besonders was die in Frankreich beschriebenen Formen angeht. Infolge der großen Variabilität wurden zahlreiche neue „Varietäten" oder „Arten" geschaffen. Sie zu deuten ist so schwierig, daß selbst der letzte, auf Verkleinerung der Artenzahl bedachte französische Revisor (GERMAIN 1931) nur versuchsweise vorgehen konnte. Aus diesem Grunde kann die hier zusammengestellte Synonymieliste weder vollständig noch vollkommen richtig sein.

1882 *Unio jousseaumei* BOURGUIGNAT in LOCARD, Rev. Esp. franç. *Margaritana* et *Unio*: 63. — Terra typica: Mittel-Frankreich.
1882 *Unio pincianus* BOURGUIGNAT in LOCARD, Rev. Esp. franç. *Margaritana* et *Unio*: 61. — Terra typica: Seine, Frankreich.
1882 *Unio joannisi* BOURGUIGNAT in LOCARD, Prodr. Malacol. franç.: 296. — Terra typica: Mittel-Frankreich.
1882 *Unio gallicus* BOURGUIGNAT in LOCARD, Prodr. Malacol. franç.: 296. — Terra typica: Rhône-Gebiet.
1882 *Unio cancrorum* BOURGUIGNAT in LOCARD, Prodr. Malacol. franç.: 296. — Terra typica: Mittel-Frankreich.
1882 *Unio rhynchetinus* LETOURNEUX in SERVAIN, Hist. moll. acéph. Francfort: 24. — Terra typica: Main bei Frankfurt; Ost-Frankreich.
1882 *Unio rostratellus* BOURGUIGNAT in LOCARD, Prodr. Malacol. franç.: 297. — Terra typica: In den Flüssen Seine, Loire und Rhône, Frankreich.
1882 *Unio torsatellus* BERTHIER in LOCARD, Prodr. Malacol. franç.: 292. — Terra typica: Seine, Frankreich.
1882 *Unio hollandrei* SAULCY in LOCARD, Prodr. Malacol. franç.: 299. — Terra typica: Seine, Frankreich.
1882 *Unio fascellinus* SERVAIN in LOCARD, Prodr. Malacol. franç.: 295. — Terra typica: Mittel-Frankreich.
1882 *Unio falsus* BOURGUIGNAT in LOCARD, Prodr. Malacol. franç.: 295. — Terra typica: Nord- und Mittel-Frankreich.
1886 *Unio strigatus* SERVAIN, Bull. Soc. malac. France, Paris, **4**: 257. — Terra typica: Granlieu, Loire-Inférieure, Frankreich.
1887 *Unio caravellus* SERVAIN, Bull. Soc. malac. France, Paris, **5**: 256. — Terra typica: Granlieu, Loire-Inférieure, Frankreich, und bei Hamburg, Deutschland.
1888 *Unio lesumicus* BOURGUIGNAT in LOCARD, Prodr. Malacol. franç.: 130. — Terra typica: Flüßchen Lesum bei Vegesack, Bremen.
1888 *Unio subbalatonicus* SERVAIN, Bull. Soc. malac. France, Paris, **6**: 322. — Terra typica: Bei Hamburg und bei Bremen, Nord-Deutschland.
1889 *Unio brebissoni* LOCARD, Rev. Esp. franç. *Margaritana* et *Unio*: 117. — Terra typica: Nord-Frankreich.
1889 *Unio campylus* LOCARD, Rev. Esp. franç. *Margaritana* et *Unio*: 137. — Terra typica: Mittel- und Süd-Frankreich.
1889 *Unio siliquiformis* LOCARD, Rev. Esp. franç. *Margaritana* et *Unio*: 153. — Terra typica: Mittel-Frankreich.
1889 *Unio macropisthus* BOURGUIGNAT in LOCARD, Rev. Esp. franç. *Margaritana* et *Unio*: 152. — Terra typica: Flüsse Seine und Saône, Frankreich.
1889 *Unio hopitali* LOCARD, Rev. Esp. franç. *Margaritana* et *Unio*: 118. — Terra typica: Kleine Flüsse Nord-Frankreichs.
1889 *Unio oesiacus* LOCARD, Rev. Esp. franç. *Margaritana* et *Unio*: 135. — Terra typica: Flüsse Oise und Marne, Nord-Frankreich.
1893 *Unio rectus* LOCARD, Coquilles Eaux douces et saumâtres France: 207. — Terra typica: Flüsse West-Frankreichs.
1896 *Unio pictorum* var. *battonensis* KOBELT, Jb. nassau. Ver. Naturk., Wiesbaden, **47**: 88; Taf. 4, Fig. 1—3. — Terra typica: Fluß Eder, Weser-Zufluß, bei Battenberg.
1913 *Unio limosus lacustris* ZWIESELE, *Unio pictorum* L., in der Schweiz: 7; Taf. 2, alle Figuren; Taf. 3, 2, Fig. oben links; Taf. 4, alle Figuren; Taf. 6, 6, Fig. links; Taf. 7, 6, Fig. links. — Terra typica: Lowerzer Seeausfluß, Schweiz.
1913 *Unio limosus helveticus* ZWIESELE, *Unio pictorum* L. in der Schweiz: 9; Taf. 5, alle Figuren. — Terra typica: Zuger See, Schweiz.

Diagnosis: Muschel zungenförmig, mit gleichlaufenden Ober- und Unterrändern, vorn kurz, gerundet, hinten lang, zugespitzt; Schale etwas bauchig, Wirbel mit einzelnen Höckern in zwei Reihen. Konchinschicht meist hell, nie strahlig. Zähne lang, fest, aber nicht plump; schneidend.

Verbreitung: Atlantisches Nord- und Mittel-Europa sowie nordwestliches Europa. Anscheinend bildet die Art mit Formen des *Unio elongatulus* in Ost-Frankreich Hybriden.

2b. Unio pictorum praeposterus KÜSTER

1854 *Unio praeposterus* KÜSTER, in MARTINI-CHEMNITZ, Conch. Cab., IX. 2:87; Taf. 22, Fig. 7. — Terra typica: Regen bei Regensburg.

Diagnosis: Muschel mit erhöhtem Hinterteil, Vorderteil niedrig und herabgesenkt; Unterrand oft leicht eingebuchtet. Wirbel weit vorn gelegen. — Maße: Länge 88 mm, Höhe 38 mm, Dicke 25 mm.

Verbreitung: Flüsse Naab, Regen und Thaya im Donau-System.

2c. Unio pictorum latirostris KÜSTER

1854 *Unio latirostris* KÜSTER, Conch. Cab., IX. 2:86; Taf. 22, Fig. 5, 6. — Terra typica: Fluß Altmühl, Bayern.

1854 *Unio quinqueannulatus* KÜSTER, Conch. Cab., IX. 2:93; Taf. 25, Fig. 3, 4. — Terra typica: Mittelfranken, Bayern.

1854 *Unio arca* HELD in KÜSTER, Conch. Cab., IX. 2:79; Taf. 20, Fig. 1, 2. — Terra typica: Ammersee, Bayern.

1854 *Unio decollatus* HELD in KÜSTER, Conch. Cab., IX. 2:79; Taf. 20, Fig. 3. — Terra typica: Chiemsee, Bayern.

1861 *Unio baletonicus* KÜSTER, Conch. Cab., IX. 2:231; Taf. 78, Fig. 1. — Terra typica: Plattensee?

1881 *Unio balatonicus* SERVAIN, Hist. malac. Lac Balaton: 101. — Terra typica: Plattensee in Ungarn.

1881 *Unio dubreili* SERVAIN, Hist. malac. Lac Balaton: 98. — Terra typica: Plattensee in Ungarn.

1915 *Unio eucallistus* KOBELT, Iconogr. Land-Süßw.-Moll., (2) **20**:13; Taf. 544, Fig. 2778. — Terra typica: Donau bei Belgrad.

Diagnosis: Männchen und Weibchen etwas verschieden, die zweiten etwas stärker aufgeblasen; Schale vorn oft etwas zugespitzt; bei den bauchigeren Weibchen ist der Unterrand etwas eingedrückt. Schloßzähne verhältnismäßig dünn und klein. — Maße: Länge 63—72 mm, Höhe 39—40 mm, Dicke 21 mm.

Bemerkung: HAAS & SCHWARZ (1913) betrachten *Unio quinqueannulatus* als Hybriden zwischen den Rassen *pictorum* und *latirostris*.

Verbreitung: Donau in Deutschland, Deutsch-Österreich, Ungarn und Jugoslawien; dringt in die Save ein.

2d. Unio pictorum platyrhynchus ROSSMÄSSLER

1835 *Unio platyrhynchus* ROSSMÄSSLER, Iconogr. Land-Süßw.-Moll., **1**(2):22; Taf. 9, Fig. 130. — Terra typica: Bach bei Klagenfurt, Kärnten.

1836 *Unio longirostris* ROSSMÄSSLER, Iconogr. Land-Süßw.-Moll., **1**(3):26; Taf. 14, Fig. 200. — Terra typica: Fluß Glanfurt bei Klagenfurt, Kärnten.

1842 *Unio ponderosus* SPITZI in ROSSMÄSSLER, Iconogr. Land-Süßw.-Moll., **2**(6):31; Taf. 59, Fig. 767. — Terra typica: St. Leonhard, Steiermark.

1847 *Unio graniger* J. F. SCHMIDT, Conch. Krain: 26. — Terra typica: Bach Loschka bei Sonnegg, Krain.

Diagnosis: Vorderende sehr kurz, Hinterende lang, oft in einen herabgebogenen Schnabel ausgezogen, besonders bei Seeformen; Schloß schwach. — Maße: Länge 93 mm, Höhe 35 mm, Dicke 27 mm.

Verbreitung: Donau-Zuflüsse aus Steiermark, Kärnten und Krain.

2e. Unio pictorum schrenkianus Clessin

1880 *Unio schrenkianus* Clessin, Nachr.Bl. dtsch. malak. Ges., Frankfurt a. M., **12**:80. — Terra typica: Fluß Sestra, Nebenfluß der Wolga, bei Klin, Rußland.

1911 *Unio pictorum* var. *okae* Kobelt, Iconogr. Land-Süßw.-Moll., (2)**17**:58; Taf. 480, Fig. 2563, 2564. — Terra typica: Oka bei Serpuchon, Rußland.

1912 *Unio (limosus) annulatus* Kobelt, Iconogr. Land-Süßw.-Moll., (2)**18**:28; Taf. 492, Fig. 2828. — Terra typica: Ilek, Zufluß des Ural, Rußland.

1930 *Unio pictorum schrenckianus* var. *dicki* Modell (nomen illegitimum), Arch. Molluskenk., Frankfurt a. M., **62**:226. — Terra typica: Podbornoje, Nebenflüßchen der Wolga bei Stavropol-Samarski, Rußland.

1938 *Unio lindholmi* Shadin, Faune URRS, Moll., **4**(1):97; Abb. 29. — Terra typica: Fluß Tsholokm, nordöstlich von Batum, Rußland.

1938 *Unio pictorum* var. *okensis* Shadin, Faune URRS, Moll., **4**(1):77. — Terra typica: Flüsse Oka und Kama, Rußland.

1938 *Unio pictorum* var. *pygmaeus* Shadin, Faune URRS, Moll., **4**(1):78; Abb. 17. — Terra typica: Fluß Sumytsh, Nebenfluß der oberen Kama, Rußland.

1938 *Unio pictorum* var. *defectivus* Shadin, Faune URRS, Moll., **4**(1):79; Abb. 18. — Terra typica: Nördliche und nordwestliche USSR, zum Beispiel Pustynski-Seen, Gorky-Gebiet.

Diagnosis: Dem typischen *U. pictorum* sehr ähnlich, doch durch breitere Gestalt und geringere Aufgeblasenheit von ihm unterscheidbar. Im Schloß fällt der innere, akzessorische Hauptzahn der rechten Klappe auf durch derb kegelförmige Gestalt; in der linken Klappe ist der vordere Hauptzahn kleiner und schwächer als der hintere.

Verbreitung: Pontisches Rußland.

2f. Unio pictorum ascanius Kobelt

1913 *Unio ascanius* Kobelt, Iconogr. Land-Süßw.-Moll., (2)**19**:43; Taf. 532, Fig. 2741.— Terra typica: See von Sabandscha bei Izmir, Türkei.

Diagnosis: Ähnlich *U. pictorum*, aber hinten scharf zugespitzt, festschalig, gleichmäßig gewölbt, so daß die höchste Wölbung in der Mitte der Länge liegt; Wirbelskulptur arttypisch, aber stärker ausgebildet.

Bemerkung: Diese Form ist nur nach dem Typusexemplar bekannt; der Fundort, bisher unbestätigt, bleibt ebenso zweifelhaft wie die Validität dieser Unterart.

Verbreitung: Bisher nur vom ursprünglichen Fundort bekannt, Sabandscha-See bei Izmir.

2g. Unio pictorum proechistus Bourguignat

1870 *Unio proechistus* Bourguignat, Ann. Malacol., Paris, **1**:69. — Terra typica: Donau bei Braila, Rumänien.

Diagnosis: Schale sehr ungleichseitig, vorn sehr kurz, hinten stärker verlängert als bei *U. p. pictorum* und klaffend.

Bemerkung: Diese sehr schwach gekennzeichnete Unterart wird auch aus dem Save-Gebiet und aus Frankreich angegeben, was alles darauf hindeuten läßt, daß die vom Verfasser festgestellten Unterscheidungsmerkmale lediglich umweltsbedingt sind; der Wert der Unterart ist also sehr zweifelhaft.

Verbreitung: Untere Donau.

2h. Unio pictorum gaudioni Drouet

1881 *Unio gaudioni* Drouet, J. de Conch., Paris, **29**:244. — Terra typica: Umgebung von Konstantinopel.

1911 *Unio gentilis* Haas in Hesse, Nachr. Bl. dtsch. malak. Ges., Frankfurt a. M., **43**:151. — Terra typica: Maritza bei Philippopel (jetzt Plovdiv), Bulgarien.

Diagnosis: Schale dünn, leicht, vorn kurz, hinten dreimal so lang und mit einem abgestutzten Schnabel endend. Wirbel bei $^{30}/_{100}$ der Gesamtlänge gelegen, aufgeblasen; Spitzen mit einer aus winklig zusammenstoßenden, halbmondförmigen Bögen bestehenden Skulptur. Über dem Hauptzahn der rechten Klappe ein niedriger, lamellenförmiger Hilfszahn.

Verbreitung: See Doiran, Mazedonien; Maritza-Fluß, Bulgarien; Konstantinopel.

2i. Unio pictorum rostratus Lamarck

1819 *Unio rostrata* Lamarck, Hist. Nat. Anim. sans Vert., **6**:77. — Terra typica: Rhône-Fluß.

1858 *Unio pictorum* var. *vincelius* Joannis, Ann. Soc. linn. Maine-et-Loire, Angers, **3**:34; Taf. 12, Fig. 4. — Terra typica: Nord-Frankreich.

1858 *Unio pictorum* var. *tumens* Joannis, Ann. Soc. linn. Maine-et-Loire, Angers, **3**:295; Taf. 12, Fig. 6. — Terra typica: Seine, Frankreich.

1882 *Unio gestroianus* Bourguignat in Locard, Cat. Gen. Moll. France: 365. — Terra typica: Fluß Aube bei Troyes, Frankreich.

1888 *Unio charpyi* Drouet, J. de Conch., Paris, **36**:105. — Terra typica: Chamousset, Savoyen, Frankreich.

1889 *Unio lugdunicus* Coutagne in Locard, Rev. Esp. franç. *Margaritana* et *Unio*: 141. — Terra typica: Gegend von Lyon, Frankreich.

1889 *Unio cristulatus* Drouet, Mém. Acad. Sci. Dijon, (4)**1**:41; Taf. 1, Fig. 1. — Terra typica: St. Martin-de-Landres, Hérault, Frankreich.

1889 *Unio perroudi* Locard, Rév. Esp. franç. *Margaritana* et *Unio*: 136. — Terra typica: Gegend von Lyon, Frankreich.

1889 *Unio hydrelus* Locard, Rév. Esp. franç. *Margaritana* et *Unio*: 129. — Terra typica: Bois-Vieux, Varennes, Jura, Frankreich.

1890 *Unio bramicus* Baichère, Bull. Soc. malac. France, Paris, **7**:125. — Terra typica: Bach Preuille bei Bram, Aude, Frankreich.

Diagnosis: Vorderteil der Schale verhältnismäßig lang, gerundet. Hinterteil ausgezogen, anfangs wenig, dann plötzlich stärker verschmälert; hinten zugespitzt gerundet. Wirbel nicht sehr vorderständig, breit und etwas aufgeblasen, mit typischer Skulptur aus einzelnen, zweireihig gestellten Höckern. Schloß schwach, Hauptzähne lang und niedrig, links der hintere meist verkümmert; Lamellen lang und gerade. — Maße: Länge 90 mm, Höhe 37 mm, Dicke 27 mm.

Bemerkung: Diese Unterart lebt mit *Unio elongatulus requienii* Michaud zusammen und scheint sich mit ihm gelegentlich zu kreuzen. Bei einzelnen benannten Formen ist es oft zweifelhaft, welcher der beiden in Betracht kommenden Unterarten sie zuzuordnen sind; sie können als Hybride zwischen beiden aufgefaßt werden.

Verbreitung: Rhône-Gebiet, Frankreich.

2k. Unio pictorum platyrhynchoideus DUPUY

1849 *Unio platyrhynchoideus* DUPUY, Cat. extramar. Galliae Test.: No. 336. — Terra typica: nicht angegeben.
1852 *Unio platyrhynchoideus* DUPUY, Hist. nat. Moll. terr. Eau douce France: 649; Taf. 27, Fig. 16. — Terra typica: Sümpfe bei Cazaux und Aureillan, Landes, Frankreich.
1844 *Unio requienii* var. *crassidens* ROSSMÄSSLER (non *Unio crassidens* LAMARCK 1819), Iconogr. Land-Süßw.-Moll., **3**(12):30; Taf. 57, Fig. 757—760. — Terra typica: Südwestliches Frankreich.
1849 *Unio philippei* DUPUY, Cat. extramar. Galliae Test.: 335. — Terra typica: Mittel- und Südwest-Frankreich.
1867 *Unio danielis* GASSIES, Arch. Soc. linn. Bordeaux, **25**:132; Taf. 1, Fig. 8. — Terra typica: Gironde bei Arcachon, Südwest-Frankreich.
1874 *Unio moreleti* FOLIN & BÉRILLON (non *Unio moreleti* DESHAYES 1848), Bull. Soc. Bayonne: 95. — Terra typica: Lac de la Négresse, Basses Pyrenées, Frankreich.
1874 *Unio moreleti* var. *brindosiana* FOLIN & BÉRILLON, Bull. Soc. Bayonne, **1874**:95. — Terra typica: Basses-Pyrenées, Südwest-Frankreich.
1874 *Unio baudoni* FOLIN, Bull. Soc. Bayonne, **1874**:93; Abb. 4—7. — Terra typica: Département Creuse, Mittel-Frankreich.
1877 *Unio moreletianus* FOLIN & BÉRILLON, Bull. trimest. Sci. Soc. Borda, 29. — Terra typica: Lac de la Négresse, Basses-Pyrenées, Südwest-Frankreich.
1877 *Unio bayonnensis* FOLIN & BÉRILLON, Bull. trimest. Sci. Soc. Borda: 29; Taf. 1, Fig. 1, 3. — Terra typica: Lac de la Négresse, Basses-Pyrenées, Südwest-Frankreich.
1882 *Unio berilloni* LOCARD, Cat. gén. Moll. France: 298. — Terra typica: Lac d'Ondres, Basses-Pyrenées, Südwest-Frankreich.
1882 *Unio hauterivianus* BOURGUIGNAT in LOCARD, Cat. gén. Moll. France: 358. — Terra typica: Canal-du-Midi bei Villefranche-Lauraguais, Haute-Garonne, Frankreich.
1882 *Unio corbini* BOURGUIGNAT in LOCARD, Cat. gén. Moll. France: 362. — Terra typica: Thermalwasser von Barbotan, Gironde, Frankreich.
1882 *Unio milne-edwardsi* BOURGUIGNAT in LOCARD, Cat. gén. Moll. France: 357. — Terra typica: Lac de la Négresse, Basses-Pyrenées, Südwest-Frankreich.
1882 *Unio fagoti* BOURGUIGNAT in LOCARD, Cat. gén. Moll. France: 362. — Terra typica: Lac d'Yrieu, Landes, Südwest-Frankreich.

Diagnosis: Schale mehr oder weniger länglich elliptisch, Vorderende ziemlich lang, Hinterende gerundet geschnäbelt. Unterrand meist gestreckt, gelegentlich hinter der Mitte leicht eingebuchtet. Hauptzähne hoch, dreieckig, scharf fein gekerbt; Seitenzähne lang und fast glatt. — Maße: Länge 60 bis 90 mm, Höhe 25—35 mm, Dicke 20—25 mm.

Bemerkung: Wie bei *Unio pictorum platyrhynchus* ROSSMÄSSLER, ist auch hier der Name der Unterart auf ihre abweichendste Ausbildungsform begründet, nämlich die limnische mit ihrem lang schnabelartigen Hinterende.

Verbreitung: Südwestliches Frankreich, einschließlich der Garonne.

21. Unio pictorum mucidus Morelet

1845 *Unio mucidus* Morelet, Descr. Moll. Portugal: 111; Taf. 14, Fig. 3. — Terra typica: Flüsse Tamega, Cavado und Lima, Nord-Portugal.

1885 *Unio nevesi* Castro, Bull. Soc. malac. France, Paris, 2:291. — Terra typica: Fluß Silveiro bei Fermentelles, Portugal.

1885 *Unio simoesi* Castro, Bull. Soc. malac. France, Paris, 2:292. — Terra typica: Fluß Silveiro bei Fermentelles, Portugal.

1889 *Unio moriscottei* Folin, Le Naturaliste, Paris, (2)1:295; 3 Abb. — Terra typica: Lac de la Négresse bei Biarritz, Süd-Frankreich.

1893 *Unio cameratus* Drouet, Mém. Acad. Sci. Arts Bell.-Lettr., Dijon, (4)4:183; Taf. 2, Fig. 8. — Terra typica: Fluß Tamega, Galizien, Spanien.

1893 *Unio limosellus* Drouet, Mém. Acad. Sci. Arts Bell.-Lettr., Dijon, (4)4:184; Taf. 12, Fig. 4. — Terra typica: Fluß Cea bei Valderas, Prov. Leon, Spanien.

1893 *Unio decurtatus* Drouet, Mém. Acad. Sci. Arts Bell.-Lettr., Dijon, (4)4:185; Taf. 1, Fig. 9. — Terra typica: Fluß Duro bei Zamora, Spanien.

1893 *Unio callipygus* Drouet, Mém. Acad. Sci. Arts Bell.-Lettr., Dijon (4)4:203; Taf. 2, Fig. 1. — Terra typica: Guadiana bei Ciudad-Real, Spanien.

1899 *Unio oeschrus* Locard, Conchyliol. portug.: 219. — Terra typica: San Martino bei Coimbra, Portugal.

1899 *Unio tameganus* Locard, Conchyliol. portug.: 221. — Terra typica: Fluß Tamega bei Chaves, Portugal.

1899 *Unio oncomensis* Locard, Conchyliol. portug.: 225. — Terra typica: Flüsse Duro und Tajo, Portugal.

1899 *Unio hypoxanthus* Locard, Conchyliol. portug.: 226. — Terra typica: Duro, Portugal.

1899 *Unio chorellus* Locard, Conchyliol. portug.: 227. — Terra typica: Fluß Tamega, Portugal.

1899 *Unio chorellinus* Locard, Conchyliol. portug.: 228. — Terra typica: Flüsse Tamega und Duro, Portugal.

1899 *Unio submucidus* Locard, Conchyliol. portug.: 230. — Terra typica: Fluß Tamega bei Mondim, Portugal.

1899 *Unio barbozanus* Locard, Conchyliol. portug.: 233. — Terra typica: Fluß Paiva, Portugal.

1899 *Unio castroi* Locard, Conchyliol. portug.: 234. — Terra typica: Fluß Sado, Portugal.

1899 *Unio silvai* Locard, Conchyliol. portug.: 235. — Terra typica: Fluß Sado, Portugal.

1899 *Unio ocresanus* Locard, Conchyliol. portug.: 236. — Terra typica: Fluß Ocresa, Nebenfluß des Tajo, Portugal.

1899 *Unio paulinoi* Locard, Conchyliol. portug.: 242. — Terra typica: Guadiana, Portugal.

1899 *Unio subhispanus* Locard, Conchyliol. portug.: 244. — Terra typica: Tajo bei Santarem, Portugal.

1899 *Unio hyperephanus* Locard, Conchyliol. portug.: 244. — Terra typica: Fluß Mondego, Portugal.

1899 *Unio chasmirhynchus* Locard, Conchyliol. portug.: 246. — Terra typica: Fluß Alqueidao, Portugal.

1899 *Unio mundanus* Locard, Conchyliol. portug.: 247. — Terra typica: Fluß Mondego, Portugal.

1899 *Unio euchasmus* Locard, Conchyliol. portug.: 249. — Terra typica: Fluß Alqueida, Portugal.

1899 *Unio schousboei* Locard, Conchyliol. portug.: 250. — Terra typica: Tajo, Portugal.

1899 *Unio taganus* Locard, Conchyliol. portug.: 252. — Terra typica: Tajo bei Santarem, Portugal.

1899 *Unio abrantesianus* LOCARD, Conchyliol. portug.: 253. — Terra typica: Duro bei Porto-Manzo, Portugal.
1899 *Unio scalabisianus* LOCARD, Conchyliol. portug.: 254. — Terra typica: La Coina, Duro, Portugal.
1899 *Unio allenianus* LOCARD, Conchyliol. portug.: 255. — Terra typica: La Coina, Duro, Portugal.
1899 *Unio cyrtus* LOCARD, Conchyliol. portug.: 257. — Terra typica: Tajo bei Santarem, Portugal.
1899 *Unio sousanus* LOCARD, Conchyliol. portug.: 258. — Terra typica: Fluß Sousa bei Porto, Portugal.
1899 *Unio novus* LOCARD, Conchyliol. portug.: 258. — Terra typica: Duro, Portugal.
1899 *Unio neothaumus* LOCARD, Conchyliol. portug.: 259. — Terra typica: Fluß Sousa, Portugal.

Diagnosis: Schale oval, verlängert, wenig aufgeblasen und wenig dick. Vorderende kurz und gerundet, Hinterende etwas abgestutzt und oft leicht nach unten abgebogen. Wirbel wenig vorragend. Schloßzähne lang, dünn, wenig gefurcht. — Maße: Länge 72 mm, Höhe 31 mm, Dicke 22 mm.

Verbreitung: Nordwestliche Zuflüsse zum Atlantischen Ozean auf der Iberischen Halbinsel.

2m. Unio pictorum delphinus SPENGLER

1793 *Unio delphinus* SPENGLER, Skr. naturh. Selsk., Kjøbenhavn, **3**:63. — Terra typica: Tranquebar, Indien.
1793 *Unio gibbus* SPENGLER, Skr. naturh. Selsk., Kjøbenhavn, **3**:64. — Terra typica: Tranquebar, Indien.
1844 *Unio hispanus* ROSSMÄSSLER, Iconogr. Land-Süßw.-Moll., **2**:26; Taf. 56, Fig. 747. — Terra typica: Guadalquivir, Spanien.
1845 *Unio dactylus* MORELET, Moll. terr. fluv. Portugal: 110; Taf. 14, Fig. 2. — Terra typica: Zufluß des Guadiana bei Castro-Verde, Algarve, Portugal.
1879 *Unio lusitanus* DROUET, J. de Conch., Paris, **27**:327. — Terra typica: Guadiana, Spanien.
1887 *Unio (hispanus var.?) sevillensis* KOBELT, An. Soc. españ. Hist. nat., Madrid, **16**:437. — Terra typica: Guadalquivir bei Sevilla, Spanien.
1892 *Unio hispanus* var. *sphenoides* WESTERLUND, An. Soc. españ. Hist. nat., Madrid, **21**:390. — Terra typica: Fluß Guadaira bei Sevilla, Spanien.
1893 *Unio gravatus* DROUET (?), Unionidae de l'Espagne: 49. — Terra typica: Spanien.
1893 *Unio turdetanus* DROUET, Unionidae de l'Espagne: 66. — Terra typica: Flüßchen Moro, Provinz Sevilla, Spanien.
1903 *Unio requienii taginus* KOBELT, Iconogr. Land-Süßw.-Moll., (2)**11**:28; Taf. 279, Fig. 1796. — Terra typica: Tajo, bei Toledo, Spanien.

Diagnosis: Schale länglich, deutlich ungleichseitig. Vorderende sehr niedrig, kreisförmig gerundet, Hinterende viel höher, hinten etwas gerundet zugespitzt. Wirbel sehr hoch, voll. Schloß recht schwach. — Maße: Länge 60—64 mm, Höhe 31—34 mm, Dicke 20—22 mm.

Verbreitung: Südwestlicher Teil der atlantischen Iberischen Halbinsel.

2n. Unio pictorum ravoisieri DESHAYES

1848 *Unio ravoisieri* DESHAYES, Hist. Moll. Algérie: Taf. 108, Fig. 4—7. — Terra typica: See Onbeira bei La Calle, Algerien.

Diagnosis: Schale verlängert, vorn ziemlich kurz und gerundet, hinten ausgezogen und etwas geschnäbelt; Oberrand gekrümmt, Unterrand leicht eingedrückt. Wirbel ziemlich vorderständig, geschwollen und mit feiner Wirbelskulptur. Schloß normal. — Maße: Länge 60 mm, Höhe 30 mm, Dicke 22 mm.

Bemerkung: Wenig bekannte Art, deren Synonymie nicht geklärt ist.

Verbreitung: Mediterranes Nord-Afrika, bis Tunesien im Osten.

3. Unio tigridis BOURGUIGNAT

3a. Unio tigridis tigridis BOURGUIGNAT

1829 *Unio truncatus* SWAINSON (non *Unio truncatus* SPENGLER 1793), Zool. Ill., (2)**1**: Taf. 10. — Terra typica: ?

1852 *Unio tigridis* BOURGUIGNAT, Test. nov. Saulcy: 30. — Terra typica: Umgebung von Bagdad, Iraq.

1853 *Unio tigridis* — BOURGUIGNAT, Cat. rais. Moll. Saulcy, 1853:77; Taf. 4, Fig. 7—9.

1855 *Unio hueti* BOURGUIGNAT, Rev. Mag. Zool., Paris, **7**:332; Taf. 8, Fig. 1—4. — Terra typica: Mesopotamien (= Iraq).

1856 *Unio natolicus* KÜSTER, Conch.-Cab., IX. 2:144; Taf. 42, Fig. 4. — Terra typica: Brussa, Kleinasien.

1861 *Unio mussolianus* KÜSTER, Conch.-Cab., IX. 2:244; Taf. 82, Fig. 1. — Terra typica: Tigris, Iraq.

1863 *Unio rarus* LEA, Proc. Acad. nat. Sci. Philadelphia, **7**:189. — Terra typica: „Assyria".

1863 *Unio mosulensis* LEA, Proc. Acad. nat. Sci. Philadelphia, **7**:190. — Terra typica: „Assyria".

1863 *Unio bourguignatianus* LEA, Proc. Acad. nat. Sci. Philadelphia, **7**:189. — Terra typica: „Assyria".

1863 *Unio dignatus* LEA, Proc. Acad. nat. Sci. Philadelphia, **7**:189. — Terra typica: „Assyria".

1863 *Unio delicatus* LEA, Proc. Acad. nat. Sci. Philadelphia, **7**:189. — Terra typica: Orontes in Syrien.

1866 *Unio rarus* — LEA, J. Acad. nat. Sci. Philadelphia, **6**:50; Taf. 17, Fig. 47.

1866 *Unio mosulensis* — LEA, J. Acad. nat. Sci. Philadelphia, **6**:52; Taf. 17, Fig. 49.

1866 *Unio bourguignatianus* — LEA, J. Acad. nat. Sci. Philadelphia, **6**:54; Taf. 18, Fig. 51.

1866 *Unio dignatus* — LEA, J. Acad. nat. Sci. Philadelphia, **6**:51; Taf. 17, Fig. 48.

1866 *Unio delicatus* — LEA, J. Acad. nat. Sci. Philadelphia, **6**, 1866:58; Taf. 19, Fig. 56.

1870 *Unio tigris* LEA, Synopsis Fam. Unionidae, 4th. ed.: 39. — Terra typica: ?

1883 *Unio anemprosthus* LOCARD, Arch. Mus. Hist. nat. Lyon, **3**:246; Taf. 21, Fig. 21—23. — Terra typica: See von Antiochia, Syrien.

1883 *Unio subtigridis* LOCARD, Arch. Mus. Hist. nat. Lyon, **3**:245; Taf. 21, Fig. 18—20. — Terra typica: See von Antiochia, Syrien.

1883 *Unio axiacus* LOCARD, Arch. Mus. Hist. nat. Lyon, **3**:242; Taf. 20, Fig. 20—22. — Terra typica: See von Antiochia, Syrien.

1883 *Unio chantrei* LOCARD, Arch. Mus. Hist. nat. Lyon, **3**:247; Taf. 22, Fig. 1—7. — Terra typica: See von Antiochia, Syrien.

1883 *Unio jauberti* LOCARD, Arch. Mus. Hist. nat. Lyon, **3**:248; Taf. 22, Fig. 8—10. — Terra typica: See von Antiochia, Syrien.

1883 *Unio antiochianus* LOCARD, Arch. Mus. Hist. nat. Lyon, **3**:249; Taf. 22, Fig. 14—16. — Terra typica: See von Antiochia, Syrien.

1895 *Unio kobelti* ROLLE in KOBELT, Iconogr. Land-Süßw.-Moll., (2) Suppl. 1:15; Taf. 6, Fig. 3. — Terra typica: Bei Antiochia, Syrien.

1912 *Unio tigridis* var. *haruni* KOBELT, Iconogr. Land-Süßw.-Moll., (2) **18**:63; Fußnote [bezieht sich auf Iconogr. (2) **2**:2; Taf. 32, Fig. 226]. — Terra typica: Bagdad, Iraq.

1913 *Unio dignatus semiramidis* KOBELT, Iconogr. Land-Süßw.-Moll., (2)**19**:11; Taf. 517, Fig. 2698. — Terra typica: Euphrat nahe Bagdad, Iraq.
1913 *Unio dignatus assuricus* KOBELT, Iconogr. Land-Süßw.-Moll., (2)**19**:13; Taf. 518, Fig. 2699. — Terra typica: Tigris bei Mossul, Iraq.
1913 *Unio dignatus ninusi* KOBELT, Iconogr. Land-Süßw.-Moll., (2)**19**:13; Taf. 518, Fig. 2700. — Terra typica: Tigris bei Mossul, Iraq.
1913 *Unio hyperamblius* KOBELT, Iconogr. Land-Süßw.-Moll., (2)**19**:14; Taf. 519, Fig. 2701. — Terra typica: Tigris unterhalb Diarbekir, Iraq.
1913 *Unio calliopsis* KOBELT, Iconogr. Land-Süßw.-Moll., (2)**19**:15; Taf. 519, Fig. 2703.— Terra typica: Tigris bei Bagdad, Iraq.
1913 *Unio siouffi* KOBELT, Iconogr. Land-Süßw.-Moll., (2)**19**:47; Taf. 534, Fig. 2747. — Terra typica: Tigris bei Mossul, Iraq.
1915 *Unio schwarzii* KOBELT, Iconogr. Land-Süßw.-Moll., (2)**20**:27; Taf. 551, Fig. 2802, 2803; Taf. 552, Fig. 2803—2809. — Terra typica: Fluß Karasu, nördlicher Zufluß des Sees von Antiochia, Syrien.
1939 *Unio (Nemrodia) tigris* var. *cuneiformis* PALLARY, Mém. Inst. Égypte, Caire, **39**:116. — Terra typica: Quellen des Nahr Bâhlik und im Euphrat nahe Babylon.
1939 *Unio (Nemrodia) tigris* var. *khabourensis* PALLARY, Mém. Inst. Égypte, Caire, **39**:117. — Terra typica: Quellen des Khabour, Syrien.
1939 *Unio (Nemrodia) tammouziana* PALLARY, Mém. Inst. Égypte, Caire, **39**:118; Taf. 7, Fig. 2—4. — Terra typica: 'Ain Arouss, Syrien.
1939 *Unio (Nemrodia) tammouziana* var. *major* PALLARY, Mém. Inst. Égypte, Caire, **39**:118. — Terra typica: 'Ain Arouss, Syrien.
1931 *Unio tammouziana* var. *minor* PALLARY, Mém. Inst. Égypte, Caire, **39**:119. — Terra typica: 'Ain Arouss, Syrien.

Diagnosis: Schale mit fast gleichlaufenden Ober- und Unterrändern; vorn kurz, gerundet, hinten gerade, Schnabel etwas schräg abgestutzt; aufgeblasen, fest; Wirbel breit aufgetrieben, mit Skulptur aus spitzen Höckerchen; Schloß lang, schneidend. — Maße: Länge 84 mm, Höhe 41 mm, Dicke 34 mm.

Bemerkung: Es ist recht zweifelhaft, ob *Unio natolicus* KÜSTER aus Brussa, Kleinasien, wirklich hierher gehört; die Form ist nur nach der Abbildung bekannt, die aber ebensogut auf einen Angehörigen von *Unio crassus bruguierianus* BOURGUIGNAT hinweisen könnte, aus dessen Verbreitungsgebiet sie ja gemeldet ist.

Verbreitung: Gebiet des Orontes in Syrien, ferner Iraq; aus dem See von Urmiah gemeldet (?).

3b. Unio tigridis terminalis BOURGUIGNAT

1852 *Unio terminalis* BOURGUIGNAT, Test. nov. SAULCY : 31. — Terra typica: Tiberias-See, Israel.
1853 *Unio terminalis* BOURGUIGNAT, Cat. rais. Moll. SAULCY, 1853:76; Taf. 4, Fig. 7—9.
1856 *Unio grelloisianus* BOURGUIGNAT, Rév. Mag. Zool., Paris, **8**:227; Taf. 15, Fig. 1—4.— Terra typica: Jordan in Israel.
1856 *Unio lunulifer* BOURGUIGNAT, Rév. Mag. Zool., Paris, **8**:227; Taf. 11, Fig. 5—8. — Terra typica: Fluß Jordan, Israel.
1856 *Unio jordanicus* BOURGUIGNAT, Rév. Mag. Zool., Paris, **8**:228; Taf. 10, Fig. 1—4. — Terra typica: Fluß Jordan, Israel.
1880 *Unio pietri* LOCARD in LORTET, C. R. Acad. Sci., Paris, **91**:502. — Tiberias-See, Israel. — [nomen nudum]
1880 *Unio lorteti* LOCARD in LORTET, C. R. Acad. Sci., Paris, **91**:502. — Tiberias-See, Israel. — [nomen nudum]
1883 *Unio pietri* LOCARD, Arch. Mus. Hist. nat. Lyon, **3**:210, Taf. 20, Fig. 17—19.

1883 *Unio tristrami* LOCARD, Arch. Mus. Hist. nat. Lyon, 3:209; Taf. 20, Fig. 15—16. — Terra typica: Tiberias-See, Israel.
1883 *Unio ellipsoideus* LOCARD, Arch. Mus. Hist. nat. Lyon, 3:211; Taf. 21, Fig. 1—3. — Terra typica: Tiberias-See, Israel.
1883 *Unio genezarethanus* LOCARD, Arch. Mus. Hist. nat. Lyon, 3:213; Taf. 21, Fig. 406.— Terra typica: Tiberias-See, Israel.
1883 *Unio lorteti* LOCARD, Arch. Mus. Hist. nat. Lyon, 3:215; Taf. 21, Fig. 7—12.
1883 *Unio tiberiadensis* LOCARD, Arch. Mus. Hist. nat. Lyon, 3:216; Taf. 21, Fig.13—15. — Terra typica: Tiberias-See, Israel.
1883 *Unio prosacrus* LOCARD, Arch. Mus. Hist. nat. Lyon, 3:219; Taf. 21, Fig. 16—17. — Terra typica: Tiberias-See, Israel.
1883 *Unio zabulonicus* LOCARD, Arch. Mus. Hist. nat. Lyon, 3:220; Taf. 22, Fig. 11—13. — Terra typica: Tiberias-See, Israel.
1895 *Unio herodes* KOBELT, Iconogr. Land-Süßw.-Moll., (2) Suppl. 1:17; Taf. 6, Fig. 4. — Terra typica: Tiberias-See, Israel.
1895 *Unio kisonis* KOBELT, Iconogr. Land-Süßw.-Moll., (2) Suppl. 1:17; Taf. 7, Fig. 2, 3. — Terra typica: Kison bei Haifa, Israel.

Diagnosis: Schale etwas keilförmig, vorn sehr kurz und gerundet, hinten lang ausgezogen, konisch oder spitz keilförmig; dick, vorn bauchig, nach hinten schmaler werdend; Wirbel fast vorderständig, stark aufgetrieben, mit Wellenrunzeln skulptiert, die hier und da Höcker tragen. — Maße: Länge 50—60 mm, Höhe 28—35 mm, Dicke 24 mm.

Verbreitung: Küstenflüsse von Cilicien, Syrien und Israel sowie im Jordan.

4. Unio abyssinicus MARTENS

1866 *Unio abyssinicus* MARTENS, Malak. Bl., Kassel, 13:120. — Terra typica: Tzana-See (Dembea-See, Abessinien).
1874 *Unio abyssinicus* — JICKELI, Nova Acta dtsch. Akad. Naturforscher, 37(1):278; Taf. 9, Fig. 5; Taf. 10, Fig. 10.
†1886 *Unio schmeinfurthi* MARTENS (non MARTENS 1875), S. Ber. Ges. naturf. Fr. Berlin, 1886: 127. — Terra typica: Prähistorische Kulturschichten bei Adue im Fayum, Ägypten.
†1899 *Unio willcocksi* NEWTON, Geol. Mag., London, (4)6:406; Taf. 20, Fig. 1—4. — Terra typica: Kom Ombo, Edfu, Sebil, in prähistorischen Kulturschichten.
†1924 *Unio vignardi* PALLARY, Mém. Inst. Égypte, Caire, 7:40; Taf. 4, Fig. 16, 18. — Terra typica: Prähistorische Kulturschichten von Sebil, Egypten.
†1927 *Unio fayumensis* PILSBRY & BEQUAERT (neuer Name für *Unio schweinfurthi* MARTENS 1886, non 1875), Bull. Amer. Mus. nat. Hist., New York, 53:381.

Diagnosis: Schale eiförmig-keilförmig, aufgeblasen, dick, vorn gerundet, hinten in einen abschüssigen, am Ende abgestutzten Schnabel auslaufend; Area in der Jugend mit scharfen, zum Hinterrand ansteigenden Runzeln versehen; Wirbel aufgeblasen, mit Höckern skulptiert. Schloß schwer. — Maße: Länge 49 mm, Höhe 31 mm, Dicke 23 mm.

Bemerkung: Wie angegeben, kommt diese durchaus paläarktische Art lebend nur in dem im Hochland von Abessinien gelegenen Dembea-See vor, vielleicht auch im Weißen Nil. Sie ist eine der verschiedenen paläarktischen Tierarten, die eine Insel in dem sonst äthiopischen Abessinien darstellen. Die subfossilen Vorkommen (in der Synonymieliste mit + bezeichnet) in geologisch jungen Schichten in Unter-Ägypten weisen darauf hin, daß *Unio abyssinicus* damals, vielleicht mit noch anderen paläarktischen Elementen, in dem heute völlig von äthiopischen Tierformen bewohnten unteren Nil lebte.

Verbreitung: Bisher rezent nur aus dem Dembea-See in Abessinien bekannt, aber bestimmt auch in dessen Abfluß lebend, dem Weißen Nil.

5. Unio elongatulus C. PFEIFFER

Die hier getroffene Anordnung dieses Formenkreises kann sicher nicht als endgültig betrachtet werden; von manchen der im folgenden als Synonyme behandelten Formen liegt kein Vergleichs- und Untersuchungsmaterial vor, so daß man ganz auf die — oft recht ungenügende — Beschreibung angewiesen ist. Wie dem auch sei, wie man auch die hier befolgte Betrachtungsweise beurteilen mag, sie ist als ein erster Schritt in der Richtung auf eine natürliche Anordnung gedacht.

5a. Unio elongatulus elongatulus C. PFEIFFER

1825 *Unio elongatulus* C. PFEIFFER, Syst. Anordn. Beschr. Land- u. Wasser-Schnecken, 2:35; Taf. 8, Fig. 5—6. — Terra typica: In den Flüssen Illyriens.

1890 *Unio lijacensis* KOBELT, Iconogr. Land-Süßw.-Moll., (2)4:94; Taf. 117, Fig. 706. — Terra typica: Fluß Lijak, Zufluß des Isonzo, Nordost-Italien.

1890 *Unio lijacensis* var. *gallensteini* KOBELT, Iconogr. Land-Süßw.-Moll., (2)4:94; Taf. 117, Fig. 707. — Terra typica: Torrente Versa, Isonzo-Gebiet, Nordost-Italien.

Diagnosis: Schale länglich-oval, ellipsoid, leicht und dünn, vorn niedergedrückt, hinten breiter als vorn, etwas abgestützt; Hinterrand höher als die wenig erhabenen Wirbel; Hauptzähne kurz und stumpf, Seitenzähne lang, dünn. — Maße: Länge 55—57 mm, Höhe 26 mm, Dicke 13—15 mm.

Verbreitung: Gebiet nördlich der Adria: Tagliamento (fraglich), Isonzo-Gebiet, vielleicht auch nördliches Dalmatien.

5b. Unio elongatulus pallens ROSSMÄSSLER

1842 *Unio pallens* ROSSMÄSSLER, Iconogr. Land-Süßw.-Moll., 11:13; Taf. 54, Fig. 740. — Terra typica: Fluß Narenta, Dalmatien.

?1844 *Unio sandrii* ROSSMÄSSLER, Iconogr. Land-Süßw.-Moll., 12:26; Taf. 56, Fig. 748 bis 749. — Terra typica: Dalmatien.

?1844 *Unio sandrii* var. *sericatus* ROSSMÄSSLER, Iconogr. Land-Süßw.-Moll., 12:27; Taf. 56, Fig. 750. — Terra typica: Dalmatien.

1854 *Unio viridiflavus* KÜSTER, Conch. Cab., IX. 2:96; Taf. 26, Fig. 3—4. — Terra typica: Moraka-Fluß, Montenegro, Jugoslawien.

1854 *Unio petterianus* KÜSTER, Conch. Cab., IX. 2:97; Taf. 26, Fig. 4. — Terra typica: Fluß Narenta, Dalmatien.

1854 *Unio petrovichii* KÜSTER, Conch. Cab., IX. 2:98; Taf. 26, Fig. 5, 6; Taf. 27, Fig. 1.— Terra typica: Fluß Moraka, Montenegro, Jugoslawien.

?1872 *Unio fiscallianus* KLECIACH, Atti Soc. Ital. Sci. nat., Milano, 15:92. — Terra typica: Teich Jezerovar bei Imoschi, Dalmatien.

1879 *Unio nitidosus* DROUET, J. de Conch., Paris, 27:140. — Terra typica: Missolunghi, Griechenland.

?1879 *Unio ceratinus* DROUET, J. de Conch., Paris, 27:328. — Terra typica: See Prolosac bei Imoshi, Dalmatien.

?1879 *Unio dalmaticus* DROUET, J. de Conch., Paris, 27:141. — Terra typica: Flüßchen Zermagna bei Muskowiz, Dalmatien.

?1879 *Unio kruperi* DROUET, J. de Conch., Paris, 27:140. — Terra typica: See Vrachori, Griechenland.

?1881 *Unio succineus* DROUET, J. de Conch., Paris, 29:245. — Terra typica: Flüßchen Zermagna bei Muskowic, Dalmatien.

?1881 *Unio decipiens* DROUET, J. de Conch., Paris, 29:23. — Terra typica: See Skutari, Albanien.

?1895 *Unio quellenneci* DROUET, J. de Conch., Paris, **43**:26. — Terra typica: See Kopais, Griechenland.
?1895 *Unio copaisanus* DROUET, J. de Conch., Paris, **43**:27. — Terra typica: See Kopais, Griechenland.
?1915 *Unio morlachicus* KOBELT, Iconogr. Land-Süßw.-Moll., (2)**20**:11; Taf. 544, Fig. 2774—2776. — Terra typica: „Dalmatien".

Diagnosis: Schale sehr ungleichseitig, vorn gerundet, hinten lang, in einen breiten Schnabel endend. Ober- und Unterrand fast gleichlaufend. Wirbel hoch, oft aufgetrieben, mit scharfen, welligen, hinten höckerartig erhobenen Runzeln besetzt. Schloß mit schwachen, zusammengedrückten Zähnen; hinterer Hauptzahn der linken Klappe sehr zurückgebildet oder ganz fehlend; Seitenzähne schwach, leicht gebogen, durch ein deutliches Intervall von den Hauptzähnen getrennt. — Maße: Länge 60—75 mm, Höhe 35—38 mm, Dicke 25 mm.

Bemerkung: Angesichts der Seltenheit vieler der genannten Formen in den Sammlungen war es nicht möglich, ihren Status gegenüber *Unio elongatulus pallens* exakt nachzuprüfen. Die vorliegende Synonymieliste ist daher als nur vorläufig aufzufassen; die in ihr mit ? bezeichneten Formen sind besonders zweifelhaft.

Verbreitung: Mittel- und Süd-Dalmatien, Albanien, Mittel-Griechenland.

5c. Unio elongatulus bourgeticus BOURGUIGNAT

1882 *Unio bourgeticus* BOURGUIGNAT in LOCARD, Prodr. Malacol. franç., 1:359. — Terra typica: See von Bourget, Savoyen, Frankreich.
1882 *Unio mancus* var. *sabaudina* LOCARD, Prodr. Malacol. franç., 1:359. — Terra typica: Fluß Tillet bei Cornin, Savoyen, Frankreich.
1882 *Unio riciacensis* BOURGUIGNAT in LOCARD, Prodr. Malacol. franç., 1:357. — Terra typica: Fluß Laignes bei Riceus, Aube, Frankreich.
1882 *Unio orthus* COUTAGNE in LOCARD, Prodr. Malacol. franç., 1:357. — Terra typica: Fluß Albane bei Vonges, Côte-d'Or, Frankreich.
1882 *Unio occidaneus* DROUET, J. de Conch., Paris, **36**:104. — Terra typica: Rhône, Saône, Doubs, Frankreich.
1889 *Unio mucidellus* BOURGUIGNAT in LOCARD, Rév. Esp. franç. *Margaritana* et *Unio*: 133. — Terra typica: Fluß Ternin bei Autun, Saône-et-Lore, Frankreich.
1911 *Unio (? requienii* var.*) voltzii* KOBELT, Iconogr. Land-Süßw.-Moll., (2)**17**:34; Taf. 467, Fig. 2516—2517. — Terra typica: Rhein-Rhône-Kanal bei Mühlhausen. Elsaß.
1911 *Unio voltzii* var. *ursannensis* KOBELT, Iconogr. Land-Süßw.-Moll., (2)**17**:35; Taf. 467, Fig. 2518. — Terra typica: St. Ursanne am Doubs, Schweiz.

Diagnosis: Schale regelmäßig eiförmig, fest, sehr ungleichseitig, mit gleichlaufenden Ober- und Unterrändern, vorn und hinten gerundet. Wirbel etwa bei ⅓ der Länge gelegen, aufgeblasen, mit 4—5 gleichlaufenden, welligen Runzelreihen skulptiert. Schloß schwach, Haupt- und Seitenzähne nur durch ein kurzes Intervall getrennt. — Maße: Länge 75—85 mm, Höhe 36—40 mm, Dicke 25—27 mm.

Bemerkung: Eine erst kürzlich verstandene Rasse, die durch die völlig eiförmige Gestalt der Schale an Formen von *Unio crassus* RETZIUS erinnert und deshalb oft mit ihnen verwechselt worden ist. Die obige Synonymieliste muß als vorläufig gelten.

Verbreitung: Saône-Gebiet in West-Frankreich; Schweizer Jura; Savoyen; im Rheingebiet.

5d. Unio elongatulus turtoni PAYRAUDEAU

1826 *Unio turtoni* PAYRAUDEAU, Cat. méthod. descr. Annélides Mollusques Corse: 65; Taf. 2, Fig. 2—3. — Terra typica: Korsika.
1826 *Unio capigliolo* PAYRAUDEAU, Cat. méthod. descr. Annélides Mollusques Corse: 66; Taf. 2, Fig. 4. — Terra typica: Korsika.
1837 *Unio baudinii* KÜSTER in ROSSMÄSSLER, Iconogr. Land-Süßw.-Moll., 1(5/6):22; Taf. 24, Fig. 341. — Terra typica: Fluß Flumendoso auf Sardinien.
1889 *Unio exauratus* LOCARD, Rév. Esp. franç. *Margaritana* et *Unio*: 104. — Terra typica: Fluß Siagne bei Cannes, Alpes-Maritimes, Frankreich.

Diagnosis: Schale lang, gerundet viereckig, mit kurzem und gerundetem Vorderende und langem, geradem, hinten gerundet abgestutztem Hinterende. Wirbel gerundet, wenig vorspringend, mit einer Skulptur aus welligen, leicht höckerigen Runzeln. Hauptzähne schwach, schneidend, Seitenzähne hoch, lang. — Maße: Länge 55—60 mm, Höhe 30 mm, Dicke 15—18 mm.

Verbreitung: Sardinien, Korsika; Alpes-Maritimes, Frankreich (?).

5e. Unio elongatulus moquinianus DUPUY

1843 *Unio moquinianus* DUPUY, Essai Moll. terr. fluv.: 80; Abb. 1—2. — Terra typica: Hautes-Pyrenées und Basses-Pyrenées, Frankreich.
1889 *Unio antimoquinianus* LOCARD, Rév. Esp. franç. *Margaritana* et *Unio*: 121. — Terra typica: Flüsse Arroz und Echez, Hautes-Pyrenées, Frankreich.
1931 *Unio consentaneus* var. *moquini* GERMAIN, Faune de France, **22**, Moll. terr. fluv.: 73; Abb. 829. — Terra typica: Ost-, Mittel- und pyrenäisches Frankreich.

Diagnosis: Vorderende sehr kurz, Hinterende viel länger (3—3½mal), hinten stumpf abgestutzt. Ober- und Unterränder fast gleichlaufend, der untere manchmal etwas eingebuchtet. Wirbel wenig aufgeblasen, mit höckeriger Skulptur. Hauptzähne sehr kurz, fast höckerförmig; hinterer Hauptzahn der linken Klappe ganz oder fast ganz zurückgebildet. — Maße: Länge 50 bis 70 mm, Höhe 25—35 mm, Dicke 18—25 mm.

Bemerkung: Diese Form ist der länglich-ovalen Gestalt wegen oft mit Formen von *Unio batavus cytherea* verwechselt worden, zeigt aber durch ihre Wirbelskulptur deutlich die Zugehörigkeit zu *elongatulus*. Die Synonymie ist bestimmt umfangreicher als oben angegeben, kann aber im Augenblick nicht besser nachgeprüft werden.

Verbreitung: Süd-Frankreich in den Hautes und Basses-Pyrenées.

5f. Unio elongatulus aleroni COMPANYO & MASSOT

1845 *Unio aleroni* COMPANYO & MASSOT, Bull. Soc. Agricult. Sci. Lettr. Pyrén.-Orient., Perpignan, 6:294; Abb. 2. — Terra typica: Gewässer der Pyrenées Orientales, Frankreich.

Diagnosis: Schale länglich eiförmig, ziemlich zusammengedrückt; Vorderende kurz, gerundet, Hinterende kaum höher als das vordere, hinten gerundet abgestutzt; Wirbel wenig vorragend, aber spitz, mit einer Skulptur aus höckerigen Fältchen. Hauptzähne dünn. — Maße: Länge 55—60 mm, Höhe 28—30 mm, Dicke 14—16 mm.

Verbreitung: Südliches Mittel-Frankreich, im Hérault, Aude, den Ost-Pyrenäen, Tarn, Haute-Garonne und Ariège.

5g. Unio elongatulus rousii Dupuy

1849 *Unio rousii* Dupuy, Cat. extramar. Galliae Test.: No. 340. — Hist. nat. Moll. terr. Eau douce saum. France: 653; Taf. 28, Fig. 18. — Terra typica: Bach Auroue, Département Gers, Frankreich.

1882 *Unio malafossianus* Fagot in Locard, Prodr. Malacol. franç.: 297. — Terra typica: Thermalwasser in Barbotan, Gers, Frankreich.

Diagnosis: Schale schmal verlängert, mit geradem Unterrand, hinten sehr stark verlängert, für eine Form des *Unio elongatulus* sehr lang, bis zu 120 mm. — Maße: Länge 80—104 mm, Höhe 35—46 mm, Dicke 25—38 mm.

Bemerkung: Wird oft mit *Unio tumidus* verwechselt; die Synonymie liegt ebenfalls noch sehr im Argen.

Verbreitung: Garonne und Gers, Süd-Frankreich.

5h. Unio elongatulus mancus Lamarck

1819 *Unio manca* Lamarck, Hist. nat. Anim. sans vert., 6 Teil 1: 80. — Terra typica: Flüßchen Drée in Burgund, Frankreich.

1843 *Unio ardusianus* Reyniès, Lettre à Moquin-Tandon: 5; Taf. 1, Fig. 7—8. — Terra typica: Fluß Ardus bei Montauban, Aveyron, Frankreich.

1882 *Unio condatinus* Letourneux in Locard, Prodr. Malacol. franç., 1:356. — Terra typica: Kanal in Rennes in Ille-et-Villaine, Nord-Frankreich.

1882 *Unio mucidulus* Bourguignat in Locard, Prodr. Malacol. franç., 1:366. — Terra typica: Seine bei Pecq, Frankreich.

1882 *Unio gobionum* Bourguignat in Locard, Prodr. Malacol. franç., 1:364. — Terra typica: Canal du Midi, bei Villefranche-Laraignais, Haute-Garonne, Frankreich.

1887 *Unio mongazonae* Servain, Bull. Soc. malac. France, Paris, 4:253. — Terra typica: See von Grandlieu, Loire-Inférieure, Frankreich.

1887 *Unio asticus* Servain, Bull. Soc. malac. France, Paris, 4:259. — Terra typica: See von Grandlieu, Loire-Inférieure, Frankreich.

1887 *Unio eutrapelus* Servain, Bull. Soc. malac. France, Paris, 4:260. — Terra typica: See von Grandlieu, Loire-Inférieure, Frankreich.

1889 *Unio oberthurianus* Bourguignat in Locard, Rév. Esp. franç. *Margaritana* et *Unio*: 142. — Terra typica: Canal de Bretagne, bei Saint-Congard, Morbihan, Frankreich.

1889 *Unio arcuatulus* Bourguignat in Locard, Rév. Esp. franç. *Margaritana* et *Unio*: 138. — Terra typica: Seine bei Poissy, Seine-et-Oise, Frankreich.

1889 *Unio amblyus* Castro in Locard, Rév. Esp. franç. *Margaritana* et *Unio*: 119. — Terra typica: Loire bei Balbigny, Frankreich.

Diagnosis: Schale länglich eiförmig, mäßig aufgeblasen; vorn gerundet verschmälert, hinten verlängert und etwas geschnäbelt, leicht abgestutzt. Oberrand leicht geschwungen, Unterrand ziemlich gerade, gelegentlich leicht eingebuchtet. Wirbel weit vorn gelegen, wenig vorragend, mit höckeriger Skulptur. Hauptzähne konisch zusammengedrückt, Seitenzähne hoch. — Maße: Länge 50—65 mm, Höhe 25—32 mm, Dicke 15—22 mm.

Bemerkung: Eine sehr veränderliche, oft mißverstandene Form, oft für eine Unterart von *Unio crassus* gehalten; scheint gelegentlich Hybride mit den *pictorum*-Formen in der Seine und der Marne zu bilden.

Verbreitung: Mittel-Frankreich, hauptsächlich im Seine- und Marne-Gebiet.

5i. Unio elongatulus requienii MICHAUD

1831 *Unio requienii* MICHAUD, Compl. Hist. nat. Moll. DRAPARNAUD: 106; Taf. 16, Fig. 24. — Terra typica: Arles, Bouches-du-Rhône, Frankreich.

1849 *Unio jacqueminii* DUPUY, Cat. extram. Galliae Test. No. 328. — Hist. nat. Moll. terr. Eau douc. France: 643; Taf. 25, Fig. 17. — Terra typica: Sümpfe um Arles, Bouches-du-Rhône, Frankreich.

1882 *Unio saint-simonianus* FAGOT in LOCARD, Prodr. Malacol. franç., 1:357. — Terra typica: Canal du Midi bei Villefranche-Lauraguais, Frankreich.

1882 *Unio veillanensis* H. BLANC in LOCARD, Prodr. Malacol. franç., 1:361. — Terra typica: Montpellier, Hérault, Frankreich.

1882 *Unio orthellus* BERENGUIER in LOCARD, Prodr. Malacol. franç., 1:357. — Terra typica: Roquebrune-Kanal, Var, Frankreich.

1882 *Unio jourdheuili* RAY in LOCARD, Prodr. Malacol. franç., 1:364. — Terra typica: Bei Troyes, Aube, Frankreich.

1882 *Unio foroguliensis* BERENGUIER in LOCARD, Prodr. Malacol. franç., 1:361. — Terra typica: Pont de l'Assassin bei Fréjus, Var, Frankreich.

1885 *Unio triffoiricus* BOURGUIGNAT in LOCARD, Rév. Esp. franç. *Margaritana* et *Unio*: 146. — Terra typica: Flüßchen Triffoire bei Rosières, nahe Troyes, Aube, Frankreich.

1889 *Unio fabaeformis* BOURGUIGNAT in LOCARD, Rév. Esp. franç. *Margaritana* et *Unio*: 124. — Terra typica: Sumpf von Meyranne nahe Arles, Bouches-du-Rhône, Frankreich.

1889 *Unio frayssianus* COUTAGNE in LOCARD, Rév. Esp. franç. *Margaritana* et *Unio*: 121. — Terra typica: Sumpf von Meyranne bei Arles, Bouches-du-Rhône, Frankreich.

1889 *Unio meyrannicus* BOURGUIGNAT in LOCARD, Rév. Esp. franç. *Margaritana* et *Unio*: 122. — Terra typica: Sumpf von Meyranne bei Arles, Bouches-du-Rhône, Frankreich.

1889 *Unio aramonensis* LOCARD, Rév. Esp. franç. *Margaritana* et *Unio*: 50. — Terra typica: Rhône bei Aramon, Frankreich.

1889 *Unio vardonicus* LOCARD, Rév. Esp. franç. *Margaritana* et *Unio*: 126. — Terra typica: Fluß Gard nahe seiner Mündung in die Rhône, Frankreich.

1889 *Unio talus* BOURGUIGNAT in LOCARD, Rév. Esp. franç. *Margaritana* et *Unio*: 134. — Terra typica: Canal du Midi bei Carcassonne, Frankreich.

1889 *Unio sousanus* CASTRO in LOCARD, Rév. Esp. franç. *Margaritana* et *Unio*: 59. — Terra typica: Fluß La Vacherie bei Troyes, Aube, Frankreich.

1889 *Unio royanus* LOCARD, Rév. Esp. franç. *Margaritana* et *Unio*: 149. — Terra typica: Gräben des Forts La Vitriolerie bei Lyon, Frankreich.

1889 *Unio aegericus* LOCARD, Rév. Esp. franç. *Margaritana* et *Unio*: 144. — Terra typica: Fluß La Baise bei Valence, Dépt. Aube, Frankreich.

1889 *Unio mucidulinus* LOCARD, Rév. Esp. franç. *Margaritana* et *Unio*: 143. — Terra typica: Varennes, Département, Jura Frankreich.

1889 *Unio atharsus* BOURGUIGNAT in LOCARD, Rév. Esp. franç. *Margaritana* et *Unio*: 145. — Terra typica: Varennes, Département Jura, Frankreich.

1890 *Unio baicheri* LOCARD, Bull. Soc. malac. France, Paris, 7:119. — Terra typica: Bach La Preuille bei Brame, Département Aude, Frankreich.

1893 *Unio arelatus* BOURGUIGNAT in LOCARD, Coqu. Eaux douc. saumâtr. France: 188. — Terra typica: Umgebung von Arles, Bouches-du-Rhône, Frankreich.

Diagnosis: Schale länglich, ein wenig keilförmig, Vorderende kurz und gerundet, Hinterende in der Mitte etwas geschnäbelt und dabei leicht abgestutzt. Oberrand vom Ligament an gegen das Hinterende abfallend, Unterrand fast gerade, höchstens ein wenig eingebuchtet. Wirbel aufgeblasen, ziemlich klein, mit winklig-höckerigen, zuweilen recht starken Runzellinien skulptiert. Hauptzähne fest, zusammengedrückt, Seitenzähne hoch und zusammengedrückt. — Maße: Länge 60—70 mm, Höhe 32—36 mm, Dicke 21—25 mm.

Bemerkung: Die Synonymie dieser sehr wandelbaren Form ist noch nicht ganz geklärt, die oben gegebene Liste daher nicht ganz vollständig und nur bedingt richtig.

Verbreitung: Südöstlicher Teil von Frankreich, in der Rhône und östlich davon.

5k. Unio elongatulus penchinatianus Bourguignat

1865 *Unio penchinatianus* Bourguignat, Moll. nouv. litig. peu connus: 141; Taf. 25. — Terra typica: See von Bañolas, Provinz Gerona, Spanien.

Diagnosis: Schale lang oval, vorn kurz und zusammengedrückt, hinten verbreitert, verlängert, aufgetrieben, mit nach unten gekrümmtem Schnabel; Unterrand wenig gebogen. Wirbel weit nach vorn gelegen, wenig aufgetrieben, stark eingerollt, mit zwei divergierenden Reihen isolierter, hakenförmiger Höcker skulptiert. Hauptzähne links fast gleich groß, rechts ist der Hauptzahn stark, gesägt und dreieckig. — Maße: Länge 53 mm, Höhe 26 mm, Dicke 18 mm.

Verbreitung: Küstenflüsse von Nord-Spanien.

5l. Unio elongatulus valentinus Rossmässler

1854 *Unio valentinus* Rossmässler, Iconogr. Land-Süßw.-Moll., 3:37; Taf. 69, Fig. 852. — Terra typica: Albufera de Valencia bei Valencia, Spanien.

1865 *Unio graellsianus* Bourguignat, Moll. nouv. litig. peu connus: 147; Taf. 23, Fig. 4—7. — Terra typica: Albufera de Valencia bei Valencia, Spanien.

1865 *Unio courquinianus* Bourguignat, Moll. nouv. litig. peu connus: 149; Taf. 26. — Terra typica: Albufera de Valencia bei Valencia, Spanien.

1893 *Unio almenarensis* Drouet, Mém. Acad. Sci. Arts Bell.-Lettr., Dijon (4)4:62; Taf. 1, Fig. 2. — Terra typica: Almenara, Provinz Castellon de la Plana, Spanien.

Diagnosis: Schale länglich-trapezförmig, vorn gerundet, hinten gestreckt, schräg herabsteigend und sich ganz unten mit dem an seinem hinteren Ende nur wenig ansteigenden Unterrand verbindend. Ober- und Unterrand ziemlich gleichlaufend. Wirbel ziemlich aufgetrieben, an der Spitze mit schwach höckerig-runzeliger Skulptur. Rechter Hauptzahn niedrig, linke Hauptzähne wenig ausgeprägt, fast zusammenfließend. — Maße: Länge 60—75 mm, Höhe 25—45 mm, Dicke 22—26 mm.

Verbreitung: Südliche Mittelmeer-Zuflüsse Spaniens ohne den Ebro; Südgrenze der Verbreitung noch unbekannt.

5m. Unio elongatulus gargottae Philippi

1830 (?) *Unio lobata* Cristofori & Jan (nomen nudum)*), Cat. Rer. nat. Mus., Teil 2, Abt. 2:7. — Terra typica: Sizilien.

1836 *Unio gargottae* Philippi, Enum. Moll. Siciliae, 1:66. — Terra typica: Sizilien.

1838 *Unio gargottae* — Rossmässler, Iconogr. Land-Süßw.-Moll., 2:26; Taf. 35, Fig. 493.

---

*) Dieses Zitat konnte nicht nachgeprüft werden; es handelt sich dabei aber bestimmt um ein Nomen nudum.

1844 *Unio aradae* PHILIPPI, Enum. Moll. Siciliae, 3:49. — Terra typica: Francofonte, Sizilien.
1855 *Unio siculus* HANLEY, Cat. rec. bivalve Shells: 383; Taf. 20, Fig. 19. — Terra typica: Sizilien.
1883 *Unio benoiti* BOURGUIGNAT, Aperçu Unionidae Pénins. ital.: 26. — Terra typica: Sizilien.
1883 *Unio monterosati* BOURGUIGNAT, Aperçu Unionidae Pénins. ital.: 40. — Terra typica: Umgegend von Lentini, Sizilien.
1883 *Unio bivonianus* BOURGUIGNAT, Aperçu Unionidae Pénins. ital.: 43. — Terra typica: Fluß Anapo bei Syrakus, Sizilien.
1883 *Unio caficianus* BOURGUIGNAT, Aperçu Unionidae Pénins. ital.: 55. — Terra typica: Fluß Anapo bei Syrakus, Sizilien.
1883 *Unio aradasi* BOURGUIGNAT, Aperçu Unionidae Pénins. ital.: 42. — Terra typica: Francofonte, Sizilien.
1896 *Unio biformis* MONTEROSATO, Naturalista Siciliano, **15**:13; Abb. — Terra typica: Salaparuta sul Belice, Sizilien.
1896 *Unio bipartitus* MONTEROSATO, Naturalista Siciliano, **15**:18; Abb. — Terra typica: Flüßchen Marcellino bei Augusta, Sizilien.
1896 *Unio bitortus* MONTEROSATO, Naturalista Siciliano, **15**:12; Abb. — Terra typica: Fluß Torto, Sizilien.
1896 *Unio bivonianus* var. *cuspidata* MONTEROSATO, Naturalista Siciliano, **15**:16; Abb. — Terra typica: Unterlauf des Flüßchens Simeto, Sizilien.

Diagnosis: Schale verlängert, eiförmig vorn kurz und breit gerundet, hinten lang, etwa dreimal länger als das Vorderende, mit einem etwas abgestutzten, breiten Schnabel endend. Ober- und Unterrand ziemlich gleichlaufend, oberer etwas gekrümmt, unterer oft leicht eingebogen; Schale etwa halb so hoch wie lang. Wirbel wenig vorragend, mit mehreren Reihen spitzig gebogener Höcker skulptiert. Schloß stark, Hauptzähne fest, abgestutzt dreieckig. — Maße: Länge 65—80 mm, Höhe 30—33 mm, Dicke 20—22 mm.

Bemerkung: Der angeblich von MONTEROSATO 1896 beschriebene *Unio ricconianus* konnte in keiner Bibliographie nachgewiesen werden; als Nomen nudum spielt er sowieso keine Rolle.

Verbreitung: Sizilien.

5n. Unio elongatulus lawleyianus GENTILUOMO

1868 *Unio lawleyianus* GENTILUOMO, Bull. malac. Ital., Pisa, **1**:54; Taf. 4, Fig. 1—3. — Terra typica: San Quirico östlich von Lucca, Mittelitalien.
1869 *Unio larderelianus* PECCHIOLI, Bull. malac. Ital., Pisa, **2**:163; Taf. 5. — Terra typica: Pozzolatico bei Florenz, Italien.
1880 *Unio cumensis* KOBELT, Iconogr. Land-Süßw.-Moll., **7**:3; Taf. 192, Fig. 1952. — Terra typica: See von Cumae, bei Neapel, Italien.
1882 *Unio pornae* BOURGUIGNAT in LOCARD, Prodr. Malacol. franç., **1**:363. — Terra typica: Arno bei Florenz, Italien.
1882 *Unio meretricis* BOURGUIGNAT in LOCARD, Prodr. Malacol. franç. **1**:362. — Terra typica: Arno bei Florenz, Italien.
1882 *Unio moltenii* ADAMI, Bull. Soc. malac. Ital., Pisa, **8**:131; Taf. 0, Fig. 3—8. — Terra typica: Tiber in Umbrien, Italien.
1882 *Unio umbricus* ADAMI, Bull. Soc. malac. Ital., **8**:138; Taf. 0, Fig. 4, 6, 8. — Terra typica: Tiber in Umbrien, Italien.
1883 *Unio etruscus* DROUET, Unionidae de l'Italie: 48. — Terra typica: Kanal der Madonna dell'Acqua bei Pisa, Italien.
1883 *Unio campanus* DROUET, Unionidae de l'Italie: 49. — Terra typica: Kanal Marosso bei San Germano, Pontinische Sümpfe südlich von Rom, Italien.

1883 *Unio meridionalis* DROUET, Unionidae de l'Italie : 51. — Terra typica: Campagna Felice vom Volturno bis zum Sarno, Italien.
1883 *Unio polii* DROUET, Unionidae de l'Italie : 27. — Terra typica: See der Villa Doria-Pamphili in Rom, Italien.
1883 *Unio blanci* BOURGUIGNAT, Unionidae Pénins. ital. : 44. — Terra typica: Bei Pisa, Italien.
1883 *Unio latinus* BOURGUIGNAT, Unionidae Pénins. ital. 12. — Terra typica: Pontinische Sümpfe am Kanal längs der Straße von Terracina nach Velletri, Italien.
1883 *Unio campsus* BOURGUIGNAT, Unionidae Pénins. ital. : 17. — Terra typica: Kanal zwischen Pisa und Bagni di San Giuliano, Italien.
1883 *Unio uziellii* BOURGUIGNAT, Unionidae Pénins. ital. : 27. — Terra typica: See der Villa Doria-Pamphili, Rom, Italien.
1883 *Unio pisanus* BOURGUIGNAT, Unionidae Pénins. ital. : 29. — Terra typica: Bach der Madonna delle Acque bei Pisa, Italien.
1883 *Unio gentiluomoi* BOURGUIGNAT, Unionidae Pénins. ital. : 35. — Terra typica: Teich von San Quirico bei Lucca, Italien.
1883 *Unio pecchiolii* BOURGUIGNAT, Unionidae Pénins. ital. : 37. — Terra typica: Arno bei Florenz, Italien.
1883 *Unio isseli* BOURGUIGNAT, Unionidae Pénins. ital. : 47. — Terra typica: Nahe Pietra-Santa, zwischen Massa und Lucca, Italien.
1883 *Unio d'anconae* BOURGUIGNAT, Unionidae Pénins. ital. : 54. — Terra typica: Arno bei Florenz, Italien.
1912 *Unio subindentatus* ADAMI in KOBELT, Iconogr. Land-Süßw.-Moll., (2)**18**:40; Taf. 501, Fig. 2648. — Terra typica: See Massacucculo bei Lucca, Italien.

Diagnosis: Schale ziemlich zusammengedrückt, länglich, vorn höher als hinten und fast halbkreisförmig gerundet, hinten in einen stumpf abgestützten Schnabel ausgezogen. Oberrand vorn hoch, leicht gebogen ansteigend, in der Mitte etwa waagerecht, im hinteren Drittel stark und gerade absteigend; Unterrand fast gerade, nur ab und zu in der Mitte leicht eingebuchtet. Wirbel wenig vorragend, mit leicht welliger Runzelskulptur. Hauptzähne stark, verdickt, doch noch schneidend, in deutlichem Winkel zu den geraden Nebenzähnen stehend. — Maße: Länge 82 mm, Höhe 41 mm, Dicke 22 mm.

Verbreitung: Halbinsel Italien, vielleicht mit Ausnahme des daraufhin noch nicht untersuchten südlichen Teiles.

5o. Unio elongatulus glaucinus PORRO

1838 *Unio glaucinus* PORRO, Malacol. Prov. Comasca : 115. — Terra typica: Provinz Como, Nord-Italien.
1841 *Unio corrosus* VILLA, Dispos. syst. Conchyl. : 61. — Terra typica: See von Pusiano, Provinz Como, Nord-Italien.
1851 *Unio spinellii* VILLA, Cat. Moll. Brescia : 20; Abb. 7—8. — Terra typica: Idro-See, Nord-Italien.
1859 *Unio requienii* var. *vulgaris* STABILE, Prosp. sist.-stat. Moll. terr. fluv. Lugano : 62. — Terra typica: Fluß Tresa, Norditalien.
1859 *Unio requienii* var. *oriliensis* STABILE, Prosp. sist.-stat. Moll. terr. fluv. Lugano : 62. — Terra typica: Umgebung von Lugano, Schweiz.
1859 *Unio requienii* var. *blauneri* STABILE, Prosp. sist.-stat. Moll. terr. fluv. Lugano : 63. — Terra typica: See von Chiasso, Distrikt Mendrisio, Schweiz.
1872 *Unio villae* ISSEL, Mem. Soc. ital. Sci. nat., Milano, **2**:35. — Terra typica: Lombardei, Nord-Italien.
1879 *Unio robustus* DROUET, J. de Conch., Paris, **27**:141. — Terra typica: Comer See, Nord-Italien.

1881 *Unio gurkensis* Bourguignat, Unionidae Pénins. ital.: 21. — Terra typica: Gardasee, Nord-Italien.

1881 *Unio brachyrhynchus* Drouet, J. de Conch., Paris, **29**:246. — Terra typica: Mincio-Fluß, Nord-Italien.

1882 *Unio opisodartos* Adami, Bull. Soc. malac. Ital., Pisa, 8:134; Taf. 1, Fig. 9—10. — Terra typica: Nord-Italien.

1882 *Unio stephaninii* Adami, Bull. Soc. malac. Ital., 8:132; Taf. 1, Fig. 1—2. — Terra typica: Tobliner See, Nord-Italien.

1882 *Unio gestroianus* Bourguignat in Locard, Prodr. Malacol. franç., 1:296. — Terra typica: Ivrea, Piemont, Nord-Italien.

1883 *Unio larius* Drouet, Unionidae de l'Italie: 26. — Terra typica: Nord-Italien.

1883 *Unio subcylindricus* Drouet, Unionidae de l'Italie: 34. — Terra typica: Fluß Tessin, Nord-Italien.

1883 *Unio fluminalis* Drouet, Unionidae de l'Italie: 35. — Terra typica: Nord-Italien.

1883 *Unio gredleri* Drouet, Unionidae de l'Italie: 68. — Terra typica: Garda-See, Nord-Italien.

1883 *Unio minusculus* Drouet, Unionidae de l'Italie: 77. — Terra typica: Garda-See, Nord-Italien.

1883 *Unio benacinus* Drouet, Unionidae de l'Italie: 74. — Terra typica: Garda-See, Nord-Italien.

1883 *Unio siliquatus* Drouet, Unionidae de l'Italie: 66. — Terra typica: Bei Turin, Nord-Italien.

1883 *Unio nitidus* Drouet, Unionidae de l'Italie: 57. — Terra typica: Nord-Italien.

1883 *Unio delpretei* Bourguignat, Unionidae Pénins. ital.: 23. — Terra typica: Castelgoffredo, Provinz Brescia, Nord-Italien.

1883 *Unio eucallistellus* Bourguignat, Unionidae Pénins. ital.: 48. — Terra typica: Comer See, Nord-Italien.

1883 *Unio callichrous* Bourguignat, Unionidae Pénins. ital.: 49. — Terra typica: Fluß Sesia bei Vercelli, Piemont, Nord-Italien.

1883 *Unio padanus* Bourguignat, Unionidae Pénins. ital.: 57. — Terra typica: Po bei Turin, Nord-Italien.

1883 *Unio strobeli* Bourguignat, Unionidae Pénins. ital.: 58. — Terra typica: Gattachio-Kanal bei Parma, Nord-Italien.

1883 *Unio pedemontanus* Bourguignat, Unionidae Pénins. ital.: 60. — Terra typica: Gewässer in Piemont, Nord-Italien.

1883 *Unio sebinensis* Bourguignat, Unionidae Pénins. ital.: 13. — Terra typica: Iseo-See, Nord-Italien.

1883 *Unio verbanicus* Bourguignat, Unionidae Pénins. ital.: 18. — Terra typica: Lago Maggiore bei Laveno, Nord-Italien.

1883 *Unio longobardus* Drouet, Unionidae de l'Italie: 54. — Terra typica: Lombardei, Nord-Italien.

1883 *Unio brianteus* Drouet, Unionidae de l'Italie: 35. — Terra typica: Sartirana, Nord-Italien.

1884 *Unio cusianus* Pini, Atti Soc. ital. Sci. nat., Milano, **27**:82; Abb. — Terra typica: Lago Cusio, Piemont, Nord-Italien.

1885 *Unio athesinus* Adami, Bull. Soc. malac. Ital., Pisa, **11**:236; Taf. Fig. 16—17. — Terra typica: Mattarello, Nord-Italien.

1885 *Unio ruffoni* Adami, Bull. Soc. malac. Ital., Pisa, **11**:248; Taf. Fig. 26—27. — Terra typica: Conegliano, Nord-Italien.

1890 *Unio humerosus* Westerlund, Fauna paläarkt. Binnenconch., **6**:136. — Terra typica: See von Caldonazzo, Ober-Italien.

1894 *Unio limosus* var. *costanus* Tiesenhausen in Gredler, Progr. Obergymnasium Bozen, 1893—1894:35. — Terra typica: (wahrscheinlich) Laghetti di Costa bei Pergine, Nord-Italien.

1895 *Unio directus* DROUET, J. de Conch., Paris, **43**:30. — Terra typica: See von Lago bei Serravalle, Provinz Treviso, Nord-Italien.
1895 *Unio palustris* DROUET, J. de Conch., Paris, **43**:31. — Terra typica: See von Annone, Nord-Italien.
1915 *Unio humerosus* var. *elongata* KOBELT, Iconogr. Land-Süßw.-Moll., (2)**20**:9; Taf. 542, Fig. 2770. — Terra typica: See von Caldonazzo, Nord-Italien.
1915 *Unio humerosus* var. *roboretana* KOBELT, Iconogr. Land-Süßw.-Moll., (2)**20**:8; Taf. 542, Fig. 2769. — Terra typica: Etsch bei Roveredo, Nord-Italien.
1915 *Unio destructilis* VILLA in KOBELT, Iconogr. Land-Süßw.-Moll., (2)**20**:14; Taf. 545, Fig. 2781. — Terra typica: Nicht sicher bekannt.

Diagnosis: Schale dünn, lang eiförmig, sehr ungleichseitig; Vorderende gleichförmig, fast halbkreisförmig gerundet, nicht ganz so hoch wie das stark verlängerte, hinten in einen leicht senkrecht abgestutzten Schnabel endende Hinterteil. Ober- und Unterrand fast gleichlaufend, der untere leicht geschwungen. Wirbel ziemlich voll, aber nicht sehr vorragend, mit einigen Reihen zickzackförmiger Runzelreihen skulptiert. Schloß aus dünnen, schneidenden Hauptzähnen bestehend und aus langgestreckten Seitenzähnen, die mit dem dünnen Intervall fast eine gerade Linie bilden. — Maße: Länge 40 bis 46 mm, Höhe 22 mm, Dicke 13—16 mm.

Bemerkung: Die hier besprochene Unterart ist äußerst formveränderlich, und die oben gegebene Beschreibung stimmt eigentlich nur für die Normalform, wie sie in nicht zu reißenden, größeren Strömen lebt. In den kleineren Gebirgsbächen mit stärkerem Gefälle bilden sich Kümmerformen aus, die sich durch dünnere und kleinere Schale auszeichnen und deren Gestalt von Ort zu Ort wechselt, anscheinend infolge der verschiedenen Lebensbedingungen. Auch die in den Gebirgsseen lebenden Formen dieser Unterart sind den jeweiligen ökologischen Verhältnissen ihres Standortes angepaßt, d. h. länger, geschnäbelt in tiefem Schlamm, oder verkürzt, abgestutzt in hartem Boden.

Verbreitung: Kontinentales Italien, in den Becken des Po und der Etsch.

5p. Unio elongatulus eucirrus BOURGUIGNAT

1860 *Unio eucirrus* BOURGUIGNAT, Amén. malacol., Paris, **2**:37; Taf. 5, Fig. 4—6. — Terra typica: Umgebung von Beirut, Syrien.
1883 *Unio raymondi* LOCARD, Arch. Mus. Hist. nat. Lyon, **3**:208. — Terra typica: Tiberias-See, Palästina.
1895 *Unio alexandri* KOBELT & ROLLE, Iconogr. Land-Süßw.-Moll., (2) Suppl. 1:14; Taf. 2, Fig. 2. — Terra typica: Bei Alexandrette, Türkei.
1895 *Unio cilicicus* KOBELT & ROLLE, Iconogr. Land-Süßw.-Moll., (2) Suppl. 1:11; Taf. 1, Fig. 1. — Terra typica: Nahe Adana, Cilicien, Türkei.
1895 *Unio cilicicus* var. *adanensis* KOBELT & ROLLE, Iconogr. Land-Süßw.-Moll., (2) Suppl. 1:12; Taf. 1, Fig. 2. — Terra typica: Adana, Cilicien, Türkei.
1895 *Unio cilicicus* var. *jenemterensis* KOBELT & ROLLE, Iconogr. Land-Süßw.-Moll., (2) Suppl. 1:12; Taf. 1a, Fig. 1. — Terra typica: Jenemtere, nördlich von Tarsus, Türkei.
1895 *Unio cilicicus* var. *subsaccatus* KOBELT & ROLLE, Iconogr. Land-Süßw.-Moll., (2) Suppl. 1:13; Taf. 7a, Fig. 3. — Terra typica: Jenemtere, nördlich von Tarsus, Türkei.
1895 *Unio (cilicicus* var.*) berythensis* KOBELT & ROLLE, Iconogr. Land-Süßw.-Moll., (2) Suppl. 1:13; Taf. 5, Fig. 1—2. — Terra typica: Bei Beirut, , Syrien.
1913 *Unio raymondopsis* KOBELT, Inconogr. Land-Süßw.-Moll., (2) **19**:30; Taf. 525, Fig. 2724. — Terra typica: Nahr-el-Audsche bei Jaffa, Israel.

1913 *Unio kuweikensis* KOBELT, Iconogr. Land-Süßw.-Moll., (2)**19**:31; Taf. 525, Fig. 2725. — Terra typica: Fluß Kuweik bei Aleppo, Syrien.
1913 *Unio sesirmensis* KOBELT, Iconogr. Land-Süßw.-Moll., (2)**19**:45; Taf. 532, Fig. 2743. — Terra typica: See Sogla bei Konia, Türkei.
1913 *Unio (cilicicus* var.*) anceyi* KOBELT, Iconogr. Land-Süßw.-Moll., (2)**19**:47; Taf. 534, Fig. 2748. — Terra typica: „Im cilicischen Cydnus", Türkei.

Diagnosis: Schale eiförmig, vorn gerundet, hinten verlängert gerundet; Hinterende etwa zweimal so lang wie das vordere, Ober- und Unterrand fast gerade, nur wenig gebogen. Wirbel nicht weit vorderständig, mit einigen Höckerreihen skulptiert. Hauptzähne länglich, schmal, ziemlich weit vorragend, Seitenzähne ebenfalls vorragend und ziemlich dick. — Maße: Länge 50—59 mm, Höhe 31—34 mm, Dicke 17—21 mm.

Verbreitung: Küstenflüsse in Zilizien, Syrien und Israel.

5q. Unio elongatulus dembeae SOWERBY

1865 *Unio dembeae* SOWERBY in REEVE, Conch. Icon., **16**: Taf. 29, Fig. 153. — Terra typica: Dembea-See (= Tana-See), Abessinien.
1874 *Unio aeneus* JICKELI, Verh. Leop.-Carol. dtsch. Akad. Naturf., Halle, **37**:274; Taf. 9, Fig. 2. — Terra typica: Dembea-See (= Tana-See), Abessinien.
1883 *Unio jickelii* BOURGUIGNAT, Hist. malacol. Abyssinie: 135. — Terra typica: Dembea-See (= Tana-See), Abessinien.
1885 *Unio alfierianus* BOURGUIGNAT, Moll. terr. fluv. SOLEILLET au Choa: 45. — Terra typica: Schoa, Abessinien.
1885 *Unio hamyanus* BOURGUIGNAT, Moll. terr. fluv. SOLEILLET au Choa: 42. — Terra typica: Schoa, Abessinien.
1885 *Unio ilqi* BOURGUIGNAT, Moll. terr. fluv. SOLEILLET au Choa: 50. — Terra typica: Zentral-Äthiopien.
1885 *Unio meneliki* BOURGUIGNAT, Moll. terr. fluv. SOLEILLET au Choa: 41. — Terra typica: Zentral-Äthiopien.
1885 *Unio soleilleti* BOURGUIGNAT, Moll. terr. fluv. SOLEILLET au Choa: 39. — Terra typica: Zentral-Äthiopien.
1888 *Unio traversii* POLLONERA, Bull. Soc. malac. Ital., Pisa, **13**:85; Taf. 3, Fig. 14—15. — Terra typica: Hauasch-Fluß, Schoa, Abessinien.
1910 *Unio (Nodularia) erlangeri* KOBELT, Abh. senckenb. naturf. Ges., Frankfurt a. M., **32**:49; Taf. 10, Fig. 8. — Terra typica: Somaliland (ohne näheren Fundort).

Diagnosis: Schale quer lang eiförmig, ungleichseitig, hinten höher als vorn, zusammengedrückt, hinten etwas stärker aufgeblasen; Rückenrand fast gerade, vorn in leichter Biegung herabsteigend, hinten ansteigend; Unterrand leicht geschwungen, in der Mitte ganz leicht eingebogen. Wirbel klein, kaum vorragend, bei $1/4$ der Gesamtlänge gelegen. Hauptzähne zusammengepreßt, gerauht, klein. — Maße: Länge 59—66 mm, Höhe 29—33 mm, Dicke 20 bis 22 mm.

Verbreitung: Abessinien und Somaliland.

5r. Unio elongatulus durieui DESHAYES

1847 *Unio durieui* DESHAYES, Hist. nat. Moll. Algérie, Atlas: Taf. 109, Fig. 5—8. — Terra typica: „Algerien".
1834 (?) *Unio emarginatus* LEA, Trans. amer. philos. Soc., Philadelphia, **5**:62; Taf. 9, Fig. 22. — Terra typica: Unbekannt.
1852 *Unio sitifensis* MORELET, J. de Conch., Paris, **2**:360. — Terra typica: Provinz Constantine, Algerien.

1884 *Unio tafnanus* KOBELT, Iconogr. Land-Süßw.-Moll., (2)1:66; Taf. 28, Fig. 216. — Terra typica: Fluß Tafna, Provinz Oran, Algerien.
1884 *Unio ravoisieri* var. *isserica* KOBELT, Iconogr. Land-Süßw.-Moll., (2)1:65; Taf. 28, Fig. 215. — Terra typica: Pont d'Isser, Provinz Oran, Algerien.
1884 *Unio tetuanensis* KOBELT, Iconogr. Land-Süßw.-Moll., (2)1:66; Taf. 28, Fig. 217. — Terra typica: Ued Martil bei Tetuan, Nord-Marokko.
1886 *Unio medjerdae* KOBELT, Iconogr. Land-Süßw.-Moll., (2)2:23; Taf. 42, Fig. 257 bis 259. — Terra typica: Fluß Medjerda bei Beja, Tunesien.
1886 *Unio micelii* KOBELT, Iconogr. Land-Süßw.-Moll., (2)2:24; Taf. 43, Fig. 260—261.— Terra typica: Fluß Medjerda bei Baja, Tunesien.
1887 *Unio delevieleusae* HAGENMÜLLER in BOURGUIGNAT, Prodr. Malacol. Tunisie : 162. — Terra typica: Tunesien bei Baja.

Diagnosis: Schale verlängert, vorn kurz und gerundet, hinten in einen oben flachbogig absteigenden, unten gerundeten Schnabel ausgezogen; Oberrand fast gerade, vorn eckig in den Vorderrand übergehend, Unterrand in der Mitte etwas eingedrückt. Wirbel niedergedrückt, wenig vorstehend, mit höckerigen Wellenrunzeln skulptiert. Hauptzähne zusammengedrückt, hoch, Seitenzähne lang und niedrig. — Maße: Länge 55—65 mm, Höhe 29—32 mm, Dicke 20—22 mm.

Bemerkung: *Unio emarginatus* LEA 1834 könnte dieser Form angehören. Der Typus (im US. National Museum, No. 86159) besteht aus zwei nicht zusammengehörigen Klappen, der Fundort ist unbekannt; unter diesen Umständen scheint es besser, der hier behandelten Lokalform des *Unio elongatulus* den zwar jüngeren, aber sicheren Namen *durieui* zu lassen.

Verbreitung: Mediterranes Nord-Afrika.

6. Unio crassus RETZIUS

Bemerkung: Bei den Unterarten dieser Art haben wir es mit Formen zu tun, die wesentlich andere Lebensbedingungen zu ertragen haben als die vorher betrachteten Arten. Alle bisher besprochenen Arten und Unterarten von *Unio* hatten ihr Lebens-Optimum in größeren Gewässern, Flüssen oder Seen und konnten sich den jeweiligen Umgebungen durch typische Veränderungen ihrer Schalen anpassen. In dem Formenkreis des *Unio crassus* aber herrschen ganz andere Bedingungen. Auch bei ihnen kommen Flußformen vor, aber das Hauptgebiet ihrer ökologischen Verbreitung liegt in den kleineren und kleinsten Gewässern, Flüßchen und Bächen. Wenn sie dort auch nicht ihre optimale Ausbildung zeigen, so scheinen sie sich in dem beschränkten Lebensraum der Kleingewässer besonders wohl zu fühlen, besonders da keine anderen größeren Weichtiere ihnen dort als Konkurrenten entgegentreten. Fast ausschließlich auf das Leben in bewegten Wassern angewiesen, stellt ihr gelegentliches, aber seltenes Vorkommen in Seen eine Ausnahme zu ihren eigentlichen Lebensgewohnheiten dar. — Es ist erstaunlich, wie oft Formen aus der *crassus*-Gruppe mit verlängerten Formen von *Psilunio* und rundlichen Formen von *Unio elongatulus* verwechselt worden sind.

6a. Unio crassus crassus RETZIUS

1788 *Unio crassus* RETZIUS, Diss. Hist. nat. : 17. — Terra typica: In fluviis Europae.
1793 *Unio musivus* SPENGLER, Skr. nat. Selsk. Kjøbenhavn, 3:67. — Terra typica: In Flüssen Deutschlands.

1823 *Unio ater* NILSSON, Hist. Moll. Suec.: 107. — Terra typica: In amne Höjea prope Lund, Schweden.
1828 *Unio rubens* MENKE, Syn. method. Moll.: 90. — Terra typica: Mühlgraben der Wupper bei Barmen, Deutschland.
1828 *Unio rugatus* MENKE, Syn. method. Moll.: 90. — Terra typica: In Flüssen Deutschlands, Flüßchen Emmer.
1872 *Unio crassus* var. *maximus* KOBELT, Malak. Bl., **19**:142; Taf. 5. — Terra typica: Flüßchen Aller nahe Hadersleben, Nordschleswig, Dänemark.
1875 *Unio pseudolitoralis* CLESSIN, Verh. Ver. Naturgesch. Hamburg, **3**:258. — Terra typica: In der Tabsaue (Tabsau) bei Hadersleben, Nordschleswig, Dänemark.
1886 *Unio kochii* KOBELT, Jb. nassau. Ver. Naturk., Wiesbaden, **39**:97; Taf. 6, Fig. 1. — Terra typica: Flüßchen Nister bei Hachenburg, im Westerwald.
1888 *Unio hamburgiensis* SERVAIN, Bull. Soc. malac. France, Paris, **5**:315. — Terra typica: Elbe bei Steinwärder, nahe Hamburg.
1904 *Unio crassus* var. *irgizlaicus* LINDHOLM, Ann. Mus. St. Petersburg, 8:843. — Terra typica: Fluß Irgizla, Südost-Rußland (vielleicht Fluß Irgiz, Nebenfluß der Wolga, Südost-Rußland).
1907 *Unio pseudolittoralis* var. *curonicus* RIEMENSCHNEIDER, Nachr.-Bl. dtsch. malak. Ges., Frankfurt a. M., **39**:150. — Terra typica: Flüßchen Heile Aa, Kurland, Rußland.
1911 *Unio crassus heimburgi* HAAS, Verh. naturhist. Ver. preuß. Rheinl., Bonn, **68**:527; Taf. 6, Fig. 20. — Terra typica: Flüßchen Eder, Zufluß der Weser.
1913 *Unio crassus thuringiacus* ISRAEL, Biol. europ. Süßwassermuscheln, in: Thüring. Lehrerverein Naturk., Weida: 28; Taf. 6, Fig. 4—6. — Terra typica: Gebiet des Auma-Baches, Thüringen, Deutschland.
1917 *Unio crassus* subsp. *polonicus* POLINSKI, C. R. Soc. Sci. Varsovie, **10**:902; Taf., Fig. 1, 3. — Terra typica: Fluß Jeziorna, Nebenfluß der Weichsel bei Warschau, Polen.
1917 *Unio crassus* subsp. *ornatus* POLINSKI, C. R. Soc. Sci. Varsovie, **10**:904; Taf., Fig. 2. — Terra typica: Fluß Czařna Hancza, Nebenfluß des Niemen, Polen.
1938 *Unio crassus* var. *ishmensis* SHADIN, Faune URSS, Moll., **4** 1:160. — Terra typica: Fluß Ishma, Bezirk Archangelsk, USSR.

Diagnosis: Schale oval, hinten und vorn ungefähr gleich breit; hinten in einen breiten, abgerundeten oder leicht abgestutzten Schnabel ausgezogen; Hinterende etwa dreimal länger als das vordere; Oberrand gestreckt, ganz leicht gebogen, Unterrand fast ganz gerade. Wirbel entfernt vom Vorderrande, niedergedrückt, mit gleichlaufenden Reihen von welligen Runzeln skulptiert. Hauptzähne kurz, stumpf, kegelförmig, nicht schneidend. — Maße: Länge 40—100 mm, Höhe 30—55 mm, Dicke 20—45 mm.

Verbreitung: Nord-Europa; atlantisches Mittel-Europa westlich bis an die Grenze des Rheingebietes; atlantisches und boreales Rußland.

6b. Unio crassus cytherea KÜSTER

1833 *Unio cytherea* KÜSTER, Icon. Moll. Test., Abt. 2, Moll. Terr. Fluv.: Taf. 5, Fig. 3. — Terra typica: Altmühl, nördlicher Zufluß der Donau in Bayern.
1833 *Unio sinuolata* KÜSTER, Icon. Moll. Test., Abt. 2, Moll. Terr. Fluv.: Taf. 5, Fig. 5.— Terra typica: Altmühl, nördlicher Zufluß der Donau in Bayern.
1820 ? *Unio planus* STUDER (nomen nudum), Naturw. Anz. allgem. schweiz. Ges. ges. Naturwiss., Bern, **3**:93.
1820 *Unio dilatatus* STUDER (nomen nudum), Naturw. Anz. allgem. schweiz. Ges. ges. Naturwiss., Bern, **3**:93.
1820 *Unio ovatus* STUDER (nomen nudum), Naturw. Anz. allgem. schweiz. Ges. ges. Naturwiss., Bern, **3**:94.

1833 *Unio dubius* FITZINGER (nomen nudum), Syst. Verz. Österr. Weichth.: 119.
1833 *Unio nigricans* FITZINGER (nomen nudum), Syst. Verz. Österr. Weichth.: 119.
1833 *Unio castaneus* FITZINGER (nomen nudum), Syst. Verz. Österr. Weichth.: 119.
1835 *Unio decurvatus* ROSSMÄSSLER, Iconogr. Land-Süßw.-Moll., 1(2):22; Taf. 9, Fig. 131. — Terra typica: Abfluß des Wörthersees in Kärnten, Österreich.
1835 *Unio labacensis* ROSSMÄSSLER, Iconogr. Land-Süßw.-Moll., 1(2):21. — Terra typica: Laibach-Fluß bei Laibach, Krain, Jugoslawien.
1835 *Unio vitreus* ROSSMÄSSLER, Iconogr. Land-Süßw.-Moll., 1(2):21. — Terra typica: Laibach-Fluß bei Laibach, Krain, Jugoslawien.
1835 *Unio atrovirens* ROSSMÄSSLER, Iconogr. Land-Süßw.-Moll., 1(2):23. — Terra typica: Ausfluß des Wörthersees in Kärnten, Österreich.
1835 *Unio amnicus* ROSSMÄSSLER, Iconogr. Land-Süßw.-Moll., 1(2):21. — Terra typica: Bäche bei Rosental nahe Laibach, Krain, Jugoslawien.
1835 *Unio piscinalis* ROSSMÄSSLER, Iconogr. Land-Süßw.-Moll., 1(2):21. — Terra typica: Bäche bei Sonnegg nahe Laibach, Krain, Jugoslawien.
1835 *Unio reniformis* ROSSMÄSSLER, Iconogr. Land-Süßw.-Moll., 1(2):21. — Terra typica: Bäche bei Sonnegg nahe Laibach, Krain, Jugoslawien.
1835 *Unio carinthiacus* ROSSMÄSSLER, Iconogr. Land-Süßw.-Moll., 1(2):21. — Terra typica: Lendkanal bei Klagenfurt, Kärnten, Österreich.
1835 *Unio fusculus* ROSSMÄSSLER, Iconogr. Land-Süßw.-Moll., 1(2):21. — Terra typica: Kaltengang, Österreich.
1836 *Unio consentaneus* ROSSMÄSSLER, Iconogr. Land-Süßw.-Moll., 1(3):29; Taf. 15, Fig. 208. — Terra typica: Bäche bei Marburg an der Drau (Maribor), Krain, Jugoslawien.
1836 *Unio retusa* HELD, Isis (OKEN), Leipzig, **1836**:281. — Terra typica: Nicht genannt.
1836 *Unio batavus* var. *gibbosus* HELD, Isis (OKEN), Leipzig, **1836**:306. — Terra typica: Bayern.
1836 *Unio batavus* var. *elongatus* HELD, Isis (OKEN), Leipzig, **1836**:306. — Terra typica: Bayern.
1837 *Unio squamosus* CHARPENTIER, Fauna Helvetica, Teil 2: Taf. 2, Fig. 22. — Terra typica: Schweiz.
1838 *Unio consentaneus legitimus* ROSSMÄSSLER, Iconogr. Land-Süßw.-Moll., (1) **2** (1/2): 25; Taf. 35, Fig. 491a. — Terra typica: St. Leonhard bei Marburg, Steiermark, Österreich.
1840 *Unio pruinosus* J. F. SCHMIDT, Bull. Soc. nat. Moscou, **12**:445; Taf. 9, Fig. 3. — Terra typica: Abfluß des Veldeser Sees in die Save, Krain, Jugoslawien.
1847 *Unio gangraenosus* J. F. SCHMIDT [nomen nudum], Conch. Krain: 26. — Fluß Gurk in Krain, Jugoslawien.
1854 *Unio nessorhynchus* KÜSTER, Conch. Cab., IX. 2:116; Taf. 31, Fig. 6. — Terra typica: Bei Regensburg, Bayern.
1854 *Unio heldii* KÜSTER, Conch. Cab., IX. 2:111; Taf. 30, Fig. 507. — Terra typica: Bei Passau, Bayern.
1874 *Unio bosnensis* MÖLLENDORFF, Beitr. Fauna Bosniens: 62; Abb. 21—22. — Terra typica: Bosna-Fluß in Bosnien, Jugoslawien.
1879 *Unio phaseolus* HELD in KOBELT, Iconogr. Land-Süßw.-Moll., **6**:44; Taf. 163, Fig. 1649. — Terra typica: Inn-Fluß bei Passau, Bayern.
1881 *Unio neocomensis* DROUET, J. de Conch., Paris, **29**:247. — Terra typica: Neuenburger See, Schweiz.
1881 *Unio croaticus* DROUET, J. de Conch., Paris, **29**:245. — Terra typica: Fluß Korana, Zufluß der Kupa nahe Dreschik, Kroatien, Jugoslawien.
1882 *Unio truncatulus* DROUET, Unionidae de Serbie: 12. — Terra typica: Zlotska-Fluß, Serbien, Jugoslawien.
1882 *Unio striolatus* DROUET, Unionidae de Serbie: 19. — Terra typica: Nischawa-Fluß, Serbien, Jugoslawien.

1882 *Unio savensis* DROUET, Unionidae de Serbie: 15. — Terra typica: Save bei Belgrad, Serbien, Jugoslawien.

1884 *Unio rivalis* DROUET, Suppl. Unionidae Serbie: 13. — Terra typica: Schumanska-Fluß, Serbien, Jugoslawien.

1884 *Unio serbicus* DROUET, Suppl. Unionidae Serbie: 9; Taf. 1, Fig. 1. — Terra typica: Gradac-Fluß bei Valjewo, Serbien, Jugoslawien.

1884 *Unio dokici* DROUET, Suppl. Unionidae Serbie: 5; Taf. 1, Fig. 1. — Terra typica: Kolabara-Fluß bei Valjewo, Serbien, Jugoslawien.

1885 *Unio batavus* var. *ondovensis* HAZAY, Jb. dtsch. malak. Ges., Frankfurt a. M., **12**:43. — Terra typica: Ondova-Fluß, Zempliner Komitat, Ungarn.

1885 *Unio batavus* var. *albensis* HAZAY, Jb. dtsch. malak. Ges., Frankfurt a. M., **12**:13. — Terra typica: Aus einem Mühlenteich im Stuhlweißenburger Komitat, Ungarn.

1885 *Unio subrobustus* BOURGUIGNAT in SERVAIN, Bull. Soc. malac. France, Paris, **2**:332. — Terra typica: Halbinsel Hürden nahe der Brücke von Rapperschwyl, Schweiz.

1885 *Unio duregicus* SERVAIN, Bull. Soc. malac. France, Paris, **2**:331. — Terra typica: Umgebung von Rapperschwyl, Schweiz.

1885 *Unio sandriopsis* BOURGUIGNAT in SERVAIN, Bull. Soc. malac. France, Paris, **2**:325. — Terra typica: Umgebung von Rapperschwyl, Schweiz.

1885 *Unio ostiorum* BROT in SERVAIN, Bull. Soc. malac. France, Paris, **2**:327. — Terra typica: Umgebung von Rapperschwyl, Schweiz.

1885 *Unio turicus* SERVAIN, Bull. Soc. malac. France, Paris, **2**:327. — Terra typica: Zürchersee bei Rapperschwyl, Schweiz.

1885 *Unio tiguricus* SERVAIN, Bull. Soc. malac. France, Paris, **2**:329. — Terra typica: Rapperschwyl, Schweiz.

1890 *Unio bosnicus* WESTERLUND, Fauna paläarkt. Binnenconch., **7**:150. — Terra typica: Bosnien bei Sarajewo, Jugoslawien.

1910 *Unio brandisi* KOBELT, Iconogr. Land-Süßw.-Moll., (2)**15**:82; Taf. 419, Fig. 2434, 2435. — Terra typica: Bosna-Fluß bei Lasva, Bosnien, Jugoslawien.

1910 *Unio travnicensis* KOBELT, Iconogr. Land-Süßw.-Moll., (2)**15**:83; Taf. 420, Fig. 2436—2438. — Terra typica: „Aufenthalt im inneren Bosnien, der Typus von Lasva, Jugoslawien".

1910 *Unio consentaneus hohenwarti* KOBELT, Iconogr. Land-Süßw.-Moll., (2)**15**:78; Taf. 418, Fig. 2427. — Terra typica: Krösenbach, Krain, Jugoslawien.

1910 *Unio (consentaneus* var. ?) *gallensteini* KOBELT, Iconogr. Land-Süßw.-Moll., (2)**15**:79; Taf. 418, Fig. 2428. — Terra typica: Krösenbach, Krain, Jugoslawien.

1910 *Unio consentaneus subterminalis* KOBELT, Iconogr. Land-Süßw.-Moll., (2)**15**:80; Taf. 418, Fig. 2429. — Terra typica: ? Krösenbach, Krain, Jugoslawien.

1910 *Unio consentaneus langi* KOBELT, Iconogr. Land-Süßw.-Moll., (2)**15**:70; Taf. 415, Fig. 2414. — Terra typica: Neutra, Ungarn.

1910 *Unio consentaneus thayacus* KOBELT, Iconogr. Land-Süßw.-Moll., (2)**15**:69; Taf. 414, Fig. 2410, 2411. — Terra typica: Nicht angegeben, doch bestimmt der Thaya-Fluß in Mähren.

1910 *Unio batavus* forma *elongata* CLESSIN, Nachr.Bl. dtsch. malak. Ges., Frankfurt a.M., **42**:66. — Terra typica: Donau-Abschnitt des oberen Wörthes bei Regensburg, Bayern.

1911 *Unio consentaneus biandeti* KOBELT, Iconogr. Land-Süßw.-Moll., (2)**17**:22; Taf. 457, Fig. 2470. — Terra typica: Rhône vor dem Einfluß in den Genfer See, Schweiz.

1911 *Unio consentaneus bodamicus* KOBELT, Iconogr. Land-Süßw.-Moll., (2)**17**:22; Taf. 456, Fig. 2465, 2466. — Terra typica: Bodensee bei Rorschach, Schweiz.

1911 *Unio consentaneus elongatus* KOBELT, Iconogr. Land-Süßw.-Moll., (2)**17**:20; Taf. 455, Fig. 2461. — Terra typica: Insel im Vierwaldstätter See bei Luzern, Schweiz.

1911 *Unio consentaneus dilatatus* KOBELT, Iconogr. Land-Süßw.-Moll., (2)**17**:23; Taf. 457, Fig. 2472. — Terra typica: Aare bei Solothurn, Schweiz.

1911 *Unio consentaneus abnobae* KOBELT, Iconogr. Land-Süßw.-Moll., (2)**17**:23; Taf. 458, Fig. 2473—2477. — Terra typica: Oberste Donau bei Beuron, Deutschland.

1911 *Unio marisaensis* KOBELT, Iconogr. Land-Süßw.-Moll., (2) 17:57; Taf. 479, Fig. 2559—2562. — Terra typica: Marosch in Siebenbürgen.

Diagnosis: Schale der von *Unio crassus crassus* RETZIUS sehr ähnlich, zu den gleichen Umformungen in Seen und Bächen wie dieser neigend, dabei aber wohl stets etwas bauchiger, vor allem mit den Wirbeln etwas vorderständiger als *crassus*. — Maße: Länge 42—105 mm, Höhe 30—56 mm, Dicke 19—44 mm.

Verbreitung: Rhône-Gebiet bis einschließlich des Genfer Sees, Schweizer Rhein mit seinen Nebenflüssen, Donau-Gebiet, Galizien und, etwas zweifelhaft, das Gebiet des Wardar auf der Balkan-Halbinsel.

6c. Unio crassus batavus MATON & RACKETT

1807 *Mya batava* MATON & RACKETT, Trans. linn. Soc. London, 8:37. — Terra typica: Fluß Kennet bei Newbury, Berkshire, England.

1819 *Unio nana* LAMARCK, Anim. sans Vert., 6:76. — Terra typica: Franche-Comté Frankreich.

1821 *Unio riparia* C. PFEIFFER, Syst. Anordn. Beschr. dtsch. Land- u. Wasser-Schnecken, 1:118; Taf. 5, Fig. 13. — Terra typica: In der Kinzig oberhalb Hanau, Deutschland.

1838 *Unio arcuatus* BOUCHARD-CHANTEREAUX, Cat. moll. terr. fluv. Départ. Pas-de-Calais: 71; Taf. 1, Fig. 1. — Terra typica: Pas-de-Calais, Nord-Frankreich.

1849 *Unio droueti* DUPUY, Cat. extramar. Gall. test.: No. 326. — Terra typica: Seine-Kanal bei Troyes, Frankreich.

1852 *Unio droueti* — DUPUY, Hist. nat. moll. France: 639; Taf. 24, Fig. 14.

1859 *Unio courtilieri* HATTEMAN, Ann. Soc. linn. Maine-et-Loire: 232. — Terra typica: Fluß Maine bei Angers, Maine-et-Loire, Frankreich.

1859 *Unio batavus* var. *minimus* JOANNIS, Ann. Soc. linn. Maine-et-Loire: 29; Taf. 9, Fig. 6. — Terra typica: Département Maine-et-Loire, Frankreich.

1859 *Unio batavus* var. *baraceus* JOANNIS, Ann. Soc. linn. Maine-et-Loire: 25; Taf. 9, Fig. 7. — Terra typica: Untere Loire, Frankreich.

1867 *Unio lambottei* MALZINE, Faune malacol. Belg.: 33; Taf. 2, Fig. 3—4. — Terra typica: Belgien.

1879 *Unio subtilis* DROUET, J. de Conch., Paris, 27:142. — Terra typica: England und Frankreich.

1882 *Unio ligericus* BOURGUIGNAT in LOCARD, Prodr. Malacol. franç., 1:358. — Terra typica: Loire bei Saumur, Maine-et-Loire, Frankreich.

1882 *Unio dubisianus* COUTAGNE in LOCARD, Prodr. Malacol. franç., 1:360. — Terra typica: Loue-Fluß bei Arc-Sennans, Frankreich.

1882 *Unio sequanicus* COUTAGNE in LOCARD, Prodr. Malacol. franç., 1:358. — Terra typica: Seine bei Charenton, Frankreich.

1882 *Unio pilloti* BOURGUIGNAT in LOCARD, Prodr. Malacol. franç., 1:360. — Terra typica: Fluß La Laignes bei Riceys, in der Aube, Frankreich.

1882 *Unio rayi* BOURGUIGNAT in LOCARD, Prodr. Malacol. franç., 1:360. — Terra typica: Stauwehr von Croncels bei Troyes, im Aube-Fluß, Frankreich.

1882 *Unio crassatellus* BOURGUIGNAT in LOCARD, Prodr. Malacol. franç., 1:356. — Terra typica: Flüßchen La Drée, Saône-et-Loire, Frankreich.

1882 *Unio socardianus* BOURGUIGNAT in LOCARD, Prodr. Malacol. franç., 1:355. — Terra typica: Mosel bei Metz, Frankreich.

1882 *Unio locardianus* BOURGUIGNAT in LOCARD, Prodr. Malacol. franç., 1:356. — Terra typica: In der Ain bei Villeneuve, Frankreich.

1882 *Unio lagnisicus* BOURGUIGNAT in LOCARD, Prodr. Malacol. franç., 1:359. — Terra typica: La Laignes bei Riceys, in der Aube, Frankreich.

1882 *Unio macrorhynchus* Bourguignat in Locard, Prodr. Malacol. franç., **1**:361. — Terra typica: Lac de Bourget, Savoyen, Frankreich.

1882 *Unio melas* Coutagne in Locard, Prodr. Malacol. franç., **1**:355. — Terra typica: Clange-Fluß im Walde von Chaux, Jura, Frankreich.

1882 *Unio dubisiopsis* Locard, Prodr. Malacol. franç., **1**:360. — Terra typica: Clange-Fluß, Jura, Frankreich.

1882 *Unio carantoni* Coutagne in Locard, Prodr. Malacol. franç., **1**:364. — Terra typica: Charente bei Angoulême, Frankreich.

1882 *Unio minutus* Ray in Locard, Prodr. Malacol. franç., **1**:290. — Terra typica: Stauwehr der Seine bei Crancels, nahe Troyes, Frankreich.

1882 *Unio berthelini* Bourguignat in Locard, Prodr. Malacol. franç., **1**:359. — Terra typica: Stauwehr von Croncels nahe Troyes, Frankreich.

1882 *Unio andegavensis* Servain in Locard, Prodr. Malacol. franç., **1**:359. — Terra typica: Maine bei Angers, Maine-et-Loire, Frankreich.

1882 *Unio cyprinorum* Berthier in Locard, Prodr. Malacol. franç., **1**:358. — Terra typica: Seine bei Chatou, Seine-et-Oise, Frankreich.

1882 *Unio matronicus* Bourguignat in Locard, Prodr. Malacol. franç., **1**:358. — Terra typica: Marne bei Jaulgonne, Aisne, Frankreich.

1882 *Unio septentrionalis* Bourguignat in Locard, Prodr. Malacol. franç., **1**:354. — Terra typica: See von Ondres bei Bayonne, Basses-Pyrénées, Frankreich.

1882 *Unio oxyrhynchus* Brevière in Locard, Prodr. Malacol. franç., **1**:355. — Terra typica: La Niêve-Bach bei La Canne, Frankreich.

1882 *Unio marcellinus* Berthier in Locard, Prodr. Malacol. franç., **1**:355. — Terra typica: Seine bei Poissy, Seine-et-Oise, Frankreich.

1882 *Unio potamius* Bourguignat in Locard, Prodr. Malacol. franç., **1**:359. — Terra typica: Die Albane, Zufluß der Bèze, Côte-d'Or, Frankreich.

1882 *Unio feliciani* Bourguignat in Locard, Prodr. Malacol. franç., **1**:355. — Terra typica: Seine bei Pecq und Poissy, Seine-et-Oise, Frankreich.

1882 *Unio arenarum* Bourguignat in Locard, Prodr. Malacol. franç., **1**:358. — Terra typica: Seine unterhalb von Paris, Frankreich.

1882 *Unio danemorae* Mörch in Locard, Prodr. Malacol. franç., **1**:354. — Terra typica: Le mandray bei Saulcy-sur-Meurthe, Vogesen, Frankreich.

1882 *Unio brevieri* Bourguignat in Locard, Prodr. Malacol. franç., **1**:356. — Terra typica: La Canne bei Saint-Saulge, Nièvre, Frankreich.

1885 *Unio tumidiformis* Silva, Bull. Soc. malac. France, Paris, **2**:283. — Terra typica: Fluß Sado in Portugal.

1885 *Unio sadoicus* Silva, Bull. Soc. malac. France, Paris, **2**:284. — Terra typica: Fluß Sado, Portugal.

1885 *Unio macropygus* Silva, Bull. Soc. malac. France, Paris, **2**:286. — Terra typica: Fluß Sado in Portugal.

1885 *Unio eupygus* Silva, Bull. Soc. malac. France, Paris, **2**:287. — Terra typica: Fluß Sado in Portugal.

1885 *Unio batavellus* Letourneux in Locard, Bull. Soc. Sci. nat. Rouen, **21**:25. — Terra typica: La Bouille bei Rouen, Frankreich.

1886 *Unio batavus* var. *taunica* Kobelt, Jb. nassau. Ver. Naturk., Wiesbaden, **39**:96; Taf. 7, Fig. 5. — Terra typica: Wickerbach bei Flörsheim, westlich von Frankfurt a. M., Deutschland.

1887 *Unio baeticus* Kobelt, Iconogr. Land-Süßw.-Moll., (2)**3**:55; Taf. 89, Fig. 495. — Terra typica: Umgebung von Sevilla, Spanien.

1887 *Unio carcasinus* Sourbieu, Bull. Soc. malac. France, Paris, **4**:235. — Terra typica: Canal du Midi bei Carcassonne, Frankreich.

1888 *Unio besnardianus* Servain in Locard, Contr. Malacol. franç. **13**:100. — Terra typica: Loire bei Saint-Gemmes, nahe Angers, Maine-et-Loire, Frankreich.

1888 *Unio baudoni* Folin, Le Naturaliste, Paris, **10**:273; 4 Abb. — Terra typica: Sumpf von Garros bei Ondres, Südwest-Frankreich.

1888 *Unio crassulus* DROUET, J. de Conch., Paris, **36**:106. — Terra typica: Saône und Garonne, Frankreich.

1888 *Unio badiellus* DROUET, J. de Conch., Paris, **36**:107. — Terra typica: Annecy-Kanal zwischen Annecy und Crans, Savoyen, Frankreich.

1888 *Unio vegesackensis* BOURGUIGNAT in SERVAIN, Bull. Soc. malac. France, Paris, **5**:317. — Terra typica: Weser bei Vegesack, unterhalb von Bremen, Deutschland.

1888 *Unio visurgisinus* SERVAIN, Bull. Soc. malac. France, **5**:316. — Terra typica: Weser bei Bremen, Deutschland.

1889 *Unio catalaunicus* COUTAGNE in LOCARD, Contr. Malacol. franç., **13**:86. — Terra typica: Marne bei Châlons-sur-Marne, Frankreich.

1889 *Unio zoasthenus* LOCARD, Contr. Malacol. franç., **13**:22. — Terra typica: Bois-Vieux. Jura, Frankreich.

1889 *Unio jurianus* LOCARD, Contr. Malacol. franç., **13**:81. — Terra typica: Valouze-Fluß bei Bois-Vieux, Jura, Frankreich.

1889 *Unio subamnicus* LOCARD, Contr. Malacol. franç., **13**:83. — Terra typica: Marne bei Lagny und Chelles, Seine-et-Marne, Frankreich.

1889 *Unio aturicus* LOCARD, Contr. Malacol. franç., **13**:82. — Terra typica: Fluß Adour Landes, Frankreich.

1889 *Unio lemotheuxi* SERVAIN in LOCARD, Contr. Malacol. franç., **13**:102. — Terra typica: La Pointe bei Angers, Maine-et-Loire, Frankreich.

1889 *Unio orbus* LOCARD, Contr. Malacol. franç., **13**:89. — Terra typica: Bäche bei Colonne, Pentoise, Gigny und Montafroid, Jura, Frankreich.

1889 *Unio andeliacus* BOURGUIGNAT in LOCARD, Contr. Malacol. franç., **13**:90. — Terra typica: Seine bei Andelys, Eure, Frankreich.

1889 *Unio nubilus* LOCARD, Contr. Malacol. franç., **13**:92. — Terra typica: Canal de la Bourbe bei la Verpillière, Isère, Frankreich.

1889 *Unio vallierieus* BOURGUIGNAT in LOCARD, Contr. Malacol. franç., **13**:93. — Terra typica: La Vallière bei Lons-le-Saulnier, Jura, Frankreich.

1889 *Unio diptychus* SURRAULT in LOCARD, Contr. Malacol. franç., **13**:95. — Terra typica: Loire bei Ingrande, Maine-et-Loire, Frankreich.

1889 *Unio ingrandiensis* SURRAULT in LOCARD, Contr. Malacol. franç., **13**:96. — Terra typica: Loire bei Ingrande, Maine-et-Loire, Frankreich.

1889 *Unio materniacus* LOCARD, Contr. Malacol. franç., **13**:97. — Terra typica: Marne bei Châlons-sur-Marne, Frankreich.

1889 *Unio melantatus* LOCARD, Contr. Malacol. franç., **13**:110. — Terra typica: Loire bei Balbigny, Loire, Frankreich.

1889 *Unio balbignyanus* LOCARD, Contr. Malacol. franç., **13**:11. — Terra typica: Loire bei Balbigny, Loire, Frankreich.

1889 *Unio occidentalis* BOURGUIGNAT in LOCARD, Contr. Malacol. franç., **13**:114. — Terra typica: Loire bei Balbigny, Loire, Frankreich.

1889 *Unio stygnus* LOCARD, Contr. Malacol. franç., **13**:113. — Terra typica: Mosel-Saône-Kanal bei Selles, Haute-Saône, Frankreich.

1889 *Unio bouchardi* BOURGUIGNAT in LOCARD, Contr. Malacol. franç., **13**:43. — Terra typica: Gräben bei Saint-Omer, Pas-de-Calais, Frankreich.

1889 *Unio passavanti* BOURGUIGNAT in LOCARD, Contr. Malacol. franç., **13**:132. — Terra typica: Passavant, Haute-Saône, Frankreich.

1889 *Unio surraulti* SERVAIN in LOCARD, Contr. Malacol. franç., **13**:98. — Terra typica: Loire bei Ingrande, Maine-et-Loire, Frankreich.

1889 *Unio adonus* SERVAIN in LOCARD, Contr. Malacol. franç., **13**:105. — Terra typica: Loire bei Gemmes, nahe Angers, Maine-et-Loire, Frankreich.

1889 *Unio caumonti* BOURGUIGNAT in LOCARD, Contr. Malacol. franç., **13**:101. — Terra typica: Seine bei Caumont, Eure, Frankreich.

1889 *Unio hattemani* BOURGUIGNAT in LOCARD, Contr. Malacol. franç., **13**:106. — Terra typica: Loire bei Saint-Gemmes, nahe Angers, Maine-et-Loire, Frankreich.

1889 *Unio seneauxi* BOURGUIGNAT in LOCARD, Contr. Malacol. franç., **13**:102. — Terra typica: Loire bei Orléans, Frankreich.

1889 *Unio visurgicus* LOCARD (nomen substitutum pro *U. visurgisinus* SERVAIN 1888), Contr. Malacol. franç., **13**:35. — Terra typica: Loire bei Saint-Gemmes, nahe Angers, Maine-et-Loire, Frankreich.

1889 *Unio caroliensis* PACÔME in LOCARD, Contr. Malacol. franç., **13**:131. — Terra typica: Senence und Reconce bei Charolles, Saône-et-Loire, Frankreich.

1889 *Unio mariae* PACÔME in LOCARD, Contr. Malacol. franç., **13**:130. — Terra typica: Senence und Reconce bei Charolles, Saône-et-Loire, Frankreich.

1889 *Unio nicolloni* LOCARD, Contr. Malacol. franç., **13**:94. — Terra typica: Loire bei Nantes, Loire-Inférieure, Frankreich.

1889 *Unio euthymeanus* LOCARD, Contr. Malacol. franç., **13**:139. — Terra typica: Saône nördlich von Lyon, Frankreich.

1889 *Unio ignariformis* BOURGUIGNAT in LOCARD, Contr. Malacol. franç., **13**:108. — Terra typica: Sümpfe längs des Uferlandes in der Gascogne, Frankreich.

1889 *Unio ignari* BOURGUIGNAT in LOCARD, Contr. Malacol. franç.: 107. — Terra typica: Mandrezy-Flüßchen bei Saulcy-sur-Meurthe, Vogesen, Frankreich.

1889 *Unio manculus* LOCARD, Contr. Malacol. franç.: 84. — Terra typica: Bienne-Fluß bei Saint-Claude, Frankreich.

1889 *Unio scotinus* LOCARD, Contr. Malacol. franç.: 112. — Terra typica: Mosel-Saône-Kanal bei Selles, Haute-Saône, Frankreich.

1889 *Unio redactus* DROUET, Unionidae Basse-Rhône: 57; Taf. 1, Fig. 2. — Terra typica: Untere Rhône, Frankreich.

1893 *Unio conimbricus* KOBELT, Iconogr. Land-Süßw.-Moll., (2)**6**:99; Taf. 180, Fig. 1133. — Terra typica: Pereira-Flüßchen bei Coimbra, Portugal.

1893 *Unio gliscerus* LOCARD, Coqu. eaux douces saumâtr. France: 168. — Terra typica: Saône-et-Loire, Frankreich.

1893 *Unio ampullaceus* LOCARD, Coqu. eaux douces saumâtr. France: 174. — Terra typica: Sarthe-Fluß bei Mans, Frankreich.

1893 *Unio chardoni* BOURGUIGNAT in LOCARD, Coqu. eaux douces saumâtr. France: 173. — Terra typica: Charolles, Saône-et-Loire, Frankreich.

1893 *Unio lancelevi* LOCARD, Coqu. eaux douces saumâtr. France: 170. — Terra typica: Seine nördlich von Elbeuf, Frankreich.

1908 *Unio hassiae* HAAS, Nachr.Bl. dtsch. malak. Ges., Frankfurt a. M., **40**:175. — Terra typica: Altrhein von Erfelden, Hessen, Deutschland.

1909 *Unio pseudocrassus* HAAS, Beitr. Kenntn. mitteleurop. Najadeen, No. 2, Nachr.Bl. dtsch. malak. Ges., Frankfurt a. M., **41**:29. — Terra typica: Altrhein von Leimersheim, Pfalz, Deutschland.

1910 *Unio batavus sabulosus* HAAS, Beitr. Kenntn. mitteleurop. Najadeen, No. 4, Nachr.-Bl. dtsch. malak. Ges., Frankfurt a. M., **42**:59. — Terra typica: Geräthbach bei Mörfelden, Hessen, Deutschland.

1910 *Unio batavus badensis* HAAS, Beitr. Kenntn. mitteleurop. Najadeen, No. 4, Nachr.Bl. dtsch. malak. Ges., Frankfurt a. M., **42**:60. — Terra typica: Saalbach bei Philippsburg, Nord-Baden, Deutschland.

1911 *Unio batavus palatinus* HAAS, Verh. naturhist. Ver. preuß. Rheinl., Bonn, **68**:525; Taf. 4, Fig. 3. — Terra typica: Queich-Bach in der Pfalz, Deutschland.

1911 *Unio batavus hexameri* HAAS, Verh. naturhist. Ver. preuß. Rheinl., Bonn, **68**:526; Taf. 4, Fig. 2. — Terra typica: Flüßchen Modau, südwestlicher Odenwald, Deutschland.

1911 *Unio batavus probavaricus* HAAS, Verh. naturhist. Ver. preuß. Rheinl., Bonn, **68**:526; Taf. 4, Fig. 9. — Terra typica: Bäche des östlichen Odenwaldes, zum Beispiel Gersprenz, Deutschland.

1911 *Unio batavus* forma *pseudoconsentaneus* GEYER, Jh. Ver. vaterl. Naturkde. Württemb., Stuttgart, **67**:365; Taf. 5, Fig. 3. — Terra typica: Neckar bei Pleidelsheim, Deutschland.

1912 *Unio batavus distinguendus* C. BOETTGER, Arch. Naturgesch., Leipzig, (A) 78 (8): 305; Taf. 1, Fig. 7. — Terra typica: Saar-Kanal oberhalb der Dillinger Schmiede, Saargebiet, Deutschland.
1912 *Unio batavus navensis* C. BOETTGER, Arch. Naturgesch., Leipzig, (A) 78 (8): 305; Taf. 5, Fig. 1—3. — Terra typica: Nahe bei Kirn, Deutschland.
1913 *Unio batavus kobeltianus* HAAS, Nachr.Bl. dtsch. malak. Ges., Frankfurt a. M., **45**: 105. — Terra typica: Roter Main bei Emtmannsberg, Oberfranken, Bayern.
1924 + *Unio cantianus* KENNARD & WOODWARD, Proc. malac. Soc. London, **16**: 136; Abb. 8—9. — Terra typica: Pleistozän des Themse-Gebietes, England.

Diagnosis: Schale verlängert eiförmig, hinten etwas mehr als zweimal so lang wie vorn, etwa gleich breit oder etwas breiter als vorn; Hinterende leicht gerundet abgestutzt. Ober- und Unterrand fast gleichlaufend, der untere manchmal leicht eingedrückt. Wirbel etwas aufgeblasen, nicht stark vorragend, mit einer Skulptur aus scharfen Wellenrunzeln versehen. Hauptzähne gedrungen, etwa konisch, nicht schneidend, Seitenzähne lang und gestreckt, dünn. — Maße: Länge 55—75 mm, Höhe 28—38 mm, Dicke 18—28 mm.

Bemerkung: Die obige Synonymieliste kann keinen Anspruch auf Vollständigkeit erheben; es mögen eine ganze Reihe von „Arten“ älterer Schriftsteller, die zu identifizieren unmöglich ist, hierher gehören; indessen hoffe ich, die wichtigsten Synonyme erfaßt und damit eine Vorstellung von der Mannigfaltigkeit der Erscheinungsformen gegeben zu haben, in denen diese Unterart vorkommen kann. Was die Maße dieser Unterart *batavus* angeht, so reichen sie nie an diejenigen heran, die wir bei den Unterarten *crassus* und *cytherea* gefunden haben. Auch die Gestalt des *batavus* ist nicht so variabel wie die seiner Verwandten: der Umriß bleibt stets lang eiförmig oder verlängert elliptisch.

Verbreitung: Atlantische Teile der iberischen Halbinsel und von Frankreich, Westdeutschland bis zur, aber nicht einschließlich der Weser; jung fossil in England.

6d. Unio crassus carneus KÜSTER

1854 *Unio carneus* KÜSTER, Conch. Cab., IX. 2: 103; Taf. 28, Fig. 1—2. — Terra typica: Ein Zufluß des Morakka-Flusses in Montenegro.
1854 *Unio luxurians* KÜSTER, Conch. Cab., IX. 2: 119; Taf. 32, Fig. 5. — Terra typica: Ein Zufluß des Morakka-Flusses in Montenegro.
1854 *Unio brevirostris* KÜSTER, Conch. Cab., IX. 2: 120, Taf. 33, Fig. 1—3. — Terra typica: Bach nahe dem Skutari-See in Montenegro.

Diagnosis: Schale eiförmig, verhältnismäßig hoch, vorn kurz, hinten verlängert, Wirbel wenig vorragend, mit typischer crassus-Skulptur; Hauptzähne stumpf, etwa dreieckig, Seitenzähne etwas gebogen und kurz. Perlmutter mit rötlicher Färbung. — Maße: Länge etwa 50 mm, Höhe 30 mm, Dicke 22 mm.

Verbreitung: Montenegro und Albanien.

6e. Unio crassus jonicus DROUET

1879 *Unio jonicus* DROUET, J. de Conch., Paris, **27**: 329. — Terra typica: Abzugsgräben der Quelle Megalivrissi auf der Insel Santa Maura, Griechenland.
1892 *Unio helenae* DROUET, J. de Conch., Paris, **40**: 87. — Terra typica: Insel Korfu, Griechenland.
1893 *Unio helenae* KOBELT, Iconogr. Land-Süßw.-Moll., (2) **6**: 87; Taf. 173, Fig. 1114. — Terra typica: Insel Korfu, Griechenland.

Diagnosis: Schale unregelmäßig eiförmig, sehr ungleichseitig, größte Höhe weit hinter Hinterende steil abfallend, hinten einen abgestutzten Schnabel bildend. Wirbel etwa hinter dem Drittel der Länge, kaum vorspringend, mit einer aus geknickten Wellenrunzeln bestehenden Skulptur geschmückt, die weiter auf die Schale reicht als bei anderen *crassus*-Formen. Hauptzähne gedrückt, stumpf, nicht schneidend, Seitenzähne ziemlich lang. — Maße: Länge etwa 45 mm, Höhe 26 mm, Dicke 16,5 mm.

Verbreitung: Westliches Griechenland, Inseln Santa Maura und Korfu.

6f. Unio crassus gontieri BOURGUIGNAT

1856 *Unio gontieri* BOURGUIGNAT, Aménités malacol., 2:33; Taf. 4, Fig. 1—4. — Terra typica: Halbinsel Krim bei Tschernawa, Rußland.

1881 *Unio colchicus* DROUET, Unionidae Russie europ.: 19. — Terra typica: Mingrelien, Kaukasus.

1881 *Unio sieversi* DROUET, Unionidae Russie europ.: 17. — Terra typica: Mingrelien, Kaukasus.

1881 *Unio stevenianus* DROUET, Unionidae Russie europ.: 14. — Terra typica: Halbinsel Krim, Rußland.

1881 *Unio mingrelicus* DROUET, Unionidae Russie europ.: 11. — Terra typica: Mingrelien, Kaukasus.

1881 *Unio raddei* DROUET, Unionidae Russie europ.: 17. — Terra typica: Mingrelien, Kaukasus.

1881 *Unio araxenus* DROUET, Unionidae Russie europ.: 18. — Terra typica: Fluß Arax, Armenien.

1881 *Unio stepanoffi* DROUET, Unionidae Russie europ.: 15. — Terra typica: Halbinsel Krim, Rußland.

1886 *Unio raddei* var. *koutaisanus* KOBELT, Iconogr. Land-Süßw.-Moll., (2)2:40; Taf. 52, Fig. 283. — Terra typica: Bäche bei Kutais, Mingrelien, Kaukasus.

1911 *Unio crassus (*var. *okae)* KOBELT, Iconogr. Land-Süßw.-Moll., (2)17:58; Taf. 480, Fig. 2567. — Terra typica: Fluß Oka bei Serpuchon, Rußland.

1911 *Unio kungurensis* KOBELT, Iconogr. Land-Süßw.-Moll., (2)18:24; Taf. 490, Fig. 2622, 2623. — Terra typica: Flüßchen Irenj bei Kungur, Gouvernement Perm, Rußland.

1912 *Unio kungurensis irenjensis* KOBELT, Iconogr. Land-Süßw.-Moll., (2)18:26; Taf. 491, Fig. 2626. — Terra typica: Flüßchen Irenj bei Kungur, Gouvernement Perm, Rußland.

1912 *Unio kungurensis chlebnikowi* KOBELT, Iconogr. Land-Süßw.-Moll., (2)18:26; Taf. 491, Fig. 2624. — Terra typica: Flüßchen Irenj bei Kungur, Gouvernement Perm, Rußland.

1912 *Unio kungurensis sylvensis* KOBELT, Iconogr. Land-Süßw.-Moll., (2)18:26; Taf. 491, Fig. 2625. — Terra typica: Fluß Sylwa, Gouvernement Perm, Rußland.

1912 *Unio armeniacus* KOBELT, Iconogr. Land-Süßw.-Moll., (2)18:29; Taf. 493, Fig. 2631. — Terra typica: Bach Karasu bei Aralucha, Gouvernement Eriwan, Rußland.

1912 *Unio roseni* KOBELT, Iconogr. Land-Süßw.-Moll., (2)18:27; Taf. 492, Fig. 2627. — Terra typica: Nahe Kloster Kuresck bei Charkow, Donetz-Gebiet, Rußland.

1912 *Unio gregorii* KOBELT, Iconogr. Land-Süßw.-Moll., (2)18:30; Taf. 494, Fig. 2632. — Terra typica: Küstenflüßchen Schebs bei Grigoreffs südlich von der Rion-Mündung, Rußland.

1913 *Unio subbatavus* KOBELT, Iconogr. Land-Süßw.-Moll., (2)19:48; Taf. 534, Fig. 2749. — Terra typica: Armenien.

1938 *Unio mingrelicus* var. *stevenianiformis* SHADIN, Faune URSS, Moll., 4(1):96; Abb. 28. — Terra typica: Fluß Gubis-Zchali unweit von Kutaisi. Kaukasus.

Diagnosis: Schale sehr ungleichseitig, verlängert eiförmig, vorn gerundet, hinten in einen gerundeten Schnabel ausgezogen. Oberrand etwas gebogen, Unterrand gerade, leicht gebaucht oder leicht eingezogen. Wirbel vorspringend, dem Vorderende genähert, mit einer Skulptur, die vorn aus welligen Zickzackrunzeln, hinten aber nur aus Streifen besteht. Hauptzähne dick, stumpf, nicht schneidend, Seitenzähne lang und stark. — Maße: Länge 50 bis 110 mm, Höhe 65—52 mm, Dicke 20—44 mm.

Verbreitung: Kaukasus, Flußgebiet der Kama, Weiß-Rußland.

6g. Unio crassus bruguierianus BOURGUIGNAT

1853 *Unio bruguierianus* BOURGUIGNAT, Test. nov. SAULCY: 77; Taf. 3, Fig. 3—9. — Terra typica: Bei Smyrna, Kleinasien.

1852 *Unio orientalis* BOURGUIGNAT (non *Unio orientalis* LEA 1801), Test. nov. SAULCY: 29. — Terra typica: Bei Smyrna, Kleinasien.

1856 + *Unio prusii* BOURGUIGNAT, Aménités malacol., 1:160; Taf. 12, Fig. 1—4. — Terra typica: Subfossil der Insel Rhodos.

1856 *Unio schwerzenbachi* BOURGUIGNAT, Aménités malacol., 1:159; Taf. 14, Fig. 1—5. — Terra typica: Umgebung von Brussa, Türkei.

1856 *Unio vescoi* BOURGUIGNAT, Aménités malacol., 1:157; Taf. 11, Fig. 4—8. — Terra typica: Fluß Simois, Türkei.

1862 *Unio turcicus* KÜSTER, Conch. Cab., IX. 2:267; Taf. 90, Fig. 3, 4. — Terra typica: Kleinasien.

1862 *Unio kotschyi* KÜSTER, Conch. Cab., IX. 2:267; Taf. 90, Fig. 5. — Terra typica: Kleinasien bei Brussa.

1863 *Unio damascensis* LEA, Proc. Acad. nat. Sci. Philadelphia, 7:190. — Terra typica: Bei Damaskus, Syrien.

1863 *Unio orontesensis* LEA, Proc. Acad. nat. Sci. Philadelphia, 7:190. — Terra typica: Fluß Orontes, Syrien.

1863 *Unio syriacus* LEA, Proc. Acad. nat. Sci. Philadelphia, 7:189. — Terra typica: Fluß Orontes, Syrien.

1864 *Unio orphaensis* LEA, Proc. Acad. nat. Sci. Philadelphia, 8:285. — Terra typica: Tigris bei Mardin, Iraq.

1864 *Unio kullethensis* LEA, Proc. Acad. nat. Sci. Philadelphia, 8:285. — Terra typica: Tigris bei Mardin, Iraq.

1864 *Unio mardinensis* LEA, Proc. Acad. nat. Sci. Philadelphia, 8:286. — Terra typica: Tigris bei Mardin, Iraq.

1879 *Unio vicarius* WESTERLUND, Aperçu faune malac. Grèce: 147. — Terra typica: Thessalien, Griechenland.

1879 *Unio desectus* WESTERLUND, Aperçu Faune Grèce: 147. — Terra typica: Thessalien, Griechenland.

1886 *Unio heldreichi* O. BOETTGER, Jb. dtsch. malak. Ges., Frankfurt a. M., 13:71. — Terra typica: Flüßchen Sophaditiko bei Sophades, Thessalien, Griechenland.

1892 *Unio thiesseae* DROUET, J. de Conch., Paris, 40:88. — Terra typica: Fluß Sperchaios bei Mpeki, Griechenland.

1893 *Unio scissus* DROUET, J. de Conch., Paris, 41:40. — Terra typica: Fluß Pamissos, Messenien, Griechenland.

1900 *Unio pseudonymus* SIMPSON (nomen novum pro *Unio hueti* KOBELT 1886, non BOURGUIGNAT 1855), Proc. U.S. nation. Mus., Washington, 22:694. — Terra typica: Euphrat, Iraq.

1902 *Unio desectus* f. *pursacensis* STURANY, S. Ber. k. Akad. Wiss. Wien, 111 (1):138; Taf. 2, Fig. 10—11. — Terra typica: Pursak-Fluß bei Eski Chehir, Kleinasien.

(?) 1912 *Unio modiola* PRESTON, Rec. Ind. Mus. Calcutta, 7:287; Taf. 8, Fig. 1, 2. — Terra typica: Tigris, Iraq.

1913 *Unio specialis* KOBELT, Iconogr. Land-Süßw.-Moll., (2)**19**:8; Taf. 515, Fig. 2694. — Terra typica: Provinz Diarbekr, Türkei.

1913 *Unio ancyrensis* KOBELT, Iconogr. Land-Süßw.-Moll., (2)**19**:32; Taf. 526, Fig. 2727. — Terra typica: Oberlauf des Sangaria-Flusses nahe Ankara, Türkei.

1913 *Unio ancyrensis* var. *louisei* KOBELT, Iconogr. Land-Süßw.-Moll., (2)**19**:32; Taf. 526, Fig. 2726. — Terra typica: Oberlauf des Sangaria-Flusses bei Ankara, Türkei.

1913 *Unio (orfaensis* var.?*) ehrmanni* KOBELT, Iconogr. Land-Süßw.-Moll., (2)**19**:38; Taf. 530, Fig. 2736. — Terra typica: Bach nordöstlich von Orfa, Zufluß des Euphrat, Iraq.

1913 *Unio diarbekirianus* KOBELT, Iconogr. Land-Süßw.-Moll., (2)**19**:15; Taf. 519, Fig. 2702. — Terra typica: Tigris unterhalb Diarbekr, Türkei.

1913 *Unio bitlisensis* KOBELT, Iconogr. Land-Süßw.-Moll., (2)**19**:35; Taf. 538, Fig. 2731. — Terra typica: Flüßchen Bitlis-Tschai, Zufluß des Tigris bei Bitlis, Türkei.

1913 *Unio ciconius* KOBELT, Iconogr. Land-Süßw.-Moll., (2)**19**:11; Taf. 517, Fig. 2697. — Terra typica: Zufluß des Tigris bei Mossul, Iraq.

1913 *Unio medicus* KOBELT, Iconogr. Land-Süßw.-Moll., (2)**19**:17; Taf. 520, Fig. 2707. — Terra typica: Tigris bei Mossul, Iraq.

1915 *Unio thospiensis* KOBELT, Iconogr. Land-Süßw.-Moll., (2)**20**:28; Taf. 553, Fig. 2810, 2811. — Terra typica: Bach Mermit Tubai, Zufluß des Wan-Sees, Armenien.

1915 *Unio (Rhombunio) wenzii* KOBELT, Iconogr. Land-Süßw.-Moll., (2)**20**:29; Taf. 553, Fig. 2812—2814. — Terra typica: Kleine Zuflüsse des Euphrats nahe Biredschik, Türkei.

Diagnosis: Schale verlängert eiförmig, vorn gerundet, hinten verlängert, in einen verschmälerten, unten abgestutzten Schnabel auslaufend. Wirbel wenig vorspringend, mit einer Skulptur aus wellenförmigen Zickzackrunzeln, die bis weit auf die Schalenfläche reichen kann. Hauptzähne stark, hoch, etwas zugespitzt, Seitenzähne lang, dünn und hoch. — Maße: Länge 45 bis 60 mm, Höhe 22—32 mm, Dicke 14—19 mm.

Bemerkung: *Unio modiola* PRESTON 1912 aus dem Tigris ist zu ungenügend beschrieben und abgebildet, um ihn richtig erkennen zu können; er sei hier als fragliches Synonym von *bruguierianus* betrachtet.

Verbreitung: Östliches (ägäisches) Griechenland, Kleinasien.

6h. Unio crassus mongolicus MIDDENDORFF

1851 *Unio mongolicus* MIDDENDORFF, Reise Nord. Ost. Sibiriens: 117; Taf. 27, Fig. 7, 8. — Terra typica: Gebirgsbach nahe Gorbitza, Transbaikalien, Rußland; Gebiet des Amur.

Diagnosis: Schale stark verlängert ei- oder nierenförmig, hinten viermal so lang wie vorn. Schloß vollständig, Hauptzähne klein und dick, Seitenzähne deutlich. — Maße: Länge 76 mm, Höhe 35 mm, Dicke 24 mm.

Bemerkung: Unsere Kenntnis dieser Rasse beruht auf einem einzigen Stück, das MIDDENDORFF im Jahre 1851 sammelte. SHADIN (Faune URSS, Moll., **4**, **1**:115; 1938) glaubt im Gegensatz zu MIDDENDORFFS Angabe, daß das Schloß mit Seitenzähnen versehen sei, eine *Margaritifera* in ihr erblicken zu dürfen. PRESTON (Rec. Ind. Mus., Calcutta, **7**:287; 1913) gibt *mongolicus* für den oberen Indus an, was bestimmt auf eine Fehlbestimmung oder eine unrichtige Fundortsangabe zurückzuführen sein dürfte.

Verbreitung: Wahrscheinlich östliches Amur-Gebiet.

Schlußbemerkungen zu der westlichen Gruppe der *Unio*-Arten

Es existieren drei gut abgegrenzte *Unio*-Arten in der Paläarktis: *U. pictorum, tumidus* und *crassus*, für die eine Unzahl synonymer Namen vorgeschlagen worden sind. Die ungeheure Plastizität der Unionidenschale und irrtümliche Auffassungen des Artbegriffes haben diese nomenklatorische Überschwemmung verursacht. Das gleiche finden wir später bei den paläarktischen *Anodonta*-Arten, und auch bei einigen Flußmuscheln von Nordamerika wieder. In beiden Fällen handelt es sich um Gebiete, die ausgiebig besammelt und studiert worden sind, während wir unter den tropischen Unioniden fast keine Synonymen-Anhäufungen finden.

Ich habe hier die Unzahl der Namen, die den Rassen oder Lokalformen der drei paläarktischen *Unio*-Arten beigelegt worden sind, auf verhältnismäßig wenige zurückgeführt, wobei mir das geographische Moment ein gutes Kriterium zu sein schien. Ob ich zu weit — oder nicht weit genug — gegangen bin, muß die Zukunft entscheiden. Ich habe Gruppen von geographisch zusammengehörigen Namensträgern als lokale Rassen zu unterscheiden versucht, bin mir aber bewußt, wie wenig leicht die morphologische Unterscheidung fallen wird.

B. Östliche Gruppe von *Unio*

Die bisher besprochenen westlichen *Unio*-Formen leben in Gewässern, die zum Atlantischen Ozean oder zum Mittelmeer abfließen; die nun zu behandelnde Formengruppe dagegen kommt nur im Gebiet des Stillen Ozeans vor. Ganz korrekt ist diese Einteilung in die beiden geographischen Gruppen nicht, da wir *Unio crassus mongolicus* MIDDENDORFF aus dem oberen Amur-Gebiet mit den übrigen *crassus*-Formen unter der atlantischen Gruppe abhandelten. Ob hier das von mir benutzte System versagt hat oder ob ich diese Form, die nur in der — nicht allzu guten — Abbildung des einzigen bekannten Stückes vorliegt, falsch beurteilt habe, kann ich nicht entscheiden.

7. Unio douglasiae GRIFFITH & PIDGEON

7a. Unio douglasiae douglasiae GRIFFITH & PIDGEON

1834 *Unio douglasiae* GRIFFITH & PIDGEON, Animal Kingdom, CUVIER Mollusca and Radiata: 601; Taf. 21, Fig. 2. — Terra typica: Nicht angegeben.

1834 *Unio murchisonianus* LEA, Trans. amer. philos. Soc., Philadelphia, **5**:33; Taf. 3, Fig. 6. — Terra typica: China.

1845 *Unio osbeckii* PHILIPPI, Z. Malak., Hannover u. Cassel, **2**:164. — Terra typica: Im Jangtsekiang in China.

1847 *Unio osbeckii* — PHILIPPI, Abb. Beschr. Conch., **3**:45; Taf. 3, Fig. 1.

1859 *Unio shanghaiensis* LEA, Proc. Acad. nat. Sci. Philadelphia, **3**:153. — Terra typica: Shanghai, China.

1860 *Unio shanghaiensis* — LEA, J. Acad. nat. Sci., Philadelphia, **4**:242; Taf. 36, Fig. 121.

1865 *Unio wrightii* LEA, Proc. Acad. nat. Sci. Philadelphia, **9**:75. — Terra typica: China.

1868 *Unio wrightii* — LEA, J. Acad. nat. Sci. Philadelphia, **6**:283; Taf. 39, Fig. 97.

1873 *Unio sculptus* DESHAYES, Bull. (Nouv. Arch.) Mus. Hist. nat., Paris, **9**:9; Taf. 1, Fig. 3, 3a. — Terra typica: Petchili, China.

1885 *Unio dactylinus* HEUDE, Conch. Fluv. Nanking: Taf. 65, Fig. 128e. — Terra typica: Seen von Houai, China.

1910 *Nodularia douglasiae crassidens* HAAS, Ann. Mag. nat. Hist., London, (8)**6**:499. — Terra typica: begleitet *douglasiae* überall.

1911 *Nodularia douglasiae crassidens* — HAAS, Conch. Cab., IX. 2(II):75; Taf. 7, Fig. 4—5.

Diagnosis: Schale etwas verlängert, ziemlich fest, etwas aufgeblasen, ungleichseitig. Wirbel voll, mit knotiger, zickzackförmiger Skulptur. Vorderende gerundet. Unterrand gerade oder ganz leicht eingekrümmt, hinten voller werdend. Schnabel in der Mitte leicht zugespitzt. Konchinschicht grünlich bis fast schwarz, seidig glänzend. Hauptzähne zusammengedrückt, schneidend; Seitenzähne fast gerade. — Maße: Länge 64—80 mm, Höhe 36—38 mm, Dicke 29—31 mm.

Verbreitung: China, nicht im Amur; Vorkommen in Kambodscha zweifelhaft.

7b. Unio douglasiae amurensis Mousson

1877 *Unio pictorum* var. *longirostris* Westerlund (non *Unio longirostris* Rossmässler 1836), Kongl. svenska Vet. Akad. Handl., **14**(12):74. — Terra typica: Fluß Nertscha bei Nertschinsk, Amurgebiet, Sibirien.

1887 *Unio pictorum* var. *amurensis* Mousson, J. de Conch., Paris, **35**:26; Taf. 1, Fig. 8. — Terra typica: Amur bei Chabarofka, Sibirien.

1890 *Unio douglasiae middendorffi* Westerlund, Fauna paläarkt. Binnenconch., **7**:113. — Terra typica: Flußgebiete der Lena und des Amur in Ost-Sibirien.

1897 *Unio abbreviatus* Westerlund, Ann. Mus. zool. Acad. St. Pétersbourg, **1897**:132. — Terra typica: Amur und Ussuri, Ost-Sibirien.

1897 *Unio schrencki* Westerlund, Ann. Mus. zool. Acad. St. Pétersbourg, **1897**:131. — Terra typica: Nertscha und Amur, Ost-Sibirien.

1910 *Nodularia douglasiae flavoviridis* Haas, Conch. Cab., IX. 2(II):71; Taf. 6, Fig. 2. — Terra typica: See Buir-nor, Amur-Gebiet, Ost-Sibirien.

Diagnosis: Sehr ähnlich *douglasiae*, hauptsächlich durch größere Bauchigkeit und den hinten etwas abgestutzten Schnabel davon unterschieden. Hauptzähne sind stark zusammengedrückt, gebogen und gekerbt. — Maße: Länge 42—49 mm, Höhe 18—25 mm, Dicke 12—14 mm.

Verbreitung: Ost-Sibirien, in der Lena (fraglich) und im Amur-Gebiet.

7c. Unio douglasiae nipponensis Martens

1877 *Unio nipponensis* Martens, Sitz.Ber. Ges. naturf. Freunde Berlin, **1877**:119. — Terra typica: Muko-Shin, Japan.

1900 *Nodularia douglasiae* var. *nipponensis* — Simpson, Proc. U.S. nation. Mus., Washington, **22**:809.

Diagnosis: Unterscheidet sich von der Nominatform durch ihr niedriges, gerundetes Vorderteil und die hohe Area. Wirbelskulptur typisch, aber auf die Wirbelregion beschränkt; Hauptzähne etwas kräftiger als bei der typischen *douglasiae*. — Maße: Länge 53 mm, Höhe 27 mm, Dicke 18 mm.

Verbreitung: Japan.

7d. Unio douglasiae sinuolatus Martens

1905 *Unio douglasiae* var. *sinuolata* Martens, Zool. Jb., Jena, Suppl. 8:57; Abb. c. — Terra typica: Fluß Naemingang bei Hatanggyoem, Provinz Choellado, Korea.

Diagnosis: Der Nominatrasse sehr ähnlich, anscheinend gelegentlich in sie übergehend. Das Schloß entspricht ganz dem des typischen *douglasiae*, das niedrige und gerundete Vorderende erinnert an *d. nipponensis;* Wirbelskulptur bedeckt nur die Wirbel und besteht aus wenigen, weit auseinanderstehenden, niedrigen Wellenrunzeln. — Maße: Länge 50—56 mm, Höhe 21 bis 24 mm, Dicke 18—20 mm.

Verbreitung: Korea.

7e. Unio douglasiae pliculosus Martens

1894 *Unio pliculosus* Martens, Sitz.Ber. Ges. naturf. Freunde Berlin, **1894**:216. — Terra typica: Singei, Provinz Hwanghaido, Korea.
1911 *Nodularia pliculosa* — Haas, Conch. Cab., IX. 2(II):76; Taf. 7, Fig. 7—11.

Diagnosis: Sehr ähnlich *U. d. sinuolatus*, aber durch die stärkeren Falten auf Area, das höhere Vorderende und die stark ausgebildete Schloßstütze unterschieden. — Maße: Länge 51 mm, Höhe 24 mm, Dicke 18 mm.

Bemerkung: Eine ungenau bekannte Form, vielleicht mit der vorhergehenden Unterart *sinuolatus* zu vereinigen.

Verbreitung: Korea.

7f. Unio douglasiae taiwanicus (Pilsbry)

1905 *Nodularia douglasiae taiwanica* Pilsbry, Proc. Acad. nat. Sci. Philadelphia, **1905**: 750. — Terra typica: Formosa.

Diagnosis: Dem typischen *douglasiae* sehr ähnlich, hauptsächlich durch die sehr schwach ausgebildete Wirbelskulptur von ihm unterschieden. — Maße: Länge 49 mm, Höhe 25 mm, Dicke 19,7 mm.

Verbreitung: Formosa (= Taiwan).

7g. Unio douglasiae verrucifer Martens

1894 *Unio verrucifer* Martens, Sitz.Ber. Ges. naturf. Freunde Berlin, **1894**:216. — Terra typica: Hanggang bei Söul, Korea.
1905 *Unio (Nodularia) verrucifera* — Martens, Zool. Jb., Jena, Suppl. **8**:61; Taf. 3, Fig. 2, 2b.

Diagnosis: Eine dem *Unio douglasiae douglasiae* sehr nahe stehende Unterart, die sich von ihm aber durch die größere Mittelständigkeit der Wirbel, die stärkere und weiter auf die Schale reichende Wirbelskulptur und das festere Schloß unterscheidet. — Maße: Länge 36 mm, Höhe 18 mm, Dicke 12 mm.

Verbreitung: Korea.

Schlußbemerkungen zum Rassenkreis *Unio douglasiae*

Unter den hierher gehörenden Formen stehen verschiedene dem atlantisch-mediterranen *Unio pictorum* nahe; einige waren ursprünglich, vielleicht sogar mit Recht, als Formen von *pictorum* beschrieben worden. Nur weil aus keinem Flusse zwischen Ural und Lena je ein *Unio pictorum* bekannt geworden ist, werden diese *pictorum*-ähnlichen Muscheln hier als Angehörige des Rassenkreises *douglasiae* betrachtet, wenn auch andererseits die nahe Verwandtschaft beider nicht bestritten werden kann.

8. **Unio nuxpersicae** Dunker

1848 *Unio nuxpersicae* Dunker, Z. Malak., Hannover u. Cassel, **5**:182. — Terra typica: China.

Diagnosis: Schale kurz zugespitzt-eiförmig, vorn kurz, gerundet und aufgeblasen, hinten länger und mehr zusammengedrückt. Unterrand wenig gekrümmt. Wirbel aufgetrieben, stark und rauh mit Falten skulptiert, die sich auf einen großen Teil der Schalenoberfläche erstrecken. Hauptzähne stark und gekerbt, Seitenzähne lang und etwas gekrümmt. — Maße: Länge 29,5 mm, Höhe 15 mm, Dicke 13 mm.

Bemerkung: Früher als Jugendform von *U. douglasiae douglasiae* betrachtet, doch davon durch die keilförmige Schale und die viel wulstigere Wirbelskulptur verschieden, und dadurch tatsächlich einem Pfirsichkern ähnlich.

Verbreitung: China.

9. **Unio denserugatus** (Haas)

1910 *Nodularia denserugata* Haas, Ann. Mag. nat. Hist., London, (8)**6**:496. — Terra typica: Insel Hainan.
1911 *Nodularia denserugata* — Haas, Conch. Cab. IX. 2(II):83; Taf. 8, Fig. 3—4.

Diagnosis: Schale langgestreckt, fest, ziemlich bauchig; Wirbel bei ¼ der Länge gelegen, nicht vorragend. Skulptur der Karies halber nicht erkennbar, gesamte Schalenoberfläche jedoch mit engstehenden, niedrigen und flach gewellten Runzeln bedeckt. Hauptzähne plump, etwa dreieckig; Seitenzähne lang und gerade. — Maße: Länge 43—53 mm, Höhe 23—26 mm, Dicke 15 bis 18 mm.

Verbreitung: Insel Hainan.

10. **Unio biwae** Kobelt

1879 *Unio biwae* Kobelt, Abh. senckenb. naturf. Ges., Frankfurt a. M., **11**:425; Taf. 23, Fig. 2—4. — Terra typica: Biwa-See, Japan.

Diagnosis: Schale länglich, zungenförmig, Wirbel ziemlich weit vorderständig, ihre Skulptur besteht aus flachen, leicht gerunzelten Fältchen, die unterhalb der Wirbel die Gestalt spitz ausgezogener Zickzacklinien annehmen. Hauptzähne dreieckig bis elliptisch-prismatisch, stark gekerbt; Seitenzähne lang und etwas gekrümmt. — Maße: Länge 40—47 mm, Höhe 21—24 mm, Dicke 14—19 mm.

Bemerkung: Wenig bekannte, der *douglasiae*-Gruppe nahestehende Art.

Verbreitung: Biwa-See, Japan.

11. **Unio dorri** Wattebled

1886 *Unio dorri* Wattebled, J. de Conch., Paris, **34**:71; Taf. 5, Fig. 5. — Terra typica: Bäche der Umgebung von Hué, Annam.

Diagnosis: Schale klein, verlängert eiförmig. Vorderende kurz, gerundet, Hinterende verlängert, Schnabel undeutlich gewinkelt. Wirbel wenig vorragend, ihre Skulptur der Karies wegen nicht erkennbar, aber — wie aus den noch sichtbaren Ausläufern zu schließen ist — der von *Unio douglasiae* ähnlich. Hauptzähne zusammengepreßt und oberflächlich gekerbt, Seitenzähne schwach. — Maße: Länge 35—36 mm, Höhe 17—19 mm, Dicke 11—12 mm.

Bemerkung: Diese Art gehört zweifellos zur *douglasiae*-Gruppe und stellt wahrscheinlich nur ihren südlichen Vertreter vor.

Verbreitung: Tonkin, Mekong, Annam.

12. Unio schoedei Haas

1910 *Nodularia undulata* Haas, Ann. Mag. nat. Hist., London, (8)6:497. — Terra typica: Insel Hainan, China.
1910 *Nodularia undulata* — Haas, Conch. Cab., IX. 2(II):100; Taf. 10, Fig. 2—3.
1930 *Unio schödei* Haas, Senckenbergiana, Frankfurt a. M., 12:6 [nomen novum pro *Unio undulatus* (Haas 1910) non Say 1831].

Diagnosis: Schale rhombisch-eiförmig, ziemlich dünn, mäßig aufgeblasen. Wirbel bei $^{23}/_{100}$ der Gesamtlänge gelegen, aufgetrieben, den Vorderrand überragend, vom Hinterrand überragt; die Wirbelskulptur besteht auf dem ältesten Teil der Wirbel aus zwei aneinanderstoßenden Halbkreisen, die die Wirbel so umfassen, daß die vordere Hälfte des vorderen Kreisbogens auf der Areola, die hintere Hälfte des hinteren Kreisbogens auf der Area steht; weiter nach unten, auf den jüngeren Schalenteilen, wird der vordere Kreisbogen immer flacher, verliert seine Bogengestalt und wird allmählich zu einer von der Areola auf die Schalenoberfläche ziehenden, wenig gewellten Runzel; der hintere Kreisbogen dagegen wird immer spitzwinkliger ausgezogen, wobei der Scheitel dieses Winkels auf der äußeren Arealkante liegt und sein hinterer Schenkel als gerade, niedrige Falte auf der Area nach oben bis zum hinteren Oberrande zieht; der scharfe Winkel, mit dem die beiden Kreisbogen zusammengestoßen waren, und der auf der mittleren Zone der Skulptur noch als deutlicher Knick erkennbar war, geht auf dem äußersten Teil der Skulptur ganz verloren. Schloß normal; Hauptzähne rechteckig, Seitenzähne lang und gerade; Intervall kurz. — Maße: Länge 28—46 mm, Höhe 16,5—26 mm, Dicke 9,5—18 mm.

Verbreitung: Pisui, Insel Hainan, China.

Genus Inversidens Haas

1911 *Nodularia* Sektion *Inversidens* Haas, Conch. Cab., IX. 2(II):102. — Species typica: *Unio brandtii* Kobelt.

Diagnosis: Schale rundlich oder verlängert elliptisch, ungleichseitig, ziemlich fest. Schloß teilweise zu Reversion neigend, dann einen Hauptzahn und zwei Seitenzähne in der rechten, zwei Hauptzähne und einen Seitenzahn in der linken Klappe zeigend.

Verbreitung: China, Korea, Japan.

Bestimmungsschlüssel zu den Arten und Unterarten

1	Schale rhombisch oder verlängert eiförmig	2
1′	Schale nicht rhombisch oder verlängert eiförmig	5
2	Schale verlängert eiförmig, sehr ungleichseitig	3
2′	Schale rhombisch-eiförmig	7

3 Hauptzähne mit den Seitenzähnen gleichlaufend . . . . *I. reinianus,* S. 61
3′ Hauptzähne nicht mit den Seitenzähnen gleichlaufend 4
4 Schale ungleichseitig, Wirbel vorderständig, Schloß schwach, Intervall lang, ansteigend . . . . *I. haconensis,* S. 61
4′ Wirbel mehr mittelständig, Hauptzähne dick, plump, Intervall kurz, Seitenzähne gekrümmt . . . . *I. pantoensis,* S. 61
5 Schale ± rundlich eiförmig, Schloß invers, Intervall lang . . . *I. brandtii,* S. 62
5′ Schale etwas länger, Wirbelskulptur bis zur Mitte der Oberfläche reichend, Schloß schwach 6
6 Schale mäßig verlängert . . . . *I. japanensis japanensis,* S. 62
6′ Schale länger . . . . *I. japanensis jokohamensis,* S. 62
7 Schale fest, aufgeblasen, kurz rhombisch . . . . *I. parcedentatus,* S. 63

1. Inversidens reinianus (Kobelt)

1879 *Unio reinianus* Kobelt, Abh. senckenb. naturf. Ges., Frankfurt a. M., **11**:24; Taf. 23, Fig. 1. — Terra typica: Biwa-See, Japan.
1911 *Nodularia hirasei* Haas, Nachr.Bl. dtsch. malak. Ges., Frankfurt a. M., **43**:45. — Terra typica: Yamashiro, Japan.
1911 *Nodularia hirasei* — Haas, Conch. Cab., IX. 2(II):96; Taf. 12a, Fig. 1—2.

Diagnosis: Schale keilförmig bis lang eiförmig, fast, ziemlich aufgeblasen. Wirbel etwa bei $^1/_5$ der Gesamtlänge gelegen, etwas vorragend, ziemlich aufgeblasen; Wirbelskulptur nur in der Jugend erkennbar, aus konzentrischen Wellenrunzeln bestehend, die nach hinten zu zickzackförmig werden. Hauptzähne verlängert, stumpf mit den Seitenzähnen fast gleichlaufend; Intervall kurz und breit; Seitenzähne lang und stark. — Maße: Länge 72—79 mm, Höhe 42—46 mm, Dicke 23,5—30 mm.

Bemerkung: Der Name *reinianus* wurde der extremen Seeform dieser Art gegeben, die noch ungleichseitiger und viel schmaler ist; die oben gegebene Beschreibung bezieht sich auf die als *hirasei* beschriebene (Normal- ?)Form.

Verbreitung: Japan.

2. Inversidens haconensis (Ihering)

1893 *Unio haconensis* Ihering, Abh. senckenb. naturf. Ges., Frankfurt a. M., 18:161; Taf., Fig. 3. — Terra typica: Hakone-See, Japan.

Diagnosis: Schale unregelmäßig eirund, fest, mäßig aufgeblasen. Wirbel weit vorn gelegen, bei etwa $^1/_5$ der Gesamtlänge, wenig vorragend; Wirbelskulptur aus parallelen Wellenrunzeln bestehend, die unter den Wirbeln beginnen, nach hinten spitzer ausgezogen, in der Form aneinandergereihter Vs erscheinen und an der äußeren Arealkante als schmale Falten nach hinten und oben umbiegen. Hauptzähne dreieckig pyramidal, Intervall ziemlich lang und ansteigend, Seitenzähne ziemlich kurz und gerade. — Maße: Länge 38 bis 46 mm, Höhe 24—29 mm, Dicke 14—18 mm.

Verbreitung: Hakone-See, Japan.

3. Inversidens pantoensis (Neumayr)

1898 *Unio pantoensis* Neumayr, Wiss. Ergebn. Reise Gr. Szechenyi Ost-Asien, 2:664; Taf. 1, Fig. 5. — Terra typica: Panto, Yuennan, China.

1910 *Nodularia continentalis* HAAS, Ann. Mag. nat. Hist., London (8)6:497. — Terra typica: Hunan, Mittel-China.
1910 *Nodularia continentalis* — HAAS, Conch. Cab., IX. (2, II):92; Taf. 9, Fig. 4—5.

Diagnosis: Schale länglich elliptisch, fest, ziemlich aufgeblasen. Wirbel bei $^{21}/_{100}$ der Gesamtlänge gelegen, ziemlich aufgeblasen; ihre Skulptur besteht aus welligen, konzentrischen, sehr enge stehenden Runzeln, die an der äußeren Arealkante spitzwinklig umbiegen und auf der Area nach oben hinten bis zum Oberrand ziehen; diese Skulptur ist auf die Wirbel und den ihnen nächstliegenden Teil der Schalenfläche beschränkt. Schloß invers, links mit zwei, rechts mit einem Zahn; die Hauptzähne stark, dreieckig-konisch, oben gekerbt, Seitenzähne lang und gebogen. — Maße: Länge 62 mm, Höhe 36 mm, Dicke 22 mm.

Verbreitung: Hunan, Mittel-China; Panto, Yuennan, Südwest-China.

4. Inversidens japanensis (LEA)

4a. Inversidens japanensis japanensis (LEA)

1859 *Unio japanensis* LEA, Proc. Acad. nat. Sci. Philadelphia, 3, 1858:153. — Terra typica: Japan.
1860 *Unio japanensis* — LEA, J. Acad. nat. Sci. Philadelphia, 4:244; Taf. 36, Fig. 123.

Diagnosis: Schale rundlich elliptisch, sehr ungleichseitig, fest. Wirbel weit vorn, bei $^{21}/_{200}$ der Gesamtlänge gelegen; ihre Skulptur besteht aus knotigen Wellenrunzeln, die die Wirbel konzentrisch umfassen, von der Areola auf die mittlere Schalenfläche ziehen, dort in Form eines flachen, nach unten geöffneten V verlaufen, an der äußeren Arealkante nach hinten oben umbiegen und an der inneren Arealkante verschwinden; diese Wirbelskulptur ist nur auf den ältesten Teil der Schale beschränkt und bedeckt selten mehr als ihr oberes Drittel. Schloß normal, Hauptzähne dreieckig, stark, leicht gekerbt, Seitenzähne leicht gebogen. — Maße: Länge 44—71 mm, Höhe 29—47 mm, Dicke 19—30 mm.

Verbreitung: Japan.

4b. Inversidens japanensis jokohamensis (IHERING)

1879 *Unio japanensis* — KOBELT, Abh. senckenb. naturf. Ges., Frankfurt a. M., 11:423; Taf. 12, Fig. 1—2.
1893 *Unio jokohamensis* IHERING, Abh. senckenb. naturf. Ges., Frankfurt a. M., 18:158. — Terra typica: Yokohama, Japan.

Diagnosis: Dem typischen *japanensis* sehr ähnlich, hauptsächlich durch stärkere Ausbildung der Skulptur, Vergrößerung der Höhe und Dicke und Verschiebung der Schloßteile gegen die Längsachse von ihm verschieden. Da alle die genannten Unterschiede nicht immer ausgebildet sind, bleibt die Validität dieser Unterart zweifelhaft. — Maße: Länge 35—61 mm, Höhe 21—36 mm, Dicke 12—23 mm.

Verbreitung: Umgebung von Yokohama, Japan.

5. Inversidens brandtii (KOBELT)

1879 *Unio brandtii* KOBELT, Abh. senckenb. naturf. Ges., Frankfurt a. M., 11:426; Taf. 23, Fig. 5. — Terra typica: Unsicherer Fundort in Japan.

Diagnosis: Schale rundlich elliptisch, ziemlich fest, mäßig aufgeblasen. Wirbel $^{24}/_{100}$ der Gesamtlänge gelegen, etwas vorragend, mäßig aufgeblasen. Wirbelskulptur nicht mehr erkennbar; nur auf der Schalenfläche unterhalb der Wirbel zeigen sich schwache, unzusammenhängende Wellenrunzeln. Schloß aus einem Hauptzahn und zwei Seitenzähnen in der rechten, zwei Hauptzähnen und einem Seitenzahn in der linken Klappe bestehend. Hauptzähne fest, oben gestrichelt, Seitenzähne kurz und etwas gebogen; Intervall ziemlich lang, glatt und gebogen. — Maße: Länge 39—48 mm, Höhe 26—35 mm, Dicke 17—18 mm.

Bemerkung: Diese wenig bekannte, da nur auf wenigen Stücken fundierte Art scheint noch in die Verwandtschaft des *I. japanensis* zu gehören.

Verbreitung: Japan.

6. **Inversidens parcedentatus** (Haas)

1911 *Nodularia parcedentata* Haas, Nachr.Bl. dtsch. malak. Ges., Frankfurt a. M., 43:43. — Terra typica: Mikawa, Japan.
1911 *Nodularia parcedentata* — Haas, Conch. Cab., IX. 2(II):104; Taf. 12a, Fig. 3—4.

Diagnosis: Schale unregelmäßig rhombisch, ziemlich dünnschalig, aufgeblasen. Wirbel bei $^{24}/_{100}$ der Gesamtlänge gelegen, nicht weit vorragend; Wirbelskulptur unvollständig bekannt, nur aus konzentrischen Wellenrunzeln erkennbar, deren Reste auch bei ausgewachsenen Stücken noch auf der Areole erhalten sind. Schloß mit nur einem einzigen, drei- bis viereckigen Hauptzahn in jeder Klappe, mit 1—2 kurzen, dicken und etwas gekrümmten Seitenzähnen in jeder Klappe. — Maße: Länge 50 mm, Höhe 36 mm, Dicke 22 mm.

Verbreitung: Mikawa, Japan.

Genus **Scabies** Haas

1911 *Nodularia* Sektion *Scabies* Haas, Conch. Cab., IX. 2(II):105. — Species typica (hoc loco): *Unio scobinatus* Lea.

Diagnosis: Schale länglich elliptisch, sehr ungleichseitig, ziemlich fest. Wirbelskulptur aus radial von den Wirbeln ausstrahlenden Leisten oder Knotenreihen bestehend, deren mittelste sich zu V-artigen, ineinandersteckenden Figuren vereinigen, und die fast die ganze oder auch die ganze Schalenfläche bedecken. Rechter Seitenzahn oft unten mit einer Hilfslamelle.

Verbreitung: Mittel-China, Kambodscha, Kochinchina, Siam.

Bestimmungsschlüssel zu den Arten

1	Schale schmal elliptisch, mit F-förmigen Runzeln bedeckt . .	***S. scobinata***	S. 63
1′	Schale anders skulptiert		2
2	Schale länglich eiförmig.	***S. phaseolus,***	S. 64
2′	Schale rundlich elliptisch	***S. nucleus,***	S. 64

1. **Scabies scobinata** (Lea)

1856 *Unio scobinatus* Lea, Proc. Acad. nat. Sci. Philadelphia, 8:93. — Terra typica: Siam.
1858 *Unio scobinatus* — Lea, J. Acad. nat. Sci. Philadelphia, 4:299; Taf. 26, Fig. 13.

1863 *Unio mandarinus* MORELET, J. de Conch., Paris, 12:159. — Terra typica: Konchinchina.
1865 *Unio pellis-lacertae* MORELET, J. de Conch., Paris, 13:22. — Terra typica: Siam.
1866 *Unio venustus* MORELET, J. de Conch., Paris, 14:63. — Terra typica: Kambodscha.
1870 *Unio oblitus* LEA, Synops. Fam. Unionidae: 64. — Terra typica: Kambodscha.
1910 *Nodularia persculpta* HAAS, Nachr.Bl. dtsch. malak. Ges., 42:98. — Terra typica: Hunan, Mittel-China.

Diagnosis: Schale lang elliptisch, fest, bauchig. Wirbel etwa im vorderen Viertel der Gesamtlänge gelegen. Wirbelskulptur aus radial von den Wirbeln ausstrahlenden Leisten bestehend, die sich miteinander zu einem System von ineinandersteckenden „V"s vereinigen und sich über die gesamte Schalenfläche erstrecken; diese Runzeln oder Falten sind mit Höckerchen und Knötchen besetzt und erscheinen aus ihnen verschmolzen zu sein. Schloß normal; Hauptzähne länglich, oben gekerbt, Seitenzähne lang und fest, nach hinten dicker werdend; Intervall kurz, schmal und glatt. — Maße: 30—46 mm, Höhe 16—21 mm, Dicke 12—22 mm.

Bemerkung: Ich vereinige *Unio pellis-lacertae* MORELET und meine *Nodularia persculpta* mit *scobinata*, weil ich Übergänge zwischen allen diesen Formen bemerkt zu haben glaube. Wenn *Nodularia persculpta* tatsächlich, außer in Siam, auch in Mittel-China vorkommt, so könnte sie vielleicht als die nördliche Lokalrasse von *scobinata* angesehen werden; dies kann aber erst entschieden werden, wenn mehr Material von allen Formen vorliegt.

Verbreitung: Kochinchina, Kambodscha, Siam.

2. Scabies phaseolus (LEA)

1856 *Unio phaseolus* LEA, Proc. Acad. nat. Sci. Philadelphia, 8:94. — Terra typica: Siam.
1856 *Unio phaseolus* — LEA, J. Acad. nat. Sci. Philadelphia, 3:297; Taf. 26, Fig. 11.

Diagnosis: Schale länglich, fest. Wirbel wenig vorragend, wellig skulptiert. Schloß normal, Hauptzähne kurz, Seitenzähne sehr lang, etwas gebogen. — Maße: Länge 27 mm, Höhe 13 mm, Dicke 12 mm.

Bemerkung: Diese Art ist nur durch LEAS Beschreibung bekannt, ihre Validität steht deshalb nicht fest.

Verbreitung: Siam.

3. Scabies nucleus (LEA)

1856 *Unio nucleus* LEA, Proc. Acad. nat. Sci. Philadelphia, 8:94. — Terra typica: Siam.
1858 *Unio nucleus* — LEA, J. Acad. nat. Sci. Philadelphia, 3; Taf. 28, Fig. 21.

Diagnosis: Schale rundlich elliptisch, aufgeblasen, fest. Wirbel bei ¼ der Gesamtlänge gelegen, Wirbelskulptur aus radial ausstrahlenden, scharfen Leisten bestehend, die sich fast über die ganze Schale erstrecken. Schloß normal, Hauptzähne kurz, dick, stark zerklüftet, Seitenzähne kurz, dick, etwas gebogen, nach hinten zu verbreitert. — Maße: Länge 16 mm, Höhe 10 mm, Dicke 8 mm.

Bemerkung: Auch diese Art ist ungenau bekannt, da sie sich lediglich auf das LEAsche Stück gründet. Möglicherweise stellt es trotz seiner festen Schale ein juveniles Stück dar, das erwachsen vielleicht ganz anders aussehen würde.

Verbreitung: Siam.

Genus **Lanceolaria** CONRAD

1853 *Lanceolaria* (Subgenus von *Unio*) CONRAD, Proc. Acad. nat. Sci. Philadelphia, **6**:268. — Species typica: *Unio grayanus* LEA.
1900 *Lanceolaria* (Sectio von *Nodularia*) — SIMPSON, Proc. U.S. nation. Mus., Washington, **22**:806.

Diagnosis: Schale äußerst ungleichseitig, schwertförmig, fest. Wirbel niedrig, bei etwa $^1/_5$ der Gesamtlänge gelegen, mit einer Wirbelskulptur aus radial verlaufenden Knötchenreihen, zu denen sich auf dem Hinterteil senkrecht zur Längsachse verlaufende, sich kreuzende Striche gesellen; in einzelnen Fällen erstreckt sich die Skulptur über die gesamte Schale, sonst nur auf den ältesten Teil der Schalenklappen. Schloß normal, Hauptzähne plump, oben gefurcht, unten glatt, Seitenzähne lang, dick und gerade.

Verbreitung: Indochina, China, Amur-Gebiet, Korea, Japan.

Bestimmungsschlüssel zu den Arten und Unterarten

1	Schale im Alter leicht nach rechts oder links abgebogen	***L. triformis,***	S. 67
1′	Schale stets gerade		2
2	Schale sehr lang und schmal, fast so dick wie hoch	***L. cylindrica,***	S. 66
2′	Schale stets höher als dick		3
3	Schale leicht keilförmig, hinten zugespitzt		4
3′	Schale mit gleichlaufenden Ober- und Unterrändern, kaum zugespitzt, Arealkante kaum vortretend		8
4	Äußere Arealkante wulstig		5
4′			
5	Schale lang und schwer; Tonkin, China	***L. grayana,***	S. 65
5′	Schale zierlicher		6
6	Schale zugespitzt	***L. grayana gladiolus,***	S. 66
6′	Schale weniger zugespitzt		7
7	Skulpturrippen auf dem Hinterende gegabelt	***L. grayana fruhstorferi,***	S. 66
7′	Schale ohne jede Skulptur	***L. grayana laevis,***	S. 66
8	Schale unskulptiert	***L. oxyrhyncha,***	S. 67
8′	Schale etwas höher		9
9	Schale mit Spuren von Skulptur	***L. oxyrhyncha bilirata,***	S. 68
9′	Ohne Skulptur, zusammengedrückt	***L. acrorhyncha,***	S. 67

1. **Lanceolaria grayana** (LEA)

1a. Lanceolaria grayana grayana (LEA)

1834 *Unio grayanus* LEA, Trans. Amer. philos. Soc., Philadelphia, **5**:66; Taf. **9**, Fig. 26.— Terra typica: China.
1904 *Unio (Nodularia) gracillimus* ROLLE, Nachr.Bl. dtsch. malak. Ges., Frankfurt a.M., **36**:26; Taf. 4, Fig. b, c. — Terra typica: Hanoi, Tonkin.

Diagnosis: Schale langgestreckt, schwertförmig, fest. Wirbel weit vorn, bei etwa $^{16}/_{100}$ der Gesamtlänge gelegen; ihre Skulptur besteht aus Knötchenreihen, die radial von den Wirbeln ausstrahlen und dort nach hinten und nach vorn am deutlichsten ausgebildet sind. Zu diesen Strahlen gesellen sich vorn stärkere Knoten und vom vorderen Oberrande nach unten verlaufende Rippen, die in der Jugend die ganze Areole und einen Teil des übrigen Vorderendes bedecken; auf dem Hinterende stehen parallele, flache Rippen, die bei jungen Stücken den Unterrand erreichen. Äußere Arealkante wulstig, kielartig. Hauptzähne in der Jugend lamellenartig, später dicker, dreieckig; Intervall kurz, mit zahnartigen Bildungen versehen; Seitenzähne lang, dünn, im Alter quergefurcht. — Maße: Länge 85—170 mm, Höhe 22—44 mm, Dicke 17—39 mm.

Verbreitung: Kochinchina, China.

1b. Lanceolaria grayana gladiolus (Heude)

1877 *Unio gladiolus* Heude, Conch. Fluv. Nanking, 2: Taf. 16, Fig. 35. — Terra typica: Flüsse Nin-kuo-fu und Kuang-te-cheu, China.

Diagnosis: Der typischen *grayana* sehr nahestehend, unterscheidet sich aber von ihr durch etwas mehr zugespitzte Gestalt und durch die treppenförmige Anordnung der Rippen auf dem Hinterende. — Maße: Länge 86 mm, Höhe 24 mm, Dicke 16 mm.

Verbreitung: Annam, Japan und China.

1c. Lanceolaria grayana fruhstorferi (Dautzenberg)

1900 *Unio fruhstorferi* Dautzenberg, J. de Conch., Paris, 48:429. — Terra typica: Phuc Son, Annam.

1901 *Unio fruhstorferi* — Bavay & Dautzenberg, J. de Conch., Paris, 49:5; Taf. 1, Fig. 1, 2.

Diagnosis: Steht ebenfalls der typischen *grayana* sehr nahe, unterscheidet sich aber von ihr hauptsächlich durch die eigenartige V-förmige Wirbelskulptur und durch die Vergabelung der Rippen auf dem Schalen-Hinterende. — Maße: Länge 67—109 mm, Höhe 18—32 mm, Dicke 12—21 mm.

Verbreitung: Phuc Son, Annam.

1d. Lanceolaria grayana laevis (Martens)

1902 *Nodularia (Lanceolaria) laevis* Martens, Nachr.Bl. dtsch. malak. Ges., Frankfurt a. M., 34:134. — Terra typica: Tonkin.

1911 *Lanceolaria laevis* — Haas, Conch. Cab., IX. 2(II):57, Taf. 4, Fig. 6.

Diagnosis: Der typischen *grayana* äußerst ähnlich, nur durch den völligen Mangel an Wirbel- und Schalenskulptur von ihr verschieden. — Maße: Länge 115 mm, Höhe 30 mm, Dicke 21 mm.

Bemerkung: Die Ähnlichkeit dieser Form mit der typischen *grayana* ist so groß, daß sie vielleicht nur als eine glatte Variante von ihr anzusehen ist und keinen eigenen Namen verdient.

Verbreitung: Tonkin.

2. **Lanceolaria cylindrica** (Simpson)

1867 *Unio grayanus* — Schrenck, Reise Forsch. Amurlande: 694; Taf. 27, Fig. 1—3.

1900 *Nodularia cylindrica* SIMPSON, Proc. Acad. nat. Sci. Philadelphia: 84. — Terra typica: Fluß Ussuri, Amur-Gebiet.

Diagnosis: Schale langgezogen, sehr ungleichseitig, sehr bauchig, fest. Wirbel sehr aufgeblasen, Wirbelhöhle weit nach hinten reichend; Skulptur nicht erkennbar. Schlösser fest, Hauptzähne hoch, drei- oder viereckig, Seitenzähne lang und gerade; Intervall lang, mit einigen Zähnchen. — Maße: Länge 110—171 mm, Höhe 21—35 mm, Dicke 19—32 mm.

Bemerkung: Typische Stücke sind anscheinend seit SCHRENCK nie mehr gefunden worden. Die aus Hunan (Mittel-China) gemeldeten Stücke dieser Art sind zweifelhaft; sie könnten wohl Weibchen der typischen *Lanceolaria grayana* darstellen.

Verbreitung: Fluß Ussuri, Amur-Gebiet.

3. Lanceolaria triformis (HEUDE)

1877 *Unio triformis* HEUDE, Conch. Fluv. Nanking: Taf. 16, Fig. 34. — Terra typica: Fluß Siang in der Umgebung von Tchancha-fu, China.
1883 *Unio distortus* HEUDE, Conch. Fluv. Nanking: Taf. 62, Fig. 122—122b. — Terra typica: Quelle des Flusses Jao-tscheu, Süd Kiente, China.

Diagnosis: Schale langgestreckt, in der Jugend gerade, im Alter nach rechts oder links eingekrümmt; sonst in allen Merkmalen eine der *grayana*-Gruppe ähnliche *Lanceolaria*. — Maße: Länge 70—102 mm, Höhe 20—29 mm, Dicke 18—23 mm.

Verbreitung: Gebiet des Jang-tse-kiang, China.

4. Lanceolaria acrorhyncha (MARTENS)

1894 *Unio acrorhynchus* MARTENS, Sitz.Ber. Ges. naturf. Freunde Berlin, **1894**:214. — Terra typica: Fluß Naemingang bei Fatanggyom, südlich von Keumsan, Provinz Choellado, Korea.
1905 *Unio (Lanceolaria) acrorhyncha* — MARTENS, Zool. Jb. Syst., Jena, Suppl. 8:53; Taf. 3, Fig. 4.

Diagnosis: Schale langgestreckt, sehr ungleichseitig, fest. Wirbel sehr weit vorn gelegen, bei etwa $^{14}/_{100}$ der Gesamtlänge, ohne erkennbare Skulptur, da sie bei den vorgelegenen Stücken schon in früher Jugend korrodiert sind. Auf dem Hinterende stehen unterhalb der äußeren Arealkante bis acht zur Längsachse senkrechte Falten, die sich über 1—2 Wachstumsringe erstrecken und bei jungen Stücken noch nicht zu erkennen sind. Schloß normal, Hauptzähne dreieckig, stark, gesägt, Seitenzähne lang, gerade, im letzten Drittel etwas nach unten gebogen; Intervall kurz, fast glatt, nur ganz vorn etwas gezähnt. — Maße: Länge 112 mm, Höhe 34 mm, Dicke 20 mm.

Bemerkung: Eine gute Art, die sich durch folgende Merkmale von anderen *Lanceolaria*-Arten unterscheidet: 1. Die größte Höhe liegt weit hinten am Ligamentende. 2. Das Hinterende zeigt wenige starke, unregelmäßige Falten. 3. Die Schnabelspitze erscheint gleichmäßiger von unten nach oben zugespitzt.

5. Lanceolaria oxyrhyncha (MARTENS)

5a. Lanceolaria oxyrhyncha oxyrhyncha (MARTENS)

1861 *Unio oxyrhynchus* MARTENS, Malak. Bl., Kassel, 7:57. — Terra typica: Japan.

1879 *Unio oxyrhynchus* — Kobelt, Abh. senckenb. naturf. Ges., Frankfurt a. M., **11**:420; Taf. 13, Fig. 3—4.
1900 *Nodularia oxyrhynchus* — Simpson, Proc. U.S. nation. Mus., Washington, **22**:807.

Diagnosis: Schale langgestreckt, sehr ungleichseitig, fest, schwer. Wirbel bei $^{14}/_{100}$ der Gesamtlänge gelegen; ihre Skulptur der schon an jugendlichen Stücken auftretenden Korrosion halber nicht bekannt; das Hinterende der Schale kann mit senkrechten, einfachen oder gegabelten Falten besetzt sein. Äußere Arealkante wulstig, bei jungen Stücken nahe den Wirbeln mit knotigen Erhebungen. Hauptzähne dreieckig, fest, oben stark gekerbt, Seitenzähne lang und gerade; Intervall ziemlich lang, mit Zähnchen besetzt. — Maße: Länge 71—100 mm, Höhe 23 mm, Dicke 15 mm.

Bemerkung: Die ursprüngliche Angabe von Martens, daß die rechte Klappe drei Hauptzähne und zwei Seitenzähne besäße, scheint auf einer Mißdeutung zu beruhen.

Verbreitung: Japan.

5b. Lanceolaria oxyrhyncha bilirata (Martens)

1902 *Nodularia (Lanceolaria) bilirata* Martens, Nachr.Bl. dtsch. malak. Ges., Frankfurt a. M., **34**:133. — Terra typica: Tonkin.
1911 *Lanceolaria bilirata* — Haas, Conch. Cab., IX. 2(II):55; Taf. 4, Fig. 3—5.

Diagnosis: Schale sehr lang, sehr ungleichseitig, fest. Wirbel bei $^{17}/_{100}$ der Gesamtlänge gelegen, bauchig, die Wirbelhöhle reicht weit bis nach hinten; Wirbelskulptur der frühzeitigen Korrosion der Wirbel wegen nicht bekannt. Hinterende mit Gruppen mit 5—6 zusammenstehenden, zur Längsachse senkrechten Falten, die sich auf je einen Anwachsstreifen erstrecken und in mehreren Lagen auftreten können. Schloß normal, Hauptzähne fest, dreieckig, Seitenzähne lang und gerade, hinten etwas gestrichelt, Intervall ziemlich lang und mit 3—5 Zähnchen besetzt. — Maße: Länge 79 mm, Höhe 27 mm, Dicke 17 mm.

Bemerkung: Diese Unterart und die japanischen Vertreter der typischen *oxyrhyncha* stehen sich so nahe, daß die angeblich aus Japan stammenden Stücke möglicherweise nicht zu *bilirata*, sondern zur typischen Unterart gehören.

Verbreitung: Tonkin; auch Japan?

6. Lanceolaria ? digitiformis (Sowerby)

1868 *Unio digitiformis* Sowerby, Conch. Icon., **16**: Taf. 65, Fig. 33. — Terra typica: Indien.

Diagnosis: Schale schmal, verlängert, sehr aufgetrieben, sehr dickschalig, von einer schwarzen, glatten Konchinschicht bedeckt, innen weiß. Hauptzähne groß, zerspalten, Seitenzähne lamellenförmig, verlängert. Hinterende schief, winklig, am Ende des Winkels zugespitzt, Bauchrand hinten leicht geschwollen, dann zusammengezogen, gerade in der Mitte; Vorderende sehr kurz, Wirbel groß. (Übersetzung der ursprünglichen Beschreibung.) — Maße: Länge 99 mm, Höhe 35,5 mm (nach Sowerbys Abbildung).

Bemerkungen: Der Fundort dieser Form ist bestimmt nicht Indien. Soviel man nach der Urabbildung sagen kann, gehört *digitiformis* in die ostasiatische Gattung *Lanceolaria*.

Verbreitung: Indien.

Genus **Arconaia** CONRAD

1865 *Arconaia* CONRAD, Amer. J. Conch., Philadelphia, 1:234. — Species typica (durch Monotypie): *Triquetra lanceolata* LEA.

Diagnosis: Schale sehr verlängert und ungleichseitig, um ihre Achse gedreht und meist nach rechts oder links verbogen, festschalig und mäßig aufgeblasen. Vorderende in der Jugend (selten bei alten Stücken) spitz flügelartig vorgezogen, Hinterende in eine mittlere bis obere Spitze ausgezogen. Area durch eine wulstartig abgesetzte äußere Arealkante von der Schalenfläche getrennt, vorn sehr niedergedrückt, nach hinten zu zunehmend zusammengepreßt. Wirbel niedergedrückt, nicht aufgeblasen, ihre Skulptur unbekannt. Wirbelhöhlen sehr seicht. Schloß normal; Hauptzähne dreieckig, stark, gesägt, Seitenzähne lang, mäßig dick, fast gerade.

Bemerkung: Die Drehung der Schale um ihre Achse und die seitliche Verbiegung findet man auch bei den chinesischen Gattungen *Lanceolaria*, *Cuneopsis* und *Lamprotula*, aber aus diesen äußeren Übereinstimmungen darf kein Schluß auf innere Verwandtschaft gezogen werden; nur vermutungsweise und auf Grund von Übereinstimmungen in der allgemeinen Körperform, der Begrenzung der Area, dem Schloßbau und dem Mangel an tiefen Wirbelhöhlen ließen sich Beziehungen zu *Lanceolaria* vermuten.

Verbreitung: China.

1. **Arconaia lanceolata** (LEA)

1856 *Triquetra lanceolata* LEA, Proc. Acad. nat. Sci. Philadelphia, 8:79. — Terra typica: China.
1856 *Triquetra contorta* LEA (nomen substitutum pro *Triquetra lanceolata* LEA 1856). J. Acad. nat. Sci. Philadelphia, 8:300; Taf. 33, Fig. 33.
1865 *Arconaia lanceolata* — CONRAD, Amer. J. Conch., Philadelphia, 1:234.
1877 *Unio contortus* var. *muticus* HEUDE, Conch. Fluv. Prov. Nanking, 2: Taf. 15, Fig. 32. — Terra typica: Provinz Nanking.
1877 *Unio contortus* var. *conjungens* HEUDE, Conch. Fluv. Prov. Nanking, 2: Taf. 15, Fig. 33. — Terra typica: Provinz Nanking.

Diagnosis: Schale sehr verlängert und ungleichseitig, um die Achse gedreht, meist nach rechts oder links verbogen, festschalig, aufgeblasen. Vorderende in einen spitzen Flügel ausgezogen, der im Alter verschwinden kann; Hinterende lang und in eine mittlere oder obere Spitze ausgezogen, die im Alter an Schärfe verliert. Area vorn niedergedrückt, hinten etwas zusammengepreßt, mit wulstig abgesetzter äußerer und Andeutungen einer inneren Arealkante. Wirbel niedrig, nicht vorragend, ohne erkennbare Wirbelskulptur, bei $^{22}/_{100}$ der Gesamtlänge gelegen. Schalenoberfläche manchmal in der Mitte mit einer Reihe senkrecht stehender schmaler Knötchen. Hauptzähne dreieckig, stark, oben gesägt, Seitenzähne lang, wenig verdickt, fast gerade. — Maße: Länge 82—99 mm, Höhe 25—26 mm, Dicke 16—20 mm.

Verbreitung: Gebiet des Jang-tse-kiang, China.

Genus **Oxynaia** HAAS

1911 *Oxynaia* HAAS, Conch. Cab., IX. 2(II): Taf. 16 [1913: 152]. — Species typica: *Unio jourdyi* MORLET.

Diagnosis: Schale mehr oder weniger länglich, ungleichseitig, hinten zugespitzt; Wirbel verschieden stark mit zickzackförmiger Skulptur bedeckt. Schloß normal; Hauptzähne quadratisch bis rechteckig, Seitenzähne lang, fest, nach hinten zu dicker werdend, wenig gebogen; Intervall schmal, Zahnbildungen bei alten Stücken den Lamellen parallel; Schloßstütze stark ausgebildet.

Verbreitung: Birma, Annam, Tonkin.

Bestimmungsschlüssel zu den Arten

1	Schale keilförmig, vorn verkürzt; Wirbelskulptur aus spitzwinklig-zickzackförmigen Fältchen bestehend	*O. pugio*, S. 71
1′	Schale länglich, Wirbelspitzen mit derben Zickzackfalten	2
2	Wirbel stark aufgeblasen und vortretend	*O. jourdyi*, S. 70
2′	Wirbel niedrig, Schale ziemlich zusammengedrückt	3
3	Schale verlängert	*O. gladiator*, S. 71
3′	Schale kürzer, eiförmig	*O. diespiter*, S. 70

1. Oxynaia jourdyi (Morlet)

1886 *Unio jourdyi* Morlet, J. de Conch., Paris, **34**:76; Taf. 13, Fig. 5, 5a. — Terra typica: Umgebung von Dang-son, Tonkin.

Diagnosis: Schale länglich, vorn kurz, hinten verlängert und zugespitzt, fest, schwer. Wirbel bei $^{22}/_{100}$ der Gesamtlänge gelegen, vorragend, sehr aufgeblasen, etwas eingerollt, mit sich fast berührenden Spitzen; die Skulptur besteht aus konzentrischen, ziemlich derben Zickzackfalten und ist auf die Spitzen beschränkt. Hauptzähne stark rechteckig, tief, gefurcht; Seitenzähne lang, stark, wenig gebogen, nach hinten zu dicker werdend; Intervall kurz, schmal, mit niedrigen, den Seitenzähnen parallelen Zähnchen besetzt. — Maße: Länge 46—50 mm, Höhe 23—24 mm, Dicke 16—22 mm.

Verbreitung: Tonkin.

2. Oxynaia diespiter (Mabille)

1887 *Unio diespiter* Mabille, Bull. Soc. malac. France, Paris, **4**:162. — Terra typica: Tonkin.
1912 *Oxynaia diespiter* — Haas, Conch. Cab., IX. (2, II):154; Taf. 15, Fig. 3.

Diagnosis: Muschel länglich eiförmig, aufgeblasen, fest, schwer. Wirbel bei $^{28}/_{100}$ der Gesamtlänge gelegen, sehr aufgeblasen, vorragend, ohne erkennbare Skulptur. Rechter Hauptzahn groß, stark, fast dreieckig und gesägt, der der vorderen linken Klappe schmal blattförmig, der hintere dreieckig-pyramidal, den vorderen berührend und zusammen mit ihm eine tiefe, dreieckige Grube einfassend; Seitenzähne lang, fest, leicht gestrichelt oder gezähnelt, etwas gebogen; Intervall breit, kurz, ansteigend, mit kleinen Zähnchen besetzt. — Maße: Länge 46 mm, Höhe 26 mm, Dicke 19,5 mm.

Bemerkung: *Oxynaia diespiter* ist nur in dem einzigen, von Mabille beschriebenen Typusexemplar bekannt, und deshalb ist es nicht sicher, ob wir es nicht mit einem verkürzten Exemplar von *O. jourdyi* zu tun haben, dem *diespiter* auf alle Fälle sehr nahe steht.

Verbreitung: Tonkin.

3. **Oxynaia gladiator** (ANCEY)

1881 *Unio gladiator* ANCEY, Le Naturaliste, Paris, **3**; 4686. — Terra typica: Tonkin.
— *Unio bouvieri* NEVILL (nomen nudum, in Mss.).
— *Unio hedejus* MABILLE (nomen nudum, in Mss.).

Diagnosis: Schale schmal, länglich, sehr ungleichseitig, aufgeblasen, fest. Wirbel bei $^{21}/_{100}$ der Gesamtlänge gelegen, wenig vorragend, stark aufgetrieben, mit einer aus konzentrischen Zickzackfalten bestehenden Skulptur. Rükkenumriß lanzettlich. Rechter Hauptzahn stark, rechteckig, gesägt, vorderer linker länglich, hinterer dreieckig; Schloßstütze stark entwickelt. Seitenzähne lang, wenig gebogen, nach hinten zu dicker werdend; Intervall kurz, lang, schmal. — Maße: Länge 38—55 mm, Höhe 16,5—21,5 mm, Dicke 13—18 mm.

Verbreitung: Tonkin, Annam.

4. **Oxynaia pugio** (BENSON)

1862 *Unio pugio* BENSON, Ann. Mag. nat. Hist., London, (3)**10**:193. — Terra typica: Ava, Birma.
1912 *Oxynaia pugio* — HAAS, Conch. Cab., IX. 2(II):158; Taf. 14, Fig. 6—7.

Diagnosis: Muschel länglich-keilförmig, vorn sehr kurz gerundet, hinten in einen ziemlich spitzen, submedianen Schnabel ausgezogen, ziemlich aufgeblasen, fest. Wirbel bei $^{21}/_{100}$ der Gesamtlänge gelegen, vorragend, stark aufgeblasen; ihre Skulptur ist auf die Spitzen beschränkt und besteht aus so stark spitzwinklig zickzackartig geknickten Fältchen, daß das Bild einer radialen Wirbelskulptur vorgetäuscht wird. Rechter Hauptzahn stark, viereckig, tief gesägt, vor ihm ein schwacher Hilfszahn; vorderer linker Hauptzahn dreieckig, dünn, oben verschärft, hinten pyramidal, hoch, ziemlich stark; Intervall ziemlich kurz, glatt, etwas gebogen; Seitenzähne lang, ziemlich stark, gerade. — Maße: Länge 30—43 mm, Höhe 13,5—20 mm, Dicke 10 bis 14,5 mm.

Verbreitung: Birma, Ava, Mandelay.

5. **Oxynaia micheloti** (MORLET)

1886 *Unio micheloti* MORLET, J. de Conch., Paris, **34**:77; Taf. 13, Fig. 6, 6a. — Terra typica: Tonkin.

Diagnosis: Schale klein, fest, aufgeblasen, etwas oboval; anscheinend nahe verwandt mit *O. pugio*.

Verbreitung: Tonkin. Anscheinend nur aus der Originalbeschreibung bekannt.

Genus **Ensidens** FRIERSON

1911 *Ensidens* FRIERSON, Nautilus, Philadelphia u. Boston, **24**:98. — Species typica: *Unio pazii* LEA.

Diagnosis: Schale eiförmig oder verlängert mit zugespitztem Hinterende, ziemlich dünn und leicht, aufgeblasen. Wirbel vorragend, glatt oder mit einer leichten Skulptur aus zarten, konzentrischen Zickzacklinien. Hauptzähne dünn, messerschneidenartig, Intervall fast oder ganz fehlend, Seitenzähne sehr lang und dünn.

Verbreitung: Hinter-Indien östlich des Salwen, nach Süd-China übergreifend.

Bestimmungsschlüssel zu den Untergattungen und Arten

1	Schale eiförmig . . . . Untergattung *Uniandra*	2
1′	Schale verlängert, hinten zugespitzt . . . . Untergattung *Ensidens*	4
2	Fast die ganze Schalenfläche mit Skulptur bedeckt . . . ***E. (U). gratiosus,*** S.	73
2′	Schale (außer den Wirbelspitzen) unskulptiert	3
3	Schale etwas aufgeblasen, ziemlich dünn . . . . ***E. (U.) asperulus,*** S.	74
3′	Schale stark aufgeblasen, dick und fest . . . . ***E. (U.) ineaqualis,*** S.	73
4	Schale lang und schmal . . . . ***E. (E.) sagittarius,*** S.	72
4′	Schale verlängert keilförmig . . . . ***E. (E.) ingallsianus,*** S.	72

Subgenus **Ensidens** s. str.

Diagnosis: wie beim Genus.

Verbreitung: wie beim Genus.

1. Ensidens (Ensidens) ingallsianus (Lea)

1852 *Unio ingallsianus* Lea, Trans. Amer. philos. Soc. Philadelphia, **10**:282; Taf. 24, Fig. 41. — Terra typica: Siam.
1856 *Unio tumidulus* Lea, Proc. Acad. nat. Sci. Philadelphia, 8:93. — Terra typica: Siam.
1858 *Unio tumidulus* — Lea, J. Acad. nat. Sci. Philadelphia, **3**:15; Taf. 25, Fig. 9.
1862 *Unio pazii* Lea, Proc. Acad. nat. Sci. Philadelphia; **6**:176. — Terra typica: China; Siam.
1866 *Unio pazii* — Lea, J. Acad. nat. Sci. Philadelphia, **6**:61; Taf. 21, Fig. 60.

Diagnosis: Schale mehr oder weniger verlängert, dünn, aufgeblasen, hinten zugespitzt. Wirbel vorragend, aufgeblasen, bei $^{23}/_{100}$ bis $^{32}/_{100}$ der Gesamtlänge gelegen, glatt oder an den äußersten Spitzen mit sehr schwachen Skulpturfältchen. Konchinschicht olivgrün. Hauptzähne lang, dünn und schneidend, Seitenzähne sehr lang und dünn; kein Intervall. — Maße: Länge 48—64 mm, Höhe 21—30 mm, Dicke 14—21 mm.

Bemerkung: Noch in meiner Unioniden-Monographie (1912) habe ich *Ensidens tumidulus* und *E. pazii* als eigene Arten aufgefaßt. Da sie zusammen mit *Ensidens ingallsianus* in Siam vorkommen und sich eigentlich nur durch die Umrißformen voneinander unterscheiden, vereinige ich sie alle drei hier unter dem ältesten Namen *ingallsianus*.

Verbreitung: Thailand und China.

2. Ensidens (Ensidens) sagittarius (Lea)

1856 *Unio sagittarius* Lea, Proc. Acad. nat. Sci. Philadelphia, 8:1856. — Terra typica: Siam.
1856 *Unio sagittarius* — Lea, J. Acad. nat. Sci. Philadelphia, **3**:18; Taf. 26, Fig. 12,
1882 *Unio jaculus* Rochebrune, Bull. Soc. philom. Paris, (7)**6**:44. — Terra typica: Sombor-Sombor, Kambodscha.

1892 *Unio dugasti* MORLET, J. de Conch., Paris, **40**:86. — Terra typica: Fluß Utene, Nebenfluß des Mekong in Laos.
1893 *Unio dugasti* — MORLET, J. de Conch., Paris, **41**:156; Taf. 6, Fig. 4.

Diagnosis: Muschel sehr lang und schmal, hinten etwas zugespitzt, stark aufgeblasen, ziemlich dünn. Wirbel bei $^{31}/_{100}$ der Gesamtlänge gelegen, etwas vorragend, sehr bauchig, ohne erkennbare Skulptur. Hauptzähne lang und dünn, Intervall fehlt, Seitenzähne sehr lang, dünn und gerade. — Maße: Länge 33—49 mm, Höhe 13—18 mm, Dicke 8—15 mm.

Verbreitung: Thailand, Cochinchina.

Subgenus **Uniandra** HAAS

1912 *Sectio Uniandra* HAAS, Conch. Cab., IX. 2(II):140. — Species typica: *Unio inaequalis* ROCHEBRUNE.

Diagnosis: Schale rundlich eiförmig, hinten kaum zugespitzt, aufgeblasen. Wirbel weit vorstehend, voll; Skulptur besteht aus sehr stark zickzackförmig geknickten, konzentrischen Leisten und erstreckt sich meist nur auf die ältesten Schalenteile. Area sehr zusammengedrückt, hier und da mit Fältchen besetzt. Seitenzähne leicht gebogen.

Verbreitung: Thailand, Kambodscha, Cochinchina.

3. Ensidens (Uniandra) inaequalis (ROCHEBRUNE)

1882 *Unio inaequalis* ROCHEBRUNE, Bull. Soc. philom. Paris, (7)**6**:44. — Terra typica: Kochinchina.
1889 *Unio semidecoratus* MORLET, J. de Conch., Paris, **37**:192; Taf. 8, Fig. 4. — Terra typica: Srakeo-Fluß, Siam.

Diagnosis: Schale eiförmig, wenig verlängert, aufgeblasen, fest; Hinterrand stumpf gewinkelt. Wirbel weit vorragend, bei $^{24}/_{100}$ der Gesamtlänge gelegen, sehr aufgeblasen, mit einer Skulptur aus stark zickzackartig geknickten, niedrigen, konzentrisch die Spitzen umfassenden Leistchen, die in einiger Entfernung von den Spitzen die Neigung zeigen, sich in Knötchenreihen aufzulösen. Hauptzähne schneidend, gelegentlich sehr klein, Intervall fehlt. Seitenzähne lang, dünn, fast gerade. — Maße: Länge 47—55 mm, Höhe 28—31 mm, Dicke 21—28 mm.

Verbreitung: Thailand, Cochinchina.

4. Ensidens (Uniandra) gratiosus (PHILIPPI)

1845 *Unio gratiosus* PHILIPPI, Abb. Beschr. Conch., **1**:20; Taf. 1, Fig. 5. — Terra typica: Neu-Holland.
1874 *Unio anceps* DESHAYES & JULLIEN, Nouv. Arch. Mus. Paris, **10**:127; Taf. 6, Fig. 8—12. — Terra typica: Mekong-Fluß, Kambodscha.
1935 *Scabies gratiosa* — HAAS, Arch. Molluskenk., Frankfurt a. M., **67**:165.

Diagnosis: Schale ziemlich länglich elliptisch, aufgeblasen, ziemlich dünn, hinten leicht zugespitzt. Wirbel bei etwa ⅓ der Gesamtlänge gelegen, aufgeblasen, ziemlich vorragend, abgerieben; ihre aus stark zickzackartig geknickten, niedrigen, konzentrischen Fältchen bestehende Skulptur erstreckt sich, nach unten zu flacher werdend, fast über die ganze Schalenfläche. Hauptzähne länglich, dünn, oben gestrichelt, Seitenzähne lang, dünn, Intervall fehlt. — Maße: Länge 35—36 mm, Höhe 16—18 mm, Dicke 14 mm.

Bemerkung: Diese Art ist seit JULLIEN nicht mehr gefunden worden; ihre Beschreibung ist der von DESHAYES nachgebildet und durch die den Abbildungen entnommenen Zügen vermehrt. Es ist keineswegs sicher, daß *gratiosus* überhaupt zu *Ensidens* gehört; erst die Untersuchung neuen Materials kann diese Frage entscheiden.

5. **Ensidens (Uniandra) asperulus** (LEA)

1856 *Unio inornatus* REEVE (non *Unio inornatus* LEA 1856), Conch. Icon., **16**: Taf. 29, Fig. 147. — Terra typica: Kambodscha.
1866 *Unio asperulus* LEA, Proc. Acad. nat. Sci. Philadelphia, **10**: 133. — Terra typica: Siam.
1866 *Unio asperulus* — LEA, J. Acad. nat. Sci. Philadelphia, **6**: 280; Taf. 38, Fig. 94.

Diagnosis: Schale eiförmig, aufgeblasen, ziemlich dünn, hinten abgestutzt geschnäbelt. Wirbel sehr vorragend, sehr voll, bei etwa $^{28}/_{100}$ der Gesamtlänge gelegen; Spitzen etwas nach vorn eingerollt, mit schwachen, zickzackartig geknickten, konzentrischen Fältchen. Hauptzähne sehr lang, schneidend, Intervall fast fehlend, Seitenzähne lang und dünn, etwas gebogen. — Maße: Länge 43 mm, Höhe 25 mm, Dicke 19 mm.

Bemerkung: Eine anscheinend seltene Art, kaum seit LEA wiedergefunden. Ich konnte nur ein einziges Stück dieser Art einsehen, das sich in der Sammlung DAUTZENBERG befand.

Verbreitung: Thailand, Kambodscha.

Genus **Arcidopsis** SIMPSON

1900 *Arcidopsis* SIMPSON, Proc. U.S. nation. Mus., Washington, **22**: 861. — Species typica: *Unio footei* THEOBALD.

Diagnosis: Schale länglich rhombisch, mit gleichlaufendem Ober- und Unterrand. Vorderende steil abfallend, in eine gerundete, untere Spitze ausgezogen, Hinterende breit, unten kurz gerundet, oben breiter. Vorderende und die Gegend am Unterrand sind bis nahe an dessen Hinterende stark zusammengedrückt, das Hinterende ist aufgetrieben, ohne abgesetzte, zusammengedrückte Area. Konchinschicht schwärzlich, mit radial ausstrahlenden, eingedrückten Linien. Schloß mit schmaler, rippenartiger Schloßstütze; Hauptzähne stark, rechts zwei, einer links.

Bemerkung: Eine etwas problematische Gattung, vielleicht dem später zu besprechenden Genus *Trapezoideus* nahestehend.

Verbreitung: Gebiet des Kisna-Flusses, Vorder-Indien.

1. **Arcidopsis footei** (THEOBALD)

1876 *Unio footei* THEOBALD, J. asiat. Soc. Bengal, Calcutta, **44**: 187; Taf. 14, Fig. 9, 9a. — Terra typica: Fluß Kistna nahe den Gutparba-Fällen, Indien.

Diagnosis: Wie die der Gattung. — Maße: Länge 97 mm, Höhe 40 mm, Dicke 25 mm.

Bemerkung: Seit der Originalbeschreibung (1876) ist diese Art nicht wiedergefunden worden. Die Diagnosis beruht daher auf den spärlichen Angaben bei THEOBALD, doch ergeben insbesondere seine Abbildungen außer den Umrißformen wenig Positives. Mangels eigener Stücke mußten also hier eine der THEOBALDschen Abbildungen wiederholt werden.

Verbreitung: Indien (nur von der Terra typica bekannt).

Genus **Trapezoideus** SIMPSON

1900 *Trapezoideus* SIMPSON, Proc. U.S. nation. Mus., Washington, **22**:859. — Species typica: *Unio foliaceus* LEA.

Diagnosis: Schale trapezförmig, von wechselnder Dicke, sehr ungleichseitig, vorn kurz gerundet, hinten verlängert und verbreitert, breit abgestutzt. Wirbelskulptur stark zickzackförmig konzentrisch. Wirbel etwas aufgeblasen, wenig vorragend. Schalenfläche mehr oder weniger deutlich konzentrisch gefurcht, auf der Area sind häufig gleichlaufende Falten entwickelt. Schloß normal; Hauptzähne länglich, nicht sehr stark, Seitenzähne kurz und etwas gebogen, Intervall mäßig, sehr schmal.

Bemerkung: Die Verwandtschaftsbeziehungen der bisher anerkannten Arten zueinander sind noch nicht völlig klar. Es scheinen zwei deutlich verschiedene Artengruppen in dieser Gattung vorhanden zu sein.

Verbreitung: Cochinchina bis Indien.

Bestimmungsschlüssel zu den Arten

1	Schalenfläche fein gerunzelt . . . . *T. ludovicianus,*	S. 75
1′	Schalenfläche nicht fein gerunzelt	2
2	Schloß verhältnismäßig stark . . . . *T. prashadi,*	S. 77
2′	Schloß schwach	3
3	Schale gerundet trapezoidal . . . . *T. foliaceus,*	S. 75
3′	Schale verlängert . . . . *T. misellus,*	S. 76

1. **Trapezoideus ludovicianus** (ROCHEBRUNE)

1881 *Diplodon ludovicianum* ROCHEBRUNE, Bull. Soc. philom. Paris, (7)**6**:43. — Terra typica: Preck-Scholl, Oberer Mekong, Kambodscha.

Diagnosis: Schale gerundet trapezoid, Schalenfläche mit feinen Runzeln bedeckt; aufgeblasen, ziemlich festschalig. Wirbel bei ¼ der Gesamtlänge gelegen, etwas vorragend, ziemlich aufgeblasen, ihre Skulptur nicht erkennbar. Area hoch, ohne deutliche Kanten. Hauptzähne schwach entwickelt, lamellenförmig; Seitenzähne kurz, weit hinten beginnend, mäßig stark, vorn sehr niedrig, etwas gekrümmt; Intervall lang, schmal, glatt, nach hinten ansteigend. — Maße: Länge 52 mm, Höhe 32 mm, Dicke 20,5 mm.

Bemerkung: Diese Art beruht auf einem einzigen Stück, dem ROCHEBRUNEschen Typus im Pariser Museum.

Verbreitung: Mekong-Fluß, Kambodscha.

2. **Trapezoideus foliaceus** (GOULD)

1843 *Unio foliaceus* GOULD, Proc. Boston Soc. nat. Hist., **1**:141. — Terra typica: British Burma.

1865 *Unio peguensis* ANTHONY, Amer. J. Conch., Philadelphia, 1:351; Taf. 25, Fig. 2. — Terra typica: Pegu, Burma.
1899 *Unio misellus* var. *subclathratus* MARTENS, Arch. Naturgesch., Berlin, **65**:44; Taf. 6, Fig. 3. — Terra typica: Chindwin-Fluß bei Kalewa, Burma.
1913 *Parreysia dalliana* FRIERSON, Nautilus, Philadelphia u. Boston, **26**:142. — Terra typica: Burma.

Diagnosis: Schale gerundet trapezoid, sehr ungleichseitig, sehr veränderlich, hinten hoch, schief abgestutzt, zusammengepreßt und dünn. Wirbel bei etwa $^{30}/_{100}$ der Gesamtlänge gelegen, wenig vorragend, wenig aufgeblasen, fein gerunzelt. Hauptzähne lang, schneidend, aber niedrig, Seitenzähne weit hinten beginnend, kurz, etwas gebogen, Intervall lang, schmal, glatt. — Maße: Länge 35—56 mm, Höhe 17,5—32,5 mm, Dicke 11—19 mm.

Bemerkung: Diese Art ist, wie oben bemerkt, sehr veränderlich, so daß ich mich bewogen gesehen habe, die Formen *subclathratus* und *dallianus*, die ich in meiner Monographie (1914) noch als eigene Arten behandelt hatte, hier in die Synonymie von *foliaceus* zu stellen. Ob sie beginnende Lokalrassen darstellen oder ökologisch bedingt sind, ist noch nicht zu entscheiden.

Verbreitung: Hinter-Indien (Burma).

3. Trapezoideus misellus (MORELET)

? 1843 *Unio exolescens* GOULD, Proc. Boston Soc. nat. Hist., 1:141. — Terra typica: Tavoy, Burma.
1865 *Unio misellus* MORELET, J. de Conch., Paris, **13**:21. — Terra typica: Eaux vives, province de Salaburi, Siam.
1867 *Anodon pallegoixi* SOWERBY in REEVE, Conch. Icon., **17**: Taf. 8, Fig. 17. — Terra typica: Siam.
1874 *Unio comptus* DESHAYES & JULLIEN, Nouv. Arch. Mus. Hist. nat., Paris, **10**:126; Taf. 6, Fig. 3—4. — Terra typica: Kambodscha.
1875 *Unio misellus* — MORELET, Series Conch., Teil 4: 341; Taf. 14, Fig. 2.
1877 *Unio fragilis* NEVILL, J. asiat. Soc. Bengal, Calcutta, **46**:39. — Terra typica: Kambodscha.
1886 *Unio siamensis* LEA, Proc. Acad. nat. Sci. Philadelphia, **10**:133. — Terra typica: Siam.
1912 *Trapezoideus foliaceus* var. *zayleimanensis* PRESTON, Rec. Ind. Mus., Calcutta, **7**:307. — Terra typica: Bhamo, Burma.
1921 *Trapezoideus dhanushori* PRASHAD, Rec. Ind. Mus., Calcutta, **22**:611; Abb. 31 A, B. — Terra typica: Manipur, Assam.

Diagnosis: Schale länglich, gerundet trapezoid bis gerundet rechteckig, sehr ungleichseitig, hinten hoch und schief abgestutzt, etwas aufgeblasen, dünn. Gestalt sehr veränderlich: schmal, mit gleichlaufendem Ober- und Unterrande in der Jugend bis höher und mit eingebuchtetem Unterrand im Alter. Wirbel je nach dem Alter verschieden gelegen, sich im Laufe des Wachstums von hinten nach vorn verschiebend, bei $^{22}/_{100}$ bis $^{28}/_{100}$ der Gesamtlänge gelegen, wenig vorragend, kaum aufgeblasen, mit undeutlichen Resten einer stark zickzackförmig gewellten Skulptur auf den Spitzen. Rükkenumriß gleichmäßig lanzettförmig, hinten kaum länger als vorn, größte Dicke etwa in der Schalenmitte. Schloß sehr schwach, Hauptzähne fast ganz rückgebildet, Lamellen dünn und lang, Intervall schmal, glatt, nach hinten etwas ansteigend. — Maße: Länge 53—62 mm, Höhe 24—32,5 mm, Dicke 12—19 mm.

Bemerkung: *Unio exolescens* Gould 1843 ist hier, mit einigem Vorbehalt, als Synonym von *Trapezoideus misellus* behandelt worden. Es ist schwer, ein Urteil über die Gouldsche Form zu bilden, da sie nie abgebildet wurde. Ich stimme aber mit Martens überein, daß das, was Gould vor sich hatte, dem *misellus* zum mindesten sehr ähnlich ist. Wird in der Zukunft *exolescens* besser bekannt sein, so hat dieser Name, sollte sich die Identität mit *misellus* herausstellen, den Moreletschen von 1865 zu ersetzen und die Art müßte in Zukunft *Trapezoideus exolescens* (Gould) genannt werden. — *Trapezoideus dhanushori* Prashad, den ich nur aus der Originalbeschreibung kenne, scheint mir nur eine Form von *T. misellus* zu sein.

Verbreitung: Tonkin, Kambodscha, Thailand, Burma.

4. Trapezoideus prashadi Haas

1912 *Arcidopsis footei* — Haas (non Theobald), Conch. Cab., IX. 2(II):121; Taf. 11, Fig. 2.

1922 *Trapezoideus prashadi* Haas, Senckenbergiana, Frankfurt a. M., 4:101. — Terra typica: Mysore, Südost-Indien.

Diagnosis: Schale länglich rhombisch, ungleichseitig, hinten breit und abgestutzt, ziemlich dünnschalig. Wirbel bei $^{17}/_{100}$ der Gesamtlänge gelegen, wenig vorragend, niedergedrückt, ihre Skulptur nicht wahrnehmbar. Konchinschicht glanzlos schwarz, im oberen Teil der Area mit Spuren einer feinen, von der Wirbelgegend herkommenden radialen Runzelskulptur. Schloß schwach; Hauptzähne kurz, höckerartig; Intervall stark, aber schmal; Seitenzähne sehr kurz und dünn. Rückenumriß mit leicht klaffenden Enden, vorn stark zusammengepreßt, hinten anschwellend und dem Hinterende zu leicht zugeschärft. Größte Dicke etwa bei $^{3}/_{4}$ der Länge gelegen. — Maße: Länge 71—75 mm, Höhe 37—38 mm, Dicke 22 mm.

Bemerkung: Diese Art ist die einzige der Gattung von *Trapezoideus*, die im eigentlichen Indien lebt, in anderen Worten, die den Salwen nach Westen überschreitet; sie weicht auch morphologisch beträchtlich von den vorher behandelten Arten dieser Gattung ab. Bemerkenswert ist ihre große Ähnlichkeit mit der Gattung *Arcidopsis* vom gleichen Fundort, dem Gebiet des Kistna in Mysore. Angesichts unserer Unkenntnis des Schlosses von *Arcidopsis* und angesichts der schlechten Abbildungen, die uns davon vorliegen, muß mit der Möglichkeit gerechnet werden, daß die Art *Arcidopsis footei* (Theobald) sich ebenfalls als eine *Trapezoideus*, und wahrscheinlich als *T. prashadi* herausstellen kann. In diesem Fall wäre ihr Name natürlich *Trapezoideus footei* (Theobald).

Verbreitung: Im Gebiet des Kistna-Flusses in Mysore, Südost-Indien.

Genus Ctenodesma Simpson

1900 *Ctenodesma* Simpson, Proc. U.S. nation. Mus., Washington, 22:852. — Species typica: *Unio borneensis* Issel.

Diagnosis: Schale länglich elliptisch, zusammengedrückt, ziemlich dünn, mit kaum vorragenden, flachen Wirbeln. Wirbelskulptur aus stark zickzackartigen, konzentrischen, zarten Leisten bestehend, die sich aber in einiger Entfernung von den Wirbeln in feine, radial stehende Fältchen auflösen.

Area niedrig, glatt oder mit gleichlaufenden Runzeln versehen. Hauptzähne länglich oder dreieckig, niedrig, gefurcht oder tief gespalten, Seitenzähne kurz und niedrig.

Verbreitung: Borneo.

1. Ctenodesma borneensis (Issel)

1859 *Unio plicatulus* Lea (non Charpentier 1856), Proc. Acad. nat. Sci. Philadelphia, 8:152. — Terra typica: Borneo.

1860 *Unio plicatulus* — Lea (non Charpentier 1856), J. Acad. nat. Sci. Philadelphia, 4:247; Taf. 37, Fig. 126.

1874 *Unio borneensis* Issel (nomen novum pro *Unio plicatulus* Lea 1859), Moll. Borneo: 113.

1894 *Unio pensitatus* Crosse & Fischer (nomen novum pro *Unio plicatulus* Lea 1859), Miss. sci., Mexique, (7)2:599.

Diagnosis: Schale lang elliptisch, zart, sehr zusammengepreßt, Hinterende breit und gerundet abgestutzt. Wirbel sehr flach, vom hinteren Oberrand überragt, den vorderen kaum überragend, bei $^{17}/_{100}$ der Gesamtlänge gelegen; Wirbelskulptur aus stark zickzackartig geknickten, sehr zarten, konzentrischen Fältchen bestehend, die sich in einiger Entfernung von den Wirbeln in radial stehende, äußerst feine Leistchen oder Knötchenreihen auflösen, bald verschwinden und sich nur an der äußeren Arealkante etwas weiter nach hinten und unten erstrecken; Area mit ziemlich gleichlaufenden, nach vorn zu gebogenen Falten besetzt, die bis zu der nur angedeuteten oberen Arealkante reichen, sich gabeln und schwächere Fältchen zwischen sich einschieben können. Konchinschicht hell- oder dunkelbraun, zuweilen strahlig. Rückenumriß schmal lanzettlich, größte Dicke etwas vor der Mitte gelegen. Hauptzähne länglich, sehr niedrig, Seitenzähne kurz, gerade, sehr scharf, Intervall schmal, leicht gefurcht. — Maße: Länge 36—56 mm, Höhe 20—26 mm, Dicke 11,5—15 mm.

Verbreitung: Borneo.

2. Ctenodesma scheibeneri Haas

1927 *Ctenodesma scheibeneri* Haas, Senckenbergiana, Frankfurt a. M., 9:20; Taf. 1, Fig. 1. — Terra typica: Oberlauf des Soengei Batoe, Kp. Moeara Koeajan, Unterabt. Samprit, Unterdistr. Boven-Samprit, Borneo.

Diagnosis: Muschel verlängert, gerundet rechteckig, sehr ungleichseitig, festschalig. Vorderer Oberrand sehr kurz, leicht abschüssig, eckenlos in den steil gerundeten Vorderrand übergehend, der sich seinerseits gerundet in den fast geraden, nur ganz leicht eingedrückten Unterrand fortsetzt. Hinterrand in kurz gerundeter Ecke an den Unterrand anstoßend, gerade und senkrecht bis zur oberen, ebenfalls gerundeten Ecke, dann sanfter geschwungen ansteigend und eckenlos in den leicht geschwungenen, waagrechten hinteren Oberrand übergehend. Wirbel niedrig, ausgenagt, den Oberrand kaum überragend, bei $^{25}/_{100}$ der Länge gelegen. Area durch deutliche, aber nicht kielförmig erhobene Kanten abgesetzt, wenig zusammengedrückt; Areola winzig, niedrig, kaum ausgebildet. Wirbelskulptur aus ganz feinen konzentrischen Zickzackrunzeln bestehend, die an der äußeren Arealkante in fein geknickten

Linien auf die Area treten, nur das oberste Drittel der Schale einnehmend. Oberhaut glänzend schwarzbraun, mit dicht stehenden (bei durchfallendem Lichte deutlicheren) dunkleren Strahlen. Schloß das der Gattung, Zähne nicht sehr stark, Intervall kurz. Wirbelhöhle wenig tief, mit nur einem stichförmigen Wirbelhaftmuskeleindruck. Adduktoreneindruck vorn deutlich, hinten sehr oberflächlich. Perlmutter bläulich, in den Wirbelhöhlen rotgelblich, hinten schillernd. Rückenumriß stumpf lanzettlich, größte Dicke vor der Schalenmitte. — Maße: Länge 42 mm, größte Höhe 24 mm, Wirbelhöhe 22 mm, Dicke 15,5 mm.

Verbreitung: Borneo.

Genus **Elongaria** HAAS

1911 *Elongaria* HAAS, Conch. Cab., IX. 2(II): Taf. 17 [1912: 167]. — Species typica: *Unio orientalis* LEA.

Diagnosis: Schale länglich, schmal, ungleichseitig, hinten in einen gerundet abgestutzten Schnabel ausgezogen. Wirbel flach, nicht vorragend, ohne erkennbare Skulptur. Konchinschicht glatt oder mit niedrigen, schwachen Runzeln bedeckt, die von der Wirbelgegend ausstrahlen, aber erst in einiger Entfernung von dort deutlich werden. Rückenumriß vor der Mitte leicht eingeschnürt. Hauptzähne lamellenförmig, Intervall lang und schmal, Seitenzähne lang, fast gerade.

Verbreitung: Java, Borneo.

Bestimmungsschlüssel zu den Arten

1 Schalenoberfläche glatt . . . . . Subgenus *Elongaria: E. (E.) orientalis,* S. 79
1′ Schalenoberfläche hinten mit feinen Runzeln skulptiert: . . . .
. . . . Subgenus *Nannonaia: E. (N.) trompi,* S. 80

Subgenus **Elongaria** s. str.

1. **Elongaria (Elongaria) orientalis** (LEA)

1840 *Unio orientalis* LEA, Proc. amer. philos. Soc., Philadelphia, 1:285. — Terra typica: Java?
1842 *Unio orientalis* — LEA, Trans. amer. phil. Soc., Philadelphia, 8:221; Taf. 18, Fig. 38.
1849 *Unio productus* MOUSSON (non *Unio productus* CONRAD 1836), Land-Süßw.-Moll. Java: 93; Taf. 17, Fig. 3—5. — Terra typica: Java.
1852 *Unio productior* LEA (nomen novum pro *Unio productus* MOUSSON 1849), Syn. Fam. Naiades: 29.

Diagnosis: Schale länglich, sehr schmal, hinten in einen langen Schnabel ausgezogen. Wirbel bei $^{26}/_{100}$ der Gesamtlänge gelegen, flach, nicht vorragend, wenig bauchig, ohne erkennbare Skulptur. Rückenumriß lanzettlich, vorn kurz, hinten länger zugeschärft, größte Dicke etwa in der Schalenmitte gelegen. Hauptzähne lamellenförmig, Intervall ziemlich lang und schmal, Seitenzähne lang, stark, etwas gebogen. — Maße: Länge 48—70 mm, Höhe 25 bis 32 mm, Dicke 15,5—20 mm.

Verbreitung: Java.

Subgenus **Nannonaia** Haas

1913 *Nannonaia* (Section zu *Elongaria*) Haas, Conch. Cab., IX. 2(II):169. — Species typica: *Unio trompi* Drouet & Chaper.

Diagnosis: Schale klein, niedrig, ziemlich aufgeblasen, Schalenfläche hinten mit feinen Runzeln skulptiert.

Verbreitung: Borneo.

2. **Elongaria (Nannonaia) trompi** (Drouet & Chaper)

1892 *Unio trompi* Drouet & Chaper, Mém. Soc. zool. France, Paris, **5**:153; Taf. 6, Fig. 8—10. — Terra typica: Fluß Kapoeas, Borneo.

Diagnosis: Schale klein, länglich, ziemlich fest. Wirbel bei $^{22}/_{100}$ der Gesamtlänge gelegen, aufgeblasen, ohne erkennbare Skulptur. Area zusammengedrückt, durchzogen von schwachen, gleichlaufenden, leicht nach oben gebogenen Fältchen. Konchinschicht schwarz, wenig glänzend. Rückenumriß lanzettlich, vorn sehr kurz zugeschärft, größte Dicke etwa in der Schalenmitte gelegen, davor eine ziemlich deutliche Einschnürung. Hauptzähne lamellenförmig, Intervall ziemlich lang, schmal, glatt, Seitenzähne lang, dünn, fast gerade; das ganze Schloß sehr schmächtig. — Maße: Länge 32 mm, Höhe 16 mm, Dicke 12 mm.

Verbreitung: Fluß Kapoeas, Borneo.

Genus **Caudiculatus** Simpson

1900 *Caudiculatus* (Subgenus zu *Hyriopsis*) Simpson, Proc. U.S. nation. Mus., Washington, **22**:581. — Species typica: *Unio caudiculatus* Martens.

Diagnosis: Schale eiförmig, aufgeblasen, vorn gerundet, hinten in einen senkrecht abgestutzten Schnabel ausgezogen. Wirbel weit über das Vorderende vorragend, hinten ein wenig von der in einen niedrigen Flügel ausgezogenen Area überragt. Der Hinterrand zeigt kurz oberhalb seiner oberen Ecke eine deutliche Einbuchtung, von der aus eine seichte Furche parallel der oberen Arealkante zu den Wirbeln hinaufläuft. Schloß aus einem Hauptzahn und einem Seitenzahn in der rechten, zwei Hauptzähnen und zwei Seitenzähnen in der linken Klappe bestehend; Intervall lang und schmal.

Verbreitung: Kapoeas-Gebiet, Borneo.

1. **Caudiculatus caudiculatus** (Martens)

1866 *Unio caudiculatus* Martens, Malak. Bl., Kassel, **14**:16. — Terra typica: See Dinau-Sriang, Kapoeas-Gebiet, Borneo.

1885 *Unio infrarostratus* Schepman, Notes Leyden Mus., **17**:161; Taf. 4, Fig. 2. — Terra typica: Borneo.

Diagnosis: Die Gattungsdiagnose enthält alle wichtigen Eigenschaften der Art. Dazu: Lage der Wirbel bei $^{27}/_{100}$ der Gesamtlänge. Rückenumriß breit lanzettlich, hinten etwas stärker zugespitzt, die größte Dicke liegt ein wenig vor der Mitte. Das Intervall bildet mit den Seitenzähnen einen Winkel von etwa 30°. — Maße: Länge 61 mm, Höhe 41 mm, Dicke 27 mm.

Verbreitung: Borneo: See Dinau Sriang und Tana Laut.

Genus **Pressidens** HAAS

1910 *Pressidens* HAAS, Nachr.Bl. dtsch. malak. Ges., Frankfurt a. M., **42**:102. — Species typica: *Pressidens moellendorffi* HAAS.

Diagnosis: Schale oval, dünn. Wirbel niedrig, Wirbelhöhlen seicht; Wirbelskulptur entweder ganz rückgebildet oder aus konzentrischen Wellenrunzeln bestehend; jede Wellenrunzel setzt sich aus zwei Bogen zusammen, die auf dem ältesten Teile der Wirbel in spitzem Winkel aneinanderstoßen, auf den jüngeren dagegen sanft ineinander übergehen; der vordere Bogen umfaßt die vordere Wirbelhälfte kreisbogenförmig, der hintere ist nach hinten-unten winklig ausgezogen, wobei der Scheitel des Winkels auf die äußere Arealkante zu liegen kommt; der vordere Schenkel des hinteren Bogens der Wellenrunzeln ist der deutlichste Teil der Wirbelskulptur und begleitet die äußere Arealkante bis zu ziemlicher Entfernung von den Wirbeln. Schloß aus einem einzigen Hauptzahn und einem einzigen niedrigen Seitenzahn in jeder Klappe bestehend.

Bemerkung: Die drei Formen dieser Gattung stehen sich äußerst nahe. Sie wären einer einzigen Art zuzurechnen, kämen sie alle vom gleichen Fundort. Da aber ihre Wohngebiete deutlich voneinander getrennt sind, werden sie als selbständige Arten (Unterarten ?) betrachtet.

Verbreitung: Borneo und die nördlich vorgelagerten Inseln Palawan und Banguey.

Bestimmungsschlüssel zu den Arten

1	Ober- und Unterrand gleichlaufend	*P. moellendorffi,*	S. 82
1′	Oberrand gegen den Unterrand nach vorn abfallend		2
2	Wirbelskulptur deutlich, größte Höhe weiter hinten	*P. exanthematicus,*	S. 81
2′	Wirbelskulptur weniger deutlich, größte Höhe weiter vorn	*P. insularis,*	S. 81

1. **Pressidens insularis** (DROUET)

1894 *Pseudodon insularis* DROUET, Rev. biol. Nord France, Lille, **6**:217; Abb. 2. — Terra typica: Insel Banguey im Norden von Borneo.

Diagnosis: Schale oval, Oberrand leicht nach vorn abfallend, dünn, zusammengedrückt. Wirbel etwa bei $^{30}/_{100}$ der Gesamtlänge gelegen, kaum vorragend, kaum aufgeblasen, mit Resten von Wirbelskulptur. Schloß wie in Gattungsdiagnose beschrieben, Intervall lang, glatt, sehr schmal, Schloßstütze nicht ausgebildet. — Maße: Länge 55 mm, Höhe 31—32 mm, Dicke 18 mm.

Verbreitung: Insel Banguey, nördlich von Borneo.

2. **Pressidens exanthematicus** (KÜSTER)

1861 *Unio exanthematicus* KÜSTER, Conch. Cab., IX. 2:243; Taf. 81, Fig. 2. — Terra typica: „Ostindien“.

Diagnosis: *P. insularis* sehr ähnlich, aber größte Höhe weiter hinten, Unterrand gerader und Wirbelskulptur etwas stärker. — Maße: Länge 40,5 bis 54 mm, Höhe 23—30 mm, Dicke 14—16,5 mm.

Verbreitung: Borneo.

3. Pressidens moellendorffi Haas

1910 *Pressidens moellendorffi* Haas, Nachr.Bl. dtsch. malak. Ges., Frankfurt a. M., **42**:103. — Terra typica: Insel Palawan (= Paragua) im Norden von Borneo.

Diagnosis: Schale oval, dünn, fein und gleichmäßig gerippt, zusammengedrückt. Ober- und Unterrand fast gleichlaufend. Wirbel niedrig, bei $^{25}/_{100}$ der Gesamtlänge gelegen, nicht aufgeblasen, mit ziemlich weit nach hinten reichender und in die Oberflächen-Rippung der Schale übergehender, bogiger Wirbelskulptur versehen. Rückenumriß schmal lanzettlich, hinten länger ausgezogen als vorn, größte Dicke etwa in der Schalenmitte. Schloß wie in der Gattungsdiagnosis beschrieben. — Maße: Länge 45,5—68 mm, Höhe 25,5 bis 36,5 mm, Dicke 15—20 mm.

Verbreitung: Insel Palawan (= Paragua) im Norden von Borneo.

Genus **Acuticosta** Simpson

1900 *Acuticosta* (Subgenus zu *Parreysia*) Simpson, Proc. U.S. nation. Mus., Washington, **22**:850. — Species typica: *Unio chinensis* Lea.

Diagnosis: Schale rundlich oval, etwas ungleichseitig, hinten etwas ausgezogen, mit stark vortretenden Wirbeln, die mit zickzackförmigen, gefalteten, konzentrischen Runzeln versehen sind; einzelne Höcker dieser Runzeln ziehen sich auf der äußeren Arealkante und auf der hier und da ausgebildeten, wulstig angedeuteten Normalen bis in die Schalenmitte. Äußere Arealkante meist wulstig oder kielartig ausgebildet, bei alten Stücken nach hinten unten verschwindend. Hauptzähne stark, zusammengedrückt, oben gesägt, oder gekerbt; Seitenzähne kurz, stark; Intervall nach hinten zu aufsteigend; Schloßstütze ziemlich ausgeprägt; Wirbelhöhlen tief.

Bemerkung: Die Arten *A. trisulcata* und *A. retiaria* sind mangels eingehender Beschreibungen fast nur auf die in den Abbildungen zu erkennenden Merkmale begründet; ihr Status ist höchst ungewiß.

Verbreitung: China.

Bestimmungsschlüssel zu den Arten

1	Schale größer als 30 mm		2
1′	Schale kleiner als 30 mm		3
2	Mit zwei knotigen Strahlen, die von den Wirbeln ausgehen . . .	***A. ovata,***	S. 83
2′	Schalenoberfläche glatt oder schuppig, nie mit Knotenstrahlen.	***A. chinensis,***	S. 82
3	Area ausgehöhlt, mit drei Arealkanten	***A. trisulcata,***	S. 83
3′	Area mit zwei Arealkanten; eine flache, niedergedrückte Normale vorhanden	***A. retiaria,***	S. 84

1. Acuticosta chinensis (Lea)

1868 *Unio chinensis* Lea, Proc. Acad. nat. Sci. Philadelphia, **12**:150. — Terra typica: Hongkong.

1868 *Unio chinensis* — Lea, J. Acad. nat. Sci. Philadelphia, **6**:325; Taf. 53, Fig. 138.

1883 *Unio sinensis* var. *squamosus* Heude, Conch. Fluv. Nanking, Heft 8: Taf. 58, Fig. 113. — Terra typica: Nicht genannt.

1883 *Unio sinensis* var. *laevis* Heude, Conch. Fluv. Nanking, Heft 8: Taf. 59, Fig. 116. — Terra typica: Nicht genannt.

Diagnosis: Schale elliptisch, wenig ungleichseitig, aufgeblasen, fest. Wirbel bei jungen Stücken mittelständig, während des Wachstums nach vorn rückend, bei ausgewachsenen bei $^{33}/_{100}$ bis $^{38}/_{100}$ der Gesamtlänge gelegen, stark aufgeblasen, über den Oberrand vorragend; ihre Spitzen sind mit einer stark zickzackförmigen, konzentrischen Skulptur versehen, die sich hier und da in schwächeren Falten bis über die Schalenmitte erstrecken kann (var. *squamosa* HEUDE), bei anderen Stücken wieder auf die alleräußersten Wirbelspitzen beschränkt ist (var. *laevis* HEUDE). Schalenoberfläche glatt, Konchinschicht gelbgrün, oft schön saftgrün gestrahlt. Schloß normal; Hauptzähne verlängert, stark, gesägt; Intervall ziemlich breit, glatt, nach hinten etwas ansteigend; Seitenzähne kurz, stark, fast ganz gerade. — Maße: Länge 31—66 mm, Höhe 27,5—43 mm, Dicke 14,5—31 mm.

Verbreitung: China.

2. **Acuticosta ovata** (SIMPSON)

1883 *Unio vestitus* var. a HEUDE, Conch. Fluv. Nanking, Heft 8: Taf. 58, Fig. 112.
1900 *Quadrula ovata* SIMPSON, Proc. U.S. nation. Mus., Washington, **22**:801. — Terra typica: Fluß Ning-kuo-fu, China.
1910 *Parreysia hunanensis* HAAS, Nachr.Bl. dtsch. malak. Ges., Frankfurt a. M., **42**:97.— Terra typica: Hubei, Hunan, Mittel-China.

Diagnosis: Schale unregelmäßig eiförmig, ungleichseitig, hinten verlängert abgestutzt, aufgeblasen, fest. Wirbel stark aufgeblasen, etwas nach vorn eingerollt, bei $^{30}/_{100}$ bis $^{32}/_{100}$ der Gesamtlänge gelegen, stark über den Oberrand vorragend, mit einer zickzackförmigen Wellenskulptur auf den Spitzen; diese Skulptur ist aber nur auf den äußersten Spitzen regelmäßig ausgebildet, nach unten zu verschwindet sie entweder gänzlich oder es bleiben von ihr nur einzelne Höcker übrig, die an der Normalen und an der äußeren Arealkante oft tief herabreichen. Rückenumriß breit und gleichmäßig lanzettförmig, hinten kaum länger ausgezogen als vorn; größte Dicke etwa in der Schalenmitte. Schloß normal; Hauptzähne drei- oder viereckig, hoch, gesägt; Intervall breit, glatt, nach hinten ansteigend; Seitenzähne kurz, stark, gerade. — Maße: Länge 30,5—44 mm, Höhe 22—25 mm, Dicke 16,5—19,5 mm.

Verbreitung: China.

3. **Acuticosta trisulcata** (HEUDE)

1883 *Unio trisulcatus* HEUDE, Conch. Fluv. Nanking, Heft 8: Taf. 57, Fig. 108. — Terra typica: Origine de la rivière de Jao-tcheou-fou, dans le Kien-té-hien.

Diagnosis: Schale klein, gerundet dreieckig, fast gleichseitig vorn gerundet, hinten leicht abgestutzt, etwas aufgeblasen. Vorderende gerundet, Unterrand wenig gebogen, fast geradlinig, Hinterrand ohne deutliche Ecken, erst steil, dann sanfter ansteigend, ohne Ecke in den von den Wirbeln leicht abfallenden, etwas gebogenen hinteren Oberrand übergehend. Wirbel etwa bei $^{40}/_{100}$ der Gesamtlänge gelegen, die höchste Stelle des stark gebogenen Oberrandes bildend. Area deutlich, ausgehöhlt, mit drei Arealkanten. Konchinschicht gelbbraun, feingestreift. Hauptzähne konisch, stumpf, Seitenzähne kurz, niedrig. Perlmutter fleischfarben. — Maße: Länge 30 mm, Höhe 17 mm, Dicke 11 mm.

Bemerkung: In obiger Diagnose sind nur Merkmale aufgeführt, die aus HEUDEs ursprünglicher Beschreibung und Abbildung hervorgingen. Die Art ist seit HEUDE nicht mehr gefunden worden.

Verbreitung: Quellgebiet des Jao-tscheo-fu, Provinz Nanking, China.

4. Acuticosta retiaria (HEUDE)

1883 *Unio retiarius* HEUDE, Conch. Fluv. Nanking, Heft 8: Taf. 57, Fig. 107. — Terra typica: Torrents du Ning-Kuou fou et du Tché-tchou fou.

Diagnosis: Schale rundlich dreieckig, fast gleichseitig, vorn gerundet, hinten leicht abgestutzt, aufgeblasen, fest. Oberrand nach beiden Seiten stark abfallend, Vorderrand kurz gerundet, Unterrand wenig gebogen, Hinterrand erst steil, dann sanfter ansteigend, ohne Ecke in den hinteren Oberrand übergehend. Wirbel bei $^{40}/_{100}$ der Gesamtlänge gelegen, vorragend, aufgeblasen, etwas eingerollt, einander fast berührend. Area niedrig, mit deutlicher äußerer Arealkante. Eine flache, niedergedrückte Normale vorhanden. Konchinschicht hornbraun. Hauptzähne abgestutzt konisch, oben gekerbt, Seitenzähne kurz. Perlmutter hellbläulichrot. — Maße: Länge 22 mm, Höhe 15 mm, Dicke 10 mm.

Bemerkung: Verschollene Art, Abbildung und Urbeschreibung von HEUDE zur Zusammensetzung obiger Beschreibung benutzt. Die Artberechtigung dieser Muschel ist durchaus nicht gesichert; sie könnte wohl die Bachform der *Acuticosta ovata* darstellen.

Verbreitung: In den Gebirgsbächen Ning-Kuo-fu und Tché-tcheu-fu der Provinz Nanking.

Genus Schistodesmus SIMPSON

1900 *Shistodesmus* SIMPSON, Proc. U.S. nation. Mus., Washington, **22**:803. — Species typica: *Unio lampreyanus* BAIRD & ADAMS.
1906 *Schistodesmus* LINDAHL (nomen emendatum), J. Cincinnati Soc. nat. Hist., **20**:236.

Diagnosis: Schale gerundet dreieckig, vorn kurz und steil gerundet, hinten verlängert, unten in einen mehr oder weniger spitzen Schnabel ausgezogen, mit hohen, aufgeblasenen, fast median liegenden Wirbeln, wulstig konzentrisch gefurcht, von einer gelbbraunen, schon grün gestrahlten Konchinschicht bedeckt, fest. Wirbel ohne wahrnehmbare Skulptur; äußere Arealkante oft mit Höckern besetzt. Schloß in der rechten Klappe aus einem starken und hohen, dreieckigen, in der Mitte senkrecht gefurchten Hauptzahn und einem nach hinten stark abfallenden, dicken Seitenzahn bestehend; Intervall fehlend, an seiner Stelle, zwischen Haupt- und Seitenzahn, eine bis zum Wirbel reichende, dreieckige Lücke. In der linken Klappe ist ein schmaler, lamellenförmiger, mit dem vorderen Oberrand gleichlaufender vorderer und ein hoher, dicker, unter dem Wirbel gelegener, der Intervallücke in der rechten Klappe entsprechender hinterer Hauptzahn entwickelt; zwischen beiden liegt eine tiefe, dreieckige Grube mit einer mittleren, senkrechten Leiste, dem Hauptzahn mit seiner Mittelfurche in der Gegenklappe entsprechend; die beiden Seitenzähne der linken Klappe sind verschieden stark, die obere gerade und niedrig, die untere vorn gebogen und hoch; Schloßstütze stark entwickelt. Wirbelhöhle links tief, rechts durch die Intervallücke.

Verbreitung: China.

1. Schistodesmus lampreyanus (Baird & Adams)

1867 *Unio (Dysnomia) lampreyanus* Baird & Adams, Proc. zool. Soc. London, **1867**:497; Taf. 26, Fig. 2, 2a. — Terra typica: Schanghai, Nord-China.
1883 *Unio vestitus* var. — Heude, Conch. Fluv. Nanking: Taf. 59, Fig. 115. — Terra typica: Nicht genannt.
1900 *Shistodesmus spinosus* Simpson, Proc. U.S. nation. Mus., Washington, **22**:804. — Terra typica: Nicht genannt.

Diagnosis: Wie Gattung. — Maße: Länge 25,5—53 mm, Höhe 20,5 bis 41,5 mm, Dicke 11,5—28 mm.

Bemerkung: *Unio vestitus* var. Heude = *Schistodesmus spinosus* Simpson ist lediglich eine Form des typischen *lampreyanus*, in der die gelegentlich auf der äußeren Arealkante auftretenden Höcker etwas mehr stachelförmig ausgezogen sind.

Verbreitung: China.

Genus Unionetta Haas

1913 *Unionella* Haas (non *Unionella* Etgeridge 1883), Nachr.Bl. dtsch. malak. Ges., Frankfurt a. M., **45**:37. — Species typica: *Unio fabagina* Deshayes & Jullien.
1955 *Unionetta* Haas (nomen novum pro *Unionella* Haas 1913), Arch. Moll., Frankfurt a. M., **84**:212.

Diagnosis: Schale eiförmig-rhombisch, vorn sehr kurz gerundet, hinten schräg abgestutzt, fest, schwer. Wirbel vorragend, sehr aufgeblasen. Ihre Skulptur besteht aus zickzackförmigen, konzentrischen Runzeln, die sehr spitz ausgezogen sein und daher wie radiale Leisten wirken können oder die sich, stumpfer geknickt, über die ganze Schalenfläche erstrecken können. Äußere Arealkante sehr stark, wulstartig ausgeprägt. Schloß normal; rechter Hauptzahn drei- oder viereckig, fest, niedrig, oben gefurcht, vorderer linker klein, lamellenartig, senkrecht stehend, hinterer stumpf, dreieckig, auf das Intervall übergreifend; Seitenzähne kurz, lang, gerade Intervall lang, breit, glatt, ansteigend.

Bemerkung: Sehr wenig bekannte Gattung, deren Kenntnis in der Hauptsache auf dem Deshayesschen Originalmaterial beruht.

Verbreitung: Kambodscha und Laos.

Bestimmungsschlüssel zu den Arten

1 Schalenfläche zum großen Teil von Skulptur bedeckt . . . . . . *U. broti*, S. 86
1′ Schalenfläche glatt . . . . *U. fabagina*, S. 85

1. Unionetta fabagina (Deshayes & Jullien)

1874 *Unio fabagina* Deshayes & Jullien, Nouv. Arch. Mus. Hist. nat., Paris, **10**:128; Taf. 7, Fig. 4—6. — Terra typica: Fluß Mekong bei Sombor, Kambodscha.
1891 *Unio molleuri* Morlet, J. de Conch., Paris, **39**:242; Taf. 7, Fig. 4. — Terra typica: Muonngsun, Laos.
1914 *Unionella fabagina* — Haas, Conch. Cab., IX. 2(II):251; Taf. 31, Fig. 7, 8.

Diagnosis: Schale gerundet rhombisch, sehr aufgeblasen, fest. Wirbel bei etwa $^{25}/_{100}$ der Gesamtlänge gelegen, stark bauchig, wenig vorragend, mit undeutlichen Spuren einer anscheinend radialen Skulptur auf den Spitzen.

Area niedrig, ziemlich flach, nahe den Wirbeln zahlreiche feine, von dort ausstrahlende Fältchen aufweisend. Äußere Arealkante stark gebogen, fast wulstartig vortretend. Schloß normal, wie in der Gattungsdiagnose angegeben. — Maße: Länge 17—34,5 mm, Höhe 12,5—23,5 mm, Dicke 10,5—20 mm.

Verbreitung: Kambodscha und Laos.

2. **Unionetta broti** (Deshayes & Jullien)

1874 *Unio broti* Deshayes & Jullien, Nouv. Arch. Mus. Hist. nat., Paris, **10**:129; Taf. 7, Fig. 1—3. — Terra typica: Mekong-Fluß bei Sombor, Kambodscha.

Diagnosis: Der vorhergehenden Art sehr ähnlich, eigentlich nur durch die Ausdehnung der Wirbelskulptur über einen großen Teil der Schalenfläche von ihr verschieden. — Maße: Länge 15 mm, Höhe 11 mm, Dicke 9,5 mm.

Bemerkung: Diese Art ist seit Jullien, dem ursprünglichen Sammler, nie mehr wiedergefunden worden; ihre Kenntnis beruht auf der Urbeschreibung. In meiner Unioniden-Monographie im Conchylien-Cabinet hatte ich die Gelegenheit, die ursprüngliche Diagnose durch Einsicht des mir leihweise überlassenen Typus der Art etwas zu erweitern, leider nicht genug, da nur noch die rechte Klappe des Typus-Exemplars vorhanden ist. Immerhin glaube ich im Gegensatz zu Deshayes, daß der Typus ein jugendliches Stück ist und daß die ausgewachsene Muschel sehr wohl mit *U. fabagina* identisch sein könnte. Dafür spricht auch die Tatsache, daß beide Formen am gleichen Fundort im gleichen Fluß gefunden worden waren.

Verbreitung: Fluß Mekong bei Sombor, Kambodscha.

Genus **Protunio** Haas

1913 *Protunio* Haas, Nachr.Bl. dtsch. malak. Ges., Frankfurt a. M., **45**:37. — Species typica: *Unio messageri* Bavay & Dautzenberg.

Diagnose: Schale eiförmig rhombisch, vorn gerundet, hinten fast senkrecht abgestutzt, fest. Wirbel stark über den vorderen Oberrand vorragend, vom hinteren Oberrand überragt. Wirbelskulptur auf den Wirbelspitzen nicht erkennbar, weiter unten und auf der oberen Schalenfläche aus leichtgewellten, wulstigen Runzeln bestehend, die, gleichlaufend mit der Längsachse der Schale, nahe der Areola als flache, stark gewellte Runzelchen beginnen und auf der Area nur wenig nach hinten oben umbiegen. Schloß normal, Hauptzähne fest, niedrig, rechteckig bis dreieckig, oben gefurcht, Seitenzähne lang, leicht gebogen, nach hinten dicker werdend; Intervall ziemlich groß, breit, glatt, leicht ansteigend.

Bemerkung: Durch ihre Schalenmerkmale steht diese Gattung recht isoliert unter den asiatischen Unioniden da; erst die Weichteile können uns einen Aufschluß über die genaue systematische Stellung geben.

Verbreitung: Tonkin.

1. **Protunio messageri** (Bavay & Dautzenberg)

1901 *Unio messageri* Bavay & Dautzenberg, J. de Conch., Paris, **49**:7; Taf. 1, Fig. 3—4. — Terra typica: Zwischen Lang-Son und That Khé, Tonkin.

Diagnosis: Wie die der Gattung. — Maße: Länge 41—46,5 mm, Höhe 28—33 mm, Dicke 17,5—18 mm.

Verbreitung: Tonkin.

Genus **Physunio** Simpson

1900 *Physunio* Simpson, Proc. U.S. nation. Mus., Washington, **22**:830. — Species typica: *Unio gravidus* Lea.
1900 *Lens* (Sectio zu *Physunio*) Simpson, Proc. U.S. nation. Mus., Washington, **22**:831.— Species typica: *Unio eximius* Lea.

Diagnosis: Schale unregelmäßig eiförmig, ungleichseitig, vorn kurz und niedrig, hinten verlängert, hoch bis sehr hoch, meist aufgeblasen, dünn. Area hoch, ausgehöhlt, äußere Arealkante meist deutlich, Wirbel aufgeblasen, mit tiefer Wirbelhöhle, deutlich vorragend, mit einer zickzackförmigen, auf die äußersten Spitzen beschränkten Wirbelskulptur. Area in der Nähe der Wirbel meist mit dünnen, annähernd waagerechten Falten besetzt, die übrige Schalenfläche glatt, vorn mit einer dünnen, gelbgrünen oder braungrünen Konchinschicht bedeckt. Schloß normal, Hauptzähne lamellenförmig, der hintere linke im Alter oft verschwindend; Seitenzähne kurz, etwas gebogen, im Alter oft mit einem Hilfszahn versehen.

Verbreitung: Assam, Thailand, Kambodscha, Cochinchina, Sumatra, Java.

Bestimmungsschlüssel zu den Arten

1 Schale flach, Wirbelhöhle seicht . . Subgenus ***Velunio:*** ***P. (V.) velaris,*** . . S. 91
1′ Schale sehr aufgeblasen, nicht symphinot . . . . . . Subgenus ***Physunio:*** 2
2 Schale sehr stark aufgeblasen . . . . ***P. (P.) superbus,*** S. 89
2′ Schale nur mittelmäßig aufgeblasen 3
3 Area niedrig. 4
3′ Area mehr oder weniger erhöht 5
4 Länglich eiförmig . . . . ***P. (P.) inornatus,*** S. 88
4′ Etwas kürzer eiförmig . . . . ***P. (P.) cambodiensis,*** S. 89
5 Eirund, hinten gerundet abgestutzt . . . . ***P. (P.) eximius,*** S. 89
5′ Verlängert eiförmig, hinten mehr oder weniger zugespitzt 6
6 Wirbel mehr mittelständig, Hinterende nicht sehr verlängert . . . . ***P. (P.) micropterus,*** S. 87
6′ Wirbel vorderständig, Hinterende stark verlängert. . . ***P. (P.) semialatus,*** S. 88

Subgenus **Physunio** s. str.

Diagnosis: wie beim Genus.

Verbreitung: wie beim Genus.

1. **Physunio (Physunio) micropterus** (Morelet)

1866 *Unio micropterus* Morelet, J. de Conch., Paris, **14**:63. — Terra typica: Battambang-Fluß, Kambodscha.
1875 *Unio micropterus* — Morelet, Séries Conch.: Taf. 15, Fig. 6.
1918 *Physunio micropteroides* Annandale, Rec. Ind. Mus., Calcutta, **14**:139; Taf. 19, Fig. 1—3. — Terra typica: Yawnghwe-Ebene, Shan-Staaten.
1918 *Physunio ferrugineus* Annandale, Rec. Ind. Mus., Calcutta, **14**:139, Taf. 19, Fig. 4—9. — Terra typica: Inlé-See, Shan-Staaten.

Diagnosis: Schale unregelmäßig eiförmig, sehr ungleichseitig, vorn kurz und niedrig, gerundet, hinten lang und hoch, breit schief abgestutzt, etwas aufgeblasen, dünn. Wirbel bei $^{23}/_{100}$ der Gesamtlänge gelegen, deutlich über den nach vorn abfallenden Vorderrand vorragend, etwas aufgeblasen, Wirbelskulptur nicht beobachtet. Area ziemlich hoch, ausgehöhlt, äußere Arealkante deutlich. Rückenumriß ziemlich schmal lanzettförmig, beiderseits fast gleichmäßig zugespitzt; größte Dicke etwa in der Schalenmitte. Konchinschicht gelbgrün, stumpf seidenartig. Schloß normal; Hauptzähne lamellenförmig, Intervall kurz, dünn, nach hinten ansteigend, Seitenzähne lang, dünn, gebogen beiderseits oben mit einem schwachen Hilfszahn. — Maße: Länge 58 mm, Höhe 37 mm, Dicke 17 mm.

Bemerkung: Siehe *P. eximius*.

Verbreitung: Thailand, Kambodscha, Cochinchina.

2. Physunio (Physunio) semialatus (Deshayes & Jullien)

1874 *Unio semialatus* Deshayes & Jullien, Nouv. Arch. Mus. Hist. nat., Paris, **10**:123; Taf. 6, Fig. 1—2. — Terra typica: Bewässerungskanal bei Pean-Chélang, Kambodscha.

Diagnosis: Schale unregelmäßig eiförmig, sehr ungleichseitig, vorn kurz und sehr niedrig, gerundet, hinten verlängert und hoch, schief abgestutzt, etwas aufgeblasen, dünn. Wirbel bei $^{24}/_{100}$ der Gesamtlänge gelegen, etwas vorragend, aufgeblasen, mit Spuren einer zickzackförmigen konzentrischen Skulptur auf den Spitzen. Area hoch, zusammengepreßt, äußere Arealkante deutlich, auf dem obersten Teil der Area von der äußeren Arealkante her ziehende waagerechte, leicht gewellte Fältchen. Rückenumriß ziemlich bauchig lanzettförmig, hinten etwas länger ausgezogen; größte Dicke kurz vor der Schalenmitte. Schloß normal; Hauptzähne lamellenförmig, Seitenzähne lang, dünn, wenig gebogen, beiderseits oben von einem schwachen Hilfszahn begleitet. Wirbelhöhlen tief. — Maße: Länge 49—83 mm, Höhe 29—53 mm, Dicke 15—24 mm.

Bemerkung: Siehe *P. eximius*.

Verbreitung: Kambodscha, Thailand.

3. Physunio (Physunio) inornatus (Lea)

1856 *Unio inornatus* Lea, Proc. Acad. nat. Sci. Philadelphia, 8:93. — Terra typica: Siam.
1856 *Unio inornatus* — Lea, J. Acad. nat. Sci. Philadelphia, **3**:293; Taf. 24, Fig. 6.

Diagnosis: Schale länglich eiförmig, ungleichseitig, vorn kurz und niedrig gerundet, hinten länger und höher, schief abgestutzt, aufgeblasen, dünn. Wirbel bei $^{31}/_{100}$ der Gesamtlänge gelegen, etwas aufgeblasen, den vorderen Oberrand stark, den hinteren wenig überragend, mit 3—4 konzentrischen Zickzackrunzeln auf den Spitzen. Area hoch, zusammengepreßt, fast ausgehöhlt. Rückenumriß gleichmäßig lanzettförmig, hinten kaum länger ausgezogen; größte Dicke etwa in der Schalenmitte. Konchinschicht glatt, grün oder braungrün, an den Wirbeln oft bronzefarbig. Schloß normal, Hauptzähne lamellenförmig, Intervall kaum ausgebildet, Seitenzähne lang und dünn, wenig gebogen oder gerade. — Maße: Länge 31—46 mm, Höhe 18—24,5 mm, Dicke 10—17 mm.

Bemerkung: Siehe *Physunio eximius.*

4. Physunio (Physunio) cambodiensis (Lea)

1856 *Unio cambodiensis* Lea, Proc. Acad. nat. Sci. Philadelphia, 8:103. — Terra typica: Fluß Tackrong bei Korat, Kambodscha.
1856 *Unio cambodiensis* — Lea, J. Acad. nat. Sci. Philadelphia, 3:313; Taf. 30, Fig. 28.

Diagnosis: Schale eiförmig, ungleichseitig, vorn kurz und niedrig, hinten lang, hoch, schief abgestutzt, aufgeblasen, dünn. Wirbel bei $^{30}/_{100}$ der Gesamtlänge gelegen, den vorderen Oberrand hoch, den hinteren wenig überragend, etwas aufgeblasen, mit einer welligen Skulptur auf den Spitzen. Area hoch, dreieckig, mit kleinen Fältchen versehen. Rückenumriß breit lanzettförmig, hinten kaum länger, größte Dicke etwa in der Schalenmitte. Schloß normal, Hauptzähne lamellenförmig, Intervall kurz, nach hinten ansteigend, Seitenzähne ziemlich lang, dünn, fast gerade. — Maße: Länge 25 mm, Höhe 15,5 mm, Dicke 11 mm.

Bemerkung: Siehe *P. eximius.*

Verbreitung: Thailand, Kambodscha.

5. Physunio (Physunio) eximius (Lea)

1856 *Unio eximius* Lea, Proc. Acad. nat. Sci. Philadelphia, 8:931. — Terra typica: Siam.
1856 *Unio eximius* — Lea, J. Acad. nat. Sci. Philadelphia, 3:294; Taf. 25, Fig. 8.
1866 *Unio semiquadrata* Sowerby, Conch. Icon., 16 : Taf. 47, Fig. 47. — Terra typica: Kambodscha, Laos-Berge.

Diagnosis: Muschel unregelmäßig eiförmig, ungleichseitig, vorn sehr kurz und niedrig, hinten verlängert und hoch, mehr oder weniger schief abgestutzt, ziemlich aufgeblasen, dünn. Wirbel bei $^{34}/_{100}$ der Gesamtlänge gelegen, etwas vorragend und leicht aufgeblasen, mit schwacher, wellenrunzeliger Skulptur auf den Spitzen. Area hoch, dreieckig, mit oft drei Arealkanten, oben mit zahlreichen, gleichlaufenden Fältchen. Rückenumriß mehr oder weniger schmal lanzettförmig, hinten länger; größte Dicke etwa in der Schalenmitte. Schloß normal, Hauptzähne lamellenförmig, Intervall kurz, schmal, kaum angedeutet, Seitenzähne lang, dünn, wenig gebogen, oben von einer verschieden starken Hilfslamelle begleitet. — Maße: Länge 41—52 mm, Höhe 27 bis 37 mm, Dicke 14—24 mm.

Bemerkung: Es wäre durchaus möglich, daß die hier angeführten fünf Arten von *Physunio* nur verschiedene Varianten einer einzigen Art sind, für die ich den Namen *P. inornatus* (Lea) auswählen möchte. Das gleiche Verbreitungsgebiet aller fünf Formen macht ihre Identität weiterhin wahrscheinlich.

Verbreitung: Thailand; Kambodscha; Java.

6. Physunio (Physunio) superbus (Lea)

1843 *Unio superbus* Lea, Proc. amer. philos. Soc., Cambridge, 4:11. — Terra typica: „Neu-Holland“.

1843 *Unio superbus* — LEA, Trans. amer. philos. Soc., Philadelphia, 9:281; Taf. 42, Fig. 11.

? 1846 *Unio macropterus* DUNKER, Z. Malak., Hannover u. Cassel, 3:109. — Terra typica: „Ut putamus, Brasilia".

1856 *Unio velaris* HANLEY, Cat. Rec. Bivalve Shells: 385; Taf. 23, Fig. 42. — Terra typica: Bugis, Celebes.

1856 *Unio gravidus* LEA, Proc. Acad. nat. Sci. Philadelphia, 8:93. — Terra typica: Siam.

1858 *Unio gravidus* — LEA, J. Acad. nat. Sci. Philadelphia, 3:292; Taf. 24, Fig. 5.

1862 *Unio abnormis* MORELET, Rev. Mag. Zool. Paris, (2)14:480. — Terra typica: Bangkok.

1864 *Unio massini* MORELET, J. de Conch., Paris, 12:288. — Terra typica: Kochinchina.

1875 *Unio massini* — MORELET, Séries Conch., Teil 4: 348, Taf. 15, Fig. 1, 3.

1904 *Unio massiei* H. FISCHER & DAUTZENBERG (error typographicus), Mission PAVIE, 3:438.

Diagnosis: Schale unregelmäßig eiförmig, sehr ungleichseitig, vorn sehr kurz und niedrig, hinten lang und sehr hoch, schief abgestutzt, äußerst aufgeblasen, ziemlich fest. Unterrand nach hinten abfallend, in $^3/_4$ der Gesamtlänge, an seinem tiefsten Punkt, gerundet winklig nach hinten oben eingeknickt. Wirbel weit vorn, bei $^{20}/_{100}$ der Gesamtlänge gelegen, deutlich vorgezogen, stark aufgeblasen, mit undeutlichen Resten einer wohl zickzackartig geknickten, konzentrischen Skulptur versehen. Area hoch dreieckig, sehr zusammengedrückt, mit drei deutlichen Arealkanten. Rückenumriß breit lanzettlich, fast rhombisch, beiderseits spitz, nach hinten etwas länger, ausgezogen; größte Dicke kurz vor der Schalenmitte. Schloß normal; Hauptzähne lang, dünn, lamellenförmig, Intervall kurz, schmal, glatt; Seitenzähne lang, dünn, etwas gebogen, der der linken Klappe oben mit einer Hilfslamelle. — Maße: Länge 92 mm, Höhe 74—76 mm, Dicke 47—51 mm.

Bemerkung: LEAs ursprüngliche Angabe, sein *Unio superbus* stamme aus Australien, war ein Irrtum. Die Art wurde lange Zeit, noch 1914 von mir selbst, als verschieden von *Unio gravidus* LEA gehalten, wenn auch die große Ähnlichkeit der beiden erkannt wurde. Erst jetzt habe ich mich entschlossen, beide Arten als identisch zu betrachten, wobei wieder ins Gewicht fiel, daß die Verbreitungen zusammenfallen. Nur was die sumatranischen Stücke von superbus anlangt, so bin ich nicht ganz von ihrer Identität mit typischem *superbus* überzeugt, es könnte da eine unterscheidbare Lokalrasse vorliegen; erst nach Untersuchung von reichlichem sumatranischen Material kann diese Frage gelöst werden.

Verbreitung: Thailand; Kambodscha; Laos, Annam; Cochinchina; Sumatra.

Subgenus **Velunio** HAAS

1914 *Velunio* (Sectio zu *Physunio*) HAAS, Conch. Cab., IX. 2(II):292. — Species typica: *Unio velaris* SOWERBY.

Diagnosis: Schale flach, symphynot, Wirbelhöhle seicht, Wirbel nach vorn eingerollt.

Verbreitung: Assam.

7. **Physunio (Velunio) velaris** (SOWERBY)

1868 *Unio velaris* SOWERBY, Conch. Icon., **16**: Taf. 72, Fig. 368. — Terra typica: Assam.
1900 *Physunio (Lens) velaris* — SIMPSON, Proc. U.S. nation. Mus., Washington, **22**:831.

Diagnosis: Schale hoch und unregelmäßig trapezoid, sehr ungleichseitig, vorn sehr kurz und niedrig, etwas gerundet, hinten lang und hoch, mit einem schief abfallenden Flügel, zusammengepreßt, besonders vorn, und dünn. Vorderer Oberrand wenig abschüssig, geradlinig, mit deutlicher Ecke an den sehr kurz gerundeten Vorderrand anstoßend. Unterrand in etwa $^3/_4$ der Gesamtlänge gerundet winklig vorgezogen, so daß der Scheitel des Winkels den tiefsten Punkt der Schale bildet. Hinterrand mit stark gerundeter unterer und deutlicher, weit entfernter oberer Ecke, erst gerundet, steil, dann geradlinig, sanfter ansteigend, etwa in Wirbelhöhe etwas geknickt und den immer noch ziemlich steilen Hinterrand des Flügels bildend, an den der geradlinige, etwa gleich steil ansteigende hintere Oberrand in scharfer Ecke anstößt. Wirbel bei $^{18}/_{100}$ der Gesamtlänge gelegen, spitz, nach vorn gerichtet, den vorderen Oberrand bedeutend überragend, vom hinteren hoch überragt; Skulptur unbekannt. Area sehr hoch, zusammengepreßt, mit drei deutlichen Arealkanten, Areola niedrig, zusammengepreßt. Ligament überbaut; Sinulus tief zwischen die Wirbel reichend, Schalenoberfläche glatt, von einer hellgrünen Konchinschicht bedeckt. Hauptzähne des Schlosses lamellenförmig, lang, dünn. Perlmutter weiß, irisierend. — Maße: Länge 33 mm, Wirbelhöhe 17 mm, größte Höhe 29 mm, Dicke unbekannt.

Bemerkung: Eine anscheinend verschollene Art, die wohl nur nach einem einzigen Stück, dem SOWERBYschen Typus, bekannt ist. Die obige Diagnosis kann deshalb nur solche Merkmale enthalten, die aus SOWERBYS Abbildung und kurzer Beschreibung hervorgehen. Ob *Velunio* wirklich nahe zu *Physunio* gehört, ist eine Frage, die zur Zeit noch nicht beantwortet werden kann.

Verbreitung: Assam.

Genus **Haasodonta** MCMICHAEL

1956 *Haasodonta* MCMICHAEL, Nautilus, Philadelphia u. Boston, **70**:47. — Species typica: *Haasodonta fannyae* (JOHNSON).

Diagnosis: Schale fast wie bei *Anodonta*, mit langer und gerader Schloßlinie; Schloßzähne verlängert, lamellenartig. Schale vorn zusammengepreßt, hinten geschwollen, besonders entlang der äußeren Arealkante. Oberer Hinterrand geflügelt. Konchinschicht braun, Schale mäßig fest.

Verbreitung: (Ehemalig) Holländisch Neu-Guinea.

1. **Haasodonta fannyae** (JOHNSON)

1948 *Hyridella fannyae* JOHNSON, Nautilus, Philadelphia u. Boston, **62**:47; Taf. 3, Fig. 1. — Terra typica: Südlicher Teil des holländischen Neu-Guinea.

Diagnosis: Schale fast 65 mm lang, Umriß fast quadratisch, Klappen sehr aufgeblasen. Vorderende regelmäßig gerundet, etwas vorgezogen und oben gerundet winklig. Hinterende abgestutzt. Area leicht zusammengepreßt; Rückenrand gerade, mit der äußeren Arealkante einen spitzen Winkel bildend.

Area sehr geschwollen, hierdurch eine deutliche Schwellung im hinteren Teil der Schale hervorrufend. Schloßband nicht vorragend. Wirbel etwas vor der Mitte gelegen, mäßig aufgeblasen (ihre Skulptur der Schalenkorrosion wegen nicht sichtbar). Schalenoberfläche mit Wachstumslinien; Konchinschicht stumpf aschgrau über einer stumpf grünen Unterlage. Linke Klappe mit einem langen, geraden, niedrigen Hauptzahn und zwei langen, geraden Seitenzähnen, alle gleichlaufend mit der Schloßlinie. Rechte Klappe mit zwei Hauptzähnen und einem Seitenzahn. Wirbelhöhlen seicht, ohne Muskeleindrücke. Eindrücke des vorderen Schließmuskels deutlich, die des hinteren unsichtbar. Mantellinie nur vorn sichtbar. Perlmutter in der Wirbelhöhle gelblich, gegen die Ränder hin blauweißlich und irisierend werdend. — Maße: Länge 65 mm, Höhe 36 mm, Dicke 38 mm.

Bemerkung: Da ich diese erst kürzlich beschriebene Art nicht kenne, habe ich die ursprüngliche Beschreibung hier wörtlich übersetzt wiedergegeben. Hinzuzufügen wäre die Bemerkung, daß das Schloß dieser Art seitenversetzte Seitenzähne besitzt, d. h. zwei links und einen rechts. Bei der sonstigen Ähnlichkeit von Gattung und Art mit der *superbus*-Gruppe der Gattung *Physunio*, ist diese Ausnahme bemerkenswert, darf aber nicht allzu hoch angeschlagen werden. Trotz der genannten Abweichung des Schlosses von *fannyae* vom *Physunio*-Typ halte ich eine nähere Verwandtschaft von *Haasodonta* mit *Physunio* für wahrscheinlich.

Verbreitung: Merauke, Fluß Marco, südliches (ehemals) holländisches Neu-Guinea.

2. Haasodonta vanheurni McMichael & Hiscock

1958 *Haasodonta vanheurni* McMichael & Hiscock, Austral. J. marine freshw. Research, **9**:486; Taf. 19, Fig. 3, 4. — Terra typica: Fluß Merauke bei Boepoel, Holländisch-Neu-Guinea.

Diagnosis: Schale mäßig lang, Vorderteil verhältnismäßig lang. Rückenrand vor den Wirbeln gerade, etwas ansteigend, dann langsam und im Bogen in den gleichmäßig gerundeten Vorderrand übergehend. Bauchrand in der Mitte eingebuchtet, größte Höhe der Schale etwas weiter hinten. Hinterer Rückenrand hinter den Wirbeln mäßig lang, gerade, dann schief in einem Winkel von etwa 55° abgestutzt. Hinterer Bauchrand gleichmäßig gerundet und etwas vorgezogen. Schale längs der Arealkante beträchtlich angeschwollen, aber weniger als bei *H. fannyae*. In der Mitte zusammengepreßt, Areola etwas erhöht. Area zusammengepreßt. Wirbel hoch, aufgetrieben, angefressen. Konchinschicht dunkel mit deutlich sichtbaren, feinen Zuwachslinien. Perlmutter bläulich-weiß oder rein weiß, hinten schillernd. Schloß lang, leicht gekrümmt. Hauptzähne verdickt lamellenartig, rechts zwei, mit fast ganz rückgebildetem oberen Zahn, links einzeln; alle Hauptzähne schwach grubig gestreift und gesägt. Seitenzähne lang und sehr gerade, rechts zwei, links einer. — Maße: Länge 112 mm, Höhe 53 mm, Dicke 51 mm.

Bemerkung: Die obige Diagnose ist eine fast wörtliche Übersetzung der Originalbeschreibung des einzig bekannten Stückes dieser Art. McMichael & Hiscock erkannten die Ähnlichkeit dieser Form mit *fannyae* aus dem gleichen Flusse, glaubten aber, sie als neue Art beschreiben zu können. Ich bin sehr im Zweifel, ob nicht beide Arten identisch sind; es könnte sogar sein, daß *vanheurni* das ♂, *fannyae* das ♀ der gleichen Art wäre.

Verbreitung: Neu-Guinea (nur von der Terra typica bekannt).

Genus **Rectidens** Simpson

1900 *Rectidens* Simpson, Proc. U.S. nation. Mus., Washington, **22**:853. — Species typica: *Unio prolongatus* Drouet.

Diagnosis: Schale langgestreckt, mit gleichlaufenden Ober- und Unterrändern, sehr ungleichseitig, vorn kurz, etwas abgestutzt, hinten verlängert, mehr oder weniger deutlich abgestutzt. Wirbel aufgeblasen, nur auf den äußersten Spitzen mit einer wellig-konzentrischen Skulptur, den Oberrand wenig überragend. Area wenigstens in der Jugend hoch, dreieckig, oben sehr zusammengedrückt, mit zahlreichen, ungefähr waagerecht verlaufenden feinen Fältchen, die auch etwas auf die Schalenfläche übergreifen können; Arealkanten sehr deutlich, kielartig ausgebildet, eine obere ist mitunter angedeutet. Konchinschicht undeutlich strahlig. Schloß normal, Hauptzähne lang, lamellenförmig, Seitenzähne gerade, lang. Wirbelhöhlen tief.

Bemerkung: Der folgende Schlüssel zeigt, daß die als Arten oder Unterarten unterschiedenen *Rectidens*-Formen sich eigentlich nur in relativen Merkmalen voneinander unterscheiden. Die Rückführung aller dieser Formen auf zwei Grundtypen, den borneonischen *lingulatus* und *sumatranus* von Sumatra, Java und Malakka, scheint den natürlichen Verhältnissen am besten zu entsprechen.

Verbreitung: Malakka, Sumatra, Borneo, Java.

Bestimmungsschlüssel zu den Arten

1 Ober- und Unterrand fast gleichlaufend, Hinterende meist zugespitzt 2
1′ Unterrand leicht geschwungen 3
2 Schale ziemlich aufgeblasen, Hauptzähne dünn, lamellenförmig . . . . *R. lingulatus prolongatus*, S. 94
2′ Schale wenig aufgeblasen, Hauptzähne etwas dicker, fester . . . . *R. lingulatus lingulatus*, S. 93
3 Umriß etwas zungenförmig . . . . *R. sumatrensis sumatrensis*, S. 94
3′ Umriß stärker verlängert 4
4 Schale zart, klein, verzwergt: . . . . *R. sumatrensis gracilis*, S. 95
4′ Schale fester, aufgeblasener, länger 5
5 Schale sehr schmal, Hinterende sehr verlängert . . . . *R. sumatrensis pressirostris*, S. 95
5′ Schale zusammengepreßt, sehr verlängert, hinten gerundet zugespitzt oder zugespitzt . . . . *R. sumatrensis perakensis*, S. 95

1. **Rectidens lingulatus** (Drouet & Chaper)

1a. Rectidens lingulatus lingulatus (Drouet & Chaper)

1892 *Unio lingulatus* Drouet & Chaper, Mém. Soc. zool. France, Paris, **5**:148; Taf. 5, Fig. 5—7. — Terra typica: Fluß Sebroeang, Borneo.

Diagnosis: Schale sehr verlängert, sehr ungleichseitig, vorn sehr kurz, gerundet, hinten sehr lang, in einen breiten, kaum abgestutzten Schnabel ausgezogen, wenig aufgeblasen, ziemlich fest. Wirbel bei $^{22}/_{100}$ gelegen, wenig aufgeblasen, fast gar nicht über den Vorderrand vorragend, ohne nachweisbare Skulptur. Rückenumriß schmal lanzettlich, vorn kaum zugeschärft, fast stumpf, hinten ziemlich spitz ausgezogen; größte Dicke bei etwa $1/3$ der Gesamtlänge. Schloß normal, Hauptzähne ziemlich dick, verlängert dreieckig, Intervall kaum angedeutet, Seitenzähne lang, gerade, sehr niedrig und dünn. — Maße: Länge 55—70 mm, Höhe 23,5—29 mm, Dicke 13—17,5 mm.

Bemerkung: Die Formen *lingulatus* und *prolongatus* halte ich für unterscheidbare Unterarten; es müßten die Fundorte noch ökologisch beschrieben werden. Nach meiner allgemeinen Erfahrung durch selbstgesammelte Unionaceen neige ich zu der Ansicht, daß der typische *lingulatus* die Form bewegten, die Unterart *prolongatus* aber die des ruhigeren Wassers darstellt; beweisen kann ich diese Ansicht nicht.

Verbreitung: Flüsse Sebroeang und Niah, Borneo.

1b. Rectidens lingulatus prolongatus (Drouet)

1894 *Unio prolongatus* Drouet, Rev. Biol. Nord France, Lille, **6**:216; Abb. 1. — Terra typica: Fluß Niah in Nord-Borneo.

Diagnosis: Schale verlängert, sehr ungleichseitig, vorn kurz gerundet, hinten etwas abgestutzt, mäßig aufgeblasen, ziemlich fest. Unterrand waagerecht. Wirbel bei $^{25}/_{100}$ der Gesamtlänge gelegen, etwas aufgeblasen, wenig über den Vorderrand vorragend, mit nur undeutlichen Resten einer konzentrisch welligen Skulptur. Raum zwischen innerer und äußerer Arealkante ganz oder in seinen oberen zwei Dritteln mit gleichlaufenden, fast geraden Fältchen besetzt. Rückenumriß schmal lanzettlich, hinten sehr lang und spitz ausgezogen; größte Dicke vor der Schalenmitte. Konchinschicht braun, glänzend, undeutlich gestrahlt. Schloß normal, Hauptzähne lang, lamellenartig, Seitenzähne lang, gerade, dünn, bis zu den Wirbeln reichend, deshalb kein Intervall vorhanden. Wirbelhöhlen ziemlich tief. — Maße: Länge 46,5 bis 91 mm, Höhe 20—39 mm, Dicke 12,5—27 mm.

Verbreitung: Flüsse Niah und Baram in Borneo.

2. Rectidens sumatrensis (Dunker)

2a. Rectidens sumatrensis sumatrensis (Dunker)

1852 *Unio sumatrensis* Dunker, Z. Malak., Hannover u. Cassel, **9**:52. — Terra typica: Dana Luar auf Sumatra.

? 1847 *Unio tumidus* — Mousson, Land-Süßw.-Moll. Java: 95; Taf. 17, Fig. 1. — Terra typica: Java.

Diagnosis: Schale verlängert, sehr ungleichseitig, vorn kurz, gerundet, hinten stark verlängert und in einen spitzen, kaum abgestutzten Schnabel ausgezogen, aufgeblasen, fest. Wirbel bei $^{31}/_{100}$ der Gesamtlänge gelegen, stark aufgeblasen, ziemlich über Oberrand vorragend, mit wellenrunzliger Skulptur auf den Spitzen. Rückenumriß mehr oder weniger breit lanzettförmig; größte Dicke vor oder in der Schalenmitte. Schloß normal, Hauptzähne lang, lamellenförmig, gekerbt, Intervall fehlend, Seitenzähne lang, ziemlich gerade, hoch und dick. — Maße: Länge 68—72 mm, Höhe 28 bis 30 mm, Dicke 19—23,5 mm.

Bemerkung: Die javanische Form dieser Art gleicht mit ihrem etwas gebogenen Unterrand dem europäischen *Unio tumidus* Retzius, und es ist begreiflich, daß MOUSSON seine Stücke aus Java der europäischen Art zurechnet.

Verbreitung: Nur im See Dana Luar auf Sumatra, ferner auf Java.

2b. Rectidens sumatrensis gracilis (STRUBELL)

1897 *Microcondylaea gracilis* STRUBELL, Nachr.Bl. dtsch. malak. Ges., Frankfurt a. M., **29**:8. — Terra typica: Süd-Sumatra.
1897 *Unio palembangensis* STRUBELL, Nachr.Bl. dtsch. malak. Ges., Frankfurt a. M., **29**:10. — Terra typica: Süd-Sumatra.
1900 *Unio palembangensis* var. *pahumbaensis* MARTENS, Nachr.Bl. dtsch. malak. Ges., Frankfurt a. M., **32**:14. — Terra typica: Sumatra.

Diagnosis: Vom typischen *sumatrensis* in der Hauptsache durch größere Zierlichkeit, dünnere Schale, d. h. durch Zwergwuchs verschieden. — Maße: Länge 43—53 mm, Höhe 18—23,5 mm, Dicke 16,5—20,5 mm.

Bemerkung: Die Form *gracilis* stellt wohl nichts anderes dar als eine ökologische Kümmerform von *sumatrensis*, doch müßte das noch bewiesen werden.

Verbreitung: Sumatra.

2c. Rectidens sumatrensis pressirostris (MARTENS)

1900 *Unio pressirostris* MARTENS, Nachr.Bl. dtsch. malak. Ges., Frankfurt a. M., **32**:14.— Terra typica: Danau Baru, Indragiri, Sumatra.

Diagnosis: Schale schmal, stark verlängert, sehr ungleichseitig, vorn kurz gerundet, hinten lang, abgestutzt geschnäbelt, aufgeblasen, fest. Wirbel stark aufgeblasen, bei $^{25}/_{100}$ der Gesamtlänge gelegen, wenig über den Oberrand vorragend, mit ganz undeutlichen Spuren einer wellenrunzligen Skulptur auf den Spitzen. Rückenumriß ziemlich breit lanzettförmig, vorn kurz, hinten sehr lang zugespitzt, größte Dicke etwas vor der Schalenmitte. Schloß normal; Hauptzähne lamellenförmig, ziemlich stark, Intervall fast fehlend, Seitenzähne lang und gerade, fast bis zu den Wirbeln reichend. — Maße: Länge 45 bis 87 mm, Höhe 17,5 mm—31, Dicke 12—27 mm.

Bemerkung: Wie *gracilis*, so betrachte ich auch *pressirostris* als eine ökologische Variante von *sumatrensis*, die wohl im tiefschlammigen Wasser zu Hause ist.

Verbreitung: See Danau Baru im Flußgebiet des Indragiri, Sumatra.

2d. Rectidens sumatrensis perakensis (MORGAN)

1885 *Unio perakensis* MORGAN, Bull. Soc. zool. France, Paris, **10**:424; Taf. 9, Fig. 3—4.— Terra typica: Fluß Pahang, Perak, Halbinsel Malakka.

Diagnosis: Schale stark verlängert, sehr schmal, vorn sehr kurz, gerundet oder etwas abgestutzt, hinten sehr verlängert, in einen leicht zugespitzten oder breit abgestutzten Schnabel ausgezogen, etwas aufgeblasen, fest. Wirbel bei $^{20}/_{100}$ bis $^{25}/_{100}$ der Gesamtlänge gelegen, sehr wenig über den Vorderrand vorragend, wenig aufgeblasen, mit schwachen Resten einer wellenrunzligen Skulptur auf den Spitzen. Rückenumriß schmal lanzettförmig, vorn kurz, hinten lang zugespitzt, größte Dicke etwas vor der Schalenmitte. Schloß normal, Hauptzähne lamellenförmig, stark hoch, Intervall fast fehlend, Seitenzähne sehr lang, ziemlich dick und hoch, gerade. — Maße: Länge 22 bis 131 mm, Höhe 9,5—50 mm, Dicke 11—24 mm.

Bemerkung: Diese Form unterscheidet sich von *sumatrensis* in der Hauptsache durch den geraderen Unterrand und die niedrigeren Wirbel. Da diese Unterschiede schon bei ganz jungen Stücken zu finden sind, halte ich *perakensis* nicht für eine ökologische, sondern für eine gute geographische Unterart von *sumatrensis*.

Genus **Contradens** Haas

1913 *Contradens* Haas, Nachr.Bl. dtsch. malak. Ges., Frankfurt a. M., **45**:35. — Species typica: *Unio contradens* Lea.

1913 *Schizocleithrum* Haas, Nachr.Bl. dtsch. malak. Ges., Frankfurt a. M., **45**:36. — Species typica: *Unio pajakomboensis* Bullen.

1942 *Sprickia* Modell, Arch. Molluskenk., Frankfurt a. M., **74**:189. — Species typica: *Contradens (Sprickia) verbeeki* Martens.

Diagnosis: Schale länglich bis rundlich oval, vorn kurz gerundet, hinten in einen mehr oder weniger verlängerten Schnabel ausgezogen. Wirbel nicht oder nur mäßig vorragend, meist aufgeblasen; Ihre Skulptur besteht aus welligen, konzentrischen Runzeln, die entweder nur auf die Spitzen beschränkt ist oder sich ganz flach über die obere Schalenfläche erstreckt, oder aber die gesamte Schalenfläche deutlich ausgeprägt bedeckt. Schloß normal, in der rechten Klappe über dem einzigen Hauptzahn ein Hilfszahn, der diesem an Gestalt und Größe gleich sein kann; Hauptzähne lamellenförmig oder etwas verdickt; Seitenzähne lang und etwas gebogen; Intervall sehr schmal und glatt.

Bemerkung: Diese Gattung besteht aus den Artengruppen um *contradens* und *ascia*. Das Vorkommen von Arten, deren gesamte Schalenoberfläche mit Runzeln bedeckt ist, hat Modell dazu veranlaßt, hierfür die eigene Untergattung *Sprickia* aufzustellen. Meiner Meinung nach handelt es sich bei den so beschaffenen Arten lediglich um Seeformen; ihre Schalenverzierung ist also lediglich umweltbedingt und hat keinen taxionomischen Wert. Der Gattungsname *Schizocleithrum*, den ich 1913 für einen *Unio pajakomboensis* aufstellte, wird ein Synonym von *Contradens*, da ich den Typus der Art nun als ein sehr altes Stück einer nicht näher deutbaren *Contradens*-Art erkannt habe.

Verbreitung: Südost-Asien.

Bestimmungsschlüssel zu den Arten

1	Schalenoberfläche gerunzelt		2
1′	Schalenoberfläche nicht gerunzelt		4
2	Hinterende leicht geschnäbelt	***C. rusticus,***	S. 100
2′	Hinterende nicht geschnäbelt		3
3	Skulpturrunzeln verlieren auf der Schalenmitte ihre Wellung	***C. verbeeki,***	S. 101
3′	Skulpturrunzeln auf der Schalenmitte noch wellig	***C. dautzenbergi,***	S. 100
4	Tiefster Punkt kurz vor der Schalenmitte	***C. contradens,***	S. 97
4′	Tiefster Punkt in oder kurz hinter der Schalenmitte		5
5	Festschalig	***C. semmelincki,***	S. 97
5′	Dünnschaliger		6
6	Schale kurz, unregelmäßig kreis- oder eiförmig	***C. fulvaster,***	S. 98

6' Schale verlängert 7
7 Schale nach hinten zu verbreitert . . . . *C. crossei,* S. 98
7' Schale ziemlich regelmäßig elliptisch . . . . *C. ascia,* S. 99

1. Contradens contradens (Lea)

1838 *Unio contradens* Lea, Trans. amer. philos. Soc., Philadelphia, **6**:75; Taf. 18, Fig. 58. — Terra typica: unbekannt.

1840 *Unio javanus* Lea, Proc. amer. philos. Soc., Cambridge, **1**:285. — Terra typica: Java.

1842 *Unio javanus* — Lea, Trans. amer. philos. Soc., Philadelphia, **8**:220; Taf. 18, Fig. 37.

1846 *Unio exilis* Mousson, Z. Malak., Hannover u. Cassel, **3**:100. — Terra typica: Java.

1849 *Unio mutatus* Mousson, Land-Süßw.-Moll. Java : 92; Taf. 16, Fig. 1—2. — Terra typica: Java.

1861 *Unio mederianus* Küster, Conch. Cab., IX (2):242, Taf. 80, Fig. 7. — Terra typica: Java.

Diagnosis: Schale länglich eiförmig, ziemlich dünn, etwas aufgeblasen. Vorderer Oberrand fast waagerecht, gerade oder leicht konkav, mit dem kurz gerundeten Vorderrand eine meist deutliche Ecke bildend; Unterrand leicht gebogen, sein tiefster Punkt vor oder in der Mitte; Hinterrand ohne deutliche Ecken, erste gebogen und steil, dann fast gerade und sanfter ansteigend, mit dem geraden, waagerechten oder leicht zum Wirbel abfallenden hinteren Oberrande eine mehr oder weniger gerundete Ecke bildend. Wirbel wenig vorragend, den vorderen Oberrand überragend, gleichhoch mit dem hinteren Oberrand oder etwas niedriger, etwas aufgeblasen, an den Spitzen mit einer aus konzentrischen Wellenrunzeln bestehenden Skulptur bedeckt. Rückenumriß lanzettförmig, vorn etwas schärfer zugespitzt, größte Dicke etwas vor der Mitte gelegen. Konchinschicht glatt, gelbgrün. Hauptzähne lamellenförmig; über dem linken ein fast ebenso großer Hilfszahn, der hintere rechte nur als schwacher Höcker wahrnehmbar; Intervall kurz, glatt, Seitenzähne lang, dünn, etwas gebogen. — Maße: Länge 41—74 mm, Höhe 22—45 mm, Dicke 14,5—23 mm.

Verbreitung: Java.

2. Contradens semmelincki (Martens)

1891 *Unio semmelincki* Martens, Sitz.Ber. Ges. naturf. Freunde Berlin, **1891**:111. — Terra typica: Fluß Tana-Laut, Borneo.

1900 *Unio laticeps* Martens, Nachr.Bl. dtsch. malak. Ges., Frankfurt a. M., **32**:15. — Terra typica: Danau Baru, Indragiri-Fluß, Sumatra.

1930 *Contradens semmelincki fultoni* Haas, Senckenbergiana, Frankfurt a. M., **12**:9; Abb. 8. — Terra typica: Manson, Tonkin.

Diagnosis: Schale verlängert elliptisch, fest, mit aufgeblasenen Wirbeln. Vorderer Oberrand gerade, leicht nach vorn abfallend, in mehr oder weniger deutlichem Winkel an den kurz gerundeten Vorderrand anstoßend; Unterrand ziemlich gleichmäßig und sanft gebogen, manchmal mit Andeutung eines Winkels in der Mitte. Untere Ecke des Hinterrandes deutlich, von ihr an steigt der Hinterrand senkrecht bis zur deutlichen oberen Ecke, dann sanfter an, bildet aber vor der Vereinigung mit dem hinteren Oberrand nochmals eine Ecke; hinterer Oberrand waagerecht, geradlinig oder leicht gebogen.

Wirbel bei etwa $^{30}/_{100}$ der Gesamtlänge, aufgeblasen, mit Resten einer V-Skulptur auf den angefressenen Spitzen, den vorderen Oberrand überragend, etwa in gleicher Höhe mit dem hinteren stehend. Vorderer Teil der Area nahe den Wirbeln mit annähernd waagerechten, etwas gewellten, niedrigen Fältchen besetzt. Rückenumriß ziemlich gleichmäßig lanzettförmig, hinten nur ein wenig länger ausgezogen wie vorn; größte Dicke kurz vor der Schalenmitte. Konchinschicht gelbbraun mit grünlichen Binden und Andeutung von Strahlen auf dem Vorderende. Schloß normal, Hauptzähne lamellenförmig, der linke mit einem ebenfalls lamellenförmigen Hilfszahn, hinterer klein, höckerartig; Intervall schmal und glatt; Seitenzähne kurz und stark, besonders hinten, und wenig gekrümmt. — Maße: Länge 52,5—80 mm, Höhe 30—41 mm, Dicke 29—34 mm.

Bemerkung: Ich kann *laticeps* weder als selbständige Art noch, wie ich früher getan habe, als Unterart von *semmelincki* ansehen, sondern betrachte beide als identisch. Die Tatsache, daß *semmelincki* von Borneo und *laticeps* von Sumatra beschrieben worden ist, spricht nicht gegen die vermutete Identität; noch weitere *Contradens*-Arten sind von mehr als einer einzigen Insel bekannt.

Verbreitung: Indragiri-Gebiet, Sumatra; Borneo; Tonkin.

3. Contradens fulvaster (Drouet & Chaper)

1892 *Unio fulvaster* Drouet & Chaper, Mém. Soc. zool. France, Paris, 5:154; Taf. 6, Fig. 11—13. — Terra typica: Kapoes-Fluß (= Semitau), Borneo.

Diagnosis: Schale unregelmäßig eiförmig, hoch im Verhältnis zur Länge, dünn, etwas bauchig. Wirbel bei $^{30}/_{100}$ der Gesamtlänge gelegen, etwas aufgeblasen, bedeutend über den vorderen Oberrand vorragend, vom hinteren Oberrand überragt; mit Resten einer Skulptur aus ineinandersteckenden „V"s. Schloß wie bei *Contradens*-Arten üblich. — Maße: Länge 38—39 mm, Höhe 26—28 mm, Dicke 23,5—24 mm.

Bemerkung: Nur ein einziges Stück dieser „Art" ist bekannt, das mir nicht zugänglich war. Die doppelten Maß-Angaben stammen daher, daß die größeren in Drouets Diagnose genannt waren, die kleineren aber seiner Abbildung entnommen wurden. Angesichts der geschilderten Verhältnisse bezweifle ich, daß es sich um eine gute Art handelt, und glaube, daß *fulvaster* eine Jugendform darstellt, die nicht genau zu bestimmen ist, und möglicherweise außerdem noch eine von *semmelincki laticeps* verschiedene Umweltsform; erst mehr Material kann diese Fragen lösen.

Verbreitung: Kapoeas-Gebiet, Borneo.

4. Contradens crossei (Deshayes & Jullien)

1874 *Unio crossei* Deshayes & Jullien, Nouv. Arch. Mus. Hist. nat. Paris, **10**:124; Taf. 6, Fig. 5—7. — Terra typica: Kambodscha.

Diagnosis: Schale unregelmäßig eiförmig, dünn, durchscheinend, ziemlich bauchig. Vorderer Oberrand waagerecht oder leicht abfallend, in ziemlich deutlicher Ecke an den steil abfallenden Vorderrand anstoßend; Unterrand ziemlich regelmäßig gebogen oder etwas hinter seiner Mitte winklig nach hinten aufgebogen; untere Ecke des Hinterrandes deutlich; von ihr steigt der

Hinterrand steil zur oberen, manchmal wenig ausgeprägten Ecke an, dann weniger steil und geradlinig zum fast genau waagerechten, ebenfalls geradlinigen, hinteren Oberrand auf, mit dem er eine ziemlich deutliche Ecke bildet. Wirbel bei $^{35}/_{100}$ der Gesamtlänge, den vorderen Oberrand bedeutend, den hinteren wenig überragend, aufgeblasen, etwas nach vorn eingerollt, mit einer aus ineinandersteckenden „V"s bestehenden Skulptur bedeckt. Schloß mit je einem Hauptzahn und einem Seitenzahn in der rechten Klappe, zwei Hauptzähnen und zwei Seitenzähnen in der linken; Hauptzähne lamellenförmig, Intervall schmal und glatt, Seitenzähne kurz und niedrig, leicht gekrümmt. Die Innenseite der Schale läßt leichte Falten auf der Area erkennen. — Maße: Länge 32—35 mm, Höhe 20,5—22 mm, Dicke 13—13,5 mm.

Bemerkung: Ein charakteristischer Vertreter von *crossei* ist anscheinend nur das Typus-Exemplar, das im Pariser Museum aufbewahrt wird. Das Vorkommen dieser Form auf Borneo, das ich selbst vertreten hatte, fechte ich nun an und betrachte die von mir als *crossei* bestimmten Stücke von Borneo als junge *fulvaster*. Innerhalb der *Contradens*-Arten steht *crossei* etwas vereinzelt da; seine hinten leicht verbreiterte Gestalt und die aufgetriebenen Wirbel lassen ihn *Physunio*-Arten ähnlich erscheinen, so daß man die Form schon hierher gestellt hat; da aber die Wirbelskulptur mit der der *Contradens*-Arten übereinstimmt, betrachte ich die Art hier als valid. Die nächsten Verwandten dürften *Contradens ascia* sein.

Verbreitung: Kambodscha; Borneo (?).

5. **Contradens ascia** (HANLEY)

1856 *Unio ascia* HANLEY, Cat. Rec. bivalve Shells: 385; Taf. 23, Fig. 20. — Terra typica: Penang.

1859 *Unio sumatrensis* LEA (non *Unio sumatrensis* DUNKER 1852), Proc. Acad. nat. Sci. Philadelphia, **3**: 153. — Terra typica: Sumatra.

1870 *Unio dimotus* LEA, Synops. Fam. Unionids (4 Ausg.): 30. — Terra typica: Sumatra.

1883 *Unio fischerianus* MORLET, J. de Conch., Paris, **31**: 109; Taf. 4, Fig. 6. — Terra typica: Kambodscha.

1892 *Unio lugens* DROUET & CHAPER, Mém. Soc. zool. France, Paris, **5**: 147; Taf. 5, Fig. 1—3. — Terra typica: Fluß Kapoeas, Borneo.

1892 *Unio saccellus* DROUET & CHAPER, Mém. Soc. zool. France, Paris, **5**: 148; Taf. 5, Fig. 406. — Terra typica: Fluß Sebroeang, Borneo.

Diagnosis: Muschel mehr oder weniger eiförmig, ziemlich dünn bis sehr dünn, mäßig aufgeblasen, vorn kurz, gerundet, hinten verlängert, meist abgestutzt geschnäbelt. Wirbel bei $^{30}/_{100}$ der Gesamtlänge gelegen, mäßig vorragend, aufgeblasen, mit sehr feinen Wellenrunzeln skulptiert, die sich nach unten hin immer stärker strecken und die die gesamte Schalenfläche bedecken können; an diese Skulptur schließt sich, in Gestalt von parallelen Fältchen, eine andere, die den Raum zwischen beiden Arealkanten mehr oder weniger ausfüllen kann. Rückenumriß gleichmäßig lanzettlich, größte Dicke in oder etwas vor der Schalenmitte. Hauptzähne lamellenförmig, über dem der rechten Klappe ein ihm fast gleicher Hilfszahn; Intervall ansteigend, schmal, glatt, Seitenzähne ziemlich lang, schlank, gerade, nach hinten zu oft fein senkrecht gefurcht. — Maße: Länge 41—70 mm, Höhe 26—43 mm, Dicke 16—25 mm.

Bemerkung: *C. ascia* ist eine weitverbreitete und daher äußerst variable Art. Während die Formen aus Penang und aus Sumatra sich sehr ähnlich sehen, sind die borneensischen Formen einerseits und die aus Kambodscha andererseits davon anscheinend recht verschieden. Indessen gleichen sich die mir bekannten Jugendstadien aller Formen beträchtlich, und die Verschiedenheit bei den erwachsenen Stücken kann wohl auf andersartige Umweltbedingungen zurückgeführt werden, denen die Formen während ihres Wachstums ausgesetzt waren.

Verbreitung: Sumatra, Borneo, Penang, Kambodscha.

6. **Contradens rusticus** (LEA)

1856 *Unio rusticus* LEA, Proc. Acad. nat. Sci. Philadelphia, **8**:93. — Terra typica: Siam.
1858 *Unio rusticus* — LEA, J. Acad. nat. Sci. Philadelphia, **3**:294; Taf. 25, Fig. 7.
1865 *Unio paivanus* MORELET, J. de Conch., Paris, **13**:227. — Terra typica: Siam.
1889 *Unio siamensis* MORLET, J. de Conch., Paris, **37**:194; Taf. 7, Fig. 2. — Terra typica: Fluß Sutrang, Siam.
1891 *Unio soboles* P. FISCHER, Bull. Soc. Hist. nat. Autun, **4**:227. — Terra typica: Fluß Patrang, Siam.
1900 *Nodularia sobolus* SIMPSON (error typographicus?), Proc. U.S. nation. Mus., Washington, **22**:819.

Diagnosis: Schale unregelmäßig eiförmig, im Alter oft hinten geschnäbelt, ziemlich festschalig, sehr aufgeblasen, außen stark gerunzelt. Wirbel bei $^{30}/_{100}$ der Gesamtlänge gelegen, in der Jugend etwas mehr zur Mitte gelegen, sehr aufgeblasen, mit einer aus V-förmigen Runzeln bestehenden Skulptur, die weiter unten in die Runzelung der Schalenoberfläche übergeht. Rückenumriß breit lanzettlich, vorn bedeutend kürzer zugeschärft als hinten, größte Dicke bedeutend vor der Mitte gelegen. Oberfläche der Schale gerunzelt; die Runzeln sind nahe den Wirbeln, wo sie sich an die Wirbelskulptur anschließen, stark zickzackförmig gekrümmt, zeigen in der Schalenmitte nur noch eine leichte Wellung und erscheinen in der Nähe des Unterrandes fast gerade, etwa gleichlaufend mit den Zuwachsstreifen. Hauptzähne lamellenförmig, über dem der rechten Klappe ein etwas dünnerer Hilfszahn; Intervall lang, schmal und glatt; Seitenzähne kurz, ziemlich stark und hoch, leicht senkrecht gerieft. — Maße: Länge 43—66 mm, Höhe 29—41 mm, Dicke 24—33,5 mm.

Bemerkung: Weiteres Material ergibt möglicherweise, daß die Art mit *Contradens dautzenbergi* identisch ist.

Verbreitung: Thailand, Kambodscha.

7. **Contradens dautzenbergi** (MORLET)

1889 *Unio dautzenbergi* MORLET, J. de Conch., Paris, **37**:190; Taf. 8, Fig. 5. — Terra typica: Fluß Srakeo bei Srakeo, Siam.

Diagnosis: Wie *Contradens rusticus*, doch angeblich hinten etwas dekurviert geschnäbelt, während *rusticus* einen gleichmäßig gekrümmten Unterrand besitzt. Siehe Bemerkung zu *Contradens rusticus*. — Maße: Länge 37,5 bis 55 mm, Höhe 25—35 mm, Dicke 23—25,5 mm.

Verbreitung: Thailand, Kambodscha.

8. **Contradens verbeeki** (Martens)

1890 *Unio verbeeki* Paetel (nomen nudum), Cat. Conch. Samml., **3**:171.
1897 *Unio verbeeki* Martens, Süßw.-Brakw.-Moll. Ind. Arch., **4**:89. — Terra typica: Sumatra.
1942 *Contradens (Sprickia) verbeeki* — Modell, Arch. Molluskenk., Frankfurt a. M., **74**:189.

Diagnosis: Schale eiförmig-elliptisch, im Alter hinten leicht geschnäbelt, ziemlich fest, Außenseite mit welligen Runzeln bedeckt. Wirbel bei $^{26}/_{100}$ der Gesamtlänge gelegen, den vorderen Oberrand bedeutend, den hinteren kaum oder gar nicht überragend, recht aufgeblasen; auf ihren Spitzen liegt eine wellenrunzelige Skulptur, die weiter unten allmählich in die Runzelung der Schalenfläche übergeht. Der vorderste Teil der Area, nahe den Wirbeln, trägt zahlreiche, waagerechte leicht gewellte Fältchen, die die derberen Falten der Schalenskulptur kreuzen. Schalenoberfläche mit deutlichen, aber nicht sehr hohen Runzeln bedeckt, die sich an die Wirbelskulptur anschließen, dort stark zickzackförmig geknickt sind, rasch wellig werden und schon ungefähr von der Schalenmitte an bis zum Unterrand kaum gewellt erscheinen, daher starken Zuwachsstreifen ähnlich sehen. Rückenumriß breit lanzettförmig, hinten bedeutend länger ausgezogen als vorn. Größte Dicke ziemlich weit vor der Mitte. Hauptzähne lamellenförmig, rechts mit Hilfszahn, Intervall kurz und schmal, Seitenzähne ziemlich lang, fast ganz gerade, hinten hoch, aber nicht sehr dick. — Maße: Länge 41—58 mm, Höhe 25—35 mm, Dicke 16—27 mm.

Verbreitung: See Singkarah, Mittel-Sumatra.

9. **Contradens hageni** (Strubell)

1897 *Unio hageni* Strubell, Nachr. Bl. dtsch. malak. Ges., Frankfurt a. M., **29**:10. — Terra typica: Süd-Sumatra.
?1906 *Unio pajakomboensis* Bullen, Proc. malac. Soc. London, **7**:15. — Terra typica: Pajacombo, Sumatra.

Diagnosis: Schale unregelmäßig eiförmig, vorn niedrig, kurz, hinten hoch, leicht verlängert zugespitzt, aufgeblasen, ziemlich dünnschalig. Wirbel wenig vorragend, aufgeblasen. Area ziemlich hoch, stark zusammengedrückt, mit undeutlichen Arealkanten; Areola deutlich, sehr zusammengepreßt. Sinulus äußerst schmal, aber lang, Sinus schmal, kurz. Ligament kurz und schwach. Epidermis leicht gefurcht, seidenglänzend, grünlich- oder bräunlich-schwarz. Hauptzahn der rechten Klappe dem vorderen Oberrande parallel, lamellenartig, parallel über ihm ein ihm ähnlicher, aber schwächerer Auxiliarzahn; vorderer Hauptzahn der linken Klappe lang, lamellenförmig, hinterer Hauptzahn nur als leichte Verdickung am Hinterende des vorderen wahrnehmbar. Perlmutter bläulich weiß, nur an den Rändern irisierend. — Maße: Länge 38—44 mm, Höhe 22—26 mm, Dicke 17 mm.

Verbreitung: Süd- und Nord-Sumatra.

Genus **Cuneopsis** Simpson

1900 *Cuneopsis* Simpson, Proc. U.S. nation. Mus., Washington, **22**:804. — Species typica: *Unio celtiformis* Heude.

Diagnosis: Schale fest, mehr oder weniger verlängert, sehr ungleichseitig, vorn kurz gerundet oder abgestutzt, hinten in einen langen Schnabel ausgezogen, oft nach rechts oder links abgebogen und zur Achse verdreht; längs der äußeren Arealkante stark aufgetrieben. Wirbel hoch, bauchig, mit einer Skulptur aus scharfen Leisten, die V-förmig die Wirbelspitze umfassen, oder von knötchentragenden, radialen Leisten. Konchinschicht stumpf seidenglänzend. Schloß mit zwei Hauptzähnen und zwei Seitenzähnen rechts, einem Hauptzahn und einem Seitenzahn links; Hauptzähne hoch, fest, mehr oder weniger dreieckig; Intervall sehr kurz und breit oder fast fehlend; Seitenzähne lang, gerade, senkrecht gestrichelt.

Verbreitung: China.

Bestimmungsschlüssel zu den Arten

1 Schale sehr lang, dolchförmig . . . . *C. celtiformis,* S. 103
1′ Schale anders geformt 2
2 Schale länglich eiförmig . . . . *C. rufescens,* S. 104
2′ Schale eiförmig, sehr ungleichseitig . . . . *C. demangei,* S. 104
2″ Schale etwas dreieckig 3
3 Schale sehr fest, schwer, Schloß sehr plump . . . . *C. pisciculus,* S. 102
3′ Schale dünner, Unterrand gerundet, Schloß zarter . . . . *C. heudei,* S. 103

1. Cuneopsis pisciculus (Heude)

1874 *Unio pisciculus* Heude, J. de Conch., Paris, **22**:115. — Terra typica: Fluß Ning-kuo-fu, China.
1874 *Unio pisciculus* — Heude, Conch. Fluv. Prov. Nanking, **1**: Taf. 2, Fig. 6, 6a.
1874 *Unio capitatus* Heude, J. de Conch., Paris, **22**:114. — Terra typica: Gegend von Tonglioe und Lu-Kiang, China.
1874 *Unio capitatus* — Heude, Conch. Fluv. Prov. Nanking, **1**: Taf. 2, Fig. 5.
1875 *Unio retortus* Martens, Sitz.Ber. Ges. naturf. Freunde, Berlin, **1875**:4. — Terra typica: Fluß Siang-Kiang, China.
1898 *Unio flexuosus* Neumayr, Wiss. Ergebn. Reise Széchenyi Ostasien, **2**:642; Taf. 2. Fig. 2. — Terra typica: See Pojang, Provinz Kiang-si, China.
1914 *Unio flexicosus* Simpson (ex errore), Descr. Cat. Naiades: 721.

Diagnosis: Schale lang keilförmig, sehr ungleichseitig, verdreht und nach rechts abgebogen, dick, in der Wirbelgegend sehr aufgeblasen. Vorderende äußerst kurz, gerundet abschüssig, Hinterende niedrig, in einen langen, mittleren, gerundeten Schnabel ausgezogen. Oberrand beiderseits von den Wirbeln abfallend, eckenlos in Vorder- und Hinterrand übergehend; Unterrand leicht geschwungen, mit dem tiefsten Punkt etwa unter den Wirbeln, in der Mitte manchmal geradlinig oder etwas eingedrückt. Wirbel vorragend, sehr voll, den höchsten Punkt des Rückens bildend, sehr vorderständig, etwa bei $^{14}/_{100}$ der Gesamtlänge gelegen. Sinulus breit, tief zwischen die Wirbel einschneidend. Schloß normal; rechter Hauptzahn hoch, dreieckig, oben gefurcht, über ihm eine tiefe dreieckige Grube; vorderer Hauptzahn der linken Klappe schmal, lamellenförmig, hinterer stark, dreieckig, oben ziemlich glatt und flach; Intervall kurz und schmal, Seitenzähne sehr lang und gerade. Wirbelhöhlen lang und tief. Rückenumriß verdreht keilförmig, vorn sehr wenig zugespitzt, fast gerundet, hinten sehr lang ausgezogen. — Maße: Länge 84—120 mm, Höhe 37—51 mm, Dicke 25—33 mm.

Bemerkung: In *Cuneopsis capitata* (Heude), den ich 1923 noch als eigene, wenn auch zweifelhafte Art behandelt habe, sehe ich nun lediglich eine individuelle Variante von *pisciculus*, die vielleicht auf Verletzung beruht. Die plötzliche Dickenabnahme von *capitata* findet sich schon bei halbwüchsigen *pisciculus*, die auch noch den normalen spitzen Schnabel aufweisen, den *capitata* im Alter durch widrige Lebensbedingungen verloren haben mag.

Mit der Synonymierung von *capitata* mit *pisciculus* ergibt sich die Frage nach dem gültigen Namen der Art. Beide Formen sind gleichzeitig beschrieben worden, denn die Seitenpriorität von *capitata* zählt nicht; ich habe mich für den Namen *pisciculus* entschlossen, weil er der Normalform zukommt.

Verbreitung: China, in den Gebieten des Jang-tse-kiang und des Hoang-ho.

2. Cuneopsis heudei (Heude)

1874 *Unio heudei* Heude, J. de Conch., Paris, 22:114. — Terra typica: Flüsse der Provinz Nanking.

1875 *Unio corderi* Heude, Conch. Fluv. Prov. Nanking, 1: Taf. 1, Fig. 3. — Terra typica: Hoangho und Jangtsekiang, China.

1883 *Unio széchenyii* Neumayr (nomen nudum), N. Jb. Min.: 23.

1887 *Unio széchenyii* Neumayr, Wiss. Erg. Reise Széchény Ost-Asien, 2:642; Taf. 2, Fig. 1. — Terra typica: Pojang-See, Prov. Kiang-si, China.

Diagnosis: Schale keilförmig, sehr ungleichseitig, vorn abgestutzt, hinten spitzgeschnäbelt, ziemlich fest, wenig aufgeblasen. Wirbel wenig vorragend, aber aufgetrieben, mit einer aus ineinandersteckenden V-förmigen Leisten bestehenden Skulptur; bei $^{22}/_{100}$ der Gesamtlänge. Schalenoberfläche gelegentlich mit auf dem Hinterende senkrecht zur Längsachse gestellten flachen Falten. Schloß normal, Hauptzähne hoch, stark, Intervall sehr kurz und schmal, Seitenzähne lang und gerade. Wirbelhöhlen tief, etwas zusammengepreßt. Rückenumriß spindelförmig, vorn sehr kurz zugespitzt, hinten lang ausgezogen; größte Dicke etwa im vorderen Viertel der Gesamtlänge. — Maße: Länge 50—88 mm, Höhe 23—42 mm, Dicke 16—27 mm.

Verbreitung: China, in den Gebieten des Hoang-ho und Jang-tse-kiang.

3. Cuneopsis celtiformis (Heude)

1874 *Unio celtiformis* Heude, J. de Conch., Paris, 22:113. — Terra typica: Fluß Fu-tscheu, Kiang-si, China.

1874 *Unio celtiformis* — Heude, Conch. Fluv. Prov. Nanking, 1: Taf. 1, Fig. 4.

Diagnosis: Schale schmal keilförmig, sehr ungleichseitig, vorn gerundet, hinten lang und spitz ausgezogen, fest, mäßig aufgetrieben. Die beiden Klappen asymmetrisch, die rechte auf dem Oberrand deutlich höher als die linke. Vorderende äußerst kurz, gerundet, abgestutzt, Hinterende mit einem langen mittleren, gerundet zugespitzten Schnabel. Wirbel wenig vorragend, stark aufgeblasen, mit einer Skulptur aus ausstrahlenden, knötchentragenden Leisten, bei $^{12}/_{100}$ der Gesamtlänge gelegen. Die Schalenklappen stoßen am Unterrand vorn gerundet, nach hinten zu zugeschärft aneinander. Schloß normal; Hauptzähne der rechten Klappe stark, zusammengepreßt, mit dem Oberrand gleichlaufend; Hauptzähne der linken Klappe vereinigt, vorderer Teil sehr klein und spitz, hinterer lang, zusammengepreßt, Intervall sehr kurz und schmal, in der rechten Klappe nicht ausgebildet, Seitenzähne lang, dünn und gerade. Wirbelhöhlen tief und zusammengepreßt. Rückenumriß keilförmig, vorn in der Jugend sehr zugespitzt, im Alter gerundet, hinten lang und spitz ausgezogen. Größte Höhe in der Wirbelgegend. — Maße: Länge 70 bis 93 mm, Höhe 27—34 mm, Dicke 20—28 mm.

Verbreitung: China, im Gebiet des Jang-tse-kiang.

4. Cuneopsis rufescens (Heude)

1874 *Unio rufescens* Heude, J. de Conch., Paris, 22:113. — Terra typica: Fluß Futscheu, Provinz Kiang-si, China.

1874 *Unio rufescens* — Heude, Conch. Fluv. Prov. Nanking, 1: Taf. 1, Fig. 2.

Diagnosis: Schale gestreckt rautenförmig, ungleichseitig, mäßig fest, aufgeblasen. Wirbel vorragend, aufgetrieben. Area ziemlich hoch, zusammengepreßt, oben gewinkelt; Arealkanten deutlich. Vorderende kurz, gerundet, Hinterende in einen langen, unteren, schief abgestutzten Schnabel ausgezogen. Ober- und Unterrand fast geradlinig und gleichlaufend. Schalenoberfläche fast glatt, von einer braungrünen, seidigen Konchinschicht bedeckt. Linke Klappe mit 2 hohen, zusammengedrückten Hauptzähnen, die sich berühren; der hintere ungefähr dreieckig, vor ihm eine tiefe Grube; ein Hauptzahn in der rechten Klappe, 2 Seitenzähne in der linken und einer in der rechten Klappe. Vordere Muskeleindrücke tief, hintere flach, hinten schillernd. Mantellinie hinten leicht eingebuchtet. — Maße: Länge 70 mm, Höhe 28 mm, Dicke 24 mm.

Bemerkung: Da mir kein Stück dieser Art vorlag, halte ich mich an die von Simpson gegebene Beschreibung. Simpson sah an dem von ihm untersuchten Stück im U.S. National Museum in Washington den Rest einer Wirbelskulptur aus Leisten, die vom Wirbel ausstrahlen, und die sich ungefähr mit der von *Cuneopsis celtiformis* deckt.

Verbreitung: Provinz Kiang-si, China.

5. Cuneopsis demangei Haas

1929 *Cuneopsis demangei* Haas, Senckenbergiana, Frankfurt a. M., 11:211; Abb. 1—2. — Terra typica: Fluß Song Dalj bei Viétri, Tonkin.

Diagnosis: Schale eiförmig, dickschalig, sehr ungleichseitig, vorn gerundet abgestutzt, hinten in einen mäßig langen Schnabel ausgezogen. Oberrand vorn gerade, hinten leicht abfallend, beiderseits eckenlos in die anstoßenden Ränder übergehend. Unterrand ziemlich gleichmäßig geschwungen. Wirbel breit, wenig vorragend. Area flach, mit deutlicher, breiter äußerer und wenig ausgeprägter innerer Arealkante; Areola undeutlich begrenzt, kaum ausgebildet. Sinulus lanzettförmig, tief zwischen die Wirbel einschneidend. Rückenumriß schmal spindelförmig, vorn kurz zugespitzt oder leicht abgestumpft, hinten länger und spitzer ausgezogen. Konchinschicht stumpf schwarzbraun bis schwarzgrau. Schloß dem von *C. heudei* fast gleich, nur stärker und plumper, besonders die Seitenzähne, die aber im Verhältnis etwas kürzer bleiben. Wirbelhöhlen ziemlich tief. Perlmutter bläulich weiß, mit nach den Rändern zu stärker werdendem Schillerglanz. — Maße: Länge 54—78 mm, Höhe 31,5—43 mm, Dicke 21—30 mm.

Verbreitung: Tonkin.

Genus **Diaurora** Cockerell

1900 *Aurora* (Subgenus zu *Parreysia*) Simpson (non *Aurora* Sollas 1888: Porifera), Proc. U.S. nation. Mus., Washington, **22**:849. — Species typica: *Unio auroreus* Heude.

1903 *Diaurora* Cockerell (nomen novum pro *Aurora* Simpson 1900), Nautilus, Philadelphia u. Boston, **16**:118.

Diagnose: Schale klein, vorn kurz gerundet, hinten etwas länger, gerundet zugespitzt. Wirbel wellig skulptiert; Wirbelskulptur weit auf die Schale übergreifend, auf der Schalenfläche in stärkere Knötchen aufgelöst, auf der Area in Form waagerechter, flacher, erst hinten knötchenartiger Falten ausgebildet. Schloß schwach. Perlmutter orangenfarben.

Verbreitung: China.

1. **Diaurora aurorea** (Heude)

1883 *Unio auroreus* Heude, Conch. Fluv. Prov. Nanking, 8: Taf. 57, Fig. 106. — Terra typica: Gebirgsbäche Ning-kuo hien und Kien-te hien, China.

Diagnosis: Schale elliptisch-eiförmig, ungleichseitig, etwas aufgeblasen. Vorderende kurz, gleichmäßig gerundet, Hinterende etwas verlängert, abgerundet zugespitzt; Unterrand gleichmäßig und sanft geschwungen. Wirbel etwa in ¼ der Länge gelegen, wenig vorragend, mit einer anscheinend wellenförmigen Skulptur bedeckt; sie erstreckt sich über den größten Teil der Schale, wird auf der Schalenfläche nach unten zu stärker und löst sich in einzelne Knötchen auf, während sie die Area waagerecht als niedrige Falten durchzieht und erst am Oberrand knötchenartig wird. Konchinschicht gelb mit grünen Strahlen. Hauptzähne konisch, stumpf, Seitenzähne schwach, fast gerade, Intervall deutlich. Perlmutter orangefarbig. — Maße: Länge 34 mm, Höhe 21 mm, Dicke 12 mm.

Bemerkung: Außer einer einzelnen, schlecht erhaltenen Klappe, die wohl dieser Art angehört, habe ich keine Stücke von ihr gesehen und mußte mich deshalb gänzlich an die Originalbeschreibung von Heude halten.

Verbreitung: Quellgebiet der Bäche Ning-kuo hien und Kien-te hien, China.

Genus **Ptychorhynchus** Simpson

1900 *Ptychorhynchus* Simpson, Proc. U.S. nation. Mus., Washington, **22**:850. — Species typica: *Unio pfisteri* Heude.

1922 *Heudeana* (Subgenus zu *Margaritana*) Frierson, Nautilus, Philadelphia u. Boston, **36**:43. — Species typica: *Unio murinus* Heude.

Diagnosis: Schale verlängert eiförmig oder elliptisch, ungleichseitig, vorn gerundet, hinten mehr oder weniger abgestutzt oder gerundet zugespitzt, lang geschnäbelt, festschalig, mäßig aufgetrieben. Area deutlich, etwas zusammengedrückt, meist mit deutlicher äußerer Arealkante, im oberen Teil von leicht gebogenen, gleichlaufenden Falten durchzogen, die manchmal auch auf die sonst glatte Schalenfläche übergreifen. Wirbel niedrig, wenig vorragend, ihre Skulptur (bisher nur bei *Ptychorhynchus pfisteri* festgestellt) aus konzentrischen Zickzackrunzeln bestehend; Wirbelhöhlen ziemlich seicht. Schloß normal; Hauptzahn der rechten Klappe stumpf, niedrig, mehr oder weniger verlängert; Hauptzähne der linken Klappe niedrig, kurz, etwas angerauht, zwischen beiden eine tiefe Grube; anstelle des Intervalls eine Lücke; Seitenzähne mäßig lang, breit, häufig gekörnelt, die der rechten Klappe manchmal von schwachen Hilfslamellen begleitet.

Bemerkung: Für *Unio murinus* HEUDE hat FRIERSON 1922 eine eigene Untergattung *Heudeana* vorgeschlagen; er sah sowohl *murinus* wie *simpularis* als Angehörige der Gattung *Margaritana* (=*Margaritifera*) an, unter der die beiden Arten in der Tat eine Sonderstellung einnehmen würden. Meiner Auffassung nach stellen diese Arten unzweifelhafte Vertreter der Gattung *Ptychorhynchus* dar, und eine subgenerische Abtrennung ist unter diesen Umständen unnötig.

Verbreitung: Ost-Asien.

Bestimmungsschlüssel zu den Arten

1 Schale kurz eiförmig, Hinterende breit gerundet zugespitzt 2
1′ Schale verlängerter, Hinterende schmaler zugespitzt . . . . . ***P. pfisteri***, S. 107
2 Schale ziemlich festschalig; Hauptzähne kurz, dreieckig . . . . ***P. schomburgianum***, S. 106
2′ Schale dünner; Hauptzähne länglich . . . . ***P. murinum***, S. 106

1. Ptychorhynchus schomburgianum (HEUDE)

1885 *Unio schomburgiana* HEUDE, Conch. Fluv. Prov. Nanking, **9**: Taf. 72, Fig. 139. — Terra typica: Insel Hainan, China.

Diagnosis: Schale elliptisch, ungleichseitig, festschalig, mäßig aufgeblasen. Vorderende kurz, gerundet vorgezogen, Hinterende länger, hinten unten gerundet geschnäbelt. Oberrand leicht gebogen, Unterrand wenig geschwungen oder fast gerade; Umriß eckenlos. Area mäßig hoch. Wirbel kaum vorragend, wenig aufgeblasen, bei $^{23}/_{100}$ der Gesamtlänge gelegen. Schalenoberfläche glatt, nur auf der Area mit dünnen, gleichlaufenden, leicht gewellten Runzeln. Konchinschicht glänzend schwarz, am Vorderende etwas radial gestreift. Schloß normal; Hauptzähne stark, niedrig dreieckig, oben gekerbt; Intervall schmal; Seitenzähne kurz, niedrig. Wirbelhöhle seicht. Rückenumriß beiderseits ziemlich gleichmäßig zugeschärft; größte Dicke etwa in der Schalenmitte. — Maße: Länge 32—51 mm, Höhe 17,5—27 mm, Dicke 11,5—19 mm.

Verbreitung: Insel Hainan, China.

2. Ptychorhynchus murinum (HEUDE)

1877 *Unio modestus* HEUDE (non *Unio modestus* KÜSTER 1856), Conch. Fluv. Prov. Nanking, **2**: Taf. 14, Fig. 29. — Terra typica: Bach Ning-Kuo-hien, Jangtse-Gebiet, China.

1877 *Unio compressus* HEUDE (non *Symphynota compressa* LEA 1829), Conch. Fluv. Prov. Nanking, **3**: Taf. 24, Fig. 52. — Terra typica: Gebirgsbach bei Kien-te, Jangtse-Gebiet, China.

1883 *Unio murinus* HEUDE, Conch. Fluv. Prov. Nanking, 8: Taf. 62, Fig. 121. — Terra typica: Kien-te, Jangtse-Gebiet, China.

1883 *Unio apicellatus* HEUDE, Conch. Fluv. Prov. Nanking, 8: Taf. 63, Fig. 126. — Terra typica: Tschê-tcheu-fu, Provinz Ngan-hue, Jangtse-Gebiet, China.

1884 *Unio simpularis* HEUDE, J. de Conch., Paris, **32**:20. — Terra typica: Mittel-China.

1890 *Unio morinus* PÄTEL (error typographicus pro *U. murinus*), Kat. Conch.-Samml., **3**:160.

1900 *Ptychorhynchus incertus* SIMPSON, Proc. U.S. nation. Mus., Washington, 22:851. — Terra typica: China.
1922 *Margaritana (Heudeana) murina* — FRIERSON, Nautilus, Philadelphia u. Boston, 36:43.
1933 *Heudeana murina* — HAAS, Senckenbergiana, 15:311; Abb. 1—4.

Diagnosis: Schale verlängert eiförmig, ungleichseitig, ziemlich festschalig, nicht oder wenig aufgeblasen. Vorderende gerundet, kurz, etwas niedriger als das lange, hinten gerade und breit abgestutzte Hinterende. Oberrand fast gerade, nach vorn etwas abfallend, Unterrand sehr wenig geschwungen oder fast gerade. Area niedrig, oben gerundet, anscheinend ohne deutliche Arealkanten. Wirbel niedrig, wenig aufgeblasen, etwa bei $1/4$ der Gesamtlänge gelegen, in der Jugend mit zarter Runzelskulptur. Schalenoberfläche fein konzentrisch gestreift, auf der Area mit leicht geschwungenen, nach hinten ziehenden Falten versehen. Konchinschicht gelblich schwarz. Hauptzähne verlängert, mit dem Oberrand gleichlaufend, oben etwas gesägt; Seitenzähne schwach entwickelt. Perlmutter rötlich braun. — Maße: Länge 50—80 mm, Höhe 26—35 mm, Dicke 16—24 mm.

Bemerkung: Diese Art, sowie *P. apicellatum* und *P. simpulare*, kenne ich nur aus wenigen Stücken und habe mich bei der Beschreibung an die von HEUDE und seine Abbildungen halten müssen. Die drei genannten Arten, die bisher als getrennte Formen angesehen wurden, schienen mir so ähnlich, daß ich sie als identisch betrachten mußte und sie der ältestbeschriebenen Art, *P. murinum*, zuordnete.

Verbreitung: Gebirgsbäche in Mittel-China.

3. **Ptychorhynchus pfisteri** (HEUDE)

1874 *Unio pfisteri* HEUDE, J. de Conch., Paris, 22:112. — Terra typica: Provinz Nanking, China.
1875 *Unio pfisteri* — HEUDE, Conch. Fluv. Prov. Nanking, 1: Taf. 1, Fig. 1.
1877 *Unio pfisteri* var. *insperatus* HEUDE, Conch. Fluv. Prov. Nanking, 2: Taf. 14, Fig. 28. — Terra typica: Bach Ning-Kuo-hien, Provinz Ngan-Hoei, China.
1883 *Unio mediastinus* HEUDE, Conch. Fluv. Prov. Nanking, 8: Taf. 63, Fig. 123. — Terra typica: Bach Lu-tscheu-fu, Prov. Ngan-Hoei, China.
1900 *Ptychorhynchus pfisteri* var. *inspiratus* SIMPSON (error typographicus pro *U. insperatus*), Proc. U.S. nation. Mus., Washington, 22:851.

Diagnosis: Schale lang eiförmig, ungleichseitig, mäßig festschalig, etwas aufgetrieben. Vorderende kurz, gerundet oder gerundet abgestutzt, Hinterende lang, in einen mittleren, zugespitzten oder etwas gerade abgestutzten Schnabel ausgezogen. Oberrand leicht gebogen, in der Jugend mit dem Vorderrande eine Ecke bildend; Unterrand fast gerade, gerundet eckig an den Hinterrand anstoßend, mit dem tiefsten Punkte etwa unter den Wirbeln. Areola in der Jugend deutlich, dreieckig, zusammengepreßt; Area niedrig, oben ohne Ecke, wenig zusammengepreßt, der Raum zwischen der deutlichen äußeren und der undeutlichen inneren Arealkante ausgehöhlt und von leicht gebogenen, niedrigen, gleichlaufenden Runzeln durchzogen. Wirbel nur wenig vorragend, kaum aufgeblasen, mit konzentrischer Zickzackskulptur, bei $^{26}/_{100}$ der Gesamtlänge gelegen. Ligament schwach. Schalenfläche glatt, mit Ausnahme der erwähnten Arealrunzeln, von einer olivgrünen bis schwärzlichen Konchinschicht bedeckt. Hauptzahn der rechten Klappe schmal, mit dem

Oberrand gleichlaufend, oben stark gesägt, Hauptzähne der linken Klappe ebenso; Seitenzähne mäßig lang, leicht gebogen, der untere der rechten Klappe vorn sehr niedrig, im ganzen dünner als der obere; Intervall sehr schmal, in der rechten Klappe fast verschwunden. Perlmutter hell bläulich weiß, wenig schillernd. — Maße: Länge 50—70 mm, Höhe 26—38 mm, Dicke 16—23 mm.

Bemerkung: Es bestehen kleine Unterschiede in der Form zwischen Stücken aus dem Gebiet des Jangtse-kiang und denen des Hoangho. Ob diese Unterschiede zufällig sind oder ob sie Lokalrassen andeuten, kann zur Zeit aus Mangel an Material nicht entschieden werden.

Verbreitung: Gebirgsbäche im mittleren China.

Genus **Prohyriopsis** HAAS

1914 *Prohyriopsis* HAAS, Nachr.Bl. dtsch. malak. Ges., Frankfurt a. M., **46**:76. — Species typica: *Unio stolatus* MARTENS.

Diagnosis: Schale länglich eiförmig, sehr ungleichseitig, etwas symphinot, hinten in einen etwas abgestumpften Schnabel ausgezogen, dünnschalig, zusammengepreßt. Area hoch, in der Mitte sehr zusammengepreßt, mit deutlicher äußerer Arealkante; Raum zwischen äußerer und innerer Arealkante mit leicht gewellten Fältchen besetzt. Ligament überbaut. Hauptzähne lamellenförmig, stark zur Längsachse der Muschel geneigt, 1 rechts und 2 links; Seitenzähne lang, gerade.

Bemerkung: Die eigentümliche Ausbildung der Hauptzähne und der Besitz der hinteren Symphinotis kennzeichnen diese Gattung, die in vielem an eine primitive *Hyriopsis* erinnert.

Verbreitung: Sumatra.

1. **Prohyriopsis stolata** (MARTENS)

1900 *Unio stolatus* MARTENS, Nachr.Bl. dtsch. malak. Ges., Frankfurt a. M., **32**:15. — Terra typica: See Danau Bura, Indragiri-Gebiet, Sumatra.

Diagnosis: Schale länglich eiförmig, etwas symphinot, sehr ungleichseitig, vorn sehr kurz, fast senkrecht abgestutzt, hinten verlängert, in einen etwas abgestumpften Schnabel ausgezogen, zusammengepreßt, dünnschalig. Ober- und Unterrand fast waagerecht, geradlinig und fast gleichlaufend, Vorderrand steil abfallend, kaum gerundet. Hinterrand nach kurzbogiger Vereinigung mit dem Unterrand geradlinig und mäßig steil, mit dem Hinterrand eine deutliche Ecke bildend. Wirbel bei $^{18}/_{100}$ der Gesamtlänge gelegen, niedrig, kaum vorragend, ohne deutlich erkennbare Skulptur. Area hoch, im oberen Teile zusammengepreßt, mit deutlicher äußerer und undeutlicher innerer Arealkante, der Raum zwischen beiden mit waagerechten, leicht gewellten Fältchen versehen; oben, am Schloßband, ist die Schale zu kurzen, aber breiten, mit den Anwachsstreifen gleichlaufenden Wülsten aufgeworfen. Schloßband überbaut; Schalenoberfläche glatt, von einer seidenglänzenden, schwarzbraunen, bei durchfallendem Lichte gelbbraunen, gestrahlten Konchinschicht bedeckt. Hauptzähne in deutlichem Winkel zum Oberrande stehend; ein lamellenförmiger in der rechten, ein ebensolcher vorderer und ein blattartiger, höherer, unter dem Wirbel gelegener hinterer in der linken Klappe; Intervall fehlend;

Seitenzähne lang, gerade; Schloßstütze fehlt. Wirbelhöhlen seicht; Perlmutter bläulich, glänzend. — Maße: Länge 71 mm, Höhe 38 mm, Dicke 18,5 mm.

Verbreitung: See Danau Bura im Indragiri-Gebiet, Sumatra.

Genus **Lamellidens** SIMPSON

1900 *Lamellidens* SIMPSON, Proc. U.S. nation. Mus., Washington, **22**:854. — Species typica: *Unio marginalis* LAMARCK.

Diagnosis: Schale verlängert, mehr oder weniger elliptisch, hinten zugespitzt, hinten leicht geflügelt, mit einer niedrigen, hinten oft zweiwinkligen Area, mit deutlichen Arealkanten. Wirbel mit einer Skulptur von zickzackförmigen, oft leicht radial erscheinenden Runzeln, die nach der Schalenfläche zu verschwinden. Schloß links mit einem lamellenförmigen Hauptzahn, über dem ein fast ebensolcher Hilfszahn steht; links mit zwei Hauptzähnen, der vordere stark aufgerauht; Seitenzähne lang, gerade; Wirbelhöhle seicht; Perlmutter bläulichweiß bis strohfarben.

Bemerkung: Die Kenntnisse über diese Gattung liegen noch sehr im argen. Meiner Ansicht nach sind viel zu viele Arten beschrieben worden; die meisten von ihnen scheinen mir Standortsformen von wenigen Grundarten zu sein. Mangels Material, an dem ich meine Ansicht beweisen könnte, bleibt die hier gegebene Darstellung der Verhältnisse zunächst noch rein theoretisch.

Verbreitung: Ceylon, Indien, Assam, Pegu.

Bestimmungsschlüssel zu den Arten

1	Area ziemlich hoch	*L. generosus,*	S. 109
1′	Area niedrig		2
2	Ziemlich festschalig; Konchinschicht glänzend	*L. testudinarius,*	S. 110
2′	Festschalig, Konchinschicht dunkel, glanzlos	*L. lamellatus,*	S. 109

1. **Lamellidens lamellatus** (LEA)

1838 *Unio lamellatus* LEA, Trans. amer. philos. Soc., Philadelphia, **6**:19; Taf. 6, Fig. 16.— Terra typica: Bengalen.

1859 *Unio layardii* LEA, Proc. Acad. nat. Sci. Philadelphia, **3**:153. — Terra typica: Ceylon.

1860 *Unio layardii* — LEA, J. Acad. nat. Sci. Philadelphia, **4**:243; Taf. 36, Fig. 122.

Diagnosis: Schale unregelmäßig elliptisch oder subrhomboidal, etwas aufgeblasen, ziemlich dünnschalig, ungleichseitig; Wirbel mäßig voll und vorragend, mit gebogenen, etwas radialen Runzeln skulptiert. Area hoch, etwas gerundet, manchmal mit einem oder zwei leicht angedeuteten Arealkanten, hinten etwas schief abgestutzt; Oberrand fast geradlinig. Schalenfläche fast ganz glatt. Konchinschicht olivenfarben bis tiefer bräunlich leicht rauchig, angehaucht, mehr oder weniger glänzend. Hauptzähne sehr zusammengepreßt, Seitenzähne ganz oder fast ganz gerade; Perlmutter bläulich bis tiefblau. — Maße: Länge 70—77 mm, Höhe 36—45 mm, Dicke 23—25 mm.

Verbreitung: Indien; Ceylon.

2. **Lamellidens generosus** (GOULD)

1847 *Unio generosus* GOULD, Proc. Boston Soc. nat. Hist., **2**:220. — Terra typica: Newville, Tavoy.

1868 *Unio scutum* SOWERBY, Conch. Icon., **16**: Taf. 94, Fig. 510. — Terra typica: Tenasserim.
1899 *Unio scutum* var. *humilior* MARTENS, Arch. Naturgesch., Berlin, **65**:45; Taf. 5, Fig. 1. — Terra typica: Chindwin Fluß bei Kalewa, Ober-Burma.

Diagnosis: Schale unregelmäßig elliptisch oder etwas eiförmig, ziemlich dünnschalig, bauchig oder leicht zusammengedrückt, ungleichseitig; vorn schmal und gerundet, hinterer Oberrand gerundet; endend mit einer abgerundeten Spitze ziemlich in der Mittellinie. Oberrand im ganzen etwas gekrümmt; Area schief abgestutzt; Unterrand gerundet, besonders bauchig hinter der Mitte. Schalenoberfläche mehr oder weniger konzentrisch gefurcht. Konchinschicht dunkel kastanienbraun oder schwärzlich, rötlich in der Wirbelgegend. Hauptzähne lamellenförmig, Intervall nicht sehr lang, Seitenzähne hoch. Perlmutter bläulich, manchmal lachsfarben in den Wirbelhöhlen. — Maße: Länge 91—124 mm, Höhe 56—58 mm, Dicke 26—27 mm.

Bemerkung: Ich bin nicht ganz sicher, ob die Varietät *humilior* von *generosus* wirklich hierher gehört; sie könnte ebensogut eine Form von *Lamellidens testudinarius* sein.

3. Lamellidens testudinarius (SPENGLER)

1793 *Unio testudinarius* SPENGLER, Skr. naturh. Selsk., Kjøbenhavn, **3**:65. [HAAS, Vid. Medd. dansk naturh. For. Kjøbenhavn, **65**:61; Taf. 3, Fig. 1; 1913.] — Terra typica: Tranquebar.
1793 *Unio truncatus* SPENGLER, Skr. naturh. Selsk., Kjøbenhavn, **3**:65. [HAAS, Vid. Medd. dansk naturh. Foren., Kjøbenhavn, **65**:63; Textabb. 3; 1913.] — Terra typica: Tranquebar.
1819 *Unio marginalis* LAMARCK, Anim. sans Vert., **6**:79. — Terra typica: Bengalen.
1819 *Unio anodontina* LAMARCK, Anim. sans Vert., **6**:80. — Terra typica: Virginien.
1831 *Symphynota bilineata* LEA, Trans. amer. philos. Soc., Philadelphia, **4**:98; Taf. 11, Fig. 19. — Terra typica: Fluß Hoogly, Hindostan.
1834 *Unio corrianus* LEA, Trans. amer. philos. Soc., Philadelphia, **6**:65; Taf. 9, Fig. 25. — Terra typica: Indien.
1856 *Unio tricolor* KÜSTER, Conch.-Cab. IX. (2):156; Taf. 45, Fig. 1. — Terra typica: Ägypten, im Nil.
1859 *Unio consobrinus* LEA, Proc. Acad. nat. Sci. Philadelphia, **3**:331. — Terra typica: China.
1859 *Unio thwaitesii* LEA, Proc. Acad. nat. Sci. Philadelphia, **3**:152. — Terra typica: Ceylon.
1860 *Unio consobrinus* — LEA, J. Acad. nat. Sci. Philadelphia, **4**:272; Taf. 45, Fig. 152.
1860 *Unio thwaitesii* — LEA, J. Acad. nat. Sci. Philadelphia, **4**:246; Taf. 37, Fig. 125.
1862 *Unio jenkinsianus* BENSON, Ann. Mag. nat. Hist., London, (3)**10**:185. — Terra typica: Assam, im Brahmaputra.
1876 *Unio marginalis* var. *candaharicus* HANLEY & THEOBALD, Conch. Indica: 20; Taf. 43, Fig. 4. — Terra typica: Fluß Satletsch, Indien.
1876 *Unio marginalis* var. *cylindrica* HANLEY & THEOBALD, Conch. Indica: 20; Taf. 44, Fig. 1. — Terra typica: Nicht genannt.
1876 *Unio marginalis* var. *obesa* HANLEY & THEOBALD, Conch. Indica: 20; Taf. 43, Fig. 3. — Terra typica: Fluß Irrawaddi, Burma.
1889 *Unio gianelli* TAPPERONE-CANEFRI, Ann. Mus. civ. Stor. nat. Genova, (2)**7**:357. — Terra typica: Mandalay, Burma.
1889 *Unio dolichorhynchus* TAPPERONE-CANEFRI, Ann. Mus. civ. Stor. nat. Genova, (2)**7**:348. — Terra typica: Mandalay, Burma.

1892 *Unio corbei* DESCHAMPS, Bull. Soc. zool. France, Paris, **17**:68; Text-Fig. — Terra typica: See von Kandy, Ceylon.
1900 *Unio mainwaringi* SIMPSON (nomen nudum), Proc. U.S. nation. Mus., Washington, **22**:856.
1900 *Unio canefrianus* SIMPSON, Proc. U.S. nation. Mus., Washington, **22**:857. (beruht auf *Unio protensus* — TAPPERONE-CANEFRI 1889, nec LEA 1865). — Terra typica: Prome, Nieder-Burma.
1900 *Lamellidens marginalis* var. *hanleyi* SIMPSON, Proc. U.S. nation. Mus., Washington, **22**:855. — Terra typica: Bei Kalkutta, Indien.
1912 *Lamellidens mainwaringi* PRESTON, Rec. Ind. Mus., Calcutta, **7**: (3):305. — Terra typica: Siliguri, Indien.
1912 *Lamellidens marginalis* var. *sublamellatus* PRESTON, Rec. Ind. Mus., Calcutta, **7**:305. — Terra typica: Burma.
1912 *Lamellidens marginalis* var. *sawaddyensis* PRESTON, Rec. Ind. Mus., Calcutta, **7**:305. — Terra typica: Fluß Sawaddy, Burma.
1912 *Lamellidens narainporensis* PRESTON, Rec. Ind. Mus., Calcutta, **7**:306. — Terra typica: Narainpore Bhil, Mushidabad Distrikt, Bengalen.
1912 *Lamellidens nongyangensis* PRESTON, Rec. Ind. Mus., Calcutta, **7**:306. — Terra typica: See Nongyang, südlich von Patkai, Indien.
1912 *Lamellidens phenchooganjensis* PRESTON, Rec. Ind. Mus., Calcutta, **7**:306. — Terra typica: Phenchooganj, Zentral Sylhet, India.
1930 *Lamellidens indawgyiensis* PRASHAD, Rec. Ind. Mus., Calcutta, **32**:253; Abb. 4; Taf. 8, Fig. 9, 10. — Terra typica: See Indawgyi, Myitkyina-Distrikt, Ober-Burma.

Diagnosis: Schale variabel, etwas rhomboid bis etwa elliptisch, hinten mitunter verlängert und geschnäbelt, dünnschalig bis ziemlich fest, mehr oder weniger aufgeblasen, ungleichseitig. Wirbel nicht sehr aufgeblasen und nicht sehr vorragend, ihre Skulptur sehr schwach und V-förmig, manchmal leicht zickzackförmig. Schalenoberfläche fast ganz glatt; hinterer Oberrand geschwungen, an der Mittellinie oder etwas tiefer mit einer abgerundeten Spitze endend. Konchinschicht glatt, braun bis gelblich-braun, oft mit helleren Ringen. Area mit zwei Arealkanten, manchmal mit schwachen grünlichen Strahlen. Hauptzähne lang, dünn und schneidend, ein Hilfszahn über dem der rechten Klappe, Seitenzähne lang und dünn. Perlmutter bläulich bis lachsfarben, meistens sehr glänzend. — Maße: Länge 70—110 mm, Höhe 39—45 mm, Dicke 22—26 mm.

Bemerkung: Es war unmöglich, eine auf alle Ausbildungsformen dieser Art passende Beschreibung zu geben. Faßt man den typischen *testudinarius* als die Normalform auf, wie sie in ruhigeren fließenden Gewässern vorkommt, so muß man die Standortformen der Gebirgsbäche einerseits und die schlammiger, ruhiger Seen andererseits als die beiden Extrembildungen ansehen, deren diese Art fähig ist. Die dabei entstehenden Schalenformen entsprechen denen der europäischen *Anodonta cygnea* unter den gleichen Verhältnissen.

Verbreitung: Ceylon; Indien; Birma; einschließlich Assam.

Genus **Radiatula** SIMPSON

1900 *Nodularia* (Sectio *Radiatula*) SIMPSON, Proc. U.S. nation. Mus., Washington, **22**:820. — Species typica: *Unio crispisulcatus* BENSON.

Diagnosis: Schale abgerundet eiförmig, festschalig, mit hohen, aber nur wenig aufgeblasenen Wirbeln; Unterrand nicht sehr geschwungen, Hinterende leicht gerundet, abgestutzt, Wirbel und Schalenoberfläche gänzlich mit leicht zickzackförmigen oder gespreizten, ausstrahlenden Leistchen ähnlichen Fältchen besetzt; sie können durch konzentrische Furchen mehr oder weniger in Knötchen zerschnitten sein und biegen auf der Area, wo sie stärker werden, nach oben. Rechts anscheinend drei Hauptzähne, da zwei sehr starke Hilfszähne ausgebildet sind, links deren zwei, alle fest und stark gesägt.

Verbreitung: Birma, Pegu, Assam, Sikkim.

1. **Radiatula lima** (Simpson)

1856 *Unio radula* Benson (non *Unio radula* Say 1829) in Hanley, Cat. Rec. biv. Shells, Suppl.: 382; Taf. 23, Fig. 41. — Terra typica: Assam.
1900 *Nodularia lima* Simpson (nomen novum pro *Unio radula* Benson 1856) Proc. U.S. nation. Mus., Washington, **22**:820.
1908 *Unio siliguriensis* Preston, Rec. Ind. Mus., Calcutta, **2**:47. — Terra typica: Siliguri, Nord-Bengalen.

Diagnosis: Schale quer-oval, ungleichseitig, nicht sehr dick, ziemlich zusammengepreßt. Konchinschicht olivfarben, mit gattungstypischer Skulptur, aber flacher und etwas mehr in die Länge gezogen. Ober- und Unterrand fast gleichlaufend, Hinterende verschmälert und gerundet. Area ohne Kanten; Oberrand höher als Schloßband und Wirbel. Wirbelhöhle seicht; Hauptzähne fest und gesägt, Seitenzähne verlängert, etwas gebogen. Perlmutter bläulich. — Maße: Länge 30 mm, Höhe 20 mm.

Bemerkung: Wenig bekannte Art. Die Beschreibung beruht nicht auf eigener Anschauung. Vielleicht mit der folgenden Art identisch. Simpsons Angabe, *R. lima* käme auch in Kambodscha vor, ist nicht belegt.

Verbreitung: Assam, Sikkim.

2. **Radiatula crispisulcata** (Benson)

1862 *Unio crispisulcatus* Benson, Ann. Mag. nat. Hist., London, (3)**10**:193. — Terra typica: Birma.

Diagnosis: Schale quer eiförmig, fast ungleichseitig, bauchig bis leicht aufgeblasen, ziemlich festschalig. Wirbel hoch, aber ziemlich zusammengepreßt, mit hervorragenden Spitzen, mit zahlreichen, deutlichen, zickzackförmigen Falten; diese Falten erstrecken sich über die gesamte Schalenoberfläche und werden gegen die Schalenränder hin von einer konzentrischen, zarten, aber deutlichen Skulptur gekreuzt und wirken so etwas netzförmig; längs der deutlichen Arealkante ist die Schalenskulptur gegabelt. Vorderende schmal und gerundet, Unterrand leicht geschwungen, hinter der Mitte etwas stärker gebogen; Hinterende gerundet oder leicht zweiwinkelig, Konchinschicht gelbgrün bis braun, oft mit lichteren Bändern, glanzlos. Schloßlinie stark gebogen; Hauptzähne etwas zusammengepreßt und stark uneben, Seitenzähne durch ein Intervall von ihnen getrennt, ziemlich kurz. Perlmutter weißlich, in den Wirbelhöhlen oft gelblich. — Maße: Länge 40—52 mm, Höhe 29—33 mm, Dicke 16—21 mm.

Verbreitung: Birma.

Genus **Indonaia** PRASHAD

1918 *Indonaia* PRASHAD, Rec. Ind. Mus., Calcutta, **15**:146; Abb. 2—3. — Species typica: *Unio caeruleus* LEA.

Diagnosis: Schale rundlich oder verlängert eiförmig, recht dünn; Wirbel ziemlich vorragend, aufgeblasen, mit einer Skulptur aus so spitzen Zickzackfalten, daß sie wie aus radialen Falten zusammengesetzt aussieht; Area hoch, Areola niedrig, beide mit waagerechten Ausstrahlungen der Wirbelskulptur bedeckt. Schloß ziemlich schwach, Hauptzähne länglich, aber etwas verdickt, nieder; Intervall kurz, Seitenzähne lang und fast ganz gerade. Wirbelhöhlen mäßig tief.

Bemerkung: Das Verhältnis dieser Gattung zur vorhergegangenen, *Radiatula*, scheint nicht ganz geklärt zu sein; beide stehen sich sehr nahe, wenn man nur ihre Schalen berücksichtigt. Indessen glaubt PRASHAD (Rec. Ind. Mus., Calcutta, **15**:146; 1918), anatomische Unterschiede zwischen beiden gefunden zu haben, die zur Aufstellung einer eigenen Gattung, *Indonaia*, berechtigen. Aus Mangel an Untersuchungsmaterial bin ich gezwungen, PRASHAD zu folgen. Man könnte auch *Indonaia* als Untergattung von *Radiatula* betrachten.

Verbreitung: Indien, Assam, Birma.

Bestimmungsschlüssel zu den Arten

1	Schale sehr klein, weniger als 23 mm lang	*I. chaudhurii,*	S. 116
1′	Schale mindestens 30 mm lang.		2
2	Schale sehr lang (60 mm), mit breit gerundeten Vorder- und Hinterenden	*I. theobaldi,*	S. 116
2′	Schale kürzer, hinten meist etwas zugespitzt		3
3	Keine Wirbelskulptur	*I. olivaria,*	S. 115
3′	Skulptur vorhanden		4
4	Skulptur die ganze Schale bedeckend	*I. crispata,*	S. 115
4′	Skulptur weniger ausgebreitet		5
5	Schalenfläche unregelmäßig gefurcht	*I. bonneaudi,*	S. 115
5′	Schale teilweise von Ausstrahlungen der Wirbelskulptur bedeckt		6
6	Schale kurz elliptisch, hinten kurz geschnäbelt, ziemlich fest. . .	*I. occata,*	S. 114
6′	Schale verlängert elliptisch, hinten länger, dünn	*I. caerulea,*	S. 113

1. **Indonaia caerulea** (LEA)

1831 *Unio caeruleus* LEA, Trans. philos. Soc., Philadelphia, **4**:95; Taf. 13, Fig. 25. — Terra typica: Fluß Hoogly, Indien.

1838 *Unio gerbidoni* EYDOUX, Mag. Zool., Paris, **8**:9; Taf. 118, Fig. 2, 2a, 2b. — Terra typica: Koromandel, Indien.

1838 *Unio gaudichaudi* EYDOUX, Mag. Zool., Paris, **8**:10; Taf. 118, Fig. 3. — Terra typica: Bengalen.

1838 *Unio keraudreni* EYDOUX, Mag. Zool., Paris, **8**:8; Taf. 118, Fig. 1, 1a. — Terra typica: Chandernagore.

1856 *Unio substriatus* LEA, Proc. Acad. nat. Sci. Philadelphia, **8**:93. — Terra typica: Siam.

1856 *Unio shurtleffianus* LEA, Proc. Acad. nat. Sci. Philadelphia, **8**:94. — Terra typica: Fluß Sina, Indien.

1857 *Unio humilis* LEA, Proc. Acad. nat. Sci. Philadelphia, **8**:93. — Terra typica: Siam.

1858 *Unio substriatus* — LEA, J. Acad. nat. Sci. Philadelphia, **3**:300; Taf. 26, Fig. 14.
1858 *Unio shurtleffianus* — LEA, J. Acad. nat. Sci. Philadelphia, **3**:302; Taf. 27, Fig. 17.
1858 *Unio humilis* — LEA, J. Acad. nat. Sci., Philadelphia, **3**:298; Taf. 26, Fig. 10.
1862 *Unio leioma* BENSON, Ann. Mag. nat. Hist., London, (3)**10**:192. — Terra typica: Nahe Bombay.
1862 *Unio pachysoma* BENSON, Ann. Mag. nat. Hist., London, (3)**10**:186. — Terra typica: Fluß Brahmaputra in Assam.
1866 *Unio pilatus* LEA, Proc. Acad. nat. Sci. Philadelphia, **10**:133. — Terra typica: Siam.
1868 *Unio pilatus* — LEA, J. Acad. nat. Sci. Philadelphia, **6**:281; Taf. 38, Fig. 95.
1868 *Unio evitatus* LEA, Proc. Acad. nat. Sci. Philadelphia, **10**:133. — Terra typica: Bengalen.
1868 *Unio evitatus* — LEA, J. Acad. nat. Sci. Philadelphia, **6**:279; Taf. 38, Fig. 92.
1868 *Unio trirostris* SOWERBY, Conch. Icon., **16**: Taf. 65, Fig. 331. — Terra typica: Indien.
1877 *Unio andersonianus* NEVILL, J. asiat. Soc. Bengal, **46**:40. — Terra typica: Myadong, Birma.
1966 *Indonaia khadakvaslaensis* RAY, J. de Conch., Paris, **105**:226; Abb. 1A—D. — Terra typica: Khadakvasla Dam, Poona, Maharashtra, Indien.

Diagnosis: Schale verlängert, stark oder mäßig aufgeblasen, ungleichseitig, ziemlich dünnschalig; Wirbel mäßig voll, mit einer sehr spitz zickzackförmigen Skulptur versehen, deren Schenkel fast wie radial angeordnet erscheinen. Vorderende gerundet, Unterrand gerade oder leicht geschwungen, hinter der Mitte häufiger. Hinterende schief abgestutzt, aber dabei leicht geschnäbelt. Area deutlich, äußere Arealkante etwas über der Längsachse endend. Schalenoberfläche mit zarten, unregelmäßigen Zuwachslinien, gelegentlich mit schwachen Falten auf der Area und der Areola. Hauptzähne lamellenförmig, zart, etwas erhöht; Intervall kurz, Seitenzähne gerade. Perlmutter bläulich silberig. — Maße: Länge 40—46 mm, Höhe 21—22 mm; Dicke 14—17 mm.

Bemerkung: Eine sehr veränderliche Art, was schon aus der Menge der Synonyma hervorgeht. Abgesehen von individueller Variabilität ist aber bei *caerulea* auch noch die Einwirkung des Standorts formbestimmend: Strom-, Bach- und Seeformen mögen für eine Anzahl der gegebenen Namen verantwortlich sein.

Verbreitung: Indien, Assam, Birma, Thailand.

2. **Indonaia occata** (LEA)

1860 *Unio occatus* LEA, Proc. Acad. nat. Sci. Philadelphia, **4**:307. — Terra typica: Indien.
1862 *Unio maculentus* BENSON, Ann. Mag. nat. Hist., London, (3)**10**:187. — Terra typica: Bengalen.
1863 *Unio occatus* — LEA, J. Acad. nat. Sci. Philadelphia, **6**:398; Taf. 50, Fig. 304.
1876 *Unio rugosus* HANLEY & THEOBALD, Conch. Ind.: 62; Taf. 154, Fig. 3. — Terra typica: Koromandel.

Diagnosis: Schale verhältnismäßig kurz, rhomboidal, ungleichseitig, etwas zusammengepreßt, ziemlich festschalig; Wirbel niedrig und etwas niedergedrückt, mit der typischen Skulptur der Gattung, die sich über die gesamte Schalenfläche erstreckt und die in einiger Entfernung von den Wirbeln leicht körnig wird. Vorderende gerundet, Unterrand geschwungen, nahe dem Hinterende etwas stärker. Area leicht waagerecht gerunzelt. Konchinschicht schmutzig grünlich, glanzlos. Hauptzähne ziemlich fest, Seitenzähne leicht gebogen; Perlmutter bläulichweiß und fleischfarben in den Wirbelhöhlen. — Maße: Länge 36 mm, Höhe 20 mm, Dicke 11 mm.

Bemerkung: Dies ist die am stärksten skulptierte Art der Gattung *Indonaia*.

Verbreitung: Indien.

3. Indonaia bonneaudi (Eydoux)

1838 *Unio bonneaudi* Eydoux, Mag. Zool., Paris, 8:10; Taf. 119, Fig. 1, 1a. — Terra typica: Indische Halbinsel.

Diagnosis: Schale unregelmäßig subrhombisch, stark aufgeblasen, am stärksten in der Mitte, ungleichseitig, ziemlich dünnschalig. Wirbel voll und hoch. Vorderende kurz, gerundet, Unterrand fast gerade, bis zu einer auffälligen Schwellung hinter der Mitte und von da an bis zum Hinterende gerundet. Hinterer Oberrand wohl entwickelt, leicht gewinkelt, hinten gerundet unter der Mittellinie endend. Schalenfläche zart gerunzelt, besonders auf der Area. Konchinschicht grünlich, mit zarten bläulichen Binden. Schloß zart, Hauptzähne klein, schwach, Seitenzähne ebenfalls schwach und gebogen. Perlmutter bläulichweiß, glänzend. — Maße: Länge 43 mm, Höhe 24 mm, Dicke 19 mm.

Bemerkung: Eine seltene, wenig bekannte Art, deren Beschreibung sich auf die von Eydoux gründet.

Verbreitung: Indien.

4. Indonaia crispata (Gould)

1843 *Unio crispata* Gould, Proc. Boston Soc. nat. Hist., 1:141. — Terra typica: Tavoy, Birma.

Diagnosis: Schale eiförmig oder unregelmäßig elliptisch, ziemlich fest, mehr oder weniger aufgeblasen. Wirbel ziemlich voll und hoch, mit der gattungstypischen Skulptur, die sich über die ganze Schalenfläche erstreckt. Rückenrand gebogen, Vorderende gerundet, Unterrand leicht geschwungen, am meisten hinter der Mitte. Hinterer Oberrand gewinkelt, an oder unter der Mittellinie endend. Konchinschicht grünlich glanzlos, dunkler auf den Skulpturrunzeln. Hauptzähne etwas zusammengedrückt bis ziemlich fest, rauh. Seitenzähne gebogen. Perlmutter weißlich bis schmutzig fleischfarben. — Maße: Länge 43 mm, Höhe 23 mm, Dicke 13 mm.

Verbreitung: Birma, Thailand, Kambodscha.

5. Indonaia olivaria (Lea)

1831 *Unio olivarius* Lea, Trans. amer. philos. Soc., Philadelphia, 4:108; Taf. 16, Fig. 38. — Terra typica: Fluß Burill, Indien.

1856 *Unio nuttallianus* Lea, Proc. Acad. nat. Sci. Philadelphia, 8:103. — Terra typica: Indien.

1856 *Unio involutus* Benson in Hanley, Cat. Rec. biv. Shells: 385; Taf. 23, Fig. 19. — Terra typica: Assam.

1858 *Unio nuttallianus* — Lea, J. Acad. nat. Sci. Philadelphia, 3:310; Taf. 30, Fig. 25.

1862 *Unio pumilio* KÜSTER, Conch.-Cab., IX. (2):268; Taf. 90, Fig. 7. — Terra typica: Unbekannt.

Diagnosis: Schale unregelmäßig lang elliptisch, sehr dünn, etwas aufgeblasen. Wirbel voll und hoch, ohne sichtbare Skulptur oder nur mit leichtesten Anzeichen davon. Vorderende gerundet, Unterrand leicht geschwungen, mehr etwa hinter der Mitte, hinten schief abgestutzt. Schalenfläche glatt und nur mit Andeutungen radialer Fältchen. Konchinschicht fein blaugrün, oft etwas milchig, dunkler auf der Area, wo außerdem zarte Strahlen auftreten. Hauptzähne zusammengepreßt, zu scharfen Lamellen erhoben. Wirbelhöhlen ziemlich tief. Perlmutter bläulich mit deutlichem milchigem Hauch. — Maße: Länge 40 mm, Höhe 22 mm, Dicke 15 mm.

Verbreitung: Assam.

6. **Indonaia theobaldi** (PRESTON)

1912 *Nodularia (Nodularia) theobaldi* PRESTON, Rec. Ind. Mus., Calcutta, 7:292. — Terra typica: Manipur, Assam.

Diagnosis: Schale rechteckig mit gerundeten Ecken, Ober- und Unterrand nur wenig gebogen, vorn klaffend, ziemlich festschalig, konzentrisch gerieft, mit einer dunkelolivfarbenen Konchinschicht bedeckt; Wirbel klein, nicht vorragend; Rückenrand etwas gebogen, Bauchrand in der Mitte ganz leicht ausgehöhlt, sonst aber geradlinig; Vorderende leicht vorgezogen und sehr stumpf geschnäbelt, oben steil abfallend, dann scharf gerundet und dann wieder nach unten abfallend. Hauptzähne in der rechten Klappe rauh, dreieckig, gesägt, etwas nach innen zwischen die beiden Hauptzähne der linken Klappe vorspringend, die ebenfalls rauh sind und deren vorderer ziemlich breit und massig ist; Seitenzähne beiderseits verlängert und fast gerade. Vordere Muskelnarben ziemlich tief ausgehöhlt, besonders oben; hintere Muskelnarben eiförmig, leicht eingedrückt; Perlmutter von fleischfarben zu irisierend blau wechselnd, besonders gegen das Hinterende zu. — Maße: Länge 60 mm, Höhe 34 mm, Dicke 19 mm.

Bemerkung: Beschreibung und Abbildung nach PRESTON, da ich nie ein Stück dieser Art gesehen habe. Ich hätte *theobaldi* nie zu *Indonaia* gestellt, wenn ich mich nicht auf das sonst recht gute Urteil von PRESTON verlassen hätte.

Verbreitung: Manipur, Indien.

7. **Indonaia chaudhurii** (PRESTON)

1912 *Nodularia (Nodularia) chaudhurii* PRESTON, Rec. Ind. Mus., Calcutta, 7:290. — Terra typica: Ober-Birma.

Diagnosis: Schale klein, ziemlich dünn, verlängert eiförmig, blaß olivfarben, von einer feinblättrigen Konchinschicht bedeckt; beide Klappen konzentrisch gestreift, mit unregelmäßigen, winzigen, knotigen, radialen Rippchen skulptiert, die hinten als regelmäßige Falten erscheinen; Rückenrand leicht gebogen; Bauchrand gerade; Vorderende vorgezogen, gerundet; Hinterende stumpf geschnäbelt, plötzlich nach oben und unten umbiegend; Schloßzähne verlängert, vorn vorstehend; vordere Muskelnarben tief, rundlich dreieckig;

hintere Muskelnarben kaum eingedrückt, Schaleninneres irisierend, perlmuttrig, hinten runzlig. — Maße: Länge 23 mm, Höhe 12,75 mm.

Bemerkung: Diese Art ist mir ebenfalls nur durch die Beschreibung und Abbildung von PRESTON bekannt, die beide hier wiedergegeben sind. Nur im Vertrauen zu PRESTON behandele ich diese Form als eigene Art und nicht als Variante von *Indonaia caerulea*.

Genus **Parreysia** CONRAD

1853 *Parreysia* CONRAD, Proc. Acad. nat. Sci. Philadelphia, **6**:267. — Species typica: *Unio multidentatus* PHILIPPI.

Diagnosis: Schale, fest, aufgeblasen, eiförmig bis etwas rhombisch, mit hohen, vollen, mit zickzackförmiger Radial-Skulptur bedeckten Wirbeln, wobei die Skulptur sich oft über die ganze Schalenfläche erstreckt. Konchinschicht glatt und glänzend, manchmal etwas strahlig, mit zwei unregelmäßigen Hauptzähnen in der linken Klappe, die mehr oder minder in unregelmäßige Zähnchen aufgebrochen oder senkrecht stark zersägt sind und mit zwei Seitenzähnen, von denen der untere größer ist; rechte Klappe mit einem zusammengedrückten Hauptzahn, gelegentlich von einem Hilfszahn begleitet und einem Seitenzahn, unten von einer schwächeren Hilfslamelle begleitet. Wirbelhöhle tief, nicht zusammengepreßt. Perlmutter weiß bis lachsfarben, hinten irisierend.

Bemerkung: Die typische Art dieser Gattung, *Unio multidentatus* PHILIPPI, stammte angeblich aus Australien, weshalb CONRAD auch seinen neuen Gattungsnamen *Parreysia* zu den australischen Novitäten stellte. Wir wissen jetzt, daß *multidentatus* ein jüngeres Synonym von *Mya corrugata* MÜLLER ist, also einer indischen Art. Wie bei den beiden vorangehenden Gattungen beruhen unsere Kenntnisse von *Parreysia* in der Hauptsache auf den Abbildungen bei HANLEY & THEOBALD (Conchologia Indica), was die Untersuchung, wieviele der dazu gestellten Namen wirklich artberechtigt sind, wesentlich erschwert. Ich kann somit nur hoffen, mit meiner folgenden Anordnung nicht allzuweit vom wirklichen Sachverhalt abzuweichen.

Verbreitung: Süd-Asien.

Bestimmungsschlüssel zu den Arten

1 Schale ohne Skulptur . . . . ***P. feddeni*** (S. 120), ***P. daccaensis*** (S. 121), ***P. rajahensis*** S. 123), ***P. sikkimensis*** (S. 124)

1′ Schale mit Skulptur 2

2 Skulptur nur auf den Wirbeln und den nahegelegenen Schalenteilen . . . . ***P. corrugata*** (S. 118), ***P. favidens*** (S. 119), ***P. feae*** (S. 123), ***P. rugosa*** (S. 121), ***P. corbis*** (S. 121), ***P. burmanus*** (S. 122), ***P. gowhattensis*** (S. 124)

2′ Skulptur die ganze Schale bedeckend . . . . ***P. bhamoensis*** (S. 119), ***P. pernodulosa*** (S. 120), ***P. tavoyensis*** (S. 122), ***P. vulcanus*** (S. 123)

Bemerkung: Bei der Seltenheit des Materials dieser Gattung ist in vielen Fällen nicht zu entscheiden, ob die hier als gute Arten angesehenen Formen nicht vielleicht lediglich Standortformen oder nur individuelle Varianten einer Art sind; ein weiterer Grund, der die sachgemäße Behandlung dieser Gattung erschwert, sind die unvollständigen Beschreibungen und außerdem die häufig ungenauen Abbildungen, auf die unsere Entscheidungen zurückzugehen haben.

Verbreitung: Süd-Asien.

1. Parreysia corrugata (Müller)

1774 *Mya corrugata* Müller, Verm. Test. Fluv., **2**:214. — Terra typica: Koromandel.
1788 *Mya spuria* Gmelin, Linn. Syst. Nat., Ed. 13, **1**:3222. — Terra typica: Tranquebar.
1819 *Unio corrugata* — Lamarck, Anim. sans Vert., **6**:78.
1847 *Unio multidentatus* Philippi, Abb. Beschr. Conch., **3**:46; Taf. 3, Fig. 4. — Terra typica: Nova Hollandia.
1847 *Unio fulmineus* Philippi, Abb. Beschr. Conch., **3**:46; Taf. 3, Fig. 5—6. — Terra typica: Nova Hollandia.
1856 *Unio lutens* Lea, Proc. Acad. nat. Sci. Philadelphia, **8**:93. — Terra typica: Newville, Birma.
1859 *Unio corrugatus* var. *nagpoorensis* Lea, Proc. Acad. nat. Sci. Philadelphia, **3**:331. — Terra typica: Ambajiri Tank, Nagpoor, Bengalen.
1860 *Unio corrugatus* var. *nagpoorensis* — Lea, J. Acad. nat. Sci. Philadelphia, **4**:270; Taf. 45, Fig. 150.
1861 *Unio merodabensis* Küster, Conch.-Cab., IX. (2):233; Taf. 78, Fig. 4. — Terra typica: Provinz Merodab, Bengalen.
1862 *Unio laevirostris* Benson, Ann. Mag. nat. Hist., London, (3)**10**:191. — Terra typica: Bei Chunar nahe Benares, Indien.
1876 *Unio wynegungaensis* Hanley & Theobald, Conch. Ind.: 21, Taf. 45, Fig. 6. — Terra typica: Fluß Wynegunga, Indien.
1876 *Unio tennentii* Hanley & Theobald, Conch. Ind.: 22; Taf. 45, Fig. 5, 9. — Terra typica: „British India".
1876 *Unio corrugatus* var. *fragilis* Hanley & Theobald, Conch. Ind.: 21; Taf. 45, Fig. 4. — Terra typica: Nicht angegeben.
1876 *Unio corrugatus* var. *solida* Hanley & Theobald, Conch. Ind.: 21. — Terra typica: Fluß Godavary, Indien.

Diagnosis: Schale von veränderlichem Umriß, meistens etwas elliptisch, wenig oder stärker aufgeblasen, ziemlich fest, mehr oder weniger ungleichseitig. Wirbel voll, ziemlich erhaben, mit einer Skulptur aus eng zickzackförmigen und daher fast radial wirkenden Falten, die sich weit über die Schalenfläche erstrecken können. Vorderende mehr oder weniger schmal, gerundet, Unterrand geschwungen, am meisten hinter der Mitte; Rückenlinie geschwungen, hinterer Oberrand schief abgestutzt, manchmal schief gerundet, mit einem Winkel an der Treffstelle mit dem hinteren Oberrand; Area voll; Schalenfläche mit unregelmäßigen Wachstumslinien, die vorn als schwache Falten erhaben sind. Area und Areola oft mit unregelmäßigen, radialen Falten versehen. Konchinschicht meist glatt und glänzend, gelblich bis strohfarben oder braun, oft mit grünen konzentrischen Bändern, manchmal sogar einfarbig grün; die Area weist gelegentlich zwei oder drei dunkle Strahlen auf; auch auf der Schalenfläche können sie schwach auftreten. Hauptzähne rechts durch einen starken Hilfszahn anscheinend verdoppelt, links die normalen zwei; Seitenzähne normal; auf dem Intervall hinter den Hauptzähnen häufig einige kleine Knötchen. Wirbelhöhlen ziemlich tief. Perlmutter weiß, in den Wirbelhöhlen lachsfarben. — Maße: Länge 43—62 mm, Höhe 30—38 mm, Dicke 21—25 mm.

Bemerkung: Eine sehr formveränderliche Art, die schwer zu diagnostizieren ist; die obige Beschreibung versucht, auch die beschriebenen Varianten einzubegreifen.

Verbreitung: Bengalen, Dekkan.

2. Parreysia favidens (Benson)

1862 *Unio favidens* Benson, Ann. Mag. nat. Hist., London, (3)**10**:188. — Terra typica: Oberer Ganges.
1862 *Unio smaragdites* Benson, Ann. Mag. nat. Hist., London, (3)**10**:190. — Terra typica: Brahmaputra, Assam.
1862 *Unio marcens* Benson, Ann. Mag. nat. Hist., London, (3)**10**:188. — Terra typica: Brahmaputra, Assam.
1862 *Unio favidens* var. *trigona* Benson, Ann. Mag. nat. Hist., London, (3)**10**:188. — Terra typica: Nujeebadad, nordwestlich von Rohilkund, Indien.
1862 *Unio favidens* var. *densa* Benson, Ann. Mag. nat. Hist., London, (3)**10**:189. — Terra typica: Ganges oberhalb Chunár, Indien.
1862 *Unio favidens* var. *deltae* Benson, Ann. Mag. nat. Hist., London, (3)**10**:189. — Terra typica: Fluß Jellinghy im oberen Ganges-Delta.
1862 *Unio favidens* var. *chrysis* Benson, Ann. Mag. nat. Hist., London, (3)**10**:189. — Terra typica: Fluß Dojora bei Kareily Ghat, nahe Bareily, Indien.
1862 *Unio favidens* var. *viridula* Benson, Ann. Mag. nat. Hist., London, (3)**10**:189. — Terra typica: Tümpel zwischen Hameerpore und Someerpore, Bundelkund, Indien.
1862 *Unio pinax* Benson, Ann. Mag. nat. Hist., London, (3)**10**:192. — Terra typica: Fluß Gungun bei Moradabad, Bundelkund, Indien.
1862 *Unio plagiosoma* Benson, Ann. Mag. nat. Hist., London, (3)**10**:191. — Terra typica: Fluß Cane bei Banda, Bundelkund, Indien.
1863 *Unio trirostris* Musgrave, Phot. Conch. of Conch. Misc. Hanley: Taf. 2, Fig. 9. — Terra typica: Moradabad, Indien.
1863 *Unio tripartitus* Lea, Proc. Acad. nat. Sci. Philadelphia, **7**:190. — Terra typica: Fluß Jillingee, Indien.
1866 *Unio tripartitus* — Lea, J. Acad. nat. Sci. Philadelphia, **6**:57; Taf. 19, Fig. 55.
1912 *Parreysia favidens* var. *assamensis* Preston, Rec. Ind. Mus., Calcutta, **7**:299. — Terra typica: Dihong, Indien.
1912 *Parreysia (Parreysia) annandalei* Preston, Rec. Ind. Mus., Calcutta, **7**:302. — Terra typica: Gowhatty, Indien.
1927 *Parreysia robsoni* Frierson, Class. annot. Check List Naiades: **45** (Begründet auf Reeve, Conch. Icon., **16**: Fig. 198, *Unio pumilus* Lea, der sicher eine indische *Parreysia favidens* darstellt).
1930 *Parreysia olivacea* Prashad, Rec. Ind. Mus., Calcutta, **32**:251; Abb. 3; Taf. 8, Fig. 8. — Terra typica: Kamaing, Myitkina-Distrikt, Ober-Birma.

Diagnosis: Schale ziemlich groß, schwer, etwas aufgeblasen, unregelmäßig elliptisch oder eiförmig, ungleichseitig; Wirbel voll, hoch, mit starken zickzackförmigen Falten skulptiert, die sich gewöhnlich nicht auf die Schalenfläche erstrecken; hinterer Oberrand etwas flügelartig erhoben, etwa in der Mittellinie hinten in abgestumpfter Spitze endend. Schalenfläche mit starken, unregelmäßigen Wachstumslinien, die gelegentlich eine konzentrische Skulptur vortäuschen; Konchinschicht grünlichbraun bis bräunlich, in einzelnen Fällen leicht gestrahlt. Hauptzähne stark und sehr zersplittert, oft mit knötchenartigen Hilfszähnen; Seitenzähne hinten verdickt, etwas keulenförmig. Wirbelhöhlen tief; Perlmutter gelblich lachsfarben oder weiß. — Maße: Länge 70 mm, Höhe 50 mm, Dicke 33 mm.

Verbreitung: Anscheinend ganz Indien, bis nach Assam.

3. Parreysia bhamoensis (Theobald)

1874 *Unio bhamoensis* Theobald, J. asiat. Soc. Bengal, Calcutta, **42** 2:207; Taf. 17, Fig. 1. — Terra typica: Birma.

1874 *Unio mandelayensis* THEOBALD, J. asiat. Soc. Bengal, Calcutta **42** 2:208; Taf. 17, Fig. 2. — Terra typica: Mandelay, Birma.

Diagnosis: Schale ausgesprochen dreieckig, ziemlich fest, leicht aufgeblasen, Wirbel und Wirbelgegend hoch, stark mit zickzackförmigen Falten skulptiert, die sich über die ganze Schale erstrecken können. Hinterer Oberrand schmal gerundet, Vorderende oben schief abgestutzt, unten gerundet; Unterrand geschwungen. Schalenfläche mit starker, ungleicher, konzentrischer Skulptur; Konchinschicht bräunlich bis grünlich. Hauptzähne etwas dreieckig, nicht sehr zerspalten. Wirbelhöhlen tief; Perlmutter bläulichweiß. — Maße: Länge 40—50 mm, Höhe 31—38 mm, Dicke 21—22 mm.

Verbreitung: Birma.

4. Parreysia pernodulosa PRESTON

1912 *Parreysia (Parreysia) pernodulosa* PRESTON, Rec. Ind. Mus., Calcutta, **7**:300. — Terra typica: Zayleyman, Ober-Birma.

Diagnosis: Schale klein, eiförmig, dunkelbraun; beide Klappen auf der Vorderseite mit groben, gebrochenen Falten skulptiert, die nach der Mitte und nach hinten zu unregelmäßiger und knotiger werden; Wirbel ziemlich groß; Rückenrand nach hinten abgekrümmt; Bauchrand etwas gerundet; Vorderende ziemlich zusammengepreßt, scharf gerundet; Hinterende breit, sehr zart gerundet; Hauptzähne sehr vorn stehend, in der rechten Klappe viereckig, mit zwei verlängerten Gruben versehen, in der rechten Klappe groß, zersägt, in drei Teile gespalten, zwischen je zwei von ihnen zwei tiefe Einschnitte; davon ist der mittelste Teilzahn, der zwischen zwei der genannten Einschnitte, bei weitem der kleinste; am Fuß des vordersten Teilzahnes liegt ein kleiner, zersägter Zahn, der in der Mitte eine schiefe Grube aufweist; Seitenzähne beiderseits sehr weit nach hinten gelegen, verlängert geschwungen, ihrer ganzen Länge nach senkrecht geriefelt; vordere Muskeleindrücke sehr tief; hinterer Muskeleindruck verlängert, aber nicht sehr ausgeprägt; Inneres der Schale blaßbläulich, irisierend. — Maße: Länge 20,5 mm, Höhe 15,5 mm.

Bemerkung: Mir nur aus dem Schrifttum bekannte Form, deren Artberechtigung keineswegs feststeht; Beschreibung nach PRESTON.

Verbreitung: Zayleyman, Ober-Birma.

5. Parreysia feddeni (THEOBALD)

1874 *Unio feddeni* THEOBALD, J. asiat. Soc. Bengal, Calcutta, **43**:208; Taf. 17, Fig. 3. — Terra typica: Peemgunga, Zentral-Indien.

Diagnosis: Schale quadratisch-eiförmig, konzentrisch gerunzelt, vorn bauchig gerundet, hinten verbreitert und etwas abgestutzt; etwas ungleichseitig. Wirbel abgerieben, nicht vorragend, Konchinschicht glatt, etwas glänzend, grünlichgelb. Hauptzähne lamellenförmig, gestreift; in der rechten Klappe ein einzelner, gesägter, in der linken zwei gleiche dreieckige, die gestreift und gesägt sind. Perlmutter bläulichweiß. — Maße: Länge 26—40 mm, Höhe 17—29,5 mm, Dicke ?—11 mm.

Bemerkung: Die Art ist mir gleichfalls unbekannt, deshalb wird die ursprüngliche Beschreibung, ins Deutsche übersetzt, hier wiederholt.

Verbreitung: Fluß Peemgunga, Zentral-Indien; Yünnan, China (?).

6. Parreysia corbis (Hanley)

1856 *Unio corbis* Hanley, Illustr. descr. Cat. Rec. biv. Shells: 386; Taf. 23, Fig. 43. — Terra typica: Assam.

Diagnosis: Schale etwas eiförmig, etwas aufgeblasen, mäßig fest, ungleichseitig; Wirbel hoch und voll, mit zickzackradialer Skulptur; hinterer Oberrand gerundet; Vorderende verschmälert und gerundet; Bauchrand gebogen, am meisten hinter der Mitte; Rückenrand gerundet, das Hinterende ist abgestumpft zugespitzt etwas unter der Mittellinie; Schalenfläche glatt, nur flache Zuwachsstreifen aufweisend; Konchinschicht grünlich oder gräulichgrün, mit Andeutungen von gelb, einzelne Stücke sogar mit Andeutungen von Strahlen. Hauptzähne rauh, Seitenzähne gekrümmt, weit hinten liegend, Wirbelhöhlen gut vertieft; vordere Muskelnarben tief; Perlmutter ziemlich glanzlos, weißlich, gelblich oder fahl, hinten dünner. — Maße: Länge 38 bis 44 mm, Höhe 25—29 mm, Dicke 16—20 mm.

Bemerkung: Die Art ist ebenfalls unbekannt. Beschreibung nach der ursprünglichen und der Abbildung in der „Conchologia Indica".

Verbreitung: Assam.

7. Parreysia daccaensis Preston

1912 *Parreysia (Parreysia) daccaensis* Preston, Rec. Ind. Mus., Calcutta, 7:300. — Terra typica: Dacca, Indien.

Diagnosis: Schale verschieden von der von *P. feddeni* Theobald, durch bedeutendere Größe, plumpere und stärker verlängert eiförmige Gestalt; sie ist viel dunkler in der Farbe, nämlich dunkel schwarzbraun statt grüngelb bei *feddeni;* die Schalenfläche ist viel rauher konzentrisch gerunzelt und außerdem ziemlich hammerschlägig, während *feddeni* fast glatt ist; die Wirbel der vorliegenden Art sind, obwohl größer, viel weniger vorragend, aber die Schloßbildung ist die gleiche. — Maße: Länge 76,5 mm, Höhe 47 mm, Dicke 29 mm.

Bemerkung: Mir nur aus der Beschreibung bekannt; es scheint mir nicht einmal sicher, daß die Art zu *Parreysia* gehört, aber durch Mangel an Material kann ich diese Frage nicht entscheiden.

Verbreitung: Dacca, Indien.

8. Parreysia rugosa (Gmelin)

1788 *Mya rugosa* Gmelin, Linn. Syst. Nat., Ed. 13, **6**:5222. — Terra typica: Koromandel, Indien.

Diagnosis: Schale lang elliptisch oder länglich rhombisch, etwas aufgeblasen, ziemlich fest, ungleichseitig; Wirbel voll und hoch, mit starker zickzack-radialer Skulptur; hinterer Oberrand gerundet; Vorderende gerundet, manchmal mit einem leichten Winkel oben, Unterrand fast gerade; Hinterende gerundet oder oben schief und leicht abgestutzt; Rückenrand geschwungen; Schalenoberfläche mit unregelmäßigen Wachstumslinien; Konchinschicht grünlich bei jungen Stücken, bräunlich bei alten; Hauptzähne fest, sehr zerspalten; Seitenzähne gerade, zwei links, und einer mit Nebenzahn rechts; Perlmutter lachsfarben, irisierend, vorn dicker. — Maße: Länge 42—57 mm, Höhe 24—34 mm, Dicke ?—22 mm.

Bemerkung: Eine altbekannte, aber wenig gekannte Art. Beschreibung deswegen nur bedingt richtig.

Verbreitung: Koromandel, Indien.

9. **Parreysia burmana** (BLANFORD)

1869 *Unio burmanus* BLANFORD, Proc. zool. Soc. London, **1869**:449. — Terra typica: Fluß Irrawaddy bei Bhamo, Birma.

1876 *Unio birmanus* HANLEY & THEOBALD, Conch. Ind.: 19; Taf. 42, Fig. 1. — Terra typica: Bhamo, Ober-Birma.

1930 *Parreysia burmanus* var. *miyitkyinae* PRASHAD, Rec. Ind. Mus., Calcutta **32**:250; Taf. 8, Fig. 5—7. — Terra typica: Kamaing, Myitkyina Distrikt, Ober-Birma.

Diagnosis: Schale nahezu elliptisch, fest, geschwollen, ausgesprochen ungleichseitig, schwärzlich oder bräunlicholiv, konzentrisch streifenfaltig; Schalenoberfläche in der Mitte und hinten mit schiefer, winkliger, etwas körniger Skulptur versehen; Wirbelgegend voll und breit; Wirbel mit zickzack-radialer Skulptur; hinterer Oberrand völlig, eng gerundet; Vorderende gerundet; Rückenrand schön geschwungen; Unterrand fast gerade, Hinterende gerundet, nur ganz wenig in oder unter der Mittellinie vorgezogen; Hauptzähne kurz, etwas gezackt; Seitenzähne weit hinten, hoch; Perlmutter lachsfarben bis bläulichweiß. — Maße: Länge 34—52 mm, Höhe 26,5—35 mm, Dicke 17—22 mm.

Bemerkung: Beschreibung und Abbildung nach älteren Texten, da kein eigenes Material vorhanden war.

Verbreitung: Fluß Irrawaddy, Birma.

10. **Parreysia tavoyensis** (GOULD)

1843 *Unio tavoyensis* GOULD, Proc. Boston. nat. Hist. Soc., **1**:140. — Terra typica: Tavoy, Burma.

1855 *Unio triembolus* BENSON, J. asiat. Soc. Bengal, Calcutta **35**:144. — Terra typica: Nerbudda-Fluß, Burma.

1890 *Unio savoyensis* PAETEL (error typographicus pro *tavoyensis*), Cat. Conch. Samml., **3**:166.

1868 *Unio parma* SOWERBY, Conch. Icon., **16**: Taf. 95, Fig. 514. — Terra typica: Tenasserim, Indien.

1889 *Unio houngdarauicus* TAPPERONE-CANEFRI, Ann. Mus. civ. Stor. nat. Genova, **7**:341. — Terra typica: Fluß Hungdarau bei Meetan, Burma.

1930 *Parreysia choprae* PRASHAD, Rec. Ind. Mus., Calcutta, **32**:248; Abb. 1; Taf. 8, Fig. 1—4. — Terra typica: See Indawgyi, Ober-Burma.

Diagnosis: Schale etwas dreieckig, manchmal fast eiförmig, etwas aufgeblasen, ziemlich bis recht fest, leicht ungleichseitig; Wirbel hoch und voll, mit Zickzackfalten skulptiert; dieser Schmuck kann sich über die gesamte Schalenfläche erstrecken, kann aber auch fast fehlen und dann ist die Schalenfläche konzentrisch gefurcht; hinterer Oberrand eng gerundet oder etwas gewinkelt; Area oft schief abgestutzt, gewöhnlich mit starken, ausstrahlenden

Falten bedeckt; Konchinschicht meistens schmutzig grün, manchmal etwas gestreift und schwach gestrahlt, oder schließlich ist sie düster grünlichbraun und fast glanzlos; Schloßlinie gebogen, Schloß nur von mäßiger Dicke; Hauptzähne etwas gespalten, aber weniger als bei verwandten Arten; Wirbelhöhlen nur mäßig tief; Perlmutter glanzlos, bläulich bis fleischfarbig, in den Wirbelhöhlen oft düster. — Maße: Länge 44—52 mm, Höhe 35—39 mm, Dicke 21—24 mm.

Verbreitung: Birma.

11. **Parreysia vulcanus** (Hanley)

1875 *Unio vulcanus* Hanley, Proc. zool. Soc. London, **1875**:606. — Terra typica: Burma.
1900 *Parreysia vulcana* — Simpson, Proc. U.S. nation. Mus., Washington, **22**:844.

Diagnosis: Schale etwas dreieckig, fest, ungleichseitig, bis auf das vorderste Vorderende grün; Schalenfläche stark faltig oder knollig gefurcht; Vorderende etwas gerundet und verschmälert; Hinterende breiter, unten gerundet, darüber schief, leicht abgestutzt; Unterrand leicht geschwungen; Wirbel hoch; Schloß fest und dick; Hauptzähne fest und gesägt; Perlmutter weiß, etwas irisierend. — Maße: Länge 33—38 mm, Höhe 25—25,5 mm, Dicke ? ? ?.

Bemerkung: Mir nur aus Beschreibungen und Abbildungen bekannt, nach denen ich auch die Diagnose wiedergebe.

Verbreitung: Burma.

12. **Parreysia feae** (Tapperone-Canefri)

1889 *Unio feae* Tapperone-Canefri, Ann. Mus. civ. Stor. nat. Genova, **7**:340. — Terra typica: Fluß Hungdarau, Burma.

Diagnosis: Schale etwas dreieckig bis etwas rhombisch, ziemlich aufgeblasen, wenig bis recht fest, etwas ungleichseitig; Wirbel hoch und voll, mit unregelmäßiger Zickzack-Radialskulptur; äußere Arealkante deutlich, eng gerundet, geschwungen, manchmal sogar doppelt, stumpf oder zweiwinklig unter der Mittellinie endend; Schalenfläche etwas konzentrisch skulptiert, manchmal mit schwacher Zickzack-Skulptur; Konchinschicht schmutzig gelbgrün in jungen, braun in alten Stücken, fast glanzlos; Hauptzähne etwas dreieckig, niedrig, nur wenig gezackt; Seitenzähne weit hinten, nicht stark entwickelt, leicht gekörnelt, Wirbelhöhlen nur mäßig tief; Perlmutter fleischfarben, gelegentlich mit düsteren Flecken bei alten Stücken. — Maße: Länge 54—60 mm, Höhe 41—45 mm, Dicke 27—28 mm.

Bemerkung: Diese Art ist nie abgebildet worden. Das U.S. National Museum in Washington besitzt drei Stücke dieser Art, von Fea selbst gesammelt, und diese Belegstücke zeigen, daß *feae* als recht veränderlich gelten muß.

Verbreitung: Birma.

13. **Parreysia rajahensis** (Lea)

1841 *Unio rajahensis* Lea, Proc. amer. philos. Soc., **2**:30. — Terra typica: Calcutta, Indien.

1842 *Unio rajahensis* — LEA, Trans. amer. philos. Soc., Philadelphia, 8:239. Taf. 23, Fig. 53.
1866 *Unio indicus* SOWERBY, Conch. Icon., **16**: Taf. 40, Fig. 222. — Terra typica: Indien.

Diagnosis: Schale aufgeblasen, fest, dreieckig, leicht ungleichseitig; Wirbel voll und hoch, ihre Skulptur nicht bekannt; Lunula sehr deutlich; hinterer Oberrand hoch, etwas gewinkelt; Area eingedrückt. Vorderrand kurz, gerundet. Unterrand geschwungen, am meisten gerade hinter der Mitte; Hinterende mit dem Ende der Area eine Bucht bildend, darunter vorgezogen gerundet. Schalenoberfläche mit ausgeprägten konzentrischen Wachstumslinien. Konchinschicht bräunlichgrün, leicht gebändert, glänzend. Schloßlinie geschwungen; Hauptzähne fest, verlängert und leicht gesägt, Intervall kurz, ansteigend, Seitenzähne kurz, etwas verdickt. Perlmutter bläulich, etwas silbrig, irisierend. — Maße: Länge 31—36 mm, Höhe 27—29 mm, Dicke 16—21 mm.

Bemerkung: Dies scheint eine wirklich gut umrissene Art zu sein, die ich leider aus Mangel an Material nur mit den Worten älterer Beschreiber hier behandeln konnte.

Verbreitung: Bengalen: Nerbudda-Fluß, Kalkutta.

14. Parreysia sikkimensis (LEA)

1859 *Unio sikkimensis* LEA, Proc. Acad. nat. Sci. Philadelphia, 3:151. — Terra typica: Sikkim, Indien.
1859 *Unio sikkimensis* — LEA, J. Acad. nat. Sci. Philadelphia, 4:251; Taf. 39, Fig. 131.
1912 *Parreysia (Parreysia) perconvexa* PRESTON, Rec. Ind. Mus., Calcutta, 7:302. — Terra typica: See Nongyang, südlich von Patkai, Indien.

Diagnosis: Schale ziemlich kurz, etwas rhombisch, nicht sehr fest, wenig aufgeblasen, ungleichseitig; Wirbel anscheinend mäßig hoch und voll, mit Zickzack-Skulptur, die sich manchmal bis auf die Schalenfläche erstreckt. Area zuweilen mit zwei Arealkanten, hinten zweiwinklig am unteren Schalenende endend. Schalenfläche fein konzentrisch skulptiert; Konchinschicht grünlichbraun, wenig glänzend. Hauptzähne sehr aufgesplittert, hinten mit kleinen zahnartigen Knötchen; Seitenzähne weit hinten und kurz. Perlmutter weiß, gelegentlich bläulich, etwas irisierend. — Maße: Länge 30—32 mm, Höhe 21 mm, Dicke 13—14 mm.

Bemerkung: In *Parreysia perconvexa* PRESTON kann ich nichts anderes als eine Form von *sikkimensis* erblicken; deshalb habe ich sie in deren Synonymie gestellt.

Verbreitung: Sikkim, Indien.

15. Parreysia gowhattensis (THEOBALD)

1873 *Unio gowhattensis* THEOBALD, J. asiat. Soc. Bengal, Calcutta, 42:208; Taf. 17, Fig. 4. — Terra typica: Bei Gowhatti, Assam.

Diagnosis: Schale klein, kurz rhombisch, aufgeblasen, ungleichseitig, wenig fest; Wirbel nur mäßig voll und hoch, mit sehr feiner Zickzack-Skulptur, die sich über die gesamte Schalenfläche erstreckt und die an einzelnen Stellen leicht gewinkelt ist; daneben ist die Schalenfläche zart, doch deutlich konzentrisch skulptiert. Area gelegentlich mit zwei Arealkanten, hinten schwach zweiwinklig nach dem Unterende des Hinterrandes verlaufend. Konchinschicht fahl gelblichgrün, aber nur bis zur Arealkante, von dort an ist die Farbe grün, manchmal leicht gestrahlt. Hauptzähne gespalten, rauh; Seitenzähne desgleichen; Perlmutter bläulich, manchmal gelblich in den Wirbelhöhlen, irisierend. — Maße: Länge 24—39 mm, Höhe 15,5—25,5 mm, Dicke 10—18 mm.

Bemerkung: Aus Mangel an eigener Anschauung mußte ich auch diese Art mit den Worten der früheren Autoren beschreiben.

Verbreitung: Assam (bei Gowhatti).

Genus **Solenaia** Conrad

1869 *Solenaia* Conrad, Amer. J. Conch., Philadelphia, 4:249. — Species typica: *Mycetopus emarginatus* Lea.

Diagnosis: Schale sehr verlängert, ziemlich dünn, vorn schmäler und gerundet, vorn und hinten am Unterrand klaffend; Area zugespitzt hinten unten endend; äußere Arealkante deutlich. Wirbel niedrig, ihre Skulptur besteht aus leicht doppelt gewellten, konzentrischen Runzeln. Konchinschicht ohne Strahlen; Schloßlinie schmal, Schloß rudimentär, Spuren von Seitenzähnen aufweisend. Mantellinie mit einer ausgesprochenen hinteren Einbuchtung.

Bemerkung: In der Schale äußerst ähnlich der südamerikanischen Gattung *Mycetopus*, ist diese Gattung trotzdem als Unionide aufzufassen, da sie — wenn auch geringe — Reste von Schloßzähnen aufweist. Die Anzahl der hierher gehörigen Arten ist noch strittig. Die vielen, von Heude aus China beschriebenen „Arten“ stellen ganz bestimmt nur Wandelformen einer einzigen oder ganz weniger Grundarten dar. Andere Arten, die als zu *Solenaia* gehörig betrachtet worden sind, wie *Mycetopus falcatus* Higgins und *Mycetopus rugatus*, stammen, wie der erstere, aus Süd-Amerika oder, wie der zweitgenannte, aus Australien und sind Vertreter anderer Gattungen.

Verbreitung: Assam, Thailand, China.

Bestimmungsschlüssel zu den Arten

1	Vorderende stark verlängert	***S. emarginata,***	S. 125
1′	Vorderende kaum oder gar nicht verlängert		2
2	Schale sehr verlängert	***S. iridinea,***	S. 126
2′	Schale kurz, etwas dreieckig	***S. triangularis,***	S. 127

1. **Solenaia emarginata** (Lea)

1860 *Mycetopus emarginatus* Lea, Proc. Acad. nat. Sci. Philadelphia, 4:308. — Terra typica: Siam.
1863 *Mycetopus emarginatus* — Lea, J. Acad. nat. Sci. Philadelphia, 5:398; Taf. 50, Fig. 305.

Diagnosis: Schale sehr verlängert, ungleichseitig, dünn, hinten klaffend, etwas zusammengepreßt, vorn schmal, das Vorderende ab- und vorwärts in einen rundlichen Zipfel ausgezogen; von hier aus wird die Schale nach hinten zu geschwollener; eine erhabene Linie trennt den geschwollenen Schalenteil vom vorderen rundlichen Zipfel. Die äußere Arealkante endet hinten unten, das Hinterende leicht abgestutzt. Wirbel flach, zusammengedrückt, mit scharfer, doppelt gewellter und etwas knotiger Skulptur. Schalenfläche mit ausgeprägter konzentrischer Skulptur, Area etwas ausgehöhlt. Konchinschicht fahl, aschgrün. Schloß mit Spuren von Haupt- und Seitenzähnen. Perlmutter bläulichweiß, etwas durchscheinend. — Maße: Länge 125 mm, Höhe 34 mm, Dicke 16 mm.

Bemerkung: Wenig bekannte, anscheinend nach der Erstbeschreibung nicht wiedergefundene Art.

Verbreitung: Thailand.

2. Solenaia iridinea (Heude)

1874 *Mycetopus iridineus* Heude, J. de Conch., Paris, **22**:117. — Terra typica: Flüsse Tai-ping-fu und Fu-tcheu-fou, China.

1875 *Mycetopus iridineus* — Heude, Conch. Fluv. Prov. Nanking, **1**: Taf. 8, Fig. 19.

1877 *Mycetopus carinatus* Heude, Conch. Fluv. Prov. Nanking, **3**: Taf. 21, Fig. 45. — Terra typica: Wahrscheinlich aus Seen bei Mien-iang-tch-eu, Hupe, China.

1877 *Mycetopus oleivorus* Heude, Conch. Fluv. Prov. Nanking, **3**: Taf. 22, Fig. 46. — Terra typica: Oberer Hoai-Fluß, China.

1877 *Mycetopus recognitus* Heude, Conch. Fluv. Prov. Nanking, **3**: Taf. 22, Fig. 47. — Terra typica: Oberer Hoai-Fluß, China.

1877 *Mycetopus rivularis* Heude, Conch. Fluv. Prov. Nanking, **3**: Taf. 23, Fig. 49. — Terra typica: Bach Ning-kuo-hien, Ngan-hui, China.

1877 *Mycetopus similis* Heude, Conch. Fluv. Prov. Nanking, **3**: Taf. 23, Fig. 50. — Terra typica: See Tong-Ting, Hunan, China.

1885 *Mycetopus armatus* Heude, Conch. Fluv. Prov. Nanking, **9**: Taf. 70, Fig. 133. — Terra typica: Fluß T'ai-p'ing fu, beim See-Austritt, China.

1885 *Mycetopus succineus* Heude, Conch. Fluv. Prov. Nanking, **9**: Taf. 70, Fig. 134. — Terra typica: Flüsse Lu-tchu fu und Tong-tch'eng nahe ihrer Mündung in den See Tch'ao, China.

1885 *Mycetopus caeruleus* Heude, Conch. Fluv. Prov. Nanking, **9**: Taf. 7, Fig. 135. — Terra typica: Ausfluß der Seen von Uang-kiang-hien, China.

1885 *Mycetopus viridis* Heude, Conch. Fluv. Prov. Nanking, **9**: Taf. 71, Fig. 136. — Terra typica: See Lu-kiang-hien, China.

1890 *Mycetopus arcuatus* — Fischer, J. de Conch., Paris, **38**:11. — Terra typica: Nicht genannt. Bezieht sich auf *Mycetopus armatus* Heude (1885: Taf. 70, Fig. 133) der im Texte *armatus*, auf der Tafelunterschrift dagegen *arcuatus* genannt wird.

Diagnosis: Schale sehr verlängert, vorn schmäler, ungleichseitig, etwas zusammengepreßt, in der Vorderhälfte und am Ende des Unterrandes klaffend. Hinterer Oberrand hoch und gewinkelt, in einem Winkel mit dem Hinterrande endend. Wirbel niedrig, Hinterende schief abgestutzt. Schalenoberfläche uneben gefurcht, vorn konzentrisch gerippelt. Konchinschicht grünlich bis bräunlich, glänzend. Schloß mit winzigsten Zahnspuren. Perlmutter weißlichblau, hinten einen deutlichen Mantelsinus zeigend. — Maße: Länge 65—177 mm, Höhe 28—45 mm, Dicke 20—25 mm.

Bemerkung: Schon Fischer (J. de Conch., Paris, 38:11, 1890) hat festgestellt, daß die von Heude benannten chinesischen *Solenaia*-Arten einander äußerst ähnlich sehen. Mir schien diese Ähnlichkeit so groß und so überzeugend, daß ich alle, mit Ausnahme der jetzt zu besprechenden *Solenaia triangularis*, als Wandelformen einer einzigen Art betrachte, für die ich den ältesten beschriebenen Namen, *iridinea*, verwendete.

Verbreitung: China.

3. **Solenaia triangularis** (Heude)

1885 *Mycetopus triangularis* Heude, Conch. Fluv. Prov. Nanking, **9**: Taf. 72, Fig. 138. — Terra typica: Mittellauf des Flusses, der sich in den Fluß Kincha-Kiang bei Tchong-K'ing (China) ergießt.

Diagnosis: Schale verhältnismäßig kurz, dünn, etwas dreieckig, zusammengedrückt, hinten viel breiter als vorn. Rücken- und Bauchränder fast gerade. Hinterende oben schief abgestutzt, unten gerundet. Wirbel niedrig, aber anscheinend scharf, nahe dem Vorderende gelegen. Perlmutter fahlblau. — Maße: Länge 44 mm, Höhe 20 mm, Dicke 12 mm,

Bemerkung: Beschreibung und Abbildung nach Heude; wohl nie wiedergefunden.

Verbreitung: China.

Genus **Balwantia** Prashad

1919 *Balwantia* Prashad, Rec. Ind. Mus., Calcutta, **16**:290. — Species typica: *Anodonta soleniformis* Benson.

Diagnosis: Schalenform genau so wie die von *Solenaia*, angeblich in der Anatomie der Weichteile davon abweichend. Da aber keine Unterschiede genannt werden und die Beschreibung der Weichteile keine auffallenden Unterschiede gegenüber denen von *Solenaia* erwähnt, bleibt diese Gattung etwas problematisch.

Verbreitung: Assam.

1. **Balwantia soleniformis** (Benson)

1836 *Anodonta soleniformis* Benson, J. asiat. Soc. Bengal, Calcutta, **5**:749. — Terra typica: Assam; Indien.
1870 *Margaron (Unio) bensoni* Lea (nomen substitutum pro *Anodonta soleniformis* Benson 1836), Syn. Fam. Unionidae (4. Ed.): 57.

Diagnosis: Schale verlängert, ziemlich fest, vorn schmäler und gerundet, leicht zusammengepreßt, ungleichseitig; vorn unten klaffend. Wirbel ziemlich voll, hinterer Oberrand niedrig, hinten zugespitzt endend. Schalenfläche mit unebener, konzentrischer Skulptur, in der Mitte fast glatt. Konchinschicht grün bis schwärzlich. Area mit einer flachen, radialen Furche; Hinterende schief abgestutzt. Schloß mit Spuren von Haupt- und Seitenzähnen. Perlmutter schmutzig purpurn. — Maße: Länge 160 mm, Höhe 42 mm, Dicke 18 mm.

Bemerkung: Beständen nicht die Angaben über anatomische Verschiedenheit, so könnte man diese Art ohne weiteres als eine echte *Solenaia* aus der näheren Verwandtschaft mit *S. emarginata* betrachten.

Verbreitung: Assam, Indien.

Genus **Pseudodon** Gould

1844 *Pseudodon* Gould, Proc. Boston Soc. nat. Hist., **1**:161. — Species typica: *Anodon inoscularis* Gould.

1866 *Monocondylus* MORELET, Rev. Mag. Zool., Paris, (2)18:167. — Species typica: *Monocondylus orbicularis* MORELET.

1885 *Pseudodus* MORGAN, Bull. Soc. zool. France, Paris, 10:422. — (nomen substitutum pro *Pseudodon* GOULD).

Verbreitung: Vorder- und Hinter-Indien, China, Japan.

Bestimmungsschlüssel zu den Untergattungen

1	Schale mit Spuren von Seitenzähnen	***Obovalis,***	S. 140
1′	Schale ohne Spuren von Seitenzähnen		2
2	Schale mit starken Falten auf der Area	***Cosmopseudodon,***	S. 141
2′	Schale ohne starke Falten auf der Area		3
3	Schale klein, rautenförmig, stark aufgeblasen	***Chrysopseudodon,***	S. 136
3′	Schale kleiner, nie stark aufgeblasen		4
4	Rechts zwei, links ein Hauptzahn	***Diplopseudodon,***	S. 138
4′	Je ein einziger Hauptzahn rechts und links		5
5	Schale stark verlängert, vorn und hinten gerundet	***Nasus,***	S. 137
5′	Schale kürzer und höher		6
6	Schale verlängert rautenförmig, hinten hoch und breit	***Bineurus,***	S. 138
6′	Schale viel höher		7
7	Schale rundlich, zusammengepreßt	***Monodontina,***	S. 133
7′	Schale gerundet rautenförmig, festschalig, zusammengepreßt		8
8	Schale länglich eiförmig, ziemlich fest und aufgeblasen	***Indopseudodon,***	S. 132
8′	Schale mehr oder weniger elliptisch, fest, Area deutlich, oft geflügelt	***Pseudodon,***	S. 128

Subgenus **Pseudodon** s. str.

Diagnosis: Mehr oder weniger lang elliptisch, festschalig, aufgeblasen, mit deutlicher, oft geflügelter Area, die bei einigen Arten eine Skulptur von starken, querlaufenden Runzelfalten hat. Hauptzähne dick, hoch, oben gerundet.

Verbreitung: Ost- und Südost-Asien.

Bestimmungsschlüssel zu den Arten

1	Area mit schwachen Runzelfalten	***P. inoscularis,***	S. 128
1′	Area mit starker Runzelfaltung		2
2	Mehr oder weniger eiförmig	***P. cumingii,***	S. 129
2′	Nicht eiförmig		3
3	Schale breit elliptisch	***P. solidus,***	S. 129
3′	Schale nicht breit elliptisch		4
4	Schale groß, gerundet rautenförmig	***P. moreleti,***	S. 130
4′	Schale kleiner		5
5	Schale elliptisch, dick	***P. callifer,***	S. 130
5′	Schale länglich rautenförmig, vorn niedrig, hinten hoch	***P. walpolei,***	S. 131

1. **Pseudodon (Pseudodon) inoscularis** GOULD

1844 *Anodon inoscularis* GOULD, Proc. Boston Soc. nat. Hist., 4:160. — Terra typica: Fluß Salwen, Burma.

Diagnosis: Schale eiförmig, ungleichseitig, etwas aufgeblasen. Vorderende kurz, etwas abgestutzt, niedrig, Hinterende lang, hoch, hinten deutlich abgestutzt. Oberrand geradlinig, nach vorne stark abschüssig, mit dem Vorderrande einen deutlichen, mit dem Hinterrande einen gerundeten Wirbel bildend; Unterrand sanft geschwungen. Wirbel wenig vorragend, bei $^{23}/_{100}$ der Gesamtlänge gelegen. Area hoch, zusammengepreßt, oben gerundet, mit querlaufenden Runzelfalten versehen; beide Arealkanten deutlich. Konchinschicht braun bis schwarz, wenig glänzend. In jeder Klappe ein starker, kurzer, hoher, oben gerundeter Hauptzahn. Perlmutter weißlich. — Maße: Länge 57—76 mm, Höhe 31—35 mm, Dicke 25—28,5 mm.

Verbreitung: Tenasserim.

2. **Pseudodon (Pseudodon) cumingii** (LEA)

1850 *Anodonta cumingii* LEA, Proc. zool. Soc. London, **1850**:199. — Terra typica: Malakka.

1866 *Monocondylus tumidus* MORELET, J. de Conch., Paris, **14**:62. — Terra typica: Kambodscha.

1882 *Pseudodon sulcatum* ROCHEBRUNE, Bull. Soc. philom., Paris, (7)**6**:41. — Terra typica: Mekong-Mündung, Kochinchina.

Diagnosis: Schale mehr oder weniger verlängert eiförmig, ungleichseitig, ziemlich fest, mäßig aufgeblasen. Vorderende kurz, niedrig, gerundet abgestutzt, Hinterende lang, hoch, im Alter hinten in einen unteren, gerundet abgestutzten Schnabel ausgezogen. Oberrand wenig geschwungen, nach vorn abfallend, im Alter eckenlos in Vorder- und Hinterrand übergehend. Unterrand in der Jugend stark gekrümmt, besonders hinten, im Alter gestreckter. Wirbel wenig vorragend, etwas aufgeblasen, bei $^{21}/_{100}$ der Gesamtlänge gelegen. Area nicht sehr hoch, ohne obere Ecke, mit undeutlicher äußerer und zwei undeutlichen inneren Kanten; eine wenig ausgeprägte Skulptur aus welligen Falten zieht bei einzelnen Stücken quer über ihre obere Hälfte. Schalenfläche glatt, von einer glänzend pechschwarzen, in der Jugend bräunlichen Konchinschicht bedeckt. Hauptzahn in jeder Klappe hoch und stark, dreieckig gerundet. Perlmutter rötlich oder lachsfarben unter den Wirbeln, bläulich an den Rändern, schillernd. Rückenumriß vorn ziemlich stumpf, größte Dicke etwa in der Schalenmitte. — Maße: Länge 57—87 mm, Höhe 35—54 mm, Dicke 21—29 mm.

Bemerkung: Ich habe zum ersten Male die früher als selbständig betrachteten Arten *tumidus* und *sulcatus* als Synonyme von *cumingii* behandelt, weil sie mir alle vom gleichen Verbreitungsgebiet als äußerst ähnlich vorkamen und aller Wahrscheinlichkeit nach nur Altersformen oder Wandelformen der einen Grundart *cumingii* darstellen.

Verbreitung: Malakka, Perak; Thailand; Kambodscha.

3. **Pseudodon (Pseudodon) solidus** HAAS

1913 *Pseudodon solidus* HAAS, Nachr.Bl. dtsch. malak. Ges., **43**:46. — Terra typica: Hunan, Mittel-China.

Diagnosis: Schale langelliptisch, fest, schwer, ziemlich zusammengedrückt. Vorderer Oberrand gebogen, abfallend, ohne Ecke in den kurz gebogenen, steilen Vorderrand übergehend, der sich seinerseits sanft in den wenig gebogenen, fast geraden, waagerechten Unterrand fortsetzt. Unterrand von seiner unteren Ecke an steil, von der undeutlichen oberen Ecke aus sanfter gebogen zum hinteren Oberrand aufsteigend, der erst gerade, dann ziemlich stark gebogen vom Wirbel herzieht und sich ohne Ecke mit dem Hinterrand vereinigt. Wirbel bei $^{21}/_{100}$ der Gesamtlänge liegend, ziemlich aufgeblasen, wenig über den hinteren, stark über den vorderen Oberrand vorragend, abgerieben, aber auf den Spitzen sind Reste einer aus scharfen, engstehenden, konzentrischen Leisten bestehenden Skulptur erkennbar. Area ziemlich hoch, wenig zusammengedrückt, mit undeutlichen Arealkanten; Areola klein. Konchinschicht braunschwarz, nach den Wirbeln zu heller. Rückenumriß schmal lanzettlich, vorn und hinten ziemlich gleichmäßig an Dicke abnehmend. Schloß aus zwei stumpfen, zahnartigen Fortsätzen bestehend, jener der rechten Klappe abgestumpft dreieckig, ziemlich hoch und vor dem Wirbel liegend, der der linken Klappe länger, niedriger und unter dem Wirbel gelegen. Perlmutter prozellanartig bläulichweiß, wenig schillernd. — Maße: Länge 92 mm, Höhe 54 mm, Dicke 31,5 mm.

Bemerkung: Nur nach einem einzigen Exemplar bekannt.

Verbreitung: Hunan, Mittel-China.

4. Pseudodon (Pseudodon) moreleti (Crosse & Fischer)

1874 *Monocondylaea tumida* Deshayes & Jullien (non Morelet), Nouv. Arch. Mus. Paris, **10**:117; Taf. 5, Fig. 1, 3. — Terra typica: Sümpfe des Mekong-Flusses nahe der Mündung.

1876 *Pseudodon moreleti* Crosse & Fischer, J. de Conch., Paris, **24**:330. — (Nomen novum pro *tumida* Deshayes & Jullien, nec Morelet.)

Diagnosis: Schale gerundet rautenförmig, sehr ungleichseitig, ziemlich fest, mäßig aufgeblasen. Vorderende etwas vorgezogen gerundet, niedrig, Hinterende hoch, hinten mehr oder weniger deutlich abgestutzt, oft mit hoher Area. Oberrand etwas gebogen, nach vorn zu abschüssig, deutlich oder etwas abgerundet winklig an Vorder- und Hinterrand anstoßend; Unterrand flach geschwungen. Area wenig zusammengedrückt, oben manchmal winklig, mit deutlichen Arealkanten, einer äußeren und zwei inneren. Wirbel niedrig, aber etwas aufgeblasen, bei $^{24}/_{100}$ der Gesamtlänge gelegen. Schalenfläche glatt, von einer bräunlichen bis schwärzlichen, glänzenden Konchinschicht bedeckt. Hauptzahn in jeder Klappe etwas verlängert, stark, oben gerundet, nicht sehr hoch. Rückenumriß vorn und hinten ziemlich gleichmäßig zugespitzt, größte Dicke etwas vor der Schalenmitte gelegen. Perlmutter rötlich, an den Rändern bläulich, wenig schillernd. — Maße: Länge 67—124 mm, Höhe 40—80 mm, Dicke 23—48 mm.

Verbreitung: Hinter-Indien.

5. Pseudodon (Pseudodon) callifer (Martens)

1860 *Anodonta callifera* Martens, Proc. zool. Soc. London, **1860**:15. — Terra typica: Siam.

1876 *Pseudodon harmandi* Crosse & Fischer, J. de Conch., Paris, **24**:331; Taf. 10, Fig. 2. — Terra typica: Kambodscha.

Diagnosis: Schale eiförmig, dick, aufgeblasen, in der Jugend mit hoher, fast geflügelter Area. Vorderende kurz gerundet, niedrig; Hinterende hoch, lang, hinten gerundet abgestutzt oder gerundet. Oberrand wenig gebogen, in der Jugend bedeutend, später wenig nach vorn abfallend, an Vorder- und Hinterrand in Ecken anstoßend, die sich im Alter abrunden; Unterrand gleichmäßig sanft geschwungen. Area im Alter niedrig, flach, oben gerundet, in der Jugend hoch, zusammengepreßt, oben gewinkelt; Arealkanten (eine äußere, zwei innere) deutlich. Wirbel niedrig, wenig vorragend, etwas aufgetrieben, bei $^{27}/_{100}$ der Gesamtlänge gelegen. Schalenfläche glatt, von einer in der Jugend bräunlichen, im Alter schwarzen, glänzenden Konchinschicht bedeckt. Hauptzahn jederseits wenig lang und hoch, ziemlich dick, gerundet. Rückenumriß vorn etwas kürzer zugespitzt als hinten, größte Dicke etwas vor der Schalenmitte. Perlmutter bläulich, unter den Wirbeln rötlich, wenig schillernd. — Maße: Länge 49—80 mm, Höhe 32—51 mm, Dicke 17—28 mm.

Verbreitung: Hinter-Indien.

6. **Pseudodon (Pseudodon) walpolei** (HANLEY)

1871 *Monocondylaea walpolei* HANLEY, Proc. zool. Soc. London: 587. — Terra typica: Sarawak, Borneo.

Diagnosis: Schale gerundet rautenförmig, ungleichseitig, ziemlich fest, aufgeblasen. Vorderende niedrig, kurz, etwas abgestutzt gerundet. Hinterende lang und hoch, hinten deutlich abgestutzt. Oberrand wenig gebogen, nach vorn sehr abfallend, in der Jugend eckig an Vorder- und Hinterrand anstoßend; Vorderrand fast geradlinig, bei alten Stücken etwas eingedrückt. Area hoch, in der Jugend oben gewinkelt, zusammengepreßt; Arealkanten (eine äußere und zwei innere) deutlich; der Raum zwischen den beiden inneren Arealkanten ist bei jungen Stücken von schwachen, dünnen, gleichlaufenden Runzeln durchkreuzt. Wirbel niedrig, wenig aufgeblasen, mit Resten einer aus gleichlaufenden Runzeln bestehenden Skulptur, bei $^{24}/_{100}$ der Gesamtlänge gelegen. Ligament dünn, überbaut. Schalenoberfläche glatt, von einer bräunlichen, im Alter schwarzen, wenig glänzenden Konchinschicht bedeckt. Schloß jederseits aus einem kurzen, mäßig dicken, niedrigen, gerundeten Hauptzahn bestehend. Rückenumriß vorn kürzer zugeschärft als hinten, größte Dicke in der Schalenmitte. Perlmutter hell bläulichweiß, wenig schillernd. — Maße: Länge 45—58 mm, Höhe 27—36 mm, Dicke 16—23 mm.

Verbreitung: Borneo.

Subgenus **Trigonodon** CONRAD

1865 *Trigonodon* CONRAD, Amer. J. Conch., Philadelphia, 1:233. — Species typica: *Monocondylaea crebristriata* ANTHONY.

Diagnosis: Gerundet rautenförmig, festschalig, zusammengedrückt. Schalenoberfläche unregelmäßig und fein konzentrisch gerunzelt. Jederseits ein fester, dicker, gerundet dreieckiger Hauptzahn und ein schwacher Hilfszahn.

Verbreitung: Hinter-Indien.

7. **Pseudodon (Trigonodon) crebristriatus** (ANTHONY)

1865 *Monocondylaea crebristriata* ANTHONY, Amer. J. Conch., Philadelphia, 1:205; Taf. 18, Fig. 1. — Terra typica: Pegu.

1865 *Monocondylaea peguensis* ANTHONY (nov. syn.), Amer. J. Conch., Philadelphia, 1:205; Taf. 18, Fig. 2. — Terra typica: Pegu.

1868 *Unio vondembuschii* SOWERBY, Conch. Icon., **16**: Taf. 95, Fig. 518. — Terra typica: Burma, Java.

1912 *Pseudodon crebristriatus* var. *curvata* PRESTON, Rec. Ind. Mus., Calcutta, 7:295. — Terra typica: Pegu.

Diagnosis: Schale mehr oder weniger rundlich eiförmig, ohne Ecken im Umriß, ungleichseitig, dick, mehr oder weniger zusammengepreßt, Vorderende niedrig, kurz gerundet, Hinterende hoch, lang, hinten gerundet abgestutzt. Oberrand leicht gebogen nach vorn abfallend. Unterrand sanft geschwungen, im Alter gestreckt. Area niedrig, wenig zusammengedrückt, oben gerundet, ohne deutliche Kanten; ihren oberen Teil durchziehen bei jungen Stücken von den Wirbeln ausstrahlende, gewellte Runzeln, Wirbel niedrig, nicht vorragend, nicht aufgetrieben, etwa bei $1/4$ der Gesamtlänge liegend. Ligament stark, kurz. Schalenoberfläche in der oberen Hälfte von eingestehenden, gleichlaufenden, feinen Runzeln bedeckt, die nach unten zu immer schwächer werden und unmerklich in die Zuwachsstreifen übergehen; Konchinschicht wenig glänzend, bräunlich, im Alter schwärzlich, auf der Area gelegentlich grün gestreift. Ein Hauptzahn in jeder Klappe, der linke stark, hoch, dreieckig, manchmal leicht zweigeteilt; vor ihm manchmal die Andeutung eines Hilfszahnes; Hauptzahn der rechten Klappe hoch, stark, gerundet dreieckig. Rückenumriß schmal lanzettlich, hinten etwas länger ausgezogen; größte Dicke etwa in der Schalenmitte. Perlmutter in der Jugend hellbläulich, später hell lachsfarben, schillernd. — Maße: Länge 49—93 mm, Höhe 32—60 mm, Dicke 17,5—30 mm.

Verbreitung: Pegu.

Subgenus **Indopseudodon** PRASHAD

1922 *Indopseudodon* PRASHAD, Rec. Ind. Mus., Calcutta, 24:98. — Species typica: *Anodon salweniana* GOULD.

Diagnosis: Nicht auf Schalenmerkmalen begründet; vielmehr soll sich diese Untergattung in der Hauptsache durch ihre Anatomie von den übrigen Untergattungen von *Pseudodon* unterscheiden. Ich nehme *Indopseudodon* einstweilen nur bedingterweise als valid an.

Verbreitung: Hinter-Indien.

Bestimmungsschlüssel zu den Arten

1 Schale kurz gerundet, Area mit Runzelskulptur . . . . . *P. salwenianus,* S. 132
1′ Schale länger, Area glatt . . . . *P. avae,* S. 133

8. **Pseudodon (Indopseudodon) salwenianus** (GOULD)

1844 *Anodon salweniana* GOULD, Proc. Boston nat. Hist. Soc., 1:160. — Terra typica: Fluß Salwen, Burma.

Diagnosis: Schale eiförmig, sehr ungleichseitig, ziemlich fest, etwas aufgeblasen. Vorderende kurz, gerundet, niedrig. Hinterende lang, hinten abgestutzt, hoch. Oberrand ziemlich geradlinig, nach den Wirbeln zu abfallend, ohne deutliche Ecken in Vorder- und Hinterrand übergehend; Unterrand geschwungen; Ecken des Hinterrandes gerundet. Wirbel wenig vorragend, bei $^{23}/_{100}$ der Gesamtlänge gelegen. Area zusammengepreßt, hoch, oben gerundet, mit Runzeln; Arealkanten (eine äußere, zwei innere) deutlich. Konchinschicht schwärzlich, wenig glänzend. Schloß jederseits aus einem starken, kurzen, gerundet dreieckigen Hauptzahn bestehend. Rückenumriß lanzettlich, größte Dicke vor der Schalenmitte gelegen. Perlmutter unter den Wirbeln gelblich, weiter unten bläulichweiß, wenig schillernd. — Maße: Länge 74 mm, Höhe 46 mm, Dicke 26 mm.

Verbreitung: Fluß Salwen, Burma, Pegu.

9. Pseudodon (Indopseudodon) avae (THEOBALD)

1873 *Monocondylaea avae* THEOBALD, J. asiat. Soc. Bengal, Calcutta, **42** 2:209; Taf. 17, Fig. 5. — Terra typica: Ava, Ober-Burma.
1900 *Pseudodon ava* SIMPSON (error typographicus pro *avae*), Proc. U.S. nation. Mus., Washington, **22**:839.

Diagnosis: Schale länglich eiförmig, ungleichseitig, ziemlich fest, etwas aufgeblasen. Vorderende kurz, etwas vorgezogen gerundet, etwas niedriger als das oben gerundete, hinten abgerundet abgestutzte Hinterende. Oberrand fast gerade, nach vorn ein wenig abschüssig in Vorder- und Hinterrand übergehend; Unterrand vorn stark, hinten wenig geschwungen. Area wenig deutlich begrenzt, mit undeutlichen Kanten, niedrig, oben gerundet. Wirbel niedrig, wenig vorragend, aber ziemlich aufgeblasen, bei $^{28}/_{100}$ der Gesamtlänge gelegen. Area in der Jugend manchmal mit querlaufenden Runzeln versehen. Konchinschicht bei jungen Stücken bräunlich, bei alten stumpf schwarz. In jeder Schalenklappe ein gerundet dreieckiger, starker und hoher Hauptzahn. Rückenumriß mit der größten Dicke etwas vor der Schalenmitte gelegen. Perlmutter hell blauweiß, mit großen rotgelben Flecken, wenig schillernd. — Maße: Länge 95 mm, Höhe 54 mm, Dicke 35 mm.

Verbreitung: Mandalay, Ober-Burma.

Subgenus Monodontina CONRAD

1853 *Monodontina* CONRAD, Proc. Acad. nat. Sci. Philadelphia, **6**:269. — Species typica: *Margaritana vondembuschiana* LEA.
1900 *Pseudodon* Sektion *Suborbiculus* SIMPSON, Proc. U.S. nation. Mus., Washington, **22**:835. — Species typica: *Monodondylus orbicularis* MORELET.

Diagnosis: Rundlich, zusammengepreßt, mit niedrigem Vorder- und hohem Hinterteil, geflügelt, in der Jugend symphinot. Schloß aus einem dem Vorderrande gleichlaufenden, glatten Hauptzahn in jeder Klappe bestehend.

Verbreitung: Südost-Asien.

Bestimmungsschlüssel zu den Arten

1	Fundort Java	***P. vondembuschianus,***	S. 135
1′	Fundort asiatisches Festland		2
2	Sehr ungleichseitig	***P. ellipticus,***	S. 134
2′	Weniger ungleichseitig		3
3	Rundlich, fast kreisförmig	***P. cambodjensis,***	S. 133
3′	Verlängert, eiförmig	***P. chaperi,***	S. 136

10. Pseudodon (Monodontina) cambodjensis (PETIT)

1865 *Monocondylaea cambodjensis* PETIT, J. de Conch., Paris, **13**:16; Taf. 4, Fig. 4. — Terra typica: Battambang, Kambodja.

1866 *Monocondylus orbicularis* MORELET, Rev. Mag. Zool., Paris, 18:167. — Terra typica: Battambang, Kambodja.
1867 *Unio subtrigonus* SOWERBY, Conch. Icon., 16: Taf. 58, Fig. 292. — Terra typica: Siam.
1876 *Unio lamellatus* HANLEY & THEOBALD, Conch. Ind.: 5; Taf. 9, Fig. 6. — Terra typica: Mandelay, Ober-Burma.
1891 *Unio vagulus* FISCHER, Bull. Soc. Hist. nat. Autun, 4:223. — Terra typica: Siam.

Diagnosis: Schale fast kreisförmig bis gerundet rautenförmig, sehr ungleichseitig, hinten geflügelt, fest, wenig aufgeblasen. Vorderende kurz und niedrig, Hinterende lang, mit einer hohen, dreieckigen, drei deutliche Kanten aufweisenden Area versehen. Hinterer Oberrand stark zu den Wirbeln abfallend, vorderer Oberrand sehr kurz, abfallend, in ausgeprägtem Winkel an den Vorderrand anstoßend. Unterrand in der Jugend schön geschwungen, im Alter mehr gestreckt. Das bei jungen Stücken gerundet zugespitzte Hinterende erwirbt bei alten einen gerundet abgestutzten Schnabel. Der obere Winkel der Area ist in der Jugend sehr deutlich, der Rückenrand zu dieser Seite symphinot; mit zunehmendem Alter verliert der Areawinkel an Deutlichkeit. Die wenig vorragenden Wirbel liegen bei $^{23}/_{100}$ der Gesamtlänge. Schalenoberfläche glatt, von einer in der Jugend gelbbraunen, im Alter schwarzbraunen Konchinschicht bedeckt, die in der Schalenmitte metallischen Glanz aufweist und an den Rändern blättrig wird. Schloß aus einem starken, stumpf dreieckigen Hauptzahn in jeder Klappe bestehend. Rückenumriß mit der größten Dicke etwa vor der Schalenmitte. Perlmutter hell blauweiß, unter den Wirbeln lachsfarben, wenig schillernd. — Maße: Länge 74 bis 116 mm, Höhe 60—82 mm, Dicke 22—45 mm.

Bemerkung: Ich habe hier zum ersten Male *Pseudodon orbicularis* MORELET als Synonym von *cambodjensis* angesehen; *P. orbicularis* ist nie wieder aufgefunden worden und nur in dem von MORELET abgebildeten Stücke bekannt. Die eigenartige Gestalt des Vorderendes scheint auf eine Verletzung der Schale hinzuweisen, die außerdem ungewöhnlich rund geblieben ist. Für eine Übereinstimmung mit *cambodjensis* spricht ebenfalls der beiden gemeinsame Fundort.

Verbreitung: Kambodja; Thailand (?); Tonkin (?).

11. Pseudodon (Monodontina) ellipticus CONRAD

1865 *Pseudodon ellipticum* CONRAD, Amer. J. Conch., Philadelphia, 1:352; Taf. 25, Fig. 1. — Terra typica: Kambodja.
1889 *Pseudodon ovalis* MORLET, J. de Conch., Paris, 37:197; Taf. 7, Fig. 3. — Terra typica: Fluß Srakeo, Siam.

Diagnosis: Schale kurz elliptisch, sehr ungleichseitig, vorn niedrig, hinten hoch, dünnschalig, wenig aufgeblasen. Vorderende kurz, gerundet, mit deutlichem Winkel zwischen vorderem Oberrand und Vorderrand; Hinterende mit niedrigem, dreieckigem Flügel, in einen kurzen, gerundet und schief abgestutzten Schnabel auslaufend. Hinterer Oberrand gerade, winklig an den Hinterrand anstoßend, nach den Wirbeln zu abfallend; vorderer Oberrand gerade, wenig nach vorn abfallend. Unterrand sanft geschwungen. Area etwas ausgehöhlt, mit einer äußeren und zwei inneren Arealkanten, Wirbel niedrig, wenig vorragend, bei $^{22}/_{100}$ der Gesamtlänge gelegen. Schalenoberfläche von einer bräunlichen Konchinschicht bedeckt, glatt. Schloß aus einem niederen, schmalen, dem Oberrand gleichlaufenden Hauptzahn in jeder Klappe bestehend. Rückenumriß schmal lanzettlich, größte Dicke kurz vor der Schalenmitte. Perlmutter bläulich, schillernd. — Maße: Länge 75—75 mm, Höhe 47—53 mm, Dicke 19—23,5 mm.

Verbreitung: Thailand, Kambodja.

12. Pseudodon (Monodontina) vondembuschianus (Lea)

1840 *Margaritana vondembuschiana* Lea, Proc. Amer. philos. Soc., Philadelphia, 1:288. — Terra typica: Java.
1842 *Margaritana vondembuschiana* — Lea, Trans. amer. philos. Soc., Philadelphia, 8:222; Taf. 18, Fig. 39.
1849 *Alasmodonta zollingeri* Mousson, Land-Süßw.-Moll. Java: 96; Taf. 18, Fig. 1—2. — Terra typica: Gegend von Tjikoya, Java.
1849 *Alasmodonta crispata* Mousson, Land-Süßw.-Moll. Java: 97; Taf. 19, Fig. 1. — Terra typica: Java.
1859 *Monocondylaea planulata* Lea, Proc. Acad. nat. Sci. Philadelphia, 11:187. — Terra typica: Java.
1859 *Monocondylaea planulata* — Lea, J. Acad. nat. Sci. Philadelphia, 4:262; Taf. 42, Fig. 142.
1862 *Margaritana fragilis* Küster, Conch. Cab., IX. (2):295; Taf. 98, Fig. 2. — Terra typica: Java.

Diagnosis: Schale verlängert eiförmig, ungleichseitig, mäßig fest, zusammengepreßt. Der Oberrand fällt in der Jugend ausgesprochen von hinten nach vorn geradlinig ab und bildet mit Hinter- und Vorderrand deutliche Ecken; bei älteren Stücken verläuft er kaum nach vorn geneigt geradlinig und geht in gerundeten Winkeln in die beiden anstoßenden Ränder über. Der Unterrand ist in der Jugend deutlich, später sanft geschwungen und hat seinen tiefsten Punkt hinter der Schalenmitte. Der Vorderrand ist kurz gerundet, der Hinterrand steigt ohne Ecke vom Unterrand aus erst steil in die Höhe, um dann, in gerundetem Winkel, sanfter zum Oberrand weiterzuziehen. Das Vorderende ist in der Jugend bedeutend, im Alter kaum niedriger als das hintere, halbkreisförmig; das Hinterende trägt in der Jugend eine hohe, dreieckige Area und endet hinten kurz median zugespitzt; im Alter verliert die Area an Höhe und Spitzigkeit; das Hinterende endet in einem wenig ausgezogenen, gerundet abgestutzten Schnabel. Die Area hat eine undeutliche äußere und zwei deutliche innere Kanten. Die im Alter wenig vorragenden und flachen Wirbel liegen bei $^{28}/_{100}$ der Gesamtlänge; in der Jugend stehen sie über den Oberrand vor und tragen eine runzlige Skulptur, die zunächst den Spitzen W-förmig ist und dann durch Ausziehen der Schenkel des Ws mehr und mehr wellenrunzlig wird. Die glatte Schalenfläche ist von einer dunkelbraunen, in der Jugend gelbbraunen Konchinschicht bedeckt, die auf der Area blättrig ist. Schloß aus einem stumpf dreieckigen, dünnen, langen, dem Oberrande gleichlaufenden Hauptzahn in jeder Klappe bestehend; bei jungen Stücken erscheinen die Zähne mehr knötchenartig. Rückenumriß mit der größten Dicke kurz vor der Schalenmitte gelegen. Perlmutter hell bläulich oder hell lachsfarben, mit gelben Flecken, wenig schillernd. — Maße: Länge 77—100 mm, Höhe 54—70 mm, Dicke 27—34 mm.

Verbreitung: Java. Die gelegentlich zu findenden Fundortangaben Sumatra, Borneo, Malakka, Kambodja und Tonkin dürften auf irrigen Bestimmungen beruhen.

13. **Pseudodon (Monodontina) chaperi** (Morgan)

1885 *Pseudodus chaperi* Morgan, Bull. Soc. zool. France, Paris, **10**:423; Taf. 9, Fig. 1—2. — Terra typica: Fluß Kinta, Perak.
1909 *Pseudodon ponderosa* Preston, Proc. malac. Soc. London, 8:202; Taf. 8, Fig. 1. — Terra typica: Nan-ko, Siam.

Diagnosis: Schale verlängert, eiförmig bis gerundet rechteckig, ungleichseitig, ziemlich fest, etwas aufgeblasen. Vorderende niedrig, kurz, halbkreisförmig, Hinterende lang, hoch, in der Jugend mit hoher Area, im Alter breit und gerundet abgestutzt geschnäbelt. Oberrand gerade oder nur wenig gekrümmt, in der Jugend sehr nach vorn abschüssig, im Alter fast waagerecht; Unterrand sanft geschwungen, im Alter gerader. Wirbel etwas vorragend, etwas aufgetrieben, bei $^{28}/_{100}$ der Gesamtlänge gelegen. Area in der Jugend hoch und zusammengepreßt, oben gewinkelt, im Alter niedriger und oben gerundet, mit undeutlicher äußerer und zwei deutlichen inneren Kanten. Schalenoberfläche glatt, jedoch in der Jugend und selbst noch bei halbwüchsigen Stücken mit waagerechten Falten auf der Area versehen, die von der äußeren bis zur zweiten inneren Arealkante reichen. Konchinschicht in der Jugend gelbbraun und hochglänzend, später schwärzlich bis schwarz, weniger glänzend. Schloß aus einem in der Jugend gerundet dreieckigen, schmalen, im Alter niedrig knötchenartigen Hauptzahn jederseits bestehend. Rückenumriß gleichmäßig lanzettlich, größte Dicke kurz vor der Schalenmitte. Perlmutter bläulich, in der Wirbelgegend blaß lachsrot, schillernd. — Maße: Länge 64—117 mm, Höhe 40—66 mm, Dicke 22—? mm.

Bemerkung: In *Pseudodon ponderosa* Preston kann ich nur eine greisenhaft ausgebildete Form von *P. chaperi* sehen.

Verbreitung: Perak; Thailand: Kambodja.

Subgenus **Chrysopseudodon** Haas

1920 *Pseudodon (Chrysopseudodon)* Haas, Conch. Cab., IX. 2(II):317. — Species typica: *Pseudodon aureus* Heude.

Diagnosis: Schale klein, rautenförmig, fest, aufgeblasen, Wirbel ziemlich mittelständig, vorragend, eingekrümmt, mit Wellenrunzeln versehen. Area breit, ausgehöhlt, in der oberen Hälfte gefältelt. In der rechten Klappe ein fester, dreieckiger, dem Rande gleichlaufender Hauptzahn, in der linken ein schief zu ihm stehender.

Verbreitung: China.

14. **Pseudodon (Chrysopseudodon) aureus** Heude

1885 *Pseudodon aureus* Heude, Conch. Fluv. Prov. Nanking, **9**: Taf. 72, Fig. 140. — Terra typica: Distrikt Kien-te, China.

Diagnosis: Schale rautenförmig, klein, wenig ungleichseitig, dickschalig, aufgeblasen. Vorderende niedrig, gerundet, Hinterende hoch, in einen unteren gerundet abgestutzten Schnabel ausgezogen; Area breit, ausgehöhlt, in ihrem oberen Teile mit Fältchen versehen. Wirbel bei $^{32}/_{100}$ der Gesamtlänge gelegen, vorragend, mit nach innen gekrümmten Spitzen, mit Wellenskulptur versehen. Konchinschicht gelblichgrün. Schloß aus einem mit dem Oberrande gleichlaufenden, starken, dreieckigen Hauptzahn in der rechten und einem schief zum Oberrande stehenden in der linken Klappe bestehend. Perlmutter gelblich lachsfarben. — Maße: Länge 31 mm, Höhe 20 mm, Dicke 15 mm.

Bemerkung: Nur aus HEUDES Beschreibung und Abbildung bekannte Art, welche beide ich meiner obigen Beschreibung zugrunde legen mußte.

Verbreitung: Nur aus dem Bezirk Kien-te, Nanking, China, bekannt.

Subgenus **Nasus** SIMPSON

1900 *Pseudodon* Sektion *Nasus* SIMPSON, Proc. U.S. nation. Mus., Washington, **22**:1099. — Species typica: *Pseudodon nankingensis* HEUDE.

Diagnosis: Schale stark verlängert, niedrig, mäßig dickschalig, etwas aufgeblasen. Hinterende in einen gerundeten oder gerundet abgestutzten Schnabel ausgezogen. Wirbel nicht vorragend, ihre Skulptur unbekannt. Schloßzähne zusammengedrückt, hoch, aber stumpf.

Verbreitung: China.

Bestimmungsschlüssel zu den Arten

1 Schale sehr schmal, Ober- und Unterrand gleichlaufend . . ***P. nankingensis,*** S. 137
1′ Schale etwas breiter, Oberrand gewölbt . . . . ***P. secundus,*** S. 137

15. **Pseudodon (Nasus) secundus** HEUDE

1877 *Pseudodon secundus* HEUDE, Conch. Fluv. Prov. Nanking, **3**: Taf. 18, Fig. 38. — Terra typica: Fluß Hoai, China.

Diagnosis: Schale verlängert rautenförmig, sehr ungleichseitig, ziemlich fest, mehr oder weniger aufgeblasen. Vorderer Oberrand abfallend, hinterer Oberrand waagerecht oder leicht abfallend. Unterrand fast gerade. Vorderende kurz gerundet, Hinterende verlängert, in einen geraden oder schief abgestutzten Schnabel ausgezogen, mit deutlicher, dreieckiger Area. Wirbel bei $^{18}/_{100}$ der Gesamtlänge gelegen, etwas vorragend, mit einer schwachen Runzelung versehen. Konchinschicht bräunlich, leicht glänzend. Schloß aus einem hohen, dreieckigen, ziemlich zusammengedrückten Hauptzahn in jeder Klappe bestehend. Mantellinie hinten deutlich eingebuchtet. Perlmutter weißlich blau, schillernd, in den Wirbelhöhlen lachsfarben. — Maße: Länge 61—82 mm, Höhe 28,5—? mm, Dicke 15,4—30 mm.

Bemerkung: Siehe Anmerkung zur nächsten Art.

Verbreitung: Fluß Hoai, Provinz Nanking, China.

16. **Pseudodon (Nasus) nankingensis** (HEUDE)

1874 *Monocondylaea nankingensis* HEUDE, J. de Conch., Paris, **22**:116. — Terra typica: Nanking-Fluß, China.
1875 *Monocondylaea nankingensis* — HEUDE, Conch. Fluv. Prov. Nanking, **1**: Taf. 4, Fig. 9.

Diagnosis: Schale lang elliptisch, sehr ungleichseitig, ziemlich dünnschalig, aufgeblasen. Wirbel nicht vorragend. Ober- und Unterrand sanft geschwungen. Vorderende gerundet, Hinterende gerundet oder gerundet abgestutzt, etwas schnabelartig ausgezogen, mit ausgeprägter, oben undeutlich gewinkelter Area. Schalenfläche mit starken, unregelmäßig stehenden Anwachsstreifen, von einer dunkelbraunen oder schwärzlichen, leicht glänzenden Konchinschicht bedeckt. Ein kleiner, stumpf dreieckiger, zusammengedrückter Hauptzahn in jeder Klappe. Mantellinie hinten leicht eingebuchtet. Perlmutter weißlich. — Maße: Länge 62 mm, Höhe 26 mm, Dicke 20 mm.

Bemerkung: Die beiden eben besprochenen Arten von *Nasus*, die mir beide unbekannt geblieben sind, wurden hier als gut getrennte Arten behandelt. Ich kann aber nicht umhin zu bemerken, daß diese Betrachtensweise nur ein Notbehelf ist, denn die beiden sind sich so ähnlich, daß es sehr wohl möglich wäre, beide seien identisch, *P. secundus* die Form kleinerer Flüsse, *P. nankingensis* die größerer.

Verbreitung: Flüsse der Provinz Nanking, China.

Subgenus **Diplopseudodon** Haas

1920 *Pseudodon (Diplopseudodon)* Haas, Conch. Cab., IX. 2(II):313. — Species typica: *Pseudodon crassus* Drouet.

Diagnosis: Schale verlängert rautenförmig, verhältnismäßig hoch, dickschalig, bauchig. Vorderende kurz, niedrig, Hinterende lang, hoch, mit deutlicher Area. Schloß aus zwei Hauptzähnen in der rechten, einem Hauptzahn in der linken Klappe bestehend.

Verbreitung: Sarawak, Borneo.

17. **Pseudodon (Diplopseudodon) crassus** Drouet

1892 *Pseudodon crassus* Drouet, J. de Conch., Paris, **40**:93. — Terra typica: Fluß Sarawak bei Sarawak, Nord-Borneo.

1892 *Pseudodon crassus* — Drouet & Chaper, Mém. Soc. zool. France, Paris, **5**:151; Taf. 6, Fig. 1—3.

Diagnosis: Schale verlängert rautenförmig, sehr ungleichseitig, hoch, dickschalig, bauchig. Vorderende kurz, niedrig, mit deutlicher Ecke zwischen vorderem Oberrand und Vorderrand. Hinterende lang, hoch, mit deutlicher dreieckiger Area, in einen breit abgestutzten, kurzen Schnabel endend; hinterer Oberrand leicht nach vorn abfallend, mit deutlicher Ecke an den Hinterrand anstoßend. Untergrund geradlinig. Wirbel niedrig, in $^{27}/_{100}$ der Gesamtlänge gelegen. Area durch eine scharf ausgeprägte äußere Arealkante von dem Reste der Schalenfläche abgesetzt, die furchenstreifig und mit einer schwärzlichen Konchinschicht bedeckt ist. Ligament ziemlich stark, schwärzlich. Schloß aus zwei ungefähr gleich großen Hauptzähnen in der rechten und einem Hauptzahn in der linken Klappe bestehend, die dick und gerundet dreieckig sind. Rückenumriß gleichmäßig lanzettlich, größte Dicke in der Schalenmitte gelegen. Perlmutter glanzlos blaugrau, an den Rändern schillernd. — Maße: Länge 77 mm, Höhe 47 mm, Dicke 25 mm.

Bemerkung: Beschreibung dieser mir unbekannt gebliebenen Art nach Drouet.

Verbreitung: Fluß Sarawak bei der Stadt gleichen Namens, Nord-Borneo.

Subgenus **Bineurus** Simpson

1900 *Pseudodon* Sektion *Bineurus* Simpson, Proc. U.S. nation. Mus., Washington, **22**:839. — Species typica: *Monocondylaea mouhoti* Lea.

Diagnosis: Schale verlängert rautenförmig, sehr ungleichseitig, vorn kurz, gerundet, hinten hoch, in einen abgestutzten, breiten Schnabel ausgezogen, dünnschalig, zusammengepreßt. Area mit sehr deutlichen Arealkanten, einer äußeren und eine bis zwei innere; häufig mit feinen Querrunzeln versehen. Schalenoberfläche glatt, Konchinschicht fein konzentrisch, aber unregelmäßig gerippt. Schloßzähne schmächtig, niedrig, zusammengedrückt. Perlmutter bläulich.

Verbreitung: Thailand, Kambodja, Annam, Kochinchina, Perak, Süd-Sumatra.

Bestimmungsschlüssel für die Arten

1 Area niedrig, Schnabel gerundet . . . . ***P. mouhotii,*** S. 139

1′ Area hoch, dreieckig, Schnabel abgestutzt . . . . ***P. hageni,*** S. 139

18. Pseudodon (Bineurus) mouhotii (Lea)

1863 *Monocondylaea mouhotii* Lea, Proc. Acad. nat. Sci. Philadelphia, **7**:190. — Terra typica: Laos-Berge, Hinterindien.

1866 *Monocondylaea mouhotiana* Lea, J. Acad. nat. Sci. Philadelphia, **6**:65; Taf. 21, Fig. 62. — Terra typica: Laos-Berge, Hinterindien.

1866 *Monocondylus exilis* Morelet, J. de Conch., Paris, **14**:63. — Terra typica: See Tonli-Say, Kambodja.

1882 *Pseudodon mabilli* Rochebrune, Bull. Soc. philom. Paris, (7)**6**:41. — Terra typica: Shigloni Breithon, Cochinchina.

1882 *Pseudodon pierrei* Rochebrune, Bull. Soc. philom. Paris, (7)**6**:41. — Terra typica: Shigloni Breithon, Cochinchina.

1882 *Pseudodon anodontinum* Rochebrune, Bull. Soc. philom. Paris, (7)**6**:41. — Terra typica: Sombor-Sombor, Mekong.

Diagnosis: Schale verlängert elliptisch, sehr ungleichseitig, vorn gerundet, niedrig, hinten gerundet, abgestutzt, hoch, dünnschalig, zusammengepreßt. Oberrand gerade oder leicht gebogen, nach vorn zu abschüssig, besonders in der Jugend; Unterrand leicht geschwungen, im Alter fast gerade, Hinterrand gerundet zweieckig. Area zusammengepreßt, in der Jugend hoch, dreieckig, im Alter flacher werdend und ihren oberen Winkel verlierend, nahe den Wirbeln Spuren von quer verlaufenden Runzeln zeigend; Arealkanten meist deutlich, die inneren in der Zweizahl. Wirbel etwas vorragend, flach, bei $^{22}/_{100}$ der Gesamtlänge gelegen. Schalenoberfläche glatt, von einer bräunlichen bis schwärzlichen, glanzlosen Konchinschicht bedeckt, die an den Rändern und auf der Area blättrig ist. Ligament dünn, lang, Der Hauptzahn ist in beiden Klappen schmal, niedrig, gerundet dreieckig. Rückenumriß schmal und regelmäßig lanzettlich, größte Dicke etwa in der Schalenmitte. Perlmutter bläulich mit großen gelblichen Flecken, schillernd. — Maße: Länge 39 bis 76 mm, Höhe 24—36 mm, Dicke 12—19 mm.

Verbreitung: Hinter-Indien.

19. Pseudodon (Bineurus) hageni (Strubell)

1897 *Microcondylaea hageni* Strubell, Nachr.Bl. dtsch. malak. Ges., **29**:8. — Terra typica: Süd-Sumatra.

1897 *Microcondylaea bicristata* Strubell, Nachr.Bl. dtsch. malak. Ges., **29**:9. — Terra typica: Süd-Sumatra.

Diagnosis: Schale verlängert, eiförmig, sehr ungleichseitig, dünnschalig, zusammengedrückt. Vorderende kurz, abgestutzt gerundet, niedriger als das fast geflügelte Hinterende, das hinten in einen abgestutzten Schnabel ausgezogen ist. Oberrand fast gerade, nach vorne abfallend; Unterrand leicht gebogen. Area hoch, dreieckig, zusammengepreßt, mit undeutlicher äußerer und zwei fast kielartig erhobenen inneren Kanten. Wirbel niedrig, kaum vorragend, bei $^{18}/_{100}$ der Gesamtlänge gelegen. Schalenoberfläche glatt, von einer glänzenden schwarzen Konchinschicht bedeckt. Hauptzahn jederseits schmal, niedrig, gerundet, Rückenumriß vorn stumpfer, hinten spitzer lanzettlich, größte Dicke kurz vor der Schalenmitte gelegen. Perlmutter bläulich, unter den Wirbeln gelblich, schillernd. — Maße: Länge 42—60 mm, Höhe 25—36 mm, Dicke 12—19 mm.

Bemerkung: Aufenthalt des Typus und etwaiger anderer Stücke von *bicristata* STRUBELL ist unbekannt; die Art ist nur aus wörtlicher Beschreibung bekannt. Es ist jedoch mehr als wahrscheinlich, daß sie, gleicher Herkunft wie *hageni*, nur eine Standortform von diesem ist, wenn sie nicht völlig mit ihm übereinstimmt.

Verbreitung: Südliches Sumatra.

Subgenus **Obovalis** SIMPSON

1900 *Pseudodon* Sektion *Obovalis* SIMPSON, Proc. U.S. nation. Mus., Washington, **22**:1101. — Species typica: *Pseudodon loomisi* SIMPSON.

Diagnosis: Schale länglich eiförmig, ziemlich dünn, mäßig aufgeblasen. Hinterseite ungeflügelt, mit niedriger, eckenloser Area; auf der inneren Arealkante liegen die Scheitel von ineinandersteckenden V-förmigen Falten, deren obere Schenkel die Area durchkreuzen, während die unteren, weniger deutlichen einen Teil der Schalenoberfläche furchen. Konchinschicht schwarz glänzend. Ein hoher, dreieckiger Hauptzahn in jeder Klappe, außerdem Spuren von je einem Seitenzahn. Perlmutter unrein rosa, am Rande bläulich.

Verbreitung: Japan.

20. **Pseudodon (Obovalis) omiensis** (HEIMBURG)

1884 *Unio omiensis* HEIMBURG, Nachr.Bl. dtsch. malak. Ges., **16**:93. — Terra typica: Schiotzu, Provinz Omi, Japan.
1887 *Unio omiensis* — HEIMBURG, Jb. dtsch. malak. Ges., **14**:2; Taf. 1, Fig. 2—3.
1900 *Pseudodon loomisi* SIMPSON, Proc. Acad. nat. Sci. Philadelphia, **1900**:84; Taf. 4, Fig. 7. — Terra typica: Asaka, Japan.

Diagnosis: Schale länglich eiförmig, sehr ungleichseitig, ziemlich dünn und aufgeblasen. Umriß fast ohne Ecken, Area niedrig, mit undeutlichen Arealkanten; auf der inneren Arealkante liegen Schenkel von ineinandersteckenden V-förmigen, mehr oder weniger starken Falten, die sich mit ihren oberen Schenkeln leicht gebogen über die Area erstrecken, während die unteren Schenkel das Mittelstück der Schalenfläche von oben nach unten verzieren. Wirbel bei $^{26}/_{100}$ der Gesamtlänge gelegen, niedrig, ihre Skulptur nicht bekannt. Schalenoberfläche mit Ausnahme der erwähnten Falten glatt, von einer glänzenden, schwarzen Konchinschicht bedeckt. Schloß jederseits aus einem hohen, dreieckigen Hauptzahn und Andeutungen eines Seitenzahnes bestehend. Mantellinie unterhalb des hinteren Adduktoreneindrucks leicht eingebuchtet. Rückenumriß vorn kurz, hinten lang lanzettlich. Perlmutter rosa, ölfleckig, am Rande bläulich, ohne hohen Glanz. — Maße: Länge 74—76 mm, Höhe 39—41 mm, Dicke 34—36 mm.

Bemerkung: *Unio omiensis*, bisher meist als zu *Nodularia (Inversidens)* gehörig betrachtet, ist bestimmt ein *Pseudodon*, und *loomisi* ist ein 16 Jahre jüngeres Synonym; infolgedessen hat die Art den von HEIMBURG gegebenen Namen zu tragen.

Verbreitung: Japan.

Subgenus **Cosmopseudodon** HAAS

1920 *Pseudodon (Cosmopseudodon)* HAAS, Conch. Cab., IX. 2(II):310. — Species typica: *Pseudodon resupinatus* MARTENS.

Diagnosis: Schale verlängert, elliptisch oder unten eingedrückt, festschalig, mit deutlich abgesetzter dreieckiger Area. Wirbel niedrig, ihre Skulptur besteht an den Spitzen aus 2 V-förmigen Falten, die weiter unten ihre spitzen Winkel mehr und mehr verlieren und allmählich in Wellenfalten übergehen. Schalenfläche mit gebogenen Falten besetzt, die bei jungen Stücken am deutlichsten sichtbar sind. Ein Teil dieser Falten zieht in Gestalt von nach vorn offenen Bogen über die Area, ein anderer Teil bedeckt die mittlere Schalenfläche, die er in der Richtung von den Wirbeln nach dem Unterrande durchquert; bei ausgewachsenen Stücken bleibt oft nichts von dieser Schalenverzierung übrig. Hauptzähne dick und stumpf. Perlmutter bläulichweiß, wenig schillernd.

Verbreitung: Tonkin, Borneo.

Bestimmungsschlüssel zu den Arten

1 Schale kurz elliptisch, Hautpzähne niedrig, schmal . . . . . . ***P. aeneolus***, S. 142
1′ Schale lang elliptisch, Hauptzähne dick, schwer . . . . . ***P. resupinatus***, S. 141

21. **Pseudodon (Cosmopseudodon) resupinatus** MARTENS

1902 *Pseudodon resupinatus* MARTENS, Nachr.Bl. dtsch. malak. Ges., **34**:131. — Terra typica: Than-Moi, Tonkin.

Diagnosis: Schale verlängert, sehr ungleichseitig, ziemlich fest, leicht zusammengedrückt, in der Jugend mit einer Faltenskulptur auf der Area und der Mitte der Schalenfläche versehen. Vorderende kurz und gerundet, Hinterende lang, mit deutlicher, dreieckiger Area, die im Alter niedriger und gerundeter wird, in einen leicht abgestutzten Schnabel ausgezogen. Die Schalenfläche zeigt in der Jugend eine deutliche Verzierung von nach vorn oben gekrümmten, manchmal gegabelten Falten, die an der äußeren Arealkante beginnen und quer über die ganze Area ziehen; außerdem zeigen sich noch Falten, die über die Mitte der Schalenfläche von oben nach unten ziehen und die zum Teil an der äußeren Arealkante an die Arealfalten derart stoßen, daß beide Systeme eine Reihe von ineinandersteckenden, nach hinten geöffneten V-s bilden; im Alter gehen diese Falten mehr und mehr zurück, am längsten halten sich einige auf der Area. Die im übrigen glatte Schalenfläche ist von einer in der Jugend braungelben, im Alter fast schwarzen, leicht glänzenden Konchinschicht bedeckt. Die niedrigen Wirbel liegen bei $^{18}/_{100}$ der Gesamtlänge, ihre Spitzen weisen in früher Jugend eine erst spitzwinklige W-förmige, später mehr und mehr zu Wellenrunzeln verflachende Skulptur auf. Je ein Hauptzahn jederseits, der dick und stumpf ist. Rückenumriß lanzettlich, vorn stumpf, Dickenmaximum etwas hinter der Schalenmitte gelegen. Perlmutter bläulichweiß, wenig schillernd. — Maße: Länge 37 bis 80 mm, Höhe 19—40 mm, Dicke 10—26 mm.

Verbreitung: Tonkin.

22. Pseudodon (Cosmopseudodon) aeneolus Drouet

1892 *Pseudodon aeneolus* Drouet, J. de Conch., Paris, **40**:94. — Terra typica: Flüsse Lebroeang und Kapoeas, Nord-Borneo.

1892 *Pseudodon aeneolus* — Drouet & Chaper, Mém. Soc. zool. France, Paris, **5**:152; Taf. 6, Fig. 40.

Diagnosis: Schale kurz elliptisch, sehr ungleichseitig, fest, mehr oder weniger zusammengedrückt. Vorderende niedrig, breit gerundet, Hinterende lang, hoch, mit deutlicher Area, die bei zunehmendem Alter an Höhe und Deutlichkeit ihrer oberen Ecke abnimmt, hinten in einen gerundet abgestutzten Schnabel ausgezogen. Arealkanten undeutlich. Der Rückenrand fällt nach dem Gesagten in der Jugend steil, im Alter sanfter nach vorn ab; der Unterrand ist leicht geschwungen oder fast geradlinig. Die niedrigen Wirbel, deren Skulptur nicht zu ersehen ist, liegen bei $^{24}/_{100}$ der Gesamtlänge. Die Schalenoberfläche ist von einer glänzenden, dunkelbraunen, metallisch schillernden Konchinschicht bedeckt; sie ist glatt, mit Ausnahme eines Systems von Falten, dessen eine Hälfte über die Area zieht, während die andere Hälfte die Mitte der Schalenfläche in der Richtung von oben nach unten furcht und die mit zunehmendem Alter abnimmt, ja ganz verschwinden kann. Schloß aus einem kleinen, stumpfen Hauptzahn jederseits bestehend. Rückenumriß lanzettlich, Dickenmaximum vor der Schalenmitte gelegen, Perlmutter unansehnlich fleisch- oder kupferfarben, mit Flecken, an den Rändern schillernd. — Maße: Länge 65—70 mm, Höhe 38—40 mm, Dicke 18—20 mm.

Bemerkung: Da mir diese Art aus eigener Anschauung unbekannt ist, mußte ich auf die Drouetsche Originalbeschreibung zurückgehen.

Verbreitung: Nord-Borneo.

Genus Leguminaia Conrad

1865 *Leguminaia* Conrad, Amer. J. Conch., Philadelphia, **1**:233. — Species typica: *Monocondylaea mardinensis* Lea.

1911 *Pseudoleguminaia* Germain, Bull. Mus. Hist. nat. Paris, **1911**:66. — Species typica: *Leguminaia chantrei* Locard.

Diagnosis: Schale ziemlich fest, elliptisch bis gerundet. Wirbel ziemlich voll. Jederseits zwei Hauptzähne, die fest sind; manchmal ist ein Hilfszahn in der linken Klappe angedeutet, der weit vorne sitzt.

Verbreitung: Irak, Syrien.

Bestimmungsschlüssel zu den Arten

1 Schale mehr oder weniger verlängert . . . . ***L. wheatleyi,*** S. 143

1′ Schale kürzer, bis rhombisch . . . . ***L. saulcyi,*** S. 143

1. **Leguminaia wheatleyi** (LEA)

1862 *Monocondylaea wheatleyi* LEA, Proc. Acad. nat. Sci. Philadelphia, **6**:176. — Terra typica: Tigris, Irak.
1863 *Monocondylaea wheatleyi* — LEA, J. Acad. nat. Sci. Philadelphia, **5**:400; Taf. 50, Fig. 307.
1864 *Leguminaia mardinensis* CONRAD, Amer. J. Conch., Philadelphia, **1**:233. — Terra typica: Tigris.
1883 *Leguminaria chantrei* LOCARD, Arch. Mus. Lyon, **3**:252; Taf. 19, Fig. 8—10. — Terra typica: Orontes-Kanal (bei Antiochia ?), Syrien.
1883 *Leguminaia bourguignati* LOCARD, Arch. Mus. Lyon, **3**:252; Taf. 19, Fig. 11—18. — Terra typica: See von Antiochia, Syrien.
1913 *Leguminaia (mardinensis* var.*) naegelei* KOBELT, Icon. Land-Süßw.-Moll., (2)**19**:7; Taf. 515, Fig. 2693. — Terra typica: Tigris bei Mosul.
1913 *Leguminaia graeteri* KOBELT, Icon., Land-Süßw.-Moll. (2)**19**:46; Taf. 533, Fig. 2744—2746. — Terra typica: Kara-Su, Zufluß des Sees von Antiochia, Syrien.
1913 *Leguminaia nisibina* KOBELT, Icon. Land-Süßw.-Moll., (2)**19**:17; Taf. 520, Fig. 2706. — Terra typica: Bach bei Nisibis, Vilajet Diarbekr.
1914 *Microcondylaea haasii* KOBELT, Icon. Land-Süßw.-Moll., (2)**20**:30; Taf. 554, Fig. 2815—2820. — Terra typica: Zuflüsse des Euphrat bei Biredschik.

Diagnosis: Schale oblong oder etwas rhomboid, leicht zusammengepreßt, wenig fest, ungleichseitig. Wirbel wenig geschwollen und erhoben, scharf, vorwärts gedreht über eine schmale Lunula, schwach skulptiert mit doppelt geschwungenen Runzeln. Area niedrig, gerundet, hinten stumpf unter der Mittellinie endend. Schalenfläche mit vielen Zuwachsstreifen, mit Spuren von radialen Furchen auf der Area. Schloß aus einem einzigen, unregelmäßig geformten, fast glatten Zahn jederseits bestehend, der rechte etwas vor, der linke unter den Wirbeln; gelegentliche schwache Spuren von Seitenzähnen. Perlmutter schillernd, silbern oder bläulichweiß. Rückenumriß lanzettlich, größte Dicke etwa in der Mitte. — Maße: Länge 63—90 mm, Höhe 37 bis 45 mm, Dicke 22—30 mm.

Bemerkung: Diese Art reagiert sehr stark auf Umweltsbedingungen, woraus sich die verhältnismäßig große Menge der ihr beigelegten und hier in die Synonymie versetzten Namen erklärt.

Verbreitung: Euphrat, Tigris, Syrien.

2. **Leguminaia saulcyi** (BOURGUIGNAT)

1852 *Unio saulcyi* BOURGUIGNAT, Test. Nov. SAULCY: 27. — Terra typica: Jaffa.
1852 *Unio michonii* BOURGUIGNAT, Test. Nov. SAULCY: 74. — Terra typica: Jaffa.
1852 *Unio tripolitanus* BOURGUIGNAT, Test. Nov. SAULCY: 28. — Terra typica: Tripolis, Syrien.
1853 *Unio saulcyi* — BOURGUIGNAT, Cat. rais. Moll. SAULCY: 74; Taf. 3, Fig. 1—3.
1853 *Unio michonii* — BOURGUIGNAT, Cat. rais. Moll. SAULCY: 74; Taf. 3, Fig. 10—12.
1853 *Unio tripolitanus* — BOURGUIGNAT, Cat. rais. Moll. SAULCY: 75; Taf. 4, Fig. 10—12.
1883 *Pseudodon chantrei* LOCARD, Arch. Mus. Lyon, **3**:254; Taf. 19, Fig. 4—7. — Terra typica: See von Antiochia, Syrien.
1900 *Leguminaia locardi* SIMPSON, Proc. U.S. nation. Mus., Washington, **22**:652. — Terra typica: See von Antiochia, Syrien.

Diagnosis: Schale eckig elliptisch, hinten leicht abgestutzt, fast gleichseitig, aufgeblasen, ziemlich dünn und etwas durchscheinend; Wirbel voll, etwas erhoben, vorwärts gedreht, mit doppeltschlingigen Furchen skulptiert.

Konchinschicht glänzend, bräunlichgelb, heller an den Wirbeln. Schloß beiderseits aus einem einzigen, abgestumpften, verlängerten Zahn bestehend. Perlmutter glatt, schillernd, bläulichweiß. Rücken-Umriß lanzettlich, vorn viel kürzer als hinten, größte Dicke vor der Mitte gelegen. — Maße: Länge 63 mm, Höhe 43 mm, Dicke 24 mm.

Bemerkung: Für diese Art hat GERMAIN eine Untergattung *Pseudoleguminaia* aufgestellt, für die ich keine Notwendigkeit sehe und die ich deshalb als Synonym von *Leguminaia* behandelt habe.

Verbreitung: See von Antiochia, Syrien.

Genus **Pseudodontopsis** KOBELT

1913 *Pseudodontopsis* KOBELT, Icon. Land-Süßw.-Moll., (2)**19**:3. — Species typica: *Unio euphraticus* BOURGUIGNAT.

Diagnosis: Muschel breit elliptisch oder breit rhombisch; die Höhe verhält sich zur Länge wie 70—75 : 100; die Schale ist bald sehr, bald nur wenig ungleichseitig, wenig gewölbt, gegen die Peripherie hin stark zusammengedrückt, meist dünnschalig und fein gestreift, hinten breit gerundet; Ober- und Hinterrand langgestreckte Bogen bildend. Wirbel flach, dreiseitig, zugespitzt; Schloß in jeder Klappe mit einem deutlichen Hauptzahn, der rechte beim Schließen vor dem linken stehend; Zähne bald hoch und dick, bald klein, zusammengedrückt und abgestutzt. Seitenzähne vollständig fehlend.

Bemerkung: Wie aus KOBELTs hier fast unverändert wiedergegebener Urbeschreibung hervorgeht, ist diese Gattung und die einzige in ihr vertretene Art sehr veränderlich, wohl in der Hauptsache durch Anpassung an verschiedene Umweltsbedingungen.

Verbreitung: Flüsse Euphrat und Tigris; See von Konieh (?).

1. **Pseudodontopsis euphraticus** (BOURGUIGNAT)

1852 *Unio euphraticus* BOURGUIGNAT, Test. Nov. SAULCY: 28. — Terra typica: Wasserläufe bei Bagdad.

1853 *Unio euphraticus* — BOURGUIGNAT, Cat. rais. Moll. SAULCY: 75; Taf. 4, Fig. 1—3.

1856 *Unio opperti* BOURGUIGNAT, Rev. Mag. Zool., **8**:71; Taf. 8, Fig. 6; Taf. 9, Fig. 1. — Terra typica: Euphrat bei Babylon.

1857 *Unio churchillianus* BOURGUIGNAT, Rev. Mag. Zool., (2)**9**:18; Taf. 2, Fig. 1—4. — Terra typica: Konieh, Anatolien.

1859 *Monocondylaea rhomboidea* LEA, Proc. Acad. nat. Sci. Philadelphia, **3**:187. — Terra typica: Euphrat bei Bagdad.

1860 *Monocondylaea rhomboidea* — LEA, J. Acad. nat. Sci. Philadelphia, **4**:263; Taf. 42, Fig. 143.

1913 *Pseudodontopsis piestius* KOBELT, Icon. Land-Süßw.-Moll., (2)**19**:5; Taf. 513, Fig. 2690, 2691. — Terra typica: Tigris bei Bagdad.

1913 *Pseudodontopsis babylonicus* KOBELT, Icon. Land-Süßw.-Moll., (2)**19**:4; Taf. 512, Fig. 2688, 2689. — Terra typica: Euphrat, bei Bagdad.

Diagnosis: Schale annähernd rhomboid, zusammengedrückt, in der Jugend dünn, im Alter sogar dick, ungleichseitig. Area niedrig, mit äußerer und innerer Arealkante, hinten abgestutzt. Unterrand geschwungen. Vorderende verschmälert, gerundet. Schalenfläche fein konzentrisch gestreift, glänzend; Konchinschicht gelblichgrün. Schloß mit einem einzigen, zusammengedrückten, glatten Zahn beiderseits; der linke unter, der rechte vor dem Wirbel. Rücken-Umriß länglich lanzettlich, vorn viel kürzer als hinten, größte Dicke vor der Mitte. Perlmutter weiß mit violettem Schimmer, silbrig. — Maße: Länge 70—120 mm, Höhe 53—80 mm, Dicke 20—40 mm.

Verbreitung: Euphrat und Tigris, Irak.

Genus **Microcondylaea** Vest

1866 *Microcondylaea* Vest, Verh. Mitth. siebenbürg. Ver. Naturw., **17**:201. — Species typica: *Margaritana bonellii* Rossmässler.
1879 *Microcondylus* Drouet (nomen emendatum pro *Microcondylaea*), J. de Conch., Paris, **27**:137.

Diagnosis: Schale ungleichseitig, verlängert, mehr oder weniger eckig elliptisch, zusammengepreßt, ziemlich dünnschalig, mit niederen Wirbeln. Zähne stark zurückgebildet, zusammengepreßt, ein einziger jederseits. Perlmutter bläulich oder hellviolett.

Verbreitung: Po-Gebiet, Etsch-Gebiet, Küstenflüsse östlich der Etsch, mit Einschluß des Isonzo.

1. **Microcondylaea compressa** (Menke)

? 1819 *Anodonta uniopsis* Lamarck (nicht deutbare Art), Hist. nat. Anim. sans Vert., **6**:86. — Terra typica: „Les regions australes".
1825 *Unio depressa* C. Pfeiffer (non *Unio depressa* Lamarck, 1819), Naturgesch. dtsch. Moll., **2**:32; Taf. 8, Fig. 3, 4. — Terra typica: Fluß Colalt bei Hospidaleto, Illyrien.
1828 *Alasmodonta compressa* Menke, Synopsis meth. Moll., : 106. — Terra typica: Nicht angegeben.
1835 *Unio bonellii* Férussac in Rossmässler, Icon., **1**(2):24; Taf. 9, Fig. 134. — Terra typica: Flüßchen Leak, Nebenfluß des Isonzo bei Görz.
1842 *Unio bonelli* var. *curvata* Rossmässler, Icon., **2**(5):14; Taf. 55, Fig. 746. — Terra typica: Larium.
1879 *Microcondylus moreleti* Drouet, J. de Conch., Paris, **27**:139. — Terra typica: Bäche in der Umgegend von Piacenza, Italien.
1879 *Microcondylus gibbosus* Drouet, J. de Conch., Paris, **27**:140. — Terra typica: Mailand.
1879 *Microcondylus squamosus* Drouet, J. de Conch., Paris, **27**:139. — Terra typica: Mailand.
1879 *Microcondylus crassulus* Drouet, J. de Conch., Paris, **27**:139. — Terra typica: Castelgoffredo.
1883 *Leguminaia servaini* Bourguignat, Aperçu Union. Péninsule Ital.: 69. — Terra typica: Kanäle der Kartause von Pavia.
1883 *Leguminaia doriae* Bourguignat, Aperçu Union. Péninsule Ital.: 73. — Terra typica: Wasserläufe bei Vercelli und Brianza.
1883 *Leguminaia gestroi* Bourguignat, Aperçu Union. Péninsule Ital.: 75. — Terra typica: Castel d'Ario, Provinz Mantua.
1889 *Leguminaia pedemontana* Pollonera, Boll. Mus. Zool. Anat. comp. Torino, **4** 72:14. — Terra typica: Piedemont.
1889 *Leguminaia craverii* Pollonera, Boll. Mus. Zool. Anat. comp. Torino, **4** 72:14. — Terra typica: Piedemont bei Bra.
1913 *Microcondylaea bonellii* forma *levicensis* Kobelt, Icon., Land-Süßw.-Moll. (2)**19**:54; Taf. 535, Fig. 2754. — Terra typica: See von Levico, Val Sugana, Trentino.
1913 *Microcondylaea bonellii* forma *parisii* Kobelt, Icon., Land-Süßw.-Moll. (2)**19**:55; Taf. 536, Fig. 2755. — Terra typica: Kalterer See (Lago di Caldaro) bei Bozen, Welschtirol.

1933 *Pseudoanodonta depressa* var. *augusti* GRAZIADEI, Stud. Trent. Sci. nat. Trento, **14**:43. — Terra typica: Levico, Val Suagana, Trentino.

Diagnosis: Schale kurz oder lang elliptisch (je nach dem Standort), zusammengepreßt und wenig fest, recht ungleichseitig. Wirbel niedrig, mit feinen Fältchen skulptiert, die etwa mit den Zuwachsstreifen gleichlaufen oder manchmal doppelt geschlungen sind. Area niedrig, mit undeutlichen Arealkanten, Hinterende schwach zweiwinklig. Vorderende schmal, oben manchmal etwas gewinkelt, Schalenfläche ungleichmäßig konzentrisch gefurcht, aber fast glatt. Konchinschicht in der Farbe wechselnd, von fast schwarz bis leicht grünlich. Jederseits ein niedriger, etwas gerundeter knotenartiger Hauptzahn, manchmal fast rückgebildet; Seitenzähne gelegentlich leicht angedeutet. Perlmutter bläulichweiß, ziemlich glanzlos. — Maße: Länge 57—74 mm, Höhe 28—34 mm, Dicke 13—20 mm.

Verbreitung: Po-Gebiet, Etsch-Gebiet; Küstenflüsse östlich der Etsch bis einschließlich zum Isonzo.

Genus **Hyriopsis** CONRAD

1853 *Hyriopsis* CONRAD, Proc. Acad. nat. Sci. Philadelphia, **6**:269. — Species typica: *Unio delphinus* GRUNER.

Diagnosis: Schale groß, ungleichseitig, rautenförmig bis unregelmäßig elliptisch; auf dem Rücken geflügelt, hinten meist eckig abgestutzt, oft hinten unten in einen Schnabel ausgezogen, zusammengepreßt, ziemlich zart bis mäßig fest. Wirbel niedrig, nicht oder nur mäßig aufgeblasen, mit einer aus Wellenrunzeln bestehenden, konzentrischen Skulptur versehen; die innersten dieser Runzeln sind undeutlich W-förmig geknickt und zeigen an den Knickstellen leichte Knötchen; die folgenden werden breiter und sind mehr und mehr mit den Zuwachsstreifen gleichlaufend. Die Schalenfläche ist auf der Area oft in Falten gelegt. Konchinschicht grünlich bis bräunlich, manchmal mit Spuren von Strahlen. Schloß aus einem Hauptzahn und einem Seitenzahn in der rechten, zwei Hauptzähnen und zwei Seitenzähnen in der linken Klappe bestehend; im Alter splittern die in spitzem Winkel zum Intervall stehenden Hauptzähne auf, die neben ihnen vorhandenen Hilfszähne können fast ihre Größe erreichen, so daß alte Muscheln oft scheinbar zwei bis drei Hauptzähne rechts und drei bis vier links haben. Seitenzähne lang, etwas gebogen, im Alter senkrecht gestrichelt; unter dem der rechten Klappe bildet sich manchmal hinten ein Hilfsseitenzahn aus. Intervall lang, schmal, gebogen. Vorderende der Schale auffallend dicker als das Hinterende.

Bemerkung: Es sei hier ganz nebenbei erwähnt, daß diese heute ausschließlich südost- und ostasiatische Gattung im Pliozän in mehreren Arten in Europa verbreitet war.

Verbreitung: Borneo; Hinter-Indien; China; Japan.

Bestimmungsschlüssel zu den Arten

1	Schale etwas aufgeblasen	***H. velthuizeni,*** S. 147
1′	Schale mehr zusammengepreßt	2
2	Schale verlängert, hoch geflügelt	***H. bialata,*** S. 147
2′	Schale kürzer und höher, niedrig geflügelt	3
3	Vorderende zugespitzt, in der Jugend leicht gezipfelt	***H. delaportei,*** S. 148
3′	Vorderende gerundet	4

4 Schale länglich eiförmig, nicht hoch 5
4′ Schale kürzer eiförmig, hoch . . . . *H. cumingii,* S. 150
5 Hinterende kurz zugespitzt . . . . *H. myersiana,* S. 149
5′ Schale stark verlängert, Hinterende lang, abgestutzt . . . . *H. schlegelii,* S. 151

1. Hyriopsis velthuizeni (Schepman)

1895 *Unio velthuizeni* Schepman, Notes Leyden Mus., **17**:160; Taf. 4, Fig. 1, 1a. — Terra typica: Mandai-Fluß, Borneo.

Diagnosis: Schale trapezoid, symphinot, mit einem ziemlich hohen hinteren und einem sehr kleinen vorderen Flügel versehen; sehr ungleichseitig, ziemlich fest und etwas aufgeblasen. Vorderer Oberrand kurz, geradlinig, etwas nach vorn abfallend, mit dem sehr steil abfallenden Vorderrande einen deutlichen Winkel, in der Jugend einen erkerartig vorspringenden, niedrigen Flügel bildend. Unterrand fast ganz geradlinig oder sogar leicht konkav, in seinem hintersten Teile etwas aufsteigend und mit dem Hinterrande einen gerundeten Schnabel bildend. Hinterrand ohne deutliche Ecken, erst gerundet, steil, dann geradlinig sanfter ansteigend und mit dem geradlinigen oder leicht gewellten, vom Wirbel nach hinten ansteigenden hinteren Oberrande einen ziemlich hohen, manchmal oben etwas nach hinten ausladenden Flügel bildend. Wirbel bei $^{18}/_{100}$ der Gesamtlänge gelegen, kaum über den Oberrand vorragend, etwas aufgeblasen, ohne erkennbare Skulptur. Area hoch, dreieckig, ausgehöhlt, mit drei ziemlich deutlichen, nach unten hin verschwindenden Arealkanten; Areola undeutlich abgesetzt, sehr zusammengepreßt. Ligament überbaut. Schalen-Oberfläche durch ziemlich starke Zuwachsstreifen konzentrisch gefurcht, mit einer hellen oder dunkler braunschwarzen, etwas glänzenden Konchinschicht bedeckt, die in durchfallendem Lichte zahlreiche Strahlen aufweist. Schloß aus einem Hauptzahn und einem Seitenzahn in der rechten, zwei Hauptzähnen und zwei Seitenzähnen in der linken Klappe bestehend. Hauptzahn der rechten Klappe lamellenförmig, ziemlich hoch, in spitzem Winkel zum vorderen Oberrande verlaufend. Vorderer Hauptzahn der linken Klappe lamellenförmig, dünn, niedrig, nach hinten zu fast verschwindend, unter dem Wirbel nur als feine, erhabene Linie wahrnehmbar, wo sich an ihn ein niedriger, tuberkelförmiger hinterer Hauptzahn setzt. Seitenzähne lang, etwas gekrümmt, ziemlich hoch und stark, nur die oberen der linken Klappe dünn und niedrig, erst weit hinten beginnend. Intervall sehr kurz und schmal, wenig ausgebildet. Rückenumriß länglich lanzettförmig, vorn äußerst dünn ausgezogen, größte Dicke etwas hinter der Mitte gelegen. Perlmutter bläulich, unter den Wirbeln etwas rötlich, an den Rändern lebhaft schillernd. — Maße: Länge 72 mm, Höhe 46 mm, Dicke 22,5 mm.

Bemerkung: *Hyriopsis velthuizeni* steht unter den anderen Arten der Gattung recht vereinzelt da, was bei ihrem insulären Vorkommen im Gegensatz zu allen übrigen, kontinentalen Arten nicht weiter verwunderlich ist; es wäre zu überlegen, ob für sie nicht eine eigene Untergattung zu schaffen wäre.

Verbreitung: Fluß Mandai, Borneo.

2. Hyriopsis bialata Simpson

1841 *Unio delphinus* Gruner (non *Unio delphinus* Spengler 1793), Arch. Naturgesch., Berlin, **7**:275; Taf. 9, Fig. 1, 1a—1c. — Terra typica: Fluß Sungi, Malakka.

1863 *Unio megapterus* MORELET (non *Unio megapterus* CHENU 1862), J. de Conch., Paris, 12:159. — Terra typica: Cochinchina.

1900 *Hyriopsis bialatus* SIMPSON (nomen novum pro *Unio delphinus* GRUNER), Proc. U.S. nation. Mus., Washington, 22:579.

1905 *Unio delphinopterus* DAUTZENBERG & FISCHER (nomen novum pro *Hyriopsis bialatus* SIMPSON), J. de Conch., Paris, 53:456.

1910 *Hyriopsis gracilis* HAAS, Nachr.Bl. dtsch. malak. Ges., Frankfurt a. M., 42:101. — Terra typica: Bienho-See, Kambodscha.

Diagnosis: Schale verlängert rautenförmig, ungleichseitig, hinten hoch und vorn niedrig dreieckig geflügelt. Mäßig festschalig, ziemlich zusammengepreßt; im Alter gehen beide Flügel mehr oder weniger verloren. Vorderende durch den vorderen Flügel spitz nach vorn vorgezogen, Hinterende mäßig geschnäbelt, etwas schief und leicht gerundet abgestutzt. Unterrand wenig gebogen, in der Mitte geradlinig. Area mit sehr deutlicher äußerer Arealkante, die leicht wulstartig vorspringen kann, und zwei bis drei undeutlichen, inneren Kanten; zusammengepreßt, der Hinterrand des oft wellig verbogenen Flügels klafft. Die Gestalt des Flügels schwankt in der Höhe; manchmal ist er rein dreieckig, manchmal an der Spitze gekerbt, manchmal nach hinten übergebogen. Ligament lang, mäßig dick, nur nach Verlust des hinteren Flügels sichtbar. Wirbel nicht vorragend, nicht aufgeblasen, bei $^{27}/_{100}$ der Gesamtlänge gelegen. Schalen-Oberfläche glatt, sehr fein konzentrisch gestreift, ab und zu in der Mitte mit sehr niedrigen, in einer Reihe stehenden, senkrechten Fältchen versehen. Konchinschicht in der Jugend gelbgrün, im Alter braunschwarz werdend, bei durchscheinendem Lichte gestrahlt. Hauptzähne (zwei links, einer rechts) in der Jugend lamellenförmig, der vordere linke und der linke in deutlichem Winkel zum Intervall stehend; mit zunehmendem Alter werden sie breiter und niedriger, der hintere linke verschwindet bis auf eine leichte Rauhigkeit, vor den rechten stellt sich ein dünner, ihm gleichlaufender Hilfszahn; die Oberfläche der Hauptzähne wird gesägt, mitunter so tief, daß ihr Zerfall in kleine Teilzähnchen stattgefunden zu haben scheint. Die Seitenzähne (zwei links, rechts einer) sind lang, gerade, dünn, mit der Schalenachse gleichlaufend; das Intervall ist groß, breit und gekrümmt, Rückenumriß jederseits spitz auslaufend, größte Dicke etwa in der Schalenmitte. Perlmutter hellbläulich weiß, schillernd. — Maße: Länge 54 bis 135 mm, Höhe 42—80 mm, Dicke 7—25 mm.

Verbreitung: Hinter-Indien; China (?).

3. **Hyriopsis delaportei** (CROSSE & FISCHER)

1876 *Unio (Arconaia) delaportei* CROSSE & FISCHER, J. de Conch., Paris, 24:327; Taf. 10, Fig. 1; Taf. 11, Fig. 5. — Terra typica: Provinz Compong-Soai, Cambodja.

1889 *Unio sutrangensis* MORLET, J. de Conch., Paris, 37:195; Taf. 9, Fig. 3. — Terra typica: Fluß Sutrang, Siam.

1904 *Unio stungtrangensis* FISCHER & DAUTZENBERG, (nomen emendatum pro *sutrangensis*), Miss. PAVIE, 3:440.

1904 *Unio patrangensis* MORLET, Miss. PAVIE, 3:382 (nomen novum pro *sutrangensis*).

Diagnosis: Schale dreieckig oder rautenförmig oder lang eiförmig, sehr ungleichseitig, vorn niedrig, hinten, in der Jugend, hoch, geflügelt, im Alter niedriger, festschalig, ziemlich aufgeblasen, Vorderende in der Jugend in einen spitzen Flügel ausgezogen, der im Alter fast verschwinden kann; Hinterende hoch, auch ohne den auf es aufgesetzten dreieckigen Flügel, von dem im

Alter nur noch die breite Grundfläche übrigbleibt, hinten gerundet oder etwas schief abgestutzt. Oberrand fast geradlinig, stark nach vorn abschüssig; Unterrand wenig gebogen oder sogar in der Mitte eingedrückt. Der Verlust des hohen hinteren oder des kleineren vorderen Flügels wandelt den dreieckigen Umriß der jungen Muschel in einen rauten- oder eiförmigen bei alten um. Area mit undeutlichen Arealkanten, zusammengepreßt, der Raum zwischen äußerer und innerer Kante etwas ausgehöhlt. Wirbel niedrig, nicht aufgeblasen, etwa bei $^{20}/_{100}$ der Gesamtlänge gelegen. Schalenoberfläche leicht konzentrisch gerunzelt, am Unterrande mehr oder weniger verbogen; Konchinschicht in der Jugend gelbgrün, im Alter schwärzlich, glänzend. Schloß in der Jugend normal, rechts zwei Haupt- und zwei Seitenzähne, links deren je einen aufweisend. Die Hauptzähne sind lang, schmal und niedrig, oben leicht gefurcht. Bei zunehmendem Wachstum verschwindet der hintere rechte Hauptzahn vollkommen, der vordere wird breiter und oben dicht senkrecht gestreift, fast gesägt, während sich vor dem ebenso aussehenden Hauptzahn der linken Klappe ein kleiner und dünner Hilfszahn ausbildet. Die Seitenzähne sind lang und etwas gebogen, die oberen in der linken Schale nur eineinhalbmal so lang wie die unteren, die sie erst in der hinteren Hälfte begleiten. Intervall ziemlich lang, glatt und schmal, leicht gebogen. Rückenumriß hinten etwas spitzer ausgezogen als vorn, mit der größten Dicke kurz vor der Schalenmitte. Perlmutter vorn dick, porzellanartig, hinten bläulich und schillernd. — Maße: Länge 97—145 mm, Höhe 70—87 mm, Dicke 36—41 mm.

Bemerkung: *Hyriopsis sutrangensis* MORLET, die bisher als eigene, gute Art gegolten hatte, ist meiner Meinung nach nur ein altes, des hinteren Flügels verlustig gegangenes Stück von *H. delaportei*, weshalb ich sie hier in deren Synonymie gestellt habe.

Verbreitung: Thailand, Cambodja.

4. Hyriopsis myersiana (LEA)

1856 *Unio myersianus* LEA, Proc. Acad. nat. Sci. Philadelphia, 8:92. — Terra typica: Siam.
1856 *Unio housei* LEA, Proc. Acad. nat. Sci. Philadelphia, 8:92. — Terra typica: Siam.
1857 *Unio myersianus* — LEA, J. Acad. nat. Sci. Philadelphia, 3:290; Taf. 22, Fig. 2.
1857 *Unio housei* — LEA, J. Acad. nat. Sci. Philadelphia, 3:291; Taf. 23, Fig. 3.

Diagnosis: Schale groß, elliptisch oder eiförmig, sehr ungleichseitig, im Alter festschalig, mäßig zusammengepreßt. Vorderende kurz, niedrig, gerundet abgestutzt, in der Jugend mit einem kleinen, nach vorn ausgezogenen Flügel; Hinterende lang und hoch, hinten gerundet zugespitzt oder gerundet abgestutzt, in der Jugend mit einem hohen, dreieckigen, in der Mitte manchmal gekerbten Flügel versehen. Oberrand fast geradlinig, nach vorn abfallend. Unterrand sanft gebogen oder fast geradlinig. Area zusammengepreßt, mit undeutlichen Arealkanten. Wirbel kaum vorragend, wenig aufgeblasen, mit Resten einer schwach geknoteten, runzligen, konzentrischen Wellenskulptur, bei etwa $^{20}/_{100}$ der Gesamtlänge gelegen. Schalenoberfläche konzentrisch gefurcht, von einer gelbgrünen bis braunen Konchinschicht bedeckt. Schloß in der Jugend wohl normal, im Alter durch Aufsplitterung der Hauptzähne und Entwicklung eines Hilfszahnes wohl verändert. Es zeigen sich dann links zwei bis drei zusammengepreßte, verlängerte, schneidende oder abgeplattete Hauptzähne und rechts zwei Hauptzähne, von denen der vordere ein lamellenförmiger Hilfszahn ist und der hintere sich lang und schmal dreieckig, hinten und oben flach, in der Mitte hoch und schneidenförmig darstellt. Die Seitenzähne sind lang und fast gerade, der rechte und der linke untere hoch und verhältnismäßig stark, der obere links dünner, niedriger, nach hinten fast verschwindend, wenig kürzer als der untere. Intervall kurz und schmal, wenig gezähnelt, fast glatt. Rückenumriß beiderseits ziemlich gleich zugespitzt, größte Dicke etwa in der Schalenmitte. Perlmutter schwach rötlich oder grauweiß, hinten etwas bläulich schillernd. — Maße: Länge 112 bis 140 mm, Höhe 79—94 mm, Dicke 32—40 mm.

Bemerkung: Diese Art steht anscheinend der nun zu besprechenden *H. cumingii* sehr nahe und ist vielleicht nur eine Unterart von ihr; mangels genügenden Materials kann ich diese Frage nicht entscheiden und habe aus diesem Grunde *H. myersiana* ihren alten Status gelassen.

Verbreitung: Thailand, Cambodja.

5. Hyriopsis cumingii (Lea)

1852 *Unio cumingii* Lea, Proc. Acad. nat. Sci. Philadelphia, **7**:54. — Terra typica: Nördliches China.

1860 *Unio cumingii* — Lea, J. Acad. nat. Sci. Philadelphia, **4**:240; Taf. 35, Fig. 120.

1904 *Hyriopsis goliath* Bolle, Nachr.Bl. dtsch. malak. Ges., Frankfurt a. M., **36**:25; Taf. 1—2. — Terra typica: Riviere Claire, Tonkin.

Diagnosis: Schale gerundet rautenförmig bis lang eiförmig, sehr ungleichseitig, in der Jugend hinten hoch geflügelt, festschalig, ziemlich zusammengepreßt. Vorderende niedrig, ungeflügelt oder nur mit einem ganz niedrigen Flügelansatz auf der Areola, etwas vorgezogen, mit meist deutlicher, gerundeter Ecke zwischen vorderem Ober- und Vorderrand; Hinterende lang und, auch ohne Flügel, höher als das Vorderende, hinten gerade und nur wenig gerundet abgestutzt. Oberrand ziemlich gerade, deutlich nach vorn abfallend; Unterrand gerundet geknickt, mit dem tiefsten Punkte in oder etwas hinter der Schalenmitte. Area mit undeutlichen Arealkanten, einer äußeren und ein bis zwei inneren, oben in einen hohen Flügel ausgezogen, dessen etwas klaffender Hinterrand mehr oder weniger ausgebuchtet sein kann und der auf der Vorderseite häufig gekerbt ist; im Alter wird der Flügel meist abgenutzt und kann ganz verschwinden. Wirbel nicht vorragend, nicht aufgeblasen, etwa bei $^{19}/_{100}$ der Gesamtlänge gelegen; sie zeigen in der Jugend eine mit den Anwachsstreifen gleichlaufende, nächst den Spitzen feine, nach unten zu aber sich leistenförmig erhebende Runzelskulptur, die in etwa zwei cm Entfernung von den Wirbelspitzen aufhört. Die Schalenoberfläche zeigt im hinteren Teile ein System flacher Falten, die sich gablig auf der äußeren Arealkante treffen; der vordere Teil dieser Falten steigt von der äußeren Arealkante gegen den Unterrand hinunter, wobei sich jede einzelne noch einmal gabeln kann; der hintere Teil des Faltensystems zieht quer über die Area und den Flügel, wird aber nach hinten schwächer; auch hier kann eine weitere Aufgabelung der einzelnen Falten eintreten. Häufig ist aber nur der areale Teil dieser Schalenskulptur ausgebildet, die Schalenmitte also glatt, höchstens ein paar einzelne, senkrechte Furchen aufweisend. Die Konchinschicht ist in der Jugend grünlich, gestrahlt und wird im Alter bräunlich bis schwarz, sie ist wenig glänzend. Ligament durch den hinteren Flügel verborgen. Schloß schon in früher Jugend vom Normaltyp (zwei Hauptzähne und zwei Seitenzähne links, rechts deren je einen) abweichend; es weist einen lamellenförmigen, hinten hohen Hauptzahn links und einen ebensolchen rechts auf, vor welch letzterem ein mit ihm gleichlaufender, etwas niedrigerer Hilfszahn steht; in beiden Klappen stehen die Hauptzähne in fast rechtem Winkel zu den Seitenzähnen. Im Alter werden die Hauptzähne breiter, niedriger, oben gesägt. Die Seitenzähne sind verhältnismäßig kurz, etwas gebogen; links zwei, von denen der untere der größere und höhere ist, rechts einer; Intervall lang, glatt, breit, gebogen. Rückenumriß vorn und hinten etwa gleich zugeschärft, mit der größten Dicke etwa in der Schalenmitte. Perlmutter vorn weißlich und violett werdend und an Schillerglanz zunehmend. Schale vorn auffallend dicker als hinten. — Maße: Länge 51—264 mm, Höhe 43—189 mm, Dicke 11—69 mm.

Verbreitung: China.

6. Hyriopsis schlegelii (MARTENS)

1861 *Unio schlegelii* MARTENS, Malak. Bl., Cassel, 7:55. — Terra typica: Japan.

Diagnosis: Schale rautenförmig bis lang eiförmig, sehr ungleichseitig, mäßig festschalig, ziemlich zusammengepreßt. Vorderende kurz, steil abfallend, einen mehr oder weniger deutlichen Winkel zwischen vorderem Oberrande und Vorderrand zeigend; Hinterende höher als das Vorderende, hinten gerundet senkrecht abgestutzt, zuweilen in einen langen Schnabel ausgezogen, wenig geflügelt. Oberrand geradlinig, nach vorn abschüssig oder am Wirbel geknickt, mit ziemlich waagerechtem hinteren und abfallendem vorderen Stücke; Unterrand mäßig geschwungen, mit dem tiefsten Punkte etwas hinter den Wirbeln. Area mit undeutlicher, flachwulstiger äußerer und zwei undeutlichen, rinnenförmigen inneren Arealkanten, zusammengedrückt, geflügelt, doch sind bisher Stücke mit ganz erhaltenem Flügel nicht bekannt. Der Flügel zeigt über dem Ligament oft eine Reihe von senkrechten, gleichlaufenden Falten; Areola schmal, niedrig geflügelt. Wirbel kaum vorragend, nicht aufgeblasen, bei $^{18}/_{100}$ bis $^{25}/_{100}$ der Gesamtlänge gelegen, mit einer konzentrischen Runzelskulptur, die mit den Anwachsstreifen gleichläuft, zunächst den Spitzen sehr fein ist, weiter unten schwach leistenförmig wird und in etwa drei cm Entfernung von den Wirbeln verschwindet. Schalenfläche glatt, nur auf der Area zwischen den beiden inneren Arealkanten ab und zu gleichlaufende, nach hinten leicht ansteigende Falten zeigend, von einer schwarzen, glänzenden, bei durchfallendem Lichte grünlichen, gestrahlten Konchinschicht bedeckt. Schloß den Normalbau (zwei Hauptzähne und zwei Seitenzähne links, einen Hauptzahn und einen Seitenzahn rechts) selbst im Alter ziemlich unverändert beibehaltend. Die Hauptzähne, die lamellenartig, schneidend, gefurcht sind, stehen fast in rechtem Winkel zu den Seitenzähnen; in der rechten Klappe steht vor dem einzigen Hauptzahn ein mit ihm gleichlaufender, nur wenig niedrigerer Hilfszahn, der hintere Hauptzahn der linken Klappe ist kleiner, flacher und niedriger als der vordere und neigt stark zur Rückbildung; ein kleiner Hilfszahn ist zuweilen vor dem Hauptzahnpaar sichtbar. Die Seitenzähne sind ziemlich lang, gerade und dünn, Intervall gebogen, schmal und lang. Rückenumriß hinten länger ausgezogen, mit der größten Dicke im ersten Drittel oder in der Mitte der Schale. Perlmutter vorn hellbläulich, wenig schillernd, hinten dunkler und an Schillerglanz zunehmend. — Maße: Länge 127—200 mm, Höhe 86—100 mm, Dicke 36—50 mm.

Bemerkung: Unter den Arten der Gattung *Hyriopsis* schließt sich *H. schlegelii* am nächsten an die festländische *H. cumingii* (Lea) an, deren japanische Inselform sie wohl einst war, von der sie aber jetzt als gefestigte Art unterschieden werden muß.

Verbreitung: Insel Hondo, Japan.

Genus **Chamberlainia** Simpson

1900 *Chamberlainia* Simpson, Proc. U.S. nation. Mus., Washington, **22**:219. — Species typica: *Unio hainesianus* Lea.

1904 *Simpsonia* Rochebrune, Bull. Mus. Hist. nat. Paris, **10**:465. — Species typica: *Unio duclerci* Rochebrune.

Diagnosis: Schale groß, rundlich oder unregelmäßig eiförmig, sehr ungleichseitig, sehr dickschalig, besonders vorn, wenig aufgeblasen. Wirbel in der Jugend mit deutlichen, etwas eingerollten Spitzen, vorragend, aufgetrieben; ihre Skulptur ist unbekannt. In der Jugend tragen Area und Areola niedrige Flügel. Area wenig deutlich abgesetzt, mäßig zusammengepreßt, mit sehr flach wulstförmiger, im Alter kaum wahrnehmbarer äußerer Arealkante und zwei bis drei undeutlichen inneren. Oberfläche der Schale konzentrisch gefurcht und in der Schalenmitte hie und da einige senkrechte Falten aufweisend. Konchinschicht in der Jugend gelbgrün, braunschwarz im Alter, gestrahlt, Ligament durch den hinteren Flügel verborgen, ziemlich lang und im Alter äußerst dick. Zwei kurze, stumpfe, im Alter aufsplitternde und dem Intervall gleichlaufende Hauptzähne links, ein ebensolcher rechts, vor dem ab und zu ein kleiner Hilfszahn steht; Intervall sehr lang, gebogen, zum großen Teil von einem der Konchinschicht ähnlichen Belag bedeckt; Seitenzähne sehr kurz und dick, links zwei, wovon der obere kürzer ist, rechts einen, alle an ihrem Oberrande etwas nach oben gebogen. Mantellinie verhältnismäßig weit vom Rande entfernt. Perlmutter reichviolett oder bronzefarben, schillernd.

Verbreitung: Thailand, Cambodja, Tonkin.

Bestimmungsschlüssel zu den Arten

1 Schale kurz, hinten nicht verlängert . . . . *Ch. paviei*, S. 152

1′ Schale etwas länger, hinten leicht geschnäbelt . . . . . . *Ch. hainesiana*, S. 153

1. **Chamberlainia paviei** (Morlet)

1891 *Unio paviei* Morlet, J. de Conch., Paris, **39**:241; Taf. 7, Fig. 3. — Terra typica: Fluß Ménam-Pinh, West-Laos.

1914 *Chamberlainia pavici* Rochebrune (error typographicus pro *paviei*), Bull. Mus. Hist. nat. Paris, **20**:563.

Diagnosis: Schale rundlich, ungleichseitig, vorn niedrig, hinten hoch, geflügelt, mäßig dickschalig, wenig aufgetrieben. Vorderrand niedrig, etwas vorgezogen, gerundet, mit meist deutlichem Winkel zwischen hinterem Oberrande und Vorderrand; Hinterende hoch, hinten gerundet, mit hoher, geflügelter Area. Oberrand nach vorn stark abschüssig, Unterrand ziemlich gleichmäßig geschwungen, mit seinem tiefsten Punkte etwa in der Schalenmitte. Wirbel stark über den vorderen, wenig über den hinteren Oberrand vorragend, etwas aufgeblasen, mit deutlichen, etwas eingekrümmten Spitzen, deren Skulptur unbekannt ist, bei etwa $^{25}/_{100}$ der Gesamtlänge gelegen. Area wenig vom Rest der Schale abgesetzt, nur im obersten Teile stärker zusammengepreßt, mit meist sehr undeutlicher, ganz flach wulstiger äußerer und Spuren von ein bis zwei inneren Arealkanten. Areola ziemlich lang, zusammengepreßt, etwas geflügelt. Ein schmaler, lanzettförmiger Sinulus schneidet zwischen die Wirbel ein. Schalenoberfläche unregelmäßig und schwach konzentrisch gefurcht, auf der Schalenmitte mit Andeutungen kurzer, senkrechter Skulpturfurchen. Konchinschicht gelbgrün, hinten braungrün, in der Mitte der Schale gestrahlt. Schloß aus zwei Hauptzähnen und zwei Seitenzähnen der linken, einem Hauptzahn und einem Seitenzahn in der rechten Klappe bestehend. Die Hauptzähne sind kurz, plump, oben etwas zugespitzt und gefurcht; vor dem der rechten Klappe steht ein kleiner, niedriger Hilfszahn. Das Intervall ist sehr lang, schmal, viertelkreisförmig gebogen und teilweise von einer der Konchinschicht ähnlichen Masse bedeckt. Die Seitenzähne sind kurz, kürzer als das Intervall, plump mit etwas nach oben verbogenen Oberrändern; der obere der linken Klappe reicht nur bis etwa $^{3}/_{4}$ des unteren. Wirbelhöhle mäßig tief; Mantellinie verhältnismäßig weit vom Rande der Schale entfernt. Rückenumriß beiderseits spitz ausgezogen, mit der größten Dicke in der Schalenmitte. Perlmutter vorn porzellanartig, weißlich, glanzlos, hinten in allen Farben des Regenbogens schillernd. — Maße: Länge 67—118 mm, Höhe 65—95 mm, Dicke 25—44 mm.

Bemerkung: Es ist durchaus nicht ausgeschlossen, daß diese Form die bisher unbekannte Jugendform der folgenden Art darstellt. Daß *Ch. paviei* von rundlicherer Gestalt als *Ch. hainesiana* ist, ist kein Gegenargument; wir wissen ja, wie sehr sich im Laufe des Wachstums die Umrißform vieler Unioniden verändert, und das gleiche könnte auch hier der Fall sein. Beide „Arten" kommen im gleichen Verbreitungsgebiete vor, was in gewissem Maße auch für die hier von mir vertretene Ansicht spricht.

Verbreitung: Laos; Thailand.

2. Chamberlainia hainesiana (Lea)

1856 *Unio hainesianus* Lea, Proc. Acad. nat. Sci. Philadelphia, **8**:92. — Terra typica: Siam.

1857 *Unio hainesianus* — Lea, J. Acad. nat. Sci., Philadelphia, **3**:289; Taf. 21, Fig. 1.

1862 *Unio imperialis* Morelet, Rev. Mag. Zool., Paris, **14**:480. — Terra typica: Sümpfe bei Meinam, Indochina.

1881 *Dysnomia pavonina* Rochebrune, Bull. Soc. philom. Paris, (7)**6**:464. — Terra typica: Battambang, Siam.

1882 *Unio duclerci* Rochebrune, Bull. Soc. philom. Paris, (7)**7**:27; Taf. 1, Fig. 2. — Terra typica: Fluß Mekong, Siam.

1904 *Simpsonia demangei* Rochebrune, Bull. Mus. Hist. nat. Paris, **10**:466. — Terra typica: Rivière Claire zwischen Vietri und Tuyen-Quas, Tonkin.

Diagnosis: Schale mehr oder weniger rundlich bis eiförmig, ungleichseitig, dickschalig, besonders vorn unten, mäßig aufgeblasen. Vorderende kurz und niedrig, in der Jugend gerundet vorgezogen, im Alter gerundet abgestutzt, Hinterende lang und hoch, gerundet oder etwas gerundet zugespitzt, in der

Jugend geflügelt, den Flügel aber meist verlierend. Oberrand an den Wirbeln gebogen, hinteres Stück geradlinig, nur sehr wenig nach vorn abfallend, vorderes Stück stark nach vorn abschüssig, eckenlos in den kurz gerundet abfallenden Vorderrand übergehend; Unterrand im vorderen Teile geschwungen, hinten fast geradlinig oder gar etwas eingedrückt, mit dem tiefsten Punkte etwa unter den Wirbeln; Hinterrand ohne deutliche Ecken, die untere ist ab und zu gerundet sichtbar. Area wenig abgestutzt, mit sehr flach und breit wulstförmiger, aber sehr undeutlicher äußerer und kaum wahrnehmbarer innerer Arealkante, das Stück außerhalb der inneren Arealkante ausgehöhlt zusammengepreßt; vom hinteren Flügel meist nur Reste vorhanden, so daß seine eigentliche Höhe unbekannt ist. Areola kaum sichtbar, sehr niedrig. Wirbel in der Jugend vorragend, etwas aufgetrieben, bei etwa $1/4$ der Gesamtlänge gelegen, im Alter niedriger und vorderständiger, etwa in $1/5$ oder noch weniger der Länge; ihre Skulptur ist unbekannt. Schalenfläche unregelmäßig und stark konzentrisch gefurcht, fast stets sehr abgerieben, so daß nur undeutliche Reste einer aus unter sich gleichlaufenden, senkrechten Falten bestehenden Skulptur auf der Schalenmitte und solche von radialen Falten auf der Area erhalten sind. Konchinschicht gelbbraun bis schwarzbraun, anscheinend ohne Strahlen (ob auch bei jungen Stücken?). Ligament lang und stark unter dem Flügel verborgen. Schloß normal. Hauptzähne kurz und dick, oben gefurcht, mehr oder weniger mit den Seitenzähnen gleichlaufend; zu dem der rechten Klappe können je ein vorderer und ein hinterer Hilfszahn kommen, die aber an Größe und besonders an Höhe stets hinter ihm zurückbleiben. Seitenzähne kurz und dick, oben kaum schneidend. Intervall stark gebogen, im vorderen Teile von einer blättrigen, der Konchinschicht ähnlichen Masse bedeckt. Die Schale ist vorn unten sehr dick und wird ziemlich unvermittelt dünner, so daß die Schalenhöhle an einer von den Wirbeln schief nach hinten ziehenden Linie plötzlich tief wird. Die Perlmutter ist im dickeren, vorderen Teile glanzlos porzellanartig weiß, hinten dagegen bläulich bis bronzefarben violett und sehr schillernd. Der untere Schalenrand ist, den eben geschilderten Dickenverhältnissen entsprechend, vorn stumpf und gerundet und wird erst hinten dünn und schneidend. Rückenumriß ziemlich breit, lanzettlich, hinten etwas spitz ausgezogen, vorn etwas klaffend, mit der größten Dicke vor der Schalenmitte. — Maße: Länge 181—261 mm, Höhe 125—170 mm, Dicke 67—83 mm.

Bemerkung: Von *Dysnomia pavonina* ROCHEBRUNE die ich als Synonym der *Chamberlainia hainesiana* betrachte, kann ich, nach Einsichtnahme des ROCHEBRUNEschen Typus, folgendes sagen. Das Typus-Stück besteht aus zwei ungleichen Hälften: Die linke dürfte das sein, was ROCHEBRUNE als *pavonina* bezeichnete, da sie abgeschliffen ist und in den schönsten Pfauenfarben schillert; die rechte, unabgeschliffene Schalenhälfte aber, die auf ihrer Außenseite die in der Urbeschreibung erwähnten Falten und Knoten aufweist, stammt von einem großen Stück der mittelamerikanischen *Megalonaias nickliniana digitata* (MORELET).

Verbreitung: Thailand; Tonkin; China (fraglich).

Genus **Cafferia** SIMPSON

1900 *Cafferia* SIMPSON, Proc. U.S. nation. Mus., Washington, **22**:824. — Species typica: *Unio caffer* KRAUSS.

Diagnosis: Schale verlängert, mehr oder weniger elliptisch, etwas rhombisch und dickschalig, wenn alt. Die Wirbel sind ziemlich voll und tragen eine Skulptur von runzligen Zickzackfalten, die sich oft in wechselnder Stärke über die gesamte Schalenoberfläche erstrecken können. Konchinschicht gelblichbraun bis tief schwarzbraun, glanzlos. Schloß stark, besonders die Hauptzähne.

Verbreitung: Süd-Afrika, im Westen bis zum und einschließlich des Oranje, im Osten bis Süd-Rhodesien, soweit dieses zum Sabie-Gebiete gehört; fossil zwischen Kunene und Oranje gefunden.

1. Cafferia caffra (Krauss)

1848 *Unio caffer* Krauss, Südafr. Moll.: 18; Taf. 1, Fig. 14. — Terra typica: Flüsse in Natal.

1848 *Unio zeyheri* Menke, Z. Malak., Hannover, Cassel, **5**:28. — Terra typica: Kap der Guten Hoffnung.

1853 *Unio cyamus* Philippi, Z. Malak., Hannover, Cassel, **8**:125. — Terra typica: Süd-Afrika.

1856 *Unio verreauianus* Lea, Proc. Acad. nat. Sci. Philadelphia, **8**:94. — Terra typica: Kap der Guten Hoffnung.

1856 *Unio verrauxi* Charpentier in Küster, Conch. Cab., IX. (2) 150; Taf. 43, Fig. 6. — Terra typica: Soutenthal Valley am Kap der Guten Hoffnung.

1856 *Unio africanus* Lea, Proc. Acad. nat. Sci. Philadelphia, **8**:94. — Terra typica: Kap der Guten Hoffnung.

1858 *Unio verreauianus* — Lea, J. Acad. nat. Sci. Philadelphia, **3**:301; Taf. 27, Fig. 16.

1858 *Unio africanus* — Lea, J. Acad. nat. Sci. Philadelphia, **3**:311; Taf. 27, Fig. 15.

1859 *Unio navigioliformis* Lea, Proc. Acad. nat. Sci. Philadelphia, **11**:152. — Terra typica: unbekannt.

1860 *Unio navigioliformis* — Lea, J. Acad. nat. Sci. Philadelphia, **4**:248; Taf. 37, Fig. 124.

1864 *Unio natalensis* Lea, Proc. Acad. nat. Sci. Philadelphia, **8**:113. — Terra typica: Fluß Umpingave, Port Natal, Süd-Afrika.

1868 *Unio rectilinearis* Sowerby, Conch. Icon., **16**: Taf. 65, Fig. 332. — Terra typica: „River Columbia".

1869 *Unio natalensis* — Lea, J. Acad. nat. Sci. Philadelphia, **6**:59; Taf. 20, Fig. 57.

1885 *Unio vaalensis* Chaper, Bull. Soc. zool. France, Paris, **10**:480; Taf. 11, Fig. 1—3. — Terra typica: Fluß Vaal bei Braclay.

1886 *Unio (Hyridella) fissidens* Boettger, Ber. senckenb. naturf. Ges., Frankfurt a. M., **1885/86**:27; Taf. 2, Fig. 6—7. — Terra typica: Dirk Filander's Gebiet, Trockenbett des Fluß Hygap, Kalahari-Wüste.

1886 *Unio (Hyridella) hygapanus* Boettger, Ber. senckenb. naturf. Ges., Frankfurt a. M., **1885/86**:26; Taf. 2, Fig. 5. — Terra typica: Dirk Filander's Gebiet, Trockenbett des Fluß Hygap, Kalahari-Wüste.

1898 *Unio caffer* var. *pentheri* Sturany, Denkschr. math.-nat. Kl. Akad. Wiss. Wien, **67**:627; Taf. 3, Fig. 64—65. — Terra typica: Panda ma tinka, Mittellauf des Sambesi.

1910 *Unio charon* Preston, Ann. Mag. nat. Hist., London, (8) **6**:60; Taf. 4, Fig. 6. — Terra typica: Silongwe, Britisch-Zentral-Afrika.

1910 *Unio vicinus* Preston (non Lea 1856), Ann. Mag. nat. Hist., London, (8) **6**:60; Taf. 4, Fig. 7. — Terra typica: Silongwe, Britisch-Zentral-Afrika.

1910 *Unio mashonae* Preston, Ann. Mag. nat. Hist., London, (8) **6**:61; Taf. 4, Fig. 10. — Terra typica: Regenrinne (sluit?) ungefähr 16 Meilen von Enkeldoorn, Mashonaland.

1912 *Unio silongweensis* Preston (nomen novum pro *Unio vicinus* Preston non Lea), Nautilus, Philadelphia u. Boston, **26**:35.

1923 *Unio (Cafferia) connollyi* PILSBRY, Proc. Acad. nat. Sci. Philadelphia, **75**:276; Abb. 1; Taf. 19, Fig. 3, 4. — Terra typica: Natal (Port Natal?).
1925 *Cafferia caffra obesa* CONNOLLY, Rec. Albany Mus., Grahamstown, **3**:261; Taf. 12, Fig. 1—4. — Terra typica: Kap-Provinz, Bushmans River, Alicedale.

Diagnosis: Schale länglichrund, schmal oder breiter elliptisch, Hinterende bei alten Stücken oft abgebogen; festschalig, mehr oder weniger aufgeblasen, ungleichseitig. Wirbel nicht sehr hoch, wenig vorragend, ihre Skulptur ist gezickzackt. Area wenig zusammengedrückt, hinten winklig oder eng gerundet, manchmal mit innerer Arealkante. Hinterster Punkt der Schale etwas unter der Mittellinie. Vorderende gerundet; Unterrand meist fast geradlinig, gelegentlich auch geschwungen. Oberrand gebogen. Schalenoberfläche unregelmäßig konzentrisch runzelfaltig; diese Skulptur kann gelegentlich aufbrechen oder etwas knotig sein, sogar leicht zickzackförmig werden. Konchinschicht schmutzig gelbgrün oder bräunlich. Schloß ziemlich fest; die Hauptzähne sind gerauht, die Seitenzähne ziemlich weit von ihnen entfernt. Perlmutter schmutzig, glanzlos, gelblich oder bleifarben. — Maße: Länge 51—73 mm, Höhe 28,5—39 mm, Dicke 18—28 mm.

Bemerkung: Wie aus der großen Anzahl von Synonymen hervorgeht, ist diese Art sehr wandelbar in ihrer Gestalt. Jeder Standort prägt den ihn bestimmenden Einflüssen entsprechend die *Cafferia caffra* um und trägt somit zur anscheinenden Vielheit von „Arten" bei. Indessen, da die Jugendschalen aller Standorte gleich aussehen und da wir von europäischen Unionen genug über die Elastizität ihrer Schalen gelernt haben, scheint es erlaubt, alle die als vermeintliche Arten beschriebenen Formen in der Synonymie von *Cafferia caffra* zu vereinigen.

Verbreitung: Süd-Afrika, Oranje-Fluß bis Süd-Rhodesien des Sabie-Gebietes; fossil in der Kalahari zwischen Oranje und Kunene.

Genus **Mesafra** HAAS

1936 *Mesafra* HAAS, Abh. senckenb. naturf. Ges., Frankfurt a. M., **431**:83. — Species typica: *Caelatura mesafricana* PILSBRY & BEQUAERT.

Diagnosis: Schale bauchig, länglich eiförmig, dünn; Wirbel voll, aber wenig vorragend, Wirbelskulptur aus eng gedrängt stehenden, von den Wirbeln ausstrahlenden Balken bestehend. Schloß fein und schneidend, Hauptzähne nicht sehr lang; über dem einzigen der rechten Klappe steht ein gleich langer, dünner Hilfszahn. Konchinschicht glanzlos seidig, olivgrau.

Bemerkung: Der Typus dieser Gattung war ursprünglich als eine *Caelatura* beschrieben worden. Dagegen spricht aber die geschilderte Wirbelskulptur, sowie die Tatsache, daß die unter *Mesafra* hier vereinten Arten schon in der Jugend langgestreckte Schalenformen haben, während alle Caelaturen in diesem Zustand noch rundlich sind.

Verbreitung: Mittel-Afrika.

Bestimmungsschlüssel zu den Unterarten

1 Area skulptiert; Hinterende schmal abgestutzt . . . ***M. m. mesafricana,*** S. 157
1′ Area nicht skulptiert; Hinterende breit abgestutzt . . . . ***M. m. stappersi,*** S. 157

1. **Mesafra mesafricana** (Pilsbry & Bequaert)

1a. Mesafra mesafricana mesafricana (Pilsbry & Bequaert)

1927 *Caelatura mesafricana* Pilsbry & Bequaert, Bull. Amer. Mus. nat. Hist., New York, 53:402; Taf. 32, Fig. 2, 2a. — Terra typica: Garamba-Fluß, Zufluß des Uelle, Afrika.

Diagnosis: Schale ziemlich dünn, länglich, aufgeblasen. Rücken- und Bauchrand fast gleichlaufend. Vorderende gerundet, Hinterende schief abgestutzt. Konchinschicht olivenbraun, manchmal hinten gestrahlt. Schalenoberfläche fein gestreift, etwas glänzend. Area teilweise mit geschwungenen, zum Ligament hinlaufenden Falten skulptiert; Wirbelskulptur aus von den Wirbeln ausstrahlenden Bälkchen bestehend. Hauptzähne sehr zusammengepreßt, ein Hilfszahn über dem der rechten Klappe; vorderer Hauptzahn der linken Klappe wohl entwickelt, hinter ihm, unter dem Wirbel, ein fast zurückgebildeter hinterer, Seitenzähne zusammengepreßt. — Maße: Länge 45—52 mm, Höhe 25—30,5 mm, Dicke 17,5—22 mm.

Verbreitung: Garamba-Fluß, Zufluß des Uelle.

1b. Mesafra mesafricana stappersi Haas

1936 *Mesafra mesafricana stappersi* Haas, Abh. senckenb. naturf. Ges., Frankfurt a. M., **431**:84; Taf. 7, Fig. 2a, 2b. — Terra typica: Fluß Luapula bei Kasenga, Kongo-Gebiet.

Diagnosis: Schale länglich elliptisch, bauchig, mit vollen, aber wenig vortretenden, etwa in $^{33}/_{100}$ der Gesamtlänge gelegenen Wirbeln, dünnschalig, außen grau, etwas seidenglänzend. Wirbelskulptur aus wenigen, von den Wirbelspitzen ein kurzes Stück ausstrahlenden Bälkchen bestehend; Arealskulptur nicht beobachtet. Vorderende kurz gerundet, Hinterende verlängert, breit und steil abgestutzt. Schloß gattungstypisch zusammengesetzt; Zähne dünn und fein, schneidend. Rückenumriß gleichmäßig lanzettförmig, größte Dicke etwa in der Mitte. — Maße: Länge 40 mm, Höhe 22 mm, Dicke 17 mm.

Verbreitung: Nur aus dem Luapula-Fluß bei Kasenga im Kongo-Gebiet bekannt.

Genus **Nitia** Pallary

1924 *Caelatura* Sectio *Nitia* Pallary, Mém. Inst. Égypte, Cairo, 7:43. — Species typica: *Unio teretiusculus* Philippi.

Diagnosis: Schale verlängert, fingerförmig, festschalig. Schloß fest, Hauptzähne zusammengedrückt. Wirbel voll, aber nicht weit vorragend; ihre Skulptur besteht aus spitz ausgezogenen, scharfen und hohen Falten, die zwar konzentrisch verlaufen, aber radial scheinen, da sie spitz ausgezogen erscheinen.

Verbreitung: Nil-Gebiet (ohne Blauen Nil), Albert-See, Rudolf-See, Tschad-See, Senegal (?).

Bestimmungsschlüssel zu den Arten

1 Flußformen . . . . *N. teretiuscula*, S. 158
. . . . *N. mutelaeformis*, S. 158
. . . . *N. gaillardi*, S. 159

1. Nitia teretiuscula (PHILIPPI)

1847 *Unio teretiusculus* PHILIPPI, Abb. Beschr. Conch., **3**:45; Taf. 3, Fig. 3. — Terra typica: Weißer Nil.

1838 *Unio caillaudii* LEA (nomen nudum), Syn. Fam. Naiades, 2. Ausg.: 24. — Keine Fundort-Angabe.

1900 *Nodularia jickelii* SIMPSON, Proc. U.S. nation. Mus., Washington, **22**:826. — Terra typica: Nordost-Afrika.

1902 *Unio fourtaui* PALLARY, Bull. Inst. Égypte, Cairo, **3**:95. — Terra typica: Nordost-Afrika.

1914 *Nodularia teretiuscula* var. *pallaryi* LONGSTAFF, J. linn. Soc. London, Zool., **32**:256. — Terra typica: Egypten.

Diagnosis: Schale verlängert, mehr oder weniger aufgeblasen, ziemlich festschalig, ungleichseitig, größte Länge mit der Horizontalachse zusammenfallend. Vorderende gerundet, Unterrand fast geradlinig, gegen hinten etwas geschwungen. Hinterende etwas ausgezogen, Spitze etwa in der Mittellinie. Hinterrand leicht geschwungen, seine Hinterseite schief abgestutzt. Wirbel mäßig erhoben, mit zickzackartiger Skulptur versehen. Schalenfläche mit unregelmäßigen Wachstumslinien, mit gelegentlichen Andeutungen leicht knotiger Skulptur vorn und hinten. Konchinschicht graugrün bis blaugrün, gewöhnlich leicht gestrahlt, aber glanzlos. Rechte Klappe mit zwei hohen, zusammengepreßten Hauptzähnen und zwei schlanken Seitenzähnen; rechte Klappe mit einem oft aufgesplitterten Hauptzahn und einem Seitenzahn. Perlmutter bläulich, leicht irisierend. — Maße: Länge 50 mm, Höhe 20 mm, Dicke 16 mm.

Bemerkung: Das Typusexemplar von SIMPSONS *Nodularia jickelii*, das angeblich sich im Museum in Basel befinden sollte, ist dort nicht mehr aufzufinden; die Deutung der JICKELIschen Abbildung ist deshalb kaum möglich; es kann lediglich vermutet werden, daß diese Abbildung auf ein voll erwachsenes, über den Durchschnitt der Sammlungsstücke hinausragendes Stück von *teretiuscula* begründet ist; seine Maße sind: Länge 80 mm, Höhe 30,75 mm, Dicke 23,5 mm.

Verbreitung: Nil-Gebiet, mit Ausnahme des Blauen Nils.

2. Nitia mutelaeformis (GERMAIN)

1906 *Unio mutelaeformis* GERMAIN, Mém. Soc. zool. France, Paris, **19**:236. — Terra typica: Tschad-See.

1906 *Unio mutelaeformis* var. *chariensis* GERMAIN, Mém. Soc. zool. France, Paris, **19**:236. — Terra typica: Mamun-Fluß, Französisch Äquatorial-Afrika.

Diagnosis: Die Originalbeschreibung, die hier aus Mangel an eigenem Untersuchungsstoff zu wiederholen wäre, ist verworren und weist auf keine bedeutenden Unterschiede zwischen dieser „Art“ und *Nitia teretiuscula* aus dem Nil-Gebiete hin. — Maße: Länge 24—36 mm, Höhe 9—10 mm, Dicke 5 mm.

Bemerkung: Diese kaum bekannte Form scheint mit *Nitia teretiuscula* identisch zu sein oder eine schwache Lokalrasse von ihr darzustellen. Die von GERMAIN angedeutete Ähnlichkeit mit *Nitia monceti* aus dem Victoria-See besteht in der Tat, was bei Gattungsgleichheit ja nicht zu verwundern ist.

Verbreitung: Tschad-See und Zuflüsse, wie die Flüsse Gribingi und Mamoun.

3. Nitia gaillardi (GERMAIN)

1909 *Unio (Nodularia) gaillardi* GERMAIN, Bull. Mus. Hist. nat. Paris: 542; Taf. 8, Fig. 41—42. — Terra typica: Senegal.

Diagnosis: Schale verlängert elliptisch, sehr zusammengedrückt, dünnschalig, hinten kaum klaffend. Oberrand fast geradlinig, nach hinten leicht ansteigend, Unterrand nahezu gerade, mit dem Oberrand fast gleichlaufend. Vorderende kurz, gerundet, steil abfallend; Hinterende lang, mindestens dreimal so lang wie das vordere, in einen leicht abgerundeten, submedianen langen Schnabel endend. Wirbel sehr klein, nicht vorragend. Schloß normal, recht schwach. Konchinschicht leicht grau-kastanienbraun. Perlmutter etwas violett, schillernd. — Maße: Länge 42 mm, Höhe 20,5 mm, Dicke 10 mm.

Bemerkung: In Unkenntnis dieser auf ein einziges Stück begründeten Art führe ich sie im Zusammenhang mit *Nitia* hier an, jedoch nicht ohne große Bedenken, denn die in der Originalbeschreibung erwähnte große Flachheit der Form spricht gegen ihre Zugehörigkeit zu dieser Gattung. Der Beschreibung und der Abbildung nach könnte *N. gaillardi* recht gut zu der nordamerikanischen Art *Elliptio jayensis* (LEA) aus Florida gehören!

Verbreitung: Angeblich 1845 von VERREAUX im Senegal gefunden.

4. Nitia chefneufi (NEUVILLE & ANTHONY)

1906 *Unio (Grandidieria) chefneufi* NEUVILLE & ANTHONY, Bull. Mus. Hist. nat. Paris: 409. — Terra typica: Rudolf-See.

Diagnosis: Schale verlängert, viel länger als hoch, vorn gerundet, hinten kaum geschnäbelt, am Winkel leicht gekielt. Am Rande, in der Mitte und auch auf der Area konzentrisch gestreift; oben und an den Wirbeln leicht gefaltet. Zähne winzig; Hauptzähne etwas verdickt, Seitenzähne verlängert. — Maße: Länge 28 mm, Höhe 18 mm.

Bemerkung: Da diese Art mir ebenfalls aus eigener Anschauung unbekannt ist, wiederhole ich hier die ursprüngliche (lateinische) Beschreibung in wörtlicher Übersetzung; sehr viel wird man ihr nicht entnehmen können. Indessen stellt die Abbildung der Art unzweideutig eine *Nitia* dar, die *N. monceti* aus dem Victoria-See äußerst nahe zu stehen scheint.

Verbreitung: Rudolf-See.

5. Nitia monceti (BOURGUIGNAT)

1883 *Unio monceti* BOURGUIGNAT, Moll. Fluv. Nyanza Oukéréwé: 15; Taf., Fig. 13—15. — Terra typica: Victoria-See nahe der Mündung des Liwumbu-Flusses.

1906 *Unio monceti* var. *rubra* GERMAIN, Bull. Mus. Hist. nat. Paris: 306. — Terra typica: In der Nähe von Entebbe, Victoria-See.

1887 *Unio lourdeli* BOURGUIGNAT, Bull. Soc. malac. France, Paris, 4: 271. — Terra typica: Victoria-See.

1906 *Unio lourdeli* var. *smithi* GERMAIN, Bull. Mus. Hist. nat. Paris: 306. — Terra typica: Victoria-See.

Diagnosis: Schale etwas verlängert, rhomboid, aufgeblasen, ziemlich festschalig, sehr ungleichseitig; Wirbel mäßig voll, mit starker Zickzackskulptur; Schalenfläche ziemlich stark konzentrisch skulptiert. Hinterer Oberrand gebogen, in einem abgestumpften Punkte nahe dem Hinterende endend; Ober- und Unterrand fast geradlinig, gleichlaufend; Vorderende gerundet, unten scharf abgeschnitten; Hinterende schief und leicht abgestutzt. Konchinschicht grünlich-kastanienbraun; Perlmutter rötlich. — Maße: Länge 22—31 mm, Höhe 10—16 mm, Dicke 8—12 mm.

Bemerkung: Als Seeform ist diese Art je nach dem Standort sehr veränderlich; die Varietät *smithi* GERMAIN ist eine deutlich dekurvierte, ausgesprochene See-Ausbildung der Art, *lourdeli* dagegen steht in der Mitte zwischen *monceti* im Sinne von BOURGUIGNAT und der Varietät *rubra* GERMAIN. Die typische *monceti* ist, dem Fundorte an der Mündung des Liwumbu-Flusses entsprechend, am wenigsten lakustrisch umgebildet.

Verbreitung: Victoria-See.

6. **Nitia acuminata** (H. ADAMS)

1866 *Unio acuminatus* H. ADAMS, Proc. zool. Soc. London, **1866**:376. — Terra typica: Albert-See.

Diagnosis: Schale etwas verlängert, ausgesprochen rhomboid, ungleichseitig, etwas aufgeblasen und ziemlich festschalig. Wirbel voll, mit starker knotiger Zickzackskulptur, die sich bis auf die Schalenfläche erstreckt. Vorderende gerundet oder ein wenig abgestutzt, Unterrand fast oder ganz gerade, Schloßlinie leicht gebogen. Hinterende lang, schief abgestutzt. Schalenfläche meist mit niedrigen konzentrischen Wachstumslinien bedeckt, die vorn stärker werden können und etwas aufbrechen. Konchinschicht gelblichgrün. Schloßzähne ziemlich zart; Seitenzähne ziemlich dünn. Perlmutter weißlich und schillernd. — Maße: Länge 29 mm, Höhe 15 mm, Dicke 10 mm.

Bemerkung: Die Oberflächen-Skulptur von *N. acuminata* ist in ihrer Ausdehnung recht schwankend; sie kann am Vorderende scharfe, vom Wirbel nach vorn ausstrahlende Rippen ausbilden, die den Unterrand erreichen. Die Konchinschicht der Schalen zeigt oft Bronzeschimmer und somit eine Eigenschaft, die wir bei den „grandidierisierten", limnisch mehr oder weniger umgebildeten *Caelatura*-Arten wiederfinden werden. Die Arten *monceti* aus dem Victoria-See, *chefneufi* aus dem Rudolf-See und *acuminata* aus dem Albert-See stellen Seeformen der Gattung *Nitia* dar und sind als analoge Bildungen an ihren jeweiligen Fundorten anzusehen.

Verbreitung: Albert-See.

Genus **Afroparreysia** HAAS

1936 *Afroparreysia* HAAS, Abh. senckenb. naturf. Ges., Frankfurt a. M., **431**:84. — Species typica: *Parreysia lobensis* FRIERSON.

Diagnosis: Schale ei- bis ellipsenförmig, dabei mehr oder weniger linsenförmig. Schloß mit langem Intervall, Seitenzähne mit den Hauptzähnen einen deutlichen, bis zu 90° betragenden Winkel bildend. Wirbel vorderständig, mit tiefen Wirbelhöhlen; Wirbelskulptur (bei *lobensis*) eng zickzackrunzlig, in gleicher Ausbildung oder in Gestalt leicht gewellter Falten die ganze äußere Schalenfläche bedeckend.

Verbreitung: Kamerun.

Bestimmungsschlüssel zu den Arten

1 Schalenfläche rauh gerunzelt, Vorderende länger . . . . . . *A. nyangensis*, S. 161
1′ Schalenfläche leicht, eng und etwas gewellt gerunzelt; Vorderende kürzer . . . . *A. lobensis*, S. 161

1. Afroparreysia lobensis (FRIERSON)

1913 *Parreysia lobensis* FRIERSON, Nautilus, Philadelphia u. Boston, **27**:85; Taf. 5, untere Figur. — Terra typica: Fluß Lobo, Kamerun.
1936 *Afroparreysia lobensis* — HAAS, Abh. senckenb. naturf. Ges., Frankfurt a. M., **431**:84.

Diagnosis: Schale klein, eiförmig, Konchinschicht dunkelbräunlich grün oder olivenfarben, glänzend auf der Schalenfläche, aber glanzlos auf der Area. Schalenfläche eng bedeckt mit konzentrischen, unregelmäßig zickzackförmigen Fältchen. Wirbel angefressen, ihre Skulptur nicht bekannt. Perlmutter orangefarben oder blaß gelblich fleischfarben. Hauptzähne in beiden Klappen sehr aufgesplittert; Seitenzähne einzeln in der rechten, doppelt in der linken Klappe. Wirbelhöhlen tief, aber nicht zusammengepreßt. — Maße: Länge 32—35 mm, Höhe 25 mm, Dicke 15—18 mm.

Bemerkung: Mit zunehmendem Wachstum steigt die Vorderständigkeit der Wirbel; erwachsene Stücke besitzen eigentlich überhaupt keinen Vorderrand mehr. Die Schloßbildung ist schon bei jungen Stücken von nur 24 mm Länge ganz bezeichnend: Die Hauptzähne sind stumpf, nicht schneidend, tief gesägt, in fast rechtem Winkel zu den Seitenzähnen gestellt.

Verbreitung: Fluß Lobo, Kamerun.

2. Afroparreysia nyangensis (FRIERSON)

1913 *Parreysia nyangensis* FRIERSON, Nautilus, Philadelphia, **27**:86; Taf. 5, obere Figur. — Terra typica: Fluß Nyang, Kamerun.

Diagnosis: Schale klein, elliptisch oder eiförmig. Konchinschicht braun, leicht grünlich, Schale ziemlich dünnschalig, Schalenfläche mit rauhen, etwas unregelmäßigen konzentrischen Falten bedeckt. Andeutungen einer zweiten Arealkante. Perlmutter weißlich, gegen und in den Wirbelhöhlen tief fleischfarben. Zwei Hauptzähne in der rechten Klappe, der innere viel größer. Zwei Hauptzähne auch in der linken Klappe, beide gefurcht. Ein Seitenzahn in der rechten, zwei in der linken Klappe. — Maße: Länge 42 mm, Höhe 32 mm, Dicke 22 mm.

Bemerkung: Diese Art gründet sich auf ein einziges Stück und ist mir nicht aus eigener Anschauung bekannt; ich mußte daher die ursprüngliche Beschreibung wiederholen. Bei einem Vergleich der Abbildungen beider *Afroparreysia*-Arten geht hervor, daß *A. nyangensis* linsenförmiger als *A. lobensis* ist.

Verbreitung: Fluß Nyang, Kamerun.

Genus **Nyassunio** Haas

1936 *Nyassunio* Haas, Abh. senckenb. naturf. Ges., Frankfurt a. M., **431**:85. — Species typica: *Unio nyassaensis* Lea.

Diagnosis: Wirbelskulptur aus spitzwinklig geknickten Zickzack-Runzeln bestehend, die einen großen Teil der Jugendschale bedecken können; bei alten Stücken sind nur die mittelsten Teile dieser Verzierung in Gestalt einzeln stehender, stumpf wulstig vorragender Bogen erhalten. Umriß gerundet dreieckig bis viereckig, im Alter meist mit verlängertem und durch die Einbiegung des Unterrandes herabsteigendem Hinterende, äußere Arealkante sehr deutlich, die ausgehöhlte Area von der recht flachen oder eingedrückten Mittelfläche absetzend; Schaleninnenfläche dementsprechend mit einer Kante. Schloß plump; Hauptzähne gesägt plattig; Winkel zwischen Haupt- und Seitenschloß, die durch einen deutlichen Zwischenraum getrennt werden, sehr ausgesprochen.

Bemerkung: *Nyassunio* scheint die ausgeprägteste See-Unionide zu sein, welche die Seen Afrikas geformt haben. Schon die Jugendformen sind gattungsbezeichnend ausgebildet und nur die Umrißformen verändert sich während des Wachstums durch Entwicklung eines abgebogenen Schnabels; die sonstigen Merkmale bleiben von Anfang bis zum Ende deutlich erhalten.

Verbreitung: Nyassa-See, Fluß Shiré, Tanganyika-See.

Bestimmungsschlüssel zu den Arten

1 Schale mehr oder weniger dreieckig . . . . *N. nyassaensis,* S. 162
1′ Schale mehr oder weniger viereckig . . . . *N. ujijiensis,* S. 163

1. Nyassunio nyassaensis (Lea)

1864 *Unio nyassaensis* Lea, Proc. Acad. nat. Sci. Philadelphia, **16**:108. — Terra typica: Nyassa-See, Afrika.

1864 *Unio kirkii* Lea, Proc. Acad. nat. Sci. Philadelphia, **16**:108. — Terra typica: Nyassa-See, Afrika.

1864 *Unio aferulus* Lea, Proc. Acad. nat. Sci. Philadelphia, **16**:34. — Terra typica: Nyassa-See, Afrika.

1889 *Unio hermosus* Bourguignat (nomen nudum), Bull. Soc. malac. France, Paris, **6**:38. — Terra typica: Nyassa-See, Afrika.

1913 *Unio (Nodularia) caesariana* Preston, Rev. zool. afric., Bruxelles, Paris, **3**:60; Taf. 4, Fig. 9. — Terra typica: Nyassa-See, Afrika.

1913 *Unio nyassaensis* var. *hercules* Preston, Rev. zool. afric., Bruxelles, Paris, **3**:59; Taf. 4, Fig. 10. — Terra typica: Fluß Shire nahe dem Ausfluß aus dem Nyassa-See.

Diagnosis: Schale rhombisch, fest, etwas aufgeblasen, ungleichseitig; Wirbel hoch und voll, mit starker Zickzackskulptur, die sich ganz oder fast ganz über die Schalenfläche erstrecken kann; sie wird leicht knotig an einzelnen Stellen und faltig auf der Area, auf der außerdem andere, konzentrische oder radiale, zarte Skulpturen auftreten können. Vorderende gerundet, Unterrand gerade oder leicht geschwungen. Schloßlinie etwas gebogen oder sogar gewinkelt. Hinterer Oberrand hoch, etwas gewinkelt. Konchinschicht aschgrau bis grünlich, manchmal gestrahlt, etwas glänzend, Schloß massig; Hauptzähne stark aufgesplittert, Seitenzähne gelegentlich mit Hilfszähnen. Perlmutter weißlich oder fleischfarben. — Maße: Länge 30—33 mm, Höhe 22,5—23 mm, Dicke 15 mm.

Bemerkung: In dieser Art sehe ich eine typisch limnische Bildung, die — wie wohl die meisten derartigen See-Formen — recht vielgestaltig ist; dieser Umstand hat bestimmt auch zur Aufstellung der vielen verschiedenen Benennungen beigetragen, die in unserer Synonymie-Liste aufgeführt wurden. *Nyassunio nyassaensis* wird nicht nur aus dem Nyassa-See genannt, sondern auch die var. *hercules* PRESTON aus dem See-Abfluß, dem Shiré-Fluß. Die von der genannten Flußform gewahrte Konstanz der Merkmale der Seeform darf als Bestätigung der Ansicht gedeutet werden, daß es sich hier um erblich festgelegte, nicht individuell erworbene Schalenmerkmale handelt.

2. **Nyassunio ujijiensis** (CROSSE)

1881 *Unio nyassaensis* var. *tanganyicensis* E. A. SMITH (non *Unio tanganyicensis* E. A. SMITH, 1880), Proc. zool. Soc. London, **1881**:298; Taf. 34, Fig. 34a. — Terra typica: Tanganyika-See.

1881 *Unio nyassaensis* var. *ujijiensis* CROSSE, J. de Conch., Paris, **29**:294. — Terra typica: Tanganyika-See.

Diagnosis: Schale unregelmäßig viereckig, fest, aufgeblasen. Vorderende gerundet, Hinterende in einen abgestumpften, submedianen Schnabel ausgezogen. Hinterer Oberrand gerade, in deutlichem Winkel in den schief abfallenden Hinterrand übergehend. Wirbel hoch, voll, mit Resten einer Zickzackskulptur. Schloßlinie gewinkelt; Hauptzähne fest, gesägt, Seitenzähne kurz, leicht verdickt. — Maße: Länge 18—29 mm, Höhe 13—20 mm, Dicke ? mm.

Bemerkung: Mangels Materials kann ich nur eine der Abbildung entnommene Beschreibung geben und auch keine vollen Maßangaben bringen. Immerhin geht aus dem Bekannten hervor, daß *ujijiensis* mit *nyassaensis* sehr nahe verwandt, vielleicht sogar nur eine Lokalform davon ist.

Verbreitung: Tanganyika-See.

Genus **Caelatura** CONRAD

1853 *Caelatura* CONRAD, Proc. Acad. nat. Sci. Philadelphia, **6**:267. — Species typica: *Unio egyptiacus* CAILLIAUD.

1880 *Pharaonia* BOURGUIGNAT (nomen nudum), Matér. Moll. Acéph. Syst. Europ., **1**:3.

1886 *Pharaonia* JOUSSEAUME, Bull. Soc. zool. France, Paris, **11**:486. — Species typica: *Pharaonia bellamyi* JOUSSEAUME.

1886 *Reneus* JOUSSEAUME, Bull. Soc. zool. France, Paris, **11**:481. — Species typica: *Reneus reneus* JOUSSEAUME.

1904 *Renatus* ROCHEBRUNE (nomen substitutum pro *Reneus* JOUSSEAUME), Bull. Mus. Hist. nat. Paris, **10** (5):257.

1924 *Caelatura* Sektion *Horusia* PALLARY, Mém. Inst. Égypte, Cairo, **7**:43. — Species typica: *Unio rugifer* KÜSTER.

1924 *Caelatura* Sektion *Jaronia* PALLARY, Mém. Inst. Égypte, Cairo, **7**:44. — Species typica: *Unio niloticus* CAILLIAUD.

Diagnosis: Schale äußerst formveränderlich, von rundlich bis fast viereckig, klein bis mittelgroß, im allgemeinen dünn bis mäßig fest, bei Seeformen sogar recht fest; Wirbel wenig vorragend, etwas aufgeblasen, mit Zickzackrunzeln skulptiert, die auf den Knickpunkten Knötchen tragen können und die sich bei einzelnen Formen über die gesamte Schalenfläche erstrecken können. Schloß dünn, schneidend bis fest, rauh, aber stets niedrig. Wirbelhöhle meist tief. Perlmutter weißlich blau bis dunkel violett.

Bemerkung: Es war kaum möglich, die zu acht Untergattungen führende Vielgestaltigkeit dieser Gattung in einer Diagnose darzustellen. Einzelne Untergattungen sind so stark vom Grundtyp umgewandelt, daß es möglich wäre, sie als eigene Gattungen zu betrachten; davon soll aber im folgenden abgesehen werden.

Verbreitung: Zentral-Afrika, Viktoria-Nil und unterer Nil.

Bestimmungsschlüssel zu den Untergattungen

1 Klein, fest, Schloß fest, gerauht, Perlmutter kupfer- bis purpurfarben. . . . . *Grandidieria,* S. 164
1′ Schale ohne diese Kennzeichen 2
2 Schale sehr ungleichseitig, viereckig, sehr bauchig . . . . *Kistinaia,* S. 167
2′ Schale nicht viereckig 3
3 Wirbelskulptur über die ganze Schalenfläche ausgedehnt . . *Rhytidonaia,* S. 169
3′ Wirbelskulptur auf die obere Hälfte der Schalenfläche beschränkt 4
4 Konchinschicht lackiert, glänzend, saftgrün bis schwarz. . . *Kalliphenga,* S. 167
4′ Schale sehr ungleichseitig, sehr zusammengepreßt, vorn kurz, hinten lang . . . . *Mweruella,* S. 168
5 Schale rundlich elliptisch, aufgeblasen, Wirbel voll . . . . . . *Caelatura,* S. 174
5′ Schale nicht wie bei 5 6
6 Schale linsenförmig, Oberrand steil abfallend, dünnschalig. . . *Laevirostris,* S. 170
6′ Schale eiförmig bis elliptisch, Oberrand fast horizontal . . . . . . *Zairia,* S. 171
6″ Schale dreieckig, Unterrand winklig vorgezogen . . . . *Zairiella,* S. 174

Subgenus Grandidieria Bourguignat

1885 *Grandidieria* Bourguignat, Bull. Soc. malac. France, Paris, 2:6. — Species typica: *Unio burtoni* Woodward.
1885 *Ruellania* Bourguignat, Notice Prodr. Moll. terr. fluv. Giraud: 92, Fußnote (nomen novum pro *Grandidieria*).

Diagnosis: Schale klein, eiförmig, gerundet oder rhombisch, festschalig, stark aufgeblasen, hinten zweigewinkelt, Wirbel hoch, vorwärts gerichtet, mit Zickzack-Runzeln skulptiert, die auf der Schalenfläche fein, knotig oder runzelförmig werden. Schloßlinie gebogen; Schloß normal, gelegentlich mit Hilfszähnen, Hauptzähne tief gerauht; Seitenzähne leicht schief gestrichelt. Wirbelhöhlen mäßig tief. Perlmutter kupfer- oder purpurfarben.

Bemerkungen: Als typische Seeform ist diese Untergattung stark formveränderlich; daher die große Zahl der Synonyme. Es werden hier nur zwei Arten als gültig behandelt; aber selbst sie mögen nur die Endstadien einer einzigen Ausbildungsreihe darstellen und wären deshalb zusammenzuziehen.

Verbreitung: Tanganyika-See.

Bestimmungsschlüssel zu den Arten

1 Schale länglich, glatt, hell gelbgrün schillernd . . . *C. (G.) tanganyicensis,* S. 164
1′ Schale kürzer, feilenartig rauh, dunkler . . . . *C. (G.) burtoni,* S. 165

1. Caelatura (Grandidieria) tanganyicensis (E. A. Smith)

1880 *Unio tanganyicensis* E. A. Smith, Proc. zool. Soc. London, 1880:351; Taf. 31, Fig. 9, 9a. — Terra typica: Ujiji, Tanganyika-See.

1885 *Grandidieria elongata* BOURGUIGNAT, Notice Prodr. Moll. terr. fluv. GIRAUD : 94. — Terra typica: Mpala, Tanganyika-See.
1888 *Grandidieria rhynchonella* BOURGUIGNAT, Icon. malac. Tanganika : 43; Taf. 19, Fig. 16, 17. — Terra typica: Tanganyika-See.
1913 *Unio tanganyicensis* var. *exalbida* PRESTON, Rev. zool. afric., Bruxelles, Paris, **3**:60. — Terra typica: Tanganyika-See.

Diagnosis: Schale klein, unregelmäßig eiförmig, festschalig, etwas aufgeblasen, ungleichseitig. Wirbel hoch und voll, nach in- und vorwärts gedreht, mit zarten, zickzackradialen Runzeln skulptiert. Vorderende kurz und gerundet. Unterrand wohl geschwungen, am meisten hinter der Mitte. Area niedrig, etwa mit dem Hinterrand gleichlaufend. Schalenfläche zart, uneben gerunzelt, oft mit Skulpturandeutungen in Gestalt von radialen Strahlen; ganz zarte, feine Körnchen können die Oberfläche bedecken. Hauptzähne fest, gerauht. Konchinschicht grünlich oder bräunlich, oft gestrahlt. Perlmutter leberfarben, oft mit Kupferton, an den Rändern oft heller. — Maße: Länge 24 mm, Höhe 18 mm, Dicke 12 mm.

Bemerkung: Diese Art hat in der Gestalt, der Schalenskulptur und dem Schloß noch viele echte *Caelatura*-Merkmale; namentlich das Schloß zeigt noch nicht die Aufsplitterung, die das von *burtoni* aufweist. Es ist bemerkenswert, daß auch diese glatte *Grandidieria* eine beginnende Knötchenskulptur besitzt, nur daß sie bei unserer Art auf die Areola, die Gegend der Lunula beschränkt ist, während sie bei *burtoni* mehr oder weniger die ganze Schalenaußenfläche bedeckt. Durch die glatte Außenseite der *tanganyicensis*, die gelegentlich durch Strahlen belebt wird, ist ihr Metallglanz, den auch die Perlmutter zeigt, recht auffällig.

Verbreitung: Tanganyika-See.

2. Caelatura (Grandidieria) burtoni (WOODWARD)

1859 *Unio burtoni* WOODWARD, Proc. zool. Soc. London, **1859**:349; Taf. 47, Fig. 1. — Terra typica: Tanganyika-See.
1880 *Unio thomsoni* E. A. SMITH, Ann. Mag. nat. Hist., London, (5)**6**:430. — Terra typica: Tanganyika-See.
1885 *Grandidieria cyrenopsis* BOURGUIGNAT, Bull. Soc. malac. France, Paris, **2**:9; Taf. 1, Fig. 7—9. — Terra typica: Tanganyika-See.
1885 *Grandidieria insignis* BOURGUIGNAT, Esp. nouv. Oukéréwé Tanganyika : 16. — Terra typica: Tanganyika-See.
1885 *Grandidieria servainiana* BOURGUIGNAT, Bull. Soc. malac. France, Paris, **2**:6. — Terra typica: Tanganyika-See.
1885 *Grandidieria giraudi* BOURGUIGNAT, Notice Prodr. Moll. terr. fluv. GIRAUD, Tanganyika : 95. — Terra typica: Tanganyika-See.
1885 *Grandidieria gravida* BOURGUIGNAT, Bull. Soc. malac. France, Paris, **2**:7; Taf. 1, Fig. 1—6. — Terra typica: Tanganyika-See.
1885 *Grandidieria rostrata* BOURGUIGNAT, Bull. Soc. malac. France, Paris, **2**:10; Taf. 1, Fig. 10—12. — Terra typica: Tanganyika-See.
1885 *Grandidieria locardiana* BOURGUIGNAT, Esp. nouv. Oukéréwé Tanganyika : 18. — Terra typica: Tanganyika-See.
1885 *Grandidieria hauttecoeuri* BOURGUIGNAT, Esp. nouv. Oukéréwé Tanganyika : 17. — Terra typica: Tanganyika-See.
1885 *Grandidieria incarnata* BOURGUIGNAT, Notice Prodr. moll. terr. fluv. GIRAUD, Tanganyika : 96. — Terra typica: Tanganyika-See.

1885 *Grandidieria mira* BOURGUIGNAT, Notice Prodr. moll. terr. fluv. GIRAUD Tanganyika : 96. — Terra typica: Tanganyika-See.
1885 *Grandidieria rotundata* BOURGUIGNAT, Notice Prodr. moll. terr. fluv. GIRAUD Tanganyika : 98. — Terra typica: Tanganyika-See.
1885 *Grandidieria smithi* BOURGUIGNAT, Bull. Soc. malac. France, Paris, 2:7. — Terra typica: Tanganyika-See.
1885 *Grandidieria anceyi* BOURGUIGNAT, Esp. nouv. Oukéréwé Tanganyika : 15. — Terra typica: Tanganyika-See.
1885 *Grandidieria corbicula* BOURGUIGNAT, Notice Prodr. moll. terr. fluv. GIRAUD Tanganyika : 100. — Terra typica: Tanganyika-See.
1885 *Grandidieria granulosa* BOURGUIGNAT, Notice Prodr. moll. terr. fluv. GIRAUD Tanganyika : 102. — Terra typica: Tanganyika-See.
1888 *Grandidieria callista* BOURGUIGNAT, Icon. malac. Tanganyika : 43; Taf. 19, Fig. 13—15. — Terra typica: Tanganyika-See.
1888 *Grandidieria bourguignati* JOUBERT in BOURGUIGNAT, Icon. malac. Tanganyika : 43; Taf. 19, Fig. 7—9. — Terra typica: Tanganyika-See.
1888 *Grandidieria singularis* BOURGUIGNAT, Icon. malac. Tanganyika : 43; Taf. 19, Fig. 18—20. — Terra typica: Tanganyika-See.
1897 *Unio (Grandidieria) rostralis* MARTENS (nomen novum pro *Grandidieria rostrata* BOURGUIGNAT) Deutsch-Ost-Afrika, 4, Beschr. Weichthiere : 238.
1897 *Unio (Grandidieria) rostralis* var. *brevior* MARTENS (nomen novum pro *Grandidieria gravida* BOURGUIGNAT) Deutsch-Ost-Afrika, 4, Beschr. Weichthiere : 239.
1897 *Unio (Grandidieria) burtoni* var. *sturanyi* MARTENS, Deutsch-Ost-Afrika, 4, Beschr. Weichthiere : 238. — Terra typica: Tanganyika-See.
1905 *Unio (Grandidieria) gravida* var. *lutescens* GERMAIN, Bull. Mus. Hist. nat. Paris : 260. — Terra typica: Tanganyika-See.

Diagnosis: Schale klein, rundlich und fast gleich lang wie hoch, bis stabartig verlängert, mit fast glatter Oberfläche bis zu durchaus knötchenbedeckter, ziemlich festschalig, ungleichseitig, meist etwas aufgetrieben. Wirbel klein, mäßig aufgetrieben, vorwärts gerichtet, mit einer aus zarten bis starken Falten bestehenden Skulptur. Area mit zwei Arealfalten. Schalenfläche entweder fast glatt oder leicht konzentrisch gestreift oder mit Knötchen oder Körnchen bedeckt. Konchinschicht dünn, fahl braun oder weißlich, nicht poliert. Hauptzähne stark, aber klein, aufgesplittert. Perlmutter silberweiß bis tief purpurfarben. — Maße: Länge 26—32 mm, Höhe 15—26 mm, Dicke 9—20 mm.

Bemerkung: Die in der Synonymieliste aufgezählten Arten zu trennen, ist meines Erachtens unmöglich. Es bestehen alle Übergänge zwischen den in der Beschreibung genannten Extremen der Formausbildung, und zwar erscheinen diese vermittelnden Zwischenformen zusammen mit den extrem ausgebildeten, machen also eine geographische Anordnung ganz unmöglich; eine Ausnahme von dieser Feststellung scheint die extrem umgebildete *G. rhynchonella* zu machen, für die besondere Standortsverhältnisse angenommen werden müssen. Alle zeigen jedoch die Eigenschaften, wie Hinfälligkeit der zarten Konchinschicht, Rotfärbung der Perlmutter, Verstärkung des Hauptschlosses im Verhältnis zum Seitenschloß. Daher habe ich mich entschlossen, sie alle als eine einzige, unendlich veränderliche, das Grundthema fast bis zur Unkenntlichkeit variierende Art aufzufassen. Das geschah im Jahre 1936. Indessen haben neuere Bearbeiter meine Ansichten im großen und ganzen angenommen.

Subgenus **Kalliphenga** Haas

1936 *Caelatura* Subgenus *Kalliphenga* Haas, Abh. senckenb. naturf. Ges., Frankfurt a.M. **431**:72. — Species typica: *Unio ruellani* Bourguignat.

Diagnosis: Schale kahnförmig oder schief rautenförmig; die Wirbel ragen deutlich über den auffallend geraden Oberrand vor. Das Schloß ist fest, schwer; Hauptzähne im Alter nicht mehr schneidend. Konchinschicht im frischen Zustande glänzend, wie lackiert aussehend, schwarz bis saftgrün, mit dichten, geraden Strahlen. Perlmutter metallisch, rosenrot schimmernd.

Verbreitung: Viktoria-See.

3. **Caelatura (Kalliphenga) ruellani** (Bourguignat)

1883 *Unio ruellani* Bourguignat, Moll. fluv. Nyanza Oukéréwé: 10; Taf., Fig. 16—18.— Terra typica: Viktoria-See nahe der Mündung des Liwumbu-Flusses.

1897 *Unio multicolor* Martens, Deutsch-Ost-Afrika, **4**:236; Taf. 7, Fig. 4. — Terra typica: Viktoria-See nahe der Insel Sirwa.

1908 *Unio (Parreysia) alluaudi* Dautzenberg, J. de Conch., Paris, **56**:26; Taf. 2, Fig. 13—16. — Terra typica: Viktoria-See, Kavirondo-Bucht.

1909 *Unio ruellani* var. *bayoni* Germain, Bull. Mus. Hist. nat. Paris: 275; Taf. 3, Fig. 36. — Terra typica: Viktoria-See, Bugalla Inseln.

Diagnosis: Schale ziemlich fest, elliptisch rautenförmig, aufgeblasen und ungleichseitig. Wirbel nur wenig erhoben, mit starker Zickzackskulptur, die sich nicht sehr weit auf die Schalenfläche erstreckt; der nicht verzierte Teil ist konzentrisch gefurcht und zeigt Spuren radialer Skulptur. Konchinschicht saftgrün bis fast schwarz, wie lackiert, glänzend. Vorderende kurz gerundet, unten etwas abgeschnitten; Ober- und Unterrand leicht geschwungen. Zähne etwas zusammengepreßt. Perlmutter sehr schimmernd, oft mit metallischem, rötlichem Glanze. — Maße: Länge 33—35 mm, Höhe 21—24 mm, Dicke 14—16,5 mm.

Bemerkung: Die für die Untergattung *Kalliphenga* genannten Merkmale passen zu denen von den Grandidierien des Tanganyika-Sees, bei denen sie aber noch schärfer ausgeprägt sind; wir werden sie, in noch schwächerer und anscheinend nicht erblicher Ausbildung, bei den Strandsee-Variationen der Bangweolo-*Caelatura* wiederfinden. Da nun diese Merkmale der Kalliphengen des Viktoria-Sees artlich eigentümlich zu sein scheinen, dürften diese nicht näher mit den andern Caelaturen des genannten Sees verwandt sein. Während jene, wie *hauttecoeuri* oder *introrugata*, sozusagen einer Fluß-*Caelatura* angehören und nur oberflächlich den ökologischen Verhältnissen des Seelebens angepaßt sind, scheint diese, *Kalliphenga*, eine ältere, in ihre Umgebung eingepaßte Seebewohnerin zu sein. Die Caelaturen der jüngeren Schicht, die noch die Merkmale der Formen des fließenden Wassers aufweisen, müssen unbedingt in die typische Untergattung von *Caelatura* gestellt werden. Für die ältere, limnisch gemodelte Schicht dagegen wird die Einreihung in die Untergattung *Kalliphenga* gerechtfertigt erscheinen.

Verbreitung: Viktoria-See, Zentral-Afrika.

Subgenus **Kistinaia** Haas

1936 *Caelatura* Subgenus *Kistinaia* Haas, Abh. senckenb. naturf. Ges., Frankfurt a. M., **431**:64. — Species typica: *Caelatura (Kistinaia) schoutedeni* Haas.

Diagnosis: Schale eckig aufgeblasen, wie eine kleine Kiste aussehend; Schloß sehr derb.

Verbreitung: Luapula-Fluß bei Kasenga, Kongo; Mweru-See, Kongo.

4. Caelatura (Kistinaia) schoutedeni Haas

1936 *Caelatura (Kistinaia) schoutedeni* Haas, Abh. senckenb. naturf. Ges., Frankfurt a. M., **431**:64; Taf. 5, Fig. 4a—d. — Terra typica: Luapula-Fluß bei Kasenga, Kongo.

Diagnosis: Schale sehr ungleichseitig, viereckig, sehr bauchig, mit stark vorragenden Wirbeln. Vorderende kurz, abgestutzt. Hinterende lang in einen submedianen, abgestutzten Schnabel ausgezogen. Vorderrand steil, fast geradlinig abfallend; Unterrand langgestreckt, sehr wenig gekrümmt, mit dem tiefsten Punkte etwa in der Schalenmitte. Hinterrand eckig an Unterrand stoßend, erst steil, fast senkrecht, dann, nach einem Knick, sanfter ansteigend, in deutlichem Winkel an den geraden Oberrand stoßend. Wirbel voll, nach vorn geneigt, bei etwa $^3/_{10}$ der Länge liegend, mit einer aus derben W-förmigen Runzeln bestehenden Skulptur versehen, die nach unten zu flacher wellenrunzlig wird und in geringer Entfernung von den Wirbeln aufhört. Area und Areola deutlich abgesetzt, besonders die erstere, aber ohne ausgeprägte Arealkanten. Schloß aus derben, aber nicht sehr plumpen, am Rande gesägten Hauptzähnen und im Winkel zu ihnen stehenden, feineren Seitenzähnen bestehend; schon bei ganz jugendlichen Stücken ist die Schloßbildung wesentlich derber als bei typischen Cealaturen. Wirbelhöhlen tief. Perlmutter fahl, bläulich. Rückenumriß keilförmig, vorn sehr kurz. — Maße: Länge 20 bis 29 mm, Höhe 13,5—16 mm, Dicke 10—12,5 mm.

Verbreitung: Luapula-Fluß, Kongo; Mweru-See, Kongo.

Subgenus Mweruella Haas

1936 *Caelatura* Subgenus *Mweruella* Haas, Abh. senckenb. naturf. Ges., Frankfurt a. M., **431**:63. — Species typica: *Unio mweruensis* E. A. Smith.

Diagnosis: Schale sehr ungleichseitig, vorn kurz, abgestutzt gerundet, hinten lang, median oder submedian geschnäbelt; stark zusammengepreßt, größte Dicke nahe dem Rückenrande. Schalenoberfläche von einer zunächst zickzackrunzligen, nach dem Unterrande zu mehr wellenrunzligen Skulptur bedeckt, die auf die Area oft in Gestalt von leicht fächerförmig ausstrahlenden Falten übergreift. Hauptzähne lang, im Alter nicht mehr scharf, sondern verdickt, etwas zerklüftet.

Verbreitung: Mweru-See, Kongo.

5. Caelatura (Mweruella) mweruensis (E. A. Smith)

1908 *Unio mweruensis* E. A. Smith, Proc. malac. Soc. London, **8**:13; Abb. links auf Seite 14. — Terra typica: Mweru-See, Kongo.

Diagnosis: Schale klein, ungleichseitig, ziemlich dünnschalig, beiderseits leicht klaffend; vorn gerundet, hinten schmäler und länger ausgezogen, Konchinschicht olivbraun, hinten meist grün gestrahlt. Schalenskulptur sehr veränderlich, die Schale kann sozusagen ganz glatt sein, während bei anderen die Runzelung der Wirbel sich auf die beiden oberen Flächendrittel erstrecken kann. Hauptzähne faltig, Seitenzähne dünn und verlängert. Perlmutter weiß, perlig, schillernd. — Maße: Länge 21—41 mm, Höhe 13—25 mm, Dicke 6,5—14,5 mm.

Verbreitung: Mweru-See, Kongo.

Subgenus **Rhytidonaia** Haas

1936 *Caelatura* Subgenus *Rhytidonaia* Haas, Abh. senckenb. naturf. Ges., Frankfurt a.M., **431**:65. — Species typica: *Caelatura graueri* Haas.

Diagnosis: Schale länglich, unregelmäßig viereckig, Unterrand gestreckt, fast eben, hinterer Oberrand hoch, Wirbel kaum vorragend; festschalig, mit derbem, schon in der Jugend verdicktem Schloß; Schalenskulptur über die ganze Schalenfläche ausgedehnt, in der Wirbelgegend schwach W-förmig, sonst leicht wellig-runzlig.

Verbreitung: Kongo-Gebiet.

Bestimmungsschlüssel zu den Arten

1 Schalenfläche hinten deutlich mit ausstrahlenden Falten . . . . ***C. (R.) leopoldvillensis,*** S. 169

1′ Schalenfläche ganz mit deutlichen Runzeln bedeckt . . . ***C. (R.) graueri,*** S. 169

6. **Caelatura (Rhytidonaia) leopoldvillensis** (Putzeys)

1898 *Unio leopoldvillensis* Putzeys, Ann. Soc. malac. Belg., Bull. Séances, Bruxelles, **33**: XXIV; Abb. 12—13. — Terra typica: Stanley Pool bei Leopoldville, Kongo.

Diagnosis: Schale eiförmig, ziemlich fest, etwas aufgeblasen, sehr ungleichseitig, vorn schmal und kurz, hinten lang und schief abgestutzt. Oberrand gebogen, hinten hoch; Unterrand stark gebogen. Wirbel vorragend, die Skulptur der Erosion halber nicht erkennbar, in $^1/_3$ bis $^1/_5$ der Länge gelegen. Schalenoberfläche leicht konzentrisch gerunzelt. Wirbelskulptur aus vielen, ausstrahlenden, teilweise sogar gewinkelten Falten bestehend, die das obere Drittel der Schalenfläche bedecken können. Konchinschicht gelblich schwarz. Hauptzähne dicklich und etwas seitlich zusammengedrückt, gerauht; Seitenzähne lang, mäßig gebogen. Perlmutter bläulich, nach den Wirbelhöhlen lachsfarben. — Maße: Länge 45 mm, Höhe 28—30 mm, Dicke 15—19 mm.

Bemerkung: Da mir diese Art nicht zugänglich war, habe ich die ursprüngliche Beschreibung, aus dem Lateinischen übersetzt, hier wiedergegeben.

Verbreitung: Stanley Pool bei Leopoldville, Kongo.

7. **Caelatura (Rhytidonaia) graueri** Haas

1927 *Caelatura graueri* Haas, Senckenbergiana, Frankfurt a. M., **9**:21; Taf. 1, Fig. 4. — Terra typica: Urwald Ukaika, nordwestlich vom Albert-Edward-See, Inner-Afrika.

Diagnosis: Schale gerundet trapezförmig, ungleichseitig, ziemlich dünnschalig, aufgeblasen, mit einer die Schalenfläche über die Hälfte bedeckenden Runzelskulptur. Umriß ohne ausgeprägte Ecken, mit steil abfallendem Vorderrande, fast geradem Unterrande und einem Hinterrande, der die beiden üblichen unteren Ecken kaum andeutungsweise zeigt. Hinterer Oberrand gerade und hoch, vorderer etwas ausgehöhlt, wesentlich niedriger als der hintere. Wirbel stark ausgefressen, ihre Skulptur deshalb nicht bekannt; sie sind vom hinteren Oberrande überragt, überragen den vorderen, in $^{30}/_{100}$ der Gesamtlänge gelegen. Ligament schwach, Oberflächenskulptur aus feinen Runzeln bestehend, die in engen Zickzacklinien die Wirbelgegend umziehen und als gewellte und gleichlaufende Fältchen über die Area reichen; die beiden Arealkanten sind nicht wahrnehmbar. Konchinschicht stumpf, schwarz. Schloß normal zusammengesetzt; Hauptzähne dick, ungefurcht, durch ein deutliches, gebogenes Intervall von den kurzen, geraden Seitenzähnen getrennt. Wirbelhöhlen tief. Perlmutter in der Wirbelgegend rötlichgelb, nach außen zu bläulich, hinten stark schillernd. Rückenumriß lanzettlich, mit der größten Dicke kurz hinter den Wirbeln. — Maße: Länge 24—42 mm, Höhe 16—29,5 mm, Dicke 11—19 mm.

Verbreitung: Urwald Ukaika, nordwestlich vom Albert-Edward-See, Inner-Afrika.

Subgenus **Laevirostris** Simpson

1900 *Diplodon* Subgenus *Laevirostris* Simpson, Proc. U.S. nation. Mus., Washington, **22**:894. — Species typica: *Unio stagnorum* Dautzenberg.

Diagnosis: Schale linsenförmig bis unregelmäßig viereckig mit steil abfallendem vorderem Rückenrande, zusammengepreßt, meist dünnschalig. Hinterer Oberrand lang und hoch, Wirbel wenig vorragend. Schloß mit langen, schneidenden Hauptzähnen, die in mehr oder weniger deutlichem Winkel zu den stets leicht gebogenen Seitenzähnen stehen. Wirbel nicht aufgeblasen, Wirbelskulptur fehlt bis auf einzelne Höckerchen und schwache konzentrische Reifen ganz. Area und Areola häufig mit Runzeln versehen.

Bemerkung: Obwohl kaum ein Zweifel an der Zugehörigkeit dieser Untergattung zum Genus *Caelatura* bestehen kann, hat Simpson sie ursprünglich als eine Gruppe der südamerikanischen Gattung *Diplodon* beschrieben.

Bestimmungsschlüssel zu den Arten

1 Dünnschalig, wenig skulptiert . . . . ***C. (L.) bourguignati,*** S. 170
1′ Dickschaliger, stärker skulptiert . . . . ***C. (L.) briarti,*** S. 171

8. **Caelatura (Laevirostris) bourguignati** (Rochebrune)

1886 *Pharaonia bourguignati* Rochebrune, Ann. Soc. malac. France, Paris, **3**:13. — Terra typica: Mokaka, unterer Kongo.

1890 *Unio stagnorum* Dautzenberg, Bull. Acad. Sci. Belgique, Bruxelles, (3)**20**:572; Taf. 1, Fig. 7—10. — Terra typica: Unterer Kongo, Kongo.

1927 *Caelatura (Laevirostris) stagnorum bomae* Pilsbry & Bequaert, Bull. amer. Mus. nat. Hist., New York, **53**:405; Taf. 33, Fig. 2, 2a. — Terra typica: Kongo bei Boma, Kongo.

1927 *Caelatura (Laevirostris) rotula* Pilsbry & Bequaert, Bull. amer. Mus. nat. Hist. New York, **53**:405; Taf. 33, Fig. 5, 5a. — Terra typica: Kongo bei Leopoldville, Kongo.

Diagnosis: Schale unregelmäßig eiförmig, mehr oder weniger aufgeblasen, dünnschalig, ungleichseitig; Wirbel wenig voll, wenig erhoben, anscheinend ohne Skulptur. Vorderende beiderseits abschüssig, in einen gerundeten Punkt ausgezogen; Hinterende verbreitert und unregelmäßig gerundet; hinterer Oberrand hoch, breit gerundet, Ober- und Unterrand gebogen. Schalenfläche konzentrisch geschmückt. Konchinschicht bräunlich, in feine Fältchen gelegt. Hauptzähne anscheinend nicht voll entwickelt, sehr klein; Seitenzähne verlängert, zart, gebogen. Perlmutter schimmernd bläulichweiß. — Maße: Länge 48 mm, Höhe 33 mm, Dicke 17,5 mm.

Bemerkung: Ihrem ganzen Aussehen nach ist *C. stagnorum* eine Form stillen Wassers, im Gegensatze zu der nun folgenden *Caelatura (Laevirostris) briarti*, die eine ausgesprochene Reaktionsform strömenden Wassers ist.

Verbreitung: Unterer Kongo.

9. **Caelatura (Laevirostris) briarti** (DAUTZENBERG)

1901 *Unio briarti* DAUTZENBERG, Ann. Soc. malac. Belg., Bruxelles, **36**:6; Taf. 1, Fig. 3—4. — Terra typica: Lufui, Kongo.

1914 *Unio eduardi* DAUTZENBERG & GERMAIN (nomen nudum?) Rev. zool. afric., Bruxelles, Paris, **4**:68.

Diagnosis: Schale queroval, fest, vorn verschmälert, hinten verbreitert. Wirbel beim vorderen Drittel der Schalenlänge gelegen. Vorderende sehr kurz, gerundet und zusammengepreßt; Hinterende verbreitert, aufgeblasen und sehr schief abgestutzt. Schalenfläche mit unregelmäßigen Zuwachsstreifen. Anstelle der äußeren Arealkante verläuft eine mäßig geschwollene Wulst von den Wirbeln bis zum Hinterende; Area mit vielen, schiefen Fältchen skulptiert; Areola desgleichen, nur schwächer. Schloß nicht sehr stark, in normaler Ausbildung, neben dem rechten Hauptzahn ein ihm fast gleicher Hilfszahn, der hintere linke sehr zurückgebildet; Seitenzähne gebogen. Konchinschicht gleichmäßig olivgelb, gelegentlich ins Schwärzliche gehend. Perlmutter schimmernd. — Maße: Länge 54 mm, Höhe 38 mm, Dicke 32 mm.

Verbreitung: Nsendwe am mittleren Kongo, Lualaba und Lufui, Zuflüsse des Kongo.

Subgenus **Zairia** ROCHEBRUNE

1886 *Zairia* ROCHEBRUNE, Bull. Soc. malac. France, Paris, **3**:10. — Species typica: *Zairia elegans* ROCHEBRUNE.

1900 *Zaira* SIMPSON (error typographicus pro *Zairia*) Proc. U.S. nation. Mus., Washington, **22**:862.

Diagnosis: Schale länglich eiförmig oder elliptisch, dünnschalig, mit gestrecktem Rückenrande und deutlich vorragenden Wirbeln. Wirbelskulptur aus wenigen, schwachen W-Falten mit daraufsitzenden Höckerchen bestehend, auf die äußersten Wirbelspitzen beschränkt und nur bei ganz jungen Muscheln erkennbar. Schloß aus langen, schneidenden Hauptzähnen und fast geradlinigen Seitenzähnen bestehend, die sich unter den Wirbeln fast ohne Winkel treffen.

Verbreitung: Kongo-Gebiet; Landana, Kabinda-Exklave; Gabun; Esso-Fluß, Goldküste?

Bestimmungsschlüssel zu den Arten

1 Schale länglich . . . . *C. (Z.) gabonensis*, S. 172
. . . . *C. (Z.) aequatoria*, S. 172

1′ Schale kürzer, rundlicher 2
2 Unterrand stark gebogen . . . . *C. (Z.) essoensis,* S. 173
2′ Unterrand mäßig gebogen. . . . . *C. (Z.) elegans,* S. 172

10. Caelatura (Zairia) gabonensis (KÜSTER)

1862 *Unio gabonensis* KÜSTER, Conch. Cab., IX. (2):291; Taf. 97, Fig. 7. — Terra typica: Gabun-Fluß, West-Afrika.

Diagnosis: Schale ziemlich klein, unregelmäßig eiförmig, bauchig, gewölbt, ungleichseitig, vorn kurz gerundet, hinten stumpfeckig; Schalenfläche dicht und ziemlich regelmäßig fein gestreift, mit einigen, wenigen deutlichen Zuwachsringen; Konchinschicht gräulich olivgelb mit dunkleren, hinten grünen, wenig ausgeprägten Strahlen. Wirbel wenig erhoben, gerundet gewölbt, etwas abgenagt, daher ihre Skulptur nicht erkennbar; an der Hinterseite der Wirbel zeigen sich feine, strahlig verlaufende Runzeln, einzelne, weniger regelmäßige stehen weiter hinten auf der Area; diese ist ungleich dreieckig, zusammengedrückt, mit abgerundeter Ecke. Schloß vor den Wirbeln gelegen, die Hauptzähne lang, zusammengedrückt, fast dreieckig; der hintere der linken Klappe klein; Seitenzähne schlank und gerade. Perlmutter blauweiß, fein gestrahlt und schillernd. — Maße: Länge 38 mm, Höhe 23 mm, Dicke 16 mm.

Verbreitung: Gabun-Fluß, West-Afrika.

11. Caelatura (Zairia) aequatoria (MORLET)

1885 *Unio aequatorius* MORLET, J. de Conch., Paris, **33**:31; Taf. 2, Fig. 9. — Terra typica: Mayumba-Fluß, Distrikt Caconga, Französischer Kongo.
1891 *Unio landanensis* SCHEPMAN, Notes Leyden Mus., **13**:113; Taf. 8, Fig. 3. — Terra typica: Landana, Portugiesischer Kongo.

Diagnosis: Schale unregelmäßig eiförmig, leicht aufgeblasen, ziemlich dünnschalig, ungleichseitig. Wirbel voll und hoch, mit einer Skulptur aus ein paar Knötchen und Zickzackrunzeln. Schloßlinie fast gerade, Vorderende schmal und gerundet, unten etwas ausgeschnitten. Unterrand bis zur Mitte gerade, dann voller, fast gewinkelt. Hinterer Oberrand schief abgestutzt. Area voll, äußere Arealkante über der Mittellinie endend. Schalenfläche vorn stark gefaltet, glatter in der Mitte. Konchinschicht aschgrün oder braungrün, schwach gestrahlt. Zähne zart, länglich. Perlmutter bläulichweiß. — Maße: Länge 28—55 mm, Höhe 20—32 mm, Dicke 13—23 mm.

Verbreitung: In Wassern des unteren Kongo-Gebietes.

12. Caelatura (Zairia) elegans (ROCHEBRUNE)

1886 *Zairia elegans* ROCHEBRUNE, Bull. Soc. malac. France, Paris, **3**:12. — Terra typica: Gancini, Kongo.
1907 *Unio (Nodularia) roubaudi* GERMAIN, Bull. Mus. Hist. nat. Paris, **13**:429; Abb. 28. — Terra typica: Stanley Pool, Kongo.
1886 *Zairia disciformis* ROCHEBRUNE, Bull. Soc. malac. France, Paris, **3**:10. — Terra typica: Mokaka, Kongo.
1886 *Zairia araneòsa* ROCHEBRUNE, Bull. Soc. malac. France, Paris, **3**:11. — Terra typica: Gancini, Kongo.
1886 *Zairia poirieri* ROCHEBRUNE, Bull. Soc. malac. France, Paris, **3**:11. — Terra typica: Gancini, Kongo.
1886 *Zairia sordida* ROCHEBRUNE, Bull. Soc. malac. France, Paris, **3**:12. — Terra typica: Gancini, Kongo.

1927 *Caelatura stanleyvillensis* PILSBRY & BEQUAERT, Bull. amer. Mus. nat. Hist., New York, **53**:403; Taf. 32, Fig. 3, 3a; Taf. 33, Fig. 3. — Terra typica: Kongo bei Stanleyville.

1909 *Unio (Nodularia) subnigra* PRESTON, Ann. Mag. nat. Hist., London, (8)**4**:89; Taf. 4, Fig. 5. — Terra typica: Unterer Belgischer Kongo.

1912 *Unio (Nodularia) putzeysi* PRESTON (nomen novum pro *Unio subnigra* PRESTON, non *Unio subniger* LEA), Nautilus, Philadelphia u. Boston, **26**:70.

Diagnosis: Schale elliptisch-eiförmig, ziemlich aufgeblasen, vorn schön gerundet, hinten fast doppelt so lang als vorn. Schale Anodontenartig aussehend, dünnschalig. Konchinschicht olivgrün und gelblich an den Wirbeln und am Vorderende, mit einigen wenigen, schmalen, smaragdgrünen Strahlen. Zuwachslinien nicht stark, unregelmäßig, leicht blättrig nach dem Unterrande zu. Perlmutter rosenfarben, leicht schimmernd. — Maße: Länge 50 mm, Höhe 25,5 mm, Dicke 17,5 mm.

Bemerkung: Mangels Abbildungen der ROCHEBRUNEschen, hier in die Synonymie versetzten Namen waren die taxionomischen Verhältnisse dieser Artengruppe sehr unklar. Da ich aber vor einigen Jahren im Pariser Museum die Gelegenheit hatte, die Typen der in Frage kommenden ROCHEBRUNEschen „Arten" zu untersuchen, konnte ich mich davon überzeugen, daß alle fünf Formen nur Standortsformen der *Zairia elegans* darstellen. So ist *Zairia poirieri* eine dünnschalige, gerippte Form; *Z. araneosa* ist ähnlich, ihre Konchinschicht liegt in zarten, spinnwebartigen Fältchen; *Zairia elegans*, *Z. sordida* und *Z. disciformis* sind in genannter Folge höher werdende Formen, die sich in stillen Buchten oder Altwässern gebildet haben dürften: kurzum, alle fünf sind individuelle oder ökologische Varianten der als Grundart gewählten *Zairia elegans*. In *Caelatura stanleyvillensis* vermag ich beim besten Willen nicht mehr als eine etwas dickschaligere, länglichere, wohl ökologisch bedingte Ausbildungsform der *elegans* zu erblicken.

Verbreitung: Bisher nur vom unteren Kongo und von Stanleyville am mittleren Kongo bekannt, dürfte aber in der dazwischenliegenden Strecke wohl auch noch nachgewiesen werden.

13. Caelatura (Zairia) essoensis (CHAPER)

1885 *Unio essoensis* CHAPER, Bull. Soc. zool. France, Paris, **10**:481; Taf. 11, Fig. 8—9. — Terra typica: Esso-Fluß, Assinie, Goldküste.

1906 *Unio (Nodularia) essoensis* var. *minor* GERMAIN, Bull. Mus. Hist. nat. Paris, **1906**: 172. — Terra typica: Gegend von Kanem östlich vom Tschad-See.

Diagnosis: Schale ziemlich groß, leicht aufgeblasen, nicht sehr ungleichseitig, dünn, etwa elliptisch oder rautenförmig. Wirbel hoch und voll, ihre Skulptur besteht aus zarten, ganz leicht knotigen, zickzackradialen Fältchen, mit Andeutungen einer ähnlichen Skulptur auf der Area. Schalenfläche mit unregelmäßigen Zuwachsstreifen und zarten Andeutungen einer radialen Skulptur. Schloßlinie leicht gebogen. Vorderende verschmälert und gerundet; Unterrand geschwungen, besonders in oder hinter der Mitte. Area hoch, fast geflügelt, hinten breit abgestutzt. Konchinschicht bräunlichgrün, schwach gestrahlt, glanzlos. Zähne blattförmig, zart. Perlmutter bläulich. — Maße: Länge 75 mm, Höhe 53 mm, Dicke 35 mm.

Bemerkung: Diese von Assinie, Goldküste beschriebene Art stelle ich nur zögernd zu *Zairia*, da sie sich durch nur wenig ungleichseitige Umrißform doch von denZairien untersch anderen eidet; andererseits läßt sie sich, ihrer Schloßbildung mit den we nach, kaumstafrikanischen Caelaturen vereinigen. Eher steht sie der nun zu besprechenden Untergattung *Zairiella* nahe, aber ehe dies, da diese nicht aus West-Afrika bekannt ist, bewiesen ist, möchte ich *essoensis* einstweilen noch einen Platz bei *Zairia* anweisen.

Verbreitung: Assinie an der Goldküste.

Subgenus **Zairiella** Haas

1962 *Caelatura* Subgenus *Zairiella* Haas, Arch. Molluskenk., Frankfurt a.M., **91**:215. — Species typica: *Caelatura (Zairia) cridlandi* Mandahl-Barth.

Diagnosis: Schale dünn, fast gleichseitig, Vorderende breit gerundet; Hinterende gerundet zugespitzt, Unterrand winklig vorgezogen. Wirbel fast mittelständig, breit, aber nicht sehr hoch. Schloßlinie gerade, alle Zähne blattförmig.

Verbreitung: Nördlicher Teil des Viktoria-Sees, Afrika.

14. **Caelatura (Zairiella) cridlandi** Mandahl-Barth

1954 *Caelatura (Zairia?) cridlandi* Mandahl-Barth, Ann. Mus. roy. Congo Belge, Bruxelles (Sci. Zool.), **32**:135; Abb. 70. — Terra typica: Nördlicher Teil des Victoria-Sees, Afrika.

Diagnosis: Schale groß, dünn, mit ganz oder fast ganz mittelständigen Wirbeln; Oberrand gerade, Unterrand in der Mitte winklig vorgezogen, beiderseits steil aufsteigend. Schloß zart, mit langen, blattförmigen, geraden Haupt- und Seitenzähnen, letztere nur wenig länger als die ersteren. Junge Stücke zeigen eine Skulptur von undeutlichen Zickzacklinien, oft mit zwei vom Wirbel ausstrahlenden Reihen von Knötchen; in älteren Stücken verschwindet diese Skulptur. Konchinschicht dunkel oder fahl bronzefarben, selten grünlich mit Metallglanz; gelegentlich können zarte radiale Strahlen vorhanden sein. Perlmutter rötlich oder bläulich, stark schillernd. Die Klappen sind so dünn, daß alle äußeren Merkmale durch sie durch innen sichtbar sind.

Bemerkung: Anscheinend eine Form tieferen Wassers, was auch erklären könnte, daß eine so auffällige Art erst so spät entdeckt worden ist.

Verbreitung: Victoria-See, Ost-Afrika.

Subgenus **Caelatura** s. str.

Diagnosis: Schale klein bis mittelgroß, elliptisch bis rundlich, hinten gerundet, oder zugespitzt oder gar geschnäbelt. Meistens ausgesprochen ungleichseitig, doch Wirbel in einzelnen Formen mehr mittelständig. Wirbelskulptur aus Zickzackrunzeln bestehend, die an den Umknickstellen Knötchen aufweisen können; diese Skulptur kann auf die äußersten Wirbelspitzen beschränkt oder auch über den größten Teil der Schalenfläche ausgedehnt sein. Hauptzähne dünn, blattförmig, oder dicker, oben abgeflacht; Seitenzähne verlängert, meist dünn.

Bemerkung: Es ist sozusagen unmöglich, eine Diagnose der Untergattung *Caelatura* zu geben, so wie ich sie auffasse. Die echten Caelaturen gehören zu den formveränderlichsten Flußmuscheln, die auf jede ökologische Umwelt in bezeichnender Weise reagieren und dabei Formverzerrungen hervorrufen, welche die betroffene Muschel von dem einfachen Grundtyp von *Caelatura* ganz verschieden aussehen machen; das ist auch der Grund, warum einige der zu bringenden Synonymie-Listen so umfangreich sind.

Während mir die ostafrikanischen Caelaturen aus eigener Erfahrung ziemlich genau bekannt sind, sind viele der von GERMAIN, JOUSSEAUME und ROCHEBRUNE aus Guinea beschriebenen Arten nur aus der Beschreibung bekannt und lassen daher nur vermutete Schlüsse zu. Daher ist es mir auch einstweilen unmöglich zu entscheiden, ob die mit den Namen *Pharaonia* und *Reneus* bezeichneten Artengruppen reine Synonyme von *Caelatura* sind, als welche sie in unserer Synonymie-Liste stehen, oder ob sie als Untergattungen aufrechtzuerhalten sind, wie dies bei *Zairia* der Fall war.

Ich bin mir der Tatsache völlig bewußt, daß das, was ich in diesem Falle zu geben habe, ungenügend bewiesen und noch viel zu theoretisch ist; es schien mir aber besser als eine völlig unkritische Aufzählung der unbestritten zu *Caelatura* gehörenden beschriebenen Arten zu geben; es ist immer leichter, eine Art aus einer Synonymie herauszunehmen, als sie in eine solche hineinzufügen.

Nach dem eben Gesagten wird es einleuchten, daß es unmöglich ist, einen Bestimmungsschlüssel der zur typischen Untergattung *Caelatura* gehörenden Arten zu geben. Ich werde demnach versuchen, die Arten in geographischer Folge darzustellen.

Verbreitung: Ost-Afrika, hauptsächlich im Nil-Gebiet und den Süßwasser-Seen, West-Afrika im Tschad-Gebiet und in Guinea.

Die Caelaturen des Nil und der benachbarten Seen.

15. Caelatura (Caelatura) aegyptiaca (CAILLIAUD)

1827 *Unio aegyptiacus* CAILLIAUD, Voyage à Meroe, **4**:263; Atlas, **2**: Taf. 61, Fig. 6—7. — Terra typica: Josephs-Kanal, Unter-Ägypten.

1827 *Unio niloticus* CAILLIAUD, Voyage à Meroe, **4**:263; Atlas, **2**: Taf. 61, Fig. 8—9. — Terra typica: Josephs-Kanal, Unter-Ägypten.

1848 *Unio parreyssi* PHILIPPI, Abb. Beschr. Conch., **3**:81; Taf. 5, Fig. 6. — Terra typica: Sennar, Weißer Nil.

1848 *Unio rugifer* KÜSTER, Conch. Cab., IX (2):157; Taf. 45, Fig. 3. — Terra typica: Nil in Ägypten.

1848 *Unio sennaariensis* KÜSTER, Conch. Cab., IX (2):280; Taf. 94, Fig. 5. — Terra typica: Sennaar, Weißer Nil.

1857 *Unio eucyphus* BOURGUIGNAT, Rev. Mag. Zool., Paris, **9**:19; Taf. 3, Fig. 1—3. — Terra typica: Skamander bei Troja.

1875 *Unio parreyssi* var. *schweinfurthi* MARTENS, Novit. Conch., Cassel, **4**:140; Taf. 132, Fig. 3—5. — Terra typica: Tondj-Fluß, Sudan.

1890 *Pharaonia misraimica* SERVAIN, Bull. Soc. malac. France, Paris, **7**:290. — Terra typica: Nil-Kanal bei Suez.

1903 *Unio eurysellinus* PALLARY, Mém. Inst. Égypte, Cairo, **3**:94; Taf. 2, Fig. 4. — Terra typica: Mahmudieh-Kanal, Unter-Ägypten.

1903 *Unio mysticus* PALLARY, Mém. Inst. Égypte, Cairo, **3**:94; Taf. 2, Fig. 3. — Terra typica: Nil-Kanal bei Suez.

1909 *Unio (Caelatura) gaillardoti* PALLARY, Mém. Inst. Égypte, Cairo, **6**:78; Taf. 5, Fig. 7—8. — Terra typica: Unter-Ägypten.

1909 *Nodularia (Caelatura) parreyssi* var. *pruneri* PALLARY, Mém. Inst. Égypte, Cairo, **6**:78. — Terra typica: Nil zwischen den beiden ersten Katarakten.

1914 *Nodularia aegyptiaca* var. *shambiensis* LONGSTAFF, J. linn. Soc. London, Zool., **32**:253; Taf. 18, Fig. 4—7. — Terra typica: Shambe-See, Erweiterung des Weißen Nil am Ausfluß des Bahr-el-Seraf.

1914 *Nodularia parreyssi* var. *obliqua* LONGSTAFF, J. linn. Soc. London, Zool., **32**:255; Taf. 18, Fig. 11. — Terra typica: Weißer Nil bei Tawila und Melut.

1914 *Nodularia parreyssi* var. *elongata* LONGSTAFF, J. linn. Soc. London, Zool., **32**:255; Taf. 18, Fig. 9—10. — Terra typica: Weißer Nil bei Ad-Duwen.

1914 *Nodularia (Caelatura) sobaensis* PRESTON, J. linn. Soc. London, Zool., **32**:266; Taf. 18, Fig. 1—3. — Terra typica: Blauer Nil bei Soba.

1946 *Caelatura aegyptiaca figdiana* BLOOMER, Proc. malac. Soc. London, **27**:69. — Terra typica: Wadi Figda, Kanal zwischen Kartum und Sennaar, Sudan.

1946 *Caelatura aegyptiaca abdalliana* BLOOMER, Proc. malac. Soc. London, **27**:70. — Terra typica: Hag Abdalla, nördlich von Sennaar, Sudan.

Zu der obigen Synonymie-Liste ist noch zu bemerken, daß BOURGUIGNAT die Beschreibung weiterer 60 *Caelatura*-„Arten" aus Ägypten vor hatte. PALLARY (1909 : 81) zählt sie, nach den im Nachlaß gefundenen Beschreibungen, zum Glück nur mit ihren geplanten Benennungen auf; als nomina nuda beschweren sie somit wenigstens nicht das Schrifttum.

Diagnosis: Schale rundlich bis länglich elliptisch, mehr oder weniger aufgeblasen, von wechselnder Dickschaligkeit, stets etwas ungleichseitig. Wirbel wenig bis bedeutend hoch und voll, ihre Skulptur besteht aus leicht oder stärker knotigen Zickzack-Runzeln. Oberrand geschwungen, Vorderende verschmälert und abgerundet; Unterrand vorn fast gerade bis stark geschwungen. Hinterende gerundet ein- bis zweispitzig. Area mehr oder weniger hoch, äußere Arealkante deutlich. Schalenfläche entweder glatt oder mit Anzeichen einer von den Wirbeln herkommenden, nie sehr starken Skulptur; Area häufig mit zarten Falten. Konchinschicht gelblichgrün bis tief dunkel braungrün, oft gebändert und mit zarten grünen Strahlen, etwas glänzend. Zähne zart, dünn, blattförmig, bis dicker plumper; Seitenzähne dünn, etwas verlängert. — Maße: Länge 42—55 mm, Höhe 29—32 mm, Dicke 19—21 mm.

Bemerkung: Prüft man die in unserer Synonymie-Liste aufgezählten „Arten" und „Varietäten" kritisch durch, so scheinen sie alle nur Varianten einer einzigen Art darzustellen, der somit der älteste Name *Caelatura (Caelatura) aegyptiaca* (CAILLIAUD) zukommt. Die aus Unter-Ägypten und aus den Kanälen bei Suez beschriebenen Formen — das heißt die Formen des stillen Wassers mit schlammigem Grunde — entsprechen durch ihre rundliche Gestalt und die Wölbung ihrer unskulptierten Schale ganz der von CAILLIAUD als *Unio aegyptiacus* beschriebenen Form. Von ihm auf den ersten Blick verschieden sind die länglichen, flacheren, dickschaligeren und oft mit einer Skulptur versehenen Formen des oberen Nil, besonders des Weißen Nil, die gut zu *Unio parreyssi* PHILIPPI passen. Man wäre versucht, hier einen Rassenkreis zu erblicken, dessen Nominatform, *C. aegyptiaca aegyptiaca*, im unteren Nil lebt, während eine weitere Rasse, die dann *aegyptiaca parreyssi* zu heißen hätte, im oberen Nil vorkäme bis in den Weißen Nil hinein; auch die Form des unteren Blauen Nil (*sobaensis* PRESTON, vielleicht auch *sennaariensis* KÜSTER) wäre dazu zu rechnen, während im übrigen Blauen Nil Caelaturen noch nicht nachgewiesen sind, was tiergeographisch von Bedeutung ist.

Die Aufteilung in zwei Rassen wird aber dadurch hinfällig, daß rundliche, glatte *aegyptiaca*-Stücke unter günstigen Lebensbedingungen auch im oberen Nil länglich-dickschalige, leicht skulptierte auch im unteren Nil auftreten können; das ist durch die Fundortsangaben in unserer Liste belegt. Daß auch die sonst glatte Stillwasserform der *aegyptiaca* unter bestimmten Umständen Skulptur ausbilden kann, ist durch skulptierte Stücke aus dem Menzalieh-See im Nil-Delta bewiesen; diese skulptierte Muschel ist dadurch theoretisch von hohem Werte, weil sie uns gestattet, die afrikanischen „Parreysien" der Gattung *Caelatura* anzuschließen.

Verbreitung: Weißer Nil und vereinigter Nil, nur allerunterstes Stück des Blauen Nil.

16. Caelatura (Caelatura) hauttecoeuri (Bourguignat)

1883 *Unio hauttecoeuri* Bourguignat, Moll. fluv. Nyanza Oukéréwé: 5; Taf., Fig. 1—3. — Terra typica: Victoria-See, nahe der Mündung des Liwumbu-Flusses.

1883 *Unio edwardsianus* Bourguignat, Moll. fluv. Nyanza Oukéréwé: 12; Taf., Fig. 7—9. — Terra typica: Nahe der Mündung des Liwumbu-Flusses in den Victoria-See.

1883 *Unio grantianus* Bourguignat, Moll. fluv. Nyanza Oukéréwé: 14. — Terra typica: Nahe Mündung des Liwumbu-Flusses in den Viktoria-See.

1883 *Unio duponti* Bourguignat (nec *Unio duponti* Rochebrune 1882), Moll. fluv. Nyanza Oukéréwé: 8; Taf., Fig. 10—12. — Terra typica: Victoria-See nahe der Mündung des Liwumbu-Flusses.

1897 *Unio emini* Martens, Beschalte Weichth., Deutsch-Ost-Afrika, **4**:224; Taf. 7, Fig. 14. — Terra typica: Simin-Fluß bei Massanda, Speke-Golf, Victoria-See.

1904 *Unio postumus* Rochebrune, (nomen novum pro *Unio duponti* Bourguignat 1883) Bull. Mus. Hist. Nat. Paris, **10**:258. Fußnote.

1954 *Caelatura hauttecoeuri kyogae* Mandahl-Barth, Ann. Mus. Congo Belg., Bruxelles, (Zool.) **32**:134; Abb. 68a. — Terra typica: Kyoga-See bei Bugondo.

Diagnosis: Schale unregelmäßig oval, mehr oder weniger verlängert, etwas aufgeblasen, ziemlich festschalig und ungleichseitig. Wirbel mäßig voll und hoch, mit starker Zickzackskulptur, die sich bis fast über die gesamte Schale erstreckt. Vorderende gerundet; Unterrand geschwungen, mit dem tiefsten Punkte meist hinter der Mitte; Hinterende abgerundet zugespitzt, Konchinschicht gleichmäßig olivbraun. Hauptzähne dreieckig, zusammengepreßt, erhaben, Seitenzähne dünn. Perlmutter bläulich. — Maße: Länge 36 mm, Höhe 22 mm, Dicke 16 mm.

Bemerkung: Unsere Synonymie-Liste enthält nicht die für Varietäten ex forma und ex colore von Germain (Bull. Mus. Hist. Nat. Paris, 12 : 305) aufgestellten Namen *elongata*, *intermedia*, *curta*, *globosa*, *subcompressa*, *compressa*, *lutescens*, *castanea*, *fusca*, *nigra viridis* und *ornata*, deren Menge einen Beweis von der Vielgestaltigkeit dieser Art ablegt. *Unio emini* aus dem Simin-Fluß, der sich in den Speke-Golf ergießt, dürfte die *fluviatilis*-Form der lakustrinen *hauttecoeuri* darstellen; in den grundlegenden Eigenschaften dieser völlig gleich, aber festschaliger und nur mäßig, d. h. auf den Wirbeln und auf Area und Areola skulptiert. *U. emini* steht *aegyptiaca*-Formen des Weißen Nils recht nahe, leitet aber andererseits zu der typischen *hauttecoeuri* des Victoria-See über.

Verbreitung: Victoria-See und seine Zuflüsse von Süden.

17. Caelatura (Caelatura) introrugata (Connolly)

1931 *Unio introrugatus* Connolly, Ann. Mag. nat. Hist., London, (10)8:320; Taf. 12, Fig. 6—9. — Terra typica: Victoria-See.

Diagnosis: Schale klein, verlängert dreieckig, ziemlich aufgetrieben, aber dünnschalig. Vorderende kurz, gerundet, Hinterende stark verlängert, hinten gerundet abgestutzt; Unterrand etwas bauchig, am meisten vor der Mitte; Oberrand fast geradlinig. Wirbel etwas hoch, voll, mit einer aus ineinandersteckenden „V" bestehenden Skulptur bedeckt, die sich über die gesamte Schale erstreckt. Schloß aus dünnen, lamellenartigen Hauptzähnen und kurzen, ebensolchen Seitenzähnen bestehend. Auf der Innenseite der dünnen Schale sind die Zickzackrunzeln der Außenfläche zu erkennen. Konchinschicht metallisch glänzend bronzegrün. — Maße: Länge 32 mm, Höhe 15,3 mm, Dicke 11 mm.

Bemerkung: Diese Art des Victoria-Sees gehört einer sonst dort nicht vertretenen, im Albert-See dagegen vorherrschenden Gruppe an, der der *Caelatura (Caelatura) bakeri* (H. Adams); in bezug auf die Schalenskulptur und den Leuchtglanz der Konchinschicht stimmt sie mit der echten *bakeri* überein, hat aber eine Schalenform, die sich durch die Verlängerung des Hinterendes stark von ihr unterscheidet. Wir kennen aber junge *bakeri*, die doch immerhin an *introrugata* erinnern. Die metallisch glänzenden Farben der *introrugata* deuten bereits Verhältnisse an, die wir bei der Untergattung *Grandidieria* des Tanganyika-Sees typisch ausgebildet fanden und die wir bei den Caelaturen des Bangweolo-Sees als beginnendes Zeichen der „Grandidierisation" noch kennenlernen werden.

Verbreitung: Nördlichster Teil des Victoria-Sees.

18. Caelatura (Caelatura) stuhlmanni (Martens)

1897 *Unio stuhlmanni* Martens, Besch. Weichth., Deutsch-Ost-Afrika, **4**:231; Taf. 7, Fig. 13. — Terra typica: Bei Vichumbi, südwestlicher Teil des Eduard-Sees.

1897 *Unio ngesianus* Martens, Besch. Weichth., Deutsch-Ost-Afrika, **4**:234; Taf. 7, Fig. 7. — Terra typica: Kishakka, nordwestliches Ufer des Eduard-Sees.

1927 *Parreysia regis* Pilsbry & Bequaert, Bull. amer. Mus. nat. Hist., New York, **53**:389; Taf. 31, Fig. 12—12b. — Terra typica: Eduard-See bei Kabara.

Diagnosis: Schale länglich eiförmig, aufgeblasen, ziemlich fest. Rücken- und Bauchränder ziemlich gleichmäßig geschwungen; Vorderende gerundet, Hinterende verlängert, nach hinten verschmälert und gerundet zugespitzt. Wirbel ziemlich niedrig und voll, etwa bei $^2/_7$ der Gesamtlänge gelegen, mit zwei Reihen von Knötchen besetzt, die nach und nach in Zickzack-Runzeln übergehen. Hauptzähne tief gesägt, Seitenzähne kurz, kaum $^1/_3$ der Länge der Schale betragend; Intervall kaum entwickelt. Konchinschicht braun. Perlmutter silbrig, rot und grün schillernd. — Maße: Länge 42,5 mm, Höhe 27,5 mm, Dicke 21 mm.

Bemerkung: Ich kann in *Unio ngesianus* und *Parreysia regis* nur Varianten von *C. stuhlmanni* erblicken. Diese selbst steht der nun zu besprechenden *Caelatura bakeri* (H. Adams) aus dem Albert-See sehr nahe, ist vielleicht nur deren örtliche Ausbildungsform; unterscheidend ist der geringere Metallglanz von *C. stuhlmanni*. Die drei dieser Art gegebenen Namen entsprechen ökologischen Ausbildungsformen; die kürzeste und höchste Variante hat den Namen *ngesiana* erhalten; die längste und schlankste, also das entgegengesetzte Extrem, stellt *stuhlmanni* dar, während *regis* auf vermittelnde, aber doch der *stuhlmanni* im MARTENSschen Sinne nahestehende Stücke begründet ist.

Verbreitung: Eduard-See.

19. Caelatura (Caelatura) bakeri (H. ADAMS)

1866 *Unio bakeri* H. ADAMS, Proc. zool. Soc. London, **1866**:376. — Terra typica: Albert-See.

Diagnosis: Schale queroval, dünn, wenig aufgeblasen, ungleichseitig; Vorderende gerundet, Hinterende verbreitert, undeutlich zweiwinklig. Wirbel hoch und voll, mit sehr starken Zickzackfalten skulptiert, die sich auch teilweise über die Schalenfläche erstrecken; unterer Teil der Schalenfläche bleibt glatt. Schloß normal, Hauptzähne zusammengepreßt, Seitenzähne ziemlich fest. Konchinschicht olivenfarben. Perlmutter silbrig, schillernd. — Maße: Länge 30 mm, Höhe 21 mm, Dicke 14 mm.

Bemerkung: Durch die spitzeiförmige, *Tapes*-artige Gestalt, den Metallglanz und die weitentwickelte Schalenskulptur ist diese Art als grandidierisierte Seeform gekennzeichnet, die jedoch in der Jugendschale der rundlicheren Varianten noch genügend viele Caelaturen-Züge aufweist, um sie in der typischen Untergattung zu belassen. Die Breite der Veränderlichkeit ist bei *bakeri* fast die gleiche wie bei *stuhlmanni* des Eduard-Sees und bei *hauttecoeuri hauttecoeuri* des Viktoria-Sees; andererseits aber können Jugendformen bereits recht schlank und schmal entwickelt sein. Vergleiche diese Bemerkungen mit denen unter *Caelatura introrugata* (CONNOLLY).

In einer aus dem Albert-See 1886 von H. ADAMS erwähnten *Caelatura egyptiaca* dürfen wir wohl, falls keine Fundortsverwechslung vorliegt, eine noch wenig an das Seeleben angepaßte *bakeri* vermuten.

Verbreitung: Albert-See.

20. Caelatura (Caelatura) rothschildi (NEUVILLE & ANTHONY)

1906 *Unio (Grandidieria) rothschildi* NEUVILLE & ANTHONY, Bull. Mus. Hist. nat. Paris, **1906**:409. — Terra typica: Rudolf-See.

1906 *Unio (Grandidieria) rothschildi* — NEUVILLE & ANTHONY, Bull. Soc. philom. Paris, (9)**8**:286; Taf. 22, 4 Fig.

Diagnosis: Schale rundlich, etwas länger als hoch, vorn gerundet, hinten leicht zugespitzt. Äußere Arealkante deutlich. Hauptzähne klein, Seitenzähne verdickt. Wirbel mit Zickzackfalten versehen, die sich über fast die ganze Schalenfläche erstrecken. — Maße: Länge 27 mm, Höhe 20 mm.

Bemerkung: Leider nur in tot gesammelten Stücken bekannt, weshalb nichts über die Farbbeschaffenheit der Außenfläche und der Perlmutter gesagt werden kann. Es ist aus dem Rudolf-See auch eine fast typische *Caelatura (Caelatura) aegyptiaca* bekannt, die aus Mangel an Untersuchungsmaterial schwierig einzuordnen ist. Der typischen Nil-Form auf den ersten Blick äußerst ähnlich, weist sie dennoch einige Eigenschaften auf, die auf Seeleben hindeuten, so einen leichten Bronze-Schimmer über der olivgrünen Konchinschicht und einige Runzelfalten auf der Areola.

Verbreitung: Rudolf-See.

Die Caelaturen des Tanganyika-Sees

21. Caelatura (Caelatura) horei (E. A. Smith)

1880 *Unio horei* E. A. Smith, Ann. Mag. nat. Hist., London, (5)**6**:429. — Terra typica: Tanganyika-See.
1881 *Unio horei* — E. A. Smith, Proc. zool. Soc. London, **1881**:299; Taf. 34, Fig. 37.
1885 *Unio calathus* Bourguignat, Esp. nouv. genr. nouv. Oukéréwé et Tanganyika: 23. — Terra typica: Tanganyika-See.
1886 *Unio bridouxi* Bourguignat, Nouv. malacol. 1. Union. Iridin Tanganyika: 13. — Terra typica: Tanganyika-See.
1886 *Unio charbonnieri* Bourguignat, Nouv. malacol. 1. Union. Iridin. Tanganyika: 9. — Terra typica: Tanganyika-See.
1886 *Unio coulboisi* Bourguignat, Nouv. malacol. 1. Union. Iridin. Tanganyika: 12. — Terra typica: Tanganyika-See.
1886 *Unio dromauxi* Bourguignat, Nouv. malacol. 1. Union. Iridin. Tanganyika: 17. — Terra typica: Tanganyika-See.
1886 *Unio guillemeti* Bourguignat, Nouv. malacol. 1. Union. Iridin. Tanganyika: 15. — Terra typica: Tanganyika-See.
1886 *Unio josseti* Bourguignat, Nouv. malacol. 1. Union. Iridin. Tanganyika: 19. — Terra typica: Tanganyika-See.
1886 *Unio jouberti* Bourguignat, Nouv. malacol. 1. Union. Iridin. Tanganyika: 8. — Terra typica: Tanganyika-See.
1886 *Unio lavigerianus* Bourguignat, Nouv. malacol. 1. Union. Iridin. Tanganyika: 14. — Terra typica: Tanganyika-See.
1886 *Unio menardi* Bourguignat, Nouv. malacol. 1. Union. Iridin. Tanganyika: 20. — Terra typica: Tanganyika-See.
1886 *Unio moneti* Bourguignat, Nouv. malacol. 1. Union. Iridin. Tanganyika: 11. — Terra typica: Tanganyika-See.
1886 *Unio randabeli* Bourguignat, Nouv. malacol. 1. Union. Iridin. Tanganyika: 22. — Terra typica: Tanganyika-See.
1886 *Unio vincki* Bourguignat, Nouv. malacol. 1. Union. Iridin. Tanganyika: 18. — Terra typica: Tanganyika-See.
1886 *Unio visseri* Bourguignat, Nouv. malacol. 1. Union. Iridin. Tanganyika: 21. — Terra typica: Tanganyika-See.
1897 *Unio gerrardi* Martens, Deutsch-Ost-Afrika, **4**, Beschalte Weichth.: 223; Taf. 7, Fig. 5. — Terra typica: Tanganyika-See.
1897 *Unio böhmi* Martens, Deutsch-Ost-Afrika, **4**, Beschalte Weichth.: 223; Taf. 7, Fig. 9. — Terra typica: Tanganyika-See bei Karema.
1910 *Unio gereti* Preston, Ann. Mag. nat. Hist., London, (8)**6**:61; Taf. 4, Fig. 9. — Terra typica: Tanganyika-See.

Diagnosis: Schale lang elliptisch, dick, stark gewölbt. Wirbel weit vorne, in etwa $^{2}/_{9}$ der Gesamtlänge gelegen. Vorderrand kurz, abgestutzt; Hinterrand etwas schief abfallend; Hinterende schwach geschnabelt; Unterrand fast gerade, gegen die Enden etwas aufgebogen. Wirbel mäßig hoch, mit dreieckigen Höckerchen skulptiert. Arealkanten nur in ihren oberen Hälften deutlich. Area schwach gefältelt. Schloß derb, Hauptzähne stark und gefurcht; Seitenzähne etwas gebogen, ganz leicht gekerbt. Konchinschicht braungelb. Perlmutter blaß gelblich, wenig schillernd. — Maße: Länge 62—72 mm, Höhe 37,5—48 mm, Dicke 27 mm.

Bemerkung: Der Zufall hat es gewollt, daß die erste Benennung *horei* E. A. Smith auf ein recht junges Stück gegründet ist. Jedoch ein nur 35 mm langes Stück von *calathus* Bourguignat gleicht derart der Original-Abbildung des *horei*, daß dieser als Jugendform der Bourguignatschen Art aufgefaßt werden muß. *Caelatura (Caelatura) horei* gehört bestimmt in die nähere Verwandtschaft von *Caelatura (Caelatura) aegyptiaca* und stellt somit in der Tanganyika-Fauna ein fluviatiles Element dar; sie ist aller Wahrscheinlichkeit nach ein junger, noch nicht oder kaum limnisch umgebildeter Einwanderer in genannten See. Junge Stücke gleichen noch typischen Flußformen und erst während des Wachstums beginnt die Schale sich limnischen Formen zu nähern; dazu rechne ich die Verdickung des Schlosses mit seinen plumpen, tief gesägten Hauptzähnen, und die durch Verlängerung des Hinterendes entstehende Vorderständigkeit der Wirbel.

Ein von E. A. Smith aus dem Tanganyika-See erwähnter *Unio niloticus* dürfte auf junge halbwüchsige *horei*-Formen zurückzuführen sein.

Die Caelaturen des Nyassa-See-Gebietes

22. **Caelatura (Caelatura) hypsiprimna** (Martens)

22a. Caelatura (Caelatura) hypsiprimna hypsiprimna (Martens)

1897 *Unio hypsiprimnus* Martens, Deutsch-Ost-Afrika, **4**, Besch. Weichth.: 230; Taf. 7, Fig. 1. — Terra typica: Mbampa-Bucht des Nyassa-Sees.

Diagnosis: Schale trapezoidisch, vorn abgerundet, Rückenrand, soweit die Seitenzähne reichen, hoch und ziemlich waagerecht, flügelartig zusammengedrückt, mit dem steil abfallenden Hinterrande einen beinahe rechten Winkel bildend; die von den Wirbeln nach der hinteren unteren Ecke verlaufende Erhebung bildet mehr eine Anschwellung als eine Kante. Unterrand vorn und hinten nur schwach aufgebogen, nirgends eingebuchtet. Schalenfläche größtenteils von starken Runzeln eingenommen, die im vorderen und mittleren Teile mehr wellenförmig, da und dort abgebrochen, auf der genannten Anschwellung und dahinter mehr spitzwinklig, zickzackförmig und körnig werden. Konchinschicht schmutzig erdbraun. Innenseite weißlich. Hauptzähne mäßig dick und viel kürzer als die Seitenzähne (nach E. v. Martens). — Maße: Länge 33 mm, Höhe 23 mm, Dicke 16,5 mm.

Verbreitung: Nyassa-See, Nisiwa-See.

22b. Caelatura (Caelatura) hypsiprimna borellii (Ancey)

1894 *Unio borellii* Ancey, Mém. Soc. zool. France, Paris, **7**: 226; Abb. auf S. 227. — Terra typica: Shiré-Fluß, Abfluß des Nyassa-Sees.

1910 *Unio angoniensis* Preston, Ann. Mag. nat. Hist., London, (8) **6**: 59; Taf. 4, Fig. 5. — Terra typica: Angoni-Land, südlich vom Nyassa-See.

Diagnosis: Schale fast regelmäßig länglich eiförmig, stark aufgeblasen, ziemlich festschalig, etwas ungleichseitig; Wirbel nur wenig erhoben. Vorderende verschmälert und gerundet; Unterrand fast regelmäßig geschwungen, am tiefsten hinter der Mitte; Hinterende fast viereckig abgestutzt. Schalenfläche vorn und hinten wellenfaltig; Konchinschicht schmutzig braun. Schloß leicht gebogen. Perlmutter stark irisierend. — Maße: Länge 29 mm, Höhe 19 mm, Dicke 16,5 mm.

Bemerkung: Die Unterarten *C. h. hypsiprimna* und *C. h. borellii* stehen sich sehr nahe und wären sogar vielleicht zu vereinigen; aus Mangel an Material stehe ich davon einstweilen noch ab. Die Unterart *hypsiprimna* ist eine Seeform, die sich durch etwas verlängerte, eckenlose Umrißform, plumpere Hauptzähne und auch noch dadurch auszeichnet, daß sie auf der Schalenfläche eine aus der zickzackförmigen Wirbelskulptur durch Verflachung der einzelnen Züge hervorgehende deutliche Wellenrunzelung hat. Die Form des Shiré-Flusses, *C. h. borellii*, zeichnet sich dagegen im allgemeinen durch glatte Außenseite, durch weit hinunter auf die Schalenfläche reichende Zickzack-Runzel-Skulptur der Wirbel und durch radiale Fältchen auf Area und Areola aus; ferner sind die Hauptzähne schneidend.

Verbreitung: Gegend südlich des Nyassa-Sees.

Die Caelaturen des oberen Kongo-Gebietes

Die Caelaturenfauna des Kongo-Gebietes setzt sich anscheinend aus zwei ganz verschiedenen Faunenelementen zusammen. Während wir im Gebiete des unteren Kongo Caelaturen nicht der typischen Untergattung, sondern der Subgenera *Laevirostris* und *Zairia* vorfanden, aber keine echte *Caelatura*, enthalten die südlichen Quellflüsse des Kongo-Stromes nur solche, aber keine anderen Untergattungen. Dies könnte als Anzeichen dafür gelten, daß das Kongo-Gebiet im jetzigen Umfange sich aus heterogenen Teilen zusammensetzt; so könnte der Luapula-Fluß früher mit einem Stromsystem zusammengehangen haben, das nach dem großen innerafrikanischen Graben und seinen Seen abfloß, und könnte der untere Kongo ein unabhängiges Flußgebiet gewesen sein, das mehr faunistische Ähnlichkeit mit der Westküsten-Tierwelt aufwies.

23. **Caelatura (Caelatura) choziensis** (Preston)

23a. Caelatura (Caelatura) choziensis choziensis (Preston)

1910 *Unio choziensis* Preston, Ann. Mag. nat. Hist., London, (8)**6**:60; Taf. 4, Fig. 8. — Terra typica: Chozi-Fluß, ein Zufluß des Chambezi- (nicht Chambzi-)Flusses in Nordost-Rhodesien.

Diagnosis: Schale klein, viereckig eiförmig, ziemlich aufgeblasen; Wirbel nicht vorragend; Oberrand nach vorn abschüssig, Unterrand leicht geschwungen. Hinterende gerundet zugespitzt. Hauptzähne schwach, gesägt, links etwas verlängert; Seitenzähne lang und gerade. Perlmutter bläulichweiß, schillernd. Schalenfläche von feineren konzentrischen Streifen und gröberen Runzeln bedeckt, die nach hinten zu feiner werden. — Maße: Länge 34 bis 40 mm, Höhe 22—25 mm, Dicke 13,5—17 mm.

Bemerkung: Jüngere Stücke sind glatter und glänzender als die älteren und zeigen auf ihrer graugrünen bis braungrünen, oft glänzenden Konchinschicht gelegentlich feine, von den Wirbeln ausgehende Strahlen. Die Wirbelskulptur dieser Art ist verschieden stark und kann sich auch verschieden weit auf die Schalenfläche ausdehnen; bezeichnend für diese Rasse ist das Vorhandensein von feinen, mit der Längsachse mehr oder weniger gleichlaufenden Runzeln auf der Area, die besonders gut auf der Rückansicht erkennbar sind, ferner der ins Violette übergehende bläuliche Farbton der Perlmutter.

Verbreitung: Im Gebiete des Chambezi-Flusses, eines Zuflusses des Bangweolo-Sees von Süden her.

23b. Caelatura (Caelatura) choziensis luapulensis (PRESTON)

1913 *Unio (Nodularia) luapulensis* PRESTON, Rev. zool. afr., Bruxelles, **3**:60; Taf. 4, Fig. 11. — Terra typica: Zusammenfluß des Luapula-Flusses und des Lukulu-Flusses.

Diagnosis: Schale mäßig bauchig, mäßig dünn, längseiförmig. Wirbel sehr angefressen, nicht vorragend, glatt. Rückenrand geschwungen; Bauchrand leicht gerundet; Vorderende kurz, fast senkrecht abfallend; Hinterende leicht vorgezogen, leicht gerundet zugespitzt. Hauptzähne leicht verlängert, sehr gesägt; Seitenzähne fast gerade, ziemlich hoch; Konchinschicht schwarzbraun, Schalenfläche mit konzentrischen, ziemlich groben Zuwachsstreifen und hinten mit einer Skulptur aus feinen, ausstrahlenden Falten. — Maße: Länge 40 mm, Höhe 25 mm, Dicke 15 mm.

Bemerkung: Entsprechend den wechselnden Lebensbedingungen, unter denen diese Art an ihrem Fundort lebt, ist sie in verschiedenen ökologischen Formen ausgebildet; diese können von fast glatten bis zu stark skulptierten, von dünnschaligen bis zu dickschaligen, von dünn bezähnten bis anderen reichen, deren Schloß stark verdickt ist.

Verbreitung: Luapula-Fluß und seine Nebenflüsse.

23c. Caelatura (Caelatura) choziensis bangweolica HAAS

1936 *Caelatura (Caelatura) choziensis bangweolica* HAAS, Abh. senckenb. naturf. Ges., Frankfurt a. M., **431**:56; Taf. 5, Fig. 1a—r. — Terra typica: Bangweolo-See in Nord-Rhodesien.

Diagnosis: Schale elliptisch, ungleichseitig, mit wenig vorragendem Wirbel, mäßig fest. Verhältnis von Vorderende zu Hinterende je nach Biotop schwankend; das Hinterende kurz, gleichmäßig nach hinten verjüngt bis schnabelförmig ausgezogen, breit abgestutzt. Schloß, ebenfalls je nach dem Biotop, aus dünnen, schneidenden, bis zu starken, gesägt plattigen Zähnen bestehend. Schalenaußenfläche glatt oder, an bestimmtem Biotop, mit einer feinen, zickzack-runzeligen Skulptur versehen. Konchinschicht grünlichbraun bis schwarzbraun. — Maße: Länge 38—47,5 mm, Höhe 25—28 mm, Dicke 15—19 mm.

Bemerkung: Es ist schwer, ja fast unmöglich, eine so vielgestaltige Muschel wie diese *choziensis*-Rasse in wenigen bezeichnenden Worten zu beschreiben oder ihre Unterschiede von der Nominatform anzugeben. Es liegen drei ökologische Phasen dieser Muschel vor. Die Phase des sandig-schlickigen Untergrundes ist ihrer Schalengestaltung nach die ursprünglichste, am wenigsten von der Umwelt beeinflußte, und dürfte somit der Nominatform noch am ähnlichsten sein. Ihre Jugendformen haben eine oft in wunderbar schillernden violetten bis rosenfarbenen Tönen spielende Perlmutter; sie weisen ferner auf ihrer Konchinschicht ein mit zunehmendem Wachstum dunkler werdendes, in goldnem Metallglanz strahlendes Grünbraun auf. Beides sind Eigenschaften, die, unter den afrikanischen Unioniden bisher nur bei der Gattung *Grandidieria* bekannt sind. Die zweite ökologische Phase findet sich in der von dünnflüssigem, niederem Sandschlamme bedeckten Chifumauli-Lagune. Sie zeichnet sich durch die starke Ausbildung der Zickzack-Skulptur aus, die weit auf die Schale hinabreicht und junge Stücke ganz bedecken kann. Die Schalenform ist verlängert, und die feinen, schneidenden *Caelatura*-

Hauptzähne sind zu breiten, oben gefurchten Klotzzähnen umgebildet. Endlich ist eine Verlagerung der größten Schalentiefe nach vorn eingetreten, was einen keilförmigen Rückenumriß ergibt. Die letzte Phase, die des reinen Sandbodens, hat zur Ausbildung eines rundlichen Schalenumrisses, dicker Schale, eines starken, plumpen Hauptschlosses und glatter, unskulptierter Schalenaußenfläche geführt. Es ist auf die vorangegangenen Einzelheiten aus dem Grunde eingegangen worden, weil die Unterart *bangweolica* die einzige *Caelatura*-Form ist, die nach ökologischen Gesichtspunkten und dazu in großen Mengen gesammelt wurde, so daß einerseits die individuelle Veränderlichkeit an einem und demselben Biotop, andererseits auch die formbildende Einwirkung eben dieses Biotops auf die in ihm lebenden Muscheln genau untersucht werden konnte. Die daraus hervorgehenden Ergebnisse scheinen zu beweisen, daß die als Parreysien beschriebenen afrikanischen Unioniden nur Standortsformen von *Caelatura* sind.

Verbreitung: Bangweolo-See, Nord-Rhodesien und seine Uferlagunen.

Die Caelaturen des (ehemals) französischen Sudans

Die aus diesem Gebiete beschriebenen Arten sind zu wenig bekannt, als daß man sie kritisch beurteilen dürfte. Sie werden deshalb hier nach Flußgebieten geordnet aufgezählt und damit ganz unverbindlich dargetan, wie etwa die Verhältnisse liegen.

Wie schon früher erwähnt, sind für die westsudanischen Caelaturen die subgenerischen Namen *Reneus*, *Renatus* und *Pharaonia* vorgeschlagen worden; dazu ist keine Berechtigung einzusehen, da die bezüglichen Arten wohl zur typischen Untergattung von *Caelatura*, teilweise sogar zur Gruppe der *aegyptiaca* gehören dürften.

A. Senegal-Gebiet

24. Caelatura (Caelatura) juliani (RANG)

1835 *Unio juliani* RANG, Nouv. Ann. Mus. Paris, **4**:306. — Terra typica: Galam-Arm des unteren Senegal.

1882 *Unio mandinguorum* ROCHEBRUNE, Bull. Soc. philom. Paris, (7)**6**:34. — Terra typica: Bakoy-Fluß, Senegal-Gebiet.

1882 *Unio duponti* ROCHEBRUNE, Bull. Soc. philom. Paris, (7)**6**:34. — Terra typica: Bakoy-Fluß, Senegal-Gebiet.

1882 *Unio bakoyi* ROCHEBRUNE, Bull. Soc. philom. Paris, (7)**6**:33. — Terra typica: Bakoy-Fluß, Senegal-Gebiet.

1886 *Reneus antiniloticus* JOUSSEAUME, Bull. Soc. zool. France, Paris, **11**:482. — Terra typica: Senegal.

1886 *Reneus faidherbei* JOUSSEAUME, Bull. Soc. zool. France, Paris, **11**:483; Taf. 12, Fig. 5, 5a. — Terra typica: Bakoy-Fluß, Senegal-Gebiet.

1895 *Unio subamygdalinus* DROUET, J. de Conch., Paris, **43**:35. — Terra typica: Senegal bei Bakel.

Diagnosis: Schale eiförmig, etwas aufgeblasen, dünnschalig, ungleichseitig, vorn gerundet, hinten verbreitert und etwas geschnäbelt; Vorderende und Hinterende mit feinsten, knotigen Fältchen versehen, die gewellt sein können. Wirbel kaum vorragend, abgerieben, bei $1/3$ der Gesamtlänge gelegen. Rückenrand leicht gebogen. Hauptzähne dünn, schneidend, Seitenzähne klein. Konchinschicht aschgrau, bei jungen Stücken gelblich gestrahlt. Perlmutter weiß, kaum schillernd. — Maße: Länge 25—35 mm, Höhe 15—22 mm, Dicke 10—15 mm.

Bemerkung: Unsere Kenntnis von den oben aufgezählten Arten ist allzu gering, um zu gestatten, sie ohne weiteres als Synonyme der ältesten, aus dem Senegal-Gebiet beschriebenen *Caelatura juliani* RANG zu betrachten. Immerhin, wenn man weiß, auf welche geringfügige Unterschiede hin damals neue Arten begründet wurden, wenn man ferner Wachstums- und Umwelt-Einflüsse berücksichtigt, so wird man der einstweiligen Anordnung beistimmen können, zu der ich mich hier habe entschließen müssen.

Verbreitung: Senegal-Gebiet.

B. Niger-Gebiet

25. **Caelatura (Caelatura) decampsiana** (WATTEBLED)

1884 *Unio decampsianus* WATTEBLED, J. de Conch., Paris, **32**:132; Taf. 7, Fig. 1. — Terra typica: Niger bei Bamako.
1886 *Pharaonia bellamyi* JOUSSEAUME, Bull. Soc. zool. France, Paris, **11**:486; Taf. 12, Fig. 7, 7a. — Terra typica: Niger bei Faraba.
1886 *Reneus reneus* JOUSSEAUME, Bull. Soc. zool. France, Paris, **11**:482; Taf. 12, Fig. 4a, 4b. — Terra typica: Niger bei Kayu.
1886 *Reneus fouladougouensis* JOUSSEAUME, Bull. Soc. zool. France, Paris, **11**:485; Taf. 12, Fig. 6, 6a. — Terra typica: Niger bei Fouladougou.

Diagnosis: Schale ziemlich dünn, eiförmig, kaum zusammengepreßt, vorn gerundet, hinten leicht abgestutzt. Rückenrand fast gerade, Unterrand gebogen. Wirbel voll und abgerieben. Schalenband klein und kurz. Hauptzähne klein und zusammengedrückt, Seitenzähne dünn. Konchinschicht braunschwarz. Perlmutter rötlich bis blau, schillernd. — Maße: Länge 33—40 mm, Höhe 22—26 mm, Dicke 15—16 mm.

Bemerkung: Das oben für *Caelatura (Caelatura) juliani* Gesagte gilt auch für diese Art; auch hier besteht nur die sehr große Möglichkeit, daß die aufgezählten, aus dem Niger beschriebenen „Arten" Jugend- und Wandelformen der als Grundart angesehenen, ältest beschriebenen Art *juliani* darstellen.

Wie bei der vorigen Art, ist auch bei dieser die nahe Verwandtschaft mit der Nilform *aegyptiaca* unverkennbar.

Verbreitung: Niger.

C. Das (ehemalig) französische Guinea

26. **Caelatura (Caelatura) koehleri** (GERMAIN)

1909 *Unio (Nodularia) koehleri* GERMAIN, Bull. Mus. Hist. nat. Paris, **1909**:541; Taf. 8, Fig. **43, 44, 47**. — Terra typica: Kollangui-Sümpfe.

Diagnosis: Schale ziemlich groß, etwas verlängert eiförmig, recht bauchig. Schalen hinten kaum klaffend, sehr aufgeblasen, mit der größten Dicke nahe dem Rücken. Rückenrand geradlinig, Bauchrand regelmäßig geschwungen, dem Rückenrand fast gleichlaufend. Hinterrand mit zwei deutlichen Ecken, die untere leicht abgerundet. Vorderende kurz und gerundet; Hinterende etwas länger als zweimal die Länge des Vorderendes. Wirbel groß, vorragend, eingerollt, gerunzelt. Schloß normal; Hauptzähne lang und schneidend. Konchinschicht dunkel kastanienbraun, grünlich nahe den Wirbeln. Wirbelskulptur aus unregelmäßigen, vorspringenden, knotigen Runzeln bestehend. Perlmutter preußischblau, am Unterrand manchmal lachsfarben, stark schillernd. — Maße: Länge 40 mm, Höhe 26 mm, Dicke 21 mm.

Bemerkung: Diese nur aus Original-Beschreibung und -Abbildung bekannte Art steht offensichtlich der Nilform *aegyptiaca* äußerst nahe; ob sie den Rang einer eigenen Art verdient, kann einstweilen nicht entschieden werden.

Verbreitung: Nur aus den Kollangi-Sümpfen bekannt.

D. Die Caelaturen des Schari-Gebietes mit dem Tsad-See

27. **Caelatura (Caelatura) tsadiana** (Martens)

1903 *Unio (Grandidieria) tsadianus* Martens, Sitz.Ber. Ges. naturf. Fr. Berlin, **1903**:8. — Terra typica: Südlicher Teil des Tsad-Sees.

1906 *Unio (Nodularia) lacoini* Germain (mit var. *elongata, curta* und *depressa* Germain), Mém. Soc. zool. France, Paris, **19**:237; Taf. 4, Fig. 11, 12. — Terra typica: Nordöstlicher Tsad-See.

1907 *Unio (Nodularia) chivoti* Germain, Bull. Mus. Hist. nat. Paris, **1907**:66. — Terra typica: Manun-Fluß, Zufluß des Schari.

1907 *Unio (Nodularia) bangoranensis* Germain, Bull. Mus. Hist. nat. Paris, **1907**:66. — Terra typica: Bangoran-Fluß, Zufluß des Schari.

1909 *Unio lacoini* var. *chudeaui* Germain, Bull. Mus. Hist. nat. Paris, **1909**:541. — Terra typica: Tsad-See bei Nuigmi.

1909 *Unio (Nodularia) nguigmiensis* Germain, Bull. Mus. Hist. nat. Paris, **1909**:540; Abb. 40. — Terra typica: Tsad-See bei Nguigmi.

1913 *Unio (Nodularia) jeanneli* Germain, Bull. Mus. Hist. nat. Paris, **1913**:235. — Terra typica: Schari.

Diagnosis: Schale länglich eiförmig, ziemlich bauchig, festschalig. Rückenrand fast geradlinig; Bauchrand regelmäßig geschwungen. Vorderende kurz, gerundet, Hinterende anderthalbmal länger, mit deutlicher äußerer Arealkante. Wirbel vorragend, mit knotigen Runzeln skulptiert. Konchinschicht blaß kastanienbraun, sehr fein konzentrisch gestreift. Schloß normal, Hauptzähne fest, verlängert, Seitenzähne dünn. Perlmutter bläulich, sehr schillernd. — Maße: Länge 30—36 mm, Höhe 19—22 mm, Dicke 14—16 mm.

Bemerkung: Auch in diesem Falle kann die Identität der oben angeführten Formen nur vermutet werden. Alle erwähnten „Arten" sehen der Nil-Form *aegyptiaca* äußerst ähnlich, nur die Nominatform *tsadiana* Martens weist einige Sondermerkmale auf; aber auch sie lassen sich als phänotypische, im Seeleben erworbene Merkmale deuten.

Was nun die einzelnen Formen angeht, so ist *nguigmiensis* aus dem Tsad-See von der Schari-Form *jeannelli*, die ihrerseits wohl selbst eine Stillwasserform darstellt, kaum abzutrennen; auch *lacoini* samt ihren verschiedenen beschriebenen Varietäten ist dieser Stillwasserform sehr ähnlich und kann wohl unbedenklich von ihr abgeleitet werden. Daß die limnischen Formen denen wenig bewegten Wassers unter den fluviatilen Verwandten näherstehen müssen als denen rasch strömender Gewässer, ist ja selbstverständlich; und durch diese so oft belegte Tatsache gewinnt die hier versuchte Anordnung der Schari-Tsad-Caelaturen an Wahrscheinlichkeit.

Etwas abseits, wie vorher bemerkt, steht *tsadiana* vom Süd-Ufer des Tsad-Sees, mit ihrer reinfarbigen Konchinschicht und ihrer wunderbar schillernden Perlmutter. Von ihr wäre zu sagen, daß sie wohl nicht als eine erbliche limnische Form anzusehen ist, sondern als eine ökologische Rasse der Tsad-*Caelatura*, die durch nicht näher bekannte Umstände ihres Biotops aus typisch *Caelatura*-artigen Jungen sich entwickelt hat.

Verbreitung: Tsad-See bei Kanassarom, im Nordosten des Sees.

Fragliche Caelaturen der zu Afrika gerechneten Inseln

28. **Caelatura madagascariensis** (Sganzin)

1841 *Unio madagascariensis* Sganzin, Mém. Soc. Hist. nat. Strasbourg, **3**:8. — Terra typica: Mahupa-Fluß bei Tamatave, Madagaskar.

Bemerkung: Nie wiedergefunden und nach der kurzen, abbildungslosen Beschreibung nicht wiederzuerkennen.

29. **Caelatura geayi** (Germain)

1911 *Unio (Nodularia) geayi* Germain, Bull. Mus. Hist. nat. Paris, **1911**:137; Taf. 1, Fig. 1—2, 6. — Terra typica: Madagaskar ohne nähere Ortsangabe.

1911 *Unio (—?) malgachensis* Germain, Bull. Mus. Hist. nat. Paris: 139; Taf. 1, Fig. 3—5. — Terra typica: Madagaskar, ohne nähere Ortsangabe.

Bemerkung: Die beiden genannten Formen, die wohl bestimmt nur Wachstumsstufen einer und derselben Art darstellen, sind nur aus der ursprünglichen Beschreibung und den Typen bekannt. Sie sind bestimmt keine Caelaturen, aber es ist ungewiß, welch anderer Gattung sie angehören.

30. **Caelatura brevialis** (Lamarck)

1819 *Unio brevialis* Lamarck, Hist. nat. Anim. sans Vert., **6**:73. — Terra typica: Ile de France.

Bemerkung: Lamarcks Fundort Ile de France ist zu Unrecht mit dem französischen Namen der Insel Mauritius gleichgesetzt worden; es war die zentrale Landschaft Frankreichs, in der Paris liegt, gemeint gewesen, und *Unio brevialis* ist nichts anderes als ein Synonym von *Potomida littoralis* (Lamarck).

31. **Caelatura cariei** (Germain)

1919 *Nodularia (Caelatura) cariei* Germain, Bull. Mus. Hist. nat. Paris, **25**:122. — Terra typica: Plaine des Cafres, Insel Réunion.

Diagnosis: Schale verlängert, unregelmäßig viereckig. Vorderende kurz, gerundet; Hinterende zweimal länger, hoch. Rückenrand leicht ansteigend und geradlinig, Unterrand leicht gebogen; Hinterrand schief, leicht gebogen ansteigend. Wirbel vorn liegend, vorspringend und leicht zurückgebogen. Schloß normal, Hauptzähne hoch und schneidend, Seitenzähne schneidend, die unteren länger und höher. Konchinschicht gelblich kastanienbraun; Wirbelskulptur aus erhobenen Knötchen bestehend. Perlmutter bläulichweiß, schillernd. — Maße: Länge 10 mm, Höhe 5¼ mm, Dicke $3^4/_5$ mm.

Bemerkung: Nur in einem einzigen, und dabei noch sehr jungen Stücke bekannt; es ist deshalb sehr schwer, sich ein rechtes Urteil über diese Art zu bilden. Ihre vergrößerte Abbildung könnte sehr wohl eine *Caelatura* aus der *aegyptiaca*-Gruppe vorstellen, aber Gewißheit dafür besteht nicht.

Verbreitung: Insel Réunion.

Genus **Afronaia** HAAS

1962 *Afronaia* HAAS, Arch. Molluskenk., Frankfurt a. M., **91**:215. — Species typica: *Indonaia framesi* CONNOLLY.

Diagnosis: Schale mehr oder weniger verlängert, mäßig dickschalig; hinten stets höher als vorn. Wirbel ziemlich vorderständig, nicht sehr vorragend, stark aufgeblasen. Areola niedrig, Area hoch, wenig ausgehöhlt, ohne deutliche Arealkanten. Vorderende kurz, gerundet, Hinterende hoch, hinten meist gerundet zweiwinklig. Schalenfläche meist glatt, auf Areola und Area mit feinen, waagerechten Runzelfalten besetzt, die von der zickzackförmigen Wirbelskulptur ausstrahlen; diese kann auch auf die mittlere Schalenfläche reichen. Größte Auftreibung der Schale an der Stelle der fehlenden äußeren Arealkante. Schloß ziemlich schwach, normal. Hauptzähne etwas verdickt, kurz; Intervall kurz, äußerst schmal, sehr gebogen; Seitenzähne gerade, der rechte hoch, die linken niedrig. Wirbelhöhlen ziemlich tief, Rückenumriß breit lanzettlich, größte Dicke etwas hinter der Mitte. Perlmutter leicht bläulich, schillernd.

Bemerkung: Die fünf hierher gehörigen Arten, die sich auf drei zurückführen lassen könnten, wurden bisher der vorderindischen Gattung *Indonaia* zugerechnet. In der Tat besteht große Ähnlichkeit zwischen *Indonaia* und *Afronaia*. Indessen sind genügend Unterschiede vorhanden, welche die Aufstellung einer Gattung für die Afrikaner nötig machten. So die Wirbelskulptur, die bei *Afronaia* nicht so scharf und spitzwinklig ist wie bei *Indonaia;* ferner ist die allgemeine Umrißform gedrungener und die an sich schon beträchtliche Bauchigkeit der Schale erreicht ihr Höchstmaß an der Grenze von Schalenfläche und Area.

Verbreitung: Süd-Angola, Kunene und Okawango, Ngani-See; Limpopo-Gebiet; Zambesi; Nyassa-See und sein Abfluß, der Shiré-Fluß; Kingani-Fluß bei Bagamoyo.

Bestimmungsschlüssel zu den Arten

1	Schale kurz eiförmig	*A. kunenensis,*	S. 188
1′	Schale länger eiförmig		2
2	Schale schmal, länglich	*A. liederi,*	S. 190
2′	Schale nicht schmal		3
3	Rücken- und Bauchrand gleichlaufend	*A. ratidota,*	S. 190
3′	Rücken- und Bauchrand geschwungen		4
4	Höhe mehr als die Hälfte der Länge betragend	*A. mossambicensis,*	S. 189
4′	Höhe höchstens halb so hoch wie die Länge	*A. framesi,*	S. 191

1. **Afronaia kunenensis** (MOUSSON)

1887 *Unio kunenensis* MOUSSON, J. de Conch., Paris, **35**:300; Taf. 12, Fig. 10. — Terra typica: Arm des Kunene-Flusses, Ovamboland.

1905 *Unio zambesiensis* PRESTON, Proc. malac. Soc. London, **6**:301; Textabb. — Terra typica: Zambesi-Fluß oberhalb der Viktoria-Fälle.

1920 *Nodularia (Caelatura) ellenbergeri* GERMAIN, Bull. Mus. Hist. nat. Paris: 232; Abb. 36. — Terra typica: Oberer Zambesi, Nord-Rhodesien.

1922 *Nodularia croninae* WALKER, Nautilus, Philadelphia, Boston, **36**:3; Taf. 1, Fig. 2—3. — Terra typica: Zambesi bei Mongu Sealu, Nord-Rhodesien.
1925 *Nodularia rohani* GERMAIN, Mission ROHAN-CHABOT Angola et Rhodésie, **4**:221; Abb. 3—5. — Terra typica: Lwankundu-Stromschnelle, Angola.

Diagnosis: Schale verlängert unregelmäßig dreieckig, mäßig aufgeblasen, festschalig, mit erodierten Wirbeln, die in unverletztem Zustande Reihen von Knötchen trugen; Areola und Area mit etwas waagerechten, gewellten Runzeln versehen. Vorderende kurz, gerundet, niedrig; Hinterende hoch, hinten abgestutzt. Wirbel aufgeblasen. Schalenoberfläche fast glatt, gelegentlich etwas gekörnelt oder gerunzelt. Schloß normal; Hauptzähne fest, nicht lang, Intervall kurz, Seitenzähne etwas gebogen. Rückenumriß lanzettlich, größte Dicke etwas hinter der Schalenmitte. Perlmutter gelblichweiß, nicht stark schillernd. — Maße: Länge 28 mm, Höhe 25 mm, Dicke 23 mm.

Bemerkung: Oben wurde die Beschreibung des typischen *kunenensis* gegeben. Es muß aber hervorgehoben werden, daß unter wechselnden ökologischen Bedingungen ganz verschiedene Ausbildungsformen entstehen können, die unmöglich in eine alles umfassende Beschreibung aufgenommen werden können.

Was die Verbreitung dieser Art anlangt, so ist sie die einzige der Gattung, die auch in Gewässern lebt, die zum Atlantik abfließen. Ihr Verbreitungsgebiet im Kunene- und Okawango-System scheint darauf hinzuweisen, daß diese Flüsse ehemals nach Osten abflossen und durch Anzapfung erst umgeleitet worden sind; die Trockentäler vom Okawango mit dem Nagami-See über den Tschobe-Sumpf und den Kuanso zum Zambesi zeigen den vermutlichen ehemaligen Zusammenhang.

Verbreitung: Kunene-Gebiet, Okawango-Gebiet, Ngami-See; Zambesi.

2. **Afronaia mossambicensis** (MARTENS)

1860 *Unio mossambicensis* MARTENS, Malak. Bl., Cassel, **6**:218; Taf. 3, Fig. 3—5. — Terra typica: Zambesi nahe Tete.
1894 *Unio lechaptoisi* ANCEY, Mém. Soc. zool. France, Paris, **6**:218; Taf. 228, Fig. 3. — Terra typica: Shiré-Fluß, 3 km unterhalb des Nyassa-Sees.
1897 *Unio lechaptoisi* var. *minor* MARTENS, Deutsch-Ost-Afrika, **4**, Beschalte Weichth.: 227. — Terra typica: Mbampa-Bucht und Amelia-Bucht, Nyassa-See.
1910 *Unio shireensis* PRESTON, Ann. Mag. nat. Hist., London, (8)**6**:61; Taf. 4, Fig. 11. — Terra typica: Shiré-Fluß, 3 km unterhalb des Nyassa-Sees.

Diagnosis: Schale von mäßiger Größe, stark aufgeblasen, vorn gerundet, hintere Ecke sehr undeutlich, Unterrand fast geradlinig, mit dem Rückenrand fast gleichlaufend; Hinterseite höher als die vordere. Wirbel vorderständig, mäßig vorragend, sehr aufgeblasen, mit zwei Reihen isolierter Höcker skulptiert. Area und Areola mit wenig deutlichen, fast waagerecht laufenden Zickzack-Fältchen besetzt. Area ohne ausgesprochene Arealkanten. Schloß normal, kurz; Hauptzähne etwas verdickt. Perlmutter bläulichweiß, manchmal ins Gelbliche spielend. — Maße: Länge 42 mm, Höhe 25 mm, Dicke 22 mm.

Bemerkung: *Afronaia mossambicensis* ist sehr nahe mit *A. kunenensis* verwandt, ja vielleicht nur eine Lokalform von ihr. Das vorhandene Untersuchungsmaterial ist sehr gering, daher ist die Artbeschreibung lückenhaft geblieben.

Verbreitung: Zambesi bei Tete; Shiré-Fluß nahe des Nyassa-Sees; Nyassa-See in der Amelia-Bucht und der Mbampa-Bucht.

3. Afronaia liederi (MARTENS)

1897 *Unio liederi* MARTENS, Deutsch-Ost-Afrika, 4, Beschalte Weichth.: 226; Taf. 7, Fig. 19. — Terra typica: Mbampa-Bucht des Nyassa-Sees.

Diagnosis: Schale klein, langgestreckt, schwach gewölbt, mit mäßigen Anwachsstreifen, trüb grünlichbraun, erwachsen einfarbig, jung heller mit zahlreichen schmalen grünen Strahlen. Wirbel in etwas weniger als $\frac{1}{3}$ der Länge, kaum vorstehend, Rückenrand vor denselben erst eine Strecke weit fast horizontal und dann ziemlich rasch in den abgerundeten Vorderrand umbiegend, hinter den Wirbeln lang horizontal bis zur hinteren Ecke, Hinterrand von da konvex bis zu dem tiefliegenden stumpfen Schnabelende, Unterrand vorn und hinten mäßig aufsteigend, in der Mitte fast horizontal. Bei dem jungen Stücke auf den Wirbeln zwei divergierend ausstrahlende Reihen kleiner Höcker, und davor, im vorderen Teile der Wirbelbuckel feine, geradlinig von oben nach unten und etwas nach hinten verlaufende Runzeln, vor und hinter den Wirbeln stärkere gegen den Rückenrand auslaufende höckerige Runzeln, die vorderen etwas aufgebogen, die hinteren in schiefer, gerader Linie. Diese ganze Skulptur erstreckt sich auf 3,5 mm vor, 5 mm hinter und 3 mm unter den Wirbeln; an erwachsenen Stücken, bei welchen die Wirbel in mäßiger Ausdehnung erodiert sind, ist keine Skulptur mehr zu sehen. Wirbel etwas vor $\frac{1}{3}$ der Länge. Innenseite bläulich, nach den Wirbeln zu blaßrötlich. Am Schloß links der erste Vorderzahn (Lunularzahn) stark, dreieckig vorspringend, etwas gerunzelt, der zweite unterhalb des ersten, ihm ziemlich parallel und beinahe so weit nach vorn reichend, aber weniger vorspringend und gröber gekerbt; der Zahn direkt unter den Wirbeln ziemlich stark, dreieckig vorspringend; rechts die beiden Vorderzähne ähnlich gelagert, der obere schwächer und niedriger, und kein Zahn unter dem Wirbel; hintere Lamellen an beiden Schalen ziemlich gerade (nach E. v. MARTENS). — Maße: Länge 33 mm, Höhe 17 mm, Dicke 15 mm.

Bemerkung: Das geringe Material dieser Art, das mir zur Verfügung stand, erlaubt es mir nicht, ein endgültiges Urteil über sie zu fällen. Die sehr große Ähnlichkeit mit der vorangehenden *A. mossambicensis* legt die Versuchung nahe, *A. liederi* als eine ökologische Form von ihr anzusehen, doch möchte ich einstweilen, wenn auch ohne große Überzeugung, die hier behandelte Form als eigne Art bestehen lassen.

Verbreitung: Mbampa-Bucht, Nyassa-See; Ulanga, oberes Rufidji-Gebiet.

4. Afronaia ratidota (CHARMES)

1885 *Unio ratidotus* CHARMES, Bull. Soc. malac. France, Paris, 2:166. — Terra typica: Kingani-Fluß bei Bagamoyo.

1885 *Unio dumesnilianus* CHARMES, Bull. Soc. malac. France, Paris, 2:168. — Terra typica: Kingani-Fluß bei Bagamoyo.

1885 *Unio billotianus* CHARMES, Bull. Soc. malac. France, Paris, 2:170. — Terra typica: Kingani-Fluß bei Bagamoyo.

1885 *Unio euphymus* CHARMES, Bull. Soc. malac. France, Paris, 2:171. — Terra typica: Kingani-Fluß bei Bagamoyo.

1885 *Unio ledoulxianus* CHARMES, Bull. Soc. malac. France, Paris, 2:173. — Terra typica: Kingani-Fluß bei Bagamoyo.
1897 *Unio ambifarius* MARTENS, Deutsch-Ost-Afrika, 4, Beschalte Weichth.: 225; Taf. 7, Fig. 20. — Terra typica: Dar-es-Salaam.

Diagnosis: Schale länglich-elliptisch, mit ziemlich geradem Unterrande, braungrün, mit zahlreichen schmalen grünen Strahlen in der hinteren Hälfte. Skulptur der Wirbel mehr oder weniger v-förmige Runzeln, welche sich ziemlich weit abwärts, bis 9 mm unterhalb der Wirbel, erstrecken (bei *A. mossambicensis* nur bis 3 mm unterhalb derselben): am Rückenrand sowohl vor als hinter den Wirbeln bogig aufwärtslaufende, ziemlich starke, etwas höckerige Rippen, vorn auf den größten Teil des Vorderrandes sich erstreckend, hinten noch etwas über die hintere Ecke hinausgehend. Innenseite schwach gelblich. Zähne ähnlich denen von *A. mossambicensis*. Wirbel in $^{2}/_{5}$ der Länge (nach E. v. MARTENS). — Maße: Länge 24,5 mm, Höhe 14,5 mm, Dicke 9 mm.

Bemerkung: Auf ein einziges Stück begründet, das anscheinend noch nicht wiedergefunden wurde, ist unsere Kenntnis dieser Form sehr beschränkt. Immerhin geht aus der kümmerlichen Beschreibung und aus der Abbildung hervor, daß es sich in diesem Falle kaum um eine echte Art, sondern im besten Falle um eine Lokalform von *Afronaia mossambicensis* handelt.

Verbreitung: Nur vom ursprünglichen Fundort bekannt: Dar-es-Salaam.

5. Afronaia framesi (CONNOLLY)

1925 *Indonaia framesi* CONNOLLY, Rec. Albany Mus., Grahamstown, 3:265; Taf. 12, Fig. 1, 4. — Terra typica: Premier Co.'s Dam, Mündung des Bronkhorst-Spruit in den Wilge-Fluß, einen Zufluß des Limpopo durch den Olifants-Fluß im Pretoria-Distrikt, Transvaal.

Diagnosis: Schale länglich eiförmig, mäßig festschalig, aufgeblasen. Vorderende gerundet, niedriger als das Hinterende. Hinterrand gerundet abgestutzt, Unterrand schwach geschwungen, fast geradlinig. Wirbel ziemlich vorderständig, wenig vorragend, aufgeblasen, eine Skulptur aus knötchentragenden Zickzackrunzeln tragend. Auf Areola und Area zeigen sich feine, etwas wellige Runzelfalten, die mehr oder weniger mit dem Rückenrand gleichlaufen. Area ohne Arealkanten, die größte Aufgeblasenheit der Schale entspricht etwa der Stelle der äußeren fehlenden Arealkante. Schloß normal; Hauptzähne kurz, etwas verdickt; Intervall sehr dünn und leicht gebogen, Seitenzähne ziemlich kurz, gerade. Wirbelhöhlen tief. Perlmutter leicht bläulich. Rückenumriß breit lanzettlich, mit der größten Dicke etwas hinter der Schalenmitte. — Maße: Länge 48—54 mm, Höhe 27,5—30,5 mm, Dicke 19,5—24 mm.

Bemerkung: Die Schalenskulptur bei dieser Art ist in ihrer Ausdehnung sehr veränderlich, selbst am gleichen Fundorte kann sie fast nur auf die Wirbelgegend beschränkt sein oder einen großen Teil der Schalenfläche bedecken. Bei sonst ziemlich konstanten Körpermaßen, Länge und Höhe, ist nur die Dicke ziemlich unbeständig. Im allgemeinen steht *A. framesi* der *A. mossambicensis* und *A. kunenensis* recht nahe, aber auch *A. ratidota;* nur die Seeform *A. liederi* scheint, soweit nach dem kümmerlichen Material beurteilt werden kann, etwas abseits zu stehen.

Verbreitung: Südliche Zuflüsse des Limpopo-Flusses; Sabie-Fluß, Transvaal und Mozambique.

Genus **Prisodontopsis** Tomlin

1900 *Pseudavicula* Simpson (non *Pseudavicula* Etheridge, 1892), Proc. U.S. nation. Mus., Washington, **22**:860. — Species typica: *Unio (Metaptera) johnstoni* E. A. Smith.

1928 *Prisodontopsis* Tomlin (nomen novum pro *Pseudavicula*), Nautilus, Philadelphia u. Boston, **42**:66.

Diagnosis: Schale mit vorderem und hinterem Flügel. Rückenrand nach vorn abschüssig. Wirbel voll, aber nicht hoch. Area ausgehöhlt, mit deutlicher äußerer Arealkante. Vorderrand rückläufig, Unterrand leicht geschwungen, mit dem tiefsten Punkte vor der Schalenmitte. Wirbelskulptur unbekannt. Hauptzähne verlängert, etwas gerauht, Seitenzähne lang, gerade, vorragend.

Verbreitung: Mweru-See, Inner-Afrika.

1. **Prisodontopsis johnstoni** (E. A. Smith)

1893 *Unio (Metaptera) johnstoni* E. A. Smith, Proc. zool. Soc. London: 640; Taf. 59, Fig. 18—20. — Terra typica: Mweru-See.

Diagnosis: Deckt sich mit jener der Gattung. — Maße: Länge 53 mm, Höhe 30 mm, Dicke 9,5 mm.

Bemerkung: Die Stellung dieser Gattung ist nicht ganz sicher, da der ausschlaggebende Faktor, die Wirbelskulptur, nicht bekannt ist. Immerhin ist, in Anbetracht des vorhandenen Schlosses, eine Anlehnung an die Muteliden abzulehnen.

Verbreitung: Mweru-See.

Genus **Nephronaias** Fischer & Crosse

1893 *Nephronaias* Fischer & Crosse, Miss. sci. Mexique, Zool., **7**:556. — Species typica: *Unio plicatulus* Charpentier.

1893 *Leptonaias* Fischer & Crosse, Miss. sci. Mexique, Zool., **7**:557. — Species typica: *Unio ravistellus* Morelet.

1893 *Simonaias* Fischer & Crosse, Miss. sci. Mexique, Zool., **7**:557. — Species typica: *Unio tabascoensis* Charpentier.

1893 *Caenonaias* Fischer & Crosse, Miss. sci. Mexique, Zool., **7**:556. — Species typica: *Unio aeruginosus* Morelet.

1893 *Graphonaias* Fischer & Crosse, Miss. sci. Mexique, Zool., **7**:557. — Species typica: *Unio medellinus* Lea.

Diagnosis: Schale elliptisch, hinten zweiwinklig. Männliche Schale im Alter zur Schnabelbildung neigend, weibliche nie geschnäbelt, hinten aufgetrieben. Wirbel niedrig, mit zarten, gebrochenen Fältchen besetzt, die sich tiefer zu gerundeten Schlingen vereinigen. Hauptzähne stark, zusammengedrückt, gerauht; Seitenzähne schief gestrichelt. Schalenfläche mit einer eng, ziemlich deutlich gefältelten Konchinschicht bedeckt. Wirbelhöhlen ziemlich tief.

Bemerkung: Diese Gattung ist durch die geschlechtsbedingte Schalenverschiedenheit ausgezeichnet; allerdings sind nicht von allen Arten beide Geschlechter bekannt.

Verbreitung: Mittel-Amerika, Cuba.

Bestimmungsschlüssel zu den Untergattungen

1 Schale stark verlängert 2
1' Schale kürzer 3
2 Schale vorn sehr lang . . . . *Popenaias,* S. 201
2' Schale mehr walzenförmig, größte Dicke hinter der Mitte . . . *Nephritica,* S. 204
3 Schale elliptisch oder eiförmig 4
4 Schalenfläche ohne radiale Furchen . . . . *Nephronaias,* S. 193
4' Schalenfläche mit radialen Furchen 5
5 Schale elliptisch . . . . *Reticulatus,* S. 203
5' Schale eiförmig . . . . *Martensnaias,* S. 202

Subgenus **Nephronaias** s. str.

Bemerkung: Unsere Kenntnis der *Nephronaias*-Arten liegt noch sehr im argen, viele von ihnen sind nur nach Urbeschreibung und, wo vorhanden, Urabbildung bekannt; von sozusagen keiner ist die Variationsbreite bekannt. Unter diesen Umständen ist es unmöglich, mit Bestimmtheit anzugeben, ob es sich bei vielen der beschriebenen Namen in der Tat um gute Arten handelt; nur von ganz wenigen, etwas besser bekannten Formen läßt sich eine Synonymie aufstellen. Es kann deshalb kein Bestimmungsschlüssel der *Nephronaias*-Arten gegeben werden, und wir müssen uns begnügen, die Beschreibungen der aufgestellten Arten mehr oder weniger kritiklos aufzuführen.

1. **Nephronaias (Nephronaias) scamnata** (Morelet)

1849 *Unio scamnatus* Morelet, Test. nov. Ins. Cubanae, 1:30. — Terra typica: Cacajajicara-Fluß, Cuba.
1900 *Unio proclinatus* Martens, Biol. centr.-amer., Moll.: 508. — Terra typica: Flüsse Taco und Gibara, östliches Cuba.

Diagnosis: Schale elliptisch-eiförmig, zusammengedrückt, Schalenfläche gefurcht. Hinterende so hoch oder höher als das Vorderende. Bauchrand vorn gebogen und ziemlich unvermittelt ansteigend hinten, in der Mitte geradlinig oder nur wenig gebogen. Schale mehr als halb so hoch wie lang; Wirbel in $^1/_3$ bis $^2/_7$ der Länge gelegen. Schloß mit festen, gerauhten Hauptzähnen und dünneren, geraden Seitenzähnen. Perlmutter weißlich bis rötlich oder purpurn. — Maße: Länge 55—83 mm, Höhe 30—37 mm, Dicke 17 bis 22,5 mm.

Bemerkung: Die männliche Schale ist gewöhnlich geradlinig oder nur wenig geschwungen am Bauchrande, während dieser in der weiblichen Schale stets etwas bauchig ist.

Verbreitung: Insel Cuba.

2. **Nephronaias (Nephronaias) gundlachi** (Dunker)

1858 *Unio gundlachi* Dunker, Malak. Bl., Cassel, 5:228. — Terra typica: Fluß Taco Taco, Kuba.

Diagnosis: Schale elliptisch oder elliptisch rhombisch, ziemlich festschalig, etwas zusammengedrückt, ungleichseitig. Bauchrand, je nach Geschlecht, fast geradlinig oder fast winklig zum Hinterende aufgebogen. Area niedrig, ohne Arealkanten; die marsupiale Schwellung der weiblichen Schale verläuft etwa, wo die äußere Arealkante zu suchen wäre. Wirbel niedrig, mit doppelt geschlungenen, konzentrischen Runzeln skulptiert. Konchinschicht rauchig olivgrün bis grünlichgelb, gelegentlich mit grünen Strahlen. Schloß normal; Hauptzähne zusammengedrückt, fest, Seitenzähne schwach, gerade. Perlmutter weißlich bis bläulich schillernd. — Maße: Länge 62—92 mm, Höhe 35 bis 50 mm, Dicke 18—30 mm.

Bemerkung: Gewiß sind sich *N. scamnata* und *gundlachi* sehr ähnlich, doch glaube ich, sie trennen zu können.

Verbreitung: Insel Cuba.

3. Nephronaias (Nephronaias) hermanni (Haas)

1929 *Elliptio (Nephronaias) hermanni* Haas, Senckenbergiana, Frankfurt a. M., **11**:323; Abb. 12—13. — Terra typica: Flüßchen Limon, Staat Tabasco, Mexiko.

Diagnosis: Schale dünnschalig, zusammengedrückt, elliptisch. Wirbel im vorderen Viertel gelegen, nur wenig vorragend. Vorderrand kurz, gerade, eckenlos in den halbkreisförmig gerundeten oder etwas vorgezogenen Vorderrand übergehend, der sich seinerseits unmerklich in den fast geradlinigen Unterrand fortsetzt. Hinterer Oberrand waagerecht, geradlinig; er senkt sich vom Ligamentende erst sanft, wenig gebogen, dann steiler, halbkreisförmig gekrümmt herab, um mit dem Unterrande in gerundeter, kaum wahrnehmbarer Ecke zusammenzustoßen; das Hinterende wird hierdurch sehr breit. Ligament zart, braun; Wirbel flach, von konzentrischen Runzeln umgeben, aus denen dann die Skulptur der Schalenfläche entsteht, die sich auch aus konzentrischen, etwas erhabenen Leisten zusammensetzt. Area niedrig, wenig abgesetzt, groß, mit undeutlicher äußerer und fast fehlender innerer Arealkante. Vor der Arealkante zeigt sich auf der unteren Schalenhälfte eine zu der allgemeinen Schalenskulptur senkrecht stehende, leicht geschwungene Faltung, der auf der Area selbst eine von der äußeren Arealkante entgegenspringende, sich fächerförmig nach hinten verbreiternde radiäre Faltung entspricht; einzelne Falten können in Knötchenreihen aufgelöst sein. Konchinschicht gelbbraun, bei jungen Stücken dunkel gestrahlt. Schloß schwach, Hauptzähne länglich, gesägt, Intervall schmal, gebogen, Seitenzähne fast gerade, dünn. Perlmutter bläulichweiß, schillernd. Rückenumriß schmal lanzettförmig, hinten länger ausgezogen als vorn, die größte Dicke etwa in der Mitte. — Maße: Länge 45—48 mm, Höhe 23—25 mm, Dicke 11,5—12 mm.

Bemerkung: Diese Art steht ziemlich vereinzelt unter den festländischen Arten von *Nephronaias* da: im Schlosse etwa *N. yzabalensis* ähnelnd, läßt sie sich dem allgemeinen Schalenbau und der Skulptur nach am besten mit den beiden cubanischen Arten *scamnata* und *gundlachi* vergleichen.

Verbreitung: Nur vom Original-Fundort bekannt.

4. Nephronaias (Nephronaias) aztecorum (Philippi)

1847 *Unio aztecorum* Philippi, Z. Malak., Hannover u. Cassel, **4**:95. — Terra typica: „In republica Mexicana".

1866 *Unio strebelii* Lea, Proc. Acad. nat. Sci. Philadelphia, **10**:133. — Terra typica: Veracruz, Mexico.

1893 *Unio soledadensis* Crosse & Fischer, J. de Conch., Paris, **41**:111. — Terra typica: Nahe Soledad, Mexico.

1900 *Unio aztecorum* var. *chapalanus* Martens, Biol. centr.-amer., Moll.: 504; Taf. 36, Fig. 5, 5a. — Terra typica: Lagune Chapala, Mittel-Mexico.

1920 *Nephronaias aztecorum tolimanensis* PILSBRY, Proc. Acad. nat. Sci. Philadelphia, 72:194; Abb. 4. — Terra typica: Toliman, Staat Jalisco, Mexico.
1927 *Lampsilis (Disconaias) martensi* FRIERSON, Class. annot. Chek List North Amer. Naiades: 83. — Terra typica: Ost-Mexiko.

Diagnosis: Schale länglich, ungleichseitig, leicht aufgeblasen, größte Dicke in oder hinter der Mitte, ziemlich bis ganz festschalig, vorn gerundet, unten geschweift. Konchinschicht braun, ganz leicht gestrahlt. Schloß normal; Hauptzähne klein, Seitenzähne gebogen. Perlmutter weiß oder purpurn. Männliche Schale rundlich oder breit zweiwinklig hinten; weibliche Schale mit wohlentwickelter marsupialer Schwellung, der hinterste Punkt der Schale höher als beim Männchen. — Maße: Länge 59—112 mm, Höhe 29—56 mm, Dicke 18—42,5 mm.

Bermerkung: Eine sehr veränderliche Art. Die große, schwere Form gewisser Gewässer hat von LEA den Namen *strebelii* und von FRIERSON den Namen *martensi* erhalten; beide sind hier als Synonyme der Nominatform angeführt.

Verbreitung: Nordost- und Ost-Mexiko.

5. Nephronaias (Nephronaias) calamitarum (MORELET)

1849 *Unio calamitarum* MORELET, Test. nov. ins. Cubanae, 1:30. — Terra typica: Palenque, Chiapas, Mexico.
1859 *Unio persulcatus* LEA, Proc. Acad. nat. Sci. Philadelphia, 11:1. — Terra typica: Mexico.
1894 *Unio calamitarum* var. *arcuans* CROSSE & FISCHER, Miss. sci. Mexique, Zool., 2:612; Taf. 64, Fig. 5, 5a. — Terra typica: Mexico.
1894 *Unio calamitarum* var. *prolongata* CROSSE & FISCHER, Miss. sci. Mexique, Zool., 2:612; Taf. 63, Fig. 5, 5a. — Terra typica: Mexico.
1894 *Unio calamitarum* var. *nephretica* CROSSE & FISCHER, Miss. sci. Mexique, Zool., 2:612. — Terra typica: Mexico.

Diagnosis: Schale sehr ungleichseitig, leicht zusammengepreßt, ziemlich fest, leicht verlängert und unregelmäßig rhombisch. Wirbel kaum erhoben, zusammengepreßt, mit einer Skulptur aus feinen Runzeln, die manchmal doppelte Schleifen bilden; diese Wirbelskulptur geht allmählich in die feine konzentrische Runzelung der Schalenoberfläche über. Area niedrig, hinten schwach zweigewinkelt. Konchinschicht gelblichgrün, junge Stücke manchmal schwach gestrahlt. Schloß mit starken, gerauhten Hauptzähnen und leicht gebogenen Seitenzähnen; Intervall mit gelegentlichen Andeutungen eines Zahnes. Wirbelhöhlen zusammengedrückt. Perlmutter weißlich, rosa oder schwach purpurn. Männliche Schale mit geradem oder leicht gebogenem Bauchrand, weibliche mit einer Vorbauchung hinten am Bauchrand. — Maße: Länge 53—60 mm, Höhe 27,5—34 mm, Dicke 21—24 mm.

Verbreitung: Mexico.

6. Nephronaias (Nephronaias) tabascoensis (CHARPENTIER)

1856 *Unio tabascoensis* CHARPENTIER in KÜSTER, Conch. Cab., IX. (2):153; Taf. 44, Fig. 3. — Terra typica: Tabasco, Mexico.

Diagnosis: Schale etwas verlängert, etwa rhombisch, kaum aufgeblasen, festschalig, schwach zweiwinklig hinten. Wirbel niedrig, vorn gelegen; ihre

Skulptur besteht aus konzentrischen, enge gestellten, scharf rippenförmig angesetzten Doppelfalten, die in der Mitte flach gewellt ineinander übergehen; die Stelle dieser Verbindung beider Falten drückt sich in einer von der Wirbelspitze nach dem Unterrande ziehenden, aber nur in der Wirbelnähe erkennbaren, seichten Eindrückung aus. Area niedrig, mit zwei undeutlichen Arealfalten. Schalenfläche fein konzentrisch gerunzelt; Konchinschicht dunkel, ungestrahlt. Hauptzähne stark, aufgesplittert, Intervall breit, Seitenzähne stark, Wirbelhöhlen ziemlich tief, zusammengepreßt; Perlmutter glänzend kupferpurpurn. Männliche Schale lang, Bauchrand gerade; weibliche Schale leicht eiförmig, Unterrand gebogen und hinter der Mitte aufgebogen. — Maße: Länge 58 mm, Höhe 35 mm, Dicke 19 mm.

Verbreitung: Süd-Mexico; Belize, Honduras; Quezaltenango, Guatemala.

7. Nephronaias (Nephronaias) aeruginosa (Morelet)

1849 *Unio aeruginosus* Morelet, Test. nov. ins. Cubanae, 1:29. — Terra typica: Fluß Michol bei Palenque, Staat Chiapas, Mexico.

Diagnosis: Schale ungleichseitig, etwas rhombisch, ziemlich bauchig, festschalig. Area niedrig, mit Andeutungen zweier Arealkanten, Hinterende angedeutet breit zweiwinklig. Wirbel ziemlich erhoben, angeblich ohne Skulptur. Schalenfläche konzentrisch leicht gerunzelt; Konchinschicht gelblich kastanienbraun. Hauptzähne fest, Seitenzähne mäßig fest. Perlmutter bläulichweiß. — Maße: Länge 52—71 mm, Höhe 32—39 mm, Dicke 18—25 mm.

Bemerkung: Sehr nahe mit *N. tabascoensis* verwandt.

Verbreitung: Nord-Guatemala, Süd-Mexico.

8. Nephronaias (Nephronaias) goascoranensis (Lea)

1858 *Unio goascoranensis* Lea, Proc. Acad. nat. Sci. Philadelphia, 2:118. — Terra typica: Fluß Goascoran, Honduras.

1900 *Unio guatemalanus* Martens, Biol. centr.-amer., Moll.: 519; Taf. 38, Fig. 7—8. — Terra typica: Paso Antonio, Fluß Michatoa, West-Guatemala.

Diagnosis: Schale verlängert, kaum aufgeblasen, unregelmäßig elliptisch bis ungefähr dreieckig. Rückenrand geschwungen; Bauchrand geradlinig beim Männchen, hinten vorgezogen beim Weibchen. Area niedrig, mit angedeuteten Arealkanten. Wirbel voll, ziemlich hoch, mit einer Skulptur aus fast konzentrischen feinen Fältchen. Schalenfläche fast glatt bei jungen Stücken, leicht gefurcht bei alten, selbst in der Jugend kaum gestrahlt; Konchinschicht angerauht, olivgrün in der Jugend, schmutzigbraun im Alter. Schloß mit festen, aber kleinen Zähnen. — Maße: Länge 56,5—60 mm, Höhe 30 bis 33 mm, Dicke 17,5—20 mm.

Verbreitung: Honduras; Tehuantepec, Süd-Mexico; West-Guatemala; Nicaragua.

9. Nephronaias (Nephronaias) rugulosa (Charpentier)

1856 *Unio rugulosus* Charpentier in Küster, Conch. Cab., IX. (2):154; Taf. 44, Fig. 5. — Terra typica: „Neu-Holland".

Diagnosis: Schale etwas verlängert, etwas rhombisch, mehr oder weniger zusammengedrückt, aber ungleichseitig. Wirbel ziemlich hoch, ihre Skulptur unbekannt. Schalenfläche mit engestehenden, zarten konzentrischen Fältchen besetzt; Konchinschicht olivenfarben oder grünlichbraun, oft mit haardünnen Strahlen und mehreren, breiteren grünen Strahlen auf der Area. Hauptzähne stark, zerspalten, Seitenzähne gerade, Wirbelhöhlen seicht; Perlmutter tief purpurn. — Maße: Länge 52 mm, Höhe 28 mm, Dicke 14 mm.

Verbreitung: Wohl Mittel-Amerika.

10. **Nephronaias (Nephronaias) yzabalensis** (Crosse & Fischer)

1892 *Unio yzabalensis* Crosse & Fischer, J. de Conch., Paris, **40**:294. — Terra typica: Yzabal-See, Guatemala.

Diagnosis: Schale ungleichseitig, etwas rhombisch elliptisch, etwas zusammengepreßt, festschalig. Wirbel klein, nicht sehr vorragend, mit konzentrischen Furchen skulptiert. Area niedrig, mit zwei Arealkanten; Hinterende ausgesprochen zweiwinklig. Schalenfläche konzentrisch gefurcht; Konchinschicht braunoliv, hinten grün gestrahlt. Schloß mit festen Hauptzähnen und zusammengepreßten Seitenzähnen. Perlmutter bläulichweiß. — Maße: Länge 45 mm, Höhe 28 mm, Dicke 15,5 mm.

Verbreitung: Yzabal-See, Guatemala.

11. **Nephronaias (Nephronaias) dysonii** (Lea)

1859 *Unio dysonii* Lea, Proc. Acad. nat. Sci. Philadelphia, **11**:152. — Terra typica: Honduras.

Diagnosis: Schale fest, elliptisch, kaum aufgeblasen; Hinterende leicht winklig; Area mit äußerer und gelegentlich auch innerer Arealkante, beide leicht gewinkelt. Wirbel leicht vorragend. Schalenfläche stark und regelmäßig gerunzelt, Konchinschicht strohfarben oder bräunlich mit einem oder zwei dunkleren Strahlen auf der Area. Hauptzähne zusammengepreßt, rauh, Seitenzähne gebogen. Wirbelhöhlen seicht, Perlmutter weiß, etwas silbrig. Männliche Schale mit gleichmäßig geschwungenem Bauchrand; weibliche Schale mit einer gleichmäßigen Anschwellung auf der Hinterseite, Hinterende der Schale höher als beim Männchen. — Maße: Länge 50 mm, Höhe 32 mm, Dicke 17 mm.

Verbreitung: Honduras; Costa Rica (?).

12. **Nephronaias (Nephronaias) macnielii** (Lea)

1869 *Unio macnielii* Lea, Proc. Acad. nat. Sci. Philadelphia, **13**:124. — Terra typica: Nicaragua.

Diagnosis: Schale unregelmäßig langelliptisch, kaum festschalig, leicht zusammengepreßt. Wirbel mäßig erhoben, nicht aufgeblasen; ihre Skulptur besteht aus ziemlich feinen doppelten Schlingen, die kaum miteinander in Verbindung stehen. Area hoch, mit zwei Arealkanten, die hinten in einer mehr oder weniger deutlichen doppelten Winkelung enden. Vorderende etwas verschmälert, gerundet. Schalenfläche unregelmäßig konzentrisch gerunzelt; Konchinschicht bräunlich oder bräunlichgrün, manchmal mit zarten, grünen Strahlen. Hauptzähne fest, leicht gespalten, Seitenzähne gerade. Perlmutter bläulich. Männliche Schale mit geradem oder fast geradem Unterrand, der des

Weibchens zeigt gegen hinten eine Vorwölbung. — Maße: Länge 60 mm, Höhe 35 mm, Dicke 18 mm.

Verbreitung: Nicaragua; Britisch Honduras; Staat Tabasco, Mexico.

13. Nephronaias (Nephronaias) tempisquensis PILSBRY

1920 *Nephronaias tempisquensis* PILSBRY, Proc. Acad. nat. sci. Philadelphia, 72:9; Abb. 6. — Terra typica: Fluß Tempisque bei Filadelfia, Costa Rica, zum Pazifik abfließend.

Diagnosis: Schale länglich, etwa zweimal so lang wie hoch; Wirbel im vorderen Drittel stehend. Rücken- und Bauchrand nur wenig gebogen, Vorderende gerundet, Hinterende schief abgestutzt. Wirbel abgerieben, wenig vorragend. Schalenfläche etwas glänzend, unter dem Vergrößerungsglas feine haarartige, leicht gewellte Fältchen zeigend, die mit den Zuwachsstreifen gleichlaufen. Konchinschicht tief ledergelb mit zahlreichen grünen Strahlen. Hauptzähne leicht zusammengedrückt, stark zerklüftet, Seitenzähne glatt, kurz. Perlmutter weiß. — Maße: Länge 28,3—30,7 mm, Höhe 15—16,3 mm, Dicke 9—10 mm.

Verbreitung: Nur vom Original-Fundort bekannt (Costa Rica).

14. Nephronaias (Nephronaias) championi (MARTENS)

1900 *Unio championi* MARTENS, Biol. centr.-amer., Moll.: 508; Taf. 38, Fig. 9, 9a. — Terra typica: Paso Antonio, West-Guatemala, auf der pazifischen Seite.

Diagnosis: Schale verlängert elliptisch; Vorderende gerundet. Wirbel kaum vorragend; hinterer Oberrand erst sanfter, dann steiler abschüssig; Hinterende gerundet abgestutzt; Bauchrand leicht geschwungen. Schalenfläche dicht und ungleichmäßig gestrichelt; Konchinschicht gelbbraun, undeutlich grün gestrahlt. Area ausgehöhlt, mit zwei Arealkanten. Hauptzähne leicht zusammengedrückt. Perlmutter bläulich. — Maße: Länge 30 mm, Höhe 17 mm, Dicke 6,5 mm.

Bemerkung: Eine sehr zweifelhafte Art, anscheinend auf ein jugendliches Stück begründet.

Verbreitung: Nur vom Original-Fundort bekannt (Guatemala).

15. Nephronaias (Nephronaias) hjalmarsoni (DUNKER)

1858 *Unio hjalmarsoni* DUNKER, Malak. Bl., Kassel, 5:227. — Terra typica: Fluß Chamelicon, Honduras.

Diagnosis: Schale klein, unregelmäßig langelliptisch, mäßig zusammengepreßt, vorn verschmälert und gerundet, hinten ziemlich breit und etwas abgestutzt. Area deutlich, innere Arealkante nur angedeutet. Wirbel wenig erhoben, etwa bei $\frac{1}{3}$ der Gesamtlänge gelegen. Bauchrand gerundet. Schalenfläche mit starken, konzentrischen Falten bedeckt; Konchinschicht schmutziggelb. Hauptzähne dicklich. Perlmutter bläulichweiß. — Maße: Länge 36 mm, Höhe 18,5 mm, Dicke 11 mm.

Bemerkung: Eine nie wiedergefundene Art, die aller Wahrscheinlichkeit nach auf ein junges Stück begründet worden ist; dafür spricht auch die erwähnte gelbe Farbe der Konchinschicht.

Verbreitung: Nur von Original-Fundort bekannt (Honduras).

16. Nephronaias (Nephronaias) plicatula (Charpentier)

1856 *Unio plicatulus* Charpentier in Küster, Conch. Cab., IX. (2):154; Taf. 44, Fig. 4. — Terra typica: Mexico.

Diagnosis: Schale verlängert eiförmig, ungleichseitig, etwas aufgeblasen. Wirbel ziemlich vorragend, mit einer Skulptur aus länglich-welligen Fältchen. Schalenfläche eng konzentrisch gerunzelt. Konchinschicht gelblich olivenfarben. Hauptzähne fest; Seitenzähne, durch ein deutliches Intervall von den Hauptzähnen getrennt, mäßig lang. Perlmutter herrlich violett schillernd. — Maße: Länge 50 mm, Höhe 26 mm, Dicke 17 mm.

Verbreitung: Mexico, Punta Gorda, Belize; Honduras.

17. Nephronaias (Nephronaias) sphenorhynchus (Crosse & Fischer)

1893 *Unio sphenorhynchus* Crosse & Fischer, J. de Conch., Paris, **41**:296. — Terra typica: Mexico.

Diagnosis: Schale sehr ungleichseitig, verlängert, geschnäbelt, leicht aufgeblasen. Wirbel mäßig voll, ihre Skulptur unbekannt. Area niedrig, mit Andeutungen einer inneren Arealkante. Schalenfläche stark konzentrisch gefältelt; Konchinschicht schwarzbraun. Hauptzähne stark, gesägt. Intervall ziemlich lang, Seitenzähne leicht gebogen. Perlmutter weißlich oder bläulich. Rücken-Umriß lanzettförmig, mit der größten Dicke weit vorn. — Maße: Länge 71 mm, Höhe 37 mm, Dicke 27 mm.

Verbreitung: Mexico.

18. Nephronaias (Nephronaias) mellea (Lea)

1859 *Unio melleus* Lea, Proc. Acad. nat. Sci. Philadelphia, **11**:152. — Terra typica: Nicht genannt.

Diagnosis: Schale regelmäßig elliptisch, kaum aufgeblasen, ungleichseitig, ziemlich festschalig, vorne dicker. Wirbel vorragend und ganz fein wellig. Area deutlich, mit Andeutung einer inneren Arealkante. Schalenoberfläche gefältelt; Konchinschicht honiggelb, undeutlich gestrahlt. Hauptzähne ziemlich groß, gerauht, Seitenzähne fast gerade, verlängert. Wirbelhöhlen tief, eckig. Perlmutter lachsfarben, schillernd. — Maße: Länge 52 mm, Höhe 28 mm, Dicke 16 mm.

Bemerkung: Diese Form ist nur vom Typus bekannt. Sie scheint, der angegebenen Farbe der Konchinschicht nach zu urteilen, auf ein jugendliches Stück einer größerwerdenden Art begründet worden zu sein.

Verbreitung: Unbekannt, aber wahrscheinlich Mittel-Amerika.

19. Nephronaias (Nephronaias) oregonensis (Lea)

1852 *Unio oregonensis* Lea, Proc. Acad. nat. Sci. Philadelphia, **5**:252. — Terra typica: Kolumbia-Fluß, Oregon.

1900 *Unio radiatulus* Martens, Biol. centr.-amer., Moll.: 518; Taf. 39, Fig. 8a, 8b. — Terra typica: Rio Naranjo, ein Nebenfluß des Rio Michatoya, West-Guatemala.

Diagnosis: Schale unregelmäßig eiförmig oder elliptisch, leicht aufgeblasen, wenig festschalig. Wirbel nicht hoch, ihre Skulptur ist unbekannt. Area ziemlich hoch. Schalenfläche leicht gefältelt; Konchinschicht glanzlos gelbgrün mit einigen schwachen, schmalen Strahlen. Hauptzähne ziemlich fest und dick, Seitenzähne gebogen, stark. Perlmutter bläulichweiß, kaum schillernd. Rückenumriß lanzettförmig, mit der Dicke etwa in der Mitte. Männliche Schale mit einem leicht gebogenen Unterrand; weibliche Schale mit ausgesprochener Marsupialschwellung. — Maße: Länge 55 mm, Höhe 32 mm, Dicke 20 mm.

Verbreitung: Guatemala.

20. Nephronaias (Nephronaias) copanensis (Martens)

1900 *Unio tehuantepecensis* var. *copanensis* Martens, Biol. centr.-amer., Moll.: 502; Taf. 36, Fig. 6, 6a. — Terra typica: Copan-Fluß, Guatemala.

Diagnosis: Schale etwas rhombisch, leicht aufgeblasen, sehr festschalig im Alter, ungleichseitig. Area mit äußerer und innerer Arealkante; diese enden in der Zweiwinkligkeit des Hinterendes. Wirbel ziemlich voll, ihre Skulptur unbekannt. Schalenfläche gerunzelt; Konchinschicht dunkelbraun bis schwärzlich. Hauptzähne fest, gesägt, Intervall lang, Seitenzähne kurz. Perlmutter von weiß bis zu purpurfarbig wechselnd. — Maße: Länge 70 bis 75 mm, Höhe 38—41 mm, Dicke 24—25 mm.

Verbreitung: Honduras; Guatemala.

21. Nephronaias (Nephronaias) ravistella (Morelet)

1849 *Unio ravistellus* Morelet, Test. nov. ins. Cubanae, 1:29. — Terra typica: Yzabal-See, Guatemala.

Diagnosis: Schale klein, ungleichseitig, unregelmäßig rhombisch, ziemlich zusammengepreßt, Wirbel niedrig, ihre Skulptur unbekannt. Schalenfläche stark gerunzelt; Konchinschicht braun, Area deutlich mit zwei Arealkanten, die hinten an den zwei Winkeln des Hinterrandes enden. Schloß angeblich mit nur einem einzigen Seitenzahn in der rechten Klappe. Perlmutter weißlich, bleifarben. Männliche und weibliche Schalen recht verschieden, in letzteren liegt die größte Tiefe des Unterrandes hinter der Schalenmitte. — Maße: Länge 39 mm, Höhe 21 mm, Dicke 13,5 mm.

Verbreitung: Tabasco, Mexico; Guatemala.

22. Nephronaias (Nephronaias) sajensis (Frierson)

1927 *Elliptio sajensis* Frierson, Class. annot. Check List N. amer. Naiades: 37. — Terra typica: Saja River bei Esmeralda, Guatemala.

Diagnosis: Schale elliptisch, vorn hyperbolisch gerundet, zweiwinklig hinten. Rückenrand gebogen, Bauchrand fast geradlinig; ziemlich festschalig. Schalenfläche konzentrisch gefurcht; Konchinschicht gelb bei jungen Stücken, braun bei alten, überall gestrahlt. Perlmutter weiß. Hauptzähne klein, Intervall ziemlich glatt. Seitenzähne kurz. — Maße: Länge 53—57 mm, Höhe 34—37 mm, Dicke 22 mm.

Bemerkung: Obige Beschreibung ist eine Wiedergabe der ursprünglichen von Frierson. Die Art ist nie abgebildet gewesen.

Verbreitung: Nur vom Original-Fundort bekannt (Guatemala).

23. **Nephronaias (Nephronaias) rowellii** (Lea)

1859 *Unio rowellii* Lea, Proc. Acad. nat. Sci. Philadelphia, **8**:153. — Terra typica: Chagres-Fluß, Columbien.

Diagnosis: Schale unregelmäßig elliptisch bis dreieckig, hinten zugespitzt, vorn stumpf vorgezogen. Rücken- und Bauchrand gebogen, der Rückenrand mehr als der Bauchrand. Area wohlentwickelt, eine innere Arealkante ist angedeutet. Wirbel ziemlich hoch, ziemlich aufgeblasen, mit einer Skulptur aus feinen Falten, die zwei Schlingen bilden und die oft Knötchen an den Schlingen tragen. Schalenfläche leicht konzentrisch gefurcht; Konchinschicht olivenfarben, bei jungen Stücken leicht gestrahlt. Schloß nicht sehr stark, normal. Perlmutter bläulichweiß. Die weibliche Schale ist hinten unten vorgezogen und hinten ziemlich abgestumpft, die männliche Schale hinten kaum je angeschwollen. — Maße: Länge 75 mm, Höhe 47 mm, Dicke 32 mm.

Verbreitung: Nicaragua; Guatemala; Columbien.

24. **Nephronaias (Nephronaias) lempensis** Marshall

1926 *Nephronaias lempensis* Marshall, Proc. U.S. nation. Mus., Washington, **69**(12):4; Taf. 2, Fig. 4, 6; Taf. 3, Fig. 4. — Terra typica: Fluß Lempa, El Salvador.

Diagnosis: Schale ziemlich zusammengepreßt, fast rein elliptisch, beiderseits gerundet, das Hinterende etwas schmäler als das vordere. Bauch- und Rückenrand gleich geschwungen, beide eckenlos in Vorder- bzw. Hinterrand übergehend. Areola und Area nicht von der Schalenfläche abgesetzt. Wirbel niedrig, in etwa $1/3$ der Gesamtlänge gelegen; Skulptur unbekannt. Konchinschicht etwas stoffartig, glanzlos, fast gleichförmig kastanienbraun, mit schwachen Andeutungen von Strahlen; bei jungen Stücken aber sind die Strahlen recht auffällig. Wirbelhöhlen seicht. Schloß nicht fest, alle Zähne schief gestrichelt. Perlmutter bläulich, ohne großen Schillerglanz. — Maße: Länge 53 mm, Höhe 30 mm, Dicke 15 mm.

Verbreitung: Nur vom ursprünglichen Fundort bekannt.

Subgenus **Popenaias** Frierson

1927 *Popenaias* Frierson (Subgenus von *Elliptio*), Class. annot. Check List N. amer. Naiades: 38. — Species typica: *Unio popei* Lea.

Diagnosis: Schale verlängert; Vorderende verhältnismäßig lang. Bauchrand oft leicht eingedrückt. Schalensubstanz ziemlich dünn; Schalenfläche kaum gefurcht, Wirbelhöhlen seicht.

Verbreitung: Mittel-Amerika; Texas.

25. **Nephronaias (Popenaias) popeii** (Lea)

1857 *Unio popeii* Lea, Proc. Acad. nat. Sci. Philadelphia, **9**:102. — Terra typica: Devil's River, Texas, und Rio Salado, Noevo Leon, Mexico.

1863 *Unio verae-pacis* Tristram, Proc. zool. Soc. London, **1863**:414. — Terra typica: Guatemala.

Diagnosis: Schale verlängert unregelmäßig trapezförmig, ungleichseitig, kaum festschalig zu nennen, ziemlich zusammengepreßt, vorn und in der Mitte schmal, hinten breiter. Area niedrig, mit zwei Arealkanten; Hinterende zweigewinkelt. Bauchrand meist etwas in der Mitte eingebuchtet, aber manchmal fast geradlinig, hinter der Mitte gewöhnlich etwas vorgezogen. Wirbel niedrig aber scharf, ihre Skulptur besteht aus einigen doppelt geschlungenen Fältchen. Konchinschicht olivgrün, gelegentlich mit bräunlichen Wolken, in der Jugend leicht gestrahlt. Hauptzähne klein, Seitenzähne lang, gebogen oder fast gerade. Wirbelhöhlen seicht. Perlmutter glanzlos purpurn, gelegentlich auch leicht bleifarben. Die weibliche Schale ist hinter der Mitte des Bauchrandes etwas voller als die des Männchens. — Maße: Länge 57—80 mm, Höhe 30—35 mm, Dicke 16—22 mm.

Bemerkung: *Unio verae-pacis* Tristram, den ich oben in die Synonymie von *popeii* gestellt habe, ist eine nicht genau zu deutende Art, die auf alle Fälle *popeii* sehr nahe steht, wenn sie nicht sogar mit ihr identisch ist.

Verbreitung: Texas; Nuevo Leon, Mexico; ? Guatemala.

26. **Nephronaias (Popenaias) metallica** (Say)

1831 *Unio metallicus* Say, New Harmony Disseminator, Januar 15, **1831**:6. — Terra typica: Chalco-See, Mexico.

1831 *Unio cuprinus* Lea, Trans. amer. philos. Soc., Philadelphia, **5**:94; Taf. 12, Fig. 24. — Terra typica: Mexico.

1856 *Unio aereus* Reeve, Conch. Icon., **16**: Taf. 30, Fig. 160. — Terra typica: Nicht genannt.

1900 *Unio cuprinus subventralis* Martens, Biol. centr.-amer., Moll.: 506; Taf. 36, Fig. 1, 1a, 1b. — Terra typica: Tabasco, Südost-Mexico.

1909 *Lampsilis metallica ganina* Pilsbry, Proc. Acad. nat. Sci. Philadelphia: 539; Taf. 27, Fig. 6. — Terra typica: Ganina-Fluß bei San Dieguito, Mexico.

Diagnosis: Schale klein, kaum aufgeblasen, dünn- aber festschalig; Area niedrig, hinterster Teil des hinteren Oberrandes schief abgestutzt. Wirbel niedrig, ziemlich voll, mit einer Skulptur von doppelt geschlungenen Fältchen. Schalenfläche fast glatt, glänzend, von Kupferton. Hauptzähne ziemlich zusammengepreßt, Seitenzähne zart, Intervall lang. Wirbelhöhlen seicht. Perlmutter sehr schillernd, kupferfarben. — Maße: Länge 48 mm, Höhe 28 mm, Dicke 17 mm.

Verbreitung: Mexico.

27. **Nephronaias (Popenaias) tehuantepecensis** (Crosse & Fischer)

1893 *Unio tehuantepecensis* Crosse & Fischer, J. de Conch., Paris, **41**:296. — Terra typica: Santa Efigenia auf dem Isthmus von Tehuantepec, Staat Oaxaca, Mexico.

Diagnosis: Schale ungleichseitig, elliptisch rhombisch, mäßig aufgeblasen, festschalig. Area hoch, mit zwei Arealkanten, hinten in der Zweiwinklung des Hinterendes endend. Konchinschicht bräunlich bis schwarzbraun, ohne Strahlen, Schalenfläche eng gerunzelt. Hauptzähne stark, Seitenzähne ebenso. Perlmutter weiß, strohfarben oder lachsfarben. Männliche Schale mit fast oder ganz geradem Bauchrand, weibliche mit einer leichten marsupialen Schwellung. — Maße: Länge 58—68 mm, Höhe 33—38 mm, Dicke 22—25 mm.

Verbreitung: Süd-Mexico, Honduras.

Subgenus **Martensnaias** Frierson

1927 *Elliptio (Martensnaias)* Frierson, Class. annot. Check List N. amer. Naiades: 38.— Species typica: *Unio rubicundus* Martens.

Diagnosis: Schale wenig ungleichseitig, etwas rhomboid, festschalig. Area mit einer Skulptur von aufwärts gebogenen Fältchen. Schloß fest.

28. Nephronaias (Martensnaias) rubicunda (MARTENS)

1900 *Unio rubicundus* MARTENS, Biol. centr.-amer., Moll.: 514; Taf. 34, Fig. 3, 3a. — Terra typica: Coban, Nord-Guatemala.

Diagnosis: Schale wenig ungleichseitig, unregelmäßig rhomboid, festschalig, ziemlich aufgeblasen, Area wohl entwickelt, mit Andeutung einer inneren Arealkante. Wirbel hoch, bei ungefähr $^2/_3$ der Gesamtlänge gelegen, ihre Skulptur unbekannt. Schalenfläche stark konzentrisch gefurcht oder gerunzelt, Area mit aufwärts gebogenen Fältchen. Bauchrand geschwungen. Konchinschicht gelbbraun. Haupt- und Seitenzähne fest. Perlmutter purpurn. — Maße: Länge 89 mm, Höhe 57 mm, Dicke 34 mm.

Verbreitung: Anscheinend nur vom ursprünglichen Fundort bekannt (Guatemala).

Subgenus Reticulatus FRIERSON

1927 *Elliptio (Reticulatus)* FRIERSON, Class. annot. Check List N. amer. Naiades: 38. — Species typica: *Nephronaias reticulatus* SIMPSON.

Diagnosis: Schale elliptisch, hinten leicht zweigewinkelt, fest und aufgeblasen. Schalenfläche bedeckt mit feinen, konzentrischen Fältchen und mit zarten, ausstrahlenden Furchen, die die Fältchen schneiden.

Verbreitung: Honduras, Nicaragua.

29. Nephronaias (Reticulatus) reticulata SIMPSON

1900 *Nephronaias reticulatus* SIMPSON, Proc. Acad. nat. Sci. Philadelphia: 77; Taf. 2, Fig. 3. — Terra typica: Patook-Fluß, Honduras.

Diagnosis: Schale gleichmäßig elliptisch, leicht aufgeblasen, ziemlich festschalig; Area niedrig mit zwei Arealkanten, hinten in kaum wahrnehmbarer Zweiwinklung endend. Wirbel nur wenig erhoben, Skulptur nicht bekannt. Schalenfläche leicht gefurcht. Konchinschicht dunkelbraun, ungestrahlt, mit feinen ausstrahlenden, eingepreßten Linien, zwischen denen die runzlige Schalenfläche zart gewellt und gerunzelt wie eingetrocknete Ölfarbe ist. Hauptzähne stumpf, fest, Seitenzähne gebogen. — Maße: Länge 50 mm, Höhe 32 mm, Dicke 20 mm.

Verbreitung: Nur vom ursprünglichen Fundort bekannt (Honduras).

30. Nephronaias (Reticulatus) elvae WALKER

1924 *Nephronaias elvae* WALKER, Nautilus, Philadelphia u. Boston, 38:51; Taf. 1, Fig. 1—2. — Terra typica: Wanks-Fluß oder Coco-Fluß, Nicaragua.

Diagnosis: Schale breit eiförmig, vorn und hinten gerundet, etwas zusammengepreßt, festschalig, Area niedrig, hinten etwas ausgehöhlt, Wirbel nur wenig erhoben, ihre Skulptur unbekannt. Schalenfläche in steigendem Maße von den Wirbeln bis zum Unterrande gefurcht; zwischen den Furchen verlaufen feinere Fältchen, die von ausstrahlenden eingedrückten Linien geschnitten werden; hierdurch erhält die Schalenoberfläche ein girlandenartiges

Aussehen. Konchinschicht gelblich bis dunkelbraun, ungestrahlt. Hauptzähne hoch und fest, Seitenzähne fest, fast gerade. Perlmutter bläulichweiß. — Maße: Länge 62 mm, Höhe 44,2 mm, Dicke 25,2 mm.

Verbreitung: Bisher nur vom ursprünglichen Fundort bekannt (Nicaragua).

Subgenus **Nephritica** FRIERSON

1927 *Elliptio (Nephritica)* FRIERSON, Class. annot. Check List. N. amer. Naiades: 38. — Species typica: *Unio poeyanus* LEA.

Diagnosis: Schale sehr lang und ungleichseitig. Schloßzähne ziemlich schwach.

Verbreitung: Mexico.

31. Nephronaias (Nephritica) poeyana (LEA)

1857 *Unio poeyanus* LEA, Proc. Acad. nat. Sci. Philadelphia, **9**:85. — Terra typica: Rio de las Balsas bei Coyucan, Mexico.

Diagnosis: Schale verlängert, ungleichseitig, vorn kaum schmäler als hinten, aufgeblasen, wenig festschalig; Area niedrig, innere Arealkante nur angedeutet. Wirbel nicht hoch, scharf, ihre Skulptur besteht aus feinen Fältchen. Rückenrand fast gerade, Bauchrand ebenso oder nur leicht eingedrückt. Vorderende gerundet, Hinterende unten rund, schief abgestutzt weiter oben. Konchinschicht in der Jugend strohgelb, später ins Braungrünliche übergehend, manchmal schwach gestrahlt. Hauptzähne schwach, etwas zusammengedrückt, Seitenzähne schwach. Wirbelhöhlen seicht. Perlmutter weißlich. — Maße: Länge 55 mm, Höhe 23 mm, Dicke 15 mm.

Verbreitung: Mexico (nur vom ursprünglichen Fundort bekannt).

32. Nephronaias (Nephritica) haricotti (FRIERSON)

1927 *Elliptio (Nephritica) haricotti* FRIERSON, Class. annot. Check List N. amer. Naiades: 38. — Terra typica: Guatemala.

Diagnosis: Schale elliptisch, beiderseits gerundet. Rückenrand leicht geschwungen, Bauchrand leicht eingebogen. Wirbel niedrig, mit feinen konzentrischen Rippchen geschmückt. Konchinschicht glanzlos, hell bis dunkelbraun, nahe den Wirbeln mit Spuren von Strahlen. Schale fast zylindrisch, Area hoch, aber gerundet. Von den Wirbeln zum eingebogenen Unterrande zieht eine seichte Vertiefung, wodurch der Umriß leicht nierenförmig wird. Perlmutter fleischfarben, aber nicht intensiv. Hauptzähne doppelt in der linken Klappe, Seitenzähne kurz, leicht gebogen. — Maße: Länge 46 mm, Höhe 26 mm, Dicke 17 mm.

Bemerkung: Wenig bekannte, nie abgebildete Form; daher ist obige Beschreibung von FRIERSON übernommen.

Verbreitung: Mittel-Amerika (Guatemala).

Subgenus **Sphenonaias** CROSSE & FISCHER

1895 *Unio* Sectio *Sphenonaias* CROSSE & FISCHER, J. de Conch., Paris, **43**:244. — Species typica: *Unio liebmanni* PHILIPPI.

Diagnosis: Schale länglich, verlängert, vorn aufgeblasen, hinten geschnäbelt. Hauptzähne fest.

Verbreitung: Mittel-Amerika.

33. Nephronaias (Sphenonaias) liebmanni (Philippi)

1847 *Unio liebmanni* Philippi, Z. Malak., Hannover u. Kassel, **4**:96. — Terra typica: Mexico.

1922 *Elliptio (Sphenonaias) liebmanni* subsp. *cuatotolapamensis* B. Baker, Occ. pap. Mus. Zool. Univ. Michigan, Ann Arbor, **106**:13; Taf. 1, Fig. 6—7; Taf. 3, Fig. 22; Taf. 4, Fig. 20—25. — Terra typica: Rio San Juan, Veracruz, Mexico.

Diagnosis: Schale ziemlich groß, ungleichseitig, verlängert, fast elliptisch oder etwas rhombisch, festschalig, aufgeblasen; Area mäßig hoch. Wirbel nicht sehr erhoben, ihre Skulptur unbekannt. Vorderende gerundet, mit dem vorderen Oberrand eine Ecke bildend; hinterer Oberrand geschwungen; Bauchrand schwach gerundet; hinterster Punkt des Hinterendes etwas über der Mitte. Konchinschicht dunkelbraun bis schwärzlich, mit wenig Glanz. Hauptzähne etwas zusammengepreßt, Seitenzähne schwach. Wirbelhöhlen seicht. Perlmutter fleischfarben oder purpurn. — Maße: Länge 92 mm, Höhe 50 mm, Dicke 35 mm.

Bemerkung: Diese Art scheint sehr selten zu sein, unsere Kenntnisse von ihr sind deshalb recht beschränkt. Die Unterart *cuatotolapamensis* Baker scheint mir nicht genügend verschieden von ihr zu sein, weshalb ich sie als Synonym betrachte.

Verbreitung: Mexico.

34. Nephronaias (Sphenonaias) taumilapana (Conrad)

1855 *Unio taumilapanus* Conrad, Proc. Acad. nat. Sci. Philadelphia, **7**:256. — Terra typica: San Juan River bei Tamaulipas, Mexico.

1893 *Unio tamaulipasensis* Crosse & Fischer, Miss. sci. Mexique, Zool., **7**:621. — (Nomen emendatum pro *taumilapanus* Conrad).

1896 *Unio mitchelli* Simpson, Proc. U.S. nation. Mus., Washington, **18**:5. — Terra typica: Guadelupe River, Victoria County, Texas.

1898 *Unio iheringi* B. H. Wright, Nautilus, Philadelphia & Boston, **12**:93. — Terra typica: San Saba River, Menard County, Texas.

1914 *Unio mitchelli* var. *elongatus* Simpson, Descr. Cat. Naiades: 623. — Terra typica: Guadalupe River, Kerr County, Texas.

Diagnosis: Schale etwas rhombisch, länglich, mäßig aufgeblasen, ziemlich festschalig, ungleichseitig; Wirbel ziemlich niedrig, etwas abgeflacht, mit einer Skulptur aus mit den Zuwachsstreifen gleichlaufenden starken, unregelmäßigen Falten. Area niedrig, meist mit innerer Arealkante. Bauchrand gerade oder nur leicht gekrümmt, manchmal sogar etwas eingebogen. Schalenfläche mit unregelmäßigen, schwachen, konzentrischen Fältchen, manchmal mit Runzeln; Konchinschicht grünlich in der Jugend, später olivenfarben bis schwärzlich, mit einigen Strahlen, wenn jung. Hauptzähne klein, aber fest, Seitenzähne durch ein Intervall von ihnen getrennt. Wirbelhöhlen seicht. Perlmutter weiß. — Maße: Länge 54—91 mm, Höhe 33—58 mm, Dicke 33 mm.

Verbreitung: Nord-Mexico und Texas, Vereinigte Staaten von Amerika.

35. Nephronaias (Sphenonaias) microdon (MARTENS)

1887 *Unio microdon* MARTENS, Sitz.Ber. Ges. naturf. Freunde Berlin, 1887:107. — Terra typica: Rio Salinas, Nord-Guatemala.

Diagnosis: Schale lang, unregelmäßig rhombisch, ziemlich dickschalig, kaum aufgeblasen, mit schwacher konzentrischer Skulptur der Schalenfläche. Wirbel mäßig voll, ihre Skulptur unbekannt. Konchinschicht schmutzig olivfarben bis bräunlich, schwach gestrahlt wenn jung. Hauptzähne klein; in älteren Schalen zeigen sie eine Neigung, miteinander zu verschmelzen; Seitenzähne durch ein schmales Intervall von den Hauptzähnen getrennt. Perlmutter bläulichweiß oder weiß. — Maße: Länge 93—107 mm, Höhe 50—57 mm, Dicke 29—34 mm.

Verbreitung: Rio Salinas, Nord-Guatemala; Gebiet des Rio Polochic, Mittel-Guatemala.

36. Nephronaias (Sphenonaias) mexicana (PHILIPPI)

?1841 *Unio callosus* LEA, Proc. amer. philos. Soc., Philadelphia, 2:31. — Terra typica: „Ohio-Kanal unterhalb Columbus, Ohio".

1847 *Unio mexicanus* PHILIPPI, Z. Malak., Hannover u. Kassel, 4:95. — Terra typica: Mexico.

Diagnosis: Schale rautenförmig, ziemlich fest, wenig aufgeblasen, mit der größten Dicke weit hinter den Wirbeln. Area niedrig, mit gerundetem Oberrand. Wirbel etwas voll, ihre Skulptur nicht bekannt. Konchinschicht gelbbräunlich. Hauptzähne stark, Seitenzähne lang, fast gerade. Perlmutter purpurn und schillernd. — Maße: Länge 57—64 mm, Höhe 35—37 mm, Dicke 23 mm.

Bemerkung: *Unio callosus* LEA, angeblich aus dem Ohio bei Kolumbus, Ohio, Vereinigte Staaten, ist wohl eindeutig als ein Angehöriger von *Nephronaias* erkannt worden und kann daher nicht aus dem Ohio-Flusse stammen; er sieht, der einzigen vorliegenden Abbildung nach, unserer *mexicana* äußerst ähnlich, so daß ich es wagen konnte, ihn mit dieser gleichzusetzen.

Verbreitung: Mexico.

37. Nephronaias (Sphenonaias) colorata (CHARPENTIER)

1856 *Unio coloratus* CHARPENTIER in KÜSTER, Conch. Cab., IX. (2):155; Taf. 44, Fig. 6. — Terra typica: Mexico.

Diagnosis: Schale etwa rautenförmig, dicklich, festschalig, Schalenfläche ganz mit feinen Rünzelchen bedeckt; Konchinschicht bräunlich olivfarben. Wirbel ziemlich voll, Area mit Andeutung einer inneren Arealkante, Hinterende tief unten undeutlich zweigewinkelt. Hauptzähne stark und gesägt. Perlmutter purpurn, schillernd. — Maße: Länge 47 mm, Höhe 29 mm, Dicke 14 mm.

Bemerkung: Diese Art beruht einzig auf der CHARPENTIER-KÜSTERschen Originalbeschreibung; es mag bezweifelt werden, daß sie Artberechtigung besitzt, und die Annahme liegt nahe, daß sie nur eine Form der *mexicana* darstellt, sogar wohl mit ihr identisch ist.

Verbreitung: Mexico; im Medellin-Fluß, Vera Cruz, Mexico (nach SIMPSON).

38. Nephronaias (Sphenonaias) flucki BARTSCH

1906 *Nephronaias flucki* BARTSCH, Proc. U.S. nation. Mus., Washington, **30**:393; Taf. 27—29. — Terra typica: Wounta-Fluß, nordwestlich von Kukallaya, Nicaragua.

Diagnosis: Schale elliptisch, mäßig aufgeblasen, hinten unten etwas verschmälert. Hinterer Oberrand sanft abfallend. Rückenlinie gleichmäßig geschwungen, vorn etwas steiler abfallend; Bauchrand fast gerade, meist leicht eingedrückt. In den weiblichen Schalen besteht eine marsupiale Schwellung, derzufolge ihr Unterrand etwas stärker eingedrückt erscheint. Schalenfläche mit starken konzentrischen Zuwachslinien und mit leicht gewellten radialen Strahlen, die vorne am deutlichsten sind. Konchinschicht dunkelbraun an den Wirbeln, nach den Rändern zu grüngelblich werdend. Wirbelhöhlen mäßig tief. Hauptzähne fest, tief gesägt; Seitenzähne schmal, leicht gekrümmt und quer geriefelt. Perlmutter bläulichweiß an den Rändern und stumpf olivfarben weiter oben. — Maße: Länge 40—64 mm, Höhe 23,7—32,7 mm, Dicke 13,6—22,5 mm.

Verbreitung: Nur vom ursprünglichen Fundort bekannt (Nicaragua).

Genus Canthyria SWAINSON

1840 *Canthyria* SWAINSON, Treat. malacol.: 378. — Species typica: *Unio spinosus* LEA.

Bemerkung: Die beiden hier unter diesem Gattungsnamen vereinigten Arten sehen sich nicht allzu ähnlich, haben aber das Vorhandensein von Stacheln auf der Schale gemeinsam; die zweite Art, *collina*, ist sehr wenig bekannt, daher ist es schwer, sich über sie klarzuwerden. Aus praktischen Gründen ist es daher für den Augenblick besser, sie in der Gattung *Canthyria* zu belassen.

Verbreitung: Südöstliche Vereinigte Staaten.

Bestimmungsschlüssel zu den Arten

1 Schale groß; Wirbelskulptur aus kurzen, unregelmäßigen Falten bestehend . . . . ***C. spinosa,*** S. 207

1' Schale klein; Wirbelskulptur aus starken, leicht zu Doppelschlingen neigenden Falten bestehend . . . . ***C. collina,*** S. 208

1. Canthyria spinosa (LEA)

1836 *Unio spinosus* LEA, Descr. new Spec. *Unio* (mit Abbildung).
1838 *Unio spinosus* — LEA, Trans. amer. philos. Soc., Philadelphia, **6**:57; Taf. 16, Fig. 50. — Terra typica: Altamaha-Fluß, Georgia.

Diagnosis: Schale etwas rhombisch oder dreieckig, schwach bis stark aufgeblasen, ziemlich festschalig, wenig ungleichseitig, bis fast gleichseitig. Wirbel hoch, voll, ihre Skulptur aus wenigen kurzen, unregelmäßigen Falten bestehend. Hinterende gewinkelt. Rückenrand gekrümmt, Bauchrand desgleichen. Schalenfläche glatt, mit von eins bis fünf Stacheln verziert, die bis 25 mm lang werden können und die, obgleich unregelmäßig, etwa an der äußeren Arealkante von den Wirbeln bis zum Unterrand laufen; Konchinschicht grünlichgelb, grün oder bräunlich, meist mit bunten Strahlen und glänzend. Hauptzähne fest, gerauht, zusammengepreßt, Intervall lang und schmal; Seitenzähne kurz, keulig verdickt. Wirbelhöhlen mäßig tief. Perlmutter fein rosenfarben. — Maße: Länge 95—102 mm, Höhe 59—60 mm, Dicke 33—40 mm.

Verbreitung: Anscheinend nur vom ursprünglichen Fundort bekannt (Georgia, USA).

2. **Canthyria collina** (Conrad)

1837 *Unio collinus* Conrad, Monogr. Fam. Unionidae Naiades Lamarck, 8:65; Taf. 36, Fig. 2. — Terra typica: North River, Virginia.

Diagnosis: Schale rautenförmig, völlig, ziemlich festschalig, ungleichseitig. Wirbel mäßig voll, hoch, ihre Skulptur besteht aus zahlreichen starken, leicht doppelt geschlungenen Fältchen. Hinterende gerundet zugespitzt. Schalenfläche mit erhobenen Zuwachsstreifen bedeckt, die konzentrischen Falten gleichen; außerdem sind ein oder zwei scharfe Höcker oder Stachel vorhanden, die von den Wirbeln etwa an der äußeren Arealkante nach dem Unterrande zu laufen; sie können aber auch fehlen. Konchinschicht rauchig grünbraun, wenig glänzend. Hauptzähne leicht zusammengedrückt; Seitenzähne gerade, zart. Wirbelhöhlen seicht, Perlmutter bläulichweiß. — Maße: Länge 35 mm, Höhe 22 mm, Dicke (ohne Stacheln) 13 mm.

Verbreitung: Nord-Carolina und Virginia, USA.

Genus **Uniomerus** Conrad

1853 *Uniomerus* Conrad, Proc. Acad. nat. Sci. Philadelphia, 6:268. — Species typica: *Unio tetralasmus* Say.

Diagnosis: Schale trapezförmig. Hinterende zugespitzt oder schwach zweiwinklig. Wirbel nicht vorragend, mit 10 bis 15 gebogenen, ziemlich starken, konzentrischen Falten skulptiert, die hinten deutlich nach oben umbiegen und dort auch dichter beisammenstehen. Konchinschicht meist ungestrahlt. Hauptzähne zusammengepreßt, Seitenzähne zart, leicht gebogen. Perlmutter meist glanzlos, trübe.

Verbreitung: Östliche Vereinigte Staaten; Mississippi-Gebiet.

Bestimmungsschlüssel zu den Arten

1	Schale stark verlängert eiförmig	***U. tetralasmus,***	S. 208
1′	Schale kürzer, mehr rautenförmig		2
2	Schale verhältnismäßig lang rautenförmig		3
2′	Schale kurz rautenförmig		4
3	Hauptzähne kurz und dick	***U. columbensis,***	S. 209
3′	Hauptzähne klein, zusammengepreßt	***U. bissellianus,***	S. 210
4	Wirbelskulptur aus hinten aufgebogenen Runzeln bestehend	***U. obesus,***	S. 210
4′	Wirbelskulptur aus starken, mit den Zuwachsstreifen gleichlaufenden Falten bestehend	***U. dispalans,***	S. 211

1. **Uniomerus tetralasmus** (Say)

1830 *Unio tetralasmus* Say, Amer. Conchol., 3: Taf. 23. — Terra typica: St. John Bayou bei New Orleans, Louisiana.

1830 *Unio camptodon* Say, Amer. Conchol., 5: Taf. 42. — Terra typica: Bei New Orleans, Louisiana.

1832 *Unio geometricus* LEA, Trans. amer. philos. Soc., Philadelphia, 5:38; Taf. 4, Fig. 10. — Terra typica: Bayou Teche, Louisiana.
1832 *Unio declivis* SAY, Amer. Conchol., 3: Taf. 35. — Terra typica: Bayou Teche, Louisiana.
1838 *Unio excultus* CONRAD, Monogr. Fam. Unionidae, 11:99; Taf. 55, Fig. 1. — Terra typica: Süd-Carolina nahe dem Ozean.
1839 *Unio sayi* WARD in TAPPAN, Amer. J. Sci., New Haven, 35:268; Taf. 3, Fig. 1. — Terra typica: Walnut Creek, Circleville, Ohio.
1841 *Unio parallelus* CONRAD, Proc. Acad. nat. Sci. Philadelphia, 1:20. — Terra typica: Jackson, Louisiana.
1845 *Unio symmetricus* LEA, Proc. Acad. nat. Sci. Philadelphia, 4:164. — Terra typica: Red River bei Alexandria, Louisiana.
1854 *Unio porrectus* CONRAD, J. Acad. nat. Sci. Philadelphia, (2)2:296; Taf. 26, Fig. 7. — Terra typica: Jackson, Mississippi.
1854 *Unio subcroceus* CONRAD, J. Acad. nat. Sci. Philadelphia, (2)2:297; Taf. 27, Fig. 1. — Terra typica: Zufluß des Canadian River, Arkansas.
1856 *Unio manubius* GOULD, Proc. Boston Soc. nat. Hist., 5:229. — Terra typica: Chihuahua bei Fort Ringold, Texas.
1857 *Unio jamesianus* LEA, Proc. Acad. nat. Sci. Philadelphia, 1:84. — Terra typica: Jackson, Mississippi.
1865 *Unio electricus* REEVE, Conch. Icon., 16: Taf. 25, Fig. 121. — Terra typica: Unbekannt.
1888 *Unio sayanus* B. H. WRIGHT, Check List N. Amer. Unionidae (nomen pro *Unio sayi* WARD).

Diagnosis: Schale sehr formveränderlich, von gerundet rechteckig bis rautenförmig, bald höher, bald niedriger, bauchig bis leicht aufgeblasen. Wirbel ziemlich voll und erhoben, mit einer Skulptur aus erhobenen Falten, die nach hinten zu aufbiegen. Hinterende bald gespitzt gerundet, bald abgestutzt. Area mit zwei Arealkanten, der Raum zwischen beiden gelegentlich etwas ausgehöhlt. Schalenfläche glatt, mit gelegentlichen Resten von feiner ausstrahlender Skulptur; Konchinschicht gelblich bis fast schwarz. Hauptzähne ebenfalls sehr formveränderlich, meist klein und etwas zusammengedrückt. Seitenzähne lang. Wirbelhöhlen ziemlich tief, Perlmutter weiß. — Maße: Länge 74—112 mm, Höhe 39—48 mm, Dicke 25—35 mm.

Bemerkung: Es ist unmöglich, die verschiedenen Ausbildungsformen dieser veränderlichen Art in einer einzigen Beschreibung zusammenzufassen. Ich habe deshalb versucht, das ihnen Gemeinsame sowohl wie die Extreme ihrer Veränderlichkeit in die Beschreibung aufzunehmen. Die amerikanischen Bearbeiter unterscheiden einige der sehr abweichenden Standortsformen als eigene Varietäten (so *camptodon, manubius, declivis* und *sayi*), die meiner Meinung nach noch alle in die Variationsbreite des *tetralasmus* hineingehören. Die Tatsache, daß verschiedene dieser „Varietäten" vom gleichen Fundgebiete stammen, scheint für meine Auffassung zu sprechen.

Verbreitung: Südöstliche Vereinigte Staaten; vielleicht nördlichstes Mexico.

2. Uniomerus columbensis (LEA)

1857 *Unio columbensis* LEA, Proc. Acad. nat. Sci. Philadelphia, 9:31. — Terra typica: Bäche bei Columbus, Georgia.

Diagnosis: Schale ziemlich verlängert, rautenförmig, ungleichseitig, ziemlich fest, mehr oder weniger aufgeblasen. Wirbel mäßig voll und erhoben, ihre Skulptur ist unbekannt. Bauchrand in der Mitte etwas eingebuchtet; Rückenrand fast gleichlaufend mit dem Bauchrande. Vorderende gerundet, Hinterende schief gerundet abgestutzt. Schalenfläche glatt; Konchinschicht fein konzentrisch gerunzelt, grünlich braun bis rötlich braun. Hauptzähne dick, gedrungen; Seitenzähne weit hinten, etwas keulenförmig. Perlmutter weißlich, gelegentlich etwas schmutzig purpurn. — Maße: Länge 70—88 mm, Höhe 39—44 mm, Dicke 21—28 mm.

Bemerkung: Kaum eine gute Art; sie dürfte bestenfalls eine Lokalrasse von *tetralasmus* sein.

Verbreitung: Georgia und Alabama, Vereinigte Staaten.

3. Uniomerus bissellianus (Lea)

1867 *Unio bissellianus* Lea, Proc. Acad. nat. Sci. Philadelphia, 11:81. — Terra typica: Bissells Teich bei Charlotte, Nord-Carolina.

Diagnosis: Schale lang rautenförmig, mehr oder weniger festschalig, leicht aufgeblasen, ungleichseitig. Wirbel etwas erhoben, ziemlich voll, mit einer Skulptur aus konzentrischen Falten, die nach hinten aufwärts biegen. Area ziemlich hoch, mit angedeuteter innerer Arealkante, manchmal mit Spuren zarter radialer Falten. Bauchrand fast geradlinig, Rückenrand leicht gebogen. Vorderende gerundet, Hinterende gerundet abgestutzt. Schalenfläche glatt; Konchinschicht glanzlos grünlich, gelegentlich leicht gestrahlt, mit einem breiten Strahl hinten und zwei schmäleren darüber. Hauptzähne etwas zusammengepreßt; Seitenzähne gebogen. Perlmutter etwas trübe purpurn, hinten schillernd. — Maße: Länge 70 mm, Höhe 40 mm, Dicke 22 mm.

Bemerkung: Auch diese Form gehört in die nähere Verwandtschaft von *Unio tetralasmus;* als Lokalrasse von ihr könnte sie Berechtigung haben, einen eigenen Namen zu führen.

Verbreitung: Kaum außerhalb des Original-Fundortes bekannt.

4. Uniomerus obesus (Lea)

? 1824 *Unio carolinensis* Bosc (species dubia), Hist. nat. Coquilles, 3:139; Taf. 23, Fig. 2. — Terra typica: Carolina.

1831 *Unio obesus* Lea, Trans. amer. philos. Soc., Philadelphia, 4:96; Taf. 13, Fig. 26. — Terra typica: York-Fluß, Virginia.

1834 *Unio blandingianus* Lea, Trans. amer. philos. Soc. Philadelphia, 5:101; Taf. 15, Fig. 44. — Terra typica: St. Johns Fluß, Florida.

1845 *Unio paludicolus* Gould, Proc. Boston Soc. nat. Hist., 2:53. — Terra typica: Everglades, Florida.

1852 *Unio ineptus* Lea, Trans. amer. philos. Soc., Philadelphia, 10:261; Taf. 15, Fig. 12. — Terra typica: Gegend von Abbeville, Süd-Carolina.

1852 *Unio hebes* Lea, Trans. amer. philos. Soc., Philadelphia, 10:267; Taf. 18, Fig. 21. — Terra typica: Ocones-Fluß bei Athens, Georgia.

1853 *Unio rivularis* Conrad, J. Acad. nat. Sci. Philadelphia, (2)2:296. — Terra typica: Nicht genannt.

1861 *Unio cicur* Lea, Proc. Acad. nat. Sci. Philadelphia, 5:39. — Terra typica: Little Comulgee-Fluß, Georgia.

1863 *Unio squalidus* Lea, Proc. Acad. nat. Sci. Philadelphia, 15:192. — Terra typica: Neuse-Fluß bei Raleigh; Rianike bei Weldon; Deep River, alle in Nord-Carolina.

1867 *Unio jewettii* LEA, Proc. Acad. nat. Sci. Philadelphia, **19**:81. — Terra typica: Noonans-See, Florida.
1868 *Unio pawensis* LEA, Proc. Acad. nat. Sci. Philadelphia, **20**:161. — Terra typica: Paw-Bach, Beaver County, und Catwba Run, Nord-Carolina.
1868 *Unio rivicolus* CONRAD, Amer. J. Conch., Philadelphia, **4**:280; Taf. 18, Fig. 4. — Terra typica: Bach bei Tampa, Florida.

Diagnosis: Schale rautenförmig, mehr oder weniger aufgeblasen, nicht sehr fest, ungleichseitig. Wirbel hoch, voll, mit einer Skulptur von gleichlaufenden Falten, die hinten aufgebogen sind. Hinterende gerundet, zugespitzt oder schwach zweigewinkelt. Area mit zwei Arealkanten. Schalenfläche ziemlich glatt; Konchinschicht dunkelbraun bis gelblich braun. Hauptzähne klein, mehr oder weniger zusammengedrückt; Seitenzähne weit hinten, gebogen. Perlmutter düster purpurn. — Maße: Länge 84—113 mm, Höhe 50—66 mm, Dicke 33—40 mm.

Bemerkung: Wie *Uniomerus tetralasmus* ist auch diese Art äußerst veränderlich; die von den amerikanischen Forschern noch angenommenen Varietäten *blandingianus* und *paludicolus* stellen meines Erachtens lediglich Standortsformen von *obesus* dar.

Verbreitung: Die südöstlichsten Vereinigten Staaten von Amerika.

5. **Uniomerus dispalans** (B. H. WRIGHT)

1899 *Unio dispalans* B. H. WRIGHT, Nautilus, Philadelphia u. Boston, **13**:50. — Terra typica: Suwanee-Fluß, Florida.

Diagnosis: Schale unregelmäßig rautenförmig, ziemlich dünn, etwas zusammengepreßt bis bauchig. Wirbel nicht hoch oder aufgeblasen; ihre Skulptur besteht aus starken Falten, die mit den Zuwachsstreifen gleichlaufen. Hinterende abgerundet zweiwinklig. Vorderende gerundet, etwas verschmälert. Schalenfläche mit deutlichen Zuwachsstreifen; Konchinschicht gelbgrün und in der Jugend gestrahlt, braun und rauh bei erwachsenen. Hauptzähne klein und zusammengepreßt; Seitenzähne zart, gebogen. Perlmutter schmutzig kupferfarben. — Maße: Länge 65 mm, Höhe 35 mm, Dicke 18 mm.

Bemerkung: Es handelt sich hier um eine fragliche Form, deren Gattungszugehörigkeit nicht feststeht. Während SIMPSON sie als einen *Elliptio* aus der *complanatus*-Gruppe auffaßt, sieht FRIERSON in ihr einen *Uniomerus;* ich bin ihm hierin gefolgt.

Verbreitung: Florida (anscheinend nur vom ursprünglichen Fundorte bekannt).

Genus **Elliptio** RAFINESQUE

1819 *Elliptio* RAFINESQUE, J. Phys. Chimie, Hist. nat., Paris, 88:426. — Species typica: *Unio (Elliptio) nigra* RAFINESQUE = *Unio crassidens* LAMARCK.

Diagnosis: Schale verlängert, rautenförmig oder eiförmig, meist hinten mehr oder weniger zweiwinklig. Wirbelskulptur aus wenigen ziemlich starken, Falten bestehend, die etwa mit dem Zuwachsstreifen gleichlaufen oder doppelte Schlingen bilden. Schalenfläche glatt.

Verbreitung: Atlantische Vereinigte Staaten, Mittel-Amerika.

Bestimmungsschlüssel zu den Untergattungen

1 Schale klein und eiförmig . . . . *Micronaias,* S. 212
1' Schale größer und meistens verlängert 2
2 Schale fest, meist unten eingebuchtet, mit Falten auf der Area . . . . *Elliptoideus,* S. 213
2' Schale ohne Falten auf der Area, ohne eingebuchteten Unterrand . . *Elliptio,* S. 214

Subgenus Micronaias Simpson

1900 *Micronaias* Simpson, Proc. U.S. nation. Mus., Washington, **22**:743. — Species typica: *Unio aratus* Lea.

Diagnosis: Schale klein, eiförmig, Unterrand hinten etwas vorgezogen. Wirbel ziemlich vorragend, ihre Skulptur besteht aus feinen, unregelmäßig konzentrischen Fältchen, die eine Neigung zur Bildung einer Doppelschlinge zeigen. Schalenfläche eng und stark konzentrisch gefurcht. Hauptzähne zusammengepreßt, hoch, Seitenzähne ebenfalls zusammengepreßt, gebogen. Wirbelhöhlen ziemlich tief. Perlmutter weißlich.

Verbreitung: Mittel-Amerika.

Bestimmungsschlüssel zu den Arten

1 Schale rhombisch-eiförmig . . . . *E. granadensis,* S. 213
1' Schale unregelmäßig eiförmig bis etwa dreieckig 2
2 Schalenfläche konzentrisch gefurcht . . . . *E. fallaciosus,* S. 212
2' Schalenfläche ziemlich glatt . . . . *E. aratus,* S. 212

1. Elliptio (Micronaias) fallaciosus (Simpson)

1914 *Unio (Micronaias) fallaciosus* Simpson, Descr. Cat. Naiades: 715. — Terra typica: Nicaragua.

Diagnosis: Schale klein, etwa dreieckig, etwas aufgeblasen, ziemlich festschalig; Wirbel ziemlich hoch, ihre Skulptur besteht aus ein paar ziemlich scharfen Fältchen, die zur Doppelschlingen-Bildung neigen. Von den Wirbeln zieht eine fast geradlinige, schiefe Abstutzung zum Vorder- und zum Hinterende. Bauchrand gleichmäßig gerundet. Äußere Arealkante stark ausgeprägt. Schalenfläche scharf konzentrisch gefurcht; Konchinschicht gelbgrün bis grüngelb, manchmal nahe den Wirbeln leicht gestrahlt. Hauptzähne hoch, etwas zusammengepreßt, rauh, Seitenzähne schwach. Wirbelhöhlen seicht. Perlmutter schmutzig weiß bis lachsfarben. — Maße: Länge 32 mm, Höhe 23 mm, Dicke 17 mm.

Bemerkung: Nie wiedergefundene und nie abgebildete Art von zweifelhafter Validität.

Verbreitung: Nicaragua.

2. Elliptio (Micronaias) aratus (Lea)

1843 *Unio aratus* Lea, Trans. amer. philos. Soc., Philadelphia, **9**:282; Taf. 42, Fig. 12. — Terra typica: Nicaragua-See.

1848 *Unio nuculinus* Philippi, Z. Malak., Cassel, **5**:176. — Terra typica: Nicaragua.

Diagnosis: Schale klein, wenig fest, etwa eiförmig bis leicht dreieckig, etwas aufgetrieben. Area gut ausgeprägt, hinten spitz endend. Vorderende gerundet, unten leicht abgestutzt; Bauchrand ebenmäßig gerundet. Schalenfläche ziemlich glatt; Konchinschicht bräunlichgelb oder grünlich, in scharfe Falten gelegt. Hauptzähne etwas zusammengepreßt und gerauht, Seitenzähne verlängert. Wirbelhöhlen seicht. Perlmutter schmutzigweiß oder gelblich. — Maße: Länge 28—34 mm, Höhe 18—20 mm, Dicke 13—15 mm.

Verbreitung: Mittel-Amerika.

3. Elliptio (Micronaias) granadensis (LEA)

1868 *Unio granadensis* LEA, Proc. Acad. nat. Sci. Philadelphia, **12**:95. — Terra typica: Nicaragua-See, Mittel-Amerika.

Diagnosis: Schale ziemlich klein, eiförmig rautenförmig, etwas aufgeblasen, nicht sehr festschalig. Area ziemlich hoch. Rückenrand stark gebogen; Bauchrand weniger gebogen oder fast geradlinig, hinten in einem gerundeten Punkte endend; Vorderende manchmal etwas eckig, meist aber gerundet. Schalenfläche leicht konzentrisch gefurcht; Konchinschicht dunkelbraun oder schwärzlich, seidenglänzend in frischen Stücken, Hauptzähne etwas zusammengepreßt, stark gerauht, Seitenzähne kurz und gebogen. Wirbelhöhlen mäßig tief. Perlmutter schmutzigweiß oder gelblich. — Maße: Länge 37 mm, Höhe 24 mm, Dicke 18 mm.

Bemerkung: Soweit bekannt, sind männliche und weibliche Schalen dieser Art nicht sehr verschieden, wahrscheinlich nur insofern, als die weibliche etwas stärker aufgeblasen ist. Die Ähnlichkeit von *granadensis* mit *aratus* ist groß, so daß man im Zweifel sein kann, welcher der beiden Arten ein zu bestimmendes Stück zugeschrieben werden soll; das auffälligste Unterscheidungsmerkmal zwischen beiden Arten, wie es im Schrifttum aufgezeichnet ist, die hellere Konchinschicht von *aratus*, ist hinfällig, da bestimmt standortsbedingt.

Verbreitung: Nicaragua-See.

Subgenus Elliptoideus FRIERSON

1927 *Elliptio (Elliptoideus)* FRIERSON, Class. annot. Check List amer. Naiades: 33. — Species typica: *Unio aloatinus* LEA.

Diagnosis: Schale rautenförmig, fest, mit hoher Area mit zwei Arealkanten. Wirbel nicht sehr hoch. Schalenfläche leicht mit Falten skulptiert.

Verbreitung: Georgia, USA.

4. Elliptio (Elliptoideus) sloatianus (LEA)

1840 *Unio sloatianus* LEA, Proc. amer. philos. Soc., Philadelphia, 1:287. — Terra typica: Chattahoochee-Fluß, Georgia.

1840 *Unio atromarginatus* LEA, Proc. amer. philos. Soc., Philadelphia, 1:288. — Terra typica: Chattahoochee-Fluß, Georgia.

1850 *Unio plectophorus* CONRAD, J. Acad. nat. Sci. Philadelphia, 1:277; Taf. 38, Fig. 7. — Terra typica: Georgia.

1900 *Unio aratus* SIMPSON (error typographicus pro *oratus*), Proc. U.S. nation. Mus., Washington, **22**:706.

Diagnosis: Schale etwa rautenförmig, etwas aufgeblasen, festschalig ungleichseitig. Wirbel mäßig hoch. Area hoch mit äußerer und weiter unten innerer Arealkante. Hinterende zweigewinkelt. Vorderende schmal und gerundet. Bauchrand gerade oder etwas eingedrückt. Schalenfläche mit niedrigen Falten skulptiert; auf der Area ist diese Skulptur stärker, fast waagerecht verlaufend oder leicht aufgebogen. Konchinschicht kastanienbraun bis schwärzlich, dick. Hauptzähne fest, gedrungen, rauh, auf dem Intervall zeigen sich gelegentlich kleine zusätzliche Zähnchen. Wirbelhöhlen seicht. Perlmutter weißlich purpurn oder bronzefarben. — Maße: Länge 120 mm, Höhe 75 mm, Dicke 46 mm.

Bemerkung: Bei jungen Stücken und bei Exemplaren mittleren Alters ist der Schalenunterrand meist geradlinig; eine Einbuchtung zeigt sich erst bei höherem Alter oder längerer Schale.

Verbreitung: Georgia, USA.

Subgenus **Elliptio** s. str.

Diagnosis: Schale verlängert, rautenförmig oder eirund; Hinterende meist zweiwinklig. Bauchrand gerade oder leicht geschwungen. Wirbel niedrig, ihre Skulptur besteht aus einigen wenigen, ziemlich starken Falten, die mit den Zuwachsstreifen gleichlaufen oder die flache, doppelte Schlingen bilden. Schalenfläche meist glatt.

Bemerkung: Die Angehörigen der Untergattung *Elliptio* sind verhältnismäßig wenig bekannt, trotz des riesigen Schrifttums, in dem sie erwähnt sind. Ihre artliche Veränderlichkeit ist erstaunlich groß und es sind viele, gar zu viele Namen solchen Standortsformen gegeben worden. Ob die jetzt anerkannten Arten in der Tat valid sind oder — zum großen Teile wenigstens — in die Variationsbreite einiger weniger Arten gehören, ist noch nicht zu entscheiden; denn es ist zu wenig nach ökologischen Gesichtspunkten gesammelt worden. Der zur Zeit beste Kenner der Untergattung, L. S. Frierson, hat die echten Elliptionen 1927 geordnet, und ich folge ihm hier in seiner Anordnung; hiermit soll aber nicht gesagt sein, daß die Auffassung von Frierson völlig richtig ist. Die geringen Unterschiede zwischen den hier anerkannten Arten und Unterarten machen es unmöglich, einen Bestimmungsschlüssel für sie zusammenzustellen.

Verbreitung: Atlantische Vereinigte Staaten und Kanada; nördliches Mexico.

5. **Elliptio (Elliptio) crassidens** (Lamarck)

5a. Elliptio crassidens crassidens (Lamarck)

1819 *Unio crassidens* Lamarck, Anim. sans Vert., **6**:71. — Terra typica: Mississippi.

1820 *Unio nigra* Rafinesque, Ann. Gén. Sci. Phys., Bruxelles, **5**:291; Taf. 80, Fig. 1—4. — Terra typica: Ohio-Fluß.

1823 *Unio cuneatus* Barnes, Amer. J. Sci., **6**:263. — Terra typica: Ohio-Fluß.

1840 *Unio incrassatus* Lea, Proc. amer. philos. Soc., Philadelphia, **1**:286. — Terra typica: Chattahoochee-Fluß bei Columbus, Georgia.

1868 *Unio discus* Sowerby, Conch. Icon., **16**: Taf. 162, Fig. 310. — Terra typica: „Indien“.

1868 *Unio crassus* Sowerby, Conch. Icon., **16**: Taf. 95, Fig. 520. — Terra typica: Nord-Amerika.

Diagnosis: Schale schwer, aufgeblasen oder etwas so, ungefähr rautenförmig, ungleichseitig. Wirbel voll und hoch, mit einer Skulptur aus groben Runzeln, die fast mit den Zuwachsstreifen gleichlaufen. Area hoch, äußere Arealkante manchmal unten von einer inneren begleitet; Hinterende zweiwinklig. Bauchrand gerade, in alten Stücken etwas eingedrückt. Schalenfläche fast glatt, etwas rauh; Konchinschicht dick, rotbraun oder kastanienbraun. Area oft mit einigen Runzeln. Hauptzähne stark, rauh, Seitenzähne sehr dick. Wirbelhöhlen seicht. Perlmutter purpurn oder lachsfarben. — Maße: Länge 93—128 mm, Höhe 68—79 mm, Dicke 40—50 mm.

Bemerkung: Es ist nicht ganz sicher, wie diese Art heißen muß. Der ältere Name ist zweifellos der *crassidens* LAMARCK, doch wenden mehrere Autoren ein, daß dieser Name sich auf das bezieht, was RAFINESQUE ein Jahr später *nigra* bezeichnete. Ich überlasse die Entscheidung anderen.

Verbreitung: Mississippi-Gebiet; Alabama und Tombigbee-Flüsse; Chattahoochee-Fluß.

5b. Elliptio (Elliptio) crassidens danielsii (B. H. WRIGHT)

1899 *Unio danielsii* B. H. WRIGHT, Nautilus, Philadelphia u. Boston, **13**:31. — Terra typica: Spring Creek, Decatur County, Georgia.

Diagnosis: Schale sehr fest, mehr oder weniger aufgeblasen, ungleichseitig, etwas rautenförmig. Wirbel voll und hoch, ihre Skulptur noch unbekannt. Area stark gefaltet, äußere Arealkante nach unten von einer inneren begleitet. Konchinschicht dick, schwarz. Hauptzähne rauh, dreieckig. Seitenzähne lang und dick, gebogen. Wirbelhöhlen seicht. Perlmutter weißlich, purpurn oder lachsfarben. — Maße: Länge 80 mm, Höhe 51—62 mm, Dicke 34—46 mm.

Bemerkung: Diese Art ist nie abgebildet worden, sie scheint *crassidens* sehr nahe zu stehen und ist wohl nur eine südliche Lokalform davon.

Verbreitung: Spring Creek, Georgia; Escambia-Fluß, Florida.

6. **Elliptio (Elliptio) forbesianus** (LEA)

1852 *Unio forbesianus* LEA, Proc. amer. philos. Soc., Philadelphia, **5**:251. — Terra typica: Savannah-Fluß, Georgia.

1852 *Unio moussonianus* LEA, Trans. amer. philos. Soc., Philadelphia, **10**:268; Taf. 118, Fig. 22. — Terra typica: Georgia.

1859 *Unio corvus* LEA, Proc. Acad. nat. Sci. Philadelphia, **3**:112. — Terra typica: Buckhead Creek, Burke County, Georgia.

1861 *Unio vestitus* LEA, Proc. Acad. nat. Sci. Philadelphia, **5**:393. — Terra typica: Ogeechee-Fluß, Georgia.

Diagnosis: Schale ziemlich fest, nicht stark aufgeblasen, ungleichseitig, unregelmäßig rautenförmig. Wirbel voll und hoch; ihre Skulptur besteht aus leicht gewellten starken Fältchen, die fast mit Zuwachsstreifen gleichlaufen. Area hoch, mit einer erst unten auftretenden inneren Arealkante. Bauchrand gerade oder schwach gekrümmt. Schalenfläche glatt, mit leichten Fältchen auf der Area; Konchinschicht gelblich bis olivgrün, in der Jugend oft gestrahlt, viel dunkler und fast ungestrahlt bei alten Stücken. Hauptzähne unregelmäßig dreieckig, gerauht, Seitenzähne gekrümmt. Wirbelhöhlen nicht ganz seicht. Perlmutter weiß, gelblich, lachsfarben oder purpurn. — Maße: Länge 63—80 mm, Höhe 39—49 mm, Dicke 23—31 mm.

Bemerkung: Die von mir als Synonyme angeführten Namen *corvus* und *vestitus* gehören nach FRIERSON zu *Elliptio (Elliptio) pusillus* (LEA): Ein weiterer Beweis, wie nahe sich die hier als Arten behandelten Namen unter *Elliptio* stehen.

Verbreitung: Flüsse vom Congaree-Fluß (Georgia) südwärts bis zum nördlichen Florida.

7. Elliptio (Elliptio) congaraeus (LEA)

1831 *Unio congaraeus* LEA, Trans. amer. philos. Soc., Philadelphia, 4:72; Taf. 6, Fig. 4. — Terra typica: Congaree-Fluß, Süd-Carolina.
1834 *Unio fulvus* LEA, Trans. amer. philos. Soc., Philadelphia, 5:96; Taf. 13, Fig. 39. — Terra typica: Süd-Carolina.

Diagnosis: Schale rautenförmig, etwas zusammengepreßt, mehr oder weniger dünnschalig; etwas ungleichseitig. Wirbel mäßig voll und etwas erhoben; ihre Skulptur besteht aus miteinander gleichlaufenden Wellenfurchen. Area hoch, äußere Arealkante unten von einer inneren begleitet. Vorderende keilförmig; Bauchrand fast gerade. Hinterende schief abgestutzt, unten leicht doppelt gewinkelt. Schalenfläche im allgemeinen glatt, gefältelt auf der Area; Konchinschicht schmutzig gelbgrün oder bräunlich, meist gestrahlt, besonders in der Jugend. Hauptzähne etwas zusammengepreßt, tief, gerauhte Hauptzähne und Seitenzähne dünn. Wirbelhöhlen nicht tief. Perlmutter purpurn, oft verfärbt. — Maße: Länge 62—81 mm, Höhe 34—48 mm, Dicke 19—25 mm.

Verbreitung: Von Cape-Fear-Fluß, Nord-Carolina, südwärts bis Savannah, Georgia.

8. Elliptio (Elliptio) dariensis (LEA)

1842 *Unio dariensis* LEA, Trans. amer. philos. Soc., Philadelphia, 8:246; Taf. 26, Fig. 61. — Terra typica: New Darien, Georgia.

Diagnosis: Schale groß, unregelmäßig trapez- oder rautenförmig, mehr oder weniger aufgeblasen, mehr oder weniger festschalig, ungleichseitig. Wirbel mäßig voll, gelegentlich erhoben, ihre Skulptur unbekannt. Area hoch, mit einer inneren Arealkante unten. Hinterende doppelt gewinkelt. Area oft mit feinen Runzeln versehen. Vorderende verschmälert, gerundet. Schalenfläche etwas gerauht; Konchinschicht olivgrün und etwas gestrahlt in jungen Schalen, rötlichbraun bis schwärzlich in alten. Hauptzähne gedrungen, stark, gerauht, Seitenzähne gekörnelt oder mit Andeutungen von senkrechter Riefelung. Wirbelhöhlen seicht bis mäßig tief. Perlmutter weiß bis purpurn. — Maße: Länge 117—125 mm, Höhe 68—76 mm, Dicke 33—48 mm.

Verbreitung: Südost-Georgia bis Nord-Florida.

9. Elliptio (Elliptio) masoni (CONRAD)

1834 *Unio masoni* CONRAD, New Freshw. Shells: 34; Taf. 5, Fig. 2. — Terra typica: Savanna-Fluß bei Augusta, Georgia.
1852 *Unio marus* LEA, Trans. amer. philos. Soc., Philadelphia, 10:260; Taf. 15, Fig. 10. — Terra typica: Abbeville-Distrikt, Süd-Carolina.

1900 *Unio castus* SIMPSON (non *Unio castus* LEA 1860), Proc. U.S. nation. Mus., Washington, **22**:708.

Diagnosis: Schale klein, etwas rautenförmig, leicht ungleichseitig, etwas zusammengepreßt. Wirbel ziemlich voll, aber nicht viel erhoben, ihre Skulptur unbekannt. Ober-, Vorder- und Unterrand gerundet. Area hoch, Hinterende gewinkelt. Konchinschicht olivbraun mit bräunlichen Wolken, glänzend. Hauptzähne vorragend, zusammengedrückt. Wirbelhöhlen geräumig. Perlmutter bläulichweiß. — Maße: (nach der ursprünglichen Abbildung) Länge 26 mm, Höhe 20 mm.

Bemerkung: Nur in einem einzigen Stücke, dem Typus, bekannte Art, die den vorhergehenden sehr nahe zu stehen scheint.

Verbreitung: Nur nach den ursprünglichen Fundorten bekannt.

10. **Elliptio (Elliptio) fraternus** (LEA)

1852 *Unio fraternus* LEA, Trans. amer. philos. Soc., Philadelphia, **10**:263; Taf. 16, Fig. 15. — Terra typica: Abbeville-Distrikt, Süd-Carolina.

Diagnosis: Schale etwas verlängert, wenig fest, etwas rautenförmig, mehr oder weniger zusammengepreßt, ungleichseitig. Wirbel anscheinend nicht voll und erhaben, ihre Skulptur unbekannt. Area hoch, unten mit innerer Arealkante. Hinterende andeutungsweise gewinkelt. Schalenfläche ziemlich glatt, Area stark radial gerunzelt. Konchinschicht dunkel rötlichbraun, etwas glänzend. Hauptzähne niedrig, gedrungen, Seitenzähne weit hinten. Wirbelhöhlen seicht. Perlmutter weißlich purpurn. — Maße: Länge 60—65 mm, Höhe 32—37 mm, Dicke 15—19 mm.

Bemerkung: Seltene, wenig bekannte Form, die ebenfalls der Gruppe der vorangehenden Arten angehört.

Verbreitung: Süd-Carolina (anscheinend nur vom ursprünglichen Fundort bekannt).

11. **Elliptio (Elliptio) pusillus** (LEA)

1840 *Unio pusillus* LEA, Proc. Acad. nat. Sci. Philadelphia, **1**:286. — Terra typica: Ogeechee-Fluß, Georgia.

1852 *Unio buxeus* LEA, Trans. amer. philos. Soc., Philadelphia, **10**:261; Taf. 15, Fig. 13. — Terra typica: Abbeville-Distrikt, Süd-Carolina.

Diagnosis: Schale etwas rautenförmig, mehr oder weniger aufgeblasen, dünn bis mäßig festschalig, ungleichseitig. Wirbel mäßig voll, aber nicht hoch, ihre Skulptur unbekannt. Area hoch, unten oft mit innerer Arealkante; Hinterende in einer Spitze oder zweigewinkelt endend. Schalenfläche ziemlich glatt, Area mit Runzeln; Konchinschicht schmutzig grünlichgelb, oft schwach gestrahlt. Hauptzähne etwas zusammengedrückt, Seitenzähne ziemlich schwach. Wirbelhöhlen seicht. Perlmutter glanzlos bläulich oder purpurn. — Maße: Länge 43—58 mm, Höhe 26—34 mm, Dicke 16—22 mm.

Verbreitung: Süd-Carolina bis Nord-Florida.

12. **Elliptio (Elliptio) geminus** (LEA)

1856 *Unio geminus* LEA, Proc. Acad. nat. Sci. Philadelphia, **8**:262. — Terra typica: Buckhead Creek, Burke County, Georgia.

1858 *Unio satillaensis* LEA, Proc. Acad. nat. Sci. Philadelphia, 1858:166. — Terra typica: Satilla-Fluß, Camden County, Georgia.

Diagnosis: Schale gerundet rautenförmig oder lang elliptisch, aufgeblasen, ziemlich festschalig, ungleichseitig. Wirbel mäßig voll, aber nicht hoch. Area hoch, gelegentlich mit Andeutungen einer inneren Arealkante. Hinterende leicht zweigewinkelt. Schalenfläche glatt; Konchinschicht schmutzig bräunlich-grünlich, manchmal fast schwarz, mit zarten, radialen Fältchen. Hauptzähne mäßig, gedrungen, gerauht, Seitenzähne stark, gebogen. Wirbelhöhlen nicht tief. Perlmutter schmutzig purpurn. — Maße: Länge 76 mm, Höhe 44 mm, Dicke 29 mm.

Verbreitung: Georgia, USA.

13. Elliptio (Elliptio) downiei (LEA)

1858 *Unio downiei* LEA, Proc. Acad. nat. Sci. Philadelphia, 2:166. — Terra typica: Buck Lake, eine Einbuchtung des Satilla-Flusses, Wayne County, Georgia.

Diagnosis: Schale meistens eiförmig, festschalig, aufgeblasen, ungleichseitig. Wirbel voll und hoch, ihre Skulptur unbekannt. Area gut entwickelt, unten mit innerer Arealkante. Vorderende gerundet oder abgestutzt, Bauchrand geschwungen und hinter der Mitte etwas vorgezogen. Konchinschicht stoffartig, stumpf bräunlich. Hauptzähne stark, gerauht, Seitenzähne schwer, weit hinten. Wirbelhöhlen seicht, Perlmutter fleischfarben oder purpurn, ohne starken Glanz. — Maße: Länge 84 mm, Höhe 47 mm, Dicke 35 mm.

Verbreitung: Südliches Georgia und nördliches Florida, USA.

14. Elliptio (Elliptio) polymorphus (B. H. WRIGHT)

1899 *Unio polymorphus* B. H. WRIGHT, Nautilus, Philadelphia u. Boston, 13:42. — Terra typica: Spanish Creek, Charlton County, Georgia.

Diagnosis: Schale fest, mehr oder weniger aufgetrieben, mehr oder weniger rautenförmig, ungleichseitig. Wirbel ziemlich voll, mäßig erhoben, ihre Skulptur unbekannt. Area hoch, unten meist mit innerer Arealkante. Hinterende in einer Spitze oder zweiwinklig endend. Bauchrand gerade oder nur mäßig geschwungen, in ganz alten Stücken manchmal etwas eingebuchtet. Schalenfläche ziemlich glatt, mit feinen Runzeln auf der Area; Konchinschicht dick; bronzegrün und gestrahlt in jungen Stücken, rötlichbraun bis schwärzlich in alten. Hauptzähne stark, gerauht, Seitenzähne normal. Wirbelhöhlen ziemlich seicht. Perlmutter weiß, gelblich, lachsfarben oder purpurn. — Maße: Länge 83—96 mm, Höhe 53—55 mm, Dicke 37—38 mm.

Bemerkung: Eine sehr veränderliche Form, die Übergänge zu verschiedenen der bisher aufgeführten *Elliptio*-Arten darzustellen scheint; ihre Artberechtigung ist daher anfechtbar. Sie ist nie abgebildet worden.

Verbreitung: Georgia (anscheinend nur von ursprünglichen Fundorten bekannt).

15. Elliptio (Elliptio) spissus (LEA)

1859 *Unio spissus* LEA, Proc. Acad. nat. Sci. Philadelphia, 3:112. — Terra typica: Satilla-Fluß, Wayne County, Georgia.

Diagnosis: Schale etwas rautenförmig oder eiförmig, vorn etwas verschmälert, festschalig, mäßig bis stark aufgeblasen, etwas ungleichseitig. Wirbel voll und hoch. Area hoch, unten oft mit innerer Arealkante. Hinterende abgestumpft oder zweiwinklig. Bauchrand mehr oder weniger geschwungen, ebenso der Rückenrand. Vorderende etwas verschmälert und gerundet. Konchinschicht bräunlichgrün und gelegentlich gestrahlt in jungen Stücken, rötlichbraun und ungestrahlt in alten. Hauptzähne klein, zusammengepreßt, etwas verkümmert, Seitenzähne lang, schwer, gebogen. Wirbelhöhlen ziemlich vertieft. Perlmutter trübe purpurn. — Maße: Länge 78—103 mm, Höhe 50—65 mm, Dicke 38—47 mm.

Verbreitung: Georgia, USA.

16. **Elliptio (Elliptio) lecontianus** (Lea)

1836 *Unio lecontianus* Lea, Trans. amer. philos. Soc., Philadelphia, **6**:40; Taf. 12, Fig. 35. — Terra typica: Conochee-Fluß, Georgia.

1849 *Unio contrarius* Conrad, Proc. Acad. nat. Sci. Philadelphia, **4**:153. — Terra typica: Ogeechee-Fluß, Georgia.

Diagnosis: Schale etwas elliptisch oder rautenförmig, aufgeblasen, meist festschalig, ungleichseitig. Wirbel voll, anscheinend etwas erhoben. Area hoch, unten oft mit innerer Arealkante; Hinterende zweigewinkelt. Bauchrand gebogen oder fast gerade. Vorderende gerundet. Rückenrand geschwungen. Schalenfläche mit unebenen Zuwachsstreifen; Konchinschicht glatt, bräunlich und gestrahlt in der Jugend, tiefer braun und ungestrahlt im Alter. Hauptzähne stark, niedrig, gerauht, Seitenzähne stark und gebogen. Wirbelhöhlen nicht tief. Perlmutter stumpf purpurn. — Maße: Länge 70—83 mm, Höhe 45—50 mm, Dicke 20—38 mm.

Verbreitung: Georgia, USA.

17. **Elliptio (Elliptio) buddianus** (Lea)

1843 *Unio buddianus* Lea, Proc. amer. philos. Soc., Philadelphia, **4**:15. — Terra typica: Lake George und Lake Munroe, Florida.

1843 *Unio monroensis* Lea, Proc. amer. philos. Soc., Philadelphia, **4**:16. — Terra typica: Lake Monroe, Florida.

1888 *Unio websteri* B. H. Wright, Proc. Acad. nat. Sci. Philadelphia, **1888**:113; Taf. 2, Fig. 2. — Terra typica: Lake Woodruff, Volusia County, Florida.

1896 *Unio hartwrighti* B. H. Wright, Nautilus, Philadelphia u. Boston, **9**:121; Taf. 2, Fig. 4—6. — Terra typica: Lake Beresford, Florida.

1900 *Unio buckleyi* — Simpson (non *Unio buckleyi* Lea, 1843), Proc. U.S. nation. Mus., Washington, **22**:713.

Diagnosis: Schale meist länglich eiförmig, seltener mehr rautenförmig oder quereiförmig, mehr oder weniger aufgeblasen, mehr oder weniger festschalig, ungleichseitig. Wirbel ziemlich hoch und voll, ihre Skulptur besteht aus zahlreichen, leicht in Doppelschlingen gelegten Fältchen. Area hoch, besonders in der Jugend, wo sie manchmal geradezu flügelartig ist; dann ist der Umriß der Schale etwas rautenförmig. Schalenfläche glatt oder etwas rauh; Konchinschicht meist glatt und glänzend in der Jugend, fast schwarz und glanzlos im Alter; in jungen Stücken oft gestrahlt. Hauptzähne leicht zusammengepreßt, gerauht, Seitenzähne normal. Wirbelhöhlen seicht. Perlmutter weiß, strohgelb, lachsfarben purpurn, meist schillernd. — Maße: Länge 49—94 mm, Höhe 27—50 mm, Dicke 18—36 mm.

Bemerkung: Die Formen *monroensis* und *hartwrighti* sind als Lokalformen des *buddianus* aufgefaßt worden, scheinen mir aber noch in die Variationsbreite von *buddianus* zu gehören.

Verbreitung: Florida, USA.

18. Elliptio (Elliptio) buckleyi (Lea)

1843 *Unio buckleyi* Lea, Proc. amer. philos. Soc., Philadelphia, 4:13. — Terra typica: Lake George und Lake Monroe, Florida.
1888 *Unio dalli* B. H. Wright, Proc. Acad. nat. Sci. Philadelphia, 1888:119; Taf. 6, Fig. 1. — Terra typica: Lake Beresford, Volusia County, Florida.
1888 *Unio orcuttii* S. H. Wright, West Amer. Scientist, San Diego, 4:60; 3 Abb. — Terra typica: Myakka Lake und Myakka-Fluß, Manatee County, Florida.
1897 *Unio pinei* B. H. Wright, Nautilus, Philadelphia u. Boston, 11:40. — Terra typica: Ein See in Hernando County, Florida.
1897 *Unio suttoni*, B. H. Wright, Nautilus, Philadelphia u. Boston, 11:56. — Terra typica: See bei Candler, Marion County, Florida.
1914 *Unio buddianus* — Simpson (non *Unio buddianus* Lea 1843), Descr. Catal. Naiades: 628.

Diagnosis: Schale elliptisch, aufgeblasen. Hinterende gewinkelt. Wirbel ziemlich vorragend. Konchinschicht dunkelbraun, glatt und glänzend, grünlich gestrahlt in jungen Stücken. Hauptzähne lang und dick, Seitenzähne lang, fest, gebogen. Wirbelhöhlen ziemlich tief, Perlmutter purpurn oder lachsfarben. — Maße: Länge 90 mm, Höhe 48 mm, Dicke 39 mm.

Bemerkung: Die als eigene Arten benannten Formen *dalli* Wright und *orcuttii* Wright sind als Lokalformen, *suttoni* Wright als von *buckleyi* Lea verschiedene Art aufgefaßt worden. Alle drei scheinen mir so wenig von der zuletzt genannten Art abzuweichen, daß ich sie in deren Synonymie stelle.

Verbreitung: Nord-Florida.

19. Elliptio (Elliptio) jayensis (Lea)

1838 *Unio jayensis* Lea, Trans. amer. philos. Soc., Philadelphia, 6:28; Taf. 9, Fig. 23. — Terra typica: Florida.
1866 *Unio prasinatus* Conrad, Amer. J. Conch., Philadelphia, 2:279; Taf. 15, Fig. 14. — Terra typica: Florida.
1870 *Unio jayanus* Lea, Synopsis Fam. Unionidae: 60. — (nomen emend. pro *Unio jayensis* Lea).
1888 *Unio simpsoni* B. H. Wright, Check List North amer. Unionidae: 14. — Terra typica: Nicht genannt.
1888 *Unio marshii* B. H. Wright, Proc. Acad. nat. Sci. Philadelphia, 1888:118; Taf. 5, Fig. 2. — Terra typica: Lake Woodruff, Volusia County, Florida.
1888 *Unio tryoni* B. H. Wright, Proc. Acad. nat. Sci. Philadelphia, 1888:120; Taf. 6, Fig. 2. — Terra typica: Lake Woodruff, Volusia County, Florida.

Diagnosis: Schale ziemlich verlängert, etwas eiförmig oder rautenförmig, oft leicht geflügelt, mehr oder weniger bauchig, ungleichseitig, meistens ziemlich dünnschalig. Wirbel nur mäßig voll und erhoben, ihre Skulptur besteht aus unregelmäßigen, gewellten, etwas in doppelte Schlingen gelegten Fältchen. Area meist mit innerer Arealkante, Hinterende ziemlich deutlich doppelt gewinkelt. Schalenfläche mit unebenen Zuwachslinien; Konchinschicht oft glänzend gelblich oder gelblichgrün mit Strahlen in jungen Stücken; grünlichbraun oder schwärzlich, glanzlos in alten. Hauptzähne und Seitenzähne zart. Wirbelhöhlen seicht. Perlmutter glanzlos, purpurn oder lachsfarben. — Maße: Länge 90—96 mm, Höhe 44—45 mm, Dicke 30—32 mm.

Bemerkung: Der bisher als Varietät betrachtete *Unio tryoni* B. H. WRIGHT ist meiner Meinung nach nichts anderes als ein Synonym von *Elliptio (Elliptio) jayensis* (LEA).

Verbreitung: Florida.

20. Elliptio (Elliptio) dorei (WRIGHT)

1888 *Unio dorei* B. H. WRIGHT, Proc. Acad. nat. Sci. Philadelphia, **1888**:115; Taf. 3, Fig. 1. — Terra typica: Lake Monroe, Florida.

Diagnosis: Schale eiförmig, festschalig. Wirbel stumpf, groß. Rückenrand wenig gebogen; Bauchrand leicht gebogen; Vorderrand kurz, abgestutzt. Area mit zwei deutlichen Arealkanten. Schalenfläche glänzend; Konchinschicht rötlich, bräunlich an den Zuwachsstreifen. Hauptzähne sehr schwer, glatt, Seitenzähne sehr lang, schwer und leicht gekrümmt. Wirbelhöhlen sehr seicht. Perlmutter lachsfarben. — Maße: Länge 63 mm, Höhe 37 mm, Dicke 24 mm.

Verbreitung: Florida (wohl nur vom ursprünglichen Fundort bekannt).

21. Elliptio (Elliptio) hinkleyi (B. H. WRIGHT)

1888 *Unio hinkleyi* B. H. WRIGHT, Proc. Acad. nat. Sci. Philadelphia, **1888**:117; Taf. 4, Fig. 2. — Terra typica: Lake Monroe, Florida.

Diagnosis: Schale länglich rautenförmig, ungleichseitig, etwas aufgeblasen, ziemlich dünnschalig. Wirbel mäßig voll und nur leicht erhoben, ihre Skulptur ist unbekannt. Area ziemlich hoch, fein gerunzelt. Vorderende abgeschnitten unten, gerundet; Bauchrand fast gerade. Schalenfläche glatt; Konchinschicht dunkelgrün mit dunkleren Stellen hinten. Hauptzähne zusammengepreßt, Seitenzähne schwach. Perlmutter hell purpurn. — Maße: Länge 74 mm, Höhe 38 mm, Dicke 23 mm.

Verbreitung: Florida (wohl nur vom ursprünglichen Fundort bekannt).

22. Elliptio (Elliptio) subluridus (SIMPSON)

1892 *Unio subluridus* SIMPSON, Proc. U.S. nation. Mus., Washington, **15**:432; Taf. 83, Fig. 3—4. — Terra typica: Orange Springs, Marion County, Florida.

Diagnosis: Schale ziemlich klein, etwas rauten- oder eiförmig, bauchig, mehr oder minder festschalig, ungleichseitig. Wirbel weder voll noch hoch. Area niedrig. Bauchrand geschwungen, manchmal hinter die Mitte vorgezogen. Vorderende etwas verschmälert, aber gerundet. Schalenfläche fast glatt; Konchinschicht braun oder blaß rötlichbraun, wenig glänzend, Hauptzähne etwas zusammengepreßt, Seitenzähne gebogen. Perlmutter schmutzig kupferfarben. — Maße: Länge 42 mm, Höhe 23 mm, Dicke 14 mm.

Bemerkung: Zweifelhafte und wohl auch noch nicht ausgewachsene Form, die kaum Artberechtigung hat.

Verbreitung: Florida (nur vom ursprünglichen Fundort bekannt).

23. **Elliptio (Elliptio) tenuisculus** Frierson

1911 *Unio tenuisculus* Frierson, Nautilus, Philadelphia u. Boston, **25**:29; Taf. 1, Fig. 4—6. — Terra typica: Reedy Lake, Polk County, Florida.

Diagnosis: Schale querelliptisch, ziemlich fest, recht klein. Area rauh und glanzlos. Hinterende breit gewinkelt, Vorderende abgestutzt. Schalenfläche glatt, Konchinschicht bräunlich olivenfarben. Hauptzähne und Seitenzähne stark. Perlmutter purpurn oder lachsfarben. — Maße: Länge 36,5 mm, Höhe 20 mm, Dicke 14,5 mm.

Bemerkung: Frierson bezeichnet diese Art als die kleinste aus dem Verwandtschaftskreis von *Elliptio (Elliptio) buckleyi* (Lea).

Verbreitung: Wohl nur aus Reedy Lake (Florida) bekannt.

24. **Elliptio (Elliptio) coruscus** (Gould)

1856 *Unio coruscus* Gould, Proc. Boston Soc. nat. Hist., **1**:15. — Terra typica: St.-Johns-Fluß bei Lake Beresford, Florida.

1888 *Unio fryanus* B. H. Wright, Proc. Acad. nat. Sci. Philadelphia, **1888**:113; Taf. 2, Fig. 1. — Terra typica: Lake Ashby, Volusia County, Florida.

1897 *Unio diazensis* S. H. Wright, Nautilus, Philadelphia u. Boston, **11**:5. — Terra typica: Lake Diaz, Volusia County, Florida.

Diagnosis: Schale meistens eiförmig, gelegentlich etwas rautenförmig, mehr oder weniger aufgeblasen, mehr oder weniger festschalig, ungleichseitig. Wirbel mäßig voll, etwas erhoben, ihre Skulptur unbekannt. Area hoch, gelegentlich auch mit innerer Arealkante. Hinterende gerundet zugespitzt, oder leicht zweiwinklig. Vorderende meist mehr oder weniger abgestutzt. Rücken- und Bauchrand geschwungen. Schalenfläche meist glatt; Konchinschicht bräunlich, gelblichgrün oder rötlichbraun, manchmal mit dunkleren Wolkenflecken oder mit Strahlen, glänzend. Hauptzähne zusammengepreßt bis gedrungen, rauh, Seitenzähne gebogen. Wirbelhöhlen seicht. Perlmutter purpurn, glanzlos oder leicht schillernd. — Maße: Länge 48—70 mm, Höhe 24—40 mm, Dicke 17—30 mm.

Bemerkung: Die von B. H. Wright beschriebenen Arten *fryanus* und *diazensis*, die zuerst als Lokalformen von *coruscus* angesehen wurden, sind meiner Meinung völlig mit ihm identisch.

Verbreitung: Florida, USA.

25. **Elliptio (Elliptio) cunninghami** (B. H. Wright)

1883 *Unio cunninghami* B. H. Wright, Proc. Acad. nat. Sci. Philadelphia, **13**:58; Taf. 1, Fig. 1—4. — Terra typica: Seen in Sumpter County, Florida.

Diagnosis: Schale meist etwas rautenförmig, manchmal ganz ausgesprochen so, festschalig, mehr oder weniger aufgeblasen, ungleichseitig. Wirbel anscheinend voll und etwas erhoben, meist zu sehr angefressen, um Genaueres feststellen zu können. Area wohlentwickelt. Hinterende zugespitzt. Bauchrand meist gerade, gelegentlich etwas eingedrückt. Vorderende gerundet oder abgestutzt. Schalenfläche mit unregelmäßigen Zuwachsstreifen; Konchinschicht glänzend, gelbgrünlich, aschbraun oder braun, manchmal mit Wolkenflecken oder leicht grün gestrahlt. Hauptzähne zusammengepreßt bis fest.

gerauht; Seitenzähne kurz und gebogen. Perlmutter silberig oder purpurn oder lachsfarben, oft schillernd. — Maße: Länge 46—52 mm, Höhe 26 bis 39 mm, Dicke 23—24 mm.

Verbreitung: Florida, USA.

26. **Elliptio (Elliptio) pygmaeus** (Lea)

1852 *Unio pygmaeus* Lea, Proc. amer. philos. Soc., Philadelphia, 5:252. — Terra typica: Abbeville-Distrikt, Süd-Carolina.

Diagnosis: Schale elliptisch, ziemlich zusammengepreßt, vorn gerundet und hinten winklig, ziemlich dünnschalig. Wirbel etwas vorragend. Schalenfläche glatt; Konchinschicht dunkelbraun, mit undeutlichen Strahlen und leicht glänzend. Hauptzähne klein, zusammengepreßt; Seitenzähne ziemlich lang, leicht gebogen, hinten verdickt. Wirbelhöhlen seicht. Perlmutter blau und hinten stark schillernd. — Maße: Länge 30 mm, Höhe 18 mm, Dicke 10 mm.

Bemerkung: Nur nach dem Typusexemplar bekannt. Zweifellos ein junges Stück, das in die nähere Verwandtschaft von *buckleyi* Lea gehören dürfte.

Verbreitung: Süd-Carolina (nur vom ursprünglichen Fundort bekannt).

27. **Elliptio (Elliptio) ferrissi** (Marsh)

1891 *Unio ferrissi* Marsh, Nautilus, Philadelphia u. Boston, 5:30. — Terra typica: Kleiner Bach bei Palatka, Florida.

Diagnosis: Schale fast elliptisch, festschalig, aufgeblasen, ungleichseitig. Rücken- und Bauchrand geschwungen. Vorderende etwas abgestutzt. Wirbel ziemlich hoch, ihre Skulptur unbekannt. Schalenfläche fast glatt; Konchinschicht dunkelgrün oder schwärzlich, mit haardünnen Strahlen, glänzend. Area etwas gerunzelt. Hauptzähne zusammengepreßt, fest; Seitenzähne kurz, leicht gebogen. Perlmutter rosenrot, schillernd. — Maße: Länge 57 mm, Höhe 30 mm, Dicke 22 mm.

Verbreitung: Florida, USA.

28. **Elliptio (Elliptio) dorsatus** (Lea)

1868 *Unio dorsatus* Lea, Proc. Acad. nat. Sci. Philadelphia, 12:160. — Terra typica: Catawba-Fluß, Nord-Carolina.

Diagnosis: Schale ungefähr rautenförmig oder manchmal fast dreieckig, ungleichseitig, aufgeblasen, ziemlich festschalig. Wirbel etwas erhoben, aber nicht aufgeblasen, ihre Skulptur nicht bekannt. Area hoch, Hinterende zweigewinkelt. Vorderende leicht verschmälert. Area oft mit Runzeln. Schalenfläche mit unregelmäßigen Zuwachsstreifen; Konchinschicht schmutzig wolkig braun, manchmal leicht gestrahlt. Hauptzähne gerauht und gedrungen; Seitenzähne lang, der untere linke größer als der obere. Perlmutter trübe, etwas purpurn. — Maße: Länge 59 mm, Höhe 39 mm, Dicke 22 mm.

Verbreitung: Von Nord-Carolina südwärts bis Florida.

29. **Elliptio (Elliptio) waccamawensis** (Lea)

1863 *Unio waccamawensis* Lea, Proc. Acad. nat. Sci. Philadelphia, 7:193. — Terra typica: Waccamaw-See, Nord-Carolina.

Diagnosis: Schale ziemlich verlängert, rautenförmig, ungleichseitig, ziemlich dünnschalig, mehr oder minder aufgeblasen. Wirbel nicht hoch und nicht voll, ihre Skulptur unbekannt. Area sehr hoch. Schalenfläche mit zarten Zuwachsstreifen, Area oft gerunzelt; Konchinschicht aschgrau oder rauchig grün. Hauptzähne zusammengepreßt, Seitenzähne zart. Perlmutter bläulich weiß. — Maße: Länge 37—43 mm, Höhe 18—21 mm, Dicke 15—17 mm.

Verbreitung: Nord-Carolina.

30. Elliptio (Elliptio) lehmanii (S. H. Wright)

1897 *Unio lehmanii* S. H. Wright, Nautilus, Philadelphia u. Boston, **10**:138. — Terra typica: St.-Mary's-Fluß, Florida.
1897 *Unio butchianus* S. H. Wright, Nautilus, Philadelphia u. Boston, **10**:137. — Terra typica: St.-Mary's-Fluß, Florida.

Diagnosis: Schale kurz elliptisch, festschalig, aufgeblasen, ungleichseitig. Wirbel nur mäßig voll und hoch, ihre Skulptur unbekannt. Area hoch, mit Andeutungen einer inneren Arealkante. Hinterende schmal zweigewinkelt. Schalenfläche fast glatt; Konchinschicht gelbgrün oder olivgrün oder bräunlich, zart gestrahlt, glänzend. Hauptzähne fest. Wirbelhöhlen seicht. Perlmutter stumpf purpurn. — Maße: Länge 70 mm, Höhe 45 mm, Dicke 27 mm.

Verbreitung: Florida (wohl nur vom ursprünglichen Fundort bekannt).

31. Elliptio (Elliptio) fuscatus (Lea)

1843 *Unio fuscatus* Lea, Proc. amer. philos. Soc., Philadelphia, **4**:17. — Terra typica: Black Creek, Florida.

Diagnosis: Schale verlängert elliptisch oder etwas eiförmig, mehr oder weniger zusammengepreßt, ziemlich dünnschalig. Wirbel niedrig, etwas zusammengedrückt, ihre Skulptur besteht aus etwas konzentrischen und leicht knotigen Fältchen. Area niedrig, meistens mit innerer Arealkante. Hinterende schwach zweiwinklig. Schalenfläche ziemlich glatt; Konchinschicht fahl rötlichbraun oder aschbraun, oft grün gestrahlt, in jungen Stücken stark glänzend. Hauptzähne klein, gezackt, Seitenzähne zart, gekrümmt. Wirbelhöhlen seicht. Perlmutter kupfer- oder purpurfarben. — Maße: Länge 45—67 mm, Höhe 27—36 mm, Dicke 14—18 mm.

Verbreitung: Florida, USA.

31. Elliptio (Elliptio) occultus (Lea)

1843 *Unio occultus* Lea, Proc. amer. philos. Soc., Philadelphia, **4**:15. — Terra typica: Black Creek und Lake Monroe, Florida.

Diagnosis: Schale etwa eiförmig oder rautenförmig, vorn etwas verschmälert, ungleichseitig, mehr oder weniger aufgeblasen. Wirbel nur mäßig hoch und voll, ihre Skulptur besteht aus fast längsgerichteten Fältchen. Area meist mit innerer Arealkante; Hinterende zweiwinklig. Hinten meist etwas vorgezogen. Schalenfläche fast glatt; Konchinschicht bräunlich, meist zart grün gestrahlt. Hauptzähne etwas zusammengepreßt, Seitenzähne leicht gekrümmt. Perlmutter purpurn, manchmal etwas kupferfarben. — Maße: Länge 52 mm, Höhe 28 mm, Dicke 18 mm.

Verbreitung: Florida, USA.

32. **Elliptio (Elliptio) hepaticus** (Lea)

1859 *Unio hepaticus* Lea, Proc. Acad. nat. Sci. Philadelphia, 3:154. — Terra typica: Salkahatchee-Fluß, Süd-Carolina.

Diagnosis: Schale etwas eiförmig, zusammengepreßt, ziemlich dünnschalig. Wirbel niedrig und flach. Area niedrig, mit zwei Arealkanten; Hinterende zweigewinkelt; Vorderende etwas verschmälert, gerundet. Schalenfläche glatt; Konchinschicht glänzend, etwa leberfarben, ungestrahlt. Hauptzähne klein, wenig hoch, gestrichelt, Seitenzähne lang und gerade. Wirbelhöhlen seicht. Perlmutter purpurn, sehr schillernd. — Maße: Länge 60 mm, Höhe 32 mm, Dicke 16 mm.

Bemerkung: Diese Form stellt nach den meisten Autoren ein Synonym von *Elliptio obnubilus* (Lea) dar, ist jedoch nach Frierson eine gute Art.

Verbreitung: Süd-Carolina.

33. **Elliptio (Elliptio) nigellus** (Lea)

1852 *Unio nigellus* Lea, Proc. amer. philos. Soc., Philadelphia, 5:251. — Terra typica: Chattahoochee-Fluß bei Columbus, Georgia.

1857 *Unio denigratus* Lea, Proc. Acad. nat. Sci. Philadelphia, 9:171. — Terra typica: Flüsse bei Columbus, Georgia.

1857 *Unio purpurellus* Lea, Proc. Acad. nat. Sci. Philadelphia, 9:171. — Terra typica: Flint-Fluß bei Albany, Georgia.

Diagnosis: Schale etwas rautenförmig, vorn verschmälert, etwas aufgeblasen, ungleichseitig. Wirbel leicht erhoben und aufgeblasen, ihre Skulptur besteht aus zahlreichen gewellten, leicht doppeltgeschwungenen Fältchen. Area hoch, mit zwei Arealkanten. Hinterende schwach zweiwinklig. Die Schale ist etwa längs der äußeren Arealkante am stärksten aufgeblasen. Bauchrand fast gerade, manchmal hinter der Mitte etwas vorgezogen. Vorderende verschmälert, gerundet. Schalenfläche mit unregelmäßigen Zuwachsstreifen; Konchinschicht schmutzig grünlich und gestrahlt bei jungen Tieren, dunkelbraun oder schwarz, wenig glänzend bei alten. Hauptzähne klein, gedrungen, gerauht. Perlmutter in allen Schattierungen von silberweiß bis purpurn. — Maße: Länge 39—56 mm, Höhe 21—30 mm, Dicke 12—18 mm.

Verbreitung: Vom Chattahoochee-Flußgebiet in Süd-Carolina bis Nord-Florida, USA.

34. **Elliptio (Elliptio) tortivus** (Lea)

1840 *Unio tortivus* Lea, Proc. amer. philos. Soc., Philadelphia, 1:287. — Terra typica: Chattahoochee-Fluß bei Columbus, Georgia.

1857 *Unio tetricus* Lea, Proc. Acad. nat. Sci., Philadelphia, 9:170. — Terra typica: Flint-Fluß bei Albany, Georgia.

Diagnosis: Schale elliptisch, zusammengepreßt, ziemlich dünnschalig. Wirbel etwas vorragend, zusammengepreßt. Unterrand leicht eingedrückt. Konchinschicht dunkelbraun. Hauptzähne sehr klein und gelappt, Seitenzähne lang und gebogen. Wirbelhöhlen sehr seicht. Perlmutter purpurn, schillernd. — Maße: Länge 49 mm, Höhe 25 mm, Dicke 16 mm.

Bemerkung: Im Gegensatz zu anderen Autoren faßt Frierson die Form als eigene Art auf.

Verbreitung: Georgia, USA.

35. Elliptio (Elliptio) arctatus (Conrad)

1834 *Unio arctatus* Conrad, Amer. J. Sci., New Haven, 25:340; Taf. 1, Fig. 9. — Terra typica: Black-Warrior-Fluß und Alabama-Fluß.

1840 *Unio strigosus* Lea, Proc. amer. philos. Soc., Philadelphia, 1:287. — Terra typica: Chattahoochee-Fluß bei Columbus, Georgia.

1852 *Unio lazarus* Lea, Proc. amer. philos. Soc., Philadelphia, 5:251. — Terra typica: Abbeville-Distrikt, Nord-Carolina.

1859 *Unio viridans* Lea, Proc. Acad. nat. Sci. Philadelphia, 3:170. — Terra typica: Bei Columbus, Georgia.

1862 *Unio merceri* Lea, Proc. Acad. nat. Sci. Philadelphia, 6:169. — Terra typica: Lee County, Georgia.

Diagnosis: Schale verlängert, mehr oder weniger zusammengepreßt, meist etwas gekrümmt, ungleichseitig, nicht sehr festschalig. Wirbel niedrig, ihre Skulptur besteht aus starken, gewellten Fältchen, die fast mit den Zuwachsstreifen gleichlaufen. Area niedrig, meist mit undeutlicher innerer Arealkante. Hinterende etwas gerundet zweigewinkelt. Bauchrand gewöhnlich eingekrümmt. Schalenfläche meist ziemlich glatt; Konchinschicht von gelbgrün bis fast schwarz und schwach gestrahlt bei jungen Tieren, rauh und sehr dunkel bei alten. Hauptzähne niedrig, gedrungen, Seitenzähne weit hinten. Perlmutter meist purpurn. — Maße: Länge 50—63 mm, Höhe 23—29 mm, Dicke 13—14 mm.

Verbreitung: Süd-Georgia; Black Warrior River, Alabama, USA.

36. Elliptio (Elliptio) raveneli (Conrad)

1834 *Unio raveneli* Conrad, New Freshw. Shells: 39; Taf. 6, Fig. 4. — Terra typica: Wateree Kanal, Süd-Carolina.

1834 *Unio confertus* Lea, Trans. amer. philos. Soc., Philadelphia, 5:103; Taf. 16, Fig. 47. — Terra typica: Wateree-Kanal, Süd-Carolina.

1836 *Margarita (Unio) watereensis* Lea, Synops. Fam. Naiades: 31. — Terra typica: Wateree Canal, Süd-Carolina.

1871 *Unio santeensis* Lea, Proc. Acad. nat. Sci. Philadelphia, 1:193. — Terra typica: Santee Canal, Süd-Carolina.

Diagnosis: Schale mehr oder weniger rautenförmig, gelegentlich aber fast elliptisch oder leicht eiförmig, mehr oder weniger festschalig, mehr oder weniger aufgeblasen, ungleichseitig. Wirbel mäßig hoch und voll, ihre Skulptur besteht aus zahlreichen Fältchen, die fast mit den Zuwachsstreifen gleichlaufen. Area hoch, manchmal unten mit einer inneren Arealkante. Hinterende abgerundet zugespitzt oder schwach zweigewinkelt. Schalenfläche fast glatt; Konchinschicht bräunlich und schwach gestrahlt in jungen Schalen, rötlichbraun oder schwarz, rauh und glanzlos in erwachsenen. Hauptzähne stark und gerieft, Seitenzähne gekrümmt. Perlmutterfarbe schwankend zwischen stumpf purpurn und bläulich oder weiß. — Maße: Länge 68—96 mm, Höhe 39—55 mm, Dicke 30—37 mm.

Verbreitung: Von Nord-Carolina südwärts bis Florida.

37. Elliptio (Elliptio) geddingsianus (Lea)

1852 *Unio geddingsianus* Lea, Proc. amer. philos. Soc., Philadelphia, 1:285. — Terra typica: Congaree-Fluß, Süd-Carolina.

1849 *Unio limatulus* Conrad, Proc. Acad. nat. Sci. Philadelphia, 4:154. — Terra typica: Savannah-Fluß, Georgia.

1852 *Unio whiteianus* LEA, Trans. amer. philos. Soc., Philadelphia, **10**:258; Taf. 14, Fig. 8. — Terra typica: Bei Savannah, Georgia.
1865 *Unio protensus* LEA, Proc. Acad. nat. Sci. Philadelphia: **9**: 88. — Terra typica: Nord-Carolina.
1871 *Unio radiolus* LEA, Proc. Acad. nat. Sci. Philadelphia, **1**:192. — Terra typica: Ogeechee-Fluß, Liberty County, Georgia.

Diagnosis: Schale elliptisch, etwas aufgeblasen, ziemlich dünnschalig. Wirbel etwas vorragend. Hinterende zweiwinklig. Konchinschicht braun mit zahlreichen dunkelgrünen Strahlen. Hauptzähne hoch und zusammengepreßt; Seitenzähne sehr lang und gerade. Wirbelhöhlen klein und etwas winklig. Perlmutter lachsfarben oder weiß. — Maße: Länge 63 mm, Höhe 36 mm, Dicke 20 mm.

Verbreitung: Süd-Carolina bis Florida.

38. Elliptio (Elliptio) lugubris (LEA)

1838 *Unio lugubris* LEA, Trans. amer. philos. Soc., **6**:33. — Terra typica: Hopeton nahe Darien, Georgia.
1927 *Elliptio cylindraceus* FRIERSON (nomen novum pro *Unio lugubris* LEA 1838), Class. annot. Check List N. amer. Naiades: 29.

Diagnosis: Schale elliptisch, etwas aufgeblasen, ungleichseitig, etwas dickschalig. Wirbel ziemlich vorragend. Hinterende zweiwinklig. Konchinschicht fast schwarz. Hauptzähne zusammengepreßt; Seitenzähne ziemlich lang und etwas gekrümmt. Perlmutter purpurn. — Maße: Länge 63 mm, Höhe 32 mm, Dicke 21 mm.

Bemerkung: Diese nur nach dem Typusexemplar bekannte Art steht dem vorangehenden *E. geddingsianus* äußerst nahe; FRIERSON aber sieht sie als eigene Art an.

Verbreitung: Hopeton, Georgia (nur von der Terra typica bekannt).

39. Elliptio (Elliptio) similis (LEA)

1857 *Unio similis* LEA, Proc. Acad. nat. Sci. Philadelphia, **9**:169. — Terra typica: Buckhead Creek, Burke County, Georgia.

Diagnosis: Schale elliptisch, etwas aufgeblasen, ungleichseitig, etwas dickschalig. Wirbel etwas vorragend. Area niedrig, hinterer Rückenrand geschwungen. Hinterende leicht zweiwinklig, Vorderende etwas abgestutzt. Schalenfläche glatt; Konchinschicht dunkelbraun, gestrahlt. Hauptzähne groß, pyramidenförmig; Seitenzähne lang und leicht gekrümmt. Wirbelhöhlen ziemlich tief. Perlmutter weiß oder lachsfarben, schillernd. — Maße: Länge 57 mm, Höhe 30 mm, Dicke 20 mm.

Verbreitung: Georgia, USA.

40. Elliptio (Elliptio) lucidus (LEA)

1863 *Unio lucidus* LEA, Proc. Acad. nat. Sci. Philadelphia, **7**:192. — Terra typica: Livingston's Creek, Brunswick County, Nord-Carolina.

Diagnosis: Schale elliptisch, aufgeblasen, sehr ungleichseitig, etwas festschalig. Wirbel etwas vorragend. Hinterende etwas zweiwinklig, Vorderende gerundet. Konchinschicht rötlichbraun, gestrahlt; Schalenfläche glatt. Hauptzähne klein, etwa keglig und tief gerieft; Seitenzähne ziemlich lang, blattartig und etwas gekrümmt. Perlmutter bläulichweiß und sehr schillernd. — Maße: Länge 41 mm, Höhe 23 mm, Dicke 15,5 mm.

Verbreitung: Nord-Carolina und Süd-Carolina, USA.

41. Elliptio (Elliptio) insulsus (LEA)

1857 *Unio insulsus* LEA, Proc. Acad. nat. Sci. Philadelphia, 1:86. — Terra typica: Roanoke-Fluß bei Weldon, Nord-Carolina.

1863 *Unio cistelliformis* LEA, Proc. Acad. nat. Sci. Philadelphia, 7:192. — Terra typica: Neuse-Fluß bei Raleigh, Nord-Carolina.

Diagnosis: Schale ziemlich klein, rautenförmig, mehr oder weniger aufgeblasen, ungleichseitig, mehr oder weniger dickschalig. Wirbel voll und hoch, ihre Skulptur nicht bekannt. Area wohlentwickelt, gelegentlich mit innerer Arealkante. Hinterende gerundet zugespitzt oder leicht zweiwinklig. Schalenfläche oft rauh; Konchinschicht stumpf aschgrünlich bis bräunlich oder schwärzlich, gelegentlich schwach gestrahlt. Hauptzähne klein, niedergedrückt bis flach, aber gerauht; Seitenzähne gekrümmt. Wirbelhöhlen meist seicht. Perlmutter schmutzig bläulich oder blaß purpurn. — Maße: Länge 43 bis 60 mm, Höhe 26—34 mm, Dicke 18—22 mm.

Verbreitung: Nord-Carolina bis Florida, USA.

42. Elliptio (Elliptio) obnubilus (LEA)

1857 *Unio obnubilus* LEA, Proc. Acad. nat. Sci. Philadelphia, 9:169. — Terra typica: Buckhead Creek, Burke County, Georgia.

1857 *Unio opacus* LEA, Proc. Acad. nat. Sci. Philadelphia, 9:169. — Terra typica: Buckhead Creek, Burke County, Georgia.

1857 *Unio aequatus* LEA, Proc. Acad. nat. Sci. Philadelphia, 9:170. — Terra typica: Buckhead Creek, Burke County, Georgia.

1857 *Unio viridicatus* LEA, Proc. Acad. nat. Sci. Philadelphia, 9:170. — Terra typica: Buckhead Creek, Burke County, Georgia.

Diagnosis: Schale etwas rautenförmig, mehr oder minder aufgetrieben, mehr oder minder festschalig, ungleichseitig. Wirbel nicht sehr voll und hoch, ihre Skulptur ist unbekannt. Area wohl entwickelt, mit innerer Arealkante. Hinterende schwach zweiwinklig. Schalenfläche leicht gerauht oder glatt; Konchinschicht grünlichbraun, selten gestrahlt. Hauptzähne stumpf und rauh, Seitenzähne gekrümmt. Wirbelhöhlen seicht. Perlmutter purpurn bis fleischfarben, meist glänzend. — Maße: Länge 66—67 mm, Höhe 38—40 mm, Dicke 22—24 mm.

Verbreitung: Süd-Carolina bis Nord-Florida, USA.

43. Elliptio (Elliptio) nolani (B. H. WRIGHT)

1888 *Unio nolani* B. H. WRIGHT, Proc. Acad. nat. Sci. Philadelphia, 40:116; Taf. 4, Fig. 1. — Terra typica: Kleiner Zufluß des St.-John's-Flusses bei Palatka, Florida.

1914 *Unio nolani* — SIMPSON, Descr. Cat. Naiades: 642.

Diagnosis: Schale breit, ziemlich dickschalig. Rückenrand geschwungen, Vorderrand schön gerundet, Bauchrand etwas eingedrückt, Hinterrand gerundet, ohne Abstutzung. Wirbel klein, vorgezogen, mit einer welligen Skulptur. Schalenfläche glatt, Konchinschicht gelblich oder olivenfarben, grünlich gestrahlt. Hauptzähne stark, aufrecht, gerieft, Seitenzähne schwer, gerauht, gekrümmt. Wirbelhöhlen seicht. Perlmutter fleischfarben, schillernd. — Maße: Länge 70 mm, Höhe 35 mm, Dicke 22 mm.

Verbreitung: Nord-Florida, USA.

44. Elliptio (Elliptio) chipolaensis (WALKER)

1905 *Unio chipolaensis* WALKER, Nautilus, Philadelphia u. Boston, **18**:135; Taf. 9, Fig. 6—7. — Terra typica: Chipola-Fluß, Florida.

Diagnosis: Schale eiförmig, nicht sehr dickschalig, in der Wirbelgegend etwas aufgeblasen. Wirbel vorragend, ihre Skulptur unbekannt. Vorderende gerundet, Hinterende zweiwinklig. Rückenrand ausgesprochen gekrümmt, Bauchrand leicht, aber unleugbar geschwungen. Konchinschicht kastanienbraun, dunkler in der Wirbelgegend. Area unten mit innerer Kante. Hauptzähne zusammengepreßt und leicht gekerbt, Seitenzähne lang, schlank und leicht gekrümmt. Wirbelhöhlen tief, Perlmutter lachsfarben. — Maße: Länge 56,5 mm, Höhe 32 mm, Dicke 22 mm.

Verbreitung: Florida, USA (nur vom ursprünglichen Fundort bekannt).

45. Elliptio (Elliptio) naviculoides (LEA)

1857 *Unio naviculoides* LEA, Proc. Acad. nat. Sci. Philadelphia, **9**:170. — Terra typica: Buckhead Creek, Burke County, Georgia.
1859 *Unio burkensis* LEA, Proc. Acad. nat. Sci. Philadelphia, **3**:112. — Terra typica: Buckhead Creek, Burke County, Georgia.

Diagnosis: Schale sehr verlängert, etwa rautenförmig, dünnschalig, aufgeblasen, ungleichseitig. Wirbel niedrig und niedergedrückt. Vorderende oben etwas abgestutzt. Bauchrand gerade oder in der Mitte etwas eingebogen. Area hoch, mit zwei Arealkanten, von denen die innere stärker ist. Hinterende zweiwinklig. Schalenfläche konzentrisch gefurcht, Konchinschicht stumpf olivgrün. Hauptzähne klein, fast glatt; Seitenzähne lang, zart und gerade. Perlmutter stumpf purpurn. — Maße: Länge 71—75 mm, Höhe 31—33 mm, Dicke 18—21 mm.

Bemerkung: Eine wenigbekannte Art.

Verbreitung: Georgia, USA.

46. Elliptio (Elliptio) hazelhurstianus (LEA)

1858 *Unio hazelhurstianus* LEA, Proc. Acad. nat. Sci. Philadelphia, **2**:166. — Terra typica: Satilla-Fluß, Camden County, Georgia.

Diagnosis: Schale verlängert, unregelmäßig elliptisch, ungleichseitig, mehr oder weniger aufgeblasen, nicht sehr festschalig. Wirbel anscheinend weder voll noch hoch. Area mit zwei Kanten. Rücken- und Bauchrand etwas gerundet. Vorderende leicht abgestutzt und oben gewinkelt. Konchinschicht schwarz. Hauptzähne gedrungen; Seitenzähne verschieden lang, in der linken Klappe ist der obere kleiner. Perlmutter fahl bräunlich purpurn, ziemlich glanzlos. — Maße: Länge 77 mm, Höhe 32 mm, Dicke 21 mm.

Verbreitung: Süd-Georgia, USA.

47. Elliptio (Elliptio) aheneus (Lea)

1843 *Unio aheneus* Lea, Proc. amer. philos. Soc., Philadelphia, **4**:14. — Terra typica: Black Creek, Florida.
1892 *Unio oscari* B. H. Wright, Nautilus, Philadelphia u. Boston, **5**:124. — Terra typica: Abfluß des Osceola-Sees, Winter Park, Florida.

Diagnosis: Schale länglich rautenförmig, hinten gewöhnlich etwas höher, wenig festschalig, leicht zusammengepreßt, ungleichseitig. Wirbel niedrig, zusammengepreßt, ihre Skulptur aus Fältchen bestehend, die mit den Zuwachsstreifen gleichlaufen. Area mit Andeutungen einer inneren Arealkante. Bauchrand fast gerade, hinter der Mitte manchmal etwas voller. Schalenfläche ungleichmäßig konzentrisch gestreift; Konchinschicht gelblichgrün und gestrahlt in jungen Schalen, dunkelbraun und ungestrahlt in alten. Hauptzähne klein, oft fast verkümmert, Seitenzähne zart. Perlmutter purpurn oder schokoladebraun. — Maße: Länge 61 mm, Höhe 28 mm, Dicke 24 mm.

Bemerkung: Ich sehe *oscari* als volles Synonym von *aheneus* an.

Verbreitung: Florida, USA.

48. Elliptio (Elliptio) buxtoni (B. H. Wright)

1897 *Unio buxtoni* B. H. Wright, Nautilus, Philadelphia u. Boston, **11**:55. — Terra typica: Kleine Seen in Marion County, Florida.

Diagnosis: Schale sehr verlängert, ausgesprochen rautenförmig, ungleichseitig, aufgeblasen. Wirbel niedrig, kaum aufgeblasen, ihre Skulptur besteht aus einigen länglichen Wellenrunzeln. Area hoch. Bauch- und Rückenrand gleichlaufend. Hinterende schief abgestutzt. Vorderende unten abgeschnitten, gerundet, etwas gewinkelt oben. Konchinschicht bräunlich mit schwachen grünen Strahlen. Hauptzähne zusammengepreßt, nicht sehr groß. Perlmutter reich kupferfarben, sehr schillernd. — Maße: Länge 50 mm, Höhe 19 mm, Dicke 11 mm.

Verbreitung: Florida, USA.

49. Elliptio (Elliptio) waltoni (B. H. Wright)

1888 *Unio waltoni* B. H. Wright, Proc. Acad. nat. Sci. Philadelphia, **40**:11; Taf. 2, Fig. 3. — Terra typica: Woodruff-See, Volusia County, Florida.

Diagnosis: Schale sehr verlängert, zusammengepreßt, ungleichseitig, ziemlich dünnschalig, etwas rautenförmig. Vorderende oben gewinkelt, unten etwas abgeschnitten. Bauchlinie fast gerade, etwas hinter der Mitte etwas voller. Rückenrand gerade oder nur leicht geschwungen. Area mit Andeutungen einer inneren Kante. Hinterende schief abgestutzt. Schalenfläche ziemlich glatt; Konchinschicht dunkelbraun mit Spuren von Strahlen. Hauptzähne niedrig, klein, etwas verkümmert; Seitenzähne lang, gerade und zart. Perlmutter schokoladefarben. — Maße: Länge 74—80 mm, Höhe 30 mm, Dicke 15—16 mm.

Verbreitung: Florida, USA.

50. Elliptio (Elliptio) productus (Conrad)

1836 *Unio productus* Conrad, Monogr. Fam. Unionidae, **3**:31; Taf. 14, Fig. 1. — Terra typica: Savannah-Fluß bei Augusta, Georgia.

1838 *Unio fisherianus* LEA, Trans. amer. philos. Soc., Philadelphia, **6**:8; Taf. 4, Fig. 8. — Terra typica: Quellbäche des Chester-Flusses, Maryland.
1838 *Unio nasutus* CONRAD, Monogr. Fam. Unionidae, **2**: Taf. 18, Fig. 1. — Terra typica: James-Fluß, Virginia.
1861 *Unio barrotti* KÜSTER, (non LEA) Conch. Cab., IX. (2):189; Taf. 59, Fig. 6. — Terra typica: Süd-Carolina.
1863 *Unio nasutulus* LEA, Proc. Acad. nat. Sci. Philadelphia, **7**:192. — Terra typica: Livingstone's Creek, Brunswick County, Nord-Carolina.

Diagnosis: Schale verlängert, mehr oder weniger zusammengepreßt, wenig festschalig, ungleichseitig. Bauch- und Rückenrand fast gerade und gleichlaufend. Vorderende gerundet, aber oft unten etwas abgeschnitten. Hinterende in einen Punkt ausgezogen. Area niedrig. Wirbel niedrig, ihre Skulptur unbekannt. Konchinschicht dunkel rötlichbraun oder grünlichbraun, etwas glänzend. Hauptzähne klein, kurz, dick. Seitenzähne weit hinten. Perlmutter purpurn, oft lachsfarben. — Maße: Länge 67—68 mm, Höhe 24—26 mm, Dicke 14—15 mm.

Verbreitung: Von Virginia bis Georgia, USA.

51. Elliptio (Elliptio) duttonianus (LEA)

1841 *Unio duttonianus* LEA, Proc. Acad. nat. Sci. Philadelphia, **2**:31. — Terra typica: Ogeechee-Kanal bei Savannah, Georgia.

Diagnosis: Schale lang, etwas elliptisch, ungleichseitig, leicht aufgeblasen, festschalig. Wirbel nicht hoch. Rücken- und Bauchrand fast gleichlaufend. Area mäßig entwickelt, unten mit innerer Kante. Vorderende gerundet. Konchinschicht dunkelbraun, undeutlich gestrahlt. Hauptzähne sehr klein, zusammengedrückt; Seitenzähne lang, etwas gebogen. Perlmutter weiß, schillernd. — Maße: Länge 70 mm, Höhe 25 mm, Dicke 17 mm.

Verbreitung: Georgia, USA (nur nach dem Typusexemplar bekannt).

52. Elliptio (Elliptio) emmonsii (LEA)

1857 *Unio emmonsii* LEA, Proc. Acad. nat. Sci. Philadelphia, **9**:86. — Terra typica: Roanoke-Fluß bei Weldon, Nord-Carolina.
1873 *Unio subcylindraceus* LEA, Proc. Acad. nat. Sci. Philadelphia, **3**:422. — Terra typica: Rocky Creek bei Macon, Georgia.

Diagnosis: Schale ziemlich groß, verlängert, unregelmäßig eiförmig, aufgeblasen, nicht sehr festschalig, ungleichseitig. Wirbel mäßig erhoben, zusammengepreßt, ihre Skulptur besteht aus starken gewellten Falten, die fast mit den Zuwachsstreifen gleichlaufen. Area hoch, Bauchrand fast gerade, nach hinten etwas aufgebogen. Schalenfläche etwas uneben; Konchinschicht bräunlich oder gelblichgrün und gestrahlt in jungen Stücken, braun in alten. Hauptzähne rauh, fest. Perlmutter schmutzig, fahlbräunlich oder purpurn, hinten schillernd. — Maße: Länge 111 mm, Höhe 45 mm, Dicke 25 mm.

Verbreitung: Nord-Carolina und Georgia, USA.

53. Elliptio (Elliptio) angustatus (LEA)

1831 *Unio angustatus* LEA, Trans. amer. philos. Soc., Philadelphia, **4**:114; Taf. 17, Fig. 43. — Terra typica: Cooper-Fluß, Süd-Carolina.
1857 *Unio extensus* LEA, Proc. Acad. nat. Sci. Philadelphia, **9**:31. — Terra typica: Dry Creek bei Columbus, Georgia.

Diagnosis: Schale verlängert, unregelmäßig rautenförmig oder elliptisch, mehr oder weniger aufgeblasen, mehr oder weniger dünnschalig, ungleichseitig. Wirbel kaum erhoben oder aufgeblasen, ihre Skulptur besteht aus starken, mit den Zuwachsstreifen gleichlaufenden Falten. Area gut entwickelt, gelegentlich mit innerer Kante. Hinterende zweigewinkelt, Schalenfläche mit ausgesprochen konzentrischer Skulptur; Konchinschicht olivenfarben in jungen, fast schwarz in alten Stücken, ziemlich glanzlos. Hauptzähne zusammengepreßt; Seitenzähne lang, etwas keulenförmig. Perlmutter bräunlich purpurn. — Maße: Länge 74—98 mm, Höhe 30—42 mm, Dicke 19—23 mm.

Bemerkung: Die größte Dicke dieser Art liegt etwas hinter der Schalenmitte.

Verbreitung: Süd-Carolina bis westliches Georgia, USA.

54. Elliptio (Elliptio) maywebbae Wright

1934 *Elliptio maywebbae* B. H. Wright, Nautilus, Philadelphia u. Boston, 48:28 [47: Taf. 13, Fig. 6]. — Terra typica: Seminole Springs, Florida.

Diagnosis: Schale stark ungleichseitig, Konchinschicht rötlich bis hornfarben, ziemlich glatt mit kaum erkennbaren Zuwachsstreifen. Hinterende verlängert, zweiwinklig. Keine Strahlen der Konchinschicht. Ziemlich dick, fast aufgeblasen, Wirbel nicht vorragend; Oberrand kurz, geschwungen, hinterer Teil stark abschüssig. Vorn kurz gerundet. Wirbel niedrig, schön skulptiert mit doppelt geschlungenen, scharfen Runzeln, die an der Arealkante unvermittelt und vorragend gewinkelt sind, derart, daß eine Reihe von knotigen Höckerchen dort entsteht. Perlmutter kupferfarben und stark schillernd. Hauptzähne rechts einfach und links doppelt; Seitenzähne scharf, gebogen und dünn. Wirbelhöhlen seicht (nach B. H. Wright). — Maße: Länge 51 mm, Höhe 28 mm, Dicke 21 mm.

Bemerkung: Die obige Diagnosis dieser mir unbekannten und etwas zweifelhaften Art entspricht der Original-Beschreibung. Wright konnte seine neue Art mit keiner anderen bekannten vergleichen und glaubte sogar, sie gehöre in eine eigene, neu zu schaffende Untergattung; nur anhangsweise wird erwähnt, sie sei vielleicht nahe *Elliptio dorsatus* (Lea) zu stellen, was mir unwahrscheinlich vorkommt.

Verbreitung: Seminole Springs, Florida (nur von der Terra typica bekannt).

55. Elliptio (Elliptio) macmichaeli Clench & Turner

1956 *Elliptio mcmichaeli* Clench & Turner, Bull. Florida State Mus., Gainesville, 1:170; Taf. 7, Fig. 1—2. — Terra typica: Choctawhatchee-Fluß, 8 Meilen westlich von Miller Cross Roads, Holmes County, Florida.

Diagnosis: Schale mäßig groß bis groß, bis 100 mm lang, von etwa elliptischem Umriß, dünnschalig, nicht aufgeblasen. Konchinschicht dunkel braunschwarz, in jungen Stücken manchmal gestrahlt. Hinterer Oberrand leicht konkav, Arealkante ziemlich ausgeprägt. Hinterende hinten stumpf zugespitzt. Wirbel vorderständig, breit, aber nicht hoch. Schloßband ziemlich lang und schmal. Konchinschicht glatt, etwas glänzend auf der Schalenfläche, leicht rauh ganz vorn und hinten. Schalenskulptur in veränderlicher Stärke, auf die

Area beschränkt und aus kurzen, gebogenen Falten bestehend; gelegentlich ist diese Skulptur sehr stark ausgebildet, sie kann aber auch gänzlich fehlen. Perlmutter weiß bis fahl rötlich, hinten stark schillernd. Schloßplatte lang und schmal. Ein einziger Hauptzahn rechts, zwei weitere links, einer davon sehr klein. — Maße: Länge 88—101 mm, Höhe 49—51 mm, Dicke 25,5 bis 32 mm.

Bemerkung: Ich habe diese Art nie gesehen; der Beschreibung und der Abbildung nach scheint sie, wie ihre Beschreiber auch angedeutet haben, *Elliptio fraternus* (LEA) aus Süd-Carolina nahe zu stehen.

Verbreitung: Florida, USA.

56. **Elliptio (Elliptio) violaceus** (SPENGLER)

56a. Elliptio (E.) violaceus violaceus (SPENGLER)

1793 *Unio violaceus* SPENGLER, Skr. naturh. Selsk., København, **3**:55. — Terra typica: Nord-Amerika.

1817 *Mya complanata* DILLWYN, Descr. Cat. rec. Shells: 51. — Terra typica: Flüsse in Virginia.

1817 *Unio purpureus* SAY, in NICHOLSON's Encyclopedia: Taf. 3, Fig. 1. — Terra typica: Massachusetts.

1819 *Unio rarisulcata* LAMARCK, Anim. sans Vert., **6**:72. — Terra typica: Champlain-See, Nord-Amerika.

1819 *Unio coarctata* LAMARCK, Anim. sans Vert., **6**:73. — Terra typica: Hudson-Fluß, New York.

1819 *Unio purpurascens* LAMARCK, Anim. sans Vert., **6**:73. — Terra typica: Flüsse im Staat New York.

1819 *Unio georgina* LAMARCK, Anim. sans Vert., **6**:74. — Terra typica: See George, New York.

1819 *Unio rhombula* LAMARCK, Anim. sans Vert., **6**:74. — Terra typica: „Senegal".

1819 *Unio carinifera* LAMARCK, Anim. sans Vert., **6**:74. — Terra typica: Hudson-Fluß, New York.

1819 *Unio glabrata* LAMARCK, Anim. sans Vert., **6**:75. — Terra typica: Ohio-Fluß.

1819 *Unio sulcidens* LAMARCK, Anim. sans Vert., **6**:77. — Terra typica: Fluß in Connecticut.

1819 *Unio virginiana* LAMARCK, Anim. sans Vert., **6**:79. — Terra typica: Potomac-Fluß, Virginien.

1820 *Unio aurata* RAFINESQUE, Ann. gén. Sci. phys. Bruxelles, **5**:295. — Terra typica: Hudson-Fluß.

1827 *Unio fluviatilis* GREEN, Contrib. Maclurian Lyceum, Philadelphia, **1**:41. — Terra typica: Atlantische Vereinigte Staaten.

1834 *Unio griffithianus* LEA, Trans. amer. philos. Soc., Philadelphia, **5**:103; Taf. 15, Fig. 46. — Terra typica: Süd-Carolina.

1839 *Unio planilateralis* CONRAD, Monogr. Fam. Unionidae: 103; Taf. 57, Fig. 1. — Terra typica: Yadkin-Fluß, Nord-Carolina.

1845 *Unio fuliginosus* LEA, Proc. amer. philos. Soc., Philadelphia, **5**:164. — Terra typica: Cobbs Creek bei Philadelphia.

1852 *Unio sordidus* LEA, Trans. amer. philos. Soc., Philadelphia, **10**:254; Taf. 12, Fig. 1. — Terra typica: Abbeville, Süd-Carolina.

1856 *Mya rigida* WOOD, Index Testaceol. (new ed. by SYLVANUS HANLEY): 200. — Terra typica: Nord-Amerika.

1856 *Unio vicinus* LEA, Proc. Acad. nat. Sci. Philadelphia, **8**:262. — Terra typica: Swift Creek bei Macon, Georgia.

1857 *Unio abbevillensis* Lea, Proc. Acad. nat. Sci. Philadelphia, 1:84. — Terra typica: Abbeville-Distrikt, Süd-Carolina.

1857 *Unio contractus* Lea, Proc. Acad. nat. Sci. Philadelphia, 1:86. — Terra typica: Roanoke-Fluß bei Weldon, Nord-Carolina.

1857 *Unio virens* Lea, Proc. Acad. nat. Sci. Philadelphia, 9:169. — Terra typica: Georgia.

1857 *Unio savannahensis* Lea, Proc. Acad. nat. Sci. Philadelphia, 9:169. — Terra typica: Savannah-Fluß, Washington County, Georgia.

1857 *Unio subflavus* Lea, Proc. Acad. nat. Sci. Philadelphia, 9:170. — Terra typica: Walnut Creek oberhalb Macon, Georgia.

1857 *Unio sublatus* Lea, Proc. Acad. nat. Sci. Philadelphia, 9:169. — Terra typica: Uchee-Bar, unterhalb Columbus, Georgia.

1857 *Unio fumatus* Lea, Proc. Acad. nat. Sci. Philadelphia, 9:171. — Terra typica: Chattahoochee-Fluß nahe Columbus, Georgia.

1858 *Unio neusensis* Lea, Proc. Acad. nat. Sci. Philadelphia, 2:41. — Terra typica: Neuse-Fluß, 6 Meilen von Raleigh, Nord-Carolina.

1858 *Unio exactus* Lea, Proc. Acad. nat. Sci. Philadelphia, 2:41. — Terra typica: Neuse-Fluß, 6 Meilen von Raleigh, Nord-Carolina.

1858 *Unio roswellensis* Lea, Proc. Acad. nat. Sci. Philadelphia, 2:165. — Terra typica: Chattahoochee-Fluß, bei Boswell, Cobb County, Georgia.

1858 *Unio postellii* Lea, Proc. Acad. nat. Sci. Philadelphia, 2:165. — Terra typica: Randalls Creek, nahe Columbus, Georgia.

1858 *Unio purus* Lea, Proc. Acad. nat. Sci. Philadelphia, 2:41. — Terra typica: Neuse-Fluß, 6 Meilen von Raleigh, Nord-Carolina.

1859 *Unio baldwinensis* Lea, Proc. Acad. nat. Sci. Philadelphia, 3:170. — Terra typica: Carters Creek, Baldwin County, Georgia.

1859 *Unio raensis* Lea, Proc. Acad. nat. Sci. Philadelphia, 3:171. — Terra typica: Chattahoochee-Fluß bei Columbus und Raes Creek, Georgia.

1859 *Unio quadratus* Lea, Proc. Acad. nat. Sci. Philadelphia, 3:172. — Terra typica: Carters Creek und Factory Creek, Georgia.

1859 *Unio latus* Lea, Proc. Acad. nat. Sci. Philadelphia, 3:171. — Terra typica: Savannah-Fluß bei Savannah, Georgia.

1859 *Unio viridiradiatus* Lea, Proc. Acad. nat. Sci. Philadelphia, 3:154. — Terra typica: Big Uchee-Fluß bei Columbus, Georgia.

1859 *Unio inusitatis* Lea, Proc. Acad. nat. Hist. Philadelphia, 3:171. — Terra typica: Swift Creek unterhalb Macon, Georgia.

1860 *Unio salebrosus* Lea, Proc. Acad. nat. Sci. Philadelphia, 11:170. — Terra typica: Flat Rock Creek, Bull Creek und Chattahoochee-Fluß, bei Columbus, Georgia.

1861 *Unio squameus* Lea, Proc. Acad. nat. Sci. Philadelphia, 5:391. — Terra typica: Nord-Carolina.

1861 *Unio lugubris* Küster, Conch. Cab., IX. (2):234; Taf. 79, Fig. 1. — Terra typica: Darien, McIntosh County, Georgia.

1863 *Unio waldonensis* Lea, Proc. Acad. nat. Sci. Philadelphia, 7:191. — Terra typica: Roanoke-Fluß bei Weldon, Nord-Carolina.

1863 *Unio gastonensis* Lea, Proc. Acad. nat. Sci. Philadelphia, 7:191. — Terra typica: Mine Creek, Gaston County, Nord-Carolina.

1863 *Unio aberrans* Lea, Proc. Acad. nat. Sci. Philadelphia, 7:191. — Terra typica: Neuse-Fluß, 6 Meilen von Raleigh, Nord-Carolina.

1863 *Unio mecklenbergensis* Lea, Proc. Acad. nat. Sci. Philadelphia, 7:191. — Terra typica: Bei Charlotte, Mecklenberg County, Nord-Carolina.

1863 *Unio raleighensis* Lea, Proc. Acad. nat. Sci. Philadelphia, 7:191. — Terra typica: Neuse-Fluß, 6 Meilen von Raleigh, Nord-Carolina.

1863 *Unio mediocris* Lea, Proc. Acad. nat. Sci. Philadelphia, 7:192. — Terra typica: Neuse-Fluß bei Raleigh, Nord-Carolina.

1863 *Unio indefinilus* LEA (error typographicus pro *indefinitus*), Proc. Acad. nat. Sci. Philadelphia, 7:192. — Terra typica: Long Creek, Mecklenberg County, Nord-Carolina.
1863 *Unio chatamensis* LEA, Proc. Acad. nat. Sci. Philadelphia, 7:191. — Terra typica: Rocky Run, Chatham County, Nord-Carolina.
1863 *Unio ablatus* LEA, Proc. Acad. nat. Sci. Philadelphia, 7:193. — Terra typica: Long Creek, Gaston County, Nord-Carolina.
1863 *Unio quadrilaterus* LEA, Proc. Acad. nat. Sci. Philadelphia, 7:192. — Terra typica: Abbeville Distrikt, Süd-Carolina.
1866 *Unio oblatus* LEA (nomen substitutum pro *Unio ablatus* LEA 1863), J. Acad. nat. Sci. Philadelphia, 6:13; Taf. 4, Fig. 10.
1868 *Unio tortuosus* SOWERBY, Conch. Icon., 16: Taf. 65, Fig. 330. — Terra typica: Maryland.
1868 *Unio beaverensis* LEA, Proc. Acad. nat. Sci. Philadelphia, 12:161. — Terra typica: Beaver Creek und Long Creek, Nord-Carolina.
1868 *Unio uhareensis* LEA, Proc. Acad. nat. Sci. Philadelphia, 12:145. — Terra typica: Uharee-Fluß, Montgomery County, Nord-Carolina.
1868 *Unio nubilus* LEA, Proc. Acad. nat. Sci. Philadelphia, 12:161. — Terra typica: Paw Creek, Mecklenberg County, Nord-Carolina.
1868 *Unio humerosus* LEA, Proc. Acad. nat. Sci. Philadelphia, 12:161. — Terra typica: Charlotte, Mecklenberg County, Nord-Carolina.
1872 *Unio amplus* LEA, Proc. Acad. nat. Sci. Philadelphia, 2:157. — Terra typica: Irwins Creek, Mecklenberg County, Nord-Carolina.
1872 *Unio ligatus* LEA, Proc. Acad. nat. Sci. Philadelphia, 2:157. — Terra typica: Irwins Creek, Mecklenberg County, Nord-Carolina.
1872 *Unio yadkinensis* LEA, Proc. Acad. nat. Sci. Philadelphia, 2:156. — Terra typica: Yadkin-Fluß bei Salisbury, Nord-Carolina.
1872 *Unio subparallelus* LEA, Proc. Acad. nat. Sci. Philadelphia, 2:158. — Terra typica: Irwins Creek und Fox-Fluß, Nord-Carolina.
1872 *Unio irwinensis* LEA, Proc. Acad. nat. Sci. Philadelphia, 2:159. — Terra typica: Irwins Creek, Nord-Carolina.
1872 *Unio infuscus* LEA, Proc. Acad. nat. Sci. Philadelphia, 2:160. — Terra typica: Fox-Fluß und Irwins Creek, Nord-Carolina.
1872 *Unio ratus* LEA, Proc. Acad. nat. Sci. Philadelphia, 2:160. — Terra typica: Neuse-Fluß, Nord-Carolina.
1872 *Unio basalis* LEA, Proc. Acad. nat. Sci. Philadelphia, 2:161. — Terra typica: Carters Creek bei Columbia, Georgia.
1872 *Unio differtus* LEA, Proc. Acad. nat. Sci. Philadelphia, 2:158. — Terra typica: Georgia?
1872 *Unio dissimilis* LEA, Proc. Acad. nat. Sci. Philadelphia, 2:161. — Terra typica: Long Creek, Gaston County, Nord-Carolina.
1872 *Unio strumosus* LEA, Proc. Acad. nat. Sci. Philadelphia, 2:158. — Terra typica: Yadkin-Fluß, Nord-Carolina.
1873 *Unio subolivaceus* LEA, Proc. Acad. nat. Sci. Philadelphia, 3:422. — Terra typica: Catawba-Fluß, Nord-Carolina.
1873 *Unio cirratus* LEA, Proc. Acad. nat. Sci. Philadelphia, 3:422. — Terra typica: Abbeville-Distrikt, Süd-Carolina.
1873 *Unio corneus* LEA, Proc. Acad. nat. Sci. Philadelphia, 3:423. — Terra typica: Columbus, Georgia.
1873 *Unio dooleyensis* LEA, Proc. Acad. nat. Sci. Philadelphia, 3:424. — Terra typica: Dooley County, Georgia.
1873 *Unio invenustus* LEA, Proc. Acad. nat. Sci. Philadelphia, 3:424. — Terra typica: Columbus, Georgia.
1874 *Unio gesnerii* LEA, Proc. Acad. nat. Sci. Philadelphia, 3:424. — Terra typica: Uchee-Fluß bei Columbus, Georgia.

1890 *Unio (Arconaia) provancheriana* PILSBRY, Natural. canadien, Quebec, 20:171. — Terra typica: „China ?"

Diagnosis: Schale äußerst veränderlich, meist rautenförmig, ungleichseitig, mehr oder weniger festschalig, dicklich. Rücken- und Bauchrand fast gleichlaufend. Area schief abgestutzt, äußere Arealkante wohlentwickelt, eine innere ist manchmal vorhanden; die äußere endet hinten unten an oder nahe dem zugespitzten oder leicht zweigewinkelten Hinterende. Wirbel nicht sehr hoch, wenig aufgeblasen; die Wirbelskulptur besteht aus starken, mit den Zuwachsstreifen gleichlaufenden, starken Falten, die hinten umbiegen und als zarte, ausstrahlende Fältchen zu den Wirbeln zurückkehren. Schalenfläche meist ganz, in der Jugend völlig glatt, nur ganz alte Stücke zeigen oft Rauhigkeiten darauf; Konchinschicht bräunlich grün bis grünlichbraun, oft gestrahlt bei jungen Stücken. Schloß links aus zwei rauhen Hauptzähnen und zwei fast geraden Seitenzähnen bestehend, rechts mit je einem Haupt- und Seitenzahn. Wirbelhöhlen seicht. Perlmutter weißlich, gelblich oder violett. — Maße: Länge 105—60 mm, Höhe 55—38 mm, Dicke 33—21 mm.

Bemerkung: Die obige Beschreibung gibt nur ein schwaches Bild von der Vielgestaltigkeit dieser Art. Ihre Maximalgröße kann die oben genannte überschreiten, ausgewachsene Stücke einzelner Fundorte können in der Länge hinter den oben angeführten etwa 60 mm zurückbleiben. Schalenform, Dicke, Schalenfestigkeit, Schloßbildung und andere Merkmale sind unvorstellbarer Veränderlichkeiten fähig, die durch die obigen Angaben nicht gedeckt sind. Es ist unter diesen Umständen verständlich, daß die ältere, nur spaltende Schule, deren bekanntester Vertreter ISAAC LEA war, viele der Varietäten als eigene Arten mit eigenem Namen belegte; daß es mit dieser Zersplitterung nicht weit her sein konnte, geht schon daraus hervor, daß viele der beschriebenen Formen vom gleichen Fundorte stammten! Namentlich im Süden ist die Veränderlichkeit fast unbeschränkt, und die im folgenden aufgeführten Unterarten, deren Berechtigung keineswegs feststeht, stammen alle von dort. Die Synonymie von *E. violaceus* ist umstritten, jeder Malakologe hat seine eigenen Ansichten; ich bin im großen ganzen L. S. FRIERSON gefolgt.

Den lange eingebürgerten Namen *complanatus* DILLWYN 1817 habe ich durch *violaceus* SPENGLER 1793 ersetzt, da das untersuchte Typus-Exemplar von SPENGLER im Kopenhagener Museum zweifellos mit *complanatus* identisch ist.

Verbreitung: Atlantische Zuflüsse Nord-Amerikas vom Sankt-Lorenz-Strom im Norden bis nach Georgia im Süden.

56b. Elliptio (Elliptio) violaceus icterinus (CONRAD)

1834 *Unio icterinus* CONRAD, Amer. J. Sci. Arts, New Haven, 25:41; Taf. 6, Fig. 5. — Terra typica: Savannah-Fluß bei Augusta, Georgia.

1863 *Unio curatus* LEA, Proc. Acad. nat. Sci. Philadelphia, 7:193. — Terra typica: Sugar Creek, Nord-Carolina.

1868 *Unio datus* LEA, Proc. Acad. nat. Sci. Philadelphia, 12:161. — Terra typica: Paw Creek, Beaver Creek County, Nord-Carolina.

1872 *Unio cuspidatus* LEA, Proc. Acad. nat. Sci. Philadelphia, 2:159. — Terra typica: Buckhead Creek, Burke County, Georgia.

Diagnosis: Schale verlängert, etwas elliptisch oder rautenförmig, dicklich, festschalig, ungleichseitig. Wirbel mäßig voll und erhoben, ihre Skulptur besteht aus starken, konzentrischen Falten. Äußere Arealkante deutlich, hinten an der Zweiwinkligkeit des Hinterendes endend. Konchinschicht grünlichgelb oder bräunlich, selten gestrahlt, glänzend. Hauptzähne zusammengepreßt, fest, rauh, Seitenzähne lang und gebogen. Perlmutter weiß, manchmal silbrig. — Maße: Länge 87—103 mm, Höhe 45—57 mm, Dicke 26 bis 34 mm.

Verbreitung: Von Nord-Carolina bis Georgia, USA.

56c. Elliptio (Elliptio) violaceus subinflatus (Conrad)

1835 *Unio subinflatus* Conrad, Monogr. Fam. Unionidae, **11**:97; Taf. 54, Fig. 1. — Terra typica: Savannah-Fluß bei Augusta, Georgia.

1838 *Unio roanokensis* Lea, Trans. amer. philos. Soc., Philadelphia, **6**:27; Taf. 8, Fig. 21. — Terra typica: Roanoke-Fluß zwischen Norfolk und Tarboro, Nord-Carolina.

1838 *Unio hopetonensis* Lea, Trans. amer. philos. Soc., Philadelphia, **6**:29; Taf. 9, Fig. 24. — Terra typica: Hopeton bei Darien, Georgia.

Diagnosis: Schale etwas rautenförmig, hinten höher als vorn, wenig festschalig, leicht zusammengepreßt. Vorderende gerundet; Rückenrand gerade; Area abgestutzt, äußere Arealkante geschwungen, manchmal von einer inneren begleitet. Bauchrand hinter der Mitte vorgezogen. Konchinschicht rötlichbraun oder olivenfarben, glatt, mit grünen Strahlen. Hauptzähne klein, Seitenzähne leicht gebogen. Perlmutter fahl violett. — Maße: Länge 74 mm, Höhe 37 mm, Dicke 19 mm.

Verbreitung: Süd-Carolina und Florida, USA.

56d. Elliptio (Elliptio) violaceus pullatus (Lea)

1856 *Unio pullatis* Lea, Proc. Acad. nat. Sci. Philadelphia, **8**:262. — Terra typica: Abbeville-Distrikt, Süd-Carolina.

1858 *Unio pullatus* Lea (nomen emendatum pro *pullatis* Lea 1856), J. Acad. nat. Sci. Philadelphia, **4**:57; Taf. 8, Fig. 39.

1872 *Unio hastatus* Lea, Proc. Acad. nat. Sci., Philadelphia, **3**:423. — Terra typica: New-Market, Abbeville-Distrikt, Süd-Carolina.

Diagnosis: Schale verlängert, mit niedrigen Wirbeln ohne erkennbare Skulptur, sehr ungleichseitig. Vorderende kurz abgestutzt gerundet, Hinterende hinten undeutlich zweiwinklig. Rücken- und Bauchrand fast gleichlaufend. Konchinschicht leicht gestrahlt. Hauptzähne zusammengepreßt, klein, Seitenzähne kurz, fast gerade. Wirbelhöhlen seicht. Perlmutter weiß, sehr schillernd. — Maße: Länge 65 mm, Höhe 27 mm, Dicke 15 mm.

Verbreitung: Süd-Carolina, USA.

56e. Elliptio (Elliptio) violaceus plantii (Lea)

1857 *Unio plantii* Lea, Proc. Acad. nat. Sci. Philadelphia, **9**:171. — Terra typica: Flint-Fluß bei Macon, Georgia.

Diagnosis: Schale fast elliptisch oder etwas eiförmig, zusammengedrückt, wenig festschalig, ungleichseitig. Wirbel niedrig und zusammengedrückt, ohne erkennbare Skulptur. Area niedrig. Vorderende etwas verschmälert, gerundet; Hinterende schwach abgestutzt oben, unten gerundet. Rücken- und Bauchränder leicht geschwungen. Schalenfläche regelmäßig konzentrisch gefurcht;

Konchinschicht grünlichbraun, etwas scheinend. Hauptzähne rauh, aber klein, Seitenzähne weit hinten stehend. Perlmutter schmutzig violett. — Maße: Länge 93 mm, Höhe 56 mm, Dicke 26 mm.

Verbreitung: Georgia, USA (anscheinend nur von der Terra typica bekannt).

56f. Elliptio (Elliptio) violaceus northamptonensis (Lea)

1863 *Unio northamptonensis* Lea, Proc. Acad. nat. Sci. Philadelphia, 5:392. — Terra typica: Connecticut-Fluß bei Northampton, Massachusetts.

Diagnosis: Schale etwa elliptisch oder eiförmig, ziemlich lang und zusammengedrückt, die Zweiwinklung des Hinterendes liegt höher als bei verwandten Formen. Konchinschicht bräunlich oder bräunlichgrün, im Alter meist gestrahlt. Perlmutter weißlich oder schmutzig violett. — Maße: Länge 110 mm, Höhe 58 mm, Dicke 24 mm.

Verbreitung: Massachusetts und Nord-Carolina (?), USA.

56g. Elliptio (Elliptio) violaceus livingstonensis (Lea)

1863 *Unio livingstonensis* Lea, Proc. Acad. nat. Sci. Philadelphia, 7:192. — Terra typica: Livingstone Creek, Brunswick County, Nord-Carolina.

Diagnosis: Schale unregelmäßig rautenförmig, vorn schmaler als hinten, dünnschalig, nicht aufgeblasen, am dicksten an der Area, ungleichseitig. Wirbel niedrig, etwas zusammengepreßt, ohne erkennbare Skulptur. Eine innere Arealkante ist angedeutet, die äußere endet am tiefsten Punkt des Unterrandes. Konchinschicht grünlichbraun. Hauptzähne klein, Seitenzähne weit hinten, dünn gebogen. Perlmutter bläulich bis violett. — Maße: Länge 68 mm, Höhe 40 mm, Dicke 22 mm.

Verbreitung: Von Nord-Carolina bis Georgia, USA.

56h. Elliptio (Elliptio) violaceus cuvierianus (Lea)

1852 *Unio cuvierianus* Lea, Trans. amer. philos. Soc., Philadelphia, 9:263; Taf. 16, Fig. 16. — Terra typica: Washington County, Georgia.

Diagnosis: Schale verlängert, elliptisch rautenförmig, mäßig bis stark aufgeblasen, festschalig, ungleichseitig. Wirbel leicht erhoben. Area hoch, mit gelegentlichen Andeutungen einer inneren Arealkante; Hinterende schwach zweiwinklig. Schalenfläche unregelmäßig konzentrisch gefurcht, glänzend. Konchinschicht schmutzigbraun, manchmal mit grünlichem Schimmer. Hauptzähne abgestumpft, ein kleiner Hilfszahn ist rechts vorhanden; Seitenzähne gebogen. Perlmutter weiß oder violett, ziemlich glanzlos. — Maße: Länge 100 mm, Höhe 57 mm, Dicke 36 mm.

Verbreitung: Georgia, USA.

56i. Elliptio (Elliptio) violaceus tuomeyi (Lea)

1852 *Unio tuomeyi* Lea, Trans. amer. philos. Soc., Philadelphia, 10:256; Taf. 13, Fig. 4. — Terra typica: Abbeville-Distrikt, Süd-Carolina.

1852 *Unio barrattii* Lea, Trans. amer. philos. Soc., Philadelphia, 10:256; Taf. 13, Fig. 5. — Terra typica: Abbeville-Distrikt, Süd-Carolina.

1859 *Unio hallenbeckii* LEA, Proc. Acad. nat. Sci. Philadelphia, 3:170. — Terra typica: Flat Rock Creek und Four Mile Creek bei Columbus, Georgia.
1859 *Unio verutus* LEA, Proc. Acad. nat. Sci. Philadelphia, 3:171. — Terra typica: Flat Rock Creek bei Columbus, Georgia.

Diagnosis: Schale etwas verlängert, festschalig, im Umriß von fast rautenförmig bis fast elliptisch schwankend, mehr oder minder aufgeblasen, ungleichseitig; Wirbel kaum erhoben oder aufgeblasen, ihre Skulptur unbekannt. Rückenrand gebogen; Bauchrand selten gekrümmt, meist gerade. Area wohl entwickelt, gelegentlich mit innerer Arealkante; Hinterende gerundet zugespitzt oder leicht zweiwinklig. Konchinschicht heller oder dunkler braun, oft mehr oder weniger gestrahlt, glänzend. Hauptzähne rauh; Wirbelhöhlen seicht. Perlmutter meist leicht violett. — Maße: Länge 77—90 mm, Höhe 41—46 mm, Dicke 21—25 mm.

Verbreitung: Von Nord-Carolina bis Alabama, USA.

56k. Elliptio (Elliptio) violaceus wheatleyi (LEA)

? 1852 *Unio sagittiformis* LEA, Trans. amer. philos. Soc., Philadelphia, 10:277; Taf. 22, Abb. 35. — Terra typica: Oconee-Fluß bei Athens, Georgia.
1857 *Unio wheatleyi* LEA, Proc. Acad. nat. Sci. Philadelphia, 1:85. — Terra typica: Catawba-Fluß, Gaston County, Nord-Carolina.
1861 *Unio catawbensis* LEA (nomen novum pro *Unio wheatleyi* LEA 1857 wegen angeblicher Homonymie mit *Anodonta wheatleyi* LEA 1852), J. Acad. nat. Sci. Philadelphia, 5:54; Taf. 1, Fig. 200.
1861 *Unio rostrum* LEA, Proc. Acad. nat. Sci. Philadelphia, 8:391. — Terra typica: Davidson County, Nord-Carolina.
1872 *Unio oblongus* LEA, Proc. Acad. nat. Sci. Philadelphia, 2:158. — Terra typica: Irvins Creek, Nord-Carolina.
1872 *Unio subsquamosus* LEA, Proc. Acad. nat. Sci. Philadelphia, 2:160. — Terra typica: Yadkin-Fluß, Nord-Carolina.
1872 *Unio curvatus* LEA, Proc. Acad. nat. Sci. Philadelphia, 2:160. — Terra typica: Pfeiffers Pond, Mecklenberg County, Nord-Carolina.

Diagnosis: Schale rautenförmig, verlängert, aufgeblasen, ziemlich festschalig, am dicksten an der äußeren Arealkante. Bauch- und Rückenränder gleichlaufend. Wirbel kaum aufgeblasen und erhoben, ihre Skulptur unbekannt. Area hoch mit gelegentlich einer inneren Arealkante; Hinterende stumpf oder leicht zweiwinklig. Konchinschicht lohfarben oder grünlichbraun, manchmal schwach gestrahlt. Rechter Hauptzahn mit einem kleinen Hilfszahn; Seitenzähne weit hinten, gerade. Wirbelhöhlen seicht. Perlmutter weißlich oder fleischfarben. — Maße: Länge 98 mm, Höhe 44 mm, Dicke 26 mm.

Bemerkung: *Unio sagittiformis* LEA 1852 kann nicht eindeutig gedeutet werden und ist anscheinend auf ein abnormes Stück begründet. Sollte er sich als das herausstellen, was hier *wheatleyi* genannt worden ist, so müßte die Form den Namen *sagittiformis* tragen.

Verbreitung: Georgia und Nord-Carolina, USA.

56l. Elliptio (Elliptio) violaceus ocmulgeensis (LEA)

1861 *Unio ocmulgeensis* LEA, Proc. Acad. nat. Sci. Philadelphia, 5:38. — Terra typica: Kleiner Ocmulgee-Fluß bei Lumber City, Georgia.

Diagnosis: Schale gewöhnlich lang eiförmig oder elliptisch, selten sehr rautenförmig, mehr oder weniger stark aufgeblasen, festschalig, ungleichseitig. Wirbel nicht voll oder hoch, ihre Skulptur unbekannt. Area stark, oft mit innerer Kante; Hinterende stumpf oder zweiwinklig. Vorderende oft leicht abgestutzt. Konchinschicht dunkel braungrün bis fast schwarz, in jungen Stücken heller und gestrahlt. Hauptzähne stark, gerieft. Wirbelhöhlen seicht. Perlmutter schmutzig violett, etwas schillernd. — Maße: Länge 104 mm, Höhe 51 mm, Dicke 32 mm.

Verbreitung: Georgia, USA.

56m. Elliptio (Elliptio) violaceus jejunus (Lea)

1838 *Unio jejunus* Lea, Trans. amer. philos. Soc., Philadelphia, 6:9; Taf. 4, Fig. 9. — Terra typica: Roanoke-Fluß zwischen Winton und Tarboro, Nord-Carolina.
1857 *Unio percoarctatus* Lea, Proc. Acad. nat. Sci. Philadelphia, 1:85. — Terra typica: Catawba-Fluß, Gaston County, Nord-Carolina.

Diagnosis: Vom typischen *E. violaceus* durch stärker zusammengedrückte Schale unterschieden. Area mit zwei Kanten, Hinterende weit zweiwinklig. Manchmal hinter der Mitte des Bauchrandes vorgezogen. — Maße: Länge 95—98 mm, Höhe 45—50 mm, Dicke 20—21 mm.

Verbreitung: Nord- und Süd-Carolina, USA.

57. **Elliptio (Elliptio) folliculatus** (Lea)

1858 *Unio folliculatus* Lea, Trans. amer. philos. Soc., Philadelphia, 6:38; Taf. 11, Fig. 33. — Terra typica: Savannah-Fluß, Georgia.
1872 *Unio attenuatus* Lea, Proc. Acad. nat. Sci. Philadelphia, 2:157. — Terra typica: Savannah-Fluß, Georgia.
1872 *Unio exacutus* Lea, Proc. Acad. nat. Sci. Philadelphia, 2:159. — Terra typica: Savannah-Fluß bei Governor Hamilton's, Georgia.
1872 *Unio rostellum* Lea, Proc. Acad. nat. Sci. Philadelphia, 2:160. — Terra typica: Macon, Georgia.

Diagnosis: Schale stark verlängert, gerade oder leicht geschnäbelt, mit fast gleichlaufenden Rücken- oder Bauchrändern, stark oder mäßig aufgetrieben, ziemlich festschalig oder fast dünnschalig, ungleichseitig, vorn gerundet, hinten in eine Spitze oder eine leichte Zweiwinklung auslaufend, die gerade an oder etwas unterhalb der Mittellinie endet. Hinterende hinter der Mitte etwas vorgezogen. Area wohl entwickelt, winklig, oft mit innerer Kante. Konchinschicht gelblichgrün und schwach gestrahlt in jungen Stücken, dunkelbraun bis schwarz in alten, kaum glänzend. Hauptzähne etwas zusammengepreßt, über dem der rechten Klappe ein kleiner Hilfszahn; Seitenzähne gerade. Perlmutter weißlich, gelegentlich in ein schmutziges Violett übergehend. — Maße: Länge 80—92 mm, Höhe 29—32 mm, Dicke 16—19 mm.

Verbreitung: Georgia, USA.

58. **Elliptio (Elliptio) rostraeformis** (Lea)

1856 *Unio rostraeformis* Lea, Proc. Acad. nat. Sci. Philadelphia, 8:262. — Terra typica: Swift Creek, Macon, Georgia.
1857 *Unio maconensis* Lea, Proc. Acad. nat. Sci. Philadelphia, 9:172. — Terra typica: Flint-Fluß bei Macon, Georgia.

Diagnosis: Schale verlängert, etwas elliptisch oder eiförmig, mehr oder weniger zusammengepreßt, ziemlich dünnschalig, ungleichseitig; Wirbel kaum erhoben, zusammengepreßt, ihre Skulptur besteht aus leicht gebrochenen Fältchen, die fast mit den Zuwachsstreifen gleichlaufen. Area mäßig, nicht gewinkelt, unten manchmal mit innerer Kante; Hinterende in einer langen Spitze in oder unterhalb der Mittellinie endend. Vorderende gerundet oder leicht abgestutzt, Bauchrand fast gerade oder leicht gebogen. Konchinschicht schmutzig gelblichgrün, reichlich, aber schwach gestrahlt, ziemlich glanzlos. Hauptzähne oft zurückgebildet, über dem rechten ein kleiner Hilfszahn; Seitenzähne gerade. Perlmutter weiß, in schmutziges Violett übergehend. — Maße: Länge 83 mm, Höhe 30 mm, Dicke 16 mm.

Verbreitung: Georgia, USA.

59. Elliptio (Elliptio) shepardianus (Lea)

1834 *Unio shepardianus* Lea, Trans. amer. philos. Soc., Philadelphia, 5:95; Taf. 13, Fig. 38. — Terra typica: Hopeton, nahe Darien, Georgia.

Diagnosis: Schale äußerst verlängert, gewöhnlich mehr oder weniger geschnäbelt, selten gerade, meistens vorn höher als hinten, mäßig festschalig, etwas zusammengepreßt bis mäßig aufgeblasen, sehr ungleichseitig. Wirbel zusammengepreßt, aber wenig erhoben, ihre Skulptur anscheinend aus starken, in doppelter Schlinge verlaufenden Fältchen bestehend. Area niedrig, unten oft mit innerer Kante; Hinterende zugespitzt oder zweiwinklig nahe der Unterseite endend. Konchinschicht grünlich und in der Jugend oft schwach gestrahlt, dunkelbraun oder schwarz bei alten Stücken. Hauptzähne rauh, kaum zusammengedrückt, über dem der rechten Klappe ein Hilfszahn; Seitenzähne lang, gerade etwas keulenförmig, gekörnelt. Perlmutter kupferfarben oder schokoladebraun oder glanzlos violett oder weiß. — Maße: Länge 190 mm, Höhe 44 mm, Dicke 25 mm.

Verbreitung: Georgia, USA.

60. Elliptio (Elliptio) spadiceus (Lea)

1857 *Unio spadiceus* Lea, Proc. Acad. nat. Sci. Philadelphia, 1:86. — Terra typica: Gebirgsbach in Nord-Carolina.

Diagnosis: Schale ziemlich klein, etwas rautenförmig, wenig zusammengedrückt, meist festschalig, ungleichseitig. Wirbel weder hoch noch aufgeblasen. Area mit Andeutung einer inneren Kante; Hinterende zweiwinklig etwa in der Mittellinie endend. Hinterer Rückenrand schief abgestutzt. Bauchrand in der Mitte eingebogen, dahinter geschwollen. Konchinschicht lohfarben oder rötlichbraun mit leichtem Bronzeschimmer. Hauptzähne stumpf, ein Hilfszahn rechts; Seitenzähne gekrümmt. Perlmutter lachsfarben oder kupfrig. — Maße: Länge 45 mm, Höhe 23 mm, Dicke 14 mm.

Verbreitung: Nord-Carolina, USA (anscheinend nur von der Terra typica bekannt).

61. Elliptio (Elliptio) micans (Lea)

1857 *Unio micans* Lea, Proc. Acad. nat. Sci. Philadelphia, 1:85. — Terra typica: Catawba-Fluß, Gaston County, Nord-Carolina.

1863 *Unio perlucens* LEA, Proc. Acad. nat. Sci. Philadelphia, 7:193. — Terra typica: Six Runs, Sampson County, Nord-Carolina.

Diagnosis: Schale etwas elliptisch oder rautenförmig, aufgeblasen, ungleichseitig, ziemlich dünn bis ziemlich festschalig. Wirbel mäßig erhoben und voll, ihre Skulptur besteht aus wenigen starken, einander fast gleichlaufenden Fältchen, die auf der Area am stärksten sind. Hinterende abgerundet zugespitzt. Konchinschicht aschgrün oder gelbgrün, schwach oder gar nicht gestrahlt. Hauptzähne klein, etwas zusammengedrückt, Seitenzähne zart. Wirbelhöhlen seicht. Perlmutter glanzlos bläulichweiß. — Maße: Länge 50 mm, Höhe 26 mm, Dicke 17 mm.

Verbreitung: Von Nord-Carolina bis Florida, USA.

62. Elliptio (Elliptio) lanceolatus (LEA)

1828 *Unio lanceolatus* LEA, Trans. amer. philos. Soc., Philadelphia, 3:266; Taf. 3, Fig. 2. — Terra typica: Tarfluß bei Tarboro, Nord-Carolina.

Diagnosis: Schale verlängert, verlängert elliptisch oder eiförmig, mehr oder weniger zusammengedrückt, fast festschalig, ungleichseitig. Wirbel weder hoch noch voll, ihre Skulptur unbekannt. Hinterende in einer langen Spitze in der Mittellinie endend, die gelegentlich aufwärts zeigen kann. Konchinschicht strohfarben, gelblich bis braun. Hauptzähne etwas zusammengepreßt, über dem rechten ein Hilfszahn; Seitenzähne gerade, Perlmutter bläulichweiß bis lachsfarben. — Maße: Länge 58—62 mm, Höhe 25 mm, Dicke 13—15 mm.

Verbreitung: Virginia und Nord-Carolina, USA.

63. Elliptio (Elliptio) errans (LEA)

1856 *Unio errans* LEA, Proc. Acad. nat. Sci. Philadelphia, 8:262. — Terra typica: Tobesaufke-Creek bei Macon, Georgia.

1899 *Unio singularis* B. H. WRIGHT, Nautilus, Philadelphia u. Boston, 13:75. — Terra typica: Spring Creek, Decatur County, Georgia.

Diagnosis: Schale verlängert, unregelmäßig rautenförmig oder elliptisch, mehr oder weniger zusammengedrückt, ungleichseitig, mäßig oder ausgesprochen dünnschalig. Wirbel niedrig, nicht aufgeblasen, ihre Skulptur besteht aus einigen starken Fältchen, die fast mit dem Zuwachsstreifen gleichlaufen und auf der Area am stärksten sind. Area mäßig hoch, gelegentlich mit innerer Kante. Hinterende etwas zweiwinklig, etwas unterhalb der Mittellinie endend. Konchinschicht grünlichgelb bis bräunlich, oft schwach gestrahlt. Hauptzähne zart, zusammengepreßt, ein Hilfszahn über dem der rechten Klappe; Seitenzähne zart, fast gerade. Perlmutter weißlich bis fahl bräunlichviolett. — Maße: Länge 72—74 mm, Höhe 35 mm, Dicke 17—22 mm.

Verbreitung: Georgia, USA.

64. Elliptio (Elliptio) subniger (LEA)

1857 *Unio subniger* LEA, Proc. Acad. nat. Sci. Philadelphia, 9:172. — Terra typica: Flint-Fluß, Macon, Georgia.

1859 *Unio burkensis* LEA, Proc. Acad. nat. Sci. Philadelphia, 3:112. — Terra typica: Buckhead Creek, Burke County, Georgia.

Diagnosis: Schale unregelmäßig rautenförmig, wenig festschalig, aufgeblasen, ungleichseitig. Wirbel nicht hoch, nicht voll. Area groß; Hinterende abgestutzt zugespitzt, nahe dem Unterrand endend. Bauchrand etwas eingebogen. Konchinschicht schwärzlich, kaum glänzend. Hauptzähne klein, gerauht, Seitenzähne zart, gebogen, Wirbelhöhlen seicht. Perlmutter bläulich oder milchweiß. — Maße: Länge 90 mm, Höhe 52 mm, Dicke 28 mm.

Bemerkung: Nach FRIERSON ist *burkensis* die Jugendform von *subniger*, nach anderen Autoren aber ein Synonym von *Elliptio naviculoides* (LEA).

Verbreitung: Georgia, USA.

65. **Elliptio (Elliptio) perstriatus** (LEA)

1857 *Unio perstriatus* LEA, Trans. amer. philos. Soc., Philadelphia, **10**:255; Taf. 12, Fig. 3. — Terra typica: Abbeville-Distrikt, Süd-Carolina.
1857 *Unio gracilentus* LEA, Proc. Acad. nat. Sci. Philadelphia, **1**:85. — Terra typica: Catawba-Fluß, Gaston County, Nord-Carolina.
1863 *Unio perlatus* LEA, Proc. Acad. nat. Sci. Philadelphia, **7**:193. — Terra typica: Cape Fear-Fluß bei Black Rock Landing, Nord-Carolina.

Diagnosis: Schale verlängert, etwas rautenförmig, zusammengepreßt, wenig festschalig, ungleichseitig. Wirbel leicht erhoben, aber nicht voll, ihre Skulptur besteht aus längsgerichteten Falten. Area groß, mit gelegentlicher innerer Kante; Hinterende hinten in gerundeter Spitze oder zweigewinkelt endend. Bauchrand ziemlich gestreckt, Rückenrand ein wenig gekrümmt. Konchinschicht lohfarben oder olivenfarben, selten gestrahlt, recht glanzlos. Hauptzähne etwas zusammengedrückt, rauh; Seitenzähne zart und gerade. Perlmutter glanzlos bläulichweiß. — Maße: Länge 57—72 mm, Höhe 24 bis 29 mm, Dicke 11—12 mm.

Verbreitung: Nord- und Süd-Carolina, USA.

66. **Elliptio (Elliptio) viridulus** (LEA)

1863 *Unio viridulus* LEA, Proc. Acad. nat. Sci. Philadelphia, **7**:193. — Terra typica: Neuse-Fluß bei Raleigh, Nord-Carolina.

Diagnosis: Schale verlängert, etwas elliptisch, hinten etwas breiter als vorn, ungleichseitig, wenig festschalig, aufgeblasen. Wirbel ziemlich niedrig, nicht aufgeblasen, mit einer Skulptur aus starken, längsgerichteten Falten. Area hoch, mit gelegentlicher innerer Kante. Bauchrand hinter der Mitte vorgezogen. Konchinschicht hell gelblichgrün mit ein oder zwei Strahlen auf der Area. Hauptzähne zusammengepreßt, Seitenzähne lang und zart. Perlmutter bläulich. — Maße: Länge 35 mm, Höhe 14 mm, Dicke 8 mm.

Bemerkung: Eine fragliche Art, die möglicherweise nur die Jugendform einer anderen der stark verlängerten *Elliptio*-Arten darstellt.

Verbreitung: Nord-Carolina, USA (anscheinend nur vom ursprünglichen Fundort bekannt).

Subgenus **Eurynia** RAFINESQUE

1820 *Unio (Eurynia)* RAFINESQUE, Ann. gén. Sci. Phys. Bruxelles: 297. — Species typica: *Unio dilatata* RAFINESQUE.

1927 *Eurynaia* FRIERSON (error typographicus pro *Eurynia*), Class. annotat. Check List North Amer. Naiades: 31.

66. Elliptio (Eurynia) nasutus (LAMARCK)

66a. Elliptio nasutus nasutus (LAMARCK)

1819 *Unio nasuta* LAMARCK, Anim. sans Vert., 6:75. — Terra typica: Erie-See.
1820 *Unio (Eurynia) dilatata* RAFINESQUE, Ann. gén. Sci. Phys. Bruxelles: 297. — Terra typica: Ohio-Fluß.
1823 *Unio gibbosus* BARNES, Amer. J. Sci., New Haven, 6:262; Taf. 11, Fig. 12. — Terra typica: Wisconsin.
1831 *Unio (Obliquaria) bicolor* RAFINESQUE, Contin. Monogr. bivalve Shells River Ohio: 3. — Terra typica: Kentucky-Fluß.
1831 *Obliquaria violacea* RAFINESQUE, Contin. Monogr. bivalve Shells River Ohio: 3. — Terra typica: Kentucky-Fluß.
1835 *Unio arctatus* FÉRUSSAC, Mag. Zool., Paris, 5(5, 59—60):29. — Terra typica: Nicht genannt, allgemein Nord-Amerika.
1838 *Unio arctior* LEA, Trans. amer. philos. Soc., Philadelphia, 6:10; Taf. 4, Fig. 10. — Terra typica: Ohio-Fluß bei Cincinnati.
1840 *Unio stonensis* LEA, Proc. amer. philos. Soc., Philadelphia, 1:286. — Terra typica: Stones-Fluß, Tennessee.
1918 *Elliptio dilatatus* var. *sterkii* GRIER, Nautilus, Philadelphia u. Boston, 32:9. — Terra typica: Erie-See.

Diagnosis: Schale verlängert, gewöhnlich festschalig, selten aufgeblasen, manchmal sogar leicht zusammengedrückt, ausgesprochen ungleichseitig, vorn meist etwas höher als hinten. Wirbel nicht sehr erhoben, meist etwas niedergedrückt, etwas nach vorn über eine wohlentwickelte Lunula geneigt; ihre Skulptur besteht aus einer Anzahl starker, leicht gewellter, längsgerichteter und gelegentlich etwas zu Schlingen gekrümmter Falten. Area wohl entwickelt, gelegentlich mit innerer Kante; Hinterende zweiwinklig oder in einer Spitze endend. Konchinschicht glanzlos, gelblich oder grünlich wenn jung, dunkler wenn alt, in der Jugend oft schwach gestrahlt. Hauptzähne klein, abgestumpft oder leicht zusammengedrückt, Seitenzähne etwas keulenförmig. Wirbelhöhlen außerordentlich seicht. Perlmutter tief purpurn oder lachsfarben, strohgelb oder weiß. — Maße: Länge 109—145 mm, Höhe 47—68 mm, Dicke 30—45 mm.

Bemerkung: Eine sehr veränderliche Art, der vielleicht die im folgenden als Unterarten angeführten Formen als Synonyma einzuordnen wären. Nach FRIERSON behandle ich sie hier noch als selbständige Unterarten.

Verbreitung: Das gesamte atlantische Nord-Amerika einschließlich des Golfs von Mexiko.

66b. Elliptio (Eurynia) nasutus fulvus (RAFINESQUE)

1831 *Unio fulvus* RAFINESQUE, Contin. Monogr. bivalve Shells River Ohio: 3. — Terra typica: Green River, Kentucky.
1857 *Unio luridus* LEA, Trans. amer. philos. Soc., Philadelphia, 10:273; Taf. 20, Fig. 29. — Terra typica: Coosawattee-Fluß, Murray County, Georgia.
1857 *Unio rufus* LEA, Proc. Acad. nat. Sci. Philadelphia, 9:171. — Terra typica: Etowah-Fluß, Cass County, Georgia.
1857 *Unio subgibbosus* LEA, Proc. Acad. nat. Sci. Philadelphia, 9:169. — Terra typica: Costanaula-Fluß, Floyd County, Georgia.

Diagnosis: Kleiner als die Nominatrasse, mit hoher Area; in typischer Ausbildung etwas rautenförmig. — Maße: Länge 54 mm, Höhe 29 mm, Dicke 18 mm.

Verbreitung: Alabama-Flußgebiet und Saline-Fluß, Arkansas, USA.

66c. Elliptio (Eurynia) nasutus arcus (Conrad)

1834 *Unio arcus* Conrad, Amer. J. Sci., New Haven, **25**:340; Taf. 1, Fig. 8. — Terra typica: Alabama-Fluß.

Diagnosis: Schale klein, schwer und dickschalig, etwas geschnäbelt. — Maße: Länge 50 mm, Höhe 25 mm, Dicke 21 mm.

Verbreitung: Alabama-Flußgebiet, USA.

66d. Elliptio (Eurynia) nasutus armathwaitensis (B. H. Wright)

1898 *Unio gibbosus* var. *armathwaitensis* B. H. Wright, Nautilus, Philadelphia u. Boston, **11**:123. — Terra typica: Arm des South Fork des Cumberland-Flusses bei Armathwaite, Fentress County, Tennessee.

Diagnosis: Schale vorn verschmälert, hinten am breitesten, etwas zusammengepreßt, wenig festschalig. — Maße: Länge 65—87 mm, Höhe 34 bis 40 mm, Dicke 17—19 mm.

Verbreitung: Östliche USA (außer vom ursprünglichen Fundort nur von der Mammuth-Höhle in Kentucky bekannt).

66e. Elliptio (Eurynia) nasutus delicatus (Simpson)

1900 *Unio gibbosus* var. *delicatus* Simpson, Proc. U. S. nation. Mus., Washington, **22**:704. — Terra typica: Greenway, Clay County, Arkansas: Mississippi-Gebiet.

Genus **Barynaias** Crosse & Fischer

1893 *Unio* (Sectio *Barynaias*) Crosse & Fischer, Miss. sci. Mexique, Moll.: 556. — Species typica: *Unio pigerrimus* Crosse & Fischer.

Diagnosis: Schale sehr dick und fest, verhältnismäßig kurz, konzentrisch gefurcht; Hauptzähne sehr dick.

Verbreitung: Südliches Nord-Amerika und Mittel-Amerika.

1. **Barynaias pigerrimus** (Crosse & Fischer)

1893 *Unio pigerrimus* Crosse & Fischer, J. de Conch., Paris, **41**:293. — Terra typica: Mexico.

Diagnosis: Schale ungleichseitig, etwas elliptisch oder rautenförmig, aufgeblasen, recht festschalig, mit vollen, hohen Wirbeln mit unbekannter Skulptur. Area niedrig. Vorderende gerundet, Hinterende gerundet zweiwinklig. Schalenfläche mit groben, von der Wirbelgegend ausstrahlenden Falten versehen, die an der Arealkante gabeln. Konchinschicht dunkel olivenfarben. Schloß fest und dick, Hauptzähne plump, über dem der rechten Klappe ein kleiner, schmächtiger Hilfszahn, Seitenzähne schmal. Perlmutter weiß, rötlich angehaucht. — Maße: Länge 59 mm, Höhe 38 mm, Dicke 27 mm.

Verbreitung: Mexico.

2. **Barynaias caldwellii** (Lea)

1859 *Unio caldwellii* Lea, Proc. Acad. nat. Sci. Philadelphia, **2**:118. — Terra typica: Isthmus von Darien.
1859 *Unio averyi* Lea, Proc. Acad. nat. Sci. Philadelphia, **3**:281. — Terra typica: Isthmus von Darien.

Diagnosis: Schale unregelmäßig elliptisch, leicht aufgeblasen, wenig festschalig, mit niedriger Area, die zwei Kanten aufweist. Wirbel ziemlich hoch und voll, nach vorn über die kleine Lunula gedreht, ihre Skulptur besteht aus feinen und unregelmäßigen Fältchen, die zur Schlingenbildung neigen, aber dann in die konzentrisch gerunzelte Oberflächenskulptur der Schalenfläche übergehen. Konchinschicht olivenfarben. Hauptzähne gerauht, Seitenzähne normal. Perlmutter stumpf bläulich. — Maße: Länge 43 mm, Höhe 29 mm, Dicke 18 mm.

Verbreitung: Mittel-Amerika (Panama: Isthmus von Darien).

3. **Barynaias sallei** (Crosse & Fischer)

1893 *Unio sallei* Crosse & Fischer, J. de Conch., Paris, **41**:179. — Terra typica: Mexico.
1900 *Unio sallei* var. *grossus* Martens, Biol. Centr. Amer., Moll.: 517; Taf. 34, Fig. 2, 2a, 2b. — Terra typica: Guatemala.

Diagnosis: Schale sehr fest und aufgeblasen, eiförmig dreieckig, ungleichseitig. Area hoch. Hinterende leicht zweiwinklig. Wirbel voll, hoch, mit unbekannter Skulptur. Konchinschicht rauh, schwärzlich, leicht abblätternd. Hauptzähne fest, meist dreieckig, Seitenzähne kurz, fest, aber zurückliegend, Intervall ziemlich schmal. Wirbelhöhlen ziemlich tief. Männliche Schale mit fast geradem Unterrand, weibliche dagegen mit einer deutlichen marsupialen Schwellung. — Maße: Länge 50—65 mm, Höhe 37—43 mm, Dicke 31 bis 32 mm.

Verbreitung: Mittel-Amerika (Guatemala).

4. **Barynaias opacatus** (Crosse & Fischer)

1893 *Unio opacatus* Crosse & Fischer, J. de Conch., Paris, **41**:295. — Terra typica: Mexico.

Diagnosis: Schale etwas rautenförmig, fest, aufgeblasen, mit hoher Area. Wirbel voll und hoch, ihre Skulptur nicht bekannt; Lunula wohl ausgeprägt. Eine kurze, niedrige Areola ist vorhanden, die von gekrümmten, erhobenen Linien durchkreuzt wird. Vorderende gerundet, Rückenrand von den Wirbeln nach hinten gekrümmt abfallend; Bauchrand gerade oder eingebogen, hinten in einen Schnabel endend. Konchinschicht dunkelbraun bis schwärzlich, seidenglänzend, gestrahlt wenn jung. Hauptzähne tief gekerbt, in der rechten Klappe oft ein kleinerer Hilfszahn; Seitenzähne kurz und gekrümmt. Wirbelhöhlen ziemlich tief, Perlmutter weißlich lachsfarben oder leicht violett, glanzlos. — Maße: Länge 49—58 mm, Höhe 32—36 mm, Dicke 25—29 mm.

Verbreitung: Mexico.

5. **Barynaias plexus** (Conrad)

1838 *Unio plexus* Conrad, Monogr. Fam. Unionidae Naiades (Lamarck), **10**:89; Taf. 49, Fig. 1, 2. — Terra typica: Vera Cruz, Mexico.

1838 *Unio carbonarius* LEA, Trans. amer. philos. Soc., Philadelphia, 6:37; Taf. 11, Fig. 32. — Terra typica: Umgegend von Vera Cruz, Mexico.
1838 *Unio pliciferus* LEA, Trans. amer. philos. Soc., Philadelphia, 5:61; Taf. 17, Fig. 53. — Terra typica: Mexico.
1868 *Unio rusticus* — SOWERBY (non LEA 1856), Conch. Icon., **16**: Taf. 64, Fig. 324. — Terra typica: „Siam".
1893 *Unio pliciferus* var. *minor* FISCHER & CROSSE, Miss. sci. Méxique, Zool., 2:515; Taf. 69, Fig. 4. — Terra typica: Ost-Mexico.
1927 *Psoronaias plexoideus* FRIERSON, Class. annot. Check List North Amer. Naiades: 63. — Auf Abbildung von *Unio rusticus* — SOWERBY (non LEA) gegründet.

Diagnosis: Schale etwa rautenförmig, aufgeblasen, festschalig, ungleichseitig. Wirbel voll und hoch, ihre Skulptur unbekannt. Hinterer Rückenrand gebogen; Vorderende gerundet; Bauchrand gerade oder leicht geschwungen; Hinterende gewöhnlich schwach zweiwinklig. Schalenfläche meist mit ausstrahlenden, gebogenen Runzeln bedeckt, die sich auf der Area vergabeln und dort oft knotig werden; gelegentlich kann die gesamte Schalenskulptur bis auf die der Area verkümmert sein. Konchinschicht dunkelrotbraun bis schwarz. Hauptzähne niedrig, plump links, der einzelne Hauptzahn rechts ist zersplittert; rechter Seitenzahn zur Verdoppelung neigend. Wirbelhöhlen seicht. Perlmutter purpur oder kupferfarben. — Maße: Länge 48—55 mm, Höhe 30—35 mm, Dicke 24—25 mm.

Bemerkung: *Psoronaias plexoideus* FRIERSON gehört meiner Meinung nach zu dieser Art.

Verbreitung: Mexico (Umgegend von Vera Cruz).

Genus **Gonidea** CONRAD

1857 *Gonidea* CONRAD, Proc. Acad. nat. Sci. Philadelphia, 1:165. — Species typica: *Anodonta randallii* TRASK.

Diagnosis: Schale verlängert, unregelmäßig dreieckig, vorn sehr verschmälert, mit hoher Area, die durch eine scharfe Arealkante von der Schalenfläche abgesetzt ist. Wirbel ziemlich spitz, nicht hoch, mit einigen konzentrischen Falten skulptiert. Schloß zurückgebildet, mit einem verkümmerten Hauptzahn und einem ebensolchen Seitenzahn beiderseits; diese Schloßreste können ganz fehlen. Wirbelhöhle seicht. Perlmutter schmutziggelblich bis purpur.

Verbreitung: Pazifisches Nord-Amerika.

1. **Gonidea angulata** (LEA)

1838 *Anodonta angulata* LEA, Trans. amer. philos. Soc., Philadelphia, 6:97; Taf. 16, Fig. 52. — Terra typica: Lewis-Fluß, Wyoming oder Oregon.
1850 *Anodon feminalis* GOULD, Proc. Boston Soc. nat. Hist., 3:293. — Terra typica: Oregon.
1855 *Anodonta randalli* TRASK, Proc. California Acad. nat. Sci., San Francisco, 1:29. — Terra typica: Sacramento-Fluß, California.
1869 *Anodon biangulata* SOWERBY, Conch. Icon., **17**: Taf. 23, Fig. 8. — Terra typica: Unbekannt.
1891 *Anodonta angulata* var. *subangulata* HEMPHILL, Zoe, San Francisco, 1:325; Taf. 10, Fig. 1—2. — Terra typica: Russian River, California.
1908 *Gonidea angulata* var. *haroldiana* DALL, Smithson. Misc. Coll., Washington, **50**:499. — Terra typica: Guadalupe Creek, zwischen San José und der Bucht San Francisco.

Diagnosis: Wie die der Gattung. — Maße: Länge 93 mm, Höhe 44 bis 48 mm, Dicke 30—35 mm.

Bemerkung: Diese Gattung weicht in den Merkmalen der Schale von allen anderen Unioniden ab; sie ist die einzige der Unterfamilie, die in den pazifischen Zuflüssen des nordamerikanischen Kontinents vorkommt.

Verbreitung: Pazifisches Nord-Amerika (von Britisch-Columbia im Norden bis Mittel-California, ostwärts bis Idaho).

Genus **Hemistena** Rafinesque

1820 *Anodonta (Hemistena)* Rafinesque, Ann. gén. Sci. Phys., Bruxelles, 5:317. — Species typica: *Anodonta lata* Rafinesque.

Diagnosis: Schale verlängert, wenig festschalig, ungleichseitig, vorn gewöhnlich breiter, vorn unten gerundet abgestutzt, hinten in eine Spitze ausgezogen; Area niedrig, mit einer oder zwei inneren Kanten. Wirbel niedrig, ihre Skulptur besteht aus einigen groben, unregelmäßigen Längsfalten. Konchinschicht glänzend, oft gestrahlt. Jederseits ein verkümmerter Hauptzahn, manchmal mit Spuren von Seitenzähnen. Wirbelhöhle seicht. Perlmutter purpur, an den Rändern ins Blaue spielend.

Verbreitung: Östliche USA.

Hemistena lata (Rafinesque)

1820 *Anodonta lata* Rafinesque, Ann. gén. Sci. Phys., Bruxelles, 5:317; Taf. 82, Fig. 17—18. — Terra typica: Kentucky-Fluß.

1829 *Unio dehiscens* Say, New Harmony Disseminator, 2:308. — Terra typica: Wabash-Fluß, Illinois.

1832 *Odatelia radiata* Rafinesque, Atlant. J. Friend Knowledge, 4:154. — Terra typica: Ohio-Fluß.

1834 *Unio oriens* Lea, Trans. amer. philos. Soc., Philadelphia, 4:73; Taf. 6, Fig. 5. — Terra typica: Ohio-Fluß.

1841 *Unio hildrethi* Delessert, Recueil Coquilles Lamarck: Taf. 19, Fig. 4a, 4b. — Terra typica: Unbekannt.

Diagnosis: Wie die der Gattung. — Maße: Länge 75—88 mm, Höhe 30 mm, Dicke 16 mm.

Bemerkung: Frühere Bearbeiter der Unioniden hatten die Gattung *Lastena* Rafinesque auf *L. lata* Rafinesque als Typus begründet angesehen. Indessen schlägt Rafinesque (an anderer Stelle) selbst eine Untergattung *Hemistena* für die genannte Art vor, so daß sie nicht der Typus von *Lastena* sein kann. Die andere von Rafinesque genannte Art seiner neuen Gattung, *Anodonta ohiensis* Rafinesque, die bisher als nicht identifizierbar galt, hat Frierson — meines Erachtens unwiderlegbar — als Synonym von *Anodonta imbecillis* Say betrachtet; dadurch ist *Lastena* als Untergattung von *Anodonta* festgelegt.

Verbreitung: Östliche USA (Flußgebiete des Ohio River, des Cumberland River und des Tennessee River).

Genus **Lexingtonia** Ortmann

1914 *Lexingtonia* Ortmann, Nautilus, Philadelphia u. Boston, 28:28. — Species typica: *Unio subplanus* Conrad.

Diagnosis: Schale unregelmäßig quadratisch oder rautenförmig, mäßig ungleichseitig. Wirbelskulptur bestehend aus sechs bis acht dichtstehenden, etwas konzentrischen Fältchen, die auf der Area in undeutlichem Winkel abbiegen.

Verbreitung: Östliches Nord-Amerika.

1. Lexingtonia subplana (Conrad)

1834 *Unio subplanus* Conrad, Monogr. Fam. Unionidae, **9**:73; Taf. 41, Fig. 1. — Terra typica: James-Fluß bei Lexington, Bockbridge County, Virginia.
1838 *Unio pumilus* Lea, Trans. amer. philos. Soc., Philadelphia, **6**:23; Taf. 7, Fig. 17. — Terra typica: Black River, Nord-Carolina.
1857 *Unio striatulus* Lea, Proc. Acad. nat. Sci. Philadelphia, **1**:86. — Terra typica: Roanoke-Fluß bei Weldon, Nord-Carolina.
1897 *Unio brimleyi* S. H. Wright, Nautilus, Philadelphia u. Boston, **10**:138. — Terra typica: Neuse-Fluß, Nord-Carolina.

Diagnosis: Schale klein, unregelmäßig rautenförmig, aufgeblasen, fast festschalig, ungleichseitig. Area voll, oft mit innerer Kante. Vorderende gerundet, oben verschmälert und leicht abgestutzt. Bauchrand fast gerade. Hinterende schief abgestutzt. Konchinschicht rötlichbraun. Hauptzähne dreieckig, Seitenzähne gerade. Wirbelhöhlen mäßig tief. Perlmutter schmutzig und verfärbt purpurn. — Maße: Länge 45—58 mm, Höhe 30—36 mm, Dicke 16—21 mm.

Verbreitung: Nord-Carolina und Virginia, USA.

2. Lexingtonia utriculus (Lea)

1845 *Unio utriculus* Lea, Proc. amer. philos. Soc., Philadelphia, **4**:164. — Terra typica: Nord-Carolina.

Diagnosis: Schale fast elliptisch, leicht oder stark aufgeblasen, ungleichseitig, ziemlich festschalig. Wirbel voll und hoch. Vorderende verschmälert und gerundet; Bauchrand gebogen; Hinterende schief abgestutzt. Area voll; Hinterende schwach zweiwinklig. Konchinschicht grünlichbraun. Hauptzähne klein, dreieckig, zwei links und einer rechts; Seitenzähne gleicherweise verteilt. Wirbelhöhlen seicht. Perlmutter bläulichweiß, hinten dünner und schillernd. — Maße: Länge 43 mm, Höhe 30 mm, Dicke 19 mm.

Verbreitung: Nord-Carolina, USA.

3. Lexingtonia casta (Lea)

1860 *Unio castus* Lea, Proc. Acad. nat. Sci. Philadelphia, **4**:306. — Terra typica: Süd-Carolina.

Diagnosis: Schale glatt, aufgeblasen, ungleichseitig, vorn rund, hinten eckig. Wirbel etwas vorragend. Konchinschicht grün, gestrahlt, glänzend. Area hoch, mit zwei Kanten. Hauptzähne ziemlich groß, zusammengepreßt konisch, gestreift, gefurcht, rechts mit einem Hilfszahn; Seitenzähne ziemlich kurz, gerade, gestreift. Schalenhöhle tief und gerundet, Wirbelhöhlen ziemlich seicht. Perlmutter weiß, schillernd. — Maße: Länge 41 mm, Höhe 25,5 mm, Dicke 17 mm.

Verbreitung: Süd-Carolina, USA.

Genus **Plethobasus** SIMPSON

1900 *Pleurobema* (Sectio *Plethobasus*) SIMPSON, Proc. U.S. nation. Mus., Washington, **22**:764. — Species typica: *Unio aesopus* GREEN.

Diagnosis: Schale groß, unregelmäßig eiförmig, aufgeblasen, festschalig, plötzlich hinten unten etwas geschwollen. Area niedrig. Wirbel ziemlich hoch, nahe dem Vorderende mit einer Skulptur aus einigen starken Falten, die hinten aufwärts biegen, eine Reihe von niedrigen, unregelmäßigen Knötchen läuft von den Wirbeln nach hinten unten. Konchinschicht lohbraun in der Jugend, dunkler im Alter. Intervall fest, nicht abgeflacht. Hauptzähne gerauht dreieckig. Wirbelhöhlen nicht tief. Vorderende der Schale viel dicker und schwerer als das hintere.

Verbreitung: Südöstliche USA (Flußgebiet des Ohio, des Tennessee, des Alabama, des Clinch und des Holston).

1. **Plethobasus cyphyum** (RAFINESQUE)

1820 *Obliquaria cyphya* RAFINESQUE, Ann. gén. Sci. physiol., Bruxelles, **5**:305. — Terra typica: Wasserfälle des Ohio.

1827 *Unio aesopus* GREEN, Contrib. Muclurian Lyceum, Philadelphia, **1**:46; Abb. 3. — Terra typica: Pittsburgh, Pennsylvania.

1835 *Unio phillipsii* CONRAD, Monogr. Fam. Unionidae, **1**:9; Taf. 5, Fig. 1. — Terra typica: Wabash-Fluß.

1861 *Unio scyphius* KÜSTER (ex errore pro *cyphyus*), Conch. Cab., IX. (2):102; Taf. 57, Fig. 2.

Diagnosis: Schale unregelmäßig eiförmig, aufgeblasen, festschalig, ungleichseitig. Wirbel voll und hoch, leicht nach vorn über die Lunula geneigt; ihre Skulptur besteht aus unregelmäßigen Fältchen. Vorderende gerundet, vordere Hälfte des Bauchrandes gerundet. Etwa in der Mitte der Schale läuft eine Reihe unregelmäßiger Knoten von den Wirbeln bis zum Unterrande, und hinter dieser Knotenreihe ist der Unterrand gerade oder leicht eingebogen. Hinterer Oberrand gebogen. Area niedrig, Hinterende gerundet zugespitzt. Schalenfläche mit unebener konzentrischer Skulptur, Konchinschicht strohgelb und glänzend in jungen, braun und rauher in alten Stücken. Linke Klappe mit zwei starken, dreieckigen Hauptzähnen und zwei dicklichen Seitenzähnen; rechte Klappe mit einem Hauptzahn und einem Seitenzahn, der zur Verdoppelung neigt. Wirbelhöhlen ziemlich seicht; Perlmutter weiß. — Maße: Länge 120 mm, Höhe 80 mm, Dicke 55 mm.

Verbreitung: Südöstliche USA (Gebiete der Flüsse Ohio, Cumberland und Tennessee, westlich bis Missouri und Minnesota, angeblich auch im Alabama-Fluß).

2. **Plethobasus cicatricosus** (SAY)

1829 *Unio cicatricosus* SAY, New Harmony Disseminator, **2**(19):292. — Terra typica: Wabash-Fluß.

1829 *Unio varicosus* LEA (non *Unio varicosa* LAMARCK 1819), Trans. amer. philos. Soc., Philadelphia, **4**:90; Taf. 11, Fig. 20. — Terra typica: Ohio-Fluß.

1911 *Unio detectus* FRIERSON, Nautilus, Philadelphia u. Boston, **25**:52; Taf. 2 (unten), Taf. 3 (oben). — Terra typica: Nicht angegeben.

1911 *Unio cicatricoides* FRIERSON, Nautilus, Philadelphia u. Boston, **25**:53; Taf. 2 (oben). — Terra typica: Nicht angegeben.

Diagnosis: Schale etwa dreieckig oder quadratisch, etwas aufgeblasen, festschalig, ungleichseitig. Wirbel sehr hoch und voll, etwas über die Lunula geneigt. In der Mitte der Schalenfläche liegt eine leicht gebogene Reihe von niedrigen, unregelmäßigen Knötchen, die bis zum Unterrande zieht. Area niedrig; Hinterende abgestumpft zugespitzt. Vorderende gerundet oder leicht angestutzt. Bauchrand gerundet und wohl ausgebuchtet bis zu der Knötchenreihe, von da an gerade oder nur leicht eingebogen. Hinterer Oberrand gebogen. Schalenfläche meist uneben durch konzentrische, erhobene Falten; Konchinschicht lohfarben bis braun, auf der Area heller, seideglänzend. Rechts zwei Hauptzähne, die klein sind, und zwei Seitenzähne; links ein Hauptzahn und ein Seitenzahn, die alle zur Verdoppelung neigen. Wirbelhöhlen ziemlich seicht. Perlmutter weiß. — Maße: Länge 70 mm, Höhe 66 mm, Dicke 38 mm.

Bemerkung: Diese Art steht der vorangehenden so nahe, daß man an ihrer Validität zweifeln kann. Mangel an Untersuchungs-Material macht es mir unmöglich, eine Entscheidung zu treffen.

Verbreitung: Flüsse Ohio und Tennessee; Claiborne (?) und Alabama (?).

3. **Plethobasus compertus** (Frierson)

1911 *Unio compertus* Frierson, Nautilus, Philadelphia u. Boston, **25**:53; Taf. 3 (Mitte und unten). — Terra typica: Flüsse Clinch und Holston.

Diagnosis: Schale von mittlerer Größe, anscheinend je nach dem Geschlecht im Umriß wechselnd; es gibt nämlich Stücke, die hinten gerundet sind und breiter (♀) und andere, die unregelmäßig dreieckig sind und hinten zugespitzt, mit vollen und weit vorn stehenden Wirbeln (♂). Konchinschicht schmutziggelb, vorn dunkler. Unterrand gebogen, weit mehr so in vermutlichen ♀. Schale selbst nicht sehr aufgeblasen. Area gerundet, mit zunehmendem Alter mehr aufschwellend; über die Mitte der Schalenfläche läuft eine Reihe von Knötchen, die größer und zahlreicher in den vermeintlichen ♀ sind. Zähne aufrecht und stark. Perlmutter weiß, vorn dick, dann plötzlich dünn werdend, so daß eine trogartige Vertiefung von den Wirbeln zum Unterrand zu laufen scheint. — Maße: Länge 55 mm, Höhe 48 mm, Dicke 31 mm.

Bemerkung: Eine wenig bekannte und deshalb in ihren verwandtschaftlichen Beziehungen unsichere Art.

Verbreitung: Flüsse Clinch und Holston (nur vom ursprünglichen Fundort bekannt).

Genus **Pleurobema** Rafinesque

1820 *Pleurobema* Rafinesque, Ann. gén. Sci. physiol., Bruxelles, **5**:313. — Species typica: *Unio clava* Lamarck.

Diagnosis: Schale dreieckig bis rautenförmig, gewöhnlich mit stark vortretender Wirbelgegend. Wirbel sehr vorderständig, eingerollt und sich über die Lunula neigend. Wirbelskulptur rauh, aus einigen unregelmäßigen, oft unterbrochenen Fältchen bestehend, die hinten nach oben umbiegen. Area niedrig. Konchinschicht lohfarben bis bräunlich, oft gestrahlt, die Strahlen brechen gelegentlich in eine Reihe von Punkten auf. Schloß stark, mit schmalem Intervall; Hauptzähne dreieckig und rauh, Seitenzähne lang, bis beinahe an die Hauptzähne reichend, mit einem Hilfszahn rechts. Wirbelhöhlen seicht. Perlmutter silberig. Männliche und weibliche Schalen grundsätzlich gleich.

Verbreitung: Atlantische Flußsysteme in den Vereinigten Staaten von Nord-Amerika und Canada.

1. **Pleurobema clava** (Lamarck)

1a. Pleurobema clava clava (Lamarck)

1819 *Unio clava* Lamarck, Anim. sans Vert., **6**:74. — Terra typica: Erie-See.
1820 *Pleurobema mytiloides* Rafinesque, Ann. gén. Sci. physiol., Bruxelles, **5**:313. — Terra typica: Wabash-Fluß, Illinois.

Diagnosis: Schale ausgesprochen dreieckig, mehr oder weniger ausgeblasen, festschalig. Wirbel überragend hoch und voll, völlig vorderständig, über die Lunula geneigt. Die Wirbelskulptur besteht aus einigen wenigen starken, unregelmäßigen und oft unterbrochenen Falten, die hinten nach oben umbiegen. Vorderende meist abgestutzt; die Abstutzung kann viereckig sein, das Hinterende kann aber auch gleichmäßig gerundet und ein wenig vor den Wirbeln vorspringen. Bauchrand gerade oder leicht gekrümmt. Rückenrand gebogen, mit der größten Wölbung etwas hinter der Mitte. Area niedrig, aber deutlich. Nahe dem Vorderende ist die Schale breit radial aufgetrieben und stellt die Stelle größter Dicke dar. Konchinschicht schwankt zwischen gelblichgrün und braun, meist lebhaft grün gestrahlt, wobei die Strahlen an Breite wechseln und in Farbflecken aufbrechen können. Hauptzähne fest, rauh, abwärts ziehend oder fast mit dem Rückenrande gleichlaufend; Seitenzähne schwer und gekörnelt. Wirbelhöhlen seicht. Perlmutter silberweiß. — Maße: Länge 58—80 mm, Höhe 39—50 mm, Dicke 33—37 mm.

Bemerkung: Eine äußerst veränderliche Form.

Verbreitung: Flußgebiete der Flüsse Ohio und Tennessee sowie des Maumee-Beckens; auch aus dem Gebiete des Sankt-Lorenz-Stromes gemeldet.

1b. Pleurobema clava patulum (Lea)

1829 *Unio patulus* Lea, Trans. amer. philos. Soc., Philadelphia, **3**:44; Taf. 12, Fig. 20. — Terra typica: Ohio-Fluß.

Diagnosis: Unterscheidet sich von der typischen Form durch die niedrigeren, die Schloßlinie kaum überragenden Wirbel. — Maße: Länge 57 mm, Höhe 38 mm, Dicke 21 mm.

Verbreitung: Wie die Nominatrasse.

2. **Pleurobema decisum** (Lea)

2a. Pleurobema decisum decisum (Lea)

1831 *Unio decisus* Lea, Trans. amer. philos. Soc., Philadelphia, **4**:92; Taf. 12, Fig. 23. — Terra typica: Alabama-Fluß.
1861 *Unio anaticulus* Lea, Proc. Acad. nat. Sci. Philadelphia, 1:40. — Terra typica: Nahe Columbus, Mississippi.
1861 *Unio consanguineus* Lea, Proc. Acad. nat. Sci. Philadelphia, **6**:60. — Terra typica: Etowah-Fluß.
1861 *Unio crebrivittatus* Lea, Proc. Acad. nat. Sci. Philadelphia, **6**:60. — Terra typica: Coosawattee-Fluß, Georgia.
1864 *Unio medius* Sowerby, Conch. Icon., **16**: Taf. 17, Fig. 77. — Terra typica: Alabama.

Diagnosis: Schale etwas verlängert, ungefähr dreieckig, festschalig, aufgeblasen. Wirbel hoch und voll, in der Jugend nahe dem Vorderende, im Alter über es hinausragend; die Lunula schneidet zwischen die Wirbel ein. Vorderende gerundet in jungen, deutlich abgeschnitten in alten Stücken. Bauchrand geschwungen. Rückenrand leicht gekrümmt oder fast gerade in alten Stücken. Area nicht hoch; Hinterende gerundet zugespitzt. An und vor der Arealkante ist die Schale stark angeschwollen. Konchinschicht verschiedene Töne von braun, ganz oder fast ganz ungestrahlt, nur am Hinterende zeigen sich manchmal ein bis zwei breite, dunkle, schlecht begrenzte Strahlen. Hauptzähne radial, unregelmäßig, oft zur Bildung von Hilfszähnen neigend; Seitenzähne ebenfalls zur Verdoppelung neigend. Wirbelhöhlen seicht. Perlmutter silbrig. — Maße: Länge 80 mm, Höhe 40 mm, Dicke 34 mm.

Verbreitung: Flußgebiete der Flüsse Alabama und Tombigbee.

2b. Pleurobema decisum chattanoogaense (Lea)

1858 *Unio chattanoogaensis* Lea, Proc. Acad. nat. Sci. Philadelphia, **2**:166. — Terra typica: Chattanooga-Fluß, Tennessee.

Diagnosis: Unterscheidet sich von der Nominatform durch die mehr elliptische Schalenform, weiter hinten gelegene Wirbel, das mehr gerundete, nicht zugespitzte Hinterende. — Maße: Länge 56 mm, Höhe 33 mm, Dicke 25 mm.

Verbreitung: Flußgebiet des Alabama-Flusses, USA.

3. Pleurobema oviforme (Conrad)

1834 *Unio oviformis* Conrad, New Freshw. Shells United States: 46; Taf. 3, Fig. 6. — Terra typica: Tennessee.

1841 *Unio holstonensis* Lea, Proc. amer. philos. Soc., Philadelphia, **1**:288. — Terra typica: Holston-Fluß, Tennessee.

Diagnosis: Schale unregelmäßig eiförmig oder rautenförmig, kaum aufgeblasen, ziemlich festschalig. Wirbel hoch, aber nicht voll, über die Lunula geneigt, ihre Skulptur besteht aus einer Anzahl gebrochener, leicht knotiger Fältchen. Area mäßig hoch. Hinterende in einer gerundeten Spitze endend. Rückenrand gekrümmt, nahe der Mitte etwas gewinkelt. Bauchrand gerundet. Vorderende gerundet. Konchinschicht bräunlich bis grünlich, eng und breit, aber unterbrochen gestrahlt. Hauptzähne stark, ebenso wie die Seitenzähne zur Bildung von Hilfszähnen neigend. Wirbelhöhlen ziemlich seicht. Perlmutter silbrigweiß. — Maße: Länge 46 mm, Höhe 33 mm, Dicke 20 mm.

Verbreitung: Tennessee, USA.

4. Pleurobema interventum (Lea)

1861 *Unio interventus* Lea, Proc. Acad. nat. Sci. Philadelphia, **5**:60. — Terra typica: Cahawba-Fluß, Alabama.

1861 *Unio pallidofulvus* Lea, Proc. Acad. nat. Sci. Philadelphia, **5**:60. — Terra typica: Cahawba-Fluß, Alabama.

1864 *Unio hanleyanus* Sowerby, Conch. Icon., **16**: Taf. 17, Fig. 76. — Terra typica: Georgia.

Diagnosis: Schale unregelmäßig eiförmig oder elliptisch, etwas aufgeblasen, festschalig, ungleichseitig. Wirbel voll und hoch. Area niedrig. Rücken-

und Bauchrand gekrümmt. Gegend hinter dem Schloßrand manchmal winklig erhöht. Vorderende gerundet oder leicht, fast viereckig abgestutzt; Hinterende gerundet oder leicht zweiwinklig. Konchinschicht bräunlich, oft mit aufgebrochenen Strahlen. Hauptzähne klein, dreieckig, zur Hilfszahnbildung neigend, ebenso wie die Seitenzähne; Wirbelhöhlen seicht. Perlmutter weiß, schillernd. — Maße: Länge 36—37 mm, Höhe 25—26 mm, Dicke 16—19 mm.

Verbreitung: Südöstliche USA (nur vom Cahawba-Fluß in Alabama bekannt).

5. Pleurobema flavidulum (Lea)

1861 *Unio flavidulus* Lea, Proc. Acad. nat. Sci. Philadelphia, **5**:39. — Terra typica: Columbus, Mississippi.

Diagnosis: Schale etwas elliptisch, mehr oder weniger aufgeblasen, ungleichseitig, ziemlich wenig festschalig. Wirbel mäßig voll und erhoben. Area wohlentwickelt. Hinterende in einer Spitze endend. Konchinschicht gelblich bis grünlich oder bräunlich, manchmal mit einem oder zwei Strahlen auf der Area. Hauptzähne etwas zusammengerückt, zur Verdoppelung neigend; Seitenzähne schwach. Wirbelhöhlen seicht. Perlmutter weißlich bis purpurn, hinten schillernd. — Maße: Länge 37 mm, Höhe 21 mm, Dicke 15 mm.

Verbreitung: Südöstliche USA (Mississippi; anscheinend nur vom ursprünglichen Fundort bekannt).

6. Pleurobema murrayense (Lea)

1868 *Unio murrayensis* Lea, Proc. Acad. nat. Sci. Philadelphia, **2**:143. — Terra typica: Connaasauga-Fluß, Whitfield County, Georgia.

Diagnosis: Schale eiförmig, elliptisch oder unregelmäßig dreieckig, festschalig, aufgeblasen, ungleichseitig. Wirbel voll und hoch, die größte Dicke der Schale liegt gerade unter ihnen. Area niedrig. Vorderende fast gerade abgestutzt oder gerundet. Rückenrand und Bauchrand gekrümmt, der letztere gewöhnlich etwas mehr. Hinterende verschmälert gerundet. Konchinschicht glanzlos, aschfarben bis grünlichbraun, mit deutlichen, dunkleren Zuwachsstreifen. Hauptzähne klein, dreieckig, zur Verdoppelung neigend, ebenso die Seitenzähne. Wirbelhöhlen seicht. Perlmutter weiß. — Maße: Länge 37 bis 45 mm, Höhe 29—30 mm, Dicke 22—23 mm.

Verbreitung: Südöstliche USA (Gebiet des Coosa-Flusses; vielleicht auch Georgia, Columbus).

7. Pleurobema hagleri Frierson

1900 *Unio (Pleurobema) hagleri* Frierson, Nautilus, Philadelphia u. Boston, **13**:109; Taf. 2. — Terra typica: North River bei Tyner, Alabama.

Diagnosis: Schale etwa elliptisch, etwas aufgeblasen, ungleichseitig, Wirbel nur mäßig voll und hoch. Area gut entwickelt, manchmal unten mit innerer Kante; Hinterende schwach zweiwinklig. Vorderende gleichmäßig gerundet. Bauchrand gekrümmt, hinter der Mitte am stärksten. Hinterer Oberrand gekrümmt, die höchste Stelle hinter dem Schloßband. Konchinschicht hell bis dunkler rotbraun, oft zart gestrahlt, ziemlich glanzlos. Hauptzähne dreieckig, zur Verdoppelung neigend, ebenso die Seitenzähne. Wirbelhöhlen seicht. Perlmutter weißlich bis lachsfarben. — Maße: Länge 47 mm, Höhe 34 mm, Dicke 20 mm.

Verbreitung: Südöstliche USA (North River und Black Warrior-Fluß in Alabama).

8. **Pleurobema furvum** (CONRAD)

1834 *Unio furvus* CONRAD, New Freshw. Shells, United States: 30; Taf. 6, Fig. 3. — Terra typica: Black Warrior River, Alabama.

Diagnosis: Schale etwas quer eiförmig, leicht aufgeblasen oder ganz aufgeblasen, ungleichseitig. Wirbel ziemlich voll und hoch. Vorderende etwas verschmälert und gerundet. Bauchrand gerundet, am meisten so hinter der Mitte. Area manchmal flügelartig hinter dem Schloßband erhoben; Arealkante am Hinterende in dessen Spitze endend. Konchinschicht rötlichbraun bis fast schwarz, mit vielen feinen, engstehenden feinen Fältchen, wenig oder gar nicht glänzend. Hauptzähne dreieckig, etwas zur Bildung von Hilfszähnen neigend; ebenso der rechte Seitenzahn. Wirbelhöhlen seicht. Perlmutter weiß oder rötlich. — Maße: Länge 59 mm, Höhe 39—40 mm, Dicke 26—30 mm.

Bemerkung: Nach FRIERSON ist diese Art auf ein junges Stück begründet; vielleicht keine gute Art.

Verbreitung: Südöstliche USA (Alabama; anscheinend nur vom ursprünglichen Fundort bekannt).

9. **Pleurobema perovatum** (CONRAD)

1834 *Unio perovatus* CONRAD, Amer. J. Sci., New Haven, **25**:338; Taf. 1, Fig. 3. — Terra typica: Prairie Creek, ein Nebenfluß des Tombigbee-Flusses, Marengo-County, Alabama.

1852 *Unio nux* LEA, Trans. amer. philos. Soc., Philadelphia, **10**:283; Taf. 24, Fig. 43. — Terra typica: Alabama-Fluß.

1861 *Unio cinnamomicus* LEA, Proc. Acad. nat. Sci. Philadelphia, **5**:39. — Terra typica: Tombigbee-Fluß bei Columbus, Mississippi.

Diagnosis: Schale unregelmäßig eiförmig, aufgeblasen, ziemlich dick, ungleichseitig. Wirbel voll, hoch und gerundet, mit Wellenskulptur, nicht zu nahe des Vorderendes gelegen. Vorderende gerundet, unten etwas abgeschnitten. Bauchrand gekrümmt. Hinterrand etwas hinter dem Schloßband flügelartig erhoben; Hinterende schief abgestutzt. Konchinschicht olivenfarben. Hauptzähne aufrecht, hoch, nicht sehr dick; Seitenzähne gerade, zusammengepreßt. Perlmutter weiß. — Maße: Länge 42—44 mm, Höhe 29—30 mm, Dicke 21 mm.

Verbreitung: Südöstliche USA (Gebiet des Alabama-Flusses).

10. **Pleurobema rubellum** (CONRAD)

1834 *Unio rubellus* CONRAD, New Freshw. Shells, United States: 38; Taf. 6, Fig. 2. — Terra typica: Black Warrior River, Alabama.

1837 *Unio rudis* CONRAD, Monogr. Unionides North America: 76; Taf. 43, Fig. 1. — Terra typica: French Broad River, Nord-Carolina.

1841 *Unio brumleyanus* LEA, Proc. Acad. nat. Sci. Philadelphia, **2**:82. — Terra typica: Warrior-Fluß bei Tuscaloosa, Alabama.

1861 *Unio stabilis* LEA, Proc. Acad. nat. Sci. Philadelphia, 5:59. — Terra typica: Coosa-Fluß, Alabama.

Diagnosis: Schale ziemlich klein, aufgeblasen, festschalig, etwas dreieckig oder unregelmäßig elliptisch, leicht ungleichseitig. Wirbel voll und hoch. Vorderende meist oben schief abgestutzt, unten etwas abgeschnitten, schmal gerundet in der Mitte. Bauchrand stark gekrümmt, in der Mitte am meisten. Hinterer Oberrand gebogen. Arealkante deutlich. Hinterende abgestumpft zugespitzt. Konchinschicht rötlichbraun. Hauptzähne dreieckig, zur Bildung von Hilfszähnen neigend. Wirbelhöhlen seicht. Perlmutter weißlich. — Maße: Länge 32—33 mm, Höhe 24—27 mm, Dicke 17,5—22 mm.

Verbreitung: Südöstliche USA (Flüsse Black Warrior und Cahawba, Alabama).

11. Pleurobema concolor (LEA)

1861 *Unio concolor* LEA, Proc. Acad. nat. Sci. Philadelphia, 5:40. — Terra typica: Prairie Creek, Alabama.

1897 *Unio pinkstoni* S. H. WRIGHT, Nautilus, Philadelphia u. Boston, 10:136. — Terra typica: Tallapoosa-Fluß, Macon County, Alabama.

Diagnosis: Schale fast regelmäßig elliptisch, mehr oder weniger aufgebla. sen, ziemlich festschalig, ungleichseitig. Wirbel etwas erhöht und aufgeblasen-Area wohl entwickelt; Hinterende abgestutzt zugespitzt. Vorderende gerundet. Bauchrand gebogen, manchmal mehr so hinter der Mitte. Oberer Hinterrand gebogen, hinter dem Schloßband fast einen Winkel bildend. Schalenfläche mit schwacher konzentrischer Skulptur, die auf der Area am stärksten ist; Konchinschicht grünlichbraun bis schwärzlich. Hauptzähne schwach zusammengepreßt; Seitenzähne dünn. Wirbelhöhlen nicht tief. Perlmutter weißlich. — Maße: Länge 47—52 mm, Höhe 30—34 mm, Dicke 22 mm.

Verbreitung: Südöstliche USA (Flußgebiet des Alabama River).

12. Pleurobema pulvinulum (LEA)

1845 *Unio pulvinulus* LEA, Proc. amer. philos. Soc., Philadelphia, 4:164. — Terra typica: Flüsse Tuscallose und Coosawattee, Murray County, Alabama.

1852 *Unio troschelianus* LEA, Trans. amer. philos. Soc., Philadelphia, 10:280; Taf. 23, Fig. 39. — Terra typica: Coosawattee-Fluß, Murray County, Alabama.

Diagnosis: Schale unregelmäßig elliptisch, dreieckig oder quereiförmig, etwas aufgeblasen, ziemlich festschalig. Wirbel voll, ziemlich hoch und gerundet, nahe dem Vorderende. Vorderende gerundet oder oben leicht schief abgestutzt. Bauch- und Rückenränder gerundet, letzterer manchmal fast flügelartig erhoben. Area wohl entwickelt, manchmal mit innerer Kante. Hinterende schwach zweiwinklig. Konchinschicht lohfarben bis grünlichbraun, manchmal mit einem einzigen, gebrochenen Strahl nahe der Area. Hauptzähne klein, stumpf, in der rechten Klappe zur Bildung von Hilfszähnen neigend, ebenso die Seitenzähne. Wirbelhöhlen seicht. Perlmutter weißlich, hinten schillernd. — Maße: Länge 40 mm, Höhe 28 mm, Dicke 21 mm.

Verbreitung: Südöstliche USA (Gebiet des Alabama-Flusses).

13. Pleurobema hanleyanum (LEA)

1852 *Unio hanleyanus* LEA, Trans. amer. philos. Soc., Philadelphia, 10:279; Taf. 23. Fig. 37. — Terra typica: Coosawattee-Fluß, Murray County, Alabama.

Diagnosis: Schale unregelmäßig elliptisch, mehr oder weniger aufgeblasen, ungleichseitig, ziemlich festschalig. Wirbel voll und hoch. Area niedrig. Hinterende abgestumpft zugespitzt. Vor der Arealkante ist die Schale etwas aufgetrieben. Vorderende gerundet; Bauchrand gekrümmt, am meisten hinter der Mitte; hinterer Rückenrand gekrümmt, am höchsten hinter dem Schloßband. Konchinschicht bräunlich bis grünlichbraun. Hauptzähne dreieckig, rechts zur Bildung von Hilfszähnen neigend, ebenso die kurzen Seitenzähne. Wirbelhöhlen seicht. Perlmutter weißlich oder bläulich. — Maße: Länge 37—38 mm, Höhe 22—24 mm, Dicke 17—20 mm.

Bemerkung: Diese Art ist möglicherweise nur eine Varietät von *P. pulvinulum*, die stärker aufgeblasen ist.

Verbreitung: Südöstliche USA (Gebiet des Coosa-Flusses in Georgia und Alabama).

14. Pleurobema nucleopsis (Conrad)

1849 *Unio nucleopsis* Conrad, Ann. Mag. nat. Hist., London, (2)4:301. — Terra typica: Etowah-Fluß, Georgia.
1861 *Unio medius* Lea, Proc. Acad. nat. Sci. Philadelphia, 5:40. — Terra typica: Coosa-Fluß, Alabama.

Diagnosis: Schale kurz elliptisch, wenig aufgeblasen, festschalig, ungleichseitig. Wirbel mäßig voll und hoch. Area kaum entwickelt. Vorderende fast gleichmäßig gerundet. Rücken- und Bauchrand gekrümmt, ebenso das Hinterende. Konchinschicht braun in verschiedenen Tönen, mit einer Reihe von in einer Linie angeordneten kleinen grünen Flecken auf der Area bei jungen Stücken, schmutzigbraun bei alten. Hauptzähne dreieckig, Seitenzähne kurz und dick. Wirbelhöhlen seicht. Perlmutter bläulichweiß. — Maße: Länge 30—46 mm, Höhe 24,5—39,5 mm, Dicke 15—24 mm.

Verbreitung: Südöstliche USA (Gebiete der Etowah- und Coosa-Flüsse, Georgia und Alabama).

15. Pleurobema lewisii (Lea)

1861 *Unio lewisii* Lea, Proc. Acad. nat. Sci. Philadelphia, 5:40. — Terra typica: Coosa-Fluß, Alabama.
1861 *Unio crapulus* Lea, Proc. Acad. nat. Sci. Philadelphia, 5:39. — Terra typica: Etowah-Fluß, Georgia.

Diagnosis: Schale schief dreieckig, fest, aufgeblasen, ungleichseitig. Wirbel sehr hoch, voll und gerundet. Vorderende leicht oben abgestutzt, manchmal in der Mitte fast gewinkelt. Bauchrand ausgesprochen gekrümmt. Hinterer Oberrand gekrümmt. Area niedrig; Hinterende abgerundet zugespitzt. Konchinschicht bräunlich. Hauptzähne dreieckig, in der rechten Klappe mit einem Hilfszahn, ebenso die Seitenzähne. Wirbelhöhlen seicht. Perlmutter silberweiß. — Maße: Länge 38 mm, Höhe 31 mm, Dicke 25 mm.

Verbreitung: Südöstliche USA (Coosa-Fluß, Alabama, und Etowah-Fluß, Georgia).

16. Pleurobema hartmanianum (Lea)

1860 *Unio hartmanianus* Lea, Proc. Acad. nat. Sci. Philadelphia, 4:307. — Terra typica: Coosa-Fluß bei Wetumpka, Alabama.

Diagnosis: Schale fast dreieckig, ungleichseitig, aufgeblasen, festschalig. Wirbel voll und hoch, etwas nach vorn geneigt. Vorderende meist oben schief abgestutzt, unten gerundet. Bauchrand leicht gekrümmt. Hinterer Oberrand leicht gekrümmt, hinter dem Schloßband leicht gewinkelt. Area wohl entwickelt, unten mit innerer Kante; Hinterende etwas zweigewinkelt. Konchinschicht braun in verschiedenen Tönen. Hauptzähne gerauht, rechts zur Hilfszahnbildung neigend, ebenso die starken Seitenzähne. Wirbelhöhlen seicht und zusammengepreßt. Perlmutter weiß, hinten dünner und schillernd. — Maße: Länge 50 mm, Höhe 51 mm, Dicke 35 mm.

Verbreitung: Südöstliche USA (Coosa-Fluß, Alabama).

17. Pleurobema showalterii (Lea)

1860 *Unio showalterii* Lea, Proc. Acad. nat. Sci. Philadelphia, 4:307. — Terra typica: Coosa-Fluß bei Wetumpka, Alabama.
1861 *Unio irrasus* Lea, Proc. Acad. nat. Sci. Philadelphia, 5:38. — Terra typica: Etowah-Fluß, Georgia.

Diagnosis: Schale unregelmäßig dreieckig bis fast kreisrund, aufgeblasen, sehr festschalig, ungleichseitig oder gleichseitig. Wirbel hoch und voll. Area meist gut entwickelt. Hinterende stumpf zugespitzt. Vorderende gerundet oder oben leicht abgestutzt, Bauchrand mehr oder weniger gerundet. Hinterer Rückenrand gekrümmt. Konchinschicht braun in verschiedenen Tönen, manchmal schwach gestrahlt. Hauptzähne etwa dreieckig, rechts zur Bildung von Hilfszähnen neigend, ebenso die kurzen Seitenzähne. Wirbelhöhlen sehr seicht. Perlmutter weißlich, manchmal mit rötlichen Tönen. — Maße: Länge 31—32 mm, Höhe 30—33 mm, Dicke 20—24 mm.

Verbreitung: Südöstliche USA (Coosa-Fluß, Alabama, und Etowah-Fluß, Georgia).

18. Pleurobema taitianum (Lea)

1834 *Unio taitianus* Lea, Trans. amer. philos. Soc., Philadelphia, 5:39; Taf. 4, Fig. 11. — Terra typica: Alabama-Fluß.
1908 *Pleurobema tombigbeanum* Frierson, Nautilus, Philadelphia u. Boston, 22:27; Taf. 3, Fig. 3, 4. — Terra typica: Tombigbee-Fluß bei Demopolis, Marengo County, Alabama.

Diagnosis: Schale schief dreieckig, fest, aufgeblasen. Wirbel sehr voll und hoch, sehr nahe dem Vorderende gelegen. Vorderende schief abgestutzt, unten gerundet. Bauchrand gerade. Hinterer Rückenrand nur wenig gekrümmt. Area niedrig. Hinterende gerundet zugespitzt. Vor der Arealkante besteht eine starke, radiale Schwellung der Schale. Konchinschicht braun. Hauptzähne tief gespalten, fest, der rechte oft mit kleinen Hilfszähnchen; Seitenzähne normal, der rechte oft verdoppelt. Wirbelhöhlen seicht. Perlmutter weiß oder fleischfarben. — Maße: Länge 45—48 mm, Höhe 40—45 mm, Dicke 26 bis 32 mm.

Verbreitung: Südöstliche USA (Alabama-Fluß).

19. **Pleurobema altum** (CONRAD)

1854 *Unio altus* CONRAD, J. Acad. nat. Sci. Philadelphia, 2:298; Taf. 27, Fig. 5. — Terra typica: Tennessee.

Diagnosis: Schale fast kreisförmig oder etwas dreieckig, aufgeblasen, festschalig, nicht sehr ungleichseitig. Wirbel hoch, voll und gerundet. Vorderende fast gleichmäßig gerundet, manchmal oben leicht abgestutzt. Bauchrand stark gekrümmt. Hinterer Oberrand leicht gekrümmt, hinter dem Schloßband etwas winklig erhoben. Area manchmal unten mit innerer Kante. Hinterende schmal zweiwinklig. Konchinschicht braun, manchmal mit einigen viereckigen grünen Punkten. Hauptzähne etwa dreieckig, rechts oft verdoppelt; Seitenzähne kurz und schwer, ebenfalls rechts oft verdoppelt. Wirbelhöhlen seicht. Perlmutter weiß. — Maße: Länge 35 mm, Höhe 33 mm, Dicke 21 mm.

Verbreitung: Südöstliche USA (Gebiet des Alabama-Flusses).

20. **Pleurobema fibuloides** (LEA)

1859 *Unio fibuloides* LEA, Proc. Acad. nat. Sci. Philadelphia, 3:154. — Terra typica: Connasauga-Fluß, Georgia.

Diagnosis: Der vorigen Art sehr ähnlich und nur entsprechend FRIERSON als eigene Art geführt. Eine Beschreibung dieser Form würde sich fast vollkommen mit der von *Pleurobema altum* decken. — Maße: Länge 35 mm, Höhe 32 mm, Dicke 21,5 mm.

Verbreitung: Südöstliche USA (Georgia).

21. **Pleurobema verum** (LEA)

1860 *Unio verus* LEA, Proc. Acad. nat. Sci. Philadelphia, 5:140. — Terra typica: Cahawba-Fluß, Perry County, Alabama.

1861 *Unio instructus* LEA, Proc. Acad. nat. Sci. Philadelphia, 5:59. — Terra typica: Cahawba-Fluß, Alabama.

Diagnosis: Schale etwas dreieckig, mehr oder weniger aufgeblasen, ungleichseitig, nicht sehr festschalig. Wirbel hoch, ziemlich voll, mit einer Skulptur aus wenigen, starken, unregelmäßigen Fältchen, die hinten nach oben umbiegen. Vorderende gleichmäßig gerundet. Bauchrand leicht geschwungen. Hinterer Oberrand gekrümmt, hinter dem Schloßband winklig erhoben. Area ziemlich hoch; Hinterende zweiwinklig. Konchinschicht fahl grünlichbraun. Hauptzähne klein, rechts zur Hilfszahnbildung neigend, ebenso wie der rechte Seitenzahn. Wirbelhöhlen seicht. Perlmutter bläulich oder silbrig. — Maße: Länge 35—50 mm, Höhe 28—40 mm, Dicke 17—23 mm.

Verbreitung: Südöstliche USA (Cahawba- und Black-Warrior-Flüsse, Alabama).

22. Pleurobema johannis (Lea)

1859 *Unio johannis* Lea, Proc. Acad. nat. Sci. Philadelphia, 3:171. — Terra typica: Flüsse Connasauga und Etowah, Georgia.

Diagnosis: Schale entweder elliptisch oder etwas rautenförmig oder quereiförmig, mehr oder weniger aufgeblasen, ungleichseitig, festschalig. Wirbel voll und hoch. Area wesentlich stärker zusammengedrückt als die Schalenfläche vor ihr, mäßig hoch; Hinterende stumpf zugespitzt. Vorderende regelmäßig gerundet, Bauchrand gekrümmt; stärker hinter der Mitte. Hinterer Oberrand gebogen, hinter dem Schloßband winklig vorgezogen. Konchinschicht grünlichgelb, unregelmäßig mit grünen, von zarten Strahlen getrennten Flecken besetzt. Hauptzähne mit Hilfszähnen rechts, manchmal ebenso der rechte Seitenzahn. Wirbelhöhlen seicht. Perlmutter bläulichweiß. — Maße: Länge 37 mm, Höhe 23 mm, Dicke 18 mm.

Verbreitung: Südöstliche USA (Gebiet des Alabama-Flusses).

23. Pleurobema avellana Simpson

1900 *Pleurobema avellana* Simpson, Proc. Acad. nat. Sci. Philadelphia : 81; Taf. 2, Fig. 6, 7. — Terra typica: Cahawba-Fluß, Alabama.

Diagnosis: Schale klein, fest, aufgeblasen, ungleichseitig, fast elliptisch. Wirbel voll, leicht erhoben. Area wohl entwickelt; Vorderende gleichmäßig gerundet, Bauchrand gebogen, stärker hinter der Mitte. Hinterer Oberrand fast gleichmäßig gebogen; Hinterende verschmälert gerundet. Konchinschicht grünlichbraun, leicht gewölkt, kaum gestrahlt. Hauptzähne zu zweien links, einfach rechts; Seitenzähne entsprechend verteilt. Perlmutter bläulich. — Maße: Länge 30 mm, Höhe 20 mm, Dicke 15 mm.

Verbreitung: Südöstliche USA (Alabama; anscheinend nur vom ursprünglichen Fundort bekannt).

24. Pleurobema striatum (Lea)

1840 *Unio striatus* Lea, Proc. amer. philos. Soc., Philadelphia, 1:287. — Terra typica: Columbus, Georgia.

1871 *Unio litus* Lea, Proc. Acad. nat. Sci. Philadelphia, 1:189. — Terra typica: Cahawba-Fluß, Shelby County, Alabama.

1919 *Pleurobema simpsoni* Vanatta (nomen novum pro *Unio striatus* Lea, non *Obovaria striata* Rafinesque 1820), Proc. Acad. nat. Sci. Philadelphia, 67:559.

Diagnosis: Schale klein, etwa rautenförmig, mehr oder weniger zusammengepreßt, kaum festschalig, ungleichseitig. Wirbel nur mäßig voll und hoch, ihre Skulptur besteht aus ein paar unregelmäßigen Fältchen. Area mäßig hoch. Vorderende gerundet. Bauchrand gekrümmt. Hinterer Oberrand gebogen, manchmal mit einem Winkel hinter dem Schloßband. Konchinschicht ausgesprochen fein gerunzelt, schmutziggrünlich oder bräunlich. Hauptzähne normal, Seitenzähne rechts doppelt. Wirbelhöhlen seicht. Perlmutter schmutzig purpurn. — Maße: Länge 36—41 mm, Höhe 25—26 mm, Dicke 15—16 mm.

Verbreitung: Südöstliche USA (Georgia und Alabama).

25. **Pleurobema amabile** (Lea)

1865 *Unio amabilis* Lea, Proc. Acad. nat. Sci. Philadelphia, **9**:89. — Terra typica: Butler, Taylor County, Georgia.

Diagnosis: Schale ziemlich klein, etwa eiförmig, dick, festschalig, ungleichseitig. Vorderende gerundet. Bauchrand gekrümmt, Area hoch. Hinterende zugespitzt. Wirbel hoch und voll, mit einer Skulptur aus starken Falten, die fast mit dem Zuwachsstreifen gleichlaufen, aber stärker sind als diese, und die hinten plötzlich nach oben umbiegen. Konchinschicht bräunlich, gelegentlich schwach gestrahlt. Hauptzähne fest, rauh, etwas zusammengedrückt, rechts mit einem kleinen Hilfszahn; Seitenzähne rechts oft verdoppelt. Wirbelhöhlen zusammengedrückt, seicht. Perlmutter weißlich oder strohfarben. — Maße: Länge 37 mm, Höhe 25 mm, Dicke 16 mm.

Verbreitung: Südöstliche USA (Georgia).

26. **Pleurobema pyriforme** (Lea)

1857 *Unio pyriformis* Lea, Proc. Acad. nat. Sci. Philadelphia, **9**:31. — Terra typica: Nahe Columbus, Georgia.
1898 *Unio reclusus* B. H. Wright, Nautilus, Philadelphia u. Boston, **11**:3. — Terra typica: Ochlocknee-Fluß, Leon County, Florida.

Diagnosis: Schale etwa elliptisch oder rautenförmig, etwas zusammengepreßt, festschalig, ungleichseitig. Wirbel nicht hoch, nicht voll. Area mit innerer Kante. Hinterende gerundet zweiwinklig. Vorderende gerundet. Bauch- und Rückenränder gekrümmt, der erstere stärker. Hinterer Oberrand oft hinter dem Schloßband gewinkelt. Konchinschicht bräunlich, oft grünlich gewölkt. Hauptzähne stark, rechts zur Verdoppelung neigend; Seitenzähne normal. Wirbelhöhlen seicht. Perlmutter lachsfarben. — Maße: Länge 52 bis 54 mm, Höhe 29—33 mm, Dicke 16—17 mm.

Verbreitung: Südöstliche USA (Georgia).

27. **Pleurobema harperi** (B. H. Wright)

1899 *Unio harperi* B. H. Wright, Nautilus, Philadelphia u. Boston, **13**:6. — Terra typica: Flüsse Alabama und Flint in Georgia und Suwannee-Fluß, Florida.

Diagnosis: Schale eiförmig, etwas aufgeblasen, wenig festschalig, ungleichseitig. Wirbel voll und hoch. Area unten mit innerer Kante. Hinterende zweiwinklig. Vorderende leicht viereckig abgestutzt. Bauchrand leicht gekrümmt. Hinterer Oberrand gebogen. Konchinschicht schwarz, stark am Schalenrande gerunzelt, glatt und glänzend weiter oben. Hauptzähne rechts zur Verdoppelung geneigt; Seitenzähne normal. Wirbelhöhlen seicht. Perlmutter rötlich fleischfarben. — Maße: Länge 50 mm, Höhe 30 mm, Dicke 20 mm.

Verbreitung: Südöstliche USA (Südliches Georgia und nördliches Florida).

28. **Pleurobema strodeanum** (B. H. WRIGHT)

1898 *Unio strodeanus* B. H. WRIGHT, Nautilus, Philadelphia u. Boston, **12**:5. — Terra typica: Escambia-Fluß, Florida.

Diagnosis: Schale unregelmäßig und kurz elliptisch, etwas zusammengepreßt, kaum festschalig, leicht ungleichseitig. Wirbel nur mäßig voll und hoch. Area gut entwickelt. Hinterende zugespitzt. Vorderende gerundet. Bauchrand gerundet. Hinterende des Oberrandes gleichmäßig gerundet. Konchinschicht fast schwarz. Hauptzähne normal, Seitenzähne rechts doppelt. Wirbelhöhlen nicht tief. Perlmutter bläulichweiß. — Maße: Länge 37 mm, Höhe 28 mm, Dicke 16 mm.

Verbreitung: Südöstliche USA (Südliches Georgia und nördliches Florida).

29. **Pleurobema bulbosum** (LEA)

1857 *Unio bulbosus* LEA, Proc. Acad. nat. Sci. Philadelphia, **9**:172. — Terra typica: Flint-Fluß, Macon County, Georgia.

1900 *Pleurobema patsaligensis* SIMPSON, Proc. Acad. nat. Sci. Philadelphia, **100**: 82; Taf. 2,Fig. 1. — Terra typica: Little Patsaliga Bach, Crenshaw County, Alabama.

Diagnosis: Schale unregelmäßig eiförmig oder elliptisch, ungleichseitig, mäßig festschalig. Wirbel hoch und voll. Hinterer Oberrand hoch, oben leicht gewinkelt. Hinterende zugespitzt. Area mit feinen Runzeln versehen. Konchinschicht schwarz. Hauptzähne klein, gerauht, rechts zur Vervielfältigung neigend, ebenso die Seitenzähne. Wirbelhöhlen seicht. Perlmutter weißlich bis fleischfarben. — Maße: Länge 45—47 mm, Höhe 29—31 mm, Dicke 20 mm.

Verbreitung: Südöstliche USA (Georgia).

30. **Pleurobema simulans** (LEA)

1871 *Unio simulans* LEA, Proc. Acad. nat. Sci. Philadelphia, 1:190. — Terra typica: Cahawba-Fluß, Shelby County, Alabama.

Diagnosis: Schale etwas rautenförmig, etwas zusammengepreßt, wenig festschalig. Wirbel mäßig voll und hoch. Area gut entwickelt. Hinterende gerundet zugespitzt. Vorderende gerundet. Bauchrand leicht gekrümmt. Hinterer Oberrand gebogen, hinter dem Schloßband gewinkelt. Konchinschicht bräunlichgrün, gelegentlich schwach gestrahlt oder gelblich gewölkt. Hauptzähne dreieckig, rechts mit Hilfszähnchen, Seitenzähne rechts doppelt. Wirbelhöhlen nicht tief. Perlmutter bläulichweiß. — Maße: Länge 40 mm, Höhe 25 mm, Dicke 15 mm.

Verbreitung: Südöstliche USA (Alabama und Florida).

31. **Pleurobema modicum** (Lea)

1857 *Unio modicus* Lea, Proc. Acad. nat. Sci. Philadelphia, **9**:171. — Terra typica: Columbus, Georgia.

Diagnosis: Schale klein, etwas rautenförmig, ungleichseitig, mehr oder weniger aufgeblasen, wenig festschalig. Wirbel voll und hoch, mit einigen starken Fältchen skulptiert. Area ziemlich hoch. Hinterende gerundet zweiwinklig. Vorderende gerundet. Bauchrand fast gerade. Hinterer Oberrand leicht abfallend, etwas geknickt. Konchinschicht bräunlichgrün bei jungen Stücken, schmutzig rötlichbraun bei alten, glanzlos. Rechter Seitenzahn zur Verdoppelung geneigt, sonst Schloßbildung normal. Wirbelhöhlen nicht tief. Perlmutter mehr oder weniger hell fleischfarben. — Maße: Länge 38 mm, Höhe 22 mm, Dicke 17 mm.

Verbreitung: Südöstliche USA (Chattahoochee-Fluß, Georgia).

32. **Pleurobema gibberum** (Lea)

1838 *Unio gibber* Lea, Trans. amer. philos. Soc., Philadelphia, **6**:34; Taf. 10, Fig. 30. — Terra typica: Caney-Fork-Fluß, Tennessee.

Diagnosis: Schale etwas rautenförmig, dick, ziemlich festschalig, ungleichseitig. Wirbel mäßig voll und hoch. Area mit zwei Kanten. Vorderende etwas verschmälert, gerundet. Bauchrand fast oder völlig gerade. Hinterer Oberrand gebogen. Schalenfläche mit zarter, konzentrischer Skulptur; Konchinschicht rötlichbraun, etwas glänzend. Schloß normal, nur die rechten Hauptzähne neigen zur Vervielfältigung. Wirbelhöhlen seicht. Perlmutter bronzefarben oder kupfrig purpurn. — Maße: Länge 45 mm, Höhe 26 mm, Dicke 14 mm.

Verbreitung: Östliche USA (Tennessee; anscheinend nur vom ursprünglichen Fundort bekannt).

33. **Pleurobema fictum** Frierson

1927 *Pleurobema fictum* Frierson, Class. annotat. Check List N. amer. Naiades: 43. — Terra typica: Cahaba-Fluß, Alabama.

Diagnosis: Schale klein: Länge 28 mm, Höhe 20 mm, Diameter 13 mm. Schief, dreieckig elliptisch. Ziemlich aufgeblasen. Arealkante gut ausgebildet, eine seichte Furche läuft nach hinten und läßt die Hinterseite etwas ausgebuchtet erscheinen. Konchinschicht glatt, rötlichbraun, zwei bis vier Zuwachsstreifen erscheinen als konzentrische, dunkle Linien. Zähne für eine so kleine Art stark. Schloß normal, Haupt- und Seitenzähne doppelt links und einfach rechts. Perlmutter vorn dicker, gelblich bis rötlich, vorn heller, sehr schillernd hinten. Mantellinie nur vorn sichtbar. Wirbel angefressen, aber wahrscheinlich ziemlich hoch, ihre Höhlen seicht.

Bemerkung: Nächst verwandt mit *Pleurobema striatum* (Lea), aber viel kürzer und kleiner. Diese Art ist nie abgebildet und mir unbekannt; ich habe daher hier die Originalbeschreibung von Frierson wiederholt.

Verbreitung: Südöstliche USA (Alabama; nur von der Terra typica bekannt).

34. **Pleurobema marshalli** FRIERSON

1927 *Pleurobema marshalli* FRIERSON, Class. annot. Check List N. amer. Naiades: 43. — Terra typica: Tombigbee-Fluß bei Boligee, Alabama.

Diagnosis: Schale etwas eiförmig oder unregelmäßig und schief elliptisch. Wirbel hoch; Schale mäßig aufgeblasen, größte Dicke etwa in der Schalenmitte. Wirbel leicht rückwärts und einwärts gebogen. Konchinschicht gerunzelt, braun und ungestrahlt. Zuwachslinien nahe den Wirbeln deutlich, nach unten zu leicht blättrig werdend. In der Mitte der Schale läuft eine Reihe von schwachen Knötchen nach unten, die aber bei vielen Stücken nicht erkennbar sind. Schale ziemlich fest, hinten dünner. Perlmutter weiß. Wirbelhöhlen seicht. Schloß normal. Hinterende gerundet oder etwas zugespitzt. Area nicht wahrnehmbar. — Maße: Länge 55 mm, Höhe 43 mm, Diameter 30 mm.

Bemerkung: Nie abgebildet. Die ursprüngliche Beschreibung von FRIERSON ist hier wiederholt.

Verbreitung: Südöstliche USA (Alabama; nur von der Terra typica bekannt).

35. **Pleurobema aldrichi** FRIERSON

1927 *Pleurobema aldrichi* FRIERSON, Class. annot. Check List N. amer. Naiades: 44. — Terra typica: Selma, Alabama.

Diagnosis: Schale eiförmig, Wirbel sehr vorderständig. Vorn und oben dick, dünner nach hinten zu. Konchinschicht hellbraun, glänzend mit helleren und dunkleren konzentrischen Zonen. Perlmutter stumpf weiß, nur hinten schillernd. Zähne normal, Intervall sehr ausgesprochen. Muskeleindrücke vorn zusammenfließend, hinten getrennt. Wirbelhöhlen seicht gerundet. Dorsale Muskeleindrücke zahlreich und in großer Zahl. — Maße: Länge 48 mm, Höhe 51 mm, Dicke 30 mm.

Bemerkungen: Auch diese Art ist nicht abgebildet; Beschreibung nach FRIERSON.

Verbreitung: Südöstliche USA (Alabama; nur vom ursprünglichen Fundort bekannt).

36. **Pleurobema aldrichianum** GOODRICH

1931 *Pleurobema aldrichianum* GOODRICH, Occ. Pap. Mus. zool. Univ. Michigan, Ann Arbor, **229**:(1—4); Taf. — Terra typica: Conasauga-Fluß bei Conasauga, Polk County, Tennessee.

Diagnosis: Schale elliptisch, Wirbel voll, Skulptur unbekannt. Vorderende breit gerundet, fast abgestutzt; Hinterende fast zugespitzt; Unterrand leicht gerundet, in der Mitte fast geradlinig. Area niedrig, mit zwei Kanten. Konchinschicht lohfarben. Schloß normal, mit zwei Hilfshauptzähnen rechts. Perlmutter vorn weißlich, hinten bläulich. Wirbelhöhlen nicht sehr tief. — Maße: Länge 46,25 mm, Höhe 27,50 mm, Dicke 18,25 mm.

Bemerkung: Die Art ist mir nur aus der Original-Beschreibung bekannt, die ich hier wiedergegeben habe.

Verbreitung: Östliche USA (Conasauga-Fluß nahe Conasauga, Polk County, Tennessee).

Subfam. Quadrulinae HAAS

1929 Quadrulinae HAAS, Senckenbergiana, Frankfurt a. M., 11:333.

Diagnosis: Schale sehr oder mittelmäßig dick und schwer, viereckig bis dreieckig. Wirbel voll, meist ziemlich vorderständig, mit einer Skulptur aus V- oder W-förmigen Falten, die oft die ganze Schalenfläche bedecken und die in einzelnen Fällen in Knötchenreihen aufbrechen können, Schloß schwer, winklig. ♂ und ♀ oft verschieden. Alle vier Kiemen dienen als Marsupium.

Verbreitung: Die Nord-Kontinente.

Bestimmungsschlüssel zu den Gattungen

1 Schloß unregelmäßig . . . . *Pseudobaphia*, S. 265
1′ Schloß normal. 2
2 Schale verlängert, etwas länger als hoch . . . . *Tritogonia*, S. 266
2′ Schale wenig länger als hoch. 3
3 Schale mit schweren Querfalten. 4
3′ Schale ohne schwere Querfalten 5
4 Wirbel ohne erkennbare Skulptur . . . . *Amblema*, S. 286
4′ Wirbel mit W-förmiger Skulptur. . . . . *Megalonaias*, S. 284
5 Schale kurz eiförmig, Fläche ganz mit Knötchen bedeckt. . . . *Discomya*, S. 267
5′ Schale ohne Knötchenskulptur 6
6 Area mehr oder weniger stark gerunzelt, Schalenfläche glatt. . *Schepmania*, S. 268
6′ Area nicht stark gerunzelt 7
7 Schale sehr ungleichseitig, Wirbel hoch, Schloß fest, alle Zähne senkrecht gestrichelt . . . . *Lamprotula*, S. 277
7′ Schale anders beschaffen, Zähne nicht gestrichelt 8
8 Schale fast dreieckig, Wirbel sehr vorderständig . . . . . . *Rhombuniopsis*, S. 269
8′ Schale anders gestaltet, Wirbel mehr mittelständig 9
9 Schale meist rundlich, Wirbel voll mit fast gleichlaufenden Falten skulptiert. . . *Potomida*, S. 270
9′ Wirbelskulptur anders beschaffen: 10
10 Schalenfläche mit kleinen Knötchen und Fältchen, Seitenzähne in ausgesprochenem Winkel zu den Hauptzähnen stehend . . . . *Psoronaias*, S. 323
10′ Schalenskulptur anders beschaffen 11
11 Flächenskulptur aus in Quinkunx angeordneten Knötchen bestehend . . . . . . *Quincuncina*, S. 307
11′ Flächenskulptur anders beschaffen oder fehlend. 12
12 Schale hinten mit Knoten besetzt: . . . . *Cyclonaias*, S. 606
12′ Schale hinten nicht mit Knoten 13
13 Schale rundlich dreieckig, glatt . . . . *Fusconaia*, S. 311
13′ Schale viereckig. 14
14 Schale mit Furche vom Wirbel nach hinten unten. . . . . *Cokeria*, S. 287
14′ Arealkante mit Knoten besetzt; Schloßleiste breit. . . . . . . *Quadrula*, S. 289

Genus **Pseudobaphia** SIMPSON

1900 *Parreysia (Pseudobaphia)* SIMPSON, Proc. U. S. nation. Mus., Washington, 22:849. — Species typica: *Unio biesianus* HEUDE.

Diagnosis: Schale kurz eiförmig, aufgeblasen, hinten und vorn klaffend, festschalig, vorn gerundet, hinten abgestutzt. Wirbel stark aufgetrieben, ihre

Skulptur unbekannt. Schalenfläche konzentrisch gefurcht, Konchinschicht braunschwarz, stumpf, undeutlich gestrahlt. Schloß unregelmäßig. Hauptzähne kräftig, stark gezackt; Intervall sehr lang, vorn mit verschiedenen kleinen Zähnchen besetzt; Seitenzähne sehr klein und schwach. Wirbelhöhlen sehr tief. Perlmutter fleischfarben, nicht schillernd. Weichkörper unbekannt.

Verbreitung: China.

1. Pseudobaphia biesiana (Heude)

1877 *Unio biesianus* Heude, Conch. Fluv. Prov. Nanking, **2**: Taf. 14, Fig. 30. — Terra typica: Ning-kouo-hien-Fluß, China.

1900 *Parreysia (Pseudobaphia) biesiana* — Simpson, Proc. U. S. nation. Mus., Washington, **22**:850.

1912 *Pseudobaphia biesiana* — Haas, Conch. Cab., IX, 2 (II):117; Taf. 11, Fig. 1.

Diagnosis: Die der Gattung. — Maße: Länge 88—90 mm, Höhe 63—65 mm, Dicke 49—50 mm.

Verbreitung: Bisher nur aus dem Ning-kouo-hien (Provinz Nanking, China) bekannt.

Genus Tritogonia Agassiz

1852 *Tritogonia* Agassiz, Arch. Naturgesch., Berlin, **18**:48. — Species typica: *Unio verrucosus* Say.

Diagnosis: Schale fest, verlängert rautenförmig. Hinterende beim ♂ schief abgestutzt, beim ♀ nur abgestutzt und gerundet. Bauchrand eingebogen. Die ganze Schalenfläche ist mit Knötchen besetzt, mit Ausnahme der Flügel des ♀. Wirbel ziemlich niedrig, eingebogen und über das wohl entwickelte Schildchen, das verlängert ist. Wirbelskulptur stark, aus unregelmäßigen, fast gleichlaufenden Fältchen bestehend, die nach hinten aufgebogen sind, und aus feinen, ausstrahlenden Fältchen vor und hinter diesen. Konchinschicht dunkel olivenfarben. Hauptzähne stark und zersägt, Intervall ziemlich schmal, Seitenzähne lang und gerade, nahe den Hauptzähnen.

Bemerkungen: Die geschlechtliche Verschiedenheit der Schalen ist sehr ausgeprägt und zeigt eine Besonderheit. Während nämlich bei den übrigen Quadrulinen die weibliche Schale vor der Arealkante geschwollen ist, liegt diese Anschwellung bei *Tritogonia* ausgesprochen hinter der Arealkante.

Verbreitung: Atlantische Flüsse der Vereinigten Staaten.

1. Tritogonia verrucosa (Rafinesque)

1820 *Obliquaria verrucosa* Rafinesque, Ann. gén. Sci. physiol., Bruxelles, **5**:304; Taf. 31, Fig. 10—12. — Terra typica: Ohio-Fluß, Vereinigte Staaten.

1823 *Unio tuberculatus* Barnes, Amer. J. Sci., New Haven, **6**:125; Taf. 7, Fig. 8a, 8b. — Terra typica: Wisconsin.

1840 *Unio (Theliderma) pustulata* Swainson, Treat. Malac.: 271; Abb. 54d. — Terra typica: Nicht genannt.

1867 *Unio gigas* Sowerby, Conch. Icon., **16**: Taf. 56, Fig. 287. — Terra typica: Ohio-Fluß.

1900 *Tritogonia tuberculata* var. *obesa* SIMPSON, Proc. U. S. nation. Mus., Washington, **22**:609. — Terra typica: Big Eddy, Nechez-Fluß, Texas.
1909 *Quadrula tritogonia* ORTMANN, Nautilus, Philadelphia u. Boston, **22**:101. — Unnötige Umbenennung der Art.
1910 *Quadrula* obesa VANATTA, Nautilus, Philadelphia u. Boston, **23**:102. — Terra typica: Ouachita-Fluß bei Pidgeon Hill, Union County, Arkansas.
1911 *Quadrula parkeri* GEISER, The Academician, **1**:15. — Aus vermeintlichen nomenklatorischen Gründen veränderter Name von *Tritogonia verrucosa* (RAFINESQUE).

Diagnosis: Schale groß, verlängert, festschalig, etwas rautenförmig, kaum aufgeblasen, ungleichseitig, mit einer erhöhten, ausgesprochenen Arealkante, vor der sich eine seichte Aushöhlung befindet. Wirbel niedrig, zusammengedrückt, mit starken, unregelmäßigen, gerunzelten Fältchen skulpiert, die sich hinten nach oben krümmen. Schalenfläche bis zur Arealkante mit unregelmäßigen, verschieden gestalteten Knötchen, die sich manchmal zu Zickzacklinien anordnen. Auf der Area besteht die Schalenskulptur aus starken, unregelmäßigen, gebogenen, gefältelten und oft mit Knoten besetzten Falten. Konchinschicht grünlich braun oder braun, in Jungen dunkelgrün. Schloß links aus zwei starken, gesägten und dreieckigen Hauptzähnen und zwei geraden Seitenzähnen bestehend; rechte Klappe mit einem großen Hauptzahn, mit kleinen Hilfszähnen vor und hinter ihm, und einem Seitenzahn bestehend, der in alten Stücken andeutungsweise doppelt erscheint. Wirbelhöhlen mäßig tief, zusammengedrückt. — Maße: 150 (♂)—190 (♀) mm, Höhe 88 (♂)—103 (♀) mm, Dicke 50 (♂)—48 (♀) mm.

Bemerkungen: Der geschlechtliche Dimorphismus dieser Art zeigt sich folgendermaßen: Die ♂-Schale ist hinten schief abgestutzt und endet in stumpfer Spitze ziemlich weit oben; von diesem Punkte an besteht eine Reihe von niedrigen, breiten Knoten oder Buckeln, die sich oben über die Area ziehen. Die ♀-Schale dagegen zeigt diese Area viel glatter und sie ist in einen breiten, gerundeten Flügel ausgezogen.

Verbreitung: Mississippi-Gebiet, atlantische Flüsse vom Alabama-Gebiete bis Texas, USA.

Genus **Discomya** SIMPSON

1900 *Quadrula Subgenus Discomya* SIMPSON, Proc. U. S. nation. Mus., Washington, **22**:802. — Species typica: *Unio radulosus* DROUET & CHAPER.

Diagnosis: Schale rundlich oder etwas rautenförmig, zusammengedrückt, fest, vorn kurz, steil gerundet, hinten breit und gerundet abgestutzt. Wirbel niedrig, ohne erkennbare Skulptur; Area sehr niedrig, ziemlich zusammengedrückt. Schalenskulptur verschieden stark ausgeprägt; sie besteht auf der vorderen Hälfte aus zwei Systemen von gebogenen Reihen mehr oder weniger länglicher Knoten, die sich fast rechtwinklig schneiden und eine Art Gitterwerk erzeugen; die hintere Schalenhälfte ist von wulstigen Falten bedeckt, die parallel zuerst waagrecht verlaufen, dann nach oben umbiegen und sich hier und da vergabeln. Hauptzähne fest, kurz, Schloßstütze stark, Intervall breit, glatt, steil ansteigend, mit den kurzen, ziemlich schwachen Seitenzähnen nahezu einen rechten Winkel bildend. Wirbelhöhlen tief, zusammengedrückt. Mantellinie hinten, unter dem hinteren Adduktoren-Eindruck, schwach gebuchtet.

Verbreitung: Borneo.

Bestimmungsschlüssel zu den Arten

1 Schalenskulptur die ganze Schale bedeckend . . . . ***D. radulosa,*** S. 268
1′ Schalenskulptur fast ganz auf die Area beschränkt . . . . . ***D. rhomboidea,*** S. 268

1. Discomya radulosa (Drouet & Chaper)

1892 *Unio radulosus* Drouet & Chaper, Mem. Soc. zool. France, Paris, 5:150; Taf. 5, Fig. 10—12. — Terra typica: Sebroeang-Fluß, Borneo.

Diagnosis: Die der Gattung. — Maße: Länge 58—59 mm, Höhe 45—47 mm, Dicke 20—23 mm.

Verbreitung: Nur vom ursprünglichen Fundorte bekannt.

2. ? Discomya (radulosa var.) rhomboidea (Simpson)

1900 *Quadrula (Discomya) radulosa* var. *rhomboidea* Simpson, Proc. U.S. nation. Mus., Washington, 22:803. — Terra typica: Selrocany, Borneo.

Diagnosis: Schale länger als *radulosa*, rautenförmig, hinten breit zweiwinklig. Bauchrand hinten eingebuchtet. Skulptur auf die Area beschränkt. Perlmutter glanzlos, rötlich bleifarben. — Maße: Länge 57 mm, Höhe 37 mm, Dicke 22 mm.

Bemerkungen: Mir nur aus der Photographie des Typus bekannt. Sollte diese Form nicht eine Abnormität darstellen, so darf sie kaum einen höheren Rang als den einer Varietät beanspruchen.

Verbreitung: Nur vom ursprünglichen Fundorte bekannt.

Genus Schepmania Haas

1912 *Schepmania* Haas, Conch. Cab., IX, 2 (II): 124. — Species typica: *Unio nieuwenhuisi* Schepman.

Diagnosis: Schale länglich eiförmig, beiderseits gerundet, ziemlich hoch und festschalig. Wirbel wenig vorragend, ihre Skulptur wegen ihres angefressenen Zustandes unbekannt. An der inneren Arealkante beginnen gleichlaufende Falten, die quer über die Area ziehen, an der äußeren Arealkante nach oben umbiegen und am hinteren Oberrande und am oberen Hinterrande endigen. Schloß aus einem Hauptzahn und einem Seitenzahn in der rechten, zwei Hauptzähnen und zwei Seitenzähnen in der linken Klappe bestehend. Hauptzähne kurz, niedrig, stumpf konisch; Seitenzähne kurz und niedrig; Intervall lang und glatt. Wirbelhöhlen seicht. Perlmutter nicht sehr glänzend.

Bemerkungen: Zwei hierher gehörige Formen sind unterschieden worden, doch fallen sie wohl aller Wahrscheinlichkeit nach in eine einzige Art oder wenigstens als Lokalformen einer solchen zusammen.

Verbreitung: Borneo.

Bestimmungsschlüssel zu den Arten

1 Falten der Area stark und wulstig . . . . ***S. nieuwenhuisi,*** S. 269
1′ Falten der Area schwach und runzelig . . . . ***S. parcesculpta,*** S. 269

1. **Schepmania nieuwenhuisi** (SCHEPMAN)

1898 *Unio nieuwenhuisi* SCHEPMAN, Notes Leyden Mus., **20**:92; Taf. 1, Fig. 1—2. — Terra typcia: Bloe-oe, Ost-Borneo.
1900 *Unio newenhuisi* SIMPSON, Proc. U.S. nation. Mus., Washington, **22**:803. — Unrichtige Schreibweise für *U. nieuwenhuisi.*

Diagnosis: Die der Gattung. — Maße: Länge 69 mm, Höhe 40 mm, Dicke 19 mm.

Verbreitung: Ost-Borneo.

2. **Schepmania parcesculpta** (MARTENS)

1903 *Unio (Quadrula) nieuwenhuisi* var. *parcesculpta* MARTENS, S.Ber. Ges. naturf. Freunde Berlin, **1903**:425. — Terra typica: Guleh-Fluß, Ost-Borneo.
1908 *Unio (Quadrula) parcesculpta* — MARTENS, Mitt. zool. Mus. Berlin, **4**:288.

Diagnosis: Stimmt gänzlich mit der der vorangehenden Art überein mit Ausnahme der Schalenskulptur, die an der äußeren Arealkante beginnt, leicht nach vorn umbiegt, nach oben zieht und bis zum hinteren Oberrande reicht; im Gegensatz zu der Faltenskulptur von *S. nieuwenhuisi* besteht die von *S. parcesculpta* lediglich aus runzelartigen Fältchen.

Genus **Rhombuniopsis** HAAS

1920 *Rhombuniopsis* HAAS, Senckenbergiana, Frankfurt a. M., **2**:149. — Species typica: *Unio (Cuneopsis) tauriformis* FULTON.

Diagnosis: Schale sehr ungleichseitig, eiförmig bis dreieckig-eiförmig' dickschalig. Wirbel mehr oder weniger vorderständig, aufgeblasen, bei der typischen Art mit einer wellenrunzligen Skulptur versehen, die bei der zweiten Art, wohl durch Korrision, nicht zu erkennen ist. Wirbelhöhlen tief. Schloß aus schweren, massigen Hauptzähnen und kurzen, starken Seitenzähnen bestehend; Schloßwinkel sehr ausgeprägt.

Bemerkungen: Die beiden als hierher gehörig behandelten Arten sind etwas problematisch, und die Vereinigung beider unter dem gleichen Gattungsnamen könnte voreilig geschehen sein; mangels Material von *R. superstes* läßt sich aber zur Zeit keine endgültige Entscheidung treffen.

Verbreitung: Yünnan, China.

Bestimmungsschlüssel zu den Arten

1 Schale ausgesprochen keilförmig, Wirbel ganz vorderständig. ***R. tauriformis,*** S. 269
1′ Schale mehr eiförmig, Wirbel mehr in der Mitte gelegen . . . ***R. superstes,*** S. 270

1. **Rhombuniopsis tauriformis** (FULTON)

1906 *Unio (Cuneopsis) tauriformis* FULTON, Ann. Mag. nat. Hist., (7) **17**:246; Taf. 9, Fig. 9. — Terra typica: Yünnan-fu, Yünnan, China.

Diagnosis: Schale etwas keilförmig, sehr ungleichseitig, vorn kurz abgestutzt, hinten verlängert, in eine kurze, etwas untere Spitze ausgezogen, dickschalig. Vorderende sehr kurz, bei erwachsenen Stücken von den Wirbeln fast senkrecht abfallend; Unterrand geschwungen, mit dem tiefsten Punkte etwa hinter der Schalenmitte, mit dem Hinterrande einen leicht gerundeten, aber deutlichen Winkel bildend; hinterer Oberrand von den Wirbeln zuerst geradlinig sanft abfallend, dann steiler zum Hinterrande absteigend. Wirbel sehr vorderständig, bei erwachsenen Stücken fast ganz vorn liegend, aufgetrieben, mit einer Skulptur aus konzentrischen Wellenrunzeln bestehend, die nach hinten zu flacher auslaufen und die sich ziemlich weit über den Oberteil der Schale erstrecken. Schloßband ziemlich kurz und schwach. Area mit deutlicher äußerer und undeutlicher innerer Arealkante, im obersten Teile erhoben und etwas zusammengepreßt. Konchinschicht graubraun, silberglänzend, in der Jugend braungelb. Schloß normal; Hauptzähne stark, gesägt, der hintere der linken Klappe verhältnismäßig groß; Seitenzähne kurz, gerade, stark, der untere der linken Klappe erst hinten beginnend und nach hinten zu stärker werdend; in der rechten Klappe hinten ein kurzer Hilfszahn, der aber erst bei alten Stücken zur Ausbildung gelangt. Intervall kurz, aber breit. Rückenumriß fast dreieckig, vorn stumpf, hinten stumpf ausgezogen, größte Dicke etwas im vorderen Drittel gelegen. Perlmutter weißlich, nur an den Rändern bläulich und schillernd. — Maße: Länge 23—38 mm, Höhe 15—23 mm, Dicke 13—19 mm.

Verbreitung: Yünnan-fu, Yünnan, China.

2. **Rhombuniopsis superstes** (Neumayr)

1899 *Unio superstes* Neumayr, Wiss. Erg. Reise Szechény Ost-Asien, **2**:643; Taf. 1, Fig. 3. — Terra typica: See Tali-fu, Yünnan, China.

1899 *Unio heres* Neumayr, Wiss. Erg. Reise Szécheny Ost-Asien, **2**:644; Taf. 1, Fig. 6. — Terra typica: See Tali-fu, Yünnan, China.

Diagnosis: Schale oval, dick, ungleichseitig, wenig aufgeblasen, nach rückwärts schwach gekielt, sehr wenig abgestutzt. Wirbel im vorderen Drittel gelegen, schwach vorspringend, etwas korrodiert. Schloß der linken Klappe mit einem massig dreieckigen und vor diesem mit einem sehr schwachen lamellenförmigen Cardialzahn; in der Zahngrube zwischen beiden befindet sich eine erhabene Leiste, welche andeutet, daß der Cardinalzahn der rechten Klappe gespalten war. Hinterer Lateralzahn lang und stark. Vorderer Muskeleindruck kräftig, hinterer wenig größer und bedeutend schwächer. Epidermis olivenbraun, Perlmutter weiß. Genaue Maße können nicht gegeben werden, da das Exemplar beschädigt ist (Nach Neumayr).

Bemerkungen: Wenig und wohl nur nach den Typusexemplaren bekannte Art, die Neumayr als ihr Beschreiber mit fossilen Unioniden aus dem Pont von Kroatien verglichen hat; diese gehören der Gattung *Potomida* an und beweisen in der Tat die nahe Verwandtschaft der paläarktischen *Potomida* mit dem ostasiatischen *Rhombuniopsis*.

Verbreitung: Nur vom ursprünglichen Fundort bekannt.

Genus **Potomida** Swainson

1840 *Potomida* Swainson, Treatise Malacol.: 281. — Species typica: *Potomida corrugata* Swainson.

1846 *Potamida* L. Agassiz, Nomencl. Zool., Mollusca: 74. — Richtigstellung des unrichtig geformten Namens *Potomida*.

1896 *Rytia* Sabba Stefanescu, Mém. Soc. géol. France, Pal., Mém. **15**:41. — Species typica: *Unio (Rytia) brandzae* Sabba Stefanescu.

1896 *Psilunio* SABBA STEFANESCU, Mém. Soc. géol. France, Pal., Mém. **15**:44. — Species typcia: *Unio craiovensis* TOURNOUËR.
1897 *Sabbaia* COSSMANN, Rev. Paléozool., **1**:156. — Umbenennung des angeblich vorweggenommenen Namens *Rytia* (durch *Rhytia* HUEBNER, 1823).
1911 *Rhombunio* GERMAIN, Bull. Mus. Hist. nat. Paris: 67. — Species typica: *Unio rothi* BOURGUIGNAT.
1912 *Migranaia* HANNIBAL, Proc. malacol. Soc. London, **10**:124. — Species typica: *Unio littoralis* LAMARCK.

Diagnosis: Schale rundlich rautenförmig, ziemlich festschalig, etwas aufgeblasen, vorn kurz und gerundet, hinten breit und gerundet abgestutzt. Wirbel hoch und voll, mit einer Skulptur von zahlreichen feinen, etwa gleichlaufenden und gewellten Grätchen, die aufgebrochen sein können und die bei den Seeformen sich über die ganze Schalenfläche erstrecken können. Schloß mittelmäßig stark, Hauptzähne ziemlich fest, Seitenzähne oft leicht gekrümmt. Wirbelhöhlen ziemlich tief.

Bemerkungen: Die Gattung *Potomida* spielt eine recht bedeutende erdgeschichtliche Rolle; sie war im späten Tertiär in den osteuropäischen Seen stark verbreitet und hat unter limnischen Einflüssen große Umbildungen erlitten. So wurde die Schalenform länglicher oder keilförmig, die Wirbel standen oft sehr weit vorn, die Hauptzähne und die Seitenzähne standen gleichlaufend; es entstanden so Gestalten, die amerikanischen und ostasiatischen Quadrulinen zum Verwechseln ähnlich sahen. Mit dem Ende des Tertiärs starben diese limnischen Umbildungen aus und die heutige *Potomida*-Fauna ist fast ausschließlich potamisch. Indessen gibt es einige wenige Ausnahmen, von denen an den ihnen zustehenden Orten die Rede sein wird.

Verbreitung: Atlantisches Westeuropa, Mittelmeerländer mit Ausnahme von Italien und Kleinasien.

Die rezente Verbreitung der Gattung *Potomida* beschränkt sich auf eine einzige wenig veränderliche Art, *littoralis* LAMARCK, die in Abhängigkeit von ihrer Verbreitung in die folgenden Unterarten eingeteilt werden kann:

Bestimmungsschlüssel (Verbreitung) zu den Unterarten

Westliches (atlantisches) Europa und nördliche Hälfte der Pyrenäenhalbinsel . .	***littoralis***, S. 271
Südlicher Teil der Pyrenäenhalbinsel	***umbonata***, S. 273
Griechenland	***acarnanica***, S. 276
Armenien	***komarowi***, S. 273
Syrien und Jordangebiet	***semirugata***, S. 274
Orontes-Gebiet, Syrien	***homsensis***, S. 275
Küstenflüsse Palästinas	***delesserti***, S. 275
Nord-Afrika	***fellmanni***, S. 275

1. **Potomida littoralis** (LAMARCK)

1a. Potomida littoralis littoralis (LAMARCK)

1801 *Unio littoralis* LAMARCK, Syst. Anim. sans Vert.: 114. — Terra typica: Flüsse Frankreichs, häufig in der Seine.
1819 *Unio brevialis* LAMARCK, Hist. nat. Anim. sans Vert., **6**:73. — Terra typica: Umgebung von Paris, Frankreich (Ile de France).

1831 *Unio subtetragonus* MICHAUD, Complém. Hist. nat. Moll. terr. fluv. France, DRAPARNAUD: 111. — Terra typica: Nantes, Loire-Inférieure, Frankreich.

1831 *Unio draparnaldii* DESHAYES, Descr. Coqu. Terr.: 38; Taf. 14, Tig. 6. — Terra typica: Flüßchen Touch bei Toulouse, Frankreich.

1833 *Unio pianensis* FARINES in BOUBÉE, Bull. Hist. nat. France, 1, Moll. Zoophyt.: 27. — Terra typica: Flüßchen Pia bei Perpignan, Frankreich.

1835 *Unio cuneatus* JACQUEMIN, Guide Ror. Arles: 124. — Terra typica: Sumpf von Meyranne, in La Crau nahe Arles, Bouches-du-Rhône, Frankreich.

1839 *Unio rotundatus* MAUDUYT, Tableau Indic. Moll. Vienne: 9; Taf. 1, Fig. 314. — Terra typica: Vienne-Fluß, Frankreich.

1840 *Unio barraudi* BONHOMME, Mém. Soc. Aveyron, **2**:430. — Terra typica: Aveyron, Frankreich.

1843 *Unio bigerrensis* MILLET, Mag. Zool.: 3; Taf. 64, Fig. 2. — Terra typica: Gewässer der Départements Hautes und Basses-Pyrénées.

1850 *Unio moulinsianus* DUPUY, Hist. Moll. France: 640; Taf. 24, Fig. 10. — Terra typica: Fluß Cher, Frankreich.

1850 *Unio astierianus* DUPUY, Hist. Moll. France: 636; Taf. 23, Fig. 9. — Terra typica: Umgegend von Arles, Frankreich.

1855 *Unio rhomboideus* MOQUIN-TANDON, Hist. Moll. terr. fluv. France, **2**:568; Taf. 47, Fig. 4—9. — Terra typica: Flüsse Frankreichs.

1863 *Unio subreniformis* BOURGUIGNAT, Moll. nouv. lit. peu connus: 138; Taf. 34, Fig. 4—6. — Terra typica: See von Banolas, Prov. Gerona, Spanien.

1869 *Unio hippopotami* BOURGUIGNAT, Cat. Moll. terr. fluv. Paris quaternaire: 21; Taf. 3, Fig. 52—54. — Terra typica: Quartär von Paris, Frankreich.

1882 *Unio bigorriensis* LOCARD, Prodr. Malac. franç., 1:284. — Nur Umbenennung von *Unio bigerrensis* MILLET.

1882 *Unio rathymus* BOURGUIGNAT in LOCARD, Prodr. Malac. franç., 1:284. — Terra typica: Die Seine bei Tryes und bei Paris.

1888 *Unio gandiensis* DROUET, J. de Conch., Paris, **36**:103. — Terra typica: Fluß Serpis bei Gandia, Spanien.

1889 *Unio pacomei* BOURGUIGNAT in LOCARD, Contrib. faune malac. franç., **13**:20. – Terra typica: Saône bei Saint-Germain-au Mont-d'Or, Frankreich.

1893 *Unio circulus* BOURGUIGNAT in LOCARD, Coq. Eaux douces saum. France: 153. — Terra typica: Arconce, Nebenfluß der Loire bei Digoin, Frankreich.

1893 *Unio sphaericus* (Druckfehler: *speharicus*) BOURGUIGNAT in LOCARD, Coq. Eaux douces saum. France: 153. — Terra typica: Arconce, Nebenfluß der Loire bei Digoin, Frankreich.

1893 *Unio rhysopygus* DROUET, J. de Conch., Paris, **41**:168. — Terra typica: Umgebung von Almenara, Prov. Castellon, Spanien.

1893 *Unio circinatus* DROUET, J. de Conch., Paris, **41**:167. — Terra typica: Fluß Jucar, Prov. Valencia, Spanien.

1897 *Unio mauduyti* GERMAIN, Bull. Soc. Sci. nat. Rouen: 70. — Nomen novum pro *Unio rotundatus* MAUDUYT 1839, nec *Unio rotundatus* LAMARCK 1819.

1903 *Unio littoralis taginus* KOBELT, Iconogr. Land- Süßw.-Moll., (2) **10**:28; Taf. 279, Fig. 1795. — Terra typica: Fluß Tajo bei Toledo, Spanien.

1908 *Unio kinkelini* HAAS, Nachr.Bl. dtsch. malak. Ges., Frankfurt a. M., **40**:177. — Terra typica: Diluviale Sande von Biebrich, Deutschland.

1920 *Unio batavus catalonicus* HAAS, in BOFILL & HAAS, Treb. Mus. Cienc. nat. Barcelona, **3** (3):291, 363; Taf. 3, Fig. 19—22. — Terra typica: Fluß Sió, bei Balaguer, Prov. Lérida, Spanien.

Diagnosis: Die der Gattung *Potomida*; siehe nachstehende Bemerkungen zu dieser Art. — Maße: Länge: 40—90 mm, Höhe 25—55 mm, Dicke 18 bis 35 mm.

Bemerkungen: Bei der großen Schalen-Veränderlichkeit dieser Art ist es unmöglich, eine alle Möglichkeiten deckende Beschreibung zu geben. Es seien deshalb hier die bedeutendsten Abweichungen von der Norm aufgeführt. Die Schalenform reicht von fast kreisförmig eiförmig bis zu länglich elliptisch; die Schalenhöhe ist aus diesem Grunde ebenfalls sehr veränderlich, bei den rundlichen Formen ist sie verhältnismäßig höher als bei den verlängerten. Die Schalendicke aber ist ziemlich konstant, die Schale bleibt unter fast allen Formverzerrungen ziemlich zusammengedrückt. Die Dicke der Schalen zeigt im Gegensatz dazu beträchtliche Schwankungen, sie kann von recht dünn bis sehr schwer reichen; inwieweit dabei der Kalkgehalt des umgebenden Wassers eine Rolle spielt, ist bisher noch nicht bewiesen. Die Wirbelskulptur ist im großen ganzen konstant und reicht meist nicht über die Wirbelgegend hinaus. Die einzige mir bekannte Ausnahme von dieser Regel, die bei den pliozänen Arten sehr oft durchbrochen ist, bei lebenden Formen ist die *littoralis*-Form des Sees von Bañolas, Prov. Gerona, Spanien; bei ihr ist die Wirbelskulptur sehr stark, die sie bildenden zickzackförmigen Falten sind außergewöhnlich deutlich und stark und erstrecken sich über mehr als die Hälfte der Schalenfläche. Die Gestalt der Schale dieser außergewöhnlichen Art ist verlängert und erinnert an die von *Unio* aus der Gruppe des *batavus*, als die sie übrigens von ihrem Beschreiber BOURGUIGNAT auch angesehen worden war.

Verbreitung: Flüsse Frankreichs und Nord-Spaniens; fossil im Rheingebiet und in der Themse in England.

1b. Potomida littoralis umbonata (ROSSMAESSLER)

?1831 *Unio incurvus* LEA, Trans. amer. philos. Soc., Philadelphia, **4**:97; Taf. 13, Fig. 27. — Terra typica: Gibraltar. Unsichere, nicht genau festzulegende Form.

1844 *Unio litoralis* var. *umbonatus* ROSSMAESSLER, Iconogr. Land-Süßw.-Moll., **4**:36; Taf. 69, Fig. 849. — Terra typica: Kanal des Rio Segura bei Murcia, Spanien.

1887 *Unio hispalensis* KOBELT, Iconogr. Land-Süßw.-Moll., (2) **3**:53; Taf. 88, Fig. 492. — Terra typica: Guadalquivir bei Sevilla, Spanien.

1887 *Unio calderoni* KOBELT, Iconogr. Land-Süßw.-Moll., (2) **3**:54; Taf. 88, Fig. 494. — Terra typica: Guadaira-Fluß, Nebenfluß des Guadalquivir unterhalb von Sevilla, Spanien.

1892 *Unio calderoni* var. *salvadori* KOBELT, Nachr.Bl. dtsch. malak. Ges., Frankfurt a. M., **24**:201. — Terra typica: Bei Sevilla, Spanien.

Diagnosis: Der Nominatform sehr ähnlich und die meisten ihrer Eigenschaften teilend, stets durch aufgeblasenere und höhere Wirbel ausgezeichnet.— Maße: Länge 42—89 mm, Höhe 30—59 mm, Dicke 20—35 mm.

Verbreitung: Südlicher Teil der Iberischen Halbinsel.

1c. Potomida littoralis komarowi (O. BOETTGER)

1880 *Unio rothi* var. *komarowi* O. BOETTGER, Jb. dtsch. malak. Ges., Frankfurt a. M., **7**:160; Taf. 5, Fig. 1a, b. — Terra typica: Kars-Fluß bei Kars, Armenien.

Diagnosis: Von der Nominatform durch kürzeres, fast senkrecht abgeschnittenes Vorderteil, ziemlich geradlinigen Unterrand und größere Aufgeblasenheit unterschieden. — Maße: Länge 60—62 mm, Höhe 36—39 mm, Dicke 26,5—28 mm.

Bemerkungen: Die Seltenheit des bekannten Materials — es sind meines Wissens nur drei Stücke bekannt — läßt kein endgültiges Urteil über diese Form zu; dem entlegenen Fundort nach könnte sie wohl eine eigene Unterart darstellen, die, wie der ursprüngliche Beschreiber auch andeutete, der *littoralis*-Unterart *semirugatus* am nächsten stehen dürfte.

Verbreitung: Armenien.

1d. Potomida littoralis semirugata (Lamarck)

1819 *Unio semirugatus* Lamarck, Anim. sans Vert., **6**:76. — Terra typica: Unbekannt.

1863 *Unio rothi* Bourguignat, Moll. nouv. litig.: 133; Taf. 20, Fig. 1—6. — Terra typica: Tiberias-See, Palästina.

1864 *Unio emesaensis* Lea, Proc. Acad. nat. Sci. Philadelphia, 8:286. — Terra typica: See von Homs, Orontes-Gebiet, Syrien.

1865 *Unio simonis* Tristram, Proc. zool. Soc., London, 1865 (2): 544. — Terra typica: Jordan und Tiberias-See, Palästina.

1883 *Unio timius* Bourguignat in Locard, Arch. Mus. Hist. nat. Lyon, **3**:207; Taf. 20, Fig. 13—14. — Terra typica: Jordan, Palästina.

1883 *Unio galilaei* Locard, Arch. Mus. Hist. nat. Lyon, **3**:206; Taf. 20, Fig. 10—12. — Terra typica: Tiberias-See, Palästina.

1883 *Unio luynesi* Bourguignat in Locard, Arch. Mus. Hist. nat. Lyon, **3**:205. — Terra typica: Jordan, Palästina.

1883 *Unio rhomboidopsis* Locard, Arch. Mus. Hist. nat. Lyon, **3**:239; Taf. 20, Fig. 7—9. — Terra typica: Kanal des Orontes, Syrien.

1893 *Unio tinctus* Drouet, J. de Conch., Paris, **41**:38. — Terra typica: Nahr-el-Harun, Zufluß des Orontes bei Zerrâa, Syrien.

1895 *Unio rollei* Kobelt, Iconogr. Land-Süßw.-Moll., (2) Suppl. **1**:20; Taf. 4, Fig. 1—2. — Terra typica: Alexandrette, Kleinasien.

1913 *Unio graeteri* Kobelt, Iconogr. Land-Süßw.-Moll., (2) **19**:23; Taf. 522, Fig. 2714. — Terra typica: Oase Bab, nördlich von Aleppo, Syrien.

1913 *Unio (Rhombunio) babensis* Kobelt, Iconogr. Land-Süßw.-Moll., (2) **19**:22; Taf. 552, Fig. 2713. — Terra typica: Oase Bab, nördlich von Aleppo, Syrien.

1913 *Unio (Rhombunio) naegelei* Kobelt, Iconogr. Land-Süßw.-Moll., (2) **19**:25; Taf. 523, Fig. 2718. — Terra typica: See von Homs, Syrien.

1913 *Unio beroeus* Kobelt, Iconogr. Land-Süßw.-Moll., (2) **19**:29; Taf. 524, Fig. 2722. — Terra typica: Fluß Kuweik bei Aleppo, Syrien.

1913 *Unio (Rhombunio) halepensis* Kobelt, Iconogr. Land-Süßw.-Moll., (2) **19**:20; Taf. 521, Fig. 2709—2710. — Terra typica: Kuweik, Syrien.

1913 *Unio (Rhombunio) halepensis* var. *cazioti* Kobelt, Iconogr. Land-Süßw.-Moll, (2) **19**:19; Taf. 521, Fig. 2711. — Terra typica: Gegend von Ain-tab am Oberlauf des Flusses Kuweik, Syrien.

1913 *Unio corbiculiformis* Kobelt, Iconogr. Land-Süßw.-Moll., (2) **19**:22; Taf. 522, Fig. 2712 (fälschlich als *Unio corbuloides* bezeichnet). — Terra typica: See von Antiochia, Syrien.

1913 *Unio chinnerethensis* Preston, J. asiat. Soc. Bengal, Calcutta, **9**:473; Taf. 10, Fig. 10, 10a. — Terra typica: Tiberias-See, Palästina.

1929 *Unio salamboana* Pallary, Mém. Inst. Égypte, Caire, **12**:37; Taf. 3, Fig. 21—24. — Terra typica: Nahr-el-Kebir bei Tell el-Kalâat, Syrien.

Diagnosis: Die Unterschiede von der Nominatform bestehen im wesentlichen aus den folgenden Eigenschaften: Wirbelskulptur dichter, aber weniger stark, Festschaligkeit, größere Dicke und Neigung der Perlmutter zu violetten Tönen. — Maße: Länge 53—60 mm, Höhe 34—45 mm, Dicke 23—33 mm.

Verbreitung: Syrien und Jordan-System in Palästina.

1e. Potomida littoralis homsensis (Lea)

1864 *Unio homsensis* Lea, Proc. Acad. nat. Sci. Philadelphia, 8:285. — Terra typica: See von Homs, Syrien (Orontes-Gebiet).
1865 *Unio episcopalis* Tristram, Proc. zool. Soc. London, **1865**:544. — Terra typica: Orontes-Fluß, Syrien.
1893 *Unio barroisi* Drouet, J. de Conch., Paris, **41**:36. — Terra typica: Nahr-el-Harun, Zufluß des Orontes, Syrien.
1929 *Margaritana syriaca* Pallary, Mém. Inst. Égypte, Caire, **12**:34; Abb. — Terra typica: Nahr-el-Kebir, Orontes-Gebiet, Syrien.

Diagnosis: Der vorhergehenden Unterart sehr nahestehend, meist durch folgende Eigenschaften verschieden: Starke Verlängerung des Hinterendes, Perlmutter meist tief violett. — Maße: Länge 90—115 mm, Höhe 50—55 mm, Dicke 30—32 mm.

Bemerkungen: Das stark verlängerte Hinterende verleiht dieser Form ein ungewöhnliches, an Margaritiferiden erinnerndes Aussehen, das in der Tat Pallary veranlaßt hat, eine *Margaritana (=Margaritifera)* in dieser, von ihm *syriaca* genannten Unterart zu erblicken.

Verbreitung: Orontes-Gebiet, Syrien.

1f. Potomida littoralis delesserti (Bourguignat)

1852 *Unio delesserti* Bourguignat, Test. nov. Saulcy Orient.: 29. — Terra typica: Bei Jaffa, Palästina.
1868 *Unio ferussacianus* Lea, J. Acad. nat. Sci. Philadelphia, **6**:255. — Terra typica: Bagdad.
1895 *Unio lycicus* Kobelt, Iconogr. Land-Süßw.-Moll., (2) Suppl. **1**:18; Taf. 2, Fig. 1. — Terra typica: Flüßchen Arab-Tschay bei Adalia, Türkei.
1895 *Unio tracheae* Kobelt, Iconogr. Land-Süßw.-Moll., (2) Suppl. **1**:21; Taf. 7a, Fig. 2. — Terra typica: Bei Jenemtere, Türkei.
1895 *Unio wagneri* Kobelt, Iconogr. Land-Süßw.-Moll., (2) Suppl. **1**:22; Taf. 7, Fig. 1. — Terra typica: Bei Alexandrette, Türkei.
1913 *Unio deschampsi* Kobelt, Iconogr. Land-Süßw.-Moll., (2) **19**:28; Taf. 524, Fig. 2721. — Terra typica: Fluß Kuweik bei Aleppo, Syrien.
1913 *Unio blanchianus* Kobelt, Iconogr. Land-Süßw.-Moll., (2) **19**:27; Taf. 524, Fig. 2719—2720. — Terra typica: Flüßchen Nahr-el-Audscha bei Jaffa, Palästina.
1913 *Unio (cilicicus var.) langloisi* Kobelt, Iconogr. Land-Süßw.-Moll., (2) **19**:44; Taf. 532, Fig. 2742. — Terra typica: Cylicischer Cydnus, Kleinasien.
1913 *Unio (Rhombunio?) abrus* Kobelt, Iconogr. Land-Süßw.-Moll., (2) **19**:10; Taf. 516, Fig. 2696. — Terra typica: Flüßchen Nahr-el-Audscha bei Jaffa, Palästina.

Diagnosis: Ebenfalls der *Potomida littoralis semirugata* nahestehend, aber durch stets kürzere Gestalt, geringere Aufgeblasenheit und die weiße Perlmutter ausgezeichnet; aller Wahrscheinlichkeit nach keine haltbare Unterart.— Maße: Länge 31—48 mm, Höhe 28—33 mm, Dicke 19—20 mm.

Bemerkungen: Der als „Bagdad" angegebene Fundort von *Unio ferussacianus* Lea dürfte auf einem Irrtum beruhen.

Verbreitung: Die Küstenflüsse Syriens und Israels.

1g. Potomida littoralis fellmanni (Deshayes)

1847 *Unio fellmanni* Deshayes, Hist. nat. Moll. Algérie: Taf. 108, Fig. 8—9. — Terra typica: See von Obeira, Prov. Constantine, Algerien.

1861 *Unio unduliferus* KÜSTER in MARTINI-CHEMNITZ, Conch. Cab., IX (2): 162; Taf. 46, Fig. 4. — Terra typica: Vermutungsweise Südamerika (KÜSTER), wahrscheinlich aber Nord-Afrika; mit Vorbehalt hier eingefügt.
1866 *Unio maccarthyanus* BOURGUIGNAT, Moll. nouv. litig.: 220; Taf. 34, Fig. 8—10. — Terra typica: Oued-Reghaia, 32 km von Algier.
1868 *Unio mauritanicus* BOURGUIGNAT, Moll. nouv. litig.: 317; Taf. 45, Fig. 1—5. — Terra typica: Gewässer nahe Saint-Denis-du-Sig bei Oran, Algerien.
1873 *Unio ksibianus* MOUSSON, Malak. Bl., Cassel, **21**:156. — Terra typica: Fluß Ksib bei Mogador, Marokko.
1886 *Unio jolyi* KOBELT, Iconogr. Land-Süßw.-Moll., (2) **2**:22; Taf. 41, Fig. 256. — Terra typica: Ain Temouchent, zwischen Oran und Tlemcen, Algerien.
1887 *Unio zenaticus* LETOURNEUX & BOURGUIGNAT, Prodr. Malacol. terr. fluv. Tunisie: 163. — Terra typica: Tunesien.
1887 *Unio rouirei* LETOURNEUX & BOURGUIGNAT, Prodr. Malacol. terr. fluv. Tunisie: 164. — Terra typica: Tunesien.
1918 *Unio martelli* PALLARY, Bull. Soc. Hist. nat. Afrique Nord, **9**:151. — Terra typica: La Makina bei Fez, Marokko.
1921 *Unio rhomboideus* var. *bucheti* PALLARY, J. de Conch., Paris, **66**:215. — Terra typica: Ued Kseb, Marrakesch, Marokko.
1927 *Unio tifleticus* PALLARY, Bull. Soc. Sci. nat. Maroc, Rabat: 78. — Terra typica: Ued Tiflet bei Tiflet, Marokko.
1928 *Rhombunio asananus* PALLARY, J. de Conch., Paris, **72**:20; Taf. 3, Fig. 1—2. — Terra typica: Ued Derna bei Taghzirt, Marokko.

Diagnosis: Der Nominatform sehr ähnlich, von ihr unterscheidbar durch die folgenden Merkmale: Wirbelskulptur wenig ausgebreitet, Schalen zusammengedrückt, mit Neigung zur Verlängerung des Hinterendes. — Maße: Länge 51—85 mm, Höhe 29—49 mm, Dicke 19—34 mm.

Bemerkungen: Die bei dieser Form auftretende Verlängerung des Hinterendes erreicht niemals die bei *Potomida littoralis homsensis* vorkommenden Ausmaße.

Verbreitung: Nord-Afrika von Tunesien bis Marokko.

1h. Potomida littoralis acarnanica (KOBELT)

1879 *Unio littoralis* var. *acarnanicus* KOBELT, Iconogr. Land-Süßw.-Moll., **6**:40; Taf. 161, Fig. 1638. — Terra typica: See von Vrachori, Griechenland.
1879 *Unio acarnanicus* var. *messenicus* WESTERLUND in WESTERLUND & BLANC, Aperçu Moll. Grèce: 144. — Terra typica: Calamata, Griechenland.
1894 *Unio pamisinus* DROUET, Mém. Soc. zool. France, Paris, **7**:373; Taf. 7, Fig. 4. — Terra typica: Fluß Pamissus bei Calamata, Griechenland.

Diagnosis: Schale rundlich rautenförmig, hinten leicht geschnäbelt. Wirbel etwa bei $^{1}/_{3}$ der Länge gelegen, ihre nicht bekannte Skulptur anscheinend auf die Spitzen beschränkt. Schloß wie bei der *littoralis*-Gruppe. — Maße: Länge 60—70 mm, Höhe 35—45 mm, Dicke 20—23 mm.

Bemerkungen: Diese Unterart scheint stärker von der Nominatform abzuweichen als alle die bisher behandelten Formen; immerhin scheint es unverkennbar, daß sie keine eigene Art, sondern lediglich eine unterscheidbare Unterart der Nominatform darstellt.

Verbreitung: Mittel- und Südgriechenland.

Genus **Lamprotula** SIMPSON

1900 *Quadrula (Lamprotula)* SIMPSON, Proc. U.S. nation. Mus., Washington, **22**:796. — Species typica: *Chama plumbea* CHEMNITZ.
1900 *Gibbosula* SIMPSON, Proc. U.S. nation. Mus., Washington, **22**:804. — Species typica: *Mya crassa* WOOD.

Diagnosis: Schale rundlich bis etwa viereckig oder gar dreieckig, sehr fest, aufgeblasen, mit hohen Wirbeln; die Wirbelskulptur besteht aus einigen wenigen rauhen, fast gleichlaufenden Fältchen, die in einer Doppelschlinge angeordnet sind. Schalenfläche meist von Knoten oder Beulen bedeckt. Konchinschicht heller oder dunkler grau, meist etwas seidig glänzend. Schloß fest, alle Zähne senkrecht geriefelt oder gestreift; in der rechten Klappe ist ein unterer Hilfsseitenzahn ausgebildet. Wirbelhöhlen tief und zusammengepreßt.

Bemerkungen: Der Mangel an Material dieser allermeist chinesischen Arten in den Museen macht eine kritische Anordnung und Synonymie unmöglich; das im folgenden Gegebene ist also nichts weiter als ein schwacher Versuch, Ordnung in den Wirrwarr der vielen von HEUDE beschriebenen Arten zu bringen.

Verbreitung: Ost-Asien.

1. **Lamprotula plumbea** (CHEMNITZ)

1795 *Chama plumbea* CHEMNITZ in MARTINI-CHEMNITZ, Conch. Cab., **11**:237; Taf. 203, Fig. 1991, 1992. — Terra typica: „Südsee".

Diagnosis: Schale etwa kreisrund, fest, etwas aufgeblasen, ungleichseitig. Wirbel mäßig hoch, nach vorn geneigt. Schalenfläche in der Wirbelgegend schief gefältelt, mit unregelmäßigen ausstrahlenden Falten unten und hinten, vorn unten mit kleinen Knötchen. Konchinschicht bräunlich. Schloßplatte flach und breit. Zähne stark, die Seitenzähne senkrecht geriefelt. Wirbelhöhlen anscheinend tief. Perlmutter weiß. — Maße: Länge 42 mm, Höhe 45 mm (an der ursprünglichen Abbildung gemessen).

Bemerkungen: Unzweifelhaft eine *Lamprotula*, aber nie wieder gefunden; sie könnte die abnorm verkürzte, daher die die Länge übertreffende Höhe, Form einer anderen Art von *Lamprotula* darstellen.

Verbreitung: Wohl bestimmt Südost-Asien. Die Angabe von CHEMNITZ beruht darauf, daß die Art ursprünglich als eine marine *Chama* aufgefaßt wurde.

2. **Lamprotula coreana** (MARTENS)

1905 *Unio (Lamprotula) coreanus* MARTENS, Zool. Jb., Jena, Suppl. 8:50; Taf. 3, Fig. 5. — Terra typica: Fluß Hangang, 15 km oberhalb Söul, Provinz Kyöngkwido, Korea.

Diagnosis: Schale abgerundet rhombisch, sehr fest, mäßig aufgeblasen, die Wirbel weit vorn gelegen; ihre Skulptur unbekannt. Vorderende sehr kurz, steil gerundet, Hinterende in einen kurzen, breit gerundeten unteren Schnabel ausgezogen. Schalenfläche mit einzelnen Knötchen skulptiert, die sich hinten zu Wülsten vereinigen. Schloßbildung normal, sehr fest. Perlmutter weiß. — Maße: Länge 62—90 mm, Höhe 46—57 mm, Dicke 34,5—43 mm.

Bemerkungen: Obige Diagnose ist nach der Original-Beschreibung abgefaßt.

Verbreitung: Nur von der Terra typica bekannt.

3. Lamprotula tortuosa (Lea)

1865 *Unio tortuosus* Lea, Proc. Acad. nat. Sci. Philadelphia, 9:76. — Terra typica: China.
1867 *Unio (Lampsilis) subtortus* Baird & Adams, Proc. zool. Soc. London, 1867:491; Taf. 26, Fig. 1, 1a. — Terra typica: Schanghai, China.
1883 *Unio retortus* Heude, Conch. Fluv. Prov. Nanking: Taf. 57, Fig. 109. — Terra typica: Fluß Ning-kuo-fu, China.

Diagnosis: Schale etwa elliptisch, ungleichseitig, aufgeblasen und fest; die beiden Klappen sind ungleich und etwas verdreht. Wirbel endständig, sehr aufgeblasen. Vorderende sehr kurz, fast fehlend, Hinterende verlängert und unten wie abgeschnitten. Die linke Klappe ist kürzer oder länger als die rechte; auf der längeren Klappe ist die Arealkante am stärksten ausgeprägt. Area stärker oder schwächer mit gebogenen Fältchen. Schalenfläche unskulptiert. Konchinschicht aschgrau, etwas seidenglänzend. Schloß sehr stark; Hauptzähne fast gleichlaufend mit dem Rückenrand. Wirbelhöhlen sehr tief und zusammengepreßt. Perlmutter silbrig weiß. — Maße: Länge 67—72 mm, Höhe 46—47 mm, Dicke 35—37 mm.

Verbreitung: China.

4. Lamprotula tientsinensis (Crosse & Debeaux)

1863 *Unio tientsinensis* Crosse & Debeaux, J. de Conch., Paris, 11:257; Taf. 10, Fig. 1. — Terra typica: Fluß Pei-ho bei Tientsin, China.

Diagnosis: Der vorigen Art sehr ähnlich, aber kürzer elliptisch, stärker gewölbt und mit konzentrischen Fältchen um die Wirbel herum. — Maße: Länge 65 mm, Höhe 53 mm, Dicke 41,5 mm.

Bemerkungen: Es ist anzunehmen, daß *tientsinensis* nur eine kurze und aufgeblasenere Form von *tortuosa* ist; Mangel an Material läßt keine einwandfreie Entscheidung zu.

Verbreitung: China.

5. Lamprotula zonata (Heude)

1883 *Unio zonatus* Heude, Conch. Fluv. Prov. Nanking, 8: Taf. 61, Fig. 120. — Terra typica: Fluß Ning-kuo-fu, China.

Diagnosis: Ebenfalls eine der *tortuosa* nahestehende Art, durch höhere und mehr endständigere Wirbel, und durch längere Hauptzähne ausgezeichnet. — Maße: Länge 75 mm, Höhe 55 mm, Dicke 40 mm.

Verbreitung: China.

6. Lamprotula fibrosa (Heude)

1877 *Unio fibrosus* Heude, Conch. Fluv. Prov. Nanking, 2: Taf. 11, Fig. 22. — Terra typica: Gewässer im Jang-tze-Tal.
1877 *Unio spurius* Heude, Conch. Fluv. Prov. Nanking, 2: Taf. 11, Fig. 23. — Terra typica: Fluß Siang, China.

Diagnosis: Ähnlich *L. tortuosa*, aber länger, mit völlig vorderständigen Wirbeln und mit gelegentlichen, konzentrischen Wülsten auf der Schalenfläche. — Maße: Länge 82—117 mm, Höhe 57—63 mm, Dicke 37—50 mm.

Verbreitung: China.

7. **Lamprotula salaputium** (Martens)

1902 *Quadrula salaputium* Martens, Nachr.Bl. dtsch. malak. Ges., Frankfurt a. M., **34**: 132. — Terra typica: Thuyen-Quan, Annam.

Diagnosis: Schale gerundet viereckig, schwer, aufgeblasen. Schalenfläche mit Warzen verschiedener Gestalt, gestreckt, gekrümmt oder vergabelt, bedeckt. Konchinschicht gelblich braun. Vorderende gerundet, Hinterende etwas abgestutzt. Unter- und Hinterrand wellig durch vorragende, starke Knoten. Wirbel nicht vorragend, ihre Skulptur unbekannt. Schloß fest und schwer, rechts mit zwei Hilfshauptzähnen neben dem schweren Hauptzahn, links zwei Hauptzähne; Seitenzähne kurz, leicht gebogen und stark senkrecht geriefelt. Perlmutter gelblich weiß, kaum schillernd. — Maße: Länge 38 mm, Höhe 33 mm, Dicke 20,5 mm.

Bemerkungen: Auf ein einziges Stück begründet und nie abgebildet.

Verbreitung: Nur von der Terra typica bekannt.

8. **Lamprotula nodulosa** (Wood)

1815 *Mya nodulosa* Wood, Gen. Conch., **1**:106; Taf. 22, Fig. 1—2. — Terra typica: Unbekannt.

1862 *Unio grandidens* Lea, Proc. Acad. nat. Sci. Philadelphia, **5**:168. — Terra typica: Angeblich nahe Hot Springs, Arkansas.

1904 *Unio (Quadrula) liedtkei* Rolle, Nachr.Bl. dtsch. malak. Ges., Frankfurt a. M., **36**:25; Taf. 3, Taf. 4, a. — Terra typica: Rivière Claire, Tonkin.

Diagnosis: Schale etwa keilförmig oder etwa dreieckig, aufgeblasen, festschalig, mit vollen und hohen Wirbeln, die fast oder völlig endständig sind. Vorderende abgeschnitten, unten gerundet. Bauchrand etwas gekrümmt. Hinterer Rückenrand eine fast gleichmäßig gekrümmte Linie. Schalenfläche konzentrisch mit groben Knoten bedeckt, die sich an der äußeren Arealkante oft gabeln. Konchinschicht lohfarben, rauh. Schloßplatte breit. Schloß fest, Seitenzähne senkrecht geriefelt. Wirbelhöhlen sehr tief, zusammengedrückt. Perlmutter strohfarben. — Maße: Länge 90—138 mm, Höhe 69—90 mm, Dicke 45—90 mm.

Bemerkungen: *U. liedtkei* ist völlig identisch oder äußerst nahe verwandt mit *nodulosa*.

Verbreitung: Der einzige genaue Fundort dieser Art ist die Rivière Claire in Tonkin, von wo *Unio (Quadrula) liedtkei* Rolle kam.

9. **Lamprotula blaisei** (Dautzenberg & Fischer)

1905 *Unio (Quadrula) blaisei* Dautzenberg & Fischer, J. de Conch., Paris, **53**:210; Taf. 6, Fig. 1, 2. — Terra typica: Bas Luc-Nam, Dorf Van-Ien, Tonkin.

Diagnosis: Der vorhergehenden Art sehr nahe stehend, durch die schmälere, hinten stärker ausgezogene Gestalt und durch die glattere Schalenfläche ausgezeichnet, deren Skulptur mehr in Form von gebogenen Knotenreihen und auf die obere Schalenhälfte beschränkt ist. — Maße: Länge 98 mm, Höhe 62 mm, Dicke 55 mm.

Verbreitung: Tonkin.

10. **Lamprotula moreletiana** (Heude)

1883 *Unio moreletianus* Heude, Conch. Fluv. Prov. Nanking, 8: Taf. 60, Fig. 117. — Terra typica: Fluß Kuang-té-tcheu, China.
1900 *Quadrula kouangensis* Simpson, Proc. U.S. nation. Mus., Washington, 22:799. — (Nomen novum pro *Unio moreletianus*.)
1914 *Quadrula konangensis* Simpson, Descr. Cat. Naiades: 923. — Druckfehler für *kouangensis*.

Diagnosis: Schale genau eiförmig, schwer, etwas zusammengepreßt. Wirbel wenig vorragend, weit vorne gelegen, aber nicht endständig. Vorderende breit gerundet, Hinterende verschmälert gerundet. Schalenfläche unregelmäßig mit Knötchen besetzt, mit gebogenen, gekörnelten Falten auf der Area. Schloß normal, fest. Wirbelhöhlen tief und zusammengedrückt. Perlmutter schmutzig weiß. — Maße: Länge 80 mm, Höhe 55 mm, Dicke 40 mm.

Verbreitung: China, nur von der Terra typica bekannt.

11. **Lamprotula polysticta** (Heude)

1877 *Unio polystictus* Heude, Conch. Fluv. Prov. Nanking, 2: Taf. 12, Fig. 25. — Terra typica: Fluß Siang, China.
1877 *Unio polysticto-scriptus* Heude, Conch. Fluv. Prov. Nanking, 2: Taf. 13, Fig. 26. — Terra typica: Flüsse in Hunan, China.
1877 *Unio scripto-polystictus* Heude, Conch. Fluv. Prov. Nanking, 2: Taf. 13, Fig. 27. — Terra typica: Flüsse in Hunan, China.

Diagnosis: Schale unregelmäßig rautenförmig, mäßig aufgeblasen, festschalig. Wirbel hoch, voll, und endständig. Vorderende abgeschnitten, gerundet in den geraden Bauchrand übergehend. Area etwas erhoben, mit deutlicher äußerer Arealkante. Schalenfläche mit engstehenden, starken Knoten besetzt, Area mit gebogenen, leicht knotigen Falten. Schloß fest; Hauptzähne etwas gekrümmt, Seitenzähne gerade, senkrecht geriefelt. Wirbelhöhlen sehr tief. Perlmutter schmutzig weiß, vorn viel dicker als hinten. — Maße: Länge 82 mm, Höhe 58 mm, Dicke 36 mm.

Verbreitung: Flüsse in Hunan, und Fluß Siang, China.

12. **Lamprotula similaris** (Simpson)

1875 *Unio affinis* Heude, Conch. Fluv. Prov. Nanking, 1: Taf. 3, Fig. 7, 7a (non *Unio affinis* Lea 1852). — Terra typica: Fluß Fu-thscheu, in Kiang-si, China.
1900 *Quadrula similaris* Simpson, Proc. U.S. nation. Mus., Washington, 22:799. — Nomen novum pro *Unio affinis* Heude (nec Lea 1852).

Diagnosis: Schale etwas rautenförmig, fest, aufgeblasen. Wirbel ziemlich voll und hoch, nicht ganz endständig. Vorderende gerundet, unten leicht abgeschnitten, Bauchrand gebogen, hinterer Oberrand gekrümmt, hinter dem Schloßband fast gewinkelt. Wirbelgegend mit engen, schiefen, gerauhten Rippen versehen, die fast mit dem Rückenrand gleichlaufen. Schalenfläche, mit Ausnahme des vordersten Vorderendes, mit kleinen Knötchen besetzt; Area mit starken, gebogenen Falten. Konchinschicht braun. Schloß fest und stark; Hauptzähne radial stehend, Seitenzähne gerade. Wirbelhöhlen tief und zusammengepreßt. Perlmutter weiß. — Maße: 70—85 mm, Höhe 50—70 mm, Dicke 30—42 mm.

Verbreitung: China.

13. **Lamprotula microsticta** (Heude)

1877 *Unio microstictus* Heude, Conch. Fluv. Prov. Nanking, 2: Taf. 12, Fig. 24. — Terra typica: Fluß Siang, China.

Diagnosis: Schale etwas rautenförmig, kaum aufgeblasen, ungleichseitig, fest. Wirbel nur mäßig voll und hoch, in einiger Entfernung vom Vorderende stehend. Vorderende gerundet, Bauchrand geschwungen, manchmal ganz hinten mit einer leichten Einbuchtung. Hinterer Oberrand gebogen, manchmal hinter dem Schloßband leicht gewinkelt. Äußerstes Vorderende der Schalenfläche glatt, der Rest mit starken Knötchen bedeckt; Area mit schweren, gekrümmten und gerunzelten Falten. Konchinschicht dunkelbraun oder schwärzlich. Hauptzähne gerieft, nicht aufgesplittert, Seitenzähne kurz und schwer. Wirbelhöhlen sehr tief, zusammengepreßt. Perlmutter weiß, hinten schillernd. — Maße: Länge 80—95 mm, Höhe 63—70 mm, Dicke 34—40 mm.

Verbreitung: China.

14. **Lamprotula rochechouarti** (Heude)

1875 *Unio rochechouarti* Heude, Conch. Fluv. Prov. Nanking, 1: Taf. 5, Fig. 13. — Terra typica: Fluß Nanking, Kiang-su, China.

Diagnosis: Schale unregelmäßig dreieckig, fest, kaum aufgeblasen, ungleichseitig; Klappen gelegentlich mit Andeutungen von Verdrehung. Wirbel hoch und voll. Hinterer Oberrand undeutlich gewinkelt, mehr gebogen. Vorderende gleichmäßig gerundet; Bauchrand vor der Arealkante eingebuchtet; Hinterende etwas schief abgestutzt. Schalenfläche, das vorderste Ende ausgenommen, mit starken, oft tropfenförmigen oder doppelten Knötchen besetzt; Area mit sehr starken, gebogenen Falten verziert. Konchinschicht schwärzlich, dick. Hauptzähne stark, radial gerieft, Seitenzähne senkrecht geriefelt. Wirbelhöhlen äußerst tief, zusammengepreßt. Perlmutter stumpf purpurn. — Maße: Länge 90—130 mm, Höhe 80—92 mm, Dicke 36—48 mm.

Bemerkungen: Mit dieser Art haben wir eine *Lamprotula*-Art erreicht, die in eine andere Gruppe gehört als die vorangehenden, deren Artberechtigung stets ziemlich zweifelhaft ist.

Verbreitung: Fluß Nanking, Kiang-su, China.

15. **Lamprotula triclavus** (Heude)

1877 *Unio triclavus* Heude, Conch. Fluv. Prov. Nanking, 2: Taf. 10, Fig. 21, 21a. — Terra typica: Fluß Lo, Prov. Hunan, China.

Diagnosis: Schale sehr lang, unregelmäßig dreieckig, fest, kaum aufgeblasen, sehr ungleichseitig. Wirbel erhoben, etwas zusammengedrückt, sehr weit vorn gelegen. Vorderende gerundet und unten weggeschnitten, Hinterende abgerundet zugespitzt; Bauchrand fast geradlinig. Arealkante mit schweren Knoten besetzt; Schalenfläche, ihr vorderstes Ende ausgenommen, ist mit unregelmäßigen Knöllchen besetzt. Konchinschicht bräunlich. Hauptzähne stark, radial, leicht gebogen, körnig gerieft; Seitenzähne senkrecht geriefelt. Wirbelhöhlen äußerst tief und zusammengepreßt. Perlmutter weiß. — Maße: Länge 110—140 mm, Höhe 70—72 mm, Dicke 37—50 mm.

Verbreitung: Provinz Hunan, China.

16. **Lamprotula bazini** (Heude)

1877 *Unio bazini* Heude, Conch. Fluv. Prov. Nanking, **2**: Taf. 9, Fig. 20. — Terra typica: Fluß Lo, Prov. Hunan, China.

Diagnosis: Schale äußerst ungleichseitig, verlängert eiförmig, festschalig, nicht sehr aufgeblasen. Wirbel ganz vorderständig, mäßig voll und erhöht. Vorderende steil gerundet, Rücken- und Bauchrand fast gleichlaufend, langsam gegen hinten konvergierend; Hinterende schief abgestutzt. Area niedrig, sehr lang. Schalenfläche zum großen Teil mit Knoten und Knöllchen verziert, die eine Neigung zur Anordnung in geschwungenen, mit den Zuwachsstreifen gleichlaufenden Bogen besitzen. Konchinschicht hell- bis dunkelbraun glänzend. Haupt- und Seitenzähne fast gleichlaufend, die ersteren leicht aufgesplittert, die letzteren lang und gerade. Wirbelhöhlen tief und zusammengedrückt. Perlmutter weiß. — Maße: Länge 105—140 mm, Höhe 57—70 mm, Dicke 33—50 mm.

Bemerkungen: Eine der am deutlichsten kenntlichen *Lamprotula*-Arten.

Verbreitung: China.

17. **Lamprotula leai** (Gray)

1834 *Unio leai* Gray in Griffith, Animal Kingdom Cuvier, **12**:600; Taf. 21, Fig. 1. — Terra typica: China.

1864 *Unio nodulosus* — Reeve (non Wood, 1815), Conch. Icon., **16**: Taf. 9, Fig. 32. — Terra typica: China.

1875 *Unio leleci* Heude, Conch. Fluv. Prov. Nanking, **1**: Taf. 4, Fig. 12; Taf. 5, Fig. 14. — Terra typica: China.

1875 *Unio scriptus* Heude, Conch. Fluv. Prov. Nanking, **1**: Taf. 3, Fig. 8, 8a. — Terra typica: Provinz Nanking, China.

1875 *Unio montanus* Heude, Conch. Fluv. Prov. Nanking, **1**: Taf. 4, Fig. 11. — Terra typica: Kien-tchang-fu, Prov. Kiang-si, China.

1875 *Unio richthofeni* Martens, S.-B. Ges. naturf. Freunde Berlin, **1875**:3. — Terra typica: Siang-Kiang-Fluß, China.

1877 *Unio caveatus* Heude, Conch. Fluv. Prov. Nanking, **3**: Taf. 24, Fig. 53. — Terra typica: Flüsse Siang und Lo, Prov. Hunan, China.

1881 *Unio contritus* Heude, Conch. Fluv. Prov. Nanking, **7**: Taf. 56, Fig. 103. — Terra typica: Bäche nördlich von Po-yang, Kien-te-hien, China.

1881 *Unio quadrangulosus* Heude, Conch. Fluv. Prov. Nanking, **7**: Taf. 56, Fig. 104. — Terra typica: Bäche von Ning-kuo-hien, China.

1881 *Unio leai* var. *cinnamomeus* Gredler, Jb. dtsch. malak. Ges., Frankfurt a. M., **8**:122; Taf. 6, Fig. 16. — Terra typica: Hunan, China.

1883 *Unio cornuum-lunae* Heude, Conch. Fluv. Prov. Nanking, **8**: Taf. 57, Fig. 105. — Terra typica: Bäche in der Gegend von Kuang-te-tcheu, China.

1883 *Unio paschalis* Heude, Conch. Fluv. Prov. Nanking, **8**: Taf. 58, Fig. 110. — Terra typica: Bäche bei Heng-tcheu-fu, Hunan, China.

1883 *Unio verruculosus* Heude, Conch. Fluv. Prov. Nanking, **8**: Taf. 58, Fig. 111. — Terra typica: Bäche südlich von Kien-te-hien, China.

1883 *Unio abortivus* Heude, Conch. Fluv. Prov. Nanking, **8**: Taf. 63, Fig. 124. — Terra typica: Bäche bei T'sing-yang-hien, Prov. Ngan-hue, China.

1884 *Unio monticola* Heude, J. de Conch., Paris, **32**:19. — (Nomen novum pro *Unio montanus* Heude non Philippi 1869).

1894 *Unio gottschei* Martens, S.-B. Ges. naturf. Freunde Berlin, **1894**:215. — Terra typica: Amnokgang und Pukchang bei Söul, Korea.

1898 *Unio leai* var. *truncatula* NEUMAYR, Ergebn. Reise SZÉCHENY Ostasien, **2**: 643; Taf. 3, Fig. 8. — Terra typica: See Tai-ho oder Königskanal, Prov. Kiang-su, China.
1905 *Unio (Quadrula) leai* var. *ponderosa* DAUTZENBERG & FISCHER, J. de Conch., Paris, **53**:209. — Terra typica: Tonkin.

Diagnosis: Schale verlängert, mehr oder weniger lang eiförmig, mehr oder weniger aufgeblasen, ziemlich bis sehr festschalig, recht ungleichseitig. Wirbel nicht sehr weit vorn gelegen, mäßig aufgeblasen und hoch; ihre Skulptur besteht aus leicht doppelten Schlingen, die hinten stark gewinkelt sind, die der Schalenfläche aus leichten radialen Falten und starken, tropfenförmigen Pusteln. Vorderende mehr oder weniger stark abgeschnitten gerundet; Unterrand leicht gebogen, hinten oft vorgebaucht. Hinterer Oberrand gebogen, oft hinter dem Schloßband leicht winklig geknickt. Konchinschicht grünlich oder grünlich braun, bei jungen, dunkler in alten Stücken, seidenglänzend. Hauptzähne im Alter fast mit den leicht gebogenen, gekörnelten Seitenzähnen gleichlaufend. Wirbelhöhlen mäßig tief, zusammengedrückt. Perlmutter weiß oder strohfarben. — Maße: Länge 75—101 mm, Höhe 46—62 mm, Dicke 28—30 mm.

Bemerkungen: *Lamprotula leai* scheint die häufigste Art der Gattung zu sein, und auch die am meisten veränderliche. Wir können Fluß-, Strom- und Bachformen von ihr unterscheiden, die alle von HEUDE verschiedene Artnamen erhalten haben. Die verschiedenste dieser benannten Formen ist *gottschei*, die unter Umständen, das heißt nach Vergleich von reichlicherem Material, als haltbare koreanische Unterart von *leai* zu gelten hat.

Verbreitung: Mekong-Fluß, Hinter-Indien, Tonkin, China, Korea.

18. **Lamprotula divergens** (BENSON)

1855 *Unio (Theliderma) divergens* BENSON, J. asiat. Soc. Bengal, Calcutta, **24**:137. — Terra typica: Insel Chusan, östlich von China, ostchinesisches Meer.

Diagnosis: Schale fest, gewinkelt eiförmig, leicht geflügelt, ziemlich aufgeblasen; Schalenfläche mit Falten und Knoten; von der Wirbelgegend strahlen zwei Reihen von Falten aus, deren vordere einfach, deren hintere mit vielen Höckern versehen ist. Wirbel mäßig vorragend; Konchinschicht schwärzlich. Der obere Hauptzahn der linken Klappe gegen den Hinterrand gerichtet, mit Hilfszähnen, der untere mit kurzem Anhang; Seitenzähne kurz und dick. (Wörtliche Übersetzung der BENSONschen Diagnose.) — Maße: Länge 9,25 mm, Höhe 71,5 mm.

Bemerkungen: Nie abgebildet; der Typus nicht in der Sammlung BENSON im Zoologischen Museum von Cambridge, England.

Verbreitung: Insel Chusan (Tschu-san), nahe der chinesischen Küste im ostchinesischen Meer. Eine undeutbare Art, die vielleicht nur eine Lokalform der *Lamprotula leai* darstellt.

19. **Lamprotula crassa** (WOOD)

1815 *Mya crassa* WOOD, Gen. Conch.: 106; Taf. 20, 21. — Terra typica: China.
1817 *Mya ponderosa* DILLWYN, Descr. Cat. Rec. Shells: 51. — Terra typica: China.
1908 *Unio (Quadrula) mansuyi* DAUTZENBERG & FISCHER, J. de Conch., Paris, **56**:214; Taf. 8, Fig. 5; Abb. (S. 215). — Terra typica: Song Bang-Giang bei Cao-Bang, Indo-China.

Diagnosis: Schale sehr dickschalig und schwer, verlängert trapezförmig, vorn gerundet, hinten gewinkelt. Schalenfläche in der Mitte mit ausstrahlenden fast senkrechten, mehr oder minder zusammenfließenden Falten, die auf der Area stärker werden, sowie knotiger, und die etwas nach verschiedenen Richtungen laufen; vorderer Teil der Schale ohne Falten. Wirbel einander genähert, etwas vor dem vorderen Schalendrittel gelegen. Perlmutter kaum schillernd, mit mikroskopischen Körnern bedeckt. Schloß sehr stark; ein Hilfszahn bei dem rechten Hauptzahn; Seitenzähne fest, ziemlich gerade. Konchinschicht tief bräunlich gelb. — Maße: Länge 100—110 mm, Höhe 64—71 mm, Dicke 37—40 mm.

Bemerkungen: Simpson hat, meiner Ansicht nach unnötigerweise, für *Mya crassa* die Gattung *Gibbosula* aufgestellt, die von mir als Synonym von *Lamprotula* erwähnt wurde. Die Art *mansuyi* Dautzenberg & Fischer ist richtig als *Lamprotula* gedeutet worden; meiner Ansicht nach ist sie ein Synonym von *L. crassa*.

Verbreitung: China; Indochina.

Genus **Megalonaias** Utterback

1915 *Megalonaias* Utterback, Amer. Midland Natural., Notre Dame, 4:41. — Typus: *Unio heros* Say.

Diagnosis: Schale elliptisch quadratisch, zusammengepreßt, ziemlich dickschalig und schwer. Wirbel nicht erhoben, leicht aufgeblasen; ihre Skulptur besteht aus fünf rauhen konzentrischen Falten, die am deutlichsten auf der Area ausgebildet sind. Area hoch, mit vier oder fünf ausgebogenen Rippchen. Hinterende der Schale von fünf bis sechs schiefen Wellenrippen durchzogen. Konchinschicht rötlichbraun bis gelblich. Schloß sehr schwer; ein Hilfszahn vorn bei dem rechten Hauptzahn; Seitenzähne schwer, etwas gesägt; Intervall breit und dick. Wirbelhöhlen tief und eng.

Verbreitung: Atlantische Flüsse von Nord- und Mittel-Amerika.

Bestimmungsschlüssel zu den Arten

1	Schale deutlich länger als hoch	***gigantea***, S. 284
1′	Schale weniger hoch im Verhältnis zur Länge	2
2	Schale verhältnismäßig wenig skulptiert	***gigantea boykiniana***, S. 285
2′	Schale stärker skulptiert	3
3	Wenige starke, schiefe Falten auf der Schale	***triumphans***, S. 285
3′	Fast die gesamte Schalenfläche dicht und eng skulptiert	4
4	Vorderende ziemlich glatt	***nickliniana***, S. 286
4′	Vorderende ganz leicht gekörnelt	***nickliniana digitata***, S. 286

1. **Megalonaias gigantea** (Barnes)

1a. Megalonaias gigantea gigantea (Barnes)

1823 *Unio (crassus* Say, var. ?*) giganteus* Barnes, Amer. J. Sci., New Haven, 6:119. — Terra typica: Mississippi.

1829 *Unio heros* Say, New Harmony Dissem., 2: No. 19. — Terra typica: Fox-Fluß, Zufluß des Wabash-Flusses, Indiana.

1831 *Unio multiplicatus* Lea, Trans. amer. philos. Soc., Philadelphia, 4:70; Taf. 4, Fig. 2. — Terra typica: Ohio-Fluß und Tennessee-Fluß.

1860 *Unio eightsii* LEA, Proc. Acad. nat. Sci. Philadelphia, **4**:306. — Terra typica: Texas und im Sabinas-Fluß, Nuevo León, Mexiko.
1864 *Unio atrocostatus* REEVE, Conch. Icon., **16**: Taf. 4, Fig. 13. — Terra typica: Alabama.

Diagnosis: Schale lang rautenförmig oder verlängert viereckig, mehr oder weniger aufgeblasen, festschalig, ungleichseitig. Wirbel ziemlich voll und hoch, ihre Skulptur besteht aus starken, zickzackförmigen oder doppelt geschlungenen Fältchen. Rückenrand gerade oder ganz leicht geschwungen; Vorderende gerundet, meistens mit einem Winkel oben; Bauchrand gerade oder ein wenig gebogen; Hinterende fast viereckig oder etwas schief abgestutzt, den hinteren Oberrand in einem Winkel treffend, unten dagegen gerundet. Schalenfläche, mit Ausnahme des unteren Vorderendes, mehr oder weniger mit schiefen Falten und Knötchen bedeckt; nahe den Wirbeln befinden sich dichte, von diesen ausstrahlende, leicht geknotete Fältchen. Konchinschicht bräunlich bis schwärzlich. Hauptzähne hoch, radial gestreift, Seitenzähne gerade oder leicht gebogen. Wirbelhöhlen tief und zusammengepreßt. Perlmutter weißlich, oft mit schmutzig-stumpfen Flecken. — Maße: Länge 112—280 mm, Höhe 82—203 mm, Dicke 55—75 mm.

Bemerkungen: Eine anonyme Veröffentlichung erwähnt ein Stück, das, nach den Zuwachsringen, 53 Jahre alt war und gigantische, leider nicht angeführte, Ausmaße besaß. Wenn auch die Altersberechnung nach den Jahresringen, als welche der Verfasser anscheinend die Zuwachsringe betrachtete, ungenau sein muß, so steht andrerseits doch fest, daß das in Frage stehende Stück äußerst alt und von riesigen Maßen gewesen sein muß.

Verbreitung: Mississippi-Gebiet im allgemeinen; Red River of the North; Alabama, Texas; Nord-Mexiko.

1b. Megalonaias gigantea boykiniana (LEA)

1840 *Unio boykinianus* LEA, Proc. amer. philos. Soc., Philadelphia, **1**:288. — Terra typica: Chattahoochee-Fluß bei Columbus, Georgia.

Diagnosis: Der Nominatform in allem ähnlich, nur spärlicher skulptiert. — Maße: Länge 112—162 mm, Höhe 86—100 mm, Dicke 43—63 mm.

Bemerkungen: Es ist sehr leicht möglich, daß diese Unterart die Vertreterin der Nominatform in den genannten Flüssen ist, in denen die typische *gigantea* nicht vorzukommen scheint.

Verbreitung: In den atlantischen Zuflüssen der südöstlichen Vereinigten Staaten, von Georgia im Norden bis Florida.

2. **Megalonaias triumphans** (B. H. WRIGHT)

1898 *Unio triumphans* B. H. WRIGHT, Nautilus, Boston u. Philadelphia, **11**:101. — Terra typica: Coosa-Fluß, St. Clair County, Alabama.

Diagnosis: Schale unregelmäßig dreieckig, Rückenrand in einen Flügel erhoben. Schalenoberfläche grob gewellt; nur der vorderste und der oberste Teil tragen kleine Wärzchen. Schalenfläche nach den Rändern zu gleichmäßig an Flachheit zunehmend. Eine erhobene Linie, die von den Wirbeln ausgeht, teilt die Schalenfläche in zwei fast ganz gleiche Teile. Schale mäßig dick, vorn dicker. Konchinschicht glanzlos schwarz. Der größere Durchmesser der

Schale liegt in ihrer Mitte. Wirbelhöhlen tief. Hintere Muskeleindrücke zusammenhängend; vordere getrennt. Seitenzähne kurz und von den niedergedrückten Hauptzähnen entfernt. Perlmutter vorn glanzlos weiß, nach hinten zu leuchtend kupferfarben und sehr schillernd. — Maße: Länge 125 mm, Höhe 100 mm, Dicke 50 mm.

Verbreitung: Nur von der Terra typica bekannt.

3. Megalonaias nickliniana (Lea)

3a. Megalonaias nickliniana nickliniana (Lea)

1834 *Unio nicklinianus* Lea, Trans. amer. philos. Soc., Philadelphia, 5:28; Taf. 1, Fig. 1. — Terra typica: China.

1861 *Unio nicklianus* Küster, Conch. Cab., *Unio*, IX (2): 218. — Error typographicus pro *nicklinianus*.

Diagnosis: Schale kurz trapezförmig, zusammengepreßt, festschalig, ungleichseitig. Wirbel ziemlich hoch, etwas zusammengepreßt oder leicht aufgeblasen; ihre Skulptur besteht aus starken etwas zickzackförmigen Falten. Vorderende verschmälert, aber gerundet; Bauchrand etwas geschwungen; Rückenrand hinten etwas flügelartig erhoben, hinten etwas schief abgestutzt. Arealkanten wenig ausgeprägt, die äußere oft aufgeschwollen. Schalenfläche rauh, konzentrisch gefurcht. Ihr Hinterende besitzt einige wenige ausstrahlende Falten und außerdem eine Reihe von feinen, ausstrahlenden Runzeln auf der Area. Die Wirbelgegend ist voller ungeordnet stehender Falten, die sich weiter unten in unregelmäßigen, strahlenförmigen Runzeln und Knötchen anordnen. Konchinschicht grünlich braun. Hauptzähne rauh, Seitenzähne weit hinten. Wirbelhöhlen sehr tief und zusammengepreßt. Perlmutter weiß. — Maße: Länge 145 mm, Höhe 125 mm, Dicke 47 mm.

Bemerkungen: Küster ist der erste Autor, der — bei seinem *Unio nicklianus* — den genauen Fundort der Art, Mexiko, anführt.

Verbreitung: Süd-Mexiko; Guatemala.

3b. Megalonaias nickliniana digitata (Morelet)

1851 *Unio digitatus* Morelet, Test. noviss., Teil 2:24. — Terra typica: Usumacinta-Fluß, Guatemala.

1900 *Unio stolli* Martens, Biol. Centr. Amer., Moll.: 492; Taf. 29, Fig. 2. — Terra typica: Río de las Salinas, Guatemala.

Diagnosis: Der Nominatform äußerst ähnlich, aber etwas kürzer und mit stärkerer Schalenskulptur. — Maße: Länge 125—160 mm, Höhe 92—120 mm, Dicke 40—46 mm.

Verbreitung: Guatemala.

Genus Amblema Rafinesque

1819 *Unio* Untergattung *Amblema* Rafinesque, J. Phys. Chimie Hist. nat., Paris, 88:427. — Species typica: *Amblema ovalis*.

1820 *Amblema* Rafinesque, Ann. Gén. Sci. Phys. Bruxelles, 5:314. — Typus: *Amblema costata* Rafinesque.

1838 *Crenodonta* Schlüter, Kurzgef. syst. Verz. Conch. Samml.: 33. — Species typica: *Unio plicatus* Say.

1916 *Cokeria* MARSHALL, Nautilus, Boston, **29**:133. — Species typica: *Cokeria southalli* MARSHALL.

Diagnosis: Schale mehr oder weniger geflügelt. Wirbel vorragend. Schalenfläche mit schiefen Falten skulptiert, die auf der Area meistens schwächer und kleiner sind und die nach oben umbiegen. Konchinschicht bräunlich bis schwärzlich.

Bemerkungen: Eine sehr veränderliche Art mit möglicherweise zwei Unterarten. Der Name *Amblema* von 1819 dürfte ungültig sein, da als sein Typus eine nicht identifizierbare Art genannt; deshalb hat die Namengebung von 1820 mit erkennbarem Typus den Vorrang.

Verbreitung: Mississippi-Gebiet, Atlantische Zuflüsse der Vereinigten Staaten südlich von Virginia; Red River of the North; Saskatchewan-Fluß und Winnipeg-See.

1. Amblema plicata (SAY)

1a. Amblema plicata plicata (SAY)

1817 *Unio plicata* SAY, Conchology in: NICHOLSON's Encyclopedia, 2. Ausg.: 50. — Terra typica: Erie-See.
1819 *Unio peruviana* LAMARCK, Anim. sans Vert., **6**:71. — Terra typica: Peru.
1819 *Unio rariplicata* LAMARCK, Anim. sans Vert., **6**:71. — Terra typica: Ohio-Fluß.
1856 *Unio heros* — KÜSTER, Conch. Cab., *Unio*, IX (2): 136; Taf. 40, Fig. 1—2. — Terra typica: Ohio-Fluß (non *Unio heros* SAY, 1829).

Diagnosis: Schale etwa quadratisch oder rautenförmig, aufgeblasen, festschalig, ungleichseitig. Wirbel voll und hoch, nach vorn über eine wohlentwickelte Lunula geneigt; ihre Skulptur besteht aus einigen wenigen, rauhen, unregelmäßigen, etwas geknickten Falten. Vorderende meist etwas verschmälert, abgerundet und unten etwas abgeschnitten; Rückenrand hoch, oft fast flügelartig erhoben; Bauchrand leicht gerundet oder fast geradlinig. Die Area ist von der Schalenfläche durch eine breite, seichte Vertiefung abgesetzt. Die Schalenfläche ist mit Falten skulptiert, die stark und wulstig, etwa mit der äußeren Arealkante gleichlaufen; Area mit oder ohne ausstrahlende Leisten. Konchinschicht von gelblich grün bis zu schwärzlich gefärbt. Rechter Hauptzahn oft aufgesplittert, rechte Seitenzähne stark und nicht sehr lang; linke Hauptzähne meist durch Hilfszähne vermehrt, Seitenzähne meist doppelt. Wirbelhöhlen tief, zusammengepreßt. Perlmutter weiß. — Maße: Länge 90—120 mm, Höhe 62—90 mm, Dicke 46—54 mm.

Verbreitung: Die der Gattung.

1b. Amblema plicata costata RAFINESQUE

1820 *Amblema costata* RAFINESQUE, Ann. gén. Sci. Phys., Bruxelles, **5**:315. — Terra typica: Ohio-Fluß.
1814 *Unio perplicatus* CONRAD, Proc. Acad. nat. Sci. Philadelphia, **1**:19. — Terra typica: Jackson, Louisiana.
1845 *Unio hippopaeus* LEA, Proc. amer. philos. Soc., **4**:163. — Terra typica: Erie-See.
1848 *Unio atrocostatus* LEA, Trans. amer. philos. Soc., Philadelphia, **10**:70; Taf. 2, Fig. 5. — Terra typica: Claiborne, Alabama.
1855 *Unio pearlensis* CONRAD, Proc. Acad. nat. Sci. Philadelphia, **7**:256. — Terra typica: Pearl-Fluß in Mississippi, Zufluß des Golfes von Mexiko in Louisiana.

1856 *Unio elliottii* LEA, Proc. Acad. nat. Sci. Philadelphia, 8:262. — Terra typica: Othcalooga Creek, Gordon Co., Georgia.
1858 *Unio neislerii* LEA, Proc. Acad. nat. Sci. Philadelphia, 2:165. — Terra typica: Flint-Fluß bei Lanier, Georgia.
1868 *Unio brazosensis* LEA, Proc. Acad. nat. Sci. Philadelphia, 12:144. — Terra typica: Dallas Co., Texas.
1868 *Unio lincecumii* LEA, Proc. Acad. nat. Hist. Philadelphia, 12:144. — Terra typica: Dallas Co., Texas.
1872 *Unio pauciplicatus* LEA, Proc. Acad. nat. Sci. Philadelphia, 2:156. — Terra typica: Austin, Texas.
1887 *Unio quintardii* CRAGIN, Bull. Washburn Coll., 2:6. — Terra typica: Salt Creek, Zufluß des Deep Fork des Canadian River, Oklahoma.
1891 *Unio pilsbryi* MARSH, Nautilus, Philadelphia u. Boston, 5:1. — Terra typica: Little Ted River, Arkansas.
1916 *Cokeria southalli* MARSHALL, Nautilus, Philadelphia u. Boston, 29:133. — Terra typica: James-Fluß bei Huron, Süd-Dakota.

Diagnosis: Von der Nominatform eigentlich nur durch folgende Merkmale verschieden: Wirbel weniger hoch, Umriß weniger rautenförmig, die Skulpturfalten der Schalenfläche sind stärker und weiter ausgedehnt; Zwischenformen zwischen der Unter- und der Nominatart sind nicht selten. — Maße: Länge 87—145 mm, Höhe 67—110 mm, Dicke 55—60 mm.

Bemerkungen: Eine sehr veränderliche Form, deren einzelne Phasen vielleicht nicht nur umweltbedingt, sondern örtlich geprägt sein können. Die Seeform aus dem Erie-See hat den Namen *hippopaea* erhalten, *elliottii* und *perplicata* gehen oft ineinander über, ebenso *quintardi*; *neisleri* scheint eine auf Florida beschränkte Lokalform zu sein. Was *Cokeria southalli* MARSHALL anbelangt, die nur in einem einzigen Stücke bekannt ist, so sind die Meinungen darüber verschieden; niemand kam zu einem festen Ergebnis, die meisten Stimmen vermuten eine abnorme, nicht skulptierte *Amblema plicata costata* in ihr.

Verbreitung: Atlantische Zuflüsse der Vereinigten Staaten mit — anscheinender — Ausnahme des Mississippi-Gebietes.

Genus **Plectomerus** CONRAD

1853 *Plectomerus* CONRAD, Proc. Acad. nat. Sci. Philadelphia, 6:260. — Species typica: *Unio interruptus* SAY.

Diagnosis: Schale rautenförmig, aufgeblasen, mit hohem hinterem Rückenrand. Wirbelskulptur aus rauhen, unregelmäßigen Falten bestehend, die auf der hinteren Schalenhälfte zu Knötchen anschwellen. Schalenskulptur auf der hinteren Schalenhälfte aus schiefen Falten bestehend, die manchmal etwas zickzackförmig sind; auf der Area sind starke Falten ausgebildet. Wirbelhöhlen nur wenig tief. Perlmutter purpurn.

1. **Plectomerus dombeyanus** (VALENCIENNES)

1827 *Unio dombeyana* VALENCIENNES in HUMBOLDT & BONPLAND, Receuil Observ. Zool. Anat. Comp., 2:227; Taf. 53, Fig. 1a, 1b. — Terra typica: Peru.
1831 *Unio interruptus* SAY, Transsylvania J., 4:525. — Terra typica: Bayou Teche, Ste. Mary Parish, Louisiana.
1831 *Unio trapezoides* LEA, Trans. amer. philos. Soc., Philadelphia, 4:69; Taf. 3, Fig. 1. — Terra typica: St. Joseph-See, Louisiana.

1902 *Quadrula trapezoides* var. *pentagonoides* FRIERSON, Nautilus, Philadelphia u. Boston, **16**:39. — Terra typica: Calcasieu-Fluß, Louisiana.

Diagnosis: Schale lang rhombisch, mehr oder weniger aufgeblasen, festschalig, ungleichseitig. Wirbel nur mäßig voll und hoch; ihre Skulptur besteht aus einigen wenigen knotigen Runzeln. Hinterer Oberrand hoch, manchmal fast geflügelt; Vorderende etwas verschmälert und abgerundet; Bauchrand gerade; Hinterende schief abgestutzt, mit leicht gekrümmtem Umriß. Schalenfläche mit einigen wenigen schiefen Falten versehen, hinten mit gekrümmten Fältchen; in der Wirbelgegend finden sich längliche Knötchen in Zickzackanordnung. Konchinschicht bräunlich bis schwärzlich. Hauptzähne radial aufgesplittert, Seitenzähne lang. Wirbelhöhlen mäßig tief. Perlmutter purpurrot. — Maße: Länge 108—160 mm, Höhe 67—100 mm, Dicke 43—65 mm.

Verbreitung: Zuflüsse des Golfes von Mexiko; im Mississippi-Gebiete nördlich bis Tennessee.

Genus **Quadrula** RAFINESQUE

1820 *Obliquaria (Quadrula)* RAFINESQUE, Ann. gén. Sci., Phys., Bruxelles, **5**:305. — Species typica: *Obliquaria quadrula* RAFINESQUE.

Diagnosis: Schale drei- oder viereckig, oder rautenförmig, festschalig, aufgeblasen. Wirbel ziemlich vorragend, meist mit wenigen rauhen, unregelmäßigen und fast gleichlaufenden Fältchen skulptiert, die Knoten oder Hügelchen bilden, wo sie die meist wohlentwickelte Area kreuzen. Schalenfläche glatt oder skulptiert. Konchinschicht meist glanzlos, ungestrahlt oder nur schwach gestrahlt. Schloß normal; Intervall flach und breit; Hauptzähne fest, aufgesplittert; Seitenzähne ziemlich kurz, rechts gelegentlich unten ein Hilfsseitenzahn. Wirbelhöhlen tief und zusammengepreßt.

Verbreitung: Atlantische Zuflüsse der Vereinigten Staaten.

Bestimmungsschlüssel zu den Untergattungen

1	Schale rundlich bis rautenförmig, mit Pusteln skulptiert	***Quadrula***, S. 289
2	Schale abgerundet viereckig, weniger skulptiert	***Pustolosa***, S. 292
3	Schale eiförmig	***Luteacarnea***, S. 296
4	Schale mehr oder weniger dreieckig; Wirbel sehr vorderständig	***Obliquata***, S. 297
5	Schale unregelmäßig dreieckig bis fast elliptisch	***Pleuronaia***, S. 300

Subgenus **Quadrula** s. str.

Diagnosis: Schale rundlich bis rautenförmig, fest, mit Pusteln bedeckt, in beiden Geschlechtern gleich. Wirbel mit einer Skulptur von wenigen groben, fast gleichlaufenden Falten. Vorderende gerundet oder leicht abgestutzt; Bauchrand oft gebogen; Hinterende abgestutzt, hoch, oben gewinkelt. Wirbelhöhlen ziemlich tief.

Bemerkungen: Nur eine einzige Art, von der aber acht Unterarten — mit Recht oder nicht — unterschieden werden.

Verbreitung: Die der Gattung.

1. **Quadrula (Quadrula) quadrula** (RAFINESQUE)

1a. Quadrula (Qu.) quadrula quadrula (RAFINESQUE)

1820 *Obliquaria (Quadrula) quadrula* RAFINESQUE, Ann. gén. Sci. Phys., Bruxelles, **5**:307. — Terra typica: Ohio-Fluß.

1823 *Unio rugosus* BARNES, Amer. J. Sci. Arts, **6**:126; Abb. 5. — Ohio-Fluß.
1827 *Unio lachrymosus* LEA, Trans. amer. philos. Soc., Philadelphia, **3**:272; Taf. 6, Fig. 8. — Terra typica: Ohio-Fluß.
1829 *Unio asperrimus* LEA, Trans. amer. philos. Soc., Philadelphia, **4**:71; Taf. 5, Fig. 3. — Terra typica: Ohio-Fluß.
1864 *Unio quadratus* SOWERBY, Conch. Icon., **16**: Taf. 6, Fig. 24. — Terra typica: Ohio-Fluß.
1876 *Unio lunulatus* PRATT, Proc. Davenport Acad. nat. Sci., **1**:167; Taf. 31, Fig. 1. — Terra typica: Mississippi-Fluß bei Davenport, Iowa.

Diagnosis: Die der Untergattung. — Maße: Länge 100—143 mm, Höhe 88—110 mm, Dicke 50—63 mm.

Verbreitung: An einzelnen Stellen des Sankt-Lorenz-Gebietes; Red River of the North; gesamtes Mississippi-Gebiet; im Südwesten bis ins östliche Texas.

1b. Quadrula (Qu.) quadrula fragosa (CONRAD)

1836 *Unio fragosus* CONRAD, Monogr. Fam. Unionidae, **2**:12; Taf. 6, Fig. 2. — Terra typica: Scioto-Fluß, Ohio.

Diagnosis: Von der Nominatform hauptsächlich durch die mehr quadratische Umrißform und durch größere Stärke der Schalenskulptur verschieden.— Maße: Länge 96 mm, Höhe 85 mm, Dicke 53 mm.

Verbreitung: In den Flußgebieten des Ohio, des Cumberland und des Tennessee; im Westen wohl bis Minnesota, Nebraska und Kansas reichend.

1c. Quadrula (Qu.) quadrula apiculata (SAY)

1829 *Unio apiculatus* SAY, New Harmony Disseminator, **2**:309. — Terra typica: New Orleans, Louisiana.

Diagnosis: Ist meist etwas kürzer als die Nominatform, und ihre Skulptur ist dichter pustelförmig und gelegentlich in einem Zickzackmuster angeordnet. — Maße: Länge 60—72 mm, Höhe 52—59 mm, Dicke 32—37 mm.

Verbreitung: Louisiana bis Texas.

1d. Quadrula (Qu.) quadrula rumphiana (LEA)

1852 *Unio rumphianus* LEA, Trans. amer. philos. Soc., Philadelphia, **10**:276; Taf. 22, Fig. 34. — Terra typica: West-Georgia.
1856 *Unio blandianus* LEA, Proc. Acad. nat. Sci. Philadelphia, **8**:263. — Terra typica: Othcalooga Creek, Gordon Co., Georgia.

Diagnosis: Schalenfläche glatter als bei der Nominatform, selten mit Pusteln versehen. — Maße: Länge 90 mm, Höhe 78 mm, Dicke 45 mm.

Verbreitung: West-Georgia; zum Golf von Mexiko abfließende Gewässer von Alabama.

1e. Quadrula (Qu.) quadrula forsheyi (LEA)

1859 *Unio forsheyi* LEA, Proc. Acad. nat. Sci. Philadelphia, **3**:155. — Terra typica: Fayette Co., Texas.

Diagnosis: Die Tuberkel der Schalenskulptur erstrecken sich über die gesamte Schalenfläche. — Maße: Länge 90 mm, Höhe 80 mm, Dicke 47 mm.

Bemerkungen: Scheint der folgenden Unterart sehr nahezustehen und ist vielleicht mit ihr identisch.

Verbreitung: Zuflüsse des Golfs von Mexiko von Alabama bis Texas.

1f. Quadrula (Qu.) quadrula speciosa (LEA)

1862 *Unio speciosus* LEA, Proc. Acad. nat. Sci. Philadelphia, **6**:168. — Terra typica: Colorado-Fluß bei La Grange, Leon Co., Texas.

Diagnosis: Der vorangehenden Unterart sehr ähnlich, aber mehr zusammengedrückt. — Maße: Länge 62 mm, Höhe 45 mm, Dicke 20 mm.

Bemerkungen: Die angeführten Maße, von dem größten LEA'schen Stücke genommen, deuten darauf hin, daß sie von einer nicht völlig ausgewachsenen Muschel stammen. Die sehr geringen Unterschiede gegen *forsheyi* und die gleiche Verbreitung lassen ahnen, daß beide Formen identisch sind.

Verbreitung: Zuflüsse zum Golf von Mexiko von Kansas bis Texas.

1g. Quadrula (Qu.) quadrula aspera (LEA)

1831 *Unio asper* LEA, Trans. amer. philos. Soc., Philadelphia, **4**:85; Taf. 9, Fig. 15. — Terra typica: Alabama-Fluß.

Diagnosis: In der Veränderlichkeit der Stärke der Schalenskulptur, die bald dicht und stark, bald fast oder ganz fehlen kann, von der Nominatform verschieden. — Maße: Länge 56—63 mm, Höhe 47—50 mm, Dicke 27—30 mm.

Verbreitung: Zuflüsse zum Golf von Mexiko von Alabama bis Texas, im Norden bis zum Verdigris-Fluß in Kansas.

1h. Quadrula (Qu.) quadrula nobilis (CONRAD)

1854 *Unio nobilis* CONRAD, J. Acad. nat. Sci. Philadelphia, **2**:297; Taf. 27, Fig. 2, 3. — Terra typica: Bayou Teche, Louisiana.

Diagnosis: Unterscheidet sich von den anderen *quadrula*-Formen durch die tiefere Furche vom Wirbel zum Unterrand und die leichte Schnäbelung des Hinterendes. — Maße: Länge 50—113 mm, Höhe 40—80 mm, Dicke 28—? mm.

Bemerkungen: Dürfte die Seeform einer der schon besprochenen Unterarten sein.

Verbreitung: Nur vom ursprünglichen Fundort bekannt.

1i. Quadrula (Qu.) quadrula conjugans (B. H. WRIGHT).

1899 *Unio conjugans* B. H. WRIGHT, Nautilus, Philadelphia u. Boston, **13**:89. — Terra typica: Hiawassee-Fluß, Tennessee.

Diagnosis: Ausgezeichnet durch die tropfenförmigen Knoten auf der Schalenfläche und durch die leichte, konzentrische, leicht nach oben gebogene Runzelung der Area. — Maße: Länge 94 mm, Höhe 69 mm, Dicke 50 mm.

Bemerkungen: Nur in einem einzigen Stücke bekannt.

Verbreitung: Nur am ursprünglichen Fundort bekannt.

Subgenus **Pustulosa** Thiele

1927 *Quadrula (Bullata)* Frierson, Class. annot. Check List Naiades: 48. — Species typica: *Unio pustulosus* Lea. — (Non *Bullata* Jousseaume, 1875.)
1934 *Quadrula (Pustulosa)* Thiele, Handb. syst. Weichtierk., Teil 3:827. — Nomen novum pro *Bullata* Frierson.

Diagnosis: Schale rundlich quadratisch, hinten abgestutzt, hinterer Oberrand hinter dem Schloßband gewinkelt. Wirbel hoch, ihre Skulptur sind einige rauhe Falten, die auf der Area anschwellen. Schalenfläche meist mit Pusteln besetzt, gelegentlich nur runzlig oder auch ganz glatt. Konchinschicht oft breit und leicht gestrahlt. Schloß fest.

Verbreitung: Atlantische Zuflüsse der Vereinigten Staaten vom Ohio südlich; gesamtes Mississippi-Gebiet.

2. **Quadrula (Pustulosa) pustulosa** (Lea)

2a. Quadrula (P.) pustulosa pustulosa (Lea)

1820 *Obliquaria bullata* Rafinesque, Ann. gén. Sci. Phys., Bruxelles, 5:307. — Terra typica: Wasserfälle des Ohio-Flusses. — (Non *Obliquaria flexuosa* var. *bullata* Rafinesque, a. a. O.: 307.)
1831 *Unio pustulosus* Lea, Trans. amer. philos. Soc., Philadelphia, 4:76; Taf. 7, Fig. 7. — Terra typica: Ohio-Fluß.
1833 *Unio verrucosa* Valenciennes in Humboldt & Bonpland, Receuil Observ. Zool. Anat. Comp., 2:231; Taf. 53, Fig. 2. — Terra typica: Ohio-Fluß.
1834 *Unio nodulosus* Say, Amer. Conch., Lief. 6. — Terra typica: Nicht angegeben.

Diagnosis: Schale etwa quadratisch oder fast rautenförmig oder dreieckig oder fast kreisrund, gewöhnlich sehr aufgeblasen, festschalig, ungleichseitig. Wirbel voll und hoch, vorwärts über eine tiefe Lunula gebeugt; ihre Skulptur besteht aus einigen rauhen Runzeln. Vorderende gerundet; Bauchrand gerade oder leicht gebogen; Hinterende viereckig oder schief abgestutzt; hinterer Oberrand hinter dem Schloßband scharf gewinkelt. Area wenig ausgebildet, manchmal durch eine seichte Grube von der Schalenfläche getrennt; diese ist vorn glatt, sonst mehr oder minder stark von warzigen oder tropfenförmigen Beulchen bedeckt, manchmal aber auch fast gänzlich glatt. Konchinschicht bräunlich in der Jugend, oft grünlich gestrahlt, im Alter schmutzig bräunlich. Hauptzähne gerauht, dreieckig, zwei links und einer mit zwei Hilfszähnen rechts; Seitenzahn der rechten Klappe zur Verdoppelung geneigt. Wirbelhöhlen tief, zusammengedrückt. Perlmutter weiß. — Maße: Länge 56—105 mm, Höhe 51—95 mm, Dicke 35—70 mm.

Verbreitung: Das gesamte Stromgebiet des Mississippi, einschließlich des Erie-Sees.

2b. Quadrula (P.) pustulosa prasina (Conrad)

1834 *Unio prasinus* Conrad, New fresh water shells: 44; Taf. 3, Fig. 1. — Terra typica: Fox-Fluß, Zufluß der Green Bay des Michigan-Sees in Wisconsin.
1834 *Unio schoolcraftensis* Lea, Trans. amer. philos. Soc., Philadelphia, 5:37; Taf. 3, Fig. 9. — Terra typica: Fox-Fluß, Zufluß der Green Bay des Michigan-Sees, Wisconsin.
1870 *Unio schoolcraftii* Lea, Synopsis Naiades, 3. Ausg.: 33. — (Nomen substitutum pro *U. schoolcraftensis*.)

Diagnosis: Ist ausgeprägter quadratisch und flacher als die Nominatform. — Maße: Länge 72 mm, Höhe 64 mm, Dicke 35 mm.

Verbreitung: Mississippi-Gebiet.

2c. Quadrula (P.) pustulosa pernodosa (Lea)

1845 *Unio pernodosus* Lea, Proc. amer. philos. Soc., Philadelphia, 4:163. — Terra typica: Nord-Karolina.

1861 *Unio asperatus* Lea, Proc. Acad. nat. Sci. Philadelphia, 5:41. — Terra typica: Alabama-Fluß bei Claiborne, Alabama.

Diagnosis: Von der Nominatform durch fast kreisförmige Gestalt und geringere Aufgeblasenheit verschieden. — Maße: Länge 50 mm, Höhe 50 mm, Dicke 33 mm.

Verbreitung: Flußgebiete des Tennessee und des Alabama.

2d. Quadrula (P.) pustulosa keineriana (Lea)

1852 *Unio keinerianus* Lea, Proc. amer. philos. Soc., Philadelphia, 5:251. — Terra typica: Coosawattee-Fluß, Murray Co., Georgia.

Diagnosis: Schale nahezu kreisförmig, glatt oder leicht höckerig; Konchinschicht aschbraun oder grünlich braun. — Maße: Länge 39 mm, Höhe 39 mm, Dicke 22 mm.

Bemerkungen: Nach dem spärlichen Material zu urteilen, ist diese Unterart sehr nahe oder identisch mit der vorhergehenden.

Verbreitung: Flußsystem des Alabama-Flusses.

2e. Quadrula (P.) pustulosa refulgens (Lea)

1868 *Unio refulgens* Lea, Proc. Acad. nat. Sci. Philadelphia, 12:145. — Terra typica: Oktibbiha-Fluß, Lauterdale Co., Mississippi.

Diagnosis: Ausgezeichnet durch einen Gürtel, bedeckt mit großen, niedrigen und ziemlich ebenmäßigen Knötchen, der von der Wirbelgegend zum Bauchrand zieht. — Maße: Länge 48—50 mm, Höhe 38—40 mm, Dicke 23—28 mm.

Verbreitung: Mississippi und wohl auch Alabama.

2f. Quadrula (P.) pustulosa mortoni (Conrad)

1836 *Unio mortoni* Conrad, Monogr. Fam. Unionidae, 2:11; Taf. 6, Fig. 1. — Terra typica: Bayou Teche, Louisiana.

1838 *Unio turgidus* Lea, Trans. amer. philos. Soc., Philadelphia, 6:11; Taf. 5, Fig. 11. — Terra typica: Bei New Orleans, Louisiana.

1841 *Unio nodiferus* Lea, Proc. Acad. nat. Sci. Philadelphia, 1:19. — Terra typica: Jackson, Louisiana.

Diagnosis: Sehr veränderlich in bezug auf die Schalenskulptur; diese kann sozusagen ganz fehlen oder kann die gesamte Schalenfläche dicht gedrängt bedecken; die Skulpturknötchen können seitlich zusammengedrückt sein und so kurzen Falten gleichen. — Maße: Länge 60 mm, Höhe 52 mm, Dicke 35 mm.

Verbreitung: Unteres Mississippi-Gebiet bis West-Tennessee und Oklahoma im Norden; westlich bis Texas.

2g. Quadrula (P.) pustulosa vallata (Lea)

1868 *Unio vallatus* Lea, Proc. Acad. nat. Sci. Philadelphia, **12**:45. — Terra typica: Alabama-Fluß.
1871 *Unio cahabensis* Lea, Proc. Acad. nat. Sci. Philadelphia, **23**:190. — Terra typica: Cahawba-Fluß, Shelby Co., Alabama.

Diagnosis: Eigentlich nur durch die etwas dunklere Farbe der Konchinschicht und etwas geringere Größe von der Nominatform verschieden. — Maße: Länge 46—60 mm, Höhe 37—53 mm, Dicke 18—30 mm.

Verbreitung: Folgende Flüsse in Alabama: Cahawba, Alabama und Black warrior.

2h. Quadrula (P.) pustulosa paupercula (Lea)

1861 *Unio pauperculus* Lea, Proc. Acad. nat. Sci. Philadelphia, **5**:39. — Terra typica: Columbus, Mississippi.

Diagnosis: Die grünlich gelbe Konchinschicht und der gewinkelte hintere Oberrand sollen für diese Form bezeichnend sein. — Maße: Länge 30 mm, Höhe 23 mm, Dicke 15 mm.

Bemerkungen: Die wenigen bekannten Stücke scheinen alle Jugendformen zu sein, die möglicherweise zu einer anderen, schon besprochenen Unterart gehören.

Verbreitung: Wohl nur von der Terra typica bekannt.

3. **Quadrula (Pustulosa) aurea** (Lea)

1859 *Unio aureus* Lea, Proc. Acad. nat. Sci. Philadelphia, **3**:112. — Terra typica: Texas.

Diagnosis: Schale etwas rautenförmig, leicht zusammengepreßt bis bauchig, ungleichseitig, fast festschalig. Wirbel leicht erhoben, ziemlich zusammengepreßt; skulptiert mit rauhen, unregelmäßigen Fältchen. Vorderende gerundet; Bauchrand gerade oder leicht geschwungen; Hinterende schief, selten senkrecht abgestutzt. Schalenfläche fast ganz glatt; doch finden sich gelegentlich feine Fältchen auf der Area und ein paar schwache Knötchen auf der Schalenfläche. Konchinschicht gelblich lohfarben oder bräunlich, selten grünlich oder mit schwacher grüner Zeichnung, selten glänzend. Hauptzähne radial, etwas aufgesplittert; rechter Seitenzahn gelegentlich mit einem Hilfszahn. Wirbelhöhlen ziemlich tief, zusammengepreßt. Perlmutter weiß, oft mit Purpurschiller. — Maße: Länge 50—62 mm, Höhe 34—46 mm, Dicke 21—23 mm.

Verbreitung: Texas.

4. **Quadrula (Pustulosa) petrina** (Gould)

1855 *Unio petrinus* Gould, Proc. Boston Soc. nat. Hist., **5**:228. — Terra typica: Llanos-Fluß, Texas.
1881 *Unio bollii* Call, Amer. Natural., Philadelphia, **15**:390. — Terra typica: Colorado-Fluß, Texas.

Diagnosis: Schale fast elliptisch oder quadratisch oder rautenförmig, etwas aufgeblasen, leicht ungleichseitig, festschalig. Wirbel mäßig voll und hoch, über die Lunula geneigt; ihre Skulptur besteht aus unregelmäßigen Fältchen, die hinten fast knotig sind. Hinterer Oberrand breit gerundet, manchmal hinten leicht zweigewinkelt. Vorderende gerundet; Bauchrand gebogen; Hinterende senkrecht oder schief abgestutzt. Schalenfläche in der Wirbelgegend leicht gerunzelt, Area ebenso, die übrige Schalenfläche glatt oder sehr schwach gerunzelt. Konchinschicht schmutzig strohfarben oder gelblich grün, mit unregelmäßigen Wolken von Grün. Hauptzähne stumpf, dreieckig, jederseits mit einem Hilfszahn. Wirbelhöhlen tief und zusammengepreßt. Perlmutter weiß und schillernd. — Maße: Länge 47—70 mm, Höhe 38—53 mm, Dicke 25—32 mm.

Bemerkungen: Der hier als Synonym behandelte *Unio bollii* CALL kann ebensogut zu der vorangehenden Art gehören, die selbst der *petrina* äußerst nahesteht.

Verbreitung: Texas.

5. Quadrula (Pustulosa) archeri FRIERSON

1905 *Quadrula archeri* FRIERSON, Nautilus, Philadelphia u. Boston, **19**:13; Taf. 1, Fig. 1. — Tallapoosa-Fluß bei Tallahassee, Alabama.

Diagnosis: Schale klein, dünnschalig, linsenförmig, etwas quadratisch, glatt. Vorderende gerundet, Bauchrand leicht gebogen, Rückenrand in der Mitte etwas gebogen, Hinterende gerundet oder abgestumpft zugespitzt. Wirbel niedrig und abgeflacht. Area breit und etwas erhöht. Konchinschicht glatt, leicht braun mit zwei bis drei grünen oder fast schwarzen Gürteln an den frühen Wachstumslinien. In der rechten Klappe sind zwei Hauptzähne und zwei fast gerade, aber kurze Seitenzähne; in der linken Klappe findet sich ein Hilfshauptzahn; das Intervall ist ziemlich breit. Wirbelhöhlen tief und zusammengepreßt. Perlmutter weiß oder lachsfarben, sehr schillernd. — Maße: Länge 34 mm, Höhe 28 mm, Dicke 14 mm.

Verbreitung: Anscheinend nur von der Terra typica bekannt.

6. Quadrula (Pustulosa) nodulata (RAFINESQUE)

1820 *Obliquaria nodulata* RAFINESQUE, Ann. gén. Sci. Phys., Bruxelles, **5**:307. — Terra typica: Kentucky-Fluß.

1834 *Unio pustulatus* LEA, Trans. amer. philos. Soc., Philadelphia, **4**:79; Taf. 7, Fig. 9. — Terra typica: Ohio-Fluß.

Diagnosis: Schale etwa quadratisch, aufgeblasen, leicht ungleichseitig, festschalig. Wirbel hoch und voll, über die Lunula geneigt; ihre Skulptur besteht aus einigen unregelmäßigen Runzeln. Vorderende gerundet, oben manchmal winklig; Bauchrand leicht gebogen; Hinterende fast gerade abgestutzt, in der Mitte, wo eine radiale Furche von den Wirbeln läuft, leicht eingebuchtet. Äußere Arealkante unten gelegentlich von einer inneren begleitet. Schalenfläche mit einigen großen Warzen oder Pusteln, die oft in unfertigen Reihen angeordnet sind, die eine an der äußeren Arealkante, die andere etwas davor. Konchinschicht meist glatt, etwas glänzend, stumpf grün in jungen, dunkler braun in alten Stücken, nur in der Jugend gelegentlich schwach gestrahlt. Hauptzähne stark aufgesplittert, rechter Seitenzahn manchmal doppelt. Wirbelhöhlen tief und zusammengepreßt. Perlmutter weiß. — Maße: Länge 60 mm, Höhe 53 mm, Dicke 33 mm.

Verbreitung: Gebiete der Flüsse Ohio, Cumberland und Tennessee; Mississippi-Gebiet von Ost-Iowa an südlich bis Louisiana.

7. Quadrula (Pustulosa) couchiana (Lea)

1860 *Unio couchianus* Lea, Proc. Acad. nat. Sci. Philadelphia, 4:305. — Terra typica: Río Salado, Nuevo Leon, Mexiko.

Diagnosis: Schale etwas rautenförmig, leicht aufgeblasen, ziemlich festschalig, leicht ungleichseitig. Wirbel voll und erhoben; ihre Skulptur besteht aus doppelschlingigen oder zickzackförmigen Falten. Arealkanten meistens doppelt; zwischen den Punkten, wo sie den Unterrand erreichen, liegt eine leichte radiale Vertiefung. Auf der Schalenfläche läuft meistens in der Mitte eine radiale, leichte Erhöhung. Schalenfläche bis auf die Zuwachsstreifen glatt oder mit weit verteilten Pusteln. Konchinschicht grünlich in jungen, aschbraun in alten Stücken. Hauptzähne hoch und zerspalten; der rechte Seitenzahn hat manchmal einen Hilfsseitenzahn. Wirbelhöhlen mäßig tief. Perlmutter weiß oder silberglänzend. — Maße: Länge 41—50 mm, Höhe 30—38 mm, Dicke 20—26 mm.

Bemerkungen: Eine kleine Form, deren Verwandtschaftsverhältnisse noch nicht ganz klar sind; sie kann ganz wohl eine örtliche Unterart einer der vorher genannten Arten darstellen.

Verbreitung: Nordwestliches Mexiko und südwestliches Texas.

Subgenus Luteacarnea Thiele

1927 *Quadrula (Striata)* Frierson, Class. annot. Check List North Amer. Naiades: 50. — Species typica: *Obovaria striata* Rafinesque. — (Non *Striata* O. Boettger, 1878 = Mollusca).

1934 *Quadrula (Luteacarnea)* Thiele, Handb. syst. Weichtierk., Teil 3: 827. — (Nomen novum pro *Striata* Frierson.)

Diagnosis: Schale etwa eiförmig, aufgeblasen, dickschalig, mit erhöhten Gürteln auf der Schalenfläche, die gelegentlich mit Knoten versehen sein können.

Verbreitung: Nord-Amerika.

8. Quadrula (Luteacarnea) striata (Rafinesque)

1820 *Obovaria striata* Rafinesque, Ann. gén. Sci. Phys., Bruxelles, 5:311; Taf. 72, Fig. 4, 5. — Terra typica: Ohio-Fluß.

1834 *Unio cooperianus* Lea, Trans. amer. philos. Soc., Philadelphia, 5:61; Taf. 8, Fig. 21. — Terra typica: Ohio-Fluß.

Diagnosis: Schale etwas dreieckig, selten fast scheibenförmig, leicht aufgeblasen, festschalig, ungleichseitig. Wirbel sehr hoch, ziemlich voll, vorwärts über eine tiefe Lunula geneigt. Hinterer Oberrand niedrig und gerundet. Vorderende gewöhnlich oben schief abgestutzt und unten gerundet; Bauchrand mehr oder weniger gerundet; obere Begrenzung der Area leicht gebogen, manchmal fast flügelartig vorgezogen. Schalenfläche hinten mit starken, unregelmäßigen Pusteln versehen. Konchinschicht rötlich braun. Hauptzähne dreieckig, nicht sehr gerauht; rechter Seitenzahn mit Hilfszahn. Wirbelhöhlen tief, zusammengepreßt. Perlmutter weiß oder rötlich. — Maße: Länge 80—90 mm, Höhe 80—84 mm, Dicke 43—47 mm.

Verbreitung: Gebiet der Flüsse Ohio, Cumberland und Tennessee; eine Angabe aus Iowa dürfte auf Irrtum beruhen.

Subgenus **Obliquata** FRIERSON

1927 *Quadrula (Obliquata)* FRIERSON, Class. annot. Check List North Amer. Naiades: 52. — Species typica: *Obliquaria (Scalenaria) obliquata* RAFINESQUE.

Diagnosis: Schale mehr oder weniger dreieckig, ziemlich aufgeblasen, festschalig. Wirbel sehr vorderständig, hoch, voll, über eine deutliche Lunula geneigt. Vorderende abgestutzt, mehr oder weniger zugespitzt hinten. Eine radiale Vertiefung läuft gleich mit der Arealkante. Schloß fest und schwer; Hauptzähne radial gestellt. Wirbelhöhlen tief, zusammengepreßt.

Verbreitung: Gebiet der Großen Seen, des Ohio und der südlicheren atlantischen Zuflüsse der Vereinigten Staaten.

9. **Quadrula (Obliquata) obliquata** (RAFINESQUE)

1820 *Obliquaria (Scalenaria) obliquata* RAFINESQUE, Ann. gén. Sci. Phys., Bruxellex, 5:309. — Terra typica: Kentucky-Fluß.

1823 *Unio cardiacea* GUÉRIN, Icon. Règne animal CUVIER, 2: Taf. 28, Fig. 7. — Terra typica: Nord-Amerika. — Es ist unmöglich zu entscheiden, ob die genannte Abbildung wirklich *obliquata* RAFINESQUE darstellt.

1830 *Unio mytiloides* — DESHAYES, Encycl. méthod., Hist. Vers, 2:586; Taf. 249, Fig. 4. — Terra typica: Nordamerika. — (Non *Pleurobema mytiloides* RAFINESQUE 1820.)

1834 *Unio pyramidatus* LEA, Trans. amer. philos. Soc., Philadelphia, 4:109; Taf. 16, Fig. 39. — Terra typica: Ohio-Fluß.

1853 *Unio ruber* CONRAD, Proc. Acad. nat. Sci. Philadelphia, 6:257. — Terra typica: Nicht genannt.

Diagnosis: Erwachsene Schale einem rechtwinkligen Dreieck gleichend, mehr oder weniger aufgeblasen. Wirbel äußerst vorderständig, oft über das Vorderende vorragend, hoch und voll, über eine breite und tiefe Lunula geneigt. Vorderende viereckig abgestutzt; Bauchrand ganz oder fast ganz gerade, hinterer Oberrand leicht geschwungen. Area mit zwei Kanten, die durch eine radiale tiefe Grube voneinander getrennt sind. Konchinschicht braun bis schwärzlich, heller, oft grünlich und gestrahlt in jungen Stücken. Hauptzähne radial, oft schief und zerrissen; rechter Seitenzahn zur Verdoppelung neigend. Wirbelhöhlen tief, zusammengepreßt. Perlmutter weiß bis rosenfarben über gelblich und lachsfarben. — Maße: Länge 75—115 mm, Höhe 63—90 mm, Dicke 41—58 mm.

Verbreitung: Mississippi-Gebiet nördlich bis Wisconsin, Gebiete des Ohio, des Cumberland und des Tennessee; die Verbreitung westlich bis Nebraska ist fraglich.

10. **Quadrula (Obliquata) cordata** (RAFINESQUE)

10a. Quadrula (Obliquata) cordata cordata (RAFINESQUE)

?1819 *Unio obliqua* LAMARCK, Anim. sans Vert., 6:72. — Terra typica: Ohio-Fluß. — (Nomen dubium, weshalb der um ein Jahr jüngere RAFINESQUEsche Name hier vorgezogen wird.)

1820 *Obovaria cordata* RAFINESQUE, Ann. gén. Sci. Phys., Bruxelles, 5:312; Taf. 82, Fig. 6, 7. — Terra typica: Ohio-Fluß.

Diagnosis: Schale unregelmäßig dreieckig, aufgeblasen, festschalig, etwas ungleichseitig; Wirbel sehr hoch und voll, nach innen und vorne über eine kleine Lunula geneigt; ihre Skulptur besteht aus einigen wenigen rauhen und unregelmäßigen Fältchen, die hinten nach oben umbiegen und die auf der Area kleine Knötchen tragen. Vorderende gewöhnlich schief abgestutzt, unten etwas gerundet; Bauchrand meistens vor dem Ende der äußeren Arealkante leicht eingebuchtet; hinterer Oberrand ebenmäßig von den Wirbeln bis zu seinem Ende geschwungen. Äußere Arealkante leicht gekrümmt. Vor der Mitte der Schale ist eine hohe und breite radiale Schwellung und hinter dieser, vor der äußeren Arealkante ist eine breite und gekrümmte radiale Vertiefung. Konchinschicht lohfarben und gestrahlt in jungen, tief rötlich braun in alten Stücken, glanzlos. Hauptzähne sehr zerspalten; der rechte Seitenzahn oft doppelt. Wirbelhöhlen tief. Perlmutter weiß. — Maße: Länge 77—115 mm, Höhe 69—95 mm, Dicke 40—57 mm.

Verbreitung: Gebiete der Ohio-, Cumberland- und Tennessee-Flüsse.

10b. Quadrula (O.) cordata plena (Lea)

1840 *Unio plenus* Lea, Proc. amer. philos. Soc., Philadelphia, 1:286. — Terra typica: Der Ohio bei Cincinnati.

Diagnosis: Unterscheidet sich von der Nominatform eigentlich nur durch die Höhe, die die Länge überschreitet; die Konchinschicht ist rauher und stoffartiger, und die hintere Spitze ist niemals vorgezogen. — Maße: Länge 50—54 mm, Höhe 53—60 mm, Dicke 33—38 mm.

Verbreitung: Wie die der Nominatform, aber weiter nach Westen, bis nach Kansas und Arkansas reichend.

11. Quadrula (Obliquata) coccinea (Conrad)

11a. Quadrula (O.) coccinea coccinea (Conrad)

1834 *Unio coccineus* Conrad, Monogr. Fam. Unionidae Naiades of Lamarck, 3:29; Taf. 13, Fig. 1. — Terra typica: Mahoning-Fluß bei Pittsburgh.

Diagnosis: Schale etwas dreieckig, dick bis mäßig aufgeblasen, ungleichseitig, festschalig. Wirbel hoch, mäßig voll, über die Lunula geneigt; ihre Skulptur besteht aus einigen Runzeln, die hinten nach oben abbiegen. Vorderende oben schief abgestutzt, weiter unten gerundet; Bauchrand gerade oder gebogen; hinterer Oberrand gebogen, hinter dem Schloßband leicht gewinkelt. Die Schale ist vor der Mitte am dicksten, dahinter ist keine radiale Vertiefung. Konchinschicht bräunlich oder rötlich braun, lohfarben oder gelblich grün in jungen Stücken. Hauptzähne dreieckig; der linke Seitenzahn oft doppelt. Wirbelhöhlen mäßig tief, zusammengepreßt. Perlmutter von weiß bis tief rötlich schwankend. — Maße: Länge 90—100 mm, Höhe 74—76 mm, Dicke 41—43 mm.

Verbreitung: Oberes Mississippi-Gebiet; im Sankt-Lorenz-Gebiet.

11b. Quadrula (O.) coccinea cuneus (Conrad)

1840 *Unio cuneus* Conrad, Monogr. Fam. Unionidae Naiades of Lamarck, 12:105; Taf. 58, Fig. 1. — Terra typica: Little Red River, Arkansas.

Diagnosis: Scheint sich nur durch mehr eiförmige Gestalt von der Nominatform zu unterscheiden. — Maße: Länge 50 mm, Höhe 42—45 mm, Dicke 26—33 mm.

Verbreitung: Arkansas und Louisiana; Sabine-Fluß in Texas.

11c. Quadrula (O.) coccinea magnalacustris SIMPSON

1900 *Quadrula coccinea* var. *paupercula* SIMPSON (non LEA 1861), Proc. U.S. nation. Mus., Washington, **22**:789. — Terra typica: Gebiet des Sankt-Lorenz-Stromes.
1911 *Quadrula coccinea* var. *magnalacustris* SIMPSON, Descr. Catal. Naiades Pearly Freshw. Mussels: 884. — (Nomen novum pro *Q. paupercula* SIMPSON 1900, non LEA 1861.)

Diagnosis: Kleiner als die Nominatform, mehr oder weniger aufgeblasen; Konchinschicht rötlich braun. — Maße: Länge 44—49 mm, Höhe 30—39 mm, Dicke 23—24 mm.

Bemerkungen: Diese sogenannte Unterart scheint lediglich eine lakustrische Kümmerform der Nominatform darzustellen.

Verbreitung: Die großen nordamerikanischen Seen und im Sankt-Lorenz-Strom selbst.

12. **Quadrula (Obliquata) catillus** (CONRAD)

1834 *Unio catillus* CONRAD, Monogr. Unionidae Naiades of LAMARCK, **3**:30; Taf. 13, Fig. 2. — Terra typica: Scioto-Fluß, Ohio.
1838 *Unio solidus* LEA, Trans. amer. philos. Soc., Philadelphia, **6**:13; Taf. 5, Fig. 13. — Terra typica: Ohio-Fluß bei Cincinnati, Ohio.
1839 *Unio cardiacea* DESHAYES, Traité élém. Conchyl.: 19; Taf. 31, Fig. 1, 2. — Terra typica: ?
1845 *Unio fulgidus* LEA, Proc. amer. philos. Soc., Philadelphia, **4**:164. — Terra typica: Alexandria, Louisiana.

Diagnosis: Sehr ähnlich *Q. (Obliquata) coccinea* und oft mit ihr verwechselt, von ihr aber durch die folgenden Merkmale unterschieden: *catillus* ist stets kürzer als *coccinea* und ihre Wirbel sind fast mittelständig. — Maße: Länge 72—110 mm, Höhe 67—68 mm, Dicke 41—44 mm.

Bemerkungen: Vielleicht sind *Quadrula (Obliquata) coccinea* und *catillus* doch identisch, da ihre Verbreitung sich überdeckt und da die angegebenen Schalenunterschiede doch recht äußerlich sind.

Verbreitung: Ohio-Fluß und sein Nebenfluß, der Scioto-Fluß.

13. **Quadrula (Obliquata) missouriensis** (MARSH)

1901 *Pleurobema missouriensis* MARSH, Nautilus, Philadelphia u. Boston, **15**:74. — Terra typica: Black River, Poplar Bluff, Butler Co., Missouri.

Diagnosis: Schale schief dreieckig, vorne gerundet, hinten etwas dreieckig, mäßig dickschalig, vorn am meisten; Seiten der Schale etwas abgeflacht. Wirbel breit, fest, eingebogen. Schalenoberfläche glatt; Konchinschicht hellbraun, strahlenlos. Area breit, flach, mit zwei Arealkanten. Wirbelskulptur unbekannt. Hauptzähne ziemlich lang und fest, rechts ist oft ein Hilfszahn; Seitenzähne lang, gerade, etwas schief, angerauht. Schalenhöhle tief und weit. Perlmutter weiß. — Maße: Nicht angegeben.

Bemerkungen: Nur aus dem Schrifttum bekannte Art, über die schwer ein Urteil zu fällen ist. Ich führe sie hier an, dem Beispiel von FRIERSON folgend.

Verbreitung: Nur von der Terra typica bekannt.

14. **Quadrula (Obliquata) ridellii** (LEA)

1861 *Unio ridellii* LEA, Proc. Acad. nat. Sci. Philadelphia, 5:392. — Terra typica: Dallas, Texas.

Diagnosis: Schale kurz, unregelmäßig quadratisch, aufgeblasen, festschalig, fast oder ganz gleichseitig. Wirbel hoch und voll, über die Lunula geneigt; ihre Skulptur besteht aus zahlreichen gebrochenen Falten, die hinten scharf nach oben abbiegen. Hinterer Oberrand hoch, sozusagen gekielt, in einer Spitze endend. Vorderende fast gleichmäßig gerundet, nur oben leicht schief abgestutzt; Bauchrand gerundet; Hinterende fast viereckig abgestutzt, sein oberer Teil manchmal etwas vorgezogen. Konchinschicht grünlich braun. Hauptzähne rauh, von unregelmäßiger Form; Seitenzähne kurz, der rechte manchmal von einem Hilfszahn begleitet. Wirbelhöhlen mäßig tief, zusammengepreßt. Perlmutter bläulich weiß. — Maße: Länge 35—36 mm, Höhe 34 mm, Dicke 20—23 mm.

Bemerkungen: Eine etwas zweifelhafte Art, die wohl mit der folgenden *U. friersoni* identisch sein könnte.

Verbreitung: Anscheinend nur von der Terra typica bekannt.

15. **Quadrula (Obliquata) friersoni** (B. H. WRIGHT)

1896 *Unio friersoni* B. H. WRIGHT, Nautilus, Philadelphia u. Boston, 9:134; Taf. 33. — Terra typica: Bayou Pierre, DeSoto Parish, Louisiana.

Diagnosis: Schale dreieckig, aufgeblasen, festschalig, fast oder gänzlich gleichseitig. Wirbel sehr hoch und voll; ihre Skulptur scheint aus zahlreichen schiefen Fältchen zu bestehen. Hinterer Oberrand hoch, etwas gewinkelt. Vorderende oben schief abgestutzt, unten gerundet; Bauchrand bei erwachsenen Stücken fast gerade. Konchinschicht von aschbraun bis rotbraun. Hauptzähne dreieckig und gerauht; rechter Seitenzahn zur Verdoppelung neigend. Wirbelhöhlen mäßig tief und zusammengepreßt. Perlmutter weißlich bis purpurn. — Maße: Länge 43—56 mm, Höhe 37—49 mm, Dicke 27—35 mm.

Bemerkungen: An allen untersuchten Stücken waren die Wirbel derart abgenutzt, daß ihre Skulptur nur zum Teil erkannt werden konnte. Was davon bekannt ist, zeigt eine zur Zickzackbildung geneigte Eigenart, also ganz verschieden von der aller Untergattungsgenossen.

Verbreitung: Wohl nur von der Terra typica bekannt.

Subgenus **Pleuronaia** FRIERSON

1927 *Quadrula (Pleuronaia)* FRIERSON, Class. annot. Check List North Amer. Naiades: 58. — Species typica: *Unio barnesianus* LEA.

Diagnosis: Schale etwa dreieckig bis fast elliptisch, sehr fest. Wirbel voll und hoch. Hinterrand stark ausgebildet, gekrümmt oder etwas winklig. Hauptzähne klein, meist mit Hilfszähnen, ebenso die Seitenzähne. Wirbelhöhlen seicht.

Bemerkungen: Es ist keineswegs sicher, daß alle die hier genannten Arten, die ich nach FRIERSON hier aufführe, wirklich zu dieser Untergattung gehören; einige davon wurden von früheren Forschern entweder zu *Pleurobema* oder zu *Fusconaia* gestellt.

Verbreitung: Nord-Amerika.

16. Quadrula (Pleuronaia) barnesiana (LEA)

1838 *Unio barnesianus* LEA, Trans. amer. philos. Soc., Philadelphia, **6**:31; Taf. 10, Fig. 26. — Terra typica: Cumberland-Fluß, Tennessee.
1841 *Unio bigbyensis* LEA, Proc. amer. philos. Soc., Philadelphia, **2**:30. — Terra typica: Big Bigby Creek, Maury Co., Tennessee.
1845 *Unio estabrookianus* LEA, Proc. amer. philos. Soc., Philadelphia, **4**:164. — Terra typica: Clinch-Fluß, Tennessee.
1872 *Unio tellicoensis* LEA, Proc. Acad. nat. Sci. Philadelphia, **2**:155. — Terra typica: Tellico-Fluß, Monroe Co., Tennessee.
1900 *Pleurobema fassinans* var. *rhomboideum* SIMPSON, Proc. U.S. nation. Mus., Washington, **22**:762. — Terra typica: Quellflüsse des Clinch-Flusses, Virginia.

Diagnosis: Schale etwa elliptisch, ziemlich fest, bauchig bis weniger aufgeblasen, ungleichseitig. Wirbel ziemlich hoch und voll. Hinterende gekrümmt, manchmal leicht gewinkelt, hinten leicht abgestutzt. Vorderende ziemlich gleichmäßig gerundet; Bauchrand gebogen. Konchinschicht lohfarben bis schmutzig grün, leicht gestrahlt, glänzend. Hauptzähne klein, radial, beiderseits mit Hilfszähnen, Seitenzähne gleichweise. Wirbelhöhlen seicht. Perlmutter weiß mit einem Purpurschimmer. — Maße: Länge 37—44 mm, Höhe 27—34 mm, Dicke 15—20 mm.

Verbreitung: Gebiete der Cumberland- und Tennessee-Flüsse.

17. Quadrula (Pleuronaia) argentea (LEA)

1841 *Unio argenteus* LEA, Proc. amer. philos. Soc., Philadelphia, **2**:82. — Terra typica: Holston-Fluß, Tennessee.
1860 *Unio lesleyi* LEA, Proc. Acad. nat. Sci. Philadelphia, **4**:306. — Terra typica: Kentucky.
1868 *Unio fassinans* LEA, Proc. Acad. nat. Sci. Philadelphia, **12**:143. — Terra typica: Quellflüsse des Holston-Flusses, Washington Co., Virginia.

Diagnosis: Schale etwas rauten- oder eiförmig, mehr oder weniger zusammengepreßt, ziemlich festschalig, ungleichseitig. Wirbel nicht sehr hoch oder voll. Vorderende gerundet; Bauchrand gekrümmt. Hinterer Oberrand hinter dem Schloßband einen leichten Winkel bildend; Hinterende schief abgestutzt. Area mit 1—2 Kanten. Konchinschicht glanzlos grünlich, bräunlich oder lohfarben. Hauptzähne niedrig, gerauht, mit Hilfszähnen. Wirbelhöhlen nicht tief. Perlmutter weißlich, leicht silbrig. — Maße: Länge 58—63 mm, Höhe 39—40 mm, Dicke 18—24 mm.

Verbreitung: Gebiet des Holston-Flusses.

18. Quadrula (Pleuronaia) striatissima (ANTHONY)

1865 *Unio striatissimus* ANTHONY, Amer. J. Conch., Philadelphia, **1**:156; Taf. 12, Fig. 1. — Terra typica: Tennessee.
1868 *Unio planior* LEA, Proc. Acad. nat. Sci. Philadelphia, **12**:145. — Terra typica: Holston-Fluß, Washington Co., Virginia.

1872 *Unio conasaugaensis* Lea, Proc. Acad. nat. Sci. Philadelphia, 2:155. — Terra typica: Conasauga-Creek, Monroe Co., Tennessee.
1872 *Unio brevis* Lea, Proc. Acad. nat. Sci. Philadelphia, 2:157. — Terra typica: Conasauga-Creek, Monroe Co., Tennessee.
1897 *Unio swordianus* S. H. Wright, Nautilus, Philadelphia u. Boston, 11:4. — Terra typica: Powell's Creek, Lee Co., Virginia.

Diagnosis: Schale lang rautenförmig, festschalig, etwas aufgeblasen, ungleichseitig. Wirbel mäßig voll und hoch. Äußere Arealkante wohl entwickelt, manchmal von einer inneren begleitet, ihr Endpunkt am Unterrand der Schale zeigt einen leicht doppelten Winkel. Vorderende gerundet; Bauchrand fast gerade; Hinterende oben schief abgestutzt. Zwischen Hinterende des Rückenrandes und Hinterende ein deutlicher Winkel. Konchinschicht dunkel lohfarben oder bräunlich, fast stoffartig. Hauptzähne dreieckig, Seitenzähne kurz und gebogen; der der linken Klappe mit einem Hilfszahn. Wirbelhöhlen nicht tief. Perlmutter schmutzig weißlich. — Maße: Länge 50—65 mm, Höhe 35—40 mm, Dicke 18—26 mm.

Verbreitung: Tennessee und Virginia.

19. Quadrula (Pleuronaia) meredithii (Lea)

1858 *Unio meredithii* Lea, Proc. Acad. nat. Sci. Philadelphia, 2:40. — Terra typica: Tennessee-Fluß bei Tuscumbia, Alabama.
1872 *Unio lenticularis* Lea, Proc. Acad. nat. Sci. Philadelphia, 2:155. — Terra typica: Tellico-Fluß, Monroe Co., Tennessee.

Diagnosis: Schale etwas eiförmig oder rautenförmig, linsenartig, nicht sehr festschalig, ungleichseitig. Wirbel wenig erhoben oder voll. Eine äußere und gelegentlich eine innere Arealkante; sie enden am Bauchrand hinter der Mitte in einer leichten Winkelung. Vorderende gerundet; Bauchrand gekrümmt; hinterer Oberrand gekrümmt, höher hinter dem Schloßband. Konchinschicht fein und konzentrisch gefaltet, grünlich gelb bis bräunlich, glanzlos. Hauptzähne mit Hilfszähnen rechts und der Seitenzahn rechts ebenfalls mit einem Hilfszahn. Wirbelhöhlen nicht tief. Perlmutter silberweiß oder fleischfarben. — Maße: Länge 44—45 mm, Höhe 33—36 mm, Dicke 16—18 mm.

Verbreitung: Alabama und Tennessee.

20. Quadrula (Pleuronaia) pudica (Lea)

1860 *Unio pudicus* Lea, Proc. Acad. nat. Sci. Philadelphia, 4:92. — Terra typica: Tennessee-Fluß bei Florence, Lauterdale Co., Alabama.
1865 *Unio lyonii* Lea, Proc. Acad. nat. Sci. Philadelphia, 9:89. — Terra typica: Ost-Tennessee.

Diagnosis: Schale etwas rautenförmig oder elliptisch, leicht aufgeblasen, ungleichseitig, ziemlich festschalig. Wirbel voll und hoch. Arealkante stark, gerundet, an einer leichten Winkelung des Schalenbauchrandes endend. Vorderende fast gleichmäßig gerundet; Bauchrand gekrümmt. Hinterer Oberrand gebogen, in der Mitte fast winklig. Konchinschicht gelblich grün bis lohfarben braun, mehr oder minder gestrahlt, kaum glänzend. Hauptzähne klein, uneben, rauh; rechts mit zwei Hilfszähnen; Seitenzähne gebogen, der rechte mit einem Hilfszahn. Wirbelhöhlen nicht tief. Perlmuttrig silbrig oder leicht purpurn. — Maße: Länge 38 mm, Höhe 25 mm, Dicke 14 mm.

Verbreitung: Tennessee-Flußgebiet.

21. Quadrula (Pleuronaia) georgiana (LEA)

1841 *Unio georgianus* LEA, Proc. amer. philos. Soc., Philadelphia, **2**:31. — Terra typica: Stump Creek, Nordwest-Georgia.
1856 *Unio favosus* LEA, Proc. Acad. nat. Sci. Philadelphia, 8:262. — Terra typica: Othcalloga Creek, Gordon Co., Georgia.

Diagnosis: Schale etwa rautenförmig, leicht eiförmig, vorn niedriger, aufgeblasen, mäßig festschalig, etwas ungleichseitig. Wirbel nicht voll oder hoch. Arealkante kurz gerundet, unten in einer gerundeten Spitze endend. Vorderende gerundet; Bauchrand gekrümmt; Hinterende schief abgestutzt, an den Rückenrand in einem Winkel anstoßend. Konchinschicht schmutzig lohfarben mit grünlichen Tönen, glanzlos. Hauptzähne dreieckig, fast glatt; der rechte Seitenzahn oft verdoppelt. Wirbelhöhlen nicht tief. Perlmutter schmutzig violett. — Maße: Länge 40—50 mm, Höhe 28—33 mm, Dicke 16 mm.

Verbreitung: Tennessee und Georgia.

22. Quadrula (Pleuronaia) cuneolus (LEA)

1840 *Unio cuneolus* LEA, Proc. amer. philos. Soc., Philadelphia, **1**:286. — Terra typica: Holston-Fluß, Tennessee.
1867 *Unio clinchensis* LEA, Proc. Acad. nat. Sci. Philadelphia, **11**:81. — Terra typica: Clinch-Fluß, Tennessee.

Diagnosis: Schale etwa dreieckig bis rautenförmig, mehr oder minder aufgeblasen, festschalig, ungleichseitig. Wirbel hoch und mäßig voll. Vorderende meist oben schief abgestutzt, unten gerundet, manchmal aber auch im ganzen gerundet; Bauchrand fast gerade; hinterer Oberrand gebogen, in der Mitte oft gewinkelt; Arealkante leicht gewinkelt, unten hinter einer radialen Schwellung der Schale endend. Konchinschicht grünlich gelb oder gelblich grün, mit unterbrochenen Strahlen verschiedener Breite, ziemlich glanzlos. Hauptzähne rauh und uneben, der rechte, ebenso wie der entsprechende Seitenzahn, mit einem Hilfszahn. Perlmutter weiß. Wirbelhöhlen seicht. — Maße: Länge 45—50 mm, Höhe 36 mm, Dicke 19—23 mm.

Verbreitung: Die Flüsse Holston und Tennessee in Tennessee.

23. Quadrula (Pleuronaia) valida (LEA)

1834 *Unio maculatus* CONRAD, New freshw. shells: 34; Taf. 4, Fig. 4. — Terra typica: Elk-Fluß, Alabama. (Non *Unio maculatus* RAFINESQUE 1829.)
1871 *Unio validus* LEA, Proc. Acad. nat. Sci. Philadelphia, 1:189. — Terra typica: Duck-Fluß, Tennessee.
1915 *Pleurobema conradi* VANATTA, Proc. Acad. nat. Sci. Philadelphia, **67**: 559. — (Nomen novum pro *Unio maculatus* CONRAD, 1834 non *Unio maculata* RAFINESQUE 1829.)

Diagnosis: Schale etwa dreieckig, kaum aufgeblasen, festschalig, ungleichseitig. Wirbel hoch und ziemlich voll. Lunula schmal. Vorderende oben sehr leicht schief abgestutzt unten aber breit gerundet; Bauchrand gekrümmt; hinterer Oberrand schmal gerundet, am Ligament fast winklig gebogen. Arealkante etwas gerundet, geradlinig, unten in abgerundeter Spitze endend. Konchinschicht lohfarben grünlich, mit zahlreichen zarten, fast ungebrochenen Strahlen. Hauptzähne rauh, radial, rechts zwei Hilfszähne; Seitenzähne normal, rechts gelegentlich ein Hilfszahn. Wirbelhöhlen seicht. Perlmutter silbrig, hinten stärker schillernd. — Maße: Länge 55 mm, Höhe 45 mm, Dicke 26 mm.

Verbreitung: Tennessee.

24. Quadrula (Pleuronaia) dolabelloides (Lea)

1840 *Unio dolabelloides* Lea, Proc. amer. philos. Soc., Philadelphia, 1:288. — Terra typica: Holston-Fluß, Tennessee.
1857 *Unio thorntonii* Lea, Proc. Acad. nat. Sci. Philadelphia, 1:83. — Terra typica: Tuscumbia, Alabama.
1857 *Unio mooresianus* Lea, Proc. Acad. nat. Sci. Philadelphia, 1:83. — Terra typica: Tuscumbia, Alabama.
1871 *Unio mundus* Sowerby, Conch. Icon., 16: Taf. 16, Fig. 72. — Terra typica: Nord-Amerika. — (Non Lea 1857.)
1871 *Unio circumactus* Lea, Proc. Acad. nat. Sci. Philadelphia, 1:192. — Terra typica: Florence, Alabama.
1871 *Unio recurvatus* Lea, Proc. Acad. nat. Sci. Philadelphia, 1:192. — Terra typica: Tennessee-Fluß, Tennessee.
1871 *Unio flavidus* Lea, Proc. Acad. nat. Sci. Philadelphia, 1:156. — Terra typica: Clinch-Fluß, Anderson Co., Tennessee.
1871 *Unio appressus* Lea, Proc. Acad. nat. Sci. Philadelphia, 1:189. — Terra typica: Tuscumbia, Alabama.

Diagnosis: Schale etwa dreieckig, aufgeblasen, sehr festschalig, Wirbel hoch und voll, nach vorn geneigt, sehr vorderständig. Vorderende oben schief abgestutzt, gerundet in den gebogenen Bauchrand übergehend. Hinterer Oberrand stark gekrümmt. Arealkante wenig vorragend, weniger als eine radiale Schwellung, die vor ihr liegt. Konchinschicht lohfarben bis bräunlich, mit einigen wenigen, gebrochenen Strahlen. Hauptzähne uneben, rechts zwei Hilfszähne, Seitenzähne gebogen, der rechte mit einem Hilfszahn. Wirbelhöhlen seicht und zusammengepreßt. Perlmutter weiß oder strohgelb, etwas düster. — Maße: Länge 38—60 mm, Höhe 34—47 mm, Dicke 22—28 mm.

Verbreitung: Gebiet des Tennessee-Flusses.

25. Quadrula (Pleuronaia) tumescens (Lea)

1845 *Unio tumescens* Lea, Proc. amer. philos. Soc., Philadelphia, 4:164. — Terra typica: Alexandria, Louisiana.
1871 *Unio radiosus* Lea, Proc. Acad. nat Sci. Philadelphia, 1:192. — Terra typica: Holston-Fluß, Tennessee.
1871 *Unio crudus* Lea, Proc. Acad. nat. Sci. Philadelphia, 1:190. — Terra typica: French Broad-Fluß, Tennessee.

Diagnosis: Schale fast dreieckig, aufgeblasen, festschalig, ungleichseitig. Wirbel lang, sehr hoch und voll. Lunula groß. Vorderende oben ausgesprochen schief abgestutzt, unten gerundet; Bauchrand fast gerade. Hinterer Oberrand nur leicht gekrümmt. Arealkante gut entwickelt, etwas aufgeblasen, aber weniger als eine Schalenschwellung vor ihr. Konchinschicht grünlich gelb bis lohfarben, zart gestrahlt. Hauptzähne unregelmäßig, rechts zwei Hilfszähne; Seitenzähne gebogen, rechts ein Hilfszahn. Wirbelhöhlen seicht. Perlmutter weißlich oder gelblich. — Maße: Länge 43—46 mm, Höhe 39—40 mm, Dicke 22—27 mm.

Verbreitung: Tennessee; Lea's Angabe „Alexandria, Louisiana", muß auf einem Irrtum beruhen.

26. Quadrula (Pleuronaia) cor (Conrad)

1834 *Unio cor* Conrad, New freshwater shells: 28; Taf. 3, Fig. 3. — Terra typica: Elk- und Flint-Flüsse, Alabama.

1840 *Unio bournianus* LEA, Proc. amer. philos. Soc., Philadelphia, 1:288. — Terra typica: Scioto-Fluß bei Chillicothe, Ohio.
1840 *Unio edgarianus* LEA, Proc. amer. philos. Soc., Philadelphia, 1:288. — Terra typica: Holston-Fluß, Tennessee.
1871 *Unio obuncus* LEA, Proc. Acad. nat. Sci. Philadelphia, 1:192. — Terra typica: Tuscumbia, Alabama.
1871 *Unio andersonensis* LEA, Proc. Acad. nat. Sci. Philadelphia, 2:155. — Terra typica: Holston-Fluß, Tennessee.
1871 *Unio tuscumbiensis* LEA, Proc. Acad. nat. Sci. Philadelphia, 1:191. — Terra typica: Tuscumbia, Alabama.

Diagnosis: Schale dreieckig, kurz, etwas aufgeblasen oder mehr so, festschalig. Wirbel sehr hoch, recht scharf, voll, über die Lunula geneigt, sehr vorderständig; ihre Skulptur besteht aus einigen gebrochenen Fältchen. Vorderende etwas schief abgestutzt; Bauchrand vorn gebogen, hinten fast gerade; hinterer Oberrand gebogen, ohne Knickung in den Hinterrand übergehend, der ebenfalls bis ganz unten gebogen ist. Arealkante gebogen, sehr weit hinten gelegen; vor ihr, etwa in der Schalenmitte, befindet sich eine breite hohe radiale Schwellung, an der die größte Dicke der Schale liegt, und dahinter liegt eine breite radiale Furche. Konchinschicht grünlich gelb oder fahl lohfarben, mit gut sichtbaren, mehr oder weniger breiten und unterbrochenen grünen Strahlen, wenig glänzend. Hauptzähne niedrig, unregelmäßig, mit einem Hilfszahn rechts; Seitenzähne gebogen, der rechte mit einem Hilfszahn. Wirbelhöhlen seicht. Perlmutter weiß. — Maße: Länge 30—38 mm, Höhe 32—40 mm, Dicke 19—26 mm.

Bemerkungen: FRIERSON hat meiner Ansicht nach unwiderleglich festgestellt, daß *Unio cor* CONRAD 1834 mit *Unio bournianus* LEA 1840 identisch ist.

Verbreitung: Gebiet des Tennessee-Flusses.

27. **Quadrula (Pleuronaia) analoga** (ORTMANN)

1918 *Fusconaia cor* var. *analoga* ORTMANN, Proc. amer. philos. Soc., Philadelphia, 57: 533. — Terra typica: Clinch-Fluß, Speers Ferry, Scott Co., Virginia.

Diagnosis: Von *Q. cor* in der Hauptsache durch glänzendere Konchinschicht und viel beträchtlichere Flachheit der Schalen verschieden. — Maße: Nicht angegeben.

Bemerkungen: Eine mir unbekannte Form, die sich anscheinend sehr stark der *Quadrula cor* nähert. Obgleich FRIERSON sie als gute Art auffaßt, bin ich der Meinung, daß sie höchstens eine Varietät von ihr darstellt; aber Mangel an Material zwingt mich, FRIERSON zu folgen.

Verbreitung: Powell-, Clinch- und North Fork Holston-Flüsse in Virginia und Tennessee.

28. **Quadrula (Pleuronaia) tesserulae** (LEA)

1861 *Unio tesserulae* LEA, Proc. Acad. nat. Sci. Philadelphia, 6:392. — Terra typica: Nolachucky-Fluß, Tennessee.
1871 *Unio acuens* LEA, Proc. Acad. nat. Sci. Philadelphia, 1:190. — Terra typica: Holston-Fluß, Concord, Tennessee.

Diagnosis: Schale klein, sehr aufgeblasen, etwas rautenförmig, festschalig, ungleichseitig. Wirbel hoch und voll, aber nicht sehr verlängert; ihre Skulptur scheint aus einigen rauhen Fältchen zu bestehen, die hinten nach oben umbiegen. Lunula klein. Vorderende eng gerundet, klaffend; Bauchrand fast gerade; Hinterende schief abgestutzt; hinterer Oberrand gebogen, an den Hinterrand in einem Winkel anstoßend. Arealkante eng gerundet. Konchinschicht gelblich grün, mit einigen grünen Strahlen, die in viereckige Stücke zerlegt sind, kaum glänzend. Hauptzähne klein, stumpf, rechts ein Hilfszahn; ebenso die Seitenzähne. Wirbelhöhlen seicht. Perlmutter bläulich weiß. — Maße: Länge 28—33 mm, Höhe 21—25 mm, Dicke 16—18 mm.

Verbreitung: Tennessee-Flußgebiet.

29. **Quadrula (Pleuronaia) munda** (Lea)

1857 *Unio mundus* Lea, Proc. Acad. nat. Sci. Philadelphia, 1:83. — Terra typica: Tuscumbia, Alabama.

1861 *Unio ornatus* Lea, Proc. Acad. nat. Sci. Philadelphia, 5:4. — Terra typica: Alabama.

1871 *Unio lawi* Lea, Proc. Acad. nat. Sci. Philadelphia, 1:189. — Terra typica: Tennessee-Fluß bei Tuscumbia, Alabama.

1871 *Unio pattinoides* Lea, Proc, Acad. nat. Sci. Philadelphia, 1:193. — Terra typica: Clinch-Fluß, Tennessee.

1872 *Unio bellulus* Lea, Proc. Acad. nat. Sci. Philadelphia, 2:161. — Terra typica: Holston-Fluß, Tennessee.

Diagnosis: Schale von mäßiger Größe, etwa dreieckig, aufgeblasen, ausgesprochen ungleichseitig, festschalig. Wirbel sehr hoch und voll, bei alten Stücken oft völlig vorderständig. Vorderende gerundet oder abgestutzt; Bauchrand leicht gerundet; hinterer Oberrand und Hinterende gleichmäßig gekrümmt, manchmal hinter dem Schloßband einen leichten Winkel bildend. Arealkante leicht erhoben, eng gerundet, in einem stumpfen Punkte nahe dem tiefsten Punkte der Schale endend. Konchinschicht gelblich bis bräunlich, mit unterbrochenen Strahlen wechselnder Breite versehen. Hauptzähne ziemlich klein, stumpf, leicht radial und rauh, rechts ein Hilfszahn; ebenso die Seitenzähne. Wirbelhöhlen tief. Perlmutter weiß. — Maße: Länge 50—52 mm, Höhe 35—38 mm, Dicke 25—29 mm.

Verbreitung: Gebiet des Tennessee-Flusses.

30. **Quadrula (Pleuronaia) raveneliana** (Lea)

1834 *Unio ravenelianus* Lea, Trans. amer. philos. Soc., Philadelphia, 5:32; Taf. 3, Fig. 5. — Terra typica: French Broad-Fluß bei Asheville, Nord-Karolina.

Diagnosis: Schale entweder etwas eiförmig oder rautenförmig, etwas aufgeblasen, ungleichseitig, festschalig. Wirbel voll, mäßig hoch. Vorderende gerundet; Bauchrand gerade oder leicht geschwungen; hinterer Oberrand sanft gekrümmt; Hinterende schief abgestutzt. Arealkante gut ausgebildet, gerundet, selten etwas gewinkelt, am tiefsten Punkt der Schale in einer abgestumpften Spitze endend. Konchinschicht glanzlos, grünlich bis gelblich braun, ohne oder mit zarten, unterbrochenen Strahlen. Hauptzähne niedrig, stumpf, rechts mit Spuren von ein bis zwei Hilfszähnen, rechter Seitenzahn ebenfalls oft mit Seitenzahn. Wirbelhöhlen seicht. Perlmutter weiß oder gelblich weiß. — Maße: Länge 37—52 mm, Höhe 24—36 mm, Dicke 16—25 mm.

Verbreitung: Kentucky; Tennessee; westliches Nord-Karolina.

Genus **Quincuncina** Ortmann

1922 *Quincuncina* Ortmann, Nautilus, Philadelphia u. Boston, **36**:1. — Species typica: *Quincuncina burkei* Walker.

Diagnosis: Schale skulptiert. Wirbelskulptur fast konzentrisch, geht auf der Schalenfläche in längliche Knoten über, die in ungefährer Zickzackanordnung weit herunter reichen; sie bilden auf einem großen Teil der Schalenfläche eine Anordnung im Quincunx.

Verbreitung: Nord-Amerika (Alabama und Georgia).

1. **Quincuncina burkei** Walker

1922 *Quincuncina burkei* Walker, Nautilus, Philadelphia u. Boston, **36**:3. — Terra typica: Sikes' Creek, Zufluß des Choktahatchee-Flusses, Barbour Co., Alabama.

Diagnosis: Schale von mäßiger Größe, etwa rautenförmig, sehr ungleichseitig, nicht sehr festschalig, etwas aufgeblasen. Wirbel nur wenig erhoben; ihre Skulptur besteht aus starken, leicht kreisförmigen Fältchen, die auf der Area stärker sind und die hinten scharf nach oben umbiegen; vorn werden sie immer schwächer und verschwinden so in den Zuwachslinien. Vorderende regelmäßig gerundet; Bauchrand gebogen; Hinterende etwas vorgezogen und leicht abgestutzt, hinten scharf zum tiefsten Punkt der Schale abbiegend. Arealkante stark, vorragend, mit starken Falten versehen, die nach oben umbiegen; diese kreuzen sich mit den starken Falten der Schalenfläche und bilden so ein quincunxartiges Knotenmuster. Konchinschicht braun oder grünlich in jungen, fast schwarz in alten Stücken. Hauptzähne nicht sehr hoch, kurz oder leicht verlängert; rechts ein Hilfszahn; Seitenzähne nur wenig gekrümmt, der rechte mit Neigung zu verdoppeln. Wirbelhöhlen nicht tief und nicht sehr zusammengepreßt. Perlmutter leicht purpurn, tiefer gefärbt in den Wirbelhöhlen. — Maße: Länge 51,5 mm, Höhe 31,5 mm, Dicke 18,5 mm.

Verbreitung: Gebiet des Choktahatchee-Flusses.

2. **Quincuncina securiformis** (Conrad)

2a. Quincuncina securiformis securiformis (Conrad)

1849 *Unio securiformis* Conrad, Ann. Mag. nat. Hist., London, (2) **4**:300. — Terra typica: Flint-Fluß, Georgia.

Diagnosis: Schale etwas rautenförmig, mehr oder weniger aufgeblasen, festschalig, etwas ungleichseitig. Wirbel hoch und ziemlich voll; ihre Skulptur besteht aus starken, unregelmäßigen Fältchen, die hinten scharf nach oben abbiegen und hinter denen einige leicht geknotete, radiale Fältchen stehen. Vorderende schmal, gerundet; Bauchrand gebogen; Hinterende schief abgestutzt. Arealkante voll, eng gerundet, an der tiefsten Stelle des Bauchrandes in abgestumpfter Spitze endend. Schalenfläche selten glatt, meistens mit niedrigen, knotigen Fältchen skulptiert, die in Form der fünf Augen auf einem Würfel stehen. Konchinschicht grünlich in der Jugend, schwarz und wenig glänzend im Alter. Hauptzähne sehr aufgesplittert; der rechte Seitenzahn zur Verdoppelung neigend. Wirbelhöhlen nicht sehr tief, zusammengedrückt. Perlmutter purpurn, hinten sehr schillernd. — Maße: Länge 38 mm, Höhe 30 mm, Dicke 17 mm.

Bemerkungen: Diese Art ging früher unter dem Namen *infucata*. Wie aber FRIERSON richtig bemerkt, ist der *Unio infucatus* CONRAD 1834 nicht mit Sicherheit zu deuten; er ist bestimmt nicht diese Art, sondern eher die Art, die wir als *Fusconaia succissa* (LEA) kennen lernen werde.

Verbreitung: Chattahoochee- und Flint-Flüsse, Georgia.

2b. Quincuncina securiformis kleiniana (LEA)

1852 *Unio kleinianus* LEA, Proc. amer. philos. Soc., Philadelphia, **5**:251. — Terra typica: Suwannee-Fluß, Florida.

Diagnosis: Der Nominatform sehr ähnlich, hauptsächlich durch bedeutendere Größe, größere Verlängerung und stärkere Skulptur der Schale, sowie durch hellere Farbe der Konchinschicht von ihr unterschieden. — Maße: Länge 50 mm, Höhe 36 mm, Dicke 24 mm.

Verbreitung: Süd-Georgia; Nord-Florida.

3. ? **Quincuncina vittata** (FRIERSON)

1927 *Quadrula (Quincuncina) vittata* FRIERSON, Class. annot. Check List North Amer. Naiades: 50. — Terra typica: Nord-Amerika.

Bemerkungen: Ist auf Taf. 23 Fig. 106 in SOWERBY's Conch. Icon., *16* (1865) begründet, die als *Unio rotundatus* LAMARCK gedacht war; selbst wenn diese Bestimmung irrtümlich wäre, so sehe ich in der abgebildeten Muschel keineswegs eine *Quincuncina* und bestreite aus diesem Grunde die Berechtigung der *Quincuncina vittata* FRIERSON.

Genus **Orthonymus** AGASSIZ

1852 *Orthonymus* AGASSIZ, Arch. Naturgesch., Berlin, **18** (1): 48. — Species typica: *Unio cylindricus* SAY.

Diagnosis: Schale quadratisch oder rautenförmig, mit einer radialen Falte auf der Area. Gesamt-Schalenfläche, mit Ausnahme des Vorderendes, gewöhnlich mit Knötchen besetzt, und die Area oft gerunzelt. Wirbelgegend hoch. Konchinschicht glänzend, mit einer Zeichnung von dreieckigen Flecken oder V-förmigen Linien. Schloß fest, gelegentlich mit einem dritten Seitenzahn in der rechten Klappe. Wirbelhöhlen tief und zusammengedrückt.

Verbreitung: Atlantische Abflüsse der Vereinigten Staaten von Nord-Amerika.

1. **Orthonymus cylindricus** (SAY)

1817 *Unio cylindricus* SAY, Conchology, in NICHOLSONS Enzyclopedia, Amer. Ed., **2**: Taf. 4, Fig. 3. — Terra typica: Wabash-Fluß.

1819 *Unio naviformis* LAMARCK, Anim. sans Vert., **6**:75. — Terra typica: Ohio-Fluß.

1820 *Unio (Eurynia) solenoides* RAFINESQUE (mit den Varietäten *interrupta*, *nodosa* und *cylindrica*), Ann. gén. Sci. Phys., Bruxelles, **5**:298. — Terra typica: Ohio-Fluß.

1862 *Unio rugosus* CHENU, Manuel Conchyl., Paris, **2**:138; Abb. 668. — Terra typica: Nicht genannt.

1898 *Unio cylindricus* var. *strigillatus* B. H. WRIGHT, Nautilus, Philadelphia u. Boston, **12**:6. — Terra typica: Clinch-Fluß, Lee C., Virginia.

Diagnosis: Schale sehr verlängert, aufgeblasen, Rücken- und Bauchränder gleichlaufend, von fast zylindrischer Gestalt, sehr ungleichseitig, fest. Wirbel ziemlich hoch und voll, über eine tiefe und breite Lunula gebeugt; Wirbelskulptur aus einigen unregelmäßigen festen Fältchen bestehend, die auf der Area Knötchen tragen. Area wohl entwickelt, durch eine radiale Rinne vom Reste der Schale gesondert und die hinten manchmal in einer leichten Einbuchtung endet. Vorderende gerundet etwas eckig oben; Hinterende gerade oder leicht schief abgestutzt, manchmal unter der Mitte leicht zugespitzt. Schalenfläche mit einer unregelmäßigen konzentrischen Skulptur, mit einer Knotenreihe längs der Arealkante, und oft mit Knötchen oder Fältchen bedeckt. Konchinschicht strohgelb bis bräunlich oder grünlich, mit einer Zeichnung von dreieckigen grünen Flecken, die oft in radialen Streifen angeordnet sind und die einander so nahestehen können, daß sie kaum getrennt erscheinen. Hauptzähne meist aufgesplittert; Seitenzähne lang und gerade. Wirbelhöhlen tief und zusammengedrückt. Perlmutter silberweiß, selten etwas purpurn angehaucht. — Maße: Länge 114 mm, Höhe 50 mm, Dicke 46 mm.

Bemerkungen: Diese — wohl die am schönsten gezeichnete — Flußmuschel erscheint zuweilen, aber selten, völlig einfarbig. Die von H. B. Wright aufgestellte Varietät *strigillatus*, die Frierson als gültige Unterart beibehalten möchte, stellt nach Simpson lediglich eine äußerst zusammengedrückte, aber sonst normale Form dar, die wahrscheinlich an einem Ende ihrer Variationsbreite liegt.

Verbreitung: Gebiete der Ohio-, Cumberland- und Tennessee-Flüsse; im Süden bis Arkansas und Oklahoma; die Angabe „Nebraska" darf angezweifelt werden.

2. **Orthonymus metanevrus** (Rafinesque)

2a. Orthonymus metanevrus metanevrus (Rafinesque)

1820 *Obliquaria (Quadrula) metanevra* Rafinesque, Ann. gén. Sci. Phys., Bruxelles, 5:305; Taf. 81, Fig. 15—16. — Terra typica: Kentucky-Fluß.

1823 *Unio nodosus* Barnes, Amer. J. Sci., New Haven, 6:124; Taf. 6, Fig. 7. — Terra typica: Wisconsin.

Diagnosis: Schale unregelmäßig rautenförmig, mehr oder minder aufgeblasen, fest, ungleichseitig. Wirbel ziemlich voll und hoch, nach vorne über eine schmale Lunula geneigt; ihre Skulptur besteht aus wenigen starken, unregelmäßigen Fältchen, die auf der Area kleine Knötchen tragen. Area hoch, vom Rest der Schalenfläche durch eine seichte, radiale Furche gesondert. Vorderende gerundet; Bauchrand gerade oder hinter der Mitte eingebuchtet; Hinterende schief abgestutzt. Die Furche vor der Area endet in einer ausgesprochenen Einbuchtung. Schalenfläche mehr oder weniger mit Knötchen oder tropfenförmigen Erhöhungen bedeckt, unter denen eine Reihe auf der Area meist höher ist. Konchinschicht gelblich bis bräunlich, oft mit dreieckigen dunkelgrünen Fleckchen geziert, meist wenig glänzend. Linke Klappe mit zwei zerklüfteten Haupt- und zwei kurzen Seitenzähnen; rechte Klappe mit drei Hauptzähnen. Wirbelhöhlen tief und zusammengepreßt. Perlmutter weiß, selten rötlich, vorn sehr verdickt. — Maße: Länge 100 mm, Höhe 72 mm, Dicke 55 mm.

Verbreitung: Mississippi-Gebiet bis auf den äußersten Süden; jenseits in den Tennessee- und Arkansas-Flüssen.

2b. Orthonymus metanevrus wardii (Lea)

1861 *Unio wardii* Lea, Proc. Acad. nat. Sci. Philadelphia, 5:392. — Terra typica: Walhonding-Fluß, Ohio.

Diagnosis: Schale stärker zusammengepreßt als bei der Nominatform, dünner, meist auch glatter, oft kaum mit Knoten.

Bemerkungen: Im allgemeinen ist diese Form etwas stärker verlängert als der typische *O. metanevrus*, doch finden sich Zwischenformen, die Unterart und Nominatform miteinander verbinden.

2c. Orthonymus metanevrus tuberosus (Lea)

1840 *Unio tuberosus* Lea, Proc. amer. philos. Soc., Philadelphia, 1:286. — Terra typica: Caney Fork und Cumberland-Fluß, Tennessee.

1841 *Unio sparsus* Lea, Proc. amer. philos. Soc., Philadelphia, 2:82. — Terra typica: Holston-Fluß, Tennessee.

Diagnosis: Meist etwas kürzer als die Nominatform, ohne Knoten auf der Area, die höher ist, mit dem Hauptzahn der rechten Klappe stärker aufgesplittert.

Bemerkungen: Beide eben erwähnten Unterarten sind der Nominatform so ähnlich und oft durch Zwischenformen mit ihr verbunden, daß ihre Gültigkeit zweifelhaft erscheint.

3. Orthonymus intermedius (Conrad)

1836 *Unio intermedius* Conrad, Monogr. Fam. Unionidae, 6:63; Taf. 36, Fig. 2. — Terra typica: Nolachucky-Fluß, Tennessee.

Diagnosis: Schale leicht elliptisch, scheibenförmig oder annähernd quadratisch, bauchig bis mäßig bauchig; Wirbel mäßig hoch, aber nicht voll. Area niedrig, kaum über den Rückenrand ragend, mit einer tiefen Furche versehen, die sie von dem Reste der Schalenfläche trennt; diese Furche endet hinten unten in einer tiefen, gerundeten Einbuchtung. Schalenoberfläche mit großen erhöhten Warzen bedeckt, die gelegentlich in Paaren stehen, die aber das Vorderende leer lassen. Konchinschicht zwischen Gelb und Grün, mit zarten, winkligen grünen Flecken oder Zickzacklinien versehen, die ab und zu unvollständige Strahlen bilden. Hauptzähne radial zerklüftet; Seitenzähne doppelt in der rechten Klappe. Wirbelhöhlen tief, stark zusammengepreßt. Perlmutter weiß oder strohfarben. — Maße: Länge 59 mm, Höhe 51 mm, Dicke 29 mm.

Verbreitung: Gebiet des Tennessee-Flusses.

4. Orthonymus stapes (Lea)

1831 *Unio stapes* Lea, Trans. amer. philos. Soc., Philadelphia, 4:77; Taf. 7, Fig. 8. — Terra typica: Alabama-Fluß.

Diagnosis: Schale unregelmäßig quadratisch, mehr oder weniger aufgeblasen, fest, gleichseitig. Wirbel hoch, aber nicht sehr voll. Area hoch, durch eine radiale Furche vom Rest der Schale getrennt. Hinterende ausgesprochen abgestutzt; Vorderende gerundet; Bauchrand gerundet, hinten gerader, vor dem Ende der Arealkante oft eingebuchtet. Oberfläche mit Warzen oder

Tröpfchen bedeckt, die manchmal dreieckig oder in gebrochenen Zickzacklinien angeordnet sind. Konchinschicht gelblich grün und mit zarten grünen, dreieckigen oder Zickzacklinien geschmückt, wenn jung, braun im Alter. Hauptzähne radial gefurcht; Seitenzähne kurz, rechts doppelt. Wirbelhöhlen tief, zusammengepreßt. Perlmutter silbrig weiß. — Maße: Länge 49—60 mm, Höhe 44—53 mm, Dicke 27—36 mm.

Verbreitung: Alabama- und Tombigbee-Flüsse.

Genus **Fusconaia** SIMPSON

1900 *Quadrula* Sectio *Fusconaia* SIMPSON, Proc. U.S. nation. Mus., Washington, **22**:784. — Species typica: *Unio trignous* LEA.

Diagnosis: Schale rund oder rautenförmig oder dreieckig oder kurz elliptisch, mit hohen und vollen Wirbeln, die nach vorn und innen geneigt sind; ihre Skulptur besteht aus wenigen rauhen, gleichlaufenden Fältchen, die hinten nach oben umbiegen. Konchinschicht dunkel. Schalenfläche glatt, unskulptiert. Schloßplatte mäßig breit, Hauptzähne stark. Perlmutter weiß, lachsfarben oder purpurn.

Bemerkungen: Diese noch etwas unsichere Gattung umfaßt etwa 17 beschriebene Arten mit einigen Unterarten, die sich oft recht nahe stehen und die einer genaueren Untersuchung wohl nicht alle standhalten können. Bis dahin folge ich hier FRIERSON.

1. **Fusconaia undata** (BARNES)

1a. Fusconaia undata undata (BARNES)

?1820 *Obliquaria (Sintoxia) lateralis* RAFINESQUE, Ann. gén. Sci. Phys., Bruxelles, **5**:53. — Terra typica: Nicht genannt, aber offensichtlich der Ohio-Fluß.

1823 *Unio undatus* BARNES, Amer. J. Sci., New Haven, **6**:121; Taf. 4, Fig. 4. — Terra typica: Wisconsin- und Fox-Flüsse.

1852 *Unio triangularis* — KÜSTER, Conch. Cab., *Unio*, IX **2**:56, Taf. 12, Fig. 3. — Terra typica: Ohio-Fluß. — (Non *Unio triangularis* SAY 1834.)

Diagnosis: Schale dreieckig, aufgeblasen, sehr festschalig, leicht ungleichseitig. Wirbel sehr hoch und voll, nach vorn über die Lunula geneigt; ihre Skulptur besteht aus einigen unregelmäßigen Fältchen, die hinten nach oben umbiegen, und hinter denen manchmal 2—3 strahlenförmige Grätchen stehen. Vorderende gewöhnlich schief abgestutzt oben und vor der Lunula gewinkelt; selten ist er gleichmäßig gerundet. Bauchrand geradlinig oder vor der Arealkante eingebuchtet. Hinterer Oberrand oft gekrümmt, hinter dem Schloßband in einen niedrigen Winkel ausgezogen. Hinterrand winklig oder kurz gerundet, den Bauchrand in einer gerundeten Spitze treffend. Schalenfläche meist mit einer radialen Vertiefung vor der Arealkante, und dort ist die Muschel am dicksten. Konchinschicht bräunlich grün und leicht gestrahlt in der Jugend, dunkler braun und ziemlich glanzlos im Alter. Hauptzähne stark und zerrissen; rechter Seitenzahn oft mit Hilfszahn. Wirbelhöhlen mäßig tief. Perlmutter weiß bis lachsfarben. — Maße: Länge 50—87 mm, Höhe 50—74 mm, Dicke 38—52 mm.

Verbreitung: Ganzes Mississippi-Gebiet; Coosa-Fluß, Alabama; Michigan und oberes Gebiet des St. Lorenz-Stromes.

1b. Fusconaia undata trigona (Lea)

1831 *Unio trigonus* Lea, Trans. amer. philos. Soc., Philadelphia, 4:110; Taf. 16, Fig. 40. — Terra typica: Ohio-Fluß bei Cincinnati, Ohio und Louisville, Kentucky.

Diagnosis: Von der Nominatform hauptsächlich durch etwas länger dreieckige Gestalt und eine besser abgesetzte Area unterschieden; vielleicht kaum abtrennbar. — Maße: Ungefähr die gleichen wie die der Nominatform.

Verbreitung: Etwa die gleiche wie die der Nominatform.

1c. Fusconaia undata selecta Wheeler

1914 *Fusconaia selecta* Wheeler, Nautilus, Philadelphia u. Boston, 28:76; Taf. 4. — Terra typica: Cache-Fluß, Nemo, Craighead Co., Arkansas.

Diagnosis: Angeblich von der Nominatform durch die folgenden Merkmale unterschieden: Die gleiche Auftreibung der Schale vor und hinter den Wirbeln, die selbst voller sind als die der Nominatform, und durch den Mangel einer ausgesprochenen Lunula. — Maße: Länge 67,5 mm, Höhe 55,5 mm, Dicke 43 mm.

Bemerkungen: Die oben angegebenen Unterschiede zur typischen *undata* sind zu gering, um der Form den Rang einer eigenen Art zu geben; als Unterart von *undata* aber mag sie sich halten lassen.

Verbreitung: Wohl nur von der Terra typica bekannt.

1d. Fusconaia undata trigonoides (Frierson)

1916 *Quadrula trigonoides* Frierson (wo beschrieben ?).

1927 *Quadrula (Fusconaia) undata trigonoides* Frierson, Class. annot. Check List North Amer. Naiades: 55. — Terra typica: Nicht genannt.

Bemerkungen: Frierson (1927) führt eine Unterart der *Fusconaia undata* unter dem oben gebrachten Namen an und weist auf eine Veröffentlichung von ihm im Jahre 1916 hin. Es war mir schlechterdings unmöglich, eine Veröffentlichung von Frierson zu finden, in der die neue Unterart *trigonoides* erwähnt oder beschrieben wäre. Ich muß es deshalb bei der einfachen Nennung dieses Namens mit allen den wenigen vorhandenen Hinweisen belassen, und kann mich nicht über die Berechtigung dieser Namens-Aufstellung äußern.

Verbreitung: Nicht bekannt.

2. Fusconaia hebetata (Conrad)

1854 *Unio hebetatus* Conrad, J. Acad. nat. Sci. Philadelphia, 2:296; Taf. 26, Fig. 5. — Terra typica: Missouri.

1861 *Unio rubidus* Lea, Proc. Acad. nat. Sci. Philadelphia, 5:40. — Terra typica: Tombigbee-Fluß, Mississippi.

Diagnosis: Schale viereckig, ziemlich aufgeblasen, festschalig, leicht ungleichseitig. Wirbel mäßig voll und hoch. Hinterer Oberrand gebogen, mit dem Hinterrande in einem Winkel zusammenstoßend, der zugespitzt unten endigt. Bauchrand ganz oder fast gerade. Hinterende abgestutzt, oben etwas höher als unten. Konchinschicht glanzlos, aschbraun oder schwärzlich. Hauptzähne dreieckig, etwas gerauht; rechter Seitenzahn manchmal mit einem Hilfszahn. Wirbelhöhlen tief und zusammengepreßt. Perlmutter weiß. — Maße: Länge 67—82 mm, Höhe 48—60 mm, Dicke 24—40 mm.

Verbreitung: Zuflüsse zum Golf von Mexiko von Alabama bis Louisiana.

3. Fusconaia rubidula (Frierson)

1905 *Quadrula rubidula* Frierson, Nautilus, Philadelphia u. Boston, **19**:14; Taf. 1, Fig. 3—4. — Terra typica: Mulberry-Fluß, Alabama.

Diagnosis: Schale klein, schwer, etwas dreieckig. Bauchrand etwas eingedrückt; Rückenrand gebogen; Hinterende zweigewinkelt. Schloßband hoch, hell rot. Wirbel nicht sehr hoch, aufgeblasen. Seiten der Schale abgeflacht. Konchinschicht rauh, braun, mit Spuren grünlicher Färbung, undeutlich gestrahlt. Hauptzähne dick, kurz, rauh, der rechte mit Hilfszahn; Seitenzähne kurz, fest, leicht gebogen. Wirbelhöhlen tief und zusammengepreßt. Perlmutter weiß, manchmal rötlich. — Maße: Länge 36 mm, Höhe 32 mm, Dicke 22 mm.

Bemerkungen: Soll sich eigentlich nur durch kleinere Schale und die Doppelwinkelung des Hinterendes von der vorangehenden Art unterscheiden und könnte eine Kümmerform aus den genannten Flüssen darstellen.

Verbreitung: Außer von der Terra typica noch aus folgenden Flüssen bekannt: Black Warrior- und North-River, beide Alabama.

4. Fusconaia flava (Rafinesque)

4a. Fusconaia flava flava (Rafinesque)

1820 *Obliquaria flava* Rafinesque, Ann. gén. Sci. Phys., Bruxelles, **5**:305. — Terra typica: Saltriver und Greenriver, Zuflüsse des Kentucky-Flusses.

1829 *Unio rubiginosus* Lea, Trans. amer. philos. Soc., Philadelphia, **3**:427; Taf. 8, Fig. 10. — Terra typica: Ohio-Fluß.

1838 *Unio cerinus* Conrad, Monogr. Fam. Unionidae North Amer., **11**:95; Taf. 52. — Terra typica: New Orleans, Louisiana.

Diagnosis: Schale rautenförmig, zusammengepreßt bis schwach aufgeblasen, mehr oder weniger festschalig, ungleichseitig oder fast gleichseitig. Wirbel hoch, meist voll, nach vorn über die Lunula geneigt; ihre Skulptur besteht aus wenigen Runzeln, die hinten scharf nach oben aufbiegen. Vorderende gerundet, oben manchmal etwas abgestutzt; Bauchrand meist gerade, manchmal aber etwas eingedrückt. Hinterer Oberrand in der Mitte gewinkelt, schief abgestutzt unten. Arealkante in einer Spitze in die Unterseite endend. Konchinschicht braun oder grünlich braun, manchmal schwach gestrahlt, etwas stoffartig. Hauptzähne dreieckig, mehr oder minder gerauht; rechter Seitenzahn manchmal mit einem Hilfszahn. Wirbelhöhlen ziemlich tief. Perlmutter bläulich weiß bis lachsfarben. — Maße: Länge 68—110 mm, Höhe 51—80 mm, Dicke 23—45 mm.

Verbreitung: Ganzes Mississippi-Gebiet; Ost-Texas; Gebiet des St. Lorenz-Stromes; Nelson-Fluß, Kanada.

4b. Fusconaia flava negata (Lea)

1861 *Unio negatus* Lea, Proc. Acad. nat. Sci. Philadelphia, **5**:59. — Terra typica: Big Prairie Creek, Alabama.

Diagnosis: Von der Nominatform eigentlich nur durch größere Ausdehnung der Wirbelskulptur verschieden. — Maße: Länge 66 mm, Höhe 48 mm, Dicke 23 mm.

Verbreitung: Wohl die gleiche wie die der Nominatform.

4c. Fusconaia flava nasuta (SIMPSON)

1914 *Quadrula chunii* var. *nasuta* SIMPSON, Descr. Cat. Naiades or Pearly Freshw. Mussels: 877. — Terra typica: Nicht genannt.

Diagnosis: Von der Nominatform durch größere Dünnschaligkeit, stärker verlängerte Gestalt und stärker zugespitztes Hinterende ausgezeichnet. — Maße: Länge 55 mm, Höhe 39 mm, Dicke 30 mm.

Bemerkungen: Nie abgebildet.

Verbreitung: Wohl die der Nominatform.

4d. Fusconaia flava parvula GRIER

1919 *Fusconaia flava* var. *parvula* GRIER, Nautilus, Philadelphia u. Boston, 32:11. — Terra typica: Big Bend, Presque-Isle-Bucht, Erie-See.

Diagnosis: Kürzer, aber höher als die Nominatform, stärker aufgeblasen, Konchinschicht heller, mehr grünlich gefärbt, Perlmutter rötlich bis blaß blau. — Maße: Länge 36—59 mm, Höhe 28—45 mm, Dicke 18—30 mm.

Bemerkungen: Nie abgebildet.

Verbreitung: Erie-See.

4e. Fusconaia flava sampsoniana (FRIERSON)

1927 *Quadrula (Fusconaia) flava sampsoniana* FRIERSON, Class. annot. Check List North Amer. Naiades: 55. — Terra typica: Elk-Fluß, Missouri.

Diagnosis: Sehr dünnschalig, durchscheinend und klein; sonst mit der Nominatform übereinstimmend. — Maße: Länge 68 mm, Höhe 40 mm, Dicke 21 mm.

Bemerkungen: Wohl kaum eines eigenen Namens wert. Nie abgebildet.

Verbreitung: Nur von der Terra typica bekannt.

5. **Fusconaia antrosa** (RAFINESQUE)

1820 *Amblema antrosa* RAFINESQUE, Ann. gén. Sci. Phys., Bruxelles, 5:322. — Terra typica: Nicht genannt.

1820 *Obovaria pachostea* RAFINESQUE, Ann. gén. Sci. Phys., Bruxelles, 5:312. — Terra typica: Kentucky-Fluß.

1820 *Obovaria obovalis* RAFINESQUE, Ann. gén. Sci. Phys., Bruxelles, 5:311. — Terra typica: Ohio-Fluß.

1831 *Unio ebenus* LEA, Trans. amer. philos. Soc., Philadelphia, 4:84; Taf. 9, Fig. 14. — Terra typica: Ohio-Fluß.

1837 *Unio obliquus* CONRAD, Monogr. Fam. Unionidae North America, 9:77; Taf. 43, Fig. 2. — Terra typica: Black Warrior- und Alabama-Flüsse. — (Non *Unio obliqua* LAMARCK 1822).

1839 *Unio gouldianus* WARD in JAY, Cat. Rec. Shells (3rd. ed.): 24. — Terra typica: Ohio-Fluß. — (Nomen nudum.)

Diagnosis: Schale fast viereckig oder elliptisch, stark aufgeblasen, sehr festschalig, sehr ungleichseitig. Wirbel äußerst hoch und voll, nach vorwärts über die Lunula geneigt; ihre Skulptur besteht aus wenigen recht schwachen Runzeln. Vorderende oben gerade oder schief abgestutzt, unter den überhängenden Wirbeln, unten gerundet. Bauchrand gerade oder im Alter leicht eingebuchtet. Hinterrand gleichmäßig gerundet. Arealkanten gelegentlich doppelt, gebogen. Konchinschicht braun bis schwärzlich, gewöhnlich gerunzelt. Hauptzähne etwas radial gestellt, aufgesplittert und zerrissen; rechter Seitenzahn zur Verdoppelung neigend. Wirbelhöhlen äußerst tief und zusammengepreßt. Perlmutter weiß. — Maße: Länge 90—110 mm, Höhe 74—92 mm, Dicke 53—60 mm.

Verbreitung: Mississippi-Gebiet ohne die nordöstlichen Zuflüsse; Alabama- und Tombigbee-Flüsse; vielleicht nordöstliches Texas.

6. Fusconaia subrotunda (Lea)

?1819 *Unio (Obovaria) syntoxis* Rafinesque, J. Phy. Chimie Hist. nat., 87:427. — Terra typica: Wahrscheinlich der Ohio-Fluß. — (Nomen dubium.)

1831 *Unio subrotundus* Lea, Trans. amer. philos. Soc., Philadelphia, 4:117; Taf. 18, Fig. 45. — Terra typica: Ohio-Fluß.

1831 *Unio (Obliquaria) venus* Rafinesque, Contin. Monogr. Bivalve Shells River Ohio: 3. — Terra typica: Kentucky- und Cumberland-Flüsse.

1834 *Unio politus* Say, Amer. Conch.: 6. — (Nomen nudum.)

Diagnosis: Schale unregelmäßig elliptisch oder viereckig, mehr oder weniger aufgeblasen, festschalig, ungleichseitig. Wirbel voll und hoch, über die Lunula geneigt; ihre Skulptur besteht aus wenigen leicht knotigen Fältchen. Vorderende oben schief abgestutzt, unten gerundet; Bauchrand stets geschwungen, mitunter sogar stark hinter der Schalenmitte. Hinterer Oberrand gebogen, hinter dem Schloßband oft winklig. Konchinschicht grünlich braun, etwas stoffartig, in der Jugend mit breiten oder schmalen grünen Strahlen, die, in der Wirbelgegend, selbst noch bei alten Stücken sichtbar sein können. Hauptzähne dreieckig, rauh; rechter Seitenzahn oft mit Hilfszahn. Wirbelhöhlen ziemlich tief, zusammengepreßt. Perlmutter porzellanartig, weiß. — Maße: Länge 68—89 mm, Höhe 46—65 mm, Dicke 30—44 mm.

Verbreitung: Gebiete der Flüsse Ohio, Cumberland und Tennessee; zweifelhaft in Michigan und im Grand River, Ontario, Kanada.

7. Fusconaia kirtlandiana (Lea)

1834 *Unio kirtlandianus* Lea, Trans. amer. philos. Soc., Philadelphia, 5:98; Taf. 14, Fig. 41. — Terra typica: Mahoning-Fluß, Ohio.

Diagnosis: Schale groß, etwas rautenförmig oder elliptisch, mehr oder weniger zusammengepreßt, ungleichseitig, festschalig. Wirbel mäßig voll und hoch. Manchmal zwei Arealkanten, am Schalenunterrande in einen breiten, aber flachen Winkel endend. Vorderende gerundet, oben manchmal leicht abgestutzt; Bauchrand meistens gebogen; hinterer Oberrand meist hinter dem Schloßband gewinkelt. Konchinschicht gelblich grün mit gebrochenen Strahlen in der Jugend, wesentlich dunkler und ohne Strahlen im Alter. Hauptzähne radial gestreift; rechter Seitenzahn oft mit Hilfszahn. Wirbelhöhlen tief, zusammengepreßt. Perlmutter selten trübe, porzellanartig weiß. — Maße: Länge 120—126 mm, Höhe 88 mm, Dicke 42—45 mm.

Bemerkungen: Diese Art ist sehr nahe mit *F. subrotunda* verwandt und stellt vielleicht lediglich eine ökologische Form von ihr dar.

Verbreitung: Gebiete der Flüsse Ohio, Cumberland und Tennessee; im Südwesten bis Arkansas; im Osten bis zum südlichen Michigan; ob nördlich bis Wisconsin?

8. Fusconaia pilaris (Lea)

1840 *Unio pilaris* Lea, Proc. amer. philos. Soc., Philadelphia, 1:285. — Terra typica: French Broas und der Holston-Fluß in Tennessee.

1840 *Unio lesueurianus* Lea, Proc. amer. philos. Soc., Philadelphia, 1:286. — Terra typica: Cany Fork- und Holston-Flüsse, Tennessee.

1871 *Unio globatus* Lea, Proc. Acad. nat. Sci. Philadelphia, 1:191. — Terra typica: Holston-Fluß, Tennessee und Etowah-Fluß, Georgia.

1900 *Quadrula flexuosa* Simpson, Proc. Acad. nat. Sci. Philadelphia: 83; Taf. 2, Fig. 8. — Terra typica: Holston-Fluß, Tennessee.

1902 *Quadrula andrewsii* Marsh, Nautilus, Philadelphia u. Boston, 15:115. — Terra typica: Holston-Fluß, Tennessee.

1902 *Quadrula andrewsae* Marsh, Nautilus, Philadelphia u. Boston, 16:8; Taf. 1 (die beiden oberen Figuren). — Terra typica: Holston-Fluß, Tennessee.

1902 *Quadrula beauchampii* Marsh, Nautilus, Philadelphia u. Boston, 16:7; Taf. 1 (die beiden unteren Figuren). — Terra typica: Little Tennessee-Fluß und Holston-Fluß, beide in Tennessee.

Diagnosis: Schale unregelmäßig und kurz eiförmig, aufgeblasen, festschalig, ungleichseitig. Wirbel ziemlich hoch und voll, über die Lunula geneigt. Vorderende meist oben leicht abgestutzt, unten gerundet; Bauchrand gerade oder gebogen. Hinterer Oberrand gebogen, manchmal hinter dem Schloßband erhoben. Arealkante gebogen. Größte Dicke der Schalen gerade unter den Wirbeln. Konchinschicht konzentrisch gerunzelt, stumpf braun bis grünlich braun und in der Jugend mit zarten, gebrochenen Strahlen. Hauptzähne dreieckig, radial gestrichelt; rechter Seitenzahn meist mit Hilfszahn. Wirbelhöhlen ausgesprochen tief und zusammengepreßt. Perlmutter weißlich bis bronzefarben. — Maße: Länge 50—55 mm, Höhe 45—55 mm, Dicke 27—33 mm.

Verbreitung: Gebiete der Tennessee- und Cumberland-Flüsse; Green River, Kentucky; Ohio-Fluß?

9. Fusconaia bursapastoris (B. H. Wright)

1896 *Unio bursa-pastoris* B. H. Wright, Nautilus, Philadelphia u. Boston, 9:133; Taf. 3, 2 (Figuren). — Terra typica: Powell-Fluß, Virginia.

Diagnosis: Schale unregelmäßig eiförmig oder rautenförmig, mehr oder weniger aufgeblasen, festschalig, ungleichseitig. Wirbel nicht sehr voll und hoch. Arealkanten meist doppelt, am Schalenunterrand in Winkeln endend. Vorderende manchmal oben abgestutzt, meist gerundet; Bauchrand gerade oder leicht gebogen in der Jugend, in alten Stücken oft mit einer Einbuchtung vor dem Ende der äußeren Arealkante. Hinterer Oberrand gebogen, manchmal leicht gewinkelt. Konchinschicht glanzlos, gerunzelt, bräunlich. Hauptzähne radial gestreift, Seitenzähne dick, der rechte meist mit Hilfszahn. Wirbelhöhlen tief und zusammengepreßt. Perlmutter weiß bis bleifarben, meistens mit grünlich gelben Flecken. — Maße: Länge 92—110 mm, Höhe 67—77 mm, Dicke 33—42 mm.

Bemerkungen: Steht *Fusconaia kirtlandiana* sehr nahe.

Verbreitung: Die Flüsse Clinch und Powell in Virginia und Tennessee.

10. Fusconaia beadleiana (Lea)

1861 *Unio beadleianus* Lea, Proc. Acad. nat. Sci. Philadelphia, 5:39. — Terra typica: Pearl-Fluß bei Jackson, Mississippi.

1861 *Unio chickasawhensis* LEA, Proc. Acad. nat. Sci. Philadelphia, 5:39. — Terra typica: Chickasawha-Fluß, Mississippi.

Diagnosis: Schale fast rautenförmig oder dreieckig, aufgeblasen, festschalig. Wirbel voll und hoch, fast mittelständig. Hinterer Oberrand in der Mitte fast gewinkelt. Vorderende gerundet, manchmal oben leicht abgestutzt; Bauchrand schön gekrümmt; Hinterende schief abgestutzt. Konchinschicht satt rötlich braun, kaum glänzend. Hauptzähne dreieckig; Seitenzähne gekrümmt, der rechte meist mit Hilfszahn. Wirbelhöhlen nicht sehr tief. Perlmutter weißlich bis lachsfarben. — Maße: Länge 54 mm, Höhe 45 mm, Dicke 34 mm.

Verbreitung: Mississippi bis Ost-Texas.

11. **Fusconaia askewi** (MARSH)

1896 *Unio askewi* MARSH, Nautilus, Philadelphia u. Boston, **10**:91. — Terra typica: Village Creek, Hardin Co., Texas.

Diagnosis: Schale ungefähr rautenförmig, aufgeblasen, fast oder ganz gleichseitig, ziemlich festschalig. Wirbel hoch und voll. Hinterer Oberrand meist winklig. Vorderende gerundet, oben schief abgestutzt; Bauchrand meist hinten eingebuchtet. Arealkante geschwungen, manchmal mit Andeutungen einer inneren. Konchinschicht glanzlos, dunkel rötlich braun. Hauptzähne dreieckig, gerauht; Seitenzähne gekrümmt. Wirbelhöhlen ziemlich tief. Perlmutter weißlich bis rötlich. — Maße: Länge 47—70 mm, Höhe 40—47 mm, Dicke 29—34 mm.

Verbreitung: Außer von der Terra typica nur aus dem Sabine-Fluß, Texas, bekannt.

12. **Fusconaia lananensis** (FRIERSON)

1901 *Quadrula lananensis* FRIERSON, Nautilus, Philadelphia u. Boston, **15**:75; Taf. 4. — Terra typica: Lanana Creek bei Nacogdoches, Texas.

Diagnosis: Schale vier- bis dreieckig, fast gleichseitig. Vorderende gerundet; Bauchrand vorn gerundet, hinten fast gerade; Hinterende schief, zweiwinklig und leicht eingedrückt. Rückenrand geschwungen. Konchinschicht dunkel rötlich braun, undeutlich gestrahlt. Wirbel niedrig, aufgeblasen. Arealkante oben winklig, nach unten zu schwächer werdend. Hauptzähne dicklich, Seitenzähne ziemlich dünn, fast gerade. Wirbelhöhlen tief und voll. Perlmutter rosenrötlich, meist mit gelblichen Flecken. — Maße: Länge 71 mm, Höhe 52 mm, Dicke 35,5 mm.

Verbreitung: Außer von der Terra typica ist die Art noch vom Banita Creek (bei Nacogdoches, Texas) bekannt.

13. **Fusconaia succissa** (LEA)

13a. Fusconaia succissa succissa (LEA)

1852 *Unio succissus* LEA, Trans. amer. philos. Soc., Philadelphia, **10**:275; Taf. 21, Fig. 32. — Terra typica: West-Florida.

1859 *Unio cacao* LEA, Proc. Acad. nat. Sci. Philadelphia, **3**:154. — Terra typica: Chacktahachie-Fluß, West-Florida.

Diagnosis: Schale etwa rautenförmig, mehr oder weniger stark aufgeblasen, etwas ungleichseitig, von wechselnder Schalenfestigkeit. Wirbel nur mäßig voll und hoch. Vorderende oben schief abgestutzt, unten gerundet; Bauchrand fast oder ganz gerade; Hinterende von den Wirbeln an bis zum Unterrand gebogen; Arealkante deutlich, oben etwas gewinkelt, mit Spuren einer inneren. Konchinschicht rötlich braun, manchmal mit dunkleren Wachstumsringen. Hauptzähne dreieckig, gestreift und aufgesplittert; Seitenzähne gebogen, selten rechts ein Hilfszahn. Wirbelhöhlen ziemlich tief, zusammengepreßt. Perlmutter purpurfarben bis violett. — Maße: Länge 44 mm, Höhe 31 mm, Dicke 18 mm.

Bemerkungen: FRIERSON (1927:57) betrachtet *Unio infucatus* CONRAD 1834, den SIMPSON (1914:864) als Art von *Quadrula* auffaßt, als unsicheres Synonym von *Fusconaia succissa.*

Verbreitung: West-Florida und Süd-Alabama.

13b. Fusconaia succissa wrightii (SIMPSON)

1914 *Quadrula wrightii* SIMPSON, Descr. Cat. Naiades Pearly Freshw. Mussels: 868. — Terra typica: Pine Barren Creek, Escambia Co., Florida.

Diagnosis: Schale etwa rautenförmig oder dreieckig, mehr oder weniger stark aufgeblasen, festschalig, ungleichseitig. Wirbel etwas erhoben, nicht aufgeblasen; ihre Skulptur besteht aus einigen rauhen, welligen Falten. Vorderende oben schief abgestutzt, unten gerundet; Bauchrand gebogen; hinterer Oberrand und Hinterrand vom Wirbel an bis zum Bauchrand gekrümmt, manchmal hinten abgestutzt. Konchinschicht dunkel rötlich braun, etwas seidenglänzend. Hauptzähne stark aufgesplittert; Seitenzähne rechts mit schwachem Hilfszahn. Wirbelhöhlen ziemlich tief und zusammengepreßt. Perlmutter violett; innen heller. — Maße: Länge 43—45 mm, Höhe 37—44 mm, Dicke 25 mm.

Bemerkungen: Fast mit der Nominatform identisch, von ihr verschieden durch geringere Größe, größere Dickschaligkeit und die Farbe der Perlmutter. Nie abgebildet.

Verbreitung: Wohl nur von der Terra typica bekannt.

14. Fusconaia glandacea (LEA)

1861 *Unio glandaceus* LEA, Proc. Acad. nat. Sci. Philadelphia, **5**:59. — Terra typica: Cahawba-Fluß, Alabama.

Diagnosis: Schale leicht rautenförmig oder rhombisch-eiförmig, etwas aufgeblasen, ziemlich festschalig, ungleichseitig. Wirbel voll und hoch. Arealkante meist doppelt. Vorderende gerundet, manchmal leicht oben abgestutzt; Bauchrand gerade; hinterer Oberrand erhoben, meist einen leichten Winkel bildend. Konchinschicht gerunzelt, lohfarben, glanzlos. Hauptzähne dreieckig, stark radial gestreift. Wirbelhöhlen tief und zusammengepreßt. Perlmutter weißlich bis strohfarben. — Maße: Länge 50 mm, Höhe 38 mm, Dicke 26 mm.

Verbreitung: Alabama, in den Coosa- und Cahawba-Flüssen.

15. Fusconaia ozarkensis (CALL)

1887 *Unio ozarkensis* CALL, Proc. U.S. nation. Mus., Washington, **10**:490; Taf. 27. — Terra typica: Current-Fluß, Shannon Co., Missouri.

Diagnosis: Schale elliptisch, ziemlich festschalig, nicht aufgeblasen. Wirbel niedrig, ihre Skulptur unbekannt. Vorderende gerundet; Hinterende leicht vorgezogen, hinten gerundet oder leicht zweiwinklig, etwas unter der Mittellinie endend; Bauchrand gerundet, hinter der Mitte etwas bauchiger. Konchinschicht schmutzig gelbgrün, mit zarten, leicht gewellten Strahlen oder ganz ungestrahlt, stoffartig und glanzlos. Hauptzähne kurz und leicht zusammengepreßt; rechter Seitenzahn mit Spuren eines Hilfszahnes. Wirbelhöhlen seicht und zusammengepreßt. Perlmutter bläulich weiß oder silbrig.

Männliche Schale hinten schwach zweiwinklig, leicht rautenförmig, hinten gerundet oder kaum gewinkelt, mit einer kurzen Bucht des Bauchrandes ganz hinten. Weibliche Schale deutlicher zweiwinklig hinten, Ende des Hinterrandes höher als beim Männchen. — Maße: Länge 44 mm, Höhe 28 mm, Dicke 16 mm.

Verbreitung: Die Staaten Missouri und Arkansas.

16. **Fusconaia utterbackii** (Frierson)

1916 *Pleurobema utterbackii* Frierson in Utterback, Amer. Midland Natural., Notre Dame, **4**:86; Taf. 5, Fig. 12a, 12ab; Taf. 20, Fig. 63 A—D. — Terra typica: White River, Holluster, Missouri.

Diagnosis: Schale elliptisch, dabei etwas rautenförmig. Hinterende oben abgestutzt. Wirbel bei ¼ der Länge gelegen. Konchinschicht rauh, dunkel rötlich braun, in der Jugend zart gestrahlt. Hinterer Oberrand niedrig, etwas zweiwinklig. Wirbel mit starken Runzelfalten. Hauptzähne gerauht, rechts oft ein Hilfszahn; Seitenzähne mehr oder weniger lang; Intervall schmal. Wirbelhöhlen mittelmäßig tief. Perlmutter weiß bis rötlich. — Maße: Länge 65—68 mm, Höhe 41—42 mm, Dicke 25,5—26 mm.

Bemerkungen: Ortmann hält diese Form für eine Varietät oder ein Synonym von *Fusconaia ozarkensis* (Call).

Verbreitung: Gebiet des White River in Missouri.

17. **Fusconaia pannosa** (Simpson)

1900 *Pleurobema argenteum* var. *pannosum* Simpson, Proc. Acad. nat. Sci. Philadelphia, **1900**:82. — Terra typica: Hot Springs, Arkansas.

Diagnosis: Schale rauh und fest, Schalenfläche rauh konzentrisch skulptiert. Konchinschicht rauh, braun, glanzlos. Perlmutter vorn dick, nach hinten plötzlich dünner werdend. — Maße: Länge 75 mm, Höhe 47 mm, Dicke 26 mm.

Bemerkungen: Von dieser nie abgebildeten Form war mir kein Material zugänglich. Es bleibt daher ungewiß, ob sie — wie Simpson ursprünglich dachte — eine Lokalform von *Pleuronaia argentea* (Lea), oder — nach Frierson — eine gute Art von *Fusconaia* ist.

Verbreitung: Anscheinend nur von der Terra typica bekannt.

18. **Fusconaia subelliptica** (Simpson)

1900 *Pleurobema brevis subelliptica* Simpson, Proc. Acad. nat. Sci. Philadelphia, **1900**:80.— Terra typica: Hardy, Arkansas.

Diagnosis: Schale länger und größer als typische *brevis*; zwei Arealkanten auf der Area. — Maße: Nicht angegeben.

Bemerkungen: Ebenfalls nie abgebildet und mir unzugänglich. Von SIMPSON als Lokalform der *Pleurobema brevis* (LEA) betrachtet, nach FRIERSON eine gute Art der Gattung *Fusconaia*.

Verbreitung: Nur von der Terra typica bekannt.

Genus **Psorula** HAAS

1930 *Amblema (Psorula)* HAAS, Senckenbergiana, Frankfurt a. M., **12**:319. — Species typica: *Quadrula rudis* SIMPSON.

Diagnosis: Schale rundlich bis gerundet viereckig, bauchig bis ganz zusammengedrückt. Wirbel vorragend, mit tiefen, oft ganz zusammengepreßten Wirbelhöhlen, ihre Skulptur aus vielen, engstehenden, welligen, konzentrischen Runzeln geht in die warzig oder körnig schuppige der Schalenaußenfläche über, die sich außerdem noch meist durch den Besitz stark wulstiger Zuwachsstreifen auszeichnet; Perlmutter weiß bis violett.

Verbreitung: Mittel-Amerika.

1. **Psorula rudis** (SIMPSON)

1900 *Quadrula rudis* SIMPSON, Proc. Acad. nat. Sci. Philadelphia, **1900**:82; Taf. 3, Fig. 2. — Terra typica: Río Taxtunilha, Nebenfluß des Río de la Pasión, Guatemala.

Diagnosis: Schale verlängert, etwas rautenförmig, ziemlich aufgeblasen, vorn sehr dickschalig, hinten dünner. Arealkante scharf, gebogen, abgestumpft unten endend; oft mit Andeutungen einer inneren Arealkante. Hinterer Oberrand von den Wirbeln an ziemlich regelmäßig gekrümmt; Bauchrand hinten eingebogen; Vorderende gerundet. Wirbelgegend sehr hoch, die Wirbel sind nach innen und vorn gedreht, ihre Skulptur besteht aus knotigen, unregelmäßigen Fältchen. Lunula wohl ausgebildet, zwischen die Wirbel einschneidend. Schalenfläche mit ziemlich dichtstehenden Pusteln bedeckt, die allmählich nahe dem Schalenrande in leicht knotige, unregelmäßige Wülste übergehen. Konchinschicht braun. Links mit zwei ziemlich kräftigen, aber nicht fest begrenzten Hauptzähnen, dabei ein Hilfszahn, mit tiefer Furche zwischen vorderem und hinterem Hauptzahn; links nur ein Hauptzahn. Seitenzähne normal. Wirbelhöhlen sehr tief, leicht zusammengepreßt. Perlmutter gelblich weiß. — Maße: Länge 113 mm, Höhe 65 mm, Dicke 46 mm.

Verbreitung: Guatemala, nur von der Terra typica bekannt.

2. **Psorula quadrata** (SIMPSON)

1914 *Quadrula quadrata* SIMPSON, Descr. Cat. Naiades Pearly Freshw. Mussels: 911. — Terra typica: Usumacinta-Fluß, Guatemala.

Diagnosis: Schale unregelmäßig quadratisch, mehr oder weniger aufgeblasen, ziemlich festschalig. Wirbel entweder fast mittelständig oder nahe dem Vorderende, ziemlich hoch, aber niedergepreßt, und nach innen und vorwärts geneigt. Hinterende leicht abgestutzt; Bauchrand hinten etwas eingebuchtet. Schalenfläche mit kleinen Pusteln und unregelmäßigen, niedrigen, konzentrischen Furchen bedeckt. Konchinschicht schmutzig braun, an Stellen flaschengrün. Arealkante doppelt. Linke Klappe mit zwei starken, niedrigen, zersplitterten radialen Hauptzähnen, mit einem kleinen Hilfszahn zwischen beiden; rechte Klappe mit einem einzigen, aufgesplitterten Hauptzahn.

Seitenzähne kurz. Wirbelhöhlen tief und zusammengepreßt. Perlmutter gelblich weiß. — Maße: Länge 60—72 mm, Höhe 50—55 mm, Dicke 27—33 mm.

Verbreitung: Gebiet des Rio Usumacinta, Guatemala.

3. **Psorula profunda** (SIMPSON)

1914 *Quadrula profunda* SIMPSON, Descr. Cat. Naiades Pearly Freshw. Mussels: 907.— Terra typica: Usumacinta-Fluß, Guatemala.

Diagnosis: Schale unregelmäßig dreieckig oder rautenförmig, sehr ungleichseitig, vorn festschalig und hinten dünner, aufgeblasen, mit stark erhobener Wirbelgegend. Wirbel stark nach innen und vorn geneigt, sich nicht sehr nähernd, mit unbekannter Skulptur. Lunula groß, vorn abgestutzt, bis tief zwischen die Wirbel reichend. Arealkante geschwungen, mit Andeutungen einer inneren, und mit einer radialen Vertiefung vor ihr. Hinterrand gleichmäßig geschwungen. Vorderende etwas S-förmig geschwungen, unten gerundet, oben scharf nach den überhängenden Wirbeln zu aufgebogen; Bauchrand hinten gebogen. Schalenfläche von starken, unregelmäßigen, konzentrischen, knotigen Falten bedeckt. Konchinschicht grünlich braun. Linke Klappe mit einem langen gebogenen Hauptzahn und einem kleinen weiteren darunter; Intervall lang; Seitenzähne gebogen. Wirbelhöhlen riesig groß und nicht zusammengepreßt. Perlmutter weißlich mit rötlichem Schimmer. — Maße: Länge 63—77 mm, Höhe 50—64 mm, Dicke 43—55 mm.

Verbreitung: Nur von der Terra typica bekannt.

4. **Psorula guatemalensis** (SIMPSON)

1900 *Quadrula guatemalensis* SIMPSON, Proc. Acad. nat. Sci. Philadelphia, **1900**:83; Taf. 2, Fig. 4. — Terra typica: Usumacinta-Fluß, Guatemala.

Diagnosis: Schale unregelmäßig rautenförmig, länger als hoch, ungleichseitig, leicht zusammengepreßt, wenig festschalig. Wirbel mäßig hoch und nicht geschwollen, ihre Skulptur unbekannt. Vorderende schmal, fast eckig, vorn gerundet. Area niedrig, mit zwei Kanten; Bauchrand hinten leicht zweiwinklig. Schalenfläche mit ziemlich eng stehender, unregelmäßiger, knotiger, konzentrischer Skulptur. Konchinschicht braun, hinten heller, ungestrahlt. Hauptzähne links doppelt, etwas niedergedrückt, rechts ein einziger rauher Hauptzahn; linke Seitenzähne ungleich groß, der untere oft verkümmernd, rechts ein einziger, gekrümmter. Wirbelhöhlen nur mäßig tief. Perlmutter kupferfarben oder purpur. — Maße: Länge 45 mm, Höhe 28 mm, Dicke 14 mm.

Verbreitung: Bis jetzt nur von der Terra typica bekannt.

5. **Psorula percompressa** (MARTENS)

1887 *Unio percompressus* MARTENS, SB. Ges. naturf. Freunde Berlin, **1887**:107. — Terra typica: Guatemala, in den Usumacinta- und Salinas-Flüssen.

Diagnosis: Schale groß, unregelmäßig oder regelmäßig dreieckig, gleichseitig oder ungleichseitig, festschalig, stark zusammengepreßt. Wirbel sehr hoch, mit unbekannter Skulptur. Vorderende oben oft eingebogen und unten gerundet. Area mit gerundetem Rande; Arealkanten undeutlich doppelt. Schalenfläche mit starken, knotigen, konzentrischen Falten, die stellenweise durch

Knoten ersetzt sein können. Konchinschicht fahl bräunlich. Linke Klappe mit zwei niederen, festen, rauhen Hauptzähnen und mit zwei Seitenzähnen, deren oberer verkümmert ist; rechte Klappe mit je einem Haupt- und Seitenzahn. Intervall sehr breit und flach, unter den Wirbeln von Konchinschicht bedeckt. Wirbelhöhlen sehr tief und zusammengepreßt. Perlmutter von weißlich bis purpur schwankend. — Maße: Länge 94—110 mm, Höhe 73—96 mm, Dicke 24—28,5 mm.

6. **Psorula usumacintae** (CROSSE & FISCHER)

1892 *Unio usumacintae* CROSSE & FISCHER, J. de Conch., Paris, **40**:294. — Terra typica: Usumacinta-Fluß, Guatemala.

Diagnosis: Schale unregelmäßig dreieckig, aufgeblasen, sehr festschalig, herzförmig mit hoher Wirbelgegend. Wirbel aufwärts und vorwärts über die breite Lunula geneigt. Vorderende etwas abgestutzt oben, gerundet unten; Hinterende schief abgestutzt. Zwei Arealkanten. Wirbelskulptur besteht aus ziemlich feinen, unregelmäßigen, leicht knotigen Fältchen; diese Skulptur geht allmählich in die starke, unregelmäßige, konzentrische Skulptur der Schalenfläche über, auf der die Skulpturfalten vorn körnig und hinten leicht knotig sind; auf der Area sind radiale, leicht knotige Fältchen, und auf dem vorderen Teil der Schalenfläche sind einige wenige radiale Falten. Konchinschicht graulich oder graulich braun. Hauptzähne sehr fest, zwei links, und einer mit einem Hilfszahn rechts; Seitenzähne schwer, gekrümmt, rechts Andeutung eines Hilfszahnes. Wirbelhöhlen sehr tief und nicht zusammengepreßt. Perlmutter rosenfarben bis tief kupfrig-purpurn. — Maße: Länge 82 mm, Höhe 70 mm, Dicke 55 mm.

Verbreitung: Guatemala; südliches Mexiko.

7. **Psorula salinarum** (HAAS)

1929 *Rotundaria salinarum* HAAS, Senckenbergiana, Frankfurt a. M., **11**:339; Abb. 20, 21. — Terra typica: Río de las Salinas, Nord-Guatemala.

Diagnosis: Schale festschalig, sehr ungleichseitig, unregelmäßig dreieckig, mit zusammengedrückt herzförmigem Querschnitte. Die Wirbel liegen etwa im vorderen Viertel der Länge, sie sind hoch und überragen die Schloßgegend beträchtlich; ihre Spitzen sind nach vorn eingerollt und lassen eine breite, rautenförmige Lunula zwischen sich frei. Vorderende niedrig, kurz, halbkreisförmig gerundet; Hinterende hoch und verläuft ebenfalls in gerundeter Linie, erst, etwa bis zum Hinterende des Schloßbandes, gestreckt, dann stärker gekrümmt und schließlich steil abfallend; Bauchrand vorn leicht konvex geschwungen, nach hinten zu etwas konkav, und ganz hinten wieder nach unten abgebogen; durch seine Vereinigung mit dem steil abfallenden Hinterrande entsteht eine etwas gerundete, aber doch deutliche Abknickung. Area deutlich zusammengepreßt, mit wulstig erhabener äußerer und etwas weniger ausgeprägter innerer Arealkante; vor der äußeren Arealkante läuft fast von den Wirbeln an bis zum Bauchrande eine seichte Furche, diesen an der Stelle seiner tiefsten Einbuchtung erreichend. Wirbelskulptur nicht erkennbar, die Wirbel erscheinen durch die erwähnte Furche und die Arealkanten etwas kantig. Schalenfläche mit körnigen Schuppen bedeckt, am Unterrande mit reifenartigen, ungleich hohen Reifen und auf der Area mit quer nach hinten verlaufenden, etwas schuppigen Falten. Konchinschicht braun. Hauptzähne stark und gezähnt; Intervall glatt und breit; Seitenzähne stark und etwas gebogen. Wirbelhöhlen tief und zusammengedrückt. Perlmutter vorn dick und weiß, hinten dünner und bläulich. — Maße: Länge 76 mm, Höhe 61 mm, Dicke 37 mm.

Verbreitung: Nur von der Terra typica bekannt.

Genus **Psoronaias** Crosse & Fischer

1893 *Unio* Sectio *Psoronaias* Crosse & Fischer, Miss. sci. Mexique, **2**:556. — Species typica: *Unio psoricus* Morelet.

Diagnosis: Schale sehr veränderlich, eiförmig oder etwas dreieckig oder herzförmig oder hinten mehr oder weniger lang ausgezogen, mehr oder weniger ungleichseitig. Schalenfläche mit kleinen Knötchen besetzt, gelegentlich am Hinterende mit einigen Falten. Rechter Hauptzahn dick und gefurcht, mit einem dünnen und zusammengedrückten Hilfszahn vor ihm. Intervall schmal und gerade; Seitenzähne in schiefem Winkel zu den Hauptzähnen stehend.

Verbreitung: Mittel-Amerika.

1. **Psoronaias psorica** (Morelet)

1851 *Unio psoricus* Morelet, Test. nov. Ins. Cubae, **2**:25. — Terra typica: Río Usumacinta, Guatemala.

Diagnosis: Schale unregelmäßig dreieckig, ungleichseitig, etwas niedergedrückt, festschalig. Vorderende oben gewinkelt, dann gerundet. Wirbel ziemlich hoch, aber nicht aufgeblasen; ihre Skulptur besteht aus zarten, doppelt geschlungenen, gekörnten Fältchen. Arealkanten manchmal doppelt. Schalenfläche bis auf einen schmalen, freien Streifen am Rande, mit starken, unregelmäßigen, engstehenden Knoten bedeckt. Konchinschicht lohfarben oder grünlich, wolkig. Hauptzähne zerschlissen, rechts ein Hilfszahn; Seitenzähne geschwungen, rechts manchmal ein Hilfszahn. Wirbelhöhlen mäßig tief, zusammengepreßt. Perlmutter kupferpurpurn. — Maße: Länge 74—83 mm, Höhe 55—63 mm, Dicke 30—43 mm.

Verbreitung: Nur aus dem Rio Usumacinta in Guatemala bekannt.

2. **Psoronaias herrerae** (Marshall)

1923 *Elliptio herrerae* Marshall, Proc. U.S. nation. Mus., Washington, **63** (16):1; Taf. 1, Fig. 6—8; Taf. 2, Fig. 4—5; Taf. 3. — Terra typica: Estera del Avileno, Staat Tamaulipas, Mexiko.

Diagnosis: Schale breit elliptisch, vorn ein wenig schmäler als hinten, aufgeblasen, festschalig, mäßig schwer. Rückenrand leicht geschwungen, mit einer kleinen, langen Lunula vorn; Bauchrand gerundet. Junge Stücke zeigen auf der Schalenfläche leicht verlängerte, in Quincunx angeordnete Pusteln. Oberer Teil der Area mit einer Reihe von gekrümmten, erhabenen Linien, die aus der Wirbelgegend zum Unterrande ziehen. Konchinschicht glatt, leicht glänzend, hellgrün an den Wirbeln, dann tiefer grün und schließlich kastanienbraun, prachtvoll grün gestrahlt. Hauptzähne sehr rauh und grubig; Seitenzähne lang, etwas spatelförmig, leicht körnig. Wirbelhöhlen nicht sehr tief, wenig zusammengedrückt. Perlmutter silberweiß. — Maße: Länge 71 mm, Höhe 45 mm, Dicke 32 mm.

Verbreitung: Nur von der Terra typica bekannt.

3. Psoronaias semigranosa (von dem Busch)

3a. Psoronaias semigranosa semigranosa (von dem Busch)

1845 *Unio semigranosus* von dem Busch in Philippi, Abbild., Beschreib. Conch., 1:19; Taf. 1, Fig. 1—3. — Terra typica: Tampico, Mexiko.

Diagnosis: Schale etwa dreieckig, etwas zusammengepreßt, ziemlich festschalig. Wirbelgegend vorragend. Wirbel niedrig und niedergedrückt; ihre Skulptur besteht aus unregelmäßigen, leicht knotigen Fältchen. Bauchrand gerade oder leicht gebogen; Hinterrand fast gleichmäßig bis zum Unterrande gebogen, manchmal aber hinten doppelt gewinkelt. Schalenfläche fast ganz mit engstehenden, kleinen Höckerchen besetzt, besonders auf der Area. Konchinschicht gelblich braun. Hauptzähne zerschlissen, etwas zusammengepreßt, rechts ein Hilfszahn; Intervall sehr schmal; Seitenzähne weit hinten, rechts oft ein Hilfszahn. Wirbelhöhlen zusammengedrückt, mäßig tief. Perlmutter kupferfarben. — Maße: Länge 110 mm, Höhe 65 mm, Dicke 32 mm.

Verbreitung: Vera Cruz bis Tampico, Mexiko.

3b. Psoronaias semigranosa corium (Reeve)

1864 *Unio corium* Reeve, Conch. Icon., **16**: Taf. 10, Fig. 39. — Terra typica: Staat Chiapas, Mexiko.

Diagnosis: Schalenumriß hinten etwas geschnäbelt; Wirbel voll und hoch. Sonst ganz mit der Nominatform übereinstimmend. — Maße: Länge 98 mm, Höhe 64 mm.

Bemerkungen: Diese Form ist nur in der ursprünglichen Abbildung bei Reeve bekannt. Simpson und Frierson betrachten sie als Art oder Unterart; mir scheint sie nur ein ganz altes, ausgewachsenes Stück von *semigranosa* darzustellen.

Verbreitung: Nur von der Terra typica bekannt.

4. Psoronaias testudinea (Morelet)

1849 *Unio testudineus* Morelet, Test. nov. ins. Cubanae, 1:28. — Terra typica: Río Usumacinta, Guatemala.

Diagnosis: Schale fast gleichseitig, dreieckig elliptisch, zusammengepreßt, festschalig. Vorderende oben schief, abgestutzt; Bauchrand gekrümmt. Wirbel ziemlich hoch, ihre Skulptur unbekannt. Area niedrig, angedeutet zweiwinklig. Schalenfläche gänzlich mit Knoten bedeckt. Konchinschicht olivengrün. Hauptzähne zerrissen, rechts ein Hilfszahn; Seitenzähne normal. Perlmutter kupferpurpurn. — Maße: Länge 91 mm, Höhe 70 mm, Dicke 34 mm.

Verbreitung: Usumacinta-Fluß, Guatemala.

5. Psoronaias crocodilorum (Morelet)

1849 *Unio crocodilorum* Morelet, Test. nov. ins. Cubanae, 1:28. — Terra typica: Río Usumacinta, Guatemala.

1894 *Unio crocodilorum* var. *semipustulata* FISCHER & CROSSE, Miss. sci. Mexique, Moll., 2:578; Taf. 60, Fig. 4. — Terra typica: Nicht genannt, aber wohl die der Nominatform.

1894 *Unio crocodilorum* var. *praestricta* FISCHER & CROSSE, Miss. sci. Mexique, Moll., 2:578; Taf. 60, Fig. 5. — Terra typica: Nicht genannt, sicher die der Nominatform.

Diagnosis: Schale fest, aufgeblasen, unregelmäßig elliptisch oder eiförmig, Rückenrand stärker gekrümmt als der Bauchrand. Wirbel voll und hoch, mit einer Skulptur aus gerunzelten, leicht knotigen Fältchen. Arealkanten oft mit angedeuteter innerer Kante; die äußere endet in abgestumpfter Spitze oder leichter Zweiwinklung am hinteren Bauchrande. Schalenfläche bedeckt mit engestehenden, radialen, leicht knotigen Falten, die oft zu Pusteln anschwellen oder ganz flach werden; der Schalenrand ist frei von ihnen. Konchinschicht grünlich in der Jugend, über bräunlich im Alter schwarz werdend. Hauptzähne radial, zerrissen, rechts oft Andeutung eines Hilfszahnes. Seitenzähne weit hinten, rechts oft ein Hilfszahn. Wirbelhöhlen tief. Perlmutter weiß bis kupferpurpurn. — Maße: Länge 90 mm, Höhe 55 mm, Dicke 41 mm.

Verbreitung: Usumacinta-Fluß, Guatemala.

6. Psoronaias morini (MORELET)

1851 *Unio morini* MORELET, Test. nov. ins. Cubanae, 2:24. — Terra typica: Río Usumacinta, Guatemala.

Diagnosis: Schale sehr ungleichseitig, lang und unregelmäßig rautenförmig, zusammengepreßt, festschalig. Wirbel ziemlich voll, ihre Skulptur unbekannt. Area mit deutlich zwei Arealkanten. Schalenfläche mit ausgesprochen konzentrischen Fältchen besetzt, die mit kleinen Knötchen oder Pustelchen versehen sind; sie sind in strahlenförmigen Reihen angeordnet, die auf der Area vergabelt sind. Konchinschicht braun. Hauptzähne rechts vorn zweispaltig, der hintere klein und schief; links ein zweigespaltener Hauptzahn. Seitenzähne normal. Perlmutter weiß mit bläulichem oder rötlichem Schimmer. — Maße: Länge 75 mm, Höhe 47 mm, Dicke 28 mm.

Verbreitung: Usumacinta-Fluß, Guatemala.

7. Psoronaias ostreata (MORELET)

1849 *Unio ostreatus* MORELET, Test. nov. ins. Cubanae, 1:29. — Terra typica: Guatemala.

Diagnosis: Schale etwa dreieckig, wenig oder fast gar nicht ungleichseitig, etwas aufgeblasen, vorn festschalig, hinten dünner. Wirbelgegend sehr hoch, Wirbel nach innen und vorn gedreht; Wirbelskulptur besteht aus zarten, leicht doppelt geschlungenen Fältchen. Area mit zwei Arealkanten, die äußere stark und eckig. Bauchrand gerundet, in alten Stücken eingebuchtet. Schalenfläche mit ziemlich starken, unregelmäßigen, konzentrischen Falten, die gewöhnlich ganz knotig sind. Konchinschicht hellbraun in jungen, dunkelbraun in alten Stücken. Hauptzähne hoch, etwas zusammengepreßt, links der vordere etwas größer als der hintere; Seitenzähne fast gerade, rechts zur Verdoppelung geneigt. Wirbelhöhlen tief und zusammengepreßt. Perlmutter hell purpur bis tief kupferfarben. — Maße: Länge 68—90 mm, Höhe 63—73 mm, Dicke 37—48 mm.

Verbreitung: Guatemala und Süd-Mexiko.

8. Psoronaias kuxensis Frierson

1917 *Psoronaias kuxensis* Frierson, Nautilus, Philadelphia u. Boston, **31**:48; Taf. 7, Fig. 1—2. — Terra typica: Kux Creek, Chama, Guatemala.

Diagnosis: Schale etwas vorgezogen gerundet vorn, Rückenrand leicht geschwungen, hinter dem Schloßband zum breit doppelwinkligen Hinterende absteigend; Bauchrand fast gerade. Wirbel klein und niedrig, aber spitz, einander sehr nahe; ihre Skulptur scheint konzentrisch zu sein. Konchinschicht heller (bei jungen) oder dunkler braun. Schalenfläche bedeckt mit feinen Pusteln, vorn am meisten, die sich hinten in radialen Streifen anordnen. Area niedrig, mit zwei Arealkanten. Hauptzähne tief gefurcht und massig; Seitenzähne leicht gebogen oder fast gerade. Perlmutter purpurn. Wirbelhöhlen ziemlich tief. — Maße: Länge 50 mm, Höhe 30 mm, Dicke 17 mm.

Verbreitung: Gebiet des Isaibha-Flusses, Guatemala.

9. Psoronaias distincta (Crosse & Fischer)

1893 *Unio distinctus* Crosse & Fischer, J. de Conch., Paris, **41**:110. — Terra typica: Cosamalcapam-Fluß, Vera Cruz, Mexiko.

Diagnosis: Schale ungleichseitig, quer oval, leicht aufgeblasen, hinten etwas geschnäbelt, dickschalig und schwer; Vorderende undeutlich gewinkelt; Hinterende etwas abgestutzt; Rückenrand gleichmäßig geschwungen; Bauchrand gebogen, leicht eingebuchtet. Wirbel kaum vorragend. Schalenfläche mit feinen, radialen Falten, außer in der Wirbelgegend. Konchinschicht olivenbraun. Hauptzähne kurz, massig, rechts ein Hilfszahn; Intervalle mäßig lang; Seitenzähne im Winkel zum Intervall stehend, nicht sehr lang. — Maße: Länge 79 mm, Höhe 50 mm, Dicke 33 mm.

Verbreitung: Staat Vera Cruz, Mexiko.

10. Psoronaias martensi Frierson

1900 *Unio psoricus* — Martens (non Morelet), Biol. Centr. Amer., Moll.: 494; Taf. 31, Fig. 1, 1a, 2. — Terra typica: Usumacinta-Fluß, Guatemala.

1927 *Psoronaias martensi* Frierson, Class. annot. Check List North Amer. Naiades: 64. — (Nomen novum pro *Unio psoricus* Martens non Morelet.)

Diagnosis: Ähnlich *Psoronaias semigranosa*, von ihr verschieden durch stärkere Aufgeblasenheit der Schale und stärkere Abbiegung des Hinterendes.— Maße: Länge 67—78 mm, Höhe 53 mm, Dicke ? mm.

Bemerkungen: Da ich kein Material dieser Form zur Verfügung hatte, folge ich Frierson und behandle sie als eigene Art, doch kann ich diese Lösung nicht als endgültig ansehen und glaube, daß *P. martensi* sich schließlich als Altersform von *P. semigranosa psorica* herausstellen wird.

Verbreitung: Nur aus dem Usumacinta-Fluß (Guatemala) bekannt.

Subfam. Anodontinae

1912 Unionidae, Unterfamilie Anodontinae Ortmann, Nautilus, Philadelphia u. Boston, **25**:21.

Diagnosis: Schale wenig fest oder sogar dünn, von verschiedener Gestalt. Schloß entweder gänzlich zahnlos oder mit hinteren Schloßelementen, die denen der bisher behandelten Unterfamilien nicht homolog sind; sie liegen nicht auf der Schloßplatte, die überhaupt nicht ausgebildet ist, sondern unmittelbar auf dem Rückenrand der Schale, und sie bleiben ziemlich kurz. Im Gegensatz zu den Seitenzähnen oder Lamellen hat man sie Claustra genannt. Die Wirbelskulptur der Anodontinen besteht aus konzentrischen, feinen oder stärkeren Fältchen, die wellenartig gekrümmt sind.

Das Marsupium der Anodontinen ist kissenartig und erfüllt die gesamten äußeren Kiemen; die voll entwickelten Glochidien werden über den Winter in den Marsupien gehalten; zur besseren Versorgung mit Sauerstoff sowohl für die Glochidien wie auch die Muttertiere haben sich sekundäre Tuben, die sogenannten ORTMANN'schen Wasserröhren, in den Kiemen gebildet.

Verbreitung: Die Nord-Kontinente.

Bestimmungsschlüssel zu den Gattungen

1 Mehr oder weniger aufgeblasen, meist völlig zahnlos, Wirbelskulptur besteht aus zahlreichen, mehr oder minder parallelen Falten, die gewöhnlich doppeltschlingig sind und hinten manchmal Knoten tragen . . . . ***Anodonta,*** S. 327

1′ Aufgeblasen, aber Wirbelskulptur anders 2

2 Wenig verlängert. Wirbelskulptur aus wenigen, zickzackförmigen Runzeln bestehend, die hinten in gewinkelte Falten übergehen . . . . . ***Simpsonella,*** S. 383

2′ Stärker verlängert 3

3 Wirbelskulptur aus schnurartigen Falten bestehend. Schloß mit Claustren . . . ***Lepidodesma,*** S. 385

3′ Wirbelskulptur anders beschaffen 4

4 Wirbelskulptur zuerst aus zarten, zweischlingigen Falten, dann aus groben, konzentrischen Wülsten bestehend. Claustren vorhanden. . . . . . ***Cristaria,*** S. 386

4′ Schloß ohne Claustren 5

5 Schale niedrig, zusammengepreßt, Wirbelskulptur aus 3—5 Graten bestehend. Ohne Claustren . . . . ***Pseudanodonta,*** S. 377

5′ Wirbelskulptur anders beschaffen 6

6 Schale niedrig, zusammengepreßt. Wirbelskulptur aus groben, konzentrischen, unregelmäßigen oft zweischlingigen Wellenrunzeln bestehend ***Pilsbryoconcha,*** S. 381

6′ Schale weniger niedrig und höher 7

7 Schloßlinie vor den Wirbeln leicht eingebuchtet. Gelegentlich mit schwachen Andeutungen von Claustren . . . . ***Anodontoides,*** S. 370

7′ Ein sehr schwaches vorderes Claustrum vorhanden, selten auch ein hinteres ***Strophitus,*** S. 372

Genus **Anodonta** LAMARCK

1797 *Glochidium* RATHKE, Skr. naturhist. Selsk., København, **4**:139. — Species typica: *Mytilus anatinus* LINNAEUS. — (Nomen reiectum = Opinion 561, 1959.)

1799 *Anodonta* LAMARCK, Mém. Soc. Hist. nat. Paris, **1**:87. — Species typica: *Mytilus cygneus* LINNAEUS.

1815 *Anodon* OKEN, Lehrb. Naturgesch., **3** (Zool., Abth. 1): 238. — Species typica: *Mytilus cygneus* LINNAEUS.

1817 *Anodontes* CUVIER, Règne Animal, **2**:472. — Species typica: *Mytilus cygneus* LINNAEUS.

1823 *Anodonte* FISCHER VON WALDHEIM, Mém. Soc. imp. nat. Moscou, **6**:230. — Species typica: *Mytilus cygneus* LINNAEUS.

1880 *Colletopterum* BOURGUIGNAT, Matér. Moll. Acéph. syst. Europ.: 73. — Species typica: *Colletopterum letourneuxi* BOURGUIGNAT.

1886 *Anodonta (Pteranodon)* FISCHER, Man. Conch.:1003. — Species typica: *Symphinota magnifica* LEA.

1927 *Utterbachia* F. C. BAKER, Amer. Midland Natural., Notre Dame, **10**:221. — Species typica: *Anodonta imbecillis* SAY.
1928 *Utterbackia* F. C. BAKER, Bull. Wisconsin Geol. nat. Hist. Survey, **70** (2): 170. — (Nomen substitutum pro *Utterbachia* BAKER 1927.)
1939 *Anodonta* Sectio *Euphrata* PALLARY, Mém. Inst. Egypte, **39**:121. — Species typica: *Anodonta vescoiana* BOURGUIGNAT.

Diagnosis: Schale unregelmäßig elliptisch bis dreieckig, dünn, flach bis aufgeblasen, hinten manchmal geflügelt. Wirbelskulptur aus mehr oder weniger gleichlaufenden, oft doppelt geschlungenen Graten bestehend, die auf den Schlingen kleine Knötchen tragen können. Schalenfläche glatt, Konchinschicht glänzend. Schloß zahnlos. Schloßlinie eine schmale Linie darstellend.

Verbreitung: Palärktische und nearktische Gebiete.

Bestimmungsschlüssel zu den Untergattungen

1	Glochidium ohne Haken und Larvenfaden	*Anemina*, S. 359
1′	Glochidium mit Haken und Larvenfaden	2
2	Schale mit angedeutetem Hauptzahn und mit Claustren	*Liouvillea*, S. 358
2′	Schale vollkommen zahnlos	3
3	Schloßlinie kurz, von Konchinschicht bedeckt	*Gabillotia*, S. 363
3′	Schloßlinie länger, ohne Konchinschicht	4
4	Hinterer Oberrand ansteigend	*Brachyanodon*, S. 361
4′	Hinterer Oberrand nicht ansteigend	5
5	Hinterende etwas geflügelt	*Mesanodon*, S. 362
5′	Hinterende nicht geflügelt	6
6	Schale verlängert elliptisch	*Arnoldina*, S. 357
6′	Schale nicht verlängert elliptisch	7
7	Schale fast scheibenförmig, zusammengepreßt	*Nayadina*, S. 359
7′	Schale nicht scheibenförmig	8
8	Schale rundlich eiförmig, nur wenig ungleichseitig	*Pyganodon*, S. 363
8′	Schale mehr oder weniger dreieckig, deutlich ungleichseitig	*Anodonta*, S. 328

Bemerkungen: Die Anerkennung der oben angeführten Untergattungen von *Anodonta* dürfte zweifelhaft sein. Während einige Subgenera, wie *Gabillotia* und *Nayadina*, eine gewisse Berechtigung besitzen mögen, dürften die anderen lediglich auf Merkmalen aufgebaut sein, die im besten Falle zur Abtrennung von Artengruppen befähigen.

Subgenus **Anodonta** s. str.

Diagnosis: Schale sehr ungleichseitig, unregelmäßig dreieckig, dünnschalig, wenig bis stark aufgeblasen; äußerst formveränderlich. Flußphasen mittelgroß und mäßig aufgeblasen, Bachphasen klein, dünnschalig und wenig aufgeblasen, Teich- oder Sumpfphasen groß, oft sehr stark aufgeblasen. Seephasen meist nicht sehr groß, ziemlich dünnschalig, unter Umständen mit Bildung von Claustren und von hinterer Symphynotie, darin also *Cristaria*-artige Verhältnisse aufweisend. Der Unterschied aber besteht darin, daß die genannten lakustrinen Umbildungen bei *Anodonta* umweltsbedingt und phänotypisch, bei *Cristaria* aber ererbt und genotypisch sind.

Verbreitung: Die der gesamten Gattung.

1. **Anodonta (Anodonta) cygnea** (LINNEAEUS)

Vorbemerkung: Als eine maßlos formveränderliche Art hat *cygnea* eine größere Anzahl von Synonymen erhalten als wohl irgend eine andere Tierart, nämlich mehr als 100! Es kann nicht in der Absicht des **Tierreich** liegen, alle diese vielen Synonyma von *cygnea* hier aufzuzählen. Es seien also an dieser Stelle hier nur die ältesten und wichtigsten Synonyme angeführt, und für die übrigen, bis zum Jahre 1890, auf C. A. WESTERLUND (Fauna der in der paläarktischen Region lebenden Binnenconchylien, Teil 7, 1890) hingewiesen, in dem die bis dahin beschriebenen Synonyme von *Anodonta cygnea* alle (gegen 300) aufgezählt und pseudo-kritisch behandelt sind. Die verhältnismäßig wenigen, nach 1890 veröffentlichten Synonyme seien hier genannt.

Bemerkung der Herausgeber: Es erschien uns erwünscht, daß die Superfamilie der Unionacea möglichst umfassend dargestellt wird. Da auch bei WESTERLUND (1890) nicht alle Taxa erwähnt sind, die nach der Auffassung des Autors zu der Art *Anodonta cygnea* (LINNAEUS) gestellt werden müssen, im besonderen die meisten der 1890 beschriebenen „Arten" dort noch fehlen, hat Herr Dr. A. ZILCH liebenswürdigerweise nachträglich versucht, diese Lücke bis einschließlich 1890 zu schließen, wofür wir ihm herzlich danken. In allen Fällen, in denen bei der Originalbeschreibung mehrere Fundorte genannt sind, ist bei der jeweiligen Terra typica nur das Heimatland in [] angegeben. Die Festlegung eines „typischen Fundortes" kann nur im Zusammenhang mit einer kritischen Revision des Originalmaterials erfolgen.

1758 *Mytilus cygneus* LINNAEUS, Syst. Nat., 10. Ausg.: 706, Nr. 218. — Terra typica: Europa, in Flußmündungen.

1758 *Mytilus anatinus* LINNAEUS, Syst. Nat., 10. Ausg.: 706, Nr. 219. — Terra typica: Europa, in süßen Gewässern.

1774 *Mytilus radiatus* MÜLLER, Verm. terr. fluv. Hist., (2):209. — Terra typica: unbekannt.

1779 *Musculus maxima* SCHRÖTER, Gesch. Flußconch.: 159; Taf. 1, Fig. 1. — Terra typica: Schwansee bei Eisenach, Deutschland.

1779 *Mya arenaria* — SCHRÖTER (non LINNAEUS 1758), Gesch. Flußconch.: 165; Taf. 2, Fig. 1. — (Stadtgraben der Stadt Zelle, Deutschland.)

1791 *Mytilus zellensis* GMELIN in LINNAEUS, Syst. Nat., 13. Ausg.: 3362. — Terra typica: Gräben der (ehemaligen) Festung Celle, Niedersachsen, Deutschland.

1803 *Mytilus avonensis* MONTAGU, Test. Brit.: 172. — Terra typica: Fluß Avon bei Lackham, Wiltshire, England.

1819 *Anodonta sulcata* LAMARCK, Anim. sans Vert., **6** (1):85. — Terra typica: Ladoga-See.

1819 *Anodonta intermedia* LAMARCK, Anim. sans Vert., **6** (1):86. — Terra typica: In der Loire bei Tours, Frankreich.

1821 *Mytilus incrassatus* SHEPPARD, Trans. linn. Soc. London, **13** (1):85; Taf. 5, Fig. 4. — Terra typica: Fluß Trent bei Holme, unweit Newark, Grafschaft Nottingham, England.

1821 *Mytilus macula* SHEPPARD, Trans. linn. Soc. London, **13** (1):86; Taf. 5, Fig. 6. — Terra typica: Campsey Ash, England.

1822 *Anodon paludosus* TURTON, Conchyl. Insul. Brit.: 240; Taf. 15, Fig. 6. — Terra typica: Great Bog of Allen, Irland.

1823 *Anodonta piscinalis* NILSSON, Hist. Moll. Sueciae terr. fluv.: 116. — Terra typica: Gräben und Teiche in Schonen, Schweden.

1825 *Anodonta ventricosa* C. PFEIFFER, Naturgesch. dtsch. Land- Süßw. Moll. **2**:30; Taf. 3, Fig. 1—6. — Terra typica: In der Nähe von Kassel, Deutschland.

1825 *Anodonta ponderosa* C. PFEIFFER, Naturgesch. dtsch. Land- Süßw. Moll., 2:31; Taf. 4, Fig. 1—6. — Terra typica: Ausfluß des Radsieker Teiches in den Wörntebach, Gegend von Pyrmont, Deutschland.

1833 *Anodonta minima* MILLET, Mém. Soc. Agric. Sci. Angers, 1 (3):241; Taf. 12, Fig. 2. — Terra typica: Gewässer zur Oudon bei Segré, Maine-et-Loire, Frankreich.

1833 *Anodonta oblonga* MILLET, Mém. Soc. Agric. Sci. Angers, 1 (3):242; Taf. 12, Fig. 1. — Terra typica: Gewässer im Dep. Maine-et-Loire, Frankreich.

1836 *Anodonta rostrata* ROSSMÄSSLER, Iconogr. Land- Süßw. Moll., (1) 1 (4):25; Taf. 20, Fig. 284. — Terra typica: Wörther See bei Klagenfurt, Kärnten, Österreich.

1837 *Anodonta luxata* HELD, Isis (OKEN), 1837 (4):305. — Terra typica: Bei Passau, Niederbayern, Deutschland.

1838 *Anodonta exulcerata* (VILLA) PORRO, Malac. Prov. Comasca: 111; Taf. 2, Fig. 12. — Terra typica: See Oggione, Italien.

1839 *Anodonta cellensis solearis* HELD in KÜSTER, Conch. Cab., IX (1) *Anodonta*: 25. — Terra typica: Bei Landshut, Bayern, Deutschland.

1839 *Anodonta cellensis orata* (err. typ. pro *ovata*) HELD in KÜSTER, Conch. Cab., IX (1) *Anodonta*: 25. — Terra typica: [Deutschland].

1839 *Anodonta callosa* HELD in KÜSTER, Conch. Cab., IX (1) *Anodonta*: 36; Taf. 9, Fig. 1. — Terra typica: Chiemsee in Oberbayern, Deutschland.

1842 *Anodonta inornata* KÜSTER, Conch. Cab., IX (1) *Anodonta*: 42; Taf. 3, Fig. 6. — Terra typica: Regnitz bei Erlangen, Deutschland.

1842 *Anodonta cariosa* KÜSTER, Conch. Cab., IX (1) *Anodonta*: 43; Taf. 4, Fig. 3; Taf. 5, Fig. 1; Taf. 10, Fig. 1—2. — Terra typica: Bei Erlangen, Bayern, Deutschland.

1842 *Anodonta arealis* KÜSTER, Conch. Cab., IX (1) *Anodonta*: 47; Taf. 9, Fig. 2—4. — Terra typica: Murten-See bei Faouy, Kanton Waadt, Schweiz.

1842 *Anodonta tumida* KÜSTER, Conch. Cab., IX (1) *Anodonta*: 48; Taf. 12, Fig. 1—2. — Terra typica: Genfer-See, zwischen Lausanne und Morges, Schweiz.

1842 *Anodonta charpentierii* KÜSTER, Conch. Cab., IX (1) *Anodonta*: 49; Taf. 11, Fig. 3—4. — Terra typica: Murten-See bei Faouy, Kanton Waadt, Schweiz.

1842 *Anodonta subluxata* KÜSTER, Conch. Cab., IX (1) *Anodonta*: 52; Taf. 13, Fig. 1—3. — Terra typica: Fluß Altmühl, Bayern, Deutschland.

1842 *Anodonta sondermannii* KÜSTER, Conch. Cab., IX (1) *Anodonta*: 54; Taf. 13, Fig. 4. — Terra typica: Donau bei Regensburg, Bayern, Deutschland.

1842 *Anodonta anserirostris* KÜSTER, Conch. Cab., IX (1) *Anodonta*: 55; Taf. 10, Fig. 3; Taf. 11, Fig. 1—2. — Terra typica: Fluß Altmühl, Bayern, Deutschland.

1842 *Anodonta opalina* KÜSTER, Conch. Cab., IX (1) *Anodonta*: 60; Taf. 16, Fig. 1—2. — Terra typica: Weiher bei Erlangen, Bayern, Deutschland.

1842 *Anodonta nilssonii* KÜSTER, Conch. Cab., IX (1) *Anodonta*: 61; Taf. 17, Fig. 3—4; Taf. 18, Fig. 2. — Terra typica: Regnitz bei Erlangen, Bayern, Deutschland.

1842 *Anodonta tenella* (HELD) KÜSTER, Conch. Cab., IX (1) *Anodonta*: 63; Taf. 9, Fig. 5. — Terra typica: Bei Wasserburg, Bayern, Deutschland.

1843 *Anodonta rossmassleriana* DUPUY, Essai Moll. dépt. Gers: 74. — Terra typica: [Frankreich].

1844 *Anodonta coarctata* POTIEZ & MICHAUD, Gal. Moll. Douai, 2:142; Taf. 55, Fig. 2. — Terra typica: Franche-Comté, Frankreich.

1845 *Anodonta regularis* MORELET, Descr. Moll. Portugal: 100; Taf. 10. — Terra typica: Fluß Taméga bei Chavès, Portugal.

1845 *Anodonta macilenta* MORELET, Descr. Moll. Portugal: 102; Taf. 11. — Terra typica: Sümpfe des Mondégo, Valla da Géria bei Coimbra, Portugal.

1845 *Anodonta lusitana* MORELET, Descr. Moll. Portugal: 102; Taf. 12, Fig. 1. — Terra typica: Zwischen Mertola und Castro-Verde, Portugal.

1845 *Anodonta ranarum* MORELET, Descr. Moll. Portugal: 104; Taf. 12, Fig. 2. — Terra typica: Zwischen Mertola und Castro-Verde, Portugal.

1848 *Anodonta sedakowi* SIEMASCHKO, Bull. Acad. imp. Sci. St. Pétersb., 7:236. — Terra typica: Im See Gussinoje osero bei Werkhendinsk, Rußland.

1848 *Anodonta milletii* Ray & Drouet, Rev. Zool., **11**:255; Taf. 1, Fig. 1. — Terra typica: Montabert bei Troyes, Aube, Frankreich.
1849 *Anodonta rayii* Dupuy, Cat. extramar. Galliae Test.: 3 Nr. 25. — Terra typica: Fluß Troude-Gaudret bei Troyes, Aube, Frankreich.
1849 *Anodonta rostrata* Dupuy, Cat. extramar. Galliae Test.: Nr. 27. — Terra typica: [Frankreich].
1849 *Anodonta subponderosa* Dupuy, Cat. extramar. Galliae Test.: Nr. 29. — Terra typica: Bassins du Capitany bei Monferrant, Gers, Frankreich.
1849 *Anodonta dupuyi* Ray & Drouet, Rev. Mag. Zool., (2) **1**:32; Taf. 1—2. — Terra typica: [Frankreich].
1851 *Anodonta idrina* Spinelli, Cat. Moll. terr. fluv. Prov. Brescia: 19; Taf. 1, Fig. 5—6.— Terra typica: Idro-See, Italien.
1852 *Anodonta arelatensis* (Jacquemin) Dupuy, Hist. nat. Moll. France: 611; Taf. 19, Fig. 14. — Terra typica: Bei Arles, Frankreich.
1852 *Anodonta scaldiana* Dupuy, Hist. nat. Moll. France: 613; Taf. 19, Fig. 12. — Terra typica: L'Escaut bei Valenciennes, Frankreich.
1852 *Anodonta moulinsiana* Dupuy, Hist. nat. Moll. France: 616; Taf. 20, Fig. 19. — Terra typica: Dans les Landes, Frankreich.
1852 *Anodonta parvula* Drouet, Etudes Nayades de la France: 9; Taf. 4, Fig. 2. — Terra typica: Fluß Ourse bei Bar-sur-Seine, Frankreich.
1852 *Anodonta grossa* (Ziegler) Gallenstein, Jb. naturh. Landesmus. Kärnten, **1**:122 (sep. 66). — Terra typica: Teiche bei Krumpendorf, Kärnten, Österreich.
1852 *Anodonta assimilis* (Ziegler) Gallenstein, Jb. naturh. Landesmus. Kärnten, **1**:122 (sep. 66). — Terra typica: Teiche bei Krumpendorf, Kärnten, Österreich.
1852 *Anodonta fuscata* (Ziegler) Gallenstein, Jb. naturh. Landesmus. Kärnten, **1**:123 (sep. 67). — Terra typica: Fischteiche bei Moosburg, Kärnten, Österreich.
1852 *Anodonta vetula* (Ziegler) Gallenstein, Jb. naturh. Landesmus. Kärnten, **1**:124 (sep. 68). — Terra typica: Teiche bei Moosburg, Kärnten, Österreich.
1852 *Anodonta deplanata* (Ziegler) Gallenstein, Jb. naturh. Landesmus. Kärnten, **1**:124 (sep. 68). — Terra typica: Teiche bei Moosburg, Kärnten, Österreich.
1852 *Anodonta latissima* (Kokeil) Gallenstein, Jb. naturh. Landesmus. Kärnten, **1**:125 (sep. 69). — Terra typica: Lendkanal bei Klagenfurt, Kärnten, Österreich.
1852 *Anodonta platyrhincha* (Kokeil) Gallenstein, Jb. naturh. Landesmus. Kärnten, **1**:125 (sep. 69). — Terra typica: Südliches Ende des Wörthsees, Kärnten, Österreich.
1853 *Anodonta cellensis inflata* Rossmässler, Z. Malak., Kassel, **10**:15. — Terra typica: Platschütz bei Altenburg, Deutschland.
1859 *Anodonta cygnea cordata* Rossmässler, Iconogr. Land- Süßw. Moll., (1) **3** (5/6):136 Nr. 970—971; Taf. 88, Fig. 968a; Taf. 89, Fig. 968. — Terra typica: Platschütz bei Altenburg, Deutschland.
1859 *Anodonta leprosa benacensis* (Villa) Gredler, Verh. zool.-bot. Ges. Wien, **9** Abh.: 260. — Terra typica: Gardasee bei Sirmione, Italien.
1859 *Anodonta leprosa debettana* (Martinati) Gredler, Verh. zool.-bot. Ges. Wien, **9** Abh.: 261; Taf., Fig. 2a—c. — Terra typica: Loppio-See, Italien.
1859 *Anodonta atrovirens* (Shuttleworth) Stabile, Atti Soc. geol. Milano, **1** (3): (sep. 60 Nr. 43). — Terra typica: See von Muzzano, Italien.
1859 *Anodonta atrovirens normalis* Stabile, Atti Soc. geol. Milano, **1** (3): (sep. 47, 61 Nr. 44). — Terra typica: See von Muzzano, Italien.
1859 *Anodonta atrovirens attenuata* Stabile, Atti Soc. geol. Milano, **1** (3): (sep. 47, 61 Nr. 45). — Terra typica: See von Muzzano, Italien.
1859 *Anodonta piscinalis anatinella* Stabile, Atti Soc. geol. Milano, **1** (3): (sep. 47, 61 Nr. 46). — Terra typica: See Ceresio, Italien.
1859 *Anodonta rostrata contracta* Stabile, Atti Soc. geol. Milano, **1** (3): (sep. 47, 61 Nr. 47). — Terra typica: See Ceresio, Italien.

1859 *Anodonta avonensis kickxii* Colbeau, Matér. Faune malacol. Belg., (I): 12. — Terra typica: See des Parks bei Louvain, Belgien.

1861 *Anodonta gougetana* Ogérien, Rev. Mag. Zool., Paris (2) **13**: 115; Taf. 3. — Terra typica: Kanäle der Saline von Montmorat, Jura, Frankreich.

1862 *Anodonta psammita* Bourguignat, Malacol. Lac Quatre-Cantons: 58; Taf. 4, Fig. 1—3. — Terra typica: Vierwaldstädter See bei Bergischwyl, Schweiz.

1862 *Anodonta helvetica* Bourguignat, Malacol. Lac Quatre-Cantons: 59; Taf. 3, Fig. 1—2. — Terra typica: Im Roth-See bei Luzern, Schweiz.

1864 *Anodonta cygnea lingua* (Yoldi) Moerch, Syn. Moll. terr. fluv. Daniae: 83. — Terra typica: Kraessmose, Bornholm, Dänemark.

1864 *Anodonta cygnea lirata* Moerch, Syn. Moll. terr. fluv. Daniae: 83. — Terra typica: Lille Kjöbelöv, Lolland, Dänemark.

1864 *Anodonta cygnea lyngbyana* Moerch, Syn. Moll. terr. fluv. Daniae: 84. — Terra typica: Sorgenfri, Dänemark.

1864 *Anodonta cygnea forchhammeri* Moerch, Syn. Moll. terr. fluv. Daniae: 84. — Terra typica: Dam ved Donse, Dänemark.

1865 *Anodonta melinia* Bourguignat, Moll. nouv. litig., (5): 154; Taf. 28, Fig. 1—5. — Terra typica: Albufera bei Valencia, Spanien.

1866 *Anodonta elachista* Bourguignat, Moll. nouv. litig., (6): 197; Taf. 31, Fig. 12—14. — Terra typica: Bei Arles, Frankreich.

1867 *Anodonta cygnea rostrata* Brot, Etude Fam. Nayades Bassin du Léman: 30; Taf. 2, Fig. 1—2. — Terra typica: Genfer See bei Villeneuve, Schweiz.

1867 *Anodonta cellensis dilatata* Brot, Etude Fam. Nayades Bassin du Léman: 37; Taf. 6, Fig. 4. — Terra typica: Sümpfe der Rhône von Villeneuve bis St. Maurice, Schweiz.

1867 *Anodonta cellensis rostrata* Brot, Etude Fam. Nayades Bassin du Léman: 37; Taf. 4, Fig. 1. — Terra typica: See in der Campagne de l'Elysée bei Céligny, Schweiz.

1867 *Anodonta anatina rostrata* Brot, Etude Fam. Nayades Bassin du Léman: 40; Taf. 7, Fig. 2. — Terra typica: Genfer See bei Genf, Schweiz.

1867 *Anodonta anatina abbreviata* Brot, Etude Fam. Nayades Bassin du Léman: 41; Taf. 6, Fig. 2. — Terra typica: Pâquis bei Genf, Schweiz.

1867 *Anodonta anatina major* Brot, Etude Fam. Nayades Bassin du Léman: 42; Taf. 7, Fig. 1; Taf. 6, Fig. 3. — Terra typica: Genfer See bei Pâquis beim Einfluß des Fossé vert, Schweiz.

1867 *Anodonta anatina elongata* Brot, Etude Fam. Nayades Bassin du Léman: 43; Taf. 6, Fig. 1. — Terra typica: Stadtgräben in Genf, Schweiz.

1867 *Anodonta pictetiana* (Mortillet) Brot, Etude Fam. Nayades Bassin du Léman: 45; Taf. 8, Fig. 1. — Terra typica: Genfer See bei Villeneuve, Schweiz.

1867 *Anodonta pictetiana rostrata* Brot, Etude Fam. Nayades Bassin du Léman: 46; Taf. 8, Fig. 2. — Terra typica: Genfer See bei Villeneuve, Schweiz.

1867 *Anodonta pictetiana elongata* Brot, Etude Fam. Nayades Bassin du Léman: 46; Taf. 8, Fig. 3. — Terra typica: See von St. Paul bei Thonon, Schweiz.

1867 *Anodonta anatina monstrosa* Brot, Etude Fam. Nayades Bassin du Léman: [42]; Taf. 7, Fig. 2 (Name in der Tafelerklärung). — Terra typica: Genfer See, Schweiz.

1867 *Anodonta piscinalis major* Brot, Etude Fam. Nayades Bassin du Léman: 47; Taf. 5, Fig. 1. — Terra typica: Fernex près de la Tuilerie Grobet, Schweiz.

1867 *Anodonta cygnea rossmässleri* Malzine. Essai Faune malacol. Belg.: 32. — Terra typica: [Belgien].

1868 *Anodonta kickxii interrogationis* Colbeau, Ann. Soc. malacol. Belg., **3**: 107; Taf. 3, Fig. 2. — Terra typica: Bei Etterbeek, Belgien.

1868 *Anodonta fallax* Colbeau, Ann. Soc. malacol. Belg., **3**: 107; Taf. 3, Fig. 3. — Terra typica: [Belgien].

1873 *Anodonta gibba* (Held) Clessin (non Lea 1852), Conch. Cab., IX. 1 *Anodonta*: 81; Taf. 14, Fig. 1—2. — Terra typica: Bei Passau, Bayern, Deutschland

1873 *Anodonta subcircularis* CLESSIN, Conch. Cab., IX. 1 *Anodonta*: 87; Taf. 22, Fig. 3—4. — Terra typica: Skutari-See, Albanien.

1873 *Anodonta oviformis* CLESSIN, Conch. Cab., IX. 1 *Anodonta*: 88; Taf. 26, Fig. 5. — Terra typica: Bodensee, Deutschland.

1874 *Anodonta capitata* (KÜSTER) CLESSIN, Conch. Cab., IX. 1 *Anodonta*: 125; Taf. 39, Fig. 1—2. — Terra typica: Narenta-Fluß, Dalmatien.

1874 *Anodonta limpida* CLESSIN, Conch. Cab., IX. 1 *Anodonta*: 126; Taf. 40, Fig. 1—2. — Terra typica: Narenta-Fluß, Dalmatien.

1876 *Anodonta mutabilis diminuata* CLESSIN, Conch. Cab., IX. 1 *Anodonta*: 236; Taf. 87, Fig. 1. — Terra typica: Lindenweiher bei Unteressendorf, Württemberg, Deutschland.

1876 *Anodonta mutabilis fragilissima* CLESSIN, Conch. Cab., IX. 1 *Anodonta*: 237; Taf. 87, Fig. 2. — Terra typica: Arm des Regen bei Regensburg, Bayern, Deutschland.

1876 *Anodonta mutabilis mörchiana* CLESSIN, Conch. Cab., IX. 1 *Anodonta*: 238; Taf. 77, Fig. 1—2. — Terra typica: Glimsö auf Seeland, Dänemark.

1877 *Anodonta mutabilis* CLESSIN, Deutsche Excurs. Moll. Fauna: 434. — (Nicht als neuer Artname, sondern als Sammelname für alle Synonyme der *cygnea* gedacht.)

1877 *Anodonta mutabilis lacustrina* CLESSIN, Deutsche Excurs. Moll. Fauna: 444; Abb. 291. — Terra typica: Oberbayerische große Seen, Deutschland.

1879 *Anodonta gravida* DROUET, J. de Conch., Paris, **27**:142. — Terra typica: Kopais-See, Griechenland.

1879 *Anodonta falcata* DROUET, J. de Conch., Paris, **27**:332. — Terra typica: Fluß Dnieper bei Workodniéprowsk, Rußland.

1880 *Colletopterum letourneuxi* BOURGUIGNAT, Matér. Moll. acéph. Syst. Europ.: 76. — Terra typica: Donau bei Belgrad, Jugoslawien.

1880 *Colletopterum eximium* BOURGUIGNAT, Matér. Moll. acéph. Syst. Europ.: 80. — Terra typica: Donau bei Gurgewo, Rumänien.

1880 *Colletopterum tanousi* BOURGUIGNAT, Matér. Moll. acéph. Syst. Europ.: 83. — Terra typica: Donau bei Belgrad, Jugoslawien.

1880 *Anodonta taurica* BOURGUIGNAT, Matér. Moll. acéph. Syst. Europ.: 89. — Terra typica: See von Apollonia, Anatolien.

1880 *Anodonta appollonica* BOURGUIGNAT, Matér. Moll. acéph. Syst. Europ.: 91; Taf. 15, Fig. 1—3. — Terra typica: See von Apollonia, Anatolien.

1880 *Anodonta gallandi* BOURGUIGNAT, Matér. Moll. acéph. Syst. Europ.: 95. — Terra typica: Mada bei Kadi-Keui, Anatolien.

1880 *Anodonta submacilenta* SERVAIN, Etude Moll. Esp. Portugal: 162. — Terra typica: Albufera bei Valencia, Spanien.

1880 *Anodonta martorelli* SERVAIN, Etude Moll. Esp. Portugal: 166. — Terra typica: Albufera bei Valencia, Spanien.

1880 *Anodonta viriata* SERVAIN, Etude Moll. Esp. Portugal: 169. — Terra typica: Albufera bei Valencia, Spanien.

1880 *Anodonta trasymenica* KOBELT, Iconogr. Land. Süßw. Moll., (1) **7**:35; Taf. 194, Fig. 1958. — Terra typica: Trasymenischer See, Italien.

1881 *Anodonta kleciaki* DROUET, J. de Conch., Paris, **29**:28. — Terra typica: Flüßchen Krupa, Zufluß der Zermagna, Dalmatien, Jugoslawien.

1881 *Anodonta savensis* DROUET, J. de Conch., Paris, **29**:28. — Terra typica: Save bei Usce, Serbien, Jugoslawien.

1881 *Anodonta moesica* DROUET, J. de Conch., **29**:29. — Terra typica: Save bei Usce, Serbien, Jugoslawien.

1881 *Anodonta pammegala* BOURGUIGNAT, Matér. Moll. acéph. Syst. Europ.: 107. — Terra typica: Mitteleuropa [Sachsen].

1881 *Anodonta eucypha* BOURGUIGNAT, Matér. Moll. acéph. Syst. Europ.: 108. — Terra typica: Sachsen, Deutschland.

1881 *Anodonta eumorphia* BOURGUIGNAT, Matér. Moll. acéph. Syst. Europ.: 109. — Terra typica: Sümpfe der Drave bei Esseg, Slavonien, Jugoslawien.

1881 *Anodonta thiessae* BOURGUIGNAT, Matér. Moll. acéph. Syst. Europ.: 112. — Terra typica: Kopais-See, Griechenland.

1881 *Anodonta callidaea* BOURGUIGNAT, Matér. Moll. aceph. Syst. Europ.: 115. — Terra typica: Flüßchen von Krapina, Kroatien, Jugoslawien.

1881 *Anodonta gallica* BOURGUIGNAT, Matér. Moll. acéph. Syst. Europ.: 123. — Terra typica: [Frankreich].

1881 *Anodonta locardi* BOURGUIGNAT, Matér. Moll. acéph. Syst. Europ.: 126. — Terra typica: Saône, Frankreich.

1881 *Anodonta charpyi* BOURGUIGNAT, Matér. Moll. acéph. Syst. Europ.: 127. — Terra typica: [Frankreich].

1881 *Anodonta fragillima* BOURGUIGNAT, Matér. Moll. acéph. Syst. Europ.: 129. — (error pro *fragilissima* CLESSIN 1876.)

1881 *Anodonta acyrta* BOURGUIGNAT, Matér. Moll. acéph. Syst. Europ.: 130. — Terra typica: [Italien, Frankreich].

1881 *Anodonta stataria* BOURGUIGNAT, Matér. Moll. acéph. Syst. Europ.: 132. — Terra typica: Sümpfe von Villeneuve, Genfer See, Schweiz.

1881 *Anodonta livronica* BOURGUIGNAT, Matér. Moll. acéph. Syst. Europ.: 133. — Terra typica: Flüßchen Livron im Jura, Frankreich.

1881 *Anodonta cyrtoptychia* BOURGUIGNAT, Matér. Moll. acéph. Syst. Europ.: 136. — (Nomen novum pro *gibba* CLESSIN 1876, non LEA 1852.)

1881 *Anodonta gastroda* BOURGUIGNAT, Matér. Moll. acéph. Syst. Europ.: 136. — Terra typica: Alter Lauf der Seine bei Verrières, Dep. Aube, Frankreich.

1881 *Anodonta saint-simoniana* BOURGUIGNAT, Matér. Moll. acéph. Syst. Europ.: 142. — Terra typica: Kanal von Carcasonne, Frankreich.

1881 *Anodonta fagoti* BOURGUIGNAT, Matér. Moll. acéph. Syst. Europ.: 144. — Terra typica: Kanal du Midi zwischen Toulouse und Villefranche-de-Lauraguais, Dep. Haute-Garonne, Frankreich.

1881 *Anodonta condatina* BOURGUIGNAT, Matér. Moll. acéph. Syst. Europ.: 147. — Terra typica: Moulin-le-Comte bei Rennes, Ille-et-Villaine, Frankreich.

1881 *Anodonta nansoutyana* BOURGUIGNAT, Matér. Moll. acéph. Syst. Europ.: 148. — Terra typica: See Négresse bei Bayonne, Dep. Basses-Pyrénées, Frankreich.

1881 *Anodonta rhodani* BOURGUIGNAT, Matér. Moll. acéph. Syst. Europ.: 152. — Terra typica: Kanal von Bouc nach Arles, Frankreich.

1881 *Anodonta arvernica* BOURGUIGNAT, Matér. Moll. aceph. Syst. Europ.: 154. — Terra typica: Auvergne, Frankreich.

1881 *Anodonta ellipsopsis* BOURGUIGNAT, Matér. Moll. acéph. Syst. Europ.: 156. — Terra typica: Sümpfe zwischen der Rhône und der Cascade de Pissevache bei Vernayaz, Schweiz.

1881 *Anodonta ressmanni* BOURGUIGNAT, Matér. Moll. acéph. Syst. Europ.: 159. — Terra typica: bei Malborgeth, Kärnten.

1881 *Anodonta tritonum* BOURGUIGNAT, Matér. Moll. acéph. Syst. Europ.: 161. — Terra typica: In der Yvette bei Orsay, Dep. Seine-et-Oise, Frankreich.

1881 *Anodonta antorida* BOURGUIGNAT, Matér. Moll. acéph. Syst. Europ.: 164. — Terra typica: Bei Marboz im Jura, Frankreich.

1881 *Anodonta glyca* BOURGUIGNAT, Matér. Moll. acéph. Syst. Europ.: 167. — Terra typica: In der Menthon dans l'Ain, Frankreich.

1881 *Anodonta doëi* BOURGUIGNAT, Matér. Moll. acéph. Syst. Europ.: 169. — Terra typica: In den Kanälen des Parkes von Chateau des Cours bei Saint-Julien, Dep. Aube, Frankreich.

1881 *Anodonta lacuum* BOURGUIGNAT, Matér. Moll. acéph. Syst. Europ.: 171. — Terra typica: ? [Schweiz und Serbien].

1881 *Anodonta mahometana* BOURGUIGNAT, Matér. Moll. acéph. Syst. Europ.: 173. — Terra typica: Konstantinopel, Türkei.

1881 *Anodonta tchernaica* BOURGUIGNAT, Matér. Moll. acéph. Syst. Europ.: 175. — Terra typica: In der Tchernaia bei Sewastopol, Krim.

1881 *Anodonta crimeana* BOURGUIGNAT, Matér. Moll. acéph. Syst. Europ.: 177. — Terra typica: In der Tchernaia bei Sewastopol, Krim.

1881 *Anodonta ectina* BOURGUIGNAT, Matér. Moll. acéph. Syst. Europ.: 178. — Terra typica: Konstantinopel, Türkei.

1881 *Anodonta penchinati* BOURGUIGNAT, Matér. Moll. acéph. Syst. Europ.: 181. — Terra typica: Bei Port-Vendres, Pyrénées Orientales, Frankreich.

1881 *Anodonta castroi* BOURGUIGNAT, Matér. Moll. acéph. Syst. Europ.: 186. — Terra typica: Bei Valencia, Spanien.

1881 *Anodonta castropsis* BOURGUIGNAT, Matér. Moll. acéph. Syst. Europ.: 188. — Terra typica: Bassins du Capitany bei Montferrand, Dep. Gers, Frankreich.

1881 *Anodonta adamii* BOURGUIGNAT, Matér. Moll. acéph. Syst. Europ.: 191. — Terra typica: In der Bientina, Toskana, Italien.

1881 *Anodonta loppionica* BOURGUIGNAT, Matér. Moll. acéph. Syst. Europ.: 194. — Terra typica: Loppio-See, Süd-Tirol, Italien.

1881 *Anodonta mabilli* BOURGUIGNAT, Matér. Moll. acéph. Syst. Europ.: 195. — Terra typica: Loire bei Tours, Frankreich.

1881 *Anodonta rumanica* BOURGUIGNAT, Matér. Moll. acéph. Syst. Europ.: 199. — Terra typica: Donau bei Giurgewo, Rumänien.

1881 *Anodonta gueretini* BOURGUIGNAT, Matér. Moll. acéph. Syst. Europ.: 203. — Terra typica: In der Louet bei Juigné-sur-Loire, Dep. Maine-et-Loire, Frankreich.

1881 *Anodonta coutagni* BOURGUIGNAT, Matér. Moll. acéph. Syst. Europ.: 205. — Terra typica: In der Albane, Zufluß der Bèze, Dep. Côte-d'-Or, Frankreich.

1881 *Anodonta broti* BOURGUIGNAT, Matér. Moll. acéph. Syst. Europ.: 210. — Terra typica: Baldegger See, Schweiz.

1881 *Anodonta humberti* BOURGUIGNAT, Matér. Moll. acéph. Syst. Europ.: 213. — Terra typica: In der Aa beim Ausfluß des Baldegger Sees, Schweiz.

1881 *Anodonta depressa* BOURGUIGNAT, Matér. Moll. acéph. Syst. Europ.: 221. — Terra typica: ? Wörther See bei Klagenfurt, Kärnten, Österreich.

1881 *Anodonta sturmi* BOURGUIGNAT, Matér. Moll. acéph. Syst. Europ.: 223. — Terra typica: Bei Nürnberg, Bayern, Deutschland.

1881 *Anodonta lutetiana* BOURGUIGNAT, Matér. Moll. acéph. Syst. Europ.: 223. — Terra typica: In der Bièvre bei Arcueil, unweit Paris, Frankreich.

1881 *Anodonta sebinensis* BOURGUIGNAT, Matér. Moll. acéph. Syst. Europ.: 232. — Terra typica: Iseo-See, Nord-Italien.

1881 *Anodonta blanci* BOURGUIGNAT, Matér. Moll. acéph. Syst. Europ.: 233. — Terra typica: Etang de Saint-Paul bei Thonon, Savoien, Frankreich.

1881 *Anodonta jourdheuili* BOURGUIGNAT, Matér. Moll. acéph. Syst. Europ.: 237. — Terra typica: In der Erdre bei Nantes, Frankreich.

1881 *Anodonta serbica* BOURGUIGNAT, Matér. Moll. acéph. Syst. Europ.: 241. — Terra typica: Donau bei Belgrad, Jugoslawien.

1881 *Anodonta loroisi* BOURGUIGNAT, Matér. Moll. acéph. Syst. Europ.: 243. — Terra typica: Bei Saint-Congard, Bretagne, Frankreich.

1881 *Anodonta krapinensis* BOURGUIGNAT, Matér. Moll. acéph. Syst. Europ.: 245. — Terra typica: Fluß Krapina, Kroatien, Jugoslawien.

1881 *Anodonta aechmopsis* BOURGUIGNAT, Matér. Moll. acéph. Syst. Europ.: 247. — Terra typica: Lac de Bourget, Seite von Tresserve, Savoien, Frankreich.

1881 *Anodonta pilariana* BOURGUIGNAT, Matér. Moll. acéph. Syst. Europ.: 249. — Terra typica: Fluß Krapina, Kroatien, Jugoslawien.

1881 *Anodonta danica* BOURGUIGNAT, Matér. Moll. acéph. Syst. Europ.: 252. — Terra typica: Dänemark.

1881 *Anodonta bourguignati* BOURGUIGNAT, Matér. Moll. acéph. Syst. Europ.: 257. — Terra typica: Kanal von Ourcq bei Boudy unweit Paris, Frankreich.

1881 *Anodonta ruvida* BOURGUIGNAT, Matér. Moll. acéph. Syst. Europ.: 259. — Terra typica: Züricher See bei Zürich, Schweiz.

1881 *Anodonta glabra* BOURGUIGNAT, Matér. Moll. acéph. Syst. Europ.: 262. — Terra typica: Lombardei, Italien.

1881 *Anodonta westerlundi* BOURGUIGNAT, Matér. Moll. acéph. Syst. Europ.: 266. — Terra typica: Flüßchen Yvette bei Orsay, unweit Paris, Frankreich.

1881 *Anodonta ogerieni* BOURGUIGNAT, Matér. Moll. acéph. Syst. Europ.: 268. — Terra typica: Umgegend von Marboz und in der Suran bei Gigny im Jura, Frankreich.

1881 *Anodonta ervica* BOURGUIGNAT, Matér. Moll. acéph. Syst. Europ.: 271. — Terra typica: Flüßchen Erve unterhalb Schloß Thevalles bei Chéméré-le-Roy, Frankreich.

1881 *Anodonta carisiana* BOURGUIGNAT, Matér. Moll. acéph. Syst. Europ.: 273. — Terra typica: Canal du Cher bei Tours, Frankreich.

1881 *Anodonta potiezi* BOURGUIGNAT, Matér. Moll. acéph. Syst. Europ.: 274. — (Nomen novum pro *A. coarctata* POTIEZ & MICHAUD 1844, non ANTON 1839.)

1881 *Anodonta acallia* BOURGUIGNAT, Matér. Moll. acéph. Syst. Europ.: 276. — Terra typica: In der Laignes bei Riceys, Dep. Aube, Frankreich.

1881 *Anodonta illota* BOURGUIGNAT, Matér. Moll. acéph. Syst. Europ.: 280. — Terra typica: In der Laignes bei Riceys, Dep. Aube, Frankreich.

1881 *Anodonta subarealis* BOURGUIGNAT, Matér. Moll. acéph. Syst. Europ.: 283. — Terra typica: [In den Flüssen von Frankreich].

1881 *Anodonta küsteri* BOURGUIGNAT, Matér. Moll. acéph. Syst. Europ.: 284. — Terra typica: Württemberg, Deutschland.

1881 *Anodonta maculata* BOURGUIGNAT, Matér. Moll. acéph. Syst. Europ.: 285. — (Nomen emendatum pro *A. macula* SHEPPARD 1820.)

1881 *Anodonta clessini* BOURGUIGNAT, Matér. Moll. acéph. Syst. Europ.: 287. — Terra typica: Umgegend von Krakow in Mecklenburg, Deutschland.

1881 *Anodonta poedica* BOURGUIGNAT, Matér. Moll. acéph. Syst. Europ.: 288. — Terra typica: Flüßchen Vacherie bei Troyes, Dep. Aube, Frankreich.

1881 *Anodonta codiella* BOURGUIGNAT, Matér. Moll. acéph. Syst. Europ.: 289. — Terra typica: Flüßchen Vacherie bei Troyes, Dep. Aube, Frankreich.

1881 *Anodonta racketti* BOURGUIGNAT, Matér. Moll. acéph. Syst. Europ.: 291. — Terra typica: England.

1881 *Anodonta carotae* BOURGUIGNAT, Matér. Moll. acéph. Syst. Europ.: 292. — Terra typica: Lombardei, Italien.

1881 *Anodonta eunotaia* BOURGUIGNAT, Matér. Moll. acéph. Syst. Europ.: 294. — Terra typica: Umgebung von Troyes, Dep. Aube, Frankreich.

1881 *Anodonta illuviosa* BOURGUIGNAT, Matér. Moll. acéph. Syst. Europ.: 296. — (Nomen novum pro *Anodonta anatina monstrosa* BROT 1867.)

1881 *Anodonta truncata* BOURGUIGNAT, Matér. Moll. acéph. Syst. Europ.: 300. — Terra typica: Kerka-Fluß bei Virovac, Dalmatien, Jugoslawien.

1881 *Anodonta colloba* BOURGUIGNAT, Matér. Moll. acéph. Syst. Europ.: 302. — Terra typica: In der Canne bei Saint-Saulge, Dep. Nièvre, Frankreich.

1881 *Anodonta avonica* BOURGUIGNAT, Matér. Moll. acéph. Syst. Europ.: 304. — (Nomen emendatum pro *Mytilus avonensis* MONTAGU 1803.)

1881 *Anodonta desori* BOURGUIGNAT, Matér. Moll. acéph. Syst. Europ.: 305. — Terra typica: Neuchâtelersee bei Neuchâtel, Schweiz.

1881 *Anodonta meretrix* BOURGUIGNAT, Matér. Moll. acéph. Syst. Europ.: 308. — Terra typica: See von Pérouse, Italien.

1881 *Anodonta sedentaria* BOURGUIGNAT, Matér. Moll. acéph. Syst. Europ.: 316. — Terra typica: [Frankreich].

1881 *Anodonta spengleri* BOURGUIGNAT, Matér. Moll. acéph. Syst. Europ.: 317. — Terra typica: Fluß Lahn zwischen Ems und Dossenau, Deutschland.

1881 *Anodonta pfeifferi* BOURGUIGNAT, Matér. Moll. acéph. Syst. Europ.: 320. — Terra typica: Umgegend von Kassel, Deutschland.

1881 *Anodonta servaini* BOURGUIGNAT, Matér. Moll. acéph. Syst. Europ.: 320. — Terra typica: Fluß Lahn bei Ems, Deutschland.

1881 *Anodonta tricassina* BOURGUIGNAT, Matér. Moll. acéph. Syst. Europ.: 323. — Terra typica: Umgebung von Troyes, Dep. Aube, Frankreich.
1881 *Anodonta picardi* BOURGUIGNAT, Matér. Moll. acéph. Syst. Europ.: 325. — Terra typica: Escaut bei Valenciennes, Frankreich.
1881 *Anodonta journei* BOURGUIGNAT, Matér. Moll. acéph. Syst. Europ.: 327. — Terra typica: Aube bei Bar-sur-Aube, Frankreich.
1881 *Anodonta monterosati* BOURGUIGNAT, Matér. Moll. acéph. Syst. Europ.: 330. — Terra typica: See von Pérouse, Italien.
1881 *Anodonta maritzana* BOURGUIGNAT, Matér. Moll. acéph. Syst. Europ.: 332. — Terra typica: Maritza bei Adrianopel, Rumelien.
1881 *Anodonta savica* BOURGUIGNAT, Matér. Moll. acéph. Syst. Europ.: 340. — (Nomen emendatum pro *savensis* DROUET 1881.)
1881 *Anodonta ilysoeca* BOURGUIGNAT, Matér. Moll. acéph. Syst. Europ.: 341. — Terra typica: Donau bei Giurgewo, Rumänien.
1881 *Anodonta scaphidella* BOURGUIGNAT, Matér. Moll. acéph. Syst. Europ.: 343. — Terra typica: Flüßchen von Krapina-Toeplitz, Kroatien, Jugoslawien.
1881 *Anodonta resima* BOURGUIGNAT, Matér. Moll. acéph. Syst. Europ.: 345. — Terra typica: Donau bei Giurgewo, Rumänien.
1881 *Anodonta aristidis* BOURGUIGNAT, Matér. Moll. acéph. Syst. Europ.: 347. — Terra typica: Donau bei Giurgewo, Rumänien.
1881 *Anodonta ramburi* BOURGUIGNAT, Matér. Moll. acéph. Syst. Europ.: 349. — Terra typica: Nonette bei Chaalis unweit Ermenonville, Dep. Oise, Frankreich.
1881 *Anodonta spiridionis* BOURGUIGNAT, Matér. Moll. acéph. Syst. Europ.: 351. — Terra typica: Sümpfe der Drave bei Esseg, Slavonien, Jugoslawien.
1881 *Anodonta brusinae* BOURGUIGNAT, Matér. Moll. acéph. Syst. Europ.: 353. — Terra typica: Flüßchen Krapina-Poeplitz, Kroatien, Jugoslawien.
1881 *Anodonta exocha* BOURGUIGNAT, Matér. Moll. acéph. Syst. Europ.: 356. — Terra typica: Bayern, Deutschland.
1881 *Anodonta episema* BOURGUIGNAT, Matér. Moll. acéph. Syst. Europ.: 360. — Terra typica: Bei Arles, Frankreich.
1881 *Anodonta dantessantyi* BOURGUIGNAT, Matér. Moll. acéph. Syst. Europ.: 363. — Terra typica: Weser bei Bremen, Deutschland.
1881 *Anodonta plattenica* SERVAIN, Hist. Malac. Lac Balaton: 104. — Terra typica: Balaton-See, Ungarn.
1881 *Anodonta balatonica* SERVAIN, Hist. Malac. Lac Balaton: 106. — Terra typica: Balaton-See, Ungarn.
1881 *Anodonta tihanyca* SERVAIN, Hist. Malac. Lac Balaton: 108. — Terra typica: Balaton-See, Ungarn.
1881 *Anodonta tissoti* SERVAIN, Hist. Malac. Lac Balaton: 111. — Terra typica: Balaton-See, Ungarn.
1881 *Anodonta hydatina* SERVAIN, Hist. Malac. Lac Balaton: 113. — Terra typica: Balaton-See, Ungarn.
1881 *Anodonta aquatica* SERVAIN, Hist. Malac. Lac Balaton: 115. — Terra typica: Balaton-See, Ungarn.
1881 *Anodonta briandiana* SERVAIN, Hist. Malac. Lac Balaton: 117. — Terra typica: Balaton-See, Ungarn.
1881 *Anodonta renoufi* SERVAIN, Hist. Malac. Lac Balaton: 119. — Terra typica: Balaton-See, Ungarn.
1881 *Anodonta hazayana* SERVAIN, Hist. Malac. Lac Balaton: 121. — Terra typica: Balaton-See, Ungarn.
1881 *Anodonta dubreili* SERVAIN, Hist. Malac. Lac Balaton: 123. — Terra typica: Balaton-See, Ungarn.
1881 *Anodonta ostiaria* DROUET, Unionidae Russie europ.: 26. — Terra typica: Dnjepr-Fluß, Rußland.

1881 *Anodonta parmata* DROUET, Unionidae Russie europ.: 26. — Terra typica: Süd-Rußland.

1881 *Anodonta sieversi* DROUET, Unionidae Russie europ.: 28. — Terra typica: Rion-Fluß, Mingrelien, Rußland.

1881 *Anodonta georgiana* DROUET, Unionidae Russie europ.: 28. — Terra typica: Kaukasus, Rußland.

1881 *Anodonta cyrea* DROUET, Unionidae Russie europ.: 29. — Terra typica: Kura-Fluß, Kaukasus, Rußland.

1881 *Anodonta lenkoranensis* DROUET, Unionidae Russie europ.: 30. — Terra typica: Lenkoran-Fluß bei Lenkoran, Iran.

1881 *Anodonta byzantina* DROUET, J. de Conch., Paris, **29**:249. — Terra typica: Konstantinopel, Türkei.

1881 *Anodonta gaudioni* DROUET, J. de Conch., Paris, **29**:250. — Terra typica: Konstantinopel, Türkei.

1881 *Anodonta wimmeri* DROUET, J. de Conch., Paris, **29**:251. — Terra typica: Donau bei Smederevo, Jugoslawien.

1881 *Anodonta dokici* DROUET, J. de Conch., Paris, **29**:251. — Terra typica: Sümpfe bei Grabovac, Serbien, Jugoslawien.

1881 *Anodonta nymphigena* DROUET, J. de Conch., Paris, **29**:252. — Terra typica: Ossiacher-See, Kärnten, Österreich.

1881 *Anodonta dealbata* DROUET, J. de Conch., Paris, **29**:254. — Terra typica: Faaker-See, Kärnten, Österreich.

1882 *Anodonta macrostena* SERVAIN, Hist. Moll. acéph. Francfort: 32. — Terra typica: Main-Ufer bei Frankfurt a. M., Deutschland.

1882 *Anodonta impura* SERVAIN, Hist. Moll. acéph. Francfort: 34. — Terra typica: Lesum-Fluß bei Vegesack unweit Bremen, Deutschland.

1882 *Anodonta maganica* SERVAIN, Hist. Moll. acéph. Francfort: 36. — Terra typica: Main-Ufer bei Frankfurt a. M., Deutschland.

1882 *Anodonta telmoeca* SERVAIN, Hist. Moll. acéph. Francfort: 38. — Terra typica: Frankfurt a. M., Deutschland.

1882 *Anodonta bythioeca* SERVAIN, Hist. Moll. acéph. Francfort: 40. — Terra typica: Bei Frankfurt a. M., Deutschland.

1882 *Anodonta manica* SERVAIN, Hist. Moll. acéph. Francfort: 42. — Terra typica: Bei Frankfurt a. M., Deutschland.

1882 *Anodonta morini* SERVAIN, Hist. Moll. acéph. Francfort: 45. — Terra typica: Bei Frankfurt a. M., Deutschland.

1882 *Anodonta ocnera* SERVAIN, Hist. Moll. acéph. Francfort: 47. — Terra typica: Bei Frankfurt a. M., Deutschland.

1882 *Anodonta complacita* SERVAIN, Hist. Moll. acéph. Francfort: 49. — Terra typica: Bei Frankfurt a. M., Deutschland.

1882 *Anodonta rynchota* SERVAIN, Hist. Moll. acéph. Francfort: 51. — Terra typica: Bei Frankfurt a. M., Deutschland.

1882 *Anodonta codopsis* SERVAIN, Hist. Moll. acéph. Francfort: 53. — Terra typica: Bei Frankfurt a. M., Deutschland.

1882 *Anodonta friedlanderiana* SERVAIN, Hist. Moll. acéph. Francfort: 56. — Terra typica: Bei Frankfurt a. M., Deutschland.

1882 *Anodonta cypholena* SERVAIN, Hist. Moll. acéph. Francfort: 58. — Terra typica: Bei Frankfurt a. M., Deutschland.

1882 *Anodonta frankfurti* SERVAIN, Hist. Moll. acéph. Francfort: 62. — Terra typica: Bei Frankfurt a. M., Deutschland.

1882 *Anodonta sequanica* BOURGUIGNAT in LOCARD, Cat. gén. Moll. France: 349. — Terra typica: Seine bei Poissy, Frankreich.

1882 *Anodonta georgei* BOURGUIGNAT in LOCARD, Cat. gén. Moll. France: 351. — Terra typica: Juigné-sur-Loire, Maine-et-Loire, Frankreich.

1882 *Anodonta borboraeca* Bourguignat in Locard, Cat. gén. Moll. France: 352. — Terra typica: Juigné-sur-Loire, Maine-et-Loire, Frankreich.
1882 *Anodonta pelaeca* Bourguignat in Locard, Cat. gén. Moll. France: 353. — Terra typica: Thouet-Fluß bei Saumur, Maine-et-Loire, Frankreich.
1882 *Anodonta delpretei* Bourguignat, Natural. Sicil., 2 (1):21. — Terra typica: See Massaciuccoli bei Viareggio, Italien.
1882 *Anodonta raimondoi* Bourguignat, Natural. Sicil., 2 (1):23. — Terra typica: See Massaciuccoli bei Viareggio, Italien.
1883 *Anodonta blauneri* Drouet, Unionidae de l'Italie: 91. — Terra typica: See Muzzano, Prov. Mantua, Italien.
1883 *Anodonta alseria* Drouet, Unionidae de l'Italie: 93. — Terra typica: See Alserio, Oberitalien.
1883 *Anodonta utriculosa* Drouet, Unionidae de l'Italie: 94. — Terra typica: La Cavallare bei Castelgoffredo, Italien.
1883 *Anodonta anxurensis* Drouet, Unionidae de l'Italie: 95. — Terra typica: Le Portatore bei Badino, unweit Terracina, Italien.
1883 *Anodonta stabilei* Drouet, Unionidae de l'Italie: 96. — Terra typica: Castelgoffredo, Italien.
1883 *Anodonta padana* Drouet, Unionidae de l'Italie: 97. — Terra typica: Po-Fluß, Italien.
1883 *Anodonta pinii* Drouet, Unionidae de l'Italie: 98. — Terra typica: Po-Fluß, Italien.
1883 *Anodonta longirostris* Drouet, Unionidae de l'Italie: 101. — Terra typica: Castelgoffredo, Italien.
1883 *Anodonta scapulosa* Drouet, Unionidae de l'Italie: 104. — Terra typica: See Martignano, Italien.
1883 *Anodonta romana* Drouet, Unionidae de l'Italie: 106. — Terra typica: Le Portatore bei Badino, unweit Terracina, Italien.
1883 *Anodonta leprosa* Drouet, Unionidae de l'Italie: 107. — Terra typica: Sümpfe der Provinz Como, Italien.
1883 *Anodonta utinensis* Drouet, Unionidae de l'Italie: 109. — Terra typica: Fagagna, Prov. Udine, Italien.
1883 *Anodonta depressa* (Schmidt) Drouet, Unionidae de l'Italie: 110. — Terra typica: See Avigliana bei Suse, Piemont, Italien.
1883 *Anodonta sebinensis* (Adami) Drouet, Unionidae de l'Italie: 117. — Terra typica: Iseo-See bei Sarnico, Italien.
1883 *Anodonta villae* Drouet, Unionidae de l'Italie: 120. — Terra typica: Gardasee bei Desenzano, Italien.
1883 *Anodonta paupercula* Drouet, Unionidae de l'Italie: 121. — Terra typica: Gardasee, Italien.
1883 *Anodonta cristata* Drouet, Unionidae de l'Italie: 124. — Terra typica: See Oggiono, Italien.
1883 *Anodonta doriana* Bourguignat, Unionidae Pénins. ital.: 85. — Terra typica: See Alice bei Ivrée in Piemont, Italien.
1883 *Anodonta oblonga mantuacina* Bourguignat, Unionidae Pénins. ital.: 90. — Terra typica: Bei Ostiglia, Prov. Mantua, Italien. [vgl. 1890 *Anodonta mantuacina* — Locard, Contrib. Faune malac. franç., **14**:32, 118.]
1883 *Anodonta isseli* Bourguignat, Unionidae Pénins. ital.: 91. — Terra typica: Gräben von Ostiglia bei Mantua, Italien.
1883 *Anodonta antinoriana* Bourguignat, Unionidae Pénins. ital.: 94. — Terra typica: Kanäle von Castel d'Ario, Prov. Mantua, Italien.
1883 *Anodonta eporediana* Bourguignat, Unionidae Pénins. ital.: 97. — Terra typica: See Alice bei Ivrée in Piemont, Italien.
1883 *Anodonta gestroi* Bourguignat, Unionidae Pénins. ital.: 99. — Terra typica: Kanäle bei Ostiglia, Prov. Mantua, Italien.

1883 *Anodonta beccariana* Bourguignat, Unionidae Pénins. ital.: 107. — Terra typica: Bei Castel d'Ario, Prov. Mantua, Italien.

1883 *Anodonta arturi* Bourguignat, Unionidae Pénins. ital.: 111. — Terra typica: Bei Nosedole, Prov. Mantua, Italien.

1883 *Anodonta arnouldi* Bourguignat, Unionidae Pénins. ital.: 114. — Terra typica: Umgebung von Nosedole, Prov. Mantua, Italien.

1883 *Anodonta henriquesi* Silva, J. Sci. math. phys. nat. Lisboa, **35**: 123. — Terra typica: Vallas de Foja, Tal des Mondego, Portugal.

1883 *Anodonta paulinoi* Silva, J. Sci. math. phys. nat. Lisboa, **35**: 125. — Terra typica: In der Leça bei Porto, Portugal.

1883 *Anodonta subregularis* Silva, J. Sci. math. phys. nat. Lisboa, **35**: 127. — Terra typica: Vallas de Foja, Tal des Mondego, Portugal.

1883 *Anodonta silvai* (Bourguignat) Silva, J. Sci. math. phys. nat. Lisboa, **35**: 128. — Terra typica: Fluß Mondego bei Coimbra, Portugal.

1883 *Anodonta giraldesi* Silva, J. Sci. math. phys. nat. Lisboa, **35**: 130. — Terra typica: Fluß Mondego, Portugal.

1883 *Anodonta alleniana* Silva, J. Sci. math. phys. nat. Lisboa, **35**: 131. — Terra typica: Umgebung von Chaves in der Tamega, Portugal.

1883 *Anodonta embiella* (Hagenmüller) Silva, J. Sci. math. phys. nat. Lisboa, **35**: 133. — Terra typica: Umgebung von Coimbra, Portugal.

1883 *Anodonta bofilliana* (Bourguignat) Silva, J. Sci. math. phys. nat. Lisboa, **35**: 134. — Terra typica: In der Tamega bei Chaves, Portugal.

1883 *Anodonta machadoiana* Silva, J. Sci. math. phys. nat. Lisboa, **35**: 135. — Terra typica: In der Tamega bei Chaves, Portugal.

1883 *Anodonta capelloiana* Silva, J. Sci. math. phys. nat. Lisboa, **35**: 136. — Terra typica: In der Tamega, Portugal.

1883 *Anodonta bocageana* Silva, J. Sci. math. phys. nat. Lisboa, **35**: 138. — Terra typica: Umgebung von Coimbra, Portugal.

1883 *Anodonta carvalhoi* Silva, J. Sci. math. phys. nat. Lisboa, **35**: 140. — Terra typica: In der Leça bei Porto, Portugal.

1883 *Anodonta tamegana* Silva, J. Sci. math. phys. nat. Lisboa, **35**: 141. — Terra typica: Umgebung von Mondim in der Tamega, Portugal.

1883 *Anodonta mengoiana* Silva, J. Sci. math. phys. nat. Lisboa, **35**: 143. — Terra typica: In der Tamega bei Chaves, Portugal.

1883 *Anodonta barbosana* Silva, J. Sci. math. phys. nat. Lisboa, **35**: 144. — Terra typica: In der Tamega bei Chaves, Portugal.

1883 *Anodonta specialis* Silva, J. Sci. math. phys. nat. Lisboa, **35**: 145. — Terra typica: In der Tamega in der Umgebung von Chaves, Portugal.

1883 *Anodonta wenceslai* Silva, J. Sci. math. phys. nat. Lisboa, **35**: 145. — Terra typica: In der Tamega in der Umgebung von Chaves, Portugal.

1883 *Anodonta rosai* Silva, J. Sci. math. phys. nat. Lisboa, **35**: 148. — Terra typica: Valla de Geria, Portugal.

1883 *Anodonta ribeiroiana* Silva, J. Sci. math. phys. nat. Lisboa, **35**: 149. — Terra typica: Im Sado, Portugal.

1883 *Anodonta lusoiana* Silva, J. Sci. math. phys. nat. Lisboa, **35**: 151. — Terra typica: Umgebung von Chaves in der Tamega, Portugal.

1884 *Anodonta reneana* Péchaud, Bull. Soc. malac. France, Paris, **1**: 189. — Terra typica: Etang-Neuf bei Saint-Saulge, Nièvre, Frankreich.

1884 *Anodonta philhydra* Péchaud, Bull. Soc. malac. France, Paris, **1**: 191. — Terra typica: Beaureplet bei Saint-Saulge, Nièvre, Frankreich.

1884 *Anodonta elodaea* Péchaud, Bull. Soc. malac. France, Paris, **1**: 193. — Terra typica: Bäche bei Saint-Saulge, Nièvre, Frankreich.

1884 *Anodonta camurina* Péchaud, Bull. Soc. malac. France, Paris, **1**: 195. — Terra typica: Bach Bicherolles bei Saint-Saulge, Nièvre, Frankreich.

1884 *Anodonta nevirnensis* PÉCHAUD in LOCARD, Contrib. Faune malac. franç.: 8:7. — Terra typica: Saint-Laurent d'Ain bei Mâcon, Dep. Ain, Frankreich.

1884 *Anodonta hecartiana* LOCARD, Contrib. Faune malac. franç., 8:9. — Terra typica: [Frankreich].

1884 *Anodonta thripedesta* LOCARD, Contrib. Faune malac. franç., 8:15. — Terra typica: [Frankreich].

1884 *Anodonta perroudi* LOCARD, Contrib. Faune malac. franç., 8:17. — Terra typica: Bei Lyon, Frankreich.

1884 *Anodonta glycella* BOURGUIGNAT in LOCARD, Contr. Faune. malac. franç., 8:21. — Terra typica: [Frankreich].

1884 *Anodonta spathuliformis* LOCARD, Contrib. Faune malac. franç., 8:24. — Terra typica: Bei Saint-Amour im Jura, Frankreich.

1884 *Anodonta euthymeana* LOCARD, Contr. Faune malac. franç., 8:27. — Terra typica: [Frankreich].

1884 *Anodonta florenciana* LOCARD, Contrib. Faune malac. franç., 8:29. — Terra typica: [Frankreich].

1884 *Anodonta campyla* BOURGUIGNAT in LOCARD, Contrib. Faune malac. franç., 8:32. — Terra typica: Lons-le-Saulnier, Jura, Frankreich.

1884 *Anodonta lortetiana* LOCARD, Contrib. Faune malac. franç., 8:34. — Terra typica: Salle, Frankreich.

1884 *Anodonta arundinum* SERVAIN in LOCARD, Contrib. Faune malac. franç., 8:37. — Terra typica: Maine bei Cholet, Maine-et-Loire, Frankreich.

1884 *Anodonta miranella* LOCARD, Contrib. Faune malac. franç., 8:41. — Terra typica: [Frankreich].

1884 *Anodonta brevirostris* PINI, Atti Soc. ital., Sci. nat., Milano, 27:84; Abb. — Terra typica: Lago di Garlate, Italien.

1884 *Anodonta palustris* PINI, Atti Soc. ital. Sci. nat., Milano, 27:86; Abb. — Terra typica: Lago Cusio, Italien.

1885 *Anodonta bythia* SCHRÖDER, Bull. Soc. malac. France, Paris, 2:211. — Terra typica: Saale bei Passendorf, Deutschland.

1885 *Anodonta schröderi* (BOURGUIGNAT) SCHRÖDER, Bull. Soc. malac. France, Paris, 2:212. — Terra typica: Dieskau bei Halle, Deutschland.

1885 *Anodonta potimia* SCHRÖDER, Bull. Soc. malac. France, Paris, 2:214. — Terra typica: Saale bei Passendorf, Deutschland.

1885 *Anodonta richardi* (BOURGUIGNAT) SCHRÖDER, Bull. Soc. malac. France, 2:215. — Terra typica: Mündung der Havel in die Elbe, unweit Werben, Deutschland.

1885 *Anodonta perlora* (SERVAIN) SCHRÖDER, Bull. Soc. malac. France, Paris, 2:217. — Terra typica: Salziger See bei Halle, Deutschland.

1885 *Anodonta tricassinaeformis* SCHRÖDER, Bull. Soc. malac. France, Paris, 2:218. — Terra typica: Mündung der Havel in die Elbe, Deutschland.

1885 *Anodonta rhynchonella* SCHRÖDER, Bull. Soc. malac. France, Paris, 2:220. — Terra typica: Elbe bei der Mündung der Havel, unweit Werben, Deutschland.

1885 *Anodonta journeopsis* SCHRÖDER, Bull. Soc. malac. France, Paris, 2:222. — Terra typica: Bei Dieskau unweit Halle, Deutschland.

1885 *Anodonta josei* (BOURGUIGNAT) SILVA, Bull. Soc. malac. France, Paris, 2:278. — Terra typica: Sümpfe von Esvedas, im Tal Vouga, Portugal.

1885 *Anodonta enhydra* SILVA, Bull. Soc. malac. France, Paris, 2:279. — Terra typica: Vallas bei Fermantelles, Portugal.

1885 *Anodonta tuberculata* SILVA, Bull. Soc. malac. France, Paris, 2:281. — Terra typica: Fluß Douro bei Santa Cruz, Portugal.

1885 *Anodonta epipedacra* SERVAIN, Bull. Soc. malac. France, Paris, 2:335. — Terra typica: Züricher See bei Rapperschwyl, Schweiz.

1885 *Anodonta eupelina* SERVAIN, Bull. Soc. malac. France, Paris, 2:336. — Terra typica: Züricher See bei der Insel Lutzelau, Schweiz.

1885 *Anodonta calara* SERVAIN, Bull. Soc. malac. France, Paris, 2:337. — Terra typica: Züricher See bei Zürich, Schweiz.

1885 *Anodonta eucaca* SERVAIN, Bull. Soc. malac. France, Paris, 2:338. — Terra typica: Züricher See bei der Insel Lutzelau, Schweiz.

1885 *Anodonta foeda* SERVAIN, Bull. Soc. malac. France, Paris, 2:340. — Terra typica: Züricher See bei Rapperschwyl, Schweiz.

1885 *Anodonta immunda* SERVAIN, Bull. Soc. malac. France, Paris, 2:341. — Terra typica: Züricher See, Schweiz.

1885 *Anodonta misara* SERVAIN, Bull. Soc. malac. France, Paris, 2:343. — Terra typica: Züricher See bei der Insel Hurden, Schweiz.

1885 *Anodonta rayopsis* SERVAIN, Bull. Soc. malac. France, Paris, 2:344. — Terra typica: Züricher See bei Norgen, Schweiz.

1885 *Anodonta duregica* SERVAIN, Bull. Soc. malac. France, Paris, 2:346. — Terra typica: Züricher See bei Wollishofen, Schweiz.

1885 *Anodonta tigurica* SERVAIN, Bull. Soc. malac. France, Paris, 2:348. — Terra typica: Züricher See bei den Inseln Hurden und Lutzelau, Schweiz.

1885 *Anodonta ruvidella* SERVAIN, Bull. Soc. malac. France, Paris, 2:349. — Terra typica: Züricher See bei der Insel Hurden, Schweiz.

1885 *Anodonta hypaeschra* SERVAIN, Bull. Soc. malac. France, Paris, 2:351. — Terra typica: Züricher See bei Enge, Schweiz.

1886 *Anodonta ambrosiana* ADAMI, Bull. Soc. malac. ital., Pisa, 11 (1885):250; Taf., Fig. 30. — Terra typica: See Toblino und bei Riva, Prov. Tridentina, Italien.

1886 *Anodonta cobelliana* ADAMI, Bull. Soc. malac. ital., Pisa, 11 (1885):252; Taf., Fig. 31. — Terra typica: See Cavedine, Prov. Tridentina, Italien.

1886 *Anodonta cobelliana toblinica* ADAMI, Bull. Soc. malac. ital., Pisa, 11 (1885):254. — Terra typica: Lago di Toblino, Prov. Tridentina, Italien.

1886 *Anodonta strobeliana* ADAMI, Bull. Soc. malac. ital., Pisa, 11 (1885):255; Taf., Fig. 32. — Terra typica: See bei Levico, Prov. Tridentina, Italien.

1886 *Anodonta strobeliana medoacensis* ADAMI, Bull. Soc. malac. ital., Pisa, 11 (1885):257. — Terra typica: Beim Ausfluß der Brenta aus dem See Caldonazzo, Italien.

1886 *Anodonta zenii* ADAMI, Bull. Soc. malac. ital., Pisa, 11 (1885):258; Taf., Fig. 28. — Terra typica: See Cei bei Pomarolo, Prov. Tridentina, Italien.

1887 *Anodonta coupha* SERVAIN, Bull. Soc. malac. France, Paris, 4:261. — Terra typica: Vallas du Montégo, Portugal.

1887 *Anodonta ovula* SERVAIN, Bull. Soc. malac. France, Paris, 4:264. — Terra typica: Lac de Grandlieu, Dep. Loire-Inférieure, Frankreich.

1888 *Anodonta brandti* DROUET, J. de Conch., Paris, 36:108. — Terra typica: See Tchaldyr, Armenien.

1888 *Anodonta formosa* DROUET, J. de Conch., Paris, 36:109. — Terra typica: Les losnes du Rhône bei Arles, Frankreich.

1888 *Anodonta tremula* DROUET, J. de Conch., Paris, 36:109. — Terra typica: Saône bei Seurre, Frankreich.

1888 *Anodonta convexa* DROUET, J. de Conch., Paris, 36:110. — Terra typica: Saône bei Charrey, Côte-d'Or, Frankreich.

1888 *Anodonta amnica* DROUET, J. de Conch., Paris, 36:110. — Terra typica: In kleinen Zuflüssen der Saône, Frankreich.

1888 *Anodonta nefaria* SERVAIN, Bull. Soc. malac. France, Paris, 5:325. — Terra typica: Fluß Maine bei Cholet, Maine-et-Loire, Frankreich.

1888 *Anodonta nocturna* SERVAIN, Bull. Soc. malac. France, Paris, 5:327. — Terra typica: Fluß Alster, Deutschland.

1888 *Anodonta anceyi* (BOURGUIGNAT) SERVAIN, Bull. Soc. malac. France, Paris, 5:328. — Terra typica: Kanal von Rennes, Frankreich.

1888 *Anodonta quadrangulata* SERVAIN, Bull. Soc. malac. France, Paris, 5:328; Taf. 9, Fig. 1. — Terra typica: Fluß Alster, Deutschland.

1888 *Anodonta germanica* SERVAIN, Bull. Soc. malac. France, Paris, 5:330. — Terra typica: Fluß Weser bei Vegesack unweit Bremen, Deutschland.

1888 *Anodonta visurgisina* (BOURGUIGNAT) SERVAIN, Bull. Soc. malac. France, Paris, 5:332; Taf. 8, Fig. 3. — Terra typica: Fluß Weser bei Vegesack unweit Bremen, Deutschland.

1888 *Anodonta moctera* SERVAIN, Bull. Soc. malac. France, Paris, 5:334; Taf. 9, Fig. 4. — Terra typica: Elbe bei Steinwärder, Deutschland.

1888 *Anodonta eusomata* SERVAIN, Bull. Soc. malac. France, Paris, 5:335. — Terra typica: Elbe zwischen Hamburg und Altona, Deutschland.

1888 *Anodonta alsterica* SERVAIN, Bull. Soc. malac. France, Paris, 5:337. — Terra typica: Fluß Alster, Deutschland.

1888 *Anodonta calderoni* KOBELT, Iconogr. Land- Süßw.-Moll., (2) 3:57; Taf. 90, Fig. 497. — Terra typica: Im Guadaira bei Sevilla, Spanien.

1888 *Anodonta baetica* KOBELT, Iconogr. Land- Süßw.-Moll., (2) 3:57; Taf. 90, Fig. 498. — Terra typica: Im Guadaira bei Sevilla, Spanien.

1889 *Anodonta littoralis* DROUET, Unionidae Bassin du Rhône: 73; Taf. 1, Fig. 3. — Terra typica: Les graus d'Argelés-sur-mer, an den Mündungen des Tech und der Massane, Frankreich.

1890 *Anodonta cellensis solearis* fa. *vasta* WESTERLUND, Fauna paläarct. Binnenconch., 7:212. — Terra typica: Landshut, Bayern, Deutschland.

1890 *Anodonta cellensis solearis* fa. *acuta* WESTERLUND, Fauna paläarct. Binnenconch., 7:212. — Terra typica: Landshut, Bayern, Deutschland.

1890 *Anodonta cellensis ovata* fa. *firma* WESTERLUND, Fauna paläarct. Binnenconch., 7:213. — Terra typica: Nymphenburg bei München, Bayern, Deutschland.

1890 *Anodonta cellensis ovata* fa. *gracilis* WESTERLUND, Fauna paläarct. Binnenconch., 7:213. — Terra typica: München, bei Nymphenburg im Hofgarten, Bayern, Deutschland.

1890 *Anodonta cellensis ovata* fa. *ampla* WESTERLUND, Fauna paläarct. Binnenconch., 7:213. — Terra typica: Peißenberg, Bayern, Deutschland.

1890 *Anodonta cellensis ovata* fa. *herbea* WESTERLUND, Fauna paläarct. Binnenconch., 7:213. — Terra typica: Bremen, Deutschland.

1890 *Anodonta cellensis ovata* fa. *tenella* WESTERLUND, Fauna paläarct. Binnenconch., 7:213. — Terra typica: Federsee, Württemberg, Deutschland.

1890 *Anodonta cellensis ovata* fa. *tenera* WESTERLUND, Fauna paläarct. Binnenconch., 7:213. — Terra typica: Beim Ammersee, Bayern, Deutschland.

1890 *Anodonta cellensis ovata* fa. *erosa* WESTERLUND, Fauna paläarct. Binnenconch., 7:213. — Terra typica: Beim Chiemsee, Bayern, Deutschland.

1890 *Anodonta cellensis ovata* fa. *pallida* WESTERLUND, Fauna paläarct. Binnenconch., 7:214. — Terra typica: Beim Chiemsee, Bayern, Deutschland.

1890 *Anodonta cellensis ovata* fa. *coarcta* WESTERLUND, Fauna paläarct. Binnenconch., 7:214. — Terra typica: Bremen, Deutschland.

1890 *Anodonta limpida* fa. *italica* (BOURGUIGNAT) WESTERLUND, Fauna paläarct. Binnenconch., 7:248. — Terra typica: Bei Mantua, Italien.

1890 *Anodonta gibbosa* WESTERLUND, Fauna paläarct. Binnenconch., 7:264. — Terra typica: Dalmatien.

1890 *Anodonta vaschaldei* (PACÔME) LOCARD, Contrib. Faune malac. franç., 14:20, 105. — Terra typica: Commelle, Isère, Frankreich.

1890 *Anodonta catocyrta* (COUTAGNE) LOCARD, Contrib. Faune malac. franç., 14:21, 106. — Terra typica: Gräben des Forts Vitriolerie in Lyon, Rhône, Frankreich.

1890 *Anodonta gabilloti* LOCARD, Contrib. Faune malac. franç., 14:23, 107. — Terra typica: Die Loire bei Balbigny, Loire, Frankreich.

1890 *Anodonta trinurcina* LOCARD, Contrib. Faune malac. franç., 14:26, 109. — Terra typica: [Frankreich].

1890 *Anodonta annesiaca* LOCARD, Contrib. Faune malac. franç., 14:28, 110. — Terra typica: See Annecy, Savoien, Frankreich.

1890 *Anodonta noeli* (BOURGUIGNAT & LOCARD) LOCARD, Contrib. Faune malac. franç., 14:29, 111. — Terra typica: [Frankreich].
1890 *Anodonta glossodes* LOCARD, Contrib. Faune malac. franç., 14:29, 112. — Terra typica: Brainans und Umgebung von Poligny, Jura, Frankreich.
1890 *Anodonta solmanica* LOCARD, Contrib. Faune malac. franç., 14:30, 113. — Terra typica: Le Solman in Villeneuve, Jura, Frankreich.
1890 *Anodonta cariosula* (ANCEY) LOCARD, Contrib. Faune malac. franç., 14:30, 114. — Terra typica: Kanal der Ille in Rennes, Ille-et-Vilaine, Frankreich.
1890 *Anodonta subquadrangulata* LOCARD, Contrib. Faune malac. franç., 14:31, 116. — Terra typica: Varennes-Saint-Sauveur, Saône-et-Loire, Frankreich.
1890 *Anodonta marsolinae* (BOURGUIGNAT) LOCARD, Contrib. Faune malac. franç., 14:32, 117. — Terra typica: Étang de Goven bei Rennes, Ille-et-Vilaine, Frankreich.
1890 *Anodonta dehonesta* (SERVAIN) LOCARD, Contrib. Faune malac. franç., 14:33, 119. — Terra typica: See von Grandlieu, Loire-Inférieure, Frankreich.
1890 *Anodonta pelecina* LOCARD, Contrib. Faune malac. franç., 14:33, 121. — Terra typica: [Frankreich].
1890 *Anodonta delicatula* (SERVAIN) LOCARD, Contrib. Faune malac. franç. 14:33, 122. — Terra typica: See von Grandlieu, Loire-Inférieure, Frankreich.
1890 *Anodonta catula* (COUTAGNE) LOCARD, Contrib. Faune malac. franç., 14:34, 123. — Terra typica: La Laignes, aux Riceys, Aube, Frankreich.
1890 *Anodonta siliquiformis* LOCARD, Contrib. Faune malac. franç., 14:34, 124. — Terra typica: [Frankreich].
1890 *Anodonta mansueta* (BOURGUIGNAT) LOCARD, Contrib. Faune malac. franç., 14:35, 126. — Terra typica: Étang de Beaureplet bei Saint-Saulge, Nièvre, Frankreich.
1890 *Anodonta issiodurensis* LOCARD, Contrib. Faune malac. franç., 14:36, 127. — Terra typica: Die Couze bei Issoire, Puy-de-Dôme, Frankreich.
1890 *Anodonta doeopsis* LOCARD, Contrib. Faune malac. franç., 14:36, 128. — Terra typica: [Frankreich].
1890 *Anodonta cadomensis* LOCARD, Contrib. Faune malac. franç., 14:38, 129. — Terra typica: [Frankreich].
1890 *Anodonta riqueti* (BOURGUIGNAT) LOCARD, Contr. Faune malac. franç., 14:38, 131. — Terra typica: [Frankreich].
1890 *Anodonta icana* (BOURGUIGNAT) LOCARD, Contrib. Faune malac. franç., 14:38, 132.— Terra typica: [Frankreich].
1890 *Anodonta marbozensis* LOCARD, Contrib. Faune malac. franç., 14:38, 133. — Terra typica: Marboz, Frankreich.
1890 *Anodonta pamboni* (PACÔME) LOCARD, Contrib. Faune malac. franç., 14:40, 134. — Terra typica: [Frankreich].
1890 *Anodonta perardua* LOCARD, Contrib. Faune malac. franç., 14:40, 136. — Terra typica: Le Suran in Saint-Julien, Jura, Frankreich.
1890 *Anodonta ponderiformis* LOCARD, Contrib. Faune malac., franç., 14:41, 137. — Terra typica: [Frankreich].
1890 *Anodonta aresta* LOCARD, Contrib. Faune malac. franç., 14:41, 137. — Terra typica: [Frankreich].
1890 *Anodonta brebissoni* LOCARD, Contrib. Faune malac. franç., 14:42, 139. — Terra typica: Condé-Folie, Somme, Frankreich.
1890 *Anodonta dinellina* (MABILLE) LOCARD, Contrib. Faune malac. franç., 14:43, 140. — Terra typica: La Rance in Dinan, Frankreich.
1890 *Anodonta lacannica* (BOURGUIGNAT) LOCARD, Contrib. Faune malac. franç., 14:46, 141. — Terra typica: La Canne in Saint-Saulge, Nièvre, Frankreich.
1890 *Anodonta carvalhopsis* LOCARD, Contrib. Faune malac. franç., 14:46, 142. — Terra typica: [Frankreich].
1890 *Anodonta popularis* (BOURGUIGNAT) LOCARD, Contrib. Faune malac. franç., 14:46, 144. — Terra typica: Le Beaureplat, Nièvre, Frankreich.

1890 *Anodonta vendeana* (SERVAIN) LOCARD, Contrib. Faune malac. franç., 14:46, 145. — Terra typica: Le Maine in Cholet, Maine-et-Loire, Frankreich.
1890 *Anodonta financei* LOCARD, Contrib. Faune malac. franç., 14:47, 146. — Terra typica: [Frankreich].
1890 *Anodonta divinita* (BOURGUIGNAT) LOCARD, Contrib. Faune. malac. franç., 14:47, 147. — Terra typica: Le Beaureplet bei Saint-Saulge, Nièvre, Frankreich.
1890 *Anodonta coenosella* (BOURGUIGNAT) LOCARD, Contrib. Faune malac. franç., 14:47, 148. — Terra typica: Le Beaureplet bei Saint-Saulge, Nièvre, Frankreich.
1890 *Anodonta spondea* (BOURGUIGNAT) LOCARD, Contrib. Faune malac. franç., 14:48, 149. — Terra typica: Die Loire in Nantes, Loire-Inférieure, Frankreich.
1890 *Anodonta sterra* (SERVAIN) LOCARD, Contrib. Faune malac. franç., 14:48, 150. — Terra typica: [Frankreich].
1890 *Anodonta thibauti* (SERVAIN) LOCARD, Contrib. Faune malac. franç., 14:48, 152. — Terra typica: Die Loire in Angers, Maine-et-Loire, Frankreich.
1890 *Anodonta alethinia* (BOURGUIGNAT) LOCARD, Contrib. Faune malac. franç., 14:49, 153. — Terra typica: L'Allier in Moulins, Allier, Frankreich.
1890 *Anodonta caletengis* LOCARD, Contrib. Faune malac. franç., 14:50, 154. — Terra typica: Die Seine von Rouen bis Havre, Seine-Inférieure, Frankreich.
1890 *Anodonta sigela* (BOURGUIGNAT) LOCARD, Contrib. Faune malac. franç., 14:51, 155.— Terra typica: See des Parks von Tête-d'Or in Lyon, Rhône, Frankreich.
1890 *Anodonta segnis* (BOURGUIGNAT) LOCARD, Contrib. Faune malac. franç., 14:52, 157. — Terra typica: Die Loire in Saumur, Maine-et-Loire, Frankreich.
1890 *Anodonta subinornata* (BOURGUIGNAT) LOCARD, Contrib. Faune malac. franç., 14:53, 158. — Terra typica: Die Ain in Brainans bei Poligny, Jura, Frankreich.
1890 *Anodonta blaca* (BOURGUIGNAT) LOCARD, Contrib. Faune malac. franç., 14:53, 159. — Terra typica: Die Saône in Neuville-sur-Saône, Rhône, Frankreich.
1890 *Anodonta ultronea* (BOURGUIGNAT) LOCARD, Contrib. Faune malac. franç., 14:53, 160. — Terra typica: Aulzey bei Saint-Saulge, Nièvre, Frankreich.
1890 *Anodonta obnixa* LOCARD, Contrib. Faune malac. franç., 14:53, 161. — Terra typica: Kanal der Rhône zum Rhein, Umgebung von Mülhausen, Frankreich.
1890 *Anodonta mitula* (BOURGUIGNAT) LOCARD, Contrib. Faune malac. franç., 14:54, 163. — Terra typica: Die Rhône in der Umgebung von Vienne, Nièvre, Frankreich.
1890 *Anodonta chresimella* (BOURGUIGNAT) LOCARD, Contrib. Faune malac. franç., 14:55, 164. — Terra typica: Die Saône in Rochetaillée, Frankreich.
1890 *Anodonta autriciaca* LOCARD, Contrib. Faune malac. franç., 14:55 [als *autricensis*], 165 [als *autriciaca*], 235 [als *antriciaca*]. — Terra typica: Die Eure in Chartres, Eure-et-Loire, Frankreich.
1890 *Anodonta pyrenaica* LOCARD, Contrib. Faune malac. franç., 14:55, 166. — Terra typica: Die Sare, Basses-Pyrénées, Frankreich.
1890 *Anodonta marconi* (BOURGUIGNAT) LOCARD, Contrib. Faune malac. franç., 14:55, 167. — Terra typica: Die Canne in Saint-Saulge, Nièvre, Frankreich.
1890 *Anodonta glischra* (BOURGUIGNAT) LOCARD, Contrib. Faune malac. franç., 14:57, 169. — Terra typica: Orsay bei Paris, Seine-et-Oise, Frankreich.
1890 *Anodonta philypna* (SERVAIN) LOCARD, Contrib. Faune malac. franç., 14:57, 170. — Terra typica: Die Loire in Saumur, Maine-et-Loire, Frankreich.
1890 *Anodonta marcida* (PÉCHAUD) LOCARD, Contrib. Faune malac. franç., 14:58, 171. — Terra typica: Die Nièvre in Lurcy, Nièvre, Frankreich.
1890 *Anodonta auboirica* (BOURGUIGNAT) LOCARD, Contrib. Faune malac. franç., 14:58, 172. — Terra typica: Die Auboir, Cher, Frankreich.
1890 *Anodonta indusiana* (BOURGUIGNAT) LOCARD, Contrib. Faune malac. franç., 14:59, 173. — Terra typica: Die Ain, Frankreich.
1890 *Anodonta aequorea* (BOURGUIGNAT) LOCARD, Contrib. Faune malac. franç., 14:60, 174. — Terra typica: Die Loire in Nevers, Nièvre, Frankreich.
1890 *Anodonta idrinopsis* LOCARD, Contrib. Faune malac. franç., 14:61, 177. — Terra typica: [Côte-d'Or, Frankreich].

1890 *Anodonta glabrella* (Bourguignat) Locard, Contrib. Faune malac. franç., 14:62, 176. — Terra typica: [Frankreich].

1890 *Anodonta jurana* Locard, Contrib. Faune malac. franç., 14:62, 178. — Terra typica: [Frankreich].

1890 *Anodonta invicta* Locard, Contrib. Faune malac. franç., 14:63, 179. — Terra typica: Kanal von der Rhône zum Rhein, Umgebung von Mülhausen, Frankreich.

1890 *Anodonta burgundina* Locard, Contrib. Faune malac. franç., 14:63, 180. — Terra typica: [Frankreich].

1890 *Anodonta thanorella* (Bourguignat) Locard, Contrib. Faune malac. franç., 14:63, 182. — Terra typica: Die Mouge in Laizé, Frankreich.

1890 *Anodonta trianguliformis* (Bourguignat) Locard, Contrib. Faune malac. franç., 14:64, 183. — Terra typica: Die Somme in Abbeville, Somme, Frankreich.

1890 *Anodonta sourbieui* (Bourguignat) Locard, Contrib. Faune malac. franç., 14:64, 184. — Terra typica: [Frankreich].

1890 *Anodonta bisuntiensis* Locard, Contrib. Faune malac. franç., 14:66, 185. — Terra typica: [Frankreich].

1890 *Anodonta merularum* (Bourguignat) Locard, Contr. Faune malac. franç., 14:66, 187. — Terra typica: Merles-Bäche in Aulezy und Saint-Maurice bei Saint-Saulge, Nièvre, Frankreich.

1890 *Anodonta mitis* (Bourguignat & Péchaud) Locard, Contrib. Faune malac. franç., 14:66, 188. — Terra typica: La Canne in Saint-Saulge und Saint-Maurice, Nièvre, Frankreich.

1890 *Anodonta pygmaea* (Bourguignat) Locard, Contrib. Faune malac. franç., 14:66, 189. — Terra typica: Montpas bei Saint-Saulge, Nièvre, Frankreich.

1890 *Anodonta foedata* (Servain) Locard, Contrib. Faune malac. franç., 14:67, 190. — Terra typica: La Maine in Cholet, Maine-et-Loire, Frankreich.

1890 *Anodonta ovularis* (Bourguignat) Locard, Contrib. Faune malac. franç., 14:67, 191. — Terra typica: Gigny, Jura, Frankreich.

1890 *Anodonta fastigata* (Bourguignat & Péchaud) Locard, Contrib. Faune malac. franç., 14:67, 193. — Terra typica: [Frankreich].

1890 *Anodonta suranica* (Bourguignat) Locard, Contrib. Faune malac. franç., 14:68, 194. — Terra typica: Die Suran in Saint-Jullien, Jura, Frankreich.

1890 *Anodonta inaequabilis* (Bourguignat) Locard, Contrib. Faune malac. franç., 14:69, 195. — Terra typica: [Frankreich].

1890 *Anodonta montapasi* (Bourguignat & Péchaud) Locard, Contrib. Faune malac. franç., 14:69, 196. — Terra typica: Die Aron in Montapas, Nièvre, Frankreich.

1890 *Anodonta gibbosula* (Bourguignat) Locard, Contrib. Faune malac. franç., 14:69, 197. — Terra typica: La Canne in Saint-Saulge, Nièvre, Frankreich.

1890 *Anodonta invenusta* (Bourguignat) Locard, Contrib. Faune malac. franç., 14:72, 198. — Terra typica: [Schweiz oder Frankreich].

1890 *Anodonta unioniformis* Locard, Contrib. Faune malac. franç., 14:72, 200. — Terra typica: Die Suran in Saint-Jullien, Jura, Frankreich.

1890 *Anodonta manculopsis* Locard, Contrib. Faune malac. franç., 14:72, 201. — Terra typica: [Frankreich].

1890 *Anodonta ripariopsis* Locard, Contrib. Faune malac. franç., 14:72, 202. — Terra typica: [Frankreich].

1890 *Anodonta nanusopsis* Locard, Contrib. Faune malac. franç., 14:72, 203. — Terra typica: [Frankreich].

1890 *Anodonta indetrita* Locard, Contrib. Faune malac. franç., 14:73, 204. — Terra typica: [Frankreich].

1890 *Anodonta marioni* (Coutagne) Bourguignat in Locard, Contrib. Faune malac. franç., 14:73, 206. — Terra typica: Le Bras-Mort, linkes Ufer der Rhône, gegenüber von Aramon, Gard, Frankreich.

1890 *Anodonta callosaeformis* (Servain) Locard, Contrib. Faune malac. franç., 14:75, 207. — Terra typica: [Frankreich].

1890 *Anodonta deperetiana* LOCARD, Contrib. Faune malac. franç., **14**:76, 208. — Terra typica: Die Tech, südl. Perpignan, Pyrénées-Orientales, Frankreich.
1890 *Anodonta avenionensis* LOCARD, Contrib. Faune malac. franç., **14**:76, 209. — Terra typica: Die Rhône bei Avignon, Vaucluse, Frankreich.
1890 *Anodonta perrieri* LOCARD, Contrib. Faune malac. franç., **14**:77, 210. — Terra typica: [Frankreich].
1890 *Anodonta meridionalis* LOCARD, Contrib. Faune malac. franç., **14**:77, 211. — Terra typica: [Frankreich].
1890 *Anodonta circulus* (BOURGUIGNAT) LOCARD, Contrib. Faune malac. franç., **14**:77, 213. — Terra typica: [Frankreich].
1890 *Anodonta mea* (BOURGUIGNAT) LOCARD, Contrib. Faune malac. franç., **14**:78, 214. — Terra typica: Die Seine bei Poissy, Seine-et-Oise, Frankreich.
1890 *Anodonta pentagona* LOCARD, Contrib. Faune malac. franç., **14**:78, 215. — Terra typica: [Frankreich].
1890 *Anodonta rotula* (SERVAIN) LOCARD, Contrib. Faune malac. franç., **14**:78, 216. — Terra typica: [Frankreich].
1890 *Anodonta labelliformis* LOCARD, Contrib. Faune malac. franç., **14**:79, 217. — Terra typica: Die Seine nördl. Rouen und bei Orival, Seine-Inférieure, Frankreich.
1890 *Anodonta maristorum* (BOURGUIGNAT) LOCARD, Contrib. Faune malac. franç., **14**:79, 219. — Terra typica: Die Saône in Neuville-sur-Saône, Frankreich.
1890 *Anodonta rothomagensis* LOCARD, Contrib. Faune malac. franç., **14**:79, 220. — Terra typica: [Die Seine, Frankreich].
1890 *Anodonta gabatiformis* LOCARD, Contrib. Faune malac. franç., **14**:79, 221. — Terra typica: Die Loire, Umgebung von Nantes, Loire-Inférieure, Frankreich.
1890 *Anodonta nicolloni* LOCARD, Contrib. Faune malac. franç., **14**:81, 222. — Terra typica: [Frankreich].
1890 *Anodonta nitefacta* LOCARD, Contrib. Faune malac. franç., **14**:81, 223. — Terra typica: [Frankreich].
1890 *Anodonta alsatica* LOCARD, Contrib. Faune malac. franç., **14**:84, 225. — Terra typica: Kanal von der Rhône zum Rhein, Umgebung von Mülhausen, Frankreich.
1890 *Anodonta orivalensis* LOCARD, Contrib. Faune malac. franç., **14**:85, 226. — Terra typica: Die Seine in Orival, Seine-Inférieure, Frankreich.
1890 *Anodonta ataxiaca* BAICHÈRE, Bull. Soc. malacol. France, Paris, **7**:129. — Terra typica: Jouarres, Aude, Frankreich.
1891 *Anodonta culoxiana* NICOLAS, Mém. Acad. Vaucluse, Avignon, **9**:139; Taf. 1, Fig. 1—2. — Terra typica: Rhône-Fluß, Frankreich.
1891 *Anodonta suevica* KOBELT, Iconogr. Land-Süßw.-Moll., (2) **4**:199; Taf. 120, Fig. 715. — Terra typica: Flüßchen Aich, Zufluß des Neckars bei Grätzingen, Deutschland.
1891 *Anodonta borealis* KOBELT, Iconogr. Land-Süßw.-Moll., (2) **4**:199; Taf. 120, Fig. 716. — Terra typica: Flüßchen Ochta, Nebenfluß der Newa, Rußland.
1892 *Anodonta recurvirostris* KOBELT, Iconogr. Land-Süßw.-Moll., (2) **6**:47; Taf. 159, Fig. 1031. — Terra typica: Kraiger See, Kärnten, Österreich.
1892 *Anodonta gallensteini* KOBELT, Iconogr. Land-Süßw.-Moll., (2) **6**:47; Taf. 160, Fig. 1032. — Terra typica: Gosselsdorfer See, Kärnten, Österreich.
1892 *Anodonta graeca* DROUET, J. de Conch., Paris, **40**:90. — Terra typica: Kopais-See, Griechenland.
1892 *Anodonta quellenneci* DROUET, J. de Conch., Paris, **40**:91. — Terra typica: Kopais-See, Griechenland.
1892 *Anodonta lepida* DROUET, J. de Conch., Paris, **40**:92. — Terra typica: Kopais-See, Griechenland.
1892 *Anodonta lhotelleri* DROUET, J. de Conch., Paris, **40**:92. — Terra typica: Flüßchen Kleine Nethe bei Herenthal, Belgien.
1893 *Anodonta (Pseudanodonta) discoidea* DROUET, J. de Conch., Paris, **41**:46. — Terra typica: Flüßchen Aaron bei Decize, Nièvre, Frankreich, Loire-Gebiet.

1893 *Anodonta baudoniana* DROUET, J. de Conch., Paris, **41**:49. — Terra typica: Granges-sur-Aube, Frankreich.

1893 *Anodonta planulata* DROUET, J. de Conch., Paris, **41**:48. — Terra typica: Kuopio, Finnland.

1893 *Anodonta viridiflava* DROUET, J. de Conch., Paris, **41**:48. — Terra typica: Kuopio, Finnland.

1893 *Anodonta macella* DROUET, J. de Conch., Paris, **41**:173. — Terra typica: Der Herrsjö bei Ronneby, Schweden.

1893 *Anodonta lanceolata* DROUET, J. de Conch., Paris, **41**:173. — Terra typica: Der Emmahultsjö, Schweden.

1893 *Anodonta limbata* DROUET, J. de Conch., Paris, **41**:174. — Terra typica: Skara, Schweden.

1893 *Anodonta laevigata* DROUET, J. de Conch., Paris, **41**:175. — Terra typica: Mälar-See, Schweden.

1893 *Anodonta retziana* DROUET, J. de Conch., Paris, **41**:175. — Terra typica: Schweden.

1893 *Anodonta gregalis* DROUET, J. de Conch., Paris, **41**:176. — Terra typica: Schweden,

1893 *Anodonta aeneolina* DROUET, J. de Conch., Paris, **41**:177. — Terra typica: Der Ringssjö, Schweden.

1893 *Anodonta pulchella* DROUET, J. de Conch., Paris, **41**:177. — Terra typica: Löjsta. Gotland, Schweden.

1893 *Anodonta fuliginea* DROUET, J. de Conch., Paris, **41**:178. — Terra typica: Der Längasjö bei Ronneby, Schweden.

1893 *Anodonta latirostris* DROUET, Mém. Acad. Dijon, **4**:164; Taf. 1, Fig. 8. — Terra typica: Flüßchen Tordera bei Tordera, Provinz Gerona, Spanien.

1893 *Anodonta mollis* DROUET, Mém. Acad. Dijon, **4**:165; Taf. 2, Fig. 7. — Terra typica: Umgegend von Valencia, Spanien.

1893 *Anodonta adusta* DROUET, Mém. Acad. Dijon, **4**:170; Taf. 1, Fig. 3. — Terra typica: Albufera de Valencia, Spanien.

1893 *Anodonta glaucina* DROUET, Mém. Acad. Dijon, **4**:172; Taf. 1, Fig. 1. — Terra typica: Fluß bei Tuy, Spanien.

1893 *Anodonta prasina* DROUET, Mém. Acad. Dijon, **4**:173; Taf. 2, Fig. 9. — Terra typica: Fluß Támega, Spanien.

1893 *Anodonta nobilis* DROUET, Mém. Acad. Dijon, **4**:174; Taf. 1, Fig. 5. — Terra typica: Albufera de Valencia, Spanien.

1893 *Anodonta valentina* DROUET, Mém. Acad. Dijon, **4**:177; Taf. 2, Fig. 3. — Terra typica: See von Almenara, Provinz Castellon de la Plana, Spanien.

1893 *Anodonta emacerata* DROUET, Mém. Acad. Dijon, **4**:178; Taf. 2, Fig. 1. — Terra typica: Albufera de Valencia, Spanien.

1895 *Anodonta cilicica* ROLLE & KOBELT, Iconogr. Land-Süßw.-Moll., (2) Suppl. **1**:24; Taf. 7a, Fig. 1. — Terra typica: Flüßchen Aleija-küs, nördlich von Tarsus, Zilizien, Kleinasien.

1895 *Anodonta simulans* DROUET, J. de Conch., Paris, **43**:37. — Terra typica: See von Caldonazzo, Italien.

1896 *Anodonta sogdiana* KOBELT, Nachr.Bl. dtsch. malak. Ges., Frankfurt a. M., **28**:102. — Terra typica: Serafschan, nahe Buchara, Turkestan.

1897 *Anodonta bactriana* ROLLE in KOBELT, Iconogr. Land-Süßw.-Moll., (2) **8**:41; Taf. 222, Fig. 1418—1419. — Terra typica: Serafschan bei Buchara, Turkestan.

1898 *Anodonta feddersenі* WESTERLUND, Acta Soc. fenn. Fauna Flora, Helsinki, **13**:179. — Terra typica: Dänemark.

1898 *Anodonta goesi* WESTERLUND, Acta Soc. fenn. Fauna Flora, Helsinki, **13**:188. — Terra typica: Schweden.

1898 *Anodonta anura* WESTERLUND, Acta Soc. fenn. Fauna Flora, Helsinki, **13**:197. — Terra typica: Schweden.

1899 *Anodonta apala* LOCARD, Arch. Mus. Hist. nat. Lyon, **7**:265. — Terra typica: Tal des Flusses Vouga bei Fermantellos, Portugal.

1899 *Anodonta pelophila* LOCARD, Arch. Mus. Hist. nat. Lyon, **7**:268. — Terra typica: Vallas de Fontanelles, Portugal.

1899 *Anodonta simoesi* LOCARD, Arch. Mus. Hist. nat. Lyon, **7**:272. — Terra typica: Vallas de Montego, Portugal.

1899 *Anodonta portensis* LOCARD, Arch. Mus. Hist. nat. Lyon, **7**:281. — Terra typica: Leça-Fluß bei Porto, Portugal.

1899 *Anodonta leprosa* LOCARD, Arch. Mus. Hist. nat. Lyon, **7**:284. — Terra typica: Fluß Tamega bei Chaves, Portugal.

1899 *Anodonta retteri* DROUET, J. de Conch., Paris, **47**:402; Abb. 1. — Terra typica: Samarkand, Turkestan.

1903 *Anodonta chivoti* GERMAIN, Bull. Soc. Sci. nat. Ouest, Angers, (2) **3**:325. — Terra typica: Flüßchen Couasnon, nahe Angers, Frankreich.

1904 *Anodonta bouvieri* ROCHEBRUNE, Bull. Mus. Hist. nat., Paris, **9**:391. — Terra typica: Charente, Frankreich.

1905 *Anodonta falcata* forma *fluviatica* ROSEN, Nachr.Bl. dtsch. malak. Ges., Frankfurt a. M., **37**:63. — Terra typica: Bergfluß Psekups, Kaukasus.

1907 *Anodonta cygnea* var. *thaanumi* SCHLESCH, Ann. Soc. roy. malac., Bruxelles, **42**:161. — Kopenhagen, Dänemark.

1908 *Anodonta piscinalis* var. *portulana* KOBELT, Beitr. Kenntn. mitteleurop. Najadeen (Beilage Nachr.Bl. dtsch. malak. Ges., Frankfurt a. M., No. 1): 6. — Terra typica: Mainhafen, Frankfurt a. M.

1911 *Anodonta piscinalis transsylvanica* HAAS in KOBELT, Iconogr. Land-Süßw.-Moll., (2) **17**:50; Taf. 473, Fig. 2541; Taf. 474, Fig. 2542. — Terra typica: Zibin-Fluß bei Hermannstadt, Siebenbürgen.

1912 *Anodonta seisanensis* KOBELT, Iconogr. Land-Süßw.-Moll., (2) **18**:12; Taf. 486, Fig. 2588, 2588a. — Terra typica: Seisan-Noor, Turkestan.

1912 *Anodonta anatina* var. *circularis* HILBERT, Schr. physik-ökon. Ges. Königsberg, (1911) **52**:270. — Terra typica: Ostpreußen.

1913 *Anodonta (cyrea* var.*) samarkandensis* KOBELT, Iconogr. Land-Süßw.-Moll., (2) **19**:58; Taf. 539, Fig. 2761. — Terra typica: Samarkand, Turkestan.

1913 *Anodonta cellensis* var. *selengensis* W. DYBOWSKI, Ann. Mus. zool. Acad., imp. Sci. St. Pétersbourg, **17** (1912):213; Taf. 5, Fig. 33. — Terra typica: Mündung der Sielenga, Ost-Sibirien.

1913 *Anodonta complanata* var. *sorensiana* W. DYBOWSKI, Ann. Mus. zool. Acad. imp. Sci. St. Pétersbourg, **17** (1912):214; Taf. 6, Fig. 34. — Terra typica: Bolschoi-sor, Ost-Sibirien.

1913 *Anodonta piscinalis* var. *sorica* W. DYBOWSKI, Ann. Mus. zool. Acad. imp. Sci. St. Pétersbourg, **17** (1912):215; Taf. 7, Fig. 35. — Terra typica: Fluß Sielenga, Ost-Sibirien.

1913 *Anodonta nova* B. DYBOWSKI, Ann. Mus. zool. Acad. imp. Sci. St. Pétersbourg, **17** (1912):215; Taf. 7, Fig. 36. — Terra typica: Ust-Sielenga, Ost-Sibirien.

1914 *Anodonta anatina* var. *raddei* ROSEN, Mitth. Kaukas. Mus. Tiflis, **6**:33. — Terra typica: Kaukasus.

1923 *Anodonta waterstoni* TOMLIN, J. of Conch., London, **17**:68, Abb. (S. 69). — Terra typica: Beschik-See bei Salonika, Griechenland.

1926 *Anodonta jesseni* SCHLESCH, Arch. Moll.-Kunde, Frankfurt a. M., **58**:40. — Terra typica: Flüßchen Krusau, Schleswig.

1935 *Anodonta cygnea* var. *armeniaca* OVTSCHINNIKOV, Arch. Moll.-Kunde, Frankfurt a.M., **67**:55; Taf. 5. — Terra typica: Aiger-litsch-See und dessen Abfluß, Russisch-Armenien.

1938 *Anodonta piscinalis* var. *volgensis* SHADIN, Faune de l'USSR, Moll., Unionidae: 126; Abb. 43. — Terra typica: Wolga-Fluß bei Bratski.

1938 *Anodonta anatina* var. *petshorica* SHADIN, Faune de l'USSR, Moll., Unionidae: 129; Abb. 44. — Terra typica: Petschora-Fluß, USSR.

1938 *Anodonta anatina* var. *lenae* SHADIN, Faune de l'USSR, Moll., Unionidae: 129; Abb. 45. — Terra typica: Lena-Fluß, Sibirien.

1939 *Anodnota cygnea* var. *tenuis* MODELL, Arch. Moll.-Kunde, Frankfurt a. M., 71:20; Taf. 5, Fig. 5—6. Terra typica: Fluß Würm, Ober-Bayern.

1939 *Anodonta cygnea* var. *typica* MODELL, Arch. Moll.-Kunde, Frankfurt a. M., 71:20; Taf. 3, Fig. 1. — Terra typica: Staltacher See, Ober-Bayern.

1939 *Anodonta cygnea* var. *crassa* MODELL, Arch. Moll.-Kunde, Frankfurt a. M., 71:20; Taf. 3, Fig. 3. — Terra typica: Graben zwischen Fohn- und Großem Ostersee, Ober-Bayern.

1945 *Anodonta cellensis* var. *micheli* MODELL, Jena. Z. Med. Naturw., 78:37; Abb. 26. — Terra typica: Dnjepr-Fluß bei Kiew, USSR.

Diagnosis: Schale rundlich eiförmig, ungeschnäbelt, bis lang ausgezogen und geschnäbelt, zusammengepreßt bis aufgeblasen, dünnschalig bis mäßig festschalig. Wirbel niedrig, ziemlich mittelständig bis fast vorderständig, ihre Skulptur besteht aus niedrigen, gewellten Schleifen. Area niedrig bis sehr niedrig, mit undeutlicher äußerer Arealkante. Hinterer Oberrand absteigend, meist eingedrückt. Unterrand von sanft geschwungen bis fast gerade. Hinterende undeutlich zweigewinkelt. Schloß völlig zahnlos; hinten unter Umständen Andeutungen von Claustren. Wirbelhöhlen wenig bis mittel tief. Perlmutter blaß bläulich. — Maße: 35—225 mm, Höhe 25—112 mm, Dicke 19—60 mm.

Bemerkungen: Aus der oben gebrachten Beschreibung dieser Art geht ohne weiteres ihre schier unglaubliche Formveränderlichkeit hervor. Es sind ungefähr 400 Namen im Schrifttum, die alle auf Varietäten von *cygnea* geprägt sind. Die Frage, ob sie alle in der Tat auf *cygnea* bezogen werden müssen, ist noch nicht einwandfrei beantwortet. Sollte sich *cygnea* wirklich aus mehreren Komponenten zusammensetzen, dürfte deren Anzahl wesentlich geringer sein als die oben genannten 400 Formen! Jüngere Forschungen haben drei bis vier Arten für den *cygnea*-Komplex angenommen, *cygnea* s. str., *anatina*, *zellensis* und *piscinalis*. Mit den genannten Namen verbinden sich in der Tat erkennbare Schalenformen; indessen hat noch niemand den einwandfreien Beweis gebracht, daß diese Ausbildungsformen genotypisch geprägt sind und nicht nur phänotypische Anpassungen an bestimmte Umweltsbedingungen darstellen. Für die zweite Möglichkeit spricht vor allem die Tatsache, daß die genannten fünf „Arten“ alle auf bestimmte Umweltsbedingungen beschränkt sind und daß, was in meinen Augen besonders wichtig ist, ihre Jugendformen nicht unterscheidbar sind. Aus diesem Grunde ziehe ich vor, bis bessere Beweise vorliegen, eine einzige und höchst variable Art *cygnea* anzuerkennen. Als biotop-gebunden betrachte ich:

1. die Teichphase: Lebt in stillem, wenig bewegtem Wasser und in tiefem Schlamm auf festem Untergrunde (Kies etc.). Dies dürfte das Optimum der Lebensbedingungen sein, und hier entwickeln sich die gleichmäßig in allen Dimensionen gewachsenen Riesenformen, typische *cygnea*;

2. die Grabenphase: Unter diesem Namen verstehe ich die Formen von Gewässern, die stark an Teiche erinnern, meistens aber kleiner sind und die einen Untergrund von tiefem Schlamme auf weicher Unterlage haben. Dies ist der Biotop der *zellensis*-Form, die ebenfalls fast optimal ausgebildet ist, sich von typischer *cygnea* aber durch langgestrecktere Gestalt und etwas größere Aufgeblasenheit auszeichnet;

3. die Stromphase: Lebt in ruhig fließenden Flüssen mit dünn-kiesigem Untergrunde. Hier entwickelt sich die Mittelform, die gleich weit von beiden Extremen entfernt ist, die *piscinalis*-Form mit etwas dickerer Schale und kürzerer Umrißform;

4. die Bachphase: Lebt in stark bewegten kleineren Gewässern, mit grobkiesigem Untergrunde und allgemein wenig günstigen Lebensbedingungen. Die Heimat der *anatina*-Form, der kleinsten bestehenden, mit meist dünnen und zusammengepreßten Schalen;

5. die Seephase: Lebt in wellenbewegten Gebirgsseen mit oft tiefem Schlamme. Hier entwickeln sich die langgeschnäbelten, dünnschaligen Formen, denen verschiedene Namen gegeben worden sind, wie *lacustrina*;

6. die *Colletopterum*-Phase: Über sie ist wenig bekannt. Sie ist der Ort, an dem *Anodonta cygnea* Symphinotie und Claustren ausbildet. Derartige Formen sind von einer ganzen Reihe von Fundorten bekannt, die alle mehr oder weniger seeartigen Charakter gemeinsam haben. Die ursprünglichen vier *Colletopterum*-Arten waren von Bourguignat aus Donau-Altwässern in Rumänien beschrieben worden; obwohl nicht ausdrücklich erwähnt, ist bestimmt anzunehmen, daß die betreffenden Gewässer seeartig waren; dafür spricht die Eigenart der übrigen Fundorte, von denen *Colletopterum*-artige Anodonten bekannt sind: Der Plattensee in Ungarn, der Beschik-See bei Saloniki in Griechenland und die Albufera de Valencia in Spanien.

Genau betrachtet sind die Besonderheiten der *Colletopterum*-artigen *Anodonta cygnea* nur Andeutungen von Eigenschaften, die bei der Anodontinen-Gattung *Cristaria* gattungsbeständig geworden und viel stärker ausgeprägt sind: hintere, gelegentlich auch vordere Symphinotie und Ausbildung von Claustren am hinteren Oberrande. Wenn auch eine Erklärung dieser eigenartigen Erscheinung noch nicht möglich ist, so ist die Tatsache an und für sich höchst reizvoll, wirft sie doch ein gewisses Licht auf die Art und Weise, wie sich die Gattung *Cristaria* entwickelt hat.

Die Frage, ob alle europäischen Anodonten zur Art *cygnea* gehören, ist kürzlich (1953) von Mitchell & Pitchford zugunsten einer Zweiheit, mit *A. anatina* als zweiter Art, entschieden worden. Die Verfasser stützen ihre Ansicht auf ihre Ergebnisse ihrer Wassermilbenfunde in Anodonten. Sie glauben gefunden zu haben, daß einige dieser Hydrachniden artspezifisch an eine und dieselbe Art gebunden sind, obwohl sie selbst Ausnahmen dieser Regel berichten; außerdem dürfte es schwerfallen, zu entscheiden, ob eine vorliegende Muschel wirklich artlich von *A. cygnea* getrennt zu werden verdient.

Verbreitung: Die gesamte paläarktische Region einschließlich der Lena in Sibirien; die genaue Ost-Grenze ist unbekannt, einige der aus dem östlichen Sibirien beschriebenen „Arten" mögen noch zur Art *cygnea* im weitesten Sinne gehören.

2. Anodonta (Anodonta) beringiana Middendorff

1851 *Anodonta cellensis* var. *beringiana* Middendorff, Sibir. Reise, 2:124; Taf. 28, Fig. 4—7; Taf. 29, Fig. 1—4. — Terra typica: Lopatka, das südliche Ende Kamtschatkas; Insel Unalaschka und Küste des Kenaibusens, an der Nordwestküste Amerikas.

1938 *Anodonta beringiana* var. *suifunensis* Shadin, Faune de l'USSR, Moll. Uniodidae: 132; Abb. 48. — Terra typica: Bochji-See, Gebiet des Suifun-Flusses, Ussuri-Gebiet.

1938 *Anodonta beringiana* var. *taranetzi* SHADIN, Faune de l'USSR, Moll. Unionidae: 133; Abb. 49. — Terra typica: See im Gebiete des Tymj-Flusses, Sachalin.

Diagnosis: Schale etwas verlängert, unregelmäßig eiförmig, ungleichseitig, sehr dünnschalig, mit niederer, gebogener Area. Wirbel niedrig und etwas zusammengepreßt, aber der anstoßende Schalenteil ist aufgeblasen; Wirbelskulptur aus fast geraden, mit der Schloßlinie fast gleichlaufenden Falten bestehend. Konchinschicht olivengrün wenn jung, dunkelgrün oder schwärzlich im Alter. Perlmutter bläulich. — Maße: Länge 140—155 mm, Höhe 75—80 mm, Dicke 50—52 mm.

Bemerkungen: Diese mir unbekannte Art dürfte noch der Gruppe von *A. cygnea* angehören, vielleicht selbst mit ihr identisch sein. Ihr Vorkommen in Nord-Amerika ist nicht ganz sicher; es könnte sich bei dortigen Fundort-Angaben um eine der nahestehenden nordamerikanischen *Anodonta*-Arten handeln.

Verbreitung: Kamtschatka und Alaska.

3. Anodonta (Anodonta) oregonensis LEA

1838 *Anodonta oregonensis* LEA, Trans. amer. philos. Soc., Philadelphia, 6:80; Taf. 21, Fig. 67. — Terra typica: Wahlamat-Fluß nahe der Mündung in den Columbia-Fluß, Oregon.

1838 *Anodonta wahlamatensis* LEA, Trans. amer. philos. Soc., Philadelphia, 6:78; Taf. 20, Fig. 64. — Terra typica: Wahlamat-Fluß nahe der Mündung in den Columbia-Fluß, Oregon.

1838 *Anodonta nuttalliana* LEA, Trans. amer. philos. Soc., Philadelphia, 6:77; Taf. 20, Fig. 62. — Terra typica: Wahlamat-Fluß nahe der Mündung in den Columbia-Fluß, Oregon.

1850 *Anodonta cognata* GOULD, Proc. Boston Soc. nat. Hist., 3:294. — Terra typica: Nisqually und bei Fort Vancouver, Washington.

1855 *Anodonta rotundovata* TRASK, Proc. calif. Acad. Sci., San Francisco, 1:29. — Terra typica: Teiche im Tale des Sacramento-Flusses, Kalifornien.

1855 *Anodonta triangularis* TRASK, Proc. calif. Acad. Sci., San Francisco, 1:27. — Terra typica: Sacramento-Fluß, Kalifornien.

1860 *Anodonta kennerlyi* LEA, Proc. Acad. nat. Sci. Philadelphia, 4:306. — Terra typica: Chiloweyuck am Puget Sound, Washington.

1867 *Anodon rostratus* SOWERBY, Conch. Icon., 17: Taf. 2, Fig. 4. — Terra typica: „Lao".

1867 *Anodonta youconensis* LEA, Proc. Acad. nat. Sci. Philadelphia, 11:81. — Terra typica: Oberer Yukon-Fluß, Alaska.

1870 *Anodonta youkanensis* LEA, J. Acad. nat. Sci. Philadelphia, 6:287; Taf. 40, Fig. 99. — (Nomen substitutum pro *A. youconensis* LEA 1867.)

1891 *Anodonta laosensis* FISCHER, Bull. Soc. Hist. nat. Autun: 219. — Terra typica: ..Laos, Südost-Asien".

1891 *Anodonta nuttaliana* var. *idahoensis* HEMPHILL, Zoe, San Francisco, 1:328; Taf. 10, Fig. 3—4. — Terra typica: Spokane-Fluß oberhalb der Post Fälle, Idaho.

Diagnosis: Schale sehr formveränderlich, typisch etwas rautenförmig, vorn verschmälert, dünnschalig bis mäßig dick, etwas aufgeblasen bis zusammengedrückt, mit Area von wechselnder Höhe; der hintere Oberrand bildet mit dem Hinterrand einen mehr oder weniger ausgesprochenen Winkel. Wirbel zusammengepreßt, niedrig, ihre Skulptur besteht aus ziemlich feinen, gerunzelten, gleichlaufenden Fältchen, die Prodissokonche ist oft sehr deutlich abgesetzt. Konchinschicht von wechselnder Farbe, von hellgrün bis fast schwarz, wenig glänzend, selten gestrahlt. Perlmutter bläulich weiß, nicht sehr schillernd. — Maße: Länge 70—114 mm, Höhe 47—62 mm, Dicke 27—35 mm.

Bemerkungen: Das gemeldete Vorkommen dieser Art in Kamtschatka bezieht sich wohl bestimmt auf *Anodonta beringiana*, die dieser Art ja sehr nahesteht. — *Anodonta oregonensis* LEA vertritt im westlichen Nord-Amerika die paläarktische *Anodonta cygnea*, mit der sie die Vielgestaltigkeit teilt, aber deren Größen-Maximum sie nie erreicht. — Mit meiner Synonymie dieser Art stehe ich im Gegensatz zu den amerikanischen Forschern, die mindestens sieben verschiedene Arten in dieser Gruppe annehmen; meine Erfahrungen an europäischen Anodonten haben mir aber gezeigt, welche Verschiedenheit, unter verschiedenen Lebensbedingungen, die Schale einer einzigen Art annehmen kann.

Verbreitung: Pazifische Ströme der Westküste von Nord-Amerika von Alaska an bis Süd-Kalifornien; angeblich auch in Kamtschatka.

4. Anodonta (Anodonta) marginata SAY

1817 *Anodonta marginata* SAY in NICHOLSON, Encyclopedia, Artikel Conchology, 2. Ausgabe: Taf. 3, Fig. 5. — Terra typica: Nicht angegeben.

1819 *Anodonta fragilis* LAMARCK, Anim. sans Vert., **6**:85. — Terra typica: Seen auf Neufundland.

1857 *Anodonta lacustris* LEA, Proc. Acad. nat. Sci. Philadelphia, **1**:84. — Terra typica: Crooked Lakes und Little Lake, New York.

1865 *Anodon flava* ANTHONY, Amer. J. Conch., Philadelphia, **1**:160; Taf. 14, Fig. 3. — Terra typica: Michigan.

1865 *Anodon glandulosa* ANTHONY, Amer. J. Conch., Philadelphia, **1**:163; Taf. 16, Fig. 3. — Terra typica: Michigan.

1865 *Anodon pallida* ANTHONY, Amer. J. Conch., Philadelphia, **1**:162; Taf. 15, Fig. 3. — Terra typica: Michigan.

1865 *Anodon irisans* ANTHONY, Amer. J. Conch., Philadelphia, **1**:163; Taf. 16, Fig. 2. — Terra typica: Bostwick's See, Michigan.

1867 *Anodonta subcarinata* CURRIER, Amer. J. Conch., Philadelphia, **3**:113; Taf. 6, Fig. 5. — Terra typica: Pentwater, Oceana Co., Michigan.

1867 *Anodon hordeum* SOWERBY, Conch. Icon., **17**, *Anodon:* Taf. 17, Abb. 66. — Terra typica: Nicht angegeben.

1867 *Anodon subcylindracea* SOWERBY, Conch. Icon., **17**, *Anodon:* Taf. 15, Fig. 47a. — Terra typica: Oak Orchard Creek, New Orleans, U.S.A.

1867 *Anodon pholadiformis* SOWERBY, Conch. Icon., **17**, *Andon:* Taf. 27, Fig. 106. — Terra typica: Montreal, Kanada.

Diagnosis: Schale lang elliptisch oder lang eiförmig, leicht aufgeblasen, ungleichseitig, dünnschalig. Wirbel etwas erhoben, leicht zusammengepreßt bis ziemlich voll; ihre Skulptur besteht aus unregelmäßigen, feinen, etwas zweigeschlungen und oft welligen Fältchen. Eine zweite Arealkante ist angedeutet; sie enden am Unterrande in gerundetem oder leicht doppelwinkligem Punkte. Schalenfläche oft mit zu Wülsten erhobenen Zuwachsstreifen. Konchinschicht olivgrau bis bräunlich, selten leicht gestrahlt. Perlmutter stumpf silberfarben. — Maße: Länge 85—132 mm, Höhe 40—65 mm, Dicke 30—43 mm.

Bemerkungen: Die drei letzten Synonyme, alle von SOWERBY stammend, sind unter Vorbehalt hierher gestellt worden; ihre Deutung ist zweifelhaft.

Verbreitung: Gebiet des Sankt-Lorenz-Stromes.

5. Anodonta (Anodonta) vescoiana BOURGUIGNAT

1857 *Anodonta vescoiana* BOURGUIGNAT, Aménités malac., **2**:34; Taf. 1, Fig. 1—2. — Terra typica: Umgebung von Konieh, Türkei.
1874 *Anodonta vescoiana* var. *mesopotamica* MOUSSON, J. de Conch., Paris, **22**:51. — Terra typica: Tigris bei Bagdad.
1874 *Anodonta schlaeflii* MOUSSON, J. de Conch., Paris, **22**:31. — Terra typica: Nieder-Mesopotamien.
1939 *Anodonta (Euphrata) bahlikiana* PALLARY, Mém. Inst. Égypte, **39**:121; Taf. 7, Fig. 1. — Terra typica: Fluß Nahr Bahlik, 4 km von seiner Quelle entfernt, Syrien.

Diagnosis: Schale unregelmäßig, elliptisch, sehr aufgeblasen, dünnschalig, fast gleichseitig; Wirbel groß, voll und ziemlich erhöht. Hinterer Oberrand und Hinterrand stoßen in einem Winkel zusammen. Area niedrig. Vorderende und Unterrand gerundet. Konchinschicht grünlich grau. Perlmutter bläulichweiß, schillernd. — Maße: Länge 86—135 mm, Höhe 56—84 mm, Dicke 45—63 mm.

Bemerkungen: Die von PALLARY begründete Untergattung *Euphrata* scheint mir recht unbegründet; die Diagnose der zu ihr gestellten Arten *bahlikiana* und *vescoiana* enthält keinerlei Hinweise, auf was hin eine neue Untergattung geschaffen wurde, ebensowenig teilt sie mit, inwieweit die neue Form *bahlikiana* von *vescoiana* verschieden sein soll, denn die angegebenen Merkmale sind lediglich individuelle Farb- und Maßunterschiede.

Was die Art *vescoiana* selbst angeht, so scheint sie vereinzelt unter den europäischen Anodonten — die wir ja alle zur Art *cygnea* gestellt haben — zu stehen und sieht eher aus wie eine Angehörige eines ostasiatischen Artenkreises, den wir nun behandeln werden.

Verbreitung: Flußgebiet des Euphrat und des Tigris.

6. Anodonta (Anodonta) woodiana (LEA)

6a. Anodonta (A.) woodiana woodiana (LEA)

1834 *Symphinota woodiana* LEA, Trans. amer. philos. Soc., Philadelphia, **5**:42; Taf. 5, Fig. 13. — Terra typica: China.
1834 *Symphinota magnifica* LEA, Trans. amer. philos. Soc., Philadelphia, **5**:42; Taf. 5, Fig. 14. — Terra typica: China.
1841 *Anodon rotundatus* SWAINSON, Exotic Conch., 2. Ausg.: Taf. 37. — Terra typica: Unbekannt.
1853 *Anodonta aurata* KÜSTER, Conch. Cab., *Anodonta:* 30; Taf. 6, Fig. 2. — Terra typica: Angeblich China.
1855 *Anodon gibbum* BENSON, J. asiatic Soc. Bengal, Calcutta, **25**:135. — Terra typica: China.
1867 *Anodonta harlandi* BAIRD & ADAMS, Proc. zool. Soc. London, **1867**:492; Taf. 26, Fig. 3, 3a. — Terra typica: China.
1870 *Anodon tricostatus* SOWERBY, Conch. Icon., **17**, *Anodon:* Taf. 25, Fig. 98. — Terra typica: China.
1874 *Anodonta edulis* HEUDE, J. de Conch., Paris, **22**:117. — Terra typica: Gräben in Song-Kiang-fou, China.
1876 *Anodonta undulifera* CLESSIN, Conch. Cab., *Anodonta:* 233; Taf. 76, Fig. 1—2. — Terra typica: Nördliches China.
1877 *Anodon securiformis* HEUDE, Conch. Fluv. Prov. Nanking: Taf. 18, Fig. 39. — Terra typica: See T'o, bei Oh-Ho, China.
1877 *Anodon nigricans* HEUDE, Conch. Fluv. Prov. Nanking: Taf. 19, Fig. 41. — Terra typica: Umgebung von Heng-tch'eou-fou, Hunan, China.
1877 *Anodon fluminea* HEUDE, Conch. Fluv. Prov. Nanking: Taf. 20, Fig. 42. — Terra typica: Fluß Hoai bei Cheou-tch'eou, China.

1878 *Anodon lucida* HEUDE, Conch. Fluv. Prov. Nanking: Taf. 20, Fig. 43. — Terra typica: Reisfeldgräben der Flüsse Siang und Lo, Hunan, China.
1878 *Anodon globulosa* HEUDE, Conch. Fluv. Prov. Nanking: Taf. 25, Fig. 54. — Terra typica: Gebiet von Houai, Ngan-houé, China.
1878 *Anodon piscatorum* HEUDE, Conch. Fluv. Prov. Nanking: Taf. 26, Fig. 56. — Terra typica: Unterpräfektur Kia-ting, Kiang-sou, China.
1878 *Anodon doliolum* HEUDE, Conch. Fluv. Prov. Nanking: Taf. 27, Fig. 57. — Terra typica: Yang-tcheou, Kiang-sou, China.
1878 *Anodon elliptica* HEUDE, Conch. Fluv. Prov. Nanking: Taf. 27, Fig. 58. — Terra typica: Gebiet von Kien-té, Ngan-houé, China.
1878 *Anodon fusca* HEUDE, Conch. Fluv. Prov. Nanking: Taf. 28, Fig. 59. — Terra typica: See Pai, Unterpräfektur Ngan-houé, China.
1878 *Anodon friniana* HEUDE, Conch. Fluv. Prov. Nanking: Taf. 28, Fig. 60. — Terra typica: See Ho-kieou-hien, Ngan-houé, China.
1878 *Anodon torrentis* HEUDE, Conch. Fluv. Prov. Nanking: Taf. 29, Fig. 61. — Terra typica: Quelle des Flusses Iao-tcheou-fou, Unterpräfektur Kien-té-gan-houé, China.
1878 *Anodon joreti* HEUDE, Conch. Fluv. Prov. Nanking: Taf. 29, Fig. 62. — Terra typica: Reisfeldgräben von Süd-Kien-té, Ngan-houé, China.
1878 *Anodon striata* HEUDE, Conch. Fluv. Prov. Nanking: Taf. 30, Fig. 63. — Terra typica: See Tong-lieou, Ngan-houé, China.
1878 *Anodon fenouilii* HEUDE, Conch. Fluv. Prov. Nanking: Taf. 31, Fig. 64. — Terra typica: See Yun-nan-fou, Yünnan, China.
1878 *Anodon pacifica* HEUDE, Conch. Fluv. Prov. Nanking: Taf. 32, Fig. 66. — Terra typica: Fluß Ning-kouo-fou, Ngan-houé, China.
1879 *Anodon tumida* HEUDE, Conch. Fluv. Prov. Nanking: Taf. 35, Fig. 69. — Terra typica: Gegend von Suen-tchen, China.
1879 *Anodon subtetragona* HEUDE, Conch. Fluv. Prov. Nanking: Taf. 36, Fig. 70. — Terra typica: Sümpfe entlang des Blauen Flusses, Distrikt Peng-tse, China.
1879 *Anodon lineata* HEUDE, Conch. Fluv. Prov. Nanking: Taf. 36, Fig. 71. — Terra typica: Ou-yuen-hien, China.
1879 *Anodon pumila* HEUDE, Conch. Fluv. Prov. Nanking: Taf. 37, Fig. 72. — Terra typica: Bach im Distrikt Suen-tchen, China.
1879 *Anodon irregularis* HEUDE, Conch. Fluv. Prov. Nanking: Taf. 37, Fig. 73. — Terra typica: Gräben im Distrikt Tong-lieou, China.
1879 *Anodon melanochlorea* HEUDE, Conch. Fluv. Prov. Nanking: Taf. 38, Fig. 74. — Terra typica: Sümpfe längs des Blauen Flusses, Distrikt Tong-lieou, China.
1879 *Anodon agricolarum* HEUDE, Conch. Fluv. Prov. Nanking: Taf. 39, Fig. 75. — Terra typica: Gräben am See Tch'ao, China.
1879 *Anodon mingorum* HEUDE, Conch. Fluv. Prov. Nanking: Taf. 40, Fig. 77. — Terra typica: Umgebung von Nang-king, China.
1880 *Anodon bigibba* HEUDE, Conch. Fluv. Prov. Nanking: Taf. 41, Fig. 78. — Terra typica: Gräben am See Kien-p'ing-hien, China.
1880 *Anodon despecta* HEUDE, Conch. Fluv. Prov. Nanking: Taf. 41, Fig. 79. — Terra typica: Nahe Lieou-ngan-tcheou, China.
1880 *Anodon obtusa* HEUDE, Conch. Fluv. Prov. Nanking: Taf. 42, Fig. 80. — Terra typica: See Pai, Distrikt Ouang-kiang, Ngan-houé, China.
1880 *Anodon navicella* HEUDE, Conch. Fluv. Prov. Nanking: Taf. 42, Fig. 81. — Terra typica: Distrikt Tch'ao, Ngan-houé, China.
1880 *Anodon orbicularis* HEUDE, Conch. Fluv. Prov. Nanking: Taf. 42, Fig. 82. — Terra typica: See Ma-tang, Distrikt Peng-tse, Kiang-si, China.
1880 *Anodon limosa* HEUDE, Conch. Fluv. Prov. Nanking: Taf. 43, Fig. 83. — Terra typica: Tiefere Gewässer im Distrikt Ou-kiang, China.
1880 *Anodon livida* HEUDE, Conch. Fluv. Prov. Nanking: Taf. 43, Fig. 84. — Terra typica: See Mé-kong, Distrikt Tong-ling, China.

1880 *Anodon castanea* HEUDE, Conch. Fluv. Prov. Nanking: Taf. 43, Fig. 85. — Terra typica: See Tong-lieou, China.
1880 *Anodon minuta* HEUDE, Conch. Fluv. Prov. Nanking: Taf. 44, Fig. 86. — Terra typica: Nahe Lieou-ngan-tcheou, China.
1880 *Anodon succinea* HEUDE, Conch. Fluv. Prov. Nanking: Taf. 44, Fig. 87. — Terra typica: Gräben des südlichen Thien-té, China.
1880 *Anodon cheniana* HEUDE, Conch. Fluv. Prov. Nanking: Taf. 45, Fig. 88. — Terra typica: Ning-kouo, Distrikt Suen-tchen, Ngan-houé, China.
1880 *Anodon scaphydium* HEUDE, Conch. Fluv. Prov. Nanking: Taf. 46, Fig. 89. — Terra typica: Gräben des Tch'ao, längs des Blauen Flusses, China.
1880 *Anodon puerorum* HEUDE, Conch. Fluv. Prov. Nanking: Taf. 47, Fig. 90. — Terra typica: Ebene von Tch'ao-hien, an den Ufern des Yangtse, China.
1880 *Anodon indecora* HEUDE, Conch. Fluv. Prov. Nanking: Taf. 48, Fig. 91. — Terra typica: Sümpfe im Ufergebiet des Yangtse, China.
1881 *Anodon sorini* HEUDE, Conch. Fluv. Prov. Nanking: Taf. 49, Fig. 92. — Terra typica: Gebirgiger Teil der Provinz Kouang-tong, China.
1881 *Anodon rosea* HEUDE, Conch. Fluv. Prov. Nanking: Taf. 50, Fig. 93. — Terra typica: Umgebung von Fou-tcheou, Fou-kien, China.
1881 *Anodon aubryi* HEUDE, Conch. Fluv. Prov. Nanking: Taf. 52, Fig. 97. — Terra typica: Provinz Koue-tchéou, China.
1881 *Anodon confusa* HEUDE, Conch. Fluv. Prov. Nanking: Taf. 53, Fig. 99. — Terra typica: Sümpfe längs des Yangtse, Distrikt Tong-lieou, China.
1881 *Anodon obturata* HEUDE, Conch. Fluv. Prov. Nanking: Taf. 54, Fig. 100. — Terra typica: Gräben im gebirgigen Teil des Distrikts Suen-tchen, China.
1881 *Anodon rubella* HEUDE, Conch. Fluv. Prov. Nanking: Taf. 54, Fig. 100bis. — Terra typica: Südlich des Sees Tong-ting, Hunan, China.
1881 *Anodon pulchella* HEUDE, Conch. Fluv. Prov. Nanking: Taf. 55, Fig. 101. — Terra typica: Gräben der Festung Ning-kouo-fou, China.
1881 *Anodon florida* HEUDE, Conch. Fluv. Prov. Nanking: Taf. 55, Fig. 102. — Terra typica: Südlich von Tong-t'ing, Hunan, China.
1885 *Anodon intemerata* HEUDE, Conch. Fluv. Prov. Nanking: Taf. 67, Fig. 130. — Terra typica: Südliche Abflüsse der Provinz Koué-tcheou, China.
1885 *Anodon filippiana* HEUDE, Conch. Fluv. Prov. Nanking: Taf. 68, Fig. 131. — Terra typica: Umgebung von K'ing-tch'eou fou, Houpé, China.
1885 *Anodon fantozatiana* HEUDE, Conch. Fluv. Prov. Nanking: Taf. 69, Fig. 132. — Terra typica: Tal des Han im südlichen Fou-kien, China.
1886 *Anodonta jourdyi* MORLET, J. de Conch., Paris, **34**:76. — Terra typica: Umgebung von Lang-son, Chu, Tonkin.
1898 *Anodonta richthofeni* NEUMAYR, Ergebn. Reise SZÉCHENY Ostasien, **2**:646; Taf. 1, Fig. 1. — Terra typica: Tsching-kiang, China.
1902 *Anodonta suilla* MARTENS, Nachr. Bl. dtsch. malak. Ges., Frankfurt a. M., **34**:130. — Terra typica: Tonkin.

Diagnosis: Schale unregelmäßig elliptisch oder eiförmig oder annähernd so, wenig oder stark aufgeblasen, dünnschalig bis schwach dickschalig. Area meist niedrig, nur in der Jugend etwas höher. Wirbel meist voll, meist wenig hoch, ihre Skulptur besteht aus einigen gleichlaufenden Fältchen, die hinten etwas auseinander laufen; diese Fältchen können fast gerade sein, sie können aber auch leicht gebogen oder in einer Doppelschlinge angeordnet sein. Hinterer Oberrand leicht eingebogen; Hinterende meist abgestutzt; Vorderende gerundet. Hintere Hälfte des Unterrandes oft stark vorgezogen, manchmal in einem gerundeten Winkel. Konchinschicht von gelbgrün über hell zu dunkelbraun. Perlmutter bläulich oder purpurn oder lachsfarben. Wirbelhöhlen von wechselnder Tiefe. — Maße: Länge 80—190 mm, Höhe 52—135 mm, Dicke 28—80 mm.

Bemerkungen: Wie im Falle der europäischen *Anodonta cygnea*, so war es bei dieser gleichfalls so veränderlichen Art unmöglich, eine alle Merkmale umfassende Beschreibung zu bringen. Wie ihr Gegenstück in Europa paßt sich auch *woodiana* allen vorkommenden Umweltsfaktoren an. Die in der Synonymie genannten Namen beziehen sich auf Formen, die in Gebirgsbächen, Gräben, Teichen, Seen, Flüssen oder Strömen geprägt wurden, und die demgemäß Kümmer- bis Gedeihformen mit allen Übergängen darstellen. Nur eine Phase, die von der europäischen *Anodonta cygnea* bekannt ist, die der Seen, die langgeschnäbelte fa. *rostrata*, ist mir unter den ostasiatischen *woodiana*-Formen nicht bekannt geworden, obwohl kein Zweifel darüber bestehen kann, daß auch sie besteht, nur noch nicht beobachtet worden ist.

Verbreitung: Hinterindien; China; Korea.

6b. Anodonta (A.) woodiana japonica MARTENS

1874 *Anodonta japonica* MARTENS in CLESSIN, Conch. Cab., *Anodonta:* 144; Taf. 47, Fig. 3—4. — Terra typica: Yokohama, Japan.

1877 *Anodonta lauta* MARTENS, S. Ber. Ges. naturf. Freunde Berlin, **1877**:117. — Terra typica: See von Uweno, Japan.

1879 *Anodonta lauta* var. *rostrata* KOBELT, Abh. senckenb. naturf. Ges., Frankfurt a. M., **11**:435; Taf. 22, Fig. 1. — Terra typica: Japan.

1879 *Anodonta calipygos* KOBELT, Abh. senckenb. naturf. Ges., Frankfurt a. M., **11**:435; Taf. 19, Fig. 1 — Terra typica: Japan.

1893 *Anodonta kobelti* IHERING, Abh. senckenb. naturf. Ges., Frankfurt a. M., **18**:152; Abb. 1. — Terra typica: Japan.

1893 *Anodonta haconensis* IHERING, Abh. senckenb. naturf. Ges., Frankfurt a. M., **18**:153; Abb. 3. — Hakone-See, Japan.

1910 *Anodontites lautus tumens* HAAS, Ann. Mag. nat. Hist., London, (8) **6**:499. — Terra typica: Yamashiro, Japan.

Diagnosis: Der Nominatform sehr ähnlich, in der Hauptsache durch meist kürzeren Umriß, niedrigere Area und größere Aufgeblasenheit selbst in den Kümmerformen von ihr unterschieden. — Maße: Länge 73—110 mm, Höhe 44—70 mm, Dicke 30—45 mm.

Bemerkungen: Die japanische Lokalform der kontinentalen *woodiana* weist nicht so viele Umweltsanpassungen auf wie diese; die bekannten *japonica*-Formen stellen allermeist Reaktionsformen auf Leben in Seen, in Teichen und in kleineren, bachartigen Gewässern dar.

Verbreitung: Japan.

Subgenus **Arnoldina** HANNIBAL

1912 *Arnoldina* HANNIBAL, Proc. malacol. Soc. London, **10**:128. — Species typica: *Anodonta dejecta* LEWIS.

Diagnosis: Schale völlig zahnlos, Schloßlinie ziemlich lang, frei von Konchinschicht, hinterer Oberrand nicht ansteigend und ungeflügelt, Umriß verlängert elliptisch.

Bemerkungen: Nur eine einzige Art, in Nord-Amerika.

Verbreitung: Nord-Amerika.

7. Anodonta (Arnoldina) dejecta Lewis

1875 *Anodonta dejecta* Lewis, Field and Forest, Washington, 1:26. — Terra typica: Arizona.
1893 *Anodonta mearnsiana* Simpson, Nautilus, Philadelphia u. Boston, 6:134. — Terra typica: San Bernardino Berge in Arizona, an der mexikanischen Grenze.

Diagnosis: Schale lang, rhombisch oder trapezförmig, festschalig, etwas aufgeblasen, ungleichseitig, hinterer Oberrand wohl entwickelt und gerundet. Wirbel niedrig, ziemlich flach; ihre Skulptur besteht aus unregelmäßigen, gerunzelten Falten, die sich oft über die gesamte Wirbelgegend erstrecken. Größte Schalendicke in oder hinter der Mitte. Anstelle einer Arealkante besteht eine breite, seichte Vertiefung. Von oben betrachtet ist das Vorderende keilförmig. Vorderende verschmälert, manchmal etwas vorgezogen, aber stets gerundet. Hinterer Oberrand niedrig, winklig. Hinterende abgestutzt. Schalenfläche fahl olivgrün oder schmutzig bräunlich, manchmal Bänder zeigend und schwach gestrahlt. Perlmutter stumpf weißlich oder bläulich, in den Wirbelhöhlen oft schmutzig purpurn. Schloß manchmal verdickt und mit schwachen Spuren von Zähnen. — Maße: Länge 84—85 mm, Höhe 44—48 mm, Dicke 27 mm.

Verbreitung: Südöstliches Kalifornien und Nordwest-Mexiko. — Die ursprüngliche Fundort-Angabe „Arizona“ scheint unrichtig zu sein.

Subgenus Liouvillea Bédé

1932 *Liouvillea* Bédé, Bull. Soc. Hist. nat. Maroc, Rabat, 12:225. — Typus: *Anodonta (Liouvillea) pallaryi* Bédé.

Diagnosis: Von der typischen Untergattung *Anodonta* verschieden durch die Andeutung eines Hauptzahnes und den Besitz von Claustren.

Bemerkungen: Ohne gute Abbildungen und ohne unmittelbare Kenntnis der hierher gehörigen Formen läßt sich kein abschließendes Urteil über diese Untergattung fällen. Indessen will ich meine Zweifel an der Gültigkeit von *Liouvillea* nicht verbergen; diese Untergattung könnte einfach eine *Colletopterum*-Phase der alleuropäischen *Anodonta cygnea* (Linnaeus) darstellen.

Verbreitung: Marokko; eine einzige Art.

8. Anodonta (Liouvillea) pallaryi Bédé

1932 *Anodonta (Liouvillea) pallaryi* Bédé, Bull. Soc. Hist. nat. Maroc, Rabat, 12:225; Abb. 2. — Terra typica: Oued Grou, 35 km südlich von Rabat, Marokko.
1932 *Anodonta (Liouvillea) théryi* Bédé, Bull. Soc. Hist. nat. Maroc, Rabat, 12:226; Abb. 3. — Terra typica: Oued M'da, Marokko.

Diagnosis: Schale verlängert und dünn. Wirbel vorragend. Oberrand geradlinig. Äußere Arealkante erhaben. Rechts eine zahnartige Verdickung des Schloßrandes, hinten mit Claustren, links zwei, rechts eine einzige. — Maße: 107-157 mm, Höhe 55—68,5 mm, Dicke 34,5—53,5 mm.

Bemerkungen: In den beiden als *Liouvillea*-Arten beschriebenen Formen, *pallaryi* und *théryi*, kann ich lediglich umweltsbedingte Verschiedenheiten einer einzigen Art sehen.

Verbreitung: Marokko.

Subgenus **Anemina** n. nom.

1925 *Haasiella* LINDHOLM, Arch. Moll., Frankfurt a. M., **57**:139 (non *Haasiella* POCOCK 1901 (Myr.) nec *Haasiella* KIEFFER 1913 (Dipt.)). — Species typica: *Anodonta arcaeformis* HEUDE.

Diagnosis: Schale etwas verlängert, viel länger als hoch. Glochidium ohne Schalenhaken und Larvenfaden.

Verbreitung: Ost-Asien.

9. **Anodonta (Anemina) arcaeformis** (HEUDE)

1877 *Anodon arcaeformis* HEUDE, Conch. Fluv. Prov. Nanking, **3**: Taf. 19, Fig. 40. — Terra typica: Kanal von Sing-Kiang-fou, China.
1877 *Anodon rivularis* HEUDE, Conch. Fluv. Prov. Nanking, **3**: Taf. 20, Fig. 44. — Terra typica: Lieou-ngan-tch'eou, China.
1898 *Anodonta heudei* NEUMAYR, Ergebn. Reise SZÉCHENY Ostasien, **2**:647; Taf. 1, Fig. 2. — Terra typica: Nicht angegeben.
1905 *Anodonta arcaeformis* var. *flavotincta* MARTENS, Zool. Jb., Jena, Suppl. 8:64; Taf. 2, Fig. 4. — Terra typica: Seoul, Korea.
1925 *Anodonta arcaeformis* var. *suifunica* LINDHOLM, Arch. Moll.-Kunde, Frankfurt a. M., **57**:138. — Terra typica: Fluß Suifun bei Nikolsk-Ussuriisk, Ussuri-Gebiet, Ost-Sibirien.
1939 *Anodonta iwakawai* SUZUKI, Venus, Kyoto, **9**:139; Abb. 1—7; Taf. 6—7. — Terra typica: Tarukawa-numa, NW von Sapporo, Insel Hokkaido, Japan.

Diagnosis: Schale lang, elliptisch, Ober- und Unterrand fast gleichlaufend. Area niedrig, gewinkelt, hinten unter der Mittellinie endend. Wirbel etwas vor der Mitte gelegen, voll, aber nicht hoch, mit zahlreichen ziemlich stark gebogenen Fältchen skulptiert, die vorne mit den Zuwachslinien gleichlaufen und hinten fast geradlinig enden. Schalenfläche ziemlich glatt; Konchinschicht aschgrün mit zwei oder drei Strahlen hinten. Perlmutter weiß und schwach schillernd. — Maße: Länge 49—90 mm, Höhe 27—50 mm, Dicke 19—45 mm.

Bemerkungen: Während bei fast allen aufgeführten Synonymen kein Zweifel an ihrer Identität mit typischer *arcaeformis* besteht, liegt der Fall der *iwakawai* SUZUKI etwas anders. An der nahen Verwandtschaft dieser Form mit *arcaeformis* kann kaum gezweifelt werden, wohl aber daran, ob sie in der Tat ein völliges Synonym von ihr ist. Man könnte sie allenfalls als die östlichste Lokalform und außerdem insuläre Zwergform als Unterart belassen; aber erst bessere Anschauung und mehr Material können diese Frage lösen.

Verbreitung: China; Korea; Ussuri-Gebiet; Insel Sachalin; Insel Hokkaido, Japan.

Subgenus **Nayadina** GREGORIO

1914 *Anodonta (Nayadina)* GREGORIO, Naturalista Siciliano, Palermo, **22**:64. — Species typica: *Anodonta (Nayadina) venusta* GREGORIO.
1927 *Anodonta (Utterbackiana)* FRIERSON, Class. annot. Check List North Amer. Naiades: 17. — Species typica: *Anodonta suborbiculata* SAY.

Diagnosis: Nach GREGORIO besitzt die Schale eine kleine, zahnartige Bildung am Schloßrande unter dem Wirbel (wohl rein zufällige Bildung!). Nach FRIERSON, der die typische Art zur Untergattung *Lastena* stellte, ist sie nicht hermaphroditisch, sondern zweigeschlechtlich. Keine dieser Eigentümlichkeiten genügt zur unterartlichen Abtrennung. Als ergänzende Merkmale hätten wir die große Schalenhöhe und völlige Gleichseitigkeit zu nennen, die der Schale ein flaches, schildartiges Aussehen verleihen. Wem auch diese Eigenschaften nicht genügen, der mag in *Nayadina*, statt einer Untergattung, eine nur Gruppenrang verdienende Art sehen.

Verbreitung: Nord-Amerika.

10. Anodonta (Nayadina) suborbiculata Say

1831 *Anodonta suborbiculata* Say, New Harmony Dissemin., 29. Januar (Zeitung); Amer. Conch., 1: Taf. 11. — Terra typica: Sümpfe nahe dem Wabash-Fluß in Indiana.
1914 *Anodonta (Nayadina) venusta* Gregorio, Naturalista Siciliano, Palermo, 22:65; Taf. 12, Fig. 2. — Terra typica: Scioto-Fluß, Ohio.

Diagnosis: Schale groß, sehr kurz eiförmig, dünnschalig, aber dabei fest, vorn und hinten klaffend, leicht aufgeblasen, mit niedrigen Wirbeln, die bei jungen Stücken zusammengedrückt, bei älteren aber voller sind; ihre Skulptur besteht aus einigen wenigen unregelmäßigen, schwachen Wellenlinien; jede einzelne dieser ist mit kleinen, scharfen Knötchen besetzt, die in zwei unregelmäßig ausstrahlenden Reihen angeordnet sind. Rückenrand ganz leicht gekrümmt, beiderseits in leichten Winkeln endend. Hinterende gerundet; Bauchrand gerundet. Vorderende ebenfalls gerundet, manchmal unten etwas abgeschnitten. Schalenfläche glänzend, hellgrün und gestrahlt in jungen Stücken, dunkler und verwischt gestrahlt in alten. Perlmutter silbrig, schillernd. — Maße: Länge 153—170 mm, Höhe 120 mm, Dicke 55—65 mm.

Bemerkungen: *Anodonta venusta* Gregorio ist auf eine einzelne und leicht abnorme Klappe von *suborbiculata* begründet.

Verbreitung: Östliche Vereinigte Staaten bis Louisiana im Süden sowie Nebraska und Iowa im Westen.

Subgenus Lastena Rafinesque

1820 *Anodonta (Lastena)* Rafinesque, Ann. gén. Sci. Phys. Bruxelles, 5:316. — Species typica: *Anodonta ohiensis* Rafinesque.

Diagnosis: Schale sehr dünn, elliptisch, hinten zugespitzt, unten in der Mitte etwas vorgezogen, hinten leicht geflügelt. Wirbelgegend meist voll, etwas abgeflacht; die Wirbelskulptur besteht aus einigen ziemlich zarten Fältchen, die Neigung zum Aufbrechen in Knötchen zeigen. Konchinschicht auffallend glänzend, oft mit haardünnen, zarten Strahlen versehen. Perlmutter bläulich. Der Weichkörper ist stark gefärbt; an der Atemöffnung sind deutliche Augenflecke entwickelt.

Bemerkungen: Bezüglich dieser Untergattung bestand lange Zeit große Unsicherheit. *A. ohiensis* Rafinesque schien den amerikanischen Malakologen von Lea bis Simpson undeutbar und ihre wörtliche Beschreibung zu undeutlich; der Mangel an Abbildungen verhinderte das Erkennen. Erst Frierson (1927) gelang es nachzuweisen, daß die Urbeschreibung von *ohiensis*, wenn man sie unvoreingenommen betrachtet, sich mühelos auf *Anodonta imbecillis* Say 1829 beziehen läßt. Damit war die Untergattung *Lastena* festgelegt und ihre frühere Verwendung als Gattungsname für die zweite, von Rafinesque beschriebene Art, *Anodonta lata*, erwies sich als unrichtig; für die zuletzt genannte Art kommt der Gattungsname *Hemistena* Rafinesque 1820 in Betracht.

Verbreitung: Ostküste der Vereinigten Staaten von Karolina bis Mexiko, Michigan und ganzes Mississippi-Gebiet.

11. Anodonta (Lastena) ohiensis RAFINESQUE

1820 *Anodonta (Lastena) ohiensis* RAFINESQUE, Ann. gén. Sci. Phys. Bruxelles, 5:316. — Terra typica: Ohio-Fluß und Nebenflüsse.
1829 *Anodonta imbecillis* SAY, New Harmony Dissemin., 2:355. — Terra typica: Wabash-Fluß, Indiana.
1834 *Anodonta incerta* LEA, Trans. amer. philos. Soc., Philadelphia, 5:46; Taf. 6, Fig. 16. — Terra typica: Ohio-Fluß bei Cincinnati.
1855 *Anodon horda* GOULD, Proc. Boston Soc. nat. Hist., 5:229. — Terra typica: Comanche-Creek, Texas.
1857 *Anodonta henryana* LEA, Proc. Acad. nat. Sci. Philadelphia, 1:102. — Terra typica: Matamoras und Tamaulipas, Mexiko.
1890 *Anodonta hordeum* PAETEL, Cat. Conch. Samml., 3:180. — (Nomen substitutum pro *A. horda* GOULD 1855.)

Diagnosis: Schale länglich eiförmig, dünnschalig, Rücken- und Bauchrand fast gleichlaufend, hinten in der Mitte oder etwas darüber zugespitzt, ungleichseitig, dick bis aufgeblasen. Wirbel nieder, abgeplattet, nicht über den fast geradlinigen Rückenrand vorragend; ihre Skulptur besteht aus einigen wenigen ziemlich schwachen, unregelmäßigen, gebrochenen Fältchen, die manchmal schwache doppelte Schlingen bilden. Area niedrig, Arealkante in der Mitte nach unten gebogen. Konchinschicht gelblichgrün oder blaugrün, schwach gestrahlt, hinten mit zwei undeutlich begrenzten dunklen Strahlen. Perlmutter blaß blau oder bläulich weiß. — Maße: Länge 75—92 mm, Höhe 38—45 mm, Dicke 25—35 mm.

Bemerkungen: Die Form *horda* GOULD wird von FRIERSON als eine texanische Lokalform von *imbecillis* angesehen.

Verbreitung: Michigan; Ostküste der Vereinigten Staaten von Nord-Karolina bis Georgia; Matamoras, Mexiko.

12. Anodonta (Lastena) cowperiana LEA

1840 *Anodonta cowperiana* LEA, Proc. amer. philos. Soc., Philadelphia, 1:289. — Terra typica: Hopeton bei Darien, Georgia.
1842 *Anodonta couperiana* LEA, Trans. amer. philos. Soc., Philadelphia, 8:227; Taf. 20, Fig. 46. — (Nomen substitutum pro *A. cowperiana* LEA.)

Diagnosis: Schale dünn und zerbrechlich, mehr oder minder aufgeblasen, unregelmäßig eiförmig, ungleichseitg. Wirbel in der Jugend zusammengepreßt, voller bei alten Stücken; ihre Skulptur besteht aus zarten, unregelmäßig konzentrischen Wellenlinien. Vorderende gerundet. Schloßlinie leicht geschwungen. Hinterende schief abgestutzt, das etwas zugespitzte Ende ist median oder submedian. Bauchrand gerundet, hinter der Mitte stark gerundet. Konchinschicht strohgelb bis gelbgrün, meist mit etwas gewellten Strahlen. Perlmutter bläulich, meist purpurn schillernd. — Maße: Länge 70—98 mm, Höhe 40—55 mm, Dicke 28—39 mm.

Verbreitung: Georgia.

Subgenus Brachyanodon FISCHER & CROSSE

1894 *Anodonta* Sectio *Brachyanodon* FISCHER & CROSSE, Miss. sci. Mexique, Zool., Moll., 2:517. — Species typica: *Anodonta chapalensis* CROSSE & FISCHER.

Diagnosis: Schale kurz. Wirbel wenig vorragend. Hinterer Oberrand ansteigend.

Bemerkungen: Eine wenig ausgezeichnete Untergattung, deren Wert zweifelhaft ist.

Verbreitung: Mexiko.

13. Anodonta (Brachyanodon) impura SAY

1829 *Anodonta impura* SAY, New Harmony Dissemin., 2:355. — Terra typica: Mexiko.
1839 *Anodonta coarctata* ANTON, Verz. Conch. Samml. H. E. ANTON: 16. — Terra typica: Mexiko.
1852 *Anodonta californiensis* LEA, Trans. amer. philos. Soc., Philadelphia, 10:286; Taf. 25, Fig. 47. — Terra typica: Rio Colorado, Kalifornien.
1870 *Anodon glabrus* SOWERBY, Conch. Icon., 17, *Anodon*: Taf. 25, Fig. 97. — Terra typica: Mexiko.
1871 *Anodonta exilior* LEA, Proc. Acad. nat. Hist. Philadelphia, 1:188. — Terra typica: Mexiko.
1876 *Anodonta viridana* CLESSIN, Conch. Cab., *Anodonta*: 226; Taf. 75, Fig. 5. — Terra typica: Mexiko.
1892 *Anodonta chapalensis* CROSSE & FISCHER, J. de Conch., Paris, 40:295. — Terra typica: Chapala-See, Staat Jalisco, Mexiko.
1893 *Anodonta chalcoensis* CROSSE & FISCHER, J. de Conch., Paris, 41:110. — Terra typica: See von Chalco nahe der Stadt Mexiko.
1900 *Anodonta richardsoni* MARTENS, Biol. Centr. Amer., Moll.: 529; Taf. 41; Fig. 1—2. — Terra typica: Ameca-Fluß, Staat Jalisco, Nordwest-Mexiko.

Diagnosis: Schale klein oder mittelgroß, etwas eiförmig, ungleichseitig, ziemlich bauchig, hinten mäßig geflügelt, Area also ziemlich niedrig, hinter ihr ist das Hinterende undeutlich abgestutzt; äußere Arealkante nur angedeutet. Wirbel niedrig, zusammengedrückt, ihre Skulptur besteht aus zarten, geraden oder leicht gerunzelten Fältchen. Konchinschicht grünlich bis tief braun, manchmal heller gebändert, glänzend. Perlmutter heller oder dunkler bläulich. — Maße: Länge 41—75 mm, Höhe 28—41 mm, Dicke 12—23 mm.

Bemerkungen: Ebenfalls eine äußerst veränderliche Art, die sich indessen durch ihre relative Kleinheit auszeichnet. Je nach dem Biotop ist das Hinterende der Schale niedrig, fast ohne Area, oder höher, sogar etwas geflügelt.

FRIERSON folgend habe ich *impura* SAY als diese Art gedeutet. Die noch von FRIERSON als, wenn auch zweifelhafte, Art betrachtete *Anodonta californiensis* habe ich in die Synonymie von *impura* aufgenommen; sie stammt von dem nördlichsten bekannten Fundorte der Art.

Verbreitung: Mexiko; Süd-Kalifornien.

Subgenus Mesanodon FISCHER & CROSSE

1894 *Anodonta* Sectio *Mesanodon* FISCHER & CROSSE, Miss. sci. Mexique, Zool., Moll., 2:517. — Species typica: *Anodonta lurulenta* MORELET.

Diagnosis: Schale eiförmig. Wirbel wenig vorragend. Hinterrand wenig ansteigend.

Bemerkungen: Ebenfalls eine wenig ausgezeichnete Untergattung.

Verbreitung: Mexiko.

14. **Anodonta (Mesanodon) lurulenta** MORELET

1849 *Anodonta lurulenta* MORELET, Test. nov. Ins. Cubanae, 1:28. — Terra typica: Usumacinta-Fluß, Provinz Petén, Guatemala.

Diagnosis: Schale etwas rautenförmig, leicht ungleichseitig, dünn und aufgeblasen, hinten deutlich, wenn auch nicht hoch, geflügelt, hinten in einem Winkel endend. Arealkante wenig deutlich. Wirbel ziemlich niedrig, aber scharf, ihre Skulptur unbekannt. Konchinschicht grün oder olivenfarben. Perlmutter blau. — Maße: Länge 53 mm, Höhe 31 mm, Dicke 19 mm.

Bemerkungen: Diese ziemlich unbekannte Art dürfte in die nähere Verwandtschaft der *Anodonta impura* gehören; reichlicheres Untersuchungs-Material ist zur Klärung dieser Frage nötig. Was den Urfundort anbelangt, so nannte MORELET in seiner Urbeschreibung den Usumacinta-Fluß in Guatemala. In seiner Sammlung aber sind unter dem Namen *lurulenta* drei Stücke vorhanden, die die Fundortsangabe: Sumpf San Geronimo in Yukatan, Mexiko, tragen. Was davon stimmt, ist also nicht mit Sicherheit festzustellen.

Verbreitung: Usumacinta-Fluß in Guatemala; vielleicht aber San Geronimo-Sumpf, Yukatan, Mexiko.

Subgenus **Gabillotia** SERVAIN

1890 *Gabillotia* SERVAIN, Bull. Soc. malac. France, Paris, 7:296. — Species typica: *Anodonta pseudodopsis* LOACARD.

Diagnosis: Schale mit sehr kurzem Schloßrand, der von Konchinschicht bedeckt ist.

Verbreitung: Eine einzige Art aus dem See von Antiochia in Syrien.

15. **Anodonta (Gabillotia) pseudodopsis** LOCARD

1883 *Anodonta pseudodopsis* LOCARD, Arch. Mus. Hist. nat. Lyon, 3:255; Taf. 19bis, Fig. 1—3. — Terra typica: See von Antiochia, Syrien.
1890 *Gabillotia locardi* SERVAIN, Bull. Soc. malac. France, Paris, 7:296; Taf. 5, Fig. 1—2. — Terra typica: See von Antiochia, Syrien.

Diagnosis: Schale groß, ziemlich regelmäßig kurz elliptisch, dünnschalig, aber kräftig, am stärksten in der Mitte aufgeblasen. Rückenumriß gleichmäßig keilförmig beiderseits auslaufend. Wirbel nur leicht erhoben, mit vielen unregelmäßig wellenförmigen Fältchen skulptiert. Schalenfläche glatt, Konchinschicht grau-gelblich, hinten mit drei dunklen Strahlen. Schloßlinie teilweise mit Konchinschicht bedeckt. Perlmutter hell bläulich weiß. — Maße: Länge 125—130 mm, Höhe 82—84 mm, Dicke 40—41,5 mm.

Bemerkungen: Im Gegensatz zu den beiden vorhergehenden Untergattungen scheint mir *Gabillotia* wohl begründet; ihr vereinzeltes Vorkommen in dem genannten syrischen See scheint auf langzeitige Isolierung hinzudeuten.

Verbreitung: Nur aus dem See von Antiochia in Syrien bekannt.

Subgenus **Pyganodon** CROSSE & FISCHER

1894 *Anodonta* Sectio *Pyganodon* CROSSE & FISCHER, Miss. sci. Mexique, Zool., Moll., 2:518. — Species typica: *Anodonta globosa* LEA.

Diagnosis: Schale von großen Maßen. Wirbel sehr vorspringend.

Bemerkungen: Eine kaum des Untergattungs-Ranges würdige, wenig ausgezeichnete Gruppe.

Verbreitung: Nord-Amerika und Mexiko und Nikaragua in Mittel-Amerika.

16. Anodonta (Pyganodon) grandis Say

16a. Anodonta (P.) grandis grandis Say

1829 *Anodonta grandis* Say, New Harmony Dissemin., 2:341. — Terra typica: Fox-Fluß, Indiana.

1831 *Anodonta inflata* Rafinesque, Cont. Mon. Biv. Shells River Ohio, Philadelphia, Species 112. — Terra typica: Kentucky- und Green-Flüsse, Kentucky.

1834 *Anodonta gigantea* Lea, Trans. amer. philos. Soc., Philadelphia, 5:1; Taf. 1, Fig. 1. — Terra typica: Port Gibson, Mississippi.

1834 *Anodonta corpulenta* Cooper, Appendix Narr. Exped. Upper Missouri to Itasca Lake: 154. — Terra typica: Oberer Missouri-Fluß.

1834 *Anodonta stewartiana* Lea, Trans. amer. philos. Soc., Philadelphia, 5:47; Taf. 6, Fig. 17. — Terra typica: Teche-Fluß, Louisiana.

1852 *Anodonta virens* Lea, Trans. amer. philos. Soc., Philadelphia, 10:290; Taf. 28, Fig. 53. — Terra typica: Red River bei Alexandria, Louisiana.

1852 *Anodonta linneana* Lea, Trans. amer. philos. Soc., Philadelphia, 10:289; Taf. 27, Fig. 51. — Terra typica: Concordia-See, Louisiana.

1852 *Anodonta opaca* Lea, Trans. amer. philos. Soc., Philadelphia, 10:285; Taf. 25, Fig. 46. — Terra typica: Bei New Orleans, Louisiana.

Diagnosis: Schale ziemlich lang eiförmig oder unregelmäßig elliptisch, von wechselnder Schalendicke, ziemlich aufgeblasen und ungleichseitig. Wirbel meist recht voll und über den Rückenrand vorragend; ihre Skulptur besteht aus einigen wenigen starken, unregelmäßigen, gebrochenen Fältchen, die in zwei Schlingen angeordnet sind; diese Schlingen sind unten mehr oder weniger stark knotig. Hinterende meist mehr oder weniger deutlich abgestutzt. Area voll, oft mit zwei Arealkanten. Hinterer Oberrand niedrig geflügelt, im Alter oft ungeflügelt. Vorderer Oberrand leicht gewinkelt oder gerundet. Bauchrand geschwungen. Konchinschicht grünlich braun, mit drei deutlichen Strahlen auf dem Hinterende. Wirbelhöhlen von wechselnder Tiefe, von seicht zu mäßig tief, und nicht zusammengepreßt. Perlmutter bläulich weiß, selten purpurn angehaucht. — Maße: Länge 102—146 mm, Höhe 57—72 mm, Dicke 35 bis 57 mm.

Bemerkungen: Dem Schrifttum nach kann diese Art noch größere Maße als die oben gegebenen erreichen. Ihre Veränderlichkeit ist ungeheuer, sie gleicht darin der ostasiatischen *Anodonta woodiana* Lea und der paläarktischen *Anodonta cygnea* (Linneaeus). Die große Menge der aus Nord-Amerika beschriebenen *Anodonta*-Arten enthält sehr viele hierher gehörige Formen, deren Art- oder Unterart-Berechtigung in den meisten Fällen noch strittig ist. Mangels eigner großer Erfahrung auf diesem Teilgebiete folge ich deshalb dem seinerzeit besten Kenner der nordamerikanischen Unioniden, L. S. Frierson, in seiner Anordnung von 1927.

Verbreitung: Oberes St. Lorenz-Gebiet; Red River of the North; Winnipeg-See; Manitoba; gesamtes Mississippi-Gebiet; im Südwesten bis Texas. Das Vorkommen in Pennsylvanien ist zweifelhaft.

16b. Anodonta (P.) grandis lugubris SAY

1829 *Anodonta lugubris* SAY, New Harmony Dissemin., 2:340. — Terra typica: Cumberland-Fluß, Nord-Amerika.
1834 *Anodonta plana* LEA, Trans. amer. philos. Soc., Philadelphia, 5:48; Taf. 7, Fig. 18. — Terra typica: Bear Grass Creek bei Louisville, Kentucky.
1834 *Anodonta declivis* CONRAD, Amer. J. Sci., New Haven, 25:341; Taf. 1, Fig. 11. — Terra typica: Flint River, Morgan Co., Alabama.
1836 *Anodonta decora* LEA, Trans. amer. philos. Soc., Philadelphia, 6:64; Taf. 20, Fig. 63. — Terra typica: Kanal bei Cincinnati, Ohio.
1838 *Anodonta ovata* LEA, Trans. amer. philos. Soc., Philadelphia, 6:2; Taf. 2, Fig. 2. — Terra typica: Bei Marietta, Ohio.
1838 *Anodonta salmonia* LEA, Trans. amer. philos. Soc., Philadelphia, 6:45; Taf. 14, Fig. 41. — Terra typica: Nahe Poland, Ohio.
1840 *Anodonta footiana* LEA, Proc. amer. philos. Soc., Philadelphia, 1:289. — Terra typica: Fort Winnebago, Wisconsin.
1840 *Anodonta marryattana* LEA, Proc. amer. philos. Soc., Philadelphia, 1:289. — Terra typica: Fort Winnebago, Wisconsin.
1840 *Anodonta harpethensis* LEA, Proc. amer. philos. Soc., Philadelphia, 1:289. — Terra typica: Harpeth-Fluß, Tennessee.
1857 *Anodonta lewisii* LEA, Proc. Acad. nat. Sci. Philadelphia, 1:84. — Terra typica: Erie-Kanal und Mohawk-Fluß, Herkimer Co., New York.
1858 *Anodonta danielsii* LEA, Proc. Acad. nat. Sci. Philadelphia, 2:139. — Terra typica: Topeka, Kansas.
1859 *Anodonta texasensis* LEA, Proc. Acad. nat. Sci. Philadelphia, 3:113. — Terra typica: Texas.
1862 *Anodonta leonensis* LEA, Proc. Acad. nat. Sci. Philadelphia, 6:169. — Terra typica: Leon County, Texas.
1865 *Anodon subangulata* ANTHONY, Amer. J. Conch., Philadelphia, 1:158; Taf. 13, Fig. 1. — Terra typica: Michigan.
1865 *Anodon sub-inflata* ANTHONY, Amer. J. Conch., Philadelphia, 1:160; Taf. 15, Fig. 1. — Terra typica: Michigan.
1865 *Anodon imbricata* ANTHONY, Amer. J. Conch., Philadelphia, 1:159; Taf. 14, Fig. 1. — Terra typica: Camp-See, Michigan.
1865 *Anodon micans* ANTHONY, Amer. J. Conch., Philadelphia, 1:162; Taf. 16, Fig. 1. — Terra typica: Texas.
1866 *Anodon mcNielii* ANTHONY, Amer. J. Conch., Philadelphia, 2:144; Taf. 6, Fig. 1. — Terra typica: Michigan.
1866 *Anodon subgibbosa* ANTHONY, Amer. J. Conch., Philadelphia, 2:144; Taf. 6, Fig. 2. — Terra typica: Black Lake, Michigan.

Diagnosis: Von der Nominatform durch längere Gestalt, geringere Höhe und geringere Größe verschieden. — Maße: Länge 83—130 mm, Höhe 47—68 mm, Dicke 30—50 mm.

Verbreitung: Die der Nominatform.

16c. Anodonta (P.) grandis benedictensis (LEA)

1836 *Symphinota benedictensis* LEA, Trans. amer. philos. Soc., Philadelphia, 5:104; Taf. 16, Fig. 48. — Terra typica: Champlain-See, Nordamerika.
1870 *Anodonta benedictii* LEA, Synopsis Fam. Unionidae, 4. Ausg.: 75. — (Nomen substitutum pro *S. benedictensis* LEA 1836.)

Diagnosis: Durch Dünne und Kürze der Schale ausgezeichnete Form aus dem St.-Lorenz-Gebiete. — Maße: Länge 92 mm, Höhe 57 mm, Dicke 37 mm.

Verbreitung: Gebiet des St.-Lorenz-Stromes.

16d. Anodonta (P.) grandis pepiniana Lea

1838 *Anodonta pepiniana* Lea, Trans. amer. philos. Soc., Philadelphia, 5:96; Taf. 16, Fig. 51. — Terra typica: Pepin-See, Portage Co., Ohio.
1861 *Anodonta kennicottii* Lea, Proc. Acad. nat. Sci. Philadelphia, 5:56. — Terra typica: Großer Sklaven-See bei Fort Rae, Kanada.
1863 *Anodonta dallasiana* Lea, Proc. Acad. nat. Sci. Philadelphia, 7:190. — Terra typica: Winnipeg-See an der Mündung des Saskatschewan-Flusses, Kanada.
1865 *Anodon opalina* Anthony, Amer. J. Conch., Philadelphia, 1:159; Taf. 14, Fig. 2. — Terra typica: Shears-See, Michigan.
1881 *Anodonta houghtonensis* Currier in DeCamp, List shell-bearing Moll. Michigan, Misc. Publ., Kent Sci. Inst., Grand Rapids, Mich., no. 5:14; Taf. 1, Fig. 2. — Terra typica: Nicht genannt, doch offensichtlich Houghton-See in Michigan.

Diagnosis: Anscheinend nur durch geringere Größe, weniger erhobene Wirbel und deutlich rautenförmigen Umriß unterschieden. — Maße: Länge 55—65 mm, Höhe 32—34 mm, Dicke 18—20 mm.

Bemerkungen: Diese Form scheint lediglich eine nördliche Kümmerform der *Anodonta grandis* zu sein.

Verbreitung: Winnipeg-See, Kanada; oberes und mittleres St.-Lorenz-Gebiet.

16e. Anodonta (P.) grandis bealei Lea

1863 *Anodonta bealei* Lea, Proc. Acad. nat. Sci. Philadelphia, 7:194. — Terra typica: Verdigris-Fluß, Leon Co., Texas.

Diagnosis: Ausgezeichnet durch verlängerte, fast walzenförmige Gestalt und glänzende, aschbraune Konchinschicht. — Maße: Länge 80—93 mm, Höhe 42—50 mm, Dicke 30—35 mm.

Verbreitung: Texas bis Kansas, Vereinigte Staaten von Nord-Amerika.

16f. Anodonta (P.) grandis dakota Frierson

1910 *Anodonta dakota* Frierson, Nautilus, Philadelphia u. Boston, 23:113; Taf. 10. — Terra typica: Ulvers Point, Clear Lake, Deuel Co., Süd-Dakota.

Diagnosis: Zu den Eigenheiten dieser Form gehört die unter der Mittellinie liegende Spitze des Hinterendes und die ausgesprochene Abstutzung des Hinterendes, die der Schale einen viereckigen Umriß verleiht. — Maße: Länge 76 mm, Höhe 51 mm, Dicke 40 mm.

Verbreitung: Nur von der Terra typica bekannt.

16g. Anodonta (P.) grandis dakotana Utterback

1915 *Anodonta dakotana* Utterback, Amer. Midland Natural., Notre Dame, 4:114; Taf. 24, Fig. 77, A & B. — Terra typica: Lake Contrary, St. Joseph Co., Missouri.

Diagnosis: Schale unregelmäßig rautenförmig, kurz, aufgeblasen, hinten scharf abgestutzt, in der Mitte gerundet. — Maße: Länge 108—114 mm, Höhe 73—78 mm, Dicke 48—49 mm.

Verbreitung: Nur von der Terra typica bekannt.

16h. Anodonta (P.) grandis globosa Lea

1841 *Anodonta globosa* Lea, Proc. amer. philos. Soc., Philadelphia, **2**:31. — Terra typica: Concha-See bei Tlocatalpam, Mexiko.
1867 *Anodon nopalatensis* Sowerby, Conch. Icon., **17**: Taf. 16, Fig. 58. — Terra typica: Nopalata-Fluß, Mexiko.

Diagnosis: Durch die große Aufgeblasenheit der Wirbel und der angrenzenden Schalenteile ausgezeichnet, sowie durch die etwas größere Höhe des hinteren Oberrandes. — Maße: Länge 100—190 mm, Höhe 72—140 mm, Dicke 52—88 mm.

Bemerkungen: Diese Form scheint mit den nun zu besprechenden Unterarten *tabascensis* und *grijalvae* identisch zu sein und stellt wohl nur deren unter optimalen Verhältnissen lebende Normalform dar.

Verbreitung: Mexiko.

16i. Anodonta (P.) grandis tabascensis Morelet

1884 *Anodonta tabascensis* Morelet, J. de Conch., Paris, **32**:124. — Terra typica: Tabasco, Mexiko.
1884 *Anodonta grijalvae* Morelet, J. de Conch., Paris, **32**:123. — Terra typica: Tabasco, Mexiko.

Diagnosis Schale sehr groß, fast gleichseitig, sehr stark aufgeblasen, ungefähr elliptisch, dünnschalig, mit sehr hohen und vollen Wirbeln. — Maße: Länge 150—161 mm, Höhe 100—110 mm, Dicke 80—95 mm.

Bemerkungen: Daß beide in der Synonymie genannte Formen identisch sind, kann kaum bezweifelt werden; daß beide als Sumpfformen der vorangehenden Form, *globosa* Lea, aufzufassen sind, glaube ich annehmen zu dürfen. Es sei hier erwähnt, daß Simpson (1900) die Form *grijalvae* als Art der Muteliden-Gattung *Anodontites* aufführt.

Verbreitung: Nur aus der Gegend von Tabasco (Mexiko) bekannt.

17. **Anodonta (Pyganodon) cataracta** Say

17a. Anodonta (P.) cataracta cataracta Say

1817 *Anodonta cataracta* Say in Nicholson's Encyclopedia, 1. Ausg.: Taf. 3, Fig. 4. — Terra typica: Nicht genannt.
1820 *Anodonta atra* Rafinesque, Ann. gén. Sci. Phys. Bruxelles, **5**:316. — Terra typica: Ohio-Fluß, Nord-Amerika.
1824 *Anodonta fluviatilis* Bosc, Hist. nat. Coqu., **3**:143. — Terra typica: Nord-Amerika.
1831 *Anodonta digonota* Rafinesque, Cont. Mon. Biv. Shells Ohio: 6. — Terra typica: Erie-See, Nord-Amerika.
1834 *Anodonta teres* Conrad, Amer. J. Sci. Arts, **25**:47; Taf. 7, Fig. 2. — Terra typica: Santee-Kanal, Süd-Karolina.
1857 *Anodonta virgulata* Lea, Proc. Acad. nat. Sci. Philadelphia, **1**:86. — Terra typica: Roanoke-Fluß bei Weldon, Nord-Karolina.
1862 *Anodonta williamsii* Lea, Proc. Acad. nat. Sci. Philadelphia, **6**:169. — Terra typica: Potomac-Fluß bei Washington, D. C.
1862 *Anodonta tryonii* Lea, Proc. Acad. nat. Sci. Philadelphia, **6**:169. — Terra typica: Schuylkill-Fluß oberhalb Philadelphia.
1863 *Anodonta dolearis* Lea, Proc. Acad. nat. Sci. Philadelphia, **7**:193. — Terra typica: Stewart's Mill Dam, Union Co., Nord-Karolina.

1866 *Anodonta doliaris* LEA, J. Acad. nat. Sci. Philadelphia, 6:24; Taf. 8, Fig. 23. — (Nomen substitutum pro *A. dolearis* LEA 1863.)

Diagnosis: Schale eiförmig, lang elliptisch oder quereiförmig, meistens dünnschalig, ungleichseitig; Area niedrig; Hinterende kaum abgestutzt. Wirbel meist voll und über den Rückenrand erhoben; ihre Skulptur besteht aus einigen gerunzelten Fältchen, die zur Bildung von Doppelschlingen neigen. Konchinschicht gelbgrün bis olivenfarben, oft leicht gestrahlt. Perlmutter bläulich weiß, nicht schillernd. — Maße: Länge 120—135 mm, Höhe 70—72 mm, Dicke 50—56 mm.

Verbreitung: Gebiet des unteren St.-Lorenz-Stromes; atlantische Küstenflüsse Nord-Amerikas südlich bis Nord-Karolina. Andere Fundorte, wie der Grand River in Michigan und andere nördlich des Oberen Sees, scheinen nicht zuzutreffen.

17b. Anodonta (P.) cataracta hallenbeckii LEA

1858 *Anodonta hallenbeckii* LEA, Proc. Acad. nat. Sci. Philadelphia, 10:139. — Terra typica: Uhaupee Creek, Macon Co., Georgia.
1858 *Anodonta gesnerii* LEA, Proc. Acad. nat. Sci. Philadelphia, 10:139. — Terra typica: Uhaupee Creek, Macon Co., Alabama (Irrtum von LEA: Macon Co. liegt in Georgia).

Diagnosis: Im wesentlichen nur durch stärker walzenförmige Gestalt und größere Aufgeblasenheit von der Nominatform verschieden, wohl deren südliche Vikariante.

17c. Anodonta (P.) cataracta gibbosa SAY

1824 *Anodonta gibbosa* SAY, Narrat. Exped. St. Peter's River, 2:265; Taf. 14, Fig. 3—4. — Terra typica: Süd-Karolina.
1842 *Anodonta dunlapiana* LEA, Proc. amer. philos. Soc., Philadelphia, 2:225. — Terra typica: Süd-Karolina.
1858 *Anodonta dariensis* LEA, Proc. Acad. nat. Sci. Philadelphia, 2:139. — Terra typica: Hopeton, Georgia.

Diagnosis: Der Nominatform und der Unterart *hallenbeckii* sehr ähnlich, im Grunde nur durch die größere Auftreibung der Schale längs der äußeren Arealkante unterschieden. — Maße: Länge 97—147 mm, Höhe 54—82 mm, Dicke 42—70 mm.

Verbreitung: Süd-Karolina bis Florida.

18. Anodonta (Pyganodon) implicata SAY

1829 *Anodonta implicata* SAY, New Harmony Dissemin., 2:340. — Terra typica: Danvers, Massachusetts.
1838 *Anodonta newtonensis* LEA, Trans. amer. philos. Soc., Philadelphia, 6:79; Taf. 21, Fig. 66. — Terra typica: Newton Creek, New Jersey.
1843 *Anodonta excurvata* DEKAY, Zoology of New York, Teil 5, Mollusca: 202; Taf. 17, Fig. 233. — Terra typica: Shaker pond, Niskayuna, Albany Co., New York.
1845 *Anodonta housatonica* LINSLEY, Amer. J. Sci., New Haven, 48:277 (Nomen nudum). — Housatonic bei Corum, Connecticut.

Diagnosis: Schale länglich, elliptisch oder rautenförmig oder eiförmig, oft festschalig, etwas aufgeblasen, ungleichseitig. Wirbel mäßig voll, wenig über den Rückenrand erhoben; ihre Skulptur besteht aus geradlinigen Falten, die mit den Zuwachsstreifen gleichlaufen oder ganz leicht gekrümmt und gerunzelt sein können. Area wohl entwickelt, meist mit zwei Kanten; Hinterende zweiwinklig. Konchinschicht gelbgrün bis braun, manchmal zart gestrahlt. Perlmutter weißlich, lachsfarben oder purpurn, dunkler in Wirbelhöhlen. — Maße: 125—142 mm, Höhe 67—83 mm, Dicke 45—50 mm.

Bemerkungen: Die beiden letztgenannten Synonyme bleiben zweifelhaft.

Verbreitung: Winnipeg-See in Kanada; St.-Lorenz-Gebiet; atlantische Küstenflüsse südlich bis Virginia.

19. Anodonta (Pyganodon ?) brooksiana VAN DER SCHALIE

1938 *Anodonta brooksiana* VAN DER SCHALIE, Ann. Carnegie Mus., Pittsburgh, **27**:167 bis 170; Taf. 16. — Terra typica: Ferryland Distrikt, Neufundland. Spout Pond Aram.

Diagnosis: Schale von mittlerer Größe, dünn, elliptisch, nicht zusammengedrückt, sondern leicht geschwollen. Area niedrig. Rücken- und Bauchrand ziemlich gleichlaufend. Wirbel niedrig, nicht vorragend; ihre Skulptur besteht aus 8—12 mehr oder weniger unregelmäßig konzentrischen, runzligen Falten, die sich bis auf die Schalenfläche erstrecken. Konchinschicht mit grünlichen Strahlen. Perlmutter silbrig blau. — Maße: Länge 69,5—88,5 mm, Höhe 33—45 mm, Dicke 16,5—31 mm.

Bemerkungen: Es ist schwer, vorliegende Art zu beurteilen. Ihr Beschreiber nähert sie Angehörigen der Untergattung *Pyganodon*, wie *marginata* und *implicata*, bemerkt aber andrerseits, daß sie in die Verwandtschaft der paläarktischen *Anodonta cygnea* gehören könnte; dies ist nicht ausgeschlossen, da Neufundland andere paläarktische Arten besitzt. Es ist aber wahrscheinlicher, daß wir es hier mit einer kümmernden Inselform aus der Gruppe der *Anodonta marginata* zu tun haben.

Verbreitung: Nur von Neufundland bekannt.

Unerkennbare Arten von *Anodonta*

Die im folgenden in alphabetischer Ordnung aufgeführten Namen sind entweder ohne Abbildung oder mit einer unzureichenden Beschreibung oder mit beiden Mängeln bekanntgegeben worden. Die meisten sind völlig unerkennbar, einige wenige lassen sich vermutungsweise deuten.

1890 *Anodonta aureus* PAETEL, Cat. Conch. Samml., **3**:176; wohl Verwechslung mit *Pseudodon aureus* HEUDE.

1870 *Anodon cochlearis* SOWERBY, Conch. Icon., **17**, *Anodon:* Taf. 33, Fig. 135. — Gehört wohl zu *Anodontites.*

1890 *Anodonta chinensis* PAETEL, Cat. Conch. Samml., **3**:177. — Wohl *Cristaria discoidea* (LEA).

1848 *Anodonta cornea* PHILIPPI, Z. Malak., Kassel, **5**:130. — Ist ein *Anodontites.*

1839 *Anodonta curvata* JAY, Cat. Shells: **27**. — Ist eine Mutelide.

1844 *Anodonta dalei* LESSON, Complé. de BUFFON, **1**:155; Taf. 3, Fig. 1. — ?

1833 *Anodonta fragilis* FITZINGER, Syst. Verz. Erzherz. Österreich vork. Weichth.: 120. — Sicher eine Form von *Anodonta cygnea* (LINNAEUS).

1880 *Anodonta hockingensis* CALL, Amer. Natural., Lancaster, **14**:530, als ein Manuskriptname von MOORE. — Wohl *Anodonta grandis* SAY.

1882 *Anodonta laminata* ROCHEBRUNE, Bull. Soc. philom. Paris, (7) **6**:40. — ?

1876 *Anodonta martensii* CLESSIN, Conch. Cab., *Anodonta:* 181; Taf. 63, Fig. 2. — Undeutbar, kaum eine Unionide.
1822 *Anodonta ovata* STARK, Elements nat. Hist., 2:90. — Undeutbar, aber nicht *Anodonta ovata* LEA.
1841 *Anodon pictus* SWAINSON, Exotic Conch., e. Ausg.: 39. — Undeutbar.
1870 *Anodonta polymorpha* LEA, Syn. Fam. Unionidae, 4. Ausg.: 84. — Wird von LEA als von KÜSTER beschrieben angegeben. Undeutbar.
1824 *Anodontites radiata* VALENCIENNES, Encycl. Méth.: 147; Taf. 203, Fig. 4. — Ist keine Unionide, sondern höchst wahrscheinlich eine Mytilide.
1870 *Anodonta recurvirostra* LEA, Syn. Fam. Unionidae, 4. Ausg.: 84. — Wird KÜSTER zugeschrieben.
1880 *Anodonta somersi* CALL, Amer. Natural., Lancaster, 14:529, als Manuskriptname von MOORE. — Gehört zu *Anodonta grandis* SAY.
1857 *Anodonta sulcosa* H. &. A. ADAMS, Genera Rec. Moll., 2:503. — Ist CONRAD zugeschrieben, von ihm aber nicht beschrieben; undeutbar.
1867 *Anodon triangularis* SOWERBY, Conch. Icon., 17, *Anodon:* Taf. 15, Fig. 56. — Ohne Fundort beschrieben, daher undeutbar.
1836 *Anodonta trigona* HELD, Isis (OKEN), Leipzig, 1836:280. — Vaterland Bayern, also bestimmt eine Phase von *Anodonta cygnea* LINNAEUS). Nicht *Anodon trigonum* SPIX 1827.
1866 *Anodonta truncata* KUTSCHIG in BRUSINA, Moll. Dalm.: 131. — Dalmatien, also ebenfalls eine Form von *Anodonta cygnea* (LINNAEUS).
1864 *Anodonta tunizana* MORELET, J. de Conch., Paris, 12:156. — Tunis; Form der *Anodonta cygnea* (LINNAEUS).
1857 *Anodonta viridis* H. & A. ADAMS, Genera rec. Moll., 2:503. — Angeblich von LEA beschrieben; undeutbar.

Genus **Anodontoides** SIMPSON

1898 *Anodontopsis* SIMPSON in BAKER, Trans. St. Louis Acad. Sci., 8:76; non *Anodontopsis* McCOY 1851. — Species typica: *Anodonta ferussaciana* LEA.
1898 *Anodontoides* SIMPSON in BAKER, Bull. Chicago Acad. Sci., 3 (1):72. — Species typica: *Anodonta ferussaciana* LEA.

Diagnosis: Schale elliptisch, aufgeblasen, dünnschalig, manchmal unten in der Mitte eingedrückt. Wirbel ziemlich voll, mit einer Skulptur von einigen wenigen rauhen, fast miteinander gleichlaufenden, konzentrischen Falten, die sich hinten plötzlich nach hinten aufbiegen; hinter diesen sind zarte, ausstrahlende Fältchen vorhanden. Konchinschicht glatt, oft eng gestrahlt. Schloßlinie leicht vor den Wirbeln eingebogen, zahnlos oder mit allerkleinsten Andeutungen von Claustren.

Bemerkungen: SIMPSON begründete seine neue Gattung *Anodontoides* auf die — inzwischen als unrichtig erkannte — Tatsache, daß die Wirbelskulptur konzentrisch sei und daß die Artangehörigen ihre Jungen in allen vier Kiemen brüteten. Fällt also vor allem die embryologische Grundlage zur Abtrennung von *Anodonta* fort, so müssen der Gattungsdiagnose andere Unterscheidungsmerkmale zugefügt werden; dies haben wir im obigen getan, sind uns aber bewußt, daß diese unterscheidenden Merkmale im Grunde genommen nicht völlig zur generischen Abtrennung genügen. Wenn wir also hier *Anodontoides* als eigne Gattung der Anodontinen beibehalten, so geschieht dies mit dem unsicheren Bewußtsein, daß es vielleicht besser gewesen wäre, sie als Untergattung von *Anodonta* zu behandeln.

Verbreitung: Nord-Amerika.

1. Anodontoides ferussacianus (LEA)

1a. Anodontoides ferussacianus ferussacianus (LEA)

1834 *Anodonta ferussaciana* LEA, Trans. amer. philos. Soc., Philadelphia, **5**:45; Taf. 6, Fig. 15. — Terra typica: Ohio-Fluß bei Cincinnati, U.S.A.

1838 *Anodonta buchanensis* LEA, Trans. amer. philos. Soc., Philadelphia, **6**:47; Taf. 14, Fig. 43. — Terra typica: Buck Creek, Ohio.

1840 *Anodonta argentea* LEA, Proc. amer. philos. Soc., Philadelphia, **1**:289. — Terra typica: Stone's-Fluß, Tennessee.

1840 *Anodonta ferruginea* LEA, Proc. amer. philos. Soc., Philadelphia, **1**:289. — Terra typica: Simon's Creek, Indiana.

1842 *Anodon plicatus* HALDEMAN, J. Acad. nat. Sci. Philadelphia, **8**:202. — Terra typica: Cumberland-Fluß, Tennessee.

1852 *Anodonta denigrata* LEA, Trans. amer. philos. Soc., Philadelphia, **10**:285; Taf. 25, Fig. 45. — Terra typica: Campbell County, Tennessee.

1852 *Anodonta oblita* LEA, Trans. amer. philos. Soc., Philadelphia, **10**:290; Taf. 28, Fig. 52. — Terra typica: Campbell County, Tennessee.

1861 *Anodonta simpsoniana* LEA, Proc. Acad. nat. Sci. Philadelphia, **5**:56. — Terra typica: Fort Rae, Großer Sklaven-See, Kanada. Die Stellung dieser Form ist unsicher, sie könnte ebensogut ein Synonym zu *Anodonta kennicottii* LEA sein, die wir hier als *Anodonta grandis pepiniana* aufgeführt haben.

Diagnosis: Schale lang elliptisch, meist sehr dünnschalig, ungleichseitig, leicht aufgeblasen. Wirbel voll und hoch, mit der in der Gattungsbeschreibung beschriebenen Skulptur. Hinterer Oberrand entweder leicht gewinkelt oder gerundet. Vorderende gerundet. Hinterende gerundet, leicht zweiwinklig oder zugespitzt. Vorderer Oberrand leicht eingebogen. Bauchrand fast gerade, oft in der Mitte leicht eingebogen. Konchinschicht grünlich, oft zart gestrahlt. Schloßrand vor den Wirbeln leicht eingebogen und oft ganz leicht geschwollen. Perlmutter bläulich weiß, meist schillernd. — Maße: Länge 86—92 mm, Höhe 45—53 mm, Dicke 34—40 mm.

Bemerkungen: Diese Art ist äußerst formveränderlich, und es ist keineswegs ausgeschlossen, daß die folgend erwähnten Unterarten mit der Nominatform identisch sind.

Verbreitung: Red River of the North und Saskatchewan-Fluß, Kanada; St.-Lorenzfluß-Gebiet; ganzes Mississippi-Gebiet.

1b. Anodontoides ferussacianus subcylindraceus (LEA)

1838 *Anodonta subcylindracea* LEA, Trans. amer. philos. Soc., **6**:106; Taf. 24, Fig. 117. — Terra typica: Oak Orchard Creek, Orleans County, New York.

Diagnosis: Von der Nominatform verschieden durch kleinere Schale, die stärker verlängert und zarter ist, sodann durch das etwas verbreiterte und leicht zweiwinklige Hinterende. — Maße: Länge 76 mm, Höhe 36 mm, Dicke 27 mm.

Bemerkungen: Scheint mehr eine Kümmerform als eine nördliche Lokalrasse des typischen *ferussacianus* zu sein, und daher kaum eines eignen Namens würdig.

Verbreitung: Das St. Lorenzfluß-Gebiet.

1c. Anodontoides ferussacianus modestus (LEA)

1857 *Anodonta modesta* LEA, Proc. Acad. nat. Sci. Philadelphia, **9**:84. — Terra typica: Sumpf bei Kalamazoo, Michigan.

Diagnosis: Diese Form ist auf ein einziges Stück begründet, das im großen ganzen der vorangehenden Form sehr glich, aber etwas festschaliger war; seine Wirbelskulptur soll sich durch größere Zartheit und dadurch auszeichnen, daß die sie bildenden Fältchen in Doppelschlingen angeordnet sind. Auf jeden Fall kann von dem einzigen Stücke dieser Form, dem Typus, nicht auf eine benennenswerte Unterart geschlossen werden.

Verbreitung: Nur von der Terra typica bekannt.

1d. Anodontoides ferussacianus birgei F. C. Baker

1923 *Anodontoides birgei* F. C. Baker, Nautilus, 36:123. — Terra typica: Sturgeon-Bucht des Michigan-Sees, Door Co., Michigan.

Diagnosis: Diese Seeform ist durch zylindrischere Schalenform und die gleiche schwache Wirbelskulptur ausgezeichnet, die wir bei der vorhergehenden Form fanden. Ihr Beschreiber selbst ist sich darüber klar, daß die von ihm benannte „Art" eine lakustrine Anpassung der Nominatform darstellt.

Verbreitung: Nur von der Terra typica bekannt.

Genus **Strophitus** Rafinesque

1820 *Anodonta (Strophitus)* Rafinesque, Ann. gén. Sci. Phys. Bruxelles, 5:316. — Species typica: *Anodonta undulata* Say.

1927 *Pseudodontoideus* Frierson, Class. annot. Check List North Amer. Naiades: 23. — Ein Nomen nudum ohne Angabe des Typus, die drei Arten *alabamensis* Lea, *gesneri* Lea und *spillmani* Lea umfassend. Die genannten Arten stehen dem Gattungstypus so nahe, daß ich ihre Einordnung in eine Untergattung nicht gutheißen kann.

Diagnosis: Schale elliptisch bis rautenförmig, aufgeblasen, ziemlich festschalig, hinten spitz oder zweiwinklig. Area niedrig. Wirbel voll; ihre Skulptur besteht aus einigen starken, konzentrischen Fältchen, die hinten scharf nach oben umbiegen. Schalenfläche glatt oder auf der Area gefaltet. Konchinschicht glänzend, manchmal gestrahlt. Schloßlinie vor den Wirbeln eingebogen; Schloß zahnlos, mit Ausnahme eines einzigen Claustrums vorn in jeder Klappe; hintere Claustra selten ausgebildet.

Verbreitung: Atlantisches Nord-Amerika; Zuflüsse zum arktischen Ozean in Kanada.

Bestimmungsschlüssel zu den Untergattungen

1	Schalenfläche glatt oder nur leicht auf der Area mit Falten versehen	***Strophitus*** S. 372
1′	Schalenfläche mit starken Falten auf der Area.	***Jugosus*** S. 377

Subgenus **Strophitus** s. str.

Diagnosis: Wie die der Gattung, aber die Schalenfläche ungefaltet oder nur leicht gefaltet.

1. **Strophitus (Strophitus) undulatus** (Say)

1a. Strophitus (S.) undulatus undulatus (Say)

1817 *Anodonta undulata* Say in Nicholson, Encyclopedia, 2. Ausg.: Taf. 3, Fig. 5. — Terra typica: Nicht genannt, aber, da die Arten von Say fast alle aus der Gegend von Philadelphia stammten, wohl vom Schuylkill-Fluß bei Philadelphia.

Diagnosis: Schale meist rautenförmig, kaum aufgeblasen, ziemlich dünnschalig, ungleichseitig. Wirbel hoch, mit einer Skulptur aus einigen starken Fältchen, die mit den Zuwachsstreifen gleichlaufen und die hinten etwas nach oben umbiegen; hinter ihnen sind gewöhnlich einige ausstrahlende Reifen. Meist zwei Arealkanten entwickelt. Konchinschicht meist dunkel grünlich oder bräunlich, oft zart gestrahlt. Schloß mit den zartesten Andeutungen von Zähnen, ohne Claustra. Wirbelhöhlen seicht. — Maße: Länge 30—63 mm, Höhe 20—37 mm, Dicke 12—23 mm.

Verbreitung: Atlantische Zuflüsse von Neu-England bis Virginia.

1b. Strophitus (S.) undulatus pennsylvanicus (Lamarck)

1819 *Anodonta pennsylvanica* Lamarck, Anim. sans Vert., **6**:86. — Terra typica: Schuglkill [sic!] - Fluß bei Philadelphia.

Diagnosis: Der Nominatform, die ja vom gleichen Fundorte stammt, sehr ähnlich, aber größer und besser ausgebildet. — Maße: Länge 46 mm, Höhe 26 mm, Dicke 17 mm.

Bemerkungen: Die Tatsache, daß sowohl die Nominatform, wie die Unterart *pennsylvanicus* vom gleichen Fundorte stammen, macht die Geltungsberechtigung des Unterartnamens verdächtig. Nach einer Bemerkung bei Frierson kommt die Nominatform der Art aus der Gezeitenmündung des Schuylkill-Flusses; ihre Kleinheit, das ganze etwas verkümmert aussehende Gepräge könnten somit auf die ungünstigen Lebensbedingungen im schwach brackigen Mündungsgebiet des Flusses hinweisen, während die Unterart *pennsylvanicus* aus höher flußaufwärts gelegenen Stellen mit günstigeren Lebensbedingungen stammen dürfte.

Verbreitung: Die der Nominatform.

1c. Strophitus (S.) undulatus rugosus (Swainson)

1822 *Anodon rugosus* Swainson, Zool. Illustr., **2**: Taf. 96. — Terra typica: Nord-Amerika.

1928 *Strophitus rugosus pepinensis* F. C. Baker, Bull. Wisconsin geol. nat. Hist. Survey, Madison, **70** (2):204. — Terra typica: Pepin-See, Minnesota.

1928 *Strophitus rugosus winnebagoensis* F. C. Baker, Bull. Wisconsin geol. nat. Hist. Survey, Madison, **70**:(2):205. — Terra typica: Winnebago-See, Wisconsin.

1928 *Strophitus rugosus lacustris* F. C. Baker, Bull. Wisconsin geol. nat. Hist. Survey, Madison, **70** (2):207. — Terra typica: See Oconomowoc, Waukesha Co., Wisconsin.

Diagnosis: Von der Nominatform durch bedeutendere Bauchigkeit, rauhere Wirbelskulptur und rauhere Schalenoberfläche ausgezeichnet. — Maße: Länge 74 mm, Höhe 41 mm, Dicke 31,5 mm.

Verbreitung: Etwa die der Nominatform.

1d. Strophitus (S.) undulatus virgatus (Conrad)

1836 *Anodonta virgata* Conrad, Mon. Fam. Unionidae, **5**: Auf dem Umschlag des Heftes. — Terra typica: Nicht angegeben.

1838 *Anodonta wardiana* Lea, Trans. amer. philos. Soc., Philadelphia, **6**:46; Taf. 14, Fig. 42. — Terra typica: Bei Chilicothe, Ohio, U.S.A.

1838 *Anodonta pavonia* Lea, Trans. amer. philos. Soc., Philadelphia, **6**:78; Taf. 21, Fig. 65. — Terra typica: Quellbäche des Little Beaver-Flusses, Ohio.

Diagnosis: Durch etwas länger elliptische Schalenform und farbenfreudige, heller oder dunkler grüne Konchinschicht ausgezeichnet. — Maße: Länge 68—72 mm, Höhe 34,5—39 mm, Dicke 26,5—28 mm.

Bemerkungen: Dürfte lediglich eine unter optimalen Bedingungen entstandene Rasse der Nominatform sein.

Verbreitung: Die nordamerikanischen Staaten Indiana und Ohio.

1e. Strophitus (S.) undulatus tennesseensis FRIERSON

1927 *Strophitus tennesseensis* FRIERSON, Class. annot. Check List North Amer. Naiades: 22. — Terra typica: Oberster Teil des Tennessee-Flusses.

Diagnosis: Sehr dünn, sehr zusammengepreßt, Hinterende breit abgestutzt, Schalenfläche und Perlmutter beide gelb. — Maße: Nicht angegeben.

Bemerkungen: Es könnte sich bei dieser mir unbekannten Form um eine Kümmerform aus den Quellbächen des Tennessee-Flusses handeln; es wäre voreilig, sie als eine Lokalrasse der Nominatform zu betrachten.

Verbreitung: Nur von der Terra typica gemeldet.

1f. Strophitus (S.) undulatus edentulus (SAY)

1818 *Alasmodonta edentula* SAY, New Harmony Dissemin., 2 (22): 340. — Terra typica: Wabash-Fluß, Indiana.

1829 *Anodon areolatus* SWAINSON, Zool. Ill., (2) 1: Taf. 18. — Terra typica: Nord-Amerika.

1843 *Anodon unadilla* DEKAY, Zool. of New York, Teil 5: 109; Taf. 15, Fig. 228. — Terra typica: Unadilla-Fluß, Otsego Co., New York.

1845 *Anodonta tetragona* LEA, Proc. amer. philos. Soc., Philadelphia, 4: 165. — Terra typica: Alexandria, Louisiana.

1852 *Anodonta arkansasensis* LEA, Trans. amer. philos. Soc., Philadelphia, 10: 293; Taf. 29, Fig. 56. — Terra typica: Kleiner Arkansas-Fluß.

1852 *Anodonta shaefferiana* LEA, Trans. amer. philos. Soc., Philadelphia, 10: 288; Taf. 26, Fig. 50. — Terra typica: Horn Lake Creek, Tennessee.

1865 *Alasmodon rhombica* ANTHONY, Amer. J. Conch., Philadelphia, 1: 158; Taf. 12, Fig. 5. — Terra typica: Michigan.

1865 *Anodon papyracea* ANTHONY, Amer. J. Conch., Philadelphia, 1: 161; Taf. 15, Fig. 2. — Terra typica: Unbekannt.

1927 *Strophitus undulatus ovatus* FRIERSON, Class. annot. Check List North. Amer. Naiades: 22. — (Nomen substitutum pro *A. edentula* SAY 1818).

Diagnosis: Eine der Nominatform äußerst ähnliche Form, die schwer zu beschreiben ist, da sie von unglaublicher Formveränderlichkeit ist. Ihre Hauptmerkmale sind bedeutende Schwankungen in der Schalendicke und dem Grade der Aufgeblasenheit, sowie in den allgemeinen Schalenmaßen. — Maße: Länge 35—115 mm, Höhe 20—65 mm, Dicke 12—41 mm.

Bemerkungen: Bei vielen der oben genannten Synonyme der Unterart *edentulus* war die Zugehörigkeit zu ihr zweifelhaft, sie könnten ebensogut zu den anderen aufgeführten Unterarten oder zur Nominatform gehören; aus diesem Grunde ist es sozusagen unmöglich, eine Beschreibung von *edentulus* zu geben. Die Folgerung aus dem oben Gesagten ist nun, daß die Berechtigung, einen eignen Namen zu tragen, für alle aufgeführten Unterarten recht zweifelhaft ist und daß sie alle zur normalen Variationsbreite der Nominatform *undulatus* gehören.

Verbreitung: Ganzes Stromgebiet des Mississippi; Stromgebiet des St.-Lorenz-Flusses; zum Polarmeer abfließende Flüsse Kanadas; atlantische Zuflüsse südlich bis Nord-Karolina; westlich bis Mittel-Texas.

2. Strophitus (Strophitus) subvexus (Conrad)

1834 *Anodonta subvexa* Conrad, Amer. J. Sci., New Haven, 25:341; Taf. 1, Fig. 1. — Terra typica: Black Warrior-Fluß, Alabama.
1858 *Margaritana tombigbeensis* Lea, Proc. Acad. nat. Sci. Philadelphia, 2:138. — Terra typica: Tombigbee-Fluß bei Columbus, Mississippi.
1867 *Margaritana columbensis* Lea, Proc. Acad. nat. Sci. Philadelphia, 11:81. — Terra typica: Tombigbee-Fluß bei Columbus, Mississippi.

Diagnosis: Schale unregelmäßig trapezförmig, vorn sehr verschmälert; Schloßlinie vorn gebogen; Schale kaum fest, aufgeblasen; Wirbel voll, ohne beobachtete Skulptur. Hinterende schief abgestutzt oder gerundet oben, hinten in eine Spitze endend. Area hoch, gewinkelt. Konchinschicht dunkel oder heller grünlich, manchmal leicht grün gestrahlt. Schloß mit der Spur eines Zahnes vor den Wirbeln jederseits. Wirbelhöhlen mäßig tief, nicht zusammengepreßt. Perlmutter bläulich, manchmal auch rötlich. — Maße: Länge 77 mm, Höhe 52 mm, Dicke 37 mm.

Verbreitung: Von Alabama im Osten bis Ost-Texas, Louisiana und Arkansas im Westen verbreitet.

3. Strophitus (Strophitus) connasaugaensis (Lea)

1857 *Margaritana connasaugaensis* Lea, Proc. Acad. nat. Sci. Philadelphia, 2:135. — Terra typica: Connasauga-Fluß, einer der Quellflüsse des Alabama-Flusses, in Gilmer Co., Georgia.

Diagnosis: Schale im allgemeinen dünn, verlängert, etwas rautenförmig, oft vorn verschmälert, leicht aufgeblasen, ungleichseitig. Wirbel voll und mäßig hoch; ihre Skulptur besteht aus starken, mit den Zuwachslinien gleichlaufenden Falten, die an der äußeren Arealkante unterbrochen sein können. Konchinschicht gelblich grün mit gelegentlichen Andeutungen von Strahlen, die hinten am deutlichsten ausgeprägt sind. Schloß mit einem einzigen, unregelmäßigen, zusammengepreßten Zahn jederseits vor den Wirbeln. Wirbelhöhlen mäßig tief. Perlmutter bläulich, in alten Schalen oft fleischfarben schillernd. — Maße: Länge 63 mm, Höhe 36 mm, Dicke 23 mm.

Verbreitung: Gebiet des Alabama-Flusses.

4. Strophitus (Strophitus) radiatus (Conrad)

1834 *Alasmodonta radiata* Conrad, Amer. J. Sci., New Haven, 25:341; Taf. 1, Fig. 10. — Terra typica: Kleine Flüsse in Süd-Alabama.
1858 *Margaritana elliottii* Lea, Proc. Acad. nat. Sci. Philadelphia, 2:138. — Terra typica: Chattahoochee-Fluß bei Columbus, Georgia.
1859 *Margaritana elliptica* Lea, Proc. Acad. nat. Sci. Philadelphia, 3:113. — Terra typica: Talladega-Creek, Alabama.
1860 *Anodonta showalterii* Lea, Proc. Acad. nat. Sci. Philadelphia, 4:307. — Terra typica: Coosa-Fluß bei Wetumpka, Alabama.

Diagnosis: Schale etwas verlängert und etwa elliptisch, ziemlich aufgeblasen und dünnschalig, ungleichseitig. Area mäßig hoch, leicht gewinkelt.

Wirbel voll, aber nicht hoch, mit einer Skulptur von einigen wenigen Falten, die nach hinten scharf aufbiegen. Konchinschicht mehr oder weniger braun, meist heller gestrahlt. Schloßlinie vor den Wirbeln leicht eingebogen, mit einem rückgebildeten, zusammengedrückten Zahn vorn jederseits, ohne Seitenzähne. Wirbelhöhlen nicht tief. Perlmutter bläulich. — Maße: Länge 73 mm, Höhe 38 mm, Dicke 28 mm.

Verbreitung: Alabama und Georgia.

5. Strophitus (Strophitus) alabamensis (Lea)

1861 *Margaritana alabamensis* Lea, Proc. Acad. nat. Sci. Philadelphia, 5:41. — Terra typica: Talladega Creek, Alabama.

Diagnosis: Schale etwa rautenförmig, etwas verlängert, kaum aufgeblasen, ungleichseitig, dünnschalig bis mäßig festschalig. Wirbel mäßig voll und hoch, mit einer Skulptur von wenigen, mit den Zuwachsstreifen gleichlaufenden Fältchen. Area hoch und breit gerundet. Konchinschicht grünlich in verschiedenen Abtönungen, gelegentlich hinten schwach gestrahlt. Linke Klappe mit einem stumpfen, glatten Zahn, rechte mit einem und gelegentlich mit einem zweiten Zahn. Perlmutter stumpf, etwas purpurn. — Maße: Länge 105 mm, Höhe 54 mm, Dicke 35 mm.

Verbreitung: Alabama.

6. Strophitus (Strophitus) gesnerii (Lea)

1858 *Margaritana gesnerii* Lea, Proc. Acad. nat. Sci. Philadelphia, 2:138. — Terra typica: Uphaupee Creek, Alabama.

Diagnosis: Schale etwas verlängert, etwa rautenförmig, Rücken- und Bauchrand fast gleichlaufend, wenig festschalig und ein wenig aufgeblasen. Wirbelbeschaffenheit der starken Abnützung wegen nicht erkennbar. Area mittelhoch, mit zwei Arealkanten. Konchinschicht fahl grünlich braun, manchmal schwach gestrahlt. Linke Klappe mit zwei bis drei Andeutungen von Zähnen, rechte Klappe mit nur einem; Claustra wenig ausgebildet, manchmal fehlend. Wirbelhöhlen nicht tief. Perlmutter purpurn, glanzlos. — Maße: Länge 87—92 mm, Höhe 50—55 mm, Dicke 32—37 mm.

Bemerkungen: Die Artberechtigung dieser nur in zwei Stücken bekannten Form kann bezweifelt werden. Sie könnte eine Standortsform von *S. connasaugaensis* darstellen; da aber alle amerikanischen Bearbeiter sie als gute Art führen, will ich ihrem Rate folgen, zumal ich sie nur aus den Abbildungen kenne.

Verbreitung: Alabama.

7. Strophitus (Strophitus) spillmanii (Lea)

1858 *Margaritana spillmanii* Lea, Proc. Acad. nat. Sci. Philadelphia, 2:138. — Terra typica: Tombigbee-Fluß, Mississippi, bei Columbus.

Diagnosis: Schale zwischen elliptisch und rautenförmig, wenig festschalig, aufgeblasen, ungleichseitig. Wirbel voll und hoch; ihre Skulptur besteht aus wenigen sehr starken, konzentrischen Fältchen. Vorderende leicht verschmälert. Konchinschicht glänzend, dunkel bräunlich bis olivfarben. Schloß mit einem wenig ausgebildeten, zusammengepreßten Zahne vor den Wirbeln in beiden Klappen, aber ohne jede Spur von Claustren. Wirbelhöhlen tief, nicht zusammengepreßt. Perlmutter hell fleischfarben. — Maße: Länge 80—90 mm, Höhe 46—50 mm, Dicke 33—38 mm.

Bemerkungen: Diese nur wenig bekannte Form steht der *connasaugaensis* recht nahe, ist aber durch größere Schalendicke, dunklere Farbe der Konchinschicht und die nicht blaue Farbe der Perlmutter von ihr verschieden; alles Merkmale von sehr untergeordneter Bedeutung.

Verbreitung: Tombigbee-Fluß, Mississippi.

Subgenus **Jugosus** SIMPSON

1914 *Strophitus* Sectio *Jugosus* SIMPSON, Descr. Cat. Naiades Pearly Freshw. Mussels: 357. — Species typica: *Strophitus wrightianus* WALKER.

Diagnosis: Von *Strophitus* s. str. unterschieden durch die starke, strahlenförmige Faltung der Area und die stärkeren Schloßzähne.

Verbreitung: Florida.

8. **Strophitus (Jugosus) wrightianus** WALKER

1901 *Strophitus wrightianus* WALKER, Nautilus, Philadelphia u. Boston, **15**:65; Taf. 3. — Terra typica: Ochlochnee-Fluß, Florida.

Diagnosis: Schale unregelmäßig rautenförmig, aufgeblasen, wenig festschalig, fast gleichseitig, vorn klaffend. Wirbel sehr voll und hoch, mit einer Lunula vor ihnen; ihre Skulptur besteht aus wenigen starken Falten, die mit den Zuwachsstreifen gleichlaufen. Vorderende gerundet, unten etwas abgeschnitten. Bauchrand gleichmäßig gebogen; hinterer Rückenrand gleichmäßig geschwungen. Area niedrig, mit ausstrahlenden, ziemlich starken, oft gebrochenen Falten bedeckt. Hinterende gerundet abgestutzt. Konchinschicht sehr fein gerunzelt, fast tiefschwarz, aber heller nahe den Wirbeln, und glänzend. Linke Klappe mit Spuren eines Zahnes unter und einem angedeuteten zweiten vor dem Wirbel; rechte Klappe mit einem rauhen Zahne vor dem Wirbel; Claustren fehlen fast vollständig. Wirbelhöhlen tief. Perlmutter bläulich mit leicht milchigem Schimmer. — Maße: Länge 54 mm, Höhe 38 mm, Dicke 30,5 mm.

Bemerkungen: Nur ein einziges Stück bekannt. Die von WALKER ursprünglich erwähnte Terra typica, „Zufluß des Flint-Flusses, Georgia", ist irrtümlich; die oben genannte ist die wahre.

Verbreitung: Nur von der Terra typica bekannt.

Genus **Pseudanodonta** BOURGUIGNAT

1876 *Pseudodon*, Gruppe *Pseudanodonta* BOURGUIGNAT, Bull. Soc. Sci. phys. nat. Toulouse, **3**:99. — Species typica: *Anodonta complanata* ROSSMÄSSLER.

1892 *Pseudoanodonta* WESTERLUND, Rad. jugoslav. Akad., **156**:137. — (Nomen substitutum pro *Pseudanodonta* BOURGUIGNAT 1876.)

1893 *Pseudoanodonta* PICAGLIA, Bull. Soc. malac. Ital., **18**:117. — (Nomen substitutum pro *Pseudanodonta* BOURGUIGNAT 1876.)

Diagnosis: Schale verlängert, ungleichseitig, zusammengepreßt, dünnschalig, vorn kurz und gerundet, lang und mit stumpfer Spitze hinten. Rückenrand fast geradlinig; Bauchrand leicht geschwungen. Rückenrand nach hinten zu sanft ansteigend, Bauchrand nach hinten breiter werdend. Area sozusagen nicht entwickelt. Wirbel niedrig, mit 3—5 knotigen Fältchen skulptiert. Schloß zahnlos. Schalenfläche glatt, lebhaft grün.

Bemerkungen: Nicht alle Autoren erkennen die Berechtigung dieser Gattung an und betrachten sie als typische Anodonten. Abgesehen von den durchaus beständigen Schalenmerkmalen, wie sie oben aufgeführt wurden, zeigt aber *Pseudanodonta* so viele Ähnlichkeiten mit der südasiatischen Gattung *Pilsbryoconcha*, daß diese ebenfalls zu *Anodonta* gezogen werden müßte, wenn man *Pseudanodonta* nicht generisch anerkennte.

Im Gegensatze zu den europäischen Arten von *Anodonta*, bei denen wir keinerlei Anzeigen von geographischen Rassen finden konnten, sind solche bei *Pseudanodonta* entwickelt.

Verbreitung: Europa, mit Ausnahme des Mittelmeergebietes, doch im Gebiete des Schwarzen Meeres.

1. Pseudanodonta elongata (HOLANDRE)

1836 *Anodonta elongata* HOLANDRE, Faune Départ. Moselle: 54. — Terra typica: Mosel bei Metz.

1849 *Anodonta grateloupiana* GASSIES, Tabl. Méth. Descr. Moll. terr. eau douce Agenais: 293; Taf. 2, Fig. 13—14. — Terra typica: Garonne bei Beauregard, Lot-et-Garonne, Frankreich.

1849 *Anodonta grateloupiana* var. *globosa* GASSIES, Tabl. Méth. Descr. Moll. terr. eau douce Agenais: 192; Taf. 2, Fig. 15—16. — Terra typica: Garonne, Frankreich.

1849 *Anodonta normandi* DUPUY, Cat. extramar. Galliae Test.: No. 21. — Terra typica: Schelde bei Valenciennes.

1849 *Anodonta jobae* DUPUY, Cat. extramar. Galliae Test.: No. 18. — Terra typica: Mosel bei Metz.

1852 *Anodonta siliqua* KÜSTER in MARTINI-CHEMNITZ, Conch. Cab., *Anodonta:* 57; Taf. 14, Fig. 5. — Terra typica: Nicht genannt, aber vermutlich die Regnitz bei Erlangen.

1881 *Pseudanodonta rayi* MABILLE in BOURGUIGNAT, Mat. Moll. Acéph. Europ.: 43. — Terra typica: Marly-le-Roy bei Paris, Frankreich.

1881 *Pseudanodonta ligerica* BOURGUIGNAT, Mat. Moll. Acéph. Europ.: 50. — Terra typica: Loire bei Angers, Frankreich.

1881 *Anodonta dorsuosa* DROUET, J. de Conch., Paris, **29**:30. — Terra typica: Saône bei Paontailler, Frankreich.

1882 *Pseudanodonta locardi* COUTAGNE in LOCARD, Prodr. Malac. franç., **1**:266. — Terra typica: Saône bei Auxonne, Frankreich.

1882 *Pseudanodonta ararisana* COUTAGNE in LOCARD, Prodr. Malac. franç., **1**: 266. — Terra typica: Saône bei Auxonne, Frankreich.

1885 *Pseudanodonta servaini* BOURGUIGNAT in LOCARD, Bull. Soc. Sci. nat. Rouen, **1**:19. — Terra typica: Loire bei Saint-Gemmes und bei Port-Thibaut bei Angers, Frankreich.

1889 *Anodonta pachyproktus* BORCHERDING, Abh. naturw. Ver. Bremen, **13**:348; Taf. 5, Fig. 5. — Terra typica: Aue-Flüßchen bei Vegesack.

1889 *Anodonta fusiformis* BORCHERDING, Abh. naturw. Ver. Bremen, **13**:345; Taf. 5, Fig. 4. — Terra typica: Lesum-Flüßchen bei Vegesack.

1889 *Anodonta microptera* BORCHERDING, Abh. naturw. Ver. Bremen, **13**:348; Taf. 5, Fig. 8. — Terra typica: Flüßchen Aue bei Vegesack.

1890 *Pseudanodonta rothomagensis* LOCARD, Contrib. Faune malac. franç., **14**:12. — Terra typica: Seine bei Rouen, Frankreich.

1890 *Pseudanodonta nantelica* BOURGUIGNAT in LOCARD, Contrib. Faune malac. franç., **14**:12. — Terra typica: Fluß Erdre, abwärts von Nantes, Frankreich.

1890 *Pseudanodonta pechaudi* BOURGUIGNAT in LOCARD, Contrib. Faune malac. franç., **14**:12. — Terra typica: Einfluß der Nièvre in die Loire, Frankreich.
1890 *Pseudanodonta imperialis* SERVAIN in LOCARD, Contrib. Faune malac. franç., **14**:13. — Terra typica: Die Loire bei Port Thibaut bei Angers, Frankreich.
1890 *Pseudanodonta arnouldi* PACÔME in LOCARD, Contrib. Faune malacol. franç., **14**: Terra typica: Saône bei Fleurieux, Frankreich.
1890 *Pseudanodonta isarana* BOURGUIGNAT in LOCARD, Contrib. Faune malacol. franç., **14**:13. — Terra typica: Die Seine bei Poissy, Frankreich.
1890 *Pseudanodonta mongazonae* BOURGUIGNAT in LOCARD, Contrib. Faune malacol. franç., **14**:13. — Terra typica: Die Loire bei Port Thibaut, bei Angers, Frankreich.
1890 *Pseudanodonta lacustris* SERVAIN in LOCARD, Contrib. Faune malacol. franç., **14**:13. — Terra typica: See von Grandlieu, Loire-Inférieure, Frankreich.
1890 *Pseudanodonta rivalis* BOURGUIGNAT in LOCARD, Contrib. Faune malacol. franç., **14**:14. — Terra typica: Loire bei Angers, Frankreich.
1890 *Pseudanodonta septentrionalis* LOCARD, Contrib. Faune malacol. franç., **14**:15. — Terra typica: Seine nördlich von Rouen, Frankreich.
1890 *Pseudanodonta aploa* BOURGUIGNAT in LOCARD, Contrib. Faune malacol. franç., **14**:16. — Terra typica: Seine bei Port-Marly, Seine-et-Oise, Frankreich.
1890 *Pseudanodonta enthymei* F. PACÔME in LOCARD, Contrib. Faune malacol. franç., **14**:16. — Terra typica: Die Saône bei Neuville-sur-Saône, Frankreich.
1890 *Pseudanodonta cazioti* BOURGUIGNAT in LOCARD, Contrib. Faune malacol. franç., **14**:17. — Terra typica: Die Saône bei Auxonne, Côte-d'Or, Frankreich.
1890 *Pseudanodonta pacomei* BOURGUIGNAT in LOCARD, Contrib. Faune malacol. franç., **14**:17. — Terra typica: Die Saône bei Neuville-sur-Saône, Frankreich.
1890 *Pseudanodonta trivurtina* BOURGUIGNAT in LOCARD, Contrib. Faune malacol. franç., **14**:18. — Terra typica: Die Saône bei Trévoux, Frankreich.
1890 *Pseudanodonta brebissoni* LOCARD, Contrib. Faune malacol. franç., **14**:18. — Terra typica: Flüßchen Orne nahe Caen, Calvados, Frankreich.
1893 *Pseudanodonta morini* LOCARD, Coqu. eaux douces saumâtres France: 224. — Terra typica: Montfort-le-Rotrou, Sarthe. Frankreich.
1893 *Anodonta (Pseudanodonta) albica* DROUËT, J. de Conch., Paris, **41**:47. — Terra typica: Fluß Aube bei Granges, Marne, Frankreich.
1894 *Pseudanodonta dumasi* LOCARD in DUMAS, Rev. Sci. Bourbonnais, Moulins, **7**:64; Abb. 1. — Terra typica: Kanal von Berry, Allier, Frankreich.
1894 *Pseudanodonta berryacensis* DUMAS, Rev. Sci. Bourbonnais, Moulins, **7**:66; Abb. 2. — Terra typica: Kanal von Berry, Allier, Frankreich.
1895 *Pseudanodonta limosina* DUMAS, Rev. Sci. Bourbonnais, Moulins: **7**:63. — Terra typica: Poitiers, Vienne, Frankreich.
1895 *Pseudanodonta occidentalis* COUTAGNE, Ann. Soc. Agr. Hist. nat. Arts utils, Lyon, (7) **3**:359. — Terra typica: Flüsse Nord- und West-Frankreichs.
1908 *Anodonta (Pseudanodonta) nicarica* HAAS, Nachr. Bl. dtsch. malak. Ges., Frankfurt a. M., **40**:174. — Terra typica: Neckar bei Heidelberg.

Diagnosis: Schale verlängert eiförmig, stets etwas zusammengepreßt. Wirbel ziemlich weit vorn liegend, niedrig, mit einigen wenigen Fältchen skulptiert. Vorderende kurz und gerundet, Hinterende lang und gerundet zugespitzt. Rückenrand nach hinten zu sanft ansteigend, Bauchrand nach hinten breiter werdend. Area sozusagen nicht vorhanden. Schloß zahnlos. Schalenfläche glatt, Konchinschicht heller oder dunkler grün. — Maße: Länge 60—90 mm, Höhe 29—37 mm, Dicke 15,5—25 mm.

Bemerkungen: Die reiche Synonymie dieser Art ist durch die enorm große Veränderlichkeit der Schalen von *elongata* erklärlich. Diese Plastizität umfaßt Bach-, Strom- und Seephasen, aber anscheinend keine solche in Sumpf und Weiher.

Verbreitung: Atlantisches Westeuropa bis einschließlich der Weser im Osten; England; Frankreich etwa bis zur Garonne im Süden.

2. Pseudanodonta complanata (ROSSMÄSSLER)

1835 *Anodonta complanata* ROSSMÄSSLER, Iconogr. Land- Süßw.-Moll., 1:112; Taf. 3, Fig. 3a, 3b. — Terra typica: Elster bei Leipzig.
1835 *Anodonta klettii* ROSSMÄSSLER, Iconogr. Land- Süßw.-Moll., 1:112. — Terra typica: Sachsen.
1880 *Pseudanodonta nordenskioldi* BOURGUIGNAT, Matér. Moll. acéph. Syst. Europ.: 41. — Terra typica: Finnland.
1894 *Anodonta (Pseudanodonta) acutalis* DROUËT in WESTERLUND, Nachr. Bl. dtsch. malak. Ges., Frankfurt a. M., 26:204. — Terra typica: Brunnsjön, Dalarne, Schweden.
1911 *Pseudanodonta complanata (*var. *silesiaca)* KOBELT, Iconogr. Land-Süßw.-Moll., (2) 17:54; Taf. 447, Fig. 2550. — Terra typica: Flüßchen Ohle bei Breslau.
1911 *Pseudanodonta nordenskiöldi* var. *maelarensis* KOBELT, Inconogr. Land-Süßw.-Moll., (2) 17:55; Taf. 478, Fig. 2554—2555. — Terra typica: Ekoln am Mälarsee, Schweden.

Diagnosis: Der *elongata* sehr ähnlich, aber durch größere Höhe hinten und stärker zugespitztes Hinterende deutlich von ihr unterschieden. — Maße: Länge 56—80 mm, Höhe 30—37 mm, Dicke 18—21 mm.

Verbreitung: Schweden; Atlantisches Mittel-Europa von der Elbe im Westen bis Finnland im Nordosten.

3. Pseudanodonta middendorffi (SIEMASCHKO)

3a. Pseudanodonta middendorffi middendorffi (SIEMASCHKO)

1849 *Anodonta middendorffi* SIEMASCHKO, Bull. Acad. imp. St. Pétersbourg, 7 (1849): 237; Abb. 2—3. — Terra typica: Fluß Oka bei Oriol, Rußland.
1909 *Anodonta complanata* var. *jijiana* NICODIM, Ann. sci. Univ. Jassy, 6:45; 4 Abb. — Terra typica: Fluß Jijia, Rumänien.
1911 *Pseudanodonta rossmaessleri* var. *euxina* KOBELT, Iconogr. Land-Süßw.-Moll., (2) 17:53; Taf. 476, Fig. 2549. — Terra typica: Achtanisov-Liman, Rußland.
1925 *Pseudanodonta complanata sobriewskii* ROSÉN, Arch. Moll.-Kunde, Frankfurt a. M., 57:121. — Terra typica: Bei Nowotscherkask, Fluß Aksai, Nebenfluß des Don, Süd-Rußland.

Diagnosis: Schale fast rautenförmig, mit fast gleichlaufenden Rücken- und Bauchrändern; Wirbel weit vorn liegend, bei etwa $^1/_5$ der Gesamtlänge, niedrig. Area niedrig, aber lang, mit deutlicher Arealkante. Im Schloß sind Andeutungen eines Claustrums im Hinterende. — Maße: Länge 98 mm, Höhe 50 mm, Dicke 22 mm.

Bemerkungen: Hierzu gehören die größten bekannt gewordenen Pseudanodonten, die sich außerdem durch größere Plattheit als die übrigen auszeichnen.

Verbreitung: Zuflüsse des Schwarzen Meeres, östlich der und ohne die Donau.

3b. Pseudanodonta middendorffi compacta (ZELEBOR)

1851 *Anodonta complanata* var. *compacta* ZELEBOR in HAIDINGER, Ber. Fr. naturw., Wien, 7:232. — Terra typica: Flüßchen March bei Marchegg, Nieder-Österreich.

1851 *Anodonta complanata* var. *tumida* ZELEBOR in HAIDINGER, Ber. Fr. naturw., Wien. 7:232. — Terra typica: Flüßchen Thaya bei Laa, Nieder-Österreich.
1870 *Alasmodonta berlani* BOURGUIGNAT, Ann. malacol., Paris, 1:72; Taf. 3, Fig. 7—8. — Terra typica: Donau nahe Braila, Rumänien.
1881 *Pseudanodonta praeclara* BOURGUIGNAT, Matér. Moll. acéph. Syst. Europ.: 16. — Terra typica: Donau bei Giurgewo, Rumänien.
1881 *Pseudanodonta letourneuxi* BOURGUIGNAT, Matér. Moll. acéph. Syst. Europ.: 19. — Terra typica: Donau bei Giurgewo, Rumänien.
1881 *Pseudanodonta danubialis* BOURGUIGNAT, Matér. Moll. acéph. Syst. Europ.: 21. — Terra typica: Donau bei Braila, Rumänien.
1881 *Pseudanodonta mecyna* BOURGUIGNAT, Matér. Moll. acéph. Syst. Europ.: 24. — Terra typica: Donau bei Giurgewo, Rumänien.
1881 *Pseudanodonta pancici* BOURGUIGNAT, Matér. Moll. acéph. Syst. Europ.: 32. — Terra typica: Donau bei Giurgewo, Rumänien.
1881 *Pseudanodonta scrupea* BOURGUIGNAT, Matér. Moll. acéph. Syst. Europ.: 34. — Terra typica: Donau bei Giurgewo, Rumänien.
1881 *Pseudanodonta rossmässleri* BOURGUIGNAT, Matér. Moll. acéph. Syst. Europ.: 38. — Terra typica: Donau bei Giurgewo, Rumänien.
1881 *Pseudanodonta ellipsiformis* BOURGUIGNAT, Matér. Moll. acéph. Syst. Europ.: 39. — Terra typica: Donau bei Giurgewo, Rumänien.
1881 *Pseudanodonta tanousi* BOURGUIGNAT, Matér. Moll. acéph. Syst. Europ.: 42. — Terra typica: Donau bei Giurgewo, Rumänien.
1911 *Pseudanodonta complanata savensis* KOBELT, Iconogr. Land-Süßw.-Moll., (2) **17**: Taf. 476, Fig. 2547. — Terra typica: Save bei Agram (=Zagreb), Jugoslawien.
1913 *Pseudanodonta compacta küsteri* HAAS, Nachr. Bl. dtsch. malak. Ges., Frankfurt a. M., **45**:108. — Terra typica: Flüßchen Wörnitz bei Dinkelsbühl, Bayern.
1962 *Pseudanodonta complanata lacustrina* GROSSU, Fauna Rep. Romîne, Moll., Bivalvia: 195, Abb. 100—101. — Terra typica: Donau-Delta im Einfluß des Dunavăt-Kanals in den Razelm-See.

Diagnosis: Schale lang eiförmig mit sehr vorderständigen Wirbeln, ziemlich festschalig, sehr zusammengepreßt. Vorderer Oberrand leicht ansteigend, hinterer fast geradlinig. Wirbel sehr niedrig. Area sehr niedrig, nicht gut abgegrenzt. Schloßleiste gänzlich unbewehrt. — Maße: Länge 90—98 mm, Höhe 50 mm, Dicke 20—23 mm.

Bemerkungen: Von der Nominatform unterscheidet sich diese Unterart nur wenig, hauptsächlich durch die undeutlich abgegrenzte Area und durch den vollkommenen Mangel an Claustren.

Infolge Flußanzapfung fließt die obere Regnitz (Main-Gebiet) statt wie früher zur Donau, nun nach Norden zum Main ab; die ihr eigentümlichen Donauformen von Flußmuscheln sind auf diese Weise ins Maingebiet gekommen und haben sich anscheinend mit Mainformen gekreuzt, so daß Bastardformen zwischen beiden vorhanden sind. HAAS nimmt an, daß die unter *Pseudanodonta elongata* angeführte *Anodonta siliqua* KÜSTER ein solcher Bastard ist.

Verbreitung: Gesamtes Donau-Gebiet.

Genus **Pilsbryoconcha** SIMPSON

1900 *Pilsbryoconcha* SIMPSON, Proc. U.S. nation. Mus., Washington, **22**:587. — Species typica: *Anodonta exilis* LEA.

Diagnosis: Schale verlängert, elliptisch, dünnschalig und äußerst zusammengepreßt. Area sehr niedrig. Vorderende schmal und gerundet, Hinterende zugespitzt; Rücken- und Bauchränder fast gleichlaufend, letzterer sich nach hinten zu verbreiternd. Wirbel niedrig, zusammengepreßt, mit einer Skulptur mit rauhen, unregelmäßigen konzentrischen Fältchen, die oft in Doppelschlingen angeordnet sind. Schloß zahnlos, manchmal mit Andeutungen eines schwachen, zusammengepreßten Claustrums vor den Wirbeln.

Verbreitung: Hinter-Iindien; Sumatra; Java.

1. Pilsbryoconcha compressa (Martens)

1860 *Spatha compressa* Martens, Proc. zool. Soc. London, **1860**:16. — Terra typica: Khao-kho bei Pakpriau, Siam.

Diagnosis: Schale länglich elliptisch, ungleichseitig, vorn kurz und gerundet, hinten verlängert und fast senkrecht abgestutzt, zusammengepreßt, ziemlich festschalig. Wirbel bei etwa $^3/_5$ der Gesamtlänge gelegen, flach, nicht vorragend. Area niedrig, ohne deutliche Kanten, Rückenumriß schmal lanzettförmig. Schloß lediglich mit Andeutung eines Zahnes rechts vor dem Wirbel. Wirbelhöhle seicht. Perlmutter bläulich weiß. — Maße: Länge 87 mm, Höhe 44 mm, Dicke 24 mm.

Bemerkungen: Nur nach einem einzigen Exemplar bekannt.

Verbreitung: Nur von der Terra typica in Siam bekannt.

2. Pilsbryoconcha lemeslei (Morelet)

1875 *Anodonta lemeslei* Morelet, Séries Conch., Teil 4:328; Taf. 14, Fig. 1. — Terra typica: Umgebung von Battambang, Kambodja.

Diagnosis: Schale schmal elliptisch, ungleichseitig, vorn kurz und niedrig und gerundet, hinten lang und breit, gerundet abgestutzt, dünnschalig. Rückenrand leicht gekrümmt, nach vorn etwas abfallend, Unterrand im Alter in der Mitte eingedrückt. Wirbel sehr niedrig. Schloß ganz ohne Zahnbildungen. Perlmutter rötlich violett. — Maße: Länge 81 mm, Höhe 32 mm, Dicke 14 mm.

Bemerkungen: Da die in der Abbildung gezeigte Einkrümmung des Bauchrandes nach Angaben von Morelet erst im Alter auftritt, dürften wir in der vorliegenden Art eine der *P. compressa* nahestehende Form vor uns haben.

Verbreitung: Thailand; Kambodja.

3. Pilsbryoconcha carinifera (Conrad)

1837 *Anodonta carinifera* Conrad, Monogr. Fam. Unionidae, Nr. 9, Umschlag. — Terra typica: Unbekannt.

1839 *Anodonta exilis* Lea, Trans. amer. philos. Soc., Philadelphia, **6**:81; Taf. 32, Fig. 68. — Terra typica: Unbekannt.

1849 *Anodonta polita* Mousson, Land-Süßw.-Moll. Java: 98. — Terra typica: Java.

1860 *Anodonta (Lamproscapha) schomburgki* Martens, Proc. zool. Soc. London, **1860**: 15. — Terra typica: Siam.

1863 *Monocondylaea compressa* Lea, Proc. Acad. nat. Sci. Philadelphia, **7**:190. — Terra typica: Siam.

1867 *Anodon javana* Sowerby, Conch. Icon., **17**, *Anodon:* Taf. 11, Fig. 33. — Terra typica: Java.

1874 *Anodonta sempervivens* DESHAYES & JULLIEN, Nouv. Arch. Mus. Hist. nat. Paris, **10**:120; Taf. 5, Fig. 4—5. — Terra typica: Bach Peam-Chelang, Kambodja.
1875 *Anodonta linguaeformis* MORELET, Séries Conch., Teil 4:329; Taf. 14, Fig. 5. — Terra typica: Umgebung von Battambang, Kambodja.

Diagnosis: Schale lang elliptisch, vorn kurz, hinten lang, mehr oder weniger zugespitzt, zusammengepreßt und dünnschalig. Rückenrand geradlinig, vorn eckenlos in den gerundeten Vorderrand übergehend; Unterrand bis zu $^2/_3$ seiner Länge gerade nach hinten abfallend, dann gerundet wieder aufgeknickt und kurz gerundet in den eckenlosen Hinterrand übergehend, der geradlinig oder leicht eingedrückt sanft ansteigt und mit dem hinteren Oberrand eine meist deutliche Ecke bildet. Größte Höhe mit dem tiefsten Punkte des Unterrandes zusammenfallend. Wirbel etwa bei $^1/_5$ der Gesamtlänge gelegen, flach, kaum vorragend, mit flachwelligen, konzentrischen Runzeln als Skulptur. Area lang, niedrig, zusammengepreßt, Arealkanten undeutlich. Größte Dicke etwa vor der Schalenmitte. Konchinschicht bräunlich. Schloß bis auf winzige Andeutungen eines lamellenförmigen Claustrums vor den Wirbeln zurückgebildet. Wirbelhöhlen seicht. Perlmutter bläulich weiß. — Maße: Länge 65—90 mm, Höhe 30,5—45 mm, Dicke 24,5—37 mm.

Bemerkungen: *Pilsbryoconcha carinifera* ist die einzige Art ihrer Gattung, die sowohl vom Festlande als von den großen Sunda-Inseln bekannt ist.

Verbreitung: Thailand; Kambodja; Cochinchina; Sumatra; Java.

4. Pilsbryoconcha expressa (MARTENS)

1900 *Anodonta expressa* MARTENS, Nachr.Bl. dtsch. malak. Ges., Frankfurt a. M., **32**:12. — Terra typica: See Danau-Baru, Indragiri-Gebiet, Sumatra.

Diagnosis: Der *P. carinifera* sehr ähnlich, aber im erwachsenen Zustand durch die beträchtlichere Höhe der hinteren Schalenhälfte unterschieden; im Alter nimmt die erwähnte Höhe des Hinterendes merklich zu. — Maße: Länge 10—110 mm, Höhe 53—65 mm, Dicke 43—46 mm.

Bemerkungen: Diese wenig bekannte Form steht der vorangehenden so nahe, daß an ihrer Artberechtigung gezweifelt werden darf. Sie könnte entweder die Inselform der *carinifera* darstellen, könnte aber auch, da sie ja aus einem Binnensee beschrieben worden ist, als eine limnische Phase von ihr gelten.

Verbreitung: Sumatra.

Genus Simpsonella COCKERELL

1900 *Dalliella* SIMPSON, Proc. U.S. nation. Mus., Washington, **22**:832. — Species typica: *Anodonta purpurea* VALENCIENNES. (Non *Dalliella* COSSMANN 1895 = Prosobranchia.)
1903 *Simpsonella* COCKERELL, Nautilus, Philadelphia u. Boston, **16**:118. — (Nomen novum pro *Dalliella* SIMPSON 1900.)

Diagnosis: Schale etwa rautenförmig, dünnschalig, aufgeblasen, mit niedriger Area und mit vollen Wirbeln; die Wirbelskulptur besteht aus zickzackförmigen Fältchen, die auf der Area in höhere, eckige Falten übergehen. Schloß zahnlos, gelegentlich mit Andeutungen von Claustren in beiden Klappen. Wirbelhöhlen ziemlich tief.

Verbreitung: Philippinische Inseln.

1. **Simpsonella purpurea** (Valenciennes)

1821 *Anodonta purpurea* Valenciennes in: Voyage Humboldt & Bonpland, Rec. Obs. Zool. Anat. Comp., 2. Teil, 12. Liefg: 236; Taf. 48bis, Fig. 3a—b. — Terra typica: Philippinen.

1834 *Anodonta burroughiana* Lea, Trans. amer. philos. Soc., Philadelphia, **5**:105; Taf. 16, Fig. 49. — Terra typica: Manila, Insel Luconia (wohl Druckfehler für Luzon), Philippinen.

1838 *Unio bengalensis* Lea, Trans. amer. philos. Soc., Philadelphia, **6**:3; Taf. 2, Fig. 3. — Terra typica: Bengalen.

1850 *Unio verecundus* Gould, Proc. Boston nat. Hist. Soc., **3**:295. — Terra typica: Manila.

1859 *Unio mauritianus* Lea, Proc. Acad. nat. Sci. Philadelphia, **3**:152. — Terra typica: Insel Mauritius.

Diagnosis: Schale elliptisch, beiderseits abgerundet, ungleichseitig, bauchig, ziemlich dünnschalig. Rückenrand geradlinig, nach vorn abfallend; Unterrand waagrecht, geradlinig, in der Mitte manchmal eingedrückt; Hinterrand ohne Ecken. Wirbel etwa bei $\frac{1}{4}$—$\frac{1}{3}$ der Gesamtlänge gelegen, stark aufgeblasen, vorragend, mit konzentrischer Zickzack-Skulptur. Area ziemlich hoch, dreieckig, zusammengepreßt oder etwas ausgehöhlt, Arealkanten nur nahe den Wirbeln deutlich. Größte Dicke beim Männchen etwa in der Schalenmitte, beim Weibchen etwas dahinter gelegen; auch ist sie beim Weibchen größer als beim Männchen. Konchinschicht braun. Junge Stücke mit wohl entwickeltem Schloß, das aber beim Wachstum zurückgebildet wird; nur Andeutungen von vorderen und hinteren Claustren sind dann sichtbar. Wirbelhöhlen tief. Perlmutter von fleischfarben bis tief violett. — Maße: Länge 53—54 mm, Höhe 31,5—32 mm, Dicke 19—22 mm.

Bemerkungen: Die bei einigen Synonymen angegebenen Fundorte, wie Bengalen oder Mauritius, beruhen bestimmt auf Irrtümern.

Verbreitung: Luzon, Philippinen.

2. **Simpsonella gracilis** (Lea)

1850 *Anodonta gracilis* Lea, Proc. zool. Soc. London, **1850**:197. — Terra typica: Dingle, Bucht von Panay, Philippinen.

1850 *Anodonta tenuis* Lea, Proc. zool. Soc. London, **1850**:198. — Terra typica: Sual, Luzon, Philippinen.

1850 *Anodonta crepera* Lea, Proc. zool. Soc. London, **1850**:198. — Terra typica: Bongabon, Luzon, Philippinen.

1850 *Anodonta subcrassa* Lea, Proc. zool. Soc. London, **1850**:198. — Terra typica: Laguna de Bai, Luzon, Philippinen.

1892 *Unio serradelli* Drouët, J. de Conch., Paris, **40**:86. — Terra typica: Philippinen.

Diagnosis: Schale länglich elliptisch, vorn niedrig gerundet, hinten breit, senkrecht abgestutzt; bauchig, dünnschalig. Unterrand waagrecht, geradlinig oder in der Mitte eingedrückt. Wirbel etwa bei $\frac{1}{4}$ der Gesamtlänge gelegen, aufgeblasen, mit wellenförmiger Skulptur. Area mäßig hoch, dreieckig, flach oder ausgehöhlt, Arealkanten nur in Wirbelnähe deutlich. Konchinschicht grünlich in der Jugend, bräunlich im Alter. Schloß in der Jugend normal entwickelt, im Alter fast ganz zurückgebildet. Wirbelhöhlen tief. Perlmutter dunkelviolett oder bläulich weiß. — Maße: Länge 61—71,6 mm, Höhe 35—38 mm, Dicke 21—24 mm.

Bemerkungen: Eine sehr formveränderliche Art; die beschriebenen Namen mögen verschiedenen Umweltsformen gegeben worden sein. *Unio serradelli* Drouët, der nie abgebildet worden war und den man nur vermutungsweise als *Simpsonella* deutete, konnte ich in der Sammlung von Dr. Serradell in Barcelona einsehen; einen Paratypus habe ich später abgebildet (Abh. senckenb. naturf. Ges., Frankfurt a. M., 38:198; Taf. 15—16, Fig. 10). Meiner Meinung nach ist *serradelli* eine nicht ganz ausgewachsene Form von *Simpsonella gracilis* (Lea).

Verbreitung: Philippinen.

Genus **Lepidodesma** Simpson

1896 *Lepidodesma* Simpson, Proc. U.S. nation. Mus., Washington, 18:311. — Species typica: *Unio languilati* Heude.

Diagnosis: Schale groß, dünnschalig, aufgeblasen, mit hoher Area, die durch eine scharfe äußere und eine schwächere innere Arealkante ausgezeichnet ist. Wirbel sehr hoch und voll, durch die äußere Arealkante kantig; die Wirbelskulptur, die sich über die gesamte Schale erstreckt, besteht aus mit den Zuwachsstreifen gleichlaufenden Fältchen. Zwei von den Wirbeln ausstrahlende Reihen von Knötchen stehen auf der Schalenfläche, die eine in der Mitte der Schale und die andere, stärkere, auf der Area. Schloßband sehr stark und breit, mit konzentrischen Schuppen besetzt. Schloßlinie gebogen. Schloß mit zwei vorderen Claustren in der linken Schale, das vordere verlängert, es läuft quer über die Schloßplatte und endet scharf; hinter ihm steht ein schwächeres; ferner stehen auf der linken Schloßplatte zwei starke hintere Claustren, deren inneres höher ist, seine Kante ist aufwärts gebogen und endet ganz plötzlich hinten. Rechts steht ein niederes, langes vorderes Claustrum und ein hinteres, das aufwärts gebogen ist. Wirbelhöhlen tief und weit. Perlmutter glanzlos.

Verbreitung: China.

1. **Lepidodesma languilati** (Heude)

1874 *Unio languilati* Heude, J. de Conch., Paris, 22:116. — Terra typica: Flüsse der Provinz Nanking, China.

1875 *Cristaria megadesma* Martens, S.Ber. Ges. naturf. Freunde Berlin, 1875:3. — Terra typica: See Poyang, Mittel-China.

Diagnosis: Die der Gattung. — Maße: Länge 146—170 mm, Höhe 96—120 mm, Dicke 68—85 mm.

Verbreitung: China.

2. **Lepidodesma aligerum** (Heude)

1877 *Unio languillati* var. *aligerus* Heude, Conch. Fluv. Prov. Nanking, 3: Taf. 17, Fig. 37. — Terra typica: Fluß Hoai, Provinz Nanking, China.

Diagnosis: Der vorangehenden Art so nahestehend, daß an der Artberechtigung gezweifelt werden kann. Die Faltung der Schalenfläche ist schwächer und die Area ist viel höher, fast geflügelt, und trägt stärkere Knötchen. — Maße: Länge 195 mm, Höhe 157 mm, Dicke ? mm.

Bemerkungen: Diese Form ist nur durch die Original-Abbildung bekannt, die eine wesentlich flachere Schale vortäuscht als sie zu sein scheint. Es kann sich kaum um ein abnormes Stück der vorangehenden Art handeln, denn HEUDE erwähnt ausdrücklich, daß sie am angegebenen Fundort mit Stücken des typischen *languilati* zusammen gefunden werden kann.

Verbreitung: Nur von der Terra typica bekannt.

Genus **Cristaria** SCHUMACHER

1815 *Dipsas* LEACH, Zool. Misc., 1:119. — Species typica: *Dipsas plicatus* LEACH. (Non *Dipsas* LAURENTI 1768 = Rept.)

1817 *Cristaria* SCHUMACHER, Essai nouv. Syst. Habit. Vers Test.: 107. — Species typica: *Cristaria tuberculata* SCHUMACHER.

1828 *Appius* LEACH in MENKE, Syn. meth. Moll., 2. Ausg.: 106. — (Als Synonym von *Dipsas* LEACH aufgeführt.)

1831 *Dianisotis* RAFINESQUE, Contr. Monogr. Biv. Shells Ohio, Brüssel: 7. — Species typica: *Dianisotis chinensis* RAFINESQUE (= *bialata* LEA).

1834 *Dipsax* VOIGT in CUVIER, Das Thierreich, 3:493. — (Nomen novum pro *Dipsas* LEACH 1815.)

1842 *Barbata* HUMPHREY in SOWERBY, Conch. Man.: 81. — Als Synonym von *Dipsas* LEACH 1817 genannt.

1848 *Cleone* GISTL, Naturgesch. höh. Schule: IX. — (Nomen novum pro *Dipsas* LEACH 1815.)

1900 *Clione* SIMPSON, Proc. U.S. nation. Mus., Washington, 22:583. — (Ex errore pro *Cleone* GISTL 1848.)

Diagnosis: Schale meist dünn, mehr oder weniger elliptisch und mehr oder weniger hinten symphynot und geflügelt. Wirbel ziemlich niedrig; ihre Skulptur besteht aus zarten etwas zweischlingigen Fältchen, die später in grobe, niedrige, konzentrische und fast mit den Zuwachsstreifen gleichlaufende Falten übergehen. Konchinschicht oft gestrahlt. Schloß mit fehlenden oder nur angedeuteten vorderen und einem langen hinteren Claustrum in jeder Klappe.

Bemerkungen: Es darf wohl angenommen werden, daß die Gattung *Cristaria* sich aus einer *Anodonta*-artigen Urform entwickelt hat. Sie stellte dann, mit ihrem Besitz von Claustren und von Symphynotie, eine genotypisch festgelegte Form dar, wie wir sie, in der *Colletopterum*-Phase von *Anodonta*, phänotypisch ausgebildet fanden.

Verbreitung: Ost- und Südost-Asien.

Bestimmungsschlüssel zu den Untergattungen

1	Schale groß, hinten hoch geflügelt, mit Falten auf der Area . . .	***Cristaria***, S. 386
1′	Schale mittel oder klein, kaum geflügelt	2
2	Schale linsenförmig, kaum geflügelt, hinten zugespitzt	***Pletholophus***, S. 388
2′	Schale ziemlich fest, hinterer Oberrand gerundet, kaum geflügelt; Schloß fast ganz ohne Spuren von Claustren	***Crassitesta***, S. 389

Subgenus **Cristaria** s. str.

Diagnosis: Schale lang, dünn, vorn dicker, hinten hoch geflügelt, mit zwei Reihen von Falten auf der Area.

Verbreitung: Wie bei der Gattung.

1. **Cristaria (Cristaria) plicata** (LEACH)

1a. Cristaria (C.) plicata plicata (LEACH)

1815 *Dipsas plicatus* LEACH, Zool. Misc., **1**:120; Taf. 53. — Terra typica: Unbekannt.
1817 *Cristaria tuberculata* SCHUMACHER, Essai nouv. Syst. Vers Test.: 107; Taf. 20, Fig. 2. — Terra typica: Nicht angegeben.
1830 *Symphynota bialata* LEA, Trans. amer. philos. Soc., Philadelphia, **3**:445; Taf. 15, Fig. 24. — Terra typica: Kanton, China.
1848 *Anodonta herculea* MIDDENDORFF, Bull. phys. math. Acad. St. Pétersbourg, **6**:303. — Terra typica: Onon, Ost-Sibirien.
1866 *Anodonta bellua* MORELET, Rev. Mag. Zool., Paris, **18**:167. — Terra typica: See Tonlé-Sap, Kambodja.
1873 *Anodonta magnifica* — CLESSIN, Conch. Cab., *Anodonta:* 123; Taf. 35, Fig. 1. — Terra typica: Kanton, China. (Non *Anodonta magnifica* LEA.)
1885 *Dispas occidentalis* HEUDE, Conch. Fluv. Prov. Nanking, **9**: Taf. 66. — Terra typica: West-Setschuan, China.
1890 *Barbala plicatula* PAETEL, Cat. Conch. Samml., 4. Bearb., **3**:175. — (Nomen nudum).

Diagnosis: Schale sehr groß, elliptisch bis unregelmäßig rautenförmig, dünn bis ziemlich festschalig, nicht oder nur wenig aufgeblasen. Wirbel niedergedrückt, nicht vorragend; ihre Skulptur besteht aus einigen schwachen Fältchen, die fast mit den Zuwachsstreifen gleichlaufen und die langsam nach hinten zu verschwinden. Area in der Jugend hoch, niederer im Alter, vorn hoch, hinten nieder geflügelt und symphynot. Konchinschicht grünlich gelb bis tief bräunlich, in der Jugend manchmal gestrahlt. Die Area trägt ausstrahlende, tiefe Falten, die auch auf der Innenseite sichtbar sind. In jeder Klappe ein einzelnes, ziemlich kurzes Claustrum. Wirbelhöhlen seicht. Perlmutter weißlich, meist wenig schillernd. — Maße: Länge 154—300 mm, Höhe 87—181 mm, Dicke 48—95 mm.

Bemerkungen: Dies ist, soweit ich feststellen kann, die größte bekannte Unionide. Die ältere Angabe, die von MIDDENDORFF beschriebenen Stücke seiner *Anodonta herculea* seien 400 mm lang gewesen, beruht auf einem Irrtum. MIDDENDORFF erwähnt ein Stück der genannten Form als 0.41 lang; die Maßeinheit aber, die er benützte, war nicht das Millimeter, sondern das Dezimeter; das Stück in Frage maß also nur 41 mm!

Wie die meisten Anodontinen, so ist auch diese Art äußerst formveränderlich, was die verhältnismäßig große Zahl der beschriebenen Synonyme erklärt. Ihr Verhältnis zur nun folgenden japanischen Form ist noch nicht ganz geklärt.

Verbreitung: Ost-Asien, von der Mandschurei bis Süd-China; Südost-Sibirien; Kambodja.

1b. Cristaria (C.) plicata spatiosa (CLESSIN)

1875 *Anodonta (Dipsas) spatiosa* CLESSIN, Conch. Cab., *Anodonta:* 173; Taf. 57, Fig. 2. — Terra typica: Asien.
1879 *Dipsas plicata* var. *japonica* KOBELT, Abh. senckenb. naturf. Ges., Frankfurt a. M., **11**:429; Taf. 17. — Terra typica: Japan.

Diagnosis: Schale sehr groß und lang, unregelmäßig lang eiförmig, hinten leicht geflügelt, wenig festschalig, etwas aufgeblasen. Area leicht gerundet, hinterer Oberrand entweder geradlinig oder leicht nach hinten abbiegend. Hinterende leicht, aber breit doppelt gewinkelt. Wirbel niedrig, mäßig voll, ihre Skulptur noch unbekannt. Konchinschicht dunkelbraun oder schwärzlich. Jederseits ein kurzes Claustrum. Wirbelhöhlen seicht. Perlmutter weißlich, nicht sehr schillernd. Die ausstrahlenden Falten, die sich auf der Area befinden, sind auf der Schaleninnenseite zu erkennen. — Maße: Länge 210—240 mm, Höhe 115—120 mm, Dicke 70—73 mm.

Bemerkungen: Der Hauptunterschied zwischen dieser Form und der Nominat-Rasse liegt in der größeren Länge des Hinterendes bei der Japanerin; doch ist es möglich, daß dies eine lakustrine Ausbildung sein kann, durch Leben in tiefem Schlamm in seeartiger Umgebung veranlaßt.

Verbreitung: Japan; anscheinend nur aus dem Biwa-See bekannt.

Subgenus **Pletholophus** Simpson

1900 *Cristaria* Untergattung *Pletholophus* Simpson, Proc. U.S. nation. Mus., Washington, **22**:585. — Species typica: *Symphynota discoidea* Lea [Simpson].

Diagnosis: Schale kurz elliptisch, linsenförmig, mit zusammengepreßten Wirbeln, weder vorn noch hinten ausgesprochen geflügelt; Hinterende zugespitzt. Konchinschicht etwas gestrahlt. Claustra sehr schwach, oft nicht ausgebildet.

Verbreitung: Kambodja; China; Japan.

2. **Cristaria (Pletholophus) discoidea** (Lea)

2a. Cristaria (P.) discoidea discoidea (Lea)

1834 *Symphynota discoidea* Lea, Trans. amer. philos. Soc., Philadelphia, **5**:75; Taf. 11, Fig. 33. — Terra typica: Unbekannt.

1834 *Unio tenuis* Gray in Griffith, Animal Kingdom Cuvier, **12**:602; Taf. 24, Fig. 2. — Terra typica: Nicht genannt.

1853 *Anodonta chinensis* Küster, Conch. Cab., *Anodonta:* 51; Taf. 12, Fig. 3. — Terra typica: China.

1866 *Anodonta swinhoei* H. Adams, Proc. zool. Soc. London, **1866**:446. — Terra typica: Formosa.

1867 *Unio magnificus* Sowerby, Conch. Icon., **16**: Taf. 57, Fig. 289. — Terra typica: China.

1872 *Alasmodonta* (Subg. ?) *nicobarica* Moerch, J. de Conch., Paris, **20**:327. — Terra typica: Nikobaren-Inseln.

1875 *Anodonta gruneriana* Clessin, Conch. Cab., *Anodonta:* 172; Taf. 56, Fig. 3—4. — Terra typica: Unbekannt.

1878 *Dipsas parvulus* Heude, Conch. Fluv. Prov. Nanking, **4**: Taf. 32, Fig. 65. — Terra typica: Täler Süd Kien-té, Ngan-houé, China.

1881 *Cristaria gentiliana* Heude, Conch. Fluv. Prov. Nanking, **7**: Taf. 53, Fig. 98. — Terra typica: Fou-kien, China.

1910 *Cristaria discoidea sautteri* Haas, Ann. Mag. nat. Hist., (8) **6**:499. — See Candidins, Formosa.

1910 *Cristaria inangulata* Haas, Ann. Mag. nat. Hist., (8) **6**:499. — Terra typica: Tonkin.

Diagnosis: Schale fast regelmäßig elliptisch, nicht aufgeblasen, dünnschalig, linsenförmig. Wirbel zusammengepreßt, mit einer Skulptur aus schwachen, konzentrischen Fältchen. Hinten niedrig geflügelt; Rückenseite des Flügels geradlinig. Vorderende gleichmäßig gerundet, ungeflügelt. Bauchrand gleichmäßig geschwungen. Hinterende in der Mitte stumpf zugespitzt.

Area äußerst niedrig. Konchinschicht heller oder dunkler grün, manchmal schwach gestrahlt; die Wirbelgegend bleibt meist heller als der Rest. Vordere Claustra nur angedeutet oder fehlend, hintere schwach, einzeln oder doppelt. Wirbelhöhlen seicht. Perlmutter bläulich weiß, hinten stärker schillernd. — Maße: Länge 90—99 mm, Höhe 55—59 mm, Dicke 28—39 mm.

Bemerkungen: Zu den oben angeführten Synonymen ist zu erwähnen, daß *Unio tenuis* Gray, 1834, kaum näher beschrieben, sehr zweifelhaft ist. Was die Arten *nicobarica* Moerch, *parvulus* Heude, *gentiliana* Heude und *inangulata* Haas anlangt, so habe ich sie als Synonyme zu *discoidea* gestellt, weil sie mir alle in deren Variationsbreite zu fallen schienen oder als Standort-Formen von ihr gedeutet werden können. Die Fundortsangabe „Nikobaren" bei *nicobarica* Moerch ist zweifellos irrtümlich.

Verbreitung: China; Formosa; Tonkin; Kambodja.

2b. Cristaria (P.) discoidea reiniana Martens

1875 *Cristaria reiniana* Martens, Jb. dtsch. malak. Ges., Frankfurt a. M., 2:136; Taf. 3, Fig. 1. — Terra typica: Yeddo, Japan.

Diagnosis: Der Nominatform vom Festlande sehr ähnlich, eigentlich nur durch die mehr rautenförmige Umrißform und dadurch unterschieden, daß auf der Area manchmal Falten vorhanden sind. — Maße: Länge 55—60 mm, Höhe 35 mm, Dicke 18 mm.

Verbreitung: Nur aus Japan bekannt.

Subgenus **Crassitesta** Simpson

1900 *Cristaria (Crassitesta)* Simpson, Proc. U.S. nation. Mus., Washington, 22:586. — Species typica: *Cristaria radiata* Simpson.

Diagnosis: Schale ziemlich fest, elliptisch-rautenförmig, kaum geflügelt. Hinterer Oberrand gerundet. Wirbel voll, ihre Skulptur nicht erkennbar. Konchinschicht hell, oft stark gestrahlt, auf der Area mit zwei auffälligen weißen und drei dunklen Strahlen versehen. Schloßlinie geschwungen. Claustra nur als schwächste Spuren erkennbar. Perlmutter glanzlos.

Verbreitung: China.

3. **Cristaria (Crassitesta) radiata** Simpson

1881 *Dipsas parvulus* Heude (non Heude 1878), Conch. Fluv. Prov. Nanking, 7: Taf. 52, Fig. 96. — Terra typica: Süd Kien-té, Ngan-houé, China.

1900 *Cristaria radiata* Simpson, Proc. U.S. nation. Mus., Washington, 22:586. — Neuer Name für eine Abbildung bei Heude, die nicht dem ihr von Heude gegebenen Namen entspricht.

Diagnosis: Zu der Diagnose der Untergattung wäre nur hinzuzufügen, daß die Schalen leicht aufgeblasen und daß die Wirbelhöhlen seicht sind. — Maße: Länge 73 mm, Höhe 45 mm, Dicke 28 mm.

Bemerkungen: Diese Art ist nur von der ursprünglichen Abbildung bei Heude bekannt.

Verbreitung: Nur von der Terra typica bekannt.

Subfam. Alasmidontinae Swainson

1840 Unterfamilie Alasmodontinae Swainson, Treat. Malacol.: 287.
1927 Unterfamilie Alasmidontinae Frierson, Class. annot. Check List North Amer. Naiades: 18.

Diagnosis: Schale eiförmig bis etwa rautenförmig, zusammengepreßt bis aufgeblasen, dünnschalig bis festschalig, mit einer niedrigen bis hohen Area. Wirbel mit einer Skulptur aus starken, knotigen Falten, die zur Bildung von Doppelschlingen neigen. Äußere Schalenfläche glatt oder mit Knötchen besetzt, die von den Wirbeln ausstrahlen. Schloß unvollkommen, mit sowohl vorderen, wie hinteren Claustren, die schwach ausgebildet sein können oder gänzlich fehlen. Das Marsupium füllt die gesamten äußeren Kiemen.

Verbreitung: Nord-Amerika.

Genus **Alasmidonta** Say

1816 *Monodonta* Say in Nicholson, Encyclopedia, Philadelphia, 1. Ausg.: Taf. 3, Fig. 3. — Species typica: *Monodonta undulata* Say (Monotypie). — (Non *Monodonta* Lamarck 1801 = Prosobranchia.)
1818 *Alasmidonta* Say, J. Acad. nat. Sci. Philadelphia, **1**:459. — Species typica: *Unio undulata* Say (Monotypie).
1819 *Alasmodonta* Say in Nicholson, Encyclopedia, 3. Ausg., **4**. — (Nomen substitutum pro *Alasmidonta* Say 1818.)
1840 *Alasmodon* Swainson, Treat. Malacol.: 382. — (Nomen substitutum pro *Alasmidonta* Say 1818.)
1840 *Uniopsis* Swainson, Treat. Malacol.: 382. — Species typica: *U. mytiloides* Swainson. (Monotypie.)
1846 *Anelasmodonta* Herrmannsen, Index Gen. Malac., **1**:54. — Nur Namensänderung.

Diagnosis: Schale meist rautenförmig, aufgeblasen, mit wohl entwickelter Area, die eine einzige oder zwei Arealkanten besitzen kann. Hinterende dementsprechend zugespitzt oder zweigewinkelt. Wirbel voll und hoch, mit einer Skulptur aus rauhen, konzentrischen oder leicht doppelschlingigen Fältchen. Konchinschicht glänzend und gestahlt. Schloß mit zwei Hauptzähnen in der linken und einem in der rechten Klappe; Seitenzähne sehr unvollkommen oder ganz fehlend. Wirbelhöhlen tief. Perlmutter bläulich.

Verbreitung: Nord-Amerika.

Bestimmungsschlüssel zu den Untergattungen

1 Schale mehr oder weniger dreieckig . . . . ***Bullella,*** S. 392
1′ Schale nicht dreieckig 2
2 Schale groß, fest, Wirbelskulptur stark, Hauptzähne fest . . ***Alasmidonta,*** S. 390
2′ Schale kleiner und dünnschaliger 3
3 Schale rautenförmig, Area nicht gerunzelt 4
3′ Area radial gerunzelt. Konchinschicht mit radial angeordneten Streifen oder Flecken . . . . ***Decurambis,*** S. 394
4 Konchinschicht ungebrochen gestrahlt; Wirbelskulptur leicht gerunzelt. Zähne zusammengepreßt. . . . . ***Pressodonta,*** S. 393
4′ Schale klein und dünnschalig. 1-3 Seitenzähne vorhanden. . ***Prolasmidonta,*** S. 392

Subgenus **Alasmidonta** s. str.

Diagnosis: Schale eiförmig rautenförmig, festschalig, aufgeblasen, glänzend, mit sehr starker, meist konzentrischer Wirbelskulptur. Schloß mit vorderen festen, stumpfen, etwas radial gerieften Claustren, während die hinteren unvollkommen sind oder ganz fehlen. Wirbelhöhlen tief und zusammengedrückt.

Verbreitung: Nord-Amerika.

1. Alasmidonta (Alasmidonta) undulata (Say)

1816 *Monodonta undulata* Say in Nicholson, Encyclopedia, Philadelphia, 1. Ausg.: Taf. 3, Fig. 3. — Terra typica: Die Flüsse Delaware und Schuylkill bei Philadelphia.

1829 *Alasmodonta sculptilis* Say, New Harmony Dissemin., 2:339. — Terra typica: Virginia.

1833 *Unio hians* Valenciennes, Rec. Observ., Zool., 2:235; Taf. 54, Fig. 2a, 2b. — Terra typica: Umgebung von Philadelphia.

1840 *Uniopsis radiata* Swainson, Treat. Malacol.: 289; Abb. 62. — Terra typica: Nicht genannt.

1840 *Uniopsis mytiloides* Swainson, Treat. Malacol.: 382. — Terra typica: Nicht genannt.

1868 *Unio swainsoni* Sowerby, Conch. Icon., **16**, *Unio:* Taf. 76, Fig. 396. — Terra typica: Unbekannt.

Diagnosis: Schale elliptisch bis etwa rautenförmig, leicht aufgeblasen, festschalig, ungleichseitig, mit vollen und hohen Wirbeln; Wirbelskulptur aus starken Falten bestehend, die mit den Zuwachslinien gleichlaufen, und die vorn und hinten oft von radialen Fältchen begleitet sind. Area gut entwickelt, oben gerundet; Hinterende unter der Mittellinie gerundet zugespitzt. Konchinschicht gelblich grün bis braun oder schwärzlich, meist glänzend, schmäler oder breiter gestrahlt, was im Alter nur in Durchsicht beobachtet werden kann. Linke Klappe mit einem starken Claustrum unter dem Wirbel und einem kleineren davor; rechte Klappe mit einem unregelmäßig geformten Claustrum vor dem Wirbel; hintere Claustren undeutlich, fast fehlend. Wirbelhöhlen tief und zusammengedrückt. Perlmutter bläulich bis lachsfarben. — Maße: Länge 50—75 mm, Höhe 30—47 mm, Dicke 19—32 mm.

Bemerkungen: Die drei zuletztgenannten Synonyme, *mytiloides*, *radiata* und *swainsoni*, werden gelegentlich als Unterarten der typischen *undulata* aufgefaßt.

Verbreitung: St.-Lorenz-Gebiet, atlantische Flüsse von Nord-Amerika südlich bis Nord-Karolina.

2. Alasmidonta (Alasmidonta) triangulata (Lea)

1858 *Margaritana triangulata* Lea, Proc. Acad. nat. Sci. Philadelphia, 2:138. — Terra typica: Oberer Chattahoochee-Fluß, Columbus, Süd-Karolina.

Diagnosis: Schale kurz, etwas dreieckig, aufgeblasen, ziemlich dünnschalig, leicht ungleichseitig. Wirbel voll und hoch; ihre Skulptur besteht aus einigen starken, konzentrischen Fältchen, von denen vorn und hinten radiale Fältchen ausstrahlen. Area hoch, oben gewinkelt; Hinterende tief, unten zugespitzt. Auf der Area befinden sich zwei bis drei niedrige, radiale Rippchen und einige schwache Fältelungen. Konchinschicht bräunlich bis grünlich braun, wie beraucht, und zart gestrahlt. Linke Klappe mit einem unregelmäßigen Claustrum unter dem Wirbel und mit Spuren eines zweiten davor; rechte Klappe mit einem hohen, nach hinten schauenden vorderen Claustrum;

hintere Claustren fast ganz zurückgebildet. Wirbelhöhlen tief. Perlmutter bläulich weiß. — Maße: Länge 40 mm, Höhe 27 mm, Dicke 24 mm.

Bemerkungen: Dies scheint mir eine südliche Lokalform der vorangehenden *undulata* zu sein.

Verbreitung: Süd-Karolina und Georgia.

Subgenus **Prolasmidonta** Ortmann

1914 *Alasmidonta (Prolasmidonta)* Ortmann, Nautilus, Philadelphia, 28:44. — Species typica: *Alasmidonta heterodon* (Lea). (Monotypie.)

Diagnosis: Hintere Claustren in verkehrter Stellung, nämlich zwei in der rechten und eines in der linken Klappe. Wirbelskulptur ziemlich stark, ihre Falten biegen winklig auf der Area um und haben eine seichte Bucht davor. Weibliche Schale in der Gegend der Area leicht geschwollen.

Verbreitung: Östliches Nord-Amerika.

3. **Alasmidonta (Prolasmidonta) heterodon** (Lea)

1830 *Unio heterodon* Lea, Trans. amer. philos. Soc., Philadelphia, 3:428; Taf. 8, Fig. 11. — Terra typica: Schuylkill-Fluß und Dreby Creek, Pennsylvanien.

Diagnosis: Schale klein, länglich rautenförmig, ungleichseitig, geschwollen, dünn- bis mäßig festschalig. Wirbel niedrig, aber ziemlich voll, ihre Skulptur besteht aus einigen wenigen starken, gerunzelten Fältchen, die mit den Zuwachsstreifen gleichlaufen und die vorn und hinten strahlenförmige Fädchen aufweisen. Area wohl entwickelt, oben gerundet oder gerundet winklig. Hinterende ziemlich scharf zugespitzt. Konchinschicht schmutzig grünlich, schwach gestrahlt, ziemlich glanzlos. In der linken Klappe sind zwei vordere Claustra, deren hinterer zusammengepreßt und etwas aufgesplittert ist; in der rechten nur ein einziges, zusammengepreßtes Claustrum; hintere Claustra länglich, wenig ausgebildet, von 1—3 in jeder Klappe. Perlmutter bläulich weiß. — Maße: Länge 36 mm, Höhe 18 mm, Dicke 12 mm.

Verbreitung: Gebiet des Schuylkill-Flusses, Pennsylvanien.

Subgenus **Bullella** Simpson

1900 *Alasmidonta (Bullella)* Simpson, Proc. U.S. nation. Mus., Washington, 22:672. — Species typica: *Margaritana arcula* Lea. (Monotypie.)

Diagnosis: Schale dünn, sehr aufgeblasen, etwas dreieckig; Area hoch und scharf. Wirbel sehr voll, mit ausnehmend starker konzentrischer Skulptur, die sich bis auf die Schalenfläche erstreckt. Claustra umgebogen, zusammengedrückt.

Verbreitung: Georgia.

4. **Alasmidonta (Bullella) arcula** (Lea)

1836 *Margaritana arcula* Lea, Trans. amer. philos. Soc., Philadelphia, 6:43. — Terra typica: Altamaha-Fluß, Liberty Co., Georgia.

Diagnosis: Schale etwas dreieckig, dünn, sehr stark aufgeblasen, leicht ungleichseitig, mit sehr vollen und hohen Wirbeln, deren Skulptur aus starken, mit den Zuwachsstreifen gleichlaufenden Falten besteht und die sich bis auf die Schalenfläche erstrecken; sie werden von zarten, runzligen, strahligen Fältchen durchkreuzt. Area abgestutzt, mit einer einzigen Arealkante. Vorderende stark verschmälert, gerundet, niedriger als die Wirbel. Konchinschicht glanzlos, grünlich, in der Jugend leicht gestrahlt, im Alter schwarz, doch können die Strahlen im durchfallenden Lichte erkannt werden. Schloßlinie gekrümmt. Linke Klappe mit einem nicht wohl entwickelten, langen, zusammengepreßten, in der Mitte leicht geteilten Claustrum am Wirbel, rechte Klappe mit einem zusammengepreßten dreieckigen Claustrum; hintere Claustren sozusagen fehlend. Wirbelhöhlen sehr tief. Perlmutter bläulich. — Maße: Länge 80 mm, Höhe 60 mm, Dicke 50 mm.

Verbreitung: Nur aus dem Altamaha-Flusse in Georgia bekannt.

Subgenus **Pressodonta** SIMPSON

1840 *Calceola* SWAINSON, Treat. Malacol.: 382. — Species typica: *Alasmodonta truncata* CONRAD (Monotypie). — (Non *Calceola* LAMARCK 1799.)

1900 *Alasmidonta (Pressodonta)* SIMPSON, Proc. U.S. nation. Mus., Washington, 22:667. — Species typica: *Unio calceolus* LEA (Monotypie).

Diagnosis: Schale rautenförmig, Area niedrig und gerundet. Strahlen der Konchinschicht meist ungebrochen, in einem Stück. Wirbelskulptur leicht gerunzelt. Claustra zusammengepreßt.

Verbreitung: Oberes Mississippi-Gebiet; Flüsse Ohio, Cumberland und Tennessee; St.-Lorenz-Gebiet.

5. **Alasmidonta (Pressodonta) calceolus** (LEA)

1830 *Unio calceolus* LEA, Trans. amer. philos. Soc., Philadelphia, 3:265; Taf. 4, Fig. 1. — Terra typica: Ohio-Fluß.

1834 *Alasmodonta truncata* CONRAD, Amer. J. Sci. Arts, 25:73. — (Konnte nicht nachgeprüft werden.)

1838 *Margaritana deltoidea* LEA, Trans. amer. philos. Soc., Philadelphia, 6:43; Taf. 13, Fig. 38. — Terra typica: Ohio-Fluß bei Cincinnati.

1845 *Margaritana minor* LEA, Proc. amer. philos. Soc., Philadelphia, 4:166. — Terra typica: Nord-Karolina.

Diagnosis: Schale ziemlich klein, mehr oder weniger stark aufgeblasen, meist ausgesprochen rautenförmig, etwas ungleichseitig und ziemlich festschalig. Wirbel nicht voll oder hoch; ihre Skulptur wechselt von starken, mit den Zuwachsstreifen gleichlaufenden Falten zu unregelmäßigen, die oft in doppelter Schlinge angeordnet sind; vor und hinter ihr sind erhabene, strahlige Fäden zu sehen. Area meist hoch. Hinterende abgerundet zugespitzt. Konchinschicht glanzlos, grünlich mit welligen Strahlen. Linke Klappe mit stumpfem Claustrum unter dem Wirbel und einem angedeuteten davor; rechte Klappe mit einem Claustrum vor dem Wirbel; hintere Claustren undeutlich, fast ganz fehlend. Perlmutter weiß. — Maße: Länge 36—50 mm, Höhe 22—30 mm, Dicke 15—22 mm.

Bemerkungen: Das zuletzt genannte Synonym, *minor*, kann unter Umständen eine südliche Rasse der Nominatform darstellen; mehr Untersuchungs-Material ist zur Klärung dieser Frage vonnöten.

Verbreitung: Die der Untergattung.

Subgenus **Decurambis** RAFINESQUE

1831 *Decurambis* RAFINESQUE, Contin. Monogr. Biv. Shells River Ohio: 4. — Species typica: *Alasmodon scriptum* RAFINESQUE.
1900 *Rugifera* SIMPSON, Proc. U.S. nation. Mus., Washington, **22**:670. — Species typica: *Alasmidonta marginata* SAY.

Diagnosis: Schale verlängert, rautenförmig, aufgeblasen, Konchinschicht glänzend, mit Strahlen, die oft in punktförmige oder fleckige Gebilde aufbrechen. Leichte Runzeln auf der Area. Schloß unvollkommen, hintere Claustra fehlend.

Verbreitung: Nord-Amerika.

6. **Alasmidonta (Decurambis) marginata** SAY

1819 *Alasmidonta marginata* SAY, J. Acad. nat. Sci. Philadelphia, **1**:459. — Terra typica: Scioto-Fluß, Chillicothe, Ohio.
1819 *Unio varicosa* LAMARCK, Anim. sans Vert., **6**:78. — Terra typica: Schuylkill-Fluß bei Philadelphia.
1831 *Alasmodon scriptum* RAFINESQUE, Contin. Monogr. Biv. Shells Ohio: 5. — Terra typica: Green River (Kentucky ?).
1831 *Alasmodon atropurpureum* RAFINESQUE, Contin. Monogr. Biv. Shells Ohio: 5. — Terra typica: Cumberland-Fluß.
1834 *Margaritana raveneliana* LEA, Trans. amer. philos. Soc., Philadelphia, **5**:218; Taf. 15, Fig. 50. — Terra typica: French Broad River, Nord-Karolina.
1842 *Unio swanaonensis* HANLEY, Test. Moll. LAMARCK: 211. — Terra typica: Nord-Karolina.
1843 *Alasmodon corrugata* DEKAY, Nat. Hist. New York, Teil 5:198. — Terra typica: Passaic-Fluß, New York.
1853 *Alasmodonta truncata* CONRAD, Proc. Acad. nat. Hist. Philadelphia, **6**:262. — (Nomen nudum.)
1919 *Alasmidonta (Decurambis) marginata susquehannae* ORTMANN, Mem. Carnegie Mus., Pittsburgh, 8:187; Taf. 12, Fig. 4. — Terra typica: Susquehanna-Fluß, Selinsgrove, Snyder Co., Pennsylvania.

Diagnosis: Schale mittelgroß bis ziemlich groß, lang rautenförmig, fast oder ganz gleichseitig, mehr oder weniger festschalig und etwas aufgeblasen. Wirbel sehr voll und hoch, mit einer Skulptur aus einigen wenigen Runzeln, die Neigung zur Bildung von Doppelschlingen zeigen. Area hoch und gewinkelt, hinten abgestutzt, dort fein gerunzelt. Konchinschicht glatt, glänzend, grünlich in verschiedenen Tönen, mit schmalen gelben Strahlen und grünlichen, braunen, die aufgebrochen sind. Linke Klappe mit einem kleinen, scharfen Claustrum vor dem Wirbel, rechte mit einem kleinen Claustrum; hintere Claustra fast oder ganz abhanden. Wirbelhöhlen ziemlich tief. Perlmutter bläulich weiß bis purpurn. — Maße: Länge 54—120 mm, Höhe 32—72 mm, Dicke 20—48 mm.

Bemerkungen: Wie FRIERSON (1927) gezeigt hat, ist die Form mit hoher, gewinkelter, dabei gerunzelter Area die typische *marginata* (*truncata* CONRAD). Ist die Area niedriger und weniger gerunzelt, so stellt das *varicosa* LAMARCK dar. In Stücken mit ganz niedriger und nicht gerunzelter Area haben wir *atropurpureum* RAFINESQUE vor uns. Diese Feststellungen mögen die Tatsache erklären, daß ich alle genannten Formen zu einer einzigen Art zusammengezogen habe.

Verbreitung: Oberes Mississippi-Gebiet; Ohio, Cumberland und Tennessee-Gebiete; St.-Lorenz-Gebiet; atlantische Küstenflüsse südlich bis Süd-Karolina.

Genus **Pegias** SIMPSON

1900 *Pegias* SIMPSON, Proc. U.S. nation. Mus., Washington, **22**:660. — Species typica: (durch Monotypie) *Margaritana fabula* (LEA).

Diagnosis: Schale mehr oder weniger rautenförmig, zusammengedrückt oder hinten etwas aufgeblasen. Wirbel niedrig und niedergedrückt, mit einer Skulptur aus Doppelschlingen bildenden Fältchen, von denen oft vorn und hinten dünnere Falten ausstrahlen. Vordere Claustra fast bis fast ganz rückgebildet, hintere stets rückgebildet.

Verbreitung: Vereinigte Staaten von Nord-Amerika.

1. **Pegias fabula** (LEA)

1838 *Margaritana fabula* LEA, Trans. amer. philos. Soc., Philadelphia, **6**:44; Taf. 13, Fig. 39. — Terra typica: Cumberland-Fluß, Tennessee.
1840 *Margaritana curreyana* LEA, Proc. Acad. nat. Sci. Philadelphia, **1**:288. — Terra typica: Stone's River, Tennessee.

Diagnosis: Schale klein, querverlängert, festschalig, etwas zusammengepreßt, ungleichseitig. Wirbel weder hoch noch voll, aber leicht zugespitzt; ihre Skulptur besteht aus vier oder fünf ziemlich starken Falten, die mit den Zuwachsstreifen gleichlaufen oder leicht schief zu ihnen. Hinterer Oberrand oben gewinkelt; Hinterende gewinkelt. Area mit zwei Arealkanten. Bauchlinie meist vor dem Ende der Area leicht eingebogen. Konchinschicht gestrahlt, oft sehr breit. Linke Klappe mit einem unregelmäßig dreieckigen Claustrum unter dem Wirbel und der Spur eines zweiten davor; rechte Klappe mit einem einzigen Claustrum vor dem Wirbel. Hintere Claustra fehlend oder als niedrige zarte Kanten angedeutet. Wirbelhöhlen ziemlich tief, zusammengepreßt. Perlmutter weißlich, in den Wirbelhöhlen manchmal lachsfarben. — Maße: Länge 30—35 mm, Höhe 16—22 mm, Dicke 11—12 mm.

Verbreitung: Gebiete des Cumberland und des Tennessee-Flusses.

Genus **Arkansia** ORTMANN & WALKER

1912 *Arkansia* ORTMANN & WALKER, Nautilus, Philadelphia u. Boston, **25**:98. — Species typica (durch Monotypie): *Arkansia wheeleri* ORTMANN & WALKER.

Diagnosis: Schale mäßig dick, von fast kreisrund über leicht eiförmig bis fast rautenförmig, aufgeblasen. Mit vollen Wirbeln, die eine schwach entwickelte Skulptur aus zwei oder drei in Doppelschlingen angeordneten Falten besitzen, deren Schlingen leicht geschwollen oder knotig sind und die nach unten verschwinden. Schalenfläche mit unregelmäßigen, schiefen, manchmal kaum sichtbaren Falten skulptiert. Schloß wohl entwickelt, mit starken vorderen Claustren, deren linke stark nach innen vorspringt, und mit wohl entwickelten, starken, aber ziemlich kurzen hinteren Claustren.

Verbreitung: Arkansas-Fluß in Oklahoma und Ouachita-Fluß bei Arkadelphia, Arkansas.

1. **Arkansia wheeleri** ORTMANN & WALKER

1912 *Arkansia wheeleri* ORTMANN & WALKER, Nautilus, Philadelphia u. Boston, **25**:98; Taf. 8. — Terra typica: Old River, Arkadelphia, Arkansas.

Diagnosis: Die der Gattung. — Maße: Länge 73,5—87 mm, Höhe 62—73 mm, Dicke 41—48 mm.

Verbreitung: Die der Gattung.

Genus **Arcidens** Simpson

1900 *Arcidens* Simpson, Proc. U.S. nation. Mus., Washington, **22**:661. — Species typica (durch Monotypie): *Alasmodonta confragosa* Say.

Diagnosis: Schale wenig fest, aufgeblasen, etwas rautenförmig, mit hohen und vollen Wirbeln; die Wirbelskulptur besteht aus starken, unregelmäßigen Runzeln, die in zwei Schlingen angeordnet sind; an deren Unterseite sind die Falten zu Knoten angeschwollen, die sich in zwei ausstrahlenden Reihen auf die Schalenfläche fortsetzen; vor und hinter den Wirbeln sind viele zarte ausstrahlende Runzeln, deren hintere in Zickzacks angeordnet sind. Konchinschicht dunkel olivenfarben, glänzend. Vordere Claustra verlängert, zusammengepreßt, zwei links und eines rechts; hintere Claustra zu unebenen, verwischten Spuren rückgebildet. Wirbelhöhlen tief.

Verbreitung: Nord-Amerika.

1. **Arcidens confragosus** (Say)

1829 *Alasmodonta confragosa* Say, New Harmony Dissemin., **2**:339. — Terra typica: New Orleans, Louisiana.

Diagnosis: Schale rautenförmig, aufgeblasen, mäßig oder sehr festschalig, leicht ungleichseitig. Wirbel hoch und voll; ihre Skulptur besteht aus Schlingen, die starke hohe Knoten tragen und die bis auf die Schalenfläche reichen; diese Knoten sind in zwei Reihen angeordnet; vor und hinter den genannten Schlingen befinden sich einige ausstrahlende, gewellte, ganz leicht knotige Fältchen und vor der vorderen Reihe von Knoten nach unten und hinten sind einige starke Falten, die von runzligen, manchmal zickzackförmigen Fäden gekreuzt werden. Area hoch, fast geflügelt. Konchinschicht bräunlich grün, oft wolkig. Linke Klappe mit einem gebogenen, etwas verlängerten vorderen Claustrum unter dem Wirbel, vor diesem ein zusammengepreßtes Claustrum; rechte Klappe mit einem starken, leicht zusammengepreßten vorderen Claustrum vor dem Wirbel; hintere Claustren nur in undeutlichen Spuren ausgebildet; Schloßplatte links unter dem Wirbel unterbrochen. Wirbelhöhlen tief. Perlmutter bläulich weiß. — Maße: Länge 100 mm, Höhe 75 mm, Dicke 48 mm.

Bemerkungen: *Arcidens confragosus* steht im System ziemlich vereinzelt da; sein nächster Verwandter scheint *Arkansia wheeleri* zu sein.

Verbreitung: Mississippi-Gebiet; Colorado River, Texas; das angegebene Vorkommen im südöstlichen Alabama scheint fraglich.

Genus **Lasmigona** Rafinesque

1831 *Lasmigona* Rafinesque, Contin. Monogr. Biv. Shells River Ohio: 4. — Species typica: *Alasmidonta costata* Rafinesque.

Diagnosis: Schale mehr oder weniger rautenförmig, zusammengepreßt oder hinten aufgeblasen. Wirbel niedrig, zusammengedrückt, mit einer Skulptur aus doppeltgeschlungenen Fältchen, vor und hinter welchen manchmal andere, ausstrahlende Fältchen sind. Vordere Claustra fest bis rückgebildet, hintere stets rückgebildet.

Verbreitung: Nord-Amerika.

Bestimmungsschlüssel zu den Untergattungen

1	Mit Falten auf der Area	*Lasmigona*, S. 397
1′	Area glatt	2
2	Claustra sehr stark und schwer	*Pterosyna*, S. 398
2′	Claustra dünn und zart	*Sulcularia*, S. 399

Subgenus **Lasmigona** s. str.

1831 *Amblamodon* Rafinesque, Contin. Monogr. Biv. Shells River Ohio: 5. — Species typica: *Amblamodon hians* Rafinesque.

Diagnosis: Schale etwa rautenförmig, zusammengepreßt, hinten auf der Area gefaltet. Konchinschicht glänzend. Hintere Claustra teilweise entwickelt, schief nach unten und hinten gerichtet. Wirbelhöhlen seicht.

Verbreitung: Nord-Amerika.

1. **Lasmigona (Lasmigona) costata** (Rafinesque)

1820 *Alasmidonta costata* Rafinesque, Ann. gén. Sci. Phys. Bruxelles, **5**:518; Taf. 32, Fig. 15—16. — Terra typica: Kentucky-Fluß bei Lexington, Kentucky.
1823 *Alasmodonta rugosa* Barnes, Amer. J. Sci., New Haven, **6**:278; Taf. 13, Fig. 21. — Terra typica: Fox-Fluß, Wisconsin.
1831 *Alasmodon viridis* Rafinesque, Contin. Monogr. Biv. Shells River Ohio: 5. — Terra typica: Ohio-Fluß.
1831 *Amblamodon hians* Rafinesque, Contin. Monogr. Biv. Shells River Ohio: 5. — Terra typica: Tennessee-Fluß.
1918 *Lasmigona costata* var. *ereganensis* Greer, Nautilus, Philadelphia u. Boston, **32**:10. — Terra typica: Erie-See, Nord-Amerika.

Diagnosis: Schale länglich rautenförmig, leicht zusammengepreßt, festschalig, ungleichseitig; Wirbel kaum erhoben, zusammengedrückt, mit einer Skulptur aus einigen starken geradlinigen oder leicht doppeltgeschlungenen Fältchen. Area stark radial gefaltet; manchmal ist eine innere Arealkante vorhanden. Hintere Schalenhälfte manchmal leicht gerunzelt. Konchinschicht gelblich grün bis braun, oft gestrahlt, gar nicht oder wenig glänzend. Linke Klappe mit einem starken, umgekehrt V-förmigen Claustrum unter dem Wirbel, davor manchmal ein niederes zweites; rechte Klappe mit einem unregelmäßig dreieckigen Claustrum vor dem Wirbel; Zahnplatte unter dem Wirbel gespalten; die hinteren Claustra sind niedrig und undeutlich. Perlmutter weißlich bis strohfarben. — Maße: Länge 96—146 mm, Höhe 63—91 mm, Dicke 29—40 mm.

Bemerkungen: Eine sehr veränderliche Art, deren Runzel-Skulptur, die an sich arttypisch ist, fast völlig verschwinden kann. *A. viridis* Rafinesque, die meist als eigne Art aufgefaßt wurde, ist nach Frierson eine „Varietät“ der *costata*. Die var. *ereganensis* Greer aus dem Erie-See stellt eine leicht verkümmerte Seeform der Nominatform dar.

Die Art *hians*, von Rafinesque als Species typica der neuen Gattung *Amblamodon* aufgestellt, hat der Deutung Schwierigkeiten bereitet, da ihre

— nur wörtliche — Beschreibung ungenügend zu ihrer Erkenntnis ist. Hätte nicht FÉRUSSAC (Mag. Zool., 5:31) Bemerkungen über eine ihm von RAFINESQUE zugesandte Klappe von *hians* gemacht und sie als zu *costata* gehörig erkannt, so wären wir über sie stets im Unklaren geblieben.

Verbreitung: Mississippi-Gebiet; Gebiet des St-Lorenz-Stromes; Manitoba. Die Vorkommen im Hudson-Flusse und in Texas sind zweifelhaft.

Subgenus **Pterosyna** RAFINESQUE

1831 *Pterosyna* RAFINESQUE, Contin. Monogr. Biv. Shells River Ohio: 5. — Species typica: *Alasmodonta complanata* BARNES.
1840 *Complanaria* SWAINSON, Treat. Malacol.: 290. — Species typica: *Complanaria gigas* SWAINSON.
1840 *Megadomus* SWAINSON, Treat. Malacol.: 266. — Species typica: *Unio gigas* SWAINSON.
1900 *Pterosygna* SIMPSON, Proc. U.S. nation. Mus., Washington, 22:665. — (Ex errore pro *Pterosyna* RAFINESQUE.)

Diagnosis: Schale groß, eiförmig rautenförmig, hinten aufgeblasen. Wirbel sehr zusammengedrückt, mit einer Skulptur aus scharfen und deutlich doppelt geschlungenen Falten. Konchinschicht dunkel, kaum gestrahlt. Claustra fest und schwer.

Verbreitung: Wie bei der einzigen Art.

2. **Lasmigona (Pterosyna) complanata** (BARNES)

1823 *Alasmodonta complanata* BARNES, Amer. J. Sci., New Haven, 6:278; Taf. 13, Fig. 21. — Terra typica: Fox-Fluß, Wisconsin.
1839 [*Complanaria gigas*] SOWERBY, Conch. Manual: Abb. 141. — Terra typica: Nicht genannt.
1839 *Unio katherinae* LEA, Trans. amer. philos. Soc., Philadelphia, 6:143. — Terra typica: Oberer See.

Diagnosis: Schale groß, festschalig, unregelmäßig elliptisch oder etwas eiförmig oder etwas rautenförmig, ungleichseitig, zusammengepreßt. Wirbel niedrig, ausgesprochen abgeflacht; ihre Skulptur besteht aus rauhen, doppelt geschlungenen, etwas knotigen Falten, hinter denen ausstrahlende, erhöhte Fäden stehen. In der Jugend ist die Schale hinten oben in einen hohen, oft winkligen Flügel ausgezogen, der hinten abgestutzt ist und der infolgedessen den Umriß der Schale zu diesem Zeitpunkt etwas dreieckig macht; bei fortschreitendem Wachstum bricht der Flügel ab oder verschwindet sonstwie. Area manchmal mit zwei Kanten. Bauchrand gerundet, etwas mehr so hinter der Mitte. Schalenfläche auf der Area etwas gefaltet. Konchinschicht hellgrün bis dunkelbraun, je nach Alter, kaum glänzend. Linke Klappe mit zwei starken, ungleichen vorderen Claustren, deren hinterer meist gespalten ist und manchmal umgekehrt V-förmig aussieht; rechte Klappe mit ein bis zwei vorderen Claustren, die meist aufgesplittert und unvollständig sind; hintere Claustren beiderseits sehr undeutlich. Perlmutter weiß. — Maße: Länge 90—197mm, Höhe 62—126 mm, Dicke 23—52 mm.

Bemerkungen: Diese wohl größte und schwerste aller Unioniden von Nord-Amerika entwickelt im Oberen See und im Winnipeg-See (Kanada) eine leicht verkümmerte Seeform, der LEA 1839 den Namen *katherinae* gegeben hat.

Verbreitung: Oberes Mississippi-Gebiet, südlich bis Arkansas, einschließlich des Ohio-Flusses; oberer St.-Lorenz-Strom; nördlich bis zum Mackenzie-Fluß.

Subgenus **Sulcularia** RAFINESQUE

1831 *Sulcularia* RAFINESQUE, Contin. Monogr. Biv. Shells Ohio River: 4. — Species typica: *Alasmodonta badium* RAFINESQUE.
1914 *Alasminota* ORTMANN, Nautilus, Philadelphia u. Boston, **28**:42. — Species typica: *Margaritana holstonia* LEA.

Diagnosis: Schale ziemlich fest, Wirbelskulptur ziemlich stark, gelegentlich doppelt geschlungen. Konchinschicht bräunlich, leicht gestrahlt. Vordere Claustra zart, hintere fast oder gänzlich fehlend.

Verbreitung: Nord-Amerika (USA).

3. **Lasmigona (Sulcularia) badia** (RAFINESQUE)

1831 *Alasmodon badium* RAFINESQUE, Contin. Monogr. Biv. Shells. Ohio River: 5. — Terra typica: Flüßchen in den Knob-Bergen, Tennessee.
1838 *Margaritana holstonia* LEA, Trans. amer. philos. Soc., Philadelphia, **6**:42; Taf. 13, Fig. 37. — Terra typica: Holston-Fluß, Tennessee.
1858 *Margaritana etowahensis* LEA, Proc. Acad. nat. Sci. Philadelphia, **2**:138. — Terra typica: Etowah-Fluß, Georgia.
1859 *Margaritana georgiana* LEA, Proc. Acad. nat. Sci. Philadelphia, **11**:280. — (Nomen novum pro *M. etowahensis* LEA 1858, non CONRAD 1849.)
1865 *Alasmodonta impressa* ANTHONY, Amer. J. Conch., Philadelphia, **1**:157; Taf. 12, Fig. 4. — Terra typica: Tennessee.
1868 *Unio holstonianus* SOWERBY, Conch. Icon., **16**:398. — (Nomen substitutum pro *Margaritana holstonia* LEA 1838.)

Diagnosis: Schale meist länglich rautenförmig, nur selten elliptisch, wenig festschalig, aufgeblasen, ungleichseitig. Wirbel voll, aber nicht hoch; ihre Skulptur besteht aus starken, doppelt geschlungenen Falten, deren hintere Schlinge eng und winklig ist. Area gelegentlich mit zwei Kanten; Hinterende schwach zweiwinklig oder gerundet zugespitzt. Konchinschicht grünlich oder gelblich braun, selten mit dünnen Strahlen. Linke Klappe mit zwei niedrigen, zusammengepreßten vorderen Claustren vor dem Wirbel, rechte mit einem einzigen, zusammengepreßten; hintere Claustren sozusagen verkümmert. Perlmutter bläulich weiß. — Maße: Länge 50—53 mm, Höhe 29—30 mm, Dicke 17—19 mm.

Bemerkungen: Die wenig bekannte *Margaritana etowahensis* LEA (= *georgiana* LEA) dürfte in die Variationsbreite von *badia* gehören.

Verbreitung: Gebiet des Tennessee-Flusses; Quellflüsse des Coosa-Flusses; Etowah-Fluß, Georgia.

4. **Lasmigona (Sulcularia) diversa** (CONRAD)

1856 *Unio diversus* CONRAD, Amer. J. Sci., (2) **21**:172; mit Umrißzeichnung. — Terra typica: Shoal Creek, Nord-Alabama.

Diagnosis: Schale rautenförmig, stark aufgeblasen, dünnschalig, aber vorn dicker, besonders unten, ungleichseitig. Wirbel mäßig voll, mit unbekannter Skulptur. Area wohl entwickelt; Hinterende unten gerundet zugespitzt.

Konchinschicht gelblich mit dunkleren Wolken, kaum oder nicht gestrahlt. Linke Klappe mit einem dreiteiligen, zusammengepreßten Claustrum, rechte mit einem einzigen, ebenso zusammengepreßten; hintere Claustren einzeln links, doppelt rechts. Perlmutter grünlich oder wachsfarben. — Maße: Länge 38 mm, Höhe 24 mm, Dicke 18 mm.

Bemerkungen: Diese nie wiedergefundene Art, von der nur eine dürftige Umrißzeichnung besteht, ist äußerst schwer zu deuten. Vielleicht ist die Annahme von FRIERSON richtig, daß sie lediglich eine etwas verkrüppelte Form von *badia* darstellt, in der ja ebenfalls die hinteren Claustren entwickelt sein können.

Verbreitung: Nur von der Terra typica bekannt.

Genus **Simpsonaias** FRIERSON

1914 *Simpsonaias* FRIERSON, Nautilus, Philadelphia u. Boston, 28:7. — Species typica: *Alasmodonta ambigua* SAY (Monotypie).

1914 *Simpsoniconcha* FRIERSON, Nautilus, Philadelphia u. Boston, 28:40. — (Nomen novum pro *Simpsonaias* FRIERSON, praeocc. ?.)

Diagnosis: Schale klein, verlängert elliptisch, vorn und hinten gerundet, Bauchrand gelegentlich eingebuchtet. Wirbel ziemlich scharf, aber nicht voll; ihre Skulptur besteht aus feinen, gleichlaufenden Fältchen, die in der Mitte scharf winklig zusammenstoßen. Konchinschicht bräunlich, ungestrahlt. Schloß sehr unvollständig, jederseits ein unvollkommenes Claustrum vorn, während die hinteren Claustra fast oder ganz fehlen.

Bemerkungen: Diese Gattung ist unter den Unionaceen dadurch besonders bemerkenswert, daß ihre Glochidien ihr parasitisches Stadium nicht an Fischen, sondern an Molchen durchmachen.

Verbreitung: Mittleres Nord-Amerika.

1. **Simpsonaias ambigua** (SAY)

1825 *Alasmodonta ambigua* SAY, J. Acad. nat. Sci. Philadelphia, 5:131. — Terra typica: Nordwestliches Territorium (= Ohio-Flußgebiet).

1834 *Unio hildrethianus* LEA, Trans. amer. philos. Soc., Philadelphia, 5:36; Taf. 3, Fig. 8. — Terra typica: Ohio-Fluß bei Marietta.

1835 *Alasmidonta dubia* FÉRUSSAC, Mag. Zool., Paris, 5:26. — Terra typica: Nord-Amerika.

Diagnosis: Schale klein, länglich, mit gleichlaufenden Rücken- und Bauchrändern, vorn und hinten gerundet, ungleichseitig, wenig festschalig, nicht aufgeblasen. Wirbel weder voll noch erhoben, ihre Skulptur besteht aus gleichlaufenden feinen Fältchen, die in der Mitte scharf geknickt sind. Area niedrig, aber voll. Konchinschicht grünlich bis olivenbraun. Jederseits ein einziges, niedriges und glattes Claustrum unter den Wirbeln. Perlmutter hinten dünn, durchscheinend, schmutzig purpurn, vorn verdickt und leicht gelblich weiß. — Maße: Länge 40—48 mm, Höhe 19—21 mm, Dicke 12—16 mm.

Verbreitung: Gebiet des Ohio-Flusses; nördlich bis Michigan, westlich bis Iowa, südlich bis Arkansas, östlich bis Tennessee.

Subfam. Lampsilinae ORTMANN

1912 Lampsilinae ORTMANN, Ann. Carnegie Mus., Pittsburgh, 8:300.

Diagnosis: Schale meist dünn, meist ohne jede Schalenskulptur, mit meist glänzender, gestrahlter Konchinschicht. Schloß mit vollkommenen Zähnen, mit nie flachem, stets gerundetem und plattem Intervall. Ausgesprochener Geschlechtsdimorphismus der Schale: männliche Schale meist gestreckter, hinten zugespitzter, weniger aufgeblasen; weibliche Schale kürzer, hinten meist etwas mehr gerundet, und stärker aufgeblasen. Das Marsupium nimmt nur den unteren Teil der Außenkiemen ein, und dieser marsupiale Teil der Kiemen ist selbst außerhalb der Zeit der Trächtigkeit für die Aufnahme der Eier spezialisiert.

Verbreitung: Nord- und Mittel-Amerika.

Genus **Ptychobranchus** SIMPSON

1900 *Ptychobranchus* SIMPSON, Proc. Acad. nat. Sci. Philadelphia, 52:79. — Species typica: *Unio phaseolus* HILDRETH 1828 = *Obliquaria fasciolaris* RAFINESQUE 1820 (durch ursprüngliche Bestimmung).

Diagnosis: Schale elliptisch bis dreieckig, mehr oder minder festschalig; mit ziemlich hoher Wirbelgegend; die Wirbelskulptur besteht aus mehr oder weniger gebrochenen Fältchen, die manchmal Doppelschlingen bilden. Konchinschicht glänzend, gestrahlt. Schloß normal, mit ziemlich kleinen, niedrigen Hauptzähnen und keuligen, hinten liegenden Seitenzähnen. Wirbelhöhlen seicht. Während der Zeit der Trächtigkeit füllen die Eier oder Glochidien die gesamte untere Hälfte der äußeren Kiemen, die dann in 6 bis 20 Falten herunterhängen.

Verbreitung: Nord-Amerika.

Bestimmungsschlüssel zu den Untergattungen

1 Schale dreieckig, im Alter oft mit eingebogenem Bauchrande; Area glatt . . . . ***Ptychobranchus***, S. 401

1′ Schale verlängert elliptisch; Area stark gerunzelt . . . . ***Subtentus***, S. 403

Subgenus **Ptychobranchus** s. str.

1. **Ptychobranchus (Ptychobranchus) fasciolare** (RAFINESQUE)

1820 *Obliquaria fasciolaris* RAFINESQUE, Ann. gén. Sci. Phys., Bruxelles, 5:303 (mit den Varietäten *interrupta, fuscata, obliterata* und *longa*, alle von RAFINESQUE). — Terra typica: Ohio-Fluß.

1828 *Unio phaseolus* HILDRETH, Amer. J. Sci., New Haven, 14:283. — Terra typica: Muskingum-Fluß, Ohio.

1830 *Unio planulatus* LEA, Trans. amer. philos. Soc., Philadelphia, 3:431; Taf. 9, Fig. 13. — Terra typica: Ohio-Fluß.

1834 *Unio camelus* LEA, Trans. amer. philos. Soc., Philadelphia, 5:102: Taf. 15, Fig. 45. — Terra typica: Ohio-Fluß.

1842 *Unio abacus* HALDEMAN, J. Acad. nat. Sci. Philadelphia, 8:202. — Terra typica: Holston-Fluß, Tennessee.

1845 *Unio compressissimus* LEA, Proc. amer. philos. Soc., Philadelphia, 4:81; Taf. 8, Fig. 33. — Terra typica: Holston-Fluß, Tennessee.

1854 *Unio arquatus* CONRAD, J. Acad. nat. Sci. Philadelphia, (2) 2:297; Taf. 26, Fig. 8. — Terra typica: Wabash-Fluß.
1928 *Ptychobranchus fasciolaris* var. *lacustris* F. C. BAKER, Nautilus, Philadelphia u. Boston, 42:52. — Terra typica: Chautauqua-See, New York.

Diagnosis: Schale lang elliptisch oder eiförmig oder unregelmäßig dreieckig, ungleichseitig, festschalig, leicht zusammengedrückt bis leicht aufgeblasen. Wirbel niedrig, manchmal leicht aufgeblasen, mit einer Skulptur aus zarten Runzeln. Area mäßig entwickelt. Konchinschicht gelblichbraun, manchmal ohne Strahlen, manchmal mit unterbrochenen grünen Strahlen. Linke Klappe mit zwei niedrigen, festen, ziemlich kleinen Hauptzähnen und zwei keulenförmigen Seitenzähnen; rechte Klappe mit einem einzigen Hauptzahne mit angedeuteten weiteren vor und hinter ihm, und mit einem starken Seitenzahne, der zuweilen mit Andeutungen eines oberen und eines unteren Begleiters versehen ist. Schloßplatte hinten schief abgestutzt. Wirbelhöhlen seicht. Perlmutter silberweiß. — Maße: Länge 90—100 mm, Höhe 45—60 mm, Dicke 25—33 mm.

Bemerkungen: Die von den südwestlichen Fundorten gemeldeten Stücke dieser Art können zu der folgenden, sehr nahe verwandten Art *occidentale* gehören.

Die oben als Synonyme angeführten Arten *abacus* und *arquatus* sind wenig bekannt und ihre Gattungszugehörigkeit ist nicht gesichert. Ich folgte FRIERSON, indem ich sie, vor der Hand wenigstens, zu *Ptychobranchus fasciolare* stellte.

Verbreitung: Gebiete der Ohio-, Tennessee- und Cumberland-Flüsse; untere Halbinsel von Michigan; Kansas; Arkansas; Oklahoma; Louisiana.

2. Ptychobranchus (Ptychobranchus) occidentale (CONRAD)

1836 *Unio occidentalis* CONRAD, Monogr. Fam. Unionidae or Naiades of LAMARCK, 7:64; Taf. 36, Fig. 1. — Terra typica: Currant-Fluß, Arkansas.
1900 *Ptychobranchus clintonensis* SIMPSON, Proc. Acad. nat. Sci. Philadelphia, 52:79; Taf. 5, Fig. 3. — Terra typica: Archie's Fork des Little Red-Flusses, Arkansas, bei Clinton.

Diagnosis: Schale lang eiförmig, elliptisch oder leicht rautenförmig, manchmal sogar etwas dreieckig, festschalig, kaum aufgeblasen, hinten ziemlich breit. Wirbel niedrig, nicht aufgeblasen, ohne sichtbare Skulptur, Hinterende leicht zweigewinkelt. Area gelegentlich mit zwei Arealkanten. Konchinschicht gelblich grün, zart und wellig grün gestrahlt, seidenglänzend. Schloß fest; linke Klappe mit zwei kleinen, niederen, aber festen Hauptzähnen, deren hinterer der größere ist, und mit zwei nach hinten gelagerten Seitenzähnen; rechte Klappe mit einem Hauptzahne und mit Spuren weiterer vor und hinter ihm, und mit einem, gelegentlich verdoppelten, Seitenzahne. Wirbelhöhlen seicht. Perlmutter bläulich weiß, oft mit düsteren Flecken. — Maße: Länge 90 mm, Höhe 47 mm, Dicke 28 mm.

Bemerkungen: Eine der vorhergehenden sehr nahestehende Art, vielleicht nur deren Vertreter im Westen der Vereinigten Staaten. So ist es möglich, daß die beiden zuletzt genannten Synonyme des vorhergehenden *Ptychobranchus fasciolare*, *arquatus* und *abacus*, zu dieser Form zu ziehen sind.

Verbreitung: Arkansas-Gebiet; die aus Oklahoma und dem westlichen Tennessee gemeldeten Vorkommen sind noch nicht bestätigt.

3. **Ptychobranchus (Ptychobranchus) greeni** (Conrad)

1834 *Unio greeni* Conrad, New freshw. shells Un. States: 32; Taf. 4, Fig. 1. — Terra typica: Quellflüsse des Black-Warrior-Flusses, Alabama.
1845 *Unio simplex* Lea, Proc. amer. philos. Soc., Philadelphia, 4:163. — Terra typica: Black-Warrior-Fluß, Alabama.
1845 *Unio flavescens* Lea, Proc. amer. philos. Soc., Philadelphia, 4:163. — Terra typica: Black-Warrior-Fluß, Alabama.

Diagnosis: Schale etwa dreieckig, etwas verlängert, mehr oder weniger aufgeblasen, nicht sehr festschalig; Wirbel voll und hoch, mit unbekannter Skulptur, deutlich dem Vorderende genähert. Area meistens mit zwei Kanten. Konchinschicht gelb oder bräunlich, etwas glänzend, gelegentlich hinten zart gestrahlt. Linke Klappe mit zwei kleinen Hauptzähnen und zwei Seitenzähnen, deren unterer keulenförmig ist; rechte Klappe mit einem Hauptzahne mit gelegentlichen Spuren weiterer vor und hinter ihm, und einem aufgesplitterten Seitenzahne. Wirbelhöhlen seicht. Perlmutter weißlich. — Maße: Länge 40—52 mm, Höhe 25—32 mm, Dicke 15—26 mm.

Verbreitung: Nur aus dem Black-Warrior-Flusse in Alabama bekannt.

4. **Ptychobranchus (Ptychobranchus) foremanianum** (Lea)

1842 *Unio foremanianus* Lea, Proc. amer. philos. Soc., Philadelphia, 2:224. — Terra typica: Coosa-Fluß, Alabama.
1854 *Unio velatus* Conrad, J. Acad. nat. Sci. Philadelphia, 11:298; Taf. 27, Fig. 6. — Terra typica: St. Fois-Fluß (Unauffindbar).
1857 *Unio woodwardius* Lea, Proc. Acad. nat. Sci. Philadelphia, 9:170. — Terra typica: Etowah-Connasauga-Flüsse, Georgia.
1859 *Unio woodwardianus* Lea, J. Acad. nat. Sci. Philadelphia, 4:199; Taf. 23, Fig. 82. — (Nomen substitutum pro *U. woodwardius* Lea 1857.)
1861 *Unio trinacrus* Lea, Proc. Acad. nat. Sci. Philadelphia, 5:59. — Terra typica: Coosa-Fluß, Alabama.

Diagnosis: Schale äußerst formveränderlich, mehr oder weniger ungleichseitig, von kurz bis lang dreieckig, kaum, wenn überhaupt, aufgeblasen; Hinterende entweder breit und gerundet oder schmal und zugespitzt. Wirbel hoch und voll, mit unbekannter Skulptur. Area manchmal mit zwei Kanten. Konchinschicht fahl schmutzig gelb oder bräunlich oder gelblich grün, gewöhnlich mit gebrochenen Strahlen; diese können wellig oder in Form kleiner Vierecke sein, und beide Formen können auf einer und der gleichen Schale vorhanden sein. Linke Klappe mit zwei Haupt- und zwei Seitenzähnen; rechte Klappe mit einem Hauptzahn und einem doppelten Seitenzahn. Wirbelhöhlen seicht. Perlmutter weiß, manchmal ledergelb, oft vorn dicker. — Maße: Länge 46—62 mm, Höhe 32—36 mm, Dicke 20—26 mm.

Bemerkungen: *Unio trinacrus* Lea, hier als letztes Synonym genannt, ist nur vom Typus bekannt. Frierson sieht in ihm lediglich einen besonders dickschaligen *foremanianum*, ist aber seiner Sache nicht ganz sicher.

Verbreitung: Alabama und Georgia.

Subgenus **Subtentus** Frierson

1927 *Ptychobranchus (Subtentus)* Frierson, Class. annot. Check List North Amer. Naiades: 65. — Species typica: *Unio subtentus* Say (Monotypie).

Diagnosis: Schale elliptisch, verlängert, kaum aufgeblasen; Area kaum von der Schalenfläche abgesetzt, stark und gerunzelt gefältelt; Konchinschicht hell, mit gebrochenen Strahlen, die oft in unregelmäßige Flecken aufgelöst sind, meist aber quadratisch geformt sind. Weibliche Schale hinten unten leicht aufgeblasen.

Verbreitung: Nord-Amerika.

5. **Ptychobranchus (Subtentus) subtentum** (Say)

1825 *Unio subtentus* Say, J. Acad. nat. Sci. Philadelphia, 5:130. — Terra typica: North Fork Holston-Fluß, Tennessee.

Diagnosis: Schale mittelgroß bis ziemlich groß, verlängert, leicht eiförmig oder rautenförmig. Area niedrig, wenig von der Schalenfläche abgesetzt, mit radialen oder gerunzelten Fältchen besetzt. Festschalig, kaum aufgeblasen. Vorderende kurz und gerundet. Konchinschicht gelblich grün, meist mit einigen gebrochenen Strahlen. Linke Klappe mit zwei stumpfen, kleinen Hauptzähnen und zwei schweren, keulenförmigen Seitenzähnen; rechte Klappe mit einem Hauptzahn und einem Seitenzahn; Schloßplatte schmal und gekrümmt. Wirbelhöhlen seicht. Perlmutter bläulich bis rötlich oder gelblich. Schale des Männchens im Alter etwas geschnäbelt und hinten gerundet, die des Weibchens hinten etwas vorgezogen. — Maße: Länge 75—110 mm, Höhe 35—58 mm, Dicke 23—35 mm.

Verbreitung: Gebiete der Tennessee- und Cumberland-Flüsse.

Genus **Obliquaria** Rafinesque

1820 *Obliquaria* Rafinesque, Ann. gén. Sci. Phys. Bruxelles, 5:301. — Species typica: *Obliquaria (Quadrula) reflexa* Rafinesque (Durch ursprüngliche Bestimmung).

Diagnosis: Schale aufgeblasen, festschalig, oval, aber hinten zugespitzt, mit einer Reihe von Knötchen, die von den Wirbeln zur Mitte des Unterrandes laufen. Arealkante deutlich, der Raum zwischen ihr und den Knötchen etwas ausgehöhlt. Area mehr oder minder gerunzelt skulptiert. Wirbel vorragend, eingebogen, nach vorn zeigend, mit einer Skulptur aus vier bis fünf starken, gleichlaufenden Falten, die vorn niedrig sind und hinten nach oben umbiegen. Hauptzähne stark, zersägt, Seitenzähne kurz, fast gerade. Männliche und weibliche Schalen fast gleich.

Verbreitung: Nord-Amerika.

1. **Obliquaria reflexa** Rafinesque

1820 *Obliquaria (Quadrula) reflexa* Rafinesque, Ann. gén. Sci. Phys. Bruxelles, 5:306. — Terra typica: Kentucky-Fluß und Stromschnellen von Letart, Ohio.

1823 *Unio cornutus* Barnes, Amer. J. Sci., New Haven, 6:122; Taf. 4, Fig. 5a—c. — Terra typica: Fox-Fluß, Wisconsin.

1831 *Unio torulosus* Short & Eaton, Transylvania J. Med., Lexington, **1831**:75. — Terra typica: Nicht angegeben.

1927 *Obliquaria reflexa conradi* Frierson, Class. annot. Check List North Amer. Naiades: 65. — Terra typica: Alabama-Fluß.

Diagnosis: Schale unregelmäßig eiförmig, aufgeblasen, festschalig, ungleichseitig, mit ziemlich hohen und vollen Wirbeln, die nach vorne über eine kleine Lunula geneigt sind; ihre Skulptur besteht aus drei bis vier groben, schiefen Falten. Arealkante deutlich. Schalenfläche mit einer Reihe von vier bis fünf länglich-zusammengepreßten Knoten, und manchmal außer diesen können leichte Runzeln oder Fältchen entwickelt sein. Konchinschicht gewöhnlich glatt, etwas glänzend, gelblich grün, oft mit zarten, welligen gebrochenen Strahlen, die in kleine Pünktchen oder pfeilartige Flecken zerfallen können. Hinterende oben schief abgestutzt. Linke Klappe mit zwei gesägten, radialen, stumpfen Hauptzähnen und zwei leicht gebogenen Seitenzähnen; rechte Klappe mit einem dreieckigen Hauptzahn und manchmal mit Zahnspuren davor und dahinter, und einem doppelten Seitenzahn. Wirbelhöhlen seicht. Perlmutter von weiß bis rötlich, vorn viel dicker. Männliche und weibliche Schalen fast ganz gleich. — Maße: Länge 40—52 mm, Höhe 35—45 mm, Dicke (mit den Knoten) 23—33 mm.

Verbreitung: Mississippi-Gebiet; Michigan; Alabama-Fluß; im Südwesten bis Oklahoma.

Genus **Lemiox** Rafinesque

1831 *Lemiox* Rafinesque, Cont. Monogr. Biv. Shells Ohio: 3. — Species typica: *Unio rimosus* Rafinesque (Monotypie).

1852 *Micromya* L. Agassiz, Arch. Naturgesch., Berlin, **18**:47 (non *Micromya* Rondani 1840). — Species typica: *Unio lapillus* Say (= *Lemiox fabalis* (Lea), (Simpson 1900).

1921 *Conradilla* Ortmann, Nautilus, Philadelphia, **34**:90. — Species typica: *Unio caelatus* Conrad.

Diagnosis: Schale klein oder mittelgroß, dreieckig eiförmig oder etwas elliptisch, hinten nicht sehr lang und nicht sehr zugespitzt. Wirbelskulptur aus Doppelschlingen bestehend, aber oft nur angedeutet. Innerer Rand des Mantels beim Weibchen vor der Branchialöffnung mit einer Reihe von unregelmäßigen größeren oder kleineren Papillen, die nicht ganz die Mitte des Unterrandes erreichen.

Verbreitung: Nord-Amerika.

1. **Lemiox rimosus** (Rafinesque)

1831 *Unio rimosus* Rafinesque, Contin. Monogr. Biv. Shells Ohio. 3. — Terra typica: Cumberland-Fluß.

1834 *Unio caelatus* Conrad, Amer. J. Sci., New Haven, **25**:338; Taf. 1, Fig. 1. — Terra typica: Elk- und Flint-Flüsse, Tennessee.

1921 *Conradilla caelata* — Ortmann, Nautilus, Philadelphia, **34**:90.

Diagnosis: Schale unregelmäßig dreieckig bis leicht eiförmig, sehr festschalig, bauchig bis aufgeblasen, ungleichseitig. Wirbel hoch, oft etwas zusammengepreßt, nach vorn über eine kleine Lunula gedreht; ihre Wirbelskulptur ist schwach, leicht knotig. Arealkante deutlich. Schalenfläche hinten mit einer starken, etwas ausstrahlenden, runzligen Skulptur, die sich an der Arealkante gabelt und manchmal die gesamte Schalenfläche bedeckt. Konchinschicht grün in verschiedenen Tönen, schwach gestrahlt, selten ohne Strahlen. Hauptzähne niedrig, radial, gesägt, zwei links, einer bis drei rechts; Seitenzähne fest, links stets, rechts manchmal doppelt. Perlmutter silberig weiß.

Männliche Schale mit einer seichten, breiten, radialen Vertiefung vor der Arealkante; weibliche Schale kleiner als die des Männchens, mit einer schwach entwickelten marsupialen Schwellung unten nahe dem Hinterende, die auf der Innenseite gefaltet ist. — Maße: ♂: Länge 42—51 mm, Höhe 33—35 mm, Dicke 17—21 mm. — ♀: Länge 34—37 mm, Höhe 25 mm, Dicke 14—20 mm.

Verbreitung: Gebiet des Tennessee-Flusses.

2. Lemiox fabalis (Lea)

1831 *Unio fabalis* Lea, Trans. amer. philos. Soc., Philadelphia, 4:86; Taf. 10, Fig. 16. — Terra typica: Ohio-Fluß.

1831 *Unio capillus* Say, Transylvania J. Med., Lexington, 4:528. — Terra typica: Nicht genannt.

1832 *Unio lapillus* Say, Amer. Conch., 5: Taf. 41. — Terra typica: Nicht genannt.

Diagnosis: Schale sehr formveränderlich, klein, länglich, eiförmig bis elliptisch, sehr festschalig, mehr oder weniger aufgeblasen, ungleichseitig. Wirbel etwas erhoben, etwas zusammengepreßt, sich über die Lunula nach vorn neigend; ihre Skulptur besteht aus knotigen Doppelschlingen. Konchinschicht fahl grünlich, mit bräunlichen oder etwas grünlichen Strahlen. Hauptzähne dreieckig, niedrig, fest, zwei links, einzeln bis drei rechts; Seitenzähne fest, doppelt links, gelegentlich so auch rechts. Perlmutter weiß oder bläulich. Männliche Schale gewöhnlich lang eiförmig, mehr oder weniger aufgeblasen; weibliche Schale gewöhnlich lang elliptisch, aufgeblasen; ihre marsupiale Schwellung ist nur leicht aufgeblasen und nicht so deutlich vom Reste der Schale abgesetzt. — Maße: ♂: Länge 30—38 mm, Höhe 18,5—22 mm, Dicke 12—14 mm. — ♀: Länge 25,5 mm, Höhe 15 mm, Dicke 14 mm.

Verbreitung: Ohio-Gebiet; Rouge River bei Detroit, Michigan; New York.

3. Lemiox ortmanni (Walker)

1925 *Micromya ortmanni* Walker, Occ. Pap. Mus. Zool., Ann. Arbor, Nr. 163: 1; Taf. 1. — Terra typica: Green River, Mammoth Cave, Kentucky.

Diagnosis: Schale elliptisch, ziemlich fest, nicht stark aufgeblasen; Area kaum von der Schalenfläche abgesetzt. Wirbel niedrig, ihre Skulptur besteht aus ein paar rauhen Fältchen, die in der Mitte eingebogen sind. Konchinschicht stumpf, nicht glänzend, gelblich braun, hinten meist unregelmäßig grün gestrahlt. Rechte Klappe mit zwei kurzen, dicken Hauptzähnen und einem Seitenzahn; linke Klappe mit einem starken Hauptzahn und gelegentlich einem angedeuteten Hilfszahn, und zwei kurze, etwas gebogene Seitenzähne. Perlmutter rötlich in verschiedenen Farbtönen. Schale des Männchens elliptisch, hinten abgerundet zugespitzt; weibliche Schale mit ausgeprägter marsupialer Schwellung ganz hinten, wo der Unterrand an den schief ansteigenden unteren Hinterrand anstößt; an dieser Stelle befindet sich eine radiale Einschnürung. — Maße: ♂: Länge 41,9 mm, Höhe 24,9 mm, Dicke 16,6 mm. — ♀: Länge 39,7—42,8 mm, Höhe 24,4—26,7 mm, Dicke 16—17 mm.

Verbreitung: Green River, Kentucky, und Sulphur Fork des Russell Creek, Adair Co., Kentucky.

Genus Conchodromus Haas

1900 *Dromus* Simpson, Proc. U.S. nation. Mus., Washington, 22:614. — Species typica: *Unio dromas* Lea (Monotypie).

1930 *Conchodromus* HAAS, Senckenbergiana, Frankfurt a. M., **12**:317. — (Nomen novum pro *Dromus* SIMPSON non SELBY 1840.)

Diagnosis: Schale fest, gerundet dreieckig mit sehr vorderständigen Wirbeln, die hoch sind und die eine Skulptur besitzen, die aus zarten, mit den Zuwachsstreifen gleichlaufenden Fältchen besteht. Area glatt, gut ausgebildet. Eine Reihe von Knoten läuft von den Wirbeln zur Mitte des Bauchrandes, sonst ist die Schalenfläche mit konzentrischen, aber unregelmäßigen Falten geziert. Konchinschicht schön gezeichnet durch wellige, ausstrahlende, gebrochene feine Linien oder Fleckenreihen. Schloßplatte breit, Hauptzähne dreieckig, klein und kurz, Seitenzähne kurz und niedrig. Wirbelhöhlen tief und zusammengepreßt.

Verbreitung: Nord-Amerika.

1. **Conchodromus dromas** (LEA)

1834 *Unio dromas* LEA, Trans. amer. philos. Soc., Philadelphia, **5**:70; Taf. 10, Fig. 29. — Terra typica: Harpeth-Fluß, Tennessee.

1845 *Unio caperatus* LEA, Proc. amer. philos. Soc., Philadelphia, **4**:164. — Terra typica: Clench-Fluß, Tennessee.

1846 *Unio abacoides* HALDEMAN, Proc. Acad. nat. Sci. Philadelphia, **3**:75. — Terra typica: Ost-Tennessee.

1900 *Dromus dromus* SIMPSON, Proc. U.S. nation. Mus., Washington, **22**:615. — (Ex errore pro *U. dromas* LEA 1834.)

Diagnosis: Die der Gattung. Ergänzend kann angeführt werden, daß eine der konzentrischen Falten auf der Schalenfläche verdickt und in der Mittellinie selbst zu einem Knollen erhoben sein kann, und daß in der Medianlinie eine Reihe kleinerer Knötchen vorhanden sein kann. *Unio caperatus* LEA, hier als Synonym zu *dromas* aufgefaßt, wurde entweder als eigene Art oder als Unterart von *dromas* behandelt; wahrscheinlich stellt er lediglich eine Phase von *dromas* dar. — Maße: Länge 60—80 mm, Höhe 52—67 mm, Dicke 25—40 mm.

Verbreitung: Gebiete des Tennessee- und des Cumberland-Flusses.

Genus **Cyprogenia** AGASSIZ

1852 *Cyprogenia* L. AGASSIZ, Arch. Naturgesch., Berlin, **18**:47. — Species typica: *Unio irroratus* LEA 1830 = *Obovaria stegaria* RAFINESQUE 1820 (Monotypie).

Diagnosis: Schale fest, aufgeblasen, gerundet dreieckig, hinten meist zweigewinkelt; Wirbelgegend abgeflacht, Wirbel nach innen und vorne gedreht, mit zarten, leicht doppelt geschlungenen Fältchen skulptiert. Skulptur der Schalenfläche strahlig gerunzelt oder knotig oder getropft. Konchinschicht glänzend, dunkler auf hellerem Grunde gescheckt. Schloß mit langen, dreieckigen Haupt- und kurzen Seitenzähnen, Schloßplatte breit und flach. Wirbelhöhlen nicht tief.

Verbreitung: Nord-Amerika.

1. **Cyprogenia stegaria** (RAFINESQUE)

1820 *Obovaria stegaria* RAFINESQUE, Ann. gén. Sci. Phys., Bruxelles, **5**:312; Taf. 82, Fig. 4, 5. — Terra typica: Ohio-Fluß.

1828 *Unio verrucosus albus* HILDRETH, Amer. J. Sci., New Haven, **14**:281. — Terra typica: Muskingum, Ohio.

1829 *Unio irroratus* LEA, Trans. amer. philos. Soc., Philadelphia, **3**:269; Taf. 5, Fig. 5. — Terra typica: Ohio-Fluß.
1900 *Cyprogenia irrorata* var. *pusilla* SIMPSON, Proc. U.S. nation. Mus., Washington, **20**:610. — Terra typica: Green River, Kentucky.

Diagnosis: Schale fast scheibenförmig oder gerundet dreieckig, sehr festschalig, aufgeblasen. Wirbel hoch und voll, aber abgeplattet, fast mittel- oder ganz leicht vorderständig, über die Lunula geneigt, mit schwacher Skulptur. Area mit deutlicher Arealkante, mit einer flachen, radialen Grube vor und einer zweiten hinter dieser. Schalenfläche mit starken, niedrigen konzentrischen Wülsten, deren jeder etwa einer Zuwachszone entspricht; außerdem befinden sich dort unregelmäßige Knoten oder Wülste. Konchinschicht grünlich gelb, mit saftgrünen Flecken oder Tupfen, die Neigung zur Bildung von Strahlen zeigen. Linke Klappe mit zwei starken, niedrigen, gesägten Hauptzähnen und zwei Seitenzähnen; rechte Klappe mit einem Hauptzahn und einem doppelten Seitenzahn; Schloßplatte breit und flach. Wirbelhöhlen ziemlich seicht und zusammengedrückt. Perlmutter silbrig oder rötlich. — Maße: Länge 42—55 mm, Höhe 47—50 mm, Dicke 30—50 mm.

Verbreitung: Gebiete der Ohio-, Cumberland- und Tennessee-Flüsse. Die Angaben aus Arkansas und Ost-Iowa könnten sich auf die nahe verwandte, folgende Art beziehen.

2. **Cyprogenia aberti** (CONRAD)

1850 *Unio aberti* CONRAD, Proc. Acad. nat. Sci. Philadelphia, **5**:10. — Terra typica: Verdigris-Fluß, Arkansas.
1852 *Unio lamarckianus* LEA, Trans. amer. philos. Soc., Philadelphia, **10**:266; Taf. 17, Fig. 20. — Terra typica: Caddo-Fluß bei Hot Springs, Arkansas.
1885 *Unio popenoi* CALL, Bull. Washburn Lab. nat. Hist., **1**:50. — Terra typica: Fall River, Kansas.

Diagnosis: Der vorangehenden Form äußerst ähnlich, aber durch geringere Bauchigkeit und geringere Anzahl von Pusteln und Knötchen auf der Schalenfläche verschieden. — Maße: Länge 76 mm, Höhe 67 mm, Dicke 40 mm.

Bemerkungen: Wenn ich diese Form hier auch als Art betrachte, gibt es doch vermittelnde Phasen zwischen ihr und *stegaria*. Mangels Material folge ich hierbei FRIERSON, obwohl ich mir der Tatsache bewußt bin, daß die Funde von *stegaria* aus dem Westen des Mississippi in Wirklichkeit zu *aberti* gehören können und somit zeigen, wie nahe beide Formen miteinander verwandt sind, wobei *stegaria* die östliche und *aberti* die westliche Form darstellt.

Genus **Plagiola** RAFINESQUE

1819 *Plagiola* RAFINESQUE, J. Phys. Chimie, Hist. nat., Paris, **87**:426. — Species typica: *Obliquaria lineolata* RAFINESQUE (L. AGASSIZ 1852).
1934 *Plagiolopsis* THIELE, Handb. syst. Weichtierk., **3**:834. — Species typica: *Unio securis* LEA (Monotypie).

Diagnosis: Schale kräftig, verlängert dreieckig, weibliche Schale hinten mehr aufgeblasen, hinten mit einer Kante, Schalenfläche konzentrisch gestreift. Wirbel hoch; ihre Skulptur besteht aus doppelschlingigen Runzeln, deren vordere gerundet und deren hintere eckig sind. Hauptzähne rauh, Seitenzähne keulenförmig, mehr oder weniger gerade. Wirbelhöhlen mäßig tief. Die inneren Kiemen dieser Gattung sind größer; das Marsupium ist groß, weit über die inneren Kiemen vorragend.

Verbreitung: Nord-Amerika.

1. Plagiola lineolata (RAFINESQUE)

1820 *Obliquaria (Plagiola) lineolata* RAFINESQUE, Ann. gén. Sci. Phys., Bruxelles, **5**:303. — Terra typica: Fälle des Ohio-Flusses.

1820 *Obliquaria (Plagiola) depressa* RAFINESQUE, Ann. gén. Sci. Phys., Bruxelles, **5**:302; Taf. 81, Fig. 5—7. — Terra typica: Evamville (wohl Evansville am Ohio-Fluß), Indiana.

1829 *Unio securis* LEA, Trans. amer. philos. Soc., Philadelphia, **3**:437; Taf. 11, Fig. 17. — Terra typica: Ohio-Fluß.

Diagnosis: Schale etwas dreieckig, fest, leicht zusammengepreßt bis kaum aufgeblasen, mit stark ausgeprägter aufwärtsgebogener Area. Hinterende abgestutzt. Wirbelgegend und ein Teil der Schale selbst zusammengepreßt; Wirbelskulptur aus einigen unregelmäßigen, leicht doppelt geschlungenen Fältchen; Wirbel vorwärts über eine kleine, breite Lunula geneigt, die bis in die Schloßgegend reicht. Schalenfläche mit oft erhobenen Zuwachslinien. Konchinschicht ziemlich glatt, bräunlich bis gelbgrün, gewöhnlich mit zarten, gebrochenen Strahlen, zusammengesetzt aus Flecken oder kleinen Halbmonden, und oft abwechselnd heller oder dunkler. Schloß fest, Schloßplatte oft abgeflacht. Linke Klappe mit zwei rauhen, dreieckigen Hauptzähnen, vor denen gelegentlich ein angedeuteter dritter steht, und zwei leicht gekrümmten Seitenzähnen; rechte Klappe mit drei Hauptzähnen, deren mittelster der größte ist, und zwei Seitenzähnen, von denen der untere etwas kleiner ist. Wirbelhöhlen mäßig tief. Perlmutter silbrig weiß. — Die männlichen und die weiblichen Schalen sind sehr verschieden; die ersteren sind viel größer und stark zusammengepreßt, die letzteren sind weniger aufgeblasen und hinten unten stark vorgezogen, und klaffen leicht vorn und hinten. — Maße: ♂: Länge 90 mm, Höhe 66 mm, Dicke 35 mm. — ♀: Länge 57 mm, Höhe 43 mm, Dicke 30 mm.

Verbreitung: Mississippi-Gebiet südlich bis nach Arkansas; Gebiete der Tombigbee- und Alabama-Flüsse; westlich bis nach Iowa und Kansas.

Genus Truncilla RAFINESQUE

1820 *Truncilla* RAFINESQUE, Ann. gén. Sci. Phys., Bruxelles, **5**:300. — Species typica: *Truncilla truncata* RAFINESQUE (FRIERSON 1927).

Diagnosis: Schale hinten oben aufgeblasen; äußere Arealkante wohl ausgeprägt. Wirbelgegend abgeflacht, aber nicht zusammengedrückt; Wirbelskulptur aus zarten, etwas gebrochenen und doppelt geschlungenen Fältchen bestehend. Areola gerundet, Area unten zugeschärft. Konchinschicht glänzend, mit einer Zeichnung von gebrochenen und pfeilspitzenförmigen Strahlen. Schloß zart, auf einer dünnen Schloßplatte, mit ziemlich zusammengedrückten, rauhen Hauptzähnen. Weibliche Schale hinten unten leicht geschwollen.

Verbreitung: Nord-Amerika.

1. Truncilla truncata Rafinesque

1820 *Truncilla truncata* Rafinesque, Ann. gén. Sci. Phys., Bruxelles, 5:301 (mit den Varietäten *fusca* und *vermiculata*). — Terra typica: Fälle des Ohio-Flusses.
1831 *Unio elegans* Lea, Trans. amer. philos. Soc., Philadelphia, 4:83; Taf. 9, Fig. 13. — Terra typica: Ohio-Fluß.
1928 *Truncilla truncata* var. *lacustris* F. C. Baker, Bull. Wisconsin geol. nat. Hist. Survey, 70 (2):227; Taf. 78, Fig. 1, 2. — Terra typica: Long Island Point, Winnebago-See, Wisconsin.

Diagnosis: Schale etwas rautenförmig, festschalig, aufgeblasen, mit deutlicher, scharfer Arealkante, hinten deutlich abgestutzt. Wirbel hoch und voll, nach vorn über die Lunula geneigt. Wirbelgegend und nahe Schalenteile ausgesprochen abgeflacht. Unterrand voll; Hinterende scharf zugespitzt, ziemlich hoch über dem Unterrand. Konchinschicht mehr oder weniger glänzend, hinten oft mit runzligen Falten, gelblich grün mit zahlreichen gewellten, oft gebrochenen Strahlen; außer diesen Strahlen sind manchmal gewellte oder zickzackförmige Linien vorhanden, doch manchmal fehlen diese Verzierungen. Schloßplatte gebogen. Hauptzähne gerauht, zwei links, einer rechts; sie sind manchmal sehr aufgesplittert. Linke Klappe mit zwei Seitenzähnen, rechte mit einem, unter dem manchmal ein zweiter, schwacher steht. Wirbelhöhlen nicht tief. Perlmutter von bläulich weiß bis lachsrot. — Die Schalenform ist sehr veränderlich und die weiblichen Schalen unterscheiden sich nur wenig von den männlichen, nur daß sie mitunter etwas stärker vorgezogen sind. — Maße: ♂: Länge 57 mm, Höhe 43 mm, Dicke 30 mm. — ♀: Länge 68 mm, Höhe 52 mm, Dicke 37 mm.

Verbreitung: Mississippi-Gebiet; Michigan und Michigan-See; im Südwesten bis zum Trinity-Fluß, Texas.

2. Truncilla donaciformis (Lea)

1828 *Unio donaciformis* Lea, Trans. amer. philos. Soc., Philadelphia, 3:267; Taf. 4, Fig. 3. — Terra typica: Ohio-Fluß.
1829 *Unio zigzag* Lea, Trans. amer. philos. Soc., Philadelphia, 3:440; Taf. 12, Fig. 19. — Terra typica: Ohio-Fluß.
1834 *Unio nervosa* Conrad, New freshw. shells: 70. — Terra typica: Ohio-Fluß. — (Non *Unio nervosa* Rafinesque 1820.)

Diagnosis: Schale ziemlich klein, nicht sehr festschalig, unregelmäßig eiförmig, ganz leicht aufgeblasen; Wirbel mäßig hoch und voll, doch leicht abgeflacht; ihre Skulptur besteht aus feinen, doppelt geschlungenen Fältchen, deren hintere Schlingen auf der Area unregelmäßig werden. Schalenfläche ziemlich glatt, nur gelegentlich leicht gefaltet oder gerunzelt auf der Area. Konchinschicht fahl oder gelblich grün, mit einer schönen Verzierung von dunkler grünen Strahlen; diese sind manchmal ungebrochen, manchmal aber in Zickzack- oder Pfeilspitzenmuster aufgelöst. Linke Klappe mit zwei zusammengepreßten Hauptzähnen und zwei Seitenzähnen; rechte Klappe mit je einem Haupt- und Seitenzahn. Wirbelhöhlen seicht. Perlmutter bläulich weiß. — Die weibliche Schale ist anscheinend stets kleiner als die des Männchens und weist eine ausgesprochene marsupiale Schwellung auf. — Maße: ♂: Länge 47 mm, Höhe 32 mm, Dicke 20 mm. — ♀: Länge 31—37 mm, Höhe 20—23 mm, Dicke 15—16 mm.

Bemerkungen: Eine sehr veränderliche Art, besonders in Hinsicht auf die Schalenverzierung.

Verbreitung: Das gesamte Mississippi-Gebiet; Gebiet des Alabama-Flusses; Michigan; im Südwesten bis zum Trinity-Fluß, Texas.

3. Truncilla macrodon (Lea)

1859 *Unio macrodon* Lea, Proc. Acad. nat. Sci. Philadelphia, **8**:154. — Terra typica: Rutersville, Texas.

Diagnosis: Schale lang eiförmig, leicht zusammengepreßt, leicht festschalig, mit kaum erhobenen, zusammengepreßten Wirbeln; deren Skulptur besteht aus sehr feinen doppelt geschlungenen Fältchen, die an der Arealkante scharf gewinkelt sind. Konchinschicht schmutzig oder rauchig grün, mit einem Muster gebrochener Strahlen, deren Teilstücke unregelmäßige oder zickzackförmige Flecken darstellen; gelegentlich treten solche zwischen den ungebrochenen Strahlen auf. Linke Klappe mit zwei zusammengepreßten Hauptzähnen und zwei Seitenzähnen; rechte Klappe mit je einem Haupt- und Seitenzahn. Wirbelhöhlen sehr seicht. Perlmutter bläulich. — Die Schale des Weibchens ist hinten unten voller und auch stumpfer hinten als die des Männchens.— Maße: ♂: Länge 45 mm, Höhe 27 mm, Dicke 16 mm. — ♀: Länge 37 mm, Höhe 23 mm, Dicke 14 mm.

Bemerkungen: Stücke der vorhergehenden Art, *donaciformis*, aus dem Südwesten des Verbreitungsgebietes können solchen von *macrodon* so ähnlich werden, daß man le.ztere auch als lokale Unterart der ersteren auffassen kann.

Verbreitung: Ost-Texas, möglicherweise nördlich bis Kansas.

4. Truncilla cognata (Lea)

1860 *Unio cognatus* Lea, Proc. Acad. nat. Sci. Philadelphia, **4**:306. — Terra typica: Río Salado, Nuevo Leon, Mexiko.

Diagnosis: Schale elliptisch aufgeblasen, festschalig, ungleichseitig, mit wohl entwickelter Arealkante. Wirbel hoch, mit einigen zarten, doppelt geschlungenen Falten skulptiert. Konchinschicht glatt, glänzend, gelblich grün mit dunkleren Strahlen. Linke Klappe mit zwei dreieckigen, etwas rauhen Hauptzähnen, deren vorderer kleiner ist, und mit zwei Seitenzähnen, deren oberer kürzer ist. Wirbelhöhlen ziemlich seicht, mäßig tief. Perlmutter bläulich weiß oder silbrig. — Maße: Länge 44 mm, Höhe 28 mm, Dicke 20 mm.

Bemerkungen: Anscheinend sind von dieser Form nur zwei linke Klappen bekannt, deren eine der Typus ist. Nach Simpson, der beide genauer studieren konnte, handelt es sich um eine mit *macrodon* und *donaciformis* recht nahe verwandte Form, die vielleicht nur die südliche Lokalform von *donaciformis* darstellt.

Verbreitung: Nur aus dem Río Salado im Staate Nuevo León, Mexiko, bekannt.

Genus **Medionidus** Simpson

1900 *Medionidus* Simpson, Proc. Acad. nat. Sci. Philadelphia, **52**:77. — Species typica: *Unio conradicus* Lea (Monotypie).

Diagnosis: Schale verlängert, selbst geschnäbelt, wenn erwachsen, ziemlich aufgeblasen. Area und manchmal die angrenzenden Schalenteile gerunzelt. Die Wirbelskulptur besteht aus ziemlich zarten Fältchen, die in zwei Schleifen angeordnet sind, deren vordere gerundet und deren hintere etwas winklig ist. Konchinschicht glänzend, mit grünen Strahlen und Flecken. Hauptzähne klein, mehr oder weniger rauh; Seitenzähne ziemlich kurz, leicht gebogen und keulenförmig, weit hinten stehend. — Die Schale des Weibchens ist gerade, hinter der Mitte des Bauchrandes leicht geschwollen; das Marsupium nimmt die Mitte der Hinterhälfte der äußeren Kiemen ein.

Verbreitung: Nord-Amerika.

1. **Medionidus conradicus** (Lea)

1831 *Unio plateolus* Rafinesque, Contin. Monogr. Biv. Shells River Ohio: 3. — Terra typica: Fälle des Cumberland-Flusses. — (Es ist keineswegs sicher, daß diese Form als ein früheres Synonym zu *Unio conradicus* Lea 1834 aufzufassen ist; aus diesem Grunde ist es vorzuziehen, der Art den gut begründeten Namen *conradicus* zu belassen.)

1834 *Unio conradicus* Lea, Trans. amer. philos. Soc., Philadelphia, **6**:63; Taf. 9, Fig. 23. — Terra typica: Unbekannt.

1838 *Unio conradius* Conrad, Monogr. Fam. Unionidae Naiades of Lamarck, **10**:87; Taf. 67, Fig. 3. — (Nomen substitutum pro *U. conradicus* Lea 1834.)

1870 *Margaron (Unio) conradianus* Lea, Syn. Fam. Unionidae, 4. Ausg.: 32. — (Nomen substitutum pro *U. conradicus* Lea 1834.)

Diagnosis: Schale ziemlich klein, lang elliptisch, gewöhnlich geschnäbelt, besonders wenn voll erwachsen, etwas aufgeblasen, nicht sehr festschalig, ungleichseitig. Vorderende gerundet, Hinterende gerundet zugespitzt. Area wenig hervortretend. Wirbel nur wenig aufgeblasen, nur wenig erhoben, mit zarten, unregelmäßig runzligen Fältchen skulptiert, die zur Bildung von zwei Schlingen neigen. Die hintere Schalenhälfte, besonders die Area ist mehr oder weniger gerunzelt. Konchinschicht kaum glänzend, bräunlich bis gelblich grün, mit schwachen, gebrochenen, dunkleren Strahlen, die manchmal Flecken bilden oder pfeilspitzenförmig gestaltet sind. Linke Klappe mit zwei stumpfen Haupt- und zwei Seitenzähnen; rechte Klappe mit einem Haupt- und einem Seitenzahn. Wirbelhöhlen nur leicht ausgehöhlt. Perlmutter bläulich bis fleischfarben. — Die Schale des Männchens ist gewöhnlich stark geschnäbelt und hinten oft breiter; die des Weibchens ist in der Mitte des Unterrandes etwas vorgezogen, und dieser Teil der Schale ist manchmal leicht radial ausgehöhlt. — Maße: ♂: Länge 55 mm, Höhe 25 mm, Dicke 16 mm. — ♀: Länge 42 mm, Höhe 18 mm, Dicke 14 mm.

Verbreitung: Gebiet des Tennessee-Flusses; Cahawba- und Alabama-Flüsse, vielleicht im ganzen Gebiete des letzteren.

2. **Medionidus acutissimus** (Lea)

1831 *Unio acutissimus* Lea, Trans. amer. philos. Soc. Philadelphia, **4**:89; Taf. 10, Fig. 18. — Terra typica: Alabama-Fluß.

1857 *Unio rubellinus* Lea, Proc. Acad. nat. Sci. Philadelphia, **9**:32. — Terra typica: Othcalooga-Creek, Gordon Co., Georgia.

1860 *Unio parvulus* Lea, Proc. Acad. nat. Sci. Philadelphia, **4**:307. — Terra typica: Coosa-Fluß, Alabama.

1862 *Unio semiplicatus* KÜSTER, Conch. Cab., *Unio:* 279; Taf. 94, Fig. 4. — Terra typica: Neu-Holland.

Diagnosis: Schale klein, leicht aufgeblasen, rautenförmig; Area hoch und scharf, oft mit zwei Kanten, stark gefaltet, sowie ein Teil der Schalenfläche gefaltet sein kann. Konchinschicht glänzend, gelblich bis grünlich, mit Strahlen verziert, die sich aus einzelnen Flecken oder Zickzackzeichnungen zusammensetzen. Linke Klappe mit zwei stumpfen Hauptzähnen und zwei Seitenzähnen; rechte Klappe mit einem Haupt- und einem Seitenzahn. Perlmutter lachsfarben bis weißlich. — Schale des Männchens geschnäbelt, Hinterende zugespitzt herabgebogen; Schale des Weibchens in der Mitte des Unterrandes geschwollen, Spitze des Hinterendes etwas höher als beim Männchen. — Maße: ♂: Länge 45 mm, Höhe 20 mm, Dicke 18 mm. — ♀: Länge 35 mm, Höhe 17 mm, Dicke 13 mm.

Verbreitung: Gebiet des Alabama-Flusses.

3. Medionidus penicillatus (LEA)

1857 *Unio penicillatus* LEA, Proc. Acad. nat. Sci. Philadelphia, **9**:171. — Terra typica: Chattahoochee-Fluß, Georgia.

1900 *Unio kingii* B. H. WRIGHT, Nautilus, Philadelphia u. Boston, **12**:139. — Terra typica: Arm des Flint-Flusses, Baker Co., Georgia.

Diagnosis: Schale klein, lang rautenförmig, ein wenig aufgeblasen, ein wenig festschalig, ungleichseitig. Wirbel kaum erhoben, ihre Skulptur unbekannt. Arealkante erst im Alter deutlicher. Konchinschicht ziemlich glatt, glänzend, gelblich bis grünlich, mit zarten dunkleren Strahlen, die mehr oder weniger gebrochen sind und aus geschlungenen oder zickzackförmigen Linien bestehen. Area stark gefaltet. Linke Klappe mit zwei stumpfen, kleinen Haupt- und zwei zarten Seitenzähnen; rechte Klappe mit je einem Haupt- und Seitenzahn. Perlmutter grünlich bis purpurn, oft gefleckt. — Männliche Schale mit fast geradem Unterrand, leicht geschnäbelt; weibliche unten mehr vorgezogen. — Maße: ♂: Länge 40—45 mm, Höhe 22—23 mm, Dicke 13—16 mm. — ♀: Länge 28—36 mm, Höhe 15—18 mm, Dicke 10—15 mm.

Verbreitung: Die Flüsse Chattahoochee und Flint, Georgia.

4. Medionidus walkeri (B. H. WRIGHT)

1897 *Unio walkeri* B. H. WRIGHT, Nautilus, Philadelphia u. Boston, **11**:91. — Terra typica: Suwannee-Fluß, Madison Co., Florida.

Diagnosis: Schale unregelmäßig rautenförmig, ziemlich kurz, festschalig, leicht aufgeblasen, mit deutlicher, winkliger Arealkante. Wirbel voll, ziemlich hoch, ihre Skulptur unbekannt. Area mit gebogenen, starken Falten bedeckt, die übrige Schalenfläche ist manchmal gerunzelt. Konchinschicht dunkel, anscheinend einfarbig, aber bei durchfallendem Lichte leicht gefleckt oder wolkig, nie gestrahlt. Linke Klappe mit zwei etwas zusammengepreßten, aber festen Haupt- und zwei kurzen Seitenzähnen; rechte Klappe mit je einem Haupt- und einem Seitenzahn. Perlmutter rötlich bis grünlich. — Die Schale des Männchens ist ausgesprochen rautenförmig, mit geradem Bauchrand und gerundet spitzem Hinterende; die Schale des Weibchens ist hinter der Mitte des Bauchrandes bedeutend geschwollen, ist kleiner als die des Männchens und hat die Spitze des Hinterendes etwas höher als diese. — Maße: ♂: Länge 42 mm, Höhe 23 mm, Dicke 16 mm. — ♀: Länge 36 mm, Höhe 22 mm, Dicke 14 mm.

Verbreitung: Südliches Georgia und nördliches Florida.

5. **Medionidus simpsonianus** Walker

1905 *Medionidus simpsonianus* Walker, Nautilus, Philadelphia u. Boston, 18:136; Taf. 9, Fig. 4—5. — Terra typica: Calvary, Georgia.

Diagnosis: Schale klein, ziemlich dünnschalig, etwas aufgeblasen, elliptisch, ungleichseitig, auf der Area stark gefaltet. Konchinschicht gelb, glänzend, mit zarten grünen Strahlen versehen, die die Neigung haben, in ein Netzwerk aufzubrechen, das die gesamte Schalenfläche bedeckt. Vorderende gerundet, Hinterende stumpf gerundet. Area mit starken, ziemlich gleichlaufenden Falten bedeckt, Bauchrand gleichmäßig geschwungen. Schloßrand gewinkelt. Hauptzähne gerauht, aufrecht, ziemlich zusammengepreßt; Seitenzähne schlank, gerade. Wirbelhöhlen nicht sehr tief. Perlmutter bläulich weiß. — Maße: Länge 36 mm, Höhe 19 mm, Dicke 13 mm.

Verbreitung: Anscheinend nur vom ursprünglichen Fundorte bekannt.

6. **Medionidus mcglameriae** van der Schalie

1939 *Medionidus mcglameriae* van der Schalie, Occ. Pap. Mus. Zool. Univ. Michigan, Ann Arbor, No. 407:1; Taf. 1, Fig. 1—3. — Terra typica: Tombigbee-Fluß bei Epes, Sumpter Co., Alabama.

Diagnosis: Schale dünn, klein, eiförmig, hinten etwas geschwollen. Area ziemlich hoch, fast geflügelt. Wirbel kaum erhoben, ihre Skulptur nicht bekannt. Vorderende gerundet, unten etwas abgeschnitten; Hinterende breit zweiwinklig. Konchinschicht gelbgrün mit zarten, gewellten grünen Strahlen, die manchmal auf die hintere Hälfte der Schale beschränkt sind. Linke Klappe mit winzigen, stumpfen Hauptzähnen und zwei gebogenen, hinten stehenden Seitenzähnen; rechte Klappe mit einem einzigen Hauptzahn und einem hohen Seitenzahn, der zur Verdoppelung neigt. Perlmutter bläulich weiß. — Maße: Länge 21—23,5 mm, Höhe 10—12 mm, Dicke 5—7,5 mm.

Bemerkungen: Mir unbekannte Form, deren Zugehörigkeit zu *Medionidus* sogar nicht bewiesen ist; die Beschreibung nach van der Schalie.

Verbreitung: Nur von der Terra typica bekannt.

Genus **Glebula** Conrad

1853 *Glebula* Conrad, Proc. Acad. nat. Sci. Philadelphia, 6:268. — Species typica: *Unio rotundata* Lamarck (Monotypie).

Diagnosis: Schale kurz elliptisch, mit zwei Winkeln hinten, festschalig, stark aufgeblasen. Area sehr niedrig. Wirbel zusammengepreßt, mit unbekannter Skulptur. Konchinschicht bräunlich, stoffähnlich. Schloßplatte sehr schmal; Hauptzähne in viele Teile aufgesplittert, die radial stehen und gekörnelt sind; Seitenzähne kurz, weit hinten. Wirbelhöhlen seicht. Perlmutter stumpf graubraun bis purpurbraun. — Die Schale des Weibchens ist hinten unten angeschwollen.

Verbreitung: Nord-Amerika.

1. **Glebula rotundata** (Lamarck)

1819 *Unio rotundata* Lamarck, Anim. sans Vert., **6**:75. — Terra typica: Nicht angegeben.
1819 *Unio suborbiculata* Lamarck, Anim. sans Vert., **6**:81. — Terra typica: Flüsse der heißen Zone.
1831 *Unio glebulus* Say, Transylvania J. Med., Lexington, **4**:526. — Terra typica: Bayou Teche bei St. Mary, Louisiana.
1834 *Unio subglobosus* Lea, Trans. amer. philos. Soc., Philadelphia, **5**:30; Taf. 3, Fig. 3. — Terra typica: Bayou Teche, Louisiana.
1855 *Unio grandensis* Conrad, Proc. Acad. nat. Sci. Philadelphia, **7**:256. — Terra typica: Río Grande, Texas.
1900 *Unio granadensis* Simpson, Proc. U.S. nation. Mus, Washington, **22**:598. — (Ex errore pro *U. grandensis* Conrad 1855.)

Diagnosis: Schale etwa elliptisch, aufgeblasen, recht festschalig. Wirbel meist abgeflacht oder zusammengepreßt, dabei oft voll, ohne erkennbare Skulptur. Area manchmal mit zwei Kanten. Konchinschicht bräunlich, stoffartig, nie gestrahlt. Linke Klappe mit zwei Hauptzähnen, die meist in radial stehende, leicht knotige Blättchen aufgesplittert sind, und mit zwei hinten stehenden Seitenzähnen, von denen der untere der größere ist; rechte Klappe mit zwei Hauptzähnen, der obere klein und zusammengepreßt, der untere stark aufgesplittert, und einem zur Verdoppelung neigenden Seitenzahn; Schloßplatte verschmälert und gerundet vor den Seitenzähnen. Wirbelhöhlen mäßig tief, nicht zusammengepreßt. Perlmutter stumpf purpurn. — Schale des Weibchens hinten unten leicht aufgeblasen, manchmal mit einer leichten Einbuchtung dahinter. — Maße: Länge 73—95 mm, Höhe 54—72 mm, Dicke 32—53 mm.

Verbreitung: Louisiana; östliches Texas; Escambia Co., Florida. — Die Angabe „Río Grande, Texas“ erscheint fraglich.

Genus **Proptera** Rafinesque

1819 *Proptera* Rafinesque, J. Phys. Chimie Hist. nat., Paris, **87**:426. — Species typica: *Unio alatus* Say (Herrmannsen 1846).
1820 *Metaptera* Rafinesque, Ann. gén. Sci. Phys. Bruxelles, **5**:299. — Species typica: *Metaptera megaptera* Rafinesque (Monotypie).
1829 *Symphinota* Lea, Trans. amer. philos. Soc., Philadelphia, **3**:424. — Species typica: *Symphinota compressa* Lea (Monotypie).
1911 *Paraptera* Ortmann, Mem. Carnegie Mus., Pittsburgh, **4** (6):301. — Species typica: *Unio gracilis* Barnes.

Diagnosis: Schale mehr oder weniger groß, vorne und hinter der Area klaffend, hinterer Oberrand geflügelt, wenigstens in der Jugend. Wirbelskulptur schwach, wenn vorhanden, dann bestehend aus einer vorderen und einer hinteren Schleife, wovon die vordere gelegentlich fehlen kann und die letztere knotig sein kann. Konchinschicht in der Jugend stoffartig, schwach oder gar nicht gestrahlt. Zähne zusammengepreßt, Hauptzähne oft unvollständig oder fehlend; Seitenzähne weit hinten stehend. Perlmutter purpurn.

Verbreitung: Nord-Amerika.

1. **Proptera alata** (Say)

1817 *Unio alatus* Say in Nicholson, Encyclopedia, Amer. Ed.: Taf. 4, Fig. 2. — Terra typica: Nicht angegeben.

1820 *Metaptera megaptera* RAFINESQUE, Ann. gén. Sci. Phys. Bruxelles, 5:300; Taf. 80, Fig. 20—22. — Terra typica: Ohio-Fluß.

Diagnosis: Schale groß, ungleichseitig, leicht länglich eiförmig, ziemlich zusammengepreßt, in der Jugend vorn gerundet, im Alter verschmälert, in der Jugend leicht geflügelt. Wirbel niedrig, zusammengepreßt, ihre Skulptur besteht aus schwachen, gebrochenen Fältchen oder Knötchen, die Neigung zur Bildung von zwei Schleifen zeigen. Area mit deutlicher Kante, oben hoch geflügelt, der in jungen Schalen deutlich, in alten meist ganz oder teilweise abgebrochen ist; eine innere Arealkante ist gelegentlich vorhanden. Hinterende der Schale breit und gerundet. Konchinschicht schwärzlich bis olivgrün, in der Jugend oft leicht gestrahlt; im Alter ist die Wirbelgegend rötlich braun. Linke Klappe mit zwei rauhen, zusammengedrückten Hauptzähnen, mit manchmal der Andeutung eines dritten darüber, und zwei gebogenen, weit hinten stehenden Seitenzähnen; rechte Klappe mit zwei Hauptzähnen, deren unterer größer ist, und einem hohen, abgestutzten Seitenzahn. Wirbelhöhlen seicht. Perlmutter kupfrig oder purpurn. — Die Schale des Weibchens hat ganz hinten unten eine marsupiale Schwellung und ist meist hinten leicht abgestutzt; die Schale des Männchens ist hinten weniger aufgeblasen und hinten fast gerundet. — Maße: Länge 123 mm, Höhe 76 mm, Dicke 40 mm.

Verbreitung: Mississippi-Gebiet südlich bis Arkansas; Gebiet des St.-Lorenz-Stromes; Red River of the North.

2. Proptera gracilis (BARNES)

1823 *Unio gracilis* BARNES, Amer. J. Sci., New Haven, **6**:274. — Terra typica: Wisconsin-Fluß und die Seen.

1823 *Unio fragilis* SWAINSON, Zool. Illustr., (1) **3**: Taf. 171. — Terra typica: Flüsse Nord-Amerikas.

1823 *Unio planus* BARNES, Amer. J. Sci., New Haven, **6**:272; Abb. 16. — Terra typica: Wisconsin.

1834 *Unio ohiensis* — SAY, Amer. Conch., **6**. — (Non *Anodonta ohiensis* RAFINESQUE 1820.)

1836 *Unio atratus* LEA, Synopsis Fam. Naiades: 31. — (Nomen nudum.)

1866 *Unio discoideus* SOWERBY, Conch. Icon., **16**, *Unio:* Taf. 53, Fig. 275. — Terra typica: Nicht genannt.

1900 *Lampsilis simpsoni* FERRISS, Nautilus, Philadelphia u. Boston, **14**:38; Abb. — Terra typica: Spring-Fluß, Hardy, Arkansas.

Diagnosis: Schale, ohne Flügel gesehen, fast genau elliptisch, hinten etwas breiter als vorn, vorn und unten deutlich klaffend, dünnschalig, etwas zusammengepreßt, hoch geflügelt hinten und niedrig vorn. Wirbel etwas zusammengedrückt, nicht hoch, mit einer Skulptur aus einigen knotigen, gebrochenen, etwas schlingenförmigen Fältchen. Schalenoberfläche, in vollkommenem Zustande, mit feinsten, ausstrahlenden Fältchen versehen. Konchinschicht rauchig olivengrün, heller an den Wirbeln, mit schwarzen Ruhebändern, hoch glänzend. Linke Klappe mit einem oder zwei schwachen, zusammengedrückten Hauptzähnen, und zwei zarten, weit hinten stehenden Seitenzähnen; rechte Klappe mit einem Hauptzahn, über dem manchmal die Andeutung eines zweiten steht, und einem hohen, abgestutzten Seitenzahn. Wirbelhöhlen seicht. Perlmutter purpurn. — Die Schalen der Männchen und der Weibchen sind kaum voneinander unterscheidbar, die männliche Schale ist meist hinten etwas rautenförmig und die weibliche ist am Unterrande etwas stärker geschwungen als die männliche. — Maße: Länge 120 mm, Höhe mit Flügel etwa 100 mm, ohne Flügel 76 mm, Dicke 37 mm.

Bemerkungen: Für diese Art hat ORTMANN (1911) aufgrund ihrer Glochidien die Gattung *Paraptera* aufgestellt, deren Berechtigung einstweilen noch fraglich scheint.

Verbreitung: Mississippi-Gebiet; Ost-Texas; südliches Michigan; West-New York.

3. Proptera purpurata (LAMARCK)

1819 *Unio purpurata* LAMARCK, Anim. sans Vert., **6**:199. — Terra typica: Afrika.
1830 *Unio ater* LEA, Trans. amer. philos. Soc., Philadelphia, **3**:426; Taf. 7, Fig. 9. — Terra typica: Mississippi unterhalb von Natchez.
1832 *Unio lugubris* SAY, Amer. Conch., **5**: Taf. 43. — (Nomen novum pro *Unio ater* LEA 1830 non NILSSON 1823.)
1834 *Unio poulseni* CONRAD, New freshw. shells: 25; Taf. 1. — Terra typica: Black Warrior River, Alabama.
1856 *Unio coloradoensis* LEA, Proc. Acad. nat. Sci. Philadelphia, **8**:103. — Terra typica: Río Colorado, Texas.
1859 *Unio permiscens* LEA, Proc. Acad. nat. Sci. Philadelphia, **3**:112. — Terra typica: Tombigbee-Fluß bei Columbus, Mississippi.
1860 *Unio dolosus* LEA, Proc. Acad. nat. Sci. Philadelphia, **4**:307. — Terra typica: Alabama-Fluß bei Claibourne, Alabama.

Diagnosis: Schale sehr groß, leicht eiförmig, aufgeblasen, mit vollen, hohen Wirbeln, die eine zarte, runzlige Skulptur aufweisen. Vorne kaum, hinten niedrig und winklig geflügelt. Area mit zwei bis drei ausstrahlenden, seichten Furchen. Konchinschicht schwärzlich, glänzend. Linke Klappe mit zwei leicht zusammengepreßten, ziemlich festen, gerauhten Haupt- und zwei starken, hinten gelegenen Seitenzähnen; rechte Klappe mit zwei Hauptzähnen, deren unterer größer ist, und einem starken, abgestutzten Seitenzahn; die Schloßplatte zwischen Haupt- und Seitenzähnen ist gerundet. Wirbelhöhlen ziemlich tief. Perlmutter tief purpurn. — Die Schale des Männchens ist hinten unten voll, hinten gerundet zweiwinklig; die Schale des Weibchens besitzt weit hinten eine breite, gerundete marsupiale Schwellung und ist hinten ausgesprochener abgestutzt. — Maße: ♂: Länge 170 mm, Höhe 110 mm, Dicke 67 mm. — ♀: Länge 130 mm, Höhe 90 mm, Dicke 58 mm.

Bemerkungen: Die Formen *dolosus* LEA und *poulseni* CONRAD, die FRIERSON als eine Unterart von *purpurata* auffaßt, sind meiner Meinung nach mit *purpurata* identisch.

Verbreitung: Ost-Texas; nördlich bis Kansas; südliches Missouri, West-Tennessee; bis ins Gebiet des Alabama-Flusses.

4. Proptera rovirosai (PILSBRY)

1900 *Unio (Lampsilis) rovirosai* PILSBRY, Nautilus, Philadelphia u. Boston, **13**:140. — Terra typica: Laguna de Atasta bei San Juan Bautista, Mexiko.

Diagnosis: Steht *P. purpurata* sehr nahe, unterscheidet sich aber von ihr durch gefurchtere Schalenfläche, hellere Farbe der Perlmutter und niedrigere Wirbel. — Maße: Länge 112 mm, Höhe 72 mm, Dicke 45 mm.

Bemerkungen: Nur ein einziges Stück, der Typus dieser Form, ist bekannt; sie scheint mir in die nähere Verwandtschaft von *Proptera purpurata* zu gehören und stellt vielleicht nur eine südliche Lokalform von ihr dar.

Verbreitung: Nur vom ursprünglichen Fundort bekannt.

5. **Proptera inflata** (Lea)

1831 *Symphynota inflata* Lea, Trans. amer. philos. Soc., Philadelphia, 4:99; Taf. 14, Fig. 28. — Terra typica: Alabama-Fluß.
1834 *Unio alabamensis* Conrad, New freshw. shells: 67. — Terra typica: Alabama-Fluß.

Diagnosis: Schale etwas rautenförmig, abgestutzt an der Area und verschmälert vor dieser, dünnschalig, wenig aufgeblasen, mit der größten Dicke gerade hinter der Mitte. Hinten geflügelt, der Flügel in der Jugend (nicht beobachtet) hoch. Wirbel tief und zusammengepreßt, mit unbekannter Skulptur. Konchinschicht grünlich olivenfarben bis tief bräunlich, kaum glänzend, sozusagen ungestrahlt, doch auf jugendlichen Schalen sind manchmal ein bis zwei dunklere Strahlen auf der Area zu sehen. Linke Klappe mit einem schwach ausgebildeten, verlängerten Hauptzahn und zwei kurzen, weit hinten stehenden Seitenzähnen; rechte Klappe mit einem schwachen, verlängerten Haupt- und einem hohen, kurzen und abgestutzten Seitenzahn. Wirbelhöhlen seicht. Perlmutter schön purpurn, hinten schillernd. — Zwischen männlichen und weiblichen Schalen scheinen die Unterschiede nicht bedeutend zu sein. — Maße: Länge 105 mm, Höhe ohne Flügel 78 mm, Dicke 38 mm.

Verbreitung: Gebiete des Alabama- und des Tombigbee-Flusses.

6. **Proptera amphichaena** (Frierson)

1898 *Unio (Lampsilis) amphichaena* Frierson, Nautilus, Philadelphia u. Boston, **11**:109; Taf. 1. — Terra typica: Saline-Fluß, Texas.

Diagnosis: Schale groß, lang elliptisch, nur wenig aufgeblasen und wenig festschalig; Wirbel mäßig voll, aber nicht hoch, mit unbekannter Skulptur. Vorn unten und hinten weit klaffend. Konchinschicht dunkelbraun bis tiefschwarz, in der Mitte glatt und glänzend, sonst etwas rauh, besonders auf der Area. Linke Klappe mit einem ziemlich schwachen, etwas zusammengepreßten Hauptzahn, vor dem eine Spur eines zweiten steht, und zwei kurzen Seitenzähnen, die weit hinten stehen; rechte Klappe mit einem Hauptzahn, über dem gelegentlich ein schwächerer zweiter steht und einem weit hinten stehenden Seitenzahn, dessen innere Kante aufwärts gebogen ist. Wirbelhöhlen seicht. Perlmutter bläulich bis purpurn, oft wolkig. — Die Schale des Weibchens unterscheidet sich nur wenig von der des Männchens, indem sie hinten unten etwas voller ist und indem der stumpfe Punkt des Hinterendes etwas höher als bei diesem liegt. — Maße: Länge 120 mm, Höhe 70 mm, Dicke 45 mm.

Verbreitung: Nur vom Urfundorte gemeldet.

Genus **Leptodea** Rafinesque

1820 *Leptodea* Rafinesque, Ann. gén. Sci. Phys. Bruxelles, 5:295. — Species typica: *Unio (Leptodea) leptodon* Rafinesque (Haas 1963).
1831 *Lasmonos* Rafinesque, Contin. Monogr. Biv. Shells River Ohio: 1. — Species typica: *Lasmonos fragilis* Rafinesque (Monotypie).

Diagnosis: Schale verlängert, elliptisch, zusammengepreßt, ziemlich dünnschalig, hinten zugespitzt. Wirbel niedrig, mit schwacher Skulptur. In der Jugend ist der hintere Oberrand geflügelt, und Andeutungen eines Flügels sind manchmal auch am vorderen Oberrand. Die Schale klafft unten vorn und hinten. Schloß sehr unvollständig; die Hauptzähne fehlen manchmal ganz und die Seitenzähne sind schwach oder nicht vorhanden.

Verbreitung: Nord-Amerika.

1. Leptodea leptodon (Rafinesque)

1820 *Unio (Leptodea) leptodon* Rafinesque, Ann. gén. Sci. Phys. Bruxelles, **5**:295; Taf. 80, Fig. 5—7. — Terra typica: Unterer Ohio-Fluß.
1823 *Anodon purpurascens* Swainson, Illustr. Zool., (1) **3**: Taf. 160. — Terra typica: Nord-Amerika.
1829 *Symphynota tenuissima* Lea, Trans. amer. philos. Soc., Philadelphia, **3**:453; Taf. 11, Fig. 21. — Terra typica: Ohio-Fluß.
1831 *Lasmonos fragilis* Rafinesque, Monogr. Biv. Shells River Ohio: 6. — Terra typica: Ohio-Fluß.

Diagnosis: Schale stark verlängert eiförmig, Rücken- und Bauchrand gleichlaufend, der Rückenrand aber geradliniger, sehr ungleichseitig, dünnschalig bis wenig festschalig, ziemlich zusammengepreßt, hinten in der Jugend leicht geflügelt, vorn und hinten unten klaffend. Wirbel niedrig, ziemlich zusammengepreßt, mit einer Skulptur aus wenigen sehr zarten, doppelt geschlungenen Fältchen. Konchinschicht grünlich bis braun, mit zarten grünen Strahlen. Schloß vorn nur durch ein kleines Knötchen jederseits vertreten, das aber auch fehlen kann; linke Klappe mit kaum angedeuteten, ein bis zwei, Seitenzähnen, rechte Klappe mit einem einzelnen, etwas stärkeren Seitenzahn. Wirbelhöhlen seicht. Perlmutter bläulich bis purpurn, oft wolkig. — Männliche und weibliche Schalen unterscheiden sich kaum; die letzteren besitzen eine etwas stärker gewölbte Basis, und ihr spitzes Hinterende reicht höher als bei den Männchen. — Maße: Länge 117 mm, Höhe 60 mm, Dicke 28 mm.

Verbreitung: Mississippi-Gebiet südlich bis zum Tennessee-Fluß; Buffalo, New York; südliches Michigan; Souris-Fluß, Manitoba, Kanada.

2. Leptodea velum (Say)

1829 *Unio velum* Say, New Harmony Dissemin., **2**:293. — Terra typica: Kentucky-Fluß.
1902 *Lampsilis blatchleyi* Daniels, Nautilus, Philadelphia u. Boston, **16**:13; Taf. 2. — Terra typica: Wabash-Fluß, Linn Township, Posey Co., Indiana.

Diagnosis: Schale lang, elliptisch oder lang eiförmig, zusammengedrückt, dünnschalig, ungleichseitig, hinten leicht klaffend. Wirbel niedrig, nur wenig aufgeblasen, zugespitzt, mit feinster, knotiger Skulptur. Rücken- und Bauchrand leicht geschwungen; Vorderende etwas verschmälert, gerundet, Hinterende gerundet und oben leicht und schief abgestutzt. Konchinschicht gelbgrün mit zarten, grünlichen Strahlen. Hauptzähne rückgebildet, glatt etwas zusammengepreßt; Seitenzähne gerade, einzeln rechts und teilweise doppelt links. Perlmutter glänzend, zu Kupfertönen neigend. — Maße: Länge 40—45 mm, Höhe 17—21 mm, Dicke 8,5—10 mm.

Bemerkungen: Von *P. leptodon* dadurch verschieden, daß die Schale ungeflügelt ist, daß das Hinterende gerundet ist und daß die voll erwachsene Schale nur halb so lang wird.

Verbreitung: Wabash-Fluß, Indiana; Hardy, Arkansas; die Angabe Iowa-Fluß, Iowa, ist fraglich.

Genus Obovaria Rafinesque

1819 *Obovaria* Rafinesque, J. de Physique, 88:426. — Species typica: *Unio retusa* Lamarck.

Diagnosis: Schale kurz, eiförmig, gerundet oder abgestutzt, festschalig, aufgeblasen, vorn dicker. Wirbel hoch, mit einer Skulptur aus unregelmäßigen, zarten, Knötchen tragenden Fältchen, die eine Neigung zur Bildung von Doppelschlingen besitzen und deren hintere oft hinten offen sind. Konchinschicht stumpf, seidig oder stoffartig, selten gestrahlt. Hauptzähne fest, stumpf, Seitenzähne kurz und keulenförmig.

Verbreitung: Nord-Amerika.

Bestimmungsschlüssel zu den Untergattungen

1 Schale kurz bis kurz eiförmig. Wirbel hoch, zentral gelegen . . . ***Obovaria***, S. 420
1′ Schale länger, elliptisch. Wirbel vorn gelegen . . . . ***Pseudoon***, S. 422

Subgenus **Obovaria** s. str.

1900 *Obovaria (Obovaria)* — SIMPSON, Proc. U.S. nation. Mus., Washington, **22**:599. — Species typica: *Unio obovalis* RAFINESQUE (HERRMANNSEN 1847).

Diagnosis: Schale stumpf bis kurz eiförmig. Wirbel hoch und mittelständig. Hauptzähne fast nie mit den Seitenzähnen gleichlaufend. Wirbelhöhlen tief, leicht zusammengepreßt. Perlmutter bläulich weiß bis purpurn.

Verbreitung: Nord-Amerika.

1. **Obovaria (Obovaria) retusa** (LAMARCK)

1819 *Unio retusa* LAMARCK, Anim. sans Vert., **6**:72. — Terra typica: Neu-Schottland.
1820 *Obovaria torsa* RAFINESQUE, Ann. gén. Sci. Phys. Bruxelles, **5**:312; Taf. 82, Fig. 1, 3. — Terra typica: Ohio-Fluß.
1828 *Unio orbiculatus* HILDRETH, Amer. J. Sci., New Haven, **14**:284. — Terra typica: Muskingum-Fluß, Ohio.
1829 *Unio incurvis* SAY, New Harmony Dissemin., **2**:293. — Terra typica: Nicht angegeben.

Diagnosis: Schale etwas unregelmäßig quadratisch, fest, aufgeblasen, mit sehr hohen Wirbeln, die ausgesprochen nach vorwärts über die Lunula geneigt sind. Rückenrand fast gerade oder leicht geschwungen, etwas abgestutzt hinten, Bauchrand gebogen oder fast gerade. Schalenfläche mit niedrigen und breiten, konzentrischen Bändern. Konchinschicht gelblich braun, etwas stoffartig, wenn frisch, ungestrahlt. Linke Klappe mit zwei kräftigen, etwas gespreizt stehenden Haupt- und mit zwei kurzen, gebogenen Seitenzähnen, deren unterer manchmal doppelt ist; rechte Klappe mit drei Hauptzähnen, deren mittelster der größte und deren hinterster mit den meist doppelten Seitenzähnen gleichläuft. Schloßplatte flach, vor den Seitenzähnen scharf gekrümmt. Wirbelhöhlen tief, zusammengepreßt. Perlmutter kupfrig purpurn. — Die Schale des Weibchens ist hinter der Arealkante mit einer ausgesprochenen Grube versehen, und die Marsupialgegend ist leicht vorgewölbt. — Maße: ♂: Länge 50 mm, Höhe 50 mm, Dicke 32 mm. — ♀: Länge 47 mm, Höhe 53 mm, Dicke 35 mm.

Verbreitung: Gebiete der Flüsse Ohio, Cumberland und Tennessee.

2. **Obovaria (Obovaria) subrotunda** (RAFINESQUE)

1820 *Obliquaria (Rotundaria) subrotunda* RAFINESQUE, Ann. gén. Sci. Phys., Bruxelles, **5**:308. — Terra typica: Ohio-Fluß.

1820 *Unio (Aximedia) elliptica* RAFINESQUE, Ann. gén. Sci. Phys., Bruxelles, **5**:296. — Terra typica: Ohio-Fluß bei Louisville und Maysville.
1820 *Unio (Aximedia) zonalis* RAFINESQUE, Ann. gén. Sci. Phys., Bruxelles, **5**:297. — Terra typica: Fälle des Ohio-Flusses.
1829 *Unio circulus* LEA, Trans. amer. philos. Soc., Philadelphia, **3**:433; Taf. 9, Fig. 14. — Terra typica: Ohio-Fluß bei Cincinnati.
1845 *Unio unicolor* LEA, Proc. amer. philos. Soc., Philadelphia, **4**:163. — Terra typica: Tuscallosa, Alabama.
1856 *Mya rotunda* WOOD in HANLEY, Index Test.: 199; Taf. 1, Suppl., Fig. 1. — Terra typica: Nord-Amerika.
1862 *Unio leibii* LEA, Proc. Acad. nat. Sci. Philadelphia, **6**:168. — Terra typica: Erie Co., Michigan.
1866 *Unio depygis* CONRAD, Amer. J. Conch., Philadelphia, **2**:107; Taf. 10, Fig. 1. — Terra typica: Harpeth-Fluß, Tennessee.
1866 *Unio uber* CONRAD, Amer. J. Conch., Philadelphia, **2**:279. — Terra typica: Alabama-Fluß.
1899 *Unio tinkeri* B. H. WRIGHT, Nautilus, Philadelphia u. Boston, **13**:7. — Terra typica: Tombigbee-Fluß, Alabama.
1914 *Obovaria nux* SIMPSON, Descr. Cat. Naiades, Detroit: 297. — Terra typica: Tombigbee-Fluß bei Moscow, Alabama.
1942 *Obovaria subrotunda globula* MORRISON, Bull. Bur. amer. Ethnol., Washington, **129**: 360. — Terra typica: Tuscumbia, Alabama.

Diagnosis: Schale sehr formveränderlich, meist unregelmäßig dreieckig, rundlich oder kurz elliptisch, festschalig, aufgeblasen; Wirbel hoch, oft nach vorn über die Lunula geneigt, mit einer Skulptur von wenigen schwachen, leicht doppelt geschlungenen Fältchen. Schalenfläche glatt oder mit einigen breiten, konzentrischen Bändern. Konchinschicht bräunlich, oft stoffartig, ungestrahlt, die auf der Area heller ist. Linke Klappe mit zwei starken, gespreizt stehenden Haupt- und zwei fast geradlinigen Seitenzähnen; rechte Klappe mit drei Hauptzähnen, deren mittlerer stark ist und deren hinterster schwach ist und manchmal fehlen kann. Wirbelhöhlen seicht oder nur mäßig tief, zusammengepreßt. Perlmutter von silberweiß bis lachsfarben. — Maße: Länge 45—58 mm, Höhe 46—55 mm, Dicke 28—42 mm.

Bemerkungen: Die Vielgestaltigkeit dieser Art findet ihren Ausdruck in den vielen Namen, die man ihr beigelegt hat und die ich hier in die Synonymie von *subrotunda* gestellt habe; bei Untersuchung von reichlicherem Untersuchungsstoff aus allen genannten Verbreitungsgebieten wird sich möglicherweise herausstellen, daß eine nördliche und eine südliche Rasse unterschieden werden kann.

Verbreitung: Gebiet der Ohio-, Tennessee- und Cumberland-Flüsse; südöstliches Louisiana; Tombigbee-Fluß, Alabama. Die Angaben aus Michigan und dem St.-Lorenz-Strom sind zweifelhaft.

3. Obovaria (Obovaria) rotulata (B. H. WRIGHT)

1899 *Unio rotulatus* B. H. WRIGHT, Nautilus, Philadelphia u. Boston, **13**:22. — Terra typica: Escambia-Fluß, Escambia Co., Florida.

Diagnosis: Schale mit fast kreisrundem Umriß, festschalig, aufgeblasen; Wirbel wohl hoch, was dem schlechten Erhaltungszustande des Typus nach nicht festzustellen ist. Area mit einer schwachen, schnurartigen Leiste nahe der Arealkante. Konchinschicht tief braun, fast schwarz, vorn etwas heller.

Linke Klappe mit zwei breiten, niederen, nicht sehr ausgeprägten Hauptzähnen und zwei kurzen, gebogenen Seitenzähnen; rechte Klappe mit einem Hauptzahn, über dem ein schwacher, weiterer steht, und zwei angedeutet doppelten Seitenzähnen; Schloßplatte rauh und breit. Wirbelhöhlen sehr tief, zusammengepreßt. Perlmutter schmutzig weiß. — Nur ein einziges Stück, der Typus, ist bekannt. — Maße: Länge 49 mm, Höhe mit abgerolltem Wirbel 45 mm, Dicke 30 mm.

Verbreitung: Nur von der Terra typica bekannt.

4. Obovaria (Obovaria) levigata (Rafinesque)

1820 *Unio (Aximedia) levigata* Rafinesque, Ann. gén. Sci. Phys., Bruxelles, **5**:296; Taf. 80, Fig. 11. — Terra typica: Kentucky-Fluß.

1831 *Unio lens* Lea, Trans. amer. philos. Soc., Philadelphia, **4**:80; Taf. 8, Abb. 10. — Terra typica: Ohio- und Tennessee-Flüsse.

1914 *Obovaria lens* var. *parva* Simpson, Descr. Cat. Naiades Pearly Freshw. Mussels: 294. — Terra typica: Maumee- und Wabash-Flüsse; Sandusky, Ohio; Tennessee.

1914 *Obovaria lens* var. *elongata* Simpson, Descr. Cat. Naiades Pearly Freshw. Mussels: 294. — Terra typica: Ohio-Fluß.

Diagnosis: Schale fast scheibenförmig, gleichseitig, wenig zusammengepreßt bis leicht aufgeblasen. Wirbel ziemlich hoch, doch nicht aufgeblasen, mit einer Skulptur aus feinen, doppelt geschlungenen Fältchen. Hinterende etwas abgestutzt. Schalenoberfläche oft mit einigen breiten, aber niedrigen konzentrischen Wülsten. Konchinschicht seidenartig, bräunlich, heller auf der Area. Linke Klappe mit zwei V-förmig nach unten geöffneten Haupt- und zwei Seitenzähnen; rechte Klappe mit drei Hauptzähnen, deren mittlerer am größten ist, und einem zur Verdoppelung neigenden Seitenzahn. Wirbelhöhlen ziemlich tief, zusammengepreßt. Perlmutter weiß oder silbrig. — Die Schale des Weibchens ist eben hinter der Mitte des Bauchrandes etwas voller als die des Männchens. — Maße: Länge 50 mm, Höhe 47 mm, Dicke 26 mm.

Bemerkungen: Simpson betrachtet *Unio depygis* Conrad, hier als eigene Art behandelt, als eine Varietät von *levigata*, nennt die Art aber *lens* Lea, da er *Unio levigata* Rafinesque als undeutbar betrachtet. Nach Frierson ist jedoch *U. levigata* Rafinesque der älteste veröffentlichte Name dieser Art. Die Artberechtigung von *U. lens* ist nicht außer Zweifel, da die im Schrifttum unter diesem Namen erwähnten Stücke alle unausgewachsen und deshalb artlich nicht genau bestimmbar sind; ich erwähne also *Obovaria levigata* hier nur unter Vorbehalt.

Verbreitung: Gebiet des Ohio-Flusses und nördlich davon bis Süd-Michigan und zum Erie-See, südlich bis Columbus, Mississippi.

Subgenus Pseudoon Simpson

1900 *Obovaria (Pseudoon)* Simpson, Proc. U.S. nation. Mus., Washington, **22**:601. — Species typica: *Unio ellipsis* Lea (Ursprüngliche Bestimmung.).

Diagnosis: Schale elliptisch, aufgeblasen, festschalig, die des Männchens hinten zugespitzt. Konchinschicht dunkel, nicht oder nur schwach gestrahlt. Wirbel vorderständig. Hauptzähne kurz und stumpf oder etwas verlängert, fest, mit einer Neigung, mit den Seitenzähnen gleichzulaufen. Perlmutter silbrig.

Verbreitung: Nord-Amerika.

5. Obovaria (Pseudoon) olivaria (Rafinesque)

1820 *Amblema olivaria* Rafinesque, Ann. gén. Sci. Phys., Bruxelles, 5:314. (Mit den Varietäten *dilatata* und *fasciolaris*). — Terra typica: Kentucky-Fluß.
1828 *Unio ellipsis* Lea, Trans. amer. philos. Soc., Philadelphia, 3:268; Taf. 4, Fig. 4. — Terra typica: Ohio-Fluß.
1868 *Unio taitianus* Sowerby, Conch. Icon., 16, *Unio:* Taf. 67, Fig. 338. — Terra typica: Alabama.
1871 *Unio peali* Lea, Proc. Acad. nat. Sci. Philadelphia, 1:191. — Terra typica: Kansas.

Diagnosis: Schale meist gleichmäßig elliptisch, aber gelegentlich etwas mehr eiförmig, aufgeblasen, festschalig; Wirbel hoch fast vorderständig, ihre Skulptur aus einigen doppelt geschlungenen Falten bestehend. Area kaum von der Schalenfläche abgesetzt. Vorderende gerundet oder leicht abgestutzt. Schalenfläche glatt, gelegentlich mit einigen konzentrischen Wülsten. Konchinschicht grünlich oder gelblich braun, mit zarten, dunkleren Strahlen. Linke Klappe mit zwei Hauptzähnen, deren hinterer fast mit den festen, gekrümmten Seitenzähnen gleichläuft; rechte Klappe gewöhnlich mit drei Hauptzähnen, die vorderen klein, der mittlere und obere mit den starken, doppelten Seitenzähnen gleichlaufend. Wirbelhöhlen seicht. Perlmutter silbrig weiß. — Die männlichen und weiblichen Schalen gleichen sich sehr, die letzteren sind hinten unten ein wenig stärker vorgezogen. — Maße: Länge 63—75 mm, Höhe 47—56 mm, Dicke 35—45 mm.

Verbreitung: Gebiet des St.-Lorenz-Stromes; Mississippi-Gebiet südlich bis zu den Tennessee- und Arkansas-Flüssen.

6. Obovaria (Pseudoon) castanea (Lea)

1831 *Unio castaneus* Lea, Trans. amer. philos. Soc., Philadelphia, 4:91; Taf. 11, Fig. 21. — Terra typica: Alabama-Fluß.

Diagnosis: Schale ziemlich klein, die männliche eiförmig, die weibliche elliptisch, aufgeblasen, festschalig. Konchinschicht dunkel kastanienbraun bis olivengrün, gelegentlich hinten zart gestrahlt. Wirbel voll und hoch, etwas vorderständig, mit einer Skulptur aus einigen schwachen fast gleichlaufenden Fältchen. Linke Klappe mit zwei Hauptzähnen, deren oberer fast mit den zwei gebogenen Seitenzähnen gleichläuft; rechte Klappe mit zwei Hauptzähnen und gelegentlich hinten einem dritten, vorderer Hauptzahn zusammengepreßt, und zwei Seitenzähnen. Wirbelhöhlen seicht. Perlmutter weißlich oder bläulich weiß, schillernd. — Die männliche Schale ist eiförmig und hinten in der Mitte zugespitzt; die weibliche Schale ist elliptisch, hinten unten voll, hinten kaum zugespitzt, und fast stets kleiner als die männliche. — Maße: ♂: Länge 40 mm, Höhe 32 mm, Dicke 27 mm. — ♀: Länge 28 mm, Höhe 22 mm, Dicke 20 mm.

Verbreitung: Zuflüsse zum Golf von Mexiko, vom Alabama-Fluß im Westen bis zum Nechez-Fluß.

7. Obovaria (Pseudoon) jacksoniana (Frierson)

1912 *Unio (Obovaria) jacksoniana* Frierson, Nautilus, Philadelphia u. Boston, 26:23; Taf. 3, Fig. 1—3. — Terra typica: Pearl-Fluß, Mississippi.

Diagnosis: Schale eiförmig, glatt, vorn und unten gerundet, hinterer Oberrand fast gerade. Area klein. Wirbel nicht hoch, ohne bekannte Skulptur.

Perlmutter bläulich weiß, hinten schillernd. Hauptzähne fest, aufrecht; Seitenzähne nicht sehr lang; Schloß in der linken Schale aus doppelten, in der rechten aus einzelnen Zähnen bestehend. — Maße: 45 mm, Höhe 33 mm, Dicke 20 mm.

Bemerkungen: Anscheinend seit der Erstbeschreibung (1912) nicht wiedergefunden.

Verbreitung: Außer von der Terra typica nur noch aus dem Yalabusha-Flusse (Mississippi) bekannt.

8. **Obovaria (Pseudoon) curta** (Lea)

1859 *Unio curtus* Lea, Proc. Acad. nat. Sci. Philadelphia, 3:112. — Terra typica: Tombigbee-Fluß bei Columbus, Mississippi.

Diagnosis: Schale etwas unregelmäßig dreieckig, fest, aufgeblasen, mit hohen und vollen Wirbeln, die mehr oder weniger vorderständig sind. Vorderende gerade abgestutzt; hinterer Oberrand fast gerade; Bauchrand vorn gerundet, hinten schief abgestutzt. Schalenfläche in der Mitte mit einer breiten, radialen Schwellung. Konchinschicht dunkel grünlich braun, grünlich in der Jugend. Linke Klappe mit zwei dreieckigen, gespreizt stehenden Hauptzähnen, rechte Klappe mit drei ebensolchen; zwei Seitenzähne links und ein doppelter rechts. Wirbelhöhlen seicht. Perlmutter bläulich weiß. — Maße: Länge 47 mm, Höhe 34 mm, Dicke 24 mm.

Bemerkungen: Sehr seltene, vielleicht nur in der von Lea beschriebenen Serie bekannte Art. Simpson (1900) hatte sie als Art der Gattung *Pleurobema* betrachtet, während ich mit Frierson (1927) sie für eine *Obovaria* halte.

Verbreitung: Anscheinend nur von der Terra typica bekannt.

Genus **Actinonaias** Crosse & Fischer

1893 *Unio* Sectio *Actinonaias* Crosse & Fischer, Rech. Zool. Amér. Centr. et Mexique, (7) 2:556. — Species typica: *Unio sapotalensis* Lea (Monotypie).

Diagnosis: Schale elliptisch bis rautenförmig, fest, mehr oder minder aufgeblasen; Wirbel niedrig, mit unbekannter Skulptur. Schalenfläche glatt. Konchinschicht glänzend, mehr oder weniger mit aufgesplitterten Strahlen geschmückt. Hauptzähne schwer, niedrig, breit.

Verbreitung: Mittel-Amerika.

1. **Actinonaias sapotalensis** (Lea)

1841 *Unio sapotalensis* Lea, Proc. amer. philos. Soc., Philadelphia, 2:30. — Terra typica: Sapotal-Fluß, Vera Cruz, Mexiko.

Diagnosis: Schale unregelmäßig, lang elliptisch oder leicht rautenförmig, festschalig, aufgeblasen, größte Dicke bei $^1/_3$ von vorn. Wirbel niedrig, ihre Skulptur unbekannt. Konchinschicht glänzend, grünlich gelb, mit vielen gebrochenen, welligen Strahlen. Linke Klappe mit zwei stumpfen und breiten Haupt- und zwei starken Seitenzähnen; rechte Klappe mit je einem Haupt- und Seitenzahn. Wirbelhöhlen nicht tief. Perlmutter glänzend silbrig. — Maße: Länge 56 mm, Höhe 36 mm, Dicke 23 mm.

Verbreitung: Nur von der Terra typica bekannt; die Art scheint lediglich auf den beiden Stücken zu beruhen, die LEA seinerzeit vorlagen.

2. Actinonaias computata (CROSSE & FISCHER)

1893 *Unio computatus* CROSSE & FISCHER, J. de Conch., Paris, **41**:295. — Terra typica: Goatzalcoalcos, Staat Vera Cruz, Mexiko.

1922 *Lampsilis ruthveni* H. B. BAKER, Occ. Pap. Mus. Zool. Univ. Michigan, No. 106:29; Taf. 11, Fig. 53; Taf. 12, Fig. 43; Taf. 13, Fig. 51—54. — Terra typica: Río San Juan, Vera Cruz, Mexiko.

Diagnosis: Schale leicht ungleichseitig, eiförmig-elliptisch, ziemlich festschalig, schwer, leicht aufgeblasen. Konchinschicht glatt, glänzend, gelb mit schmalen, grünen Strahlen, die nach hinten zu enger stehen. Vorderrand gerundet; Hinterrand leicht abgestutzt; Bauchrand geschwungen, nicht eingebuchtet; Rückenrand vor und hinter den Wirbeln leicht gebogen. Wirbel nicht vorragend, ihre Skulptur unbekannt. Perlmutter weiß. Schloß wuchtig; rechte Klappe mit zwei ungleich großen Hauptzähnen, deren oberer klein und zusammengepreßt und deren unterer dreieckig, dick und gefurcht ist, und mit einem ziemlich kurzen, leicht gebogenen Seitenzahn; linke Klappe mit zwei Hauptzähnen, deren vorderer schief, dick, vorspringend und gefurcht ist und deren hinterer groß, vorragend und gefurcht ist, und mit zwei schneideförmigen Seitenzähnen. — Maße: Länge 77 mm, Höhe 52 mm, Dicke 30 mm.

Bemerkungen: Mit FRIERSON (1927) halte ich *Lampsilis ruthveni* H. B. BAKER für eine nicht genügend gekennzeichnete Form von *computata*.

Verbreitung: Nur vom ursprünglichen Fundorte bekannt.

3. Actinonaias medellina (LEA)

1838 *Unio medellinus* LEA, Trans. amer. philos. Soc., Philadelphia, **6**:39; Taf. 12, Fig. 34. — Terra typica: Vera Cruz, Mexiko.

Diagnosis: Schale lang rautenförmig, fest, etwas aufgeblasen, mit gelegentlich zwei Arealkanten; Area hinten schief abgestutzt. Wirbel mittelmäßig voll und hoch, mit unbekannter Skulptur. Die Fläche der Area ist oft gefältelt oder gerunzelt, die übrige Schalenfläche dagegen bleibt glatt. Konchinschicht grünlich, oben dunkler, mit zarten, etwas welligen, mehr oder minder breiten Strahlen. Linke Klappe mit zwei starken, gefurchten Hauptzähnen und einem Seitenzahn; rechte Klappe mit einem Hauptzahn, vor und hinter dem je ein kleiner Hilfszahn steht, und einem Seitenzahn; die Seitenzähne können zur Aufsplitterung neigen. Wirbelhöhlen seicht. Perlmutter rötlich bis lachsfarben. — Die weibliche Schale ist hinten unten etwas aufgeblasen, und die männliche ist leicht geschnäbelt. — Maße: Länge 70 mm, Höhe 39 mm, Dicke 35 mm.

Verbreitung: Staat Vera Cruz, Mexiko.

4. Actinonaias moctezumensis (PILSBRY)

1909 *Lampsilis moctezumensis* PILSBRY, Proc. Acad. nat. Sci. Philadelphia, **61**:534; Taf. 25, Fig. 1—4. — Terra typica: Moctezuma-Fluß, San Luis Potosi, Mexiko.

Diagnosis: Schale quereiförmig, mit geschwungenen Rücken- und Bauchrändern, der erstere etwas mehr; Höhe der Schale deutlich größer als ein Drittel der Länge; Schale mäßig fest, aber nicht dick. Wirbel klein und niedrig, nahe dem vorderen Viertel der Länge. Die Wirbel junger Schalen zeigen eine bis zwei niedrige, kurze Wellenlinien. Konchinschicht gelblich braun; junge Schalen sind schmal grün gebändert, wogegen alte keine Spur davon mehr aufweisen. Vorder- und Hinterende gerundet. Perlmutter weißlich. Die Hauptzähne sind mäßig stark, unscharf und fast glatt; links ist der hintere Hauptzahn der stärkere, rechts besteht nur ein einziger, kleiner Hauptzahn; Seitenzähne kurz, weit von den Hauptzähnen getrennt. Wirbelhöhlen ziemlich tief. — Maße: Länge 68 mm, Höhe 38,5 mm, Dicke 24 mm.

Bemerkungen: Die Diagnose dieser mir unbekannten Art ist von PILSBRY (1909) übernommen.

Verbreitung: Nur vom ursprünglichen Fundort bekannt.

5. **Actinonaias signata** (PILSBRY)

1909 *Lampsilis signata* PILSBRY, Proc. Acad. nat. Sci. Philadelphia, **61**:536; Taf. 25, Fig. 5—6; Taf. 26, Fig. 5—6. — Terra typica: Valles-Fluß unterhalb Valles, Mexiko.

Diagnosis: Schale quer eiförmig, Bauch- und Rückenränder fast gleichlaufend, zweimal so lang wie hoch, die Dicke beträgt etwa ein Drittel der Länge. Vorderrand gerundet, Hinterrand unten abgestutzt. Wirbel niedrig, etwa bei ein Viertel der Länge gelegen. Erwachsene Schalen sind schwärzlich, zeigen aber bei durchfallendem Lichte grüne Strahlen; junge Schalen weisen auf den Wirbeln eine rötliche oder rahmfarbene Konchinschicht auf, die hübsch grün gestrahlt ist. Der mittlere Teil der Fläche weist kleine Flecken von Runzeln auf, die in rechtem Winkel zu den Zuwachsstreifen stehen. Auf der Area zeigen sich, nahe den Wirbeln, scharfe, zarte, ausstrahlende Runzeln. Die Wirbel sind mit zwei ausstrahlenden Reihen kurzer, konzentrischer Runzeln skulptiert, die durch eine leichte Vertiefung getrennt sind. Perlmutter purpurn oder bläulich weiß. Die Hauptzähne sind gedrungen, der vordere links ist keilförmig gestaltet, der hintere befindet sich unmittelbar unter dem Wirbel; zwei Seitenzähne; die rechte Klappe besitzt einen gedrungenen, rauhen Hauptzahn und einen kleinen, schneidenförmigen darüber, und einen einzigen Seitenzahn. — Maße: Länge 73 mm, Höhe 37 mm, Dicke 23 mm.

Bemerkungen: Beschreibung dieser mir unbekannten Art nach PILSBRY (1909).

Verbreitung: Anscheinend nur von der Terra typica bekannt.

6. **Actinonaias coyensis** (PILSBRY)

1909 *Lampsilis coyensis* PILSBRY, Proc. Acad. nat. Sci. Philadelphia, **61**:538; Taf. 27, Fig. 3—4. — Terra typica: Coy-Fluß, Staat San Luis Potosi, Mexiko.

Diagnosis: Schale quer eiförmig, mit den Wirbeln etwa bei ein Viertel der Länge; hinten etwas breiter, das Hinterende oben abschüssig, unten zweiwinklig; Vorderende gerundet; Bauchrand mäßig geschwungen. Area gegen die Schalenfläche winklig abgesetzt. Wirbel niedrig, mit kleinen, zurückgebogenen Spitzen, die mit einigen rauhen, doppelt schlingigen Runzeln skulptiert sind. Konchinschicht fahl grünlich gelb, undeutlich grün gestrahlt. Schloßzähne mäßig stark. Perlmutter vorn weißlich, blau gegen hinten. — Maße: Länge 36 mm, Höhe 21 mm, Dicke 13,5 mm.

Bemerkungen: Die systematische Stellung dieser Art bei *Actinonaias* ist keineswegs sicher; da sie mir aus eigner Erfahrung unbekannt ist, folge ich FRIERSON (1927).

Verbreitung: Soweit mir bekannt, nur von der Terra typica festgestellt.

7. Actinonaias undivaga (PILSBRY)

1909 *Lampsilis undivaga* PILSBRY, Proc. Acad. nat. Sci. Philadelphia, 61:536; Taf. 25, Fig. 5—6; Taf. 26, Fig. 5—6. — Terra typica: Ganina-Fluß, drei Meilen südwestlich von San Dieguito, Mexiko.

Diagnosis: Schale eiförmig-nierenförmig, Bauchrand in der Mitte etwas eingezogen oder gerade, Rückenrand stark gebogen. Hinterende beim Männchen kaum, beim Weibchen stärker verbreitert. Höhe der Schale ungefähr $1^3/_4$ mal in der Länge enthalten, die Dicke beträgt etwa dreimal die Länge. Konchinschicht braun in verschiedenen Abtönungen, mit ziemlich undeutlichen dunkleren oder grünlichen Strahlen, die auf der Hinterhälfte stärker sind. Die Wirbel sind niedrig und liegen etwa bei $^1/_5$ der Länge; sie sind mit konzentrischer, doppelt geschlungener Skulptur versehen. Hauptzähne zusammengepreßt, ziemlich klein; Seitenzähne sehr kurz, etwa ein Drittel der Schalenlänge betragend. Perlmutter weißlich vorn und in den Wirbelhöhlen, rötlich und stark schillernd hinten — Maße: Länge 47 mm, Höhe 26 mm, Dicke 16 mm.

Verbreitung: Außer vom ursprünglichen Fundorte noch aus dem Valles-Flusse bei Mecos, Mexiko, bekannt.

Genus Carunculina SIMPSON

?1831 *Toxolasma* RAFINESQUE, Contin. Monogr. Biv. Shells River Ohio: 2. — Species typica: *Unio lividus* RAFINESQUE (Contin. Monogr. Biv. Shells River Ohio: 2. — Terra typica: Ohio-und Mississippi-Flüsse. (Vergleiche HAAS 1963).

?1846 *Toxelasma* L. AGASSIZ, Nomencl. Zool. Index Univers., Solothurn: 373. — (Nomen substitutum pro *Toxolasma* RAFINESQUE 1831.)

1898 *Lampsilis* Sectio *Carunculina* SIMPSON in F. C. BAKER, Bull. nat. Hist. Survey Chicago, 3 (1):109. — Species typica: *Lampsilis parvus* (BARNES).

Diagnosis: Schale klein, aufgeblasen, länglich eiförmig, ziemlich festschalig. Konchinschicht dick, glanzlos, fast ungestrahlt, stoffartig; Wirbelskulptur bestehend aus ziemlich starken, konzentrischen Fältchen, die vorne eine rundliche Schlinge bilden und hinten deutlich hinten nach oben umgebogen sind. Hauptzähne zusammengepreßt, meist nach oben umgebogen. Schale des Männchens mehr oder weniger hinten zugespitzt, die des Weibchens hinten unten schief abgestutzt.

Bemerkungen: Es bestehen Unklarheiten bezüglich der vier von RAFINESQUE erwähnten Arten seiner Gattung *Toxolasma*, so daß ich es für besser halte, diesen Gattungsnamen einstweilen nicht anzunehmen und die in Betracht kommenden Arten unter dem SIMPSONschen Namen *Carunculina* zu führen.

Verbreitung: Nord-Amerika.

1. Carunculina parva (BARNES)

1a. Carunculina parva parva (BARNES)

1823 *Unio parvus* BARNES, Amer. J. Sci., New Haven, 6: Taf. 13, Fig. 18. — Terra typica: Fox-Fluß, Wisconsin.

1842 *Unio haleianus* LEA, Proc. amer. philos. Soc., Philadelphia, 2:224. — Terra typica: Mississippi-Fluß 30 Meilen oberhalb von New Orleans, Louisiana.
1900 *Lampsilis texasensis* var. *compressus* SIMPSON, Proc. U.S. nation. Mus., Washington, 22:564. — Terra typica: Südwestliches Texas.
1900 *Lampsilis mearnsi* SIMPSON, Proc. Acad. nat. Sci. Philadelphia, 52:75; Taf. 1, Fig. 4. — Terra typica: Gegend von Fort Clarke, Kinney Co., Texas.
1927 *Carunculina parva* var. *cahni* F. C. BAKER, Amer. Midland Natural., Notre Dame, 10:222. — Terra typica: Neosha Mill Pond, Dodge Co., Wisconsin.

Diagnosis: Schale lang elliptisch oder leicht zylindrisch, gewöhnlich hinten ein wenig breiter als vorn, aufgeblasen, wenig festschalig, mit vollen, aber nicht hohen Wirbeln, deren Skulptur aus sieben oder acht, einschlingigen Fältchen besteht, die hinten stärker als vorn aufgebogen sind und die hinten nach oben innen zu zusammenlaufen. Area ohne sichtbare Kante. Konchinschicht dick, stoffartig, schwärzlich bis bräunlich. Linke Klappe mit zwei zusammengepreßten, rauhen, aufgebogenen Haupt- und zwei schwachen Seitenzähnen; rechte Klappe mit einem einzigen Hauptzahn, über dem ein winziger weiterer steht, und einem einzelnen Seitenzahn; Wirbelhöhlen seicht. Perlmutter bläulich weiß mit silbrigem Schimmer. — Männliche Schale gewöhnlich hinten gleichmäßig gerundet; weibliche Schale etwas stärker aufgeblasen und hinten unten völliger und am Hinterende etwas abgestutzt. Die größte Dicke der Schale liegt hinter der Schalenmitte, sie ist beim Weibchen gelegentlich größer als die Höhe. — Maße: Länge 32—70 mm, Höhe 17—40 mm, Dicke 13—25 mm.

Verbreitung: Gesamtes Mississippi-Gebiet; südliches Kanada; Michigan; westliches New York; Mittel-Texas.

1b. Carunculina parva texasiensis (LEA)

1857 *Unio texasiensis* LEA, Proc. Acad. nat. Sci. Philadelphia, 9:84. — Terra typica: DeWitt Co., Texas.
1857 *Unio bairdianus* LEA, Proc. Acad. nat. Sci. Philadelphia, 9:102. — Terra typica: Devil's-Fluß, Texas.
1862 *Unio bealei* LEA, Proc. Acad. nat. Sci. Philadelphia, 14:169. — Terra typica: Leon Co., Texas.

Diagnosis: Diese Unterart steht der Stammart so nahe, daß sie leicht zu verwechseln sind, wenn nicht beide, was beinahe zu vermuten ist, identisch sind. Die Hauptunterschiede zwischen beiden sind die Umrißform der Schale, die beim Männchen von *texasiensis* in der Mitte des Unterrandes leicht winklig ist, und die beim Weibchen ein stärker entwickeltes, leicht eckiges Marsupium hinten unten zeigt. — Maße: ♂: Länge 50 mm, Höhe 30 mm, Dicke 20 mm. — ♀: Länge 40 mm, Höhe 28 mm, Dicke 20 mm.

Bemerkungen: Die Verbreitungsgebiete der Stammart und der Unterart überdecken sich in der Mitte, *parva parva* aber reicht weiter nach Norden und *parva texasiensis* weiter nach Südosten.

Verbreitung: Von Texas bis nach Kansas im Norden; Missouri, südliches Illinois und Indiana; im Süden durch Tennessee, Alabama, Mississippi bis Louisiana.

2. Carunculina paula (LEA)

1840 *Unio paulus* LEA, Proc. amer. philos. Soc., Philadelphia, 1:287. — Terra typica: Chattahoochee-Fluß bei Columbus, Georgia.

1861 *Unio germanus* LEA, Proc. Acad. nat. Sci. Philadelphia, 5:40. — Terra typica: Coosa-Fluß, Alabama.
1861 *Unio granulatus* LEA, Proc. Acad. nat. Sci. Philadelphia, 5:60. — Terra typica: Big Prairie Creek, Alabama.
1865 *Unio cromwellii* LEA, Proc. Acad. nat. Sci. Philadelphia, 9:89. — Terra typica: Kiokee-Creek, bei Albany, Dougherty Co., Georgia.
1865 *Unio marginis* LEA, Proc. Acad. nat. Sci. Philadelphia, 9:89. — Terra typica: Blue Springs, Dougherty Co., Georgia.

Diagnosis: Schale lang elliptisch, ziemlich fest, aufgeblasen. Wirbel voll, aber nicht hoch, mit einigen schlingenförmigen Fältchen skulptiert, die hinten scharf nach oben abbiegen. Konchinschicht in der Jugend grün mit einem oder zwei helleren Strahlen auf dem Hinterende und mit konzentrischen gelblichen Ringen; im Alter ist sie dick und schwarz. Linke Klappe mit zwei niedrigen, unregelmäßigen, rauhen Hauptzähnen, die manchmal zusammenhängen und die leicht aufgebogen sind, sowie mit zwei Seitenzähnen; rechte Klappe mit einem deutlichen und gelegentlich einem angedeuteten Hauptzahn, und mit einem einzigen Seitenzahn. Wirbelhöhlen seicht. Perlmutter schmutzig weiß, hinten schillernd. — Männliche Schale fast gleichmäßig lang elliptisch, vorn und hinten gerundet; weibliche Schale unregelmäßig lang elliptisch, hinten unten nur leicht geschwollen, oft mit einem Fältchen, das von den Wirbeln nach dieser Schwellung zieht; Hinterende der weiblichen Schale unten schief abgestutzt bis zur Spitze, die etwas über der Mitte liegt. — Maße: ♂: Länge 27—38 mm, Höhe 17—22 mm, Dicke 16—17 mm. — ♀: Länge 36 mm, Höhe 21 mm, Dicke 20 mm.

Verbreitung: Coosa-Fluß, Alabama, Flint- und Chattahoochee-Flüsse, Georgia.

3. Caruneulina minor (LEA)

1843 *Unio minor* LEA, Proc. amer. philos. Soc., Philadelphia, 4:11 .— Terra typica: Monroe- und George-Seen, Florida.

Diagnosis: Schale klein, mehr oder minder fest, unregelmäßig eiförmig, aufgeblasen, am dicksten gerade hinter den Wirbeln, von wo an die Schale keilförmig gestaltet ist. Wirbel voll, aber nicht hoch, mit der gattungsbezeichnenden Skulptur. Konchinschicht schwarz, dick, stoffartig, ungestrahlt. Linke Klappe mit zwei festen, rauhen Hauptzähnen, deren hinterer größer ist; sie sind öfters durch eine Art Spange vereinigt und zeigen eine Grube zwischen sich; zwei kleine Seitenzähne sind vorhanden. Rechte Klappe mit einem starken Hauptzahn und einem Seitenzahn. In beiden Schalen kann ein vorderer, kleiner Hilfszahn auftreten. Perlmutter bläulich weiß, hinten sehr schillernd. — Die männlichen und weiblichen Schalen sind einander sehr ähnlich, das Weibchen hat eine vorspringende, gerundete marsupiale Schwellung nahe dem Hinterende. — Maße: Länge 30 mm, Höhe 17 mm, Dicke 13 mm.

Verbreitung: Südwestliches Georgia und Florida.

4. Caruneulina glans (LEA)

?1831 *Unio lividus* RAFINESQUE, Contin. Monogr. Biv. Shells River Ohio: 2. — Terra typica: Rockcastle-Fluß, Kentucky.
1834 *Unio glans* LEA, Trans. amer. philos. Soc., Philadelphia, 4:82. — Terra typica: Ohio-Fluß.

1841 *Unio moestus* LEA, Proc. amer. philos. Soc., Philadelphia, 2:82. — Terra typica: French Broad-Fluß, Tennessee.
1868 *Unio corvunculus* LEA, Proc. Acad. nat. Sci. Philadelphia, 12:144. — Terra typica: Camp Creek, Whitfield Co., Georgia.
1868 *Unio cylindrellus* LEA, Proc. Acad. nat. Sci. Philadelphia, 12:144. — Terra typica: Duck-Fluß, Tennessee.

Diagnosis: Schale kurz elliptisch, ziemlich festschalig, aufgeblasen. Wirbel voll und hoch, deren Skulptur aus unregelmäßigen, leicht knotigen Fältchen besteht, die hinten etwas nach oben aufbiegen und dort stärkere Knoten tragen. Konchinschicht dunkel bräunlich, dick, ungestrahlt. Linke Klappe mit zwei unregelmäßigen, rauhen, oben oft durch einen Bogen vereinigten Haupt- und zwei Seitenzähnen; rechte Klappe mit einem Hauptzahn und oft mit Spuren eines weiteren darüber, und mit zwei Seitenzähnen, die sehr ungleich an Größe und Stärke sein können. Wirbelhöhlen seicht. Perlmutter weißlich bis purpurn. — Männliche Schale kurz elliptisch oder leicht rautenförmig, die gerundete Spitze des Hinterendes befindet sich in oder unter der Mitte der Schalenachse; die weibliche Schale ist kürzer und ein wenig stärker aufgeblasen, sie besitzt eine deutliche winklige marsupiale Schwellung hinten unten, und die Spitze des Hinterendes ist oberhalb der Schalenachse. — Maße: ♂: Länge 36—47 mm, Höhe 24—26 mm, Dicke 17—18 mm. — ♀: Länge 32 mm, Höhe 24 mm, Dicke 18 mm.

Bemerkungen: *Unio moestus* LEA, nur in zwei Stücken bekannt, ist bei weitem größer als die meisten Formen von *glans*. Er könnte eine eigene Unterart oder Art darstellen, ist aber hier nach FRIERSON als Synonym von *glans* behandelt.

Verbreitung: Südliches Michigan und Indiana; Gebiet des Ohio-Flusses; Tennessee; Arkansas; Georgia.

Genus **Ligumia** SWAINSON

1840 *Ligumia* SWAINSON, Treat. Malacol.: 378. — Species typica: *Unio recta* LAMARCK.

Diagnosis: Schale mehr oder weniger verlängert, glatt, aufgeblasen, mäßig festschalig, hinten scharf zugespitzt. Schale des Weibchens hinten unten stark vorgezogen. Konchinschicht sehr hell, glatt, glänzend, schwach gestrahlt. Wirbel nicht vorragend, mit einer zarten, regelmäßigen Skulptur versehen, deren hintere Schlinge hinten offen ist; Hauptzähne glatt, länglich.

Verbreitung: Nord-Amerika.

1. **Ligumia recta** (LAMARCK)

1a. Ligumia recta recta (LAMARCK)

1819 *Unio recta* LAMARCK, Anim. sans Vert., 6:74. — Terra typica: Erie-See.
1836 *Unio sageri* CONRAD, Monogr. Fam. Unionidae, 6:53; Taf. 29, Fig. 1. — Terra typica: Detroit-Fluß, Michigan.

Diagnosis: Schale groß, verlängert, mit fast gleichlaufenden Rücken- und Bauchrändern, festschalig, aufgeblasen, vorn gerundet, hinten zugespitzt. Wirbel voll, aber ziemlich niedrig, mit einer Skulptur aus zarten, kaum in doppelten Schlingen gelegten Fältchen. Konchinschicht olivengrün bis fast schwarz, in der Wirbelgegend meist heller, in der Jugend, selten im ausgewachsenen Zustande zart gestrahlt. Linke Klappe mit zwei fast gleichgroßen, aufrechten, rauhen Haupt- und zwei langen, leicht gekrümmten Seitenzähnen; rechte Klappe mit einem einzigen Hauptzahn, über dem ein kleiner anderer angedeutet sein kann, und einem einzigen Seitenzahne, unter dem eine leichte Verdoppelung vorliegen kann. Wirbelhöhlen seicht. Perlmutter purpurn bis bläulich weiß, in den Wirbelhöhlen oft etwas dunkler. — Die männliche Schale ist hinten ausgezogen und endet in einem gerundeten Punkte etwa in der Schalenachse; die weibliche Schale hat eine lange, gerundete marsupiale Schwellung und endet hinten stumpfer, etwas über der Schalenachse. — Maße: Länge 95—150 mm, Höhe 42—65 mm, Dicke 28—45 mm.

Verbreitung: Red River of the North; St.-Lorenz-Strom-System; ganzes Mississippi-Gebiet; Gebiet des Alabama-Flusses.

1b. Ligumia recta latissima (Rafinesque)

1820 *Unio latissima* Rafinesque, Ann. gén. Sci. Phys., Bruxelles, **5**:297; Taf. 80, Fig. 14, 15. — Terra typica: Ohio-Fluß.

1823 *Unio praelongus* Barnes, Amer. J. Sci., New Haven, **6**:261; Taf. 13, Fig. 11. — Terra typica: Wisconsin.

1861 *Unio leprosus* Miles, Biann. Rep. geol. Survey Michigan, Lansing, **1**:240. — Terra typica: Huron-Fluß, Livingston Co., Michigan.

Diagnosis: Schale unterscheidet sich von der der Nominatform durch bedeutendere Größe, sowie durch bedeutendere Zusammengepreßtheit; ferner durch düsterere Farbe der Konchinschicht, dunkelbraun bis schwarz, lebhafter schillernde Perlmutterschicht, und schließlich durch deutlicher ausgebildete marsupiale Schwellung beim Weibchen. — Maße: Länge 123—187 mm, Höhe 51—85 mm, Dicke 34—47 mm.

Bemerkungen: Diese Unterart, deren Berechtigung nicht einwandfrei feststeht, soll die Flußphase von *recta* darstellen; es gibt indessen so viele Übergangs-Stadien, daß die — in ausgebildetem Zustande stets erkennbare — Phase wohl kaum einen eignen Namen verdient.

Verbreitung: Die gleiche wie die der Nominat-Rasse.

2. **Ligumia teres** (Rafinesque)

2a. Ligumia teres teres (Rafinesque)

1820 *Elliptio teres* Rafinesque, Ann. gén. Sci. Phys., Bruxelles, **5**:321. — Terra typica: Wabash-Fluß, Indiana.

1834 *Unio anodontoides* Lea, Trans. amer. philos. Soc., Philadelphia, **4**:81; Taf. 8, Fig. 11. — Terra typica: Die Flüsse Mississippi, Ohio und Alabama.

1899 *Lampsilis fallaciosus* Smith, Bull. U.S. Fish. Comm., Washington, **15**:291; Taf. 79. — Terra typica: Mississippi-Fluß bei Muscatine, Iowa.

Diagnosis: Schale verlängert, mit fast gleichlaufenden Rücken- und Bauchrändern, fast drehrund, wenig festschalig, meist aufgeblasen. Wirbel voll, aber nicht hoch, mit einer Skulptur aus in der Mitte eingebuchteten, aber hinten offenen Fältchen. Vorderende gerundet; Hinterende hinten ziemlich scharf zugespitzt, mit der Spitze etwas über der Mittelachse der Schale. Konchinschicht grünlich gelb bis gelblich grün, oft zart gestrahlt, hinten meist dunkler auf der Area. Linke Klappe mit zwei hohen, zusammengepreßten Haupt- und zwei zarten, fast geradlinigen Seitenzähnen; rechte Klappe mit zwei Hauptzähnen, deren oberer kleiner und stärker zusammengedrückt ist, und einem Seitenzahn. Wirbelhöhlen mäßig tief. Perlmutter weiß oder strohgelb bis purpurn. — Maße: ♂: Länge 90—127 mm, Höhe 37—62 mm, Dicke 32—45 mm. — ♀: Länge 90—120 mm, Höhe 40—62 mm, Dicke 33—45 mm.

Bemerkungen: *Lampsilis fallaciosus* SMITH, hier in die Synonymie von *teres* gestellt, ist meiner Meinung nach keine gute Unterart; sie scheint mir die Phase aus kleineren, stilleren Wassern (Seitenarme des Mississippi) darzustellen.

Verbreitung: Gesamtes Mississippi-Gebiet; Zuflüsse des Golfs von Mexiko von West-Florida bis Nord-Mexiko; die Angabe Red River of the North scheint stark zweifelhaft.

2b. Ligumia teres floridensis (LEA)

1852 *Unio floridensis* LEA, Trans. amer. philos. Soc., Philadelphia, **10**:274; Taf. 21, Fig. 31. — Terra typica: Choctawhatchee-Fluß, West-Florida.

Diagnosis: Kleiner und dünnschaliger als die Nominatform; beim Weibchen liegt die marsupiale Schwellung mehr in der Mitte, und das Vorderende der Schale ist oft schmäler. — Maße: ♂: Länge 85 mm, Höhe 41 mm, Dicke 26 mm. — ♀: Länge 63 mm, Höhe 33 mm, Dicke 19 mm.

Bemerkungen: Diese Form scheint eine gut gekennzeichnete südliche Rasse von *L. teres* darzustellen.

Verbreitung: Südliches Alabama, Georgia, bis mittleres Florida.

3. Ligumia virescens (LEA)

1858 *Unio virescens* LEA, Proc. Acad. nat. Sci. Philadelphia, **2**:40. — Terra typica: Tennessee-Fluß bei Tuscumbia, Alabama.

Diagnosis: Schale lang elliptisch oder quereiförmig, leicht aufgeblasen, wenig festschalig. Wirbel mäßig voll, mit zahlreichen, zarten, in der Mitte eingeschnürten Fältchen skulptiert. Konchinschicht glänzend, grünlich strohfarben, oft leicht gestrahlt, mehr so auf der Area. Linke Klappe mit zwei zusammengepreßten und erhöhten Haupt- und zwei zarten leicht gebogenen Seitenzähnen; rechte Klappe mit zwei Hauptzähnen, deren oberer kleiner und schwächer ist, und einem einzigen Seitenzahn. Wirbelhöhlen ziemlich tief. Perlmutter bläulich weiß. — Die männlichen Schalen, sowie die der Weibchen, sind hinten unten etwas vorgezogen, und zwar die der Weibchen etwas mehr. — Maße: Länge 67 mm, Höhe 40 mm, Dicke 25 mm.

Verbreitung: Tennessee-Fluß im nördlichen Alabama.

4. Ligumia australis (SIMPSON)

1900 *Lampsilis australis* SIMPSON, Proc. Acad. nat. Sci. Philadelphia, **52**:75; Taf. 2, Fig. 2. — Terra typica: Kleiner Patsaliga-Creek, Südöstliches Alabama.

Diagnosis: Schale verlängert quereiförmig oder lang elliptisch, leicht aufgeblasen, wenig festschalig. Wirbel niedrig mit unbekannter Skulptur. Konchinschicht grünlich gelb mit schwachen Strahlen; ein beträchtlicher Teil der Schalenfläche in der Wirbelgegend ist dunkler, bis schwärzlich gefärbt. Linke Klappe mit zwei hohen, etwas zusammengepreßten Haupt- und zwei schneidenförmigen, leicht gekrümmten Seitenzähnen; rechte Klappe mit zwei Hauptzähnen, deren oberer kleiner ist, und einem einzigen Seitenzahn. Wirbelhöhlen seicht. Perlmutter bläulich weiß. — Maße: Länge 52—72 mm, Höhe 27—38 mm, Dicke 15—24 mm.

Bemerkungen: Diese Art ist nur in zwei Stücken bekannt, dem Typus und Paratypus. Ihre nahe Verwandtschaft mit *Ligumia recta* steht außer Frage; über ihre Artberechtigung muß die Zukunft aufgrund reichhaltigeren Materials entscheiden.

Verbreitung: Nur vom Kleinen Patsaliga-Creek im südöstlichen Alabama bekannt.

5. **Ligumia siliquoidea** (Barnes)

5a. Ligumia siliquoidea siliquoidea (Barnes)

?1820 *Unio fasciata* Rafinesque, Ann. gén. Sci. Phys., Bruxelles, **5**:295. — Terra typica: Ohio-Fluß.

1823 *Unio siliquoideus* Barnes, Amer. J. Sci., New Haven, **6**:269; Taf. 13, Fig. 150. — Terra typica: Wisconsin-Fluß.

1823 *Unio inflatus* Barnes, Amer. J. Sci., New Haven, **6**:266. — Terra typica: Wisconsin-Fluß und Erie-See.

1843 *Unio childreni* Hanley, Illust. descr. Cat. Recent Bivalve Shells; London: 193; Taf. 23, Fig. 57. — Terra typica: Nord-Amerika.

1843 *Unio rosaceus* DeKay, Zoology of New York, **5**:192; Taf. 39, Fig. 355—356; Taf. 40, Fig. 357. — Terra typica: Lake Seneca, New York.

1865 *Unio distans* Anthony, Amer. J. Conch., Philadelphia, **1**:156; Taf. 13, Fig. 2. — Terra typica: Ohio-Fluß.

1866 *Unio opalinus* Anthony, Amer. J. Conch., Philadelphia, **2**:146; Taf. 7, Fig. 2. — Terra typica: Michigan.

1897 *Unio superiorensis* Marsh, Nautilus, Philadelphia u. Boston, **10**:103; Taf. 1, Fig. 1, 2, 5. — Terra typica: Michipicoten-Fluß, Zufluß des Oberen Sees von Norden her.

1927 *Lampsilis siliquoidea pepinensis* F. C. Baker, Amer. Midland Natural., Notre Dame, **10**:223. — Terra typica: Pepin-See bei Lake City, Minnesota.

1928 *Lampsilis siliquoidea chadwicki* F. C. Baker, Bull. Wisconsin geol. nat. Hist. Survey, **70** (2):279; Taf. 91, Fig. 5—8. — Terra typica: Doemel Pont, Winnebago-See bei Oshkosh, Wisconsin.

Diagnosis: Schale quer eiförmig, fest, mehr oder weniger aufgeblasen, hinten ausgesprochen höher; Wirbel mäßig voll, mit einer Skulptur aus zarten, doppelt geschlungenen Fältchen, die sich hinten nach oben umbiegen und manchmal offen sind. Konchinschicht glatt, glänzend, strohfarben bis grünlich gelb, im Alter oft braun, mit zahlreichen, bald breiteren, bald schmäleren Strahlen. Linke Klappe mit zwei Hauptzähnen, die gewöhnlich etwas zusammengepreßt sind, der hintere unter dem Wirbel gelegen, der vordere gewöhnlich höher und größer, und mit zwei langen Seitenzähnen; rechte Klappe mit zwei Hauptzähnen, deren unterer viel größer ist, und einem einzigen Seitenzahn. Wirbelhöhlen ziemlich seicht. Perlmutter weiß, bläulich weiß, strohfarben oder fleischrot. — Weibliche Schale mit ausgesprochener marsupialer Schwellung, hinten in abgerundeter Spitze etwas höher als die des Männchens endend. — Maße: ♂: Länge 100 mm, Höhe 60 mm, Dicke 40 mm. — ♀: Länge 105 mm, Höhe 57 mm, Dicke 50 mm.

Bemerkungen: *Ligumia siliquoidea* ist eine der in Nord-Amerika am weitesten verbreiteten Unioniden. Diese weite Verbreitung und ihre ausgesprochene Vielgestaltigkeit haben zu einer eigentümlichen Synonymie und zur Aufstellung verschiedener Unterarten geführt. So fasse ich die Varietäten oder Unterarten *rosacea* und *superiorensis* lediglich als nördliche See-Phasen der Nominatform auf und bin sicher, dabei nicht weit von der Wahrheit zu sein. Was die Synonymie von *siliquoidea* anlangt, so muß einiges dazu gesagt werden. So vor allem, warum ich diese Art unter dem Namen *siliquoidea* Barnes (1823) und nicht unter dem um drei Jahre älteren Namen *fasciata* Rafinesque anführe wie Frierson (1927). Meiner Ansicht ist die Identität von *U. fasciata* Rafinesque mit *L. siliquoides* nicht ganz sicher, so daß es vorzuziehen ist, ihr den ältesten, sicheren Namen beizulegen. Das gleiche gilt auch für *Unio luteola* Lamarck 1817, dessen Identität mit *L. siliquoides* keineswegs feststeht; spätere Autoren, die *luteola* für *soliquoidea* benutzten, hatten eine falsche Vorstellung von *U. luteola* Lamarck, dessen Identität mit *siliquoidea* sie als gesichert betrachteten.

Verbreitung: Gesamtes Mississippi-Gebiet bis zum Brazos-Fluß in Texas; Gebiet des St.-Lorenz-Stromes; Kanada östlich des Felsengebirges.

5b. Ligumia siliquoidea straminea (Conrad)

1834 *Unio stramineus* Conrad, Amer J. Sci., New Haven, **25**:339; Taf. 1, Fig. 6. — Terra typica: Kleine Flüsse in Süd-Alabama.

1838 *Unio hydianus* Lea, Trans. amer. philos. Soc., Philadelphia, **6**:14; Taf. 6, Fig. 14. — Terra typica: Teche-Fluß, Louisiana (Bayou Teche?).

1838 *Unio claibornensis* Lea, Trans. amer. philos. Soc., Philadelphia, **6**:105; Taf. 24, Fig. 115. — Terra typica: Alabama-Fluß bei Claiborne, Alabama.

1840 *Unio obtusus* Lea, Proc. amer. philos. Soc., Philadelphia, **1**:287. — Terra typica: Chattahoochee-Fluß, Columbus, Georgia.

1845 *Unio pallescens* Lea, Proc. amer. philos. Soc., Philadelphia, **4**:164. — Terra typica: Tuscaloosa, Alabama.

1845 *Unio approximus* Lea, Proc. amer. philos. Soc.. Philadelphia, **4**:164. — Terra typica: Red River bei Alexandria, Louisiana.

1852 *Unio placitus* Lea, Proc. amer. philos. Soc., Philadelphia, **5**:252. — Terra typica: Alabama.

1852 *Unio affinis* Lea, Proc. amer. philos. Soc., Philadelphia, **5**:251. — Terra typica: Alexandria, Louisiana.

Diagnosis: Der Nominatform sehr ähnlich, aber durch geringere Größe und die Beschaffenheit der Konchinschicht von ihr verschieden, die einen etwas wachsartigen Glanz besitzt und die stärker gestrahlt ist; die Strahlen heben sich deutlicher von der Grundfarbe ab und sind dunkler als bei der Nominatform; außerdem neigt die Schale zu größerer Bauchigkeit. — Maße: ♂: Länge 60—80 mm, Höhe 35—47 mm, Dicke 25—26 mm. — ♀: Länge 57—70 mm, Höhe 38—57 mm, Dicke 26—27.

Bemerkungen: Die Synonyma *hydiana, claibornensis* und *straminea* galten als getrennte Arten oder Unterarten von *siliquoidea*. Meiner Meinung nach bezeichnen sie alle die gleiche geographische Rasse der Nominatform in dem Gebiet, wo sie nicht vorkommt. Die Unterschiede zwischen ihnen können bedeutend aussehen, sind aber durch Zwischenformen miteinander verbunden. Wir dürfen also getrost zwei Rassen der *Ligumia siliquoidea* annehmen, die typische *siliquoidea* (im Mississippi-Gebiet und nördliche davon) sind die Unterart *straminea* in dem von der Nominatform nicht bevölkerten Gebiet östlich und südwestlich davon.

Verbreitung: Zuflüsse zum Golf von Mexiko, bis nach Ost-Texas und Oklahoma im Westen, im Osten besonders im Gebiet des Alabama-Flusses.

6. **Ligumia borealis** (Gray)

1882 *Unio borealis* A. F. Gray, Trans. Ottawa Field nat. Club, 3:53; Taf. — Terra typica: Duck-Insel, Ottawa-Fluß, Ontario.

Diagnosis: Schale lang quereiförmig, festschalig, aufgeblasen, mit niedriger Area. Wirbel voll, aber nicht hoch. Konchinschicht grünlich braun bis braun, mit ziemlich zarten, grünen Strahlen. Linke Klappe mit zwei breiten niedrigen Hauptzähnen, deren hinterer unter oder kurz vor dem Wirbel liegt, und zwei zurückliegende, gerade Seitenzähne; rechte Klappe mit einem starken, rauhen Hauptzahn und einem kleinen, zusammengedrückten darüber; nur ein einziger, hoher Seitenzahn. Wirbelhöhlen ziemlich tief. Perlmutter weißlich oder bläulich weiß, oft mit glanzlosen Stellen. — Die Schale des Männchens ist stärker verlängert und hinten spitzer als die des Weibchens, das eine leichte marsupiale Schwellung gerade hinter der Mitte des Unterrandes aufweist. — Maße: ♂: Länge 72 mm, Höhe 42 mm, Dicke 32 mm. — ♀: Länge 63 mm, Höhe 40 mm, Dicke 31 mm.

Bemerkungen: Diese Art vereinigt Eigenschaften von *Ligumia siliquoidea* und *radiata* in sich, und ist unter Umständen nichts weiter als eine Varietät einer der beiden genannten Arten.

Verbreitung: Gebiet des unteren St.-Lorenz-Stromes bis zum Michigan-See; Lake of the Woods, Ontario.

7. **Ligumia radiata** (Gmelin)

7a. Ligumia radiata radiata (Gmelin)

1792 *Mya radiata* Gmelin in Linnaeus, Syst. Nat., 13. Ausg.: 3220. — Terra typica: Virginia.

1827 *Unio lineata* Valenciennes, Tabl. Encycl. Méth., 2:151; Taf. 248, Fig. 5. — Terra typica: Nicht genannt.

1838 *Unio melinus* Conrad, Monogr. Fam. Unionidae, 11:101; Taf. 55, Fig. 1. — Terra typica: Salina-See, New York.

1856 *Mya oblongata* Wood in Hanley, Index Testac., Suppl.: Taf. 1, Fig. 2. — Terra typica: Nord-Amerika.

1865 *Unio obliquiradiatus* Sowerby in Reeve, Conch. Icon., 16, *Unio:* Taf. 29, Fig. 151. — Terra typica: Unbekannt.

1914 *Unio muhlfeldianus* Lea, var. *plurimaffinis* Gregorio, Natural. sicil., Palermo, 22:39; Taf. 3, Fig. 2. — Terra typica: Connecticut.

1918 *Lampsilis radiata oneidensis* F. C. Baker, Techn. Publ. Syracuse Univ., New York, No. 9:247; Abb. — Terra typica: Oneida-See, New York.

Diagnosis: Schale lang eiförmig, wenig fest, etwas zusammengepreßt. Wirbel deutlich, aber weder hoch noch voll, mit zarten doppelt geschlungenen Linien als Skulptur. Konchinschicht gelblich oder bräunlich grün, mehr oder weniger deutlich gestrahlt. Rechte Klappe mit zwei Hauptzähnen, deren oberer klein und zusammengepreßt ist, und einem einzigen Seitenzahn; linke Klappe mit zwei Hauptzähnen, deren hinterer unter dem Wirbel sitzt, und mit zwei geraden Seitenzähnen. Wirbelhöhlen nicht tief, zusammengepreßt. Perlmutter von bläulich weiß bis lachsfarben. — Schale des Männchens oft hinten etwas ausgezogen und leicht zweiwinklig; Schale des Weibchens kürzer, aber hinten breiter. — Maße: ♂: Länge 90 mm, Höhe 50 mm, Dicke 27 mm. — ♀: Länge 80 mm, Höhe 52 mm, Dicke 27 mm.

Verbreitung: Gebiet des St.-Lorenz-Stromes; Manitoba, Kanada; Oberer See?; Zuflüsse des Atlantik bis Nord-Karolina im Süden.

7b. Ligumia radiata tenebrosa (CONRAD)

1834 *Unio tenebrosus* CONRAD, New freshw. shells Un. States: 42; Taf. 7, Fig. 1. — Terra typica: Rappahanock-Fluß bei Falmouth, Stafford Co., Süd-Karolina.

1836 *Unio tenerus* LEA, Trans. amer. philos. Soc., Philadelphia, (2) 8:198; Taf. 10, Fig. 10. — Terra typica: Big Pigeon-Fluß, Tennessee.

1872 *Unio conspicuus* LEA, Proc. Acad. nat. Sci. Philadelphia, 2:156. — Terra typica: Yadkin-Fluß bei Salisbury, Nord-Karolina.

Diagnosis: Schale wenig fest, etwas rautenförmig und verlängert, wenig aufgeblasen. Wirbel ziemlich voll. Konchinschicht gelblich bis grünlich braun, nur leicht gestrahlt. Perlmutter strohfarben bis lachsrot. — Maße: Länge 115 mm, Höhe 67 mm, Dicke 40 mm.

Bemerkungen: Diese Form ist äußerst veränderlich in Umriß, Dicke der Schale und Grad der Aufgeblasenheit. Nichtsdestoweniger ist ihre nahe Verwandtschaft mit der Nominatform unverkennbar, deren südliche Lokalform sie darzustellen scheint.

Verbreitung: Nord-Karolina und Süd-Virginien.

8. **Ligumia bracteata** (GOULD)

1855 *Unio bracteatus* GOULD, Proc. Boston Soc. nat. Hist., 5:288. — Terra typica: Llanos-Fluß, Texas.

Diagnosis: Schale elliptisch, dünn bis etwas fest, etwas aufgeblasen. Wirbel nicht erhöht, mit einer Skulptur aus ziemlich feinen, deutlich doppelt geschlungenen Fältchen. Konchinschicht grünlich strohfarben, mit zahlreichen unregelmäßigen, gewellten Strahlen verschiedener Breite. Linke Klappe mit gleichgroßen, zarten Hauptzähnen und zwei gekrümmten Seitenzähnen; rechte Klappe mit zwei Hauptzähnen, deren unterer größer ist, und einem einzigen Seitenzahn. Wirbelhöhlen nicht tief. Perlmutter bläulich bis lachsfarben, sehr schillernd. — Die Schale des Männchens ist etwas quereiförmig, weder vorn noch hinten verschmälert, mit einem gerundeten, kaum zugespitzten Hinterende; die Schale des Weibchens ist hinten etwas gerundet und weist eine gleichmäßig geschwungene marsupiale Schwellung auf. — Maße: ♂: Länge 53—58 mm, Höhe 32—35 mm, Dicke 18—22 mm. — ♀: Länge 50 mm, Höhe 33 mm, Dicke 21 mm.

Verbreitung: Die Flüsse Llanos, Guadalupe und Colorado in Texas.

9. **Ligumia perpasta** (LEA)

1861 *Unio perpastus* LEA, Proc. Acad. nat. Sci. Philadelphia, 5:160. — Terra typica: Coosa-Fluß, Alabama.

Diagnosis: Schale leicht eiförmig, stark aufgeblasen; Wirbel mäßig groß. Area mit zwei Kanten. Schloßband bis unter die Wirbel reichend. Konchinschicht glänzend, bräunlich, dunkler an den Wirbeln, nicht gestrahlt. Linke

Klappe mit zwei dicklichen Hauptzähnen, deren hinterer den Wirbeln nahe ist, und zwei weit zurückliegenden, dicken Seitenzähnen, deren unterer dicker ist; rechte Klappe mit einem größeren Hauptzahne und je einem kleineren vor und hinter ihm. Wirbelhöhlen mäßig tief. Perlmutter weißlich, hinten unrein purpurn. — Maße: Länge 50—55 mm, Höhe 35—42 mm, Dicke 28—35 mm.

Bemerkungen: Eine sehr seltene Art, mir nur aus Beschreibungen bekannt.

Verbreitung: Coosa-Fluß, Alabama, und Swamp Creek, Georgia.

10. **Ligumia reeviana** (Lea)

10a. Ligumia reeviana reeviana (Lea)

1852 *Unio reevianus* Lea, Trans. amer. philos. Soc., Philadelphia, **10**:272; Taf. 20, Fig. 28. — Terra typica: Alexandria, Louisiana.

Diagnosis: Schale ziemlich fest, aber dünn, länglich, elliptisch oder verlängert eiförmig, nur wenig aufgeblasen; Wirbel weder hoch noch voll, mit unbekannter Skulptur. Konchinschicht gelblich oder grünlich, mit vielen welligen und gebrochenen Strahlen; diese Strahlen sind oft abwechselnd breit und schmal und so gebrochen, daß die hellere Grundfarbe oft bandartig hervortritt. Schloß mit kleinen, oft verkümmerten Hauptzähnen, zwei links und einer rechts; Seitenzähne klein, kurz, weit zurückliegend, durch ein schmales Intervall von den Hauptzähnen getrennt. Wirbelhöhlen nicht tief. Perlmutter bläulich, dunkler in den Wirbelhöhlen. — Schale des Männchens hinten stumpf zugespitzt oder etwas zweiwinklig; Schale des Weibchens hinten unten stark vorgezogen, gerundet oder rundlich zugespitzt hinten. — Maße: ♂: Länge 70 mm, Höhe 40 mm, Dicke 25 mm. — ♀: Länge 67 mm, Höhe 42 mm, Dicke 26 mm.

Bemerkungen: Eine Art aus der Gruppe der *Ligumia radiata*, aber stets durch das mehr oder weniger verkümmerte Schloß und die seltsame Anordnung der Strahlen der Konchinschicht gekennzeichnet.

Verbreitung: Louisiana; Texas; Arkansas.

10b. Ligumia reeviana brevicula (Call)

1887 *Unio breviculus* Call, Proc. U.S. nation. Mus., Washington, **10**:499; Taf. 28. — Terra typica: Current River, Shannon Co., Missouri.

1900 *Lampsilis brittsi* Simpson, Proc. Acad. nat. Sci. Philadelphia, **52**:76; Taf. 5, Fig. 1—2. — Terra typica: Nicht genannt.

Diagnosis: Der Nominatform sehr ähnlich, doch verschieden durch die Farbe der Konchinschicht, die grünlich strohfarben ist und nur auf dem Hinterende mit Strahlen versehen ist; ferner durch das etwas besser ausgebildete Schloß. — Maße: ♂: Länge 47 mm, Höhe 27 mm, Dicke 17 mm. — ♀: Länge 44 mm, Höhe 31 mm, Dicke 15 mm.

Bemerkungen: Offenbar nur eine kleinere, westliche Lokalform der typischen *reeviana* (Lea).

Verbreitung: Shannon Co., Missouri; Arkansas.

11. **Ligumia powellii** (Lea)

1852 *Unio powellii* Lea, Proc. amer. philos. Soc., Philadelphia, **5**:252. — Terra typica: Saline-Fluß, Arkansas.

Diagnosis: Schale lang, elliptisch oder verlängert eiförmig, mehr oder weniger dünn, wenig aufgeblasen, vorn schmal und gerundet. Wirbel nur mäßig voll, Skulptur unbekannt. Konchinschicht bräunlich, ungestrahlt. Schloßlinie ebenmäßig geschwungen. Rechte Klappe mit zwei Hauptzähnen, deren oberer kleiner ist, und einem ziemlich langen Seitenzahn, linke Klappe mit zwei ziemlich kleinen, aber scharfen Hauptzähnen und zwei kurzen, zurückliegenden Seitenzähnen. Wirbelhöhlen mäßig tief. Perlmutter weißlich, in der Mitte dunkler. — Schale des Männchens hinten schwach zweiwinklig; die des Weibchens hinten unten etwas vorgezogen, breit und gerundet hinten. — Maße: ♂: Länge 80 mm, Höhe 47 mm, Dicke 28 mm. — ♀: Länge 75 mm, Höhe 48 mm, Dicke 28 mm.

Bemerkungen: Eine sehr zweifelhafte Art, die unter Umständen auf abweichende Stücke der vorhergehenden begründet ist.

Verbreitung: Arkansas; Texas; Kansas.

12. Ligumia streckeri (Frierson)

1927 *Lampsilis streckeri* Frierson, Class. annot. Check List North Amer. Naiades: 74. — Terra typica: Little Red-Fluß, Arkansas.

Diagnosis: Schale ungleichseitig, elliptisch, dünn, durchscheinend, dunkelgelb oder braun, allüber mit kettenartigen Strahlen versehen, die sich gelegentlich zu einem Bande von Querlinien vereinigen. Die männliche Schale endet hinten in einem stumpfen Punkte, die weibliche in einer gerundeten, fächerartigen Verbreiterung. Hauptzähne rechts doppelt, einzeln links, ziemlich klein, oft knötchenartig. Seitenzähne ziemlich klein, Intervall deutlich, glatt und gerundet. Perlmutter dünn, bläulich mit bräunlichen Flecken. — Maße: ♂: Länge 65 mm, Höhe 38 mm, Dicke 22 mm. — ♀: Länge 68 mm, Höhe 41 mm, Dicke 24 mm.

Bemerkungen: Die Beschreibung dieser mir unbekannten Art ist eine Übersetzung der ursprünglichen Diagnose von Frierson.

Verbreitung: Arkansas; Onion Creek, Travis Co., Texas.

13. Ligumia lienosa (Conrad)

1834 *Unio lienosus* Conrad, Amer. J. Sci., New Haven, **25**:339; Taf. 1, Fig. 4. — Terra typica: Kleine Flüßchen im südlichen Alabama.

1838 *Unio saxeus* Conrad, Monogr. Fam. Unionidae Naiades Lamarck, N. America, No. 12:109; Taf. 60, Fig. 1. — Terra typica: Claiborne, Alabama.

1845 *Unio caliginosus* Lea, Proc. amer. philos. Soc., Philadelphia, **4**:165. — Terra typica: Red River bei Alexandria, Louisiana.

1845 *Unio gouldi* Lea, Proc. amer. philos. Soc., Philadelphia, **4**:165. — Terra typica: Tuscaloosa, Alabama.

1852 *Unio nigerrimus* Lea, Trans. amer. philos. Soc., Philadelphia, **10**:268; Taf. 18, Fig. 23. — Terra typica: Alexandria, Louisiana.

1852 *Unio proximus* Lea, Proc. amer. philos. Soc., Philadelphia, **5**:252. — Terra typica: Georgia.

1857 *Unio concestator* Lea, Proc. Acad. nat. Sci. Philadelphia, **9**:31. — Terra typica: Bäche nahe Columbus, Georgia.

1857 *Unio intercedens* Lea, Proc. Acad. nat. Sci. Philadelphia, **9**:32. — Terra typica: Flüsse bei Columbus, Georgia.

1861 *Unio porphyreus* Lea, Proc. Acad. nat. Sci. Philadelphia, 5:60. — Terra typica: Coosa-Fluß, Alabama.
1866 *Unio fontanus* Conrad, Amer. J. Conch., Philadelphia, 2:279; Taf. 13, Fig. 3. — Terra typica: Bach bei Vicksburg, Mississippi.
1868 *Unio genuinus* Lea, Proc. Acad. nat. Sci. Philadelphia, 20:161. — Terra typica: Bissel's Pond, Charlotte, Nord-Karolina.
1899 *Unio unicostatus* B. H. Wright, Nautilus, Philadelphia u. Boston, 13:79. — Terra typica: Spring Creek, Decatur Co., Georgia.

Diagnosis: Schale lang elliptisch oder quereiförmig, meist fest und aufgeblasen. Wirbel mäßig, ihre Skulptur unbekannt. Konchinschicht dunkel bräunlich bis schwarz, hinten oft schwach gestrahlt. Linke Klappe mit zwei gerauhten Haupt- und zwei gebogenen Seitenzähnen; rechte Klappe mit einem deutlichen Hauptzahn und einem schwachen, leistenförmigen darüber und einem einzigen Hauptzahne, unter dem in alten Stücken eine Andeutung eines zweiten stehen kann; alle Zähne sind leicht körnig gerauht. Perlmutter von weiß bis lachsfarben. — Die männliche Schale ist hinten oft gerundet zweiwinklig oder gerundet, und der hinterste Punkt liegt etwas über der Schalenmitte; die Schale des Weibchens ist hinten unten beträchtlich geschwollen, und ihr Hinterende liegt höher als das des Männchens. — Maße: Länge 70 mm, Höhe 43 mm, Dicke 30 mm.

Bemerkungen: Die folgenden, hier als Synonyme behandelten Namen wurden meist als eigne Arten angesehen: *gouldi* Lea ist auf eine einzige tote, abgerollte Schale begründet; *porphyreus* Lea ist ein altes, besonders dickschaliges Stück mit tieferfärbiger Perlmutter.

Verbreitung: Atlantische Zuflüsse der Vereinigten Staaten südlich bis Südwest-Georgia; unteres Mississippi-Gebiet bis einschließlich des unteren Ohio und des Wabash-Flusses.

14. Ligumia prattii (Lea)

1858 *Unio prattii* Lea, Proc. Acad. nat. Sci. Philadelphia, 2:166. — Terra typica: Chattahoochee-Fluß bei Roswell, Cobb Co., Georgia.

Diagnosis: Schale klein, elliptisch oder quereiförmig, ziemlich dünn, etwas aufgeblasen; Konchinschicht glatt und glänzend, gelblich grün bis fahl olivenbraun, schwach gestrahlt. Wirbel ziemlich niedrig, ziemlich mittelständig, mit unbekannter Skulptur. Rechte Klappe mit zwei Hauptzähnen, deren oberer klein ist, und einem Seitenzahn; linke Klappe mit zwei Hauptzähnen, die zusammengedrückt sind, und zwei geraden Seitenzähnen. Wirbelhöhlen seicht. Perlmutter bläulich, schmutzig rötlich in der Mitte. — Männliche Schale regelmäßig elliptisch, weibliche mit ausgesprochener marsupialer Schwellung hinten unten. — Maße: Länge 33 mm, Höhe 22 mm, Dicke 14 mm.

Bemerkungen: Die Validität dieser Art ist angezweifelt worden, und man hat sie als eine der vielen Varianten der vorhergehenden angesehen.

Verbreitung: Nur aus dem Chattahoochee-Fluß in Georgia bekannt.

15. Ligumia zeigleriana (Lea)

1836 *Margarita (Unio) zeiglerianus* Lea, Synopsis Fam. Naiades: 26. — (Nomen nudum).
1838 *Unio zeiglerianus* Lea, Trans. amer. philos. Soc. Philadelphia, 6:29. — Terra typica: Cumberland-Fluß, Tennessee.

Diagnosis: Schale lang elliptisch, nicht sehr fest, wenig aufgeblasen, vorn gerundet und hinten zugespitzt oder leicht zweiwinklig, mit dem hintersten Punkte etwas über der Mitte. Wirbel ziemlich niedrig, mit zarter Skulptur aus Doppelschlingen. Konchinschicht schmutzig gelblich grün oder grünlich gelb, mit sehr zarten, kaum hervortretenden Strahlen. Rechte Klappe mit zwei leicht zusammengepreßten Hauptzähnen, deren oberer kleiner ist, und einem Seitenzahn; rechte Klappe ebenfalls mit zwei leicht zusammengepreßten Hauptzähnen und zwei Seitenzähnen. Wirbelhöhlen seicht. Perlmutter weißlich an den Rändern, in den Wirbelhöhlen purpurn. — Maße: Länge 51 mm, Höhe 28 mm, Dicke 19 mm.

Verbreitung: Unterer Ohio-Fluß samt Zuflüssen; Gebiete des Cumberland- und des Tennessee-Flusses.

16. Ligumia fabacea (Lea)

1861 *Unio fabaceus* Lea, Proc. Acad. nat. Sci. Philadelphia, 5:38. — Terra typica: Oostanaula-Fluß, Georgia.

Diagnosis: Schale quer eiförmig, ziemlich aufgeblasen, undeutlich zweiwinklig hinten. Wirbel ziemlich mittelständig, wenig vorragend. Konchinschicht dunkelbraun, glänzend, undeutlich gestrahlt. Hauptzähne klein, zugespitzt, leicht gekerbt. Seitenzähne kurz, etwas gekrümmt, schneidenförmig. Perlmutter rötlich oder lachsfarben. Wirbelhöhlen tief und winklig. — Maße: Länge 46 mm, Höhe 25 mm, Dicke 16 mm.

Bemerkungen: Eine etwas unsichere, auf ein einziges Stück begründete Art, deren Daseinsberechtigung keineswegs feststeht; sie wurde auch schon, vielleicht nicht mit Unrecht, als Synonym von *Ligumia vanuxemensis* (Lea) angesehen.

Verbreitung: Anscheinend nur von der Terra typica bekannt.

17. Ligumia propria (Lea)

1865 *Unio proprius* Lea, Proc. Acad. nat. Sci. Philadelphia, 9:89. — Terra typica: Lafayette, Georgia.

Diagnosis: Schale ziemlich klein, lang elliptisch oder gerundet rautenförmig, nicht sehr festschalig, wenig aufgeblasen; Wirbel ziemlich niedrig. Konchinschicht glanzlos, rauchig gelblich, manchmal hinten zart gestrahlt. Hauptzähne jederseits etwas zusammengepreßt, Seitenzähne kurz, schneidend. Perlmutter weißlich, gegen die Mitte purpurn oder lachsfarben. — Schale des Männchens etwas rautenförmig, das etwas gerundete Hinterende endet nahe dem Unterrande; Schale des Weibchens mit nur mäßiger marsupialer Schwellung, das Hinterende liegt etwas höher als beim Männchen. — Maße: Länge 37 mm, Höhe 23 mm, Dicke 15 mm.

Bemerkungen: Auch bei dieser Art ist die Artberechtigung zweifelhaft; sie ist *Ligumia vanuxemensis* (Lea) sehr ähnlich, nur durch hellere Konchinschicht und geringere Größe von ihr verschieden und kann recht wohl eine Lokalform von ihr darstellen.

Verbreitung: Walker Co., Georgia; Clinch-Fluß, Virginia.

18. Ligumia delumbis (CONRAD)

1834 *Unio delumbis* CONRAD, New freshw. shells Un. Stat.: 35; Taf. 5, Fig. 3. — Terra typica: Kleine Flüßchen bei Cooper River, Süd-Karolina.
1836 *Margarita (Unio) vaughaniana* LEA, Synopsis Fam. Naiades: 39. — (Nomen nudum).
1838 *Unio vaughanianus* LEA, Trans. amer. philos. Soc., Philadelphia, **6**:5; Taf. 3, Fig. 5. — Terra typica: Sawney's Creek bei Camden, Süd-Karolina.
1861 *Unio contiguus* LEA, Proc. Acad. nat. Sci. Philadelphia, **6**:392. — Terra typica: Stewart's Mill dam, Union Co., Nord-Karolina.

Diagnosis: Schale lang eiförmig, sehr dünn und zerbrechlich, aufgeblasen. Vorderende ziemlich schmal, Hinterende gerundet. Konchinschicht olivenbraun mit grünen Strahlen. Wirbel nur mäßig voll. Hauptzähne schneidend. Wirbelhöhlen geräumig. Perlmutter bläulich, sehr schillernd. — Maße: Länge 54 mm, Höhe 30 mm.

Bemerkungen: Eine wenig bekannte Art, die ganz auf der ursprünglichen Abbildung von CONRAD beruht. Nach FRIERSON stellt *delumbis* CONRAD die männliche Schale dar, während *vaughanianus* LEA eine weibliche ist. Mehr Material ist vonnöten, um diese Art klarzustellen.

Verbreitung: Nord- und Süd-Karolina.

19. Ligumia vanuxemensis (LEA)

1838 *Unio vanuxemensis* LEA, Trans. amer. philos. Soc. Philadelphia, **6**:36; Taf. 11, Fig. 31. — Terra typica: Cumberland-Fluß, Tennessee.
1838 *Unio obscurus* LEA, Trans. amer. philos. Soc. Philadelphia, **6**:7; Taf. 3, Fig. 7. — Terra typica: Nashville, Tennessee.
1840 *Unio nitens* LEA, Proc. amer. philos. Soc., Philadelphia, **1**:288. — Terra typica: Long Creek, Cocke Co., Tennessee.
1842 *Unio puniceus* HALDEMAN, J. Acad. nat. Sci. Philadelphia, **8**:201. — Terra typica: Holston-Fluß, Washington Co., Virginia.
1857 *Unio umbrosus* LEA, Proc. Acad. nat. Sci. Philadelphia, **9**:32. — Terra typica: Othcalooga Creek, Gordon Co., Georgia.
1857 *Unio umbrans* LEA, Proc. Acad. nat. Sci. Philadelphia, **9**:104. — (Nomen substitutum pro *U. umbrosus* LEA 1857.)
1857 *Unio tenebricus* LEA, Proc. Acad. nat. Sci. Philadelphia, **9**:171. — Terra typica: Etowah-Fluß, Georgia.
1858 *Unio pybasii* LEA, Proc. Acad. nat. Sci. Philadelphia, **10**:40. — Terra typica: Tennessee-Fluß bei Tuscumbia, Alabama.
1868 *Unio copei* LEA, Proc. Acad. nat. Sci. Philadelphia, **12**:144. — Terra typica: Quellwässer des nördlichen Zweiges des Holston-Flusses, Smyth Co., Virginia.
1870 *Margaron (Unio) vanuxemii* LEA, Synopsis Fam. Unionidae, 4. Ausg.: 46. — Veränderte Namensgebung.
1871 *Unio dispansus* LEA, Proc. Acad. nat. Sci. Philadelphia, **23**:191. — Terra typica: Ost-Tennessee.

Diagnosis: Schale elliptisch oder unregelmäßig quereiförmig, ziemlich fest, etwas aufgeblasen. Wirbel ziemlich niedrig, mit einer Skulptur aus Fältchen, die in der Mitte eingebogen sind. Konchinschicht glanzlos, bräunlich bis fast schwarz. Linke Klappe mit zwei ziemlich plumpen Hauptzähnen und zwei gekrümmten Seitenzähnen; rechte Klappe mit einem ausgebildeten und einem angedeuteten Hauptzahn und einem Seitenzahn. Perlmutter schmutzig weißlich bis zu dunkel purpurn, in den Wirbelhöhlen dunkler. — Männliche Schale lang elliptisch, hinten unten ziemlich aufgeblasen, hinten ziemlich scharf zugespitzt; weibliche Schale ganz hinten unten deutlich mit marsupialer Schwellung, wonach sie abgestutzt erscheint, meist kleiner als die männliche. — Maße: ♂: Länge 58 mm, Höhe 36 mm, Dicke 23 mm. — ♀: Länge 41 mm, Höhe 27 mm, Dicke 20 mm.

Bemerkungen: Eine sehr veränderliche Art, was die Menge der in der Synonymie genannten Namen erklärt.

Verbreitung: Gebiete des Cumberland- und des Tennessee-Flusses; Quellgebiet des Coosa-Flusses.

20. **Ligumia vibex** (Conrad)

1834 *Unio vibex* Conrad, New freshw. shells Un. States: 31; Taf. 4, Fig. 3. — Terra typica: Black Warrior-Fluß, südlich von Blount Springs, Alabama.

1840 *Unio exiguus* Lea, Proc. amer. philos. Soc., Philadelphia, 1:287. — Terra typica: Chatahoochee-Fluß bei Columbus, Georgia.

1852 *Unio prevostianus* Lea, Trans. amer. philos. Soc. Philadelphia, **10**:269; Taf. 19, Fig. 24. — Terra typica: Etowah-Fluß, Georgia.

1852 *Unio nigrinus* Lea, Trans. amer. philos. Soc. Philadelphia, **10**:284; Taf. 24, Fig. 44. — Terra typica: West-Florida.

1858 *Unio rutilans* Lea, Proc. Acad. nat. Sci. Philadelphia, 8:262. — Terra typica: Othcalooga-Creek, Gordon Co., Georgia.

1860 *Unio dispar* Lea, Proc. Acad. nat. Sci. Philadelphia, 4:305. — Terra typica: Columbus, Georgia.

1860 *Unio planicostatus* Lea, Proc. Acad. nat. Sci. Philadelphia, 4:92. — Terra typica: Tuscumbia, Alabama.

1888 *Unio averellii* B. H. Wright, Proc. Acad. nat. Sci. Philadelphia, **23**:115; Taf. 3, Fig. 2. — Terra typica: Ashby-See, Volusia Co., Florida.

Diagnosis: Schale lang elliptisch bis lang quereiförmig, dünn bis etwas fest, leicht zusammengedrückt bis beträchtlich aufgeblasen. Wirbel kaum aufgeblasen oder erhöht, mit einer Skulptur aus einigen doppelt geschlungenen Fältchen. Konchinschicht glatt, bräunlich oder grünlich gelb, gewöhnlich mit breiten etwas gewellten Strahlen, die die ganze Schalenfläche bedecken können oder die auf das Hinterteil beschränkt sind; gelegentlich fehlen sie vollständig. Linke Klappe mit zwei etwas zusammengepreßten Hauptzähnen, deren vorderer höher und länger ist, und zwei kurzen, zarten Seitenzähnen; rechte Klappe mit einem ausgebildeten und darüber einem angedeuteten Hauptzahn und mit einem Seitenzahn. Wirbelhöhlen nicht tief. Perlmutter bläulich weiß. — Die männliche Schale ist manchmal leicht rautenförmig, hinten in der Mitte stumpf zugespitzt, aber auch oft gleichmäßig gerundet; die weibliche Schale zeigt wenig marsupiale Schwellung und ist gleichfalls hinten gleichmäßig gerundet. — Maße: ♂: Länge 82 mm, Höhe 45 mm, Dicke 32 mm. — ♀: Länge 74 mm, Höhe 43 mm, Dicke 27 mm.

Bemerkungen: Eine äußerst formveränderliche Form, was zu der Aufstellung der in der Synonymie aufgezählten Namen geführt hat.

Verbreitung: Ogeechee-Fluß, Georgia bis westlich nach Jackson, Mississippi.

21. **Ligumia stagnalis** (Conrad)

1849 *Unio stagnalis* Conrad, Ann. Mag. nat. Hist., London, (2) **4**:300. — Terra typica: Ogeechee-Fluß, Georgia.

1856 *Unio subellipsis* LEA, Proc. Acad. nat. Sci. Philadelphia, 8:262. — Terra typica: Bäche bei Columbus, Georgia.

Diagnosis: Schale elliptisch, aufgeblasen, ungleichseitig, festschalig; Wirbel etwas vorragend. Konchinschicht dunkelbraun, glatt, gestrahlt. Hauptzähne kurz, dick, ziemlich hoch; Seitenzähne sehr lang und gerade. Perlmutter silberweiß, sehr schillernd. — Maße: Länge 62 mm, Höhe 36 mm, Dicke 24 mm.

Bemerkungen: Eine wenig bekannte Art, die recht gut in die Synonymie von *Ligumia vibex* (CONRAD) gehören kann; die Identität von *subellipsis* LEA mit *stagnalis* steht übrigens nicht fest, obwohl sie einander sehr nahe stehen. Wenn *stagnalis* wirklich in die Synonymie von *vibex* gehört, wären beide Namen Synonyme.

Verbreitung: Georgia.

22. Ligumia modioliformis (LEA)

1834 *Unio modioliformis* LEA, Trans. amer. philos. Soc., Philadelphia, 5: 97; Taf. 12, Fig. 40. — Terra typica: Santee-Kanal, Süd-Karolina.

Diagnosis: Schale lang elliptisch oder lang quereiförmig, dünn, etwas aufgeblasen; Wirbel voll, aber nicht hoch, mit einer Skulptur aus vielen zarten, doppelt geschlungenen Fältchen, deren hintere Schlinge unten manchmal etwas winklig ist. Konchinschicht glänzend, olivfarben oder gelblich grün, zart oder gar nicht gestrahlt. Linke Klappe mit zwei stark zusammengedrückten Hauptzähnen, deren vorderer dreieckig und viel höher ist, und zwei zarten Seitenzähnen; rechte Klappe mit einem Hauptzahn und darüber manchmal einem rückgebildeten zweiten, und einem Seitenzahn. Wirbelhöhlen seicht. Perlmutter bläulich, oft mit Purpurschein, hinten schillernd. — Männliche Schale lang elliptisch, manchmal etwas breiter und stumpf zugespitzt hinten, manchmal sogar leicht doppelwinklig dort; weibliche Schale vorn viel schmäler, hinten dagegen breit gerundet und verbreitert. — Maße: ♂: Länge 62 mm, Höhe 32 mm, Dicke 25 mm. — ♀: Länge 70 mm, Höhe 37 mm, Dicke 25 mm.

Bemerkungen: Auch diese Art gehört in den Formenkreis der *Ligumia vibex* und ist nur bedingungsweise hier von dieser getrennt aufgeführt. Die Ähnlichkeit zwischen beiden Arten ist in der Jugend am größten.

Verbreitung: Vom Santee-Kanal, Süd-Karolina, im Norden bis Nord-Florida.

23. Ligumia subangulata (LEA)

1840 *Unio subangulatus* LEA, Proc. amer. philos. Soc., Philadelphia, 1:287. — Terra typica: Chattahoochee-Fluß bei Columbus, Georgia.
1897 *Unio kirklandianus* S. H. WRIGHT, Nautilus, Philadelphia u. Boston, 10:136. — Terra typica: Ocklocknee-Fluß, Leon Co., Florida.

Diagnosis: Schale lang elliptisch oder lang eiförmig, ziemlich fest, leicht aufgeblasen; Wirbel voll, aber nicht hoch, ihre Skulptur unbekannt. Area hoch. Vorderende gerundet, Bauchrand gekrümmt, hinten etwas voller; Hinterende in einen rundlichen oder ganz leicht zweiwinkligen Punkt ausgezogen, der etwa in der Mittellinie liegt. Konchinschicht glänzend, bräunlich oder fahl grünlich gelb, gewöhnlich breit grün gestrahlt. Linke Klappe mit zwei kleinen, niedrigen und leicht zusammengepreßten Hauptzähnen und zwei kurzen Seitenzähnen;

rechte Klappe mit einem Hauptzahn und darüber einem weiteren, kleineren, und einem Seitenzahn. Wirbelhöhlen nicht tief, aber zusammengepreßt. Perlmutter bläulich weiß bis purpurn. — Männliche und weibliche Schalen unterscheiden sich nur dadurch, daß die letztere hinten unten etwas stärker vorgezogen ist. — Maße: Länge 57 mm, Höhe 33 mm, Dicke 20 mm.

Verbreitung: Gebiet des Appalachicola-Flusses in Georgia und Florida; Ocklocknee-Fluß in Florida.

24. Ligumia ogeechensis (Conrad)

1849 *Unio ogeechensis* Conrad, Ann. Mag. nat. Hist., London, (2) **4**:300. —Terra typica: Ogeechee-Fluß, Georgia.

1852 *Unio concavus* Lea, Trans. amer. philos. Soc., Philadelphia, **10**:260; Taf. 15, Fig. 11. — Terra typica: Macon Creek und Dry Creek bei Columbus, Georgia.

1857 *Unio sudus* Lea, Proc. Acad. nat. Sci. Philadelphia, **9**:29. — Terra typica: Dry Creek bei Columbus, Georgia.

Diagnosis: Schale lang elliptisch oder lang quereiförmig, ziemlich dünn, leicht aufgeblasen. Wirbel niedrig, ihre Skulptur besteht aus niedrigen, leicht doppelt geschlungenen Fältchen. Konchinschicht glatt und glänzend, fahl grünlich gelb, mit verschieden breiten, gebrochenen, grünen Strahlen, die oft hellere Wachstumsringe vortäuschen können. Linke Klappe mit zwei zusammengedrückten Haupt- und zwei zarten Seitenzähnen; rechte Klappe mit zwei Hauptzähnen und einem Seitenzahn. Wirbelhöhlen recht seicht. Perlmutter schmutzig rötlich oder bläulich mit purpurner Mitte. — Die männliche Schale ist hinten in der Mitte zugespitzt, die weibliche ist kürzer und höher als die männliche, hat hinten unten eine ausgesprochene marsupiale Schwellung und endet hinten angerundet zugespitzt nicht ganz in der Mittellinie. — Maße: ♂: Länge 57 mm, Höhe 32 mm, Dicke 20 mm. — ♀: Länge 53 mm, Höhe 36 mm, Dicke 23 mm.

Bemerkungen: Die Verbreitung dieser Art ist insofern eigenartig, als sie atlantische Zuflüsse, Zuflüsse zum Golf von Mexiko und Teile des Mississippi-Gebietes umfaßt.

Verbreitung: Neuse-Fluß, Nord-Karolina; südlich bis Nord-Florida; westlich bis zum Etowah-Fluß, Georgia; Duck-Fluß, Tennessee.

25. Ligumia subrostrata (Say)

1831 *Unio subrostratus* Say, New Harmony Dissemin., Jan. 15. — Terra typica: Wabash-Fluß, Indiana.

1834 *Unio nashvillianus* Lea, Trans. amer. philos. Soc., Philadelphia, **5**:100; Taf. 14, Fig. 43. — Terra typica: Ohio-Fluß bei Louisville, Kentucky.

1838 *Unio mühlfeldianus* Lea, Trans. amer. philos. Soc., Philadelphia, **6**:41; Taf. 12, Fig. 36. — Terra typica: Cumberland-Fluß, Tennessee.

1850 *Unio mississippiensis* Conrad, J. Acad. nat. Sci. Philadelphia, **1**:277; Taf. 38, Fig. 11. — Terra typica: Ein Nebenfluß des unteren Mississippi-Flusses.

1859 *Unio rutesvillensis* Lea, Proc. Acad. nat. Sci. Philadelphia, **3**:155. — Terra typica: Rutersville, Fayette Co., Texas.

1865 *Unio cocoduensis* Sowerby in Reeve, Conch. Icon., **16**, *Unio:* Taf. 24, Fig. 117. — Terra typica: Nicht angegeben.

1868 *Unio topekaensis* Lea, Proc. Acad. nat. Sci. Philadelphia, **12**:144. — Terra typica: Topeca, Kansas.

1914 *Lampsilis subrostrata* var. *furva* SIMPSON, Descr. Cat. Naiades Pearly Freshw. Mussels: 100. — Terra typica: Maumee-Fluß, Nord-Indiana.

Diagnosis: Schale verlängert, unregelmäßig elliptisch, wenig fest, etwas aufgeblasen; Wirbel mäßig voll, mit einer Skulptur aus zahlreichen zarten Fältchen, die in der Mitte eingezogen sind. Area etwas flügelartig. Vorderende gerundet, Hinterende ziemlich scharf zugespitzt. Konchinschicht glanzlos, schmutzig grünlich gelb, meist undeutliche breite und gewellte Strahlen auf dem Hinterende aufweisend, und gelegentlich konzentrische Bänder von hellerer und dunklerer Farbe zeigend. Rechte Klappe mit zwei zusammengepreßten Hauptzähnen, deren oberer kleiner ist, und einem Seitenzahne; linke Klappe mit zwei Hauptzähnen und zwei Seitenzähnen. Wirbelhöhlen mäßig tief. Perlmutter bläulich weiß. — In der männlichen Schale laufen Ober- und Unterrand fast gleich; der Unterrand biegt nach der Mitte steil auf und endet in scharfer Spitze über der Schalen-Mittelachse; in der weiblichen Schale ist das Vorderende verschmälert, und sie zeigt eine deutliche marsupiale Schwellung, vor der der Unterrand leicht eingekrümmt ist. — Maße: ♂: Länge 70 mm, Höhe 35 mm, Dicke 23 mm. — ♀: Länge 62 mm, Höhe 35 mm, Dicke 23 mm.

Verbreitung: Das gesamte untere Mississippi-Gebiet bis etwa zum 41. nördlichen Breitengrade; östliche Hälfte von Texas.

26. Ligumia tenera (LEA)

1840 *Unio tener* LEA, Proc. amer. philos. Soc., Philadelphia, 1:286. — Terra typica: Pigeon-Fluß, Tennessee.

1841 *Unio regularis* LEA, Proc. amer. philos. Soc., Philadelphia, 2:82. — Terra typica: French Broad River, Ost-Tennessee.

Diagnosis: Schale lang elliptisch oder leicht quereiförmig, nicht stark zusammengepreßt und nicht sehr fest; Hinterende zweiwinklig oder fast gleichmäßig gerundet. Wirbel sehr niedrig, ihre Skulptur unbekannt. Konchinschicht schmutzig grünlich gelb oder bräunlich, mit einigen zarten Strahlen, gelegentlich auch fast ohne Strahlen. Linke Klappe mit zwei kleinen Haupt- und zwei zarten Seitenzähnen; rechte Klappe mit einem Haupt- und einem Seitenzahne. Perlmutter schmutzig, bleifarben. — Die Schalen beider Geschlechter sind anscheinend einander sehr ähnlich, doch die weibliche zeigt eine deutliche, wenn auch schwache marsupiale Schwellung. — Maße: Länge 60 mm, Höhe 35 mm, Dicke 17 mm.

Bemerkungen: Dies scheint eine seltene Art zu sein; LEA hatte ein einziges Stück seines *Unio tener* und zwei stark abgerollte Stücke von *Unio regularis* vor sich. Es ist mir kein Schrifttum bekannt, in dem neue Funde der Art gemeldet wären.

Verbreitung: Außer den genannten Fundplätzen noch von Bowling Green (Kentucky) bekannt.

27. Ligumia nervosa (RAFINESQUE)

1820 *Unio (Leptodea) nervosa* RAFINESQUE, Ann. gén. Sci. Phys., Bruxelles, 5:295; Taf. 80, Fig. 8—10. — Terra typica: Fälle des Ohio-Flusses.

1830 *Unio iris* LEA, Trans. amer. philos. Soc., Philadelphia, 3:439; Taf. 11, Fig. 18. — Terra typica: Ohio-Fluß.

1838 *Unio novi-eboraci* LEA, Trans. amer. philos. Soc., Philadelphia, 6:104; Taf. 24, Fig. 114. — Terra typica: Oak Orchard-Bach, Orleans Co., New York.
1838 *Unio creperus* LEA, Trans. amer. philos. Soc., Philadelphia, 6:33; Taf. 10, Fig. 28. — Terra typica: Tennessee.
1840 *Unio amoenus* LEA, Proc. amer. philos. Soc., Philadelphia, 1:286. — Terra typica: Holston-Fluß, Tennessee.
1840 *Unio fatuus* LEA, Proc. amer. philos. Soc., Philadelphia, 1:287. — Terra typica: Holston-Fluß, Tennessee.
1842 *Unio cresserus* HANLEY, Illust. descr. Cat. Rec. Bivalve Shells: 196. — (Error typographicus pro *U. creperus* LEA.)
1864 *Unio cressurus* BINNEY, Smiths. misc. Coll., No. 174:57. — (Error typographicus pro *U. cresserus* HANLEY.)

Diagnosis: Schale lang elliptisch oder lang eiförmig, ungleichseitig, kaum aufgeblasen; Wirbel niedrig, zusammengepreßt, mit einer Skulptur aus sehr unregelmäßig gebrochenen Fältchen, die zur Bildung von Doppelschlingen neigen. Konchinschicht fahl gelblich oder grünlich gelb, mit zahlreichen, gebrochenen Strahlen von wechselnder Breite. Linke Klappe mit zwei ziemlich dicklichen, kleinen Haupt- und zwei kurzen, leistenförmigen Seitenzähnen; rechte Klappe mit einem Hauptzahn, vor dem oft ein schwacher, zusammengepreßter weiterer steht, und einem Seitenzahn. Wirbelhöhlen seicht. Perlmutter bläulich. — Die männliche Schale ist gleichmäßig lang eiförmig und endet hinten oft mit zwei Winkeln etwa in der Mitte der Schalenhöhe; die weibliche Schale ist hinten in der Mitte leicht zugespitzt, besitzt eine mäßig große, gerundete marsupiale Schwellung und ist meistens kleiner als die des Männchens. — Maße: ♂: Länge 65 mm, Höhe 34 mm, Dicke 20 mm. — ♀: Länge 58 mm, Höhe 28 mm, Dicke 17 mm.

Bemerkungen: In dem früheren Schrifttum erscheint diese Art meist unter dem Namen *iris* LEA. FRIERSON gebührt das Verdienst, in dem nie richtig gedeuteten *Unio nervosus* RAFINESQUE diese Art erkannt zu haben, dessen Name für *U. iris* LEA 1830 eintreten muß.

Verbreitung: Gesamtes Gebiet des St.-Lorenz-Stromes; westlich bis Süd-Michigan; Flußgebiet des Ohio; Illinois und Wisconsin.

28. **Ligumia nebulosa** (CONRAD)

1834 *Unio nebulosus* CONRAD, New freshw. shells Un. States: 28; Taf. 3, Fig. 7. — Terra typica: Black Warrior-Fluß, Alabama.
1836 *Unio cumberlandianus* LEA, Syn. Fam. Naiades: 27. — (Nomen nudum).
1838 *Unio cumberlandicus* LEA, Trans. amer. philos. Soc., Philadelphia, 6:25; Taf. 7, Fig. 19. — Terra typica: Cumberland-Fluß, Tennessee.
1838 *Unio simus* LEA, Trans. amer. philos. Soc., Philadelphia, 6:26; Taf. 7, Fig. 20. — Terra typica: Cumberland-Fluß, Tennessee.
1838 *Unio notatus* LEA, Trans. amer. philos. Soc., Philadelphia, 6:28; Taf. 8, Fig. 22. — Terra typica: Cumberland-Fluß, Tennessee.
1838 *Unio glaber* LEA, Trans. amer. philos. Soc., Philadelphia, 6:34; Taf. 10, Fig. 29. — Terra typica: Holston-Fluß, Tennessee.
1860 *Unio fucatus* LEA, Proc. Acad. nat. Sci. Philadelphia, 4:92. — Terra typica: Nord-Alabama.
1860 *Unio discrepans* LEA, Proc. Acad. nat. Sci. Philadelphia, 4:92. — Terra typica: Nord-Alabama.
1860 *Unio scitulus* LEA, Proc. Acad. nat. Sci. Philadelphia, 4:93. — Terra typica: Tuscumbia, Alabama.

1860 *Unio linguaeformis* LEA, Proc. Acad. nat. Sci. Philadelphia, **4**:305. — Terra typica: Columbus, Georgia.

1860 *Unio perpictus* LEA, Proc. Acad. nat. Sci. Philadelphia, **4**:306. — Terra typica: Bull-Fluß, Tennessee.

1868 *Unio sparus* LEA, Proc. Acad. nat. Sci. Philadelphia, **20**:143. — Terra typica: Swamp Creek, Whitfield Co., Georgia.

Diagnosis: Schale unregelmäßig lang elliptisch oder rautenförmig, leicht zusammengepreßt bis leicht aufgeblasen; Wirbel kaum voll, mit einer Skulptur aus einigen wenigen, unregelmäßigen, leicht doppelt geschlungenen Fältchen. Konchinschicht grünlich gelb mit gebrochenen Strahlen verschiedener Breite, manchmal auch ungestrahlt. Linke Klappe mit zwei leicht zusammengepreßten Haupt- und zwei fast geraden Seitenzähnen; rechte Klappe mit zwei Hauptzähnen, deren oberer kleiner ist, und einem Seitenzahn. Wirbelhöhlen seicht. Perlmutter bläulich weiß, rötlich oder purpurn in der Mitte. — Männliche Schale etwas rautenförmig, hinten oft mit angedeuteter Doppelwinklung; weibliche Schale hinten etwas gerundet mit schwacher marsupialer Schwellung, meist kleiner als die des Männchens. — Maße: ♂: Länge 52—57 mm, Höhe 31—32 mm, Dicke 16—18 mm. — ♀: Länge 46 mm, Höhe 27 mm, Dicke 17 mm.

Bemerkungen: Die starke Veränderlichkeit dieser Art ergibt sich aus der Menge der oben genannten Synonyma.

Verbreitung: Gebiete der Tombigbee- und Alabama-Flüsse; Gebiete der Cumberland- und Tennessee-Flüsse; Green River, Kentucky; Georgia und Nord-Karolina.

29. **Ligumia radians** (LEA)

1857 *Unio radians* LEA, Proc. Acad. nat. Sci. Philadelphia, **9**:32. — Terra typica Othcalooga-Bach, Gordon Co., Georgia.

1859 *Unio jonesii* LEA, Proc. Acad. nat. Sci. Philadelphia, **2**:171. — Terra typica: Euharlee-Bach, Georgia.

1860 *Unio plancus* LEA, Proc. Acad. nat. Sci. Philadelphia, **12**:307. — Terra typica: Coosa-Fluß bei Wetumpka, Alabama.

1868 *Unio difficilis* LEA, Proc. Acad. nat. Sci. Philadelphia, **20**:144. — Terra typica: Swamp-Bach, Whitfield Co., Georgia.

Diagnosis: Schale unregelmäßig quereiförmig, nicht sehr aufgeblasen und nicht sehr fest; Wirbel ziemlich voll, doch nicht hoch, ihre Skulptur unbekannt. Konchinschicht schmutzig gelbgrün oder bräunlich, mit gebrochenen, breiten oder schmalen, zarten Strahlen. Linke Klappe mit zwei dicklichen Haupt- und zwei Seitenzähnen; rechte Klappe mit einem einzigen Hauptzahn, über dem gelegentlich die Andeutung eines zweiten steht, und einem Seitenzahn. Wirbelhöhlen seicht. Perlmutter bläulich weiß, in der Mitte oft trübe. — Männliche und weibliche Schalen sind beide hinten breiter, aber die männliche ist etwas rautenförmig, und das etwas zweiwinklige Hinterende zeigt den hintersten Punkt tiefer als die weibliche. Das Hinterende der weiblichen Schale ist gewöhnlich deutlicher zweigewinkelt, aber der hinterste Punkt liegt höher als beim Männchen; ihre marsupiale Schwellung ist gering, und ihre Höhe ist größer als die des Männchens. — Maße: ♂: Länge 42 mm, Höhe 27 mm, Dicke 16 mm. — ♀: Länge 42 mm, Höhe 30 mm, Dicke 16 mm.

Bemerkungen: Der einzige wirkliche Unterschied zwischen dieser Art und der vorangegangenen *Ligumia nebulosa* scheint die schwächere Ausbildung der marsupialen Schwellung bei *radians* zu sein.

Verbreitung: Nord-Karolina; Süd-Karolina; Georgia; Alabama.

30. **Ligumia nasuta** (Say)

1817 *Unio nasutus* Say, Conchology in Nicholson, Encyclopaedia of Arts & Sciences, 2: Taf. 4, Fig. 1. — Terra typica: Delaware und Schuylkill-Flüsse.
1820 *Obliquaria attenuata* Rafinesque, Ann. gén. Sci. Phys., Bruxelles, 5:296. — Terra typica: Hudson-Fluß, New York.
1833 *Unio rostrata* Valenciennes, Recueil Observ. Zool. Anat. comp., 2:233; Taf. 53, Fig. 3. — Terra typica: Ohio-Fluß.

Diagnosis: Schale verlängert, wenig zusammengepreßt, dünn bis wenig fest; Vorderende gerundet, Unterrand hinter der Mitte völlig, Hinterende lang ausgezogen, in einer Spitze über der Mittelachse endend; Wirbel niedrig, mit einer Skulptur aus zarten, engstehenden Fältchen, die vorn umgebogen sind und hinten mit der Schalenachse gleichlaufen. Schalenfläche meist glatt, gelegentlich hinten mit einigen erhabenen Rippchen, die nach dem Unterrande ziehen. Konchinschicht wenig glänzend, dunkel olivenbraun bis dunkelbraun, in der Jugend gelegentlich zart gestrahlt. Rechte Klappe mit einem zusammengepreßten Hauptzahne, einem leicht angedeuteten darüber, und einem schneidenförmigen Seitenzahne; linke Klappe mit zwei zusammengepreßten Hauptzähnen und zwei zarten, fast geraden Seitenzähnen. Wirbelhöhlen seicht. Perlmutter bläulich weiß bis purpurn. — Die Schale des Weibchens besitzt oben hinter der Mitte des Unterrandes eine lange marsupiale Schwellung, unterscheidet sich aber sonst wenig von der des Männchens. — Maße: Länge 77 mm, Höhe 35 mm, Dicke 18 mm.

Bemerkungen: Eine der charakteristischsten Unioniden von Nord-Amerika, die höchstens mit *Elliptio productus* (Conrad) verwechselt werden kann; letztgenannte Art ist aber stets kleiner als *Ligumia nasuta* (Say) und ist außerdem stets stärker zusammengepreßt.

Verbreitung: Gebiet des St.-Lorenz-Stromes; atlantische Zuflüsse von Nord-Amerika südlich bis Nord-Karolina.

31. **Ligumia gracilior** (Lea)

1856 *Unio gracilior* Lea, Proc. Acad. nat. Sci. Philadelphia, 8:262. — Terra typica: Buckhead-Bach und Tobesaufke-Bach, Macon, Georgia.
1857 *Unio obfuscus* Lea, Proc. Acad. nat. Sci. Philadelphia, 9:172. — Terra typica: Flint-Fluß, Macon, Georgia.

Diagnosis: Schale elliptisch oder quer-eiförmig, dünn, sehr wenig aufgeblasen; Wirbel weder voll noch hoch, mit unbekannter Skulptur. Konchinschicht glänzend olivenbraun bis olivengrün, schwach oder gar nicht gestrahlt. Linke Klappe mit zwei zusammengepreßten Hauptzähnen, deren vorderer höher und länger ist, und mit zwei fast geraden, dünnen Seitenzähnen; rechte Klappe mit einem einzigen Hauptzahne und der Andeutung eines weiteren darüber, und mit einem einzigen Seitenzahn. Wirbelhöhlen nicht tief. Perlmutter bläulich weiß, in der Mitte oft bräunlich oder purpurn. — Die Schale des Männchens ist leicht rautenförmig, hinten meist gerundet, doch gelegentlich auch zweigewinkelt; die Schale des Weibchens zeigt kaum die Spur einer marsupialen Schwellung und endet hinten gerundet. — Maße: ♂: Länge 50 mm, Höhe 28 mm, Dicke 16 mm. — ♀: Länge 48 mm, Höhe 29 mm, Dicke 15 mm.

Verbreitung: Nur aus Bächen bei Macon, Georgia, bekannt.

32. **Ligumia taeniata** (Conrad)

1834 *Unio taeniatus* Conrad, New freshw. shell Un. States: 26; Taf. 4, Fig. 2. — Terra typica: Flint-Fluß, Morgan Co., Alabama.
1840 *Unio tennesseensis* Lea, Proc. amer. philos. Soc., Philadelphia, 1:288. — Terra typica: Stones-Fluß, Tennessee.
1860 *Unio lindsleyi* Lea, Proc. Acad. nat. Sci. Philadelphia, 4:306. — Terra typica: Tennessee.
1865 *Unio punctatus* Lea, Proc. Acad. nat. Sci. Philadelphia, 9:89. — Terra typica: Caney Fork, Tennessee, und Tuscumbia, Alabama.

Diagnosis: Schale mäßig aufgeblasen, lang elliptisch, ziemlich fest; Wirbel kaum erhoben, mit einer Skulptur aus deutlichen, etwas gewellten, doppelt geschlungenen Fältchen, welche manchmal stark gebrochen sind. Konchinschicht grünlich gelb, mit deutlichen, breiten, aufgebrochenen Strahlen. Linke Klappe mit zwei gleich großen, vorragenden, schlanken Haupt- und zwei zusammengepreßten, kurzen Seitenzähnen; rechte Klappe mit einem vorragenden Hauptzahne, über dem ein angedeuteter anderer stehen kann, und einem zusammengepreßten Seitenzahn. Wirbelhöhlen seicht. Perlmutter bläulich weiß. — Männliche Schale hinten stumpf zugespitzt oder leicht zweiwinklig; weibliche Schale mit mäßig großer marsupialer Schwellung und hinten stumpf zugespitzt endend, mit dem Ende höher als in der männlichen Schale. — Maße: ♂: Länge 80 mm, Höhe 60 mm, Dicke 30 mm. — ♀: Länge 70 mm, Höhe 45 mm, Dicke 26 mm.

Verbreitung: Flußgebiete des Tennessee und des Cumberland.

33. **Ligumia menkiana** (Lea)

1836 *Unio menkianus* Lea, Trans. amer. philos. Soc., Philadelphia, 5:76; Taf. 19, Fig. 59. — Terra typica: Harpeth-Fluß, Tennessee.
1836 *Unio interruptus* Lea, Trans. amer. philos. Soc., Philadelphia, 5:15; Taf. 6, Fig. 15. — Terra typica: Harpeth-Fluß, Tennessee.
1838 *Unio pulcher* Lea, Trans. amer. philos. Soc., Philadelphia, 6:6; Taf. 3, Fig. 6. — Terra typica: Nahe Nashville, Tennessee.
1838 *Unio latiradiatus* Conrad, Monogr. Fam. Unionidae, 11:96; Taf. 53. — Terra typica: Tennessee.

Diagnosis: Schale ziemlich kurz elliptisch, ziemlich zusammengepreßt, ziemlich dünn. Wirbel ziemlich vorn gelegen, etwas vorragend, mit einer welligen Skulptur. Konchinschicht gelblich, mit vielen, grünen Strahlen über die ganze Fläche. Hauptzähne zwei links, einer rechts, schneidend; Seitenzähne lang und fast geradlinig. Wirbelhöhle ziemlich seicht. Perlmutter perlig weiß, stark schillernd. — Maße: Länge 62 mm, Höhe 37 mm, Dicke 21 mm.

Bemerkungen: *Unio interruptus* Rafinesque 1830, im allgemeinen undeutbar, ist von einigen Autoren als die Art *menkiana* angesprochen worden. So lange dies nicht einwandfrei bewiesen ist, ziehe ich vor, den Lea'schen Namen als den der Art zukommenden zu benützen. Diese Art steht der vorangehenden so nahe, daß es Ansichtssache ist, ob man sie zusammen oder getrennt behandeln soll; ich folge in diesem Falle Frierson (1927).

Verbreitung: Tennessee-Fluß.

34. Ligumia picta (Lea)

1834 *Unio pictus* Lea, Trans. amer. philos. Soc., Philadelphia, 5:73; Taf. 11, Fig. 32. — Terra typica: Harpeth-Fluß, Tennessee.
1860 *Unio camelopardalis* Lea, Proc. Acad. nat. Sci. Philadelphia, 4:92. — Terra typica: Nord-Alabama.

Diagnosis: Schale elliptisch oder quereiförmig, wenig fest, zusammengepreßt. Wirbel flach, aber mit scharfen Spitzen, mit einer Skulptur aus unregelmäßigen, welligen, etwas doppelschlingigen Fältchen. Area von dem Rest der Schalenfläche durch eine seichte Furche getrennt. Konchinschicht fahl grünlich gelb, mit stark aufgebrochenen Strahlen, die längs den Zuwachsstreifen Reihen aus quadratischen Flecken bilden. Linke Klappe mit zwei kleinen, fast gleichgroßen, aufrechten Haupt- und zwei zarten, geraden Seitenzähnen; rechte Klappe mit einem Hauptzahne und je einem kleinen davor und dahinter und einem schneidenförmigen Seitenzahn. Wirbelhöhlen ziemlich seicht. Perlmutter silbrig oder bleifarben. — Die weibliche Schale ist anscheinend der männlichen sehr ähnlich; sie besitzt eine breite, aber wenig deutliche marsupiale Schwellung. — Maße: ♂: Länge 60 mm, Höhe 30—38 mm, Dicke 15—16 mm. — ♀: Länge 55 mm, Höhe 27 mm, Dicke 16 mm.

Bemerkungen: Die drei letztgenannten *Ligumia*-Arten, *taeniata* Conrad, *menkiana* Lea und *picta* Lea, stehen einander so nahe, daß sie oft kaum voneinander abgegrenzt werden können; sie sind ziemlich selten, es liegt nicht viel Untersuchungsstoff von ihnen vor, so daß die hier gebrachte Einteilung vielleicht, nach Einsicht von mehr Stücken, geändert werden muß. Unter diesen Umständen hielt ich es für zweckmäßig, Frierson (1927) als jüngstem Bearbeiter der Gruppe zu folgen.

Verbreitung: Gebiete der Flüsse Tennessee und Cumberland.

Genus Friersonia Ortmann

1912 *Friersonia* Ortmann, Ann. Carnegie Mus., Pittsburgh, 8:318. — Species typica: *Lampsilis iridella* Pilsbry & Frierson.

Diagnosis: Schale annähernd elliptisch, ohne deutliche Arealkante. Wirbelskulptur aus sechs bis acht zarten Falten, deren letzte deutlich doppelgeschlungen sind und, ganz außen, in der Mitte getrennt sind. Konchinschicht grünlich gelb, leicht gestrahlt. — Männliche und weibliche Schalen kaum verschieden.

Verbreitung: Nord-Mexiko.

1. Friersonia iridella (Pilsbry & Frierson)

1907 *Lampsilis iridella*, Nautilus, Philadelphia u. Boston, 21: Taf. 12, untere drei Figuren. — (Nur Abbildungen, ohne Autor.)
1908 *Lampsilis iridella* Pilsbry & Frierson, Nautilus, Philadelphia u. Boston, 22:81. — Terra typica: Valles, Mexiko.
1909 *Lampsilis semirasa* Pilsbry, Proc. Acad. nat. Sci. Philadelphia, 61:534; Taf. 26, Fig. 7—9. — Terra typica: Ganina-Fluß oberhalb San Dieguito, Nord-Mexiko, und Valles-Fluß, Nord-Mexiko.

Diagnosis: Schale dünn, länglich, hinten breiter; Wirbel bei $^2/_9$ der Länge gelegen. Vorderende gerundet, Hinterende leicht abgestutzt. Schalenfläche meist glatt, doch manchmal leicht längs der Arealkante schief gerunzelt, mit senkrechten Falten in der Mitte, die nahe dem Unterrande stehen. Konchinschicht stumpf strohfarben oder grünlich, überall mit mehr oder minder deutlichen grünlichen Strahlen versehen. Hauptzähne mehr oder weniger klein, ein ziemlich starker rechts, zwei stärker zusammengepreßte und ziemlich gleichgroße links; Seitenzähne sehr schmal, doppelt links, einfach rechts. Perlmutter bläulich silbern, hinten stark schillernd. — Maße: Länge 47—58 mm, Höhe 26—34 mm, Dicke 15—19,5 mm.

Bemerkungen: Ich kann in *Lampsilis semirasa* Pilsbry nichts anderes als eine etwas verkürzte Strömungsform dessen erblicken, was ein Jahr vorher als *Lampsilis iridella*, vom gleichen Fundorte, beschrieben worden war; Pilsbry selbst betont die Veränderlichkeit seiner Art, je nach den ökologischen Bedingungen der Fundstelle.

Verbreitung: Nur aus dem unteren Panuco-Gebiete (Mexiko) bekannt.

Genus **Lampsilis** Rafinesque

1820 *Lampsilis* Rafinesque, Ann. gén. Sci. Phys., Bruxelles, 5:298. — Species typica: *Unio ovatus* Say.

Diagnosis: Schale eiförmig bis elliptisch, meist mit niederer Area. Konchinschicht meist glänzend, sehr oft gestrahlt. Wirbelskulptur meist aus zarten, gleichlaufenden Fältchen bestehend, die eine Neigung zeigen sich vorn und hinten schlingenartig umzubiegen. Schloß normal, Zähne meist fest und dicklich. Weibliche Schalen hinten unten meist aufgeblasen, dem Marsupium entsprechend.

Bemerkungen: Es ist unmöglich, alle Merkmale, die in den Schalen der hierher gehörigen Arten auftreten, in einer einzigen Diagnose zu vereinigen. Die erwähnte Vielgestaltigkeit der *Lampsilis*-Schale hat naturgemäß veranlaßt, daß diese Gattung in viele Untergattungen zerlegt wurde; die so entstandenen Gruppen haben offensichtlich verschiedenen Wert: Manche sind auf wenig vortretende Eigenschaften begründet, während andere durch auffallende Schalenmerkmale zur Abtrennung zwingen, ja man könnte im letzteren Falle wirklich daran denken, sie als eigne, wohlbegründete Gattungen zu behandeln. Dies aber wissenschaftlich zu begründen, setzt genauere Kenntnis der Weichteile voraus, die meistens bis jetzt noch unbekannt sind, ich ziehe deshalb vor, sie hier noch als Untergattungen von *Lampsilis* zu behandeln.

Verbreitung: Nord-Amerika.

Bestimmungsschlüssel zu den Untergattungen

1	Schale der Gattungsdiagnose entsprechend	***Lampsilis***, S. 452
1′	Schale mit Sondereigenschaften	2
2	Schale geflügelt	3
2′	Schale ungeflügelt	4
3	Flügel niedrig, nur angedeutet	***Phyllonaias***, S. 468
3′	Flügel hoch	***Delphinonaias***, S. 470
4	Schale groß	5
4′	Schale kleiner	6
5	Schale eiförmig bis unregelmäßig dreieckig; Seitenzähne sehr lang	***Disconaias***, S. 466
5′	Schale elliptisch, Hauptzähne ziemlich klein	***Ortmanniana***, S. 459
6	Wirbel hoch und vorragend	7

6′ Wirbel niedrig 8
7 Schale eiförmig bis unregelmäßig viereckig . . . . *Cyrtonaias*, S. 462
7′ Schale aufgeblasen, Wirbel deutlich skulptiert. Knochinschicht grünlich im durchfallenden Licht . . . . *Villosa*, S. 470
8 Schale quereiförmig, Hauptzähne schief . . . . *Mesonaias*, S. 465
8′ Schale elliptisch, hinten zugespitzt, hintere Schlinge der Wirbelskulptur hinten oft offen . . . . *Venustaconcha*, S. 472

Subgenus **Lampsilis** s. str.

Diagnosis: Die der Gattung.

1. **Lampsilis (Lampsilis) ovata** (Say)

1817 *Unio ovatus* Say in Nicholson, Encyclopedia, Amer. Ausg., **2**: Taf. 2, Fig. 7. — Terra typica: Ohio-Fluß.

Diagnosis: Schale etwa rautenförmig bis elliptisch, fest, etwas aufgeblasen; Wirbel voll und hoch, mit einer Skulptur aus einigen rauhen Rippchen, die mit den Zuwachsstreifen gleichlaufen. Area hoch. Konchinschicht glänzend, etwas rauher auf der Area, strohfarben bis bräunlich, wenig oder gar nicht gestrahlt. Linke Klappe mit zwei etwas zusammengedrückten Hauptzähnen, deren hinterer kleiner ist, und zwei kurzen, hintenliegenden Seitenzähnen; rechte Klappe mit zwei Hauptzähnen, die durch eine tiefe Grube getrennt sind, und einem ebenfalls weit zurückliegenden, hinten abgestutzten Seitenzahn. Wirbelhöhlen tief. Perlmutter weißlich. — Die Schale des Weibchens ist hinten unten nur leicht aufgeblasen. — Maße: Länge 140 mm, Höhe 95 mm, Dicke 55 mm.

Verbreitung: Gebiet des Ohio-Flusses.

2. **Lampsilis (Lampsilis) cardium** Rafinesque

2a. Lampsilis (L.) cardium cardium Rafinesque

1820 *Lampsilis cardium* Rafinesque, Ann. gén. Sci. Phys., Bruxelles, **5**:293; Taf. 80, Fig. 16—19. — Terra typica: Nicht angegeben.
1823 *Unio ventricosus* Barnes, Amer. J. Sci., New Haven, **6**:267; Taf. 13, Fig. 14. — Terra typica: Wisconsin-Fluß.
1829 *Unio occidens* Lea, Trans. amer. philos. Soc., Philadelphia, **3**:435; Taf. 10, Fig. 16. — Terra typica: Ohio-Fluß.
1831 *Unio subovatus* Lea, Trans. amer. philos. Soc., Philadelphia, **4**:118; Taf. 18, Fig. 46. — Terra typica: Ohio-Fluß.
1840 *Unio lenis* Conrad, Monogr. Fam. Unionidae, **12**:106; Taf. 58, Fig. 2. — Terra typica: White-Fluß, Illinois.
1868 *Unio latissimus* Sowerby, Conch. Icon., **16**, *Unio:* Taf. 56, Fig. 337. — Terra typica: Vereinigte Staaten von Nord-Amerika.
1928 *Lampsilis ventricosa perglobosa* F. C. Baker, Bull. Wisconsin geol. nat. Hist. Surv., **70** (2):285; Taf. 93, Fig. 1—3. — Terra typica: Pepin-See bei Lake City, Minnesota.
1928 *Lampsilis ventricosa winnebagoensis* F. C. Baker, Bull. Wisconsin geol. nat. Hist. Surv., **70** (2):291; Taf. 94, Fig. 1—4. — Terra typica: Winnebago-See bei Oshkosh, Wisconsin.

Diagnosis: Schale groß, ziemlich fest, eiförmig, vorn rund, hinten spitzer, aufgeblasen; Wirbel sehr voll und hoch, mit einer Skulptur aus einigen rauhen, unregelmäßigen Runzeln, die eine Neigung zur Bildung von Doppelschlingen zeigen. Konchinschicht meist glänzend, grünlich gelb bis bräunlich, mit breiten, hellgrünen Strahlen, die im Alter fast oder ganz verschwinden können. Schloßlinie vor den Wirbeln eingebogen, dahinter herausgebogen. Linke Klappe mit zwei, meist zusammengepreßten Hauptzähnen, die hintereinander stehen; der hintere hoch und dreieckig im Umriß, der vordere niedriger; die beiden stehen vor den Wirbeln; zwei ziemlich kurze und schlanke Seitenzähne links; rechte Klappe mit zwei zusammengepreßten Hauptzähnen, deren unterer höher ist; sie sind durch eine tiefe Grube mit gleichlaufenden Rändern getrennt; ein hoher, gebogener, hinten schroff abgestutzter Seitenzahn ist rechts vorhanden. Wirbelhöhlen weit und tief. Perlmutter schillernd, silberweiß oder bläulich weiß, manchmal lieblich rosenfarben. — Die Schale des Männchens ist meist höher als die des Weibchens, in der die marsupiale Schwellung stark ausgeprägt ist. — Maße: Länge 130 mm, Höhe 90 mm, Dicke 60 mm.

Bemerkungen: Diese gewöhnlich unter dem Namen *ventricosa* Barnes aufgeführte Form hat anscheinend den älteren Namen *cardium* Rafinesque zu tragen; Frierson (1927) war offenbar der erste, der Rafinesque zu seinem Rechte verhalf, indem er wohl unwiderlegbar dessen Namen *cardium* auf diese Art bezog.

Verbreitung: Gesamtes Mississippi-Gebiet; St.-Lorenz-Gebiet; Nelson-Fluß (Ausfluß des Winnipeg-Sees in die Hudson-Bucht, Kanada); eine etwas zweifelhafte Angabe.

2b. Lampsilis (L.) cardium satur (Lea)

1852 *Unio satur* Lea, Proc. amer. philos. Soc., Philadelphia, 5:252. — Terra typica: Alexandria, Louisiana.

Diagnosis: Der Nominatform äußerst ähnlich, von ihr verschieden durch die düstere Farbe der Konchinschicht, größere Aufgeblasenheit der Schale und stärker ausgebildete marsupiale Schwellung des Weibchens; indessen treten zwischenstehende Formen auf, die die Zuordnung zur Nominatform oder zur Lokalform schwermachen. Es dürfte im allgemeinen gesagt werden, daß *satur* die Vertreterin der echten *cardium* im Südwesten der Vereinigten Staaten und in Texas darstellt.

Verbreitung: Atlantische Zuflüsse der südwestlichen Staaten der Union und solche in den Golf von Mexiko.

2c. Lampsilis (L.) cardium lurida Simpson

1914 *Lampsilis ventricosa* var. *lurida* Simpson, Descr. Cat. Naiades Pearly Freshw. Mussels: 41. — Terra typica: Gesamtes Gebiet des St.-Lorenz-Stromes.

Diagnosis: Von der Nominatform durch geringere Aufgeblasenheit der Schale und trübere Färbung der Konchinschicht verschieden, welch letztere indessen auf der Area heller gefärbt ist; ferner ist die Konchinschicht völlig ungestrahlt oder nur ganz schwach gestrahlt.

Bemerkungen: Eine nie abgebildete, mir unbekannte Form, die ich hier mit allem Vorbehalt bringe.

Verbreitung: Gebiet des St.-Lorenz-Stromes.

3. Lampsilis (Lampsilis) cariosa (Say)

1817 *Unio cariosus* Say in Nicholson, Encycl. Arts Sci., amer. Ausg., 2:Taf. 3, Fig. 2. — Terra typica: Delaware und Schuylkill-Flüsse.
1820 *Lampsilis pallida* Rafinesque, Ann. gén. Sci. Phys., Bruxelles, 5:44 (Fußnote). — Terra typica: Hudson-Fluß.
1849 *Unio oratus* Conrad, Ann. Mag. nat. Hist., London, (2) 4:301. — Terra typica: Flint-Fluß, Georgia.
1857 *Unio canadensis* Lea, Proc. Acad. nat. Sci. Philadelphia, 1:85. — Terra typica: St.-Lorenz-Strom bei Montreal, Kanada.

Diagnosis: Schale etwas elliptisch, vorn rund, hinten spitzer, ziemlich dünn bis kaum fest, kaum aufgeblasen, mit mäßig hoher Area. Wirbel ziemlich hoch, mit einer Skulptur aus einigen rauhen, gleichlaufenden Fältchen, die manchmal schwache Doppelschlingen bilden. Konchinschicht glänzend, strohgelb bis bräunlich, hinten manchmal gestrahlt. Linke Klappe mit zwei zusammengepreßten Hauptzähnen, deren hinterer niedrig ist und unmittelbar unter dem Wirbel steht, und zwei zarten, weit zurückliegenden Seitenzähnen; rechte Klappe mit einem zusammengepreßten Hauptzahn und meistens darüber einem weiteren, kleinen, und einem einzigen, hinten abgestutzten Seitenzahn. Schloßplatte in der Mitte gerundet. Wirbelhöhlen nur mäßig tief. Perlmutter bläulich weiß. — Die Schale des Weibchens ist gewöhnlich kürzer und höher als die des Männchens und weist eine wohlentwickelte marsupiale Schwellung auf. — Maße: Länge 105—120 mm, Höhe 63—80 mm, Dicke 35—45 mm.

Verbreitung: Atlantische Zuflüsse in Nord-Amerika, von Georgia im Süden bis zum St.-Lorenz-Strom im Norden.

4. Lampsilis (Lampsilis) ochracea (Say)

1817 *Unio ochraceus* Say in Nicholson, Encycl. Arts Sci., amer. Ausg., 2: Taf. 2, Fig. 8. — Terra typica: Delaware- und Schuylkill-Flüsse.
1820 *Lampsilis rosea* Rafinesque, Ann. gén. Sci. Phys., Bruxelles, 5:44, Fußnote. — Terra typica: Hudson-Fluß.
1840 *Unio boydianus* Lea, Proc. amer. philos. Soc., Philadelphia, 1:286. — Terra typica: Oak-Orchard-Bach, Orleans Co., New York.
1841 *Unio crocatus* Lea, Trans. amer. philos. Soc., Philadelphia, 2:31. — Terra typica: Savannah-Fluß, Georgia.

Diagnosis: Schale dünn, nur wenig aufgeblasen, elliptisch; Wirbel ziemlich voll, mit einer Skulptur aus einigen geraden Fältchen. Area wohl entwickelt. Hinterende in halber Höhe der Schale, abgestumpft zugespitzt. Wirbel zusammengepreßt, einander sehr genähert. Konchinschicht glanzlos, bräunlich, mit einem rauchigen Farbton, meist schwach gestrahlt. Linke Klappe mit zwei ziemlich kleinen Hauptzähnen, die vor den Wirbeln liegen und deren vorderer höher ist, und zwei dünne, weit zurückliegende Seitenzähne; rechte Klappe mit zwei dreieckigen zusammengepreßten Hauptzähnen, die durch eine tiefe, schmale Kluft getrennt sind, der obere ist kleiner, und einem dünnen, abgestutzten Seitenzahn. Wirbelhöhlen mäßig tief. Perlmutter glanzlos, mit einem rötlichen oder purpurnen Hauch. — Maße: Länge 80—115 mm, Höhe 50—70 mm, Dicke 35—60 mm.

Verbreitung: Atlantische Zuflüsse in Nord-Amerika, von Neu-England im Norden bis zum Ogeechee-Fluß in Georgia.

5. Lampsilis (Lampsilis) dolabraeformis (Lea)

1838 *Unio dolabraeformis* Lea, Trans. amer. philos. Soc., Philadelphia, **6**:103; Taf. 24, Fig. 113. — Terra typica: Altamaha-Fluß, Liberty Co., Georgia.

Diagnosis: Schale groß, aufgeblasen, ziemlich fest; Wirbel äußerst voll und hoch. Arealkante sehr ausgesprochen, scharf gewinkelt. Umriß elliptisch bis unregelmäßig elliptisch, vorn gerundet, hinten spitzer. Hinterende ziemlich stumpf, etwa in halber Schalenhöhe gelegen. Schalenfläche ziemlich glatt, vorn sind die Zuwachslinien etwas erhoben, hinten zeigen sich auf der Area oft einige radiale Falten. Konchinschicht glänzend, bräunlich. Linke Klappe mit zwei zusammengepreßten Hauptzähnen, die hintereinander liegen; der vordere ist höher; diese zwei Zähne können zu dreien aufgesplittert oder zu einem einzigen, länglichen Zahne vereinigt sein; zwei zurückliegende Seitenzähne; rechte Klappe mit zwei gegenüberliegenden Hauptzähnen, deren unterer höher ist, und einem schneidenförmigen, hinten abgestutzten Seitenzahn. Zahnleiste sehr schmal, in der Mitte gerundet. Wirbelhöhlen tief und breit. Perlmutter weißlich bis purpurn. — Maße: Länge 115 mm, Höhe 80 mm, Dicke 55 mm.

Verbreitung: Savannah-, Ogeechee- und Altamaha-Flüsse, Georgia.

6. Lampsilis (Lampsilis) ornata (Conrad)

1837 *Unio ovatus* var. *ornatus* Conrad, Monogr. Fam. Unionidae, **1**:4; Taf. 2. — Terra typica: Süd-Alabama.

1840 *Unio lineatus* Lea, Proc. amer. philos. Soc., Philadelphia, **1**:287. — Terra typica: Chattahoochee-Fluß bei Columbus, Georgia.

1857 *Unio excavatus* Lea, Proc. Acad. nat. Sci. Philadelphia, **9**:32. — Terra typica: Othcalooga-Bach, Georgia.

1900 *Lampsilis binominatus* Simpson, Proc. U.S. nation. Mus., Washington, **22**:528. — Wegen angeblicher Vorwegnahme des Namens *lineatus* durch Valenciennes neubenannt.

Diagnosis: Schale wenig fest, aufgeblasen; Wirbel hoch und voll. Konchinschicht glatt und glänzend auf der Schalenfläche, rauher und runzliger auf der Area, bräunlich oder grünlich gelb, mit einigen wenigen grünen Strahlen. Linke Klappe mit zwei hintereinanderliegenden Hauptzähnen, deren vorderer größer und von dreieckigem Umriß ist, und mit zwei kleinen, zurückliegenden Seitenzähnen; rechte Klappe mit zwei etwas zusammengepreßten, dreieckigen Hauptzähnen, deren unterer größer ist, und einem hohen, hinten abgestutzten Seitenzahn; Schloßplatte gekrümmt; Hauptzähne vor dem Wirbel gelegen. Wirbelhöhlen tief und breit. Perlmutter weiß. — Männliche Schale unregelmäßig eiförmig oder rautenförmig, Hinterende etwa in halber Höhe der Schalenhöhe; weibliche Schale vorn gerundet, etwas zugespitzt hinten, hinten unten etwas aufgeblasen, ihr Hinterende nicht so spitz wie das der männlichen Schale, es endet etwas höher als beim Männchen. — Maße: Länge 85 mm, Höhe 65 mm, Dicke 50 mm.

Verbreitung: Die Gebiete des Tombigbee- und des Alabama-Flusses.

7. Lampsilis (Lampsilis) splendida (Lea)

1838 *Unio splendidus* Lea, Trans. amer. philos. Soc., Philadelphia, **6**:70; Taf. 19, Fig. 61. — Terra typica: Altamaha-Fluß, Darien, Georgia.

1868 *Unio regularis* Sowerby, Conch. Icon., **16**, *Unio:* Taf. 34, Fig. 181. — Terra typica: French Broad-Fluß, Ost-Tennessee.

Diagnosis: Schale etwas verlängert, wenig fest, stark aufgeblasen; Wirbel sehr voll und hoch; Arealkante zusammengepreßt, scharf, mit Andeutungen einer inneren Kante. Wirbelskulptur aus festen, fast geraden Falten bestehend. Konchinschicht gelblich grün bis fahl rötlich, mit zahlreichen, zart grünen Strahlen von wechselnder Breite. Linke Klappe mit zwei ziemlich kleinen, meist etwas zusammengepreßten Hauptzähnen, deren vorderer etwas vor den Wirbeln steht, und zwei zurückliegenden Seitenzähnen, deren unterer größer ist; rechte Klappe mit zwei Hauptzähnen, deren oberer klein und schmal ist, und einem hinten abgestutzten Seitenzahn. Wirbelhöhlen tief und breit. Perlmutter trübe veilchenfarben, gelegentlich bläulich. — Männliche Schalen gelegentlich hinter der Mitte etwas aufgetrieben, doch nie so sehr wie die der Weibchen, die stets etwas höher als die des anderen Geschlechtes sind. — Maße: ♂: Länge 95 mm, Höhe 52 mm, Dicke 45 mm. — ♀: Länge 95 mm, Höhe 63 mm, Dicke 45 mm.

Verbreitung: Altamaha- und Ogeechee-Flüsse, Georgia.

8. Lampsilis (Lampsilis) fasciola RAFINESQUE

1820 *Lampsilis fasciola* RAFINESQUE, Ann. gén. Sci. Phys., Bruxelles, 5:299. — Terra typica: Kentucky-Fluß.

1829 *Unio multiradiatus* LEA, Trans. amer. philos. Soc., Philadelphia, 3:434; Taf. 9, Fig. 15. — Terra typica: Ohio-Fluß.

1858 *Unio perradiatus* LEA, Proc. Acad. nat. Sci. Philadelphia, 2:40. — Terra typica: Florence, Alabama.

Diagnosis: Schale elliptisch oder leicht eiförmig, ziemlich fest, etwas aufgeblasen. Wirbel nicht vorragend, mit einer Skulptur aus unregelmäßigen, groben, gerunzelten Fältchen, die Neigung zur Bildung von Doppelschlingen zeigen. Konchinschicht meist glänzend, grünlich gelb mit vielen gewellten Strahlen allüber die Schalenfläche; die Wirbelgegend ist meist bräunlich gefärbt. Linke Klappe mit zwei zarten, hohen, oft zusammengepreßten Hauptzähnen und mit zwei zurückliegenden Seitenzähnen, deren innerer höher ist; rechte Klappe mit einem hohen Hauptzahn und darüber einem kleinen niedergedrückten zweiten, manchmal sogar mit der Andeutung eines dritten dahinter, und einem hinten abgestutzten Seitenzahn. Wirbelhöhlen mäßig tief. Perlmutter bläulich. — Die Schale des Weibchens zeigt oft eine ausgesprochene marsupiale Schwellung. — Maße: ♂: Länge 70—77 mm, Höhe 45—50 mm, Dicke 25—32 mm. — ♀: Länge 60 mm, Höhe 45 mm, Dicke 25 mm.

Verbreitung: Südliches Michigan; gesamtes Gebiet des Ohio-Flusses; die Angabe aus New York scheint mehr als zweifelhaft.

9. Lampsilis (Lampsilis) pectorosa (CONRAD)

9a. Lampsilis (L.) pectorosa pectorosa (CONRAD)

1834 *Unio pectorosus* CONRAD, New freshw. shells Un. St.: 37; Taf. 6, Fig. 1. — Terra typica: Elk-Fluß (wo in den Vereinigten Staaten ?).

1834 *Unio perdix* LEA, Trans. amer. philos. Soc., Philadelphia, 5:72; Taf. 11, Fig. 31. — Terra typica: Harpeth-Fluß, Tennessee.

Diagnosis: Schale groß, lang elliptisch, mäßig fest, etwas aufgeblasen, mit deutlicher Arealkante. Wirbel ziemlich voll, mit unbekannter Skulptur. Konchinschicht gelblich grün bis bräunlich, meist mit zarten, gebrochenen, breiten Strahlen. Linke Klappe mit zwei gleichgroßen, aufrechten Haupt- und zwei kurzen, zurückliegenden Seitenzähnen; rechte Klappe mit einem sehr hohen Hauptzahn, vor dem und hinter dem kleinere liegen können, und einem hohen, kurzen Seitenzahn. Wirbelhöhlen ziemlich tief. Perlmutter bläulich weiß bis sahnegelb. — Männliche und weibliche Schalen nicht sehr verschieden, die letztere hinten etwas stärker gerundet und mit einer schwachen, aber breiten marsupialen Schwellung. — Maße: Länge 155 mm, Höhe 100 mm, Dicke 60 mm.

Verbreitung: Gebiete der Tennessee- und Cumberland-Flüsse.

9b. Lampsilis (L.) pectorosa biangularis (Lea)

1840 *Unio biangularis* Lea, Proc. amer. philos. Soc., Philadelphia, 1:288. — Terra typica: Caney Fork-Fluß, Tennessee.
1843 *Unio biangulatus* Lea, Proc. amer. philos. Soc., Philadelphia, 8:197; Taf. 9, Fig. 8. — Nur Umbenennung des Vorhergehenden.

Diagnosis: Der Nominatform so ähnlich, daß Verwechslungen mit ihr vorkommen; der Hauptunterschied zwischen beiden scheint im stärker zweigewinkelten Hinterende der Unterart zu liegen.

Verbreitung: Nur von der Terra typica bekannt.

10. Lampsilis (Lampsilis) perovalis (Conrad)

1834 *Unio perovalis* Conrad, New freshw. shells Un. St.: 43; Taf. 2, Fig. 2. — Terra typica: Alabama-Fluß bei Claiborne, Alabama.
1865 *Unio doliaris* Lea, Proc. Acad. nat. Sci. Philadelphia, 17:88. — Terra typica: Etowah-Fluß, Georgia.

Diagnosis: Schale ziemlich fest und aufgeblasen, kurz eiförmig, hinten spitzer als vorn. Wirbel hoch, aber nur mäßig voll, etwa bei $^2/_5$ der Gesamtlänge gelegen, mit einer Skulptur aus starken, leicht doppelt geschlungenen Falten. Arealkante stark ausgebildet. Konchinschicht grünlich gelb oder grünlich braun, mit zarten Strahlen. Linke Klappe mit zwei starken Hauptzähnen vor den Wirbeln, die etwas zusammengepreßt sind und deren vorderer der höhere von beiden ist, und zwei zurückliegenden, kurzen Seitenzähnen, deren unterer höher ist; rechte Klappe mit einem Hauptzahn, mit einem kleineren darüber, und einem einzigen ziemlich starken, hinten abgestutzten Seitenzahn. Perlmutter silbrig. — Die weibliche Schale besitzt eine ausgeprägte marsupiale Schwellung. — Maße: Länge 53 mm, Höhe 37 mm, Dicke 25 mm.

Bemerkungen: *Lampsilis (Lampsilis) doliaris* Lea, die meist als eigne Art betrachtet wurde, dürfte nach Frierson mit *perovalis* identisch sein; als Hauptunterscheidungsmerkmal zwischen beiden wird der stärker gewinkelte Unterrand von *doliaris* angegeben, was aber noch in den Bereich der individuellen Veränderlichkeit gehören dürfte.

Verbreitung: Alabama- und Black-Warrior-Flüsse.

11. Lampsilis (Lampsilis) altilis (Conrad)

1834 *Unio altilis* Conrad, New freshw. shells Un. St.: 43; Taf. 2, Fig. 1. — Terra typica: Alabama-Fluß bei Claiborne, Alabama.

1852 *Unio clarkianus* Lea, Proc. amer. philos. Soc., Philadelphia, 5:251. — Terra typica: Williamsport, Tennessee.

Diagnosis: Schale ziemlich dünn, mehr oder weniger eiförmig oder elliptisch, nur mäßig aufgeblasen; Wirbel nicht vorragend. Area gelegentlich mit zwei Kanten. Hinterende hinten leicht zweiwinklig. Konchinschicht strohfarben bis schwärzlich braun, ziemlich glänzend, leicht gestrahlt oder ohne Strahlen. Linke Klappe mit zwei kleinen, leicht zusammengepreßten, hintereinanderstehenden Hauptzähnen, beide kurz vor dem Wirbel, und zwei zarten Seitenzähnen; rechte Klappe mit einem Hauptzahn und der Andeutung eines kleinen weiteren davor, und einem ziemlich hohen, abgestutzten Seitenzahn; Schloßlinie etwas gekrümmt, in der Mitte gerundet. Wirbelhöhlen mäßig tief, zusammengepreßt. Perlmutter weißlich oder schmutzig bläulich. — Maße: Länge 55—85 mm, Höhe 35—55 mm, Dicke 20—40 mm.

Bemerkungen: Während diese Art im allgemeinen als ziemlich dünnschalig gilt, ist das Synonym *clarkiana* angeblich schon in der Jugend sehr dickschalig; ich lege auf diese Verhältnisse, die umweltbedingt sein können, keinen großen Wert.

Verbreitung: Gebiet des Alabama-Flusses; Cahawba- und Black-Warrior-Flüsse, Alabama.

12. Lampsilis (Lampsilis) spillmanii (Lea)

1861 *Unio spillmanii* Lea, Proc. Acad. nat. Sci. Philadelphia, 13:39. — Terra typica: Luxpalila-Bach, bei Columbus, Mississippi.

1862 *Unio gerhardtii* Lea, Proc. Acad. nat. Sci. Philadelphia, 14:168. — Terra typica: Chattanooga, Georgia.

Diagnosis: Schale lang elliptisch, sehr festschalig wenn alt, ziemlich aufgeblasen. Wirbel nur mäßig voll, hoch. Konchinschicht glänzend, grünlich gelb bis bräunlich, leicht rauchig, schwach oder gar nicht gestrahlt. Hinterende der Schale bei weniger als halber Schalenhöhe liegend. Linke Klappe mit zwei festen, in der Jugend etwas zusammengepreßten Hauptzähnen, die vor dem Wirbel liegen, und zwei sehr festen Seitenzähnen, deren unterer dicker ist; rechte Klappe mit einem festen Seitenzahn und Andeutungen weiterer hinter und über ihm, sowie einem starken, abgestutzten Seitenzahn. Wirbelhöhlen mäßig tief. Perlmutter weißlich, in der Mitte oft ins Rötliche spielend. — Die weibliche Schale ist hinten nicht sehr aufgetrieben. — Maße: Länge 65—85 mm, Höhe 45—55 mm, Dicke 30—40 mm.

Bemerkungen: *Unio gerhardtii* ist nach einem einzigen Stück beschrieben, das nach Frierson eine Abnormität von *spillmanii* darstellt.

Verbreitung: Alabama und Georgia.

13. Lampsilis (Lampsilis) sowerbyana Frierson

1868 *Unio pictus* — Sowerby, Conch. Icon., 16, *Unio:* Taf. 63, Fig. 316 (non *Unio pictus* Lea 1834). — Harpeth-Fluß, Tennessee.

1927 *Lampsilis sowerbyana* Frierson, Class. annot. Check List N. Amer. Naiades: 69. — Terra typica: Duck-Fluß, Tennessee.

Diagnosis: Die Innenseite der Schale ist der von *Lampsilis pectorosa* (Conrad) sehr ähnlich, aber die Schale ist zylindrischer als die der genannten Art. — Maße: Länge 99 mm, Höhe 60 mm, Dicke 45 mm.

Bemerkungen: Die oben gebrachte Beschreibung ist alles, was FRIERSON von seiner neuen Art berichtet. Die Abbildung von SOWERBY, die oben genannt ist, zeigt eine *Lampsilis*-Art, die mit allen den zuletzt hier aufgeführten große Ähnlichkeit aufweist.

Verbreitung: Nur vom Duck-Fluß in Tennessee bekannt.

14. Lampsilis (Lampsilis) rafinesqueana FRIERSON

1927 *Lampsilis rafinesqueana* FRIERSON, Class. annot. Check List N. Amer. Naiades: 69. — Terra typica: Moodys, Oklahoma.

Diagnosis: Schale dimorphisch; männliche Schale ziemlich quer elliptisch, vorn gerundet, zweiwinklig hinten, in halber Schalenhöhe endend. Bauch- und Rückenrand etwa gleichmäßig gekrümmt. Arealkante gerundet, Schalenfläche etwa in der Mitte am stärksten aufgetrieben, und bei etwa dem oberen Drittel der Höhe; weibliche Schale eiförmig, hinten breit fächerartig verbreitert. Perlmutter weiß mit breitem prismatischem Rande. Konchinschicht olivengelb bis bräunlich, über die ganze Fläche gestrahlt, obwohl meist nur undeutlich. Zähne doppelt in der linken, einfach in der rechten Klappe. Seitenzähne kurz, weit entfernt von den Hauptzähnen; Intervall gerundet. — Maße: ♂: Länge 93 mm, Höhe 57 mm, Dicke 38 mm. — ♀: Länge 86 mm, Höhe 60 mm, Dicke 60 mm.

Bemerkungen: Die Beschreibung dieser mir unbekannten Art ist nach FRIERSON übersetzt.

Verbreitung: Black River, Arkansas; Indian Creek, McDonald Co., Missouri; Moodys, Oklahoma.

Subgenus Ortmanniana FRIERSON

1927 *Lampsilis (Ortmanniana)* FRIERSON, Class. annot. Check List N. Amer. Naiades: 79. — Species typica: *Lampsilis carinata* BARNES (FRIERSON 1927).

Diagnosis: Schale fest, ausgesprochen elliptisch, mäßig aufgeblasen. Konchinschicht gelblich braun, breit gestrahlt. Wirbel nicht vorragend, mit sehr zarter Skulptur, die auf die Spitzen beschränkt ist. Hauptzähne ziemlich klein, aber dicklich. Weibliche Schale hinten unten nicht sehr geschwollen.

15. Lampsilis (Ortmanniana) carinata (BARNES)

15a. Lampsilis (O.) carinata carinata (BARNES)

1823 *Unio carinatus* BARNES, Amer. J. Sci., New Haven, **6**:259; Taf. 11, Fig. 10. — Terra typica: Fox-Fluß, Wisconsin.

1823 *Unio ellipticus* BARNES, Amer. J. Sci., New Haven, **6**:259; Taf .13, Fig. 19. — Terra typica: Fox-Fluß, Wisconsin.

1834 *Unio ellipsarius* SAY, Amer. Conchol., **6**:224. — Terra typica: Kentucky-Fluß.

1856 *Mya gravis* HANLEY in WOOD, Index Test.: 199; Taf. 1, Fig. 6. — Terra typica: Nord-Amerika.

1914 *Lampsilis ligamentina* var. *nigrescens* SIMPSON, Descr. Cat. Naiades Pearly Fr. Water Mussels: 82. — Terra typica: Allegheny Co., Pennsylvania.

Diagnosis: Schale fest, regelmäßig elliptisch, vorn gerundet, hinten ebenfalls gerundet oder etwa in der halben Schalenhöhe etwas zugespitzt; nicht voll erwachsene Stücke nur mäßig aufgeblasen, ganz alte bedeutend aufgeschwollen; Area niedrig. Wirbel kaum aufgeblasen, niedrig, mit einer Skulptur aus zarten, leicht doppelt geschlungenen Fältchen. Schalenfläche glatt, Konchinschicht bräunlich bis fahl grünlich, mit braunen, breiten, etwas gebrochenen, aber zarten Strahlen. Linke Klappe mit zwei kleinen Haupt- und zwei zurückliegenden ziemlich kleinen Seitenzähnen; rechte Klappe mit zwei Hauptzähnen, deren vorderer kleiner ist, und gelegentlich hinten mit einem kleinen dritten Hauptzahn; ein hoher Seitenzahn. Wirbelhöhlen nicht tief. Perlmutter weiß oder rosenrot. — Weibliche Schalen hinten unten nur wenig vorgezogen. — Maße: Länge 140 mm, Höhe 90 mm, Dicke 58 mm.

Bemerkungen: Diese Art wurde meist *Lampsilis ligamentina* LAMARCK genannt. Nun ist es anscheinend unmöglich, diese nie abgebildete LAMARCKsche Art mit Sicherheit festzulegen; alle unternommenen Deutungsversuche führten zu verschiedenen Ergebnissen. Unter diesen Umständen ziehe ich es vor, einen unsicheren Namen zugunsten eines sicher belegten fallen zu lassen, und benutze hier *carinata* BARNES als den ersten verfügbaren.

Verbreitung: Gesamtes Gebiet des Mississippi; südliches Michigan; westliches New York; Manitoba und Ontario in Kanada.

15b. Lampsilis (O.) carinata upsonii (MARSH)

1887 *Unio upsonii* MARSH, Conch. Exchange, 1:51. — Terra typica: Kishawaukee-Fluß, Winnebago Co., Illinois.

Diagnosis: Von der Nominatform unterschieden durch bedeutendere Größe, Mangel jeglicher Arealkante und größere Bauchigkeit der Schale, die fast walzenförmig ist. — Maße: Unbekannt.

Bemerkungen: Diese Form ist eigentlich nie richtig beschrieben worden. Ihr Autor, MARSH, gab ihr den Namen mündlich in einem Vortrage vor der Historical Society of Mercer Co., Illinois. Als nächster erwähnt sie CALL (Geographic Catalogue of the Unionidae of the Mississippi Valley, in Bull. Des Moines Acad. Sci., *1*, 1885:54) als Synonym von *Lampsilis ligamentina (= carinata)* und unter dem irrtümlichen Fundort „Mississippi in Mercer Co." Erst FRIERSON (1927) gibt die oben in meiner Differentialdiagnose gebrachten Merkmale, nach denen *upsonii* entweder eine lokale Unterart oder eine Stillwasser-Form der Nominatrasse ist. Mangels näherer Kenntnisse habe ich sie hier als Unterart bestehen lassen.

Verbreitung: Nur von der Terra typica bekannt.

15c. Lampsilis (O.) carinata calendis (RAFINESQUE)

1831 *Unio (Obliquaria) calendis* RAFINESQUE, Contin. Monogr. Biv. Shells River Ohio: 3. — Terra typica: Dick's-Fluß, Kentucky.

1914 *Lampsilis ligamentina* var. *gibba* SIMPSON, Descr. Cat. Naiades Pearly Fresh Water Mussels: 82. — Terra typica: Ohio-Fluß.

Diagnosis: Schale beträchtlich kürzer als die Nominatform, festschaliger, und mit stark gekrümmtem Rückenrand. Schalenoberfläche mit starken, konzentrischen aber niedrigen Wülsten. — Weibliche Schale hinten unten etwas vorgezogen. — Maße: Länge 95 mm, Höhe 70 mm, Dicke 40 mm.

Bemerkungen: Zweifellos der Nominatform sehr ähnlich, aber durchgängig von ihr durch die oben genannten Merkmale verschieden.

Verbreitung: Ohio-Fluß und südlich davon.

15d. Lampsilis (O.) carinata pinguis (Lea)

1857 *Unio pinguis* Lea, Proc. Acad. nat. Sci. Philadelphia, 1:84. — Terra typica: St.-Peters-Fluß, Nebenfluß des oberen Mississippi.

Diagnosis: Unterscheidet sich von der Nominatform eigentlich nur durch die stärker verkürzte, rundlichere Umrißform und die infolgedessen stärker gekrümmte Schloßlinie. — Maße: Länge 79 mm, Höhe 50 mm, Dicke 37 mm. Bemerkungen: Lea beschrieb diese Form nach einem einzigen Stück, das zweifellos in die nähere Verwandtschaft von *carinata* gehört und möglicherweise eine Stromform aus hartem Boden von ihr darstellt.

Verbreitung: Nur vom ursprünglichen Fundort bekannt.

15e. Lampsilis (O.) carinata orbis (Morrison)

1942 *Actinonaias carinata orbis* Morrison, Bull. Bur. amer. Ethnol., **129**:361. — Terra typica: Florence, Alabama.

Diagnosis: Von der Nominatform unterschieden durch: Schale fast scheibenförmig, seitlich zusammengepreßt, mit einer Abflachung vor der Area. — Maße: Länge 66 mm, Höhe 49,5 mm, Dicke 32,5 mm.

Bemerkungen: Nach Morrison ist dies die örtliche Form der typischen *carinata* aus den oben genannten Flußgebieten, während die Nominatform angeblich im Tennessee-Fluß nicht höher als bis zur Mündung des Duck-Flusses hinaufsteigt.

Verbreitung: Gebiet der Cumberland- und Tennessee-Flüsse.

16. **Lampsilis (Ortmanniana) abrupta** (Say)

1831 *Unio abruptus* Say, Amer. Conch., **2**: Taf. 17. — Terra typica: Wabash-Fluß, Indiana.

1831 *Unio cyclips* Rafinesque, Contin. Monogr., Biv. Shells River Ohio: 2. — Terra typica: Ohio- und Mississippi-Flüsse.

1836 *Margarita (Unio) orbiculatus* Lea, Synopsis Fam. Naiades: 25. — (Non *Unio orbiculatus* Hildreth 1828.)

Diagnosis: Schale eiförmig-viereckig, sehr aufgeblasen, mit sehr kurzem, steil abfallendem Vorder- und hohem, senkrecht abgestutztem Hinterende. Wirbel sehr vorderständig und nach vorne übergeneigt. Rücken- und Bauchrand fast gleichlaufend. Hauptzähne dick, niedrig, Seitenzähne kurz, durch ein kurzes, aber breites, aufsteigendes Intervall von den ersteren getrennt. Wirbelhöhlen tief und eng. Perlmutter weiß bis lachsfarben. — Maße: Länge 71 mm, Höhe 58 mm, Dicke 40 mm.

Verbreitung: Gebiet des mittleren Mississippi-Flusses, einschließlich des Ohio-Flusses, unterer Missouri-Fluß.

17. **Lampsilis (Ortmanniana) higginsii** (Lea)

1857 *Unio higginsii* Lea, Proc. Acad. nat. Sci. Philadelphia, **9**:84. — Terra typica: Mississippi-Fluß bei Muscatine, Iowa.

1914 *Lampsilis higginsii* var. *grandis* Simpson, Descr. Cat. Naiades Pearly Freshw. Mussels: 78. — Terra typica: Illinois-Fluß.

Diagnosis: Schale fest, aufgeblasen, vorn unten klaffend, eiförmig oder elliptisch bis fast viereckig. Area niedrig. Wirbel voll, hoch, weit vorne liegend, mit einer Skulptur aus sehr schwachen, kaum gekrümmten Fältchen. Schalenfläche meist glatt, glänzend. Konchinschicht olivenfarben mit gelegentlichen zarten Strahlen. Linke Klappe mit zwei oder sogar drei Hauptzähnen, deren mittelster der größte ist, und einem Seitenzahn, unter dem gelegentlich die Andeutung eines weiteren steht. Wirbelhöhlen mäßig tief. Perlmutter silbrig bis lachsfarben. — Männliche Schale hinten, nicht ganz in halber Höhe, abgestumpft, zugespitzt; die weibliche ist hinten abgestutzt und hat ganz hinten unten eine sehr ausgeprägte marsupiale Schwellung. — Maße: ♂: Länge 75 mm, Höhe 60 mm, Dicke 42 mm. — ♀: Länge 70 mm, Höhe 60 mm, Dicke 40 mm.

Bemerkungen: Die von SIMPSON beschriebene Varietät *grandis* soll sich von der Nominatform in größeren Schalenmaßen und geringerer Aufgeblasenheit, sowie durch auffallendere marsupiale Schwellung des Weibchens unterscheiden. *Lampsilis higginsii* scheint der vorangehenden *Lampsilis abrupta* sehr nahe zu stehen und teilt mit ihr das gleiche Verbreitungsgebiet; vielleicht sind sie sogar identisch, was ich mangels genügenden Untersuchungsstoffes nicht entscheiden kann.

Verbreitung: In den Gewässern der Staaten Illinois, Iowa und Kansas; die Vorkommen in Missouri und im Ohio-Flusse sind zweifelhaft.

Subgenus **Cyrtonaias** CROSSE & FISCHER

1893 *Unio* Sectio *Cyrtonaias* CROSSE & FISCHER, Miss. sci. Mexique, Zool., 7 (2): 556. — Species typica: *Unio berlandieri* LEA (CROSSE & FISCHER 1893).

Diagnosis: Schale eiförmig oder annähernd viereckig, fest. Wirbel meistens voll. Schalenfläche glatt oder konzentrisch gefurcht.

Verbreitung: Mittel-Amerika.

18. **Lampsilis (Cyrtonaias) tampicoensis** (LEA)

18a. Lampsilis (C.) tampicoensis tampicoensis (LEA)

1838 *Unio tampicoensis* LEA, Trans. amer. philos. Soc., Philadelphia, 6:24; Taf. 7, Fig. 18. — Terra typica: Tampico- und Medellin-Flüsse, Mexiko.

Diagnosis: Schale unregelmäßig rautenförmig, kaum aufgeblasen, nicht sehr fest; Wirbel mäßig voll, mit ausnehmender zarter Skulptur. Area klein. Schalenoberfläche glatt; Konchinschicht dunkel kastanienbraun bis schwärzlich. Linke Klappe mit zwei etwas zusammengepreßten Haupt- und zwei zurückliegenden, leicht gekrümmten Seitenzähnen; rechte Klappe mit zwei Hauptzähnen, deren unterer höher ist, und einem Seitenzahn. Wirbelhöhlen tief und zusammengepreßt. Perlmutter purpurfarben, schillernd. — Männliche und weibliche Schalen sind einander sehr ähnlich, beide enden hinten, nahe unten, in einer angedeuteten breiten Abstutzung. — Maße: Länge 80—120 mm, Höhe 60—76 mm, Dicke 28—50 mm.

Verbreitung: Nordöstliches Mexiko; südöstliches Texas; Honduras.

18b. Lampsilis (C.) tampicoensis tecomatensis (LEA)

1841 *Unio tecomatensis* LEA, Proc. amer. philos. Soc., Philadelphia, 2:30. — Terra typica: Tecomate-Fluß, Mexiko.

Diagnosis: Von der Nominatform unterschieden durch kürzere Gestalt, stärkere Aufgeblasenheit, größere Schalenfestigkeit und dunklere Perlmutter.— Maße: Länge 90 mm, Höhe 60 mm, Dicke 40 mm.

Verbreitung: Cosamaloapam, Veracruz, Mexiko; Chacotianguis, Mexiko (wo ?); Tecomate-Fluß, Mexiko.

18c. Lampsilis (C.) tampicoensis berlandierii (Lea)

1857 *Unio berlandierii* Lea, Proc. Acad. nat. Sci. Philadelphia, **1**:101. — Terra typica: Matamoras, Mexiko.

Diagnosis: Diese Form unterscheidet sich von der Nominatform nur durch festere Schale, höhere Wirbel, höhere Area; die weibliche Schale ist hinten unten nur wenig völliger als die männliche. — Maße: Länge 105 mm, Höhe 75 mm, Dicke 50 mm.

Verbreitung: Matamoras und Tamaulipas, Mexiko; Colorado-Fluß, Texas.

18d. Lampsilis (C.) tampicoensis heermannii (Lea)

1861 *Unio heermannii* Lea, Proc. Acad. nat. Sci. Philadelphia, **13**:392. — Terra typica: Medina-Fluß, Texas.

Diagnosis: Durch höhere, zusammengedrückte Area, schwächere Bezahnung, geringere Dicke und größere Dünnschaligkeit von der Nominatform verschieden. — Maße: Länge 62 mm, Höhe 40,5 mm, Dicke 21 mm.

Bemerkungen: Wahrscheinlich stellt diese Form nur ein Jugendstadium der Nominatform dar.

Verbreitung: Nur von der Terra typica bekannt.

18e. Lampsilis (C.) tampicoensis kusteriana Frierson

1862 *Unio tampicoensis* — Küster, Conch. Cab., *Unio:* 275; Taf. 93, Fig. 1. — (Non Lea 1838.)

1927 *Lampsilis (Cyrtonaias) tampicoensis kusteriana* Frierson, Class. annot. Check List North Amer. Naiades: 85. — Terra typica: Bei Tampico, Mexiko.

Diagnosis: Von der Nominatform verschieden durch kürzer eiförmigen Umriß, dickere Schale, stärkeres Schloß und, gelegentlich, weiße Perlmutterfarbe. — Maße: Länge 98 mm, Höhe 66 mm, Dicke 42 mm.

Bemerkungen: Meiner Meinung nach ist diese *kusteriana* genannte Form lediglich eine vollausgewachsene *tampicoensis* s. str. — Überhaupt habe ich den Verdacht, daß alle die hier angeführten „Unterarten" von *tampicoensis* lediglich Altersstufen und/oder örtliche Anpassungsformen von ihr darstellen.

Verbreitung: Nur vom ursprünglichen Fundort bekannt.

19. Lampsilis (Cyrtonaias) sapperi Ihering

1901 *Lampsilis sapperi* Ihering, Nautilus, Philadelphia u. Boston, **15**:50. — Terra typica: Chicoy-Fluß, Guatemala.

Diagnosis: Schale stark verlängert; Vorderende niedrig, schief abgestutzt. Bauchrand eingebuchtet. Hauptzähne erhöht, sehr fest. — Maße: Länge 114 mm, Höhe 64 mm, Dicke 38 mm.

Bemerkungen: Die ursprüngliche Beschreibung dieser Art ist eine Differentialdiagnose, in der sie mit *explicata* und *umbrosa* verglichen wird. Eine Abbildung liegt nicht vor. Bei unsrer unvollständigen Kenntnis der Unionazeenfaune von Guatemala im besonderen und Mittel-Amerika im allgemeinen ist es unmöglich, ein abschließendes Urteil zu fällen.

Verbreitung: Nur vom ursprünglichen Fundort bekannt.

20. Lampsilis (Cyrtonaias) livida Simpson

1900 *Lampsilis lividus* Simpson, Proc. U.S. nation. Mus., Washington, **22**:571. — Terra typica: Usumacinta-Fluß, Mexiko.

Diagnosis: Schale verlängert, vorn breit, hinten spitz eiförmig, ziemlich dünn. Vorderende zusammengepreßt; Hinterende oben etwas abgestutzt. Wirbel ziemlich voll und hoch, vor der Mitte stehend. Konchinschicht glatt, olivenbraun, heller an den Wirbeln. Schloß unbekannt. Weibliche Schale mit einer geringen, verlängert gerundeten marsupialen Schwellung am Bauchrande. Hinterende leicht doppelt gewinkelt, mit dem hintersten Punkt eben unter der Schalenmitte. Area mit zwei Kanten. — Maße: Länge 110 mm, Höhe 62 mm, Dicke unbekannt.

Bemerkungen: Simpson begründet diese Form auf einer Abbildung bei Reeve (Conch. Icon., *Unio*, Taf. 22, Fig. 101), die *Psoronaias testudinea* Morelet darstellen sollte; daher die kurze Diagnose. Fischer & Crosse (1894) haben die Art unter dem Namen *Unio explicatus* abgebildet und waren somit nicht weit von der richtigen Deutung. Ich kann nämlich in *L. livida* Simpson kaum etwas anderes als *L. explicata* Morelet erblicken, deren Variationsbreite uns ja noch unbekannt ist und in die *livida* Simpson wohl hineingehören könnte. Auch in diesem Falle ist es unmöglich, ein endgültiges Urteil zu fällen.

Verbreitung: Nur von der Terra typica bekannt.

21. Lampsilis (Cyrtonaias) saladoensis (Lea)

1860 *Unio saladoensis* Lea, Proc. Acad. nat. Sci. Philadelphia, **4**:305. — Terra typica: Salado-Fluß, Nuevo Leon, Mexiko.

Diagnosis: Schale eiförmig, vorn runder als hinten, stark aufgeblasen. Wirbel voll und hoch, fast ganz ohne Skulptur. Area breit, gelegentlich mit zwei Kanten. Vorderende gerundet und verschmälert, Hinterende mit einem schwachen Flügel. Konchinschicht blaßgelblich grün in der Jugend, olivengrün im Alter, hinten mit zahlreichen breiten, zarten Strahlen. Linke Klappe mit einem einzelnen, etwas zusammengepreßten Hauptzahn, der gespalten sein kann, und zwei zurückliegenden, zarten Seitenzähnen; rechte Klappe mit zwei fast gleich großen Hauptzähnen und einem kurzen, abgestutzten Seitenzahn. Wirbelhöhlen tief, nicht zusammengepreßt. Perlmutter bläulich weiß, im Alter mit lachsfarbener Mitte. — Die weibliche Schale ist vorn ganz schmal und hat eine breite, gerundete, recht auffallende marsupiale Schwellung, die von hinten bis zur Schalenmitte reicht, und endet auf halber Schalenhöhe in einem gerundeten Punkte; die männliche Schale ist hinten unten nicht so voll und endet gerundet zugespitzt in halber Schalenhöhe. — Maße: ♂: Länge 53 mm, Höhe 35 mm, Dicke 26 mm. — ♀: Länge 30 mm, Höhe 22 mm, Dicke 13 mm.

Bemerkungen: FRIERSON bestreitet das Vorkommen dieser Art im Bayou Teche, Louisiana, und hält die von dort genannten Stücke für hellere Exemplare von *Proptera purpurata* (LAMARCK), die auch die in unsrer Diagnose genannten Strahlen aufweist.

Verbreitung: Staat Nuevo Leon, Mexiko; auch aus dem Bayou Teche, Louisiana, gemeldet.

22. Lampsilis (Cyrtonaias) umbrosa (LEA)

22a. Lampsilis (C.) umbrosa umbrosa (LEA)

1856 *Unio umbrosus* LEA, Proc. Acad. nat. Sci. Philadelphia, 8:95. — Terra typica: Medellin-Fluß, Mexiko.

1868 *Unio veracruzensis* LEA, Proc. Acad. nat. Sci. Philadelphia, 12:150. — Terra typica: Vera Cruz, Mexiko.

Diagnosis: Schale etwas eiförmig, vorne gerundet, hinten mehr zugespitzt, leicht aufgeblasen. Wirbel ziemlich niedrig, mit sehr schwacher Skulptur. Konchinschicht dunkel braun oder schwärzlich, meist ungestrahlt. Area niedrig, meist mit zwei Kanten, oben dunkler. Linke Klappe mit zwei etwas zusammengepreßten, leicht gerauhten Haupt- und zwei zurückliegenden, gekrümmten, keulenförmigen Seitenzähnen; rechte Klappe mit einem Hauptzahn und der Andeutung eines weiteren darüber, und einem keulenförmigen Seitenzahn. Wirbelhöhlen seicht. Perlmutter weiß oder purpurn. — Männliche und weibliche Schalen einander sehr ähnlich; beide Enden in einer leichten Zweiwinklung etwa in ein Drittel der Schalenhöhe, und die weibliche ist hinten etwas stärker vorgezogen. — Maße: Länge 90 mm, Höhe 53 mm, Dicke 30 mm.

Bemerkungen: FRIERSON nennt auch *Unio verrauxi* KÜSTER unter den Synonymen dieser Art. Meiner Ansicht nach aber ist die KÜSTER'sche Art ein Synonym von *Cafferia caffra* (KRAUSS), wie denn auch KÜSTER's Angabe, die Muschel stamme aus Süd-Afrika, meine Ansicht unterstützt.

Verbreitung: Nur aus dem mexikanischen Staate Vera Cruz bekannt.

22b. Lampsilis (C.) umbrosa alienigena (CROSSE & FISCHER)

1893 *Unio alienigenus* CROSSE & FISCHER, J. de Conch., Paris, 41:294. — Terra typica: Goatzalcoalcos, Vera Cruz, Mexiko.

Diagnosis: Von der Nominatform namentlich durch gleichmäßig elliptischeren Umriß unterschieden. Die weibliche Schale ist mäßig marsupial aufgeschwollen. — Maße: Länge 82 mm, Höhe 51 mm, Dicke 30 mm.

Bemerkungen: Wahrscheinlich nur eine leichte Abänderung der typischen *umbrosa*, mit der diese Form ja auch das Verbreitungsgebiet gemein hat.

Verbreitung: Nur aus dem Staat Vera Cruz (Mexiko) bekannt.

Subgenus Mesonaias CROSSE & FISCHER

1893 *Mesonaias* CROSSE & FISCHER, Miss. sci. Mexique, Zool., 7 (2):556. — Species typica: *Unio explicatus* MORELET (CROSSE & FISCHER).

Diagnosis: Schale quereiförmig, hoch; Wirbel nur wenig vorragend. Schalenoberfläche glatt oder konzentrisch gestreift. Hauptzähne zusammengepreßt, schief stehend.

Verbreitung: Usumacinta-Fluß, Tabasco, Mexiko.

23. Lampsilis (Mesonaias) explicata (Morelet)

1849 *Unio explicatus* Morelet, Test. nov., Teil 1:28. — Terra typica: Usumacinta-Fluß bei Balancan, Staat Tabasco, Mexiko.

Diagnosis: Schale groß, etwas rautenförmig oder lang elliptisch, ziemlich fest, leicht aufgeblasen. Wirbel mäßig voll und hoch, mit kaum entwickelter Skulptur. Area mäßig hoch. Schalenfläche glatt oder mit starken Zuwachslinien, die nur vorn sehr deutlich sind. Konchinschicht rauchig braun, heller bei jungen, dunkel in alten Stücken; Wirbelgegend stets heller. Linke Klappe mit zwei kleinen, zusammengepreßten Hauptzähnen, deren vorderer höher ist, und zwei zurückliegenden Seitenzähnen; rechte Klappe mit einem Hauptzahn und der Andeutung eines weiteren darüber, und einem etwas gekörntem Seitenzahn. Wirbelhöhlen tief. Perlmutter weiß oder blaß purpurn. — Maße: Länge 112 mm, Höhe 70 mm, Dicke 45 mm.

Verbreitung: Staat Tabasco, Mexiko.

Subgenus Disconaias Crosse & Fischer

1893 *Disconaias* Crosse & Fischer, Miss. sci. Mexique, Zool., 7 (2):556. — Species typica: *Unio discus* Lea (Crosse & Fischer).

Diagnosis: Schale groß, eiförmig oder leicht dreieckig, äußerst zusammengedrückt, konzentrisch gestreift. Hauptzähne stark, Seitenzähne sehr lang und gefurcht.

Verbreitung: Mexiko.

24. Lampsilis (Disconaias) discus (Lea)

1838 *Unio discus* Lea, Trans. amer. philos. Soc., Philadelphia, 6:74; Taf. 18, Fig. 57. — Terra typica: „Indien".

Diagnosis: Schale groß, etwas dreieckig, zusammengepreßt, fest, ausgesprochen ungleichseitig. Wirbel hoch und zusammengedrückt, mit unbekannter Skulptur. Area niedrig, mit zwei Kanten. Vorderende gerundet, verschmälert; Bauchrand gleichmäßig geschwungen; Hinterende zweiwinklig, der hinterste Punkt etwa in halber Schalenhöhe. Schalenfläche mit starker, ungleichmäßiger konzentrischer Streifung. Konchinschicht bräunlich oder schwärzlich, ungestrahlt. Linke Klappe mit einem starken, etwas dreieckigen Hauptzahn, gelegentlich mit Andeutungen von weiteren davor und dahinter, und einem dicken, keulenförmigen Seitenzahn; rechte Klappe mit zwei starken Haupt- und zwei kurzen Seitenzähnen, über denen ein weiterer angedeutet sein kann. Wirbelhöhlen nicht tief. Perlmutter von silbrig bis tief purpurn; vorne wesentlich verdickt. — Maße: Länge 121—135 mm, Höhe 77—90 mm, Dicke 28 bis 33 mm.

Verbreitung: Mittel-Amerika bis Mexiko.

25. Lampsilis (Disconaias) panacoensis (von dem Busch)

1843 *Unio panacoensis* von dem Busch in Philippi, Abbild. Beschr. Conch., 1:75; Taf. 2. — Terra typica: Panaco [=Panuco]-Fluß, Mexiko.

1867 *Unio mexicanus* Sowerby (non Philippi 1848), Conch. Icon., *Unio:* 16: Taf. 55, Fig. 281. — Terra typica: Mexiko.

1893 *Unio lapidosus* KOBELT, Nachr.Bl. dtsch. malak. Ges., Frankfurt a. M., **25**:151. — Terra typica: Fluß Euphrat, Iraq.
1900 *Unio discus* var. *connectens* MARTENS, Biol. Centr. Amer., Moll.: 510. — Terra typica: Panuco-Fluß bei Tampico, Mexiko.

Diagnosis: Schale groß, fast dreieckig eiförmig, fest, zusammengedrückt, flach, sehr ungleichseitig. Wirbel wenig erhoben, kaum gewölbt und stumpf zugespitzt mit unbekannter Skulptur. Vorderende niedrig, gerundet, sehr zusammengedrückt, Hinterende nach hinten zu an Aufgeblasenheit zunehmend, hinten stumpf abgerundet, fast abgestutzt. Konchinschicht gelblich rötlich bis braun, undeutlich dunkler gestrahlt. Schloß sehr kräftig; die Hauptzähne dreieckig, aufgerichtet, rauh, rechts vor und hinter den Zähnen Andeutungen von weiteren; Seitenzähne kurz, etwas gekrümmt, der rechts ziemlich hoch. Perlmutter von weiß bis fleischfarben. — Maße: Länge 13,7 mm, Höhe 93 mm, Dicke 40 mm.

Bemerkungen: Mit FRIERSON glaube ich, daß diese Art artlich vom vorangehenden *discus* verschieden ist; aber immerhin stehen sich beide Arten recht nahe. *Unio lapidosus* KOBELT, der angeblich aus dem Euphrat stammt, ist zweifellos mit *panacoensis* identisch. Sowohl SIMPSON als auch FRIERSON schreiben den Namen dieser Art *panucoensis*, obwohl sie doch nach dem Panaco-Fluß in Mexiko benannt ist.

Verbreitung: Nur aus dem Panuco-Fluß in Mexiko bekannt.

26. Lampsilis (Disconaias) fimbriata FRIERSON

1907 *Lampsilis fimbriata* FRIERSON, Nautilus, Philadelphia u. Boston, **21**:86; Taf. 12, obere zwei Fig. — Terra typica: Valles-Fluß, Mexiko.
1908 *Lampsilis (Proptera) salinasensis* SIMPSON, Proc. U.S. nation. Mus., Washington, **35**:181; Taf. 30, Fig. 3. — Terra typica: Salinas-Fluß, Staat Coahuila, Mexiko.
1922 *Actinonaias (Disconaias) walkeri* H. B. BAKER, Occ. Pap. Mus. Zool. Ann Arbor, no. 106:20; Taf. 1—2, 9, 10. — Terra typica: Rio San Juan, Vera Cruz, Mexiko.

Diagnosis: Schale groß, elliptisch, dünn, zusammengepreßt. Vorderende vorgezogen, abgestumpft zugespitzt oder elliptisch gekrümmt. Rückenrand von vorn nach hinten ansteigend; Bauchrand fast geradlinig, gelegentlich leicht eingebuchtet; Hinterrand breit und breit doppelt gewinkelt. Area niedrig. Größte Schalendicke etwa in der Mitte. Schalenfläche abgeplattet, gewöhnlich sogar in der Mitte etwas eingezogen. Area mit deutlicher Kante, mit kleinen Knötchen skulptiert, die in nach oben ziehenden Linien angeordnet sind. Konchinschicht gelb oder hornfarben, gelegentlich schwach hinten gestrahlt. Zähne fest, doppelt links, einfach rechts. Wirbelhöhlen seicht. Perlmutter weiß bis dunkel purpurn. — Maße: Länge 80 mm, Höhe 47 mm, Dicke 25 mm.

Verbreitung: Nur vom ursprünglichen Fundort bekannt.

27. Lampsilis (Disconaias) novileonis PILSBRY

1909 *Lampsilis novileonis* PILSBRY, Proc. Acad. nat. Sci. Philadelphia, **61**:537; Taf. 27, Fig. 1, 2, 7. — Terra typica: Casa Viejas-Fluß, Staat San Luis Potosí, Mexiko.

Diagnosis: Schale quereiförmig, ziemlich zusammengepreßt, Rücken- und Bauchrand etwa gleichmäßig, wenn auch nur wenig, gekrümmt; Vorderende gerundet, Hinterende leicht zweiwinklig abgestutzt. Wirbel recht vorderständig.

Area nicht gegen die Schalenfläche abgesetzt, die gewölbt und nicht sehr glänzend ist. Auf der Area sind schiefe Fältchen zu sehen. Konchinschicht gelb, hinten mit schmalen grünen Strahlen versehen. Perlmutter weiß. Wirbelhöhlen ziemlich tief. Hauptzähne kurz, Seitenzähne weit zurückliegend. — Maße: Länge 78 mm, Höhe 43,5 mm, Dicke 22,5 mm.

Bemerkungen: Sollte diese Art überhaupt Berechtigung besitzen, dann wohl nur als Form der vorhergehenden *aztecorum*.

Verbreitung: Nur vom ursprünglichen Fundort bekannt.

28. **Lampsilis (Disconaias) purpuriata** (Say)

1831 *Unio purpuriatus* Say, New Harmony Dissemin., Jan. 15:6. — Terra typica: Mexiko.

Diagnosis: Schale lang rautenförmig, fest, etwas aufgeblasen, mit hoher Area die unten zwei Arealkanten zeigt. Hinterer Rückenrand hoch, gerundet. Hinterende etwas schief abgestutzt. Wirbel nur mäßig hoch und voll, mit unbekannter Skulptur. Schalenfläche glatt, nur leichte Runzeln auf der Area. Konchinschicht grünlich, oben dunkler, mit zarten, leicht gewellten Strahlen von wechselnder Breite. Linke Klappe mit zwei starken, rauhen Hauptzähnen und einem einzigen, starken Seitenzahn; rechte Klappe mit einem größeren Hauptzahn und Andeutungen von weiteren, wesentlich kleineren davor und dahinter, sowie mit einem einzigen Seitenzahn. Wirbelhöhlen seicht. Perlmutter purpurn bis lachsfarben. — Die männliche Schale ist leicht eingebuchtet, die des Weibchens ist hinten unten etwas aufgetrieben. — Maße: Länge 70 mm, Höhe 39 mm, Dicke 25 mm.

Bemerkungen: Einige Autoren halten es für unmöglich, die mit keiner Abbildung versehene Beschreibung des *Unio purpuriatus* Say endgültig zu deuten. Lea nahm ihn als gültig an, aber die meisten folgenden Autoren mißdeuteten *Unio meddelinus* Lea und hielten ihn für *purpuriatus* Say; Martens hielt *Unio aztecorum* Philippi für die genannte Say'sche Art. Frierson 1927 schließlich stellte eine *Lampsilis pilsbryana* (ohne Beschreibung) für die in Frage stehende Form auf, ohne die Terra typica anders als Mexiko zu nennen. Alles das scheint dafür zu sprechen, daß *purpuriata* eine vielgestaltige Art ist, die unter den jeweiligen Umweltsbedingungen ihre Schaleneigenschaften etwas verändern kann; daraus geht die Tatsache hervor, daß alle die als Ersatznamen für *purpuriata* gewählten Namen sich auf Formen beziehen, die einander äußerst nahestehen, wahrscheinlich mit einander identisch sind.

Verbreitung: Staat Veracruz, Mexiko.

Subgenus **Phyllonaias** Crosse & Fischer

1893 *Phyllonaias* Crosse & Fischer, Miss. sci. Mexique, Rech. Zool., 7 (2):555. — Species typica: *Unio paludosus* Morelet (Crosse & Fischer).

Diagnosis: Schale flach, hinter Oberrand hoch, einen Flügel andeutend. Hauptzähne meist zusammengepreßt.

Verbreitung: Staat Yukatan, Mexiko.

29. **Lampsilis (Phyllonaias) paludosa** (Morelet)

1849 *Unio paludosus* Morelet, Test. nov., 1:30. — Terra typica: San Jeronimo, Yukatan, Mexiko.

Diagnosis: Schale flach, hinten hoch, fast geflügelt, ungleichseitig, eiförmig-rautenförmig, dünn. Schalenfläche bis auf die Wirbelgegend glatt, dort leicht radial skulptiert. Wirbel niedrig, aber scharf, nicht aufgeblasen, mit einer zarten Skulptur aus doppelt geschlungenen Fältchen. Vorderende gerundet, oben gewinkelt; hinterer Oberrand hinten gewinkelt. Hinterende hinten ausgesprochen schief abgestutzt. Konchinschicht grünlich olivenfarben. Linke Klappe mit zwei Hauptzähnen, deren hinterer etwas zurückgebildet ist, und zwei schneidenförmigen Seitenzähnen; rechte Klappe mit zwei Hauptzähnen, deren oberer kleiner ist, und einem Seitenzahn. Wirbelhöhlen seicht. Perlmutter bleich rötlich. — Maße: Länge 57 mm, Höhe 31 mm, Dicke 15 mm.

Verbreitung: Yukatan, Mexiko.

30. **Lampsilis (Phyllonaias) planivalvis** (Morelet)

1851 *Unio planivalvis* Morelet, Test. nov., 2:24. — Terra typica: Usumacinta-Fluß, Guatemala.

Diagnosis: Schale etwas verlängert, rautenförmig, äußerst zusammengepreßt, mit einem niedrigen Flügel vorn und einem höheren hinten; Area niedrig. Wirbel niedrig, doch scharf zugespitzt. Schalenfläche glatt mit Ausnahme der Wirbelgegend, die leicht radial gefurcht ist. Konchinschicht bräunlich olivenfarben. Linke Klappe mit einem dicken Hauptzahn vorn und einem fast zurückgebildeten dahinter, und mit zwei schneidenförmigen Seitenzähnen; rechte Klappe mit zwei kurzen Hauptzähnen, deren oberer kleiner ist, und einem langen, gekrümmten Seitenzahn. Wirbelhöhlen nicht tief. Perlmutter weiß. — Maße: Länge 66 mm, Höhe 35 mm, Dicke 14,5 mm.

Verbreitung: Nur aus dem Gebiete des Usumacinta-Flusses in Guatemala bekannt.

31. **Lampsilis (Phyllonaias) scutulata** (Morelet)

1849 *Unio scutulatus* Morelet, Testa novissima, 1:30. — Terra typica: Bei San Jeronimo, Yucatan, Mexiko.

Diagnosis: Schale elliptisch bis elliptisch-rautenförmig, zusammengepreßt, dünn, mit einer niedrigen, aber deutlichen Area mit gelegentlich doppelter Kante. Wirbel niedrig, nicht aufgeblasen. Hinterende geflügelt, hinten gewinkelt. Konchinschicht grün oder hell olivengrün, mit einigen zarten Strahlen. Linke Klappe mit zwei Hauptzähnen, deren hinterer kleiner ist, und zwei Seitenzähnen; rechte Klappe mit zwei zusammengepreßten Hauptzähnen und einem Seitenzahn. Perlmutter außen bläulich, in der Mitte gelblich.

Sowohl die männlichen als die weiblichen Schalen sind leicht rautenförmig, die ersteren aber hinten mehr abgestutzt. Die männliche Schale endet hinten, ziemlich nahe dem Unterrande, in einer abgestumpften Spitze, und der Bauchrand ist fast ebenmäßig gekrümmt; die weibliche Schale ist hinten doppelt gewinkelt und besitzt eine wohl entwickelte marsupiale Schwellung ganz hinten unten. — Maße: Länge 49 mm, Höhe 30 mm, Dicke 16 mm.

Bemerkungen: Die hier in der Untergattung *Phyllonaias* zusammengefaßten drei Arten sind nahe miteinander verwandt und stellen wohl nur — wenn überhaupt mehr als individuelle Abweichungen — örtliche Rassen ein und derselben Art vor, als die wir *Lampsilis (Phyllonaias) paludosa* (MORELET) betrachten wollen.

Verbreitung: Yukatan, Mexiko.

Subgenus **Delphinonaias** CROSSE & FISCHER

1893 *Phyllonaias* CROSSE & FISCHER, Miss. sci. Mexique, Rech. Zool., 7 (2): 555. — Species typica: *Unio delphinulus* MORELET (CROSSE & FISCHER).

Diagnosis: Schale sehr zusammengepreßt; hinterer Oberrand in einen hohen Flügel verlängert. Hauptzähne sehr zusammengepreßt.

32. **Lampsilis (Delphinonaias) delphinulus** (MORELET)

1849 *Unio delphinulus* MORELET, Test. nov., 1: 31. — Terra typica: Sümpfe des Usumacinta-Flusses und See von Peten, Peten, Guatemala.

Diagnosis: Schale (mit dem Flügel) etwas dreieckig, dünn, sehr zusammengepreßt; ohne Flügel besitzt die Schale verlängert leicht rautenförmigen Umriß, mit fast gleichlaufenden Rücken- und Bauchrändern. Hinterende hoch dreieckig, Vorderende niedrig geflügelt. Wirbel niedrig und zusammengepreßt, mit sozusagen keiner Wirbelskulptur. Area mit doppelter oder dreifacher Kante; Hinterende etwa in halber Höhe in einer abgestumpften Spitze endend. Konchinschicht glanzlos, grünlich gelb oder braun, mit zarten Strahlen, die oft den Schalenrand nicht erreichen. Linke Klappe mit einem verlängerten Hauptzahn, mit gelegentlichen Andeutungen von weiteren, und zwei geraden, zarten Seitenzähnen; rechte Klappe mit zwei schneidenförmigen Hauptzähnen und einem einzigen Seitenzahn. Wirbelhöhlen sehr seicht. Perlmutter gelblich oder purpurartig, mit metallischem Schimmer.

Unsere Kenntnisse reichen nicht aus, Geschlechtsunterschiede bei dieser Art genau anzugeben, doch es scheint so zu sein, daß die weibliche Schale hinten unten voller ist als die männliche. — Maße: Länge 58—69 mm, Höhe mit Flügel 45—50 mm, ohne Flügel 26—30 mm, Dicke 10—13 mm.

Verbreitung: Tabasco, Mexiko; Usumacinta-Fluß, Staat Peten, Guatemala; Britisch Honduras.

Subgenus **Villosa** FRIERSON

1927 *Lampsilis (Villosa)* FRIERSON, Class. annot. Check List N. Amer. Naiades: 80. — Species typica: *Unio villosus* WRIGHT (FRIERSON).

Diagnosis: Schale klein, quereiförmig, aufgeblasen. Wirbel ziemlich hoch; ihre Skulptur besteht aus feinen, gleichlaufenden Fältchen, die in doppelter Schlinge angeordnet sind, wobei die vordere größer und gerundet, die hintere klein und etwas gewinkelt ist. Konchinschicht wechselnd von glatt bis etwas stoffartig, im durchfallenden Licht stets grünliche Töne zeigend, und undeutlich gestrahlt. Größte Schalenhöhe eben hinter der Mitte, größte Dicke kurz vor dieser oder kurz hinter den Wirbeln. Schloßzähne zusammengedrückt.

Verbreitung: Südliche atlantische Staaten der Vereinigten Staaten von Nord-Amerika.

33. Lampsilis (Villosa) villosa (B. H. Wright)

1898 *Unio villosus* B. H. Wright, Nautilus, Philadelphia u. Boston, **12**:32. — Terra typica: Suwanee-Fluß, Suwanee Co., Florida.

Diagnosis: Schale lang quereiförmig, nicht sehr dick, etwas aufgeblasen, mit der größten Dicke kurz vor der Schalenmitte. Area wenig ausgebildet. Wirbel niedrig, mäßig breit, ohne erkennbare Skulptur. Konchinschicht dunkel olivengrün bis schwärzlich, an den Rändern stoffartig, ungestrahlt oder sehr schwach gestrahlt. Linke Klappe mit zwei gerauhten Hauptzähnen, deren vorderer höher ist und die beide oben manchmal verbunden sind, und mit zwei langen, dünnen Seitenzähnen; rechte Klappe mit einem Hauptzahn und einem angedeuteten darüber, und einem Seitenzahn. Wirbelhöhlen seicht. Perlmutter bläulich weiß, oft trübe. — Weibliche Schale mit einer leichten, breiten, gerundeten marsupialen Schwellung hinten unten. — Maße: Länge 42 mm Höhe 23 mm, Dicke 17 mm.

Verbreitung: Anscheinend nur aus dem Gebiet des Suwanee-Flusses bekannt.

34. Lampsilis (Villosa) amygdalum (Lea)

1843 *Unio amygdalum* Lea, Descr. twelve spec. Uniones, Aug. 19: keine Seitenzahl. — Terra typica: George-See, Florida.

1843 *Unio trossulus* Lea, Descr. twelve spec. Uniones, Aug. 19: keine Seitenangabe. — Terra typica: Monroe-See, Florida.

1845 *Unio papyraceus* Gould, Proc. Boston Soc. nat. Hist., **2**:53. — Terra typica: Everglades, Florida.

1856 *Unio lepidus* Gould, Proc. Boston Soc. nat. Hist., **6**:15. — Terra typica: Bach in der Nähe des Monroe-Sees, Florida.

Diagnosis: Schale quer eiförmig oder elliptisch, etwas aufgeblasen. Wirbel voll, ziemlich hoch, mit einer Skulptur aus zarten, doppeltgeschlungenen Fältchen. Konchinschicht glatt und glänzend bis rauh, stoffartig und glanzlos, schmutzig grünlich weiß bis fast schwarz, ungestrahlt oder mit zahlreichen, undeutlichen Strahlen. Linke Klappe mit zwei verlängerten, zusammengepreßten Haupt- und zwei zarten Seitenzähnen; rechte Klappe mit je einem Haupt- und Seitenzahn. Wirbelhöhlen nicht tief. Perlmutter bläulich weiß bis rahmfarben, schillernd. — Die männlichen Schalen sind meist elliptisch mit niedriger Area, die niedrig geflügelt ist, und enden abgestumpft zugespitzt etwa in halber Schalenhöhe; die weiblichen Schalen sind gewöhnlich vorn verschmälert und gerundet, und stets dunkler gefärbt als die der Männchen. — Maße: Länge 47 mm, Höhe 29 mm, Dicke 18 mm.

Verbreitung: Nur aus Florida bekannt.

35. Lampsilis (Villosa) vesicularis (Lea)

1870 *Unio vesicularis* Lea, Proc. Acad. nat. Sci. Philadelphia, **2**:156. — Terra typica: Okeechobee-See, Sumpter Co., Florida.

1891 *Unio singleyanus* Marsh, Nautilus, Philadelphia u. Boston, **5**:29. — Terra typica: Palatka, Putnam Co., Florida.

Diagnosis: Schale klein, elliptisch oder quer eiförmig, kaum aufgeblasen, wenig fest, mit niedriger Area. Wirbel niedrig, meist so abgenagt, daß keine Skulptur erkannt werden konnte. Konchinschicht bräunlich bis schmutzig gelblich grün, mit kaum angedeuteten Strahlen, etwas glänzend, hinten dunkler. Linke Klappe mit zwei verlängerten Hauptzähnen, deren vorderer ziemlich verlängert und deren hinterer dreieckig ist, sowie mit zwei geraden Seitenzähnen; rechte Klappe mit einem Hauptzahn und darüber der Andeutung eines weiteren, und einem Seitenzahn. Wirbelhöhlen sehr seicht. Perlmutter weißlich silbrig, hinten sehr schillernd. — Die weibliche Schale besitzt eine gerundete marsupiale Schwellung. — Maße: Länge 32 mm, Höhe 19—20 mm, Dicke 12 mm.

Verbreitung: Florida und südliches Georgia.

36. Lampsilis (Villosa) pellucida (Lea)

1845 *Unio pellucidus* Lea, Proc. amer. philos. Soc., Philadelphia, **4**:163. — Terra typica: Chattahoochee-Fluß, Georgia.

Diagnosis: Schale sehr dünn, quer eiförmig, ziemlich zusammengepreßt bis leicht aufgeblasen, ungleichseitig. Wirbel nicht hoch, mit einer Skulptur aus Doppelschlingen. Konchinschicht rauchig braun, mit zahlreichen leicht gewellten, zarten Strahlen. Linke Klappe mit zwei Hauptzähnen, deren hinterer kleiner ist, und zwei Seitenzähnen; rechte Klappe mit einem Hauptzahn und einem angedeuteten darüber, und zwei Seitenzähnen; die Seitenzähne sind in beiden Klappen sehr dünn, schwach entwickelt, besonders der obere rechts. Perlmutter bläulich weiß, schillernd. — Die weibliche Schale ist hinten gerundet und besitzt eine weit hinten gelegene, kleine marsupiale Schwellung. — Maße: ♂: Länge 36 mm, Höhe 21 mm, Dicke 13 mm. — ♀: Länge 33 mm, Höhe 20 mm, Dicke 12 mm.

Verbreitung: Die Flint- und Chattahoochee-Flüsse im südlichen Georgia.

37. Lampsilis (Villosa) wrightiana Frierson

1927 *Lampsilis wrightiana* Frierson, Class. annot. Check List North Amer. Naiades: 81. — Terra typica: Volusia Co., Florida.

Diagnosis: Schale dünn, olivenbraun. Vorderende rund oder leicht viereckig, stumpf zugespitzt hinten, Hinterende bei etwa der halben Schalenhöhe. Schalenfläche nahezu glatt bis zottig. Konchinschicht mit oft verschwindenden zarten Strahlen. Hauptzähne denen der *Lampsilis amygdalum* ähnlich, Seitenzähne dünn, etwas gebogen. Perlmutter dünn, bläulich, manchmal leicht wolkig. — Maße: Länge 50 mm, Höhe 27 mm, Dicke 18 mm.

Bemerkungen: Mir unbekannte, nur nach der oben wiedergegebenen Urbeschreibung bekannt gewordene Art, die in den engeren Rassenkreis der *Lampsilis amygdalum* zu gehören scheint.

Verbreitung: Florida.

Subgenus Venustaconcha Thiele

1927 *Lampsilis (Venusta)* Frierson, Class. annot. Check List North Amer. Naiades: 81 (non *Venusta* O. Boettger 1877). — Species typica: *Unio venustus* Lea (Frierson).

1934 *Venustaconcha* Thiele, Handb. syst. Weichtierk., Teil 3:837. — (Nomen novum pro *Venusta* Frierson.)

Diagnosis: Schale elliptisch, ganz leicht aufgeblasen, hinten zugespitzt. Wirbelskulptur aus Doppelschlingen bestehend, deren hintere zuweilen offen sind. Konchinschicht glanzlos, mit welligen Linien gestrahlt, die meistens zu Binden angeordnet sind. Weibliche Schale hinten unten nur wenig geschwollen, mit einer leichten Einbuchtung dahinter.

Verbreitung: Vereinigte Staaten von Nord-Amerika.

38. **Lampsilis (Venustaconcha) venusta** (Lea)

1838 *Unio venustus* Lea, Trans. amer. philos. Soc., Philadelphia, **6**:4; Taf. 2, Fig. 4. — Terra typica: Potosi, Missouri.

Diagnosis: Schale unregelmäßig lang elliptisch, fest, leicht aufgeblasen; Wirbel zusammengepreßt, aber doch etwas spitz, mit einer Skulptur aus zarten doppelt geschlungenen Fältchen. Area niedrig. Konchinschicht grünlich gelb mit etwas gebrochenen und welligen Strahlen von wechselnder Breite. Rechte Klappe mit einem großen und einem kleineren Hauptzahn darüber und einem, gelegentlich einem angedeuteten, zweiten Seitenzahn; linke Klappe mit zwei gleich großen, aufrechten Haupt- und zwei geraden Seitenzähnen. Wirbelhöhlen seicht. Perlmutter weißlich. — Sowohl die männlichen wie die weiblichen Schalen sind in oder gleich hinter der Mitte voll und gegen das Hinterende etwas verschmälert; sie sind ferner hinten abgestumpft zugespitzt, beim Männchen ist das Hinterende etwa in halber Schalenhöhe, beim Weibchen etwas höher. Die weibliche Schale zeigt eben hinter der Mitte des Bauchrandes eine leichte marsupiale Schwellung. — Maße: Länge 57 mm, Höhe 32 mm, Dicke 21 mm.

Verbreitung: Missouri.

39. **Lampsilis (Venustaconcha) pleasi** (Marsh)

1891 *Unio pleasi* Marsh, The Observer, 2, May. — Terra typica: Little Red River Arkansas.

1900 *Lampsilis pleasii* — Simpson, Proc. U.S. nation. Mus., Washington, **22**:557.

Diagnosis: Schale klein, lang elliptisch, ganz leicht zusammengepreßt kaum etwas fest; Wirbel niedrig mit ungekannter Skulptur. Area niedrig. Konchinschicht schmutzig bräunlich mit zahlreichen schmalen, etwas welligen Strahlen, gelegentlich etwas stoffartig. Linke Klappe mit zwei unregelmäßigen, etwas zusammengepreßten Hauptzähnen und zwei ziemlich zarten, kurzen Seitenzähnen; rechte Klappe mit einem Hauptzahn und einem weiteren, angedeuteten darüber, und einem Seitenzahn. Wirbelhöhlen seicht. Perlmutter trüb grünlich, bläulich oder bräunlich, vorn leicht verdickt. — Die Schalen dieser Art sind hinten etwas ausgezogen und enden hinten mit abgestumpfter Spitze etwa in halber Schalenhöhe; der Bauchrand ist gerundet und gerade, hinter der Mitte etwas voller. Die weibliche Schale gleicht der männlichen und unterscheidet sich von ihr eigentlich nur dadurch, daß sie in der marsupialen Schwellung etwas weiter vorgezogen ist. — Maße: Länge 40 mm, Höhe 23 mm, Dicke 13 mm.

Verbreitung: Arkansas und Polk Co., Arkansas.

40. **Lampsilis (Venustaconcha) ellipsiformis** (Conrad)

?1823 *Unio mucronatus* Barnes, Amer. J. Sci., New Haven, **6**:266; Taf. 13, Fig. 13. — Terra typica: Wisconsin-Fluß.

1836 *Unio ellipsiformis* Conrad, Monogr. Fam. Unionidae, 8:60; Taf. 24, Fig. 1. — Terra typica: Michigan.
1845 *Unio spatulatus* Lea, Proc. amer. philos. Soc., Philadelphia, 4:164. — Terra typica: Rock-Fluß, Wisconsin.

Diagnosis: Schale lang elliptisch oder lang quereiförmig, wenig aufgeblasen, meist ziemlich fest, aber gelegentlich sehr dickschalig. Wirbel niedrig, oft abgeplattet. Lunula verlängert, bis unter die Wirbel reichend. Vorderende gerundet; Hinterende in eine stumpfe bis zweiwinklige Spitze ausgezogen, die etwa in halber Schalenhöhe liegt; Bauchrand gerundet, manchmal gerade hinter der Mitte etwas voller, und dahinter gelegentlich etwas eingebogen. Konchinschicht grünlich gelb mit zahlreichen zarten, gewellten Strahlen, oft stoffartig und glanzlos. Vor der Arealkante befinden sich auf der Schalenfläche häufig tiefe, ausstrahlende Gruben, und manchmal zarte, regelmäßige solche. Linke Klappe mit zwei Hauptzähnen, und zwei kurzen und dicken Seitenzähnen; rechte Klappe mit einem kleinen, kurzen und dicken Hauptzahn und der Andeutung eines zweiten, sowie einem Seitenzahn. Wirbelhöhlen sehr seicht. Perlmutter fleischfarben oder bläulich weiß. — Wenig Unterschied besteht zwischen männlichen und weiblichen Schalen, nur daß die letzteren hinten unten ein wenig stärker vorgezogen sind. — Maße: Länge 72—85 mm, Höhe 42—45 mm, Dicke 28—34 mm.

Bemerkungen: Die oben angegebenen Maße können gelegentlich überschritten werden, wenn und wo die Lebensbedingungen optimal sind; unter schlechten Umweltbedingungen dagegen werden Stücke dieser Art nicht größer als 35—40 mm, und bleiben recht dünnschalig. In die Synonymie zu *ellipsiformis* habe ich mit Frierson auch als fraglich *Unio mucronatus* Barnes 1823 aufgenommen; niemand weiß eigentlich, was diese Art darstellt, da sie nur in einer Umrißzeichnung abgebildet wurde und verschiedene Deutungen zuläßt. Simpson (1900) stellt sie in die Synoynmie von *Elliptio gibbosus* (Barnes 1823).

Verbreitung: Im gesamten oberen Mississippi-Gebiet, bis etwa zum 38. Breitengrad im Süden; westliches New York; südliches Michigan; südliches Kanada; Red River of the North.

41. Lampsilis (Venustaconcha) arkansasensis (Lea)

1862 *Unio arkansasensis* Lea, Proc. Acad. nat. Sci. Philadelphia, 6:169. — Terra typica: Hot Springs, Arkansas.
1927 *Lampsilis arkansensis* Frierson, Class. annot. Check List N. Amer. Naiades: 81. — (Nomen substitutum pro *Unio arkansasensis* Lea 1862.)

Diagnosis: Schale eiförmig, wenig fest, wenig aufgeblasen. Area niedrig mit gelegentlich zwei Kanten. Hinterende in einer leichten Zweiwinklung, etwa in halber Schalenhöhe, endend; Bauchrand voll, von der Mitte bis zum Hinterende etwas eingebuchtet. Wirbel wohl nur mäßig voll. Konchinschicht grünlich bräunlich, hinten zart, wellig gestrahlt. Linke Klappe mit zwei fast gleich großen, kleinen, eckigen Hauptzähnen und zwei kurzen, keulenförmigen Seitenzähnen; rechte Klappe mit zwei Hauptzähnen, deren oberer klein und zusammengepreßt ist, mit einem Seitenzahn und der Andeutung eines weiteren darunter. Wirbelhöhlen nicht tief, zusammengepreßt. Perlmutter silbrig mit einem zarten rötlichen oder bräunlichen Anflug, hinten schillernd. — Maße: Länge 40 mm, Höhe 28 mm, Dicke 18 mm.

Bemerkungen: Eine sehr wenig bekannte Art, deren Typus eine abgerollte Schale darstellt, an der die Wirbelbeschaffenheit nicht zu erkennen ist. Der zweite Nachweis dieser Form vom Saline-Fluß durch CALL bleibt unbestätigt.

Verbreitung: Außer von der Terra typica noch vom Saline-Fluß bei Benton (Arkansas) angegeben.

42. Lampsilis (Venustaconcha) constricta (CONRAD)

1838 *Unio lienosus* var. *constrictus* CONRAD, Monogr. Fam. Unionidae, **10**:91; Taf. 49, Fig. 4. — Terra typica: North River, Rockbridge Co., Virginia.

1857 *Unio genthii* LEA, Proc. Acad. nat. Sci. Philadelphia, **1**:85. — Terra typica: Catawba-Fluß, Gaston Co., Nord-Karolina.

Diagnosis: Schale ziemlich klein, kurz, etwas elliptisch, wenig fest, etwas zusammengepreßt. Wirbel nicht erhoben, mit einer Skulptur aus gleichmäßig doppelt geschlungenen Fältchen. Konchinschicht ziemlich glänzend, gelblich grün oder flaschengrün, schwach gestrahlt. Schloß ziemlich stark; linke Klappe mit zwei Hauptzähnen und zwei geraden Seitenzähnen; rechte Klappe mit einem starken und einem dünnen Hauptzahn und einem geraden Seitenzahn. Perlmutter bläulich bis purpurartig, besonders in der Mitte, vorn etwas dicker. — Die weibliche Schale endet zugespitzt etwas oberhalb der halben Schalenhöhe, und zwischen diesem Hinterende und der marsupialen Schwellung ist der Schalenrand etwas ausgezackt. Die männliche Schale ist oft unregelmäßig rautenförmig, mit der Spitze des Hinterendes etwas tiefer als bei der weiblichen. — Maße: Länge 38 mm, Höhe 26 mm, Dicke 15 mm.

Bemerkungen: Eine in ihrer Umrißform und im Grad der Aufgeblasenheit recht veränderliche Art.

Verbreitung: Vom James-Fluß in Virginia bis Süd-Karolina. Nordwest-Georgia (Floyd Co.); Nord-Alabama und Tennessee.

43. Lampsilis (Venustaconcha) trabalis (CONRAD)

1834 *Unio trabalis* CONRAD, New fresh-water shells, U.S.: 27; Taf. 3, Fig. 5. — Terra typica: Nicht genannt.

1834 *Unio troostensis* LEA, Trans. amer. philos. Soc., Philadelphia, **5**:71; Taf. 10, Fig. 30. — Terra typica: Cumberland-Fluß.

1870 *Unio troostii* LEA, Synopsis Fam. Unionidae, 4. Ausg.: 39. — (Nomen substitutum pro *U. troostensis* LEA 1834.)

1861 *Unio perpureus* LEA, Proc. Acad. nat. Sci. Philadelphia, **5**:41. — Terra typica: Tennessee.

Diagnosis: Schale fest, aufgeblasen, stark ungleichseitig, unregelmäßig eiförmig. Wirbel voll und ziemlich hoch, nach vorwärts gerichtet, mit einer Skulptur aus wenigen, rauhen, doppelt geschlungenen Falten. Konchinschicht schmutzig olivengrün, mit zahlreichen zarten, gewellten Strahlen. Linke Klappe mit zwei festen, dreieckigen Hauptzähnen und zwei langen, geraden, keulenförmigen Seitenzähnen; rechte Klappe mit einem großen Hauptzahn und zwei nur angedeuteten, und einem Seitenzahn mit einem angedeuteten weiteren darunter. Wirbelhöhlen seicht. Perlmutter weiß oder bläulich weiß, hinten bläulich oder grünlich schillernd, vorn viel dicker. — Weibliche und männliche Schalen sehr verschieden. Die des Männchens ist in der Mitte verschmälert und hinten in eine Art Schnabel ausgezogen; diese Bildung ist hinten schief abgestutzt und endet in einer abgerundeten Spitze unter der halben Schalenhöhe, wobei der Bauchrand gewöhnlich leicht eingebuchtet ist. Die weibliche Schale ist höher und gleichmäßiger eiförmig, hinten nur schwach abgestutzt und mit gleichmäßig gekrümmtem Bauchrand. — Maße: ♂: Länge 50 mm, Höhe 27 mm, Dicke 19 mm. — ♀: Länge 54 mm, Höhe 35 mm, Dicke 25 mm.

Verbreitung: Ströme in Kentucky und Tennessee; Clinch-Fluß, Virginia.

Genus **Pachynaias** Crosse & Fischer

1893 *Unio* Sectio *Pachynaias* Crosse & Fischer, Miss. sci. Mexique, Rech. Zool. 7 (2):556. — Species typica: *Unio spheniopsis* Morelet.

Diagnosis: Schale dreieckig eiförmig oder gerundet, fest, mit mäßig hoher Area. Schalenfläche stark und unregelmäßig konzentrisch gefurcht. Wirbel klein, ziemlich vorragend, mit einer Skulptur aus zarten, unregelmäßigen, gebrochenen Fältchen, die etwas doppelt geschlungen sind und deren vordere Schlinge etwas größer und stärker gerundet ist. Konchinschicht olivenfarben bis bräunlich, manchmal schwach gestrahlt. Schloßplatte eng, Hauptzähne zusammengepreßt, stark uneben; Seitenzähne kurz und leicht gebogen, quer gestrichelt. Weibliche Schale hinten unten vorgezogen.

Verbreitung: Süd-Mexiko bis Guatemala.

1. **Pachynaias spheniopsis** (Morelet)

1849 *Unio spheniopsis* Morelet, Test. noviss., 1:29. — Terra typica: Usumacinta-Fluß, Guatemala.

Diagnosis: Schale etwas dreieckig, nicht ganz gleichseitig, fest, aufgeblasen, mit einer hohen, fast kielartigen äußeren und gelegentlich einer schwachen inneren Arealkante; Wirbelgegend hoch, die Wirbel selbst nicht sehr vorragend, ihre Skulptur anscheinend aus konzentrischen, unregelmäßigen Fältchen bestehend, die allmählich in die Falten auf der Schalenfläche übergehen. Konchinschicht grünlich gelb oder gelblich grün, hinten sehr zart gestrahlt. Linke Klappe mit zwei dreieckigen, schmalen Hauptzähnen und zwei zurückliegenden, kurzen Seitenzähnen; rechte Klappe mit einem starken Hauptzahn und einem angedeuteten darüber und einem Seitenzahn; Schloßplatte zwischen Haupt- und Seitenzähnen verschmälert und gerundet. Wirbelhöhlen tief, manchmal etwas zusammengedrückt. Perlmutter weißlich oder bläulich weiß. — Maße: Länge 51—60 mm, Höhe 43—47 mm, Dicke 35—37 mm.

Verbreitung: Usumacinta-Fluß, Guatemala; Tabasco, Süd-Mexiko.

2. **Pachynaias rugososulcata** (Lea)

1866 *Unio rugososulcatus* Lea, Proc. Acad. nat. Sci. Philadelphia, 10:33. — Terra typica: Mittel-Amerika.

Diagnosis: Schale verlängert dreieckig, wenig ungleichseitig, ziemlich aufgeblasen und fest, mit zwei Kanten auf der Area, deren untere fast kielartig vorspringt. Vorderende gerundet, Bauchrand fast gerade. Wirbel voll und mäßig voll, mit einer Skulptur aus ziemlich zarten Fältchen, die mit den scharfen, konzentrischen Falten der Schalenfläche gleichlaufen. Konchinschicht schmutzig grünlich braun, gegen die Wirbel dunkler. Linke Klappe mit zwei kurzen, dicken, im Winkel stehenden Haupt- und zwei Seitenzähnen, deren unterer größer ist; rechte Klappe mit einem Hauptzahn, vor und hinter dem Andeutungen von weiteren stehen, und einem Seitenzahn; Schloßplatte unter den Wirbeln flach, hinten verschmälert. Wirbelhöhlen ziemlich tief, kaum zusammengepreßt. Perlmutter bläulich weiß. — Maße: Länge 80 mm, Höhe 57 m, Dicke 35 mm.

Bemerkungen: Eine der vorangehenden sehr nahestehende Art, vielleicht nur eine Abart von ihr.

Verbreitung: Mittel-Amerika, anscheinend nur einmal gefunden; die Stücke dieser Ausbeute befinden sich in Madrid, in Washington und in Frankfurt a. M.

Genus **Dysnomia** Agassiz

1852 *Dysnomia* Agassiz, Arch. Naturg., Berlin, 18 (1):43. — Species typica: *Unio foliatus* Hildreth.

Diagnosis: Schale des Männchens in der Mitte und hinten mit je einem von der Wirbelgegend her ausstrahlenden Grate und einer breiten, flachen Vertiefung zwischen beiden; die des Weibchens mit einer stark vortretenden Aufschwellung gerade hinter der Mitte des Bauchrandes, die eine Fortsetzung des mittleren Grates darstellt. — Mantel des Weichkörpers am Rande schön gefleckt.

Bemerkungen: Die Schalen dieser Gattung sind durch den stark ausgebildeten Geschlechts-Dimorphismus ausgezeichnet, der bei Unionaceen zu finden ist.

Verbreitung: Östliche Staaten der Vereinigten Staaten von Nord-Amerika.

Bestimmungsschlüssel zu den Untergattungen

1 ♂ mit abgeflachter Vertiefung vor der Arealkante, ♀ mit marsupialer Schwellung gerade vor der Mitte des Bauchrandes . . . . *Dysnomia*, S. 477
1′ ♂ ohne die abgeflachte Vertiefung, marsupiale Schwellung anders gestaltet und gelegen 2
2 ♂ Schale stark aufgeblasen, hinten abgestutzt . . . . *Truncillopsis*, S. 479
2′ ♂ hinten nicht abgestutzt 3
3 Schale ziemlich quadratisch, hinten nicht scharf abgestutzt . . . . *Penita*, S. 481
3′ Schale nicht quadratisch 4
4 ♂ mit breiter Rinne vor der Arealkante. 5
4′ Schale anders gestaltet 6
5 ♀ mit blattartiger, gerundeter marsupialer Schwellung . . . . *Pilea*, S. 480
5′ ♀ mit kleiner, wohl umrissener marsupialer Schwellung . . . . . *Scalenilla*, S. 480
6 ♂ mit zwei radialen, erhabenen Linien auf der Schalenfläche . . . *Torulosa*, S. 485
6′ ♀ mit dünner Schale, mehr oder minder zusammengepreßt, mit gerundetem, lappenartigen Schalenanhang hinten unten . . . . *Capsaeformis*, S. 487

Subgenus **Dysnomia** s. str.

Diagnosis: Schale des Männchens mit einer breiten, flachen Vertiefung, die von den Wirbeln zum Hinterende absteigt und die die benachbarte Schalenfläche wie Wülste erscheinen läßt; die des Weibchens mit der marsupialen Schwellung kurz hinter der Mitte des Bauchrandes.

Verbreitung: Nichtpazifische Flußgebiete der Vereinigten Staaten von Nord-Amerika.

1. Dysnomia (Dysnomia) flexuosa (Rafinesque)

1820 *Obliquaria flexuosa* Rafinesque, Ann. gén. Sci. Phys., Bruxelles, 5:396. — Terra typica: Kentucky-Fluß, Salt River, Green River.
1828 *Unio foliatus* Hildreth, Amer. J. Sci., New Haven, 14:284; Abb. 16. — Terra typica: Ohio-Fluß.
1831 *Epioblasma biloba* Rafinesque, Contin. Monogr. Bivalve Shells Ohio: 2. — Terra typica: Kentucky-Fluß und Green River.

Diagnosis: Schale fest, nur wenig aufgeblasen, etwa rautenförmig oder quadratisch, fast gleichseitig. Wirbel etwas erhoben, etwas zusammengepreßt, mit einer zarten, leicht runzligen Skulptur. Area wohl entwickelt, gut vom Reste der Schalenfläche abgesetzt. Schalenfläche mit unebner, konzentrischer Skulptur. Konchinschicht fahl bräunlich grün oder bräunlich, leicht gestrahlt. Hauptzähne zerklüftet; linke Klappe mit zwei Hauptzähnen und zwei kurzen, etwas gekörnten Seitenzähnen; rechte Klappe mit einem bis drei Hauptzähnen, und einem oder zwei Seitenzähnen. Perlmutter weiß. — Schale des Männchens etwa rautenförmig, mit einer tiefen und breiten Vertiefung vor der Arealkante, durch die die begrenzenden Schalenteile wulstig aufgetrieben erscheinen. Schale des Weibchens mit einer sehr stark vorspringenden marsupialen Schwellung, die fingerartig hinter der Mitte des Bauchrandes nach unten und hinten vorragt. — Maße: ♂: Länge 65 mm, Höhe 54 mm, Dicke 34 mm. — ♀: Länge 63—66 mm, Höhe 48—65 mm, Dicke 32—45 mm.

Bemerkungen: Der Geschlechts-Dimorphismus der Schalen dieser Art beginnt sich erst zu zeigen, wenn das Schalenwachstum etwa bei einem Drittel der völligen Länge angelangt ist. Zu diesem Zeitpunkt beginnt das Weibchen eine vorragende, gerundete marsupiale Schwellung zu entwickeln, die etwa in der Mitte des Bauchrandes gelegen ist und die etwas nach hinten zeigt; diese Schwellung kann bis zu 25 mm lang und breit werden.

Verbreitung: Gebiet des Ohio-Flusses.

2. Dysnomia (Dysnomia) stewardsoni (Lea)

1852 *Unio stewardsoni* Lea, Trans. amer. philos. Soc., Philadelphia, 10:278; Taf. 23, Fig. 36. — Terra typica: Chattanooga-Fluß, Tennessee.

Diagnosis: Schale unregelmäßig rautenförmig, fest, mehr oder minder aufgeblasen, nicht ganz gleichseitig. Wirbel nicht sehr erhoben, die ganze Wirbelgegend ist verlängert und gelegentlich leicht zusammengepreßt. Vor der wohl entwickelten Arealkante befindet sich eine breite, seichte, nach unten hinten gerichtete Vertiefung. Konchinschicht grünlich gelb bis bräunlich, schwach gestrahlt. Hauptzähne klein, zerklüftet; linke Klappe mit zwei Hauptzähnen und zwei kurzen, rauhen Seitenzähnen; rechte Klappe ebenfalls mit zwei Hauptzähnen und einem bis zwei Seitenzähnen. Perlmutter weiß oder strohfarben. — Die Schale des Männchens wechselt von etwas dreieckig in unregelmäßig rautenförmig, ist meist hinten doppelt gewinkelt und hat eine tiefere Mulde vor der Area als das Weibchen; dieses besitzt eine nicht aufgeblasene Schale von unregelmäßig rautenförmiger bis quadratischer Gestalt und weist eine breite, gerundete marsupiale Schwellung unmittelbar hinter der Mitte des Bauchrandes auf. — Maße: ♂: Länge 48—50 mm, Höhe 40—47 mm, Dicke 24—35 mm. — ♀: Länge 41 mm, Höhe 39 mm, Dicke 19 mm.

Bemerkungen: Eine der vorigen sehr nahestehende Art, durch geringere Größe und weniger ausgeprägte Vertiefung vor der Arealkante von ihr verschieden.

Verbreitung: Gebiet des Tennessee-Flusses.

3. **Dysnomia (Dysnomia) lewisi** (Walker)

1910 *Truncilla lewisi* Walker, Nautilus, Philadelphia u. Boston, **24**:42; Taf. 3, Fig. 3—5.— Terra typica: Holston-Fluß, Tennessee.

Diagnosis: Schale vom Typus der *flexuosa*, aber stets kleiner, dünnschaliger und glatter, und dadurch von ihr verschieden, daß die marsupiale Schwellung verhältnismäßig größer und unmittelbar nach unten — nicht nach hinten unten — gerichtet ist. — Maße: ♂: Länge 43 mm, Höhe 37 mm, Dicke 22,5 mm. — ♀: Länge 51 mm, Höhe 49,5 mm, Dicke 25 mm.

Verbreitung: In den folgenden Flüssen in Tennessee: Holston und Clinch; in Kentucky, im Cumberland-Fluß bei Port Burnside.

Subgenus **Truncillopsis** Ortmann & Walker

1922 *Truncillopsis* Ortmann & Walker, Occ. Pap. Mus. Zool., Ann Arbor, No. 112:65. — Species typica: *Truncilla triqueter* Rafinesque.

Diagnosis: Schale sehr stark aufgeblasen, hinten scharf abgestutzt; marsupiale Schwellung der weiblichen Schale ganz hinten unten.

Verbreitung: Westliches New York bis südliches Michigan, Ohio-Gebiet; Iowa; Ost-Nebraska bis Oklahoma.

4. **Dysnomia (Truncillopsis) triquetra** (Rafinesque)

1820 *Truncilla triqueter* Rafinesque, Ann. gén. Sci. Phys., Bruxelles, **5**:300; Taf. 81, Fig. 1—4. — Terra typica: Wasserfälle des Ohio-Flusses.

1823 *Unio triangularis* Barnes, Amer. J. Sci., New Haven, **6**:272; Taf. 13, Fig. 17. — Terra typica: Detroit-Fluß, Michigan.

1823 *Unio cuneatus* Swainson, Philos. Mag. J., Edinburgh, **61**:112. — Terra typica: Konnte nicht eingesehen werden.

1834 *Unio formosus* Lea, Trans. amer. philos. Soc., Philadelphia, **4**:111; Taf. 16, Fig. 41. — Terra typica: Ohio-Fluß.

Diagnosis: Schale lang dreieckig, stark aufgeblasen, fest, leicht ungleichseitig. Wirbel voll und hoch, nach innen und vorn über eine wohl entwickelte Lunula geneigt; ihre Skulptur ist sehr zart und besteht aus gebrochenen, etwas doppelt geschlungenen Fältchen. Area radial skulptiert, Arealkante deutlich, gewinkelt. Konchinschicht bräunlich bis gelblich grün, mit gebrochenen, hellgrünen Strahlen und Reihen grüner Fleckchen. Linke Klappe mit zwei leicht zusammengepreßten, gerauhten Hauptzähnen und zwei kurzen, hohen, körnigen Seitenzähnen; rechte Klappe mit zwei Hauptzähnen und einem Seitenzahn. Wirbelhöhlen tief. Perlmutter silbrig weiß. — Männliche Schale viel größer als die weibliche, weniger scharf dreieckig; weibliche Schale mit der marsupialen Schwellung in Gestalt einer schmal gerundeten und radial skulptierten Kante, die nur wenig über den Bauchrand vorragt. — Maße: ♂: Länge 55—69 mm, Höhe 36—48,5 mm, Dicke 31—35 mm. — ♀: Länge 45—52 mm, Höhe 28—34 mm, Dicke 30—39 mm.

Verbreitung: Von New York im Osten bis Nebraska und Oklahoma im mittleren Westen.

Subgenus Pilea Simpson

1900 *Truncilla (Pilea)* Simpson, Proc. U.S. nation. Mus., Washington, 22:522. — Species typica: *Unio personatus* Say.

1922 *Dysnomia (Scalenilla)* Ortmann & Walker, Occ. Pap. Mus. Zool., Ann Arbor, no. 112:68. — Species typica: *Unio sulcatus* Lea.

Diagnosis: Männliche Schale mit einer breiten, seichten, nach hinten unten ziehenden Vertiefung vor der Area, weibliche mit einer gerundeten, blattartigen Schwellung hinten unten.

Verbreitung: Flußgebiet des Ohio-Flusses.

5. Dysnomia (Pilea) personata (Say)

1829 *Unio personatus* Say, New Harmony Dissemin., 2 (20):309. — Terra typica: Wabash-Fluß.

1834 *Unio pileus* Lea, Trans. amer. philos. Soc., Philadelphia, 4:119; Taf. 18, Fig. 47. — Terra typica: Ohio-Fluß bei Cincinnati.

1834 *Unio capillaris* Lea, Trans. amer. philos. Soc., Philadelphia, 5:29; Taf. 2, Fig. 2. — Terra typica: Ohio-Fluß.

Diagnosis: Schale etwas dreieckig oder quadratisch, aufgeblasen, fest, ungleichseitig. Wirbel voll und hoch. Area mäßig hoch. Konchinschicht grünlich gelb, bräunlich oder, in alten Schalen, grünlich braun, mit zarten, welligen Strahlen, oft sich seiden- oder stoffartig anfühlend. Linke Klappe mit zwei dreieckigen, zerklüfteten Hauptzähnen und zwei kurzen Seitenzähnen; rechte Klappe mit ein bis drei Hauptzähnen und ebenfalls zwei Seitenzähnen. Perlmutter weiß oder fleischfarben. — Männliche Schale gewöhnlich etwas dreieckig, Area mit zwei nicht sehr deutlichen Kanten, vor ihr eine breite von vorn oben bis hinten unten ziehende Vertiefung; weibliche Schale unregelmäßig quadratisch, die marsupiale Schwellung nimmt den Platz ein, an dem beim Männchen die erwähnte Vertiefung liegt; diese Schwellung ist leicht angeschwollen, radial skulptiert, am Rande gezahnt, dünn, innen ausgehöhlt. — Maße: ♂: Länge 44—57 mm, Höhe 46—48 mm, Dicke 28—33 mm. — ♀: Länge 46—54 mm, Höhe 42—43 mm, Dicke 26—33 mm.

Verbreitung: Gebiet des Ohio-Flusses.

6. Dysnomia (Pilea) sulcata (Lea)

1829 *Unio sulcatus* Lea, Trans. amer. philos. Soc., Philadelphia, 3:430; Taf. 8, Fig. 12. — Terra typica: Ohio-Fluß.

1829 *Unio ridibundus* Say, New Harmony Dissemin., 2:308. — Terra typica: Cumberland-Fluß.

1837 *Unio gibbosus* var. *perobliquus* Conrad, Monogr. Fam. Unionidae: 51; Taf. 27, Fig. 2. — Terra typica: Wabash- und Detroit-Fluß.

1853 *Unio pectitus* Conrad, Proc. Acad. nat. Sci. Philadelphia, 6:255. — Terra typica: Detroit-Fluß.

1900 *Truncilla sulcata* var. *delicata* Simpson, Proc. U.S. nation. Mus., Washington, 22:520. — Terra typica: Detroit-Fluß und Süd-Michigan.

Diagnosis: Schale unregelmäßig quadratisch oder rautenförmig, aufgeblasen, fest, sehr ungleichseitig. Wirbel etwas erhoben, vorragend, mit einer

Skulptur aus einigen wenigen schwachen Runzeln, die gelegentlich aufgebrochen oder doppelt geschlungen sein können. Lunula sehr ausgeprägt, zwischen die Wirbel reichend. Linke Klappe mit zwei dreieckigen zerklüfteten, hohen Hauptzähnen und zwei gekörnelten Seitenzähnen; rechte Klappe mit einem bis drei Hauptzähnen und einem bis zwei Seitenzähnen. Wirbelhöhlen ziemlich seicht. Perlmutter weiß oder verschieden tief purpurn. — Männliche Schale weit größer als die des Weibchens, meist etwas trapezförmig, mit leicht geschwungenen Rücken- und Bauchrändern, mit kurz abgestutztem Vorderende und stumpf zugespitztem Hinterende, mit zwei Arealkanten die oft durch eine Grube getrennt sind. Weibliche Schale unregelmäßig quadratisch, mit radial skulptiertem Hinterende; marsupiale Schwellung aufgeblasen, gerundet, hinten vom Reste der Schalenfläche durch eine tiefe Furche getrennt, am Rande stark gezähnt, innen ausgehöhlt. — Maße: ♂: Länge 70 mm, Höhe 45 mm, Dicke 38 mm. — ♀: Länge 36 mm, Höhe 26 mm, Dicke 22 mm.

Bemerkungen: *Unio pectitus* CONRAD aus dem Wabash-Flusse dürfte mit dieser Art identisch sein, obwohl FRIERSON (1927) ihn als Unterart der *Dysnomia sulcata* betrachtete; var. *delicata* SIMPSON (1900) ist aller Wahrscheinlichkeit nach mit *Unio pectitus*, und somit mit *Dysnomia sulcata* identisch.

Verbreitung: Flußgebiet des Ohio.

Subgenus **Penita** FRIERSON

1927 *Dysnomia (Penita)* FRIERSON, Class. annot. Check List North Amer. Naiades: 93. — Species typica: *Unio penitus* CONRAD.

Diagnosis: Schale etwas quadratisch, hinten nicht scharf abgestutzt. Marsupiale Schwellung des Weibchens unten gerundet, vor und nahe dem Hinterende.

Verbreitung: Südöstliche Vereinigte Staaten von Nord-Amerika.

7. **Dysnomia (Penita) penita** (CONRAD)

1834 *Unio penitus* CONRAD, New fresh-water shells: 33; Taf. 3, Fig. 9. — Terra typica: Alabama-Fluß bei Claiborne.

Diagnosis: Schale rautenförmig oder unregelmäßig dreieckig, etwas ungleichseitig, fest. Wirbel voll und erhoben. Hinterende der Schale radial skulptiert. Konchinschicht gelblich, grünlich gelb oder bräunlich, manchmal mit dunkleren, wenig auffallenden, pfeilspitzenartigen Flecken, die auf dem Hinterende radial angeordnet sind. Linke Klappe mit zwei zerklüfteten, unregelmäßigen Hauptzähnen und zwei kurzen Seitenzähnen; rechte Klappe gewöhnlich mit drei Hauptzähnen und ein bis zwei Seitenzähnen. Wirbelhöhlen seicht. Perlmutter weiß oder strohfarben. — Männliche Schale größer als die des Weibchens, unregelmäßig dreieckig, stärker aufgeblasen, höher im Verhältnis zur Länge. Weibliche Schale langgestreckt rautenförmig, kleiner und dünner als die des Männchens; marsupiale Schwellung ziemlich groß, radial gefurcht, nach hinten unten über den Bauchrand vorragend, dünner als der Rest der Schale und innen ausgehöhlt. — Maße: ♂: Länge 55 mm, Höhe 43 mm, Dicke 31 mm. — ♀: Länge 48 mm, Höhe 30 mm, Dicke 22 mm.

Verbreitung: Gebiete der Alabama- und Tombigbee-Flüsse.

8. Dysnomia (Penita) metastriata (CONRAD)

1840 *Unio metastriatus* CONRAD, Monogr. Fam. Unionidae, **12**:104; Taf. 57, Fig. 2. — Terra typica: Black Warrior-Fluß bei Blount Springs, Alabama.
1859 *Unio compactus* LEA, Proc. Acad. nat. Sci. Philadelphia, **3**:154. — Terra typica: Etowah- und Connasauga-Flüsse, Georgia.

Diagnosis: Schale wenig aufgeblasen, elliptisch-dreieckig bis etwa quadratisch, leicht ungleichseitig, mäßig fest. Wirbel mäßig voll. Schalenoberfläche zart konzentrisch gestreift, hinten radial gestreift. Konchinschicht glatt, glänzend, gelblich oder grünlich gelb, mit zahlreichen schmalen, grünen Strahlen. Hauptzähne rauh, leicht zusammengepreßt; Seitenzähne kurz. Perlmutter weißlich oder bläulich weiß. — Männliche Schale elliptisch dreieckig, hinten zart gestreift. Weibliche Schale etwas quadratisch, vorn schmäler, Hinterende gerundet; marsupiale Schwellung voll, nicht ganz hinten unten gelegen, stark skulptiert. — Maße: ♂: Länge 31—55 mm, Höhe 23—43 mm, Dicke 31 mm. — ♀: Länge 28—48 mm, Höhe 20—30 mm, Dicke 15—22 mm.

Verbreitung: Alabama und Georgia.

9. Dysnomia (Penita) brevidens (LEA)

1834 *Unio brevidens* LEA, Trans. amer. philos. Soc., Philadelphia, **4**:75; Taf. 6, Fig. 6. — Terra typica: Ohio-Fluß.
1834 *Unio interruptus* CONRAD, New fresh-water shells United States: 69 (non *Unio interruptus* RAFINESQUE 1831). — Terra typica: Nicht genannt.

Diagnosis: Schale etwa viereckig oder rautenförmig, sehr fest, aufgeblasen wenn alt, etwas ungleichseitig. Wirbel sehr erhoben, die Wirbelgegend ist abgeflacht und verlängert, die Skulptur besteht aus zarten, doppelt geschlungenen Fältchen. Area wohl entwickelt. Schalenfläche mit unregelmäßigen Zuwachsstreifen, hinten leicht radial skulptiert. Konchinschicht gelblich, bräunlich in verschiedenen Tönen, etwas stoffartig, mit schmalen gebrochenen radialen Flecken. Linke Klappe mit zwei zerklüfteten Hauptzähnen und zwei dicken, sehr kurzen, stark schief gerieften Seitenzähnen; rechte Klappe mit meist zwei Hauptzähnen und einem bis zwei Seitenzähnen gleicher Bildung. Wirbelhöhlen seicht. Perlmutter weiß und silbrig. — Männliche Schale rautenförmig oder annähernd dreieckig im Umriß, mäßig aufgeblasen, aber mit abgeflachter Schalenmitte. Weibliche Schale etwa quadratisch, hinten gerundet, sehr stark aufgeblasen; marsupiale Schwellung erhoben, schmal, gerundet oder kantig, unten gezähnt und deutlich vom Rest der Schale abgesetzt, dünner, innen durch eine gerundete radiale Vertiefung gekennzeichnet. — Maße: ♂: Länge 73 mm, Höhe 63 mm, Dicke 42 mm. — ♀: Länge 73 mm, Höhe 55 mm, Dicke 50 mm.

Bemerkungen: Die Schale des Männchens beginnt erst bei völligem Ausgewachsensein sich aufzublasen. — *Unio interruptus* CONRAD ist durch eine Art gleichen Namens von RAFINESQUE (1831) praeoccupiert; CONRAD selbst erkannte seine Art als ein Synonym von *Unio brevidens* LEA.

Verbreitung: Flußgebiet des Ohio.

10. Dysnomia (Penita) arcaeformis (LEA)

1831 *Unio arcaeformis* LEA, Trans. amer. philos. Soc., Philadelphia, **4**:116; Taf. 17, Fig. 44. — Terra typica: Tennessee-Fluß.

1831 *Unio nexus* Say, Transylvania J. Med. Assoc. Sci., Lexington, 4:527. — Terra typica: Tennessee.
1831 *Truncilla metaplata* Rafinesque, Contin. Monogr. Bivalve Shells River Ohio: 4. — Terra typica: Cumberland- und Green-Flüsse.

Diagnosis: Schale meist annähernd quadratisch oder rautenförmig, sehr fest, stark aufgeblasen, ungleichseitig. Wirbel voll und hoch, einander berührend, mit sehr schwach ausgebildeter Skulptur. Area hoch, mit doppelten Kanten. Konchinschicht bräunlich bis gelblich grün, schwach gestrahlt, etwas stoffartig. Linke Klappe mit zwei dicken, niedrigen, gerauhten Hauptzähnen und zwei kurzen, hohen, etwas senkrecht gestrichelten Seitenzähnen; rechte Klappe mit einem bis drei Hauptzähnen und einem Seitenzahn. Perlmutter weiß. — Männliche und weibliche Schalen einander sehr ähnlich; die weiblichen sind aber niedriger und besitzen eine hohe und ziemlich breite marsupiale Schwellung, die nicht über den Bauchrand hervorragt und die mit schwacher, radialer Skulptur versehen ist; ferner ist diese Schwellung dünner als die übrige Schale und innenseits stark ausgehöhlt. Die Schalen beider Geschlechter haben oft eine seichte, radiale Vertiefung in der Gegend der Area. — Maße: ♂: Länge 64—65 mm, Höhe 42—47 mm, Dicke 43—58 mm. — ♀: Länge 56—57 mm, Höhe 38—39 mm, Dicke 38—45 mm.

Bemerkungen: Die beiden ersten in der Synonymie genannten Namen, *arcaeformis* und *nexus*, wurden beide im Jahre 1831 veröffentlicht; es ist aber nicht mit Sicherheit bekannt, welcher von den beiden im genannten Jahre zuerst in den Druck gelangte. Unter diesen Umständen ziehe ich es vor, dem allgemeinen Gebrauche zu folgen und die Art mit dem Lea'schen Namen zu bezeichnen. Der dritte in der Synonymie genannte Name, *metaplata* Rafinesque, ist niemals einwandfrei gedeutet worden und soll daher hier nicht berücksichtigt werden.

Verbreitung: Die Gebiete der Tennessee- und Cumberland-Flüsse.

11. Dysnomia (Penita) haysiana (Lea)

1833 *Unio haysianus* Lea, Trans. amer. philos. Soc., Philadelphia, 5:35; Taf. 3, Fig. 7. — Terra typica: Cumberland-Fluß.
1833 *Unio sowerbyanus* Lea, Trans. amer. philos. Soc., Philadelphia, 5:68; Taf. 10, Fig. 28. — Terra typica: Tennessee.

Diagnosis: Schale kurz, unregelmäßig dreieckig bis fast scheibenförmig, aufgeblasen, fest, ungleichseitig. Wirbel voll und hoch, schwach skulptiert; Lunula von wechselnder Länge. Schalenfläche mit unregelmäßiger, konzentrischer Skulptur, vordere Hälfte verhältnismäßig glatt, hintere mit radialer, leicht knotiger Skulptur, mit einer seichten radialen Grube vor der Area. Konchinschicht bräunlich bis kastanienbraun, auf der Vorderhälfte glatt und glänzend, auf der hinteren rauh und oft heller gefärbt. Linke Klappe mit zwei kleinen und niedrigen, dreieckigen und zerklüfteten Hauptzähnen, rechte Klappe mit einem bis zwei Hauptzähnen. Wirbelhöhlen seicht. Perlmutter weiß bis purpurn. — Männliche Schale größer als die weibliche und unregelmäßig dreieckig. Weibliche Schale ziemlich klein, etwa scheibenförmig; marsupiale Schwellung nur wenig erhöht, vorne mit einem scharfen Rücken, dünner und innerlich etwas ausgehöhlt. — Maße: ♂: Länge 29—39,5 mm, Höhe 26—29 mm, Dicke 16—19,5 mm. — ♀: Länge 26,5—28 mm, Höhe 21—23 mm, Dicke 16—19 mm.

Bemerkungen: Da sich beide Geschlechter in dieser Art so unähnlich sind, ist es nicht zu verwundern, daß männliche und weibliche Schalen verschiedene Namen erhalten haben. So ist *Unio haysianus* Lea das Weibchen, *Unio sowerbyanus* das Männchen.

Verbreitung: Gebiet der Tennessee- und Cumberland-Flüsse.

12. Dysnomia (Penita) lenior (Lea)

1840 *Unio lenis* Lea, Proc. amer. philos. Soc., Philadelphia, 1:286. — Terra typica: Stones-Fluß, Tennessee. — Nicht *Unio lenis* Conrad, 1840.

1843 *Unio lenior* Lea, Trans. amer. philos. Soc., Philadelphia, 8:204; Taf. 12, Fig. 18. — Nur Umbenennung des vorigen.

Diagnosis: Schale sehr wenig fest, fast dünn zu nennen, etwas ungleichseitig, mehr oder weniger aufgeblasen. Wirbel nur wenig erhoben, mit einer Skulptur aus unregelmäßigen, doppelt geschlungenen Fältchen. Schalenfläche fast ganz glatt. Konchinschicht fahl graugrün oder gelblich grün, auf dem Hinterende der Schale mit vielen schmalen Strahlen. Hauptzähne zart, etwas zusammengepreßt, aber rauh; Seitenzähne kurz. — Weibliche Schale unregelmäßig quadratisch, vorn etwas schmäler. Marsupiale Schwellung wohl entwickelt, vom Rest der Schalenfläche durch eine Furche getrennt; sowohl sie wie das gesamte Hinterende der Schale ist radial skulptiert, am Rande gezähnt, innen ausgehöhlt. — Maße: ♀: Länge 24—25 mm, Höhe 15,5—16 mm, Dicke 10—13 mm.

Bemerkungen: Von dieser seltenen Art sind nur weibliche Schalen bekannt, die denen anderer *Penita*-Arten äußerst unähnlich sind.

Verbreitung: Nur vom ursprünglichen Fundorte, dem Stones-Fluß in Tennessee, und dem Paint-Rock-Fluß bei Woodville, Alabama, bekannt.

13. Dysnomia (Penita) othcaloogensis (Lea)

1857 *Unio othcaloogensis* Lea, Proc. Acad. nat. Sci. Philadelphia, 9:32. — Terra typica: Othcalooga-Bach, Gordon Co., Georgia.

Diagnosis: Schale etwa quadratisch, fest, aufgeblasen, ungleichseitig. Hinterende zart radial skulptiert. Schalenoberfläche fast glatt. Konchinschicht strohfarben, glänzend. Rückenrand leicht gebogen, Bauchrand fast gerade. Vorderende gerundet, Hinterende oben fast gerade abgestutzt, aber unten gerundet. Linke Klappe mit zwei hohen, etwas zusammengepreßten, zerklüfteten Hauptzähnen und zwei kurzen Seitenzähnen; rechte Klappe mit zwei Hauptzähnen und einem einzigen Seitenzahn. Perlmutter weiß. — Maße: Länge 22 mm, Höhe 16,5 mm, Dicke 13 mm.

Bemerkungen: Diese Form, deren Artberechtigung nicht feststeht, ist nur in einem einzigen Stück bekannt, dem Typus. Es mag sein, wie schon geäußert worden ist, daß sie ein junges Exemplar der *Dysnomia (Penita) haysiana* (Lea) darstellt, aber mangels Material ist diese Frage nicht zu lösen.

Verbreitung: Nur von der Terra typica bekannt (Georgia).

14. Dysnomia (Penita) modicella (Lea)

1859 *Unio modicellus* Lea, Proc. Acad. nat. Sci. Philadelphia, 11:171. — Terra typica: Connasauga- und Chattanooga-Flüsse, Nordwest-Georgia.

Diagnosis: Schale klein, aufgeblasen, fest, nahezu dreieckig oder rautenförmig, ungleichseitig. Wirbel voll und erhoben. Konchinschicht grünlich braun, kaum glänzend. Zähne etwas gerauht, Seitenzähne kurz, in der rechten Klappe zur Verdoppelung neigend. Wirbelhöhlen seicht. Perlmutter fleischfarben, hinten rötlicher. — Männliche Schale mit wohl entwickelter Area; weibliche Schale dreieckiger, ihre marsupiale Schwellung ist leicht erhaben, schwach radial gestrahlt, hinten unten vorgezogen. — Maße: ♂: Länge 25,5 mm, Höhe 19 mm, Dicke 15 mm. — ♀ (jung): Länge 19 mm, Höhe 14 mm, Dicke 9,5 mm.

Bemerkungen: Eine sehr seltene, mir unbekannte Art.

Verbreitung: Nur von den oben genannten Fundorten in Nordwest-Georgia bekannt.

Subgenus **Torulosa** Frierson

1927 *Dysnomia (Torulosa)* Frierson, Class. annot. Check List North Amer. Naiades: 94. — Species typica: *Amblema torulosa* Rafinesque.

Diagnosis: Schale des Männchens in der Mitte und hinten mit radialer Falte, die beide meist Knoten tragen. Marsupiale Schwellung des Weibchens gerundet, groß, dünnschalig, weit hinten gelegen.

Verbreitung: Südöstliche Vereinigte Staaten von Nord-Amerika.

15. **Dysnomia (Torulosa) torulosa** (Rafinesque)

15a. Dysnomia (T.) torulosa torulosa (Rafinesque)

1820 *Amblema torulosa* Rafinesque, Ann. gén. Sci. Phys., Bruxelles, 5:314; Taf. 82, Fig. 11—12. — Terra typica: Ohio- und Kentucky-Flüsse.

1820 *Amblema torulosa* var. *angulata* Rafinesque, Ann. gén. Sci. Phys., Bruxelles, 5:315. — Terra typica: Ohio- und Kentucky-Flüsse.

1820 *Amblema gibbosa* Rafinesque (und die Varietäten *olivacea, radiata* und *difformis* Rafinesque), Ann. gén. Sci. Phys., Bruxelles, 5:315. — Terra typica: Ohio-Fluß und Nebenflüsse.

1831 *Unio perplexus* Lea, Trans. amer. philos. Soc., Philadelphia, 4:112; Taf. 27, Fig. 42. — Terra typica: Ohio-Fluß.

1844 *Unio obliquus* Potiez & Michaud (non *Unio obliqua* Lamarck 1819), Galérie Moll. Cat. Mus. Douai, 2:153. — Terra typica: Ohio-Fluß.

Diagnosis: Schale fest, nicht sehr aufgeblasen, ungleichseitig, unregelmäßig eiförmig, elliptisch oder quer eiförmig. Wirbel voll, etwas nach vorn über eine kleine Lunula geneigt. Schalenfläche mit unregelmäßigen Zuwachslinien, in der Schalenmitte mit einer vom Wirbel zum Bauchrande laufenden Reihe von Knoten, manchmal mit weiteren solchen auf der Area. Konchinschicht bräunlich bis gelblich grün, schwach gestrahlt, glatt und glänzend. Linke Klappe mit zwei dreieckigen Hauptzähnen, rechte mit drei solchen. Perlmutter weiß bis lachsrot. — Männliche Schale meist unregelmäßig eiförmig mit einer tiefen radialen Grube hinter der Reihe von Knoten, die in einer Einbuchtung endet; Hinterende stumpf zugespitzt. Weibliche Schale beträchtlich größer als die des Männchens, hinten unten in eine sehr große marsupiale Schwellung vorgezogen, die dünn und dunkelgrün gefärbt ist. Die Knoten der Schale können bis 10 mm lang werden; es stehen meist nur zwei bis drei in einer Reihe. — Maße: ♂: Länge 50—58 mm, Höhe 37—41 mm, Dicke 28 mm. — ♀: Länge 87 mm, Höhe 57 mm, Dicke 36 mm.

Bemerkungen: FRIERSON erkannte als erster die bis dahin un- oder mißgedeuteten Arten *Amblema torulosa* und *gibbosa* als das, was bisher *Dysnomia perplexa* LEA geheißen hatte.

Verbreitung: Flußgebiet des Ohio.

15b. Dysnomia (T.) torulosa cincinnatiensis (LEA)

1840 *Unio cincinnatiensis* LEA, Proc. amer. philos. Soc., Philadelphia, **1**:285. — Terra typica: Ohio-Fluß bei Cincinnati, Ohio.

Diagnosis: Unterscheidet sich von der Nominatform nur durch den Besitz von zahlreicheren und kleineren Knoten und eine Grube zwischen den Knotenreihen auf Schalenmitte und Area; die marsipuale Schwellung ist oft stärker ausgebildet.

Verbreitung: Gebiet des Ohio-Flusses.

15c. Dysnomia (T.) torulosa rangiana (LEA)

1839 *Unio rangianus* LEA, Trans. amer. philos. Soc., Philadelphia, **6**:95; Taf. 18, Fig. 56. — Terra typica: Ohio-Fluß bei Cincinnati, Ohio.

1856 *Unio gubernaculum* REEVE, Conch. Icon., **16**, *Unio:* Taf. 28, Fig. 146. — Terra typica: Nicht genannt.

Diagnosis: Von der Nominatform verschieden durch flachere Schalen, sowie durch geringere Größe oder Fehlen der Knoten auf der Mittelreihe; ferner ist die marsupiale Schwellung nicht so sehr ausgeprägt wie bei jener.

Bemerkungen: Im Gegensatz zu FRIERSON, der *rangiana* und *gubernaculum* als getrennte Formen ansehen möchte, erblicke ich in ihnen nur verschiedene ökologische Phasen einer und derselben Grundform. Die Angabe, diese Unterart sei auch im südlichen Michigan gefunden, bedarf der Nachprüfung.

Verbreitung: Flußgebiet des Ohio; südliches Michigan.

16. Dysnomia (Torulosa) sampsonii (LEA)

1861 *Unio sampsonii* LEA, Proc. Acad. nat. Sci. Philadelphia, **6**:392. — Terra typica: Wabash-Fluß bei New Harmony, Indiana.

Diagnosis: Schale fest, aufgeblasen, etwas quadratisch oder trapezförmig, ungleichseitig. Wirbel hoch und voll, mit einer Skulptur aus schwachen, gerunzelten Fältchen. Lunula klein, aber breit. Schalenfläche mit einer erhobenen, aber knotenlosen Mittelfalte, Area mit einer ebensolchen, niederen, dem Rückenrand genäherten. Schalenfläche ziemlich glatt, aber mit etwas erhobenen Zuwachsstreifen. Konchinschicht strohfarben bis gelblich grün, mit zahlreichen grünen Strahlen, seidenartig. Hauptzähne dreieckig, zwei Seitenzähne in jeder Klappe. Perlmutter bläulich weiß bis lachsfarben. — Männliche Schale im Umriß nicht sehr von der weiblichen verschieden. Weibliche Schale mit einer nur wenig ausgeprägten marsupialen Schwellung, die wenig oder gar nicht farbverschieden vom Reste der Schale ist, die aber manchmal radiale Grübchen trägt. — Maße: ♂: Länge 43 mm, Höhe 33 mm, Dicke 24 mm. — ♀: Länge 45 mm, Höhe 35 mm, Dicke 29 mm.

Bemerkungen: Eine anscheinend seltene Art, deren Vorkommen im Tennessee-Fluß etwas unsicher scheint.

Verbreitung: Wabash-Fluß, ein Nebenfluß des Ohio; Tennessee-Fluß.

17. **Dysnomia (Torulosa) propinqua** (Lea)

1857 *Unio propinquus* Lea, Proc. Acad. nat. Sci. Philadelphia, 1:83. — Terra typica: Florence und Tuscumbia, Alabama.

Diagnosis: Schale etwas dreieckig bis fast elliptisch, aufgeblasen, fest, sehr ungleichseitig. Wirbel voll und hoch; Lunula breit. Mittelfalte der Schale voll und erhoben; manchmal trägt sie sowohl wie die Area leichte Knoten, und zwischen beiden erhobenen Falten liegt stets eine breite, deutlich eingedrückte Furche, die beim Männchen tiefer ist. Konchinschicht strohfarben oder bräunlich oder gelbgrün, schwach gestrahlt, leicht glänzend oder seidenartig. Linke Klappe mit zwei dreieckigen Haupt- und zwei starken, gebogenen Seitenzähnen; rechte Klappe mit einem oder drei Hauptzähnen und ebenso zwei Seitenzähnen. Perlmutter bläulich weiß bis strohfarben, selten fleischfarben. — Maße: ♂: Länge 53—55 mm, Höhe 40—45 mm, Dicke 33 mm. — ♀: Länge 57—58 mm, Höhe 43—47 mm, Dicke 32—33 mm.

Verbreitung: Gebiete der Tennessee- und Cumberland-Flüsse.

18. **Dysnomia (Torulosa) biemarginata** (Lea)

1857 *Unio biemarginatus* Lea, Proc. Acad. nat. Sci. Philadelphia, 1:83. — Terra typica: Florence, Alabama.

Diagnosis: Schale unregelmäßig dreieckig oder rautenförmig, oder auch umgekehrt eiförmig, vorn spitzer, hinten runder, fest, nur wenig aufgeblasen, ungleichseitig. Wirbel mäßig hoch und erhoben. Auf der Schalenfläche, nahe der Arealkante, ein mäßig entwickelter radialer Grat, zwischen dem und der Kante eine breite, seichte Vertiefung vorhanden ist. Konchinschicht gelblich grün, schwach gestrahlt. Linke Klappe mit zwei dreieckigen Haupt- und zwei Seitenzähnen; rechte Klappe mit ein bis drei Hauptzähnen und einem bis zwei Seitenzähnen. Perlmutter bläulich weiß bis rahmfarben. — Männliche Schale hinten zweiwinklig; weibliche Schale etwa umgekehrt eiförmig, vorn spitzer als hinten; ihre radiale Vertiefung verschwindet langsam an der dunklen, gerundeten marsupialen Schwellung. — Maße: ♂: Länge 46 mm, Höhe 32 mm, Dicke 22 mm. — ♀: Länge 36 mm, Höhe 28 mm, Dicke 17 mm.

Verbreitung: Anscheinend nur vom ursprünglichen Fundort (Florence, Alabama) bekannt.

Subgenus **Capsaeformis** Frierson

1927 *Dysnomia (Capsaeformis)* Frierson, Class. annot. Check List North Amer. Naiades: 95. — Species typica: *Unio capsaeformis* Lea.

Verbreitung: Die Gebiete der Tennessee- und Cumberland-Flüsse; Missouri, in den Black- und White-Flüssen.

19. **Dysnomia (Capsaeformis) capsaeformis** (Lea)

1834 *Unio capsaeformis* Lea, Trans. amer. philos. Soc., Philadelphia, 6:31; Taf. 2, Fig. 4. — Terra typica: Cumberland-Fluß.

Diagnosis: Schale wenig fest, elliptisch oder umgekehrt eiförmig, aufgeblasen, etwas ungleichseitig. Wirbel mäßig hoch und voll, mit sehr schwacher Skulptur. Konchinschicht gelblich grün mit grünlichen, ziemlich schwachen Strahlen. Linke Klappe mit zwei kleinen, leicht zusammengedrückten Hauptzähnen und zwei Seitenzähnen; rechte Klappe mit zwei Hauptzähnen und einem Seitenzahn. Perlmutter bläulich weiß bis rahmfarben, vorn etwas dicker. — Männliche Schale fast regelmäßig elliptisch, mit zwei Arealkanten und leicht zweiwinkligem Hinterende; weibliche Schale mit einer äußerst stark entwickelten, runden, zusammengepreßten marsupialen Schwellung, die dünn und tiefgrün gefärbt ist; sie ist manchmal durch eine seichte Furche vom Reste der Schale abgesetzt. — Maße: ♂: Länge 67 m, Höhe 42 mm, Dicke 26 mm. — ♀: Länge 48—52 mm, Höhe 36—37 mm, Dicke 17—19 mm.

Verbreitung: Gebiete des Tennessee- und des Cumberland-Flusses.

20. **Dysnomia (Capsaeformis) walkeri** (Wilson & Clark)

1914 *Truncilla walkeri* Wilson & Clark, Ann. Rep. U.S. Comm. Fish. for 1912: 46; Abb. 1. — Terra typica: Ostzweig des Stones-Flusses bei Walterville, Tennessee.

Diagnosis: Eine schöne, große Art mit honiggelber Konchinschicht, mit zahlreichen, haardünnen Strahlen. Schale ziemlich dünn, elliptisch im Umriß, im weiblichen Geschlecht stark aufgeblasen, nur mäßig so im männlichen. Vorderende gleichmäßig gerundet, Bauchrand bei den Männchen stark gebogen, viel weniger so bei den Weibchen und den jüngeren Männchen; Hinterende schief, meist bei beiden Geschlechtern wohl gerundet; Rückenrand verhältnismäßig lang, gerade oder leicht gekrümmt. Wirbel eng und abgeflacht. Area abgeflacht und undeutlich begrenzt, hauptsächlich bei den Weibchen; zwischen Schalenfläche und Area befindet sich bei den Männchen eine breite und seichte Vertiefung. Die Weibchen besitzen eine ausgeprägte marsupiale Schwellung, die vorn und hinten durch tiefe schmale Gruben vom Reste der Schale abgesetzt ist; diese Schwellung sieht der bei *capsaeformis* sehr ähnlich ist aber stärker angeschwollen und ragt nicht so weit über den Bauchrand vor. Zuwachslinien glatt, deutlich nahe beieinander stehend. Schloßband lang, dünn und hellbraun. Hauptzähne lang und dick, ziemlich stumpf, nur leicht gesägt; Seitenzähne lang, dick und leicht gekrümmt. Perlmutter milchig weiß, dünner und schön schillernd hinten. — Maße: ♂: Länge 57,7 mm, Höhe 42,7 mm, Dicke 26,4 mm. — ♀: Länge 52,8 mm, Höhe 39 mm, Dicke 23,9 mm.

Bemerkungen: Da diese Form mir unbekannt war, sah ich mich gezwungen, ihre Urbeschreibung fast wörtlich zu übersetzen. Ich kann mich der Ansicht nicht erwehren, daß *walkeri* keine gute Art, sondern eine Phase, im besten Falle eine Unterart von *Dysnomia capsaeformis* ist.

Verbreitung: Nur von der Terra typica (Ost-Arm des Stones-Flusses bei Walterville, Tennessee) bekannt.

21. **Dysnomia (Capsaeformis) florentina** (Lea)

21a. Dysnomia (C.) florentina florentina (Lea)

1857 *Unio florentinus* Lea, Proc. Acad. nat. Sci. Philadelphia, 7:83. — Terra typica: Florence, Alabama.

1861 *Unio saccatus* Küster, Conch. Cab., *Unio:* 263; Taf. 89, Fig. 2. — Terra typica: Tennessee.

1864 *Unio sacculus* REEVE, Conch. Icon., **16**, *Unio:* Taf. 15, Fig. 67. — Terra typica: Nord-Amerika.

Diagnosis: Schale unregelmäßig elliptisch oder umgekehrt eiförmig, mehr oder weniger aufgeblasen, ungleichseitig, ziemlich fest. Wirbel recht voll und erhoben. Konchinschicht gelblich grün, schwach gestrahlt. Linke Klappe mit zwei kleinen und dreieckigen Hauptzähnen und zwei Seitenzähnen, rechte Klappe mit zwei Haupt- und ein bis zwei Seitenzähnen. — Männliche Schale unregelmäßig elliptisch, mit zwei Arealkanten, Hinterende zweiwinklig, vor der Area mit einer seichten radialen Grube. Weibliche Schale mit einer etwas vorgezogenen, gerundeten, zusammengepreßten marsupialen Schwellung, die gewöhnlich nicht dunkler als der Rest der Schalenfläche ist, oft am Rande gezähnt ist und von der übrigen Schale durch Rinnen abgegrenzt ist. — Maße: ♂: Länge 44 mm, Höhe 32 mm, Dicke 23 mm. — ♀: Länge 33 mm, Höhe 26 mm, Dicke 18 mm.

Bemerkungen: *Unio turgidulus* LEA, den SIMPSON als das Männchen von *Dysnomia florentina* auffaßt, ist nach FRIERSON eine eigene, gleich zu besprechende Art.

Verbreitung: Cumberland-Fluß; Gebiet des Tennessee-Flusses.

21b. Dysnomia (C.) florentina curtisii (UTTERBACK)

1915 *Truncilla curtisii* UTTERBACK, Amer. Midland Natural., Notre Dame, Ind., 4:190; Taf. 6, Fig. 14; Taf. 28, Fig. 109, A—D. — Terra typica: White River, bei Hollister, Missouri.

Diagnosis: Diese Unterart, die unter Umständen als eigne Art aufgefaßt werden könnte, ist von vermittelnden Schaleneigentümlichkeiten zu den bisher erwähnten *Capsaeformis*-Arten, aber *florentina* am ähnlichsten; als wichtigstes Unterscheidungsmerkmal von allen anderen Arten der Untergattung hebt ihr Autor UTTERBACK die besonders stark ausgeprägte Wirbelskulptur hervor. — Maße: ♂: Länge 22,5 mm, Höhe 19,5 mm, Dicke 13,5 mm. — ♀: Länge 26,5—33 mm, Höhe 18,5—23 mm, Dicke 14—15 mm.

Verbreitung: Nur aus dem White River bei Hollister bekannt, einem Nebenfluß des Mississippi in Missouri.

22. **Dysnomia (Capsaeformis) lefevrei** (UTTERBACK)

1915 *Truncilla lefevrei* UTTERBACK, Amer. Midland Natural., Notre Dame, Ind., 4:192; Taf. 6, Fig. 13, a—d; Taf. 28, Fig. 108, A—D. — Terra typica: Black River bei Williamsville, Wayne Co., Missouri.

Diagnosis: Schale klein, vorn eng gerundet und fest, hinten dünn. Schalenumriß in beiden Geschlechtern eiförmig dreieckig. Konchinschicht bräunlich gelb, glatt, mit zarten, nicht gebrochenen Strahlen. Wirbel ziemlich groß, ihre Skulptur der Erosion halber nicht erkennbar. Weibliche Schale hinten breiter, die marsupiale Schwellung liegt hinten unten hinter der Mitte, kurz vor dem Ende der Arealkante und nach unten durch eine vertiefte Linie abgesetzt. Männliche Schale mehr dreieckig, mit einer radialen Furche vor der Arealkante. Hinterer Oberrand ziemlich hoch. — Innerer Bau in beiden Geschlechtern gleich, mit Ausnahme einer weiter vom Unterrande entfernten Mantellinie beim Weibchen. Hauptzähne beiderseits doppelt, Seitenzähne doppelt links, einzeln rechts. Wirbelhöhlen tief, beckenartig. Perlmutter blau mit einem Anflug von gelb in der Wirbelhöhle, hinten schillernd. — Maße: ♂: Länge 26,5 mm, Höhe 18 mm, Dicke 14 mm. — ♀: Länge 32 mm, Höhe 21 mm, Dicke 15 mm.

Bemerkungen: Auch die Beschreibung dieser mir unbekannten Art ist eine ziemlich wörtliche Übersetzung der ursprünglichen durch UTTERBACK. Es ist hier zu erwähnen, daß die beiden vom genannten Autor beschriebenen Formen die einzigen sind, die westlich des Mississippi gefunden wurden.

Verbreitung: Black River, Wayne Co., Missouri.

23. **Dysnomia (Capsaeformis) turgidula** (LEA)

1858 *Unio turgidulus* LEA, Proc. Acad. nat. Sci. Philadelphia, **2**:40. — Terra typica: Cumberland-Fluß.

1864 *Unio deviatus* REEVE, Conch. Icon., **16**, *Unio:* Taf. 15, Fig. 61. — Terra typica: Tennessee-Fluß.

Diagnosis: Schale ziemlich fest, etwas verlängert, mehr oder weniger aufgeblasen, ungleichseitig. Wirbel voll und hoch. Konchinschicht gelblich grün mit zahlreichen schwachen und schmalen Strahlen. Linke Klappe mit zwei kleinen, rauhen, etwas zusammengedrückten und schmalen Hauptzähnen und zwei Seitenzähnen; rechte Klappe mit zwei Haupt- und zwei Seitenzähnen. Perlmutter bläulich weiß, hinten dünner und schillernd. — Männliche Schale elliptisch oder eiförmig; weibliche Schale mit hohen und vollen Wirbeln, vorn schmal gerundet, mit einer großen, gerundeten und leicht zusammengepreßten marsupialen Schwellung, die bedeutend über den Bauchrand vorspringt und die oft radial gefurcht ist; außerdem ist sie etwas dunkler als die übrige Schalenoberfläche. — Maße: Länge 39 mm, Höhe 24 mm, Dicke 20 mm.

Bemerkungen: Eine seltene Art, deren wahre Beziehungen zu den anderen *Capsaeformis*-Arten noch unbekannt sind; besonders steht sie der *Dysnomia (Capsaeformis) florentina* (LEA) nahe und ist unter Umständen nur eine Form von dieser.

Verbreitung: Tennessee- und Cumberland-Flüsse.

Subfam. Hyriinae ORTMANN

1911 *Hyriinae* ORTMANN, Nautilus, Philadelphia u. Boston, **24**:130.

Diagnosis: Schale von verschiedener Gestalt, rundlich und hoch bis zu lang und schmal. Wirbelskulptur immer radial, schwach entwickelt und stets auf die nähere Wirbelgegend beschränkt, oder sich über den größeren Teil der Schalenfläche erstreckend. Schloß normal, mit einer Neigung der Hauptzähne, radial aufzusplittern. — Weichkörper mit oben geschlossener Afteröffnung; Marsupium auf die inneren Kiemen beschränkt.

Verbreitung: Süd-Amerika und australische Region.

Genus **Velesunio** IREDALE

1934 *Velesunio* IREDALE, Austral. Zool., Sydney, 8:59. — Species typica: *Unio balonnensis* CONRAD.

1934 *Centralhyria* IREDALE, Austral. Zool., Sydney, 8:65. — Species typica: *Unio stuarti* A. ADAMS & ANGAS.
1934 *Aparcthyria* IREDALE, Austral. Zool., Sydney, 8:67. — Species typica: *Unio angasi* SOWERBY.

Diagnosis: Schale dünn, Wirbel fast in der Mitte gelegen, ohne erkennbare Skulptur. Area niedrig. Schloß normal; linke Klappe mit einem Hauptzahn und zwei Seitenzähnen; rechte Klappe mit zwei Haupt- und einem Seitenzahn; Schloßlinie gerade oder leicht gekrümmt, Schloß selbst schwach bis stark schneidenförmig. Zähne gewöhnlich einfach, dünn und glatt, manchmal gesägt, gelegentlich zurückgebildet.

Bemerkungen: MCMICHAEL & HISCOCK (1958) halten sämtliche *Velesunio*-Arten für Muteliden, unter denen sie die Unterfamilie Velesunioninae darstellen sollen. Ich halte diese Auffassung für irrig und rechne weiterhin *Velesunio* samt den folgenden Gattungen *Microdontia*, *Alathyria* und *Westralunio* zu den Hyriinen.

Verbreitung: Australien.

1. Velesunio ambiguus (PHILIPPI)

1847 *Unio ambiguus* PHILIPPI, Abbild. Beschr. Conch., **3**:47; Taf. 3, Fig. 2. — Terra typica: Neu-Holland.
1850 *Unio balonnensis* CONRAD, Proc. Acad. nat. Sci. Philadelphia, **5**:10. — Terra typica: Nicht genannt.
1859 *Unio vittatus* LEA, Proc. Acad. nat. Sci. Philadelphia, **3**:153. — Terra typica: Australien.
1861 *Unio philippianus* KÜSTER, Conch. Cab., *Unio:* 235; Taf. 79, Fig. 2. — (Nomen substitutum pro *Unio ambiguus* PHILIPPI.)
1864 *Unio (Alasmodon) evansi* ADAMS & ANGAS, Proc. zool. Soc. London: 39. — Terra typica: Unterer Murray-Fluß, Australien.
1871 *Unio jeffreysianus* LEA, Proc. Acad. nat. Sci. Philadelphia, **23**:188. — Terra typica: Australien.
1871 *Unio danellii* VILLA, J. de Conch., Paris, **19**:328. — Terra typica: Bei Brunswick, Süd-Australien.
1930 *Unio provittatus* HALE & TINDALE, Rec. South Austr. Mus., Adelaide, **4**:154; Abb. 9. — Unterer Murray-Fluß, Australien.
1934 *Velesunio balonnensis adjunctus* IREDALE, Austral. Zool., Sydney, 8:59. Terra typica: Richmond-Fluß, Australien.
1934 *Velesunio balonnensis intricatus* IREDALE, Austral. Zool., Sydney, 8:60. — Terra typica: Rockhampton, Port Curtis, Queensland.
1943 *Velesunio mackeowni* IREDALE, Austral. Natural., Sydney, **11**:88. — Terra typica: Murrumbidgee-Fluß, Australien.
1943 *Velesunio testatus* IREDALE, Austral. Natural., Sydney, **11**:88. — Terra typica: Benthagi, Australien.
1943 *Velesunio transitus* IREDALE, Austral. Natural., Sydney, **11**:89. — Terra typica: Bei Sydney, Australien.

Diagnosis: Schale von wechselnder Gestalt, sehr zusammengepreßt bis stark aufgeblasen. Typisch ist die Schale verlängert eiförmig mit verhältnismäßig langem Vorderende, das gerundet ist; Hinterrand ebenfalls gerundet, aber dabei ganz leicht zugespitzt. Hinterer Oberrand wenig erhoben, nicht geflügelt; Bauchrand leicht bis deutlich gerundet, selten geradlinig, eckenlos in Vorder- und Hinterrand übergehend. Wirbel geschwollen oder niedergedrückt, ohne Skulptur, äußere Arealkante in aufgeblasenen Stücken deutlich.

Konchinschicht von gelblich olivenfarben bis dunkel braun. Perlmutter meist weiß, oft dagegen mit purpurnen, fleischfarbenen oder bräunlichen Flecken. Schloß veränderlich, mäßig fest bis sehr fest. Hauptzähne glatt und gerade, etwa $^1/_3$ so lang wie die Seitenzähne, rechts doppelt, links einfach; Seitenzähne lang, schlank und ganz leicht gebogen, hinten stets dünner, zwei rechts und einer links. In sehr großen Stücken dieser Art sind alle Zähne stark und dick, die Hauptzähne sind dann leicht gebogen und leicht rinnenförmig ausgehöhlt.— Maße: Länge 52—90 mm, Höhe 34—48 mm, Dicke 21—38 mm.

Bemerkungen: Wie schon die lange Synonymie-Liste zeigt, ist diese Art sehr veränderlich. Daher ist es äußerst schwer, eine alle Extreme umfassende Beschreibung zu geben; die hier gebrachte richtet sich nach McMichael & Hiscock (1958).

Verbreitung: Ganz Ost-Australien.

2. Velesunio legrandi (Petterd)

1889 *Unio legrandi* Petterd, Pap. roy. Soc. Tasmania, Hobart, **1889**:81. — Terra typica: South Esk-Fluß, Tasmanien.

Diagnosis: Schale stets dick, von veränderlicher Gestalt, schlank wenn jung, dicker, aber nie aufgeblasen, wenn alt. Umriß unregelmäßig eiförmig mit kurzem Vorderende; Vorder- und Hinterrand gerundet. Bauchrand meist ziemlich geradlinig, in Vorder- und Hinterrand eckenlos übergehend. Rückenumriß fast elliptisch, mit der größten Dicke in der Mitte des Schlosses. Konchinschicht meist dunkel, selbst in der Jugend. Perlmutter purpurweiß mit kupferfarbenen Flecken. Schloß fest; Hauptzähne gewöhnlich lang, erhoben und in der Jugend rinnenförmig ausgehöhlt, im Alter manchmal zurückgebildet; Seitenzähne mäßig lang, nie dick, nur leicht geschwungen, links stets doppelt, wobei der obere der beiden kürzer und gelegentlich etwas zurückgebildet ist. — Maße: Länge 65—92 mm, Höhe 45—56 mm, Dicke 27—36 mm.

Verbreitung: Nord-Tasmanien.

3. Velesunio wilsonii (Lea)

1859 *Unio wilsonii* Lea, Proc. Acad. nat. Sci. Philadelphia, **1859**:153. — Terra typica: Ost-Arm von Isaac's Plain, Neu-Süd-Wales, Australien.

1863 *Unio (Alasmodon) stuarti* A. Adams & Angas, Proc. zool. Soc. London, 1863:417. — Terra typica: Wasserloch bei Mt. Margaret, Mittel-Australien.

1934 *Centralhyria wilsonii caurina* Iredale, Austral. Zool., Sydney, 8:66. — Terra typica: May-Fluß, Nordwest-Australien.

Diagnosis: Schale ziemlich dünn, verlängert eiförmig mit kurzem Vorderende. Bauchrand in der Jugend etwas gerundet, gestreckt im Alter. Vorderende ebenmäßig gerundet, Hinterende meist zugespitzt. Rückenrand gerade und meist mit dem Bauchrand gleichlaufend, nie geflügelt, den Hinterrand undeutlich winklig erreichend. Konchinschicht meist glatt, fahl olivengrün in der Jugend, bis tief weinrotbraun bei alten Stücken. Wirbel meist gut erhalten. Perlmutter bläulich weiß, schillernd. Schloß blattartig, schwach. Hauptzähne kurz, zart und scharf, Seitenzähne lang, dünn, leicht gebogen, links doppelt; im Alter neigen alle Zähne zur Rückbildung. — Maße: Länge 48—85 mm, Höhe 25—40 mm, Dicke 12—26 mm.

Bemerkungen: Das etwas unzusammenhängende Verbreitungsgebiet dieser Art verdient eingehenderes Studium; vor allem scheint mir die Angabe dieser Art aus Neu-Guinea der Bestätigung zu bedürfen.

Verbreitung: Küstenflüsse in Queensland vom Fitzroy-Fluß an bis Cairns; Zuflüsse des Golfs von Carpentaria; Gebiet des Eyre-Sees und Flüsse in Nordwest-Australien; südliches Neu-Guinea(?).

4. Velesunio angasi (SOWERBY)

1867 *Unio angasi* SOWERBY, Conch. Icon., **16**, *Unio:* Taf. 55, Fig. 282. — Terra typica: Burke-Fluß, Australien.

1882 *Unio bednalli* TATE, Trans. roy. Soc. S. Australia, Adelaide, **5**:56. — Terra typica: Adelaide-Fluß, Australien.

1934 *Hyridella (Hyridella) bardwelli* CLENCH, J. of Conch., London, **20**:89; Taf. 2, Fig. 1—5. — Terra typica: Unterlauf des Glenelg-Flusses, Kimberley Division, West-Australien.

1943 *Aparcthyria inspecta* IREDALE, Austral. Zool., Sydney, **10**:191. — Terra typica: Umgebung von Darwin, Nord-Territorium, Australien.

1943 *Aparcthyria hemesa* IREDALE, Austral. Zool., Sydney, **10**:191. — Terra typica: Wenlock Downs, Batavia-Fluß, Zufluß des Carpentaria-Golfes.

1943 *Quaesithyria fleckeri* IREDALE, Austral. Zool., Sydney, **10**:191. — Terra typica: Hodgkinson-Fluß, Nord-Queensland, Australien.

Diagnosis: Schale dünn, verlängert eiförmig, meist zusammengepreßt, nie aufgeblasen. Vorderende kurz, oben leicht abgestutzt, dann gleichmäßig gerundet; Bauchrand gerade oder leicht geschwungen oder leicht eingebuchtet. Hinterende unten gerundet, geradlinig nach oben weitergehend. Rückenrand vorn niedrig, hinten höher, einen Flügel bildend. Area oft ausgeprägt. Wirbel immer glatt, oft erhoben. Konchinschicht dunkelbraun bis schwarz. Perlmutter hell, gräulich weiß, schillernd, gelegentlich mit Flecken von Kupferfarbe, gewöhnlich mit feinen leicht vertieften Linien, die von den Wirbeln ausstrahlen. Schloß blattartig, mäßig fest. Hauptzähne lang, niedrig, scharf, besonders der einzelne linke Zahn; Seitenzähne ziemlich lang und nur wenig gebogen, links doppelt. — Maße: Länge 52—92 mm, Höhe 28—46 mm, Dicke 19—28 mm.

Verbreitung: Küstenflüsse und Seen im nördlichen Australien, von westlich von Kap York bis zum Lennard-Fluß, Nordwest-Australien.

5. Velesunio sentaniensis (HAAS)

1924 *Hyridella sentaniensis* HAAS, Nova Guinea, Zool., **15**:72; Abb.; Taf. 2, Fig. 6. — Terra typica: Sentani-See, südlich von Hollandia, ehemaliges Holländisches Neuguinea.

Diagnosis: Schale dünn, lang elliptisch, ein wenig, nie viel aufgeblasen; Vorderende sehr kurz, gerundet, manchmal etwas abgestutzt; Bauchrand gerade, hinten manchmal mit einer deutlichen Einbuchtung; Hinterende gegerundet, etwas abgebogen; Rückenrand leicht gebogen, hinten höher. Konchinschicht strohfarben in der Jugend, schwarzbraun im Alter, seidenartig. Perlmutter weiß ohne dunklere Flecken. Schloß schwach; Hauptzähne hoch, dünn, scharf; Seitenzähne kurz und verhältnismäßig dick, leicht gebogen, in der linken Klappe meist doppelt, manchmal ebenso in der rechten und gelegentlich einzeln in beiden. — Maße: Länge 40—48 mm, Höhe 22—26 mm, Dicke 14—17 mm.

Verbreitung: Nordküste von Neuguinea.

6. Velesunio ovatus (Haas)

1910 *Microdontia ovata* Haas, Nachr.Bl. dtsch. malak. Ges., **42**:100. — Terra typica: Neuguinea (Fly-Fluß ?).

Bemerkungen: Ich hatte diese „Art" als eine *Microdontia* beschrieben und hatte irrtümlicherweise, allerdings als fraglich, den Fly-Fluß in Neuguinea als Fundort angegeben; später konnte ich mich von der Unrichtigkeit dieser Angabe überzeugen und ersetzte sie durch die Vermutung, die in Frage stehende Form käme aus der Umgebung von Konstantinhafen im ehemaligen deutschen Neuguinea. Inzwischen bin ich zur Einsicht gelangt, daß *ovata* überhaupt nicht aus Neuguinea stammt, sondern vom australischen Festland, und daß sie in die Verwandtschaft von *Velesunio ambiguus* gehört, vielleicht sogar mit ihm identisch ist.

Nicht deutbare Arten

1855 *Unio shuttleworthi* Küster, Conch. Cab., *Unio:* 44; Taf. 44, Fig. 2. — Terra typica: Neu-Holland.

Meiner Meinung nach steht diese Form dem *Velesunio legrandi* (Petterd) nahe; da aber die jüngsten Bearbeiter der australischen Unioniden, McMichael & Hiscock (1958), anderer Meinung sind und ihre Ansicht auf ein viel größeres Material als ich stützen können, folge ich ihnen, indem ich *shuttleworthi* als undeutbar erkläre.

1865 *Unio moretonicus* Reeve, Conch. Icon., **16**, *Unio:* Taf. 24, Fig. 118. — Terra typica: Tasmanien; Moreton-Bucht, Queensland.

Da sich die Fundortangaben bei Reeve widersprechen, halten die australischen Malakologen diese Form für undeutbar. Läßt man die Angaben über ihre Herkunft fort, die bei Reeve ja in den meisten Fällen unrichtig oder viel zu vage gefaßt sind, und denkt nur an die Gestalt der abgebildeten Art, so muß man annehmen, daß sie einen *Velesunio* aus der Verwandtschaft von *V. wilsonii* (Lea) darstellt; angesichts der Ungewißheit erscheint es jedoch am zweckmäßigsten, sie weiterhin als undeutbar zu betrachten.

Genus Microdontia Tapparone Canefri

1883 *Unio* Sectio *Microdontia* Tapparone Canefri, Ann. Mus. Storia nat. Genova, **19**:295. — Species typica: *Microdontia anodontaeformis* Tapparone Canefri.

Diagnosis: Schale groß, fast *Anodonta*-artig; aufgeblasen; Hinterende unten in einen Schnabel ausgezogen. Schloß mit gefurchten Haupt- und langen Seitenzähnen.

Bemerkungen: Es ist zweifelhaft, ob die hierher gehörige einzige Art nicht näher bei *Velesunio* stehend betrachtet werden, also die Gattung *Microdontia* selbst nur als Untergattung davon angesehen werden soll. Ehe diese Frage durch Untersuchung von mehr Material und von Weichkörpern beantwortet werden kann, ziehe ich vor, McMichael & Hiscock zu folgen und die fragliche Form als eigene Gattung aufzufassen.

Verbreitung: Flüsse der Südküste von Neuguinea.

1. **Microdontia anodontaeformis** (Tapparone Canefri)

1883 *Unio (Microdontia) anodontaeformis* Tapparone Canefri, Ann. Mus. Storia nat. Genova, **19**:295. — Terra typica: Fly-Fluß, südliches Neuguinea.

Diagnosis: Schale ziemlich fest, mit verhältnismäßig kurzem Vorderende, das stumpf gerundet ist; Bauchrand leicht gerundet, hinten etwas eingebuchtet; Rückenrand hinter den Wirbeln höher als vor ihnen, leicht geschwungen; Hinterende verlängert, einen stumpf gewinkelten Schnabel bildend. Arealkante recht ausgeprägt. Wirbel hoch, geschwollen, ohne Skulptur. Konchinschicht olivenfarben bis dunkelbraun. Perlmutter weißlich, schillernd, mit kupferfarbenen Flecken. Schloß stark. Hauptzähne schwer, gefurcht, einzeln jederseits, mit gelegentlich einem Hilfszahn; Seitenzähne lang, links doppelt, rechts einzeln. — Maße: Länge 70—125 mm, Höhe 37—66 mm, Dicke 20—45 mm.

Bemerkungen: Es ist möglich, daß *Unio beauforti* Bavay (Nova Guinea, Zool., **5**:291; Taf. 14, Fig. 16) hierher gehört; dann lebte diese Art auch in den Flüssen der Nordküste von Neuguinea. Während ich genannte Art als einen *Velesunio* betrachtete, möchten McMichael & Hiscock sie lieber zu *Microdontia* stellen; auch diese Frage muß unentschieden bleiben.

Verbreitung: Flüsse der Südküste von Neuguinea; andere Angaben zweifelhaft.

Genus **Alathyria** Iredale

1934 *Alathyria* Iredale, Austral. Zool., Sydney, 8:63. — Species typica: *Alathyria jacksoni* Iredale (O.).

1943 *Quaesithyria* Iredale, Austral. Zool., Sydney, **10**:191. — Species typica: *Quaesithyria wardi* Iredale (O.).

Diagnosis: Schale meist fest, verlängert eiförmig. Hinterer Oberrand in der Jugend stets geflügelt, im Alter meist niedriger. Schloß verschieden fest; Hauptzähne schwer und hoch, im Alter manchmal zu niedrigen Leisten zurückgebildet; Seitenzähne in der Jugend deutlich, im Alter zurückgebildet und verkürzt. Wirbel stets glatt.

Verbreitung: Neusüdwales und Queensland, Zuflüsse des Golfes von Carpentaria.

1. **Alathyria jacksoni** Iredale

1934 *Alathyria jacksoni* Iredale, Austral. Zool., Sydney, **8**:64; Taf. 3, Fig. 11; Taf. 4, Fig. 11. — Terra typica: Barwon-Fluß, Neu-Süd-Wales.

1943 *Alathyria jacksoni alleni* Iredale, Austral. Natural., Sydney, **11**:89. — Terra typica: Macquarie-Fluß, Neu-Süd-Wales.

1943 *Alathyria selwyni* Iredale, Austral. Natural., Sydney, **11**:89. — Terra typica: Lachlan-Fluß bei Condoboli, Neu-Süd-Wales.

Diagnosis: Schale im Alter sehr fest, fast eiförmig; Vorderende mehr oder weniger kurz, eben gerundet; Bauchrand leicht geschwungen; Rückenrand in der Jugend gerade, im Alter leicht geschwungen, manchmal vor den Wirbeln leicht ausgehölt, höher hinter ihnen; Hinterende in der Jugend scharf und schief abgestutzt, im Alter viel weniger so. Konchinschicht olivenbraun in der Jugend, schwärzlich braun im Alter. Perlmutter bläulich und fleckenlos in jungen Stücken, weiß und mit kupferfarbenen Flecken in alten. Schloß mäßig fest; Hauptzähne schwer und dick, gerieft und gesägt in der Jugend, im Alter oft zu niedrigen Leisten zurückgebildet; Seitenzähne fest und gekrümmt, die vorn oft nicht deutlich geschieden sind, hinten aber stets aufrecht und scharf sind. — Maße: Länge 60—150 mm, Höhe 33—87 mm, Dicke 15—61 mm.

Verbreitung: Queensland, Neu-Süd-Wales, Süd-Australien.

2. Alathyria pertexta Iredale

2a. Alathyria pertexta pertexta Iredale

1934 *Alathyria pertexta* Iredale, Austral. Zool., Sydney, **8**:64; Taf. 3, Fig. 10; Taf. 4, Fig. 10. — Terra typica: Flüsse des mittleren und südlichen Queensland.
1943 *Alathyria morti* Iredale, Austral. Natural, Sydney, **11**:89. — Terra typica: Richmond-Fluß, Neu-Süd-Wales.

Diagnosis: Schale dick und fest, verlängert eiförmig wenn jung, mehr eiförmig wenn älter; Vorderende gerundet, niedrig, Hinterende höher, wenn jung, gerader im Alter; Rückenrand vor den Wirbeln ausgehöhlt, höher hinten; Hinterende schief abgestutzt, wenn jung, gerundeter wenn älter; Bauchrand gleichmäßig gekrümmt. Wirbel angeschwollen, niedrig, unskulptiert. Konchinschicht olivenbraun in der Jugend, braun bis schwarz im Alter. Perlmutter bläulich in der Jugend, rötlich oder kupferfarben in älteren Stadien, weiß oder bläulich in ganz alten. Schloß meist schwach; Hauptzähne variieren von fest, aufrecht und gekerbt bis glatt, niedrig, knotenförmig; Seitenzähne lang, gebogen, oft zu niedrigen Graten zurückgebildet. — Maße: Länge 93—137 mm, Höhe 52—69 mm, Dicke 27—34 mm.

Verbreitung: Küstenflüsse Ost-Australiens vom Richmond-Fluß, Neu-Süd-Wales, nördlich bis zum Fitzroy-Fluß, Queensland, und ihre Nebenflüsse; Barcoo-Fluß, Lake Eyre-Gebiet; Flinders-Fluß, Zufluß des Golfs von Carpentaria.

2b. Alathyria pertexta wardi (Iredale)

1943 *Quaesithyria wardi* Iredale, Austral. Zool., Sydney, **10**:191. — Terra typica: Einasleigh-Fluß, Nord-Queensland.

Diagnosis: Der Nominatform sehr nahestehend, hauptsächlich durch den schwächeren Schloßbau und seichtere Muskeleindrücke von ihr verschieden. — Maße: Länge 88—135 mm, Höhe 49—75 mm, Dicke 30—48 mm.

Verbreitung: Küstenflüsse in Nord-Queensland, die in den südöstlichen Winkel des Golfes von Carpentaria münden.

2c. Alathyria pertexta magnifica McMichael & Hiscock

1958 *Alathyria pertexta magnifica* McMichael & Hiscock, Austral. J. mar. freshw. Research, **9**:419; Taf. 19, Fig. 1—2. — Terra typica: Bian-Fluß, ehemaliges holländisches Neuguinea.

Diagnosis: Von der Nominatform verschieden durch größere Länge und durch stärker gleichlaufende Rücken- und Bauchränder. — Maße: Länge 125—200 mm, Höhe 63—86 mm, Dicke 38—59 mm.

Verbreitung: Bian-Fluß und, obwohl fraglich, der obere Maro-Fluß und seine Sümpfe im ehemaligen holländischen Neuguinea.

3. **Alathyria profuga** (GOULD)

1851 *Unio profugus* GOULD, Proc. Boston Soc. nat. Hist., **1850**:295. — Terra typica: Hunter-Fluß, Neu-Süd-Wales.
1943 *Alathyria vadena* IREDALE, Austral. Natural., Sydney, **11**:90. — Terra typica: Shoalhaven-Fluß, Neu-Süd-Wales.

Diagnosis: Schale mäßig fest; Vorderende verhältnismäßig gut entwickelt, gerundet, glatt in den deutlich geschwungenen Bauchrand übergehend; Rückenrand gekrümmt, hinten leicht erhoben, sanft abfallend in den wohl gerundeten, nicht abgestutzten Hinterrand übergehend. Konchinschicht gelblich braun bis dunkel braun. Perlmutter weiß, mit Flecken von Kupferfarbe oder von Blau. Schloß etwas zurückgebildet. Die Hauptzähne stellen einfache verdickte Lamellen dar; die Seitenzähne sind lang, teilweise zurückgebildet, manchmal ganz verschwindend; in der Jugend dagegen sind alle Zähne wohl entwickelt. — Maße: Länge 73—120 mm, Höhe 42—70 mm, Dicke 22—45 mm.

Verbreitung: Gebiete der Hunter- und Shoalhaven-Flüsse; George-See.

4. **Alathyria condola** IREDALE

1943 *Alathyria condola* IREDALE, Austral. Natural., Sydney, **11**:90; Abb. 1. — Terra typica: Murrumbidgee-Fluß, Narrandera, Neu-Süd-Wales.

Diagnosis: Schale festschalig, rundlich eiförmig. Vorderende mäßig entwickelt, gerundet, eckenlos in den wohl gekrümmten Bauchrand übergehend. Rückenrand unter den Wirbeln etwas ausgehöhlt, dahinter gekrümmt und erhoben, ohne einen Flügel zu bilden; Hinterrand oben leicht schief abgestutzt, dann gleichmäßig gerundet. Wirbel niedrig, geschwollen und unskulptiert. Konchinschicht in der Jugend braun, dunkler im Alter. Perlmutter weiß. Schloß fest; Hauptzähne aufrechte, geriefte Lamellen wenn jung, dicker, fester und manchmal zugespitzt im Alter; Seitenzähne lang, fest und gekrümmt. — Maße: Länge 78—101 mm, Höhe 51—64 mm, Dicke 31—42 mm.

Bemerkungen: Diese mir unbekannte Art scheint etwas problematisch zu sein; wenigstens sagen MCMICHAEL & HISCOCK von ihr aus, daß ihre Jugendformen anderen *Alathyria*-Arten sehr nahe zu stehen scheinen und daß die Altersform unter Umständen einen Oekotyp davon darstellt.

Verbreitung: Anscheinend auf die nordöstlichen Flüsse des Murray-Gebietes beschränkt.

Genus **Westralunio** IREDALE

1934 *Westralunio* IREDALE, Austral. Zool., Sydney, 8:62. — Species typica: *Westralunio ambiguus carteri* IREDALE (O.).

Diagnosis: Schale mit starkem, unionidenhaftem Schloß, das gekrümmt ist, mit hohen, gesägten, dicken Hauptzähnen. Wirbel stets unskulptiert. Area deutlich. Schalensubstanz meist dick und fest.

Verbreitung: Südwest-Australien und südliches Neuguinea.

1. **Westralunio carteri** IREDALE

1934 *Westralunio ambiguus carteri* IREDALE, Austral. Zool., Sydney, 8:62. — Terra typica: Victoria Reservoir, Darling Range, 12 Meilen von Perth, West-Australien.

Diagnosis: Schale bauchig, verlängert eiförmig. Vorderende mäßig entwickelt, gleichmäßig gerundet; Bauchrand in der Jugend stärker gekrümmt als im Alter, eckenlos in das Hinterende übergehend, bei alten Stücken hinten leicht abgebogen; Rückenrand gebogen, höher hinter den Wirbeln, hinten ziemlich gerade abgestutzt. Wirbel nicht voll, nie skulptiert. Konchinschicht dunkelbraun bis schwarz, Perlmutter weiß, unter den Wirbeln oft mit rötlichen oder braunen Flecken. Schloß fest, Schloßlinie gebogen. Zwei Hauptzähne rechts, beide abgeflacht, ausgehöhlt, gesägt wenn jung, der obere im Alter sich oft zurückbildend, der untere dicker werdend, stets noch gesägt; einzelner Hauptzahn links dreieckig, aufrecht, ausgehöhlt und gerieft in der Jugend, im Alter dicker und glatter werdend; Seitenzahn rechts flach, erhöht, am Rande oft mit einer Furche; linke Seitenzähne, zwei an der Zahl, flach, aufrecht und innen gefurcht, der obere länger. Das ganze Schloß zeigt, besonders in der Jugend, einen goldenen metallischen Glanz. — Maße: Länge 43—61 mm, Höhe 30—37 mm, Dicke 18—23 mm.

Bemerkungen: Diese Art ist oft verkannt worden, man hat sie mit *Unio moretonicus*, *Unio ambiguus* oder *Unio australis* gleichgesetzt; erst IREDALE hat sie als eigene Form erkannt und zuerst als *Westralunio ambiguus carteri* beschrieben; seine *Centralhyria angasi subjecta* scheint sich aus verschiedenen Elementen zusammengesetzt zu haben, deren eines diese Art war.

Verbreitung: Südwestlicher Teil von Australien, westlich vom Kings-George's-Sund und nördlich bis zum Avon-Fluß.

2. Westralunio flyensis (TAPPARONE CANEFRI)

1883 *Unio (Bariosta) flyensis* TAPPARONE CANEFRI, Ann. Mus. Stor. nat. Genoa, **19**:293; Abb. 1. — Terra typica: Fly-River, Papua.

Diagnosis: Schale verhältnismäßig fest, verlängert eiförmig. Vorderende mäßig kurz, gleichmäßig gerundet,; Bauchrand leicht gekrümmt; Rückenrand gleichmäßig gebogen, hinten schief abgestutzt; Hinterende leicht nach unten abgebogen. Schale nicht aufgetrieben, Area nicht sehr deutlich; Wirbel glatt. Konchinschicht olivenbraun bis rötlich braun. Perlmutter weißlich, nach hinten schillernd. Schloß fest. Hauptzähne klein, zusammengepreßt, gesägt und gerieft, anscheinend zwei jederseits; Seitenzähne kurz und gebogen. Maße: Länge 32—59 mm, Höhe 22—39 mm, Dicke 12—20 mm.

Verbreitung: Flüsse der Südküste von Neuguinea.

3. Westralunio albertisi CLENCH

1957 *Westralunio albertisi* CLENCH, Breviora, Mus. comp. Zool., Cambridge (Mass.), No. 76:3; Abb. 2. — Terra typica: Hinterland von Daru, Papua.

Diagnosis: Schale ziemlich aufgeblasen, fast kreisrund. Vorderende ziemlich kurz, vorderer Oberrand kurz, geradlinig, dann scharf und schief abgestutzt, unten aber gerundet und eckenlos in den gerundeten Bauchrand übergehend. Rückenrand erst leicht gekrümmt und erhöht, dann scharf, abgestutzt schief, so daß die Schale deutlich geflügelt erscheint. Hinterrand in abgestumpfter Ecke an den Bauchrand anstoßend. Area zusammengepreßt mit deutlicher Arealkante. Wirbel niedrig, glatt. Konchinschicht dunkel braun. Perlmutter weiß, schillernd. Schloß fest; Hauptzähne ziemlich groß, aufrecht, geklüftet; Seitenzähne lang, fest, gebogen, doppelt links, einzeln rechts. — Maße: Länge 51—57 mm, Höhe 42—50 mm, Dicke 20—25 mm.

Verbreitung: Soweit bekannt, nur die Seen des Fly-Fluß-Gebietes, Neuguinea.

Genus **Lortiella** Iredale

1934 *Lortiella* Iredale, Austral. Zool., Sydney, 8:80. — Species typica: *Mycetopus rugatus* Sowerby (O.).

Diagnosis: Schale der von *Mycetopus* ähnlich, lang und schmal, vorn spitzer werdend, manchmal hinten geflügelt. Schloß einfach, mit verlängerten schneidenartigen Zähnen in der Jugend, die sich im Alter fast gänzlich zurückbilden können. Wirbel leicht erhoben, ohne Skulptur.

Bemerkungen: Iredale hat 1934 diese Gattung in eine eigene Unterfamilie Lortiellinae versetzt, wozu ich keinen besonderen Grund einsehe. Es ist wahr: Die Gattung hat Eigentümlichkeiten, die den übrigen Mitgliedern der Familie fehlen, aber diese Eigentümlichkeiten sind negativer Art, die sich wohl eher als Rückbildungen denn als Neuerwerbungen erklären lassen; daher ziehe ich es vor, die Unterfamilie Lortiellinae nicht zu berücksichtigen. Die bisher unbekannte Anatomie des Weichkörpers und das ebenfalls unbekannte Glochidium werden wohl Aufschluß über die Verwandtschaft dieser Gattung bringen.

Verbreitung: Nordwest-Australien.

1. **Lortiella rugata** (Sowerby)

1868 *Mycetopus rugatus* Sowerby, Conch. Icon., **16**, *Mycetopus:* Taf. 3, Fig. 7. — Terra typica: Victoria-Fluß, Nord-Australien.

Diagnosis: Schale stark verlängert, ziemlich fest. Vorderende ziemlich kurz, gerundet, Bauchrand gerade oder in der Mitte leicht eingebogen; Rückenrand hinten höher als vorne, gerade, Hinterende fast quer abgestutzt, gerundet eckig in den Bauchrand übergehend. Die leicht bauchige Schale nimmt, alles in allem genommen, stetig von hinten nach vorne an Breite ab; sie ist vorne leicht zusammengepreßt und besitzt eine undeutliche Area. Wirbel leicht bauchig, niedrig, ohne Skulptur. Konchinschicht dunkel, olivenbraun. Perlmutter stumpf weißlich, vorne fleckig. Schloß zurückgebildet, Haupt- und Seitenzähne in erwachsenen Stücken nur als niedere Leisten erkennbar. — Maße: Länge 64—92 mm, Höhe 23—32 mm, Dicke 18—? ? mm.

Verbreitung: Nur aus den Katahtine- und Victoria-Flüssen, Nordterritorium, bekannt.

2. **Lortiella froggatti** Iredale

1934 *Lortiella froggatti* Iredale, Austral. Zool., Sydney, 8:71; Taf. 5, Fig. 5; Taf. 6, Fig. 5. — Terra typica: Lennard-Fluß, nördliches West-Australien.

Diagnosis: Schale dünn, verlängert. Vorderende verhältnismäßig lang, gerundet, Bauchrand gerade oder leicht gekrümmt, hinterer Oberrand etwas erhöht und gerade, Hinterende gerundet. Schale hinten geschwollen, aber vorne zusammengedrückt. Wirbel voll und hoch, anscheinend ohne Skulptur. Konchinschicht gelblich braun. Perlmutter bläulich und schillernd. Schloß schwach, leistenförmig; jederseits nur ein Hauptzahn, Seitenzähne verlängert, einer rechts und zwei links. — Maße: Länge 49—58 mm, Höhe 20—25 mm, Dicke 14—16 mm.

Bemerkungen: McMichael hält es nicht für ausgeschlossen, daß diese Art und die vorangehende, *L. rugata*, identisch sind und daß nur Umwelteinflüsse für die Verschiedenheiten verantwortlich sind. Da im ganzen nur acht Stücke dieser Art bekannt sind, also die Variationsbreite nicht feststeht, muß die Untersuchung von größerem Material abgewartet werden, bis diese Frage entschieden werden kann.

Verbreitung: Nur aus den Lennard- und Fitzroy-Flüssen, Myroodah Crossing, nördliches West-Australien, bekannt.

Genus **Hyridella** Swainson

1840 *Hyridella* Swainson, Treat. Malacol.: 285. — Species typica: *Unio australis* Lamarck (M.).

1912 *Leiovirgus* Haas, Conch. Cab., Unioniden: 132. — Species typica: *Unio misoolensis* Schepman (O.).

1932 *Propehyridella* Cotton & Gabriel, Proc. roy. Soc. Victoria, (2) **44**: 158. — Species typica: *Unio nepeanensis* Conrad (O.).

1934 *Hyridunio* Iredale, Austral. Zool., Sydney, 8: 68. — Species typica: *Hyridunio australis drapeta* Iredale (O.).

1934 *Rugoshyria* Iredale, Austral. Zool., Sydney, 8: 71. — Species typica: *Unio depressa* Lamarck (O.).

Diagnosis: Schale von veränderlicher Gestalt, doch meistens länglich. Schloß meist fest, manchmal etwas zurückgebildet; Schloßlinie gekrümmt, Hauptzähne meist aufrecht, gefurcht, gelegentlich zurückgebildet. Wirbel mit einer Skuptur aus V-förmigen Leistchen, die manchmal die gesamte Schalenfläche bedecken. Schale meistens nicht aufgetrieben und von wechselnder Dicke.

Bemerkungen: Iredale hat für diese Gattung eine eigene Unterfamilie Hyridellinae geschaffen, die meines Erachtens aber überflüssig ist. Nach McMichael & Hiscock umfaßt die Gattung *Hyridella* vier Untergattungen: *Hyridella*, *Echyridella*, *Protohyridella* und *Nesonaia*.

Verbreitung: Ost-Australien südlich des Wendekreises; Gebiet des Tamar-Flusses, Tasmanien; Nord- und Südinsel von Neuseeland; Solomon-Inseln; Misool-Insel; Flüsse von Süd-Neuguinea.

Subgenus **Hyridella** s. str.

Diagnosis: Schale ziemlich fest, meist länglich, kaum je geflügelt. Schloß fest, selten zurückgebildet; Hauptzähne aufrecht, gefurcht. Schalenskulptur auf die Wirbelspitzen beschränkt, aus V-förmigen Fältchen bestehend.

Verbreitung: Ost-Australien südlich des Wendekreises; in Tasmanien im Gebiete des Tamar-Flusses; beide Inseln von Neuseeland; südwestliches Neuguinea.

1. Hyridella (Hyridella) australis (LAMARCK)

1819 *Unio australis* LAMARCK, Hist. nat. Anim. sans Vert., **6**:80. — Terra typica: Neu-Holland.
1850 *Unio nepeanensis* CONRAD, Proc. Acad. nat. Sci. Philadelphia, **5**:10. — Terra typica: Nepean-Fluß, Neu-Süd-Wales.
1851 *Unio dorsuosus* GOULD, Proc. Boston Soc. nat. Hist., **3**:296. — Terra typica: „Ostasien".
1856 *Unio lessoni* KÜSTER, Conch. Cab., *Unio:* 135; Taf. 37, Fig. 4. — Terra typica: Nepean-Fluß, Neu-Süd-Wales.
1934 *Propehyridella nepeanensis opportuna* IREDALE, Austral. Zool., Sydney, **8**:74; Taf. 5, Fig. 12; Taf. 6, Fig. 12. — Terra typica: Bach bei Booyong, Richmond-Fluß, Neu-Süd-Wales.
1943 *Propehyridella nepeanensis novata* IREDALE, Austral. Natural., Sydney, **11**:92. — Terra typica: Upper Bellenger-Fluß, Neu-Süd-Wales.

Diagnosis: Schale vorn spitz, hinten rundlich eiförmig, selbst in der Jugend festschalig. Vorderende ansehnlich, gleichmäßig gerundet; Bauchrand in der Jugend leicht gekrümmt, im Alter gerade, manchmal etwas eingebogen; Rückenrand hinten etwas ansteigend, kaum geflügelt; Hinterrand in der Jugend fast eckig abgestutzt, weniger ausgesprochen mit zunehmendem Alter, gerundet in den Bauchrand übergehend. Area deutlich, durch eine Schwellung der Schale etwas hervorgehoben. Wirbel voll, leicht erhoben, stark mit V-förmigen Fältchen skulptiert, die nach unten zu weiter getrennt stehen und deren hinterer Schenkel höher und dicker ist. Konchinschicht dunkel olivenbraun in jungen Stücken, im Alter tief weinrot werdend. Perlmutter silberweiß, mit rötlichen Flecken unter den Wirbeln und auch sonst an Stellen. Schloß fest; Hauptzähne fest, aufrecht, meist gefurcht, oft zugespitzt, die linken gelegentlich an der Spitze umgebogen; Seitenzähne stark, dick und vorn stumpf, nach hinten zu breiter und schärfer werdend. — Maße: Länge 48—86 mm, Höhe 29—50 mm, Dicke 15—28 mm.

Bemerkungen: Es herrschte lange Zeit Unsicherheit über diese Art, wie es die Zahl der gebrachten Synonyme zeigt. Die älteren darunter stammen aus Unkenntnis des Materials und des Schrifttums; die jüngeren, von IREDALE, sind Ergebnisse seiner Splitter-Manie.

Verbreitung: Küstenflüsse von Ost-Australien, von Caboolture, Queensland südlich bis zum Yarra-Fluß, Victoria.

2. Hyridella (Hyridella) drapeta (IREDALE)

1934 *Hyridunio australis drapeta* IREDALE, Austral. Zool., Sydney, **8**:68; Taf. 5, Fig. 2; Taf. 6, Fig. 2. — Terra typica: Brisbane-Fluß, Queensland.
1934 *Hyridunio australis orion* IREDALE, Austral. Zool., Sydney, **8**:69. — Terra typica: Tomahawk-Bach bei Lilydale, Victoria.
1934 *Hyridunio renutus* IREDALE, Austral. Zool., Sydney, **8**:69; Taf. 5, Fig. 3; Taf. 6, Fig. 4. — Terra typica: Latrobe-Fluß, Gippsland, Victoria.
1943 *Hyridunio australis casus* IREDALE, Austral. Natural., Sydney, **11**:90; Abb. 1. — Terra typica: Clarence-Fluß bei Tucavia, Neu-Süd-Wales.

Diagnosis: Schale verlängert eiförmig, ziemlich fest. Vorderende ziemlich kurz, gerundet; Bauchrand gerade oder in der Mitte eingebogen; Rückenrand hinter den Wirbeln erst ansteigend, dann schön gebogen nach unten abfallend; Hinterende stumpf gekrümmt; gelegentlich ist die Area etwas geflügelt.

Konchinschicht dunkelbraun bis schwarz, glanzlos. Perlmutter bläulich weiß, mit rötlichen Flecken. Vorderende der Schale leicht zusammengedrückt, hinten aufgeblasen, mit einer seichten aber deutlichen Furche zwischen Vorder- und Hinterende. Wirbel voll, niedrig, mit einer radialen Skulptur, deren innerstes Glied ein V bildet. Schloß fest; Hauptzähne sehr stark, aufrecht; zwei rechts, die auf der Innenseite tief gefurcht, außen aber tief gesägt sind; linke Klappe mit einem einzigen Zahn, der eine tiefe Grube aufweist; Seitenzähne verhältnismäßig lang, leicht gebogen, schneidenartig, oft leicht gesägt. — Maße: Länge 66—82 mm, Höhe 37—40 mm, Dicke 21—25 mm.

Bemerkungen: Diese Art, die das gleiche Verbreitungsgebiet wie die vorhergehende hat, scheint mir etwas zweifelhaft; Mangel an Material verhindert mich, eine feste Meinung zu bilden.

Verbreitung: Küstenflüsse Süd-Australiens, von Caboolure, Queensland bis zu Flüssen von Victoria, westlich von der Port Philip-Bucht.

3. Hyridella (Hyridella) depressa (LAMARCK)

1819 *Unio depressa* LAMARCK, Hist. nat. Anim. sans Vert., **6**:79. — Terra typica: Flüsse in Neu-Holland.

1850 *Unio cultelliformis* CONRAD, Proc. Acad. nat. Sci. Philadelphia, **5**:10. — Terra typica: Bogan-Fluß, Neu-Süd-Wales.

1859 *Unio mutabilis* LEA, Proc. Acad. nat. Sci. Philadelphia, **11**:152. — Terra typica: Neuseeland.

1862 *Unio paramattensis* LEA, Proc. Acad. nat. Sci. Philadelphia, **14**:176. — Terra typica: Paramatta-Fluß, Paramatta, Neu-Süd-Wales.

1934 *Rugoshyria depressa monticola* IREDALE, Austral. Zool., Sydney, **8**:72; Taf. 5, Fig. 7; Taf. 6, Fig. 10. — Terra typica: Grosse's Plain-Bach, Moonbar Run, Mt. Kosciusko, Neu-Süd-Wales.

1934 *Rugoshyria depressa vicinalis* IREDALE, Austral. Zool., Sydney, **8**:72. — Terra typica: Mitchell-Fluß, Bairnsdale, Victoria.

1943 *Rugoshyria depressa bega* IREDALE, Austral. Natural., Sydney, **11**:91. — Terra typica: Tantawanglo-Fluß, Zufluß des Bega-Flusses, Neu-Süd-Wales.

1943 *Rugoshyria depressa lowanna* IREDALE, Austral. Natural., Sydney, **11**:91; Abb. 1. — Terra typica: Kleiner Nymboida-Fluß, Dorrigo, Neu-Süd-Wales.

Diagnosis: Schale verlängert, von wechselnder Festigkeit, hinten leicht geschwollen. Vorderende verhältnismäßig kurz, gleichmäßig gerundet; Bauchrand in der Hauptsache gerade, hinten gebogen, nach dem Hinterende zu aufbiegend; vorderer Oberrand deutlich abschüssig, hinterer höher, fast leicht geflügelt; Area zusammengedrückt, Arealkante stark gebogen; Hinterende schief abgestutzt. Wirbel nicht voll, niedergedrückt, stark mit V-förmigen Fältchen skulptiert, die sich bis auf die Schalenfläche erstrecken. Konchinschicht dunkelbraun bis schwarz, ziemlich glänzend. Perlmutter bläulich oder bläulich weiß, mit kupferfarbenen Flecken. Schloß fest; zwei Hauptzähne rechts, die aufrecht, gefurcht und gesägt sind und deren unterer größer ist; einziger linker Hauptzahn entweder mit einer tiefen Grube oder mit einem kleinen Hilfszahn; Seitenzähne ziemlich lang und gebogen. — Maße: Länge 47—68 mm, Höhe 26—32 mm, Dicke 22—28 mm.

Bemerkungen: Eine äußerst veränderliche Art und daher oft neu benannt; LEA's Angabe, sein *Unio mutabilis* stamme aus Neuseeland, ist nach McMICHAEL ein Irrtum.

Verbreitung: Küstenflüsse Ost-Australiens von Caboolture, Queensland südlich bis zu den östlichen Flüssen von Victoria.

4. **Hyridella (Hyridella) narracanensis** (COTTON & GABRIEL)

1932 *Propehyridella narracanensis* COTTON & GABRIEL, Proc. roy. Soc. Victoria, Melbourne, (2) **44**: 159; Taf. 16, Fig. 8. — Terra typica: Narracan-Fluß, Thorpdale, Gippsland, Victoria.

1934 *Rugoshyria depressa sodalis* IREDALE, Austral. Zool., Sydney, 8: 72. — Terra typica: Nicht genannt.

Diagnosis: Schale mandelförmig, mäßig fest; Vorderende ziemlich kurz, etwas gerundet abgestutzt. Rückenrand hinter den Wirbeln sofort höher, zuerst gerade, dann schief abgestutzt; Bauchrand meist geschwungen, nur selten gerade, hinten plötzlich aufgebogen und das Hinterende in gerundetem Winkel treffend, welches verlängert und ausgezogen ist. Schale ziemlich geschwollen, Area sehr deutlich. Wirbel leicht voll, aber nicht hoch, mit V-förmigen Fältchen skulptiert, deren hintere länger sind, die sich aber nicht weit von den Wirbeln entfernen. Konchinschicht olivenbraun bis tief weinrot; Perlmutter ausgesprochen blau, leicht schillernd, unter den Wirbeln mit kupferfarbenen Flecken. Schloß fest; Hauptzähne groß, aufrecht und gefurcht; Seitenzähne verhältnismäßig fest, gerade, kurz und häufig gefurcht. — Maße: Länge 25—56 mm, Höhe 15—31 mm, Dicke 13—26 mm.

Bemerkungen: Eine lang bekannte, aber mißverstandene Art, deren Anerkennung erst neuerdings (1932) erfolgte; sie ist dadurch bemerkenswert, daß sie nicht nur auf dem australischen Festlande, sondern auch auf dem ihm zugekehrten Teil von Tasmanien vorkommt.

Verbreitung: Küstenflüsse von Victoria östlich des Yara-Flusses; Gebiet des Tamar-Flusses, Tasmanien.

5. **Hyridella (Hyridella) aucklandica** (GRAY)

5a. Hyridella (H.) aucklandica aucklandica (GRAY)

1843 *Unio aucklandicus* GRAY in DIEFFENBACH, Travels in New Zealand, **2**: 257. — Terra typica: Nahe Auckland, Nordinsel von Neuseeland.

Diagnosis: Schale verlängert, ziemlich fest. Vorderende ziemlich kurz, gerundet; Bauchrand in der Mitte eingebuchtet; Rückenrand hinter den Wirbeln nur wenig höher, erst ziemlich geradlinig, dann gleichmäßig zum Hinterrand absteigend; Hinterrand gleichmäßig gerundet. Schale mäßig geschwollen, Area wenig vorragend. Wirbel nicht voll, niedrig, mit V-förmigen Fältchen skulptiert. Konchinschicht grünlich in der Jugend, später dunkel braun bis schwarz. Perlmutter stumpf blaugrau, unter den Wirbeln mit rötlichen Flecken. Schloß fest; Hauptzähne verdickt, gesägt und gefurcht, vorderer Zahn rechts zu einer Leiste zurückgebildet; Seitenzähne lang, leicht gekrümmt. — Maße: Länge 59—76 mm, Höhe 28—38 mm, Dicke 24—33 mm.

Verbreitung: Vereinzelte Fundorte auf beiden neuseeländischen Inseln.

5b. Hyridella (Hyridella) aucklandica websteri (SIMPSON)

1902 *Diplodon websteri* SIMPSON, Nautilus, Philadelphia u. Boston, **16**: 30. — Terra typica: Waiuku, Nordinsel, Neuseeland.

1958 *Cucumerunio websteri delli* McMichael & Hiscock, Austral. J. mar. freshwater Research, Melbourne, 9:477; Taf. 16, Fig. 1—3. — Terra typica: Omaha-Fluß nahe Leigh, Nordinsel, Neuseeland.

Diagnosis: Der Nominatform von *aucklandica* sehr ähnlich, hauptsächlich von ihr verschieden durch den Besitz von tropfenförmigen Knötchen, die längs der Arealkante nach oben und unten laufen und die Schalenfläche bis zu einem gewissen Grade bedecken; jedoch kann die Schalenskulptur in der nördlichen Rasse zurückgebildet sein. Im Schloß ist kein deutlicher Unterschied von dem der typischen *aucklandica* festzustellen, vielleicht mit der einzigen Ausnahme, daß es etwas fester zu sein scheint. — Maße: Länge 59—93 mm, Höhe 31—44 mm, Dicke 18—21 mm.

Bemerkungen: Im Gegensatz zu McMichael & Hiscock, die in dieser Form einen Angehörigen der Gattung *Cucumerunio* und einen nahen Verwandten von dessen einziger Art *C. novaehollandiae* (Gray) erblickten, kann ich in der Unterart *websteri* lediglich eine Form der *Hyridella aucklandica* erkennen, die unter gewissen Umständen, deren Natur uns noch unbekannt sind, eine tropfenartige Schalenskulptur erworben hat. Die Unterart von *websteri*, die McMichael & Hiscock *delli* genannt haben, soll mit *websteri* bis auf die fehlende Schalenskulptur übereinstimmen, wodurch sie selbst ihr Urteil über die Zugehörigkeit der *websteri* zur Gattung *Cucumerunio* schwächen, da letztere in allen Fällen die tropfenartige Schalenskulptur besitzen soll. In meinen Augen ist *delli* eine unskulptierte *websteri*, anscheinend aus dem Grunde, weil sie ihre Verbreitung nicht mit ihr teilt und ihre Umwelt der Ausbildung einer Schalenskulptur wohl nicht günstig ist; aus diesem Grunde führe ich *delli* in der Synonymie von *websteri* an. Die Unterart *websteri* ist anscheinend auf die Umgebung von Auckland beschränkt, und zwar *websteri* südlich, *delli* nördlich dieser Stadt.

Verbreitung: Nördlich und südlich von Auckland, Nordinsel von Neuseeland.

6. Hyridella (Hyridella) misoolensis (Schepman)

1897 *Unio misoolensis* Schepman, Notes Leiden Mus., 18:259; Abb. — Terra typica: Insel Misool bei Neuguinea.

1919 *Virgus lorentzi* Schepman, Nova Guinea, Zool., 18:186; Taf. 7, Fig. 2. — Terra typica: Lorentz-Fluß bei Alkmaar, ehemaliges holländisches Neuguinea.

Diagnosis: Schale verhältnismäßig dünn, verlängert, nach hinten zu schmaler werdend. Vorderende kurz, gleichmäßig gerundet; Bauchrand nur leicht gebogen, fast gerade, oder etwas eingebogen; hinterer Oberrand von den Wirbeln nach hinten zu leicht abfallend, am Ende unvermittelt scharf abgestutzt; Hinterende vorgezogen, gerundet. Schale mäßig aufgetrieben. Area zusammengepreßt; Arealkante ausgesprochen, hinter ihr eine seichte Furche. Wirbel niedrig, nicht voll, mit einer Skulptur aus V-förmigen Falten, deren Schenkel sich in einiger Entfernung von den Wirbeln trennen und als von dort aus ausstrahlende Fältchen erscheinen. Konchinschicht dunkelbraun. Perlmutter bläulich weiß, unter den Wirbeln mit kupferfarbenen Flecken. Schloß fest, mit aufrechten, gesägten Hauptzähnen, die in jungen Stücken jederseits zweigespalten sind, im Alter aber dicker werden und einen unregelmäßig geformten, rauhen Zahn bilden; Seitenzähne lang, breit, fast gerade. — Maße: Länge 43—70 mm, Höhe 21—31 mm, Dicke 18—24 mm.

Bemerkungen: Die Verwandtschaftsverhältnisse dieser Art scheinen mir nicht ganz geklärt. Als ich 1912 den *Unio misoolensis* SCHEPMAN in der Unioniden-Monographie im Conchylien-Cabinet behandelte, lag mir nur das damals einzige bekannte Stück, der SCHEPMAN'sche Typus, vor. Mir schien die Art mit der Gattung *Virgus* SIMPSON verwandt, aber nicht identisch zu sein, weshalb ich für sie die Untergattung *Leiovirgus* aufstellte. Nun ist in den mehr als fünfzig inzwischen vergangenen Jahren wesentlich mehr Untersuchungsmaterial zu Händen anderer Forscher gekommen, auch in Alkohol konserviertes mit Weichkörpern, und an Hand dieser neuen Kenntnisse ist MCMICHAEL zu der Erkenntnis gekommen, daß SCHEPMAN's Art eine echte *Hyridella* darstellt. Mangels an eigenem Material habe ich ihm zu folgen, hege aber immer noch Zweifel, ob die Art wirklich in die typische Untergattung von *Hyridella* gehört oder ob sie nicht eine eigene Untergattung bildet.

Verbreitung: Insel Misool und Südwestküste von Neuguinea vom Vogelkopf bis zum Fly-Fluß.

Subgenus **Echyridella** MCMICHAEL & HISCOCK

1958 *Hyridella (Echyridella)* MCMICHAEL & HISCOCK, Austral. J. mar. freshw. Research, Melbourne, **9**:459. — Species typica: *Unio menziesi* GRAY (O.).

Diagnosis: Schale meist verlängert, doch recht veränderlich. Schloß oft zurückgebildet. Wirbel mit V-förmigen Fältchen skulptiert. Die Weichteile sind denen echter *Hyridella* gleich, sind aber durch den Besitz fleischiger Siphonen und Labialpalpen ausgezeichnet, welch letztere aus zwei Teilen bestehen.

Verbreitung: Ganz Neuseeland mit Ausnahme des nordwestlichen Teiles der Südinsel.

7. **Hyridella (Echyridella) menziesi** (GRAY)

1843 *Unio menziesi* GRAY in DIEFFENBACH, Travels in New Zealand, **2**:257. — Terra typica: Taupo-See, Nordinsel von Neuseeland.

1845 *Unio waikarense* COLENSO, Tasmanian J. nat. Sci., **2**:250, Fußnote. — Terra typica: Waikare-See, Nordinsel von Neuseeland.

1851 *Unio lutulentus* GOULD, Proc. Boston Soc. nat. Hist., **3**:295 (partim). — Terra typica: Bay of Islands-Gegend.

1862 *Unio hochstetteri* DUNKER, Malak. Bl., Kassel, **8**:153. — Terra typica: Taupo-See und Waikato-Fluß.

1866 *Unio zelebori* DUNKER, Verh. zool.-bot. Ges. Wien, **16**:915. — Terra typica: Neuseeland (ohne nähere Angabe).

1882 *Unio depauperata* HUTTON, New Zealand J. Sci. Techn., Wellington, **1**:478. — Terra typica: Takapuna-See bei Auckland.

1882 *Unio rugatus* HUTTON, New Zealand J. Sci. Techn., Wellington, **1**:478 (non MENKE 1828). — Terra typica: Pearson-See, Südinsel.

1905 *Diplodon (Hyridella) menziesi lucasi* SUTER, Trans. Proc. New Zealand Inst., Wellington, **37**:239; Abb. 2—3. — Terra typica: Uanapouri-See, Südinsel.

1913 *Diplodon (Hyridella) menziesi acutus* SUTER, Manual New Zealand Mollusca: 940; Taf. 11, Fig. 11, 11a.

1914 *Diplodon (Hyridella) menziesi rugulosum* SIMPSON, Descr. Cat. Naiades Pearly Freshw. Mussels: 1291. — (Nomen novum pro *Unio rugatus* HUTTON 1882, non MENKE 1828, nec ROSSMÄSSLER 1837.)

Diagnosis: Schale von wechselnder Festigkeit, verlängert bis gerundet, stark formveränderlich. Vorderende von wechselnder Länge, gerundet; Bauchrand entweder leicht gebogen oder gerade, gelegentlich sogar eingebogen; hinterer Oberrand höher als die Wirbel, so daß die Schale deutlich geflügelt ist, wenn auch gelegentlich nicht sehr hoch; Hinterende gelegentlich nach unten abgebogen. Schale von wechselnder Bauchigkeit. Wirbel nicht voll und mit V-förmigen Fältchen skulptiert, die manchmal nicht zu erkennen sind. Konchinschicht grünlich bis dunkelbraun. Perlmutter meist bläulich, oft mit andersfarbigem Hauch. Schloß leicht zurückgebildet; Hauptzähne schneidenförmig, verlängert und verdickt, gefurcht und aufrecht, manchmal zapfenartig, manchmal zu dünnen Blättchen oder niedrigen Leisten zurückgebildet, zwei in der rechten Klappe; Seitenzähne lang, leicht gebogen, gelegentlich mit Wärzchen oder gesägt oder dünn und zart. — Maße: Länge 54—89 mm, Höhe 34—57 mm, Dicke 25—37 mm.

Bemerkungen zu dieser Art vgl. Nachträge Seite 608.

Verbreitung: Beide Inseln von Neuseeland, mit Ausnahme des südwestlichen Teiles der Südinsel.

Subgenus **Protohyridella** Cotton & Gabriel

1932 *Protohyridella* Cotton & Gabriel, Proc. roy. Soc. Victoria, Melbourne (2) **44**: 159. — Species typica: *Unio glenelgensis* Dennant (O.).

Diagnosis: Schale klein, festschalig, mandelförmig im Umriß, hinten geflügelt, Hinterende abgeflacht. Wirbel weit vorne gelegen, mit starker Skulptur; die Skulptur erstreckt sich auf die Schale. Schloß sehr kräftig, mit schweren Gruben tragenden Hauptzähnen und starken Seitenzähnen. Muskeleindrücke getrennt, tief eingedrückt.

Verbreitung die der typischen Art.

8. **Hyridella (Protohyridella) glenelgensis** (Dennant)

1898 *Unio glenelgensis* Dennant, Proc. roy. Soc. Victoria, Melbourne, (2) **10**: 112; Taf. 4.— Terra typica: Dartmoor, Glenelg River, Victoria.

Diagnosis: Schale fest, mandelförmig, hinten geflügelt, Hinterende zugespitzt. Wirbel leicht geschwollen, niedrig, stark mit V-förmigen Falten skulptiert, die sich bis auf die Schalenfläche, nicht aber die Area erstrecken, wo die Schenkel der V's sich kreuzen und als Runzelchen erscheinen. Vorderende gerundet; Bauchrand gleichmäßig geschwungen, hinterer Oberrand höher als die Wirbel, zuerst gerade, dann schief abgestutzt, so daß die Schale geflügelt erscheint; Hinterrand vorgezogen. In der Jugend ist die Schale stärker geschwollen als im Alter. Area manchmal leicht ausgehöhlt, mit deutlicher Arealkante. Konchinschicht olivenbraun wenn jung, dunkel weinfarben im Alter. Perlmutter bläulich, schillernd, mit braunen Flecken unter den Wirbeln. Schloß fest. Rechts zwei Hauptzähne, deren oberer kleiner, kürzer, scharf und leicht gekerbt ist, während der untere dick, schwer, aufrecht und auf der

Innenseite leicht gezähnt ist; linker Hauptzahn einzeln, fest, pflockartig und stark gezähnelt; Seitenzähne lang, leicht gekrümmt, fest, leicht gekerbt. — Maße: Länge 32—41 mm, Höhe 19—22 mm, Dicke 15—18 mm.

Verbreitung: Küstenflüsse im westlichen Victoria.

Subgenus **Nesonaia** HAAS

1913 *Ctenodesma (Nesonaia)* HAAS, Conch. Cab., Unioniden: 137. — Species typica: *Unio guppyi* SMITH.

Diagnosis: Schale lang eiförmig, zusammengedrückt; Wirbel vorn liegend, niedergedrückt, mit einer Skulptur aus V-förmigen Runzeln, die sich bis auf die Schalenfläche, und besonders die Area erstrecken. Ein länglicher Hauptzahn rechts, zwei niedrige kleine Hauptzähne links; Seitenzähne kurz, niedrig, wenig gebogen.

Verbreitung: Solomons Inseln und östliches Neuguinea.

9. **Hyridella (Nesonaia) guppyi** (SMITH)

9a. Hyridella (N.) guppyi guppyi (SMITH)

1885 *Unio guppyi* E. A. SMITH, Proc. zool. Soc. London, **1885**:608; Taf. 37, Fig. 8, 8a, 8b. — Terra typica: Shortland-Insel, Solomons-Inseln.

Diagnosis: Schale verlängert eiförmig, vorn sehr kurz. Vorderende gerundet; Bauchrand ziemlich gerade, hinterer Oberrand hinter den Wirbeln etwas erhöht, dann schief abgestutzt; Hinterrand gleichmäßig gerundet. Area zusammengedrückt, etwas erhöht, fast geflügelt, gelegentlich durch eine seichte Furche vor der Arealkante vom Schalenrest getrennt. Wirbel niedrig, nur leicht voll, mit V-förmigen Fältchen skulptiert, die nach unten zu aufbrechen und in zarte Runzeln auf der Schalenmitte übergehen und als unregelmäßige Fältchen auf die Area reichen. Konchinschicht olivenbraun bis dunkelbraun. Perlmutter bläulich weiß, mit dunklen Flecken unter den Wirbeln. Schloß fest im Alter; Hauptzähne beiderseits zu rauhen und gefurchten Zähnchen aufgesplittert; Seitenzähne lang, ziemlich gerade, fest, schneidenartig. — Maße: Länge 60—76 mm, Höhe 30—36 mm, Dicke 24—27 mm.

Verbreitung: Die Inseln Guadalcanal, Shortland, Bougainville, Malaita, San Cristoval, Santa Isabel und Ugi der Solomons-Inseln.

9b. Hyridella (N.) guppyi aipiana (MCMICHAEL)

1956 *Leiovirgus guppyi aipianus* MCMICHAEL, Nautilus, Philadelphia u. Boston, **70**:44; Taf. 2, Fig. 1—2. — Terra typica: Aipiana, St.-Josephs-Fluß (= Angabunga-Fluß), Papua, Neuguinea.

Diagnosis: Der Nominatform sehr ähnlich, unterschieden von ihr hauptsächlich durch mittelständigere Wirbel, weniger hohe Area, und schwächer entwickelte Schloßzähne. — Maße: Länge 43—44 mm, Höhe 22 mm, Dicke 10 mm.

Bemerkungen: Es ist aus den angegebenen Maßen ersichtlich, daß die wenigen bekannten Stücke dieser Unterart, nämlich der Typus und ein Paratypus, unausgewachsene Schalen sind und daß infolgedessen die aufgeführten Unterschiede von der Nominatform nur relativen Wert besitzen. Ich halte es demnach nicht für unmöglich, daß die Unterart *aipiana* näherer Untersuchung nicht standhalten und zu verschwinden haben wird.

Verbreitung: Nur vom ursprünglichen Fundort bekannt.

Genus **Cucumerunio** Iredale

1853 *Cucumaria* Conrad, Proc. Acad. nat. Sci. Philadelphia, **6**:269 (non *Cucumaria* Blainville 1830, nec Lesson 1831). — Species typica: *Unio cucumoides* Lea (O.).
1900 *Cucumeria* Simpson, Proc. U.S. nation. Mus., Washington, **22**:893. — (Ex errore pro *Cucumaria.*)
1934 *Cucumerunio* Iredale, Austral. Zool., Sydney, **8**:75. — Species typica: *Unio novaehollandiae* Gray.

Diagnosis: Wirbel mit V-förmigen Fältchen skulptiert, die sich bis auf die Area in Gestalt tropfenförmiger Knötchen ausdehnen oder sich zu Zügen vereinigen können und in dieser Gestalt gelegentlich auch auf die vordere Schalenhälfte gelangen können; die gesamte Wirbelskulptur kann aber auch abwesend sein. Hauptzähne des Schlosses aufrecht und gesägt, zeitweilig auch zurückgebildet, Seitenzähne lang und schwer.

Bemerkungen: Die neuseeländische *Hyridella menziesi websteri* und ihre Unterart *delli*, die eine an die der Gattung *Cucumerunio* erinnernde Schalenskulptur besitzen, sind von McMichael als zu genannter Gattung gehörig betrachtet worden. Ich halte sie nur für Lokalrassen der neuseeländischen *Hyridella menziesi* und habe sie im Anschluß an diese behandelt.

Iredale hat für seine Gattung *Cucumerunio* eine nicht näher begründete Unterfamilie Cucumerunioninae aufgestellt, die von verschiedenen Forschern auch verschieden beurteilt worden ist. So hat Modell (1942) sie in die Familie Margaritiferidae gestellt, während McMichael sie aus anatomischen Gründen für eine Mutelide hält. Ich kann weder ihm noch Modell folgen und halte die Frage aufrecht, ob *Cucumerunio* wirklich als Gattung oder nur als Untergattung von *Hyridella* zu gelten hat.

Verbreitung: Zuflüsse der mittleren Ostküste Australiens.

1. **Cucumerunio novaehollandiae** (Gray)

1834 *Unio novaehollandiae* Gray, Proc. zool. Soc. London, Juli **1834**:57. — Terra typica: Macquarie-Fluß, Australien.
1840 *Unio cucumoides* Lea, Proc. amer. philos. Soc., Philadelphia, **1**:285. — Terra typica: Hunter-Fluß, Neu-Süd-Wales.
1852 *Unio cumingianus* Dunker, Z. Malak., Kassel, **9**:53. — Terra typica: Neu-Holland.

Diagnosis: Schale länglich eiförmig in der Jugend, schmaler verlängert in mittelalten Stücken und länglich zungenförmig in ganz alten. Vorderende kurz, gerundet; Rückenrand niedrig vor, ansteigend hinter den Wirbeln; Bauchrand in der Jugend gleichmäßig gekrümmt, gerade im mittleren Alter, eingebuchtet im Alter; Hinterrand leicht vorgezogen, gerundet oder leicht viereckig. Schale nicht aufgeblasen, Area zusammengedrückt mit deutlicher Arealkante. Wirbel nicht voll, niedrig im Alter, mit Skulptur aus V-förmigen Fältchen. Konchinschicht olivengrün in der Jugend, braun bis schwarzbraun im Alter. Perlmutter weißlich, mit kupferfarbenen Flecken. Die Schalenskulptur besteht aus der der Wirbel, die sich in Gestalt von erhobenen Falten auf die gesamte Hinterhälfte der Schale erstreckt und nach vorn zu undeutlich wird und schließlich verschwindet; an der Arealkante vergabeln sich die Falten, die eine Hälfte steigt auf die Area hinauf, die andere zieht nach unten. Schloß fest. Hauptzähne schwer, aufrecht, meist gekerbt oder gesägt, manchmal niedrig und zu einer Reihe von kleinen Zähnchen zurückgebildet; Seitenzähne lang, gerade, schwer, schneidenartig, links doppelt, rechts einzeln. — Maße: Länge 69—155 mm, Höhe 29—63 mm, Dicke 16—41 mm.

Verbreitung: Küstenflüsse in Ost-Australien, vom Hunter-Fluß in Neu-Süd-Wales nördlich bis zum Burnett-Fluß, Queensland.

Genus **Virgus** Simpson

1900 *Virgus* Simpson, Proc. U.S. nation. Mus., Washington, **22**:851. — Species typica: *Unio beccarianus* Tapparone Canefri (O.).

Diagnosis: Schale länglich, ziemlich fest, zusammengedrückt, hinten in einen langen, abgestutzten Schnabel ausgezogen. Ober- und Unterrand fast gleichlaufend; Area niedrig, mit gleichlaufenden Falten besetzt, die von der äußeren Arealkante nach oben und unten ausstrahlen; nach unten erstrecken sie sich über die hintere Schalenfläche und können bis nahe den Wirbeln reichen. Hauptzähne klein, fest, stark gezackt; Intervall lang und schmal; Seitenzähne kurz, dünn, gerade.

Verbreitung: Neuguinea.

1. **Virgus beccarianus** (Tapparone Canefri)

1883 *Unio (Diplodon) beccarianus* Tapparone Canefri, Ann. Mus. Storia nat. Genova, **19**:291; Taf. 11, Fig. 2. — Terra typica: Fly-Fluß, Neuguinea.

1883 *Unio (Diplodon) mattirolii* Tapparone Canefri, Ann. Mus. Storia nat. Genova, **19**:293; Abb. 4. — Terra typica: Fly-Fluß, Neuguinea.

Diagnosis: Schale lang, sehr ungleichseitig, ziemlich fest und schwer, hinten in einen mittleren, gerundet abgestutzten Schnabel ausgezogen. Wirbel weit vorne liegend, etwas aufgeblasen, niedrig, ohne erkennbare Skulptur. Area niedrig, stark zusammengepreßt. Die Schalenskulptur besteht aus Falten in Gestalt von ineinandersteckenden stumpfen Winkeln, deren Scheitel auf der Arealkante liegen; die unteren Schenkel dieser Falten sind ziemlich schmal und erstrecken sich von der Wirbelgegend aus bis fast zum Hinterende der Schale und werden dabei schwächer; die oberen Schenkel dieser Falten ziehen, nach vorne gebogen, in Parallelzügen über die Area und verschwinden nach hinten zu. Konchinschicht stumpf dunkelbraun. Rückenumriß vorn sehr rasch an Dicke zunehmend, nach hinten zu allmählich zugespitzt; Dickenmaximum etwa bei 2/3 der Länge gelegen. Hauptzähne klein, etwas länglich; Seitenzähne lang, gerade, schwach; Intervall sehr schmal, lang. — Maße: Länge 55—100 mm, Höhe 24—26 mm, Dicke 17—21 mm.

Bemerkungen: Man hatte allgemein die beiden in der Synonymie genannten Arten als verschieden angesehen, obgleich ihr gemeinsames Vorkommen im Fly-Flusse zur Vorsicht zu raten schien. Mangels genügenden Untersuchungs-Materials war man daher auf Vermutungen beschränkt, die sich erst dann verdichteten, als es McMichael möglich war, reichlicheres Material aus dem Fly-Flusse zu vergleichen und dabei festzustellen, daß *beccarianus* und *mattirolii* nur die Extreme zweier Ausbildungsformen sind, die durch allerlei Übergänge verbunden sind.

Verbreitung: Neuguinea, bekannt aus dem Fly-Fluß, dem Kikori-Fluß, dem Merauke-Fluß.

Zweifelhafte australische Hyridellinen

Einige der von IREDALE vor nicht langer Zeit beschriebenen Flußmuscheln haben sich der Deutung widersetzt. Sie waren jeweils auf ein einziges Stück, den Typus, begründet und konnten auch von der angeblichen Terra typica nicht wiedergefunden werden. Die beiden folgenden Arten fallen unter diese Gruppe.

Rugoshyria intersecta IREDALE

1934 *Rugoshyria intersecta* IREDALE, Austral. Zool., Sydney, 8:72; Taf. 5, Fig. 8; Taf. 6, Fig. 9. — Terra typica: Mary-Fluß bei Kenilworth, Queensland.

Bemerkungen: Die Entdecker dieser Form, HEDLEY & MUSSON (1891), hielten sie für eine Form von *Hyridella depressa* (LAMARCK), während IREDALE sie als artlich verschieden betrachtete und ihr den oben angeführten Namen verlieh. Die letzten Bearbeiter der australischen Flußmuscheln, McMICHAEL & HISCOCK (1958), vermochten die Art, deren Typus sie in Händen hatten, nicht zu deuten.

Rugoshyria aquilonalis IREDALE

1934 *Rugoshyria aquilonalis* IREDALE, Austral. Zool., Sydney, 8:72; Taf. 5, Fig. 9; Taf. 6, Fig. 8. — Terra typica: Bloomfield-Fluß, Nord-Queensland.

Bemerkungen: Auch diese Form kann als Glied aus der Verwandtschaft von *Hyridella depressa* gedeutet werden, aber das ist auch alles, was McMICHAEL & HISCOCK über sie aussagen können. Die Terra typica, der Bloomfield-Fluß, ist weit nördlich des Verbreitungsgebietes der *depressa*. Mit einiger Sicherheit steht nur fest, daß *aquilonalis* vielleicht eine neue Art oder eine Rasse von *Hyridella depressa* darstellt, daß aber aus Mangel an Material keine sicheren Schlüsse gezogen werden können.

Genus **Diplodon** SPIX

1827 *Diplodon* SPIX, Test. Fluv. Bras.: 33. — Species typica: *Diplodon ellipticum* SPIX (ursprüngliche Bestimmung, WAGNER 1827).

Diagnosis: Schale rundlich bis verlängert oder rautenförmig mit ziemlich niedrigen Wirbeln, die deutlich radial skulptiert sind. Schloß normal, zwei Haupt- und Seitenzähne links und ein Haupt- und ein Seitenzahn rechts; indessen steht vor dem einzigen linken Hauptzahn ein oft großer Hilfszahn, der eine Verdoppelung des eigentlichen Hauptzahnes vortäuscht und der auch Anlaß zur Prägung des Gattungsnamens gegeben hat. Wirbelhöhlen seicht. Perlmutter bläulich bis weiß.

Bemerkungen: Die Bestimmung des Gattungstypus von *Diplodon* ist eigentümlich und ungewöhnlich, weshalb hier näher auf sie eingegangen werden soll. Es ist bekannt, daß das Werk „Testacea Fluviatilia ex Itinere per Brasiliam" zwei Verfasser hat, J. B. SPIX, der die Tafeln besorgte und die Namen gab, die auf den Tafelerklärungen zu finden sind, und J. A. WAGNER, der den Text schrieb. In unserem Falle sagt nun die Erklärung von Taf. 26, Fig. 1, 2: *Unio ellypticus*, während auf S. 33 des Textes die Art als: *Unio ellipticus* WAGNER aufgeführt ist, mit dem Hinweis: *Diplodon ellipticum* SPIX, Taf. 26, Fig. 1, 2. Hier wird zum ersten Male der Gattungsname *Diplodon* genannt, der SPIX zugeschrieben wird; ob die typische Art nun *ellypticus* oder *ellipticus* zu nennen ist, bleibt ziemlich gleichgültig, ich habe mich für die erstgenannte Schreibweise entschieden, die sich auf der Tafelerklärung findet.

Verbreitung: Süd-Amerika.

Bestimmungsschlüssel zu den Untergattungen

1 Schloßlinie gekrümmt, vor den Wirbeln aufgebogen . . . . ***Rhipidodonta*** S. 527
1′ Schloßlinie nicht oder kaum gekrümmt 2
2 Wirbel wenig hoch, die radiale Skulptur auf die Wirbelspitzen beschränkt. . . . ***Diplodon*** S. 511
2′ Wirbel höher 3
3 Schale rundlich, aufgeblasen, fast gleichseitig . . . . ***Bulloideus*** S. 530
3′ Schale kurz eiförmig bis verlängert rechteckig; Wirbelskulptur aus deutlich getrennten Graten bestehend . . . . ***Schleschiella*** S. 529

Subgenus **Diplodon** s. str.

Diagnosis: Die Wirbelskulptur besteht aus ungebrochenen Graten und bedeckt die gesamten Wirbel; sonst im Rahmen der Gattungsdiagnose.

Verbreitung: Süd-Amerika.

1. **Diplodon (Diplodon) chilensis** (GRAY)

1a. Diplodon (D.) chilensis chilensis (GRAY)

1828 *Unio chilensis* GRAY, Spicil. zool., **7**:Taf. 6, Fig. 12. — Terra typica: Nicht genannt.
1834 *Unio smithii* GRAY in GRIFFITH & PIDGEON, Mollusca & Radiata, in CUVIER, Animal Kingdom (englische Ausgabe), **12**:600; Taf. 20, Fig. 3. — Terra typica: Nicht genannt.
1834 *Unio childreni* GRAY in GRIFFITH & PIDGEON, Mollusca & Radiata, in CUVIER, Animal Kingdom (englische Ausgabe), **12**:600; Taf. 20, Fig. 1. — Terra typica: Süd-Amerika.
1835 *Unio depressa* ORBIGNY, Mag. Zool., Paris, **5** (5, 61):34. — Terra typica: La Laguna, Prov. Valparaiso, Chile.
1835 *Unio obtusa* ORBIGNY, Mag. Zool., Paris, **5** (5, 61):25. — Terra typica: La Laguna, Prov. Valparaiso, Chile.
1839 *Unio atratus* SOWERBY, Conch. Man.: 320; Taf. 8, Fig. 148. — Terra typica: Nicht genannt.
1847 *Unio auratus* PHILIPPI, Abbild. Beschr. Conchyl., **3**:50; Taf. 49, Fig. 1. — Terra typica: Insel Chiloe, Chile.
1847 *Unio araucanus* PHILIPPI, Abbild. Beschr. Conchyl., **3**:50; Taf. 3, Fig. 3. — Terra typica: Die südlicheren Provinzen Chiles.
1848 *Unio casaeblancae* PHILIPPI, Z. Malak., Kassel, **5**:176. — Terra typica: Casablanca zwischen Valparaiso und Santiago de Chile.
1856 *Unio fragilis* SOWERBY, Conch. Icon., **16**:Taf. 30, Fig. 155. — Terra typica: Insel Chiloe, Chile.
1847 *Unio molinae* PHILIPPI, Abbild. Beschr. Conchyl., **3**:50; Taf. 4, Fig. 4. — Terra typica: Die südlicheren Provinzen Chiles.

1856 *Unio limensis* KÜSTER, Conch. Cab., *Unio:* 146; Taf. 42, Fig. 7; Taf. 43, Fig. 1. — Terra typica: Lima, Peru (?).
1856 *Unio chiloensis* KÜSTER, Conch. Cab., *Unio:* 161; Taf. 35, Fig. 6. — Terra typica: Insel Chiloe, Chile.
1856 *Unio gassiesi* KÜSTER, Conch. Cab., *Unio:* 148; Taf. 43, Fig. 4. — Terra typica: Chile.
1856 *Unio modestus* KÜSTER, Conch. Cab., *Unio:* 147; Taf. 43, Fig. 2. — Terra typica: Bei Concepción, Chile.
1865 *Unio aplatus* REEVE, Conch. Icon., **16**, *Unio:* Taf. 28, Fig. 143. — Terra typica: Insel Chiloe, Chile.
1869 *Unio longus* PHILIPPI, Malak. Bl., Kassel, **16**:44. — Terra typica: Fluß Maullin, Prov. Valdivia, Chile.
1869 *Unio colchaguensis* PHILIPPI, Malak. Bl., Kassel, **16**:47. — Terra typica: Bei San Francisco, Prov. Colchagua, Chile.
1869 *Unio foncki* PHILIPPI, Malak. Bl., Kassel, **16**:49. — Terra typica: Bei Puerto Montt, Prov. Llanquihue, Chile.
1869 *Unio valdivianus* PHILIPPI, Malak. Bl., Kassel, **16**:48. — Terra typica: Flüsse der Prov. Valdivia, Chile.
1869 *Unio montanus* PHILIPPI, Malak. Bl., Kassel, **16**:48. — Terra typica: Flüsse der Prov. Valdivia, Chile.
1869 *Unio ianthinus* PHILIPPI, Malak. Bl., Kassel, **16**:46. — Terra typica: Bei Santiago de Chile.
1869 *Unio jacobaeus* PHILIPPI, Malak. Bl., Kassel, **16**:44. — Terra typica: Prov. Santiago, Chile.
1869 *Unio landbecki* PHILIPPI, Malak. Bl., Kassel, **16**:45. — Terra typica: Bei Vichuquea, Prov. Colchagua, Chile.
1869 *Unio diplodon* PHILIPPI, Malak. Bl., Kassel, **16**:46. — Terra typica: Angachilla, Prov. Valdivia, Chile.
1900 *Diplodon cuprinus* SIMPSON, Proc. U.S. nation. Mus., Washington, **22**:883. — Terra typica: Insel Chiloe, Chile.
1900 *Diplodon aureus* SIMPSON, Proc. U.S. nation. Mus., Washington, **22**:883. — Terra typica: Chile.

Diagnosis: Schale sehr formveränderlich, mehr oder weniger verlängert, wenig fest, leicht zusammengepreßt, ungleichseitig. Wirbel weder voll noch hoch, zart mit ausstrahlenden Fältchen skulptiert. Hinterer Oberrand niedrig; Hinterende breit gerundet endend. Konchinschicht grünlich bis dunkel, fast schwarz. Schloß zart, Zähne zusammengepreßt; links ein Hauptzahn und zwei Seitenzähne, rechts zwei Hauptzähne und ein Seitenzahn, doch kann Verkümmerung einzelner Schloßteilchen dieses Bild ändern. Perlmutter bläulich bis purpurn, meist schillernd. — Maße: Länge 66—67 mm, Höhe 33—34 mm, Dicke 19—21 mm.

Bemerkungen: Eine sehr vielgestaltige Art, wie die lange Synonymie-Liste dartut. Die Umwelt übt einen stark gestaltenden Einfluß auf ihre Schale aus: Seeformen sind kurz und haben helle Konchinschicht, Flußformen sind verlängert und meist dunkel gefärbt, und dazwischen gibt es allerlei Übergangsformen.

Verbreitung: Flüsse der südlichen Hälfte von Chile; Insel Chiloe, der Küste vorgelagert.

1b. Diplodon (D.) chilensis patagonicus (ORBIGNY)

1835 *Unio patagonicus* ORBIGNY, Mag. Zool., Paris, **5** (5, 61):37. — Terra typica: Patagonien.

1893 *Unio frenzelii* IHERING, Arch. Naturg., Berlin, **59** (1):111; Taf. 4, Fig. 14. — Terra typica: Patagonien und Chile.
1893 *Unio frenzelii* var. *andina* IHERING, Arch. Naturg., Berlin, **59** (1):113. — Terra typica: Fuß der Kordillere in Patagonien.
1906 *Unio huapensis* BARTSCH, Proc. U.S. nation. Mus., Washington, **30**:394; Taf. 28—29. — Terra typica: Victoria-Insel, See Nahuel Huape, Argentinien.

Diagnosis: Schale verkehrt eiförmig, etwa rautenförmig, ziemlich fest, sehr ungleichseitig, leicht aufgeblasen; Arealkante sehr deutlich. Vorderende leicht abgestutzt oder gerundet, Bauchrand gerade oder ganz leicht eingebogen, Hinterende gerundet zugespitzt, mit dem hintersten Punkt tiefer als die Mittellinie. Konchinschicht dunkelbraun bis kohlschwarz, kaum glänzend. Linke Klappe mit einem oder zwei leicht zusammengepreßten, rauhen Haupt- und zwei Seitenzähnen; rechte Klappe mit zwei Hauptzähnen, deren oberer kleiner ist, und einem Seitenzahn; die Seitenzähne sind körnig senkrecht gestreift. Perlmutter schmutzig bläulich weiß, dunkler in den Wirbelhöhlen. — Maße: Länge 88 mm, Höhe 40 mm, Dicke 27 mm.

Bemerkungen: Eine dem chilenischen *chilensis* sehr nahestehende Form, wohl deren atlantische Vikariante; die Unterschiede zwischen ihr und der Nominatform sind schwierig zu formulieren, sie scheinen in der Hauptsache in der etwas kürzeren und rundlicheren Gestalt zu liegen. Alle anderen in der Diagnose genannten Kennzeichen finden sich auch bei *Diplodon chilensis*.

Verbreitung: Patagonien; die Angabe „Chile" scheint mehr als zweifelhaft.

2. Diplodon (Diplodon) rhuacoicus (ORBIGNY)

1835 *Unio rhuacoica* ORBIGNY, Mag. Zool., Paris, **5** (5, 62):36. — Terra typica: Banda Oriental (= Uruguay).
1845 *Unio binneyi* LEA, Proc. amer. philos. Soc., Philadelphia, **4**:165. — Terra typica: Südliche Vereinigte Staaten. (LEA selbst zweifelt diese Angabe an und stellt fest, daß die Art *binneyi* wie südamerikanische Arten aussieht.)
1856 *Unio dunkerianus* LEA, Proc. Acad. nat. Sci. Philadelphia, **8**:94. — Terra typica: Rio Macaron, Rio de Janeiro, Brasilien.
1860 *Unio lepidus* LEA, Proc. Acad. nat. Sci. Philadelphia, **4**:91. — Terra typica: Uruguay-Fluß.
1868 *Unio rhyacoicus* MARTENS, Malak. Bl., Kassel, **15**:195 (nomen substitutum pro *U. rhuacoica* ORBIGNY 1835).
1870 *Unio lepidior* LEA, Synopsis Fam. Naiades, 4. Ausg.: 53 (nomen substitutum pro *U. lepidus* LEA 1860).
1893 *Unio martensi* IHERING, Arch. Naturg., Berlin, **53** (1):100; Taf. 4, Fig. 10. — Terra typica: Südliches Brasilien.
1914 *Diplodon suppositus* SIMPSON, Descr. Cat. Naiades Pearly Freshw. Mussels: 1245. — Terra typica: Südliches Brasilien.
1914 *Diplodon santa-mariae* SIMPSON, Descr. Cat. Naiades Pearly Freshw. Mussels: 1270. — Terra typica: Brasilien, zweifelhaft.
1921 *Diplodon imitator* ORTMANN, Mem. Carnegie Mus., Pittsburgh, **8**:491; Taf. 34, Fig. 5—7; Taf. 35, Fig. 1—2. — Terra typica: Vaccary-mirim-Fluß, Santa Maria, Rio Grande do Sul, Brasilien.
1921 *Diplodon simillimus* ORTMANN, Mem. Carnegie Mus., Pittsburgh, **8**:495; Taf. 35, Fig. 3—6. — Terra typica: Nhundiaquara-Fluß, Morretes, Paranà, Brasilien.
1921 *Diplodon vicarius* ORTMANN, Mem. Carnegie Mus. Pittsburgh, **8**:497; Taf. 35, Fig. 7—8; Taf. 36, Fig. 1—2. — Terra typica: Aqua Quente bei Iporanga, São Paulo, Brasilien.

1921 *Diplodon decipiens* ORTMANN, Mem. Carnegie Mus., Pittsburgh, 8:499; Taf. 36, Fig. 3—6. — Terra typica: Zufluß des Iguassú-Flusses, Serrinha, Paranã, Brasilien.
1922 *Diplodon subcylindricus* MARSHALL, Proc. U.S. nation. Mus., Washington, 61 (16):3; Taf. 2, Fig. 1—2; Taf. 3, Fig. 1, 2, 11. — Terra typica: Arroyo Manga, Montevideo, Uruguay.
1928 *Diplodon pilsbryi* MARSHALL, Proc. U.S. nation. Mus., Washington, 74 (17):2; Taf. 1, Fig. 1, 3; Taf. 3, Fig. 2. — Terra typica: Cañada Grande, Cerro Largo, Uruguay.
1930 *Diplodon yaguaronis* MARSHALL, Proc. U.S. nation. Mus., Washington, 77 (2):5; Taf. 2, Fig. 2—3, 5—6. — Terra typica: Yaguaron-Fluß, Cerro Largo, Uruguay.
— *Unio sebastiani* IHERING, (nomen nudum). — Camaquam-Fluß, Rio Grande do Sul, Brasilien.

Diagnosis: Schale quer eiförmig, elliptisch oder etwa rautenförmig, leicht zusammengepreßt bis ziemlich bauchig, und wenig fest. Arealkante wenig ausgeprägt. Wirbel ziemlich niedrig, ihre Skulptur besteht aus wenigen kurzen und geraden Graten. Konchinschicht olivenfarben, braun bis fast schwarz, meist glänzend, oft mit Bronzeschimmer. Linke Klappe mit zwei zusammengepreßten Haupt- und zwei Seitenzähnen; rechte Klappe mit zwei Hauptzähnen, deren oberer klein ist und einem Seitenzahn; alle Zähne sehr zart. Perlmutter bläulich weiß. — Maße: Länge 55—63 mm, Höhe 29—33 mm, Dicke 17—19 mm.

Bemerkungen: Die in obiger Synonymenliste aufgezeichneten Arten besitzen trotz verschiedenartigster Gestaltsausbildung im ausgewachsenen Zustande alle die gleiche Jugendform. *Unio dunkerianus* LEA gleicht dieser auch noch, wenn völlig ausgewachsen, und darf deshalb wohl als Optimalform gelten; er stammt wohl aus einem ruhig fließenden, sandig-schlammigen Fluß. In noch ruhigerem, aber noch fließendem Wasser, dessen Boden aus feinem Sand mit einer leichten Schlammdecke bestehen wird, bilden sich — besonders im Süden des Verbreitungsgebietes, in Uruguay — stark bauchige Formen aus, denen MARSHALL den Namen *subcylindricus* gegeben hat. Ganz entsprechende Umrißformen bei geringerer Bauchigkeit zeigen die Formen des *rhuacoicus* aus Taquara do Mundo, Rio Grande do Sul, als deren Fundorte wir ruhig fließendes, schlammiges Gewässer annehmen dürfen; wogegen Stücke der Art aus Ost-Peru (São Paulo) gebirgsbachbewohnend sein müssen; dafür spricht ihre geringe Bauchigkeit, die Farbe der Konchinschicht und die Art der Wirbelannagung. Aus reißenden, grob steinigen Gewässern werden die Stücke aus dem oberen Río Paraguay anzusprechen sein, bei denen bei fortschreitendem Wachstum die normale, lang elliptische Jugendschale sich in eine vorn verkürzte, hinten lange, oben hohe, unten eingebuchtete umwandelt. Zwischen den eben erwähnten Extremen liegen viele Übergangsformen; der eigentlich nur aus dem Schrifttum bekannte *Unio martensi* IHERING und der nie beschriebene, aber im Schrifttum erwähnte *Unio sebastiani* IHERING fallen in diese Kategorie, auch der stets zweifelhaft gewesene *Unio binneyi* LEA dürfte hier unterzubringen sein. ORTMANN hat 1921 die folgenden vier „Arten" beschrieben: *Diplodon imitator*, *D. decipiens*, *D. simillimus* und *D. vicarius*; er hielt sie für gute, unterscheidbare Arten und begründete seine Ansicht durch die folgenden Merkmale, nämlich geringe Maßverschiedenheiten der Schale und Unterschiede im Grade der Kiemenfüllung bei Trächtigkeit. In meiner Meinung gehören die erstgenannten noch in die Variationsbreite der Schale und die letzteren dürften durch die verschiedenen Sammlungszeiten und durch klimatische Bedingungen der einzelnen Fundorte bedingt sein. Die jüngst beschriebenen „Arten", *Diplodon pilsbryi* MARSHALL und *D. yaguaronis* MARSHALL sind ohne Schwierigkeit als ökologische Variationen des *rhuacoicus* zu deuten.

Verbreitung: Süd-Brasilien, Uruguay.

3. Diplodon (Diplodon) obsolescens F. BAKER

1914 *Diplodon obsolescens* F. BAKER, Proc. Acad. nat. Sci. Philadelphia, **65** (1913):666; Taf. 32, Fig. 16—17. — Terra typica: Rio Jomoauchim, Zufluß des unteren Amazonen-Flusses, Brasilien.

Diagnosis: Schale ziemlich dünn, länglich unregelmäßig rautenförmig, sehr ungleichseitig. Wirbel niedrig, Skulptur unbekannt, ihre Ausstrahlungen bedecken die Schalenfläche zu zwei Fünftel. Konchinschicht schwarz. Vorderrand gleichmäßig gerundet, Bauchrand fast geradlinig; Hinterrand abgestutzt; Rückenrand leicht gekrümmt. Schloßlinie unter den Wirbeln gekrümmt. Zähne sehr schwach, fast zurückgebildet. Wirbelhöhlen sehr seicht; Perlmutter stumpf bläulich weiß. — Maße: Länge 57 mm, Höhe 25,5 mm, Dicke 16,5 mm.

Bemerkungen: Die auf tot gesammeltes Material begründete Beschreibung und die nicht sehr gute Abbildung dieser Art gestatten kein abschließendes Urteil über sie. Sie scheint aber zur Gruppe des *Diplodon rhuacoicus* zu gehören und stellt vielleicht dessen Vertreter im Amazonasgebiete dar.

Verbreitung: Nur von der Terra typica bekannt.

4. Diplodon (Diplodon) charruanus (ORBIGNY)

1835 *Unio charruana* ORBIGNY, Mag. Zool., Paris, **5** (5, 62):35. — Terra typica: Banda Oriental (= Uruguay).

1835 *Unio faba* ORBIGNY, Mag. Zool., Paris, **5** (5, 62):35. — Terra typica: Banda Oriental (= Uruguay).

1860 *Unio piceus* LEA, Proc. Acad. nat. Sci. Philadelphia, **4**:91. — Terra typica: Uruguay-Fluß.

1860 *Unio aethiops* LEA, Proc. Acad. nat. Sci. Philadelphia, **4**:91. — Terra typica: Uruguay-Fluß.

1866 *Unio parcus* LEA, Proc. Acad. nat. Sci. Philadelphia, **10**:34. — Terra typica: Süd-Amerika.

1866 *Unio firmus* LEA, Proc. Acad. nat. Sci. Philadelphia, **10**:33. — Terra typica: Brasilien.

1888 *Unio koseritzi* CLESSIN, Malak. Bl., Kassel, **10**:172. — Terra typica: Guahyba-Fluß, Brasilien.

1914 *Diplodon trivialis* SIMPSON, Descr. Cat. Naiades Pearly Freshw. Mussels: 1250. — Taboticabal, São Paulo, Brasilien.

1914 *Diplodon perplexus* SIMPSON, Descr. Cat. Naiades Pearly Freshw. Mussels: 1248. — Terra typica: Portero-See bei Maldonado, Uruguay.

1915 *Diplodon hidalgoi* HAAS, Trab. Mus. nacion. Cienc. nat., Madrid, (Zool.) 25:18; Taf. 1, Fig. 1. — Terra typica: Río Miguelete, Uruguay.

1917 *Diplodon fortis* MARSHALL, Proc. U.S. nation. Mus., Washington, **53**:382; Taf. 52, Fig. 1—4. — Terra typica: Río Negro bei Tacuearembo, Uruguay.

1921 *Diplodon hildae* ORTMANN, Mem. Carnegie Mus., Pittsburgh, **8**:514; Taf. 36, Fig. 7; Taf. 37, Fig. 1—3. — Terra typica: Cachoeira, Rio Jacuhy, Rio Grande do Sul, Brasilien.

1921 *Diplodon berthae* Ortmann, Mem. Carnegie Mus., Pittsburgh, 8:528; Taf. 38, Fig 1—4. — Terra typica: Cachoeira, Rio Jacuhy, Rio Grande do Sul, Brasilien.

1922 *Diplodon trivialoides* Marshall, Proc. U.S. nation. Mus., Washington, 61 (16):5; Taf. 1, Fig. 12, 14; Taf. 2, Fig. 3; Taf. 3, Fig. 12. — Terra typica: Arroyo Bellaco, Paysandú, Uruguay.

— *Unio aethiopiformis* Ihering, nomen nudum. — Taquara do Mundo Novo, Rio Grande do Sul, Brasilien.

Diagnosis: Schale im allgemeinen rautenförmig, leicht aufgeblasen, ungleichseitig, fest. Wirbel ziemlich voll und hoch, stark radial skulptiert. Arealkante deutlich, hinten unten in einem gerundeten Punkte endend. Linke Klappe mit einem großen, stark zersplitterten Hauptzahne und einem zur Verdoppelung neigenden Seitenzahne; rechte Klappe mit einem ebenso aufgesplitterten Hauptzahne und zwei Seitenzähnen. Perlmutter weißlich, unter den Wirbeln gefleckt. — Maße: Länge 53—63 mm, Höhe 27—53 mm, Dicke 18—24 mm.

Bemerkungen: Der Typus dieser Art stellt eine Reaktionsform auf Bedingungen in mittelgroßen, ruhig fließenden Gewässern mit Sandgrund dar. *Diplodon trivialis* Simpson und *Diplodon trivialoides* Marshall stimmen fast vollständig mit dem Typus überein und stammen bestimmt von entsprechenden Biotopen, die sich höchstens etwas mehr dem Stromtypus nähern. Aus stromartiger Umgebung müssen *D. perplexus* Simpson, *D. fortis* Marshall und *D. hidalgoi* Haas stammen, bei denen (in der gebrachten Reihenfolge) mit zunehmender Strömung und Vergröberung des Untergrundes zu rechnen ist, was sich in der steigenden Verdickung der Schalen und des Schlosses ausdrückt; auch *Unio firmus* Lea gehört hierher. *Unio piceus* Lea bildet in gewissem Sinne den Übergang zu den *charruanus*-Formen von schlammigem Untergrunde, wie wir sie in *Unio aethiops* Lea vertreten sahen. Die Zugehörigkeit des unabgebildet gebliebenen *Unio koseritzi* Clessin zu dieser Art konnte an Hand des Typus dargetan werden. *Unio aethiops* Lea und der nur als Nomen nudum bekannte *Unio aethiopiformis* Ihering stellen ansteigende Wachstumszustände der gleichen Variation dar, deren jüngstes Stadium dem *Unio parcus* Lea entspricht. In *Diplodon berthae* Ortmann und *Diplodon hildae* Ortmann, beide aus dem Rio Jacuhy, Rio Grande do Sul, kann ich nur unter sich gleiche, etwa *aethiops* entsprechende Formen des *charruanus* erblicken. Hervorzuheben ist, daß Jugendformen aller der in der Synonymie genannten Formen alle typische *charruanus*-Gestalt besitzen.

Ihering hat eine Varietät *lujanensis* von *Diplodon charruanus* aus der obersten Pampasstufe von Lujan bei Buenos-Aires beschrieben, die sich als vom Typus der Art nicht unterscheidbar erwiesen hat. Alle *charruanus*-Formen aus Argentinien und Uruguay stammen aus Gewässern mit Sandboden, während die aus Paraguay und Brasilien auf Schlammboden lebten.

Verbreitung: Südliches Brasilien und Uruguay, Paraguay, Argentinien.

5. Diplodon (Diplodon) solidulus (Philippi)

1869 *Unio solidulus* Philippi, Malak. Bl., Kassel, 16:45. — Terra typica: Bei Santiago de Chile.

Diagnosis: Schale etwa elliptisch, Rückenrand stärker gekrümmt als der Bauchrand, leicht aufgeblasen, ziemlich fest, ungleichseitig. Wirbel mäßig hoch und voll, mit radialer Skulptur. Arealkante nicht sehr ausgeprägt.

Konchinschicht bräunlich grün. Hauptzähne fest, leicht zusammengepreßt, Seitenzähne gekrümmt. Perlmutter bläulich weiß mit leicht purpurnem Schiller. — Maße: Länge 54 mm, Höhe 33 mm, Dicke 20 mm.

Bemerkungen: Das nur ungenügend vorhandene Material dieser Art erlaubt kein abschließendes Urteil über sie. Sie könnte eine extrem verstärkte Form des *Diplodon chilensis* (GRAY) sein, was ganz gut zur Verbreitung dieser Art paßte, doch stimmt sie gut zu gewissen Variationen von *D. charruanus*, etwa zu *fortis* MARSHALL, so daß es ratsam zu sein scheint, sie hierher zu stellen.

Verbreitung: Nur von der Terra typica bekannt.

6. Diplodon (Diplodon) besckeanus (DUNKER)

6a. Diplodon (D.) besckeanus besckeanus (DUNKER)

1848 *Unio besckeanus* DUNKER, Z. Malak., Kassel, 5:182. — Terra typica: Minas Geraes, Brasilien.

1910 *Diplodon garbei* IHERING, Abh. senckenb. naturf. Ges., Frankfurt a. M., 32:133; Taf. 12, Fig. 7, a—b. — Terra typica: In der Nähe des Rio Doce am Rio Sao José und an der Lagoa Juparana.

1910 *Diplodon panco* IHERING, Abh. senckenb. naturf. Ges., Frankfurt a. M., 32:132; Taf. 12, Fig. 6, a—b. — Terra typica: Rio Panco, Nebenfluß des Rio Doce, Espirito Santo, Brasilien.

1910 *Diplodon ellipticus santanus* IHERING, Abh. senckenb. naturf. Ges., Frankfurt a. M., 32:134. — Terra typica: Rio Santa Maria, Nebenfluß des Rio Doce, Espirito Santo, Brasilien.

Diagnosis: Schale rautenförmig, leicht aufgeblasen, wenig fest, ungleichseitig. Wirbel ziemlich niedrig, aber etwas aufgeblasen, mit radialer Skulptur. Hinterer Oberrand hoch, Hinterrand unten in gerundeter Spitze endend. Arealkante deutlich, entlang, auf der Area, verläuft eine breite, seichte Vertiefung, die in einer Einbuchtung des Unterrandes endigt. Vorderende schmal und gerundet; Bauchrand fast geradlinig. Konchinschicht dunkel olivengrün. Linke Klappe mit einem schneidenförmigen Hauptzahn und darunter mit der Andeutung eines zweiten, und mit zwei zurückliegenden, dünnen Seitenzähnen; rechte Klappe mit zwei langen Hauptzähnen, deren oberer klein ist, und einem Seitenzahn. Perlmutter bläulich weiß, etwas schillernd. — Maße: Länge 38—44 mm, Höhe 24—26 mm, Dicke 15—16 mm.

Bemerkungen: Die drei in der Synonymie genannten von IHERING beschriebenen Formen stellen lediglich verschiedene ökologische Formen von *D. besckeanus* dar. *D. ellipticus* var. *santanus* IHERING stimmt fast genau mit dem DUNKER'schen Typ überein; von einer Verwandtschaft mit *D. ellypticus* kann gar keine Rede sein. *Diplodon panco* sehe ich als die Reaktionsform aus Stillwasser an, während *D. garbei* eine Seeform darzustellen scheint; während seine Altersform infolge limnischer Anpassung fast ganz das artbezeichnende Aussehen verloren hat, ist seine Jugendform noch typisch *besckeanus*-artig.

Verbreitung: Südöstliche Staaten von Brasilien.

6b. Diplodon (D.) besckeanus nordestinus HAAS

1938 *Diplodon (Diplodon) besckeanus nordestinus* HAAS, Arch. Moll. Kde., Frankrfut a. M., 70:46; Abb. 1—3. — Terra typica: Rio Tocantins, Nebenfluß des Amazonen-Flusses bei Cameta, Staat Pará, Brasilien.

Diagnosis: Schale dünn, breit eiförmig, etwas linsenartig, mit wenig vorragenden Wirbeln, sehr ungleichseitig. Vorn niedrig, hinten hoch mit kurz ausgezogenem Hinterende. Wirbel mit deutlicher, ziemlich weit auf die Scheibe hinabsteigender Radialskulptur. Haupt- und Seitenzähne in deutlichem Winkel zueinander stehend. — Maße: Länge 35 mm, größte Höhe 24 mm, Wirbelhöhe 20 mm, Dicke 11 mm.

Bemerkungen: Geographische Unterart des *Diplodon beschkeanus* (Dunker). Die Nominatform ist auf die Küstenflüsse der Staaten São Paulo bis Bahia beschränkt, die Unterart *nordestinus* ersetzt sie im Norden (Rio Tocantins, Rio São Francisco). Diese Unterart ist von der Nominatform hauptsächlich durch größere Höhe und durch deutlichere, weiter nach unten reichende Wirbelskulptur verschieden.

Verbreitung: Nebenflüsse des Amazonen-Stromes im Staate Pará, Nordost-Brasilien.

7. Diplodon (Diplodon) suavidicus (Lea)

1856 *Unio suavidicus* Lea, Proc. Acad. nat. Sci. Philadelphia, 8:95. — Terra typica: Amazonas-Fluß.

1859 *Unio demararensis* Lea, Proc. Acad. nat. Sci. Philadelphia, **11**:152. — Terra typica: Britisch-Guayana.

1910 *Diplodon hartwrighti* Ihering, Abh. senckenb. naturf. Ges., Frankfurt a. M., **32**:135; Taf. 12, Fig. 8, a, b. — Terra typica: Lagoa Alagadinha, Goyaz, Brasilien.

1913 *Diplodon kelseyi* F. Baker, Proc. Acad. nat. Sci. Philadelphia, **65**:65; Taf. 27, Fig. 5—7. — Terra typica: Río Jamauchim, südlicher Nebenfluß des unteren Amazonas.

1929 *Diplodon guayanensis* Haas, Senckenbergiana, Frankfurt a. M., **11**:12; Abb. 6—7. — Terra typica: Nordwesten von Britisch-Guayana.

Diagnosis: Schale elliptisch, mit fast gleichlaufenden Ober- und Unterrändern, vorn etwas vorgezogen und zugespitzt, hinten breit, schief abgestutzt. Wirbel bei etwa 30% der Gesamtlänge, breit und niedrig, mit spitzwinkliger, zickzackförmiger Skulptur, die gelegentlich bis weit über die Schalenmitte reicht. Area niedrig, wenig deutlich abgesetzt. Schloß gattungstypisch; Hauptzähne verhältnismäßig lang, gerade, Seitenzähne weit zurückliegend. Wirbelhöhlen seicht. Perlmutter weißlich blau. Rückenumriß schmal lanzettförmig, beiderseits etwa gleichmäßig zugespitzt. — Maße: Länge 38—59,5 mm, Höhe 23—37,5 mm, Dicke 13—28 mm.

Bemerkungen: In *Unio suavidicus* Lea erblicke ich ein junges Stück dessen, was Ihering als *Diplodon hartwrighti* beschrieben hat. *Diplodon kelseyi* F. Baker dürfte als ein ganz ausgewachsenes Stück der Art gelten. Die im allgemeinen kaum über die Wirbel hinausreichende Wirbelskulptur dehnt sich bei *Diplodon guayanensis* bis über die Schalenmitte hinaus aus, weswegen ich nicht ganz sicher bin, daß genannte Form hierher gehört und nicht ein Glied der Gruppe des *Diplodon granosus* ist.

Verbreitung: Südliche Nebenflüsse des unteren Amazonas; Guayana.

8. Diplodon (Diplodon) flucki Morrison

1943 *Diplodon flucki* Morrison, Nautilus, Philadelphia u. Boston, **57**:14; Taf. 5, Fig. 5—9. — Terra typica: Orinoko oberhalb Munduapo, Venezuela.

Diagnosis: Schale von mittlerer Größe, wenig fest, verlängert rautenförmig bis lang elliptisch, aufgeblasen. Wirbel wenig aufgeblasen, radial mit sehr zarten Fältchen skulptiert, die sich nicht bis in die Mitte der Schalenfläche erstrecken. Vorderende regelmäßig gekrümmt; Rückenrand leicht gebogen; Bauchrand ebenfalls leicht gekrümmt; Hinterende schief abgestutzt. Arealkante gerundet, wenig deutlich, unten an der winkligen Abstutzung des Hinterrandes endend. Konchinschicht olivenfarben. Hauptzähne schneidenförmig, zusammengepreßt, zwei jederseits, der obere rechts klein, dünn und niedrig, der hintere hoch, dreieckig; Seitenzähne hoch. Perlmutter weiß, sehr schillernd. — Maße: Länge 52,3 mm, Höhe 28,3 mm, Dicke 22,6 mm.

Bemerkungen: Diese mir unbekannte Art wird von ihrem Beschreiber in die Nähe des *Diplodon (Diplodon) suavidicus* (Lea) gestellt, der aus dem Amazonas-Gebiete stammt; die beiden könnten unter Umtänden vikariierende Formen darstellen.

Verbreitung: Bis jetzt nur vom ursprünglichen Fundort bekannt.

9. **Diplodon (Diplodon) hylaeus** (Orbigny)

1835 *Unio hylaea* Orbigny, Mag. Zool., Paris, 5 (5, 62):36. — Terra typica: Provinz Chiquitos, Bolivien.

Diagnosis: Schale etwa rautenförmig, fest, aufgeblasen, ungleichseitig. Rückenrand fast gerade; hinterer Oberrand schief abgestutzt; Arealkante gegen unten verdoppelt, unten am Bauchrande in einem deutlichen Winkel endend. Schale hinten unten leicht geschwollen. Schalenfläche etwa zur oberen Hälfte mit starken, von den Wirbeln ausstrahlenden Graten bedeckt, deren mittlere Paare sich manchmal verbinden. Konchinschicht grünlich braun. Schloß anscheinend fest. Perlmutter bläulich weiß. — Maße: Länge 44 mm, Höhe 24 mm, Dicke 17 mm.

Bemerkungen: Es sieht aus, als ob diese Art seit D'Orbigny nicht wiedergefunden ist, unsre Diagnose mußte sich also an die von diesem Forscher gebrachte anschließen. Simpson hat *Unio guaraniana* als Synonym des *hylaeus* betrachtet, worin ich ihm nicht folgen kann, wenn ich auch die nahe Verwandtschaft beider Arten anerkenne.

Verbreitung: Anscheinend nur von den ursprünglichen Fundorten bekannt.

10. **Diplodon (Diplodon) guaranianus** (Orbigny)

10a. Diplodon (D.) guaranianus guaranianus (Orbigny)

1835 *Unio guaraniana* Orbigny, Mag. Zool., Paris, 5 (5, 62):37. — Terra typica: Paranà-Fluß, Prov. Corrientes, Argentinien.

Diagnosis: Schale eiförmig, sehr zusammengepreßt, dick, ungleichseitig, vorn kurz, verschmälert und gerundet; hinten lang, fast senkrecht abgestutzt. Wirbel radial skulptiert, die Skulptur greift auf die halbe Schalenfläche über. — Maße: Länge 22—52 mm, Höhe 14—28,5 mm, Dicke 8—23 mm.

Bemerkungen: D'Orbigny kannte nur ganz junge Stücke seiner Art. Inzwischen sind größere zur Untersuchung gekommen, die sich nicht mit dem vorhergegangenen *D. hylaeus* vereinigen lassen, so daß Simpson's Ansicht, *guaranianus* sei nur ein junger *hylaeus*, unhaltbar geworden ist.

Verbreitung: Río Paraguay und Río Paraná.

10b. Diplodon (D.) guaranianus fluctiger (Lea)

1859 *Unio fluctiger* Lea, Proc. Acad. nat. Sci. Philadelphia, 3:152. — Terra typica: Unbekannt.

Diagnosis: Der typischen Form sehr ähnlich, besonders aber durch die die gesamte Schalenfläche bedeckende Skulptur, die in der Schalenmitte V-förmig ist, von ihr verschieden. — Maße: Länge 48 mm, Höhe 21 mm, Dicke 14 mm.

Bemerkungen: Es scheint jetzt sicher zu sein, daß diese Form aus dem oben genannten Gebiete stammt, nachdem sie nach Simpson früher als Art der ostasiatischen Gattung *Nodularia* behandelt worden war.

Verbreitung: Britisch-Guayana.

10c. Diplodon (D.) guaranianus pazi (Hidalgo)

1868 *Castalia pazi* Hidalgo, J. de Conch., Paris, 16:353; Taf. 13, Fig. 6. — Terra typica: Río Imbabura, Nebenfluß des Amazonas in Ekuador.

Diagnosis: Unterscheidet sich von der Nominatform hauptsächlich durch die Schalenskulptur, die aus der nach unten verlängerten Wirbelskulptur besteht und die dort in zickzackförmige Leisten aufbricht und ausgesprochen knotig wird. — Maße: Länge 37 mm, Höhe 23 mm.

Bemerkungen: Die weit über die Schalenfläche reichende, verlängerte Wirbelskulptur hat Hidalgo veranlaßt, seine neue Art als zu *Castalia* gehörig zu betrachten.

Verbreitung: Nur von der Terra typica bekannt.

10d. Diplodon (D.) guaranianus hasemani Ortmann

1921 *Diplodon hasemani* Ortmann, Mem. Carnegie Mus., Pittsburgh, 8:478; Taf. 34, Fig. 1—4. — Terra typica: Rio Guaporé bei Rio São Simão, Staat Matto Grosso, Amazonas-Gebiet, Brasilien.

Diagnosis: Den beiden Vorangehenden recht nahestehend, aber wohl durch die nicht so weit nach unten auf die Schalenfläche übergreifende Skulptur verschieden, die aus sehr starken, hohen und geraden Graten besteht. — Maße: Länge 18—27,5 mm, Höhe 13—20 mm, Dicke 7,5—15 mm.

Bemerkungen: Diese Form ist nur aus Ortmann's ursprünglicher Beschreibung bekannt, und es ist sicher, daß sie *D. guaranianus guaranianus* (Orbigny) äußerst nahesteht; aus Mangel an Kenntnis wage ich nicht, sie mit ihm zu vereinigen, sondern führe sie als Unterart.

Verbreitung: Nur von der Terra typica bekannt.

11. Diplodon (Diplodon) wheatleyanus (Lea)

1856 *Unio wheatleyanus* Lea, Proc. Acad. nat. Sci. Philadelphia, 8:94. — Terra typica: Río de la Plata und Río Negro, Argentinien und Uruguay.

1856 *Unio rhuaconicus* Küster, Conch. Cab., *Unio:* 145, Taf. 42, Fig. 5. — Terra typica: Neu-Freiburg, Staat Rio de Janeiro, Brasilien.

1866 *Unio peculiaris* Lea, Proc. Acad. nat. Sci. Philadelphia, 10:33. — Terra typica: Süd-Amerika.

Diagnosis: Schale etwas rautenförmig, leicht aufgeblasen, fest, ungleichseitig; Wirbel weder voll noch hoch, mit starken, radialen Rippchen skulptiert.

Hinterende wohl entwickelt, schwach winklig, tief unten mit gerundeter Spitze endend. Schalenfläche mit Andeutungen von radialer Skulptur, Area schwach gefaltet. Konchinschicht bräunlich grün, wenig glänzend. Linke Klappe mit zwei leicht zusammengepreßten, gerauhten Hauptzähnen und zwei Seitenzähnen; rechte Klappe mit zwei Hauptzähnen, deren oberer kleiner ist, und einem zur Verdoppelung neigenden Seitenzahne. Perlmutter weiß. — Maße: Länge 70 mm, Höhe 47 mm, Dicke 30 mm.

Bemerkungen: Die Zugehörigkeit des *Unio rhuaconicus* Küster zu dieser Art kann angezweifelt werden; es liegt nicht genügend Untersuchungs-Material vor, um die Frage zu entscheiden.

Verbreitung: Río Paraná und Río Negro in Uruguay und Río de la Plata.

12. Diplodon (Diplodon) iheringi Simpson

1900 *Diplodon iheringi* Simpson, Proc. U.S. nation. Mus., Washington, **22**:894. — Terra typica: Guahyba-Fluß, Brasilien.

1950 *Schleschiella iheringi schadei* Modell, Arch. Molluskenk., Frankfurt a. M., **79**:141. — Terra typica: Río Paraguay bei Asunción, Paraguay.

Diagnosis: Schale klein, fast gleichmäßig elliptisch, ungleichseitig, wenig fest, aufgeblasen. Area hoch, Hinterrand in der Mittellinie etwas zugespitzt endend. Wirbel mäßig voll, nicht sehr hoch; sie sind mit zahlreichen im großen ganzen radial angeordneten Graten skulptiert, die nach unten und hinten weisen. Vorderende leicht abgestutzt. Konchinschicht bräunlich oder bräunlich grün, mit Binden verschiedener Farbe, kaum glänzend. Linke Klappe mit zwei zusammengepreßten Hauptzähnen, deren hinterer schwächer ist, und zwei zarten, gebogenen Seitenzähnen; rechte Klappe mit einem voll ausgebildeten und einem angedeuteten Hauptzahn und einem Seitenzahn. Perlmutter bläulich, in den Wirbelhöhlen gelblich. — Maße: Länge 28 mm, Höhe 20 mm, Dicke 13 mm.

Bemerkungen: Diese Art ist nie abgebildet worden, und aus der wörtlich hier wiederholten Beschreibung ist auch nicht allzuviel zu entnehmen. Auffallend ist die geringe Größe der Art, so viel kleiner als alle anderen *Diplodon*-Arten; es wäre deshalb möglich, daß es sich hier um eine Jugendform handelt.

Verbreitung: Nur vom ursprünglichen Fundort bekannt.

13. Diplodon (Diplodon) asuncionis Marshall

1926 *Diplodon asuncionis* Marshall, Proc. U.S. nation. Mus., Washington, **69** (12):8; Taf. 2, Fig. 2; Taf. 3, Fig. 5. — Terra typica: Río Paraguay bei Asunción, Paraguay.

Diagnosis: Schale verlängert eiförmig, fest, etwas aufgeblasen. Wirbel weit vorne gelegen, hoch, mit 12 festen radialen Rippen skulptiert, die bis zur Mitte der Schalenfläche reichen. Rücken- und Bauchränder fast gleichlaufend, leicht geschwungen. Area etwas ausgehöhlt, Arealkante nach unten zu undeutlicher werdend. Areola und Area mit drei bis fünf kurzen Rippchen. Konchinschicht kastanienbraun, glanzlos. Rechte Klappe mit zwei Hauptzähnen. linke Klappe mit einem in drei Teile gesplitterten Hauptzahne; alle Hauptzähne sind senkrecht krenuliert; Seitenzähne lang, leicht gebogen, etwas senkrecht gestrichelt, rechts einer, links zwei. Perlmutter weißlich, hinten leicht schillernd. — Maße: Länge 40 mm, Höhe 25 mm, Dicke 18,5 mm.

Bemerkungen: Diese erst verhältnismäßig jüngst beschriebene Art ging früher wohl als eine Form des *Diplodon hylaeus* (ORBIGNY). Meiner Meinung nach aber gehört *asuncionis* gar nicht in dessen Verwandtschaft, sondern in die von *Diplodon burroughianus* (LEA).

Verbreitung: Río Paraná; Río Paraguay; Arroyo de las Vaccas, La Plata-Zufluß, Dept. Colonia, Uruguay.

14. Diplodon (Diplodon) parallelopipedon (LEA)

14a. Diplodon (D.) parallelopipedon parallelopipedon (LEA)

1834 *Unio parallelopipedon* LEA, Trans. amer. philos. Soc., Philadelphia, **5**:60; Taf. 8, Fig. 20. — Terra typica: Río Paraná, Corrientes, Argentinien.

Diagnosis: Schale stark verlängert, unregelmäßig rautenförmig, ziemlich fest, aufgeblasen, sehr ungleichseitig. Wirbel voll und etwas erhoben, mit einer Skulptur aus einigen wenigen starken, kurzen, radialen Falten. Hinterrand hinten unten endend. Konchinschicht hell, dunkel flaschengrün mit Bändern von hellerer Farbe. Linke Klappe mit zwei Hauptzähnen, der vordere hoch, rauh und leicht zusammengepreßt, der hintere niedrig, und mit zwei geraden, körnigen Seitenzähnen; rechte Klappe mit zwei zusammengepreßten Hauptzähnen, deren oberer klein ist, und einem zur Verdoppelung neigenden Seitenzahn; an allen Zähnen kann man leichte senkrechte Riefelung beobachten. Perlmutter silberweiß. — Maße: Länge 85 mm, Höhe 32 mm, Dicke 27 mm.

Bemerkungen: Der fossile *Diplodon fraus* IHERING aus den Entreríos-Schichten des argentinischen Staates Paraná scheint mit *D. parallelopipedon* identisch zu sein oder ihm doch sehr nahe zu stehen.

Verbreitung: Río Paraná und Río de la Plata.

14b. Diplodon (D.) parallelopipedon acutirostris (LEA)

1866 *Unio acutirostris* LEA, Proc. Acad. nat. Sci. Philadelphia, **10**:34. — Terra typica: Süd-Amerika.

Diagnosis: Von der Nominatform lediglich durch den längeren und spitzeren Schnabel des Hinterendes verschieden. — Maße: Länge 80 mm, Höhe 40 mm, Dicke 24 mm.

Bemerkungen: Diese von mir als Unterart behandelte Form scheint eine in der oben beschriebenen Weise vom Typus des *D. parallelopipedon* abweichende Lokalform aus dem genannten Flußgebiete des Río Uruguay darzustellen. Es wäre möglich, daß der im Jahre 1860 von LEA beschriebene *Unio trifidus*, angeblich aus Buenos Aires, Argentinien, stammend, aber stets fraglich geblieben, zu *acutirostris* zu stellen ist; es ist nur ein einziges Stück von ihm vorhanden, der Typus, das anscheinend noch jung ist. Wären beide identisch, so müßte obige Unterart den um sechs Jahre älteren Namen *trifidus* tragen. ORTMANN's Angabe, er habe *D. trifidus* aus dem Rio Guaporé im brasilianischen Staate Matto Grosso erhalten, konnte bisher noch nicht nachgeprüft werden; wenn sie stimmt, dann lebt die in Frage stehende Unterart auch in einem Zuflusse des Amazonas.

Verbreitung: Río Uruguay und Zuflüsse, Uruguay und Brasilien.

15. Diplodon (Diplodon) delodontus (LAMARCK)

15a. Diplodon (D.) delodontus delodontus (LAMARCK)

1810 *Unio delodonta* LAMARCK, Syst. nat. Anim. sans Vert., **6**:77. — Terra typica: Unbekannt.

1834 *Unio lacteolus* LEA, Trans. amer. philos. Soc., Philadelphia, **5**:40; Taf. 8, Fig. 19. — Terra typica: Río de la Plata.

1834 *Unio divaricatus* LEA, Trans. amer. philos. Soc., Philadelphia, **5**:64; Taf. 9, Fig. 24. — Terra typica: Ägypten.

1853 *Unio fokkesi* DUNKER, Z. Malak., Kassel, **9**:54. — Terra typica: Río de la Plata.

1856 *Unio brownii* LEA, Proc. Acad. nat. Sci. Philadelphia, **8**:95. — Terra typica: Mokka, Arabien (?)

1859 *Unio rudus* LEA, Proc. Acad. nat. Sci. Philadelphia, **11**:187. — Terra typica: Río de la Plata.

1866 *Unio paraguayensis* LEA, Proc. Acad. nat. Sci. Philadelphia, **18**:34. — Terra typica: Paraguay.

1866 *Unio ampullaceus* LEA, Proc. Acad. nat. Sci. Philadelphia, **18**:34. — Terra typica: Süd-Amerika.

1923 *Diplodon podagrosus* MARSHALL, Proc. U.S. nation. Mus., Washington, **63** (16):3; Taf. 1, Fig. 1, 2, 5; Taf. 2, Fig. 1—2. — Terra typica: Colon, Prov. Entreríos, Argentinien.

Diagnosis: Schale fest, beinahe elliptisch oder rautenförmig, kaum aufgeblasen, ungleichseitig. Wirbel mäßig voll, kaum über den Rückenrand vorragend mit festen, radialen Graten skulptiert. Hinterrand gerundet, unter der Mittellinie endend. Konchinschicht gelblich oder grünlich braun, manchmal sogar dunkler, gar nicht oder wenig glänzend. Linke Klappe mit zwei etwas zusammengedrückten aber festen Hauptzähnen, die sehr rauh oder aufgesplittert sind, und zwei gekrümmten Seitenzähnen, deren unterer stärker ist; rechte Klappe mit zwei Hauptzähnen, von denen der obere zusammengepreßt und der untere aufgesplittert ist, und einem Seitenzahn. Wirbelhöhlen seicht. Perlmutter weiß oder, seltener, stumpf purpurn. — Maße: Länge 72—83 mm, Höhe 42—56 mm, Dicke 26—35 mm.

Bemerkungen: Die verschiedenen ökologischen Prägungen, die diese Art unter verschiedenen Standortsbedingungen annehmen kann, sind für die verhältnismäßig große Synonymie verantwortlich. *Unio fokkesi* DUNKER, nur aus einer wörtlichen Beschreibung bekannt und daher stets zweifelhaft geblieben, erwies sich nach Untersuchung des Typus als ein *delodontus*. Die von LEA aufgestellten, von mir als Synonyme von *delodontus* betrachteten Namen sind entweder schlechte, tot gesammelte Stücke *(paraguayensis)* oder vielleicht abnorme Formen *(ampullaceus)*; alle die anderen, selbst der angeblich aus Mokka stammende *brownii*, sind unverkennbare Stromformen des *delodontus*, und *D. podagrosus* MARSHALL ist nichts anderes als eine *delodontus*-Form kleinerer Gewässer.

Verbreitung: Patagonien; La Plata-Zuflüsse unterhalb der Mündung des Paraná-Flusses; dieser selbst; unterer Río Paraguay; südliches Brasilien (?).

15b. Diplodon (D.) delodontus wymanii (LEA)

1860 *Unio wymanii* LEA, Proc. Acad. nat. Sci. Philadelphia, **12**:90. — Terra typica: Río Uruguay.

1860 *Unio uruguayensis* LEA, Proc. Acad. nat. Sci. Philadelphia, **12**:90. — Terra typica: Río Uruguay.

1860 *Unio piger* LEA, Proc. Acad. nat. Sci. Philadelphia, **12**:46. — Terra typica: Río Uruguay.
1866 *Unio locellus* LEA, Proc. Acad. nat. Sci. Philadelphia, **18**:34. — Terra typica: Buenos Aires, Argentinien.
1866 *Unio apprimus* LEA, Proc. Acad. nat. Sci. Philadelphia, **18**:34. — Terra typica: Argentinien.

Diagnosis: Der Nominatform äußerst ähnlich, doch durch den Umriß, der bei *wymanii* nicht ganz so rund eiförmig und nach hinten etwas mehr erweitert ist, zu unterscheiden. — Maße: Länge 70—101 mm, Höhe 45—66 mm, Dicke 30—40 mm.

Verbreitung: Unterer La Plata-Strom und Uruguay.

15c. Diplodon (D.) delodontus expansus (KÜSTER)

1856 *Unio expansus* KÜSTER, Conch. Cab., *Unio:* 149; Taf. 43, Fig. 5. — Terra typica: Rio Conigo bei Neu Freiburg (jetzt Novo Friburgo), Rio de Janeiro, Brasilien.
1856 *Unio effulgens* LEA, Proc. Acad. nat. Sci. Philadelphia, **8**:94. — Terra typica: Brasilien.
1861 *Unio eurhynchus* KÜSTER, Conch. Cab., *Unio:* 237; Taf. 79, Fig. 5. — Terra typica: Brasilien.
1893 *Unio caipira* IHERING, Arch. Naturgesch., Berlin, **59** (1):98; Taf. 4, Fig. 9. — Terra typica: Piracicaba, São Paulo, Brasilien.
1893 *Unio greeffeanus* IHERING, Arch. Naturgesch., Berlin, **59** (1):96; Taf. 4, Fig. 8. — Terra typica: Piracicaba, São Paulo, Brasilien.
1893 *Unio aethiops* var. *piracicabana* IHERING, Arch. Naturgesch., Berlin, **59** (1):102. — Terra typica: Piracicaba, São Paulo, Brasilien.
1893 *Unio paulista* IHERING, Arch. Naturgesch., Berlin, **59** (1):93; Taf. 4, Fig. 7. — Terra typica: Piracicaba, São Paulo, Brasilien.
— *Unio sancti-pauli* IHERING, in litteris (nomen nudum).
— *Unio bischoffi* IHERING in litteris (nomen nudum). — Rio Sta. Maria bei Mundo Novo, Rio Grande do Sul, Brasilien.
— *Unio guahybae* IHERING in litteris (nomen nudum). — Rio Guahyba, Rio Grande do Sul, Brasilien.
1900 *Diplodon leai* SIMPSON, Proc. U.S. nation. Mus., Washington, **22**:876. — Terra typica: Brasilien.
1921 *Diplodon mogymirim* ORTMANN, Mem. Carnegie Mus., Pittsburgh, **8**:520; Taf. 37, Fig. 4—7. — Terra typica: Nahe Mogy Mirim, São Paulo, Brasilien.

Diagnosis: Im allgemeinen der Nominatform sehr ähnlich, aber stets durch die Wirbelskulptur zu unterscheiden, die aus radialen, glatten, nicht knötchentragenden Leisten besteht, von denen sich die innersten treffen und das Bild von drei ineinandersteckenden V's bieten. — Maße: Länge 101 mm, Höhe 66 mm, Dicke 40 mm.

Bemerkungen: Eine sehr stark je nach den Umweltbedingungen veränderliche Form, aber stets durch die ihr eigentümliche Wirbelskulptur zu erkennen. Ihre Verbreitung in zwei Flußgebieten scheint auf eine in geologisch junger Zeit erfolgte Ablenkung des oberen Rio Tiété von der Küste nach dem Inneren zu zu sprechen.

Verbreitung: Gebiet der südbrasilianischen Küstenflüsse und Quellgebiet des Rio Tiété, eines Zuflusses des Rio Paraná.

15d. Diplodon (D.) delodontus enno ORTMANN

1921 *Diplodon enno* ORTMANN, Mem. Carnegie Mus., Pittsburgh, 8:531; Taf. 38, Fig. 5—7. — Terra typica: Rio Grande bei Boqueirão, Bahia, Brasilien; Rio San Francisco-Gebiet.

Diagnosis: Scheint vom typischen *delodontus* durch geringere Ausbildung der Wirbelskulptur und weiteres Ausladen des Unterrandes nach hinten zu verschieden zu sein. — Maße: Länge 35—53 mm, Höhe 26—40 mm, Dicke 12—24 mm.

Bemerkungen: Es ergab sich keine Gelegenheit, Stücke dieser Form zu untersuchen. Der Beschreibung und den Abbildungen nach ist sie nahe mit der Nominatform verwandt; da sie aber aus einem Flußgebiete stammt, in dem kein echter *delodontus* vorkommt, halte ich mich für berechtigt, sie als die São-Francisco-Lokalform des typischen *delodontus* anzusprechen.

Verbreitung: Ist wohl nur vom ursprünglichen Fundort bekannt.

16. **Diplodon (Diplodon) granosus** (BRUGUIÈRE)

16a. Diplodon (D.) granosus granosus (BRUGUIÈRE)

1792 *Unio granosa* BRUGUIÈRE, J. Hist. nat., Paris, 1:107; Taf. 6, Fig. 3—4. — Terra typica: Flüsse von Guayana nahe ihrer Mündung ins Meer.

1848 *Unio psammactinus* PHILIPPI, Abbild. Beschr. Conch., 3:79; Taf. 5, Fig. 2. — Terra typica: In der Nähe von Rio de Janeiro, Brasilien.

1848 *Unio granuliferus* DUNKER, Z. Malak., Kassel, 5:182. — Terra typica: Fluß Maccué, Staat Rio de Janeiro, Brasilien.

1848 *Unio coriaceus* DUNKER, Z. Malak., Kassel, 5:181. — Terra typica: Rio Negro, Rio de Janeiro, Brasilien.

Diagnosis: Schale sehr veränderlich, von lang elliptisch bis kurz rautenförmig, wenig bis stark aufgeblasen, nie sehr festschalig, ungleichseitig. Wirbel weder voll noch hoch, mit einer unregelmäßigen Skulptur aus radialen Barren, die mit kleinen Knötchen besetzt sind. Hinterende abgestutzt bis gerundet, hinterster Punkt etwas unter der Mittellinie. Schalenfläche oft mit feinen Knötchen verziert, oft mit den Ausläufern der Wirbelskulptur versehen. Schloß zart und zusammengepreßt; links mit zwei Hauptzähnen, deren hinterer oft fast zurückgebildet ist, und zwei Seitenzähnen; rechte Klappe mit zwei Hauptzähnen und einem Seitenzahn. Perlmutter weißlich, in den Wirbelhöhlen oft verfärbt. — Maße: Länge 39—58 mm, Höhe 21—35 mm, Dicke 14—19 mm.

Bemerkungen: Das überraschend große Verbreitungsgebiet dieser Art macht es wahrscheinlich, daß nicht alle die hier in der Synonymie genannten Arten völlig mit dem typischen *granosus* identisch sind, sondern leichte Unterarten darstellen. Inwieweit dies so ist, läßt sich einstweilen nicht dartun, weshalb ich im Augenblick keine weiteren Unterarten einführen möchte, mit Ausnahme der beiden nun folgenden, an deren Berechtigung ich nicht zweifle.

Verbreitung: Guayana bis São Paulo, Brasilien.

16b. Diplodon (D.) granosus ellypticus SPIX

1827 *Diplodon ellypticum* SPIX, Testacea Fluviatilia in itinere per Brasiliam . . .: Taf. 26, Fig. 1—2. — Terra typica: Nicht angegeben.

1827 *Unio ellipticus* WAGNER, Testacea Fluviatilia Brasiliam . . .: 33. — Terra typica: Rio São Francisco, Brasilien.

1900 *Diplodon wagnerianus* SIMPSON, Proc. U.S. nation. Mus., Washington, **22**:877. — (Nomen novum pro *D. ellypticum* SPIX 1827, nec *U. ellipticus* BARNES 1823.)

1928 *Diplodon jacksoni* MARSHALL, Proc. U.S. nation. Mus., Washington, **74** (17):1; Taf. 4, Fig. 1—3. — Terra typica: Arcas, Minas Geraes, Brasilien.

Diagnosis: Schale länglich eiförmig, mit leicht eingebuchtetem Bauchrande. Vorderende gerundet und verschmälert, Hinterende schmal und gerundet. Schloß rechts aus einem, tief gespaltenen und zwei Zähne vortäuschenden Hauptzahne und zwei zusammengepreßten, verlängerten Seitenzähnen bestehend, links aus zwei gefurchten Hauptzähnen und einem langen, sehr dünnen Seitenzahne. Wirbel nach vorn geneigt, mit schwachen, radialen Falten. Perlmutter perlmutterfarben. — Maße: Länge 49,5 mm, Höhe 25,5 mm, Dicke ? mm.

Bemerkungen: Dies ist eine meist verkannte Form, zu der man alle mehr oder weniger elliptisch gestalteten und mit geringer Skulptur versehenen *Diplodon*-Arten zu stellen pflegte. Aus den Ausführungen von SPIX & WAGNER aber geht einwandfrei hervor, daß die hier betrachtete Form auf die oben genannten Flußgebiete beschränkt ist, wodurch schon die Verhältnisse geklärt erscheinen. Bei dem Mangel an bezeichnenden Merkmalen der Schale, den diese Form besitzt, ist es natürlich nicht ausgeschlossen, daß auch die hier gebrachte Darstellung eines Tages geändert werden muß.

Verbreitung: Gebiet des Rio Maranhao, Minas Geraes, Brasilien, Gebiet des Rio São Francisco, Brasilien, und Küstenflüsse bei Baia, Brasilien.

16c. Diplodon (D.) granosus multistriatus (LEA)

1831 *Unio multistriatus* LEA, Trans. amer. philos. Soc., Philadelphia, **4**:91; Taf. 12, Fig. 22. — Terra typica: Brasilien.

1848 *Unio pfeifferi* DUNKER, Z. Malak., Kassel, **5**:181. — Terra typica: Rio Negro, Rio de Janeiro, Brasilien.

1893 *Unio firmus* var. *boettgeri* IHERING, Arch. Naturgesch., Berlin, **59** (1):105; Taf. 4, Fig. 11. — Terra typica: São Paulo, Brasilien.

1914 *Diplodon semigranosus* SIMPSON, Descr. Cat. Naiades, Detroit, Mich.: 1252. — Terra typica: Rio São Paulo und Os Perus, Brasilien.

1914 *Diplodon mimus* SIMPSON, Descr. Cat. Naiades, Detroit, Mich.: 1249. — Terra typica: Iguapé, Brasilien.

Diagnosis: Von der Nominatform stets dadurch zu unterscheiden (allerdings nur dann, wenn die Wirbelskulptur erhalten ist), daß die einzelnen Wirbelfalten sich aus knotigen Leistchen zusammensetzen, die sich an ihrem unteren Ende gewöhnlich in einzelne, noch in gerader Linie angeordnete Knötchen aufzulösen pflegen und verschieden weit auf die Schalenfläche herunterreichen. — Maße: Länge: 48—87 mm, Höhe 25—45 mm, Dicke 14—29 mm.

Bemerkungen: Wohl die vielgestaltigste südamerikanische Flußmuschel; ihrer ökologischen Formen sind sehr viele, und die Umwelteinflüsse drücken sich in verschiedenster Weise aus. Die Schalenlänge kann von ihnen beeinflußt sein, die Schalendicke und, schließlich die Entwicklung der Wirbelskulptur. Am extremsten ist die Wirbelskulptur bei *Unio pfeifferi* DUNKER ausgebildet, sehr wenig dagegen bei *Diplodon mimus* SIMPSON.

Verbreitung: Südost-Brasilien.

Subgenus **Rhipidodonta** Moerch

1853 *Unio (Rhipidodonta)* Moerch, Cat. Conch. Yoldi, Kopenhagen, Teil 2:47. — Species typica: *Unio paranensis* Lea var. (Verf.).
1900 *Diplodon (Cyclomya)* Simpson, Proc. U.S. nation. Mus., Washington, **22**:885. — Species typica: *Unio funebralis* Lea (Verf.).

Diagnosis: Schale quer eiförmig bis kreisförmig, vorn verschmälert, hinten unmittelbar hinter der Mitte des Bauchrandes vorgezogen, hinten meist etwas zugespitzt. Area sehr niedrig, hinten niedrig geflügelt. Wirbel hoch, mit unregelmäßiger radialer Skulptur. Schloßlinie stark gekrümmt, hinten gebogen, vor den Wirbeln eingebogen. Im Schloß ist der untere rechte Hauptzahn am größten und ist aufgesplittert.

Verbreitung: Süd-Amerika.

17. **Diplodon (Rhipidodonta) paranensis** (Lea)

17a. Diplodon (R.) paranensis paranensis (Lea)

1834 *Unio paranensis* Lea, Trans. amer. philos. Soc., Philadelphia, **5**:99; Taf. 14, Fig. 42. — Terra typica: Río Paraná.
1895 *Unio paraguayanus* Martens, S. Ber. Ges. naturf. Freunde Berlin, **1895**:34. — Terra typica: Río Paraguay.

Diagnosis: Schale leicht vier- oder fünfeckig, wenig bis deutlich aufgeblasen, fest, ungleichseitig. Wirbel hoch und leicht voll, mit starken, ungleichen Rippchenradialen skulptiert. Areola eingebogen, Area nach oben gebogen, abgestutzt, ihr Umriß manchmal eingebogen; Hinterende stumpf. Bauchrand in oder hinter der Mitte stark geschwollen; Vorderende schmal und gerundet. Konchinschicht bräunlich bis schwärzlich. Hauptzähne unregelmäßig und stark aufgesplittert; Seitenzähne fest und gebogen, zwei links und einer rechts. Perlmutterschicht manchmal stumpf purpurn in den Wirbelhöhlen. — Maße: Länge 92—100 mm, Höhe 76—78 mm, Dicke 38—47 mm.

Bemerkungen: Der stets unklar gewesene *Unio paraguayanus* Martens hat sich nach Untersuchung des Typus einwandfrei als zu dieser Art gehörig erwiesen.

Verbreitung: In den Flüssen Uruguay, Paraguay und Paraná.

17b. Diplodon (R.) paranensis funebralis (Lea)

1860 *Unio funebralis* Lea, Proc. Acad. nat. Sci. Philadelphia, **4**:91. — Terra typica: Río Uruguay.
1860 *Unio nocturnus* Lea, Proc. Acad. nat. Sci. Philadelphia, **4**:91. — Terra typica: Río Uruguay.
1860 *Unio gratus* Lea, Proc. Acad. nat. Sci. Philadelphia, **4**:91. — Terra typica: Río Uruguay.
1860 *Unio peraeformis* Lea, Proc. Acad. nat. Sci. Philadelphia, **4**:90. — Terra typica: Río Uruguay.
1860 *Unio disculus* Lea, Proc. Acad. nat. Sci. Philadelphia, **4**:91. — Terra typica: Río Uruguay.
1868 *Unio patelloides* Lea, Proc. Acad. nat. Sci. Philadelphia, **12**:150. — Terra typica: Süd-Amerika ?
1914 *Diplodon fontainianus* var. *deceptus* Simpson, Descr. Cat. Naiades, Detroit: 1281. — Terra typica: Guahyba, Brasilien.

1917 *Diplodon felipponei* MARSHALL, Proc. U.S. nation. Mus., Washington, **53**:381; Taf. 50, Fig. 1—3; Taf. 51, Fig. 1. — Terra typica: Maldonado, Uruguay.
1922 *Diplodon subquadratus* MARSHALL, Proc. U.S. nation. Mus., Washington, **61** (16): 3; Taf. 2, Fig. 6, 8; Taf. 3, Fig. 8—10. — Terra typica: Paysandú, Uruguay.
1922 *Diplodon arcuatus* MARSHALL, Proc. U.S. nation. Mus., Washington, **61** (16):4; Taf. 1, Fig. 4, 6; Taf. 2, Fig. 7, 10; Taf. 3, Fig. 3. — Terra typica: Barro de Sacra, Paysandú, Uruguay.

Diagnosis: Der Nominatform sehr ähnlich, von ihr unterschieden durch die stets geringere Schalenbauchigkeit und die aus zahlreicheren, aber dünneren Elementen zusammengesetzte Wirbelskulptur. — Maße: Länge 70—76 mm, Höhe 54—67 mm, Dicke 23—32 mm.

Bemerkungen: Im Río La Plata und dessen von Norden kommenden Zuflüssen lebt diese Form mit der Nominatform zusammen, und es ist oft schwer, beinahe unmöglich, beide auseinanderzuhalten. Der Wert dieser Unterart ist daher fraglich. — Was die fünf erstgenannten Synonyme von 1860 anlangt, so ist es eigentlich verwunderlich, daß niemand früher versucht hat, sie miteinander zu identifizieren; sie unterscheiden sich, außer durch Altersunterschiede, durch gar nichts. Auch in den von MARSHALL beschriebenen „Arten" kann ich nichts anderes als unseren *paranensis funebralis* erkennen.

Verbreitung: Río Uruguay, Río La Plata samt seinen Zuflüssen, sowie die Küstenflüsse zwischen der La Plata-Mündung bis und einschließlich dem Rio Guahyba, Rio Grande do Sul.

18. Diplodon (Rhipidodonta) rhombeus (WAGNER)

1827 *Unio rhombeus* WAGNER, Testacea fluviatilia Brasil.: 34. — Terra typica: Rio Solimoes und Zuflüsse.
1827 *Diplodon rhombeum* SPIX, Testacea fluviatilia Brasil.: Taf. 28, Fig. 1—2. — Terra typica: Nicht angegeben.
1827 *Unio rotundus* WAGNER, Testacea fluviatilia Brasil.: 34. — Terra typica: Flüsse Süd-Brasiliens.
1827 *Diplodon rotundum* SPIX, Testacea fluviatilia Brasil.: Taf. 26, Fig. 3—4. — Terra typica: Nicht angegeben.
1860 *Unio patelloides* LEA, Proc. Acad. nat. Sci. Philadelphia, **4**:89. — Terra typica: Amazonen-Strom.

Diagnosis: Schale kurz eiförmig oder etwas dreieckig, etwas zusammengedrückt bis leicht aufgeblasen, wenig fest, ungleichseitig. Wirbel etwas erhöht, ihre Skulptur besteht aus wenigen, kurzen radialen Graten. Area leicht geflügelt, hinten ziemlich plötzlich abgestutzt. Vorderende verschmälert und gerundet; Bauchrand hinter der Mitte stark vorgezogen. Schalenfläche manchmal mit schwachen Spuren von radialer Skulptur. Konchinschicht olivenfarben bis bräunlich oder schwärzlich, in der Jugend leicht gestrahlt. Linke Klappe mit zwei zusammengepreßten Hauptzähnen, deren hinterer kleiner ist, und zwei gebogenen Seitenzähnen; rechte Klappe mit zwei Hauptzähnen und einem Seitenzahn. Perlmutter bläulich weiß, hinten silbrig und schillernd. — Maße: Länge 67—75 mm, Höhe 55—59 mm, Dicke 28—31 mm.

Bemerkungen: Steht dem folgenden *Diplodon fontainianus* (ORBIGNY) recht nahe, der aber ein ganz anderes Verbreitungsgebiet besitzt.

Verbreitung: Amazonas-Gebiet und Rio São Francisco, Brasilien.

19. Diplodon (Rhipidodonta) fontainianus (ORBIGNY)

1835 *Unio fontainiana* ORBIGNY, Mag. Zool., Paris, **5** (5):36. — Terra typica: Ri: Parahyba, Brasilien.
1859 *Unio quadrans* LEA, Proc. Acad. nat. Sci. Philadelphia, **4**:306. — Terra typicao Texas (?)
1865 *Unio rufofuscus* LEA, Proc. Acad. nat. Sci. Philadelphia, **9**:76. — Terra typica: Unbekannt.

Diagnosis: Schale ungleichmäßig eiförmig oder rautenförmig, kaum aufgeblasen, mit der größten Dicke in der Mitte. Vorderende keilförmig. Wirbel mäßig voll, aber nicht hoch, etwas vor der Schalenmitte gelegen. Rückenlinie vor den Wirbeln deutlich eingebogen. Wirbelskulptur radial, die Elemente manchmal mit kleinen Knötchen besetzt. Arealkante deutlich, am Bauchrande hinter einem kleinen Vorsprung endend. Hinterende undeutlich gewinkelt, abgestutzt. Schalenfläche oft mit undeutlichen Spuren von Skulptur. Konchinschicht grünlich braun bis schwärzlich, kaum glänzend. Linke Klappe mit einem oder zwei zusammengepreßten Hauptzähnen, die gelegentlich ein Ganzes bilden, und mit zwei gebogenen, weit zurückliegenden Seitenzähnen; rechte Klappe mit zwei verlängerten Hauptzähnen, deren unterer größer ist, und einem Seitenzahn. Perlmutter bläulich weiß. — Maße: Länge 79—93 mm, Höhe 52—68 mm, Dicke 28—52 mm.

Bemerkungen: *Diplodon fontainianus* ist durch Umwelt-Einflüsse sehr leicht umzuformen; das beweisen die untersuchten Stücke, die deutlich die rundlich abgestutzten Stillwasserformen von verlängerten Bach- und Flußformen unterscheiden kann; natürlich verbinden viele gleitenden Übergänge die beiden Extreme. Im Gegensatze zum nahe verwandten *Diplodon rhombeus* (WAGNER) ist die Wirbelskulptur stärker ausgebildet; sie besteht aus zahlreichen, knotig verdickten Leistchen, deren mittlere drei sich vereinigen und somit drei ineinander steckende V's bilden; nach der Area strahlen in vielen Fällen vom Wirbel feine Fältchen aus, was bei keiner der benachbarten Arten auftritt.

Verbreitung: Küstenflüsse vom Rio Iguapé im Süden bis in den Staat Espirito Santo im Norden, und das Quellgebiet des zum Río Paraná abfließenden Rio Tiété.

Subgenus Schleschiella MODELL

1950 *Schleschiella* MODELL, Arch. Molluskenk., Frankfurt a. M., **79**:140. — Species typica: *Unio burroughianus* LEA (Verf.).

Diagnosis: Schale fest, kurz eiförmig bis etwas verlängert, mit ausgesprochener Arealkante. Wirbel ziemlich voll, mit einer Skulptur aus regelmäßig ausstrahlenden, weit getrennten scharfen Graten. Hauptzähne zusammengepreßt, gerauht, meist in jeder Klappe aufgesplittert; Seitenzähne gebogen und zusammengepreßt.

Bemerkungen: MODELL beschrieb *Schleschiella* als Gattung, die außer der typischen Art noch *rhuacoicus*, *obsolescens*, *parallelopipedon*, *acutirostris*, *trifidus*, *iheringi*, *hasemani* enthielt. Ich kann mich dieser Ansicht nicht anschließen, wie ich überhaupt in *Schleschiella* nur eine schwache, wenn überhaupt zu beachtende Sonderbildung erblicken kann.

Verbreitung: Süd-Amerika.

20. **Diplodon (Schleschiella) burroughianus** (Lea)

20a. Diplodon (Sch.) burroughianus burroughianus (Lea)

1834 *Unio burroughianus* Lea, Trans. amer. philos. Soc., Philadelphia, 5:67; Taf. 10, Fig. 27. — Terra typica: Río Paraná, Corrientes, Argentinien.

Diagnosis: Schale eiförmig oder elliptisch, ziemlich fest, ungleichseitig; Wirbel voll aber nicht sehr hoch, mit radialen, hohen Falten skulptiert. Hinterende ziemlich hoch, eckig, in der Mittellinie zugespitzt endend. Schalenfläche ungleichmäßig, konzentrisch mit Falten versehen, Konchinschicht abwechselnd aschgrün und dunkelbraun gebändert, wobei im Alter die Farben dunkler werden und nach und nach in nahezu schwarz verschwinden. Linke Klappe mit zwei rauhen, zusammengepreßten Hauptzähnen, deren hinterer kleiner ist, und zwei gebogenen Seitenzähnen; rechte Klappe mit zwei Hauptzähnen, deren oberer kleiner ist, und einem Seitenzahn; Schloßlinie eng. Perlmutter silbrig, hinten schillernd. — Maße: Länge 71—88 mm, Höhe 43—58 mm, Dicke 26—35 mm.

Bemerkungen: Eine sozusagen unverkennbare Art.

Verbreitung: Unterer Río Paraná, Río Uruguay und Río de la Plata.

20b. Diplodon (Sch.) burroughianus parodizi Bonetto

1962 *Diplodon parodizi* Bonetto, Publ. Técnica No. 8, Dirección General de Recursos Naturales, Santa Fé, Argentinien: 214, Abb. (S. 215, 216). — Terra typica: Laguna „Vargas" nahe der Mündung in den Río San Javier, einen Nebenfluß des Río Paraná, Prov. Santa Fé, Argentinien.

Diagnosis: Nur durch etwas längere und niedrigere Umrißform, sowie die näher zu einander stehenden Falten der Wirbelskulptur von der Nominatform verschieden. — Maße: Länge 59 mm, Höhe 38 mm, Dicke 22 mm.

Verbreitung: Gebiet des unteren Río Paraná und Río Paraguay.

Subgenus **Bulloideus** Simpson

1900 *Diplodon (Bulloideus)* Simpson, Proc. U.S. nation. Mus., Washington, 22:887. — Species typica: *Unio bulloides* Lea (ursprüngl. Best.).

Diagnosis: Schale nicht fest, gerundet, aufgeblasen, fast gleichseitig, hinten deutlich, vorn leicht abgestutzt. Area geflügelt und mit deutlicher Arealkante. Wirbel voll, ziemlich hoch, mit regelmäßiger radialer Skulptur. Konchinschicht olivenfarben mit Bronzeschimmer. Hauptzähne zusammengepreßt, mit Neigung, sich in kleine Zähnchen aufzuspalten, zwei rechts, einer links; zwei Seitenzähne links und einer rechts.

Verbreitung: Süd-Amerika.

21. **Diplodon (Bulloideus) variabilis** (Maton)

1811 *Mya variabilis* Maton, Trans. linn. Soc. London, 10:327; Taf. 24, Fig. 4—7. — Terra typica: Río de la Plata, Argentinien.

1835 *Unio matoniana* Orbigny, Mag. Zool., Paris, 5 (5):35. — Terra typica: Río de la Plata, Argentinien.

1843 *Unio membranacea* Hanley, Descr. Cat. Rec. Bivalve Shells: 202; Taf. 22, Fig. 6. — Terra typica: Amerika.

1859 *Unio bulloides* LEA, Proc. Acad. nat. Sci. Philadelphia, **11**:187. — Terra typica: Río de la Plata, Argentinien.

Diagnosis: Schale fast kreisförmig oder kurz elliptisch, hinten mehr oder weniger abgestutzt, mäßig fest bis dünn, fast gleichseitig. Wirbel fast mittelständig, voll, aber nicht sehr hoch, mit starker, radialer Skulptur. Area ausgehöhlt, Arealkante deutlich. Konchinschicht gelblich grün, oft mit Bronzeschimmer. Linke Klappe mit einem schneidenförmigen Hauptzahn und zwei Seitenzähnen; rechte Klappe mit zwei Hauptzähnen, deren oberer kleiner ist, und einem Seitenzahn. Perlmutter bläulich weiß bis leicht purpurn. — Maße: Länge 32—47 mm, Höhe 30—40 mm, Dicke 24—27 mm.

Bemerkungen: Der meist als eigene, verwandte Art betrachtete *Unio bulloides* LEA ist meiner Ansicht nach nur der voll ausgewachsene *variabilis*, weshalb ich nicht zögere, ihn in dessen Synonymie zu stellen.

Verbreitung: Nur aus dem Río de la Plata, Argentinien, und dem Río Uruguay in Uruguay bekannt.

22. **Diplodon (Bulloideus) solisianus** (ORBIGNY)

1835 *Unio solisiana* ORBIGNY, Mag. Zool., Paris, **5** (5):36. — Terra typica: Río de la Plata, Provinz Buenos Aires, Argentinien.

1923 *Diplodon (Bulloideus?) perfragilis* MARSHALL, Proc. U.S. nation. Mus., Washington, **63** (1):2; Taf. 1, Fig. 3—4; Taf. 2, Fig. 1—3. — Terra typica: Colonia, Uruguay.

Diagnosis: Schale etwas eiförmig, ziemlich dünn, fast gleichseitig. Wirbel voll und hoch, mit starken, radialen Graten skulptiert. Hinterende schief abgestutzt; Vorderende verschmälert und gerundet, sehr zusammengepreßt. Schalenfläche mit leichten Spuren von radialer Skulptur, vorn oft deutlich radial gefurcht. Konchinschicht braun, stumpf. Linke Klappe mit zwei zusammengepreßten, langen Hauptzähnen, die zusammenfließen können, und zwei weit zurückliegenden, gekrümmten Seitenzähnen; rechte Klappe mit zwei Hauptzähnen, deren oberer kleiner ist, und einem Seitenzahn. Wirbelhöhlen ziemlich tief. Perlmutter bläulich weiß. — Maße: Länge 28—72 mm, Höhe 20—53 mm, Dicke 15—34 mm.

Bemerkungen: *Diplodon perfragilis* MARSHALL ist zu wenig bekannt, um mit Sicherheit beurteilt zu werden. Von MARSHALL selbst, wenn auch mit Vorbehalt, zu *Bulloideus* gestellt, scheint er *solisianus* so nahe zu stehen, daß er einstweilen als dessen Jugendform betrachtet werden kann.

Verbreitung: Río de la Plata in Argentinien und Zuflüsse aus Uruguay.

Genus **Castalina** IHERING

1891 *Castalina* IHERING, Zool. Anz., Leipzig, **14**:478. — Species typica: *Castalina martensi* IHERING (Ursprüngl. Best.).

Diagnosis: Schale etwas dreieckig, mit etwas abgeflachten Seiten, fest. Area fast flügelartig erhoben, hinten leicht abgestutzt; Arealkante deutlich. Wirbel voll und hoch, mit einer radialen Skulptur; Schalenfläche leicht und unregelmäßig konzentrisch gefurcht; Area meist mit Falten oder Furchen. Konchinschicht dick, schwarz, ohne Strahlen. Schloßplatte gebogen. Hauptzähne jederseits radial gesplittert, mit mehreren Hilfszähnchen; zwei senkrecht oder etwas schief gestreifte Seitenzähne links und einer rechts. Wirbelhöhlen tief.

Bemerkungen: Eine der folgenden Gattung *Castalia* nahe verwandte Gattung, die durch die folgenden Merkmale von dieser verschieden ist: Die Schale ist stärker zusammengepreßt, die radiale Skulptur ist schwächer und die Schloßzähne sind weniger tief senkrecht gefurcht. Die Berechtigung der nun zu beschreibenden Arten ist nicht sicher.

Verbreitung: Süd-Amerika.

1. Castalina martensi Ihering

1891 *Castalina martensi* Ihering, Zool. Anz., Leipzig, **14**:477. — Terra typica: Rio Camaquam, Rio Grande do Sul, Brasilien.

Diagnosis: Schale unregelmäßig rautenförmig, leicht aufgeblasen mit etwas abgeflachten Schalenseiten, fest, ungleichseitig. Wirbel mäßig voll und erhoben; sie sind mit wenigen, ziemlich schwachen radialen Fältchen skulptiert, die sich nicht bis auf die Schalenfläche erstrecken und die durch schmale Gruben voneinander getrennt sind. Arealkante sehr deutlich, von einer seichten Grube innen begleitet. Vorderende etwas verschmälert, gerundet; Bauchrand geschwungen; Hinterende schief abgestutzt. Schalenfläche ziemlich glatt, Area manchmal mit einigen schwachen Fältchen. Konchinschicht braun, glanzlos, dick. Hauptzähne jederseits radial stehend, in drei oder vier Teile zersplittert, nur wenig angerauht; Seitenzähne links doppelt, rechts einfach, leicht senkrecht oder schief gestreift. Perlmutter schmutzig weiß bis bräunlich purpurn. Wirbelhöhlen tief. — Maße: Länge 70—75 mm, Höhe 51—53 mm, Dicke 30—33 mm.

Verbreitung: Anscheinend nur vom ursprünglichen Fundort bekannt.

2. Castalina nehringi Ihering

1891 *Castalina nehringi* Ihering, Zool. Anz., Leipzig, **14**:477. — Terra typica: Rio Piracicaba, São Paulo, Brasilien.

Diagnosis: Schale kurz, fast rautenförmig, etwas aufgeblasen, fest, leicht ungleichseitig. Wirbel voll und hoch, mit einer sehr schwachen radialen Skulptur, die nicht über die Wirbelgegend hinaus reicht. Arealkante stark, das Maximum der Schalendicke liegt bei ihr. Rückenrand kurz, fast gerade, in einem Winkel in den Hinterrand übergehend, Bauchrand fast gerade. Area gelegentlich mit ein paar schwachen Fältchen, der Rest der Schalenfläche ist ziemlich glatt. Konchinschicht dunkelbraun, dick. Hauptzähne radial stehend, fast glatt; Seitenzähne kurz, schief gestrichelt. Wirbelhöhlen tief. Perlmutter schmutzig weiß. — Maße: Länge 57—74 mm, Höhe 47—60 mm, Dicke 28—36 mm.

Verbreitung: Süd-Brasilien, im Rio Piracicaba, im Rio Tiété und im Río Paraná; Rio Pardo und Rio Grande bei Uberaba, Brasilien.

3. Castalina psammoica (Orbigny)

1835 *Unio psammoica* Orbigny, Mag. Zool., Paris, **5** (5):35. — Terra typica: Rio Paraná, Corrientes, Argentinien.

Diagnosis: Schale gerundet dreieckig, kaum aufgeblasen, fest, ungleichseitig. Wirbel ziemlich voll und hoch, mit einer Skulptur aus breiten, niederen Graten, die durch breite Gruben getrennt sind und die sich etwa auf die obere

Hälfte der Schalenfläche erstrecken. Area hoch. Rückenlinie kurz und leicht geschwungen; Hinterende lang und schief abgestutzt. Bauchrand etwas gebogen, Vorderende oben schmal, unten gerundet. Schalenfläche mit schwachen Spuren von radialer Skulptur. Konchinschicht fahl bräunlich oder grünlich braun. Jederseits bis zu drei Hauptzähne, die radial stehen und verhältnismäßig glatt sind; Seitenzähne mit schwacher körniger Strichelung, zwei links und einer rechts. Wirbelhöhlen tief. Perlmutter bläulich weiß. — Maße: Länge 68—75 mm, Höhe 50—60 mm, Dicke 33—40 mm.

Bemerkungen: Es spukt im Schrifttum ein *Unio damnoicus* herum, den LEA auf ORBIGNY zurückführt und der völlig rätselhaft geblieben war; es ließ sich keine Beschreibung einer so genannten Unionazee auffinden, aber es war sicher, daß es sich um eine südamerikanische Art handelte. Ich glaube sicher zu gehen, daß die Form *damnoicus* lediglich einem Schreib- oder Druckfehler ihr Dasein verdankt, daß die Absicht war, *psammoicus* zu schreiben.

Verbreitung: Gebiet des Río de la Plata.

4. Castalina undosa (MARTENS)

1885 *Castalia undosa* MARTENS, S. Ber. Ges. naturf. Freunde Berlin, **1885**:148. — Terra typica: Rio Tiété, São Paulo, Brasilien.

Diagnosis: Schale etwas dreieckig, fest, leicht aufgeblasen, ungleichseitig. Wirbel hoch und voll, mit schwacher, radialer Skulptur. Arealkante stark ausgesprochen. Bauchrand leicht gekrümmt. Schalenfläche nicht sehr glatt, aber unskulptiert, nur die Area weist starke Falten auf. Konchinschicht dick, schwärzlich. Hauptzähne radial, mehr oder minder aufgesplittert und, ebenso wie die Seitenzähne, senkrecht gestrichelt. Wirbelhöhlen tief. Perlmutter bläulich weiß. — Maße: Länge 63 mm, Höhe 53 mm, Dicke 30 mm.

Verbreitung: Gebiet des Rio Tiété, São Paulo; Río Piracicaba, São Paulo; Rio Grande, Grenze zwischen São Paulo und Minas Geraes; Rio Paraná, alle in Brasilien.

5. Castalina orbignyi (DEVILLE & HUPÉ)

1850 *Unio orbignyi* DEVILLE & HUPÉ, Rev. Mag. Zool., Paris, (2) **2**:643; Taf. 16, Fig. 1. — Terra typica: Oberer Amazonas.

1857 *Unio orbignyana* HUPÉ, Mollusques, in CASTELNAU, Anim. nouv. ou rares d'Amérique du Sud: 83; Taf. 7, Fig. 1. — Terra typica: Oberer Amazonas.

Diagnosis: Schale etwas rautenförmig, ganz oder fast gleichseitig, schwer, aber nur wenig aufgeblasen. Wirbel gerundet, hoch, ohne erkennbare Skulptur. Arealkante wohl ausgeprägt, unten in abgestumpftem Punkte endend; innerseits davon verläuft eine breite Rinne, die unten in leichter Bucht endet. Schloßlinie gebogen. Hinterende schief abgestutzt. Hauptzähne gefurcht, Seitenzähne kurz. Perlmutter weißlich. — Maße: Länge 97 mm, Höhe 77mm, Dicke 50 mm.

Bemerkungen: Obenstehende Angaben sind alle nach der ursprünglichen Beschreibung gemacht; die Art, denn eine solche stellt sie bestimmt dar, scheint nie wieder gefunden worden zu sein. Nach IHERING (1910) ist sie ein *Diplodon* und steht *D. paranensis* (LEA) nahe, womit ich aber nicht übereinstimmen kann.

Verbreitung: Anscheinend nur von der Terra typica bekannt.

Castaliella Simpson

1900 *Castaliella* Simpson, Proc. U.S. nation. Mus., Washington, **22**:866. — Species typica: *Castalia sulcata* Krauss.

Diagnosis: Schale etwa dreieckig, sehr aufgeblasen, stark gefurcht. Wirbel hoch, mit einer regelmäßig ausstrahlenden Skulptur versehen. Schloßlinie schmal und gebogen; rechts zwei senkrecht gestrichelte Seitenzähne, die durch eine Grube mit parallelen Rändern getrennt werden; der untere ist größer und gespalten; in der linken Klappe sind 3 Seitenzähne, deren mittelster der größte ist. In der rechten Klappe ein mit Körnern versehener Seitenzahn, und in der linken Klappe zwei Seitenzähne mit Andeutungen von senkrechter Strichelung. Wirbelhöhlen tief, nicht zusammengedrückt. Perlmutter purpurn.

Verbreitung: Süd-Amerika.

Castaliella sulcata (Krauss)

1849 *Castalia sulcata* Krauss, Z. Malak., Cassel, **5**:99. — Terra typica: Marowini-Fluß, Surinam.

1853 *Unio kraussii* Lea, Proc. Acad. nat. Sci. Philadelphia, **6**:376. — (Nomen substitutum pro *Castalia sulcata* Krauss.)

Diagnosis: Schale gerundet dreieckig, fest, glänzend, gelb, mit dicht stehenden konzentrischen Furchen versehen. Wirbel schief abgestutzt. Hauptzähne kaum gestrichelt. Perlmutter weiß. — Maße: Länge 61 mm, Höhe 52 mm, Dicke 48 mm.

Bemerkungen: Von *Castalia ambigua* durch die getrennt stehenden konzentrischen Furchen verschieden, durch einen mehr gerundeten Umriß und durch eine schwächere Kante, die von den Wirbeln nach hinten verläuft.

Verbreitung: Surinam, Britisch Guayana.

Genus Castalia Lamarck

1819 *Castalia* Lamarck, Anim. sans Vert., **6**:66. — Species typica: *Castalia ambigua* Lamarck (durch Monotypie).

1827 *Tetraplodon* Spix in Spix & Wagner, Testacea fluviatilia in Itinere per Brasiliam: 33; Taf. 25, Fig. 3—4. — Species typica: *Tetraplodon pectinatum* Spix (Simpson 1900).

Diagnosis: Schale dreieckig, fest, aufgeblasen, mit einer deutlichen, scharfen äußeren Arealkante, hinter der sie deutlich abgestumpft ist. Wirbel voll und hoch, mit deutlich radialer Skulptur, in der ein oder zwei Paare der innersten Falten sich V-förmig treffen und die sich fast über die gesamte Schalenfläche erstreckt. Konchinschicht dick, schwarz und glanzlos. Alle Schloßzähne sind stark senkrecht gefurcht; ein fester, zusammengepreßter Hauptzahn links und zwei rechts, alle vor den Wirbeln liegend und mit einigen kleineren Zähnchen hinter ihnen; ein Seitenzahn links und zwei rechts. Wirbelhöhlen tief, nicht zusammengepreßt.

Bemerkungen: Eine schwierige Gruppe, in der die Abgrenzung der einzelnen Arten äußerst unsicher ist. Die im folgenden hier aufgeführten „Arten“ sind nur mit Vorbehalt aufzufassen. Ihering (1910) hat versucht, die von ihm anerkannten Arten von *Castalia* in einem Bestimmungsschlüssel zu vereinigen. Die von ihm benutzten Unterscheidungsmerkmale bestehen aber meistens nur aus Maßverhältnissen, wie Vorderende zu Hinterende oder Länge zu Höhe; dies sind aber in meiner Meinung äußerst relative Verhältnisse, die der Einwirkung von Umweltseinflüssen auf die Schalenform keine Rechnung tragen. Ich ziehe es deshalb vor, im großen ganzen der von SIMPSON (1900) benutzten Anordnung zu folgen; wenn auch nicht vollkommen, ist sie doch immerhin besser als die von IHERING.

Verbreitung: Süd-Amerika.

1. Castalia ambigua LAMARCK

1817 *Castalia ambigua* LAMARCK, Anim. sans Vert., **6**:67. — Terra typica: Unbekannt.
1835 *Castalia inflata* ORBIGNY, Mag. Zool., Paris, **5** (5):43. — Terra typica: Provinz Corrientes, Argentinien.
1857 *Castalia turgida* HUPÉ, Mollusques, in CASTELNAU, Anim. nouv. ... Amérique du Sud: 76; Taf. 14, Fig. 1. — Terra typica: Brasilien.
1869 *Castalia hanleyana* SOWERBY, Conch. Icon., **17**, *Castalia:* Taf. 1, Fig. 5. — Terra typica: Unbekannt.
1869 *Castalia carolinensis* SOWERBY, Conch. Icon., **17**, *Castalia:* Taf. 2, Fig. 6. — Terra typica: Süd-Karolina (?)
1874 *Castalia cordata* STROBEL, Bibliotheca Malacologica, **4**:75. — Terra typica: Süd-Argentinien. (Nicht nachgeprüft, da mir unzugänglich.) Ist auch als Einzelwerk unter dem Titel „Materiali per una malacostatica di terra e di acqua dolce dell' Argentina meridionale; Pisa, 1874" erschienen.)

Diagnosis: Schale unregelmäßig dreieckig, stark aufgeblasen, fest, recht ungleichseitig. Wirbel sehr hoch und voll, mit einer Skulptur aus festen, ausstrahlenden Leisten, die sich bis zum Bauchrande erstrecken kann. Vorderende schmal und gerundet; Bauchrand entweder fast geradlinig oder gebogen; Hinterende schief abgestutzt, mit dem hinteren Oberrande manchmal gewinkelt. Äußere Arealkante sehr deutlich, fast vorspringend, am Bauchrande in abgestumpftem Punkte endend. Konchinschicht dick, farblos bräunlich. Alle Schloßzähne senkrecht geriefelt. Hauptzähne aufgesplittert mit zwei oder drei stärkeren in jeder Klappe; Seitenzähne links doppelt, rechts doppelt oder einfach. Wirbelhöhlen tief, nicht zusammengedrückt. Perlmutter weißlich. — Maße: Länge 48—60 mm, Höhe 40—42 mm, Dicke 38—42 mm.

Bemerkungen: Eine äußerst veränderliche Art, der aller Wahrscheinlichkeit nach noch andere der später zu nennenden Formen zugerechnet werden können. Ihre Verbreitung in zwei heute getrennten und weit voneinander liegenden Flußgebieten könnte vermuten lassen, daß hier, unter einem einzigen Namen vereinigt, verschiedene Lokalformen vorliegen; indessen muß zur Klärung dieser Frage weit mehr Material von vielen und genau definierten Fundorten, als es bisher vorliegt, herangezogen werden.

Verbreitung: In den Flußgebieten des La Plata und des Amazonas.

2. Castalia quadrilatera ORBIGNY

1835 *Castalia quadrilatera* ORBIGNY, Mag. Zool., Paris, **5** (5):42. — Terra typica: Moxos, Dept. Beni, Bolivia, Gebiet des oberen Amazonas.
1857 *Castalia acuticosta* HUPÉ in CASTELNAU, Anim. nouv. ... Amérique du Sud: 77; Taf. 14, Fig. 3. — Terra typica: Brasilien.
1869 *Castalia lateriiquadrata* SOWERBY, Conch. Icon., **17**, *Castalia:* Taf. 2, Fig. 10. — Terra typica: Amazonas-Fluß.

1910 *Tetraplodon juruanus* IHERING, Abh. senckenb. naturf. Ges., Frankfurt a. M., 32: 126. — Terra typica: Fluß Juruá, Nebenfluß des Amazonas, Staat Amazonas, Brasilien.

Diagnosis: Schale ziemlich groß, dreieckig, oder leicht rautenförmig, nicht sehr fest, aufgeblasen und ungleichseitig. Wirbel hoch und voll, mit sehr deutlichen radialen Falten skulptiert, die fast bis zum Bauchrande reichen. Äußere Arealkante sehr deutlich, fast kielartig oder doch stark gewinkelt, hinten unten leicht abgestumpft endend. Vorderende schmal und gerundet; Bauchrand leicht geschwungen; Hinterende scharf und schief abgestutzt; hinterer Oberrand hinter dem Schloßband leicht gewinkelt. Konchinschicht bräunlich, dick und glanzlos. Hauptzähne leicht zusammengepreßt, aufgesplittert und senkrecht geriefelt; ein einzelner Seitenzahn links, zwei rechts, ebenfalls senkrecht geriefelt. Wirbelhöhlen tief und gerundet. Perlmutter bläulich weiß. — Maße: Länge 68—111 mm, Höhe 50—70 mm, Dicke 40—56 mm.

Bemerkungen: Steht zweifellos der vorangegangenen *C. ambigua* recht nahe und ist vielleicht nur eine ökologische Form von ihr. In *juruana* IHERING kann ich nur einen Angehörigen der Art *quadrilatera* sehen.

Verbreitung: Paraná-La Plata-Gebiet und Amazonas-Gebiet.

3. Castalia pectinata (SPIX)

1827 *Tetraplodon pectinatum* SPIX in SPIX & WAGNER, Test. fluv. Brasiliam: Taf. 25, Fig. 4. — Terra typica: Rio São Francisco, Brasilien.

1827 *Unio pectinatus* WAGNER in SPIX & WAGNER, Test. fluv. Brasil.: 32. — Terra typica: Rio São Francisco, Brasilien.

Diagnosis: Schale etwas dreieckig, aufgeblasen, wenig fest, ungleichseitig. Wirbel mäßig hoch und voll. Vorderende schmal und gerundet; Bauchrand leicht gebogen; hinterer Oberrand gebogen. Äußere Arealkante vorragend, Schalenfläche mit ausstrahlenden Rippchen bedeckt, die nach unten zu schwächer werden. Konchinschicht braungelblich oder bräunlich. Schloßzähne ziemlich zart, senkrecht gestrichelt. Wirbelhöhlen tief. Perlmutter silberig. — Maße: Länge 43 mm, Höhe 27 mm, Dicke 22 mm.

Bemerkungen: Diese wenig bekannte, vielleicht auch verkannte Art scheint der Original-Abbildung nach ebenfalls nahe mit *ambigua* verwandt zu sein.

Verbreitung: Anscheinend nur von der Terra typica bekannt.

4. Castalia cordata H. & A. ADAMS

1857 *Castalia cordata* H. & A. ADAMS, Genera rec. Moll., 2:509; 3: Taf. 120, Fig. 2, 2a. — Terra typica: Nicht angegeben.

Diagnosis: Schale nur schwach aufgeblasen, zwischen dreieckig und rautenförmig, ungleichseitig. Wirbel hoch und voll, mit einer radialen Skulptur, deren innerste Glieder unten zu V-förmigen Paaren zusammenstoßen, und die bis zur Mitte der Schalenfläche reicht. Arealkanten erhöht, unten mit Andeutung einer inneren. Rückenrand gerade und kurz, in deutlichem Winkel an den schief abgestutzten Hinterrand anstoßend; Bauchrand fast gerade. Konchinschicht olivenfarben. Perlmutter bläulich. — Maße: Länge 87 mm, Höhe 65 mm, Dicke ? mm

Bemerkungen: Diese Art erscheint im Schrifttum nur als Wiederholung der ursprünglichen Beschreibung, die aber nicht von ADAMS & ADAMS, sondern von SOWERBY (1869) herrührt. Unvollständig wie sie ist, gibt sie dennoch eine Idee dieser Art. Auch die oben angeführte Verbreitungs-Angabe „Britisch-Guiana" geht auf SOWERBY zurück.

Verbreitung: Britisch-Guiana.

5. Castalia ovata SOWERBY

1869 *Castalia ovata* SOWERBY, Conch. Icon., **17**, *Castalia:* Taf. 1, Fig. 4. — Terra typica: Brasilien.

Diagnosis: Schale unregelmäßig quadratisch bis dreieckig, fest, ungleichseitig. Wirbel voll und hoch, mit einer Skulptur aus wenigen scharfen, weit getrennten, ausstrahlenden Falten, die sich über die halbe Schalenfläche erstrecken. Vorderende oben verkürzt, unten gerundet; Bauchrand gebogen. Rückenrand jederseits abfallend, in der Mitte gewinkelt. Äußere Arealkante oben deutlicher als unten, sie endet unten hinter einer geringen Einbuchtung des Bauchrandes. Konchinschicht fahl olivenfarben. — Maße: Länge 66 mm, Höhe 52 mm.

Bemerkungen: Beschreibung und Maße sind nach SOWERBY's Diagnose wiederholt; die Art ist anscheinend nie wieder gefunden worden. Auch diese Form ist mit der *ambigua*-Gruppe nahe verwandt und besitzt vielleicht gar keine Artberechtigung.

Verbreitung: Es ist nur die Terra typica bekannt.

6. Castalia retusa HUPÉ

1857 *Castalia retusa* HUPÉ in CASTELNAU, Anim. nouv. Amérique du Sud: 75; Taf. 14, Fig. 2. — Terra typica: Guiana.

Diagnosis: Schale fast regelmäßig dreieckig, aufgeblasen, fest, etwas ungleichseitig, mit kurzem Schloßband. Wirbel sehr hoch, voll, mit einer Skulptur aus wenigen breiten, ausstrahlenden Falten, deren Zwischenräume schmaler sind als sie und die sich nicht über die halbe Schalenfläche erstrecken. Äußere Arealkante hoch, abgestumpft unten endend; über ihr läuft eine breite, seichte Furche, die in einer schwachen Einbuchtung unten endet. Hinterer Oberrand undeutlich gewinkelt. Hauptzähne fest, leicht zusammengepreßt, rauh, aber nicht aufgesplittert; Seitenzähne leicht senkrecht geriefelt. Wirbelhöhle tief und gerundet. Perlmutter weiß. — Maße: Länge 65 mm, Höhe 49 mm, Dicke 41 mm.

Bemerkungen: Ebenfalls der *ambigua* nahestehend, von ihr durch schwächere Wirbelskulptur und geringere Aufsplitterung der Hauptzähne unterschieden.

Verbreitung: Die Angabe „Guiana" scheint unzweifelhaft, und es ist anzunehmen, daß die spätere Angabe „Amazonas-Gebiet" irrtümlich ist.

7. Castalia quadrata SOWERBY

1867 *Castalia quadrata* SOWERBY, Conch. Icon., **17**, *Castalia:* Taf. 2, Fig. 7a, 7b. — Terra typica: Guayana.

Diagnosis: Schale fest, etwas quadratisch oder rautenförmig, ungleichseitig. Wirbel sehr voll und hoch, nach vorn gedreht, mit einer Skulptur von einigen starken, ausstrahlenden Falten, die etwa das obere Drittel der Schalenfläche bedecken. Äußere Arealkante stark ausgebildet, anscheinend beiderseits von Rinnen begleitet. Konchinschicht strohfarben. Schloßzähne stark. Perlmutter leicht rötlich. — Maße: Länge 26 mm, Höhe 22 mm.

Bemerkungen: Auch diese Art ist anscheinend nur nach der Beschreibung und Abbildung von SOWERBY bekannt. Der Schalengröße und der hellen Farbe der Konchinschicht nach zu urteilen, war der Typus eine junge Muschel. Mangel an eigener Kenntnis dieser Form verhindert eine genauere Würdigung.

Verbreitung: Nordöstliches Süd-Amerika („Guayana“).

8. Castalia schombergiana SOWERBY

1869 *Castalia schombergiana* SOWERBY, Conch. Icon., **17**, *Castalia:* Taf. 1, Fig. 3. — Terra typica: Guiana.

Diagnosis: Schale etwas quadratisch, dünn, etwas ungleichseitig. Wirbel mäßig hoch, gerundet. Äußere Arealkante deutlich, hinten unten gerundet endend. Hinterer Oberrand leicht geflügelt, hinten schief abgestutzt. Wirbel mit schwacher, welliger, radialer Skulptur, die sich nicht sehr weit über die Schalenfläche erstreckt. Konchinschicht kupferfarben. Schloßzähne dünn, schneidenförmig. — Maße: Länge 50 mm, Höhe 40 mm.

Bemerkungen: Ebenfalls nur nach der Beschreibung und Abbildung von SOWERBY bekannt; die Art zeichnet sich vor den anderen Castalien gleicher Herkunft durch dünnere Schale und schwache Wirbelskulptur aus. Der Name dieser Art ist unrichtig. Sie ist zweifellos nach dem Guayana-Forscher SCHOMBURGK benannt.

Verbreitung: Nordöstliches Süd-Amerika (Guayana-Staaten).

9. Castalia multisulcata HUPÉ

1857 *Castalia multisulcata* HUPÉ in CASTELNAU, Anim. nouv. Amér. Sud: 75; Taf. 14, Fig. 4. — Terra typica: Brasilien.

Diagnosis: Schale leicht dreieckig, nicht sehr aufgeblasen, ungleichseitig. Wirbel nur mäßig voll, mit einer Skulptur aus zahlreichen ausstrahlenden, leicht zickzackförmigen Fältchen, die sich über die gesamte Schalenfläche erstrecken. Äußere Arealkante nicht sehr deutlich, hinten unten abgestumpft endend. Vorderende oben und unten abfallend, schmal gerundet; hinterer Oberrand leicht geflügelt. Konchinschicht gelblich, ins Grünliche spielend. Schloßzähne senkrecht gerieft. Perlmutter weißlich. — Maße: Länge 42 mm, Höhe 30 mm, Dicke 23 mm.

Bemerkungen: Eine anscheinend allein stehende Art, deren nächste Verwandte wohl die im folgenden zu besprechende *Castalia ecarinata* MOUSSON sein dürfte.

Verbreitung: Brasilien; der Fundort „Magdalenen-Fluß“ ist zweifelhaft.

10. Castalia ecarinata MOUSSON

1869 *Castalia ecarinata* MOUSSON, Malak. Bl., Kassel, **16**:185. — Terra typica: Landseen bei Puerto-Nuevo, Dept. Magdalena, Kolumbien.

Diagnosis: Schale etwas dreieckig, nicht sehr fest und nicht sehr aufgeblasen, kaum ungleichseitig. Wirbel nur mäßig hoch, mit zahlreichen ausstrahlenden Fältchen skulptiert, die die gesamte Schalenfläche bedecken und die von konzentrischen Fäden gekreuzt werden. Vorderende schmal und gerundet; Bauchrand geschwungen. Äußere Arealkante nicht sehr deutlich. Konchinschicht gelblich braun. Schloßzähne zusammengedrückt, gesägt. Wirbelhöhlen tief. Perlmutter perlig schillernd. — Maße: Länge 47 mm, Höhe 35 mm, Dicke 25 mm.

Bemerkungen: Nach MOUSSON anscheinend nicht wiedergefunden. Bei der Nachprüfung des Materials von MOUSSON im Zoologischen Museum in Zürich ergab es sich, daß die Fundortangabe „Puero Nuevo" in der Original-Beschreibung unrichtig ist und daß sie „Landseen bei Puerto Nacional am Río Magdalena, Staat Zulia, Kolumbien" heißen muß; weitere Stücke liegen noch vor aus Ocaña, Staat Zulia, Kolumbien.

Verbreitung: Gebiet des Magdalenen-Stromes in Kolumbien.

11. Castalia crosseana HIDALGO

1865 *Castalia crosseana* HIDALGO, J. de Conch., Paris, **13**:316, 429; Taf. 14, Fig. 2. — Terra typica: Río Imbabura, Ekuador.

Diagnosis: Schale leicht rautenförmig, fast fest, zusammengepreßt, ungleichseitig. Wirbel ziemlich niedrig, mit einer Skulptur aus zahlreichen ausstrahlenden, gekrümmten Rippchen. Vorderende breit gerundet, leicht gekörnelt; Bauchrand fast geradlinig; hinterer Oberrand im Bogen abfallend und eckenlos in den schief abgestutzten Hinterrand übergehend. Äußere Arealkante kaum angedeutet. Konchinschicht bronzefarben. Schloßzähne leicht zusammengepreßt. Perlmutter leicht weinfarben. — Maße: Länge 25 mm, Höhe 20 mm, Dicke 11 mm. Ein Stück von etwa 30 mm Länge ist bekannt.

Bemerkungen: Anscheinend nie wieder gefunden. Alle hier gebrachten Angaben sind daher nach HIDALGO entnommen.

Verbreitung: Nur von der Terra typica bekannt.

12. Castalia baro (IHERING)

1910 *Tetraplodon baro* IHERING, Abh. senckenb. naturf. Ges., Frankfurt a. M., **32**:127. — Terra typica: Amazonas-Fluß.

Diagnosis: Diese ziemlich dickschalige Art mit hohem, aufgeblasenem Wirbel, geradlinigem Ventralrand und von verlängert-ovaler Form hat durchaus keine nähere Beziehung zu der echten *Castalia ambigua* LAMARCK. Der Wirbel ist weit nach vorn gerückt, in 16/100 der Länge gelegen. Ich besitze die Art aus dem Amazonas.

Bemerkungen: Die obige Diagnosis ist die wörtliche Beschreibung dieser Art; die Anspielung darin auf *Castalia ambigua* ist darauf zurückzuführen, daß frühere Autoren sie als solche bezeichnet hatten. Obgleich ich den Typus von *baro* in den Händen hatte, kann ich mir kein Bild von ihren Verwandtschafts-Beziehungen machen und führe sie hier — unter Vorbehalt — als eigene Art auf.

Verbreitung: Amazonas.

13. **Castalia stevensi** (H. B. Baker)

1930 *Tetraplodon stevensi* H. B. Baker, Occ. Pap. Mus. Zool., Univ. Michigan, Ann Arbor, Nr. 210: 63; Taf. 32, Fig. B; Taf. 33, Fig. B. — Terra typica: Río Yuruari, Zufluß des Río Essequibo, Venezuela.

Diagnosis: Schale etwas rautenförmig, wenig fest, zusammengepreßt. Wirbel ziemlich niedrig und oben abgeflacht, mit einer Skulptur aus zahlreichen, fast geraden und abgeflachten Rippchen, die ab und zu in Paaren V-förmig zusammenhängen, und die nach unten zu schwächer werden und nahe dem Bauchrande verschwinden. Vorderende schmal gerundet; Hinterende gebogen und abgestutzt; Rückenrand geschwungen; Bauchrand ebenso, aber schwächer. Rechte Klappe mit zwei Hauptzähnen, deren unterer dicker und höher ist; linke Klappe mit einem Hauptzahne, der hoch und schneidenförmig ist und hinten von einem Zähnchen gefolgt ist. Seitenzähne kurz, einer rechts, zwei links. Konchinschicht bläulich oder perlfarben. — Maße: Länge 28,3—37,6 mm, Höhe 22,5—29,1 mm, Dicke 15,8—20,9 mm.

Bemerkungen: Scheint *Castalia crosseana* Hidalgo nahe zu stehen und ist vielleicht nur eine Lokalform davon. H. B. Baker hält *Castalia schombergiana* für die nächstverwandte Art.

Verbreitung: Nur vom ursprünglichen Fundort bekannt.

14. **Castalia orinocensis** Morrison

1943 *Castalia orinocensis* Morrison, Nautilus, Philadelphia u. Boston, 57:14; Taf. 5, Fig. 1—4. — Terra typica: Orinoco bei Maipures, Kolumbien.

Diagnosis: Schale etwas rautenförmig bis elliptisch, leicht ungleichseitig, mäßig zusammengepreßt. Wirbel flach und niedrig, mit einer Skulptur aus zahlreichen, flachen und ausstrahlenden Rippchen. Vorderende gleichmäßig gerundet; Hinterende schief abgestutzt; Arealkante undeutlich und gerundet. Rückenrand geschwungen; Bauchrand leicht gebogen. Konchinschicht olivenfarben. Hauptzähne ziemlich fest, radial stehend; Seitenzähne lang und leicht gebogen. Perlmutter weiß. — Maße: Länge 36,6 mm, Höhe 24 mm, Dicke 17,2 mm.

Bemerkungen: Nach den Angaben des Beschreibers ist diese mir unbekannte Art eine Form aus der Gruppe der *Castalia multisulcata* Hupé, von ihr aber durch geringere Bauchigkeit und die radiale Stellung der Hauptzähne verschieden. Einem weiteren, von Morrison erwähnten Unterscheidungsmerkmal, der völligen Verschmelzung der vorderen Muskeleindrücke, messe ich keine Bedeutung bei.

Verbreitung: Nur vom ursprünglichen Fundort bekannt, aber bestimmt im Orinoco-Gebiete verbreitet.

Genus **Chevronaias** Olsson & Wurtz

1951 *Chevronaias* Olsson & Wurtz, Notulae Naturae, Philadelphia, Nr. 239:6; Abb. 3—6. — Species typica: *Chevronaias colombiana* Olsson & Wurtz (durch Monotypie).

Diagnosis: Schale klein, fest, etwas rautenförmig, mit deutlicher Arealkante, die eine flache Area von der sonst gekrümmten Schalenfläche trennt. Rechte Hauptzähne niedrig, mit einer tiefen Grube mit ausgefransten Seiten zwischen sich. Schalenfläche mit einem Muster von sparrenartig ineinandersteckenden, enge stehenden Fältchen besetzt, die sich auch über die Area erstrecken. Wirbelhöhlen tief.

Verbreitung: Nur aus Kolumbien von der ursprünglichen Fundstelle bekannt.

1. **Chevronaias colombiana** OLSSON & WURTZ

1956 *Chevronaias colombiana* OLSSON & WURTZ, Notulae Naturae, Philadelphia, Nr. 239:6; Abb. 3—6. — Terra typica: Río Caqueta oberhalb Tres Esquinas, Kolumbien, Zufluß des Amazonen-Stromes.

Diagnosis: Die der Gattung. — Maße: Länge 30,2 mm, Höhe 24,9 mm, Dicke 23,5 mm.

Bemerkungen: Sicher nahe mit *Castalia* verwandt und vielleicht nur eine Untergattung von ihr; mir nur aus dem Schrifttum bekannt.

Verbreitung: Kolumbien.

Genus **Paxyodon** SCHUMACHER

1817 *Paxyodon* SCHUMACHER, Essai nouv. Syst. Vers Testacés: 46, 139; Taf. 11, Fig. 3. — Species typica: *Paxyodon ponderosus* SCHUMACHER (durch Monotypie).

Diagnosis: Schale von mittlerer Größe, etwas dreieckig, vorn und hinten geflügelt, fest, aufgeblasen; Arealkante sehr deutlich, die nahe den Wirbeln schneidenartig erhoben ist; Area tief ausgehöhlt. Schalenfläche glatt. Wirbel voll, wenig erhoben, mit unbekannter Skulptur, und mit mäßig tiefen Wirbelhöhlen. Konchinschicht ziemlich stumpf bräunlich. Schloßlinie lang, gerade, schmal; Hauptzähne weit vorn liegend, schneidenartig, zwei rechts, einer links, doch dort manchmal mit einem kleinen Hilfszahn; Seitenzähne schneidenartig, lang, weit nach hinten reichend, einer rechts und zwei links; alle Zähne mehr oder minder stark senkrecht körnig gestrichelt; auf dem Intervall stehen meist kleine, radial angeordnete zahnartige Bildungen.

Verbreitung: Süd-Amerika.

1. **Paxyodon syrmatophorus** (MEUSCHEN)

1a. Paxyodon syrmatophorus syrmatophorus (MEUSCHEN)

1781 *Mya syrmatophora* MEUSCHEN in GRONOVIUS, Zoophylacium Gronovianum: Taf. 8, Fig. 1—2. — Terra typica: Guinea(!)

1817 *Paxyodon ponderosus* SCHUMACHER, Essai nouv. Syst. Vers Testacés: 46, 139; Taf. 11, Fig. 3. — Terra typica: Nicht angegeben.

Diagnosis: Schale unregelmäßig dreieckig oder rautenförmig, mehr oder weniger aufgeblasen, fest, etwas ungleichseitig. Wirbel voll, meist hoch, anscheinend ohne Skulptur. Arealkante deutlich, oft schnurartig, manchmal unten doppelt. Rückenrand meist gerade, vorn und hinten geflügelt; Vorderende schmal, oben wie abgeschnitten, unten gerundet; Bauchrand gerade oder leicht geschwungen; Hinterende schief, fast viereckig abgestutzt, oft wie eingebuchtet. Schalenfläche meist glatt, mit manchmal einigen Falten unter dem Schloßband. Konchinschicht von gelblichgrün bis bräunlich, glänzend, oft metallisch schimmernd. Schloßzähne verlängert, ziemlich stark, aber zusammengepreßt; Hauptzähne jederseits zwei oder mehr; ein Seitenzahn rechts und zwei links, alle oft senkrecht gestrichelt. Perlmutter bläulich, fleischfarben oder rötlich. — Maße: Länge 85—102 mm, Höhe 52—70 mm, Dicke 34—35 mm.

Bemerkungen: Eine in ihrer Umrißform, Aufgeblasenheit und Schalengröße recht veränderliche Art, so daß obige Beschreibung nur einen ungefähren Begriff davon zu geben vermag.

Verbreitung: Amazonas-Gebiet und Guayana.

1b. Paxyodon syrmatophorus complanatus (Hupé)

1857 *Hyria complanata* Hupé in Castelnau, Anim. nouv. Amérique du Sud: 80; Taf. 15, Fig. 3. — Terra typica: Guiana.

Diagnosis: Der Nominatform sehr ähnlich, in der Hauptsache durch die wesentlich niedrigere Arealkante und die stärker gestrichelten Hauptzähne davon verschieden; auch soll die Form dunkler gefärbt sein als der typische *syrmatophorus*. — Maße: Länge 85 mm, Höhe 70 mm, Dicke 35 mm.

Bemerkungen: Diese Form wurde bisher meist als gute Art betrachtet. Die Unterschiede zwischen *syrmatophorus* und *complanatus* scheinen mir aber so gering, daß ich den zweiten der ersten als Unterart zuteile.

Verbreitung: Nur aus Guayana bekannt.

Genus **Callonaia** Simpson

1900 *Callonaia* Simpson, Proc. U.S. nation. Mus., Washington, **22**:867. — Species typica: *Castalia duprei* Récluz (durch Monotypie).

Diagnosis: Schale dreieckig, dünn, aufgeblasen; Wirbel sehr hoch und voll, anscheinend ohne Skulptur. Arealkante sehr deutlich. Vorderende oben etwas spitz, unten gerundet. Schloßband sehr kurz. Hinterende deutlich abgestutzt. Schalenoberfläche ohne Skulptur. Konchinschicht hell grünlich gelb und glänzend. Schloßlinie gebogen, zusammengedrückt. Zwei Hauptzähne jederseits, ein Seitenzahn rechts und zwei links, beide körnig senkrecht gestrichelt. Wirbelhöhlen sehr tief, nicht zusammengedrückt.

Verbreitung: Amazonas-Gebiet, Brasilien.

1. **Callonaia duprei** (Récluz)

1842 *Castalia duprei* Récluz, Revue de Zoologie:305. — Terra typica: Große Seen im Staate Pará, Brasilien.

1869 *Castalia dolabella* Sowerby, Conch. Icon., **17**, *Castalia:* Taf. 3, Fig. 13 a—c. — Terra typica: Nicht genannt.

Diagnosis: Die der Gattung. — Maße: Länge 68—130 mm, Höhe 53—100 mm, Dicke 35—72 mm.

Verbreitung: Bisher nur aus Amazonas-Zuflüssen in den brasilianischen Staaten Pará und Goyaz bekannt.

Genus **Prisodon** Schumacher

1817 *Prisodon* Schumacher, Essai nouv. Syst. Vers Testacés: 138. — Species typica: *Prisodon obliquus* Schumacher (Simpson 1896).

1819 *Hyria* Lamarck, Anim. sans Vert., **6**:81. — Species typica: *Hyria corrugata* Lamarck (Simpson 1896).

1900 *Hyriana* SIMPSON, Proc. U.S. nation. Mus., Washington, **23**:872. — Species typica: *Unio ortonii* LEA.

Diagnosis: Schale der von *Pteria* ähnlich, fest, etwas aufgeblasen, mit deutlicher Arealkante, oberhalb welcher die Area ausgehöhlt erscheint; diese trägt eine radiale Reihe von feinen Fältchen. Schalenfläche glatt, bis auf deutliche, zarte radiale Linien, die, da sie die konzentrischen Wachstumslinien kreuzen, eine mikroskopische Netzzeichnung hervorrufen. Wirbel voll, aber nicht erhöht, ohne bekannte Skulptur. Konchinschicht gelblich grün bis bräunlich, oft bronzeartig schimmernd. Schloß vorn und hinten breiter als unter den Wirbeln; linke Klappe mit zwei mehr oder weniger verlängerten, zusammengepreßten Hauptzähnen, die eine Neigung zum Aufbrechen in kleine Zähnchen haben, und zwei Seitenzähnen; rechte Klappe mit einem bis zwei gleichermaßen aussehenden Hauptzähnen und einem einzelnen Seitenzahn, der, wie die links, körnig senkrecht gestrichelt ist. Wirbelhöhlen nicht sehr tief.

Verbreitung: Brasilien und Guayana.

1. Prisodon alatus (SOWERBY)

1869 *Hyria alata* SOWERBY, Conch. Icon., **17**, *Hyria:* Taf. 5, Fig. 13. — Terra typica: Guayana.

Diagnosis: Schale unregelmäßig dreieckig, etwas aufgeblasen, leicht ungleichseitig. Rückenrand stark eingebuchtet, vorn und hinten, dort aber viel höher, geflügelt. Wirbel niedrig und nicht sehr aufgetrieben. Arealkante etwas hervortretend. Bauchrand stark gerundet; Vorderende verschmälert, unten wie abgeschnitten und gerundet, von buchtigem Umriß; Hinterende in der Mitte stark eingebuchtet. Schalenfläche fast glatt, Konchinschicht olivenbraun. — Maße: Länge 115 mm, Höhe 85 mm.

Bemerkungen: Eine wenig bekannte Art, die, nach den wenigen untersuchten Stücken zu urteilen, recht formveränderlich ist.

Verbreitung: Amazonas-Gebiet und Guayana.

2. Prisodon obliquus SCHUMACHER

1817 *Prisodon obliquus* SCHUMACHER, Essai nouv. Syst. Vers Testacés: 139; Taf. 11, Fig. 2. — Terra typica: Nicht genannt.

1819 *Hyria avicularis* LAMARCK, Anim. sans Vert., **6**:82. — Terra typica: Brasilien?

1827 *Unio caudatus* WAGNER in SPIX & WAGNER, Test. fluv. Brasil.: 35; Taf. 27, Fig. 1—2. — Terra typica: Fluß Solimoes, Brasilien (= *Diplodon furcatum* SPIX: 35; Taf. 27, Fig. 1—2).

1841 *Hyria elongata* SWAINSON, Exotic Conchology: 29; Taf. 24. — Terra typica: Unbekannt.

1857 *Hyria castelnaudi* HUPÉ in CASTELNAU, Moll. nouv. Amér. du Sud: 81; Taf. 16, Fig. 1. — Terra typica: Brasilien.

1868 *Unio ortonii* LEA, Proc. Acad. nat. Sci. Philadelphia, **12**:161. — Terra typica: Fluß Napo, Zufluß des Amazonas in Ekuador.

Diagnosis: Schale groß und verlängert, unregelmäßig dreieckig, ungleichseitig, fest; Wirbel voll, aber nicht sehr erhoben. Rückenlinie fast gerade, vorn und hinten geflügelt. Arealkante deutlich, nach unten zu manchmal doppelt. Schalenfläche gelegentlich mit Spuren von radialer Skulptur; junge Stücke tragen manchmal auf der Area Falten. Konchinschicht heller bis dunkler bräunlich, oft ins Grünliche schillernd, glänzend. Hauptzähne zusammengepreßt, verlängert, aufgesplittert und gerauht; Seitenzähne weit zurückliegend. Perlmutter fleischfarben. — Maße: Länge 165 mm, Höhe 80 mm, Dicke 43 mm.

Bemerkungen: Eine sehr veränderliche Art, die, je nach der betreffenden Altersstufe, im Umriß stark variieren kann; aus diesem Grunde ist es fast unmöglich, eine alle Stadien deckende Beschreibung zu geben. Da ich Stücke gesehen habe, die deutliche Übergänge von *P. obliquus* zu *H. castelnaudi* darstellen, habe ich nicht gezögert, diese in die Synonymie der ersteren zu stellen. Auch *P. ortonii* LEA, für die SIMPSON eine eigene Untergattung *Hyriana* geschaffen hat, ist sicher nichts anderes als ein an den Kanten abgeschliffener *obliquus*, und zwar in der als *castelnaudi* bezeichneten Ausbildungsform; aus diesem Grunde ist der von SIMPSON gegebene subgenerische Name überflüssig.

Verbreitung: Gebiet des Amazonas; südliches Brasilien?

3. Prisodon rectus (SOWERBY)

1869 *Hyria recta* SOWERBY, Conch. Icon., **17**, *Hyria:* Taf. 5, Fig. 10. — Terra typica: Unbekannt.

Diagnosis: Schale fest, verlängert, vorn und hinten hoch geflügelt, ungleichseitig. Wirbel voll und etwas erhoben. Arealkante mit Andeutungen einer inneren. Rückenrand nach oben gekrümmt. Vorder- und Hinterflügel stark vorgezogen. Hinterer Rückenrand eingebogen; Vorderende unter dem Flügel stark eingebogen, darunter gerundet; Bauchrand fast gerade. Konchinschicht kastanienbraun. — Maße: Länge 130 mm, Höhe 53 mm.

Bemerkungen: Alle gebrachten Angaben über diese Art sind nach SOWERBY; sie scheint nicht wiedergefunden zu sein und ist vielleicht auch keine gute Art, sondern eine Form aus dem Gebiete von *obliquus*.

Verbreitung: Keine genaueren Angaben als „Süd-Amerika“ vorhanden.

4. Prisodon brownianus (LEA)

1838 *Unio brownianus* LEA, Trans. amer. philos. Soc., Philadelphia, **6**:108; Taf. 24, Fig. 116. — Terra typica: Amazonas-Fluß.

Diagnosis: Schale ziemlich klein, verlängert, etwas rautenförmig, aufgeblasen, wenig bis stärker fest, ungleichseitig. Wirbel voll und hoch. Arealkante deutlich. Rückenrand fast gerade, vorn und hinten wenig geflügelt. Schalenfläche glatt, mit Andeutungen einer radialen Skulptur. Konchinschicht grünlich braun, leicht glänzend. Hauptzähne sehr aufgesplittert, etwas radial angeordnet. Perlmutter schmutzig weiß. — Maße: Länge 52—61 mm, Höhe 28—39 mm, Dicke 23,5—24 mm.

Bemerkungen: Eine sehr seltene, mir unbekannte Form, deren Beschreibung ich von SIMPSON übernommen habe. Ich kann mich des Verdachtes nicht erwehren, daß es sich bei ihr um die Jugendform irgendeiner größeren *Prisodon*-Art handelt.

Verbreitung: Nur von der Terra typica bekannt.

Genus Triplodon SPIX

1827 *Triplodon* SPIX in SPIX & WAGNER, Test. fluv. Brasil.: 35. — Species typica: *Triplodon rugosum* SPIX (durch Monotypie).

1840 *Naia* SWAINSON, Treat. Malacol.: 379. — Species typica: *Unio corrugatus* MÜLLER (HERRMANNSEN 1846).
1881 *Harmandia* ROCHEBRUNE, Bull. Soc. philomat., Paris, **6**:46. — Species typica: *Harmandia somboriensis* ROCHEBRUNE (durch Monotypie).

Diagnosis: Schale unregelmäßig rautenförmig, fest, leicht aufgeblasen, vorn schmäler und geflügelt, hinterer Oberrand mit einem Flügel. Arealkante oft doppelt. Wirbel mit starker, fast radialer Skulptur, deren mittlere Falten V-förmig zusammenlaufen und die sich mehr oder weniger über die gesamte Schalenfläche erstreckt. Konchinschicht dick, grünlich bis bräunlich oder fast schwarz im Alter. Zwei oder mehr kurze, zusammengepreßte Hauptzähne jederseits, die stark zu Zähnchen aufgesplittert sind; ein Seitenzahn rechts und zwei links.

Bemerkungen: Diese Gattung war meist *Hyria* genannt worden, was nun aber, nach der neuerlichen Festlegung der typischen Art durch SIMPSON (1896) nicht mehr zulässig ist; es muß dafür der Name *Triplodon* SPIX (1827) eintreten.

Verbreitung: Amazonas-Gebiet und Guayana.

Bestimmungsschlüssel zu den Untergattungen

1 Flügel auf dem hinteren Oberrande wohl entwickelt . . . . . . ***Triplodon***, S. 545
1′ Flügel hinten wenig entwickelt; Schale zusammengepreßt . . . ***Triquetrana***, S. 547

Subgenus **Triplodon** s. str.

Diagnosis: Schale mehr oder weniger aufgeblasen; hinterer Flügel wohl entwickelt.

1. Triplodon (Triplodon) corrugatus (LAMARCK)

1819 *Hyria corrugata* LAMARCK, Anim. sans Vert., **6**:82. — Terra typica: Unbekannt.
1827 *Triplodon rugosum* SPIX in SPIX & WAGNER, Test. fluv. Brasil.: 35; Taf. 29, Fig. 1—2. — Terra typica: Fluß Solimões, Zufluß des Amazonas, Brasilien.
1828 *Mya angulata* WOOD, Suppl. Index Testaceol.: 3; Taf. 1, Fig. 12. — Terra typica: Süd-Amerika.
1869 *Hyria exasperata* SOWERBY, Conch. Icon., **17**, *Hyria:* Taf. 2, Fig. 3. — Terra typica: Britisch-Guayana.
1881 *Harmandia somboriensis* ROCHEBRUNE, Bull. Soc. philom., Paris, **6**:46; Taf. 1, Fig. 1—3. — Terra typica: Mekong-Fluß bei Sombor, Kambodja.
1904 *Harmandia castelneaui* ROCHEBRUNE, Bull. Mus. Hist. nat., Paris: 139. — Terra typica: Kochinchina.

Diagnosis: Schale etwa rautenförmig, stark oder leicht aufgeblasen, von fast dünn zu fest wechselnd, ungleichseitig. Wirbel niedrig und leicht niedergepreßt, mit einer Skulptur aus starken, ausstrahlenden Rippchen, die sich an Stellen in Paaren V-förmig vereinigen und die sich längs der Arealkante manchmal vergabeln; diese Skulptur kann sich über die gesamte Schalenfläche erstrecken und kann gelegentlich leicht knotig oder in Zickzackform erscheinen. Arealkante sehr deutlich, unten oft von einer inneren begleitet. Rückenrand gebogen, deutlich vorn und hinten geflügelt; Vorderende schmal, unten wie abgeschnitten, Hinterende meist schief abgestutzt, oft sogar eingebuchtet. Konchinschicht grünlich braun. Hauptzähne zusammengedrückt, stark aufgesplittert; Seitenzähne lang und gerade in der Jugend, kurz und gekrümmt im Alter; alle Zähne mehr oder weniger senkrecht gestrichelt. Perlmutter meist glanzlos, manchmal silberig. — **Maße**: Länge 94—107 mm, Höhe 60—63 mm, Dicke 27—34 mm.

Bemerkungen: Diese Art ist in ihrer Schalendicke und Schalenskulptur recht veränderlich. Während die Dicke von gering bis mäßig fest wechselt, kann die Skulptur auf die älteren Schalenteile beschränkt sein oder sogar fast ganz fehlen.

Verbreitung: Guayana; Gebiet des Amazonas-Flusses.

2. Triplodon (Triplodon) latialatus (Sowerby)

1869 *Hyria latialata* Sowerby, Conch. Icon., **17**, *Hyria:* Taf. 2, Fig. 4. — Terra typica: Britisch-Guayana.

Diagnosis: Schale fast regelmäßig dreieckig, zusammengedrückt, mit niedrigem vorderem und hohem, dreieckigem hinterem Flügel. Arealkante deutlich. Hinterende fast senkrecht abgestutzt. Wirbel niedrig, mit einer Skulptur aus ziemlich zarten, ausstrahlenden Rippchen, deren innere sich paarweise V-förmig vereinigen; diese Skulptur erstreckt sich über die obere Schalenhälfte. Konchinschicht grünlich braun. — Maße: Länge 118 mm, Höhe 97 mm.

Bemerkungen: Sowerby's oben wiederholte Beschreibung und die Abbildung in der Conchologia Iconica stellen die gesamte Kenntnis dieser Form dar. Sie ist mir nicht bekannt, doch scheint sie dem vorangehenden *T. corrugatus* sehr nahe zu stehen und wohl noch in dessen Variationsbreite zu gehören.

Verbreitung: Guayana.

3. Triplodon (Triplodon) transversus (Hupé)

1857 *Hyria transversa* Hupé in Castelnau, Moll. nouv. Amér. Sud: 79; Taf. 15, Fig. 1. — Terra typica: Brasilien.

Diagnosis: Schale etwa rautenförmig, fest, fast aufgeblasen, etwas ungleichseitig. Wirbel ziemlich voll, mit einer Skulptur aus wenigen, breiten, ausstrahlenden Rippchen, die sich nur wenig über die Schalenfläche erstrecken. Eine äußere und eine innere Arealkante. Vorderende etwas verschmälert, gerundet, oben nur schwach geflügelt; hinterer Flügel nur mäßig hoch, hinten schief abgestutzt. Konchinschicht bräunlich schwarz. Schloßzähne ziemlich fest. Perlmutter rötlich. — Maße: Länge 100 mm, Höhe 60 mm, Dicke 35 mm.

Bemerkungen: Auch diese mir unbekannte Art dürfte *T. corrugatus* nahestehen, vielleicht sogar ihm zuzurechnen sein.

Verbreitung: Brasilien.

4. Triplodon (Triplodon) rugosissimus (Sowerby)

1869 *Hyria rugosissima* Sowerby, Conch. Icon., **17**, *Hyria:* Taf. 3, Fig. 5. — Terra typica: Amazonas-Fluß.

Diagnosis: Schale etwa rautenförmig, bauchig, ziemlich fest, ungleichseitig, mit fast geradem Rückenrande, der vorn und hinten mit Flügeln versehen ist. Wirbel niedrig, mit einer Skulptur aus sehr starken, ausstrahlenden Falten, die sich paarweise zu einem V vereinigen; diese Skulptur erstreckt sich über die gesamte Schalenfläche, vergabelt sich an der Arealkante und wird oft rauh und knotig. Voderende mit einem kleinen Flügel, gerundet, unten etwas abgeschnitten; Bauchrand gekrümmt, am meisten so hinter der Mitte; Hinterende schief abgestutzt, mit einem Flügel. Konchinschicht grünlich braun. Hauptzähne zusammengepreßt, etwas aufgesplittert; Seitenzähne etwas gebogen, fest, weit zurückliegend, sie wie die Hauptzähne etwas senkrecht geriefelt. Perlmutter fleischfarben. — Maße: Länge 107—125 mm, Höhe 80—85 mm, Dicke 35—38 mm.

Bemerkungen: Von dem nahe verwandten *Triplodon corrugatus* durch die stets sehr ausgeprägte, starke Wirbel- und Schalenskulptur unterschieden.

Verbreitung: Amazonas-Gebiet.

Subgenus **Triquetrana** SIMPSON

1900 *Triquetrana* SIMPSON, Proc. U.S. nation. Mus., Washington, **23**:869. — Species typica: *Unio stevensii* LEA.

Diagnosis: Nur niedrig geflügelt und mit weniger aufgeblasener Schale.

Verbreitung: Süd-Amerika.

5. **Triplodon (Triquetrana) stevensii** (LEA)

1871 *Unio stevensii* LEA, Proc. Acad. nat. Sci. Philadelphia, **23**:188. — Terra typica: Yuruari-Fluß, Nebenfluß des Essequibo-Flusses, Guayana.

Diagnosis: Schale etwas dreieckig, ganz leicht zusammengepreßt, mäßig fest, ungleichseitig. Wirbel niedrig, mit zahlreichen, ausstrahlenden Fältchen skulptiert, die sich weiter unten V-förmig paarweise vereinigen; diese Skulptur, die vorne manchmal zickzackartig wird, erstreckt sich über die ganze Schalenoberfläche. Eine äußere und eine innere Arealkante ist vorhanden. Rücken- und Bauchrand gebogen; Vorderende schmal, gerundet, oben sehr schwach geflügelt; hinterer Oberrand niedrig geflügelt; Hinterende schief abgestutzt. Konchinschicht grünlich braun. Die Hauptzähne stehen radial und sind leicht aufgesplittert, manchmal aber fast glatt; Seitenzähne zart, weit zurückliegend, zart senkrecht gestrichelt. Perlmutter schmutzig purpurfarben. — Maße: Länge 62—64 mm, Höhe 44—47 mm, Dicke 21 mm.

Bemerkungen: Diese Art scheint seit der Urbeschreibung niemals wiedergefunden worden zu sein, denn sie wird nie von einem neuen Fundorte im Schrifttum erwähnt.

Verbreitung: Nur vom ursprünglichen Fundort bekannt.

6. **Triplodon (Triquetrana) jamauchimensis** (F. BAKER)

1913 *Hyria jamauchimensis* F. BAKER, Proc. Acad. nat. Sci. Philadelphia, **65**:664; Taf. 27, Fig. 809. — Terra typica: Rio Jamauchim, Zufluß des Amazonas, Brasilien.

1914 *Hyria amazonia* FRIERSON, Proc. U.S. nation. Mus., Washington, **47**:363; Taf. 12. — Terra typica: Amazonas-Fluß, Brasilien.

1926 *Hyria wheatleyi* MARSHALL, Proc. U.S. nation. Mus., Washington, **69**:7; Taf. 1, Fig. 3, 5; Taf. 3, Fig. I. — Terra typica: Río Negro, 1200 Meilen stromaufwärts im Amazonas-Flusse.

Diagnosis: Schale ziemlich dünn, zusammengepreßt, etwas rautenförmig, ungleichseitig. Wirbel niedrig, mit Spuren einer starken radialen Skulptur, die sich halbwegs nach unten über die Schalenfläche erstreckt und deren Elemente sich unregelmäßig zerteilen oder zusammenfließen und deren äußerste Teile deutlicher und fast waagerecht sind. Konchinschicht hell olivengelb. Ein kleiner vorderer Flügel und ein deutlicherer hinterer sind vorhanden. Arealkante undeutlich und undeutlich doppelt. Rückenrand leicht geschwungen, vorderer verschmälert, oben scharf gebogen, unten in regelmäßiger Krümmung in den Bauchrand übergehend; Hinterrand schief abgestutzt. Schloßlinie scharf gekrümmt; rechte Klappe mit drei Hauptzähnen, von denen zwei klein sind und die zwischen sich einen dreieckigen mittleren Hauptzahn enthalten, der in sechs kleine Zähnchen aufgespalten ist; ferner einen langen, schmalen Seitenzahn; linke Klappe mit drei Hauptzähnen, deren vorderer einfach und vorragend ist, während die zwei hinteren abgeflacht und unregelmäßig in kleinere Zähnchen aufgesplittert sind; sowie zwei Seitenzähnen, die sich erst nach einiger Entfernung voneinander trennen. Perlmutter perlweiß, schillernd. — Maße: Länge 45,75 mm, Höhe 31 mm, Dicke 11,75 mm.

Bemerkungen: Die Beschreiber der oben angeführten drei *Triplodon*-Arten erwähnten nicht, daß diese in die Verwandtschaft des *Triplodon (Triquetrana) stevensii* gehören; dabei ist dieses Verwandschaftsverhältnis so augenfällig, daß alle drei mit dem genannten zusammen in die Untergattung *Triquetrana* gestellt werden müssen. Ja, noch weiter, der Grad der Verwandtschaft ist so nahe, daß alle drei zusammen zweifellos nur eine und dieselbe Art, darstellen. Im einzelnen liegen die Verhältnisse folgendermaßen: *Amazonius* dürfte die Altersform dessen darstellen, was MARSHALL als *wheatleyi* beschrieben hat und was F. BAKER *jamauchimensis* genannt hat. Jugendformen von *amazonius* gleichen den Abbildungen von *wheatleyi* und *jamauchimensis* so sehr, daß auch die Artgleichheit der drei als erwiesen gelten darf.

Verbreitung: Gebiet des Amazonas-Flusses.

Fam. **Mutelidae** CONRAD

1853 Muteladae CONRAD, Proc. Acad. nat. Sci. Philadelphia, **6**:267.

Diagnosis: Schale meist ohne Skulptur. Wirbel glatt oder nur schwach gerunzelt, ohne jede Spur einer Embryonalschale. Schloß zahnlos oder gezähnt, aber nur mit Hauptzähnen, nie Seitenzähne zeigend; in einigen wenigen Fällen kann ein Schloß, das einem taxodonten zu vergleichen ist, vorhanden sein. Perlmutter stets reich schillernd; die Mantellinie zeigt in wenigen Fällen hinten eine Einbuchtung. — Der Weichkörper zeichnet sich durch lange Palpen und dadurch aus, daß die Anal- und die Superanalöffnungen nicht voneinander getrennt sind; der Mantel ist hinten geschlossen und ist in einen Kiemen- und einen Aftersipho ausgezogen, die beide stets getrennt sind. Das Marsupium nimmt die gesamten äußeren Kiemen ein; die Larve ist ein Lasidium, das aus drei Segmenten besteht, von denen nur das mittlere eine Schale trägt.

Verbreitung: Afrika; Süd- und Mittel-Amerika.

A. Südamerikanische Gattungen

Genus **Haasica** STRAND

1931 *Marshalliella* HAAS, Senckenbergiana, Frankfurt a. M., **13**:50 (non KIEFFER 1913, nec HOPPIUS 1914). — Species typica: *Plagiodon balzani* IHERING (durch Monotypie).

1932 *Haasica* STRAND, Folia Zool. Hydrobiol., Riga, **4**: 134 (nomen novum pro *Marshalliella* HAAS 1931).

Diagnosis: Muschel äußerlich ganz einer *Monocondylaea* gleichend (etwa der *lentiformis* LEA), aber im Schlosse ganz davon verschieden. Die Schloßzähne sitzen einer ausgeprägten Schloßplatte auf. In der rechten Klappe ist ein hoher, schmaler Zahn ausgebildet, der von der Wirbelspitze schief nach hinten in der Richtung auf die hintere Ecke des Unterrandes der Schale zieht; hinter ihm befindet sich eine etwas keilförmige Grube, die hinten von einer niedrigen, schmalen, zahnartigen Bildung begrenzt wird. In der linken Klappe sitzt etwas vor den Wirbeln eine schwielige Verdickung, auf die nach hinten zu eine tiefe, schmale, sich bohrlochartig bis unter die Wirbelspitze fortsetzende Rinne folgt; nach dieser kommt ein hoher, schmaler, nach den Wirbeln zu leicht hakenartig gekrümmter Zahn, der gegen die vor ihm liegende Rinne steil abfällt, sich nach hinten aber weniger scharf absetzt. Die Wirbelhöhlen sind tief, etwas zusammengepreßt.

Verbreitung: Rio Paraguay, Staat São Paulo, Brasilien.

1. **Haasica balzani** (IHERING)

1893 *Plagiodon balzani* IHERING, Arch. Naturgesch., Berlin, **59** (1): 69; Taf. 3, Fig. 3. — Terra typica: Rio Paraguay unterhalb der Mündung des Rio Apá, Staat São Paulo, Brasilien.

Diagnosis: Schale unregelmäßig dreieckig, fest, ganz leicht aufgeblasen, ungleichseitig, mit der größten Dicke hinter den Wirbeln. Wirbel voll und hoch. Vorderende schmal und gerundet; Hinterende schief abgestutzt; Bauchrand gerundet. Konchinschicht dick, schwärzlich oder gräulich braun. Perlmutter weiß. Schloß wie in der Gattungsdiagnosis beschrieben. — Maße: Länge 32 mm, Höhe 27 mm, Dicke 17 mm.

Bemerkungen: SIMPSON (1914: 1395) gibt irrtümlicherweise die Maße von *Fossula balzani* als die der *Haasica balzani* (IHERING).

Verbreitung: Nur vom ursprünglichen Fundort bekannt.

Genus **Diplodontites** MARSHALL

1922 *Diplodontites* MARSHALL, Proc. U.S. nation. Mus., Washington, **61** (16): 1. — Species typica: *Diplodontites cookei* MARSHALL (durch Monotypie).

Diagnosis: Schale elliptisch, mäßig fest; Wirbel mäßig erhoben. Konchinschicht stoffartig, glanzlos, gelblich olivenfarben, mit 10 grünlichen, ausstrahlenden Streifen auf der Area. Schloß mit Schloßplatte; rechte Klappe mit drei Hauptzähnen, deren vorderster der stärkste ist und deren hinterster nur undeutlich ausgebildet ist; linke Klappe mit drei Hauptzähnen, deren vorderster fast rückgebildet ist, während der mittlere dreieckig und groß ist und der hinterste lang und niedrig; die Grube zwischen dem ersten und dem zweiten Hauptzahn ist sehr tief.

Verbreitung: Gebiet der Magdalenas- und der obersten Amazonas-Flüsse.

1. **Diplodontites cookei** MARSHALL

1922 *Diplodontites cookei* MARSHALL, Proc. U.S. nation. Mus., Washington, **61** (16): 2. — Terra typica: Zufluß des Río Colorado, eines Nebenflusses des Río Magdalena, Prov. Santander, Kolumbien.

Diagnosis: Schale elliptisch, mäßig fest, vorn und hinten gerundet. Wirbel mäßig erhoben, ohne erkennbare Skulptur. Hinterer Oberrand leicht gekrümmt. Weitere Verhältnisse wie in der Gattungsdiagnose angegeben. — Maße: Länge 53 mm, Höhe 32 mm, Dicke 20 mm.

Verbreitung: Zu- und Nebenflüsse des Magdalena-Stromes in Kolumbien und Río Huancabamba, oberes Amazonas-Gebiet, Peru.

Genus **Tamsiella** HAAS

1931 *Tamsiella* HAAS, Senckenbergiana, Frankfurt a. M., **13**:87. — Species typica: *Monocondylaea tamsiana* DUNKER (durch Monotypie).

Diagnosis: Schale der von *Monocondylaea* von außen sehr ähnlich, ohne Schloßplatte. In der rechten Klappe ist ein dicklich stumpfer, niederer Hauptzahn, der hinten von einer seichten Furche begrenzt wird, die am Wirbel endet; der daranstoßende Teil des Rückenrandes ist schwielig verdickt; in der linken Klappe befindet sich eine seichte Grube vor dem Wirbel, auf die, unter dem Wirbel, ein schwaches Zähnchen folgt, das seinerseits hinten von einer seichten Furche begrenzt ist.

Verbreitung: Río Chirgua, Nebenfluß des Orinokko nahe Puerto Cabello, Venezuela.

1. **Tamsiella tamsiana** (DUNKER)

1858 *Monocondylaea tamsiana* DUNKER, Malak. Bl., Kassel, **5**:226. — Terra typica: Río Chirgua bei Porto Cabello, Venezuela.

Diagnosis: Schale eiförmig-elliptisch, aufgeblasen, sehr ungleichseitig, fest. Vorderende kurz abgerundet, Hinterende verbreitert; hinterer Oberrand erhoben, fast geflügelt; Bauchrand mehr oder weniger gebogen. Wirbel voll, hervorragend, ihre Skulptur unbekannt. Konchinschicht olivengrau, stoffartig. Schloß mit den in der Gattungsdiagnose erwähnten Merkmalen. Perlmutter weißlich, schillernd. — Maße: Länge 31—50 mm, Höhe 25,5—30 mm, Dicke 20 mm.

Bemerkungen: Außer der äußeren Form gleicht auch die Beschaffenheit der Konchinschicht der von *Monocondylaea* durchaus, und nur die Schloßmerkmale verraten, daß die Art einer eigenen Gattung angehört.

Verbreitung: Nur vom ursprünglichen Fundort bekannt und anscheinend nie wiedergefunden.

Genus **Iheringella** PILSBRY

1856 *Plagiodon* LEA, Proc. Acad. nat. Sci. Philadelphia, **8**:79 (non DUMÉRIL 1841). — Species typica: *Plagiodon isocardioides* LEA (durch Monotypie).
1893 *Iheringella* PILSBRY, Nautilus, Philadelphia u. Boston, **7**:30. — Species typica: *Plagiodon isocardioides* LEA (durch ursprüngliche Bestimmung).

Diagnosis: Schale fest, aufgeblasen, rundlich bis unregelmäßig dreieckig, mit mehr oder weniger deutlicher Arealkante. Wirbel hoch, nach innen und vorne gedreht, ohne Skulptur. Konchinschicht glanzlos olivenfarben, stoffartig. Schloßzähne unvollkommen entwickelt, knotig oder mehr oder weniger in Zähnchen aufgebrochen; unter dem Wirbel in der linken Klappe steht ein unregelmäßiger, manchmal in zweie gespaltener Zahn, und deren zwei in der rechten Klappe; die Grube zwischen beiden liegt unter dem Wirbel.

Bemerkungen: Man hatte vier Arten in diese Gattung gestellt, während ich nur zwei (die nachfolgend erwähnten) anerkenne. Es hat sich nämlich ergeben, daß *Plagiodon rotundatus* Mousson eine *Monocondylaea* ist und *Plagiodon balzani* Ihering eine eigene Gattung bildet, die wir eben als *Haasica* behandelt haben.

Verbreitung: Río de la Plata und östliches Peru im Oberlaufe des Amazonas.

1. Iheringella isocardioides (Lea)

1856 *Plagiodon isocardioides* Lea, Proc. Acad. nat. Sci. Philadelphia, 8:79. — Terra typica: Río de la Plata.

Diagnosis: Schale unregelmäßig dreieckig oder rautenförmig, stark aufgeblasen, ungleichseitig, dünn oder wenig fest. Wirbel sehr hoch und voll, nach vorn und innen eingerollt. Arealkante sehr deutlich. Vorder- und Hinterende beide fast rechteckig abgestutzt. Schloßlinie gekrümmt. Bauchrand fast gerade. Konchinschicht stumpf olivenfarben. Schloß unvollkommen; Zähne knotig, kurz, ihre obere Hälfte länger, jederseits doppelt. Wirbelhöhlen tief. Perlmutter weiß und stark schillernd. — Maße: Länge 27 mm, Höhe 24 mm, Dicke 23 mm.

Bemerkungen: Mir unbekannte, auch nie wiedergefundene Art, deren Beschreibung ich hier nach Simpson gebracht habe.

Verbreitung: Río de la Plata; vielleicht östliches Peru in Quellströmen des Amazonas.

2. Iheringella semisulcata (H. Adams)

1870 *Monocondylaea (Plagiodon) semisulcata* H. Adams, Proc. zool. Soc. London, **1870**:376; Taf. 27, Fig. 3. — Terra typica: Östliches Peru.

Diagnosis: Schale rautenförmig, fest, aufgeblasen, etwas ungleichseitig. Wirbel eingebogen, nur wenig erhoben. Arealkante deutlich, etwas fadenartig vortretend. Vorderende gleichmäßig gerundet; hinterer Oberrand von den Wirbeln bis zum Ende fast gleichmäßig gekrümmt; Bauchrand vorn gebogen, hinter der Mitte etwas eingedrückt. Schalenfläche in der Mitte radial skulptiert. Konchinschicht faltig, olivenfarben bis schwärzlich. Perlmutter perlig weiß, schillernd. — Maße: Länge 34 mm, Höhe 25 mm, Dicke 18 mm.

Bemerkungen: In der Urbeschreibung ist die Beschaffenheit des Schlosses nicht geschildert. Es wäre demnach unmöglich gewesen, in dieser Form eine Angehörige der Gattung *Iheringella* zu erkennen, wenn nicht H. Adams seine Art mit *I. isocardioides* verglichen hätte.

Verbreitung: Wohl nur vom ursprünglichen Fundort bekannt.

Genus Fossula Lea

1870 *Fossula* Lea, Synopsis Fam. Unionidae, 4. Ausg., Philadelphia: 72, Fußnote. — Species typica: *Monocondylaea fossiculifera* Orbigny (durch Monotypie).

Diagnosis: Schale etwa eiförmig, aufgeblasen, fest. Wirbel ziemlich hoch. Konchinschicht olivenbraun, ziemlich glatt, manchmal leicht gestrahlt. Schloß mit einem unregelmäßigen Zahn in der linken Klappe unter dem Wirbel und einer Vertiefung dahinter; in der rechten Klappe mit einer Vertiefung unter dem Wirbel und einem unregelmäßig gestalteten Zahne davor und einem ebensolchen dahinter; die Zähne und die erwähnten Vertiefungen sind teilweise von brauner konchiniger Substanz bedeckt.

Verbreitung: Süd-Amerika.

1. **Fossula fossiculifera** (Orbigny)

1a. Fossula fossiculifera fossiculifera (Orbigny)

1835 *Monocondylaea fossiculifera* Orbigny, Mag. Zool., Paris, 5 (5):38. — Terra typica: Río Paraná, Argentinien, Prov. Corrientes.

Diagnosis: Schale etwa eiförmig, kurz, mehr oder weniger aufgeblasen, ziemlich fest, ungleichseitig. Wirbel leicht erhoben, aber nicht voll. Arealkante manchmal fadenförmig erhoben. Rückenrand leicht gekrümmt; Vorderende schmal und gerundet; Bauchrand bis zum Ende der Arealkante wohl gebogen; Hinterende mehr oder weniger scharf schief abgestutzt. Schalenfläche im allgemeinen glatt, aber manchmal mit Andeutungen von radialen Furchen. Konchinschicht glanzlos, olivenfarben bis schwärzlich. Linke Klappe mit einem unregelmäßig geformten Zahn unter oder kurz vor dem Wirbel, beiderseits von einer Grube begleitet; rechte Klappe mit zwei Zähnen, einem vor, dem anderen hinter dem Wirbel. Perlmutter trüb bläulich bis fleischfarben. — Maße: Länge 80—83 mm, Höhe 57—63,5 mm, Dicke 35—37 mm.

Verbreitung: Gebiet des oberen Río Paraná.

1b. Fossula fossiculifera balzani Ihering

1895 *Fossula balzani* Ihering, Arch. Naturgesch., Berlin, **59** (1):65; Taf. 3, Fig. 1. — Terra typica: Río Paraguay an der Mündung des Río Apa, Brasilien, Staat São Paulo.

1915 *Fossula balzani mattogrossensis* Ihering, Annexo No. 5, Comm. Linhas Tel. Estrat Matto-Grosso no Amazonas: 13; Abb. 4—5. — Terra typica: Rio Paraguay, Staat Matto Grosso, Brasilien.

Diagnosis: Schale fest, unregelmäßig dreieckig oder rautenförmig, etwas ungleichseitig. Wirbel mäßig erhoben. Schloßlinie buchtig, in der Mitte regelmäßig gekerbt. Vorderende verschmälert, undeutlich abgestutzt; Bauchrand gebogen; Hinterende schief, etwas abgestutzt, rund in den Bauchrand übergehend. Konchinschicht bräunlich olivenfarben. Perlmutter bleifarben, mit bronzefarbenen Flecken. — Maße: Länge 86 mm, Höhe 66 mm, Dicke 40 mm.

Bemerkungen: Die nur aus dem Schrifttum bekannte *Fossula mattogrossensis* Ihering unterscheidet sich von *F. balzani* eigentlich nur durch größere Verlängerung der Schale.

Verbreitung: Gebiet des Rio Paraguay in Brasilien.

1c. Fossula fossiculifera brasiliensis Ihering

1910 *Fossula brasiliensis* Ihering, Abh. senckenb. naturf. Ges. Frankfurt a. M., **32**:116; Taf. 12, Fig. 1a, 1b. — Terra typica: Rio Paraguassú, Staat Bahia, Brasilien.

Diagnosis: Schale vorn sehr verkürzt und in der hinteren Hälfte stark aufgeblasen. Wirbel nicht sehr hoch und klein. Rückenrand schräg von hinten nach vorn geneigt, im hinteren Teile leicht konvex; Vorderende gleichmäßig gekrümmt; Bauchrand zuerst fast geradlinig, hinten konvex. In der Schalenmitte eine breite und flache Furche, die von den Wirbeln gegen den Bauchrand zieht, und hinter der die Schale auffallend stark gewölbt ist. Arealkante ziemlich stark erhoben, manchmal doppelt. Area etwas ausgehöhlt. Schloßleiste rechts vorn mit drei abwärts gerichteten Fortsätzen des Schloßbandes, die etwas eingesenkt sind und die in der linken Klappe drei zahnartigen Verdickungen entsprechen; rechte Klappe vorn mit einem langen, wenig deutlichen Zahne, der in der Gegenklappe einer etwa 7 mm langen, von Ligamentmasse überzogenen Grube entspricht. Wirbelhöhlen verhältnismäßig tief. Perlmutter blaß rötlich mit großen, grün schillernden Flecken. — Maße: Länge 46—52 mm, Höhe 35—? mm, Dicke ? mm.

Bemerkungen: *Fossula fossiculifera* nahe stehend, aber wohl als nördliche Lokalform von ihr haltbar.

Verbreitung: Fluß Paraguassú, Staat Bahia, Brasilien.

2. **Fossula venezuelensis** Pilsbry & Olsson

1944 *Fossula venezuelensis* Pilsbry & Olsson, Nautilus, Philadelphia u. Boston, 57:89; Taf. 10. — Terra typica: Río Guarico at Barbacoas, Staat Guarico, Venezuela.

Diagnosis: Schale quer eiförmig, mäßig aufgeblasen, mäßig fest. Wirbel mäßig erhoben, etwa in ein Viertel der Länge gelegen. Rücken- und Bauchrand wenig gekrümmt, sozusagen gleichlaufend. Vorderende schmaler, gerundet; Hinterende schief, abgestutzt, mit einem hervorspringenden Punkte am Ende der Arealkante. Konchinschicht mehr oder weniger hell, gelblich olivenfarben, Wirbelhöhlen tief. Perlmutter silbrig, schillernd. Jederseits ein aufrechter, verlängerter Hauptzahn, links vor, rechts unter dem Wirbel. — Maße: Länge 98 mm, Höhe 57,5 mm, Dicke 33 mm.

Bemerkungen: Diese nördliche, weit vom Verbreitungsgebiete der *fossiculifera* entfernte Art ist länger und schmäler als alle anderen dazu gehörigen Formen.

Verbreitung: Nur vom ursprünglichen Fundort bekannt.

Genus **Monocondylaea** Orbigny

1827 *Aplodon* Spix, Test. fluv. Brasil.: 32; Taf. 25, Fig. 1—2 (non *Aplodon* Rafinesque 1818). — Species typica: *Aplodon inerme* Spix.

1835 *Monocondylaea* Orbigny, Mag. Zool., Paris, 5 (5):37. — Species typica: *Monocondylaea paraguayana* Orbigny.

1846 *Haplodon* L. Agassiz, Nomencl. Zool., Index univ.: 172 (nomen substitutum pro *Aplodon* Spix 1827).

1893 *Spixoconcha* Pilsbry, Nautilus, Philadelphia u. Boston, 7:30 (nomen novum pro *Aplodon* Spix 1827).

Diagnosis: Schale gerundet bis quer eiförmig, ziemlich fest, mit wenig deutlicher Arealkante. Konchinschicht stumpf, olivengrün bis braun, stoffartig. Schloß mit zwei unregelmäßig gestalteten Zähnen unter dem Wirbel in der linken Klappe, und zweien in der rechten, die ineinandergreifen; alle diese Zähne sind mehr oder weniger knötchenartig.

Bemerkungen: In der jüngsten Bearbeitung dieser Gattung waren noch elf gültige Arten anerkannt, die ich jedoch auf acht zurückführen zu können glaube.

Verbreitung: Süd-Amerika, meist in den Flußgebieten des Río de la Plata und des Amazonas.

1. Monocondylaea paraguayana ORBIGNY

1a. Monocondylaea paraguayana paraguayana ORBIGNY

1835 *Monocondylaea paraguayana* ORBIGNY, Mag. Zool., Paris, **5** (5):37. — Terra typica: Río Paraná und Río Batel, Corrientes, Argentinien.
1835 *Monocondylaea corrientesensis* ORBIGNY, Mag. Zool., Paris, **5** (5):38. — Terra typica: Río Corrientes, Corrientes, Argentinien.
1866 *Monocondylaea pazii* LEA, Proc. Acad. nat. Sci. Philadelphia, **10**:34. — Terra typica: Río Uruguay bei Salto, Uruguay.
1923 *Monocondylaea orbignyana* DOELLO-JURADO, Physis, Buenos Aires, **3**:260. — Terra typica: Río Paraná zwischen Paraná und Rosario de Santa Fé, Argentinien.

Diagnosis: Schale etwa quadratisch oder rautenförmig, fest, aufgeblasen, ungleichseitig. Wirbel voll und hoch. Hinterer Oberrand fast geradlinig; Hinterende fast viereckig abgestutzt; Vorderende verschmälert und gerundet; Bauchrand stark gekrümmt, am meisten so hinter der Mitte. Auf der Area sind gelegentlich Spuren von zwei radialen Furchen und grüne Strahlen zu erkennen. Konchinschicht bräunlich grün. Perlmutter fahl grünlich, sehr schillernd. Zahn der linken Klappe stumpf und fast dreieckig. — Maße: Länge 59 mm, Höhe 44 mm, Dicke 32 mm.

Bemerkungen: Die dieser Art beigelegten Namen entsprechen lediglich verschiedenen ökologischen Ausbildungsformen; so auch die jüngst beschriebene *orbignyana*, in der ich nur eine sich optimaler Ausbildung nähernde *paraguayana* erblicken kann. Jugendformen von 10 oder weniger mm Länge sind durch den Besitz einer Wirbelskulptur ausgezeichnet, sowie dadurch, daß ihre Konchinschicht lebhaft grün gefärbt und gestrahlt ist, wie wir es bei der nun folgenden Unterart finden werden.

Verbreitung: Flußgebiet des Río de la Plata.

1b. Monocondylaea paraguayana jaspidea (HUPÉ)

1857 *Unio jaspidea* HUPÉ in CASTELNAU, Moll. nouv. Amér. Sud: 83; Taf. 18, Fig. 2. — Terra typica: Amazonas-Strom.
1858 *Unio (Monocondylaea) reticulata* MORICAND, Rev. Mag. Zool., Paris, **10**:453; Taf. 15, Fig. 2. — Terra typica: Oberer Amazonas-Strom.
1869 *Plagiodon rotundatus* MOUSSON, Malak. Bl., Kassel, **16**:187. — Terra typica: Nicht angegeben.
1921 *Monocondylaea obesa* ORTMANN, Mem. Carnegie Mus., Pittsburgh, **8**:583; Taf. 40, Fig. 4—6. — Terra typica: Rio Tapajos, Nebenfluß des Amazonas im Staate Pará, Brasilien.

Diagnosis: Schale etwa elliptisch oder rautenförmig, etwas aufgeblasen, nicht sehr fest, ungleichseitig. Wirbel hoch und voll, nach vorn geneigt. Hinterer Oberrand gebogen; Hinterende mehr oder weniger schief abgestutzt; Vorderende verschmälert und gerundet; Bauchrand gekrümmt. Konchinschicht stoffartig, stark in konzentrische Falten geworfen. Schloßzähne mehr oder minder aufgebrochen, leicht knotig. Perlmutter bläulich weiß. — Maße: Länge 40—57 mm, Höhe 30—43 mm, Dicke 21—35 mm.

Bemerkungen: Diese Form steht der echten *paraguayana* so nahe, daß es erlaubt scheint, sie als deren Lokalform aus dem Amazonas-Gebiete zu betrachten. Der ihr gegebene unterartliche Name *jaspidea* ist der älteste, ist also dem um ein Jahr jüngeren Namen *reticulata* MOUSSON vorzuziehen, wobei zu beachten ist, daß der HUPÉ'sche Name einer Jugendform gegeben ist, die noch die bei der vorangehenden Unterart erwähnte grüne Strahlung auf dem Hinterende erhalten hat. Mit voll erwachsener *Monocondylaea paraguayana jaspidea* völlig identisch ist *Plagiodon rotundatus* MOUSSON, wovon ich mich an dessen Typus überzeugen konnte. Auch *Monocondylaea obesa* ORTMANN ist, wie aus paratypischem Untersuchungsstoffe hervorgeht, unzweifelhaft dasselbe wie *jaspidea*.

Verbreitung: Wohl nur auf das Gebiet des Amazonas-Stromes beschränkt.

2. Monocondylaea lentiformis LEA

2a. Monocondylaea lentiformis lentiformis LEA

1866 *Monocondylaea lentiformis* LEA, Proc. Acad. nat. Sci. Philadelphia, **10**:34. — Terra typica: Südliches Brasilien.

1922 *Monocondylaea felipponei* MARSHALL, Proc. U.S. nation. Mus., Washington, **61** (16):8; Taf. 1, Fig. 2, 13; Taf. 2, Fig. 4, 11; Taf. 3, Fig. 7. — Terra typica: Barra del Arroyo Sacro, Dept. Paysandú, Uruguay.

Diagnosis: Schale unregelmäßig eiförmig, kurz, aufgeblasen, fest, ungleichseitig. Wirbel ziemlich hoch, aber nicht voll, nach vorn übergeneigt. Hinterer Oberrand gekrümmt; Hinterende fast viereckig abgestutzt; Vorderende sehr verschmälert; Bauchrand geschwungen, am meisten hinter der Mitte. Konchinschicht schmutzig grün, Area gelegentlich mit schwachen Strahlen. Perlmutter trüb purpurn. — Maße: Länge 33—40 mm, Höhe 27—33 mm, Dicke 17—19 mm.

Bemerkungen: Wenn man die Abbildungen von *Monocondylaea felipponei* MARSHALL mit etwas reichhaltigerem Material von *lentiformis* vergleicht, so leuchtet die Identität beider Formen ohne weiteres ein.

Verbreitung: Süd-Brasilien; Río Uruguay und die uruguayanischen Zuflüsse des La-Plata-Stromes.

2b. Monocondylaea lentiformis hollandi ORTMANN

1921 *Monocondylaea hollandi* ORTMANN, Mem. Carnegie Mus., Pittsburgh, 8:585; Taf. 41, Fig. 1. — Terra typica: Rio Guaporé nahe Rio São Simão, Staat Matto Grosso, Brasilien.

Diagnosis: Diese mir nur aus ORTMANN's Beschreibung und Abbildung bekannte, wohl auch inzwischen nicht wiedergefundene Form steht bestimmt der Nominatform der *lentiformis* sehr nahe und könnte wohl ein völlig ausgewachsenes, optimal ausgebildetes Stück dieser darstellen; sie ist nur in einem einzigen Exemplar, dem Typus, bekannt. Ihr Vorkommen im Rio Guaporé, als einem Zuflusse des Amazonas, könnte beweisen, daß sie eine Lokalform der echten *lentiformis* sei, doch kann erst weiteres Untersuchungs-Material diese Frage entscheiden. — Maße: Länge 102 mm, Höhe 79 mm, Dicke 46 mm.

Verbreitung: Nur vom ursprünglichen Fundort bekannt (Rio Guaporé im Amazonas-Gebiet).

2c. Monocondylaea lentiformis franciscana (MORICAND)

1837 *Unio (Monocondylaea) franciscana* MORICAND, Mém. Soc. Phys. Hist. nat. Genève, 8:39; Taf. 3, Fig. 14—17. — Terra typica: Rio São Francisco, Brasilien.

Diagnosis: Ebenfalls in die nahe Verwandtschaft der Nominatform gehörend, aber durch rundlichere Umrißform von dieser verschieden. Es wäre möglich, daß diese Verschiedenheit nur eine Folge davon ist, daß die MORICAND'schen Stücke, die ich zu vergleichen Gelegenheit hatte, nicht ausgewachsen sind. Ich kann dies nicht beweisen, weshalb ich vorziehe, *franciscana* einstweilen als Lokalform der *lentiformis* im Gebiete des brasilianischen Rio São Francisco zu behandeln. — Maße: Länge 38—42 mm, Höhe 34—36 mm, Dicke 11—23 mm.

Verbreitung: Einstweilen nur aus dem Rio São Francisco bekannt.

3. Monocondylaea minuana ORBIGNY

?1827 *Aplodon inerme* SPIX, Test. fluv. Brasil.: 32; Taf. 25, Fig. 1—2. — Terra typica: Nicht genannt.

1835 *Monocondylaea minuana* ORBIGNY, Mag. Zool., Paris, 5 (5):37. — Terra typica: Uruguay.

1835 *Monocondylaea parchappii* ORBIGNY, Mag. Zool., Paris, 5 (5):38. — Terra typica: Río Paraná, Corrientes, Argentinien.

Diagnosis: Schale unregelmäßig rautenförmig, mehr oder minder stark aufgeblasen, fest, ungleichseitig. Wirbel recht vorragend, nach innen und vorne gedreht. Hinterer Oberrand fast geradlinig; Vorderende verschmälert und gerundet; Bauchrand leicht gebogen; Hinterende schief abgestutzt. Konchinschicht grünlich. Perlmutter grünlich oder ins Rötliche spielend. Linker Schloßzahn gerauht. — Maße: Länge 46 mm, Höhe 28 mm, Dicke 20 mm.

Bemerkungen: *Aplodon inerme* SPIX, das nur aus der Abbildung bekannt ist und von dem keine Herkunft genannt wird, dürfte lediglich die Jugendform dessen darstellen, was ORBIGNY acht Jahre später als *Monocondylaea minuana* beschrieb. Bei der herrschenden Ungewißheit über die SPIX'sche Form ist es besser, den jüngeren ORBIGNY'schen Namen für diese Art zu benutzen und *inerme* nur mit Fragezeichen hierher zu stellen. Was die beiden von ORBIGNY zusammen beschriebenen Arten *minuana* und *parchappii* anlangt, so kann es kaum einem Zweifel unterliegen, daß beide nur ökologische Formen der gleichen Grundform darstellen.

Verbreitnng: Gebiet des La-Plata-Stromes.

4. Monocondylaea costulata (MORICAND)

1858 *Unio (Monocondylaea) costulata* MORICAND, Rev. Mag. Zool., Paris, (2) **10**:453; Taf. 15, Fig. 1. — Terra typica: Brasilien.

Diagnosis: Schale unregelmäßig eiförmig, aufgeblasen, ungleichseitig. Wirbel voll und erhoben. Hinterer Oberrand gebogen, am höchsten hinter dem Schloßband; Vorderende etwas verschmälert und gerundet; Bauchrand gebogen, hinter der Mitte etwas eingebogen. Schalenfläche von schmalen, ausstrahlenden Rippchen bedeckt. Konchinschicht dunkel olivenbraun. Perlmutter bläulich weiß. Ein einziger dicker Schloßzahn beiderseits. — Maße: Länge 35 mm, Höhe 19—23 mm, Dicke 18,5—20 mm.

Bemerkungen: Seit MORICAND's Beschreibung dieser Art ist diese nie wiedergefunden worden. Ich hatte die günstige Gelegenheit, die MORICAND'-schen Stücke untersuchen zu können, mit folgendem Ergebnis: Die Urabbildung zeigt eine von den Wirbeln nach unten verlaufende Vertiefung, in der sich die stärksten der radial die Schale durchziehenden befinden; dies ist durch ein Versehen des Zeichners entstanden, der durch Übertreibung eine Rinne entstehen ließ und der auch die Rippen selbst viel zu stark gezeichnet hat. Da am Typus die Konchinschicht abblättert, kann man wahrnehmen, daß auch die stärksten Rippen der Schalenskulptur eigentlich nur in dieser ausgebildet sind und der darunterliegenden Kalkschicht, bis auf schwache Andeutungen, gänzlich fehlen. Dagegen weist die Schaleninnenseite in der Perlmutter außerhalb des Mantelhaftmuskeleindruckes eine auf der Abbildung nicht dargestellte, deutliche, fast rippige Strahlung auf, die aber keineswegs mit den Rippen der Schalenoberfläche in Zusammenhang steht.

Verbreitung: Nur durch die allgemeine Angabe „Brasilien" bekannt.

5. Monocondylaea guarayana ORBIGNY

1835 *Monocondylaea guarayana* ORBIGNY, Mag. Zool., Paris, **5** (5):38. — Terra typica: Río San Miguel, Guarayos, Bolivien.

Diagnosis: Schale eiförmig, sehr fest, ungleichseitig. Wirbel voll und hoch, etwas zugespitzt. Rückenrand gebogen; Vorderende gerundet; Bauchrand vorn gekrümmt, hinten etwas eingebuchtet. Arealkante andeutungsweise doppelt, vor ihr laufen zwei seichte Vertiefungen von den Wirbeln hinab bis zum Bauchrande; Hinterende schief abgestutzt. Konchinschicht braun oder gelblich braun. Jederseits ein einzelner, gerundeter, leicht zusammengepreßter Hauptzahn, der rechts ist größer. Perlmutter wohl lachsfarben. — Maße: Länge 40 mm, Höhe 29—31 mm, Dicke 22—24 mm.

Bemerkungen: Auch diese Art ist seit ORBIGNY's Zeiten anscheinend nicht wiedergefunden worden. Sie stammt aus den bolivianischen Quellflüssen des Amazonas und scheint von allen Artgenossen der *costulata* (MORICAND) am nächsten verwandt zu sein.

Verbreitung: Nur von der Terra typica bekannt, dem Río San Miguel, der durch den Río Madeira zum Amazonas abfließt.

Genus Anodontites BRUGUIÈRE

1792 *Anodontites* BRUGUIÈRE, J. Hist. nat. Paris, **1**:131. — Species typica: *Anodontites crispata* BRUGUIÈRE (durch Monotypie).

1840 *Patularia* SWAINSON, Treat. Malacol.: 287, 381. — Species typica: *Anodonta ovata* SWAINSON.

1847 *Glabaris* GRAY, Proc. zool. Soc. London, **1847**:206. — Species typica: *Anodonta exotica* LAMARCK (HERRMANNSEN 1852).

1894 *Anodonta (Euryanodon)* CROSSE & FISCHER, Miss. sci. Mexique, Rech. zool. Moll., **2**:548. — Species typica: *Anodonta bambousearum* MORELET (HAAS 1964).

1894 *Anodonta (Pseudoleila)* CROSSE & FISCHER, Miss. sci. Mexique, Rech. zool. Moll., **2**:548. — Species typica: *Anodonta ciconia* GOULD (durch Monotypie).

1900 *Styganodon* MARTENS, Biol. Centr.-Amer., Moll.: 525. — Species typica: *Anodonta tenebricosa* LEA (MARTENS 1900).
1900 *Anodonta (Pachyanodon)* MARTENS, Biol. Centr.-Amer., Moll.: 525. — Species typica: *Anodonta latomarginata* LEA (HAAS 1964).

Diagnosis: Schale rundlich bis verlängert, aufgeblasen, mäßig fest. Wirbel voll und glatt. Konchinschicht glatt oder stoffartig, selten schwach gestrahlt. Schloß zahnlos, Schloßlinie gerade oder leicht gekrümmt oder leicht eingebuchtet. Lunula deutlich und groß. Mantelhaftmuskeleindruck hinten ohne Einbuchtung. — Larve ein Lasidium, wie es IHERING (1891) entdeckte und BONETTO (1951) kürzlich bestätigte, im Gegensatz zu der Lasidium-ähnlichen Larve der afrikanischen Gattung *Mutela*.

Bemerkungen: Diese früher, vor Kenntnis der Anatomie der Weichteile, zu *Anodonta* gerechnete Gattung gleicht dem paläarktischen Genus in der Tat sehr, nicht nur in der Zahnlosigkeit der Schale, sondern auch in der Variabilität und in der großen Plastizität der Schale ökologischen Einflüssen gegenüber. Unter diesen Umständen kann es nicht verwundern, daß viele — allzuviele! — artliche Namen auf Angehörige der Gattung geprägt worden sind, wenn auch — zum Glück! — nicht so viele wie bei der europäischen Gattung *Anodonta*. Besonders viele Artnamen vergaben im vorigen Jahrhundert ISAAC LEA und in diesem MARSHALL, ohne auf umweltgeprägte Schalenmerkmale zu achten. Wir wissen allerdings noch nicht allzuviel, in welcher Weise die *Anodontites*-Arten auf Umwelt-Reize reagieren, doch schon genug, um zu verstehen, daß nicht alle sogenannten Arten solche sind, sondern in der einen oder anderen Weise zu wenigen Grundarten gehören. Unter diesem Gesichtspunkt können eine große Menge von „Artnamen" in der Synonymie verschwinden, und bei anderen kann man offen ihre Berechtigung bezweifeln. In Anbetracht dieser Tatsachen habe ich versucht, die nachfolgende Anordnung der *Anodontites*-Arten zu geben, an deren völliger Richtigkeit mir selbst ein Zweifel bleibt; indessen ist mein Versuch das Beste, was unter den bestehenden Verhältnissen gegeben werden kann.

Verbreitung: Süd- und Mittel-Amerika.

Bestimmungsschlüssel zu den Untergattungen

1	Schale stark verlängert, hinten deutlich zugespitzt	***Lamproscapha,*** S. 573
1′	Schale nicht stark verlängert	2
2	Schalenfläche mit einer flachen Vertiefung von Wirbeln bis zum Bauchrand . . .	***Ruganodontites,*** S. 572
2′	Schalenfläche ohne solche Vertiefung	***Anodontites,*** S. 558

Subgenus **Anodontites** s. str.

Diagnosis: Schale rundlich bis elliptisch. Arealkante niedrig oder gänzlich fehlend.

Verbreitung: Süd- und Mittel-Amerika.

1. **Anodontites (Anodontites) lucidus** (ORBIGNY)

1835 *Anodontes lucida* ORBIGNY, Mag. Zool., Paris, 5 (5):40. — Terra typica: Banda Oriental, Uruguay.

Diagnosis: Schale quer eiförmig oder unregelmäßig rautenförmig, wenig aufgeblasen, dünn. Wirbel hoch und ziemlich scharf. Rücken- und Bauchrand gebogen, der letztere aber mehr; Vorderende gerundet; Hinterende schief abgestutzt; Arealkante manchmal doppelt, am Unterrande in zwei schwachen Winkeln endend. Konchinschicht gelblich grün mit mehr oder weniger gebrochenen Strahlen vorn und hinten. Perlmutter blau, mit dunklen Zickzackmarken. — Maße: Länge 50 mm, Höhe 25 mm, Dicke 15 mm.

Bemerkungen: Eine wenig bekannte und nur unvollständig verstandene Art.

Verbreitung: Nur vom Urfundort bekannt.

2. Anodontites (Anodontites) elongatus (Swainson)

1823 *Anodon elongatus* Swainson, Zool. Illustr., (1) **3**: Taf. 176. — Terra typica: Südamerikanische Flüsse.

1850 *Anodonta solidula* Hupé & Deville, Rev. Mag. Zool., Paris, (2) **2**:644; Taf. 16, Fig. 2. — Terra typica: Oberer Amazonas.

1852 *Anodonta wheatleyi* Lea, Trans. amer. philos. Soc., Philadelphia, **10**:287; Taf. 26, Fig. 49. — Terra typica: Pará, Süd-Amerika.

1852 *Anodonta schröteriana* Lea, Trans. amer. philos. Soc. Philadelphia, **11**:292; Taf. 29, Fig. 55. — Terra typica: Rio Negro, Brasilien.

1857 *Anodonta holtonis* Lea, Proc. Acad. nat. Sci. Philadelphia, **1**:85. — Terra typica: Bei Cartago, Neu Granada, Kolumbien.

1867 *Anodon dactylus* Sowerby, Conch. Icon., **17**, *Anodon:* Taf. 19, Fig. 75. — Terra typica: Nicht genannt.

1869 *Anodon amethystus* Sowerby, Conch. Icon., **17**, *Anodon:* Taf. 24, Fig. 95. — Terra typica: Nicht genannt.

1908 *Anodonta (Glabaris) hidalgoi* Germain, Bull. Hist. nat. Paris, **14**:64. — Terra typica: Ekuador.

Diagnosis: Schale stark verlängert, fest, wenig aufgeblasen, ungleichseitig, lang eiförmig in der Jugend, etwa rautenförmig im Alter. Wirbel ziemlich hoch und voll. Schloßrand leicht gekrümmt. Vorderende gleichmäßig gerundet; Bauchrand fast gerade, im Alter manchmal eingebuchtet. Konchinschicht glänzend, rötlich braun, oft mit zarten Andeutungen einer radialen Skulptur. Perlmutter fleischfarben oder zart rötlich, sehr schillernd. — Maße: Länge 68—74 mm, Höhe 34—36 mm, Dicke 23—25 mm.

Bemerkungen: Die bei jungen *elongatus*-Stücken sichtbaren Festons oder, wie Ihering sie nennt, Skalarstreifen, verschwinden bei älteren Stücken vollkommen; dies sollte vor der Anwendung dieser Oberhaupteigenschaft gewisser *Anodontites*-Arten zur Arten- oder gar Gruppenunterscheidung warnen.

Verbreitung: Brasilien (Amazonas-Gebiet ?) und Gebiet des Río Magdalena in Kolumbien.

3. Anodontites (Anodontites) inaequivalva (Lea)

1868 *Anodonta inaequivalva* Lea, Proc. Acad. nat. Sci. Philadelphia, **12**:95. — Terra typica: See von Nikaragua, Mittel-Amerika.

1868 *Anodonta lenticularis* Lea, Proc. Acad. nat. Sci. Philadelphia, **12**:95. — Terra typica: See von Nikaragua, Mittel-Amerika.

1870 *Anodon montezianus* Sowerby, Conch. Icon., **17**, *Anodon:* Taf. 36, Fig. 146. — Terra typica: Mittel-Amerika.

Diagnosis: Schale klein, ungleichseitig, gelegentlich auch etwas ungleichklappig, etwa elliptisch oder rautenförmig, dickbauchig, wenig fest. Vorderende gerundet, manchmal unten etwas abgeschnitten; Hinterende schief abgestutzt. Konchinschicht mit leicht bogenförmigen zarten, konzentrischen Falten, die in radialen Linien angeordnet sind, grünlich über bräunlich zu strohfarben, manchmal zart gestrahlt. Perlmutter bläulich oder grünlich blau oder fleischfarben, stark schillernd. — Maße: Länge 35—42 mm, Höhe 24—28 mm, Dicke 15—17 mm.

Verbreitung: Nur aus dem See von Nikaragua bekannt.

4. **Anodontites (Anodontites) depexus** (Martens)

1900 *Anodonta depexa* Martens, Biol. Centr.-Amer., Moll.: 538; Taf. 41, Fig. 3a, 3b. — Terra typica: Paso Antonio, Río Michatoa, West-Guatemala.

Diagnosis: Schale fest, eiförmig-rautenförmig, ziemlich aufgeblasen. Wirbel nicht vorragend. Vorderende kurz gerundet; Rückenrand gerade, etwas ansteigend; Bauchrand etwas gekrümmt; Hinterende leicht abgestutzt, oben schief, unten gerundet. Schalenfläche mit festonartigen, konzentrischen Falten besetzt, die sich in radialen Strahlen anordnen. Perlmutter fahl bläulich. — Maße: Länge 46—67 mm, Höhe 29—41,5 mm, Dicke 16—24 mm.

Bemerkungen: Eine mir unbekannte Art, die, wenigstens nach den Eigentümlichkeiten der Konchinschicht zu urteilen, der vorangehenden *inaequivalva* nahestehen dürfte oder nur ihre ausgewachsene Form darstellt.

Verbreitung: Nur von der Terra typica bekannt.

5. **Anodontites (Anodontites) trigonus** (Spix)

5a. Anodontites (A.) trigonus trigonus (Spix)

1827 *Anodon trigonus* Spix, Test. fluv. Brasil.: 29; Taf. 22, Fig. 2. — Terra typica: Flüsse der Provinz Rio Negro, Brasilien.

1835 *Anodon chiquitana* Orbigny, Mag. Zool., Paris **5** (5):41. — Terra typica: Provinz Chiquitos, Bolivien.

1860 *Anodonta amazonensis* Lea,' Proc. Acad. nat. Sci. Philadelphia, **4**:80. — Terra typica: Oberer Amazonenstrom.

1869 *Anodonta subrostrata* Philippi, Malak. Bl., Kassel, **16**:39. — Terra typica: Madre de Dios, Peru.

1869 *Anodonta ucayalensis* Philippi, Malak. Bl., Kassel, **16**:40. — Terra typica: Fluß Ucayali, Peru.

1913 *Anodontites dalli* F. Baker, Proc. Acad. nat. Sci. Philadelphia, **65**:667; Taf. 27, Fig. 1—2. — Terra typica: Unterster Amazonas bei der Insel Mexiana, Brasilien.

1921 *Anodontites hyrioides* Ortmann, Mem. Carnegie Mus., Pittsburgh, 8:604; Taf. 43, Fig. 3—5. — Terra typica: Rio Tapajos, bei Santarem, Pará, Brasilien.

1927 *Anodontites guaranensis* Marshall, Proc. U.S. nation. Mus., Washington, **71** (6):3; Taf. 1, Fig. 4—6. — Terra typica: Mata Verde bei Guanare, Portuguesa, Venezuela.

1930 *Anodontites aroanus* H. B. Baker, Occ. Pap. Mus. Univ. Michigan, No. 210:69; Taf. 32, Fig. D; Taf. 33, Fig. D. — Terra typica: Caño Minapam, Nebenfluß des Río Aroa bei Palma Sola, Venezuela.

Diagnosis: Schale mehr oder weniger verlängert, wenn auch wenig, fest, ganz leicht aufgeblasen, ungleichseitig. Wirbel mäßig erhöht. Schloßlinie leicht gekrümmt. Vorderende schmal, gerundet oder leicht abgestutzt. Hinterende mehr oder weniger spitz, je nach dem Grad der Verlängerung der Schale; Bauchrand etwa in der Mitte in undeutlichem Winkel vorgezogen. Konchinschicht hell bis dunkel olivenbraun, etwas seidenglänzend. Perlmutter bläulich und schillernd. — Maße: Länge 48—79 mm, Höhe 30—40 mm, Dicke 20—26 mm.

Verbreitung: Gebiet des Amazonenstromes in Brasilien, Bolivien, Peru und Ekuador.

5b. Anodontites (A.) trigonus trautwinianus (Lea)

1852 *Anodonta trautwiniana* Lea, Trans. amer. philos. Soc. Philadelphia, **10**:287; Taf. 26, Fig. 48. — Terra typica: Cartagena, Kolumbien.
1857 *Anodonta castelnaudi* Hupé in Castelnau, Anim. nouv. Amér. Sud, Moll.: 88; Taf. 17, Fig. 4. — Terra typica: Amazonenstrom.
1857 *Anodonta obtusula* Hupé in Castelnau, Anim. nouv. Amér. Sud, Moll.: 87; Taf. 17, Fig. 3. — Terra typica: Santa Anna de Chiquitos, Bolivien.
1869 *Anodonta incarum* Philippi, Malak. Bl., Kassel, **16**:40. — Terra typica: Tamba-Fluß bei Tambo, Arequipa, Peru.

Diagnosis: Der Nominatform sehr ähnlich, aber durch größere Bauchigkeit und stärker geschwungenen Bauchrand von ihr verschieden. — Maße: Länge 52 mm, Höhe 31 mm, Dicke 19 mm.

Bemerkungen: Die Herkunft der *trautwiniana* Lea von Cartagena scheint mir zweifelhaft.

Verbreitung: Gebiet des Amazonenstromes; Magdalenenstrom?

5c. Anodontites (A.) trigonus georginae (Gray)

1834 *Anodon georginae* Gray in Griffith & Pidgeon, Mollusca: 595; Taf. 19, Fig. 3. — Terra typica: Flüsse in Paraguay.
1835 *Anodontes limnoica* Orbigny, Mag. Zool., Paris, **5** (5):40. — Terra typica: Provinz Corrientes, Argentinien.
1835 *Anodontes puelchana* Orbigny, Mag. Zool., Paris, **5** (5):40. — Terra typica: Río Negro, Patagonien.
1857 *Anodonta lingulata* Hupé in Castelnau, Anim. nouv. Amérique du Sud, Moll.: 89; Taf. 18, Fig. 1. — Terra typica: Corumba, Paraguay.

Diagnosis: Von der nächstverwandten Nominatform durch etwas größere Höhe und etwas kürzeres Vorderende verschieden. — Maße: Länge 72—85 mm, Höhe 40—49 mm, Dicke 25—27 mm.

Bemerkungen: In der nie richtig erkannten *A. georginae* glaube ich eine ökologische Form dessen zu erkennen, was Orbigny *A. limnoica* genannt hatte; der um ein Jahr ältere Gray'sche Name *georginae* hat demnach für diese Form zu gelten.

Verbreitung: Gebiet des Río de la Plata und der patagonischen Ströme.

5d. Anodontites (A.) trigonus montezuma (Lea)

1841 *Anodonta montezuma* Lea, Proc. amer. philos. Soc., Philadelphia, **2**:31. — Terra typica: Mittel-Amerika.

Diagnosis: Wohl die kürzeste aller Unterarten der *A. trigonus*; kurz elliptisch und aufgeblasen. — Maße: Länge 42 mm, Höhe 29 mm, Dicke 13 mm.

Bemerkungen: Diese eigentlich nur nach der Urbeschreibung und -abbildung bekannte Form ist kaum genau zu deuten. Es könnte sein, daß SIMPSON darin recht hat, sie sei keine *Anodontites*, sondern eine echte *Anodonta*.

Verbreitung: Nur vom ursprünglich genannten Fundort bekannt; nie wiedergefunden.

6. Anodontites (Anodontites) weddelii (HUPÉ)

1857 *Anodonta weddelii* HUPÉ in CASTELNAU, Anim. nouv. Amér. Sud, Moll.: 87; Taf. 17, Fig. 5. — Terra typica: Santa Anna de Chiquitos, Bolivien.

Diagnosis: Schale ziemlich fest, ganz wenig aufgeblasen, etwas verlängert, elliptisch-rautenförmig, ungleichseitig. Wirbel voll und hoch. Rücken- und Bauchrand geschwungen; Vorderende etwas verschmälert, gerundet; Hinterende schief abgestutzt, an den hinteren Rückenrand in einem Winkel anstoßend. Konchinschicht weiß, grünlich an den Rändern und schillernd. — Maße: Länge 66 mm, Höhe 35 mm, Dicke 22 mm.

Bemerkungen: HUPÉ läßt den Urfundort Santa Anna de Chiquitos in Brasilien liegen, während er in Bolivien ist. Diese Art ist kaum bekannt, und aus der Beschreibung geht hervor, daß sie nahe verwandt mit *A. trigonus* sein muß; vielleicht gehört sie sogar zu ihren Unterarten.

Verbreitung: Gebiet des Amazonas in Bolivien.

7. Anodontites (Anodontites) crispatus BRUGUIÈRE

1792 *Anodontites crispata* BRUGUIÈRE, J. Hist. nat., Paris, 1:131. — Terra typica: Guayana.

1852 *Anodonta puberula* GOULD, U.S. Explor. Exped., 12, Moll.: 434; Taf. 548, a, b. — Terra typica: Peru.

1867 *Anodon reticulatus* SOWERBY, Conch. Icon., 17, *Anodon:* Taf. 10, Fig. 27. — Terra typica: Amazonen-Strom.

1867 *Anodon cheeziana* SOWERBY, Conch. Icon., 17, *Anodon:* Taf. 15, Fig. 52. — Terra typica: Nicht genannt.

1868 *Anodonta napoensis* LEA, Proc. Acad. nat. Sci. Philadelphia, 12:162. — Terra typica: Río Napo, Zufluß des Amazonen-Stromes in Peru.

Diagnosis: Schale länglich rautenförmig oder unregelmäßig eiförmig, dünn oder kaum fest, aufgeblasen, ungleichseitig. Wirbel weder voll noch stark erhoben. Vorderende verschmälert und gerundet; Rückenrand fast geradlinig; Hinterende oben etwas schief abgestutzt, aber wenig, und manchmal sogar gerundet, unten gelegentlich doppelt gewinkelt; Bauchrand fast geradlinig. Vor der Arealkante verläuft manchmal eine breite, seichte, vom Wirbel kommende Furche. Konchinschicht grünlich gelb oder bräunlich, stark konzentrisch gefurcht und von radialen, schwachen Furchen durchkreuzt, so daß am Schnittpunkte beider schleifenartige Bildungen entstehen. Perlmutter blau. — Maße: Länge 53 mm, Höhe 27,5 mm, Dicke 17 mm.

Bemerkungen: Es ist unmöglich, trennende Merkmale zwischen Stücken aus verschiedenen Flußgebieten aufzufinden; infolgedessen bin ich gezwungen, alle Stücke aus allen Fundorten als zu einer und derselben Art gehörig zu betrachten.

Verbreitung: Fast ganz Süd-Amerika nördlich des und ausschließlich des La Plata-Flusses; Gebiet des Amazonen-Stromes, Río Bodega, Ekuador, zum Pazifik abfließend; Gebiet des Magdalenen-Stromes in Kolumbien; Guayana.

8. **Anodontites (Anodontites) tortilis** (Lea)

1852 *Anodonta tortilis* Lea, Trans. amer. philos. Soc., Philadelphia: **10**:291; Taf. 28, Fig. 54. — Terra typica: Cartagena, Kolumbien.

Diagnosis: Schale etwa rautenförmig, aufgeblasen, wenig fest, ungleichseitig. Wirbel nur mäßig voll und erhoben. Vorderende etwas verschmälert und gerundet; Rückenrand geschwungen; Hinterende schief abgestutzt; Bauchrand gebogen, oft am meisten hinter der Mitte. Konchinschicht stark gerunzelt und in Bogenfalten gelegt, letztere sind etwa radial angeordnet, grünlich gelb, oft glanzlos und schmutzig wirkend. Perlmutter bläulich, gelegentlich trübe. — Maße: Länge 70 mm, Höhe 47 mm, Dicke 25 mm.

Bemerkungen: Es scheint mir, daß diese Art nahe verwandt mit der vorigen *(crispatus)* ist und vielleicht nur eine, und zwar die nördliche, Lokalform von ihr darstellt.

Verbreitung: Vom Magdalenen-Strom und Britisch-Guayana im Süden bis Costa Rica im Norden.

9. **Anodontites (Anodontites) carinatus** (Dunker)

9a. Anodontites (A.) carinatus carinatus (Dunker)

1858 *Anodonta carinata* Dunker, Malak. Bl., Kassel, **5**:225. — Terra typica: Río Chocó, Kolumbien.

1930 *Anodontites palmeri* Marshall, Proc. U.S. nation. Mus., Washington, **77** (2):6; Taf. 2, Fig. 1, 4, 7. — Terra typica: Südlich von Puerto Santos, Provinz Santander del Norte, Kolumbien.

Diagnosis: Schale eiförmig-elliptisch, ziemlich fest. Vorderende kurz und gerundet; Hinterende höher, verbreitert und gewinkelt; Schale mäßig aufgeblasen. Konchinschicht gelblich olivenfarben, mit leichten Falten bedeckt. Arealkante vortretend, fast kielartig. Hinterrand leicht abgestutzt. Perlmutter rötlich, schwach glänzend. — Maße: Länge 62—75 mm, Höhe 33—42 mm, Dicke 22—24 mm.

Bemerkungen: Der hier als Synonym zu *carinatus* betrachtete *palmeri* ist länger als dieser, was ich dem Leben in strömendem Wasser zuschreibe, während *carinatus*, wenigstens die Dunker'schen Stücke, zweifellos aus stehendem Gewässer kamen.

Verbreitung: In Nord-Kolumbien, im Gebiete des Magdalenen-Stromes.

9b. Anodontites (A.) carinatus pastasanus (Clessin)

1869 *Anodonta subsinuata* Philippi, Malak. Bl., Kassel, **16**:41 (non *Anodon subsinuata* Sowerby 1867). — Terra typica: Río Ucayalí, Peru.

1879 *Anodonta pastasana* Clessin, Malak. Bl., Kassel, (2) **1**:173; Taf. 11, Fig. 1. — Terra typica: Río Pastasa, Zufluß des Amozanen-Stromes, Ekuador.

1900 *Glabaris philippianus* Simpson, Proc. U.S. nation. Mus., Washington, **22**:919 (nomen novum pro *Anodonta subsinuata* Philippi).

Diagnosis: Schale deutlich rautenförmig, kaum fest, ziemlich zusammengedrückt, ungleichseitig. Wirbel ziemlich voll und hoch. Rückenrand leicht gebogen, sein hinteres Ende ist schief abgestutzt; Vorderende verschmälert gerundet; Bauchrand in der Mitte ganz leicht eingebuchtet. Area deutlich, in abgerundetem Punkte am Bauchrand endend. Konchinschicht gelblich grün, mit leichten Fältchen. Perlmutter bläulich weiß. — Maße: Länge 53 mm, Höhe 32 mm, Dicke 18 mm.

Bemerkungen: Die eigenartige Verbreitung dieser Form in atlantischen und pazifischen Strömen ist schwer zu erklären, wenn nicht fehlerhafte Bestimmungen vorliegen. Da ich dies von hier aus nicht nachprüfen kann, muß ich obige Angaben stehen lassen.

Verbreitung: Zuflüsse des Amazonen-Stromes in den peruanischen und ekuadorischen Anden; anscheinend auch in den pazifischen Zuflüssen in den beiden genannten Staaten.

10. Anodontites (Anodontites) soleniformis (Orbigny)

1835 *Anodontes soleniformis* Orbigny, Mag. Zool., Paris, **5** (5):41. — Terra typica: Nicht genannt.

1851 *Anodon bambousearum* Morelet, Test. nov., **2**:24. — Terra typica: Nahe Palenque, Chiapas, Mexiko.

1867 *Anodon solenidea* Sowerby, Conch. Icon., **17**, *Anodon:* Taf. 18, Fig. 65. — Terra typica: Rio Francisco (in Brasilien ?).

1882 *Mycetopus plicatus* Clessin, Malak. Bl., Kassel, (2) **5**:190; Taf. 4, Fig. 7 (non *Mycetopus plicatus* Sowerby 1868). — Terra typica: Taquara del Mundo Novo, Brasilien.

1890 *Mycetopus clessini* Fischer, J. de Conch., Paris, **38**:8, Fußnote (nomen novum pro *Mycetopus plicatus* Clessin 1882).

1893 *Glabaris nehringi* Ihering, Arch. Naturgesch., Berlin, **59** (1):60 (nomen novum pro *Mycetopus plicatus* Clessin). (Ihering's Stücke stammten aus dem Rio Sta. Maria, Rio Grande do Sul, und dem Rio Piracicaba, São Paulo, beide in Brasilien.)

Diagnosis: Schale verlängert, meist leicht sichelförmig, kaum fest, ungleichseitig. Wirbel niedrig und leicht zusammengepreßt. Rückenrand leicht gebogen; Bauchrand in der Mitte eingebogen; Vorderende etwas verschmälert und gerundet; Hinterende oben schief abgestutzt, unten gerundet. Konchinschicht grünlich braun, glanzlos, hinten manchmal leicht gestrahlt. Perlmutter dunkel, oft verfärbt in bläulichen, grünlichen und braunen Tönen, schillernd. — Maße: Länge 75 mm, Höhe 28 mm, Dicke 15 mm.

Verbreitung: Südliches Brasilien bis Argentinien.

11. Anodontites (Anodontites) tenebricosus (Lea)

1834 *Anodonta tenebricosa* Lea, Trans. amer. philos. Soc., Philadelphia, **5**:78; Taf. 12, Fig. 36. — Terra typica: Río Paraná, Argentinien.

Diagnosis: Schale lang rautenförmig oder trapezförmig, etwas aufgeblasen, ziemlich fest, besonders im Alter, ungleichseitig. Wirbel nur leicht erhoben. Vorderende verschmälert und gerundet, meist unten mehr oder weniger abgeschnitten; Schloßlinie nur wenig gebogen; Bauchrand gerade oder in der Mitte leicht eingebuchtet; Hinterende oben leicht schief abgestutzt und unten gerundet. Konchinschicht dick, manchmal schwach gestrahlt, schmutzig olivenfarben oder braun. Perlmutter verfärbt bläulich oder grünlich. — Maße: Länge 80—83 mm, Höhe 46—48 mm, Dicke 30—37 mm.

Bemerkungen: SIMPSON nennt als Fundorte auch Ekuador und Peru. Ich habe keine Stücke von dort gesehen und stehe der Angabe sehr mißtrauisch gegenüber. Die Art ist äußerst formveränderlich, da sie in allen möglichen Süßwasser-Umwelten vorkommt, vielleicht mit der einzigen Ausnahme von Seen, und dementsprechend ökologisch umgestaltet ist. Die Jugendschale von *tenebricosus*, die noch nicht umweltbestimmt ist, erinnert in der langgestreckten Umrißform stark an die vorangehende Art *soleniformis*.

Verbreitung: Südliches Brasilien, La Plata-Gebiet und südlich bis Patagonien.

12. Anodontites (Anodontites) mortonianus (LEA)

1834 *Anodonta mortoniana* LEA, Trans. amer. philos. Soc., Philadelphia, **5**:80; Taf. 13, Fig. 37. — Terra typica: Río Paraná, Argentinien.

1882 *Anodonta iheringi* CLESSIN, Malak. Bl., Kassel, (2) **5**:191; Taf. 4, Fig. 5. — Terra typica: Taquara del Mundo Novo, Süd-Brasilien.

1914 *Anodontites (Anodontites) sirionis* (ORBIGNY) var. *iheringi* — SIMPSON, Descr. Cat. Naiades, Teil 3:1406. — Terra typica: Taquara del Mundo Novo, Süd-Brasilien.

— *Anodonta bischoffi* IHERING, in litt.

Diagnosis: Schale lang rautenförmig oder unregelmäßig elliptisch, ziemlich fest, ungleichseitig. Wirbel leicht vorragend. Arealkante manchmal ganz oder zum Teil doppelt; Area gelegentlich mit zwei oder drei leichten, vom Wirbel kommenden Fältchen oder Grübchen; Rücken- und Bauchrand mehr oder weniger geschwungen, der letztere hinten stärker so; Vorderende gerundet, oben manchmal leicht winklig; Hinterende schief abgestutzt. Schalenfläche ziemlich zart konzentrisch gefältelt; Konchinschicht olivenbraun bis schwärzlich. Perlmutter weißlich oder fleischfarben, schillernd. — Maße: Länge 77—79 mm, Höhe 39,5—41,5 mm, Dicke 26—30 mm.

Bemerkungen: Ebenfalls sehr veränderlich. Die schmale Jugendform hat sich bei CLESSIN's *iheringi* erhalten, die SIMPSON zur Art *sirionis* zieht, was nach meiner Erfahrung an aus IHERING's Hand kommenden Stücken einer Reihe, aus der auch der CLESSIN'sche Typus stammte, völlig unberechtigt ist.

Verbreitung: Patagonien im Süden, Gebiet des La Plata-Stromes; südliches Brasilien.

13. Anodontites (Anodontites) obtusus (SPIX)

1827 *Anodon obtusus* SPIX, Test. fluv. Brasil.: 30; Taf. 22, Fig. 3 *(obtusum)*. — Terra typica: Rio Peruaguaçu, Bahia, Brasilien.

1827 *Anodon lituratum* SPIX, Test. fluv. Brasil.: Taf. 22, Fig. 4. — Terra typica: Nicht genannt, aber wohl die gleiche wie bei *obtusus*.

1910 *Glabaris obtusa juparana* IHERING, Abh. senckenb. naturf. Ges. Frankfurt a. M., **32**:131. — Terra typica: Lagune Juparana, Gebiet des Rio Doce, Süd-Brasilien.

1913 *Anodontites bartschi* F. BAKER, Proc. Acad. nat. Sci. Philadelphia, **65**:668; Taf. 27, Fig. 3—4. — Terra typica: Boim e Pinhel, Rio Tapajoz, Amazonasgebiet, Brasilien.

Diagnosis: Schale ziemlich kurz, etwas eiförmig, kaum aufgeblasen, dünn bis leicht fest, ungleichseitig. Wirbel mäßig erhoben. Rückenrand gebogen;

Vorderende verschmälert und gerundet; Bauchrand fast geradlinig; Hinterende breit gerundet oder gerundet viereckig abgestutzt. Konchinschicht grünlich olivenfarben, oft mit schwachen, gewellten oder zerbrochenen Strahlen, konzentrisch gefältelt und gelegentlich mit wenig sichtbaren radialen Fältchen. Perlmutter bläulich oder grünlich, wenig schillernd. — Maße: Länge 60 mm, Höhe 40 mm, Dicke 25 mm.

Bemerkungen: Einsicht in paratypisches Material von *Anodon lituratum* SPIX hat mir gezeigt, daß diese „Art" als einfache, noch hellfarbige und gelegentlich sogar mit Zeichnung versehener Konchinschicht ausgestattete Jugendform von *obtusus* zu betrachten ist. IHERING's Unterart *juparana* dürfte aller Wahrscheinlichkeit nach eine limnische Form des *obtusus* sein. Ob *Anodontites bartschi* F. BAKER, den ich nicht kenne, mit *obtusus* identisch ist oder nur in dessen nächste Verwandtschaft gehört, kann ich nicht entscheiden.

Verbreitung: Südliches Brasilien, den Rio São Francisco eingeschlossen bis Paraguay im Süden.

14. Anodontites (Anodontites) patagonicus (LAMARCK)

14a. Anodontites (A.) patagonicus patagonicus (LAMARCK)

1819 *Anodonta patagonica* LAMARCK, Anim. sans Vert., **6**:88. — Terra typica: La Plata-Strom und Flüsse Patagoniens.

1823 *Anodon crassus* SWAINSON, Zool. Illustr., 1. Reihe, **3**: Taf. 167. — Terra typica: Süd-Amerika?

1834 *Anodonta lato-marginata* LEA, Trans. amer. philos. Soc., Philadelphia, **5**:76; Taf. 12, Fig. 34. — Terra typica: Río Paraná, Argentinien.

1834 *Anodon porcifer* GRAY, Proc. zool. Soc. London, **1834**:58. — Terra typica: Paraguay.

1835 *Anodontes sirionos* ORBIGNY, Mag. Zool., Paris, **5** (5):40. — Terra typica: In der bolivianischen Provinz Chiquitos und in der argentinischen Provinz Corrientes.

1835 *Anodontes ferrarisii* ORBIGNY, Mag. Zool., Paris, **5** (5):88. — Terra typica: Banda Oriental, Uruguay.

1843 *Anodonta membranacea* ORBIGNY, Voy. Amérique merid., **5** (3, Moll.): 616; Taf. 79, Fig. 11. — Terra typica: Flüsse im östlichen Uruguay.

1860 *Anodonta wymanii* LEA, Proc. Acad. nat. Sci. Philadelphia, **4**:91. — Terra typica: Río Uruguay, Süd-Amerika.

1860 *Anodonta uruguayensis* LEA, Proc. Acad. nat. Sci. Philadelphia, **4**:92. — Terra typica: Río Uruguay, Süd-Amerika.

1873 *Anodonta sinuosa* CLESSIN, Conch. Cab., *Anodonta:* 90, Taf. 22, Fig. 1—2 (non *Anodonta sinuosa* LAMARCK 1819). — Terra typica: Süd-Amerika.

1876 *Anodonta serpentina* CLESSIN, Conch. Cab., *Anodonta:* 223, Taf. 75, Fig. 2—3. — Terra typica: Süd-Amerika.

1893 *Glabaris bergi* IHERING, Arch. Naturgesch., Berlin, **59** (1):118 (nomen novum pro *Anodonta sinuosa* CLESSIN).

1915 *Anodontites salmonea* MARSHALL, Proc. U.S. nation. Mus., Washington, **49**:528; Taf. 67. — Terra typica: Ceará, Nordost-Brasilien.

1921 *Anodontites hasemani* ORTMANN, Mem. Carnegie Mus., Pittsburgh, **8**:609. — Terra typica: Rio Paraguay, Santa Rita, Matto Grosso, Brasilien.

1928 *Anodontites elfa* MARSHALL, Proc. U.S. nation. Mus., Washington, **74** (17):3; Taf. 4, Fig. 4—6. — Terra typica: Canada Grande, Cerro Largo, Uruguay.

1928 *Anodontites mansfieldi* MARSHALL, Proc. U.S. nation. Mus., Washington, **74** (17):4; Taf. 2, Fig. 1—3. — Terra typica: Canada Grande, Cerro Largo, Uruguay.

1934 *Anodontites schadei* MARSHALL, J. Washington Acad. Sci., **24**:24; Abb. 4—8. — Terra typica: Río Tubicuary bei Aroja, Süd-Paraguay.

Diagnosis: Schale sehr formveränderlich, meistens quer eiförmig, mehr oder weniger aufgeblasen, fest, ungleichseitig. Wirbel mäßig voll und hoch. Schloßlinie gebogen. Vorderende mehr oder weniger verschmälert und gerundet; Bauchrand mehr oder weniger gekrümmt, hinter der Mitte am meisten; Hinterende schief abgestutzt oder kaum abgestutzt. Eine seichte radiale Grube begleitet die oft doppelte Arealkante. Konchinschicht bräunlich bis olivenfarben. Perlmutter weißlich oder glanzlos fleischfarben. — Maße: Länge 81—87 mm, Höhe 57—59 mm, Dicke 32—37 mm.

Bemerkungen: Eine weit verbreitete Art, die in ihrem großen Verbreitungsgebiet recht stark variiert; das geht ohne weiteres aus der reichhaltigen Synonymie hervor, die kaum weiterer Erörterung bedarf. Nur in bezug auf *Anodontites salmonea* Marshall aus dem Staate Ceará in Nordost-Brasilien bin ich meiner Sache nicht sicher. Diese Form, deren Verbreitungsgebiet so weit abseits von dem geschlossenen der anderen *patagonicus*-Arten liegt und die ich nicht aus eigener Anschauung kenne, könnte recht gut zu der nun folgenden Unterart *leotaudi* Guppy gehören.

Verbreitung: Südliches Brasilien; Gebiet des La Plata-Stromes; Staat Ceará, Nordost-Brasilien ?

14b. Anodontites (A.) patagonicus leotaudi (Guppy)

1864 *Anodon leotaudi* Guppy, Ann. Mag. nat. Hist., London, (3) **17**:54. — Terra typica: Insel Trinidad.

1926 *Anodontites irisans* Marshall, Proc. U.S. nation. Mus., Washington, **69** (12):10; Taf. 2, Fig. 3, 5; Taf. 3, Fig. 7. — Terra typica: Venezuela.

Diagnosis: Schale etwas rautenförmig eiförmig, aufgeblasen, sehr wenig fest, ungleichseitig. Wirbel mäßig voll und erhoben. Rücken- und Bauchrand gebogen; Vorderende etwas verschmälert und gerundet; Hinterende schief, leicht abgestutzt, darunter gerundet. Konchinschicht kastanienbraun mit zarten Andeutungen von dunkleren Strahlen auf der Area, wenig glänzend. Perlmutter fleischfarben oder purpurn, schillernd. — Maße: Länge 63 mm, Höhe 37 mm, Dicke 20 mm.

Bemerkungen: Mir unbekannte, nie abgebildete Art, die aber, nach einer Angabe Marshall's, dessen *A. irisans* ähnlich sein muß; auch die unter *A. patagonicus* aufgeführte *A. salmonea* Marshall mit ihrer so ganz östlichen Herkunft, könnte zu *leotaudi* gehören.

Verbreitung: Insel Trinidad, Westindien.

15. Anodontites (Anodontites) felix (Pilsbry)

1896 *Glabaris lato-marginalis* Lea var. *felix* Pilsbry, Proc. Acad. nat. Sci. Philadelphia, **48**:563; Taf. 26, Fig. 8. — Terra typica: Colonia, Uruguay.

Diagnosis: Schale der der Stammart, in der Schlammform, gleich, aber durch folgende, konstante Merkmale der Konchinschicht verschieden: Farbe stets hell gelblich grün, mit einem System von saftgrünen bis blaugrünen Strahlen, die vom Wirbel herkommen, häufig unterbrochen sind, sich vergabeln oder V-förmige Figuren bilden, und die fast die gesamte Schalenfläche bedecken, hinten dichter als vorn. — Maße: Länge 51 mm, Höhe 35 mm, Dicke 18 mm.

Bemerkungen: Trotz der Konstanz, mit der die oben geschilderte Zeichnung auf der Konchinschicht auftritt, bin ich keineswegs sicher, daß es sich hier um eine gut begründete Art handelt. Es wäre vielleicht besser gewesen, diese Form als Lokalrasse von *Anodontites patagonicus* anzuführen.

Verbreitung: Gebiet des Río Uruguay in Uruguay.

16. Anodontites (Anodontites) trapezeus (Spix)

1827 *Anodon trapezeus* Spix, Test. fluv. Brasil.: 28; Taf. 20, Fig. 1. — Terra typica: Rio Solimoes, Brasilien.

1827 *Anodon rotundus* Spix, Test. fluv. Brasil.: 28; Taf. 20, Fig. 2—4. — Terra typica: Staat São Paulo, Brasilien.

1835 *Anodontes spixii* Orbigny, Mag. Zool., Paris, **5** (5):39. — Terra typica: Río Paraná im Staate Corrientes, Argentinien.

1860 *Anodonta cailliaudii* Lea, Proc. Acad. nat. Sci. Philadelphia, **4**:308. — Terra typica: Brasilien.

1860 *Anodonta rubicunda* Lea, Proc. Acad. nat. Sci. Philadelphia, **4**:92. — Terra typica: Río Uruguay.

1866 *Anodonta pazii* Lea, Proc. Acad. nat. Sci. Philadelphia, **10**:35. — Terra typica: Süd-Amerika.

1893 *Glabaris trapezea* var. *caipira* Ihering, Arch. Naturgesch., Berlin, **59** (1):58. — Terra typica: Amazonen-Strom.

1893 *Glabaris trapezea* var. *sowerbyana* Ihering, Arch. Naturgesch., Berlin, **59** (1):58. — Terra typica: Nord-Brasilien.

Diagnosis: Schale fast scheibenförmig, vorn etwas schmäler, nicht sehr fest, ungleichseitig, leicht aufgeblasen. Wirbel erhoben und voll. Hinterende manchmal leicht abgestutzt, aber öfter gleichmäßig gerundet. Schloßlinie gebogen. Konchinschicht gelbbraun bis olivenfarben, oft leicht gestrahlt und mit einigen dunkleren Strahlen auf der Area. Perlmutter bläulich silbern, schillernd. — Maße: Länge 59—93 mm, Höhe 51—68 mm, Dicke 30—47 mm.

Verbreitung: Gebiet des Río de la Plata und des Amazonen-Stromes; dazwischen liegende Fundorte sind nicht bekannt.

17. Anodontites (Anodontites) trapesialis (Lamarck)

17a. Anodontites (A.) trapesialis trapesialis (Lamarck)

1819 *Anodonta trapesialis* Lamarck, Anim. sans Vert., **6**:87. — Terra typica: Nicht bekannt.

1825 *Anodonta trapezialis* Blainville, Manuel de Malacol.: 538. — (Nomen substitutum pro *Anodonta trapesialis* Lamarck 1819.)

1827 *Anodon giganteus* Spix, Test. fluv. Brasil.: 27; Taf. 19, Fig. 1, 2. — Terra typica: Fluß Solimoes, Brasilien.

1827 *Anodon anserinus* Spix, Test. fluv. Brasil.: 28; Taf. 21, Fig. 1—2. — Terra typica: Fluß Solimoes zwischen Coari und Ega, Brasilien.

1867 *Anodon blainvilleana* Sowerby, Conch. Icon., **17**, *Anodon:* Taf. 6, Fig. 12. — Terra typica: Brasilien und Chile.

1867 *Anodon scriptus* Sowerby, Conch. Icon., **17**, *Anodon:* Taf. 4, Fig. 9. — Terra typica: Unbekannt.

1867 *Anodon subsinuatus* Sowerby, Conch. Icon., **17**: *Anodon:* Taf. 7, Fig. 14. — Terra typica: Unbekannt.

1867 *Anodon areolatus* Sowerby, Conch. Icon., **17**, *Anodon:* Taf. 10, Fig. 28. — Terra typica: Unbekannt.

1890 *Anodonta hertwigii* IHERING, Arch. Naturgesch., Berlin, **56** (1):150; Taf. 9, Fig. 7. — Terra typica: Fluß Solimoes, Brasilien.

Diagnosis: Schale groß, etwas aufgeblasen, ziemlich dünn, unregelmäßig eiförmig oder rautenförmig, ungleichseitig. Wirbel hoch und voll. Schloßlinie fast gerade oder schwach gekrümmt. Vorderende verschmälert, gerundet, oben undeutlich winklig, unten oft etwas abgeschnitten; Bauchrand gerundet, hinter der Mitte am meisten; Hinterende oben schief abgestutzt, von der Mitte an etwas gerundet oder abgestumpft zugespitzt. Konchinschicht gelblich grün oder grünlich bräunlich oder stumpf grün, auf der Area oft zart gestrahlt und manchmal sogar auf der Schalenfläche, wenig glänzend. Perlmutter bläulich bis fleischfarben, besonders hinten schillernd. — Maße: Länge 120—145 mm, Höhe 72—82 mm, Dicke 46—53 mm.

Bemerkungen: Die Entstehung der *Anodonta hertwigii* IHERING hat folgende Geschichte: IHERING hatte, als er 1890 die von SPIX in Brasilien gesammelten Unionazeen revidierte, die ihm aus München geliehenen SPIX'schen Typen in den Händen. Er fand, daß der von *Anodon anserinus* nicht ganz mit der ihn darstellen sollenden Abbildung bei SPIX (Taf. 21 Fig. 1—2) übereinstimmt. Daraus schloß er, daß der wahre Typus von *anserinus* verloren sei, und beschrieb das ihm als solcher vorliegende Stück als neue Art *hertwigii*. Versucht man aber, eine Pause der IHERING'schen Abbildung seines *hertwigii* mit der SPIX'schen Figur des *anserinus* zur Deckung zu bringen, so gelingt dies ohne weiteres; es bestehen nur ganz unbedeutende Unterschiede, die der Unvollkommenheit der SPIX'schen Abbildungen zur Last zu legen sind. *A. hertwigii* ist meines Erachtens auf den Typus von *anserinus* aufgestellt, und ist somit, mit diesem, mit *trapesialis*, synonym.

Verbreitung: Gebiet des Amazonen-Stromes und des Río Paraná.

17b. Anodontites (A.) trapesialis glaucus (VALENCIENNES)

1833 *Anodonta glauca* VALENCIENNES in HUMBOLDT & BONPLAND, Receuil Observ. Zool., **2**:236; Taf. 1, Fig. 2. — Terra typica: Acapulco, Mexiko.

1848 *Anodonta nicaraguae* PHILIPPI, Z. Malak., Kassel, **5**:130. — Terra typica: Nikaragua.

1851 *Anodon ciconia* GOULD, Proc. Boston Soc. nat. Hist., **4**:92. — Terra typica: Mexiko?

1868 *Anodonta bridgesii* LEA, Proc. Acad. nat. Sci. Philadelphia, **12**:95. — Terra typica: See von Nikaragua.

1868 *Anodonta jewettii* LEA, Proc. Acad. nat. Sci. Philadelphia, **12**:95. — Terra typica: See von Nikaragua.

1868 *Anodonta strebelii* LEA, Proc. Acad. nat. Sci. Philadelphia, **12**:150. — Terra typica: Veracruz, Mexiko.

1869 *Anodonta wallisi* MOUSSON, Malak. Bl., Kassel, **16**:188. — Terra typica: Puerto Nacional im Gebiete des unteren Magdalenen-Stromes.

1883 *Anodonta glauca* VALENCIENNES var. *sinaloensis* CROSSE & FISCHER, J. de Conch., Paris, **31**:219. — Terra typica: Río Presidio, Sinaloa, Mexiko.

1920 *Anodontites jaliscoensis* PILSBRY, Proc. Acad. nat. Sci. Philadelphia, **72**:193; Abb. 3. — Terra typica: Tolimán, Jalisco, Mexiko.

1924 *Anodontites flucki* WALKER, Nautilus, Philadelphia u. Boston, **38**:53; Taf. 1, Fig. 3—4. — Terra typica: Wanks River oder Río Coco, Nikaragua.

Diagnosis: Schale sehr gestaltveränderlich, von lang elliptisch bis kurz eiförmig, sehr wenig fest, nicht sehr ungleichseitig, etwas aufgeblasen, vorn und hinten etwas klaffend. Wirbel mäßig voll und erhoben. Schloßlinie vor den Wirbeln gerade oder nur leicht gebogen, stärker so hinter den Wirbeln. Vorderende gerundet, oben meist etwas winklig; Bauchrand verschieden stark gekrümmt, hinter der Mitte am meisten; Hinterende schief abgestutzt oder nur angedeuteter Weise so, etwas über der Mittellinie zugespitzt. Konchinschicht graugrün oder gelblich grün oder bräunlich, manchmal schwach gestrahlt. Perlmutter bläulich bis fleischfarben, schillernd. — Maße: Länge 90—112 mm, Höhe 56—68 mm, Dicke 34—38 mm.

Bemerkungen: Diese Form vertritt die südliche Nominatform *trapesialis trapesialis* in Nordwest-Südamerika und in Mittel-Amerika. SIMPSON's Angabe, sie käme auch in Peru und in Brasilien vor, kann ich nicht bestätigen.

Verbreitung: Gebiet des Magdalenen-Stromes in Kolumbien nördlich bis Mexiko.

17c. Anodontites (A.) trapesialis forbesianus (LEA)

1860 *Anodonta forbesiana* LEA, Proc. Acad. nat. Sci. Philadelphia, 4:92. — Terra typica: Uruguay-Fluß, Süd-Amerika.
1870 *Anodon rioplatensis* SOWERBY, Conch. Icon., 17, *Anodon:* Taf. 26, Fig. 101. — Terra typica: Río de la Plata, Süd-Amerika.
1900 *Glabaris umbonatus* SIMPSON, Proc. U.S. nation. Mus., Washington, 22:926. — Terra typica: Unbekannt.

Diagnosis: Schale rautenförmig, etwas aufgeblasen, wenig fest, leicht ungleichseitig. Wirbel ziemlich voll und hoch. Schloßlinie leicht gekrümmt. Vorderende verschmälert, gerundet, oben gewinkelt; Bauchrand fast gerade oder mäßig geschwungen; Hinterende fast senkrecht abgestutzt. Konchinschicht fahl braun, manchmal mit grünem Hauche, dunkler auf der Area, glänzend. Perlmutter bläulich weiß. — Maße: Länge 110—116 mm, Höhe 70—73 mm, Dicke 43—45 mm.

Bemerkungen: Der Nominatform sehr nahe stehend, aber meist durch etwas stärker verlängerte Schalenform davon verschieden. Der hier als Synonym angeführte *Glabaris umbonatus* SIMPSON ist eine nicht zu deutende Art, deren Herkunft unbekannt ist und dessen Namen auf eine SOWERBY'sche Abbildung aufgebaut ist; sie gehört entweder dieser Unterart oder vielleicht der Nominatform an.

Verbreitung: Gebiet des Río de la Plata, mit den Flüssen Paraná, Paraguay und Uruguay.

18. Anodontites (Anodontites) exoticus (LAMARCK)

18a. Anodontites (A.) exoticus exoticus (LAMARCK)

1819 *Anodonta exotica* LAMARCK, Anim. sans Vert., 6:87. — Terra typica: Flüsse Indiens?
1819 *Anodonta sinuosa* LAMARCK, Anim. sans Vert., 6:87. — Terra typica: Unbekannt.
1827 *Anodon radiatus* SPIX, Test. fluv. Brasil.: 31; Taf. 23, Fig. 1. — Terra typica: Flüsse des Staates Minas Geraes, Brasilien.
1860 *Anodonta moricandii* LEA, Proc. Acad. nat. Sci. Philadelphia, 4:90. — Terra typica: Bahia, Brasilien.
1873 *Anodonta bahiensis* KÜSTER, Conch. Cabinet, *Anodonta:* 94, Taf. 20, Fig. 2. — Terra typica: Bahia, Brasilien.

1876 *Anodonta angustata* CLESSIN, Conch. Cab., *Anodonta:* 226; Taf. 74, Fig. 6—7. — Terra typica: Süd-Amerika.
1910 *Anodontites dulcis* IHERING, Abh. senckenb. naturf. Ges. Frankfurt a. M., **32**:132; Taf. 12, Fig. 5, a, b. — Terra typica: Fazenda do Sacramento, Municipio de San Domingo do Prata, Staat Minas Geraes, Brasilien, Gebiet des Rio Doce.
1915 *Anodontites darochai* MARSHALL, Proc. U.S. nation. Mus., Washington, **49**:528; Taf. 68. — Terra typica: Ceará, Nordost-Brasilien.
1915 *Anodontites aurora* MARSHALL, Proc. U.S. nation. Mus., Washington, **49**:529; Taf. 69. — Terra typica: Ceará, Nordost-Brasilien.

Diagnosis: Schale lang rautenförmig, kaum aufgeblasen, ziemlich dünn, vorn und hinten klaffend, ungleichseitig. Wirbel mäßig hoch und angeschwollen. Schloßlinie gerade oder leicht gekrümmt. Vorderende ein wenig verschmälert, gerundet und unten etwas abgeschnitten; Bauchrand gerade, gebogen oder sogar leicht eingebogen; hinterer Oberrand mit einem niedrigen Flügel versehen; Hinterende oben schief abgestutzt, unten schmal gerundet. Schalenfläche manchmal leicht gekörnelt. Konchinschicht fahl graugrün, dunkler auf der Area, glänzend. Perlmutter bläulich oder silbern, schillernd. — Maße: Länge 79—117 mm, Höhe 45—70 mm, Dicke 29—35 mm.

Verbreitung: Gebiet des Amazonen-Stromes und nördlich davon etwa nach Venezuela, die Küstenflüsse des Staates Bahia, das Gebiet des Rio São Francisco, und ein Teil des Staates São Paulo, Brasilien.

18b. Anodontites (A.) exoticus susannae (GRAY)

1834 *Anodon susannae* GRAY in GRIFFITH, Animal Kingdom CUVIER, The Mollusca and Radiata: Taf. 24, Fig. 1. — Terra typica: Süd-Amerika.
1834 *Anodon penicillatus* GRAY, Proc. zool. Soc. London, **1834**:57. — Terra typica: Flüsse in Paraguay.
1890 *Anodonta riograndensis* IHERING, Arch. Naturgesch., Berlin **56** (1):158. — Terra typica: Rio Grande do Sul. Brasilien.
1896 *Glabaris simpsonianus* PILSBRY, Proc. Acad. nat. Sci. Philadelphia, **48**:564; Taf. 27, Fig. 13. — Terra typica: Río de la Plata, Argentinien.
1896 *Glabaris trapesialis* var. *cygneiformis* PILSBRY, Proc. Acad. nat. Sci. Philadelphia, **48**:563; Taf. 26, Fig. 5—6. — Terra typica: Bei Maldonado, Uruguay.
1939 *Anodontites marcusi* MENDES, Bol. Biol. São Paulo, (2) **4**:481, 5 Abb. — Terra typica: Rio São Domingo, Zufluß des Rio Paraná, Brasilien.

Diagnosis: Schale fast rein elliptisch oder leicht quer eiförmig, mehr oder weniger aufgeblasen, fest, ungleichseitig. Wirbel lang und voll, erhoben. Schloßlinie hinten leicht gebogen, vorn fast gerade. Vorderende schmal und gerundet, oben winklig; Bauchrand gebogen, hinter der Mitte am stärksten; Hinterende schief abgestutzt oder angedeuteter Weise so. Arealkante deutlich entwickelt. Konchinschicht grünlich braun, ein wenig glänzend. Perlmutter fleischfarben, gelegentlich mit dunkleren, Buchstaben ähnlichen Flecken. Die Schale klafft weit vorn und etwas hinten. — Maße: Länge 138 mm, Höhe 80 mm, Dicke 60 mm.

Bemerkungen: Diese Form, vor allem durch ebenmäßigen elliptischen Umriß von der Nominatform verschieden, stellt deren südliche Unterart dar. Die oben in der Synonymie aufgeführten Artnamen sind recht verschieden aussehenden Formen beigelegt worden, die ich indessen alle als Standortsformen der Grundform, der typischen *susannae*, betrachte. Der nie abgebildete *Anodontites riograndensis* IHERING ist unzweifelhaft eine Stillwasserform dessen, was Gray als *susannae* als eine Stromform beschrieben hatte; auch *simpsonianus* Pilsbry und *trapesialis* var. *cygneiformis* Pilsbry sind Stillwasserformen der *susannae* Gray. — *Anodontites marcusi* Mendes, den ich nur aus der Urbeschreibung kenne, dürfte in die Synonymie des *A. exoticus susannae* gehören; wenigstens stellt ihn sein Autor selbst nahe zu *A. riograndensis* Ihering, den wir als in die Synonymie des *susannae* gehörig betrachtet haben.

Verbreitung: Die Küstenflüsse des südlichen Brasilien und Uruguay, der Río Uruguay und der Río de la Plata.

19. **Anodontites (Anodontites) brevis** (Sowerby)

1870 *Anodon brevis* Sowerby, Conch. Icon., **17**, *Anodon:* Taf. **31**, Fig. **124**. — Terra typica: Río de la Plata.

Diagnosis: Schale rautenförmig, aufgeblasen, fest, ziemlich kurz, etwas ungleichseitig. Wirbel voll und erhoben. Arealkante deutlich, erhaben. Schloßlinie fast gerade. Hinterende in Rundung abfallend; Vorderende gerundet, etwas unten abgeschnitten; Bauchrand gebogen. Konchinschicht schwärzlich braun. Perlmutter orangefarben. — Maße: Länge 66 mm, Höhe 43,5 mm, Dicke ? mm.

Bemerkungen: Es ist äußerst zweifelhaft, ob diese Form wirklich ein südamerikanischer *Anodontites* ist; sie ist nur aus der Urbeschreibung bekannt und niemals wiedergefunden worden. Ihre Gestalt ist von der bei den anderen *Anodontites*-Arten vorkommenden so verschieden, daß Simpson die Ansicht geäußert hat, daß es sich bei ihr um eine nordamerikanische Art handele, und zwar um *Strophitus edentulus* (Say). Da der Typus des *brevis* anscheinend verloren ist, wird sich diese Ansicht nicht nachprüfen lassen, aber es muß zugegeben werden, daß sie sehr viel Wahrscheinlichkeit für sich hat.

Verbreitung: Nur von dem in der Urbeschreibung genannten Fundort bekannt.

Subgenus **Ruganodontites** Marshall

1931 *Ruganodontites* Marshall, Nautilus, Philadelphia u. Boston, **45**:16. — Species typica: *Anodontites colombiensis* Marshall.

Diagnosis: Schale verlängert, dick, gewöhnlich etwas sichelförmig, mit einer breiten, seichten Furche von den Wirbeln bis zur Mitte des Bauchrandes. Konchinschicht dick, sehr fein radial gestreift, fast geschrumpft aussehend, was sich auch auf die darunterliegende Kalkschale bezieht. Die Runzeln der Konchinschicht sind in nach unten hin breiter werdende Strahlen angeordnet. Perlmutter unansehnlich grün.

Verbreitung: Río Colorado, Zufluß des Magdalenen-Stromes, Santander, Kolumbien.

20. **Anodontites (Ruganodontites) colombiensis** Marshall

1922 *Anodontites colombiensis* Marshall, Proc. U.S. nation. Mus., Washington, **61** (16):7; Taf. 1, Fig. 5; Taf. 2, Fig. 13—14; Taf. 3, Fig. 5, 13—14. — Terra typica: Zufluß des Río Colorado, Prov. Santer, Kolumbien.

Diagnosis: Schale groß, dick, verlängert, mäßig aufgeblasen, mit einer flachen Einbuchtung, die vom Wirbel bis zum Bauchrand zieht; dieser stark eingezogen. Rückenrand gleichmäßig und hoch gebogen; Hinterende verlängert und schief abwärts weisend; beide Schalenenden regelmäßig gerundet. Konchinschicht mit den in der Diagnose der Untergattung genannten Merkmalen; ihre Farbe ist dunkel kastanienbraun mit grünen Strahlen auf der Area. — Maße: Länge 82 mm, Höhe 37 mm, Dicke 26 mm.

Bemerkungen: Es ist durchaus möglich, daß *Anodontites crispatus* (Bruguière) in die gleiche Untergattung gehört, wie Marshall angibt; er weist auffällige, aber nicht ganz mit denen von *colombiensis* übereinstimmende Eigentümlichkeiten der Konchinschicht auf.

Verbreitung: Nur vom ursprünglichen Fundort bekannt.

Subgenus **Lamproscapha** Swainson

1840 *Lamproscapha* Swainson, Treat. on Malacol.: 381. — Species typica: *Anodon ensiformis* Spix (Herrmannsen 1846).

1900 *Virgula* Simpson, Proc. U.S. nation. Mus., Washington, 22:931. — Species typica: *Anodon ensiformis* Spix (Autor).

Diagnosis: Schale mehr oder weniger fest, stark verlängert, gerade bis sichelförmig, vorn gerundet, am Hinterende zugespitzt, darüber aber etwas abgestutzt. Arealkante scharf ausgeprägt. Wirbel nicht hoch. Konchinschicht grün bis olivenfarben.

Verbreitung: Süd-Amerika.

21. **Anodontites (Lamproscapha) ensiformis** (Spix)

1827 *Anodon ensiformis* Spix, Test. fluv. Brasil.: 31; Taf. 24, Fig. 1—2. — Terra typica: In Flüssen Brasiliens.

Diagnosis: Schale stark verlängert, nicht sehr fest, aufgeblasen, sehr ungleichseitig, vorn breiter, hinten in einen schmalen Punkt ausgezogen, im Alter stärker sichelförmig werdend. Wirbel wenig erhoben. Arealkante deutlich ausgeprägt. Vorderende gerundet. Konchinschicht gelegentlich mit undeutlichen radialen Falten, dunkel, oft fast schwarz, kaum glänzend. Perlmutter schillernd bläulich. — Maße: Länge 97—195 mm, Höhe 27—53 mm. Dicke 15—26 mm.

Verbreitung: Wohl im ganzen tropischen Süd-Amerika.

22. **Anodontites (Lamproscapha) falsus** (Simpson)

1900 *Glabaris falsus* Simpson, Proc. U.S. nation. Mus., Washington, 22:932. — Terra typica: Yuruari-Fluß, ein Nebenfluß des Orinoko.

Diagnosis: Schale stark verlängert, kaum sichelförmig, etwas rautenartig, sehr wenig fest, leicht zusammengepreßt, sehr ungleichseitig. Wirbel niedrig und nicht aufgeblasen. Arealkante stark ausgeprägt. Rücken- und Bauchrand gleichlaufend; Vorderende gerundet, Hinterende schief gerundet. Konchinschicht leicht konzentrisch gerunzelt, glatter auf der Area, vorn schwache, radiale Zeichnung zeigend, undeutlich gestrahlt auf der Area, von stumpf aschbrauner bis grünlich brauner Farbe. Perlmutter bläulich, purpurartig in den Wirbelhöhlen schillernd. — Maße: Länge 77 mm, Höhe 21,5 mm, Dicke 11 mm.

Bemerkungen: Diese nie abgebildete, nur aus wörtlicher Beschreibung bekannte Art ist anscheinend nie wiedergefunden worden, sie erscheint nach der Urbeschreibung nicht wieder im Schrifttum. Ich habe sie nie gesehen und mein Urteil über sie ist dementsprechend unsicher. Ihre oben gegebene Diagnose ist die ursprüngliche von SIMPSON, der ich aus begreiflichen Gründen nichts hinzusetzen kann.

Verbreitung: Nur vom ursprünglichen Fundort bekannt.

Genus **Mycetopoda** ORBIGNY

1835 *Mycetopoda* ORBIGNY, Mag. Zool., Paris, 5 (5):41. — Species typica: *Mycetopoda soleniformis* ORBIGNY.

1846 *Mycetopus* ORBIGNY, Voy. Amér. Mérid.: 600. — (Nomen emendatum pro *Mycetopoda* ORBIGNY 1835.)

Diagnosis: Schale dünn, verlängert, hinten oben abgestutzt, mit niedriger Arealkante und ziemlich flachen, glatten oder konzentrisch gerunzelten Wirbeln. Konchinschicht glatt, glänzend, fahl grünlich gelb bis bräunlich, ungestrahlt. Schloßlinie lang, gerade, zahnlos oder mit schwachen Andeutungen von Zähnchen, die nur unter der Lupe zu erkennen sind und die mit Perlmutter überzogen sind. — Weichkörper mit sehr langem Fuß, der am Hinterende eine Art Knopf trägt.

Bemerkungen: Wenn man die südamerikanischen Muteliden in Unterfamilien einteilen will, wie man es verschiedentlich und, meiner Meinung nach, zu Unrecht versucht hat, so muß in diesem Falle und im nächsten, bei Behandlung der Gattung *Leila*, eine Ausnahme gemacht werden. Denn bei beiden genannten Gruppen wäre es in der Tat möglich, daß sie es wert wären, in besondere Unterfamilien gestellt zu werden. Schon im Jahre 1858 haben H. &. A. ADAMS eine Unterfamilie Mycetopinae aufgestellt, in der Hauptsache auf anatomische Merkmale des Weichkörpers, und 1942 hat MODELL, ohne vom ADAMS'schen Vorgang zu wissen, seinerseits die Unterfamilie Mycetopodinae, auf Schalenmerkmalen aufgebaut, errichtet. 1963 haben PARODIZ & BONETTO in ihrer taxonomischen und tiergeographischen Übersicht über die südamerikanischen Flußmuscheln diesen Unterfamiliennamen wieder benutzt, ohne Gründe dafür zu bringen. Alle die Genannten können mit ihrer Ansicht recht haben; ich ziehe es indessen vor, die Gattungen *Mycetopoda* und *Mycetopodella*, die gleich folgen wird, mit den bisher behandelten südamerikanischen Mutelazeen zusammen zu lassen. Vielleicht wird die Kenntnis des bisher noch nicht gesehenen Lasidiums von *Mycetopoda* entscheidend auf die Einreihung der Gattung in eine eigene Unterfamilie wirken können. — Bei der großen Formveränderlichkeit der *Mycetopoda*-Arten ist es noch nicht möglich, sie mit guter Begründung zu sichten; das hier folgende System ist deshalb als ein Versuch anzusehen.

Verbreitung: Süd-Amerika bis zum und im La Plata-Strom.

1. **Mycetopoda siliquosa** (SPIX)

1827 *Anodon siliquosus* SPIX, Test. fluv. Brasil.: 30; Taf. 23, Fig. 2. — Terra typica: Rio Peruaguaçú, bei Engenho da Ponte, Bahia, Brasilien.

1827 *Anodon pygmaeum* SPIX, Test. fluv. Brasil.: 30; Taf. 23, Fig. 2—3. — Terra typica: Rio Peraguaçú bei Engenho da Ponte, Bahia, Brasilien.

1843 *Mycetopus ventricosus* ORBIGNY, Voy. Amér. Mérid., **5** (3, Moll.):602; Taf. 73, Fig. 1—3. — Terra typica: Río Tucabaca bei San Juan, Chiquitos, Bolivien.
1868 *Mycetopus subsinuatus* SOWERBY, Conch. Icon., **16**, *Mycetopus:* Taf. 4, Fig. 10. — Terra typica: Bogotá, Kolumbien.
1875 *Mycetopus hupeanus* CLESSIN, Conch. Cab., *Anodonta:* 206; Taf. 56, Fig. 15. — Terra typica: Brasilien.
1879 *Mycetopus occidentalis* CLESSIN, Malak. Bl., Kassel, (2) **1**:174; Taf. 11, Fig. 2, 3. — Terra typica: Río Pastaza, Ekuador.
1890 *Mycetopus staudingeri* IHERING, Arch. Naturgesch., Berlin, **56** (1):131; Abb. A, B. — Terra typica: Oberer Amazonen-Strom in Ekuador und Peru.
1909 *Mycetopus punctatus* PRESTON, Ann. Mag. nat. Hist., London, (8) **3**:513; Taf. 10, Fig. 8. — Terra typica: Río Chenchi, Kolumbien.
1910 *Mycetopoda krausei* IHERING, Abh. senckenb. naturf. Ges., Frankfurt a. M., **32**:121; Taf. 12, Fig. 2a, 2b. — Terra typica: Rio Araguaya, Ilha do Bananal, Brasilien.
1910 *Mycetopoda staudingeri* IHERING var. *aequatorialis* IHERING, Abh. senckenb. naturf. Ges., Frankfurt a. M., **32**:121. — Terra typica: Ekuador.
1910 *Mycetopoda bahia* IHERING, Abh. senckenb. naturf. Ges., Frankfurt a. M., **32**:122; Taf. 12, Fig. 3a, 3b. — Terra typica: Villa Nova, Rio São Francisco, Bahia, Brasilien.
1910 *Mycetopoda orbignyi* IHERING, Abh. senckenb. naturf. Ges., Frankfurt a. M., **32**: 121. — Terra typica: Bolivien.
1927 *Mycetopoda pittieri* MARSHALL, Proc. U.S. nation. Mus., Washington, **71** (6):4; Taf. 2. — Terra typica: Mata Verde bei Guanara, Portuguesa, Venezuela, Gebiet des Orinoko.

Diagnosis: Schale verlängert, dünn, ungleichseitig, kaum aufgeblasen, unregelmäßig rautenförmig, vorn unten klaffend. Wirbel nur mäßig voll. Arealkante gut entwickelt. Schloßlinie gerade. Bauchrand gerade oder in der Mitte leicht vortretend; Vorderende verschmälert und gerundet; Hinterende im Alter deutlich schief abgestutzt. Schalenfläche oft mit undeutlichen radialen Fältchen. Konchinschicht stumpf grün, oft mit braunen Flächen. Perlmutter bläulich weiß. — Maße: Länge 98—115 mm, Höhe 39—44 mm, Dicke 20—23 mm.

Bemerkungen: Obenstehende Beschreibung kann den unendlich vielen Wandelformen dieser Art nicht gerecht werden. Ob Umwelt-Einflüsse die Vielgestaltigkeit der Schale allein beeinflussen oder ob auch Geschlechts-Dimorphismus dabei eine Rolle spielt, wissen wir noch nicht, können es nur ahnen. Es sei übrigens hier bemerkt, daß einige der in obiger Synonymliste genannten Formen, wie *punctatus* PRESTON, *subsinatus* SOWERBY, *hupeanus* CLESSIN und *occidentalis* CLESSIN, als fragliche Synonyme von *siliquosa* betrachtet werden müssen, sie sind zu wenig bekannt um genau eingeschätzt werden zu können.

Verbreitung: Das ganze tropische Süd-Amerika, bis zum und einschließlich des La Plata-Stromes im Süden, vielleicht bis Mittel-Amerika im Norden.

2. Mycetopoda soleniformis ORBIGNY

1835 *Mycetopoda soleniformis* ORBIGNY, Mag. Zool., Paris, **5** (5):41. — Terra typica: Corrientes, Argentinien, und Santa Cruz de la Sierra, Bolivien.
1923 *Mycetopoda holmbergi* DOELLO-JURADO, Ann. Mus. nacion. Hist. nat. Buenos Aires, **31**:518; Taf. 1, Fig. 1—4; Taf. 2, Fig. 6. — Terra typica: Río Santa Lucia, Corrientes, nahe seiner Mündung in den Río Paraná, Argentinien.

1923 *Mycetopoda iheringi* Doello-Jurado, Ann. Mus. nacion. Hist. nat. Buenos Aires, 31:521; Taf. 2, Fig. 1—5. — Terra typica: Río Paraná, nahe Einmündung des Arroyo Fría, südlich von Rosario, Santa Fé, Argentinien.
1923 *Mycetopoda doello-juradoi* Ihering, Ann. Mus. nacion. Hist. nat. Buenos Aires, 31:535; Abb. 3—4. — Terra typica: Corrientes, Argentinien.

Diagnosis: Schale groß, verlängert, rautenförmig, fast ganz gleichseitig, kaum aufgeblasen. Wirbel nur wenig erhoben. Schloßlinie gerade. Bauchrand in der Mitte leicht eingebogen, sonst fast gerade; Vorderende oben vorgezogen, unten etwas abgeschnitten; Hinterende etwas schief abgestutzt, unten zweiwinklig. Arealkante doppelt, die äußere scharf ausgeprägt. Konchinschicht bräunlich grün. Perlmutter blau. — Maße: Länge 224 mm, Höhe 56 mm, Dicke 30 mm.

Bemerkungen: Auch obige Diagnose wird den Gestaltsverhältnissen der Art nicht gerecht, die Variationsbreite ist beträchtlich. Es läßt sich aber mit Bestimmtheit sagen, daß *M. soleniformis* sich von der vorangehenden Art *siliquosa* dadurch unterscheidet, daß Rücken- und Bauchrand stärker parallel laufen und daß sein Hinterende nie so hoch ist wie bei der anderen genannten Art.

Verbreitung: Soweit bekannt, im Amazonen-Strom, von seinen Quellflüssen an, bis zum Río Paraguay und zum Paraná; noch nicht aus dem Río de la Plata und Uruguay genannt.

3. **Mycetopoda legumen** (Martens)

1888 *Anodonta legumen* Martens, S.-B. Ges. naturf. Freunde Berlin, 1888:65. — Terra typica: Banhados de São Leopoldo, Rio Grande do Sul, Brasilien.
1928 *Mycetopoda felipponei* Marshall, Proc. U.S. nation. Mus., Washington, 74 (17):4; Taf. 1, Fig. 2; Taf. 3, Fig. 1, 3. — Terra typica: Canada Grande, Cerro Largo, Uruguay.

Diagnosis: Schale verlängert, stark zusammengepreßt, vorn sehr schmal, hinten breit, unten von vorn bis zur Mitte klaffend, ungleichseitig. Schloßlinie fast gerade. Bauchrand nur wenig gekrümmt, das Hinterende gerundet treffend. Arealkante etwas winklig. Konchinschicht leicht kastanienbraun. Perlmutter lavendelfarben. — Maße: Länge 95 mm, Höhe 38 mm, Dicke 20 mm.

Bemerkungen: Eine wenig bekannte Form, deren Artberechtigung noch nicht ganz sicher feststeht.

Verbreitung: Gebiet des Río de la Plata; Río Uruguay; zum Atlantik fließende Ströme in Süd-Brasilien und Ost-Uruguay.

Genus **Mycetopodella** Marshall

1927 *Mycetopodella* Marshall, Proc. U.S. nation. Mus., Washington, 71 (6):1. — Species typica: *Mycetopus falcatus* Higgins (durch Monotypie).

Diagnosis: Schale sehr verlängert, leicht sichelförmig, hinten breit, vorn schmal, mit einer seichten, radialen Schwellung, hinter der die Schale deutlich nach unten abbiegt. Vom Wirbel aus läuft eine seichte, radiale Furche zum Bauchrand. Wirbel sehr weit vorn gelegen. Schloßlinie gerade, nur vor den Wirbeln etwas ausgebogen. Arealkante scharf. Konchinschicht glanzlos. Perlmutter blaß bläulich, wenig schillernd.

Verbreitung: Gebiet des oberen Amazonen-Stromes; Magdalenen-Strom in Kolumbien.

1. Mycetopodella falcata (HIGGINS)

1868 *Mycetopus falcatus* HIGGINS, Proc. zool. Soc. London, **1868**:179; Taf. 14, Fig. 6. — Terra typica: Chyavetas am oberen Amazonen-Strom.

1916 *Mycetopoda bolivari* HAAS, Trab. Mus. nacion. Cienc. nat., Madrid, (Zool.) **25**:36; Taf. 2, Fig. 2. — Terra typica: Río Unuyacu, Zufluß des Río Napo, Ekuador.

Diagnosis: Die der Gattung. — Maße: Länge 93—145 mm, Höhe 19,5—30 mm, Dicke 10,5—15 mm.

Bemerkungen: Während die Artberechtigung der *Mycetopodella falcata* feststeht, bin ich bezüglich genannter Gattung selbst nicht ganz so sicher. Ihre nahe Verwandtschaft mit *Mycetopoda* steht außer Frage, und es besteht die Möglichkeit, daß sie lediglich als Untergattung genannter Gattung aufzufassen wäre.

Verbreitung: Gebiet des oberen Amazonen-Stromes; Ekuador.

Genus Leila GRAY

1838 *Columba* LEA, Trans. amer. philos. Soc., Philadelphia, **5**:78 (non *Columba* LINNAEUS 1785). — Species typica: *Anodonta blainvilleana* LEA (durch Monotypie).

1840 *Leila* GRAY, Synopt. Cat. shells Brit. Mus.: 142. — Species typica: *Iridina esula* ORBIGNY (durch ursprüngliche Bestimmung).

Diagnosis: Schale groß, quer eiförmig, aufgeblasen. Oberrand gerade, vor und hinter den Wirbeln ganz leicht geflügelt, hinten abgestumpft zugespitzt und oben leicht abgestutzt, mit ziemlich deutlicher Arealkante. Wirbel voll und glatt. Konchinschicht meist glatt, olivenfarben. Wirbelhöhlen ziemlich seicht. Mantellinieneindruck hinten mit einer leichten Einbuchtung. Der Sinus im Eindruck der Mantellinie im Innern der Schale steht im Zusammenhang mit dem Besitz, am Weichkörper, hinten, von zwei wohlentwickelten, zurückziehbaren Siphonen. Das Lasidium von *Leila* ist verschieden von dem der übrigen südamerikanischen Muteliden und ähnelt mehr dem der afrikanischen; es ist außerdem dreimal größer als diese.

Bemerkungen: Vielleicht besteht die von MORRETES (1949) vorgeschlagene Abtrennung der *Leila*-Arten vom Reste der südamerikanischen Muteliden und die für sie geschaffene neue Unterfamilie der Leilinae mit Recht.

Verbreitung: Im Amazonen-Strom und südlich davon bis Argentinien, also wohl bis in den Río de la Plata.

1. Leila blainvilleana (LEA)

1834 *Anodonta blainvilleana* LEA, Trans. amer. philos. Soc., Philadelphia, **5**:77; Taf. 12, Fig. 35. — Terra typica: Chile? (Von LEA selbst bezweifelt.)

1834 *Anodon parishii* GRAY, Proc. zool. Soc., London, **1834**:57. — Terra typica: Flüsse in Paraguay.

1867 *Anodon hians* SOWERBY, Conch. Icon., **17**, *Anodon:* Taf. 4, Fig. 8. — Terra typica: Unbekannt.

Diagnosis: Schale quer eiförmig, etwas wenig aufgeblasen, jederseits klaffend, ungleichseitig, wenig fest. Wirbel ziemlich voll und hoch. Arealkante deutlich; über ihr ist eine breite und seichte, radiale Furche. Rückenrand fast gerade, vorn in einen kleinen Flügel ausgezogen, hinten schief abgestutzt; Vorderende sehr schmal, unten stark abgeschnitten; Bauchrand gekrümmt, am meisten hinter der Mitte; Hinterende in oder unter der Mittelachse gerundet zugespitzt. Konchinschicht dunkel olivenfarben, mit Andeutungen zarter, radialer Streifen. Perlmutter fleischfarben. — Maße: Länge 153 mm, Höhe 93 mm, Dicke 54 mm.

Verbreitung: Oberer Amazonen-Strom im Norden, südlich bis Argentinien.

2. **Leila esula** (Orbigny)

1835 *Iridina esula* Orbigny, Mag. Zool., Paris, **5** (5):43. — Terra typica: Provinz Mojos, Bolivien.

1857 *Leila pulvinata* Hupé in Castelnau, Anim. nouv. Amér. Sud, Mollusques: 90; Taf. 20, Fig. 1. — Terra typica: Rio de Janeiro, Brasilien.

1857 *Leila castelnaudi* Hupé in Castelnau, Anim. nouv. Amér. Sud, Mollusques: 91; Taf. 19, Fig. 1. — Terra typica: Bourbon oder Olimpo, Paraguay.

1890 *Columba spixii* Ihering, Arch. Naturgesch., Berlin, **56** (1):135; Taf. 9, Fig. 4. — Terra typica: Amazonen-Strom.

Diagnosis: Schale unregelmäßig quer eiförmig, etwas aufgeblasen, ziemlich dünn, ungleichseitig. Wirbel voll und hoch. Rückenrand fast gerade oder nur wenig krumm, vorn in einem scharf zugespitzten Flügel endend, hinten kaum geflügelt; hinterer Oberrand schief abgestutzt; Vorderende sehr schmal, unten abgeschnitten; Bauchrand fast gleichmäßig gekrümmt, etwas voller hinter der Mitte; Hinterende breit gerundet. Konchinschicht gelbgrün. Perlmutter weiß, schillernd. — Maße: Länge 115—160 mm, Höhe 105—116 mm, Dicke 65 mm.

Bemerkungen: *Columba spixii* Ihering 1890, die hier als Synonym der *Leila esula* (Orbigny) betrachtet wird, hat eine eigenartige Entstehungsgeschichte. Spix hat 1827 auf Taf. 19, Fig. 1 eine Muschel abgebildet, die er als die Jugendform der auf gleicher Tafel abgebildeten *Anodontites gigantea* betrachtete. Im Jahre 1890 erhielt Ihering aus dem Münchner Museum die gesamten Spix'schen Unionazeen zur Revision, und als er das oben genannte auf Taf. 19, Fig. 1 abgebildete Stück in den Händen hatte, erkannte er, daß es kein *Anodontites*, sondern eine *Leila* ist; in Ergänzung der schlechten Spix'schen Abbildung gab er eine neue. Aus dieser scheint mir hervorzugehen, daß das Urstück wohl eine *Leila*, aber keine neue Art ist, wie Ihering annahm. Der Name *Columba spixii* ist also meiner Meinung nach nur einem Jugendstück von *Leila esula* gegeben.

Verbreitung: Anscheinend auf das Gebiet des La Plata-Flusses beschränkt.

B. Afrikanische Gattungen

Genus **Mutela** Scopoli

1777 *Mutela* Scopoli, Introductio Hist. nat.: 397. — Species typica: *Mytilus dubius* Gmelin, 1793. — Anscheinend nur Latinisierung des von Adanson, Voyage Sénégal (:234), gebrauchten Namens „Le Mutel").

1883 *Spatha* Lea, Trans. amer. philos. Soc., Philadelphia, **6**:118. — Species typica: *Iridina nilotica* Sowerby.

1840 *Calliscapha* Swainson, Treat. Malac.: 380. — Species typica: *Iridina nilotica* Sowerby (durch Monotypie).

1885 *Mutelina* BOURGUIGNAT, Esp. nouv. et genres nouv. Lacs Oukékérewe et Tanganika. — Species typica: *Mutela subdiaphana* BOURGUIGNAT (durch Monotypie).
1900 *Pseudomutela* SIMPSON, Proc. U.S. nation. Mus., Washington, **22**:905. — Species typica: *Mycetopus plicatus* SOWERBY (durch ursprüngliche Bestimmung).

Diagnosis: Schale verlängert, rechteckig bis unregelmäßig dreieckig, glatt, mit niedrigen, glatten Wirbeln. Arealkante vortretend oder gerundet. Konchinschicht leicht glänzend, ungestrahlt. Schloßlinie gerade, oft mit zarten Spuren von Zähnchen.

Bemerkungen: Wie bei allen anodontoiden Muscheln ist auch in dieser Gattung die Schalenvielgestalt sehr groß, was zur Aufstellung von vielen, natürlich unnötigen, Artnamen geführt hat. Aus unserer Kenntnis, wie die europäischen Anodonten auf Umweltseinflüsse reagieren, können wir aber schließen, daß alle die vielen *Mutela*-Arten lediglich ökologische Formen einer und der gleichen Grundform, der *Mutela rubens* sind. — Die Larve der Gattung *Mutela* ist ein Lasidium, aber ziemlich verschieden von demjenigen der südamerikanischen Gattungen.

Verbreitung: Afrika südlich der Sahara und Nilgebiet.

Bestimmungsschlüssel zu den Untergattungen

1	Schale mit Andeutungen eines Zahnes in der rechten Klappe . .	***Moncetia***, S. 583
1′	Schale ohne Andeutungen von Schloßzähnen	2
2	Schale ohne hinteren Flügel	***Mutela***, S. 579
2′	Schale mit einem hinteren Flügel	***Chelidonopsis***, S. 584

Subgenus **Mutela** s. str.

Diagnosis: Schale ungeflügelt, mit niedriger und glatter Arealkante.

1. **Mutela (Mutela) dubia** (GMELIN)

1793 *Mytilus dubius* GMELIN in LINNAEUS, Syst. Nat., 13. Ausg., **1** (6):3363. — Terra typica: Mittel-Afrika.
1826 *Mutela oudnoei* KOENIG in DENHAM & CLAPPERTON, Narr. Travels Africa, Appendix: 254. — Terra typica: Tschadsee-Gebiet.
1835 *Iridina mutel* RANG, Nouv. Ann. Mus. Paris, **4**:314. — Terra typica: Afrika.
1835 *Iridina rostrata* RANG, Nouv. Ann. Mus. Paris, **4**:316. — Terra typica: Darmancourtz, Senegal.
1836 *Iridina caelestis* LEA, Synopsis Fam. Naiades: 57. — Terra typica: Nicht genannt.
1868 *Iridina angustata* SOWERBY, Conch. Icon., **16**, *Iridina:* Taf. 2, Fig. 5. — Terra typica: Afrika.
1886 *Mutelina complanata* JOUSSEAUME, Bull. Soc. zool. France, Paris, **11**:489; Taf. 13, Fig. 1, 1a. — Terra typica: Fuladugu, Niger.
1886 *Mutelina mabilli* ROCHEBRUNE, Bull. Soc. malac. France, **3**:7. — Cancini oder Nganchu, rechtes Kongo-Ufer; Kongo.
1886 *Mutelina paludicola* ROCHEBRUNE, Bull. Soc. malac. France, Paris, **3**:8. — Terra typica: Gancini, Kongo.
1886 *Mutelina legumen* ROCHEBRUNE, Bull. Soc. malac. France, Paris, **3**:6. — Terra typica: Gancini, Kongo.
1886 *Mutelina tholloni* ROCHEBRUNE, Bull. Soc. malac. France, Paris, **3**:6. — Terra typica: Gancini, Kongo.
1886 *Mutelina peasina* ROCHEBRUNE, Bull. Soc. malac. France, Paris, **3**:7. — Terra typica: Gancini, Kongo.

1900 *Mutelina thottoni* SIMPSON, Bull. U.S. nation., Mus. Washington, **22**:906. — (ex errore pro *tholloni*.)
1904 *Mutelina joubini* GERMAIN, Bull. Mus. Hist. nat. Paris, **1904**:470. — Terra typica: Oberer Ubangi-Fluß.
1904 *Mutela chevalieri* GERMAIN, Bull. Mus. Hist. nat. Paris, **1904**:470. — Terra typica: Oberer Ubangi-Fluß.
1906 *Mutela angustata* var. *ponderosa* GERMAIN, Bull. Mus. Hist. nat. Paris, 8:56; Abb. 1. — Terra typica: Tschadsee.
1906 *Mutela angustata* var. *curta* GERMAIN, Bull. Mus. Hist. nat. Paris, 8:174. — Terra typica: Tschadsee.
1907 *Mutelina falemeensis* GERMAIN, Bull. Mus. Hist. nat. Paris, **1907**:67. — Terra typica: Faleme-Fluß, Senegambien.
1907 *Mutelina complanata* var. *curta* GERMAIN, Bull. Mus. Hist. nat. Paris, **1907**:68. — Terra typica: Schari-Fluß.
1907 *Mutelina complanata* var. *abbreviata* GERMAIN, Bull. Mus. Hist. nat. Paris, **1907**:68. — Terra typica: Schari-Fluß.
1907 *Mutelina complanata* var. *elongata* GERMAIN in CHEVALIER, L'Afrique Centrale Française: 573. — Terra typica: Schari-Fluß.
1907 *Mutelina mabillei frasi* GERMAIN, Bull. Mus. Hist. nat. Paris, **1907**:67. — Terra typica: Schari-Fluß.
1909 *Mutela lhotelleriana* PRESTON, Ann. Mag. nat. Hist., London, (8) **4**:89; Taf. 4, Fig. 6. — Terra typica: Gabun.
1909 *Mutelina mabillei* var. *gaillardi* GERMAIN, Bull. Mus. Hist. nat. Paris, **1909**:477. — Terra typica: Tschadsee.
1927 *Mutela garambae* PILSBRY & BEQUAERT, Bull. Amer. Mus. nat. Hist., New York, **53**:431; Taf. 40, Fig. 1, 1a, 2. — Terra typica: Mittlerer Garamba-Fluß, Kongo.
1927 *Mutela garambae praetenuis* PILSBRY & BEQUAERT, Bull. Amer. Mus. nat. Hist., New York, **53**:432; Taf. 40, Fig. 3. — Terra typica: Aba-Fluß bei Aba, Kongo.
1927 *Mutela langi* PILSBRY & BEQUAERT, Bull. Amer. Mus. nat. Hist., New York, **53**:432; Taf. 39, Fig. 3. — Terra typica: Kongo-Fluß bei Zambi, Kongo.
1927 *Mutela iris* PILSBRY & BEQUAERT, Bull. Amer. Mus. nat. Hist., New York, **53**:434; Taf. 41, Fig. 2, 2a. — Terra typica: Kanal zwischen Kabamba-See und Lualaba-Fluß.

Diagnosis: Schale verlängert, etwa unregelmäßig rautenförmig, schwankend festschalig, mehr oder weniger stark aufgeblasen, ungleichseitig. Wirbelgegend hoch und länglich; Arealkante deutlich, manchmal unten doppelt. Schloßlinie fast geradlinig. Vorderende gerundet, schmal, unten etwas abgeschnitten; Bauchrand gerade oder mehr oder weniger bauchig, gelegentlich sogar etwas eigebogen, nach hinten zu voller werdend; Hinterende schief abgestutzt. Konchinschicht grünlich, im Alter oft olivenfarben. Perlmutter schillernd, mit grünlichen Tönen in der Jugend, im Alter mehr kupferig. — Maße: Länge 105—155 mm, Höhe 47—55 mm, Dicke 29—35 mm.

Bemerkungen: Die Formveränderlichkeit dieser Art läßt sich kaum durch Worte sagen; es sind deshalb alle in der Diagnose genannten Merkmale nur relativ aufzufassen. Noch kennen wir diese Formen zu wenig, um gewisse, benannte Formen als einem bestimmten Standortstyp zugehörig aufweisen zu können; daß aber ökologische Verhältnisse die Grundform der Art, wie sie sich noch in der Jugendschale zeigt, kennzeichnend umbilden, das dürfte keinem Zweifel unterliegen. Gar manche der in der Synonymie genannten Formen sind nie abgebildet worden, so daß ich bei ihnen, und gelegentlich auch bei einigen anderen, nicht ganz sicher bin, ob ich sie richtig beurteilt habe. Bestimmt zu sagen aber wage ich, daß alle die westafrikanischen *Mutela*-Arten sehr nahe verwandt untereinander sind, und daß sie auch denjenigen des Nilgebietes äußerst nahestehen.

Verbreitung: Flüsse West-Afrikas, vom Senegal im Norden bis zu und einschließlich des Kongo.

2. Mutela (Mutela) nilotica (Cailliaud)

1823 *Iridina nilotica* Cailliaud, Voyage à Méeroé, Atlas, **2**: Taf. 60, Fig. 11. — Terra typica: Josephs-Kanal, Unter-Ägypten.

1866 *Spatha (Mutela) plicata* Martens, Malak. Bl., Kassel, **13**:10. — Terra typica: Ägypten.

1883 *Mutela subdiaphana* Bourguignat, Moll. fluv. Nyanza Oukéréwé: 5. — Terra typica: Nil. — (Anscheinend ist diese verschiedene Male von Bourguignat genannte Art nie beschrieben worden.)

1885 *Mutela soleniformis* Bourguignat, Esp. nouv. genres nouv. Oukéréwé et Tanganika: 25. — Terra typica: Bei der französischen Mission am Tanganyika-See.

1885 *Mutela bourguignati* Bourguignat, Esp. nouv. Oukéréwé Tanganika: 8. — Terra typica: Mündung des Chimau-Flusses in den Viktoriasee.

1886 *Mutela visseri* Bourguignat, Nouv. malac., *Union, Iridina*, Lac Tanganika: 31. — Terra typica: Tanganyika-See.

1886 *Mutela moineti* Bourguignat, Nouv. malac. Oukéréwé Tanganika: 27. — Terra typica: Tanganyika-See.

1886 *Mutela jouberti* Bourguignat, Nouv. malac. Union. Irid. Lac Tanganika: 28. — Terra typica: Tanganyika-See.

1886 *Mutela lavigeriana* Bourguignat, Nouv. malac. Union. Irid. Lac Tanganika: 26. — Terra typica: Tanganyika-See.

1886 *Mutela bridouxi* Bourguignat, Nouv. malac. Union. Irid. Lac Tanganika: 25. — Terra typica: Tanganyika-See.

1888 *Mutela vysseri* Bourguignat, Iconogr. malac. Animaux Moll. fluv. Lac Tanganika: Taf. 23, Fig. 2, 3 (nomen substitutum pro *M. visseri* Bourguignat 1886).

1894 *Mutela simpsoni* Ancey, Mém. Soc. zool. France, Paris, **6**:233; Abb. 8. — Terra typica: Schiré-Fluß nahe seines Ausflusses aus dem Nyassa-See.

1897 *Mutela bourguignati* var. *smithi* Martens, Deutsch-Ost-Afrika, **4**, Beschalte Weichtiere: 255. — Terra typica: Viktoria-See.

1897 *Mutela bourguignati* var. *truncata* Martens, Deutsch-Ost-Afrika, **4**, Beschalte Weichtiere: 255; Taf. 7, Fig. 17. — Terra typica: Viktoria-See.

1897 *Mutela nilotica* var. *emini* Martens, Deutsch-Ost-Afrika, **4**, Beschalte Weichtiere: 253. — Terra typica: Albert-See bei Kassenje.

1909 *Mutela alluaudi* Germain, Bull. Mus. Hist. nat. Paris, **1909**:544; Taf. 8, Fig. 45. — Terra typica: Albert-See.

1910 *Mutela cuneata* Preston, Ann. Mag. nat. Hist., London, (8) **6**:62; Taf. 5, Fig. 13. — Terra typica: Karonga, Nordende des Nyassa-Sees.

1910 *Mutela opalescens* Preston, Ann. Mag. nat. Hist., London, (8) **6**:62; Taf. 4, Fig. 12. — Terra typica: Schiré-Fluß, 3 bis 4 km südlich seines Ausflusses aus dem Nyassa-See.

1913 *Mutela mathildae* Preston, Rev. zool. afr., Bruxelles & Paris, **3**:61; Taf. 6, Fig. 7. — Terra typica: Schiré-Fluß.

1924 *Mutelina aegyptiaca* Pallary, Mém. Inst. Égypte, Cairo, **7**:52; Taf. 4, Fig. 14. — Terra typica: Mahmudieh-Kanal, Unter-Ägypten.

1924 *Mutelina aegyptiaca* var. *obtusa* Pallary, Mém. Inst. Égypte, Cairo, **7**:53. — Terra typica: Mahmudieh-Kanal, Unter-Ägypten.

1924 *Mutelina aegyptiaca* var. *rhynchota* Pallary, Mém. Inst. Égypte, Cairo, **7**:53. — Terra typica: Mahmudieh-Kanal, Unter-Ägypten.

1924 *Mutelina singularis* Pallary, Mém. Inst. Égypte, Cairo, **7**:53; Taf. 4, Fig. 17. — Terra typica: Mahmudieh-Kanal, Unter-Ägypten.

Diagnosis: Schale verlängert, unregelmäßig trapezförmig, dünn, vorn klaffend. Wirbelgegend leicht erhoben und verlängert. Arealkante deutlich. Rückenrand leicht gebogen; Hinterende schief abgestutzt; Vorderende verschmälert, gerundet, unten kaum abgeschnitten; Bauchrand gerade oder leicht geschwungen, besonders hinter der Mitte, oder etwas eingebogen. Konchinschicht grünlich, manchmal etwas olivenfarben. Schloß zahnlos, aber vorn etwas eingekerbt. — Maße: Länge 72—132 mm, Höhe 35—53 mm, Dicke 28—40 mm.

Bemerkungen: Es gilt hier auch, was bei der vorangehenden Art gesagt war: die Formveränderlichkeit der Art ist riesig und dürfte auch hier zumeist umweltbedingt sein. Die von mir zusammengestellte Synonymenliste hat einstweilen noch als vorläufig zu gelten; auch in diesem Falle sind manche genannten Formen unabgebildet geblieben und geben dadurch Anlaß zu Zweifeln.

Verbreitung: Unterer Nil, Weißer Nil, und in allen Seen der mittelafrikanischen Senke.

3. Mutela (Mutela) alata (Lea)

1864 *Spatha alata* Lea, Proc. Acad. nat. Sci. Philadelphia, **16**:109. — Terra typica: Nyassa-See.

Diagnosis: Schale trapezförmig, leicht zusammengepreßt, kaum fest, ungleichseitig. Wirbel nicht über den Rückenrand vorragend. Area hinter der Kante ausgehöhlt und eine breite, seichte Furche bildend. Rückenrand gerade, hinten deutlich geflügelt; Hinterende scharf viereckig abgestutzt; Vorderende schmal und gerundet; Bauchrand fast gerade, vorn etwas eingebogen, hinten etwas geschwollen. Konchinschicht gelblich grün mit leichtem Bronzeschimmer. Schloß zahnlos. Perlmutter rötlich oder leicht kupferig. — Maße: Länge 80 mm, Höhe 45, 5 mm, Dicke 19 mm.

Bemerkungen: Eine von beiden vorangehenden Arten recht verschiedene Art, die den beiden nachfolgenden Formen nahezustehen scheint.

Verbreitung: Nur vom ursprünglichen Fundort bekannt, anscheinend nie wiedergefunden.

4. Mutela (Mutela) hargeri E. A. Smith

4a. Mutela (M.) hargeri hargeri E. A. Smith

1908 *Mutela hargeri* E. A. Smith, Proc. malac. Soc. London, **8**:14; Abb. — Terra typica: Mweru-See.

Diagnosis: Schale unregelmäßig dreieckig, geflügelt, stark zusammengepreßt und recht ungleichseitig. Vorderende kurz, schief gekrümmt; Hinterende sehr hoch und breit, schief abgestutzt; Bauchrand gebogen. Klappen dünnschalig, symphinot, so daß sie über den Wirbel hinausragen. Konchinschicht olivenbraun, mit grünlichen Streifen verziert. — Maße: Länge 104 mm, Höhe 68 mm, Dicke 16 mm.

Verbreitung: Auf den Mweru-See beschränkt.

4b. Mutela (M.) hargari schomburgki Haas

1936 *Mutela hargeri schomburgki* Haas, Abh. senckenb. naturf. Ges. Frankfurt a. M., **431**:98; Taf. 8, Fig. 3 a—e. — Terra typica: Bangweolo-See, Nord-Rhodesien.

Diagnosis: Schale etwa fächerförmig, sehr zusammengedrückt, dünn, durchscheinend, äußerst ungleichseitig, bis zu beiden Enden des Rückenrandes symphinot, aber ohne Ausbildung eines Schalenflügels über das Schloßband hinaus, wie bei *Hyriopsis* oder *Cristaria*. Schloßband lang und schmal, bei erwachsenen Stücken bis etwa 1 cm vor dem Ende des Rückenrandes reichend. Vorder- und Hinterende etwas klaffend, Bauchrand nur in seiner vorderen Hälfte, so daß, an den freien Klappenrändern, die beiden Klappen sich nur in der hinteren Hälfte des Bauchrandes berühren. Konchinschicht oliven- bis graugrün, vorn mit etwas Bronzeschimmer, hinten mehr mit dem von Seide. Vom Wirbel nach der tiefsten Gegend des Bauchrandes ziehen feine Strahlen, die besonders in durchfallendem Lichte erkennbar sind. Außerdem ist noch eine schwer sichtbare, nur bei Streiflicht erkennbare flache, aus ineinandersteckenden V's bestehende Runzelskulptur vorhanden, die auch schwach auf der Schaleninnenseite wahrnehmbar ist und die nur auf die nähere Umgebung der Wirbel beschränkt ist. — Maße: Länge 64—113,5 mm, Höhe 33—65,5 mm, Dicke 9—17 mm.

Bemerkungen: Diese eigentlich nur wenig von der Nominatform des Mweru-Sees abweichende Lokalform scheint einen Geschlechts-Dimorphismus aufzuweisen; alle trächtig gesammelten Stücke, die sich ja dadurch als Weibchen erwiesen, waren durch den stark herabgezogenen Bauchrand etwas bauchig. Die schlankeren Stücke zeigen nicht das erwähnte Zeichen der Weiblichkeit, können also Männchen gewesen sein, wogegen die breiten, nicht trächtig befundenen Stücke als sterile Weibchen aufzufassen sein werden. — Diese Unterart liegt in zwei Phasen vor, einer Schlammphase und einer Sandphase; die Sandphase ist im Verhältnis zu der des Schlammes gedrungener, festschaliger und weniger hoch geflügelt, dabei bauchiger; eine dazwischenliegende Phase aus sandig-schlammigem Boden gleicht der Form des reinen Schlammes mehr als der des Sandes. — Zu den drei eben behandelten Formen läßt sich sagen, daß die beiden letzten, die im Flußgebiete des Kongo leben, so sehr der ersten aus dem heute selbständigen Nyassa-See stammenden gleichen, daß eine ehemalige Flußverbindung zwischen letzterem und dem Kongo angenommen werden darf.

Verbreitung: Bangweolo-See, Nord-Rhodesien und in dessen Ausflusse, dem Luapula-Fluß, nahe dem See.

Subgenus **Moncetia** Bourguignat

1885 *Moncetia* Bourguignat, Esp. nouv. genres nouv. Oukéréwé et Tanganika: 34. — Species typica: *Moncetia anceyi* Bourguignat (durch Monotypie).

Diagnosis: Schale verlängert mit beiderseits stumpfen Enden, ungleichseitig, äußerst zusammengedrückt, ganz flach. Konchinschicht glanzlos. Schloß mit einem stumpfen, knötchenartigen Hauptzahn rechts. Wirbelskulptur unbekannt.

Verbreitung: Afrika.

5. **Mutela (Moncetia) anceyi** (Bourguignat)

1885 *Moncetia anceyi* Bourguignat, Esp. nouv. genres nouv. Oukéréwé et Tanganika: 34. — Terra typica: Tanganyika-See.

1886 *Moncetia lavigeriana* Bourguignat, Nouv. malac. 1, Union. Irid. Lac Tanganika: 60. — Terra typica: Tanganyika-See.

1886 *Moncetia moineti* BOURGUIGNAT, Nouv. malac. 1, Union. Irid. Lac Tanganika: 61. — Terra typica: Tanganyika-See.
1886 *Moncetia rochebruniana* BOURGUIGNAT, Nouv. malac. 1, Union. Irid. Lac Tanganika: 62. — Terra typica: Tanganyika-See.
1886 *Moncetia jouberti* BOURGUIGNAT, Nouv. malac. 1, Union. Irid. Lac Tanganika: 63. — Terra typica: Tanganyika-See.
1886 *Moncetia bridouxi* BOURGUIGNAT, Nouv. malac. 1, Union. Irid. Lac Tanganika: 65. — Terra typica: Tanganyika-See.

Diagnosis: Die der Untergattung. — Maße: Länge 52—60 mm, Höhe 24—32 mm, Dicke 13—15 mm.

Bemerkungen: Die sechs von BOURGUIGNAT beschriebenen, hier oben angeführten „Arten" sind ohne Zweifel alle Wandelformen einer einzigen Art, der der älteste Name *anceyi* gebührt. Ich konnte in keiner Stelle des Schrifttums finden, daß *Moncetia* wiedergefunden worden ist, und ich habe in keiner Sammlung ein Stück gesehen, das in diese Untergattung gehörte.

Verbreitung: Tanganyika-See, Ostafrika.

Subgenus **Chelidonopsis** ANCEY

1886 *Chelidonura* ROCHEBRUNE, Bull. Soc. malac. France, Paris, **3**:3 (non *Chelidonura* ADAMS 1850). — Species typica: *Chelidonura arietina* ROCHEBRUNE (durch Monotypie).
1887 *Chelidonopsis* ANCEY, Conch. Exchange, **2**:22 (nomen novum pro *Chelidonura* ROCHEBRUNE 1886).
1908 *Chelidoneura* GERMAIN, Bull. Mus. Hist. nat. Paris, **15**:16, Fußnote 1 (error typographicus pro *Chelidonura* ROCHEBRUNE).

Diagnosis: Schale verlängert, dünn, klaffend vorn unten, hinten oben meist geflügelt. Arealkante vorragend, hinten oft zu einer offenen oder geschlossenen Röhre werdend, innerlich durch eine tiefe Furche sichtbar.

Verbreitung: Kongo-Gebiet.

6. **Mutela (Chelidonopsis) hirundo** (MARTENS)

1881 *Spatha hirundo* MARTENS, S.-B. Ges. naturf. Freunde Berlin: 122. — Terra typica: Kongo-Gebiet.
1886 *Chelidonura arietina* ROCHEBRUNE, Bull. Soc. malac. France, Paris, **3**:4; Taf. 1, Fig. 1—4. — Terra typica: Gancini, Kongo.
1908 *Chelidonopsis roubaudi* GERMAIN, Bull. Mus. Hist. nat. Paris, **15**:160; Abb. 31—33. — Terra typica: Stanley Pool, Kongo-Gebiet.

Diagnosis: Zu der generischen Beschreibung von oben ist noch hinzuzufügen, daß die Bildung von Röhren aus der Arealkante nur im Alter und wohl auch nur unter bestimmten ökologischen Bedingungen vor sich geht. So scheint die von GERMAIN als *Ch. roubaudi* beschriebene Form noch einer *Mutela*-ähnlichen Urform am nächsten zu stehen, während sich bei den beiden anderen hier aufgezählten Formen die eigenartige Umbildung der Schale zu Flügel- und Röhrchentragen schon mehr oder weniger zeigt, am meisten bei *hirundo*. — Maße: Länge 85—124 mm, Höhe 30—33 mm, Dicke 14—20 mm.

Verbreitung: Nur aus dem Kongo-Gebiet bekannt.

Genus **Pseudospatha** SIMPSON

1883 *Burtonia* BOURGUIGNAT, Moll. Fluv. Nyanza Oukéréwé: 20 (non *Burtonia* BONAPARTE 1850). — Species typica: *Spatha tanganyicensis* E. A. SMITH 1880 (durch Monotypie).

1900 *Pseudospatha* SIMPSON, Proc. U.S. nation. Mus., Washington, **22**:577. — Species typica: *Spatha tanganyicensis* E. A. SMITH (durch ursprüngliche Bestimmung).

Diagnosis: Schale zusammengepreßt, dünn und schief, ungleichseitig; Rückenrand gerade, vorn und hinten leicht geflügelt. Vorn unten gerundet und etwas abgeschnitten, hinten unten vorgezogen, vorn und hinten klaffend, leicht verdreht, meist hinten nach der Seite gedreht. Arealkante oft doppelt, hinten in einen zweigewinkelten Punkt endend. Wirbel zusammengepreßt, mit zarten konzentrischen Fältchen skulptiert, die sich bis über die Schalenfläche erstrecken und die nahe den Wirbeln oft scharf höckrig werden. Konchinschicht gelblich braun, gelegentlich zart gestrahlt. Schloß fast völlig rückgebildet, beiderseits mit einem bis zwei zusammengesetzten Hauptzähnen und einem einzigen Seitenzahn. Perlmutter kupfrig oder purpurn, oft gestrahlt.

Bemerkungen: Die verschiedenen als zu dieser Gattung gehörigen „Arten", die ich alle zu der Grundart *tanganyicensis* gehörig betrachte, stammen alle aus dem Tanganyika-See. Nur die aus dem ehemaligen belgischen Kongo beschriebene *Burtonia carrei* PUTZEYS, deren Zugehörigkeit zu dieser Gattung ich fast bezweifele, ist außerhalb des genannten Sees gefunden worden, bei der Besprechung der Art werden wir mehr über sie sagen.

Verbreitung: Tanganyika-See. Stanley Pool bei Leopoldville, Kongo.

1. **Pseudospatha tanganyicensis** (E. A. SMITH)

1880 *Spatha tanganyicensis* E. A. SMITH, Proc. zool. Soc. London, **1880**:350; Taf. 31, Fig. 8. — Terra typica: Tanganyika-See.

1883 *Burtonia livingstonensis* BOURGUIGNAT, Moll. fluv. Nyanza Oukéréwé: 23. — Terra typica: Tanganyika-See.

1886 *Burtonia moineti* BOURGUIGNAT, Nouv. malac. 1. Unionidae & Iridinidae: 33. — Terra typica: Tanganyika-See.

1886 *Burtonia elongata* BOURGUIGNAT, Nouv. malac. 1, Unionidae & Iridinidae: 34. — Terra typica: Tanganyika-See.

1886 *Burtonia subtriangularis* BOURGUIGNAT, Nouv. malac. 1, Unionidae & Iridinidae: 35. — Terra typica: Tanganyika-See.

1886 *Burtonia lavigeriana* BOURGUIGNAT, Nouv. malac. 1, Unionidae & Iridinidae: 36. — Terra typica: Tanganyika-See.

1886 *Burtonia bridouxi* BOURGUIGNAT, Nouv. malac. 1. Unionidae & Iridinidae: 37. — Terra typica: Tanganyika-See.

1886 *Burtonia bourguignati* BOURGUIGNAT, Nouv. malac. 1. Unionidae & Iridinidae: 38. — Terra typica: Tanganyika-See.

1886 *Burtonia contorta* BOURGUIGNAT, Nouv. malac. 1. Unionidae & Iridinidae: 39. — Terra typica: Tanganyika-See.

1886 *Burtonia jouberti* BOURGUIGNAT, Nouv. malac. 1. Unionidae & Iridinidae: 40. — Terra typica: Tanganyika-See.

1886 *Burtonia magnifica* BOURGUIGNAT, Nouv. malac. 1. Unionidae & Iridinidae: 41. — Terra typica: Tanganyika-See.

1886 *Burtonia grandidieriana* BOURGUIGNAT, Nouv. malac. 1. Unionidae & Iridinidae: 42. — Terra typica: Tanganyika-See.

1901 *Burtonia foai* MABILLE, Bull. Soc. philom. Paris, (2) **3**:58. — Terra typica: Tanganyika-See.

1927 *Pseudospatha ortmanni* PILSBRY & BEQUAERT, Bull. amer. Mus. nat. Hist., New York, **53**:447; Taf. 45, Fig. 5, 7. — Terra typica: Bucht von Toa, Tanganyika-See.
1927 *Pseudospatha stappersi* PILSBRY & BEQUAERT, Bull. amer. Mus. nat. Hist., New York, **53**:446; Taf. 54, Fig. 6. — Terra typica: Bucht von Kilewa, Tanganyika-See.
1950 *Pseudospatha tanganyicensis bequaerti* LELOUP, Res. sci. Explor. Hydrob. Lac Tanganyika (1946—47), **3**:122; Taf. 8, Fig. 5a; Abb. 56b, 59B, 60. — Terra typica: Ruzizi-Delta, Tanganyika-See.

Diagnosis: Die der Gattung. — Maße: Länge 95—115 mm, Höhe 44—45 mm, Dicke 15—17 mm.

Bemerkungen: Die ganze, 13 sogenannte Arten umfassende Synonymenliste enthält, außer verschiedenen Altersstufen, meist Ausbildungsformen aus verschiedenen, lakustrinen Ökotopen; wer mit der Schalenveränderlichkeit anodontoider Muscheln vertraut ist, wird nicht zögern, mit mir alle benannten Formen der ältesten der beschriebenen, *tanganyicensis*, unterzuordnen.

Verbreitung: Auf den Tanganyika-See beschränkt.

2. Pseudospatha carrei (PUTZEYS)

1898 *Burtonia carrei* PUTZEYS, Proc. Verb. Soc. malac. Belg.: XXV; Abb. 16. — Terra typica: Stanley Pool, Leopoldville, ehemaliger belgischer Kongo.
1900 *Burtonia leopoldvillensis* PUTZEYS in SIMPSON (ex errore), Proc. U.S. nation. Mus., Washington, **22**:577 (PUTZEYS hat wohl eine *Burtonia carrei* und, eine Seite vorher, einen *Unio leopoldvillensis* beschrieben, aber keine *Burtonia leopoldvillensis;* das ganze SIMPSONsche Zitat ist also irrtümlich.)

Diagnosis; Schale verlängert, sehr ungleichseitig, schmal, ziemlich zusammengepreßt, vorn gerundet, hinten winklig, schnabelförmig und schief abgestutzt. Klappen zart. Wirbel etwas angefressen, kaum hervorragend, bei $^1/_3$ der Gesamtlänge liegend. Rückenrand gerade, waagrecht, etwa $^3/_4$ so lang wie die Schale; Bauchrand breit geschwungen. Äußere Schalenfläche leicht konzentrisch runzlig, hinten mit einer schwachen, von den Wirbeln herabsteigenden Kante und dahinter befindlichen seichten Furche versehen. Konchinschicht gelblich olivenfarben, in der Wirbelgegend grünlich. Perlmutter bläulich, schillernd. — Maße: Länge 72 mm, Höhe 24 mm, Dicke 12,5 mm.

Bemerkungen: Die oben gebrachte Beschreibung dieser mir unbekannten Form ist eine Übersetzung der ursprünglichen, lateinischen von PUTZEYS; die gebrachte Abbildung zeigt eine den Pseudospathen des Tanganyika-Sees äußerst ähnliche Schale, die uns fast zur Schlußfolgerung zwingen könnte, daß die vom Verfasser gebrachte Fundstelle die Folge einer Verwechslung sei.

Verbreitung: Nur von der Terra typica, dem Stanley Pool des Kongo, bekannt.

Genus Arthropteron ROCHEBRUNE

1905 *Arthropteron* ROCHEBRUNE, Bull. Mus. Hist. nat. Paris, **10**:460. — Species typica: *Arthropteron ouassouloui* ROCHEBRUNE (durch Monotypie).

Diagnosis: Schale etwa eiförmig, etwas dick, ziemlich aufgeblasen, vorn kurz gerundet, etwas stärker verlängert hinten, ohne Schloßzähne. Schloßband lang, teilweise von Schalensubstanz überlagert. Hinter den Wirbeln befindet sich ein etwas eingesenkter Sinus, der etwa die Gestalt einer Feder besitzt und längsweise sehr fein gestrichelt ist.

Bemerkungen: Die etwas schwer verständliche Beschreibung dieser „Gattung", die ROCHEBRUNE gegeben hat, macht es fast unmöglich, sie richtig zu verstehen. Wir werden unsere Ansicht über sie nach Besprechung der nun folgenden, einzigen Art bekannt geben.

Verbreitung: Nur aus dem Französischen Sudan bekannt.

1. Arthropteron ouassouloui ROCHEBRUNE

1904 *Arthropteron ouassouloui* ROCHEBRUNE, Bull. Mus. Hist. nat. Paris, **10**:461; Abb. 1.— Terra typica: Landschaft Wassulu, französischer Sudan.

Diagnosis: Zu den bereits in der Gattungsdiagnose genannten Eigenschaften kann hinzugefügt werden, daß die Schale vorn und hinten etwas klafft und daß die Konchinschicht fahl olivengelb ist; ferner daß die Wirbel sich fast berühren, klein sind und bei etwa $^1/_3$ der Schalenlänge liegen. Perlmutter weiß, bis rötlich blau, schillernd. — Maße: Länge 69 mm, Höhe 41 mm, Dicke 25 mm.

Bemerkungen: Soweit mir bekannt ist, ist die Gattung *Arthropteron* auf ein einziges Stück einer Muschel begründet, die sich jetzt im Muséum d'Histoire Naturelle in Paris befindet. Ich habe sie nie gesehen. Der einzige Forscher, der den Typus gesehen und daraufhin kritisch behandelt hat, ist GERMAIN (1908). Er wiederholt auf S. 52 die Worte von ROCHEBRUNE, nämlich daß am Hinterende der Schale, eine „sorte d'area en forme de plume à écrire" sich befände. Diese Eigenschaft betrachtet er als eine individuelle Erscheinung und hält überhaupt *Arthropteron* ROCHEBRUNE für eine Art der Untergattung *Brazzaea* von *Aspatharia*. Die Daseinsberechtigung der hier behandelten Gattung scheint nun sehr fraglich zu sein. Ich bringe sie hier nur, weil ich keinen persönlichen Eindruck von ihr besitze und nicht nur auf GERMAIN's oft ziemlich unsicheres Urteil hin ein Verdikt fällen will.

Verbreitung: Nur von der Terra typica, dem Wassulu-Land im französischen Sudan, bekannt.

Genus **Aspatharia** BOURGUIGNAT

1885 *Aspatharia* BOURGUIGNAT, Esp. nouv. et genres nouv. Lacs Oukéréwé et Tanganika: 14. — Species typica: *Anodonta rugifera* DUNKER 1858 = *Margaritana vignouana* BERNARDI 1859 (durch Monotypie).

Diagnosis: Schale länglich eiförmig oder eiförmig. Schloßplatte zahnlos, hinten mehr oder weniger unmittelbar durch einen tiefen, dreieckigen Sinulus endend; sie hat gelegentlich einen niedrigen, stumpfen, zahnartigen Vorsprung unter dem Wirbel der linken Klappe.

Bemerkungen: Unter der Gattung *Mutela* ist gezeigt, daß der früher für diese Gattung gebrauchte Name *Spatha* LEA 1835 nicht anwendbar, sondern ein Synonym der ersteren ist. Der nächste für die hier behandelte Gattung vorgeschlagene Name kam 1885 von BOURGUIGNAT, und ihn, *Aspatharia*, haben wir zu benutzen.

Verbreitung: Flüsse im tropischen Afrika und im Nil.

Bestimmungsschlüssel zu den Untergattungen:

1 Schale stark aufgeblasen . . . . *Brazzaea*, S. 590
1′ Schale kaum oder wenig aufgeblasen 2
2 Schale ziemlich hoch; Wirbelskulptur deutlich und breit wie ein umgekehrtes V

gestaltet . . . . *Aspatharia*, S. 588

2′ Schale ziemlich niedrig, verlängert; vorderer Oberrand der linken Klappe etwas höher als der der rechten . . . . *Spathopsis*, S. 591

Die Gattungen *Moncetia* und *Arthropteron*, die hier entweder als eigene Gattung oder als Untergattung von *Mutela* behandelt worden sind, sind auch schon als Subgenera von *Aspatharia* betrachtet worden, ob mit Recht oder Unrecht, kann ich nicht entscheiden.

Subgenus **Aspatharia** s. str.

Diagnosis: Zu der Beschreibung des Gattungsnamens *Aspatharia* wäre noch folgendes hinzuzufügen. Die Schalenfläche ist meist glatt oder faltighöckrig, oder runzlig, ohne das System von Falten, das bei *Spathopsis* entwickelt ist.

Verbreitung: Westafrika und Gebiet der großen afrikanischen Seen.

1. **Aspatharia (Aspatharia) rugifera** (Dunker)

1a. Aspatharia (A.) rugifera rugifera (Dunker)

1858 *Anodonta rugifera* Dunker, Malak. Bl., Kassel, **5**:225. — Terra typica: Fluß Como, Gabun, West-Afrika.

1859 *Margaritana vignouana* Bernardi, J. de Conch., Paris, **7**:302; Taf. 10, Fig. 1. — Terra typica: Fluß Como, Gabun, West-Afrika.

1859 *Anodonta dahomeyensis* Lea, Proc. Acad. nat. Sci. Philadelphia, **11**:154. — Terra typica: Dahome, West-Afrika.

1860 *Margaritana pfeifferiana* Bernardi, J. de Conch., Paris, **8**:331; Taf. 12, Fig. 1—2. — Terra typica: Gabun, West-Afrika.

1883 *Spatha sinuata* Martens, S.-Ber. Ges. naturf. Freunde Berlin, **1883**: 73. — Terra typica: Kongo-Gebiet.

1885 *Spatha droueti* Chaper, Bull. Soc. zool. France, Paris, **10**:43; Taf. 1, Fig. 1—3. — Terra typica: Cania-Fluß, Assinie, West-Afrika.

1886 *Spatha mabillei* Jousseaume, Bull. Soc. zool. France, Paris, **11**:495; Taf. 14, Fig. 2, 2a. — Terra typica: Kora, Senegambien.

1886 *Spathella protchei* Rochebrune, Bull. Soc. malac. France, Paris, **3**:8. — Terra typica: Mokaka, ehemaliger französischer Kongo.

1893 *Spatha corrugata* Dautzenberg, J. de Conch., Paris, **41**:50; Taf. 8, Fig. 5. — Terra typica: Niari-Fluß, ehemaliger französischer Kongo.

1897 *Spatha stuhlmanni* Martens, Deutsch-Ost-Afrika, **4**, Beschalte Weichtiere: 250; Abb. — Terra typica: Undussuma, Gebiet des Ituri-Flusses, Ost-Afrika.

1898 *Spatha cryptoradiata* Putzeys, Ann. Soc. malac. Belg., Bruxelles, **33**; Bull. Séances: XXVII; Abb. 14. — Terra typica: Lobay-Fluß bei M'Baiki, ehemaliger Französicher Kongo.

1904 *Spatha (Leptospatha) decorsei* Germain, Bull. Mus. Hist. nat. Paris, **10**:469. — Terra typica: Mamun, Land der Senussi, Französisch-Äquatorial-Afrika.

1904 *Spatha decorsei* var. *sinuata* Germain, Bull. Mus. Hist. nat. Paris, **10**:470. — Terra typica: Mamun, Land der Senussi, Französisch-Äquatorial-Afrika.

1907 *Spatha mabillei* var. *mamounensis* Germain, Bull. Mus. Hist. nat. Paris, **13**:67. — Terra typica: Mamun-Fluß, Land der Senussi, Französisch-Äquatorial-Afrika.

1908 *Spatha decorsei* var. *persinuata* Germain in Chevalier, L'Afrique Centrale Française: 558; Abb. 93. — Terra typica: Mamun, Land der Senussi, Französisch-Äquatorial-Afrika.

1908 *Spatha stuhlmanni* var. *comoensis* Germain, Bull. Mus. Hist. nat. Paris, **14**:127. — Terra typica: Fluß Como, Gabun, West-Afrika.

1913 *Mutela lukuluensis* PRESTON, Rev. zool. afr., Bruxelles & Paris, **3**:61; Taf. 6, Fig. 4. — Terra typica: Mündung des Lukulu-Flusses in den Luapula-Fluß, Kongo.
1914 *Spatha semicorrugata* PRESTON, Ann. Mag. nat. Hist., London, (8) **6**:90; Taf. 4, Fig. 7. — Terra typica: Unterlauf des Kongo-Flusses.
1921 *Spatha (Leptospatha) droueti* var. *roseotincta* DAUTZENBERG, Rev. zool. afr., Bruxelles & Paris, **9**:174. — Terra typica: Dume-Fluß, Zufluß des Kadei, Kamerun.
1927 *Aspatharia flava* PILSBRY & BEQUAERT, Bull. amer. Mus. nat. Hist., New York, **53**:418; Taf. 43, Fig. 3, 3a; Taf. 44, Fig. 2, 2a. — Terra typica: Medje, Kongo.
1927 *Aspatharia chapini* PILSBRY & BEQUAERT, Bull. amer. Mus. nat. Hist., New York, **53**:416; Taf. 34, Fig. 4, 4a; Taf. 42, Fig. 3. — Terra typica: Kongo-Fluß bei Leopoldville.

Diagnosis: Schale länglich rautenförmig, ziemlich fest, mehr oder weniger zusammengepreßt, ungleichseitig. Rückenrand leicht gekrümmt, ebenso der Bauchrand, der aber auch geradlinig oder in der Mitte eingebuchtet sein kann. Vorderende gerundet. Hinterer Oberrand schief abgestutzt, manchmal leicht eingebuchtet. Area nächst der Arealkante etwas eingedrückt und mit vergabelten Fältchen verziert. Schalenoberfläche mit deutlichen, gebogenen, leicht knötchenförmigen Runzeln bedeckt. Konchinschicht ziemlich dunkel, etwas verfärbt grünlich olivenfarben. Perlmutter dunkel, wenig glänzend, von bläulich bis grünlich, manchmal mit lachsfarbenen Stellen. — Maße: Länge 57—70 mm, Höhe 28—42 mm, Dicke 15—24 mm.

Bemerkungen: Es ist unmöglich, alle Erscheinungsformen dieser so veränderlichen Art aufzuzählen; nur die wichtigsten konnten in der Diagnose genannt werden, und auch diese sind nur andeutungsweise zu benutzen. So kann die Oberflächenskulptur der Schalenfläche, sowie die der Area nur angedeutet sein und nicht die Ausmaße annehmen, die ihnen in der Beschreibung zuzukommen scheinen; ferner kann die Umrißform der Schale alle Zwischenformen zwischen rein elliptisch bis hinten zugespitzt mit abschüssiger Area schwanken, und natürlich wechselt auch die Farbe der Konchinschicht mit den Lebensbedingungen, unter denen die Tiere aufgewachsen waren. — Zu allen diesen Zweifeln kommen noch diejenigen, die sich auf die Zusammensetzung obiger Synonymenliste beziehen. Ein nicht geringer Teil der dort genannten „Arten" war mir nur aus wörtlichen Beschreibungen oder nach rohen Umrißzeichnungen bekannt, so daß ich mich gezwungen sah, alles, was mir ziemlich identisch schien und aus westafrikanischen Flüssen stammte, als — vorläufig — ein und dieselbe Art zu behandeln; nur die nun folgende Unterart schien mir eigener Würdigung wert zu sein.

Verbreitung: Alle Flußgebiete West-Afrikas bis zum und einschließlich des Kongo.

1b. Aspatharia (A.) rugifera kamerunensis (WALKER)

1910 *Spatha kamerunensis* WALKER, Nautilus, Philadelphia & Boston, **24**:38; Taf. 3, Fig. 1, 2. — Terra typica: Kribi-Fluß, 17 Meilen von Efulen, Kamerun.

Diagnosis: Diese Form unterscheidet sich von der Nominatform vor allem durch die gleichmäßig elliptische Umrißform, ferner durch die weniger abgesetzte Area, die keine auffällige Skulptur besitzt, und die Beschaffenheit der Schalenoberfläche, die nur mäßig runzlig, mit dem unbewaffneten Auge kaum erkennbar sei, beschaffen ist. — Maße: Länge 69 mm, Höhe 35,5 mm, Dicke 22 mm.

Bemerkungen: Diese Form ist eine schwache Unterart der typischen *Aspatharia rugifera* und hätte vielleicht besser in deren Synonymie aufgenommen werden sollen.

Verbreitung: Nur vom ursprünglichen Fundort bekannt.

2. Aspatharia (Aspatharia) subreniformis (Sowerby)

1867 *Anodon subreniformis* Sowerby, Conch. Icon., **17**, *Anodon:* Taf. 14, Fig. 50. — Terra typica: Nyassa-See.

1897 *Spatha divaricata* Martens, Deutsch-Ost-Afrika, **4**, Beschalte Weichtiere: 250; Taf. 7, Fig. 15. — Terra typica: Simin-Fluß bei Massansa, Speke-Golf, Viktoria-See.

1903 *Spathella fourtaui* Pallary, Bull. Inst. Égypte, Caire, (4) **3**, 1902:96; Taf. 1, Fig. 3.— Terra typica: Oberer Nil.

1913 *Mutela sarae* Preston, Rev. zool. afric., Bruxelles & Paris, **3**:61; Taf. 6, Fig. 6. — Terra typica: Shiré-Fluß nahe Ausfluß aus dem Nyassa-See.

Diagnosis: Schale zusammengepreßt, fest, quer eiförmig, mit etwas eingebogenem Bauchrande. Hinterende eckig, hinten an Breite zunehmend; Rückenrand gerade; Vorderende ziemlich kurz. Wirbel glatt und vorragend. Schalenoberfläche mit einem feinen Netzwerk aus engstehenden, konzentrischen Runzeln und von der Wirbelgegend ausgehenden Strahlen, oder aber ziemlich bis ganz glatt. Konchinschicht bräunlich grün oder grünlich schwarz. Perlmutter weißlich bis, am Rande, leicht bläulich. — Maße: Länge 72—80 mm, Höhe 30,75—36 mm, Dicke 19—23,5 mm.

Bemerkungen: Ebenfalls äußerst formveränderlich und ebenso veränderlich in der Beschaffenheit der Schalenoberfläche, die bald runzlig, bald glatt sein kann. Diese östlichen *Aspatharia*-Arten, die hier unter dem ältesten Namen *subreniformis* zusammengefaßt sind, stehen denen aus dem Westen Afrikas sehr nahe und könnten eigentlich als Lokalformen dieser betrachtet werden. Mangel an ausreichendem Untersuchungsstoff hat mich veranlaßt, die vorliegende Behandlungsweise anzuwenden, unter Vorbehalt, daß eingehenderes Studium zu anderen Ergebnissen führen kann.

Verbreitung: Oberes Nil-Gebiet, große afrikanische Seen.

Subgenus Brazzaea Bourguignat

1885 *Brazzaea* Bourguignat, Esp. nouv. Lacs Oukéréwé et Tanganika: 32. — Species typica: *Brazzaea anceyi* Bourguignat (durch Monotypie).

1909 *Brazzea* Germain, Arch. Zool. expér. gén., Paris, **41**:51 u. f. (ex errore pro *Brazzaea* Bourguignat 1885).

Diagnosis: Schale eiförmig, stark aufgeblasen, dünn, glänzend. Der dünne unregelmäßige Rand der linken Klappe ragt leicht vor den Wirbeln über den der rechten vor.

Verbreitung: Tanganyika-See.

1. Aspatharia (Brazzaea) anceyi (Bourguignat)

1885 *Brazzaea anceyi* Bourguignat, Esp. nouv. Lacs Oukéréwé et Tanganika: 33. — Terra typica: Tanganyika-See.

1886 *Brazzaea ventrosa* Bourguignat, Nouv. malac. 1. Unionidae et Iridinidae: 45. — Terra typica: Tanganyika-See.

1886 *Brazzaea randabeli* BOURGUIGNAT, Nouv. malac. 1. Unionidae et Iridinidae: 46. — Terra typica: Tanganyika-See.
1886 *Brazzaea moineti* BOURGUIGNAT, Nouv. malac. 1. Unionidae et Iridinidae: 47. — Terra typica: Tanganyika-See.
1886 *Brazzaea jouberti* BOURGUIGNAT, Nouv. malac., 1. Unionidae et Iridinidae: 48. — Terra typica: Tanganyika-See.
1886 *Brazzaea coulboisi* BOURGUIGNAT, Nouv. malac., 1. Unionidae et Iridinidae: 50. — Terra typica: Tanganyika-See.
1886 *Brazzaea elongata* BOURGUIGNAT, Nouv. malac., 1. Unionidae et Iridinidae: 51. — Terra typica: Tanganyika-See.
1886 *Brazzaea charbonnieri* BOURGUIGNAT, Nouv. malac., 1. Unionidae et Iridinidae: 52. — Terra typica: Tanganyika-See.
1886 *Brazzaea lavigeriana* BOURGUIGNAT, Nouv. malac., 1. Unionidae et Iridinidae: 53. — Terra typica: Tanganyika-See.
1886 *Brazzaea bridouxi* BOURGUIGNAT: Nouv. malac., 1. Unionidae et Iridinidae: 54. — Terra typica: Tanganyika-See.
1886 *Brazzaea newcombiana* BOURGUIGNAT, Nouv. malac., 1. Unionidae et Iridinidae: 55. — Terra typica: Tanganyika-See.
1886 *Brazzaea eximia* BOURGUIGNAT, Nouv. malac., 1. Unionidae et Iridinidae: 57. — Terra typica: Tanganyika-See.
1886 *Brazzaea bourguignati* BOURGUIGNAT, Nouv. malac., 1. Unionidae et Iridinidae: 58. — Terra typica: Tanganyika-See.

Diagnosis: Schale unregelmäßig elliptisch oder rautenförmig, aufgeblasen, leicht ungleichseitig, dünn, und mit ungleichen Klappen. Wirbel niedrig, nicht über die Rückenlinie erhoben, abgeflacht. Rückenrand geradlinig, vorn und hinten leicht geflügelt. Vorderende gerundet, oben winklig; Bauchrand gekrümmt, am meisten hinter der Mitte; Area mit zwei Arealkanten, die innere sehr schwach; Hinterende schief abgestutzt. Schloß ungezähnt. Konchinschicht glänzend weinrot, ebenso die Perlmutter. — Maße: Länge 66—78 mm, Höhe 42—47 mm, Dicke 34—36 mm.

Bemerkungen: Die dreizehn hier unter *Brazzaea anceyi* angeführten „Arten" tun dar, wie anodontenhaft vielgestaltig diese Muschel sein kann, was eigentlich bei einer lakustrinen Form nicht allzusehr wundernehmen kann. Es ist ohne weiteres möglich, die einzelnen mit Namen belegten Ausbildungsformen als solche eines seichten, wellenbewegten Strandes oder als solche größerer, ruhigerer Tiefen usf. anzusprechen, wozu, wie SIMPSON (1914) mit Recht hervorhebt, noch kommt, daß es BOURGUIGNAT's Art war, abnorme oder subabnorme Ausbildungsformen als Arten zu betrachten; ein Teil seiner *Brazzaea*-„Arten" ist bestimmt auf solche Stücke gegründet. — Bei der Besprechung der Gattung *Arthropteron* ROCHEBRUNE wurde bemerkt, daß diese nur in einer einzigen Art und einem einzigen Stück bekannte Form unter Umständen eine Mißbildung von *Brazzaea* sei. Sollte dies wirklich der Fall sein, dann wäre die Fundortsangabe von *Arthropteron*, das Wassulu-Land in West-Afrika, unrichtig, denn die Untergattung *Brazzaea* ist ja nur aus dem Tanganyika-See bekannt.

Verbreitung: Nur aus dem Tanganyika-See bekannt.

Subgenus **Spathopsis** SIMPSON

1885 *Spatha (Spathella)* BOURGUIGNAT, Esp. nouv. Oukéréwé et Tanganika: 14 (Dezember) (non *Spathella* J. HALL, November 1885). — Species typica: *Spatha petersi* MARTENS (BOURGUIGNAT 1889).

1900 *Lamellidens (Spathopsis)* SIMPSON, Proc. U.S. nation. Mus., Washington, **22**:857. — Species typica: *Anodonta guillaini* RÉCLUZ (durch Monotypie).
1904 *Leptospatha* ROCHEBRUNE & GERMAIN, Mém. Soc. zool. France, Paris, **17**:25 (nomen novum pro *Spathella* BOURGUIGNAT nec J. HALL).
1904 *Mitriodon* ROCHEBRUNE, Bull. Mus. Hist. nat. Paris, **10**:462. — Species typica: *Mitriodon martini* ROCHEBRUNE (PILSBRY & BEQUAERT 1927).

Diagnosis: Schale verlängert, elliptisch, zusammengepreßt. Wirbel ziemlich niedrig, mit kurzen, konzentrischen Wellenrunzeln. Schalenoberfläche glatt, selten mit einigen Falten auf oder nahe der Area. Lunula schmal, rechts etwas höher begrenzt als links. Schloß in der linken Klappe mit einem schwachen, zusammengepreßten Zahne vor dem Wirbel, der rechts in eine entsprechende Vertiefung paßt. Wirbelhöhlen seicht.

Bémerkungen: Mit dieser Untergattung betreten wir ein Feld, das niemals kritisch bearbeitet worden war. Die vielen aufgestellten Namen, wie wir sie bald bei der Beschreibung der Arten antreffen werden, sind allermeist auf umweltbedingte Schalenmerkmale hin angewendet worden, und es ist schwer, ja sozusagen unmöglich, bei allen die Grundform herauszufinden. Wenn wir hier versuchen die *Spathopsis*-Arten auf geographischer Grundlage anzuordnen, so ist das ein Notbehelf, und die gesamte nun folgende Darstellung der Arten genannter Untergattung ist ein, den geringen Kenntnissen der Lebensbedingungen und dem Mangel an Untersuchungsmaterial angemessener erster Versuch.

Verbreitung: Afrika südlich der Sahara und gesamtes Nil-Gebiet.

1. Aspatharia (Spathopsis) rubens (LAMARCK)

1819 *Anodonta rubens* LAMARCK, Anim. sans Vert., **6**:85. — Terra typica: Senegal.
1826 *Anodon clappertoni* KOENIG in DENHAM & CLAPPERTON, Narr. Trav. Discov. N. & C. Africa, Appendix: 255. — Terra typica: Gambaroo, Komadugu Yobe Fluß.
1832 *Anodonta splendens* CRISTOFORI, in CRISTOFORI & JAN, Catalogus: 4. — Terra typica: Afrika.
1835 *Anodonta tawaii* RANG, Nouv. Ann. Mus. Paris, **4**:310. — Terra typica: Senegal.
1835 *Anodonta chaiziana* RANG, Nouv. Ann. Mus. Paris, **4**:307; Taf. 28, Fig. 1—3; Taf. 29, Fig. 1—3. — Terra typica: Marigot de Gnedé, Sengal.
1839 *Iridina solida* ANTON, Verz. Conch. Samml.: 16. — Terra typica: nicht genannt.
1866 *Spatha baikii* H. ADAMS, Proc. zool. Soc. London: 447. — Terra typica: Niger.
1867 *Anodon tabula* SOWERBY, Conch. Icon., **17**, *Anodon:* Taf. 18, Fig. 68. — Terra typica: Sierra Leone.
1882 *Spatha pangallensis* ROCHEBRUNE, Bull. Soc. philom. Paris, (7) **6**:33. — Terra typica: Bakoy-Fluß bei Pangalla, Senegal.
1883 *Spatha wissmanni* MARTENS, S.-B. Ges. naturf. Freunde Berlin, **1883**: 73. — Terra typica: Lubi- und Lubilash-Flüsse, Kongo.
1886 *Spatha tristis* JOUSSEAUME, Bull. Soc. zool. France, Paris, **11**:494; Taf. 14, Fig. 3, 3a. — Terra typica: Senegal.
1886 *Spatha adansoni* JOUSSEAUME, Bull. Soc. zool. France, Paris, **11**:498; Taf. 14, Fig. 4, 4a. — Terra typica: Diamuko-Fluß nahe der Mündung in den Senegal.
1886 *Spatha bellamyi* JOUSSEAUME, Bull. Soc. zool. France, Paris, **11**:491; Taf. 13, Fig. 2, 2a. — Terra typica: Kulikoro, Niger.
1886 *Spatha corneola* ROCHEBRUNE, Bull. Soc. malac. France, Paris, **3**:9. — Terra typica: Mokaka, Französischer Kongo.
1886 *Spatha ganciniensis* ROCHEBRUNE, Bull. Soc. malac. France, Paris, **3**:9. — Terra typica: Gancini am Kongo-Fluß.

1886 *Spatha rochebrunei* JOUSSEAUME, Bull. Soc. zool. France, Paris, **11**:494; Taf. 14, Fig. 1, 1a. — Terra typica: Senegal.
1886 *Spatha renei* JOUSSEAUME, Bull. Soc. zool. France, Paris, **11**:492; Taf. 13, Fig. 3, 3a. — Terra typica: Niger-Fluß bei Bamako, Französisch-Sudan.
1897 *Spatha trapezia* MARTENS, Deutsch-Ost-Afrika, **4**: Beschalte Weichtiere: 243; Abb. — Terra typica: Viktoria-See.
1897 *Spatha trapezia* var. *senilis* MARTENS, Deutsch-Ost-Afrika, **4**, Beschalte Weichtiere: 244. — Terra typica: Viktoria-See.
1904 *Mitriodon martini* ROCHEBRUNE, Bull. Mus. Hist. nat. Paris: 462. — Terra typica: Senegal.
1904 *Mitriodon falemeensis* ROCHEBRUNE, Bull. Mus. Hist. nat. Paris: 463. — Terra typica: Senegal.
1904 *Mitriodon heudeloti* ROCHEBRUNE, Bull. Mus. Hist. nat. Paris: 463. — Terra typica: Senegal.
1906 *Spatha (Leptospatha) lacustris* var. *major* GERMAIN, Bull. Mus. Hist. nat. Paris: 174. — Terra typica: Tschad-See.
1907 *Spatha rubens* var. *chudeaui* GERMAIN, Bull. Mus. Hist. nat. Paris: 66. — Terra typica: Mamun-Fluß im Senussi-Lande.
1908 *Spatha renei* var. *compressa* GERMAIN, in A. CHEVALIER L'Afrique Centrale Française: 554. — Terra typica: Bani-Fluß bei San, Französisch-Sudan.
1917 *Spatha adansoni* var. *major* GERMAIN, Bull. Mus. Hist. nat. Paris, **23**:417; Abb. 5. — Terra typica: Tehis, Gegend von Mono, Dahomé.
1927 *Aspatharia (Spathopsis) wissmanni bangalorum* PILSBRY & BEQUAERT, Bull. Amer. Mus. nat. Hist., New York, **43**:424; Abb. 93. — Terra typica: Malema zwischen Bumba und Basoko, Kongo.
1936 *Aspatharia (Spathopsis) dautzenbergi* HAAS, Abh. senckenb. naturf. Ges., Frankfurt a. M., **431**:93; Taf. 8, Fig. 2a, 2b. — Terra typica: Chambezi-Fluß bei Mbesuma, Nord-Rhodesien.
1941 *Aspatharia hassei* DARTEVELLE, Rev. Zool.-Bot. Afric., **34**:377. — Terra typica: Unterer Kongo.
1962 *Aspatharia nigeriensis* DAGET, J. de Conch., Paris, **102**:25; Abb. 14—15. — Terra typica: Kleine Zuflüsse des Niger-Flusses bei Boussa, Nord-Nigerien.

Diagnosis: Schale groß, elliptisch bis etwas rautenförmig, sehr formveränderlich, meist fest, mehr oder weniger aufgeblasen, ungleichseitig. Wirbel mäßig voll, etwas erhoben, fast glatt oder mit wenigen zarten konzentrischen Runzeln. Vorderende gerundet, Rückenlinie gebogen; Area niedrig; Bauchrand gerade oder gekrümmt; Hinterende meist etwas schief abgestutzt, unterhalb der Mittellinie stumpf zugespitzt. Schalenoberfläche ziemlich glatt, nur leicht konzentrisch gefurcht. Konchinschicht kupferfarben, nahe den Wirbeln grünlich, oder dunkler, oft fast schwarz gefärbt. Schloß mit einem angedeuteten, gebogenen, zusammengepreßten Zahne in der linken Klappe etwas vor dem Wirbel, und einer entsprechenden Vertiefung in der rechten Klappe, die oft mit Konchinmaterial bedeckt ist. Wirbelhöhlen seicht. Perlmutter meist kupferrot, schillernd. — Maße: Länge 107—140 mm, Höhe 68—87 mm, Dicke 40—45 mm.

Bemerkungen: Diese äußerst formveränderliche Art, die auf Umwelteinflüsse leicht reagiert, läßt sich nicht in einer wörtlichen Beschreibung fassen; es ist deshalb die oben gebrachte Diagnose nur mit Vorbehalt zu benutzen. Es geht aus der Synonymenliste eindeutig hervor, daß die meisten der dort aufgeführten Namen von französischen Forschern stammen, die wie BOURGUIGNAT die geringsten Abweichungen von einem vorgefaßten Typus als Arten betrachteten. DAGET, der ebenfalls an eine Vielheit von Arten glaubt, hat diese nun (1962) durch genauere Messungen und Verhältnisberechnungen der drei Hauptmaße zu erhärten versucht, ohne aber hierdurch, nach meiner Ansicht, Beweise für die Artberechtigung der untersuchten Formen gebracht zu haben. — Ich habe hervorzuheben, daß die gebrachte Synonymenliste angezweifelt werden kann, und zwar aus verschiedenen Gründen. Einmal, weil ich sogenannte „Arten", die nur aus wörtlicher Beschreibung bekannt sind, einbezogen habe, und dann, weil die Formen aus verschiedenen Flußgebieten möglicherweise gute geographische Rassen darstellen. Die Zeit, dies nachzuprüfen, ist noch nicht gekommen; es liegt noch viel zu wenig Untersuchungs-Material vor. Wie stark andrerseits Muscheln aus einem einzigen Flußgebiete gestaltlich variieren können, geht aus DAGET's Arbeit hervor, der — meiner Meinung nach — lokale Umgestaltungen einer einzigen Art (unserer *rubens*) als verschiedene Arten ansieht. — Das Verhältnis der hier zu *rubens* gerechneten, auf West-Afrika beschränkten Formen zu denen des Nilgebietes wird bei deren Behandlung besprochen werden; es sei aber bereits hier gesagt, daß beide sich äußerst nahestehen, möglicherweise sogar identisch sind.

Verbreitung: Flüsse in West-Afrika bis zum und einschließlich des Kongo im Süden.

2. **Aspatharia (Spathopsis) arcuta** (CAILLIAUD)

1823 *Anodonta arcuta* CAILLIAUD, Voyage a Méroé, Atlas, 2; Taf. 61, Fig. 4—5. — Terra typica: Josephs-Kanal, Ägypten.

1832 *Anodonta anataria* CRISTOFORI & JAN, Catal. Rerum Natur.: 8. — Terra typica: Ägypten.

1866 *Spatha cailliaudi* MARTENS, Malak. Bl., Kassel, **13**:9. — Terra typica: Josephs-Kanal, Ägypten.

1866 *Spatha hartmanni* MARTENS, Malak. Bl., Kassel, **13**:10. — Terra typica: Birket Kura, Sennar.

1874 *Spatha lepsii* JICKELI, Nova Acta dtsch. Akad. Naturf., Dresden, **37**:265; Taf. 9, Fig. 4. — Terra typica: Ober-Ägypten.

1874 *Spatha marnoi* JICKELI, Nova Acta dtsch. Akad. Naturf., Dresden, **37**:264; Taf. 8, Fig. 3a, 3c. — Terra typica: Bahr-el-Seraf, Sudan.

1889 *Spathella bloyeti* BOURGUIGNAT, Moll. Afrique Équatoriale: 198; Taf. 8, Fig. 3. — Terra typica: Makata-Fluß, Zufluß des Vuami-Flusses, Tanganyika-Gebiet.

1889 *Spathella spathuliformis* BOURGUIGNAT, Moll. Afrique Équatoriale: 199; Taf. 8, Fig. 4. — Terra typica: Magogo-Fluß bei Unyanguira, Ugogo, Tanganyika-Gebiet.

1894 *Spatha martensi* STURANY in O. BAUMANN, Durch Massailand zur Nilquelle: 308; Taf. 25, Fig. 39. — Terra typica: Ngoroine, östlich des Viktoria-See, Tanganyika-Gebiet.

1903 *Spatha innesi* PALLARY, Bull. Inst. egpyt., (4) **3**:97; Taf. 11, Fig. 2. — Terra typica: Weißer Nil.

1904 *Leptospatha brumpti* ROCHEBRUNE & GERMAIN, Bull. Mus. Hist. nat. Paris: 144. — Terra typica: Bass-Fluß, nahe dem Rudolf-See.

Diagnosis: Schale etwas verlängert, etwa rautenförmig, hinten etwas geschnäbelt, mehr oder weniger aufgeblasen, fest, ungleichseitig. Wirbel nur wenig erhoben, vielleicht etwas skulptiert. Rückenrand gebogen, manchmal mit leichter Ecke hinter dem Schloßband; Vorderende gerundet; Bauchrand deutlich eingebogen. Area gerundet, manchmal mit zwei niedrigen radialen Fältchen. Konchinschicht grünlich bis grünlich braun, stumpf. Linke Klappe mit einem angedeuteten Zahne, der in eine entsprechende Vertiefung in der rechten Klappe paßt. Wirbelhöhlen seicht. Perlmutter weißlich bis fleischfarben, schillernd. — Maße: Länge 80—90 mm, Höhe 38—48 mm, Dicke 24—34 mm.

Bemerkungen: Der *A.rubens* sehr nahestehend, vielleicht mit ihr identisch.

Verbreitung: Nil-Gebiet.

3. Aspatharia (Spathopsis) nyassaensis (Lea)

1864 *Spatha nyassaensis* Lea, Proc. Acad. nat. Sci. Philadelphia, **16**:109. — Terra typica: Nyassa-See.

1885 *Spathella bourguignati* Bourguignat, Esp. nouv. Oukéréwé Tanganika: 12. — Terra typica: Südufer des Viktoria-Sees.

1887 *Spatha subaequilatera* Martens, Conch. Mitth., **3**:18; Taf. 41, Fig. 8—9. — Terra typica: Viktoria-See.

1889 *Spathella nyassana* Bourguignat, Bull. Soc. malac. France, Paris, **6**:39 (nomen substitutum pro *Spatha nyassaensis* Lea 1864).

1894 *Spathella kirki* Ancey, Mém. Soc. zool. France, Paris, **7**:229; Abb. 4—6. — Terra typica: Shiré-Fluß nahe dem Nyassa-See.

1894 *Spatha baumanni* Sturany in O. Baumann, Durch Massailand zur Nilquelle: 308; Taf. 25, Fig. 38. — Terra typica: Viktoria-See.

1897 *Spatha kirki* var. *liederi* Martens, Deutsch-Ost-Afrika, **4**, Beschalte Weichtiere: 245. — Terra typica: Mbampa-Bucht, Nyassa-See.

1898 *Spatha maitenguensis* Sturany, Anz. kais. Akad. Wiss. Wien, math.-nat. Klasse, **35**:161. — Terra typica: Maitengue-Fluß, Matabele-Land, Süd-Rhodesien.

1900 *Spatha lacustris* Simpson, Proc. U.S. nation. Mus., Washington, **22**:898. — Terra typica: Karonga, Nyassa-See.

1910 *Spatha bertilloniana* Preston, Ann. Mag. nat. Hist., London, (8) **6**:63; Taf. 5, Fig. 15. — Terra typica: Karonga, Nyassa-See.

1910 *Spatha approximans* Preston, Ann. Mag. nat. Hist., London, (8) **6**:63; Taf. 5, Fig. 14. — Terra typica: Shiré-Fluß nahe dem Nyassa-See.

1913 *Spatha mwayana* Preston, Rev. zool. afric., Bruxelles & Paris, **3**:62; Taf. 5, Fig. 15. — Terra typica: Shiré-Fluß nahe dem Nyassa-See.

Diagnosis: Schale länglich eiförmig, mehr oder weniger zusammengepreßt, ziemlich fest, ungleichseitig. Wirbel niedrig, mit zarter konzentrischer Skulptur, die aufgebrochen sein kann. Area niedrig; äußere Arealkaten unter der Mittellinie endend. Vorderende verschmälert und gerundet; Rücken- und Bauchrand leicht geschwungen, letzterer hinter der Mitte viel stärker; Hinterende schief undeutlich abgestutzt. Konchinschicht dunkel bräunlich. Wirbelhöhlen seicht. Perlmutter mehr oder weniger fleischfarben. — Maße: Länge 80—98 mm, Höhe 42—52 mm, Dicke 24—25 mm.

Bemerkungen: Die in der Synonymie dieser Art genannten Namen mögen beständigen Lokalformen angehören und nicht mit *nyassaensis* identisch sein; auch hier verbietet Mangel an Untersuchungsstoff endgültige Entscheidung. Die oben aufgeführten Seeformen aus dem Viktoria-See und dem Nyassa-See sind nahe mit *Aspatharia (Spathopsis) rubens* verwandt, noch näher vielleicht mit der Nilform der *rubens*, der *A. arcuta* Cailliaud. Auffälligerweise ist keine hierher gehörige Form aus dem Tanganyika-See bekannt geworden.

Verbreitung: Viktoria- und Nyassa-See und Ausfluß des letzteren.

4. Aspatharia (Spathopsis) guillaini (Récluz)

1850 *Anodonta guillaini* Récluz, J. de Conch., Paris, **1**:55. — Terra typica: Denog-Fluß, Brava, Somali-Land.

Diagnosis: Schale verlängert, fast gleichmäßig elliptisch, aufgeblasen, nicht sehr fest. Wirbel nicht sehr erhoben, scharf, nach vorn gedreht, rauh konzentrisch skulptiert. Area hoch, Hinterende breit gerundet. Konchinschicht blaß rötlich braun, heller nahe den Wirbeln. Perlmutter fleischfarben, leicht schillernd. — Maße: Länge 120 mm, Höhe 56 mm, Dicke 27 mm.

Bemerkungen: SIMPSON glaubte in der ersten Abbildung dieser Art (J. de Conch., Paris, **31**; Taf. 9, Fig. 4) zarte Haupt- und Seitenzähne erkennen zu können und entfernte sie deshalb aus der Verwandtschaft von *Aspatharia*, wohin man sie bisher gestellt hatte, und näherte sie dem asiatischen Genus *Lamellidens*, dem sie als einziges Glied einer neuen Untergattung, *Spathopsis*, eingeordnet wurde. Anscheinend ist SIMPSON einem Irrtum zum Opfer gefallen, denn ich kann auf der genannten Abbildung der *guillaini* keinerlei Schloßzähne erkennen. *Anodonta guillaini* RÉCLUZ stellt also eine Art von *Aspatharia* dar, die mit keiner der bisher behandelten zu vergleichen ist und die als selbständige Form des Somalilandes zu betrachten ist. — Der Name *Spathopsis* ist der älteste, der *Aspatharia* der hier behandelten Gruppe verliehen worden ist und muß aus diesem Grunde alle späteren, für sie aufgestellten, ersetzen.

Verbreitung: Nur vom ursprünglichen Fundort bekannt.

5. Aspatharia (Spathopsis) wahlbergi (KRAUSS)

1848 *Iridina wahlbergi* KRAUSS, Südafrik. Moll.: 19; Taf. 2, Fig. 1. — Terra typica: Affenfluß, Zufluß des Limpopo.
1864 *Spatha natalensis* LEA, Proc. Acad. nat. Sci. Philadelphia, 8:113. — Terra typica: Süd-Afrika.
1868 *Iridina welwitschii* MORELET, Voy. WELWITSCH, Moll. terr. fluv.: 98. — Terra typica: Mura-Fluß bei Trombeta, Golungo Alto, Angola.
1897 *Spatha wahlbergi* var. *dorsalis* MARTENS, Deutsch-Ost-Afrika, **4**, Beschalte Weichtiere: 247. — Terra typica: Zambezi-Fluß in Mozambique.

Diagnosis: Schale verlängert elliptisch, aufgeblasen, wenig fest, ungleichseitig. Wirbel leicht vorragend, mit zarter, konzentrischer Skulptur. Rücken- und Bauchrand fast gerade und gleichlaufend; Vorderende gerundet; Hinterende gerundet, leicht zur Abbiegung neigend. Konchinschicht braun, gelegentlich grünlich. Wirbelhöhlen seicht. Perlmutter kupfrig bis purpurn. — Maße: Länge 90—110 mm, Höhe 45—55 mm, Dicke 23—31 mm.

Bemerkungen: *Iridina welwitschii* MORELET scheint lediglich eine ökologische Form von *wahlbergi* zu sein; sie zeichnet sich durch die beträchtliche Vorderständigkeit und die Kippung ihrer Wirbel aus, Merkmale, die sich erst bei fortschreitendem Schalenwachstum ausbilden, während die Jugendschalen unverkennbar die Zugehörigkeit zu *wahlbergi* erkennen lassen.

Verbreitung: Süd-Afrika südlich des Zambezi-Flusses.

6. Aspatharia (Spathopsis) petersi (MARTENS)

1860 *Spatha petersi* MARTENS, Malak. Bl., Kassel, **6**:218; Taf. 3, Fig. 1—2. — Terra typica: Zambezi-Fluß bei Tete, Mozambique.
1864 *Spatha modesta* LEA, Proc. Acad. nat. Sci. Philadelphia, **16**:109. — Terra typica: Mozambique.

Diagnosis: Schale verlängert, dünn, leicht zusammengepreßt, ungleichseitig. Wirbel leicht erhoben, etwas spitz. Rücken- und Bauchrand leicht geschwungen, der letztere hinten voller; Vorderende gerundet; Hinterende oben schief, leicht abgestutzt. Konchinschicht gelblich grün, manchmal auf der Area leicht gestrahlt. Wirbelhöhlen seicht. Perlmutter bläulich weiß bis schmutzig purpurn. — Maße: Länge 65—67 mm, Höhe 32—33 mm, Dicke 17—19 mm.

Bemerkungen: Die Jugendform dieser Art zeichnet sich durch den beiderseits spitz auslaufenden Rückenumriß, die fahl blaugrüne, mit einem leichten Bronze-Schimmer versehene Farbe ihrer Konchinschicht und die bläuliche Farbe der Perlmutter aus. *A. petersi* lebt mit der vorhergehenden Art *A. wahlbergi* in Ost-Transvaal und in Süd-Rhodesien, im Zambezi-Gebiete, zusammen. Ihre Fundorte sind meist die engen Tümpel in den Betten ausgetrockneter Flüsse oder Bäche, die durch den hineingefallenen Antilopenkot oft eine stinkende Jauchebrühe darstellen, und in denen man keine lebenden Muscheln erwartet hätte.

Verbreitung: Gebiet des Zambezi-Flusses und südlich davon in Ost-Transvaal.

Genus **Chambardia** Bourguignat

1890 *Chambardia* Bourguignat in Servain, Bull. Soc. malac. France, Paris, **7**:304. — Species typica: *Chambardia letourneuxi* Bourguignat (Pilsbry & Bequaert 1927).

Diagnosis: Schale verlängert elliptisch, ungleichklappig, dickschalig, zahnlos. Rechte Klappe dünnschaliger und weniger aufgeblasen als die linke, und auch niedriger. Wirbel sehr vorderständig, glatt. Schloßrand rechts glatt, links mit einer vorspringenden Platte. Konchinschicht bräunlich schwarz. Perlmutter rotpurpurn. Wirbelhöhlen sehr seicht.

Bemerkungen: Es scheint zweifelhaft, ob diese Form als Gattung oder als Untergattung von *Aspatharia* zu gelten hat. Die Ähnlichkeit mit genannter Gattung ist groß, und die zwischen beiden bestehenden Unterschiede können vielleicht auf Umweltsbedingungen zurückgeführt werden. Die in der Diagnose erwähnte Dickschaligkeit könnte auf Verstärkung der Schale durch Ankristallisierung nach dem Tode zurückzuführen sein, wie solche von vielen fossilen Mollusken bekannt; sie ist bestimmt nicht eine Folge des Lebens in starker Strömung, denn die bekannten Fundorte scheinen eher kaum bewegte, verschlammende Gewässer gewesen zu sein. Lebende Stücke dieser Gattung sind nicht bekannt, aber ihr Aussterben muß in junger Zeit erfolgt sein, nämlich — wenn man den ersten Angaben trauen darf — in der Zeit der „Pharaonen".

Verbreitung: Nur subfossil in einem alten Nilarm in Unter-Ägypten und im Fayum.

1. **Chambardia letourneuxi** Bourguignat

1890 *Chambardia letourneuxi* Bourguignat in Servain, Bull. Soc. malac. France, Paris, **7**:307; Taf. 7, Fig. 1—2. — Terra typica: Altes Nil-Bett bei Ramses, Unter-Ägypten.

1890 *Chambardia rhynchoidea* Bourguignat in Servain, Bull. Soc. malac. France, Paris, **7**:309; Taf. 7, Fig. 3—5. — Terra typica: Altes Nil-Bett bei Ramses, Unter-Ägypten.

1890 *Chambardia locardiana* Bourguignat in Servain, Bull. Soc. malac. France, Paris, **7**:310. — Terra typica: Alter Nil-Arm bei Serapaeum, Unter-Ägypten.

1890 *Chambardia pharaonum* BOURGUIGNAT in SERVAIN, Bull. Soc. malac. France, Paris, 7:312. — Terra typica: Altes Nil-Bett bei Ramses, Unter-Ägypten.
1890 *Chambardia bourguignati* LETOURNEUX in BOURGUIGNAT in SERVAIN, Bull. Soc. malac. France, Paris, 7:313; Taf. 7, Fig. 6. — Terra typica: Altes Nil-Bett bei Ramses, Unter-Ägypten.

Diagnosis: Die der Gattung, wozu nur hinzugefügt werden muß, daß der Schalenumriß von verlängert elliptisch bis mehr oder weniger stark geschnäbelt variieren kann. — Maße: Länge 59—79 mm, Höhe 35—41 mm, Dicke 21—25 mm.

Bemerkungen: Es besteht kein Zweifel, daß alle die fünf oben genannten „Arten" nur umweltbedingte Formen einer Grundform darstellen, die etwas *Ch. bourguignati* entspricht, während *Ch. rhynchoidea* die am meisten umgeformte Phase darstellt.

Verbreitung: Unter-Ägypten.

Genus **Iridina** LAMARCK

1819 *Iridina* LAMARCK, Anim. sans Vert., 6:88. — Species typica: *Iridina exotica* LAMARCK (durch Monotypie).
1838 *Platiris* LEA, Trans. amer. philos. Soc., Philadelphia, 6:118. — Species typica: *Iridina exotica* LAMARCK (PILSBRY & BEQUAERT).
1846 *Platyris* AGASSIZ, Nomencl. Zool., Index univ.: 295 (nomen substitutum pro *Platiris* LEA 1838).
1848 *Eufira* GISTL, Naturgesch. Thierreich Höhere Schulen: 173 (nomen substitutum pro *Iridina* LAMARCK 1819).

Diagnosis: Schale fest, länglich oder eiförmig, mit stark entwickelter Schloßplatte, die mit zahlreichen, mehr oder weniger senkrecht stehenden Zähnchen besetzt ist, so daß ein einem taxodonten Schlosse ähnliches Bild entsteht.

Verbreitung: Afrika südlich der Sahara.

Bestimmungsschlüssel zu den Untergattungen

1 Schale verlängert; die gesamte Schloßplatte mit vielen Zähnchen und einem niedrigen Vorsprung in der linken Klappe . . . . *Iridina*, S. 598
1′ Schloßplatte unter den Wirbeln verschmälert, Zähne unregelmäßig 2
2 Schale kürzer; Zähne schwächer oder vorn fehlend . . . . . . *Cameronia*, S. 599
2′ Schale eiförmig, Zähne und Schloßplatte vor den Wirbeln stark entwickelt . . . *Pleiodon*, S. 601

Subgenus **Iridina** s. str.

Diagnosis: Schale verlängert. Schloßplatte mit einem Vorsprung in der linken Klappe unter dem Wirbel, mit kleinen, zahlreichen Zähnchen in ihrer gesamten Länge.

Verbreitung: Tropisches Afrika.

1. **Iridina (Iridina) exotica** LAMARCK

1819 *Iridina exotica* LAMARCK, Hist. nat. Anim. sans Vert., 6:82. — Terra typica: unbekannt.
1821 *Iridina elongata* SOWERBY, Genera of Shells, 7; Abb. 1. — Terra typica: unbekannt.

1823 *Iridina striata* SWAINSON, Philos. Mag. & J., London, 61:112. — Terra typica: Afrika.
1906 *Pliodon (Cameronia) hardeleti* GERMAIN, Bull. Mus. Hist. nat. Paris, 12:57; Abb. 2. — Terra typica: Tschad-See.
1906 *Pliodon (Cameronia) hardeleti* var. *molli* GERMAIN, Bull. Mus. Hist. nat. Paris, 12:58; Abb. 3. — Terra typica: Tschad-See.
1906 *Pliodon (Cameronia) tchadiensis* GERMAIN, Bull. Mus. Hist. nat. Paris, 12:60; Abb. 4. — Terra typica: Tschad-See.

Diagnosis: Schale verlängert, wenig fest, etwas rautenförmig, hinten breiter als vorne, leicht aufgeblasen, ungleichseitig. Wirbelgegend etwas erhoben und aufgeblasen. Äußere Arealkante nach unten hin undeutlich werdend. Rückenrand fast gerade; Bauchrand fast gerade oder in der Mitte leicht eingebuchtet, hinter der Mitte voller; Vorderende gerundet, unten etwas abgeschnitten; Hinterende schief, leicht abgestutzt. Schloßplatte mit vielen, unregelmäßigen, zum Teil verkümmernden Zähnchen besetzt. Konchinschicht grünlich. Wirbelhöhlen seicht. Perlmutter fahl rötlich oder kupfern, schillernd. Mantellinie zart, hinten ganz leicht eingebuchtet. — Maße: 105—155 mm, Höhe 43—55 mm, Dicke 28—35 mm.

Bemerkungen: Die von GERMAIN beschriebenen, in obiger Synonymenliste erwähnten Formen von *I. exotica* stellen bestimmt nur Seeformen der Nominatform dar.

Verbreitung: Tropisches Afrika; nicht in Süd-Afrika.

Subgenus **Cameronia** BOURGUIGNAT

1879 *Cameronia* BOURGUIGNAT, Descr. div. espèces terr. fluv. diff. genres Moll. Égypte, Abyssinie, Zanzibar, Sénégal, centre Afrique: 42. — Species typica: *Iridina spekii* WOODWARD (durch Monotypie).

Diagnosis: Schale verlängert; Schloßplatte unter den Wirbeln schmaler; Zähne des Vorderendes schwächer oder ganz zurückgebildet.

Verbreitung: Tanganyika-See.

2. **Iridina (Cameronia) spekii** WOODWARD

1859 *Iridina (Pleiodon) spekii* WOODWARD, Proc. zool. Soc. London, 1859:348; Taf. 47, Fig. 2. — Terra typica: Tanganyika-See.
1880 *Cameronia spekei* E. A. SMITH, Proc. zool. Soc. London: 350 (nomen substitutum pro *Iridina spekii* WOODWARD 1859).
1885 *Cameronia marioniana* BOURGUIGNAT, Esp. nouv. Oukéréwé Tanganika: 28. — Terra typica: Tanganyika-See.
1885 *Cameronia giraudi* BOURGUIGNAT, Notice Prodr. Moll. GIRAUD Tanganika: 107. — Terra typica: Tanganyika-See bei Mpala.
1885 *Cameronia anceyi* BOURGUIGNAT, Esp. nouv. Oukéréwé Tanganika: 30. — Terra typica: Tanganyika-See.
1885 *Cameronia bourguignati* ANCEY in BOURGUIGNAT, Esp. nouv. Oukéréwé Tanganika: 26. — Terra typica: Burton Golf, Tanganyika-See.
1885 *Cameronia revoiliana* BOURGUIGNAT, Notice Prodr. Moll. GIRAUD Tanganika: 107. — Terra typica: Tanganyika-See.
1886 *Cameronia admirabilis* BOURGUIGNAT, Nouv. malac., 1, Union. Irid. Tanganika: 69. — Terra typica: Tanganyika-See.
1886 *Cameronia bridouxi* BOURGIUGNAT, Nouv. malac., 1, Union. Irid. Tanganika: 71. — Terra typica: Tanganyika-See.

1886 *Cameronia coulboisi* BOURGUIGNAT, Nouv. malac., 1, Union. Irid. Tanganika: 77. — Terra typica: Tanganyika-See.
1886 *Cameronia gigantea* BOURGUIGNAT, Nouv. malac., 1. Union. Irid. Tanganika: 68. — Terra typica: Tanganyika-See.
1886 *Cameronia josseti* BOURGUIGNAT, Nouv. malac., 1. Union. Irid. Tanganika: 82. — Terra typica: Tanganyika-See.
1886 *Cameronia paradoxa* BOURGUIGNAT, Nouv. malac., 1. Union. Irid. Tanganika: 91. — Terra typica: Tanganyika-See.
1886 *Cameronia charbonnieri* BOURGUIGNAT, Nouv. malac., 1. Union. Irid. Tanganika: 83. — Terra typica: Tanganyika-See.
1886 *Cameronia lavigeriana* BOURGUIGNAT, Nouv. malac., 1. Union. Irid. Tanganika: 85. — Terra typica: Tanganyika-See.
1886 *Cameronia landeaui* BOURGUIGNAT, Nouv. malac., 1. Union. Irid. Tanganika: 74. — Terra typica: Tanganyika-See.
1886 *Cameronia vynckei* BOURGUIGNAT, Nouv. malac., 1. Union. Irid. Tanganika: 81. — Terra typica: Tanganyika-See.
1886 *Cameronia complanata* BOURGUIGNAT, Nouv. malac., 1. Union. Irid. Tanganika: 76. — Terra typica: Tanganyika-See.
1886 *Cameronia dromauxi* BOURGUIGNAT, Nouv. malac., 1. Union. Irid. Tanganika: 84. — Terra typica: Tanganyika-See.
1886 *Cameronia guillemeti* BOURGUIGNAT, Nouv. malac., 1. Union. Irid. Tanganika: 72. — Terra typica: Tanganyika-See.
1886 *Cameronia jouberti* BOURGUIGNAT, Nouv. malac., 1. Union. Irid. Tanganika: 88. — Terra typica: Tanganyika-See.
1886 *Cameronia locardiana* BOURGUIGNAT, Nouv. malac., 1. Union. Irid. Tanganika: 78. — Terra typica: Tanganyika-See.
1886 *Cameronia mabilliana* BOURGUIGNAT, Nouv. malac., 1. Union. Irid. Tanganika: 86. — Terra typica: Tanganyika-See.
1886 *Cameronia moineti* BOURGUIGNAT, Nouv. malac., 1. Union. Irid. Tanganika: 89. — Terra typica: Tanganyika-See.
1886 *Cameronia obtusa* BOURGUIGNAT, Nouv. malac., 1, Union. Irid. Tanganika: 75. — Terra typica: Tanganyika-See.
1886 *Cameronia pulchella* BOURGUIGNAT, Nouv. malac., 1. Union. Irid. Tanganika: 73. — Terra typica: Tanganyika-See.
1886 *Cameronia randabeli* BOURGUIGNAT, Nouv. malac., 1. Union. Irid. Tanganika: 90. — Terra typica: Tanganyika-See.
1908 *Pliodon (Cameronia) lavigeriei* GERMAIN, Résult. sci. Voyage Afrique FOA: 694 (nomen substitutum pro *Cameronia lavigeriana* BOURGUIGNAT 1886).
1908 *Pliodon (Cameronia) giraudi* mut. *elongata* GERMAIN, Résult. sci. Voyage Afrique FOA: 694. — Terra typica: Tanganyika-See.
1927 *Cameronia gosseti* PILSBRY & BEQUAERT, Bull. Amer. Mus. nat. Hist., New York, **53**:441 (ex errore pro *Cameronia josseti* BOURGUIGNAT 1886).

Diagnosis: Schale verlängert, fest, sehr formveränderlich, lang elliptisch oder lang eiförmig oder leicht geschnäbelt, mehr oder weniger aufgeblasen, ungleichseitig. Wirbel voll, erhoben und lang. Rückenrand gebogen; Vorderende gerundet, oben manchmal verschmälert und etwas winklig; Bauchrand meist gerade, manchmal leicht eingebogen; Hinterende gewöhnlich abgerundet zugespitzt. Konchinschicht dunkel kastanienbraun bis rötlich braun, etwas glänzend. Schloß mit unregelmäßigen, taxodont aussehenden Zähnchen, die vorn schief stehen. Perlmutter weißlich bis violett, schillernd. — Maße: Länge 120—160 mm, Höhe 50—62,5 mm, Dicke 39—45 mm.

Bemerkungen: Diese äußerst formveränderliche Art nimmt bei wechselnden Umweltbedingungen ganz verschiedene Formen an, was sich in der großen

Menge der Synonyme ausdrückt. Wenn auch Endformen solcher ökologischer Umbildung von der Grundform recht verschieden aussehen können, so halte ich sie dennoch nicht für gute Arten und habe sie dementsprechend in die Synonymie der einzigen wahren Art *spekii* gestellt.

Verbreitung: Tanganyika-See.

Subgenus **Pleiodon** Conrad

1834 *Pleiodon* Conrad, J. Acad. nat. Sci. Philadelphia, **7**:178. — Species typica (durch Monotypie): *Pleiodon macmurtrei* Conrad (= *Iridina ovata* Swainson).
1879 *Pliodon* Bourguignat, Descr. div. esp. terr. fluv. diff. genres Moll. Égypte, Abyssinie, Zanzibar, Sénégal, centre Afrique: 44 (nomen substitutum pro *Pleiodon* Conrad 1834).

Diagnosis: Schale eiförmig, Schloßplatte und Zähne vor den Wirbeln stark entwickelt.

Verbreitung: West-Afrika, plio-pleistozän von Uganda bekannt.

3. **Iridina (Pleiodon) ovata** Swainson

1823 *Iridina ovata* Swainson, Philos. Mag. J., London, **61**:113. — Terra typica: nicht angegeben.
1834 *Pleiodon macmurtrei* Conrad, J. Acad. nat. Sci. Philadelphia, **7**:180; Taf. 13. — Terra typica: Liberia.
1852 *Platiris (Iridina) leaii* Lea, Synopsis Naiades, 3. Ausg.: 54. — Terra typica: ohne Fundort.
1854 *Pleiodon splendens* „Chenu", Conrad, J. Acad. nat. Sci. Philadelphia, (2) **2**:299. — Terra typica: Flüsse im tropischen Afrika (mit der folgenden *Pleiodon splendida* Chenu identisch ?).
1858 *Iridina splendida* Chenu, Illustr. Conchyl.: Taf. 1, Fig. 2, 2a—2e. — Terra typica: ohne Fundort.
1879 *Pliodon diolibanus* Bourguignat, Descr. div. esp. terr. fluv. diff. genres Moll. Égypte, Abyssinie, Zanzibar, Sénégal, centre Afrique: 47. — Terra typica: unbekannt.
1879 *Pliodon elongatus* Bourguignat, Descr. div. esp. terr. fluv. diff. genres Moll. Égypte, Abyssinie, Zanzibar, Sénégal, centre Afrique: 47. — Terra typica: unbekannt.
1879 *Pliodon letourneuxianus* Bourguignat, Descr. div. esp. terr. fluv. diff. genres Moll. Égypte, Abyssinie, Zanzibar, Sénégal, centre Afrique: 48. — Terra typica: unbekannt.
1879 *Pliodon pachyodon* Bourguignat, Descr. div. esp. terr. fluv. diff. genres Moll., Égypte, Abyssinie, Zanzibar, Sénégal, centre Afrique: 46. — Terra typica: unbekannt.

Diagnosis: Schale mehr oder weniger eiförmig, leicht aufgeblasen, fest, etwas ungleichseitig. Wirbel voll und hoch. Rückenrand leicht gebogen; Vorderende etwas verschmälert, gerundet, oben oft ganz leicht winklig; Bauchrand geschwungen, am meisten hinter der Mitte; Arealkante gerundet zugespitzt über der Mittellinie endend; über ihr eine radiale, seichte Vertiefung, die in einer seichten Bucht am Hinterende mündet. Schalenfläche meist glatt, aber gelegentlich mit Andeutungen einer radialen Skulptur. Konchinschicht dunkel olivengrün, heller an den Wirbeln. Schloß mit zahlreichen, unregelmäßigen, taxodont anmutenden Zähnchen, deren vordere schief stehen und deren hintere etwas X-förmig aussehen. Perlmutter weißlich bis blaß violett, oft stark schillernd. — Maße: Länge 105—114 mm, Höhe 64—66 mm, Dicke 37—42 mm.

Bemerkungen: Die vier in der Synonymenliste zuletzt genannten Arten sind nie abgebildet worden, ihre Zugehörigkeit zu *Pleiodon* ist nicht ganz sicher.

Verbreitung: Rezent nur aus West-Afrika bis zum Senegal im Westen, fossil auch aus Uganda bekannt.

Fam. Etheriidae SWAINSON

1840 *Etheridae* SWAINSON, Treat. Malacol.: 390.

Diagnosis: Schale mit Perlmutterschicht, wenn jung von regelmäßigem Umriß und frei (orthothetisch), mit einer beliebigen Klappe an feste Gegenstände angeheftet, wenn erwachsen; nur *Pseudomulleria* liegt stets auf der rechten Klappe (pleurothetisch). Schalensubstanz blättrig oder lamellös, nie ganz fest, von einer dicken, aber hinfälligen, olivenfarbenen Konchinschicht bedeckt. Schloß zahnlos. — Weichkörper ohne Fuß, wenn pleurothetisch. In einem Falle ist der vordere Schließmuskel zurückgebildet. Analöffnung sehr groß, von der Einströmungsöffnung durch eine Mantelbrücke getrennt. Beide Lamellen jedes Kiemenblattes mit einander durch vollständige oder unvollständige Septen verbunden. Zwischen ihnen liegen die sehr kleinen Eier. Larvenform unbekannt.

Verbreitung: Süd-Amerika, Afrika und Indien.

Genus **Etheria** LAMARCK

1807 *Etheria* LAMARCK, Ann. Mus. Hist. nat. Paris, **10**:398. — Species typica: *Etheria semilunata* LAMARCK (SWAINSON 1840).

1818 *Aetheria* OKEN, Isis (OKEN), Leipzig, **1818**:1117. — (Nomen emendatum pro *Etheria* LAMARCK 1807.)

Diagnosis: Schale unregelmäßig, ungleichseitig, mit dem Wirbel und einer röhrenförmigen Verlängerung einer der Klappen am Boden befestigt. Schalensubstanz blättrig. Konchinschicht olivenbraun. Schloßplatte gekrümmt, zahnlos. Schloßband äußerlich, gewunden, teilweise in eine Grube des Rückenrandes der angehefteten Schale versenkt.

Verbreitung: Afrika.

1. **Etheria elliptica** LAMARCK

1807 *Etheria elliptica* LAMARCK, Ann. Mus. Hist. nat. Paris, **10**:401; Taf. 19; Taf. 20, Fig. 1. — Terra typica: Indischer Ozean.

1807 *Etheria trigonula* LAMARCK, Ann. Mus. Hist. nat. Paris, **10**:403; Taf. 20, Fig. 2; Taf. 21. — Terra typica: Indischer Ozean.

1807 *Etheria semilunata* LAMARCK, Ann. Mus. Hist. nat. Paris, **10**:403; Taf. 22, Fig. 1—2. — Terra typica: Meer nahe Madagaskar.

1807 *Etheria transversa* LAMARCK, Ann. Mus. Hist. nat. Paris, **10**:406; Taf. 22, Fig. 3—4. — Terra typica: Meer nahe Madagaskar.

1823 *Etheria cailliaudi* FÉRUSSAC, Mém. Soc. Hist. nat. Paris, **1**:359. — Terra typica: Blauer Nil.

1823 *Etheria plumbea* FÉRUSSAC, Mém. Soc. Hist. nat. Paris, **1**:359. — Terra typica: Nil.

1825 *Aetheria lamarckii* SOWERBY, Zool. J., London, **1**:521. — Terra typica: unbekannt.

1825 *Aetheria tubifera* SOWERBY, Zool. J., London, **1**:522; Taf. 19. — Terra typica: Nil (fraglich).
1826 *Aetheria denhami* KOENIG in DENHAM & CLAPPERTON, Narrative Travels Discoveries North Central Africa; Appendix: 254. — Terra typica: Gammaroo-Fluß, Inner-Afrika.
1831 *Etheria carteroni* MICHELIN, Mag. Zool., Paris, **1**:1; Taf. 1, Fig. 1. — Terra typica: Senegal.
1881 *Aetheria pettretinii* BOURGUIGNAT, Mater. Moll. Acéphales syst. Europ.: 53. — Terra typica: Ägypten.
1881 *Aetheria letourneuxi* BOURGUIGNAT, Matér. Moll. Acéphales syst. Europ.: 55. — Terra typica: Nil und Fayum.
1881 *Aetheria chambardi* BOURGUIGNAT, Matér. Moll. Acéphales syst. Europ.: 56. — Terra typica: Ramses, Ägypten.
1881 *Aetheria nilotica* LETOURNEUX in BOURGUIGNAT, Matér. Moll. Acéphales syst. Europ.: 58. — Terra typica: Nil in Nubien und Unter-Ägypten.
1881 *Aetheria senegalica* BOURGUIGNAT, Matér. Moll. Acéphales syst. Europ.: 68. — Terra typica: Senegal.
1886 *Aetheria bourguignati* ROCHEBRUNE, Bull. Soc. malac. France, Paris, **3**:14. — Terra typica: Gancini, Kongo.

Diagnosis: Im allgemeinen die der Gattung. Hinzuzufügen wäre noch, daß die unglaubliche Variabilität der Schale eine alle Kennzeichnungen umfassende Beschreibung der Art unmöglich macht; darauf wird in den folgenden Bemerkungen eingegangen werden. — Maße: Länge 11,5—24 cm, Höhe 8,4—8,7 cm, Dicke 3,5—6,2 cm.

Bemerkungen: Die Schale von *Etheria elliptica* wechselt von unregelmäßig elliptisch bis lang und fast röhrenförmig. Der Schloßrand der angehefteten Schale, die stets etwas größer als die freie ist, kann wenig oder stark verlängert sein. Unter besonderen, noch nicht genau bekannten Umständen entwickeln sich auf der Oberfläche der freien Schale nicht sehr lange Röhrchen. Während die Schalenform in größerer, ruhiger Flußtiefe lebenden Etherien mehr oder weniger rundlich elliptisch zu sein pflegt und verhältnismäßig zusammengedrückt ist, stark der Unterlage angepaßt, ist die von Flußschnellen und Katarakten schmal, röhrenförmig und aufgeblasener. Oft setzen sich die Etherien dicht zusammen auf die gewählte Unterlage und, wenn diese ganz besiedelt ist, auf die dort angehefteten, lebenden oder toten Artgenossen, auf diese Weise Muschelbänke von oft beträchtlichen Ausmaßen bildend; sind diese abgestorben, so werden die leeren Schalen von den Eingeborenen zur Kalkgewinnung benutzt.

Verbreitung: Gebiet des Nil, des Senegal, des Niger, ganz Senegambien und im Kongo. Madagaskar.

Genus **Bartlettia** A. ADAMS

1866 *Bartlettia* A. ADAMS, Proc. zool. Soc. London: 444; Taf. 38, Fig. 7. — Species typica: *Etheria stefanensis* MORICAND (durch Monotypie).
1941 *Rochanaia* MORRETES, Arqu. Inst. Biol. Sao Paulo, **12**:76; Taf. 31, 33. — Species typica: *Rochanaia gutmansi* MORRETES (durch Monotypie).

Diagnosis: Schale fest, mehr oder weniger verlängert, wenig oder gar nicht an eine Unterlage angeheftet. Wirbel kaum vorragend. Schalenoberfläche mit unregelmäßigen, rauhen Wachstumsringen, mit einem dreieckigen Sinus hinter dem festen Schloßband, das randständig und nicht in eine Grube versenkt ist.

Verbreitung: Süd-Amerika im Amazonas-Gebiet (Huallaga-Fluß, Ekuador; Arroyo Guazu, Paraguay; Puerto de Nioaque, Mato Grosso, Brasilien; Río San Alejandro, NW of Agua Caliente, Huanuco, Peru).

1. Bartlettia stefanensis (Moricand)

1856 *Etheria stefanensis* Moricand, J. de Conch., Paris, **5**:178; Taf. 7, Fig. 10. — Terra typica: Bei Guallaya nahe der Mündung des Amazonenstromes.

1941 *Rochanaia gutmansi* Morretes, Arqu. Inst. Biol. Sao Paulo, **12**:75; Taf. 31—33. — Terra typica: Rio Nioáque, Lugar Cedro, Mun. de Nioáque, 14 km stromabwärts von Nioáque, Mato Grosso, Brasilien.

Diagnosis: Die Gattungsdiagnose wäre durch die folgenden Zusätze zu erweitern: Das Hinterende der Schale sieht ziemlich ähnlich wie das einer *Anodontites* der *tenebricosa*-Gruppe aus. Vor der stumpfen, aber deutlichen Arealkante aber biegt sich der Bauchrand ein, die Schalenfläche weist oft radiale Falten auf, die den Bauchrand wellig verändern oder auskerben und der vorderste Teil der Schale wird schmal, unregelmäßig, faltig und verdreht. Die Schalenoberfläche weist oft hinten engestehende, radiale Runzeln auf, doch können diese durch unregelmäßige Faltungen gänzlich verschwinden. Das verdrehte Vorderende der Schale ist mehr oder weniger nach einer Seite abgebogen. Die mehr oder minder vollen, keine Skulptur aufweisenden Wirbel liegen ziemlich mittelständig. Die Konchinschicht ist stumpf graugrün. Die Perlmutter ist düster blaugrau, mit dunkleren Flecken, und endet in einiger Entfernung vom Rande. — Maße: Länge 73—90 mm, Höhe 35—42 mm, Dicke 22—28 mm.

Bemerkungen: An der Schale ist nirgends eine Stelle aufzufinden, an der sie an eine Unterlage angeheftet gewesen wäre; es ist deshalb anzunehmen, daß die Art frei lebt und durch widrige Umweltbedingungen zur Verkrüppelung gelangt. Von ganz jungen *Bartlettia*- Stücken ist berichtet worden, daß sie ganz einer kleinen *Anodontites* gleichen, und, wie wir gesehen haben, sind Reste davon noch bei der verkrüppelten Altersform zu erkennen. Die große Ähnlichkeit der jungen, noch nicht umgewandelten Schale mit der von *Anodontites tenebricosa* ist verschiedentlich im Schrifttum erwähnt worden und es ist selbst vermutet worden, daß unsere *Bartlettia* eine pleurothetische Krüppelform der orthothetischen, normal ausgebildeten genannten *Anodontites* sei. Es ist verfrüht, diese reizvolle Annahme als bewiesen anzunehmen.

Verbreitung: Die der Gattung.

Genus Acostaea Orbigny

1851 *Acostaea* Orbigny, Rev. Mag. Zool., (2) **3**:184. — Species typica: *Acostaea guaduasana* Orbigny (durch Monotypie).

1905 *Eumulleria* Anthony, Ann. Soc. roy. zool. malac. Belgique, **41**:407. — Species typica: *Mulleria (Eumulleria) rivolii* Deshayes.

Diagnosis: Schale im erwachsenen Zustande unregelmäßig, fest, ungleichseitig, mit der rechten Klappe angeheftet; in der Jugend regelmäßig, einer *Anodontites* gleichend und frei. Wirbel verlängert. Konchinschicht dick. Schloßband in einer randständigen Grube. — In der Jugend, im freien Zustand mit vorderem und hinterem Schließmuskel, und nur mit dem hinteren im erwachsenen, angehefteten Zustand.

Verbreitung: Im Gebiet des Magdalenen-Stromes in Kolumbien.

Bestimmungsschlüssel zu den Untergattungen

1 Die angeheftete Schale meist mit einem vorderen, spornartigen Fortsatz . ***Acostaea*** S. 605
1′ Schale unregelmäßig viereckig, ohne spornartigen Fortsatz . ***Pseudomulleria*** S. 605

Subgenus **Acostaea** s. str.

Diagnosis: Schale mit einem spornartigen Vorsprung vorn, in dem die Jugendschale enthalten ist.

Verbreitung: Süd-Amerika im Gebiet des Magdalenen-Stromes.

1. **Acostaea (Acostaea) rivolii** (DESHAYES)

1827 *Mulleria rivolii* DESHAYES, Diction. Class. Hist. nat., **11**:296. — Terra typica: nicht genannt.
1851 *Acostaea guaduasana* ORBIGNY, Rev. Mag. Zool., Paris, (2) **3**:184; Taf. 6. — Terra typica: Quebrada de San Juan de Río Seco bei Guaduas, Kolumbien.
1865 *Aetheria novogranatensis* SCHAUFUSS, S.-B. naturwiss. Ges. Isis, Dresden, **1865** (1):10. — Terra typica: Kolumbien.
1871 *Mulleria lobata* „FÉRUSSAC" WOODWARD, Man. Moll., 2. Ausg.: 435; Abb. 222. — Terra typica: nicht genannt.

Diagnosis: Schale fast gleichseitig, länglich eiförmig, höher als lang, manchmal vorn länger ausgezogen, rüsselartig. Spornfortsatz der angehefteten Schale kurz. Schalensubstanz verhältnismäßig fest, nicht sehr blättrig. Konchinschicht grünlich braunschwarz. Perlmutter bläulich grau, mißfarben. — Maße: Länge 96—110 mm, Höhe 60—70 mm, Dicke 22—25 mm.

Verbreitung: Gebiet des Magdalenen-Stromes in Kolumbien.

Subgenus **Pseudomulleria** ANTHONY

1823 *Mulleria* FÉRUSSAC, Mém. Soc. Hist. nat. Paris, **1**:368 (non *Muelleria* LEACH 1814 = Crustacea). — Species typica: *Mulleria dalyi* E. A. SMITH (E. A. SMITH 1898).
1905 *Pseudomulleria* ANTHONY, Ann. Soc. roy. zool. malac. Belgique, Bruxelles, **41**:407. — Species typica: *Mulleria (Pseudomulleria) dalyi* E. A. SMITH.

[Bemerkung: Der Substitutname *Pseudomulleria* ANTHONY 1905 wurde wegen vermeintlicher Homonymie von *Mulleria* FÉRUSSAC 1823 mit *Muelleria* LEACH 1814 eingeführt; da diese beiden Namen jedoch als distinkte Gattungsnamen zu gelten haben, erweist sich die Einführung von *Pseudomulleria* als ungerechtfertigt. Auch die hier angegebene Typisierung von *Mulleria* FÉRUSSAC muß geprüft werden. Die bisher gebräuchliche Benennung ist hier beibehalten, um bevorstehenden Revisionen der Gruppe nicht vorzugreifen. — ZILCH]

Diagnosis: Schale unregelmäßig viereckig, flach; angeheftete Klappe ohne spornartigen Fortsatz vorn. Vorderer Schließmuskel zurückgebildet.

Bemerkungen: PAIN & WOODWARD haben 1961 der Untergattung *Pseudomulleria* den Rang einer eigenen Gattung verliehen, besonders deshalb, weil sie in einem so weit von Süd-Amerika entfernten Gebiet, in Indien vorkommt. Meiner Meinung nach aber sind *Acostaea* und *Pseudomulleria* so nahe miteinander verwandt, daß man sie nicht aus Gründen geographischer Trennung zu eigenen, ebenbürtigen Gattungen machen soll.

Verbreitung: Indien.

2. **Acostaea (Pseudomulleria) dalyi** (E. A. Smith)

1898 *Mulleria dalyi* E. A. Smith, Proc. malac. Soc. London, **3**:14; Abb. — Terra typica: Mysore, Indien.

Diagnosis: Schale unregelmäßig viereckig, fast gleichseitig, die angeheftete Schale etwas größer; die Anheftung kann rechts oder links erfolgen. Schalensubstanz leicht schwammartig, aber doch ziemlich fest. Konchinschicht tief braun bis grünlich schwarz. Wenn eine Embryonalschale vorhanden ist, so ist sie in einem winzigen vorderen Fortsatz der ausgewachsenen Schale enthalten; dieser Fortsatz ist aber niemals spornartig wie bei typischen Acostaeen. Perlmutter in vielerlei Farben spielend, von bläulich über grünlich bis rötlich. — Maße: Länge 55—69 mm, Höhe 41—48 mm, Dicke 18—30 mm.

Verbreitung: Mysore in Süd-Indien, Budra-Fluß.

Nachträge

Bei der Korrektur wurde festgestellt, daß sich im Manuskript dieser Arbeit einige Lücken befinden, die nach Möglichkeit hier nachgetragen werden sollen.

Zu Seite 265:

Genus **Cyclonaias** Pilsbry

1922 *Cyclonaias* Pilsbry in Ortmann & Walker, Occ. Pap. Mus. Zool. Univ. Michigan, **112**:18. — Species typica: *Obliquaria tuberculata* Rafinesque.

Cyclonaias tuberculata (Rafinesque)

a. Cyclonaias tuberculata tuberculata (Rafinesque)

1820 *Obliquaria tuberculata* Rafinesque, Ann. gén. Sci. Phys., Bruxelles, **5**:308. — Terra typica: Ohio-Fluß.

1823 *Unio verrucosus* Barnes, Amer. J. Sci., **6** (1): 123; Taf. 5, Fig. 6. — Terra typica: [?]

1827 *Unio tuberculosus* Valenciennes, in Humboldt, Voy. Intér. Amér. (Obs. zool. II): 232. — Terra typica: [?].

b. Cyclonaias tuberculata granifera (Lea)

1838 *Unio graniferus* Lea, Trans. amer. philos. Soc., (2) **6** (1): 69; Taf. 19, Fig. 60. — Terra typica: Ohio River bei Cincinnati, Ohio.

c. Cyclonaias tuberculata pusilla (Simpson)

1900 *Quadrula (Rotundaria) granifera pusilla* Simpson, Proc. U. S. nation. Mus., Washington, **22** (1205): 795. — Terra typica: Green River at Mammoth Cave, Kentucky.

d. Cyclonaias tuberculata utterbackiana (FRIERSON)

1915 *Plethobasus cooperianus* — UTTERBACK, Amer. Midland Natural., Notre Dame, **4** (5): 183; Taf. 20, Fig. 57. — [non *Unio cooperianus* LEA 1834].
1927 *Quadrula (Cyclonaias) tuberculata utterbackiana* FRIERSON, Class. annot. Check list North Amer. Naiades: 52. — Terra typica: Gasconade River und Osage River, Missouri.

Zu Seite 397:

Subgenus **Platynaias** WALKER

1917 *Platynaias* WALKER, Occ. Pap. Mus. Zool. Univ. Michigan, **49**:1. — Species typica: *Symphynota compressa* LEA.

Lasmigona (Platynaias) viridis (RAFINESQUE)

a. Lasmigona (P.) viridis viridis (RAFINESQUE)

1820 *Unio viridis* RAFINESQUE (mit var. *fuscata* und *radiata*), Ann. gén. Sci. Phys., Bruxelles, **5**:293. — Terra typica: Flüsse Ohio und Kentucky und deren Nebenflüsse.
1829 *Symphynota compressa* LEA, Trans. amer. philos. Soc., **3**:450; Taf. 12, Fig. 22. — Terra typica: Ohio und Norman's Kill, Albany, New York.
1851 *Complanaria alasmodontina* STIMPSON, Shells of New England :14. — Terra typica: [?].
1852 *Margaron (Unio) pressus* LEA, Synopsis fam. Naiades (3. ed.): 19. — [nomen substitutum pro *Symphynota compressa* LEA].
1914 *Unio compressa lindus* GREGORIO, Moll. Acq. dolce di Amer.: 14; Taf. 6, Fig. 1 a-d.— Terra typica: Sciota-Fluß, Ohio.

b. Lasmigona (P.) viridis plebia (C. B. ADAMS)

1842 *Unio compressus* var. *plebius* C. B. ADAMS, Fresh water and land shells of Vermont, in THOMPSON's History of Vermont, (1):16. — Terra typica: [?].

Lasmigona (Platynaias) subviridis (CONRAD)

a. Lasmigona (P.) subviridis subviridis (CONRAD)

1835 *Unio subviridis* CONRAD, New fresh-water shells of the United States, Appendix: Taf. 9, Fig. 1. — Terra typica: [ORTMANN & WALKER 1922] "Schuylkill River; Juanita River; creeks in Lancaster County, Pennsylvania".
1836 *Margaritana (Unio) tappanianus* LEA, Synopsis fam. Naiades: 39. — Terra typica: Juntia, bei Hollidaysburg.
1838 *Unio tappanianus* — LEA, Trans. amer. philos. Soc., **6**:62; Taf. 17, Fig. 55.
1845 *Unio tappianus* CATLOW & REEVE, Conchologist's Nomenclator: 64. — [ex errore pro *U. tappanianus* LEA].
1845 *Unio hyalinus* LEA, Proc. amer. philos. Soc., **4**:164. — Terra typica: Richmond, Virginia.
1848 *Unio hyalinus* — LEA, Trans. amer. philos. Soc., **10**:69; Taf. 2, Fig. 4.
1863 *Unio pertenuis* LEA, Proc. Acad. nat. Sci. Philadelphia, **7**:193. — Terra typica: Fluß Neuse bei Raleigh, Nord Karolina.
1866 *Unio pertenuis* — LEA, J. Acad. nat. Sci. Philadelphia, **6**:8; Taf. 2, Fig. 4.

b. Lasmigona (P.) subviridis neglecta (Lea)

1843 *Unio neglectus* Lea, Proc. amer. philos. Soc., **4**:11. — Terra typica: Nördliches Alabama.
1846 *Unio neglectus* — Lea, Trans. amer. philos. Soc., **9**:280; Taf. 42, Fig. 10.

Lasmigona (Platynaias) decorata (Lea)

1852 *Unio decoratus* Lea, Trans. amer. philos. Soc., **10**:257; Taf. 13, Fig. 6. — Terra typica: Abbeville Distrikt, Süd Karolina.
1872 *Unio insolidus* Lea, Proc. Acad. nat. Sci. Philadelphia, **2**:159. — Terra typica: Abbeville Distrikt, Süd Karolina.
1874 *Unio insolidus* — Lea, J. Acad. nat. Sci. Philadelphia, **8**:40; Taf. 13, Fig. 37.

Lasmigona (Platynaias) quadrata (Lea)

1861 *Margaritana quadrata* Lea, Proc. Acad. nat. Sci. Philadelphia, **5**:41. — Terra typica: Östliches Tennessee.
1862 *Margaritana quadrata* — Lea, J. Acad. nat. Sci Philadelphia, **2**:210; Taf. 32, Fig. 279.

Lasmigona (Platynaias) charlottensis (Lea)

1863 *Unio charlottensis* Lea, Proc. Acad. nat. Sci. Philadelphia, **7**:191. — Terra typica: bei Charlotte, Mecklenberg County, Nord Karolina.
1866 *Unio charlottensis* — Lea, J. Acad. nat. Sci. Philadelphia, **6**:8; Taf. 2, Fig. 5.

Zu Seite 506:

Die folgenden „Bemerkungen“ zu der Art *Hyridella (Echyridella) menziesi* (Gray) sind auf Seite 506 zwischen Diagnosis und Verbreitung einzufügen.

Bemerkungen: Diese äußerst plastische Art hat eben dieser Vielgestaltigkeit halber viele Namen erhalten. Es ist erst in den letzten Jahren geschehen, daß alle die mannigfachen Wandelformen unter einem Namen, *menziesi*, vereinigt wurden. Auf Verschiedenheiten der Umwelt reagiert diese Form in ganz anodontenhafter Weise, durch Verkürzung und Verdickung der Schale, durch Verlängerung und gar durch schnabelförmige Abbiegung des Hinterendes. So ist *Unio depauperatus* Hutton eine Seeform mit dünner Schale und zurückgebildetem Schloß, die in einigen Seen und Strömen bei Auckland vorkommt; *Diplodon (Hyridella) menziesi acuta* Suter ist ein weiteres Extrem lakustriner Bildung, ebenfalls aus einem See bei Auckland. Rundlichere Formen der *menziesi* verdanken ihre Formgestaltung ruhigen Lebensbedingungen.

Unio lutulentus Gould gehört nur zum Teil hierher, denn die Reihe von Stücken, auf die Gould seine Beschreibung aufbaute, enthält auch solche von *Hyridella (Hyridella) aucklandica* (Gray) und deren Unterart *websteri* (Simpson).

Alphabetisches Register

Handbuch der Zoologie

Eine Naturgeschichte der Stämme des Tierreiches

Gegründet von Willy Kükenthal

Herausgegeben von J.-G. Helmcke, D. Starck, H. Wermuth

VIII. Band, Mammalia

Übersicht der zuletzt erschienenen Beiträge

---

4. Teil: Interplasmatischer Stoffwechsel

L. Róka — **Intermediärer Stoffwechsel**
106 Seiten mit 9 Abbildungen und 62 Formeln. 1968. DM 72,— *(Lieferung 45)*

8. Teil: Sinnesorgane

M. Monjé — **Physiologie des Auges**
35 Seiten mit 6 Abbildungen. 1968. DM 24,— *(Lieferung 44)*

H. Schriever — **Physiologie des akustischen Organs**
95 Seiten mit 84 Abbildungen. 1967. DM 65,— *(Lieferung 41)*

9. Teil: Fortpflanzung

F. Strauss — **Weibliche Geschlechtsorgane.** 1. Teil
96 Seiten mit 55 Abbildungen und 7 Tabellen. 1964. DM 54,— *(Lieferung 36)*

F. Strauss — **Weibliche Geschlechtsorgane.** 2. Teil
Seiten 97—202 mit 167 Abbildungen. 1966. DM 64,— *(Lieferung 40)*

10. Teil: Das Verhalten der Säugetiere

J. F. Eisenberg — **The Social Organizations of Mammals**
92 Seiten mit 13 Abbildungen und 2 Tabellen. 1966. DM 54,— *(Lieferung 39)*

F. Goethe — **Das Verhalten der Musteliden**
80 Seiten mit 49 Abbildungen. 1964.

U. Rahm — **Das Verhalten der Klippschliefer** *(Hyracoidea)*
23 Seiten mit 26 Abbildungen. 1964. DM 60,— *(Lieferung 37)*

G. Dücker — **Das Verhalten der Viverriden**
48 Seiten mit 24 Abbildungen. 1965. DM 27,— *(Lieferung 38)*

H. Frädrich — **Das Verhalten der Schweine** *(Suidae, Tayassuidae)* **und Flußpferde** *(Hippopotamidae)*
44 Seiten mit 39 Abbildungen. 1967. DM 29,— *(Lieferung 42)*

D. Müller-Using, R. Schloeth — **Das Verhalten der Hirsche** *(Cervidae)*
60 Seiten mit 37 Abbildungen. 1967. DM 35,— *(Lieferung 43)*

WALTER DE GRUYTER & CO · BERLIN 30

Abhandlungen und Verhandlungen des Naturwissenschaftlichen Vereins in Hamburg

Herausgegeben im Auftrag des Vorstandes von MAX EGON THIEL, Hamburg

---

Neue Folge Band XI – 1966

Groß-Oktav. IV, 174 Seiten. Mit 38 Abbildungen und 5 Tafeln. 1967. Kartoniert DM 40,–

Neue Folge Band XII – 1967

Groß-Oktav. 188 Seiten. Mit 80 Textabbildungen, 1 Tafel und 2 Karten. 1968. Kartoniert DM 40,–

Neue Folge Band III, Supplement

G. DUNKER — **Die Fische der Nordmark**
Bearbeitet von W. LADIGES

Groß-Oktav. 432 Seiten. Mit 145 Abbildungen und 1 Karte. 1960. Halbleinen DM 30,–

Neue Folge Band VIII, Supplement

G. TIMMERMANN — **Die Federlingsfauna der Sturmvögel**
und die Phylogonese des procellariiformen Vogelstammes

Groß-Oktav. 249 Seiten. Mit 122 Abbildungen im Text und 12 Tafeln. 1965. Broschiert DM 37,50

Neue Folge Band IX, Supplement

H. WEIDNER — **Geschichte der Entomologie in Hamburg**

Groß-Oktav. X, 387 Seiten. Mit 104 Abbildungen. 1967. Halbleinen DM 48,–

CRAM, DE GRUYTER & CO · HAMBURG

DAS TIERREICH

Eine Zusammenstellung und Kennzeichnung der rezenten Tierformen

Herausgeber
Robert Mertens und Willi Hennig
Schriftleiter: Heinz Wermuth

Lfg.	Bearbeiter	Titel	Ersch.-jahr	Umfang	Preis in DM
45	A. Schmidt	COLEOPTERA: *Aphodiinae*	1922	VI, 614 Seiten, 34 Abbildungen	60,—
46	F. Nieden	AMPHIBIA: *Anura I*	1923	XXXII, 584 Seiten, 380 Abbildungen	57,75
47	W. Kükenthal	COELENTERATA: *Gorgonaria*	1924	XXVIII, 478 Seiten, 209 Abbildungen	72,—
48	J. J. Kieffer	HYMENOPTERA: Proctotrupoidea: *Scelionidae*	1926	XXXVI, 885 Seiten, 340 Abbildungen	150,—
49	F. Nieden	AMPHIBIA: *Anura II Engystomatidae*	1926	XVI, 119 Seiten, 55 Abbildungen	21,—
50	E. Giglio-Tos	ORTHOPTERA: *Mantidae*	1927	XL, 707 Seiten, 6 Abbildungen	123,75
51	H. Stichel	LEPIDOPTERA: *Nemeobiinae*	1928	XXX, 300 Seiten, 197 Abbildungen	65,25
52	C. Graf Attems	MYRIAPODA: *I. Geophilomorpha*	1929	XXIII, 388 Seiten, 307 Abbildungen	90,—
53	F. Kiefer	CRUSTACEA COPEPODA: *II. Cyclopoida Gnathostoma*	1929	XVI, 102 Seiten, 42 Abbildungen	28,10
54	C. Graf Attems	MYRIAPODA: *II. Scolopendromorpha*	1930	XIX, 308 Seiten, 387 Abbildungen	75,—
55	E. Ahl	AMPHIBIA: *Anura III Polypedatidae*	1931	XVI, 477 Seiten, 320 Abbildungen	116,25
56	S. Thor	ARACHNOIDEA ACARINA: *Bdellidae, Nicoletiellidae, Cryptognathidae*	1931	XIII, 87 Seiten, 93 Abbildungen	28,10
57	M. Beier	PSEUDOSCORPIONIDEA I: Subord. *Chthoniinea* et *Neobisiinea*	1932	XX, 258 Seiten, 271 Abbildungen	60,—

Lfg.	Bearbeiter	Titel	Ersch.-jahr	Umfang	Preis in DM
58	M. Beier	PSEUDOSCORPIONIDEA II: Subord. *Cheliferinea*	1932	XXI, 294 Seiten, 300 Abbildungen	73,10
59	M. Holly	CYCLOSTOMATA	1933	XIV, 62 Seiten, 57 Abbildungen	18,75
60	S. Thor	ACARINA: *Tydeidae, Ereynetidae*	1933	XI, 84 Seiten, 102 Abbildungen	22,50
61	M. Holly	PISCES: *2. Dipnoi*	1933	IX, 20 Seiten, 25 Abbildungen	7,50
62	F. Werner	REPTILIA: *Loricata*	1933	XIV, 40 Seiten, 33 Abbildungen	13,10
63	M. Holly	PISCES: *3. Crossopterygii*	1933	X, 23 Seiten, 30 Abbildungen	7,50
64	F. Bryk	LEPIDOPTERA: *Baroniidae, Teinopalpidae, Parnassiidae I*	1934	XXIII, 131 Seiten, 87 Abbildungen	37,50
65	F. Bryk	LEPIDOPTERA: *Parnassiidae II* (Subfam. *Parnassiinae*)	1935	LI, 790 Seiten, 698 Abbildungen	206,25
66	E. Marcus	ARTHROPODA: *Tardigrada*	1936	XVI, 329 Seiten, 306 Abbildungen	75,—
67	M. Holly	PISCES: *3. Ganoidei*	1936	XVI, 65 Seiten, 56 Abbildungen	18,75
68	C. Graf Attems	MYRIAPODA: *3. Polydesmoidea I.* Fam. *Strongylosomidae*	1937	XXII, 300 Seiten, 343 Abbildungen	75,—
69	C. Graf Attems	MYRIAPODA: *3. Polydesmoidea II.* Fam. *Leptodesmidae, Platyrhachidae, Oxydesmidae, Gomphodesmidae*	1938	XXVIII, 487 Seiten, 509 Abbildungen	121,90
70	C. Graf Attems	MYRIAPODA: 3. *Polydesmoidea III*	1940	XXXII, 568 Seiten, 719 Abbildungen	150,—
71	S. Thor & C. Willmann	ACARINA: *3.—71a: Eupodidae, Penthalodidae, Penthaleidae, Rhagidiidae, Pachygnathidae, Cunaxidae. — 71b: Trombidiidae*	1941/1947	XXXVI, 541 Seiten, 599 Abbildungen	194,60
72	H. Wermuth	REPTILIA: *Helodermatidae*	1958	16 Seiten, 9 Figuren	8,—
73	M. Beier	ORTHOPTERA: *Tettigoniidae* (Pseudophyllinae I)	1962	XII, 468 Seiten, 245 Abbildungen	210,—
74	M. Beier	ORTHOPTERA: *Tettigoniidae* (Pseudophyllinae II)	1960	396 Seiten, 241 Figuren	175,—
75	K. Odening	TREMATODA (Digenea): *Plagiorchiidae* III (Haematoloechinae) und *Omphalometridae*	1960	IV, 77 Seiten, 60 Figuren	32,—

Fortsetzung auf der 4. Umschlagseite

FSC
www.fsc.org
MIX
Papier | Fördert gute Waldnutzung
FSC® C083411

Kolibri 360 GmbH
Ferdinand-Jühlke-Straße 7
99095 Erfurt, Deutschland
produktsicherheit@kolibri360.de